Christoph Giebel

Die Naturgeschichte des Tierreichs

Zweiter Band: Die Vögel

Christoph Giebel

Die Naturgeschichte des Tierreichs
Zweiter Band: Die Vögel

ISBN/EAN: 9783743461673

Hergestellt in Europa, USA, Kanada, Australien, Japan

Cover: Foto ©berggeist007 / pixelio.de

Manufactured and distributed by brebook publishing software (www.brebook.com)

Christoph Giebel

Die Naturgeschichte des Tierreichs

Die

Naturgeschichte des Thierreichs.

Von

Dr. C. G. Giebel,

Professor an der Universität Halle.

Zweiter Band.

Die Vögel.

Mit 804 Abbildungen.

Leipzig

Verlag von Otto Wigand.

1860.

Inhalt.

Zweite Klasse: Vögel. Aves.

Deutsches Namenregister.

Lateinisches Namenregister.

b*

Zweite Classe.

Vögel. Aves.

Obwohl gemeinschaftlich mit den Säugethieren den allgemeinen Typus der warmblütigen Wirbelthiere vertretend und daher auch nach demselben Grundplane organisirt, weichen die Vögel dennoch in ihrer äußern Erscheinung durchaus und sehr auffällig von jenen ab, und nehmen zugleich im Haushalte der Natur wie in ihrem Verhalten zur menschlichen Oeconomie eine wesentlich andere Stellung ein. Ihre anziehende äußere Erscheinung stimmt trotz der reichen Mannichfaltigkeit im Einzelnen doch so überraschend überein, wie das in keiner andern Thierclasse beobachtet wird. Schon die Bekleidung des Körpers mit Federn ist eine, den Vögeln ausschließlich und ganz allgemein eigenthümliche, so daß sie einen sehr bezeichnenden und durchgreifenden Unterschied von allen andern Wirbelthieren bildet; weder die Haare bei den Säugethieren, noch die Schuppen bei den Fischen oder die Schalen bei den Weichthieren sind gleich allgemein und ausnahmslos. Dazu kömmt nicht minder allgemein der durch Hornbekleidung der Kiefer entstehende Schnabel, weiter noch die Verwandlung der vordern Gliedmaßen in Flügel und die stete Einrichtung der Hinterbeine zum Gange. Wer die Aeußerlichkeiten zur Unterscheidung von den Säugethieren bis ins Einzelne verfolgen will, wird noch andere, gar bedeutungsvolle Eigenthümlichkeiten am Vogelkörper finden: so in der Bildung der Nase, in der beträchtlichen Größe der vielsehenden Augen, in der steten Abwesenheit äußerlich sichtbarer Ohrmuscheln, in der freien Beweglichkeit des Kopfes und Halses, in den nur vier-, drei- oder zweizehigen Füßen und deren trockner Bekleidung, in der Kürze des ausgezeichnet befiederten Schwanzes, der halb aufrechten Stellung des Körpers u. s. w. Und diesen auffälligen Eigenthümlichkeiten der äußern Erscheinung entsprechen nicht geringere, nicht minder durchgreifende in der gesammten innern Organisation, die wir sogleich im Einzelnen darlegen werden. Sie verweisen die Vögel in die Lüfte, in das leichteste und beweglichste Lebenselement, daher ihre eigene unübertroffene Beweglichkeit, Flüchtigkeit und Leichtigkeit. Das Luftleben bestimmt den ganzen Vogelorganismus, denn wenn derselbe auch wie im Pinguin ganz zum Schwimmen, im Strauß ganz zum Laufen verurtheilt ist und deshalb den Flug aufgeben muß: so bewahrt doch auch unter diesen gewaltsamen Lebensverhältnissen der Körper seine auffälligen und entschiedenen Vogelcharaktere, verliert niemals die Hinterbeine, wie die nischartigen Säugethiere, verunstaltet sich nicht in dem Grade wie die kletternden Affen oder flatternden Fledermäuse. Leicht gebaut und zum flüchtigen Leben bestimmt, können die Vögel dem Menschen nimmer die großen

Naturgeschichte I. 2.

Dienste leisten, durch welche die Säugethiere in dessen Kulturgeschichte eingreifen. Nur Einzelne nützen Einzelnen, und nirgends und zu keiner Zeit beruhte die Existenz ganzer Völkerschaften ausschließlich auf dem Nutzen und der Dienstbarkeit der Vögel. Wie man die Säugethiere im eigentlichen Sinne die Angstthiere des Menschen nennen kann: so sind die Vögel die Vergnügungsthiere, sie unterhalten und belustigen mehr, als daß sie nützen, sie amüsiren sich selbst mehr, als sie arbeiten.

Den Vogel erkennt man an seinen Federn. Wir müssen diesem gründlich wahren Sprichworte gemäß den Federn zuvörderst unsere Aufmerksamkeit zuwenden. Dieselben gehören wie die Haare der Säugethiere und die Schuppen der Fische in Stellung und Bildung zum allgemeinen Körperbau an, sind auch wie jene wesentlich hornig, aber zum Unterschiede von denselben nicht einfache Horn-Fäden oder Platten, sondern verästelte Horngebilde in eigenthümlicher Anordnung über dem Körper. An jeder Feder unterscheidet man bekanntlich den Kiel und die an ihm befestigte Fahne. Ersterer bildet den eigentlichen Stamm der Feder und ist im untern Theile, der sogenannten Spuhle, drehrund, hohl und durchsichtig, im obern fahnentragenden Theile oder dem Schafte allermeist vierkantig und mit zelligem Mark gefüllt. In der Spuhle steckt, am obern und untern Ende angewachsen, die Seele, eine Reihe großer dutenförmig in einander steckender Zellen, welche der Feder während ihres Wachsthumes die Nahrung zuführt und später zur Seele zusammentrocknet. An der Außenseite der Schaftes setzt die Spuhle als hornige Ueberzug fort, an der Innenseite dagegen läuft eine Längsrinne von der Spitze bis zur Spuhle, welche sich hier zu öffnen scheint. An dieser Stelle befindet sich der Afterschaft, ein innerer Schaft an der Spuhle und wie der Hauptschaft mit einer Fahne versehen. An den großen Flügel- und Schwanzfedern verkümmert dieser zweite Schaft gänzlich, an andern dagegen ist er deutlich, an den Federn des Kasuars sogar von der Größe des Hauptschaftes. Die Fahne besteht aus zwei Reihen von Aesten längs den Seiten des Schaftes. Näher betrachtet haben die Aeste die Gestalt einer gestreckten lanzettförmigen dünnen Hornlatte, welche schief an dem Schafte befestigt ist, in Dicke und Länge oder vielfach abändert. An der obern Kante der Aeste (Fig. I. 1a) laufen zweierlei die Strahlen (1b) aus, in Gestalt, Länge und Zartheit ungemein mannichfaltig, und an deren Kante erkennt man schon bei schwacher Vergrößerung die Häkchen, welche an den Rand des Nachbarstrahles fassen und dadurch der ganzen Fahne ihre Widerstandsfähigkeit gegen die Luft verleihen. Man braucht nur die

1

Aeste einer frischen Gänsefeder vorsichtig aus einander zu ziehen, um sich von der innigen Verbindung, und unter einer mäßigen Loupe von dem ranklichen Haftapparate zu überzeugen. Auf der untern Seite der Aeste fehlen die Hätchen.

Die Federn entwickeln sich in Taschen der Körperhaut innerhalb eines Balges, welcher an den Stoppeln oben ausstreichender Vögel ganz deutlich zu erkennen ist. In diesem Balge steckt anfangs ein zweiter, zarterer Balg mit gallertartiger Flüssigkeit und ernährenden Blutgefäßen und zwischen beiden Bälgen lagert eine breiartige, feinkörnige Substanz. Mit fortschreitender Entwicklung öffnet sich die Spitze des äußern Balges und ein Pinsel feiner Strahlen, die Spitze der Fahne, tritt daraus hervor. Bald zeigt sich ein stärkerer Strahl, welcher das Ende des Schaftes wird und die übrigen Strahlen trägt, im Innern aber noch klar und markleer ist. Im Balge verliert sich der zarte Kiel auf der Körnerschichte, denn diese liefert das Material zum Aufbau der Feder. Wir wollen diese Entwicklung nicht weiter in ihre Einzelheiten verfolgen, auch nicht bei der großen Mannichfaltigkeit der Strahlen verweilen, sondern nur noch die Unterschiede der Federn selbst aufsuchen.

Die Federn, welche dem Vogel sein nettes und gefälliges Aeußeres verleihen, die Umrisse seines Körpers bedingen und zugleich die bunten Farben tragen, werden als Licht- oder Konturfedern von den unter ihnen versteckten, zarten, lockern Dunen unterschieden. Die Lichtfedern nehmen vom Kopfe über den Hals bis an den Rumpf und von diesem nach den Flügeln und dem Schwanze hin merklich an Größe und Stärke zu und haben einen steifen Kiel und vollkommen ausgebildete Fahne; die größten und stärksten am Flügel heißen Schwingen, Schwungfedern, und die am Schwanze Steuerfedern. Die Dunen dagegen haben einen ungleich schwächern Kiel, schlaffe Aeste und runde Strahlen ohne Hätchen, häufig knotig (Fig. 1. 3–6 sehr stark vergrößert), stehen versteckt zwischen den Konturfedern, besitzen gar oft zwei Schäfte mit Fahnen, oder sind andererseits ohne Schaft deltenartig. Dunen mit steifem Kiel, oder mit ächten Dunenästen und Strahlen werden als Halbdunen unterschieden und die fadenförmigen Federn mit ganz verkümmerter Fahne als Fadenfedern (Fig. 1. 2 vergrößerte Spitze einer Fadenfeder).

So gefiedert uns auch die Vögel erscheinen: so ist doch bei den meisten der größere Theil ihres Körpers eigentlich nackt, indem sowohl die Konturfedern als die Dunen nur auf bestimmten und beschränkten Streifen stehen, in sogenannte Federfluren reihenweis geordnet

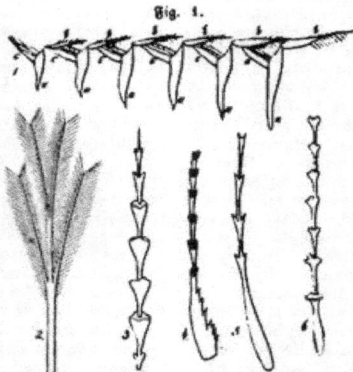

Fig. 1.

1. Sechs Aeste mit ihren Strahlen und Lücken. 2. Oberer Randstrahl einer Fadenfeder von der Gans, vergröß. et. mit abgeschnittener Spitze. 3. Dunenstrahl der Hausente, 130 Mal vergrößert. 4. Taststrahl der Ringeltaube; 5. Dieselbe vom untern Gabelaste des Unterastes und 6. von der Nachtente.

sind. Und diese Anordnung der Federn ist eine so streng gesetzmäßige, daß man aus ihr allein schon, wie die umfassenden Untersuchungen von Nitzsch dargethan haben, die Familie ermitteln kann, welcher ein Vogel angehört. Einerseits die große Beweglichkeit, deren der Vogel im Kopfe, Halse und den Gliedmaßen bedurfte, andererseits das bedeutende Gewicht der straffen Konturfedern, welches den Flug gar sehr hemmen würde, gestattete es nicht, den Körper gleichmäßig dicht zu befiedern. Nur der Pinguin, der Kasuar und noch wenige andere Vögel tragen ein gleichmäßig dichtes Federnkleid und obwohl deren Lichtfedern von leichterm Bau sind als bei andern Vögeln, geht ihnen doch das Flugvermögen ab. Die Zahl der Federreihen in den einzelnen Fluren, die Dichtigkeit der Stellung, die Größe und Verbreitung der verschiedenen Fluren über den Körper steht in inniger Beziehung zur Lebensweise des Vogels und alle diese Verhältnisse verdienen daher bei einem gründlichen Studium dieser Thierklasse die ernsteste Aufmerksamkeit. Auf der obern Körperseite erstreckt sich die Rückgratsflur längs der Wirbelsäule vom Nacken bis zum Schwanze, läuft ununterbrochen mit gleicher Breite, oder erweitert sich auf den Schultern und zugleich auch auf dem Kreuze, zeigt Lücken, Spaltungen, Erweiterungen und Verengerungen. Vorn liegt jederseits neben ihr eine schmalstreifige Schulterflur, minder veränderlich in Größe und Umfang, und hinten läuft entsprechend auf der Außenseite der Schenkel die Lendenflur herab, bald kurz, bald lang, schmal oder breit, gerade oder schief, selbst völlig fehlend (Fig. 2. 2) bei dem Lämmergeier. Die Befiederung der untern Körperseite bewirkt allein die Unterflur, deren Federreihen in der Kehlgegend beginnen, auf der Brust in zwei Streifen auseinander treten und getrennt bis zum Schwanze fortsetzen. In Mannichfaltigkeit ihrer Bildung steht sie der Rückenflur keineswegs nach. Der Kopf pflegt gleichmäßig befiedert zu sein, so daß Rücken- und Unterflur gewöhnlich unmittelbar von der Kopfflur ausgehen. Die Befiederung des Flügels vom Ellnbogengelenk an bildet die Flügelflur; den Unterschenkel befiedert eine nach ihm benannte Flur, welche bei einigen Vögeln bis auf die Zehen fortsetzt, aber an der Innenseite meist spärliger als außen ist; zur Schwanzflur endlich gehören alle Federn der Schwanzgegend. Die kahlen Räume zwischen den Federfluren heißen Raine und bedürfen, da sie durch jene hervorragen würden, einer näheren Berücksichtigung wenigstens für unsere Zwecke nicht. Dagegen müssen wir die Flügel- und Schwanzflur noch eine eingehendere Betrachtung zu Theil werden lassen.

Die großen, vornämlich die Flugbewegung vermit-

Fig. 2.

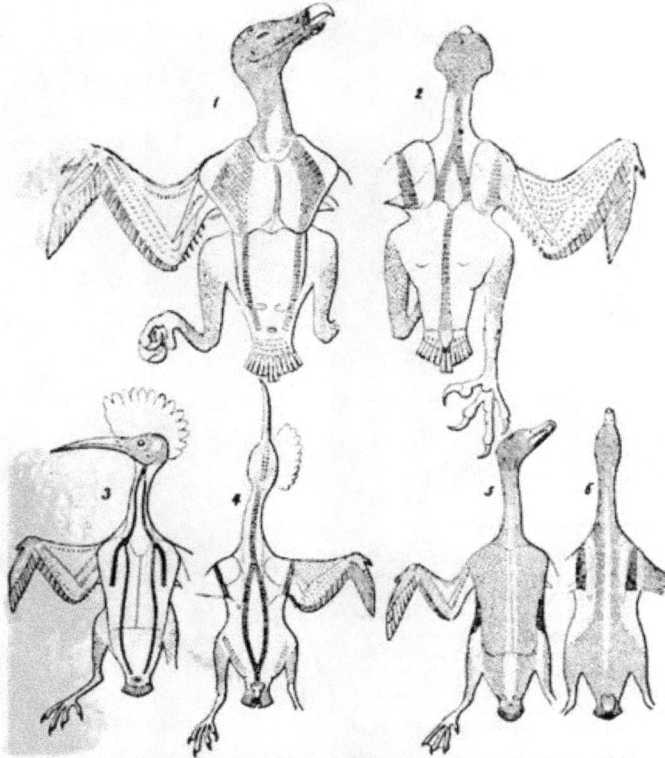

Federformen: 1 und 2 des Lämmergeiers von der Bauch- und der Rückseite; 3 und 4 des Wiedehopfs, 5 und 6 der Ente.

teinden Federn stehen als Schwingen in faltbarem Fächer geordnet am hintern Rande des Armes und der Hand und werden am Grunde von den Flügeldeckfedern bedeckt. Die vordersten, an der Hand befestigten (Fig. 3 AA. 1–10) heißen die Handschwingen oder Schwingen erster Ordnung, weil sie die größten sind und hauptsächlich die Form des Flügelschnitts bestimmen. Ihre Anzahl stellt sich, seltene Ausnahmen abgerechnet, auf zehn und bei Unterscheidung der Gattungen und Arten hat man sehr wohl auf ihre Länge von der ersten bis zur sechsten zu achten, auf die Berandung ihrer Fahnen und ihre Farbenzeichnung. Dahinter folgen am Unterarm die etwas kürzern und biegsamern Armschwingen (BB) oder Schwingen zweiter Ordnung, minder veränderlich in ihrer gegenseitigen Länge, aber mehrfach schwankend in der Zahl. Die Schwingen dritter Ordnung stehen am Ellenbogengelenk und zeichnen sich nur bisweilen (Fig. 4 E) durch besondere Länge aus. Am obern Ende des Oberarmes machen sich noch die kleinen Schulterfedern (Fig. 3 D) und vorn am Daumen (Fig. 3 C) die kurzen steifen Eck- oder Afterflügel bemerklich. Oben wie unten werden alle diese Schwingen von den alternirend und dachziegelig in mehre Reihen geordneten Deckfedern geschützt, welche nach dem Vorderrande des Flügels hin an Größe abnehmen. Wir werden bei der Schilderung der einzelnen Vögel die innige Beziehung der Flügelform zum Flugvermögen, zur Art des Fluges kennen lernen und stellen hier nur einige Flügelformen unter Figur 3 — 9 zusammen.

Die Flügelform wird deutlich und vollständig sichtbar erst durch den Flügelschlag im Fluge, wobei der Fächer stets gespannt ist, der Schwanz dagegen ziert durch die Größe, Form und Zeichnung seiner Federn ebenso sehr den ruhenden wie den fliegenden Vogel. Er unterstützt wesentlich, wenn auch nicht in gleichem Grade bei

1 *

Fig. 3.

Flügel des Bussard ohne Deckfedern.

Fig. 4.

Flügel des Brachvogels mit Deckfedern.

Fig. 6.

Flügel der Elster.

allen Vögeln, das Flugvermögen und wegen dieses Antheils am Fluge heißen seine Federn die Steuerfedern. Ihre Anzahl schwankt viel erheblicher als die der Schwingen, von 10 bis mehr denn 20, doch pflegen 12 am häufigsten vorzukommen und nur einigen sehr wenigen Vögeln, z. B. dem Lappentaucher fehlen sie gänzlich. Zur Unterscheidung der Gattungen und Arten verdient sowohl die Größe, Form und Haltung des Schwanzes im Allgemeinen, wie dieselben Verhältnisse seiner einzelnen Federn aufmerksame Beachtung. Die Länge des Schwanzes

Fig. 5.

Flügel der chinesischen Jacana.

Fig. 7 — 9.

Flügel des Sumpfs, des Finken des Sperlings.

wird am passendsten durch sein Verhältniß zu dem Ende der in Ruhe anliegenden Flügel und demnächst zum Rumpfe bestimmt. In seiner Haltung ist der Schwanz aufrecht, horizontal oder abwärts geneigt, gerade oder gebogen, dachförmig oder eben ausgebreitet. Die Form hängt hauptsächlich von der verhältnißmäßigen Länge der Federn ab und ist viereckig, abgestutzt, wenn alle Federn gleiche Länge haben, abgerundet, wenn die äußern beiderseits allmählig verkürzt sind, ausgerandet, wenn die mittlern etwas, und gabelförmig, wenn sie sehr viel kürzer sind als die äußern, ferner keilförmig, spitzig und anders: Bezeichnungen, welche einer besondern Erklärung nicht bedürfen, auch schon durch einen Blick auf unsere Figuren 10 — 20 verständlich sind. Außer seiner Theilnahme am Fluge übernimmt der Schwanz in seltenen Fällen, z. B. bei dem Spechte und dem Baumläufer noch die Stützung des Körpers bei aufrechter Stellung an Baumstämmen und Mauern; zu diesem Zwecke sind die Federnschäfte sehr stark, biegsam, fischbeinähnlich elastisch und nutzen sich nebst der Fahne durch das häufige Anstemmen

an der Spitze stark ab. Am Grunde werden auch die Steuerfedern ganz wie die Schwingen im Flügel von eigenthümlichen Deckfedern geschützt, welche in unsern Figuren 10 — 20 fehlen. Dieselben dienen bisweilen zum Schmuck und zeichnen sich durch Größe, Form und prachtvolles Farbenspiel aus. Wer hat nicht schon den wundervollen Pfauenschweif angestaunt, und welches putzliebende Fräulein kennt nicht die lockern, unzähligen zarten Marabu- und Straußfedern! Das sind keine Schwanz-, wenigstens keine Steuerfedern, sondern sie stehen über oder unter denselben als Bürzel- und Deckfedern. So zart dieser Schmuck uns auch erscheint: so belastet er doch den Vogelkörper übermäßig und macht denselben zum leichten Fluge ungeschickt; er blendet und verbirgt Trägheit und Unbeholfenheit, sehr verächtliche Schwächen auf dem Standpunkte der Vögel, zumal Stolz und Eitelkeit unzertrennlich damit verbunden ist.

In dem Gefieder haftet zugleich das Farbenkleid, bunter, lebhafter, mannichfaltiger, prachtvoller überhaupt als bei den Säugethieren das Haarkleid; am glänzendsten

Fig. 10.

Schwanz des Bußard.

Fig. 11.

Schwanz des Thurmfalken.

Fig. 12.

Schwanz des Kolkraben.

Fig. 13.

Schwanz des Kormoran.

Fig. 14.

Schwanz der Elster.

Fig. 15.

Schwanz der Bachstelze.

Fig. 16.

Schwanz der Lerche.

Fig. 17.

Schwanz des Raben.

Fig. 18.

Schwanz des Strandläufers.

Fig. 19.

Schwanz des Wasserhuhns.

Fig. 20.

Schwanz des Baumläufers.

und buntesten bei den Bewohnern warmer Klimate, einfacher und einförmiger in gemäßigten und kalten Ländern. Das Farbenspiel und die Zeichnung im Allgemeinen zu schildern, ist nicht wohl möglich, die Natur
entfaltet darin eine wahrhaft unübersehbare Mannichfaltigkeit; allein schon das Gefieder des Argusfasanen würde Hun-
derte der schönsten Muster für Kattun- und Tapeten-
druckereien liefern, wenn man nur die einzelnen Federn
abzeichnen wollte. Hier stechen grelle Töne auf mattem
Grunde in Streifen, Binden, Flecken, Punkten ab oder
umgekehrt, dort mischen sich die buntesten Farben durch
welche Mischungen in zierlicher feinster Zeichnung; das
reinste Schneeweiß, tiefste Sammetschwarz, intensives
Blau, Roth, Grün und Gelb, leichtschimmernd bis zum
blendenden Metall- und Edelsteinglanz verprächtiget,
wechseln in schnellem buntem Spiel. Das Auge ergötzt
sich überall und immer an solcher Farbenpracht, aber die
beschreibende Ornithologie vermag nicht, sie in alle Einzelheiten zu verfolgen und zu schildern, um so weniger,
da der Vogel selbst den Wechsel des äußerlichen Schmuckes
liebt, wenn auch nicht in dem launenhaften Grade, wie
bei unsern Modedamen. Männchen und Weibchen tragen
sich in einer Familie gar nicht oder nur etwas, in den
andern auffallend verschieden; das früheste Jugendkleid
weicht vom zweiten und dritten Gesieder mehr oder minder ab und das Sommerkleid ist oft genug im Winter
gar nicht wieder zu finden, selbst das Greisenalter liebt
eigenthümliche Farben. Und diese ganze Garderobe in
ihrer natürlichen Folge nach Alter, Jahreszeit und Geschlecht muß der Systematiker studiren, wenn er über die
Gattungen und Arten in's Klare kommen will, er muß
zugleich sorgfältig auf den Wechsel achten, ob nämlich
derselbe durch eine bloße Verfärbung oder durch eine
wirkliche Ablegung des alten Gefieders und dadurch bedingte Neubildung erfolgt, ob also der Farbenwechsel zugleich auch Federwechsel ist oder nicht. Bis auf die
neueste Zeit nahm jeder Ornitholog und andere Leute
ebenfalls an, daß nur durch die Mauser die Färbung sich
ändern könne, man sah ja die Federn im Herbst ausfallen
und weiß, daß die fertige Feder wie das Haar sich ver-
stümmeln und ausrupfen läßt, ohne daß es den Vogel
schmerzt oder verwundet. Darum ist aber das Haar und
auch die Feder nicht völlig dem Einflusse des Organismus entzogen; man erinnere sich nur an die Folgen
plötzlichen Schreckens und anderer gewaltiger Gemüths-
erregungen, an das augenblickliche Erbleichen bei Menschen und Säugethieren. Derartige Erscheinungen sind
freilich ganz absonderliche, deren seltsame Ursachen nicht
auf das Alltägliche übertragen werden dürfen. Erst im
Jahre 1838 erkannte Audubon, einer der aufmerksamsten und verdientesten Ornithologen, die Verfärbung des
Gefieders bei Möven unabhängig vom Federwechsel oder
der Mauser. Man beachtete diese wichtige Thatsache
nicht, obwohl Deutschlands geachtetster Ornitholog,
Naumann, eine bloße Verfärbung als wahrscheinlich bereits früher angesprochen hatte. Endlich im J. 1852
legte H. Schlegel der deutschen Ornithologen-Versamm-
lung eine ganze Reihe neuer Beobachtungen vor, welche
schlagend und überzeugend den Farbenwechsel im alten
nicht gemauserten Federkleide nachwiesen. Die ergrauten

Ornithologen stutzten ob dieser Neuigkeit, schüttelten be-
denklich den Kopf und versuchten sie wegzudisputiren,
aber die Thatsache steht unwandelbar fest. Jeder kann sie
selbst leicht prüfen und ihre Erklärung liegt nah genug.
Man schneide nur einzelne Federn im Sommer ein und
beobachte den Vogel den Winter hindurch bis in den
nächsten Sommer, die gezeichneten Federn bleiben dieselben und ändern nur die Farbe, und zwar die Frische durch
Verbleichung während des sömmerlichen Sonnenlichtes,
die Winterfarbe durch innere Veränderung, durch Zurück-
ziehung des Farbestoffes und Zuführung eines neuen
Pigmentes. Die gesteigerte Lebensthätigkeit im Frühjahr,
wenn der Vogel in sein Geschlechtsleben eintritt, ergreift
auch das Federnkleid und bewirkt einen Stoffwechsel in
demselben. Und ist denn nicht eine Frühjahrsmauser
unmittelbar vor dem Geschlechtsleben ganz widernatürlich?
Der Organismus kann in der Zeit von wenigen Tagen
oder Wochen nicht das ungeheure Material herbeischaffen,
welches zur Neubildung des ganzen Federnkleides nöthig
ist, und er wäre unmittelbar nach einer so völligen Erschöpfung nicht fähig, die höchste Aufgabe seines Lebens,
die Fortpflanzungsgeschäfte, zu vollziehen. Greift doch
die Herbstmauser, vor welcher der Vogel wohlgenährt
und kräftig ist und sein Organismus weder durch geschlechtliche Functionen, noch durch die Arbeit des Nest-
bauens und der Sorge für die Jungen geschwächt wird,
schon bis zur Ermattung und Kränkelung, ja selbst bis
zum völligen Erliegen an, und das vielseitig beanspruchte
Frühjahrsleben sollte unvermerkt diesen ungeheuren Kraft-
aufwand ertragen! Gewiß nicht; die bloße Verfärbung
ist eine unmittelbare Folge des gesteigerten Geschlechts-
lebens, welches ganz ähnliche Erscheinungen auch bei den
Säugethieren hervorruft. Mit dem Nachweise der Verfärbung sah man die Mauser beträchtlich beschränkt, eine
Frühjahrsmauser hat in der That statt einer gesteigerten
höchstens in der Neubildung einiger Federn; auch die
Herbstmauser, mit welcher das Sommerkleid sich in das
winterliche umbildet, ist keineswegs so allgemein alljährlich wiederkehrend, wie bisher angenommen wurde, und
wo sie vorkommt, erfaßt sie nicht immer das ganze Gefieder, sondern oft nur einzelne Federn. Dagegen geht
das Jugendkleid durch eine vollständige Mauser in das
erste oder zweite Hochzeitskleid über. Wir verlassen hie-
mit das Gefieder und wenden uns zur Betrachtung des
Schnabels und der Füße, als der nicht minder charakteristischen Körpertheile.

Da diese Vordergliedmaßen in Flügel verwandt ausschließlich zum Fluge dienen und die hintern Gliedmaßen
nur zur Stütze des Körpers und zum Gange eingerichtet
sind; so übernimmt der Schnabel der Vögel eine ungleich
vielseitigere Thätigkeit als die Kiefer der Säugethiere,
und das überaus große Formenspiel, in welchem er sich
bewegt, kündet seine mannichfache Verwendung auffallend
genug an. Er wird ausschließlich aus den verlängerten
Kiefern und deren festem hornigem Ueberzuge gebildet. Am
Grunde pflegt die hornige Hülle weich zu bleiben und
heißt Wachshaut, ausgezeichnet durch hellere Färbung,
oft scharf vom hornigen Theile abgesetzt und sehr gewöhnlich von den Nasenlöchern durchbrochen. Die Beise-
derung des Gesichtes nimmt gern eine charakteristische Eigen-

Fig. 21.

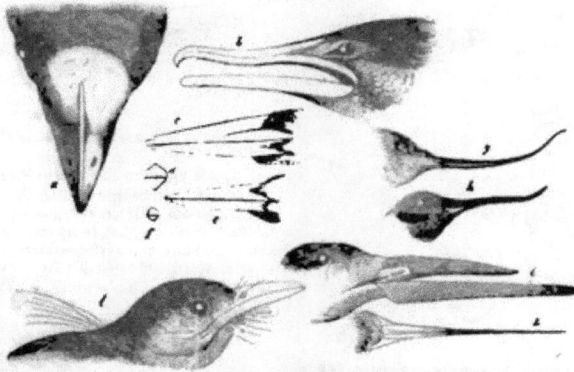

Schnabelformen: a Pisangfresser, b Cormoran, c-e schiefrechte Durchschnitte d f) Specht, g Avosette, h Loeffel, i k Scherenschnabel, l Trochophorus.

thümlichkeit am Rande der Wachshaut (Fig. 21 l. 23) an. Die Ausdehnung der Wachshaut im Verhältniß zum hornigen Schnabeltheile schwankt sehr auffallend; bisweilen verschwindend klein, auf einen schmalen versteckten Rand am Grunde des Schnabels verkürzt, überzieht sie dagegen bei andern Vögeln den größten Theil des Schnabels und drängt das harte Horn, wie bei den Enten, nach vorn auf die äußerste Spitze. Die hornige Schnabelhülle liebt dunkle Farben: schwarz bläulich oder dunkelgrau, auch braun, nur ausnahmsweise sticht sie grell ab, gelb, weiß oder roth, und kennzeichnet dadurch den Vogel auffallend. Viel wichtiger als die Färbung, deren Ursachen uns völlig räthselhaft bleiben, ist die

Größe und Form des Schnabels, weil diese in innigster Beziehung zur Lebensweise stehen und eben darum auch dem Systematiker einen vortrefflichen Anhalt gewähren. Die Länge wird nach der Größe des Kopfes abgeschätzt und ist im Allgemeinen am beträchtlichsten bei den Sumpfvögeln (Fig. 22 m), am geringsten bei den Schwalben und einigen Körnerfressern. Hals, Beine und Füße stehen sehr gewöhnlich in geradem Verhältniß zur Schnabellänge. Beide Schnabelhälften, die obere und untere, sind gleich lang oder die obere überragt an der Spitze die untere etwas bis sehr viel und im letztern Falle biegt sich die verlängerte Spitze häufig herab; das ist der allgemeine Charakter der Raubvögel. Eine seltsame

Fig. 22.

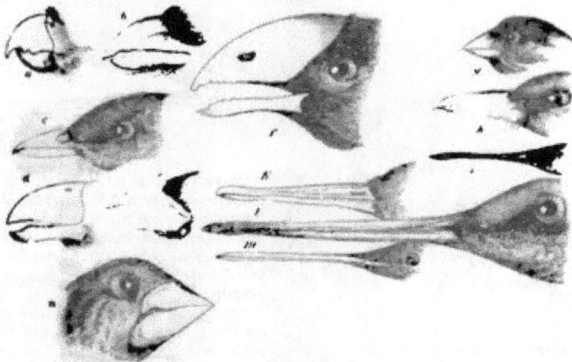

Schnabelformen: a b d f mit größeren Kästern, c h mit kleiner Kerbe, e mit ausgeschweiftem Rande, i k l m sehr lange gerade Schnäbel, n Kegelform des Kernbeißers.

Fig. 23.

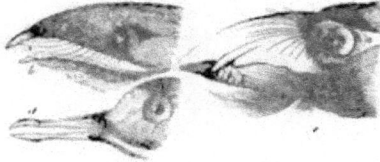

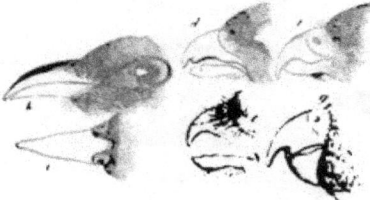

Schnabelformen. a Water-rel. b Ziegenmelter. c Bartvogel. d e Dälle. f Gefiedertes Unterschnabel. g Papagei.

Fig. 25.

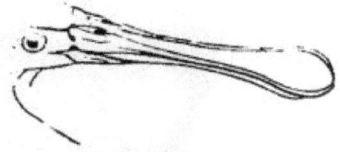

Schnabel der Löffelgans.

und Kanten verdienen aufmerksame Berücksichtigung. Die Ränder des Oberschnabels greifen über die untern oder breite liegen auf einander, verlaufen geradlinig oder zähen sich streckenweise ein, sind scharf oder stumpf, gezackt, gezähnt, gebuchtet, mit vorspringendem Zahn und entsprechendem Ausschnitt versehen (Fig. 22 a—b, 23, 26), mit Frausen oder Querleisten (Fig. 27) besetzt. Endlich

Ausnahme von diesem häufigen Größenverhältniß beider Schnabelhälften bietet der Scheerenschnabel (Fig. 21 ik), dessen messerförmiger Unterkiefer den obern sehr beträchtlich an Größe und Länge überwiegt. Auch die gerade Richtung langer Schnäbel erleidet bisweilen eine merkliche Biegung abwärts bei dem Brachvogel und Ibis, absonderlich aufwärts bei der Avosette und einigen Kolibris (Fig. 21 gh). Zur Unterscheidung der einzelnen Schnabelformen hat die beschreibende Ornithologie bestimmte Bezeichnungen eingeführt, welche zum größern Theile sich selbst erläutern, wie kegelförmig (Fig. 22 n), pfriemenförmig, keilförmig (Fig. 21 ce), kantig, bakig, löffelartig (Fig. 25); das Verhältniß der Breite zur Höhe bestimmt die Compression und Depression, letztere ist abnorm bei dem Flamingo (Fig. 24), dessen Oberschnabel wie ein platter Deckel auf dem untern liegt. Auch die Rückenfirste, die Ränder

Fig. 26.

Schnabel des Tukan.

Fig. 27.

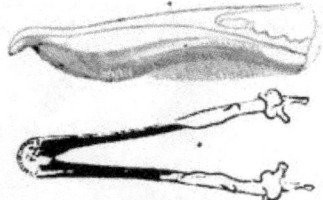

Schnabel der Löffelente.

liefert noch die Lage der Nasenlöcher und das Vorkommen besonderer Rinnen und Leisten auszeichnende Charaktere. Helmartige Aufsätze wie bei dem Nashornvogel (Fig. 28), sich kreuzende Krümmung beider Hälften wie bei dem Kreuzschnabel (Fig. 29), sackartige Erweiterung der Unterschnabelhaut wie bei dem Pelikan sind absonderliche Erscheinungen.

Alle Vögel sind zweibeinig und zwar die Beine für den Gang höchst unzweckmäßig weit hinter dem Schwerpunkt des Körpers, im hintern Drittheil eingelenkt. Die

Fig. 24.

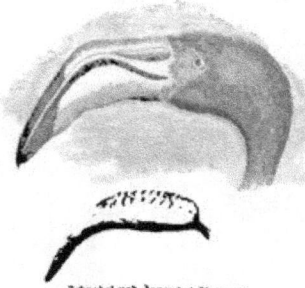

Schnabel und Zunge des Flamingo.

Fig. 28.

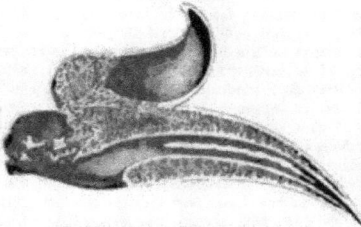

Durchschnitt des Schnabels vom Rackervogel.

Fig. 29.

Kopf des Kreuzschnabels.

großen Flugmuskeln nämlich, die langen Flügel und deren freie Beweglichkeit drängte die hintern Gliedmaßen so auffallend an das hintere Körperende, daß der Vogel sich gar nicht aufrecht erhalten würde, wenn nicht gleichzeitig durch die eigenthümliche Muskulatur, Gliederung und Winkelung der Beine die falsche Lage des Schwerpunktes wieder ausgeglichen würde. Doch davon später, hier zunächst das Aeußere. Nur bei sehr wenigen Vögeln reicht die Befiederung bis auf die Zehen herab, bei den meisten steht sie schon am Fersengelenk oder gar noch höher am Unterschenkel hinauf, und die Beine sind also nackt, unbefiedert. Die nackte Haut erscheint hier stets trocken, verdickt, hornig und hart. Ihre Oberfläche ist fein gekörnt, warzig, netzartig gefurcht oder mit Schuppen, Schildern, Tafeln, Schienen (getäfelt) bekleidet. Auf den Zehen ändert diese trockne Bekleidung nicht selten ganz eigenthümlich ab. Bevor man aber diese prüft, beachte man bei der Ermittlung der natürlichen Verwandtschaft die Zahl, Stellung, Länge und Benagelung der Zehen. Es kommen nämlich zwei, drei oder vier Zehen bei den Vögeln vor, doch niemals ein oder fünfzehige Füße wie bei den Säugethieren. Darin findet also der Vögel Beschränkter. Bei vier Zehen pflegt die innere, dem Daumen entsprechende nach hinten gerichtet zu sein und heißt ebendeshalb Hinterzehe; sie liegt in gleicher Flucht mit den Vorderzehen oder ist höher eingelenkt als diese. Sie verkümmert und fehlt ganz bei den drei- und zweizehigen Füßen. Nur selten lenkt sie ebenfalls nach vorn. Häufiger als dies der Fall ist, nämlich bei den meisten kletternden Vögeln wendet auch die äußere Vorderzehe sich beständig oder willkürlich nach hinten und wird dann Wendezehe genannt, solche Füße aber Kletter-

füße. Die äußere Zehenhaut ferner tritt nicht selten am Rande der Zehen als freier Hautsaum hervor und dieser Saum erweitert sich lappig, schmilzt mit dem der Nachbarzehe vom Grunde her zusammen und es entsteht die Bindehaut, die halbe und ganze Schwimmhaut, welche alle Zehen zum Ruder- oder Schwimmfuße verbinden. Ueber der Hinterzehe wächst bei vielen hühnerartigen Vögeln ein starker unbeweglicher Sporn, abnorm sogar deren zwei hervor. Das letzte Zehenglied bekleidet ein horniger Nagel, der wie bei den Säugethieren stark gebogen und scharfspitzig Kralle heißt, auch gerade, platt, stumpf gestaltet ist, niemals jedoch Hufform annimmt. Zur Lebensweise steht der Bau der Füße in ebenso inniger und nothwendiger Beziehung wie die Form des Schnabels, daher die Systematik sich auch hierin genöthigt sah, bestimmte Bezeichnungen einzuführen, die wir noch übersichtlich zusammenstellen. Bis an das Fersengelenk befiederte Beine heißen Gangbeine, weiter am Unterschenkel hinauf nackte dagegen Watbeine. Sind weiter an den Gangbeinen die Zehen ganz frei und bis zur Wurzel getrennt: so hat der Vogel Spaltfüße; verbindet aber ein schwacher Hautsaum die Zehen an der Wurzel: so besitzt er Sitzfüße. An den Wandel- und Schreitfüßen ist die Mittel- und Außenzehe am Grunde oder selbst bis zur Mitte durch eine Haut verbunden, in den Kletterfüßen dagegen richtet sich die Außenzehe nach hinten, parallel der Hinterzehe, und in den Klammerfüßen stehen alle vier Zehen nach vorn. Sehr kräftige Zehen mit stark gebogenen scharfspitzigen Krallen bilden die Raubfüße, stumpfe kuppige Nägel und schwache Hinterzehe kennzeichnen die Scharrfüße der Hühner. Fehlt an den Watbeinen die Hinterzehe: so entsteht der Lauffuß; sind hier alle oder nur das äußere Zehenpaar durch eine kurze Haut verbunden: so heißen sie geheftete oder halb geheftete Füße. Die halben und ganzen Schwimmfüße erklären sich aus der Größe der die Zehen verbindenden Schwimmhaut; schließt diese auch den Daumen ein: so entsteht der Ruderfuß; ist sie in Lappen längs der Zehenränder aufgelöst: der Lappenfuß. Die durchgreifende Wichtigkeit der Fußbildung für die Lebensweise und Kunst für die Unterscheidung der Vögel wurde schon frühzeitig erkannt und bereits vor hundert Jahren schrieb J. Th. Klein ein eigenes Buch mit vielen Kupfertafeln unter dem Titel Stemmata avium, das häufig in antiquarischen Katalogen ausgeboten wird und noch heute Werth hat.

Eines lockern Federkleides beraubt, macht der Vogel einen häßlichen, sogar widerlichen Eindruck und wären alle Vögel von Haus aus nackt, in der That, sie würden ebenso allgemein verabscheut und gefürchtet wie Molche und Kröten. Selbst die bei weitem größte Zahl der eifrigsten und man kann sagen, gerade der leidenschaftlichsten Ornithologen empfindet diesen lächerlichen Widerwillen und beschäftigt sich ausschließlich nur mit dem bunten Gefieder, dem Schnabel und den Füßen; was drin steckt, wird weggeworfen und durch Werg ersetzt. Wir dürfen uns auf diese Balgkurien nicht beschränken, und genügt sie die äußere Hülle, das veränderte Kleid nicht, das der Mode und Laune unterworfen ist und nur zu oft das wahre Wesen trügerisch verhüllt; wir wollen uns keineswegs blos an dem bunten Gefieder ergötzen, sondern zugleich den innern Kern desselben kennen lernen, den Organismus des Vogels in seiner Mannichfaltigkeit und in seinem Verhalten zu den Säugethieren und Amphibien erforschen und eine Einsicht in seinen Plan, in die Bedingungen und Gesetze seiner Existenz gewinnen. Der Vogel hat für uns einen höhern Werth als blos die Schönheit seines Gefieders, er ist ein nothwendiges Glied in der Reihe der Thiere und seine Bedeutung als solches vermag man nimmer aus den Federn zu erkennen und abzuschätzen.

Wir gehen bei der Betrachtung der innern Organisation wiederum von dem Knochengerüst als dem Stamm und Form bestimmenden Theile des Körpers aus. So groß die Unähnlichkeit in der äußern Erscheinung des Vogels und Säugethieres ist: so überraschend und auffällig ist die Uebereinstimmung beider im Knochenbau.

Fig. 30.

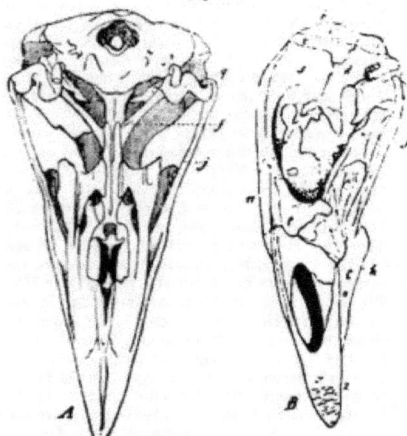

A) Rabenschädel von der Unterseite. B) Gänseschädel in der Seitenansicht.

Der allgemeine Plan des Skelets, seine Gliederung in die einzelnen Gegenden und Theile ist bei beiden ganz dieselbe, der Unterschied liegt allein in den durch die Flugbewegung bedingten Eigenthümlichkeiten, welche allerdings alle Theile des Gerüstes berühren und daher auch auf den ersten Blick die Gleichheit des Planes und der Gliederung mit dem Säugethierskelet verdecken. Eine das ganze Knochengerüst von dem säugethierschen vortrefflich auszeichnende Eigenthümlichkeit ist die Pneumaticität. Wer schon eine anatomische Sammlung durchwanderte, dem fiel gewiß die schöne Weiße und Reinheit der Vogelskelete im Vergleich zu den häufig gelblichen thranigen Säugethierknochen auf. Letztere sind nämlich während des Lebens mit Mark und Fett gefüllt und zum Theil davon durchdrungen; bleicht man die Knochen nicht künstlich weiß; so wird das Fett ranzig und haftet häßlich

auf der Oberfläche. Aus Vogelknochen dagegen können wir keine Bouillon kochen, sie führen statt des Fettes und Markes Luft und zwar deshalb, um das Gewicht des schweren kalkigen Gerüstes zur Bewegung in der Luft möglichst zu verringern: es ist sehr warme Luft, welche eine erhebliche Erleichterung verursacht. Und diese Luftführung der Knochen heißt nun eben die Pneumaticität des Skelets. Durch kleine Oeffnungen, besonders in der Nähe der Gelenke, tritt die Luft, durch eigenthümliche Behälter und Kanäle von den Lungen hergeleitet, in die Knochen ein. Der nachdenkende Leser wird sich dabei gleich im Voraus sagen, daß gar nicht oder sehr schlecht fliegende Vögel keine oder nur eine geringe Erleichterung der Knochen bedürfen, daß dagegen sehr ausdauernde Flieger auch die ausgedehnteste Pneumaticität haben werden. Das ist in der That so: je besser, je anhaltender ein Vogel fliegt, um so mehr Knochen seines Skelets sind luftführend; je geringer dagegen das Flugvermögen, um so beschränkter ist auch die Pneumaticität. Bei der größten Ausdehnung derselben sind nur die Gliedmaßenknochen unterhalb des Ellenbogen- und des Kniegelenkes nicht luftführend, im andern Extrem finden wir keinen Knochen des Rumpfskeletes pneumatisch. Unbedeutend pflegt übrigens die Luftführung auch bei sehr kleinen Vögeln zu sein, weil deren Skelet an sich schon sehr zart und leicht ist.

Im Einzelnen betrachtet fällt uns am Vogelschädel sogleich die innige Verschmelzung aller Theile der Hirnkapsel auf, welche die verbindenden Nähte der einzelnen Knochen nicht mehr erkennen läßt. Wollen wir die Grenzen des Hinterhauptes, der Scheitelbeine, Schläfen- und Stirnbeine verfolgen, wie dieselben in Fig. 30 B gezeichnet sind: so ist dazu unbedingt der Schädel eines jungen Vogels nöthig. Diese schnelle Verwachsung der Schädelknochen geht jedoch niemals über die Hirnkapsel hinaus, die übrigen Knochen und zwar des Gaumen- und Kieferapparates bleiben wiederum im Gegensatz zu den Säugethieren zeitlebens sehr beweglich. Dort fanden wir allein den Unterkiefer eingelenkt, alle übrigen Knochen fest verbunden, hier bei den Vögeln bewegt sich durch eine wunderbar sinnreiche Einrichtung auch der Oberschnabel. Wo dieser nämlich von der Stirn vor den Augen abgesetzt ist, liegt eine sehr biegsame Stelle, bei den Papageien sogar ein Gelenk. Der sabelförmige Jochbogen (Fig. 30 j) und die langen griffelförmigen Flügelbeine (f), diese zunächst gegen die frei aufliegenden Gaumenbeine, drücken von unten her gegen den Oberkiefer, in dem Augenblicke wo der Unterkiefer herabgezogen wird. Dieser Mechanismus wird durch den beweglich am Schädel eingelenkten Quadratknochen (Fig. 30 q) bewerkstelligt, welcher den Säugethieren völlig fehlt, hier an der Unterseite die Gelenkfläche für den Unterkiefer, an der Außenseite den Jochbogen, an der Innenseite das Flügelbein aufnimmt und durch seine Bewegung aller drei Knochen verschiebt. Der Leser wird wohl thun, einen gut abgekochten Gänse- oder Hühnerschädel auf diese überaus interessante Einrichtung zu prüfen. Annähernd ähnliche Constructionen treffen

Fig. 31.

Fig. 32.

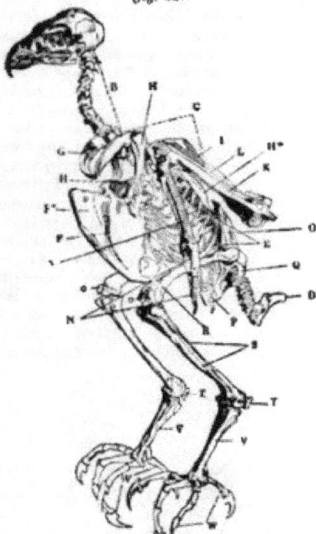

Skelet eines Geiers.

Skelet eines Falken.

wir am Amphibien- und Fischschädel wieder. Mit den Schädeln in der Hand lassen sich noch viele und sehr beachtenswerthe Unterschiede vom Säugethierschädel nachweisen: so die sehr dünne, oft völlig durchbrechende Wand zwischen den Augenhöhlen, eine dreiseitige Lücke vor denselben und eine besondere Knochenplatte (Superciliarbein) an deren oberem Rande, der einfache Gelenkkopf am großen Hinterhauptsloche, auf welchem der Schädel sich ungleich freier bewegt als der Säugethierschädel mit zwei Gelenkköpfen, ferner die häufigen Lücken im Hinterhaupt, der stete Mangel der Kieferzähne u. s. w. Der Unterkiefer, ohne Ausnahme schmal und lang, setzt sich aus mehren, in der Jugend deutlich getrennten Stücken zusammen.

Weiter gehend am Skelet verdient zunächst die überaus schwankende Zahl (9—23) der sehr beweglichen Wirbel in dem meist Sförmig gekrümmten Halse (Fig. 32 B) unsere Aufmerksamkeit. Die Rumpfwirbel (C) dagegen verlieren ihre Beweglichkeit und verwachsen gar nicht selten unter einander. Ihre Zahl spielt zwischen 7—11, steht also im Allgemeinen niedriger als bei den Säugethieren. Die Lenden- und Kreuzwirbel (7—20) verschmelzen ebenfalls unter einander und zugleich mit dem Becken, so daß sie von oben betrachtet gewöhnlich gar nicht sichtbar sind. Die Schwanzwirbel endlich erscheinen, weil der Schwanz bei den Vögeln ein sehr wichtiges Bewegungsorgan ist, stets vollkommener ausgebildet als bei den Säugethieren und ändern auch in der Anzahl

nicht so erheblich ab, nämlich nur von 5—9. Zumal zeichnet sich der letzte (Fig. 32 D) als Träger der großen Steuerfedern durch eine hohe drei- oder vierseitige Knochenplatte aus, die schon am gerupften Vogel äußerlich zu erkennen ist. Bei der auffallenden Kürze des knöchernen Schwanzes fehlt den Vögeln eine sogenannte Schwanzrübe gänzlich. Die Rippen, meist dünn und breit, gelenken an den Rückenwirbeln und durch besondere Knochenstücke (Sternocostalien) am Brustbein, doch erreichen die zwei ersten und oft auch das letzte Paar das Brustbein nicht und heißen deshalb falsche. Jede Rippe, die erste und letzte meist ausgenommen, trägt am hintern Rande ein besonderes Knochenstück, welches über die nächste oder die beiden folgenden sich hinweglegt und dem Brustkasten eine größere Festigkeit verleiht. Das Brustbein (Fig. 32 F) weicht in Größe, Form und Zusammensetzung durchaus von dem der Säugethiere ab, weil es den gewaltigen Brust- oder Flugmuskeln zum Ansatze dient. Es besteht nämlich aus einer sehr großen, allgemein vierseitigen und kahnförmigen Knochenplatte, längs deren Mitte sich ein hoher Knochenkamm, Kiel oder Dorn (F*) erhebt. Wer aus einzelnen Knochen auf die Lebensweise des Thieres sicher schließen will, wähle für die Vögel das Brustbein zu seinen ersten Studien. Die Form, Größe und Stärke desselben, die Höhe und Form seines Kieles, die auf seiner Fläche verlaufenden schwachen Muskelgrenzleisten, die Tiefe und Form der Lücken und Ausschnitte seines Hinterrandes stehen in innigster Beziehung zum Flugvermögen und somit zur Lebensweise des Vogels; wie diese abändert, modificiren sich entsprechend auch jene Formen. Der Verfolg solcher gegenseitigen nothwendigen Beziehungen hat nur für den ein Interesse, der die Knochen selbst zur Hand nimmt, auf dem Papiere ohne unmittelbare Anschauung ermüdet die in's Einzelne gehende Darstellung, doch werden wir bei der spätern Schilderung der Familien auf die hauptsächlichsten Formverhältnisse des Brustbeines stets hinweisen, um den Leser in Stand zu setzen, weitergehende Vergleichungen mit Erfolg vorzunehmen. Auf derartigen Studien der Abhängigkeit und Bezüglichkeit der einzelnen Theile unter einander und zum ganzen Körper beruht, abgesehen von der tiefen Einsicht in den Organisationsplan, das ganze Gebäude der wissenschaftlichen Paläontelogie, welche heut zu Tage eine so sehr weit greifende Bedeutung und doch auch viele Freunde und Verehrer gefunden hat. — Die vordern Gliedermaßen der Vögel haben äußerlich auch nicht die entfernteste Aehnlichkeit mit den Vorderbeinen der Säugethiere, aber ihr Knochenbau folgt

Fig. 33.

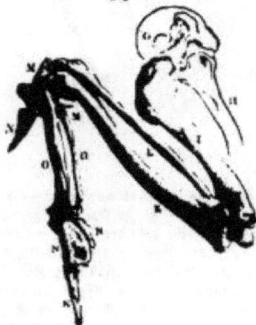

Flügelknochen eines Falken.

Fig. 34.

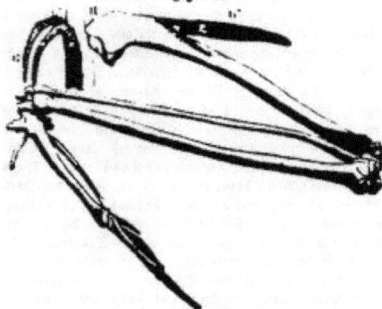

Flügelknochen eines Falken.

dennoch demselben Plane. Im Schultergerüst zunächst finden wir schräg über die Rippen gelegt das Schulterblatt (Fig. 33 H; 34 H*) stets säbelförmig und niemals so breit und mit besonderer Gräte versehen wie allgemein bei den Säugethieren. An seinem vordern Gelenkkopfe haften beweglich zwei abwärts gerichtete Schlüsselbeine. Das vordere derselben (G) heißt wegen seiner eigenthümlichen Form und Krümmung Gabelbein oder Furcula, veränderlich in Stärke, Biegung und Richtung, das hintere (Fig. 32. 34 H) oder das sogenannte Rabenschnabelbein ist ein gerader, ungemein kräftiger Knochen, welcher auf dem vordern Rande des Brustbeines einlenkt. Die Glieder des Armes und der Hand stehen in ihrer Gesammt- und in ihrer gigantischen Länge wieder in strengstem Verhältniß zum Flugvermögen, so daß man dieses an ihnen mit dem Zollstabe messen kann. Der Oberarm (I) ist ein langer, luftgefüllter Röhrenknochen, oben stark zusammengedrückt mit scharfer Muskelleiste, unten mit querer Reihe im Ellbogengelenk. Die beiden Knochen des Unterarmes bleiben stets getrennt und zwar ist die Elle (K), bei den Säugethieren der kleinere und häufig verkümmernde, hier stärker als die Speiche (L). Die Handwurzel bildeten bei den Säugethieren wenigstens vier würfelförmige Knochen (bis elf) in zwei Reihen, hier dagegen (Fig. 33 M) nur zwei, höchstens drei. Mittelhandknochen und Finger enthält der Vogelflügel nie mehr als drei, welche gar häufig mit einander verwachsen. Der Daumen (Fig. 33 N) gelenkt auf einem bloßen Vorsprunge des großen Mittelhandknochens (O) und trägt bei mehren Vögeln einen wirklichen, unter den Federn versteckten, bisweilen sogar stark krallenartigen Nagel und ist in diesem Falle zweigliedrig. Der große Finger (N) pflegt zweigliedrig zu sein, der meist mit ihm verwachsene kleine Finger eingliedrig. Die hintern Gliedmaßen gelenken am Beckengürtel. Der innigen Verschmelzung desselben mit dem Kreuzbein haben wir oben schon gedacht; hauptsächlich sind es die Darm- oder Hüftbeine (Fig. 32 O), welche die Lenden- und Kreuzwirbel überwachsen und nur an der Unterseite noch erkennen lassen; die Sitzbeine (Q) rücken als dünne Knochenplatten nach hinten und an ihrem Unterrand legen sich die Schambeine (P) als rippenförmige Fadenknochen an, ohne wie es doch bei den Säugethieren immer geschieht, hier nach unten das Becken zu schließen. Die beträchtliche Weite und Oeffnung des Beckens war wegen des Eierlegens nöthig. Der Oberschenkel (Fig. 32 R) ist ein nicht gerade langer, ziemlich kräftiger Röhrenknochen, das längere Schienbein im Unterschenkel (S) besitzt oben starke Vorsprünge zum Schutz der Sehnen, unten zwei tief getrennte Gelenkknorren und seitlich gewöhnlich ein fadenförmiges, eng anliegendes Wadenbein. Am untern Gelenk kommen nicht selten Knochenbrücken und kleine Schupknochen für die Sehnen vor. Statt der vielknochigen Fußwurzel und des Mittelfußes der Säugethiere finden wir bei den Vögeln nur einen einzigen, langen, kräftigen und kantigen, sogenannten Laufknochen oder Tarsus (V), welcher am untern Ende für jede Zehe einen besondern Gelenkkopf hat. Die Zehenknochen sind denen der Säugethiere sehr ähnlich, aber abweichend nimmt in den Zehen die Gliederzahl von innen nach außen um je eins zu, indem der Daumen 2, die erste Vorderzehe 3, die zweite 4 und die äußere 5 Glieder hat. Die Länge der einzelnen Zehen hängt keineswegs von dieser Gliederzahl ab. Schließlich mag als besondere Eigenthümlichkeit des Vogelskelets noch das häufige Vorkommen accessorischer Knöchelchen an einzelnen Gelenken wie am Kiefer, am Schultergelenk u. a. erwähnt sein.

Nach dieser Betrachtung der einzelnen Skelettheile dürfte eine eingehende Vergleichung der einzelnen Glieder mit dem Säugethiergerüst nicht ohne Interesse sein und besonders wegen des auffallenden Gegensatzes in den entsprechenden Gliedern. Dort breites Schulterblatt und sehr schmales Brustbein, hier dieses auffallend breit, jenes ganz schmal; dort ein schwaches oder verkümmertes Schlüsselbein, hier stets zwei sehr kräftige; dort stets 7 Halswirbel und eine ungemein veränderliche Zahl der Schwanzwirbel, hier eine hohe sehr schwankende Zahl der Halswirbel und eine beschränkte mehr constante der Schwanzwirbel; dort der letzte Schwanzwirbel ein verschwindend kleiner Knochenkern, hier ein gewaltig großer Wirbel. Doch ich überlasse dem Leser den Genuß, diese Vergleichung unter Zusammenstellung beider Skelete systematisch von Glied zu Glied selbst zu verfolgen und die Gründe der widersprechenden Verhältnisse in der eigenthümlichen Lebensweise aufzusuchen und die nothwendigen Beziehungen der unterschiedenen Formen zu ermitteln.

Daß die Musculatur der Vögel in vielfacher Hinsicht von der der Säugethiere abweicht, läßt uns die Verschiedenheit der Skeletformen schon im Voraus annehmen und jede Köchin ist davon so sehr überzeugt, daß sie die gebratene Gans stets auf den Rücken, den gebratenen Hasen aber auf die Bauchseite legt, nicht gewiß nicht bloß schönen Anblick oder der bequemern Lage halber, sondern nur wegen der directen Beziehung zum Gaumen und Magen präsentirt sie dem Braten in der betreffenden Lage. Die Muskeln der Vögel haben im Allgemeinen betrachtet eine intensiver rothe Färbung als das Fleisch der Säugethiere und verlieren mit dem Tode sofort ihre Reizbarkeit. In der Anordnung im Einzelnen vermissen wir die Gesichtsmuskeln gänzlich, deren Besitz die hohe Stellung der Säugethiere bekundet. Die Vögel haben kein Mienenspiel. Dagegen ist bei ihnen der Muskelapparat der Kiefer und des Gaumens complicirter, um eben dem hornigen Schnabel die für die Existenz höchste Dienstfertigkeit zu verleihen. Die Muskeln des Rückens treten, wie jeder gebratene Vogel satsam beweist, gegen die Brustmusculatur ganz auffallend zurück, und diese letztere vollzieht den Flügelschlag. Die Glieder der Haut geben im Flügel auf und bedürfen deshalb keiner kräftigen Muskeln.

Die hintern Gliedmaßen haben nur am Schenkel richfleischige Muskeln, welche sich in lange Sehnen zu den übrigen Gliedern ausziehen, so daß im Fuße das Fleisch so gut wie ganz fehlt. Die Sehnen der Vögel sind allgemein sehr straff faserig und elastisch und haben große Neigung zum Verknöchern. Sehr entwickelt zeigen sich endlich die Hautmuskeln, theils als flache Ausbreitungen in verschiedenen Körpergegenden, theils als kleine Muskelbündel, welche zu vier oder fünf an die Seite jeder Conturfeder treten und deren Beweglichkeit bedingen. Den Haaren und Stacheln der Säugethiere fehlen beson-

dere Muskeln, ihre Bewegung geschieht nur durch die Hautbewegung.

Das Nervensystem steht in seinen allgemeinen Verhältnissen dem der Säugethiere gleich. Das Gehirn füllt die Hirnhöhle vollständig aus, theilt sich wie bei jenen in die jedoch stets glatten, windungslosen Hemisphären, die hier freilich kleinen und abwärts gedrängten Vierhügel und das kleine Hirn, und überwiegt an Masse auch das Rückenmark, bei der Taube z. B. um das Dreifache. In seinen Einzelnheiten weist freilich das Gehirn mehrfache Unterschiede von den Säugethieren auf. Von den Sinnesorganen verdient vor Allem das Auge unsere Aufmerksamkeit. Es verkümmert bei keinem Vogel, zeichnet sich stets durch sehr beträchtliche Größe im Verhältniß zum Kopfe und zum Hirnkasten und mehr noch durch auffällig anatomische Eigenthümlichkeiten aus. Allgemein wird es außen von drei Lidern, einem obern, untern und innern oder der Rückhaut geschützt und bald ist das obere, bald das untere das beweglichere, letzteres gewöhnlich mit einer Knorpelscheibe versehen. Zwei Drüsen liegen in der Augenhöhle, nämlich die kleine Thränendrüse am äußern, und die viel größere Harder'sche Drüse am innern Augenwinkel. Den großen Augapfel bewegen wie bei den Säugethieren vier gerade und zwei schiefe Augenmuskel (Fig. 35. 38); er ist in der hintern Hälfte halbkugelig, in der vordern veränderlich, platt bis fast collinkisch. Die dreischichtige Sklerotika oder Lederhaut birgt vorn im Umkreise der Hornhaut einen eigenthümlichen Knochenring (Fig. 37 a), welcher aus 12 bis 16 vierseitigen Schuppen besteht. Diese schieben sich mit ihren Rändern dachziegelig über einander, doch legt sich oft auch eine Schuppe (+) auf, die andere unter (−) die übrigen. Die Größe, Stärke und Form der Schuppen und die Wölbung des Ringes bietet eine reiche, mit dem Sehvermögen in Be-

Fig. 35.   Fig. 38.

Eulenauge von hinten.   Eulenauge von der Seite.

Fig. 37.

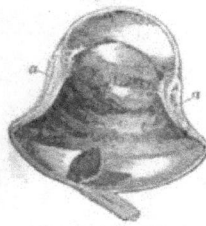

Eulenauge im Durchschnitt.

ziehung stehende Mannichfaltigkeit, aus welcher Fig. 40 nur das Wenigste wiedergiebt, nämlich bei 1 den Sklerotikalring aus dem Auge des Geierkönigs, 2 des Wachtelkönigs, 3 des Eisvogels, 4 des Austernfischers, 5 des Schwanes, 6 des Eisvogels und bei Fig. 39 aus dem Auge des Pinguins. Bei Eulen und allen Nachtvögeln überhaupt erscheint der Ring fast cylindrisch und überaus dachschuppig. Die Iris stellt oft in schöner lebhafter Farbe, die Pupille pflegt rund zu sein und die Krystalllinse (Fig. 37d) ist in der vordern Hälfte merklich abgeplattet. Höchst eigenthümlich und als physiologisches Räthsel liegt im Grunde des Glaskörpers (Fig. 37b) und unmittelbar auf der Eintrittsstelle des Sehnerven der sogenannte Fächer (c) oder Kamm. Es ist eine dicht gefaltete, gefäßreiche, mit schwarzem Pigment überzogene Haut, welche häufig bis zur Linse reicht. Unsere Figur 41 giebt bei 7 und 8 den vergrößerten Fächer eines Papageien und der nicobarischen Taube, in der Seitenansicht und noch auf dem Sehnerv aufsitzend, bei 1 den Fächer der Schneeammer, bei 2 des Kukuks, 3 des Ziegenmelkers, 4 des Papageien, 5 des Schwanes, 6 der Schellente, sämmtliche entfaltet im Querschnitt, um die große Verschiedenheit in der Zahl und Form ihrer Falten zu zeigen. Ich habe in der Zeitschrift für gef. Naturwissensch. 1857. Bd. IX S. 394 den Fächer und Sklerotikalring von 174 Vogelarten beschrieben und abgebildet und verweise den Leser auf jene Darstellung, wenn er diesen Formenreichthum kennen lernen will; die Familien, Gattungen und Arten

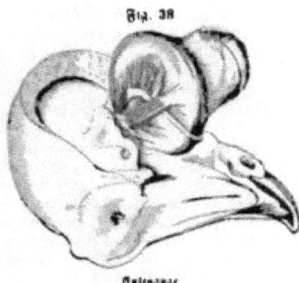

Fig. 38.

Gehörorgan.

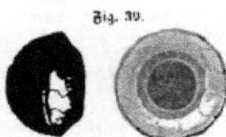

Fig. 39.

Sklerotikalring des Pinguins.

lassen sich damit oft sicherer als durch das Gefieder unterscheiden. Die physiologische Bedeutung jener eigenthümlichen Theile des Vogelauges wird durch Experimente wohl kaum jemals ermittelt werden, doch gewinnt die Vermuthung am meisten Raum, daß der Ring sowohl als der Fächer die gleichzeitige Nutz- und Fernsichtigkeit des Vogels ermöglichen, das Auge zum gleich scharfen Sehen im blendenden Sonnenlicht wie im tiefen Dunkel der Nacht befähigen und es unempfindlich gegen beide machen. Geier und Falken erheben sich in himmlische Höhen und erkennen von dort aus noch die Beute am Erdboden; pfeilschnell schießen sie herab und stoßen sicher auf das winzig kleine Thier, das sie auch in nächster Nähe sehr gut erkennen; die Eule jagt in finsterer Nacht und sieht am hellen Tage vortrefflich. Diese Vereinigung der schroffsten Gegensätze für das Sehvermögen und zugleich die Schärfe desselben unter allen Verhältnissen ist nur durch eine eigenthümliche Organisation des Auges möglich, durch Einschaltung von Theilen, welche dem minder befähigten Auge der Säugethiere gänzlich fehlen.

Alle Vögel hören fein und scharf und der melodische Gesang der Singvögel ebensowohl wie die allgemeine Stimmfähigkeit sprechen entschieden für ein ausgebildetes Gehörorgan, und doch sehen wir keine Ohren am befiederten Kopfe, selbst bei der Ohreule nicht, deren angebliche Ohrbüschel stehen ja auf der Stirn. Ganz versteckt unter dem Kopfgefieder liegt die weite Oeffnung und wird nur selten durch eine etwas veränderte Stellung, auch wohl durch eine eigenthümliche Form der Federn verrathen, allein bei den Eulen von einer Hautfalte umrandet.

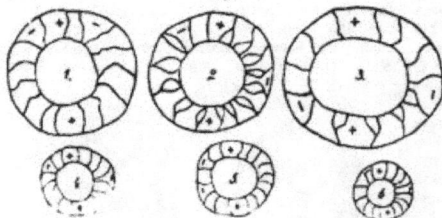

Fig. 40.

Verschiedene Sklerotikalringe.

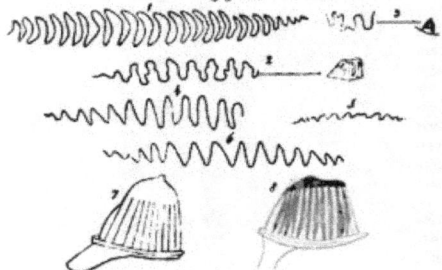

Fig. 41.

Verschiedene Fächer des Vogels.

Über die Fahnenstrahlen der Ohrfedern hängen nicht durch Häkchen zusammen, und gestatten also den Schallwellen widerstandslosen Eintritt in den Gehörgang, in welchem gleich vorn das Trommelfell ausgespannt ist. Das innere Ohr besteht aus den wesentlichen Theilen des Säugethierohres, jedoch statt Hammer, Ambos und Steigbügel ist nur ein einziges stielförmiges Gehörknöchelchen vorhanden.

Ueber die Allgemeinheit und die Schärfe des Riechvermögens sind die Ansichten der Ornithologen noch immer sehr getheilt. Allerdings muß wohl der Geruch ganz fehlen, sobald keine Nasenlöcher die Riechstoffe zu dem Riechnerv gelangen lassen. Völlig geschlossene Nasenlöcher hat aber einzig unter allen Vögeln nur der Tölpel. Sonst sind allgemein zwei Nasenlöcher geöffnet vorhanden, welche in eine sogar sehr geräumige Höhle im Schnabelgrunde führen und in dieser findet man jederseits drei Muscheln, über denen die Riechhaut verbreitet ist. Wie bei den Säugethieren öffnet sich auch hier stets die Nasenhöhle durch die Choanen in die Mundhöhle und eine be-

sondere Drüse erhält die innere Fläche feucht und schleimig. Für die Unterscheidung der Arten hat die Lage, Größe und Form der Nasenlöcher eine wohl zu beachtende Wichtigkeit. Gewöhnlich seitwärts stehend rücken sie vom Schnabelgrunde, hier oft von eigenthümlicher Befiederung umgeben, bis über die Mitte des Schnabels hinaus, bleiben immer aber weit von der Spitze entfernt. Ihre Form geht von der kreisrunden durch die ovale, elliptische in die spalten- und selbst sein ritzenförmige über. Eine charakteristisch hervorstechende Nase, wie solche wesentlich zum Säugethiergesicht gehört, hat kein Vogel. Im Innern sind die Nasenlöcher durch eine senkrechte Scheidewand getrennt oder dieselbe fehlt und man kann durch beide Löcher hindurchsehen (durchgehend, durchbrochen).

Die Zunge fehlt zwar keinem Vogel, allein schon ihr anatomischer Bau macht es sehr wahrscheinlich, daß sie häufig zu ganz andern Diensten als zum Schmecken bestimmt ist und daß dies überhaupt nur ihre untergeordnete Aufgabe bildet. Ihre Größe zunächst anlangend füllt sie gewöhnlich die Mulde des Unterschnabels gerade aus, nur

Fig. 12.

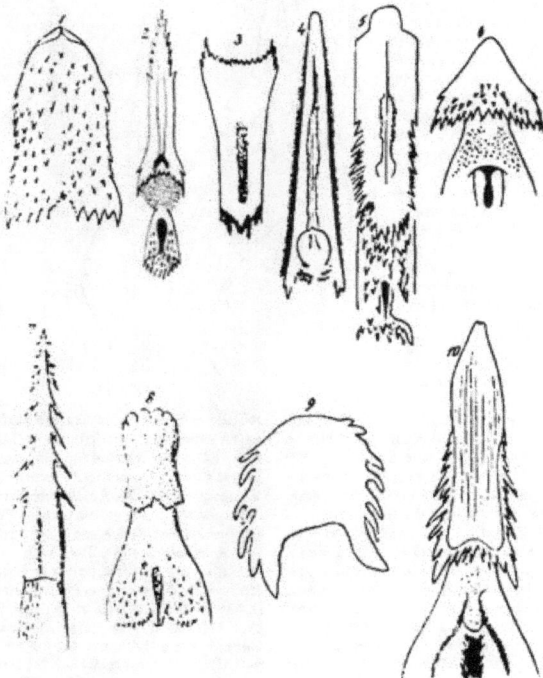

bei mehren ungemein großschnäbligen Vögeln wie dem Pelikan, Löffelreiher, Wiedehopf erscheint sie ganz auffallend verkürzt und zurückgezogen. Ueberraschend mannichfach wechselt ihre Form und jene zehn Gestalten, welche unsere Fig. 42 veranschaulicht, repräsentiren noch lange nicht die hauptsächlichsten Formenkreise; es zeigt 1 die weißgezahnte festgewachsene des Albatroß, 2 die pfeilförmige hartbornige der Schwarzdrossel, 3 (in verkehrter Stellung) die vorn zerfaserte der Schwanzmeise, 4 die rauhlich beborstete des Sägetauchers, 5 die stark bestachelte, vorn ganz stumpfe der Kolbenente, 6 die sehr verkürzte des Wiedehopfs, 7 die mit Widerhaken bewaffnete des Spechtes, 8 die dickfleischige, reich mit Geschmackswärzchen besetzte des Papagei, 9 die weiche, rauhlich zerlappte des indischen Kasuars und 10 die bartzahnige der Trappe. Bei der Schilderung der einzelnen Vögel werden wir Gelegenheit nehmen, noch auf andere höchst merkwürdige Zungenformen aufmerksam zu machen und zugleich auf ihre Funktionen hinzuweisen. Immer findet man an der Unterseite der vordern freien Hälfte eine hornige Platte, welche häufig an der Spitze frei vorragt, auch die scharfen schneidenden Seitenränder bildet und selbst die obere Fläche noch überzieht. Die weißen Papillen und Zähnchen auf der hintern Hälfte (2—6) pflegen ganz hart zu sein und erst am hintern Grunde der Zunge und auf dessen Umgebung erscheinen weiche Geschmackspapillen. In jeder Zunge steckt ein mit jener Hornplatte die Steifheit bedingender Kern von entsprechender Form, ganz knorpelig, halb knöchern oder völlig verknöchert, einfach oder der Länge nach getheilt und beweglich auf dem Mittelstück des Zungenbeines eingelenkt. Das Zungenbein selbst mit seinen zweigliedrigen Hörnern hat wie der Kern selbst wieder ein überraschendes Formenspiel aufzuweisen, aus welchem unsere Fig. 43 bei 1 das Zungengerüst der Lachmöve, 2 der Rauchschwalbe, 3 des Kiebitz, 4 des Löffelreihers, 5 eines Papageien zur Anschauung bringt. — Noch geringer überhaupt als der Geschmack ist bei den Vögeln der Tastsinn entwickelt und nur sehr wenige wie die Schnepfen besitzen in der weichen Schnabelhaut ein wirkliches Tastorgan. Die Empfindlichkeit giebt ihnen aber keineswegs ab, denn die ganze Körperhaut empfindet sehr äußere Berührung, leichter als es bei den Säugethieren der Fall ist.

Hinsichlich der Nahrung, auf welche wir vor der Betrachtung des Verdauungsapparates einen Blick werfen müssen, sind die Vögel im Allgemeinen zwar theils ausschließliche Fleischfresser, theils Pflanzenfresser oder aber sie nähren sich von gemischter Kost und sind also omnivor, allein sie zeigen sich wählerischer im Futter als die Säugethiere. So fordern die Fleischfresser schärfer in solche, welche von warmblütigen Wirbelthieren, von Vögeln oder Säugethieren, oder aber von Amphibien, auch nur von Fischen oder Wasserthieren leben, und in solche, die ganz

auf Insecten und Gewürm angewiesen sind. Auch die Aaskresser scheiden sich ab. Unter den Pflanzenfressern leben einige ölige, andere mehlige Samen, diese welche, saftige, jene harte Früchte oder auch andere saftige Pflanzentheile. Die Omnivoren wechseln theils nach Alter und Jahreszeit mit ihrer Kost, theils fressen sie Insecten, Fleisch, Körner und Früchte, wie sie dieselben gerade finden. Wasser trinken alle und nur die Raubvögel, wie es scheint, können dasselbe ganz entbehren, ohne an Durst zu Grunde zu gehen.

Die Nahrung zu ergreifen und, wo es nöthig ist, sie zu zerkleinern, dazu dient allein der Schnabel. Da derselbe zum Kauen völlig unfähig ist: so wird der Bissen oder eigentlich das Stück ganz verschluckt. Eine Durchspeichelung in der Mundhöhle findet kaum statt, obwohl Speicheldrüsen in deren Umgebung nicht fehlen, die jedoch mehr den Zweck haben, die Mundhöhle feucht und schlüpfrig zu erhalten. Die Speiseröhre ist bei der eigen-

Fig. 43.

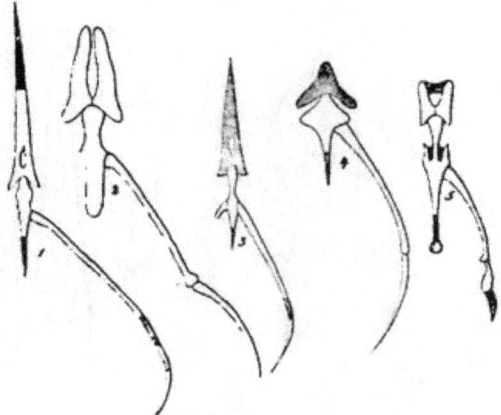

Jungengerüste.

thümlichen Structur des Magens zugleich Sammelbehälter der Speise und erweitert sich deshalb sehr oft bauchig (Fig. 44 a) oder stülpt einen sackartigen Kropf von wechselnder Größe, Form und Structur aus, in welchem die Nahrung während des Jagens und Fressens aufgesammelt und vorläufig durchweicht wird. Das untere Ende der Speiseröhre vertieft sich mit zahlreiche Drüsen in seine Wandungen auf. Diese bald scharf abgesetzte, bald auch allmählig in den eigentlichen Magen sich erweiternde Stelle heißt Vormagen oder Drüsenmagen (Fig. 44 b), in ihr wird die Speise vollständig durchweicht. Der Magen selbst ist stets einfach, niemals wie bei vielen Säugethieren getheilt, und hat bei den Fleischfressern eine sackartige, sehr dehnbare Gestalt (c) mit dünnmuskulöser, drüsenleerer Wandung, bei den Pflanzenfressern dagegen wird er von zwei fast halbkugeligen Muskeln gebildet,

Fig. 44.　　　　　　　　Fig. 45.

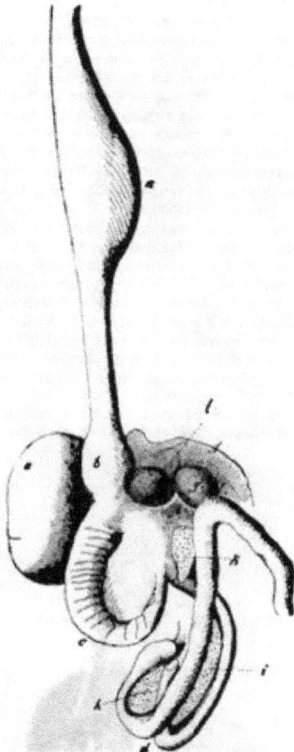

Vogelmagen.

Darmkanal und Leber vom Kuchenfalk.

dern den Rücktritt des Inhaltes. Mit welch ungeheurer Kraft auf diese Weise der Magen arbeitet und wie hart die innern Wände sind, davon zeugen die völlig abgestumpften Lanzettspitzen, welche scharfgeschliffen einem Truthahne gefüttert wurden. Der Darmkanal tritt rechterseits aus dem Magen, ohne durch eine Pförtnerklappe von dessen Höhle geschieden zu sein. Er läuft mit gleichbleibender Weite abwärts und wieder aufwärts, um eine Schlinge für die einfache oder öfter getheilte Bauchspeicheldrüse (Fig. 44 h i k) zu bilden und windet dann häufig noch einige kürzere Schlingen, bis er an den verschiedenen Blinddärmen in den immer sehr kurzen Mastdarm übergeht. Seine ganze Länge schwankt zwischen der einbis fünfzehnfachen Körperlänge, kürzer bei Fleischfressern, länger bei Pflanzenfressern. Die Entwicklung der Blinddärme, welche nur ausnahmsweise gänzlich fehlen und ebenso selten in einfacher Zahl vorkommen, kehrt sich keineswegs an die Nahrungsweise, sie geht vielmehr unabhängig von der vegetabilischen und animalischen Kost von bloß warzenförmigen und ganz bedeutungslosen Vorsprüngen durch alle Grade bis zur Körperlänge. Der Mastdarm pflegt etwas dicker zu sein als der Mitteldarm und endet in der sogenannten Kloake, einer muskulösen Tasche am Körperende, in welche zugleich die Geschlechtsorgane und Harnwerkzeuge münden, häufig zumal bei jungen Vögeln auch noch ein besonderer Brutel, dessen physiologische Bedeutung räthselhaft ist. Die im Dienste der Verdauung stehende Leber (Fig. 44 e f) liegt ganz vorn in der Rumpfhöhle, unter dem Brustbein, so daß sie vorn das Herz, hinten den Magen zwischen sich nimmt. Immer sehr groß, besteht sie doch ohne Ausnahme nur aus einem größern rechten und kleinern linken Lappen, von welchen der erstere die selten fehlende dunkle Gallenblase (g) deckt. Die sehr kleine, kuglige bis wurmförmig langgestreckte Milz (l) hat ihre Lage hinterwärts des Vormagens. Die Nieren fallen immer durch ihre enorme Größe auf und nehmen, jederseits in zwei oder drei Lappen zerfällt, die ganze Rückenwand des Beckens ein. Die

welche innen von einer harten gefalteten Haut ausgekleidet sind und durch ihre gegenseitige Reibung zwischen den Falten die Speise völlig zermalmen. Beide Magenhälften wirken hier in der That wie zwei Mühlsteine gegen einander und um das Mahlen zu befördern, verschlucken viele Vögel sogar harte Sandkörner und Kieselsteinchen.

Es ist keineswegs Zufall oder krankhafter Appetit, wenn wir Steine im Hühner- und Gänsemagen finden, das Magengeschäft macht dieselben nothwendig, so sehr, daß z. B. auf langen Seereisen den Hühnern Sand gefüttert werden muß, wenn sie nicht an unvollständiger Verdauung erkranken und sterben sollen. Die Muskelfasern des Magens strahlen jederseits von einem Mittelpunkte oder einer Sehnenscheibe aus und verengen durch ihre Zusammenziehung die Magenhöhle, gleichzeitig contrahiren sich obere Muskelfasern (Fig. 45 d) und verhin-

von ihnen abgehenden Hornleier führen den Horn unmittelbar in die Kloake, wo er sich mit den Excrementen
vermischt, daher der Koth der Vögel stets breiartig und
selbst flüssig erscheint, die Losung, weil ohne bestimmte
Form, also auch viel schwieriger zu erkennen ist wie bei
den Säugethieren. Was bei dem Strauß und Kasuar als
Harnblase gedeutet wird, ist nur eine Erweiterung der
Kloake. Eine den Vögeln durchaus eigenthümliche Drüse,
die ich hier noch erwähnen muß, ist die auf den Schwanzwirbeln unmittelbar unter der Haut gelegene Bürzeldrüse.
Dieselbe fehlt nur sehr wenigen Vögeln und sondert eine
ölartige Schmiere ab, mit welcher das Thier selbst die
Federkiele einölt, um sie biegsam zu erhalten. Meist
bergförmig, ändert sie doch in Größe und Gestalt mehrfach
und erhält durch die Federn, welche über ihr stehen, ein
besonderes systematisches Interesse.

Als warmblütige Wirbelthiere haben die Vögel zwei
völlig getrennte Herz- und Vorkammern in dem kegelförmigen Herzen, welches gleich am Eingange in die Brusthöhle seine Lage hat und zum Theil zwischen beide Leberlappen sich versteckt. Beide Höhlen sind sehr ungleich,
fungiren aber ganz wie bei den Säugethieren. Die Anordnung der sehr starkwandigen Blutgefäße weicht zwar
in manchen Einzelnheiten von jener ab, doch würde uns
deren Verfolg zu weit ins Gebiet der speciellen Anatomie
führen, die man besser mit dem Messer in der Hand stu-
dirt. Das Blut durcheilt beide Kreisläufe mit einer
Temperatur von 32 bis 35 Grad Reaumur.

Von ungleich höherem Interesse als das Gefäßsystem
ist für uns das Athmungs- und Stimmorgan, welche
ganz eigenthümlich und in ihrem Bau complicirter als
bei den Säugethieren sind. Der melodische und selbst
schmetternde Gesang und der weithin schallende Ruf sehr
kleiner Vögel, die unaufhörliche und windesschnelle Bewegung, der ausdauernde Flug großer wie kleiner Vögel
in unmeßbaren Höhen, über Gebirge und Meere läßt
gerade in diesen Organen Einrichtungen vermuthen, welche
in keiner andern Thierklasse wiederkehren und die Vögel
im strengsten Sinne als Luftthiere charakterisiren. Das
Athmungsorgan beherrscht in der That den ganzen Körper. Zunächst ist die Rumpfhöhle nicht wie bei den
Säugethieren durch ein musculöses Zwergfell in Brust-
und Bauchhöhle geschieden, und obwohl äußerlich wegen
der ungeheueren Brustmusculatur der ganze Vogelrumpf
nur Brust zu sein scheint, sind doch gerade die Lungen
als das Hauptorgan der Brusthöhle bei den Vögeln verhältnißmäßig sehr klein. Blaßroth und locker schwammig,
niemals zerlappt, drücken sie sich ganz wie die Nieren in
der Beckenhöhle fest an die Wirbelsäule und Rippen und
überziehen sich auf ihrer vordern oder untern Fläche mit
einer sehnigen Haut, deren Rand besondere Muskeln zu
den Rippen absendet. Diese Haut entspricht streng genommen dem Zwergfell der Säugethiere und demgemäß
wäre die untere Lungenfläche der Vögel der Untern der
Säugethiere gleichzustellen. Auf dieser Fläche nun
(Fig. 46) machen sich zahlreiche große und kleine Oeffnungen bemerklich, aus welchen die Luft beim Athmen aus-
tritt und zwar in besondere häutige Luftsäcke. Wenn
man die Rumpfhöhle eines eben getödteten Vogels vorsichtig öffnet, so sind diese Luftzellen sehr deutlich als

Hohlräume zu erkennen und der geübtere Anatom unterscheidet von einer sogenannte Bronchialzelle und dahinter
drei Paare Seitenzellen. Aus ihnen oder durch oft noch
vorhandene kleine Nebenzellen tritt die Luft in die Höhlen
der Knochen und selbst durch die Haut in die Spulen der
großen Lichtfedern. Es durchzieht also den Vogelkörper
ein System von Lufträumen und Kanälen, deren willkür-
liche Füllung und Entleerung das Körpergewicht beträchtlich verändern und mittelst welcher der Respirationsprozeß
im Vergleich zu den Säugethieren ungemein gesteigert ist.
Ja diese Einrichtung befähigt den Vogel fortzuathmen,
wenn der normale Eingang in die Lungen, die Luftröhre,
geschlossen und das luftführende System an einer andern
Stelle (etwa durch einen Schuß in den Flügel) gewaltsam
geöffnet werden ist. Die Wirkungen dieser ausgedehnten
Respiration äußern sich in dem schnellen Pulsschlag, der
hohen Wärme des Blutes, der großen Reizbarkeit, in der
Energie aller Bewegungen, in der Empfindlichkeit gegen
atmosphärische Einflüsse und in der Stimme.

Die Luftröhre beginnt wie bei den Säugethieren mit
einem Kehlkopfe und läuft an der Speiseröhre längs des
Halses herab, um sich gleich nach ihrem Eintritt in die
Rumpfhöhle in zwei Aeste, die Bronchien, für beide Lungen

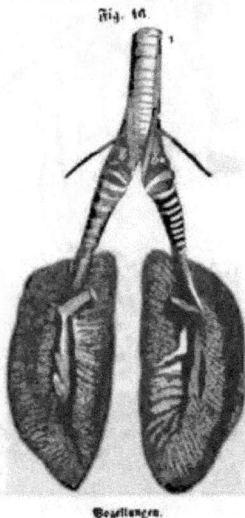

Fig. 46.

Vogellungen.

zu spalten. Bisweilen verlängert sie sich sehr beträchtlich durch eigenthümliche Windungen, welche sogar in das
Innere des Brustbeinkieles eintreten wie beim Schwan
(Fig. 47). Gebildet ist sie stets aus ganzen, sehr harten
Knochenringen, deren Ränder sich über einander zu schieben vermögen. An den Bronchien pflegen die Ringe
nur zur Hälfte hart zu sein und sich bald früher, bald
später bei der Verästelung in den Lungen zu verlieren.

Fig. 47.

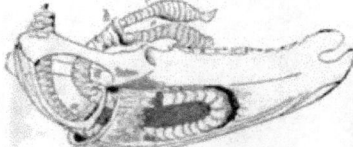

Brustbein und Luftröhre des Singschwans

In den obern Kehlkopf führt die spaltenförmige Stimm-
ritze, welche kein Stimmdeckel verschließt. Uebrigens besteht dieser Kehlkopf aus denselben Theilen wie bei den
Säugethieren, aber er trägt hier nicht zur Stimmbildung
bei. Dazu dient vielmehr der den

Fig. 48.

Vögeln ganz eigenthümliche untere
Kehlkopf an der Theilungsstelle der
Luftröhre in die Bronchien (Fig. 46.
47 b. 48. 49). Hier verstärkt sich
nämlich der letzte Luftröhrenring mit
gleichzeitiger Modification der ersten
Bronchialringe und theilt sich durch
einen innern Steg, der mittelst besonderer Falten der innern Luftröh-
renhaut die Bildung zweier Stimm-
ritzen erzeugt. Ein besonderer
Muskelapparat, um so complicirter,
je vollkommener Stimme und Gesang
des Vogels ausgebildet ist, setzt die
Theile des untern Kehlkopfs in Bewegung. Die bei a Fig. 46 und in
Fig. 48 gezeichneten Muskeln längs
der Luftröhre und die beiden am untern Ende abstehenden sind als Be-
weger der Luftröhre bei allen Vögeln
vorhanden, dazu kommen gewöhnlich
noch ein oder zwei Paare am untern
Kehlkopf, bei den eigentlichen Singvögeln hier aber fünf Paare zum
Theil sehr starker Muskeln.

Unterer Kehlkopf eines
Singvogels.

Nach dieser Zergliederung des
Vogelkörpers werfen wir noch einen Blick auf seine allmählige Entwicklung aus dem Ei. Alle Vögel legen bekanntlich Eier und brüten dieselben durch ihre eigene
Wärme aus. In der Zahl der Eier für eine Brut

Fig. 49.

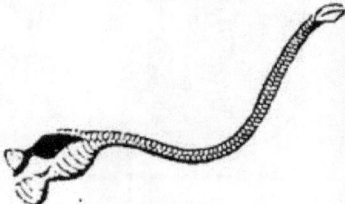

Luftröhre und Kehlkopf der Rohrdommel.

(1—30), in der Größe, Form und Oberflächenzeichnung
derselben bewahrt jede Gattung und Art ihre besondern
Eigenthümlichkeiten, deren Studium zu einem eigenen
Zweige der Ornithologie, zur Oologie ausgebildet worden
ist. Wir werden dieselben bei den einzelnen Vögeln kennen lernen und beschäftigen uns hier nur mit den allgemeinsten Bildungsverhältnissen.

Die aus kohlensaurem Kalk bestehende Schale
(Fig. 51 a) eines jeden Eies ist bald feiner, bald gröber
porös, so daß sowohl von außen atmosphärische Luft
eindringen, wie auch ihr Inhalt auskünsten kann. Innen
wird die Schale von der sogenannten Eischalenhaut ausgekleidet, welche überall eng anschließt bis auf eine Stelle
am stumpfen Ende des Eies (b), wo sie zurücktritt und
einen luftgefüllten Raum frei läßt. Der flüssige Inhalt
des Eies besteht zunächst aus dem Eiweiß in zwei leicht
erkennbaren Schichten und dann aus dem kugeligen
Dotter (c), welcher gleichfalls eine äußere Schicht und
eine innere Kugel unterscheiden läßt und an beiden Polen
durch gewundene Stränge (fehlen in unserer Figur) in
seiner Lage erhalten wird. In dieser Zusammensetzung,
von welcher man bei der vorsichtigen Oeffnung eines
Hühnereies und selbst noch bei der Zerlegung eines ge-
kochten sich unterrichten kann, wird das Ei gelegt. An
dem traubigen Eierstocke (Fig. 50), der bei den Vögeln

Fig. 50.

Eierstock des Huhnes.

allermeist einfach, bei den Säugethieren paarig in der
Beckenhöhle liegt, fehlen den Eiern die Kalkschale und
das Eiweiß, beide bilden sich erst um den Dotter nach der
Ablösung vom Eierstock, während des Durchganges durch
den Eileiter, der in die Kloake mündet. Am Dotter selbst
findet man leicht noch einen weißlichen Fleck (g) und unter
diesem einen Kanal, welcher in die centrale Höhle (d)
hinabführt. Jenen Fleck nennt man das Keimbläschen
und einen in demselben befindlichen Punkt den Keimpunkt.

Fig. 51.

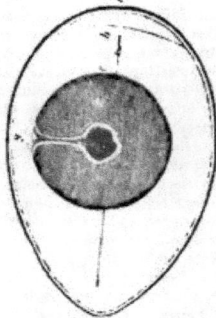

Durchschnitt des Eies.

Fig. 52.

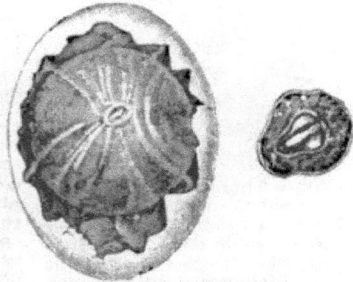

Hühnerei mit Keim 12 Stunden bebrütet.

Fig. 53.

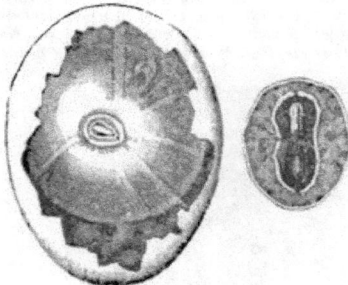

Dasselbe in der 16. Stunde.

Fig. 54.

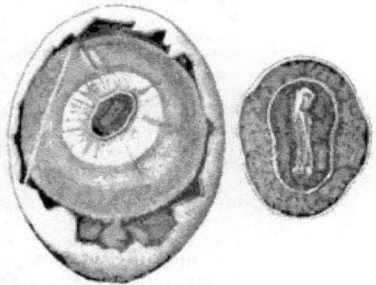

Dasselbe in der 36. Stunde.

Fig. 55.

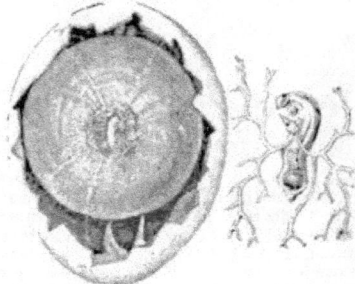

Dasselbe in der 38. Stunde.

Fig. 56.

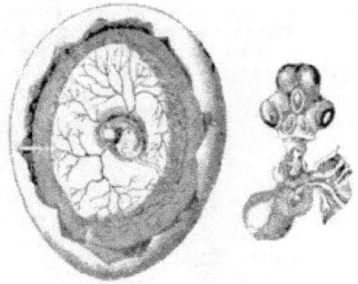

Dasselbe am 4. Tage mit dem Amnion.

Fig. 57.

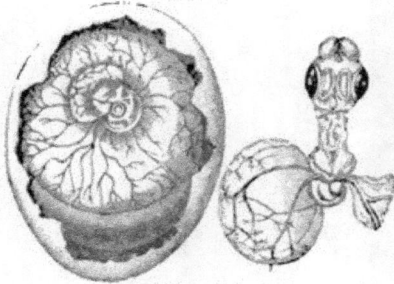

Ei aus Amberg am 5. Tage.

Fig. 58.

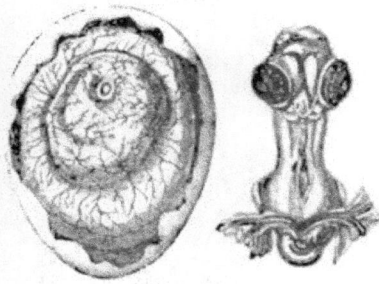

Dieselben am 6. Tage.

Fig. 59.

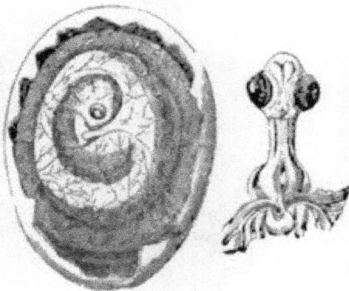

Dieselben am 7. Tage.

Fig. 60.

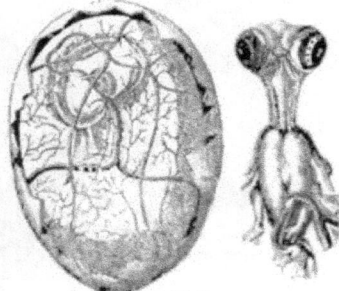

Dieselben am 8. Tage.

Fig. 61.

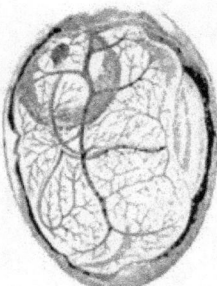

Ei am 9. Tage.

Fig. 62.

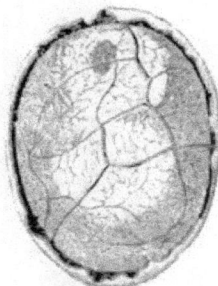

Dasselbe Ei rechts gewendet.

Fig. 63.

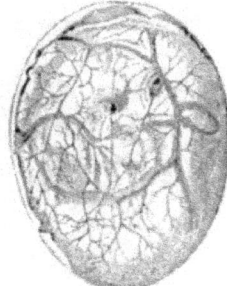

Ei am 10. Tage.

Fig. 64.

Der Embryo am 10. Tage.

Fig. 65.

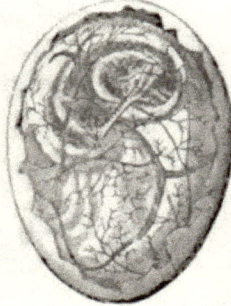

Fig. 66.

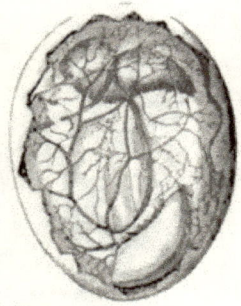

Das Ei am 14. Tage.

Fig. 67.

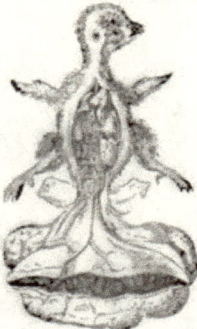

Der Embryo am 16. Tage.

Fig. 68.

Fig. 69.

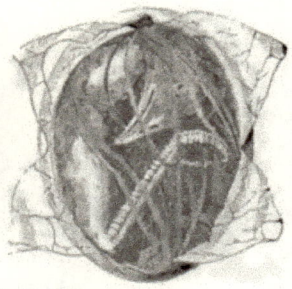

Das Ei am 18. Tage.

Fig. 70.

Der Embryo mit größerem Leibe.

Fig. 71.

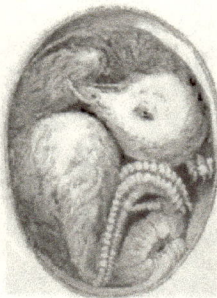

Fig. 72.

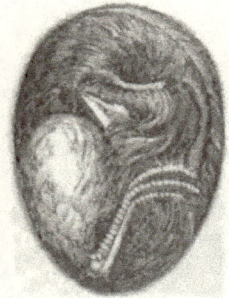

Das Huhn den am 20. Tage.

Fig. 73.

Fig. 74.

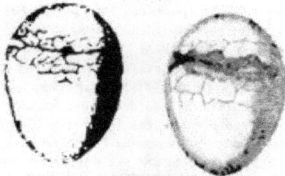

Durchbruch des jungen Vogels aus dem Ei.

Ei-Schale nach Ausschlüpfen des Jungen.

An dieser Stelle nun beginnt in Folge der Bebrütung die Bildung des Embryo, dessen allmählige Entwicklung in unsern Figuren 52—74 mit dem geöffneten Ei und dem vergrößerten Embryo darin dargestellt ist. An der Stelle jenes Keimbläschens entwickeln sich zuerst zwei Häute, das animale und das vegetative Blatt, und frühzeitig schon in ersterem der Fruchthof als helle Stelle mit dunkler Umgebung. Dieser wird größer, guitarrenförmig und in seiner Mitte erscheint eine Linie, die Anlage des Rückenmarkes. Alsbald zeigen sich (Fig. 53) kleine vierseitige Plättchen auf demselben, der Anfang der knöchernen Wirbelsäule; das vordere Ende verdickt sich zum spätern Hirn und schon am vierten Tage der Bebrütung zeigt sich hier die Anlage der Augen. Am fünften Tage beginnt die Bildung der Lungen und am 9. erkennt man die Knochen deutlich, am 10. die Muskeln und ersten Keime der Federn. In dem untern oder vegetativen Blatte, welches der Bauchhälfte des Vogels entspricht, erfolgt gleichzeitig mit der Entwicklung jener animalen Organe die Bildung des Darmkanales mit den zu ihm gehörigen Drüsen, die Nieren und Geschlechtswerkzeuge. Die Gliedmaßen wachsen zu beiden Seiten des Leibes hervor und sind am 14. Tage bereits vollkommen gegliedert. Ist der Vogel zum Ausknechen reif: so sprengt er die Schale, allerdings ein sehr schwieriges Stück Arbeit für den kläglich eingeklemmten und noch ziemlich weichen Bewohner. Er hilft sich jedoch zu dieser Sprengarbeit mit ein oder zwei sehr harten und scharfen Spitzchen auf der Spitze des Oberschnabels, welche schon bei geringer Bewegung die Schale ritzen und nur an einer Stelle verletzt, platzt die spröde Kalkhülle unter leichtem Druck. Der Bohrapparat an der Schnabelspitze fällt im ersten oder zweiten Tage nach dem Ausschlüpfen als nutzlos ab.

Die Brütezeit und die Entwicklung des Embryo dauert je nach der Größe des Vogels und der Vollkommenheit seiner Organisation mehre Tage bis einige Wochen. Die kleinsten Vögel, wie Zaunkönig und Kolibri, brüten nur elf Tage, die meisten kleinern Singvögel 14 Tage, Hühner und große Raubvögel 3 Wochen, der Strauß 5 Wochen. Das ausschlüpfende Junge ist bei allen vollkommenen Vögeln gleich kräftig genug, um seiner Mutter sofort zu folgen und selbst das Futter aufzunehmen; ein richtes Dunengefieder bringt es schon aus dem Ei mit. Alle sogenannten Restbrüter dagegen verlassen höchst unbeholfen und schwach, nackt und oft blind das Ei und wachsen erst unter der sorgfältigsten Pflege und Fütterung der Eltern heran. Und dennoch vollenden alle Vögel ihre Entwicklung sehr schnell im Verhältniß zu ihrer Lebensdauer. Es ist wohl eine unmöglich lösbare Aufgabe, das natürliche Lebensalter der verschiedenen Arten im freien Zustande zu ermitteln und nur wenige Vögel mögen auch bei den unablässigen Verfolgungen zahlreicher Feinde und der Empfindlichkeit gegen äußere Einflüsse das höchste Greisenalter erreichen; allein in Gefangenschaft gehaltene Vögel geben schon überraschende Beispiele höheren Alters, denn Adler, Raben und Papageien halten bunkert Jahre aus, selbst die kleinen Sänger, Kanarienvögel, Stieglitze, Nachtigallen leben 20 bis 30 Jahre. Ein gleich hohes Alter im Vergleich zur Jugenddauer wird keinem Säugethiere zu Theil. Und wie die Jugend der Vögel allgemein durch Farbe, Gefieder, Stimme und bisweilen selbst durch die Wahl der Nahrung von dem kräftigen Lebensalter sich unterscheidet: so trägt auch das Greisenalter fast allgemein charakteristische Eigenthümlichkeiten, welche dem sachkundigen Beobachter sogleich in die Augen fallen.

Bevor wir uns zur Schilderung der einzelnen Familien wenden, wird es nicht ohne Interesse sein, noch einige der allgemeinsten äußern Beziehungen und Lebensverhältnisse der Vögel zur Sprache zu bringen.

Die Bewegungsweisen der Vögel sind bis auf den vollkommenen Flug dieselben wie bei den Säugethieren, obwohl nur die hintern Gliedmaßen allein die verschiedenen Gangarten und das Schwimmen ausführen. Der schreitende Gang mit abwechselndem Fortsetzen der Füße auf fester Unterlage geschieht langsam und schwerfällig, ernst und bedächtig, mit Stolz und Anstand oder aber wackelnd und nickend, mit Leichtigkeit und Keckheit, gar oft bis zum Schnelllaufen wie bei allen Hühnern und Sumpfvögeln sich steigernd. Ganz zu Fuß, geduckt, kriechend sieht man nur wenige Vögel gehen, häufiger und zumal bei kleinen im Gebüsch und auf Bäumen lebenden kommt der hüpfende Gang vor und das Klettern an senkrechten Flächen, das bei einer großen Familie, den Klettervögeln, durch zweckmäßigen Bau der Füße erleichtert ist, bei andern nur durch scharfe Krallen und starke Winkelung des Fußgelenkes ermöglicht wird. Ebenso verhält es sich mit dem Schwimmen, welches einige Vögel nur im Nothfall üben, während alle Schwimmvögel durch den Bau ihrer Füße und die Beschaffenheit ihres Gefieders mit der größten Leichtigkeit, Gewandtheit und Ausdauer schon von frühester Jugend an auf dem Wasser sich bewegen und diesem Elemente ihr ganzes Leben unterordnen. Da sie bei der lebhaften Lungenrespiration unter dem Wasser gar nicht athmen können: so verstehen sie sich auf das Tauchen vortrefflich, schießen blitzgeschwind unter und nur ebenso schnell wieder an der Oberfläche oder stellen sich grüntelnd auf den Kopf, den Steiß senkrecht emporbebend und rudern im Nu wieder in horizontaler Stellung weiter. Länger als eine volle Minute aber vermögen sie nicht wohl unter dem Wasser auszuhalten, während doch unter den Säugethieren einzelne Viertelstunden lang tauchen. Bei allen diesen Bewegungen pflegen die Flügel unthätig zu bleiben und dessen nur in Nothfällen, sie sind vielmehr ganz für den Flug bestimmt, die Hauptbewegung des Vogels, daher ihr auch der Körperbau und die Organisation vollständig anbequemt ist. Freilich finden wir auch das Flugvermögen zwischen den extremsten Graden ausgebildet, welche zwischen dem flugunfähigen Pinguin und Laufvögeln einerseits und dem völlig bodenflüchtigen Fregattvogel andererseits liegen. Die Gewandtheit und Ausdauer, die Höhe, Schnelligkeit, Geschicklichkeit in den Wendungen, dem Auf- und Niedersteigen, in dem Erheben und Niedersetzen ist überaus verschieden. Raubvögel schweben ohne Flügelschlag langsam in den höchsten Höhen und fast mit Windesschnelle stoßen sie plötzlich auf die erspähte Beute nieder. Schwalben und Tauben fliegen mit der Eile unserer schnellsten Locomotive viele Meilen weit fort, die Fregattvögel entfernt sich mehre hundert Meilen vom Festlande in die offene See hinaus, aber Hübner schwirren auf, um in einigen hundert Schritt Entfernung sich wieder niederzulassen. Jedem ist das Flugvermögen in dem Grade zu Theil geworden, welchem seine Lebensweise erheischt und dem aufmerksamen Beobachter entgehen die körperlichen Einrichtungen nicht, die jeder Flugweise nothwendig eigenthümlich sind.

Das Fortpflanzungsgeschäft bewegt die Vögel auf das lebhafteste. Wenn des Winters Frost und Kälte gewichen, im Frühjahr die ganze Natur zu neuem Leben erwacht, dann regt schnell auch der lebensfrohe Vogel sein buntes, frischfarbiges Hochzeitsgefieder an und läßt sein fröhliches Lied erschallen. Bald ist ein sicherer Ort zur Anlegung des Nestes ermittelt und wie in der Wahl dieses, so noch mehr bekundet der Vogel seine zärtliche Sorge für die Nachkommenschaft in dem Bau des Nestes selbst. Bei uns beginnt der Kreuzschnabel bereits im Januar dieses Geschäft, einzelne folgen ihm im Februar und März, dann die ankommenden Zugvögel mit gesteigerter Eile im April und Mai. Bei den polygamisch lebenden, wie den Hühnern und Gänsen, ist das eheliche Band der Geschlechter ein sehr lockeres, die Sorge für die Jungen allein der Mutter überlassen, die ein sehr einfaches, kunstloses Nest baut, den ausgeschlüpften Jungen nur Anleitung im Aufsuchen der Nahrung gibt und sie gegen feindliche Angriffe vertheidigt. Bei den paarweise lebenden aber halten die Geschlechter meist innig zusammen, tänkeln und spielen mit einander, bauen häufig gemeinschaftlich das Nest und brüten sogar abwechselnd oder das Männchen trägt der brütenden Weibchen das Futter zu; ebenso pflegen sie gemeinschaftlich die Jungen. Und es sind viele Beispiele bekannt, daß solche Ehen auf mehre Jahre, auf die ganze Lebenszeit mit unerschütterlicher Anhänglichkeit gehalten werden. Wenn man sehr wohl in solch ehelichen Lebensverhältnissen mehr als bloß blinden Instinct findet: so schwindet doch diese Erhebung des Thierischen wieder ganz in dem Verhältniß der Eltern

zu den Jungen. Nur bis zur Selbstständigkeit der letztern hält die sorgende Mutterliebe an, dann zerreißt das Band, Mutter und Kind kennen sich fortan nicht mehr und keines bekümmert sich um das andere. Hilf dir selber! ist das Lebensprincip der ganzen organischen Welt und nur auf diesem kann auch die menschliche Gesellschaft gedeihen. In der Anlage und dem Bau des Nestes hat jeder Vogel seine Eigenthümlichkeiten, den specifischen Bedürfnissen entsprechend, und die allgemeine Schilderung kann auf dieselben nicht wohl eingehen. Erwähnt sei nur noch, daß manche Vögel zweimal im Jahre brüten, theils ihrem natürlichen Triebe folgend, theils angeregt dazu durch feindliche Zerstörung ihrer Eier und Nester. Sind die Jungen herangewachsen und der elterlichen Sorge überhoben, dann treten die Existenzsorgen in den Vordergrund. Der muntere Gesang verstummt, die Mauser schwächt den Körper und drückt die frohe Stimmung herab, der Appetit wird schlecht und wenn er wieder erwacht, ist Vielen schon die Kost verschmälert, und dieser Mangel im Verein mit dem rauhen Jahreszeit zwingt sie zur Wanderung in wärmere Gegenden, wo sie auch während des Winters reichliche Nahrung finden. Viele gehen auf diese Reise zu Grunde, Andere kehren im beginnenden Frühjahr in ihre Heimat zurück.

Ueber alle Länder der Erde verbreitet, folgen auch die Vögel den allgemeinen klimatischen Gesetzen der Thierwelt, nämlich arm an Formen und zahlreich an Individuen in der kalten Zone, am buntesten und mannichfaltigsten in den warmen Ländern. Einzelne beschränken ihr Vaterland auf eng umgränzte Gebiete, Andere dehnen es über Welttheile und verschiedene Klimate. Die ungemeine Beweglichkeit befähigt sie, den empfindlichen Einflüssen der Witterung und dem eintretenden Nahrungsmangel schnell auszuweichen. Die jahraus jahrein standhaltenden Vögel, welche dem Jahreszeitenwechsel trotzen und mit der kärglichen Nahrung des Winters sich begnügen, hat man als Standvögel von den wandernden unterschieden. Ihr Organismus erträgt den empfindlichsten Wechsel äußerer Einflüsse. Andere Vögel ziehen gesellig und schaarenweise von Ort zu Ort, um erträglichere Witterung und reichlichern Nahrung aufzusuchen. Sie sind Strichvögel. Noch Andere wandern regelmäßig vor Eintritt des Winters aus der kalten in die gemäßigte Zone und aus dieser in die warme und kehren im beginnenden Frühjahr zurück. So verleben sie als Zugvögel oft den größern Theil des Jahres außerhalb ihrer Heimat im fremden Lande, denn wo sie geboren, wo sie brüten, haben sie ihr wahres Vaterland. Der Zug der Vögel bietet hinsichtlich der Zeit, der Art und Weise seiner Ausführung so räthselhafte und geheimnißvolle Verhältnisse, daß wir bei der Schilderung der Arten dieselben nicht unbeachtet lassen dürfen. Hier sei nur noch erwähnt, daß die Unterscheidung der Stand-, Strich- und Zugvögel keine durchgreifende ist und es Arten gibt, welche ebensowohl Stand- wie Strich- oder Zugvögel und umgekehrt sind.

In dem Haushalte der Natur spielen die Vögel eine bedeutende Rolle. Sie beleben die Lüfte bis zu den äußersten Gränzen des organischen Lebens, bevölkern Wald und Flur, die ödesten Wüsteneien und das raubeste

Gestade des Hochgebirges, die Teiche, Seen und Meeresgestade. Durch ihr munteres, bewegliches Wesen, durch ihr leicht in die Augen fallendes Aeußere, ihre laute Stimme verleihen sie jeder Landschaft Leben. Und dabei lösen sie eine große Aufgabe bei der Erhaltung des Gleichgewichtes in der organischen Welt. Ihre schnelle Verdauung nöthigt sie zur Vertilgung ungeheurer Mengen von Insektengeschmeiß und Gewürm aller Art, das sich ohne ihren Appetit sofort verderbend und ertödtend vermehren würde; sie fressen Fische und Amphibien und jagen kleine zumal verderbenbringende Säugethiere, wie auch größere, schonen freilich auch ihres Gleichen nicht. Die Geier reinigen die Luft durch Vertilgung des Aases und machen sich besonders in wärmern Ländern zu einem nothwendigen Faktor des allgemeinen Lebens. Die Pflanzenfresser setzen nicht minder der Ueberwucherung der Vegetation durch ihre Vertilgung der Früchte und Samen, der Knospen und Blüthen einen gewaltigen Damm entgegen. Andrerseits haben auch die Vögel ihre Verfolger und Feinde, wenn auch nicht so zahlreiche wie die Säugethiere, da ihr scharfes Auge, feines Gehör und geschicktes Flugvermögen sie mehr befähigt den Angriffen auszuweichen. Die Raubvögel freilich jagen mit beispielloser Gewandtheit andere Vögel, Wölfe, Füchse, Marder, Katzen dagegen legen sich auf die Lauer und überraschen den unachtsamen; großartigen Verfolgungen sind die Eier und Jungen in den Nestern ausgesetzt, die allgemein als Delicatesse und nahrhafte Kost gelten. Und der Mensch nimmt nicht etwa einen kleinen Antheil an dieser Verfolgung: in jugendlichem Uebermuthe zerstört er die Nester und bricht die nützlichen und angenehmsten Vögel weg, er verfolgt die Raubvögel, weil sie seine Jagd beeinträchtigen, fängt die zur Nahrung dienenden zu Tausenden und Millionen ein, sucht die schmackhaften Eier auf, weiß ferner das Gefieder vielfach zu benutzen, hält sie aber auch zur Unterhaltung im Zimmer, als Kampfthiere gezüchtet im Hofe oder abgerichtet zur Hülfe bei der Jagd. Stellt man im Allgemeinen den Nutzen und Schaden nebeneinander, welchen der Mensch der Klasse der Vögel verdankt: so wird unbedingt der Nachtheil vom Nutzen bedeutend überwogen und es sollte der Fang und die Vertilgung mit großer Vorsicht betrieben, in einzelnen Fällen selbst mit unnachsichtiger Strenge überwacht werden, indem gerade die nützlichsten Vögel dem Muthwillen und der nutzlosen Vertilgung am meisten ausgesetzt sind.

Endlich haben wir noch einen Blick auf die Vorzeit der Vögel zu werfen. Schon in frühern Schöpfungsperioden belebten auch sie die Lüfte und überlieferten uns in ihren Knochen, Federn, Eischalen und Fußspuren die unzweifelhaftesten Beweise ihrer frühzeitigen Existenz. Im Allgemeinen sind freilich ihre Fossilreste ungleich seltener als die von anderen Thierklassen. Wohl möglich, daß sie durch ihre lustige Lebensweise bei großartig verbreiteten und neugestaltenden Katastrophen glücklicher als die Bewohner des Festlandes und der Gewässer entwichen konnten, aber auch wenn sie diesen erlagen, schwamm ihr leichter Körper auf der Oberfläche der Fluthen und erlag meist der völligen Auflösung, bevor er in Schlamm gebettet den äußern Einflüssen entzogen und petrificirt wurde. Bei dieser Seltenheit der Reste beläuft sich die

Anzahl der bekannt gewordenen Vogelarten aus frühern Schöpfungsperioden auf noch nicht hundert, und keine derselben zeigt in ihrem Knochenbau so auffallende Unterschiede von den nächstverwandten lebenden Vögeln, wie bei den Säugethieren, Amphibien und Fischen ermittelt worden sind. Es dürfte voreilig sein, bei der Geringfügigkeit des vorliegenden Materials aus jenem Verhältnisse schon allgemeine Schlüsse für die geologische Entwicklungsgeschichte der Vögel aufstellen zu wollen. Fest steht bis jetzt nur, daß die großen Familien der gegenwärtigen Schöpfung bereits auch in der Vorwelt vertreten waren und daß ihre Mannichfaltigkeit ganz wie die der Säugethiere in den aufeinander folgenden Epochen erheblich sich steigert. Das erste Auftreten der Vögel fällt in eine ziemlich frühe Zeit. Der rothe Sandstein des Connecticutthales in Nordamerika nämlich liefert zahlreiche Fährten, welche nur auf Vögel sich deuten lassen, und doch fehlt bis jetzt noch jede andere Spur derselben in diesen Schichten. Dagegen wurde im schwarzen Glarner Schiefer, viel jünger als jener Sandstein und bald zur Kreide-, bald zur Tertiärformation verwiesen, ein unverkennbar sperlingsartiges Vogelskelet entdeckt, das im Züricher Museum aufbewahrt wird. In den tertiären Bildungen des Pariser, Mainzer, Oeninger, Auvergner Beckens kommen einzelne Knochen von Vögeln öfter vor und mehr noch im Diluvium, in welchem sie bei Quedlinburg allein sechs Arten unterscheiden konnte. In der gegenwärtigen Schöpfung sind die Riesenvögel auf Neuseeland und die merkwürdige Dronte ausgestorben; beide erlagen den schonungslosen Verfolgungen in früherer Zeit, indem sie auf die enge Insel beschränkt auch durch den Flug sich nicht zu retten vermochten.

Das nette, gefällige Aeußere sowie das muntere, unterhaltende Wesen hat den Vögeln von jeher zahlreiche Freunde und Verehrer zugeführt und die Ornithologie gehört daher zu den bevorzugten Theilen der Zoologie. Wir haben hier weder die Aufgabe noch den Raum, zu deren Lösung aller ornithologischen Forscher seit Aristoteles und Conrad Gesner bis auf Audubon, Temminck, Bechstein, Naumann, Lucian Bonaparte und die zahlreichen andern dieses Jahrhunderts aufzuzählen oder gar zu kritisiren, um dadurch unsere nachfolgende Darstellung zu rechtfertigen. Wir geben dieselbe als das Resultat der Jahrhunderte hindurch geflogenen Forschungen der thätigsten und ausgezeichnetesten Beobachter gemäß dem in der Einleitung zum ersten Bande dargelegten Standpunkte, hier in der Richtung der wissenschaftlichen Forschung auch hier gebührten Raßen anzuerkennen und ihre positiven Resultate zur Vervollständigung des Ganzen aufzunehmen.

Bei der überraschenden Aehnlichkeit in der äußern Erscheinung aller Vögel war die beschreibende Ornithologie genöthigt, zur leichtern und sichern Unterscheidung der Gattungen und Arten für die einzelnen Gegenden des Gefieders, für die Theile der Füße und des Schnabels bestimmte Bezeichnungen einzuführen. Wir stellen diese ganze Nomenclatur unter Figur 75 übersichtlich zusammen. Es bezeichnet hier a den Oberschnabel, b Unterschnabel, c Nasenloch, d Firste oder Schnabelrücken, e Dillenkante, f Kieferrand oder Kieferschneide, g Augengegen, g Stirn, h Scheitel, die Gegend zwischen Mundwinkel und Auge der Zügel, i Hinterkopf, k Nacken, l Obergegend, m Kinn, n Kehle, o Brust, p Vorderbauch, q Unterleib, r Hinterleib, s Steiß, t Vorderrücken, w Hinterrücken, ws Bürzel, x Steuerfedern, z mittlere Steuerfedern, aa seitliche Steuerfedern, bb Oberarmfedern, cc Flügelbug, dd Flügeldeckfedern erster und zweiter Ordnung, ee Schwingen, ff Schulterfedern, gg Unterschenkel, hh Lauf, ii Daumen oder Hinterzehe.

Fig. 75.

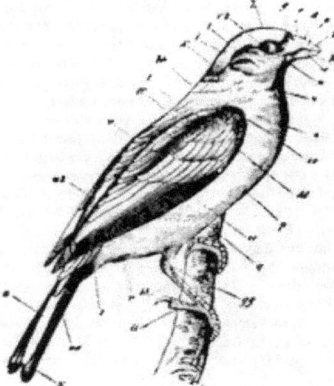

Terminologie des Vogelkörpers.

Die Eintheilung der Vögel in natürliche Gruppen und Familien ist bei der großen Uebereinstimmung in der Organisation ungleich schwieriger wie bei den Säugethieren und wie wir später sehen werden, auch den Amphibien. Die wesentlichen Charaktere liegen meist versteckter und sind oft unscheinbare, die Beziehungen äußerer Eigenthümlichkeiten zu innern Formverhältnissen gar häufig schwer zu ermitteln, die verwandtschaftlichen Verhältnisse bald durch äußere Unähnlichkeit, bald durch scheinbare Uebereinstimmung getäuscht; doch wer sich die Mühe nicht verdrießen läßt, die einzeln Typen nach ihren verschiedensten Beziehungen zu einander eingehend zu prüfen, dem werden auch die schwierigen und verworrenen Verwandtschaftsverhältnisse bei dem gegenwärtigen Stande der ornithologischen Untersuchungen klar werden. Die ganze Klasse sondert sich zunächst in zwei Hauptgruppen, in die Nesthocker und in die Nestflüchter. Erstere verlassen nackt, oft auch blind das Ei und müssen von den Alten gefüttert und gepflegt werden; ihr Flugvermögen ist sehr vollkommen und alle ziehen während des Fluges die Beine an die Brust, sie hüpfen, gehen und klettern, aber schwimmen und laufen nicht ohne Noth, halten sich meist im Gebüsch, auf Bäumen und überhaupt an hohen Orten auf und bauen ein kunstvolles Nest. Die Nestflüchter oder Nippel dagegen schlüpfen mit einem weichen Dunengefieder bekleidet aus dem Ei und laufen meist gleich davon, um unter Anleitung der Mutter ihre Nahrung selbst zu suchen; nur die auf hohen Bäumen oder Felsen nistenden tragen ihren Jungen das Futter zu, bis dieselben flügge sind; sie fliegen, schwimmen und laufen, strecken meist beim Fluge die Beine nach hinten aus, bekleiden sich mit einem dichten Gefieder und bauen ein kunstloses oder gar kein Nest. Unter den Nesthockern zeichnen sich die Singvögel als vollkommenster Typus aus; die verkürzte oder fehlende erste Handschwinge kennzeichnet sie im Verein mit dem getäfelten oder gestiefelten Laufe äußerlich, viel sicherer aber der aus fünf Muskelpaaren bestehende Singmuskelapparat am untern Kehlkopf. Die übrigen Nesthocker sondern sich nach Fuß- und Schnabelbau in vier entsprechende Ordnungen. Den riesen ähneln den Singvögeln zunächst die Schreivögel, außer dem Mangel des Singmuskelapparates unterschieden durch zehn ausgebildete Handschwingen, durch niemals gestiefelte Läufe, schwache Schrei- oder Wandelfüße und abnorme Schnabelformen. Die Klettervögel haben in den ausgebildeten Kletterfüßen schon einen entschiedenen äußern Charakter und ebenso die Raubvögel in dem hakig übergebogenen Oberschnabel und den starken Beinen mit scharf bekrallten Zehen. Mit dem eigenthümlichen Typus der Tauben schließt sich die Nesthocker den Hühnern, welche die Reihe der zweiten Hauptgruppe, der Nestflüchter beginnen. Dies sind kräftige, oft plumpe Vögel mit festem Gefieder, kuppig übergebogener Schnabelspitze und mit Scharrnägeln an den Zehen, von welchen die hintere klein und hinaufgerückt ist. Daran reihen sich die Laufvögel mit plumpem Schnabel, zum Fluge untauglichen Flügeln, starken Beinen mit zwei oder drei getrennten Zehen. Die Sumpfvögel haben meist einen langen, geraden und runden Schnabel und halbe Schwimmhäute, gelappte oder gefiederte Zehen zum Unterschiede von den Schwimmvögeln mit ganzen Schwimmhäuten und kurzen Beinen, aber sehr veränderlicher Schnabelform. Die Zahl aller bekannten Vogelarten wird gegenwärtig meist auf etwas über 8000 angegeben, allein eine große Anzahl derselben wird nur auf veränderliche und zufällige, specifisch werthlose Eigenthümlichkeiten unterschieden; erkennen wir diese als bloß individuelle Abänderungen unter die hinlänglich begründeten Arten unter, dann steigt die Gesammtzahl der Species nicht über 5000.

Systematische Uebersicht der Vögel.

I. Nesthocker. Aves altistae.

Mit Singmuskelapparat, nur 9 vollkommenen Handschwingen . . . . 1. Singvögel.
Mit veränderlicher Schnabelform, 10 Handschwingen, getäfelten Läufen . 2. Schreivögel.
Mit Kletterfüßen . . . . 3. Klettervögel.
Mit hakig übergebogenem Oberschnabel und kräftigen Raubbeinen . . . 4. Raubvögel.
Uebergangsgruppe . . . . 5. Tauben.

II. Nestflüchter. Aves autophagae.

Mit kuppigem Oberschnabel und Scharrfüßen . . . . 6. Hühner.
Mit Lauffüßen und verkümmerten Flügeln . . . . 7. Laufvögel.
Mit hohen Watbeinen, Lappen- oder Schwimmfüßen, langem Schnabel . . 8. Sumpfvögel.
Mit kurzen Watbeinen, Schwimm- oder Ruderfüßen, veränderlichem Schnabel 9. Schwimmvögel.

Erste Ordnung.

Singvögel. Oscines.

Eine überaus artenreiche Gruppe kleiner, netter und gefälliger Vögel von sehr ebenmäßigem Bau, munterm burtigen Wesen und mit dem höchsten Kunsttriebe ausgerüstet. Ueber alle Theile der Erdoberfläche verbreitet, begreift sie mindestens den dritten Theil der ganzen Klasse in sich. Ihre Mitglieder sind durchweg kleine Vögel, unter denen die Raben für riesenhaft gelten, alle mehr zierlich und zart als kräftig und gedrungen gebaut, kurzhalsig ohne Ausnahme, daher auch die Größe des Kerfes, die Länge des Schnabels und die Höhe der Beine in einem harmonischen Verhältnisse zum Rumpfe steht. Alle fliegen gewandt, wenn auch nicht mit gleicher Ausdauer, und der Gang ist meist hüpfend.

So auffallend in ihrer äußern Erscheinung die Singvögel auch unter einander übereinzustimmen scheinen: so vielfach weichen sie doch bei eingehender Vergleichung in den einzelnen Charakteren wieder ab und wahrlich, es gibt kein einziges äußeres Merkmal, welches unzweifelhaft jeden Singvogel kennzeichnete, man muß stets mehre Eigenthümlichkeiten des äußern Baues und um vor Täuschungen ganz sicher zu sein, unbedingt auch die innere Organisation prüfen. Die Beziehungen zu den andern Ordnungen der Nesthocker erscheinen gar nicht selten überraschend und es bedurfte der eingehendsten und umfassendsten Untersuchungen unserer ersten Forscher, eines Nitzsch, Rutuben und Joh. Müller, um die natürliche Verwandtschaft der Singvögel abzugränzen, und dennoch ist mancher Ausländer, der sich bisher der anatomischen Untersuchung zu entziehen wußte, seiner Stellung keineswegs sicher.

Im Allgemeinen haben die Singvögel schwache Wandelfüße, d. h. drei Zehen nach vorn, die innere nach hinten gerichtet und die beiden äußern am Grunde verwachsen. Die Läufe bekleiden sich vorn herab mit großen, bisweilen in eine Schiene verschmelzenen Tafeln und seitlich stets mit einer Schiene, welche nach hinten umgreifend fast die unterseitige berührt. Von den zehn Handschwingen erscheint die erste sehr verkürzt, verkümmert und fehlt zuweilen gänzlich und ihre großen oberen Deckfedern erreichen höchstens die halbe Länge der Schwingen, oft weniger. Schwingen zweiter Ordnung zählt man neun, selten bis zwölf. Der immer sichtbare, gerade nicht Absonderlichkeiten liebende Schwanz pflegt aus zwölf, nur ausnahmsweise aus zehn Steuerfedern zu bestehen. Die Lichtfedern überhaupt aber zeichnen sich durch einen sehr schwachen flaumigen Afterschaft aus und nehmen keine Dunen zwischen sich, stehen selbst nur spärlich in schmalen Fluren und lassen den größten Theil der Körperoberfläche nackt, der sich nur bei einzelnen mit wenigen Dunen besetzt. Die Rückenflur läuft schmal und ohne Unterbrechung von der Kopfflur bis auf den Hinterrücken, wo sie erweitert endet, ebenso bleiben beide Unterfluren stets von einander getrennt und schmal. Ein Brustarmflug fehlt oder besteht höchstens aus Halbdunen und wird von den großen Federn am Rande der Flughaut bedeckt. Die sehr in die Breite gezogene Bürzeldrüse bedeckt fast niemals eigenthümliche Deckfedern und darin unterscheiden sie die Singvögel bestimmt von den Schreivögeln. Die Schnabelbildung äußert bei der sehr verschiedenartigen Nahrungsweise gar vielfach ab und liebt z. B. bei dem Kreuzschnabel sogar Absonderlichkeiten, welche einzig in der ganzen Klasse der Vögel dastehen. Bei der Charakteristik der Familien und einzelnen Gattungen verdient die Schnabelform die aufmerksamste Beachtung.

Die Formen der innern Organe lassen zwar ebenfalls viele nach Gattungen und Arten wechselnde Eigenthümlichkeiten erkennen, allein der Ordnungscharakter

4*

prägt sich in ihnen doch so entschieden aus, daß man schon mit der Untersuchung eines Sperlings oder Raben die ganze Ordnung von den Schrei-, Kletter- und Raubvögeln unterscheiden kann. Beide sind ja leicht genug zu haben und ich empfehle deren anatomische Untersuchung angelegentlichst jedem Leser, der sich an den Vögeln mehr als blos zur Kurzweil amüsiren will; hier gestattet der beschränkte Raum und die mangelnde Geduld gewiß sehr vieler Leser nur einen kurzen Hinweis auf einzelne auffällige Eigenthümlichkeiten. Am Schädel zunächst, um wie immer mit dem Skelet zu beginnen, fehlt ein besonderes Superciliarbein am obern Augenböhlenrande und sehr häufig auch das Thränenbein; der Hinterrand der Gaumenbeine schweift sich tiefbuchtig aus; die Pflugschar zerfällt merkwürdig in zwei, durch einen Querriegel verbundene Stücke; am Unterkiefergelenk liegen zwei oder nur ein accessorisches Knöchelchen. Die Wirbelsäule gliedern zwölf kurze, doch sehr bewegliche Halswirbel, meist acht Rückenwirbel, Kreuz- und Lendenwirbel verwachsen frühzeitig mit einander, sechs bis acht Wirbel liegen im Schwanze, die Rippen sind immer sehr zart. Das breite Brustbein trägt einen gewaltig hohen Kiel, hat jederseits desselben am Hinterrande stets nur einen veränderlich tiefen Ausschnitt und besitzt am Vorderrande allgemein einen gabligen Mittelgriff. Das oft fadendünne Gabelbein gelenkt mit hammerartig erweiterten Enden am Schultergelenk und stützt sich mit plattenartigem Haken auf den vordern Brustbeinrand. Als besondere Knöchelchen kommen kleine Nebenschulterblätter, eine besondere Ellenbogenscheibe, an der Handwurzel ein Hypocarpium für die erste Armschwinge vor. Am obern Gelenk des Laufknochens stehen sich höckerartig vorstehende Kanäle für die Sehnen der langen zehenbeugenden Muskeln. Die Musculatur zeigt eine wirklich überraschende Uebereinstimmung in der ganzen Ordnung bei mancherlei Unterschieden von den übrigen Vögeln. So ist der den Oberarm hebende Deltamuskel hier gewaltig groß und stets in zwei Portionen getheilt. Der schlanke Schenkelmuskel anderer Vögel aber fehlt hier durchweg. Aus der Verbindung der Sehne dieses Muskels mit dem durchbohrten Zehenbeuger erklärte man die Fähigkeit vieler Vögel, bei bloßem Beugen des Knie- und Fersengelenkes die Zehen zu krümmen und so auch im Schlafe auf Zweigen sich festzuhalten; allein gerade die Singvögel sitzen im Schlafe ganz sicher und fest an den Aesten und haben, weil ihnen der schlanke Muskel fehlt, auch jene Verbindung nicht, während dieselbe doch bei den Wasservögeln allgemein vorhanden ist und diese nicht auf Zweigen sitzend schlafen, überhaupt schlafend die Zehen nicht einkrümmen. Nun suche nach andern anatomischen Einrichtungen, welche den schlafenden Vogel befähigen, sich mit den Zehen auf dem dünnen Zweige zu erhalten. Die alltäglichsten Erscheinungen sind häufig die schwierigsten physiologischen Räthsel und mögen sie doch leicht erklären, welche im stolzen Uebermuthe ihres Wissens verächtlich auf unsere Arbeiten herabsehen und wieder und immer wieder behaupten, die Beschäftigung mit der Naturgeschichte erfordere kein Nachdenken und keinen Scharfsinn. — Eine andere Eigenthümlichkeit der Singvogelmusculatur ist die stete Trennung der beiden Nagelgliederbeuger, welche bei andern

Vögeln mindestens auf eine große Strecke vereinigt erscheinen.

Unter den Sinnesorganen macht sich vor Allem das Geruchsorgan durch den sehr complicirten Bau der untern Muscheln, auch durch den Mangel der obern Muscheln als ganz charakteristisch bemerklich, nicht minder das Auge durch die ungemein hohe (20 bis 30) Falterzahl seines Fächers. Die Zunge entspricht in Größe und Gestalt der Schnabelform, wenige Ausnahmen abgerechnet, ihre untere Hornplatte schärft die Seitenränder und zerfasert sehr gern die Spitze, der Hinterrand ist pfeilförmig und gezahnt. Der Zungenkern besteht immer aus zwei gegeneinander beweglichen Hälften. Auf der leistenlosen Gaumenfläche und am Rande der Choanenspalte fehlen spitze Papillen niemals. Die Speicheldrüsen zeichnen sich durch ihre charakteristische Form aus und im drüsenreichen Vormagen vermißt man die sonst gewöhnlichen Erhöhungen. Der eigentliche Magen ändert mit der Nahrungsweise ab, ist aber immer sehr musculös, nie ein dünnhäutiger Sack wie bei Papageien und Raubvögeln. Der Darm fällt sowohl durch seine Kürze, welche zwischen der einfachen bis doppelten Körperlänge schwankt, wie durch die zierlichen und feinen Zickzackfalten seiner Innenfläche auf. Die beiden Blinddärme erscheinen nur in der Form von Warzen oder Papillen, oft so klein und so innig an den Darmkanal angedrückt, daß man sie leicht übersieht. Dieser ganz unbedeutenden Größe wegen muß man sie für völlig werthlos bei der Verdauung halten. Die Leberlappen pflegen gleiche Form, aber sehr verschiedene Größe zu haben und die Bauchspeicheldrüse sondert sich in zwei völlig getrennte Massen von eigenthümlicher Form. Die Milz ist merkwürdig dreibraun, lang wurmförmig.

Das eigenthümlichste Organ der Singvögel, an welchem sie immer leicht zu erkennen sind, wenn auch alle übrigen Charaktere sich verstecken oder verdächtige Beziehungen zu andern Vögeln verrathen, ist der Stimmapparat. Man muß denselben freilich mit dem anatomischen Messer aufsuchen, am ausgestopften Vogel ist er nicht zu sehen und nicht zu finden, auch der lebende Vogel sagt uns nicht durch seine Stimme, ob er den eigenthümlichen Apparat besitze. Bekanntlich singen die Weibchen der besten Sänger sehr schlecht oder gar nicht und doch haben sie denselben Stimmapparat wie ihre Männer und wegen ihres Gesanges würden wir doch wahrlich die Krähe und den Sperling nicht zu den Singvögeln stellen, eher wohl noch den Kuckuk, dem aber der ausgebildete Singmuskelapparat jener fehlt. Es gibt viel Ornithologen, welche jeden Vogel schon an seinem Rufe, seinem Gesange erkennen, aber frag sie, welcher Apparat diese Töne hervorbringt, warum der Gesang des Kanarienvogels ein anderer als der des Zeisigs und Hänflings ist, sie wissen es nicht. Die anatomischen Beziehungen des Stimmapparates zu den Eigenthümlichkeiten der verschiedenen Sangweisen sind noch ein völlig ungelöstes Räthsel, dessen Beseitigung die Ornithologie bis jetzt noch nicht einmal versucht hat. Ja es gibt noch hier viele und sehr schwierige Arbeit, bevor wir das Alltägliche und Allermächtigste in Gottes herrlicher Schöpfung begriffen haben. Die Luftröhre der Singvögel wird allgemein aus knochenharten Ringen gebildet und deren beide Äste oder Bronchien aus ebenso harten Halbringen. Von dem letzten Ringe der Luftröhre, welcher zum untern Kehlkopf umgeändert ist, gehen vier, fünf und selbst mehr Muskelpaare zu den ersten Bronchialhalbringen, das ist der Singmuskelapparat, welchen in gleich vollkommener Ausbildung kein anderer Vogel aufzuweisen hat. Bei kleinen Arten, wie den Hänflingen und Zeisigen sind die einzelnen Muskeln für den Ungeübten schwer zu erkennen, bei Staaren, Amseln, Krähen sieht man sie deutlicher. Die von den Lungen aus mit Luft sich füllenden Luftzellen des Rumpfes stehen zum Theil wenigstens in unmittelbarer Verbindung mit einander und die Fortführung der Luft in die Knochen ist trotz des allgemein vortrefflichen Flugvermögens der Singvögel doch nicht bei allen gleich weit über den Körper ausgedehnt, indem bei sehr zartknochigen und kleinen Arten die meisten Knochen keine Luft enthalten, welche bei den größern Arten pneumatisch sind, zumal Oberarm und Oberschenkel. Im Gefäßsystem endlich mag die stete Anwesenheit nur der linken Halsschlagader als eigenthümlich erwähnt werden.

Als Nahrung wählen die Singvögel theils Sämereien der verschiedensten Art und saftige Früchte, mehrentheils aber Insekten und Gewürm, die größten, wie die Raben fressen auch Aas und Fleisch der Rückgratthiere. Die meisten Körnerfresser, unter denen einzelne ganz bestimmte Samenarten wählen und andere durchaus verschmähen, lieben auch zeitweilig Insekten, bald nur zu gewissen Jahreszeiten, bald mit der Sämereien zugleich. Solche pflegen ihre Jungen oft nur mit Insekten aufzufüttern. Unter den ausschließlich Insektenfressenden äußern manche einen sehr gefräßigen, raub- und mordgierigen Charakter, der sie auch zur Jagd auf kleine Vögel, zum Aufsuchen junger Vögel in den Nestern treibt. Die Schnabelbildung kennzeichnet selbige schon hinlänglich als gefährliche Räuber. Sie fangen die Insekten meist im Fluge und fast nur kleinere oder auch schwerfällige Arten suchen dieselben in ihren Schlupfwinkeln auf. Die Körnerfresser äußern zwar im Allgemeinen ein milderes Naturell, sind aber keineswegs immer verträglich und freundlich, die meisten im Gegentheil zänkisch, händelsüchtig, launenhaft, eifersüchtig und eigensinnig. Wie aber schon der melodische Gesang der meisten gerade die Singvögel also die am vollkommensten organisirten an die Spitze der ganzen Klasse stellt, nicht minder der im Nestbau sich offenbarende Kunsttrieb ihre bevorzugte Stellung bekundet: so sind sie auch die gelehrigsten und bildungsfähigsten unter allen Vögeln. Sie gewöhnen sich leicht an die Gefangenschaft und ihren Wärter, werden zutraulich und aufmerksam, ahmen fremde Melodien und selbst zu ihrem muntern beweglichen Wesen die angenehmsten Stubenvögel. Aber nur Unterhaltung gewähren sie uns, ihr unmittelbarer Nutzen ist gering, denn wenn auch Krammetsvögel, Lerchen und Ammern gegessen werden: so gehören sie doch mehr zu den Delicatessen als zur allgemeinen Speise. Mittelbar nützen sie dagegen in viel höherem Grade noch als sie uns amüsiren, denn ohne

ihre Hülfe würden wir der sofort emporwuchernden Uebermacht des Insektengeschmeißes keinen Stand halten können. Und doch wird dieser unberechenbar große, unsere Existenz ganz nah berührende Nutzen so sehr wenig gewürdigt, daß man einzelne Arten jährlich millionenweise einfängt und den Vogelfang in einigen Gegenden in ganz naturwidrig großartiger Weise treiben läßt. Wenn die und so das Ungeziefer sich in gefahrdrohender Weise vermehrt, dann forsche man ernstlich nach den Ursachen dieser Störung im Haushalte der Natur, gar häufig war es der Mensch selber in seinem sinnlosen rohen Treiben. In der Stube halten die Singvögel bei nur einiger Pflege und Aufmerksamkeit viele Jahre aus. Ueber ihre Behandlung hat Bechstein ein sehr empfehlenswerthes Buch geschrieben unter dem Titel: Naturgeschichte der Stubenvögel (Halle 1840), auch Naumann gibt in seinem großen Prachtwerke: Naturgeschichte der Vögel Deutschlands (Leipzig 1822—47, 13 Bde. mit Atlas) bei jeder Art Fang und Behandlung an. Ich halte schon seit längern Jahren in einem großen Käfig 80 bis 100 Stück sehr verschiedener Arten beisammen, andere in kleinen Käfigen, und muß gestehen, daß die Unterhaltung, welche diese bunte Gesellschaft mir gewährt, die Mühen ihrer Pflege vielfach aufwiegt, abgesehen von dem Material, das sie mir zu wissenschaftlichen Arbeiten liefern müssen.

Ueber die ganze Erde verbreitet, vom hohen Norden bis zum Aequator, aus dem Flachlande bis in das öde Felsengewirr der Hochgebirges, lieben die Singvögel doch zumeist die miltern und warmen Gegenden, wandern daher aus kältern Gebieten gegen den Herbst nach Süden, überhaupt den höhern Norden und das Gebirge über der Waldgränze nur in vereinzelten Arten, ebenso in den wärmsten Ländern nur ganz spärlich. Ihrer Wanderlust wegen, welche den Universalismus ihrer Lebensweise und die Fügsamkeit ihres Organismus am unverkennbarsten bekundet, gelten sie bei uns als freudig begrüßte Frühlingsboten und unfehlbare Verkünder des herannahenden Winters. Zum Standquartier wählen sie am liebsten belaubte, buschige Gegenden, Wälder und Gärten, viele die Nähe bewohnter Orte, wenige suchen kahle Steppen und Heiden auf; sie nisten gern an versteckten Orten und bauen ein sehr kunstvolles Nest. Gewandt zwar im Fluge, halten sie doch meist niedrig und entfernen sich nicht leicht meilenweit vom Neste.

Die zahlreichen, sämmtlich auch bei uns vertretenen Familien werden durch die Bildung des Schnabels, der Flügel und der Bekleidung des Laufes äußerlich unterschieden.

Erste Familie.

Drosselartige Sänger. Turdidae.

Schlank gebaute Singvögel von geringer bis stattlicher Größe und gekennzeichnet durch den geraden zusammengedrückten Schnabel mit seichtem Einschnitt vor der niemals hakig herabgebogenen Oberspitze, mit scharfschneidigen Rändern, am Grunde gelegenen ovalen meist freien Nasenlöchern und mit kurzen, feinen Bartborsten.

Die mäßig großen Flügel haben zehn Handschwingen, von welchen die dritte die längste zu sein pflegt. Drei lange Schienen, eine vordere und zwei seitliche bestiefeln die Läufe. Der Schwanz bietet weder in der Größe noch in der Form charakteristische Eigenthümlichkeiten. Das weiche glatte Gefieder liebt einfache, düstere oder helle, nur ausnahmsweise grelle oder buntscheckige Farben, ändert auch weder nach den Geschlechtern noch mit den Jahreszeiten erheblich ab.

Die drosselartigen Vögel zeichnen sich meist durch vorzügliche Sängergaben aus und im Naturell durch große Munterkeit und Lebhaftigkeit mit Scheu und Betrachtsamkeit. Sie leben gesellig und friedlich unter einander und meiden Hader und Zank mit andern Vögeln. Ihre Nahrung besteht hauptsächlich in Insekten, aber nicht ausschließlich, viele lieben zugleich saftige Beeren. Man trifft sie auf beiden Erdhälften, aber fast überall als Zugvögel. Deutschland und das mittlere Europa hat zahlreiche, sehr geschätzte und zum Theil allgemein bekannte Arten mehrer Gattungen aufzuweisen.

1. Drossel. Turdus.

Die typischen Mitglieder der Familie oder die eigentlichen Drosseln sind stattliche Sänger von einfachem und angenehmem Aeußern, sanftem Naturell und großer Verträglichkeit. Ihre äußern unterscheidenden Merkmale liegen in den sehr verkürzten ersten und längsten dritten oder vierten Handschwinge, in dem mittelmäßigen Schnabel mit sanft gebogener Firste und spärlichen kurzen Borsten am Grunde, in den seitlich am Schnabelgrunde befindlichen freien, eiförmigen Nasenlöchern mit nackter welcher Handschwiele und in den kräftigen Füßen, deren Zehen mit flach gebogenen Hinterzehe aber mit sehr starker Kralle, bewaffnet sind. Das Gefieder ist sanft und weich. Der Eigenthümlichkeiten des innern Baues sind nur wenige als beachtenswerth hervorzuheben. Am Schädel erscheint der Oberschnabel durch eine sehr markirte Querfurche scharf von der leicht eingesenkten Stirn abgesetzt, die Nackenfläche dürft umrandet, die Gaumenknochen zart und das Unterkiefergelenk sehr kräftig, die Augenhöhlenscheidewand weit durchbrochen. Von den acht Rippenpaaren ist das erste verkümmert klein, auch die zweite nicht mit dem Brustbein verbunden. Der vollkommen markige, niemals lusftführende Oberarm reicht noch hinten kaum über das Schulterblatt hinaus und der Unterarm ist etwas länger. Auch die Halswirbel führen keine Luft. Die pfeilförmige Zunge in dem gelben oder rothen Rachen zerfasert ihre Spitze schwach und besetzt ihren Hinterrand mit einer Reihe Zähne, ihre Oberfläche bleibt trocken und hornig. Der Vormagen kleidet seine Wandung dicht mit Drüsen aus, der runkliche oder längliche Muskelmagen ist derbhaar und nicht gerade dickmuskulös, der Darmkanal bleibt weit hinter der doppelten Körperlänge zurück, dagegen erscheinen die papillenartigen Blinddärme länger als bei andern Sängern und die Zickzacklängsfalten im Darm sind sehr deutlich.

Die bei uns heimischen Arten ziehen größtentheils im Herbst fort, um im südlichen Europa zu überwintern.

Im Frühjahr und Vorsommer suchen sie geschäftig Würmer und kriechende Insekten am Boden auf, fressen auch wohl nackte Schnecken, aber nur die Bewohner selbiger Gegenden jagen fliegenden Insekten nach, weil sie kriechende nicht viel finden würden: im Spätsommer und Herbst aber fallen sie begierig über die saftigen Beeren her. Sowohl die harten Theile der Insekten, wie die Schalen und Kerne der Beeren speien sie in Bayern geballt wieder aus. Zum Aufenthalt wählen die meisten waldige buschige Gegenden, welche reichliche Nahrung gewähren, nur einzelne ziehen felsige Gebirge vor. In ein versteckt künstliches Nest, welches auf grober Reisiglage aus zarten Halmen und Moos gewoben, innen ausgeglättet oder gar wasserdicht ausgeschmiert wird, legen sie im März oder April und zum zweiten Male im Mai zwei bis sieben blaugrüne, gefleckte oder einfarbige Eier; beide Geschlechter bebrüten dieselben abwechselnd und füttern auch gemeinschaftlich die schnell heranwachsenden Jungen. Gegen den Herbst hin werden sie gemeinlich sehr feist und das wohlschmeckende Fleisch wird überall gern gegessen. Als Stubenvögel hält man einige ihres melodischen und anhaltenden Gesanges wegen, andere als Lockvögel zum Fange. Man gewöhnt sie dabei an ein allgemeines Stubenfutter, das aus geriebenen Möhren, Gerstengrütze und geweichtem Waitenbrot gemengt wird, in den ersten Tagen jedoch reichlich mit Beeren und Würmern versetzt werden muß.

Je nach ihrem Aufenthalt und ihrem Naturell sondern sich die Arten in Walddrosseln und Steindrosseln, erstere in Wäldern lebend, geselliger, gesicherter und angenehmer singend, letztere in felsigen Gebirgen einsam, ruhig, minder gesichert im Nesterbau.

Uns interessiren folgende:

1. Der Krammetsvogel. T. pilaris.
Figur 76. 77 a.

Während des ganzen Novembers kommen die Krammetsvögel in großen Schaaren aus dem Norden herangezogen, einige lassen sich in unsern lichten Wäldern nieder, andere ziehen weiter nach Süden bis Italien hinab. Tritt im Januar strengere Kälte ein, dann brechen sie wieder auf und verlassen uns sämmtlich. Aber schon im März, sehen wir sie munter lärmend in zahlreichen Gesellschaften zurückkehren und die lichten Gebüsche und Birkenwälder des europäischen Nordens, ihre Heimat, aufsuchen. Sie ziehen am Tage und erdeben sich gewöhnlich schon vor Sonnenaufgang von der Nachtruhe im Walde, am hohen Vormittag rasten sie, um Futter zu suchen, und legen am Nachmittag die zweite Strecke zurück, nach abermaliger Ruhe zur Abendfütterung eilen sie dem nächsten Walde oder Gebüsch zu. In der Heimat des Nordens angekommen, lösen sich die Schaaren in kleinere Gesellschaften auf und jedes Pärchen wählt ihren eigenen Wohnplatz. Eiligst geht es an den Nestbau, der aus Reisern und Stengeln geflochten, innen mit feinen Hälmchen ausgekleidet, auch meist mit Lehm verkittet, auf einer Birke angelegt wird, und schon im Mai findet man 4 bis 6 meergrüne, rostfarben gefleckte oder punktirte Eier darin. Im Sommer wird oft eine zweite Brut gelegt.

Fig. 76.

a Krammetsvogel. b Rothdrossel.

Der ausgewachsene Krammetsvogel mißt 11 Zoll Länge und 18 Zoll in der Flügelspannung. Sein orangegelber Schnabel bräunt sich von der Spitze gegen den Grund hin und trägt im Mundwinkel schwarze Borsten. Der kahle Augenlidrand ist gelb und die Iris dunkelbraun. Das Gefieder graut vom Kopf über den Hals und bräunt Rücken und Schultern kastanienfarben, am Bürzel ist es wieder grau, der Schwanz dagegen schwarz, am gelblichen Vorderhalse liegen schwarze Striche oder gespitzte Flecken und die Unterseite hält sich stets weiß. Doch ändert diese Färbung etwas ab. Die starken Füße sind immer schwarz und die ganze Rachenhöhle scheint schön gelb. Den Magen kleidet eine völlig trockene hornige Haut aus und der Darmkanal mißt nur 13 Zoll Länge.

Scheu und vorsichtig meidet der Krammetsvogel die Nähe des Menschen und wählt, um vor hinterlistigen Ueberfällen gesichert zu sein, lichtes Gebüsch und offene Gegenden zum Aufenthalt. Gewürm und Insekten sucht er bürstet am Boden, Beeren im niedrigen, den schwerfälligen Flug nicht hemmenden Gesträuch, am liebsten Eberesch- und Wachholderbeeren, daher er auch Wachholderdrossel heißt, dann flattert er schwankend auf den

nächsten hohen Baum mit freier Aussicht. Mit seines Gleichen und andern Drosselarten lebt er in Frieden und Freundschaft, und duldet auch andere Vögel, wie Goldammern in seiner Gesellschaft. Sein Gesang ist gerade

Fig. 77.

a Krammetsvogel. b Singdrossel.

nicht angenehm, der scharfe Lockton schackschack wiederholt sich zu oft. Im Winter, auf der Wanderung und in fremden Landen findet er nicht immer seine Lieblingskost, dann frißt er allerhand Waldbeeren und magert ab. In Gefangenschaft zeigt er sich wie alle Drosseln anfangs störrig und wird nur selten ganz zahm und zutraulich; er dient übrigens nur als Lockvogel zum Fange anderer Drosseln. Dadurch nützt er, und noch mehr durch sein schmackhaftes Fleisch. Man fängt ihn des Nachts auf dem Vogelherde, besonders im November, doch auch bis in den Januar, und allein in Deutschland mögen einige Millionen jährlich verspeist werden. Außerdem betrachten ihn Habichte und Sperber als Leckerbissen und verfolgen ihn leidenschaftlich. Obwohl sehr gefräßig, schadet er durch die Wahl seiner Nahrungsmittel doch der menschlichen Oeconomie gar nicht.

Das Vaterland ist der hohe Norden Europas und Asiens bis zur Waldesgränze hinauf. Als Zugvogel geht er bis an's Mittelmeer und Syrien hinab.

2. Die Rothdrossel. T. iliacus.
Figur 77 b.

Die Rothdrossel, auch Weindrossel, Weißel oder Gizerle genannt, theilt das Vaterland des Krammetsvogels und nistet in der niedrig gelegenen, sumpfigen Birken- und Erlenwaldungen des europäischen Nordens. Empfindlicher gegen Kälte als jener, zieht sie schon im October den Süden und kehrt in großen Schaaren singend und zwitschernd, auf den Ruhepunkten Tage lang verweilend, im März und April zurück. Sie ist zutraulich gegen den Menschen, daher unvorsichtig in ihrem Auftreten, zugleich aber gewandt und flüchtig. Gesellschaft liebt sie über Alles und wo sie ihres Gleichen nicht hat, mischt sie sich unter andere Drosselarten. Gränzlos und scheu fliegen die Mitglieder eines gestörten Trupps umher, bis sie wieder froh beisammen sind. Mit einem tiefen gack und scharfem zib locken sie einander; ihr Gesang ist zwar angenehmer als der des Krammetsvogels, doch noch keineswegs melodisch, wenigstens bei uns auf dem Frühlingszuge, wo sie nach der Fütterung und vor der Nachtruhe oft stundenlange, weithin lärmende Concerte aufführen; in ihrer Heimat singen die Männchen schöner.

Bei 8 Zoll Länge und 14 Zoll Flügelweite ist die ausgewachsene Rothdrossel oben olivenbraun und unten mit solchen Längsflecken auf weißem Grunde. Ein hellgelber Streif über dem Auge, ein dunkelgelber Fleck an den Seiten des Halses und die rostrothen Unterflügel sind besonders charakteristisch. Der 8 Linien lange Schnabel dunkelt von der Spitze gegen oben bis braunschwarz, übrigens ist er fleischfarben und der Rachen röthlichgelb, die Füße schmutzig oder dunkelfleischfarben. Das Weibchen trägt mattere, blassere Farben als das Männchen, das zumal im hohen Alter recht lebhafte Töne liebt.

In der Nahrungsweise kein Unterschied vom Krammetsvogel, nur mit Unrecht wird ihnen, weil sie sich gern in Weinbergen aufhalten, Appetit auf Weinbeeren zugeschrieben, sie suchen daselbst nur nackte Schnecken und Gewürm, in Gefangenschaft verschmähen sie den Wein

durchaus. Sie gewöhnen sich leicht an den Käng und anfangs mit Beeren und Regenwürmern gefüttert, fressen sie bald auch das oben erwähnte allgemeine Drosselfutter, wobei sie mehre Jahre aushalten. Sie baden gern, halten sich reinlich und nett, bleiben auch in Gesellschaft mit andern Vögeln artig und gesittig, aber um des Gesanges willen wird man sie nicht einsperren und füttern. Ihr Fleisch wird im Herbst sehr fett und übertrifft dann an Zartheit und Wohlgeschmack alles andere Drosselwildpret, in vielen Gegenden, zumal des nördlichen Deutschlands kommen sie daher zu Tausenden auf den Markt. Der Fang ist mit dem Lockvogel ihrer eigenen Art sehr leicht und da sie unvorsichtig in großen Schaaren auf den Herd und in die Dohnen gehen, sehr ergiebig. Im Frühjahr schmeckt das Fleisch weniger gut.

3. Die Singdrossel. T. musicus.
Figur 77 b. 78 c. 79.

Der schönste Sänger seiner Gattung, aber zugleich der häßlichste Charakter, unruhig und zänkisch, ungesellig, wild und scheu. Nur während des Zuges hält die Singdrossel gesellig beisammen, im Standquartier sondert sie sich ab und treibt ihr eigenes Wesen: düpft gewandt und schnell in großen Sprüngen am Boden und auf den Aesten, durchkriecht still und ruhig Hecken und dichtes Gebüsch, fliegt schwebend oder flatternd eine kurze Strecke und läßt sich wieder nieder. Während der Begattungszeit badern und kämpfen die Männchen heftig unter lautem Lärmen. Und so wild und ungestüm benimmt sich das Thier auch im Käng, ja nur jung aufgefüttert gewöhnt es sich an die Gefangenschaft. Bei und ist die Singdrossel mit den vorigen Arten Zugvogel, wandert im September und October in die mittelmeerischen Länder zum Ueberwintern und kehrt in kleinen Gesellschaften schon im März oder Anfang April zurück. Zum Zuge sammelt sich die Schaar auf den Bäumen, stimmt ihr lautes Abendlied an und fliegt mit aufgehendem Monde von dannen. Als Standquartier wählt sie ohne Unterschied Laub- und Nadelwälder, sucht unter dem dichtesten Gebüsch und an den Stämmen Gewürm, Raden und Insekten, auch auf bewachsenen Wiesen und Aengern, im Herbst aber liebt sie allerhand Waldbeeren vor. Dazu trinkt sie viel oder badet gern Abends und Mergens. In Gefangenschaft verschmähen einzelne Starrköpfe hartnäckig alles Futter und verhungern aus Liebe zur Freiheit, und die sich fügen, gewöhnen sich nur langsam an den Käng und an das Futter. Unmittelbar nach ihrer Ankunft im März baut sie in hohes, dicht verwachsenes Unterholz ihr Nest, napfförmig weit und tief auf dürrem Laub und Reisern als Unterlage, und zarten Hälmchen und Moos, innen wasserdicht mit fein zertauetem, klebrig durchseichtem Holzmörtel ausgestrichen. Das Weibchen legt 4 bis 6 schön meergrüne, punktirte und gefleckte Eier und brütet dieselben abwechselnd mit dem Männchen in sechzehn Tagen aus. Die Jungen wachsen sehr schnell heran und fliegen schon Ende April aus. Die Alten bauen dann ein neues Nest für die zweite Brut. Ihre Lockstimme zirpt zischend und heiser, der Angstruf tönt dack dack. Der Gesang des Männchens erschallt von hoher Baum-

Fig. 78.

Droffeln, Bachftelzen und Lerchen.

spitze schon im März und bis tief in den Sommer hinein, am angenehmsten in der Abenddämmerung in mehren, melodienreichen, stark flötenden Strophen. Einmal an den Käfig gewöhnt, unterhält das Männchen auch in der Stube durch seinen Gesang. Deshalb sowohl wie des sehr wohlschmeckenden zarten Fleisches wegen wird die Singdrossel überall eifrig verfolgt und sie geht auch zumal im Herbst leicht in die Dohnen und Sprenkel.

Ausgewachsen mißt die Singdrossel 9 Zoll Körperlänge und 13 Zoll Flugweite. Ihr Gefieder graut oberhalb olivenfarben und ziert die gelblichweiße Unterseite mit dreieckten braunschwarzen Flecken. Der gelbe Schnabel bräunt von der Spitze gegen den Rücken hinauf sehr dunkel, auch Flügel und Schwanz ziehen ins Braune, die obern Flügeldeckfedern spitzen sich schmutzig rostgelb, die untern scheinen einfach rostgelb, die kräftigen Füße sind

Fig. 79.

Nest der Singdrossel.

fleischfarben. Der Darmkanal hat nur 10 Zoll Länge, die Leberlappen sind von sehr ungleicher Größe mit langgezogener Gallenblase, die Milz ebenfalls sehr lang und wurmförmig gekrümmt, die beiden Bauchspeicheldrüsen sehr beträchtlich in die Länge gezogen.

Das Vaterland der Singdrossel erstreckt sich über ganz Europa, den höchsten Norden ausgenommen, in Deutschland erscheint sie in einzelnen Gegenden sehr zahlreich.

4. Die Schwarzdrossel. T. merula.

Figur 78 d. 80.

Das einförmig tiefschwarze, bei dem Weibchen schwarzbraune Gefieder kennzeichnet die allbekannte Schwarzdrossel oder Amsel den Vorigen gegenüber schon hinlänglich. Oft sticht der starke Schnabel noch hochgelb ab, jedoch nicht immer, denn er bräunt sich auch von der Spitze der dunkel bis zum Grunde hin, zumal bei dem Weibchen im Herbst und Winter. Auch die kräftigen Füße sind braun bis schwarz. Weiße, hellgraue, bunte Färbung kömmt wie bei den andern Arten auch hier absonderlich vor. Der ausgewachsene Vogel hat 10 Zoll Körperlänge und 17 Zoll Flügelspannung, sein Darmkanal 14 Zoll Länge. Die Rachenhöhle mit der fein zerfaserten Zunge scheint blaß orange gelblich. Der drüsige Vormagen ist kleiner als bei der Singdrossel und der Magen selbst länglicher, sehr schwach muskulös, die Blinddärmchen kürzer als sonst (1½ Linien lang) und anliegend, die Ränder der Leberlappen tief zerschnitten. Die Zickzackfalten an der innern Wandung des Darmes sind durch Querfalten verbunden und bilden ein vollkommenes Zellennetz.

Ueber ganz Europa und den größten Theil Asiens verbreitet, ist die Amsel auch in Deutschland allgemein bekannt und wegen ihrer Klugheit, ihres muntern Betragens und herrlichen Gesanges ein ganz beliebter Stubenvogel. Im Freien wählt sie Wälder mit dichtem Untergebüsch und Wasser zum Standquartier, wo sie ihr einsames versecktes Leben ungestört führen kann. Unter Moos und dürrem Laub im tiefsten Dicht sucht sie emsig nach Gewürm und Maden, wühlt die Ameisenhaufen auf, um deren Eier mit großem Appetit zu verzehren und wagt sich in's Freie nur, um Beeren oder Kirschen zu fressen. Klug und vorsichtig, ungemein mißtrauisch und gewandt, verfolgt sie aufmerksamen Blickes ihre ganze Umgebung und buscht bei der geringsten Gefahr durch die Aeste, um dann weiter zu fliegen. Ihr Flug ist langsam und flatternd, geschickt und sicher im Gebüsch, ängstlich im Freien. Sie liebt keine Gesellschaft, dauert selbst mit ihres Gleichen, nur Männchen und Weibchen leben in Frieden beisammen. Mangel an Nahrung treibt sie im Herbste zum Zuge und in kleinen Gesellschaften fliegt sie des Nachts davon, am Tage auch auf der Wanderung im dichten Gebüsch ruhend. Wegen ihrer Scheu und des Mißtrauens versteckt sie ihr Nest in das finsterste Dicht. Sie webt dasselbe auf straffer Unterlage aus Gehalm und Moos und schmiert es im Innern mit Schlamm glatt aus. Ende März liegen bis sechs hellblaugrüne, rostig punktirte und gefleckte Eier darin, welche das Weibchen, in der Mittagszeit

Fig. 80.

Nest der Schwarzdrossel.

vom Männchen abgelöst, funfzehn Tage lang brütet. Beide füttern dann gemeinschaftlich die Jungen mit Gewürm und Insekten und im Mai bereits pflegen sie die zweite Brut. Der Jäger haßt sie gründlich, denn listig weiß sie ihm zu entziehen und warnt bohnlebend mit hellgellendem Geschrei alles andere Geflügel und Wild vor dem gefährlichen Feinde. Ja sie fällt Unfug treibend in die Dohnenstege ein, ohne sich selbst zu fangen, frißt die Lockspeise weg und weiß geschickt den Schlingen auszuweichen. Im Winter wird sie vom Hunger getrieben dreister und kömmt dann sogar in die Klappfallen. Alt eingefangen tobt sie im Käfig, Junge aber gewöhnen sich bald an die Gefangenschaft und halten wohl zehn Jahre aus. Ihr listiger aufmerksamer Blick, ihre muntern Bewegungen, ihre Gelehrigkeit und der fast das ganze Jahr hindurch ertönende Gesang macht sie beliebt. Freilich muß man sie sehr reinlich halten, sonst beschmutzen sie ihr ganzes Gefieder mit Unrath und riechen übel. Der

Geſang wiederholt mehre Strophen in melancholiſchen Tönen mit abwechſelnden ſcharfen und bisweilen gellenden, weithin ſchallend klingt er am ſchönſten und reinſten an ſtillen Frühlingsabenden und Morgen. In den Städten weckt er ganze Straßen durch den lauten Morgenſchlag ſchon vor Sonnenaufgang und wird deshalb von Langſchläfern und reizbaren Perſonen gründlich gehaßt. Man ißt das ſchmackhafte Fleiſch und bereits die Feinſchmecker im alten Rom mäſteten die Amſel in großen Vogelhäuſern.

5. Die Miſteldroſſel. T. viscivorus.
Figur 81.

In ihrer äußern Erſcheinung wie in Naturell und Lebensweiſe von allen heimiſchen Droſſelarten auffällig unterſchieden. Größer als andere, über 11 Zoll Körperlänge und bis 20 Zoll Flugweite, zeichnet ſich die Miſteldroſſel durch die hellolivengraue Ober- und weiße Unterſeite aus, durch die weißen Spitzen der drei äußeren Schwanzfedern, die dreieckigen bis nierenförmigen braunſchwarzen Flecken an Kehle und Bruſt, rötlich durch die weißſpitzigen obern und einfach weißen untern Flügeldeckfedern. Der ſtarke rundliche Schnabel dunkelt ſeine Spitze braunſchwarz gegen die gelbröthliche Farbe ab, und die Füße ſchmutzen ſafrangelb. Männchen und Weibchen ſind ſchwer im Kleide zu unterſcheiden, die Jungen lieben helle und bunte Farben; abſonderliche Kleider wie rein weiße oder weißgefleckte ſieht man ſehr ſelten.

Zänkiſch und futterneidiſch, duldet die Miſteldroſſel keine Geſellſchaft und wenn ſich auch hin und wieder ein Haufen ſchaart, ſtiebt er doch bald wieder nach allen Richtungen aus einander. Und dieſe Unverträglichkeit mit ihres Gleichen äußert ſie auch gegen ihre ganze Umgebung, denn ſcheu, mißtrauiſch und ſchwerfällig meidet ſie dichtes Gebüſch und lebt auf freien Wald- und Wieſenplätzen, wo ſie die Gefahr aus der Ferne rechtzeitig erkennen und in ſchwerem, ungleichförmigen, ſchiefen Fluge weit weg fliehen kann. Am liebſten wählt ſie zum Aufenthalt lichte Nadelwälder, und ſtreicht nur im Herbſt auch an den Rändern der Laubwälder entlang. In dieſen niſtet ſie und zwar in den höhern Aeſten alter Kiefern. Das Neſt iſt bald ſehr kunſtvoll, bald nachläſſig geweben, innen dicht geglättet, aber nicht ausgeſchmiert, und enthält fünf kleine, hellblaugrüne und punktirte Eier, welche beide Geſchlechter abwechſelnd ſechzehn Tage lang bebrüten. Eine zweite Brut folgt ſchnell der erſten. Ihre Nahrung ſuchen ſie auf freien Wieſen, Aengern und Feldern, Käfer, Ameiſen, Larven, Gewürm und Schnecken, und erſt im Spätherbſt, wenn die raube Witterung das Geſchmeiß verſcheucht, gehen ſie an die Beeren friſtbarender Ebereſchen und ganz beſonders an die Miſtelbeere. Wo dieſer Schmarotzer ſich angeſiedelt hat, da fehlt die Miſteldroſſel nicht und vertheidigt den Beſitz des Baumes hartnäckig gegen alle Angriffe ihrer Genoſſen. Sie frißt die Beeren und gibt deren Kerne durch einen klebrigen Saft verkittet wieder von ſich; ſo bleiben dieſelben an den Aeſten haften und kommen zur Entwicklung. Auch Wacholderbeeren verſchmäht die Miſteldroſſel nicht. Eingefangen verweigert ſie einige Tage ſtörrig alles Futter,

Fig. 81.

1. Neſt der Miſteldroſſel.

nimmt dann aber Beeren und Würmer an und gewöhnt ſich langſam an das allgemeine Stubenfutter. Dabei bleibt ſie zänkiſch und biſſig und iſt im Singen ſehr launiſch. Ihr Fang erfordert viel Geduld und Vorſicht, dennoch werden ſie als angenehme Sänger und wegen ihres ſchmackhaften Fleiſches nachdrücklich verfolgt. Man trifft ſie überall in gebirgigen und ebenen Waldungen Europa's vom Mittelmeere bis in den höchſten Norden. In Gegenden mit ſtrengen Wintern lebt ſie als Zugvogel.

6. Die Ringdroſſel. T. torquatus.
Figur 82.

Zwar über ganz Europa zerſtreut, iſt die Ringdroſſel doch nirgends häufig und ſucht bei ihrem ruhigen, ſtillen Charakter und dem großen Hange zur Einſamkeit die entlegenſten Waldplätze und geräuſchloſeſten Thäler zum Standort auf, dort hüpft ſie ſorglos in großen Sprüngen umher, krieecht durch das dichteſte Gebüſch, wo ſie Gewürm und Inſekten aufließt, und bei drohender Gefahr ein Verſteck findet. Im Herbſt frißt ſie allerhand Waldbeeren und gibt ihren unerſättlichen Appetit kennen, in dieſer Zeit leicht auf dem Vogelherd und in die Schlingen. Indeß ihres ſchwachen und heiſern Geſanges wegen verfolgt man ſie nicht, ſondern weil ihr zartes, feites Fleiſch als Leckerbiſſen geſchätzt iſt. Bei uns ſcheint ſie ſelten zu niſten, wenigſtens haben ſelbſt ſehr eifrige Ornithologen ihr Neſt niemals gefunden. Sie zieht ſchon im September und Anfangs October ab in Paaren oder familienweiſe und nur des Nachts, im März und April kehrt ſie zurück und bezieht ihre einſamen Plätze. Ihre äußere Erſcheinung kennzeichnet das mattſchwarze Gefieder mit weißgrauen Federrändern und ein lichter halbmondförmiger Fleck an der Oberbruſt, dem ſie ihren Namen verdankt. Der lange ſtarke Schnabel hält ſich

Fig. 82.

Ringdroſſel.

hornſchwarz und die Füße braunſchwarz. Ausgewachſen
hat der Körper faſt 12 Zoll Länge und die Flügel ſpannen
18 Zoll, der Darm langt über zwei Spannen, auch die
Blinddärme erreichen 4 Linien Länge.

7. Die Blaumerle. T. cyanus.

Figur 83.

Die Blaumerle oder Blauamſel beginnt die Reihe der
Steindroſſeln, welche ſämmtlich rauhfelſige Gebirgsgegenden zum Wohnplatz wählen, einſam und ungeſellig leben
und in Spalten und Löchern ihr ziemlich kunſtloſes Neſt

Fig. 83.

Blaumerle, Männchen und Weibchen.

anlegen. Sie haſchen die Inſekten ebenſo geſchickt im
Fluge wie ſie die kriechenden vom Boden aufleſen und
ſtecken ihre blaugrünen Eier nicht. Von ihnen bewohnt
die Blaumerle die Alpen und die höhern Gebirge der
mittelmeeriſchen Länder, auch des warmen Aſiens, aber
ſchon in Mitteldeutſchland fehlt ſie. Die kahlſten Klippen
und öbeſten Ruinen ſind ihre Lieblingsplätze, von hier
aus überblickt ſie ihr Gebiet am beſten, denn die große
Scheu und die Liebe zur Einſamkeit erhält ſie ſtets aufmerkſam auf ihre weitere Umgebung. Aus den Alpen
wandert ſie im September über's Mittelmeer und kehrt
erſt im April wieder zurück. Nur in der Begattungszeit
halten Männchen und Weibchen zuſammen im beſondern
Revier, aus welchem ſie jeden eindringenden Genoſſen
wild kämpfend vertreiben. Das Neſt flechten ſie nur aus
trocknen Grashalmen und füttern es mit Federn aus.
Ihre Nahrung beſteht in allerlei Inſekten und Gewürm,
im Herbſt nach ächter Droſſelweiſe auch aus Beeren. Der
Geſang des Männchens tönt laut und in ſchönen Strophen, auch in der Gefangenſchaft faſt das ganze Jahr
hindurch, daher die Männchen als Stubenvögel ſehr
theuer bezahlt werden. Sie betragen ſich übrigens im
Bauer artig und munter, werden zutraulich und lernen
kurze Melodien nachpfeifen, auch einzelne Worte aus-
ſprechen.

Aus dem ſchieferblauen Gefieder treten die Flügel
und Schwanzfedern ſchwarz mit blauen Säumen hervor,
auch der Schnabel und die Füße halten ſich ſchwarz, nur
der Mundwinkel gelb. Die Schönheit der Färbung
wechſelt mit dem Alter und den Jahreszeiten. Das
Weibchen trägt ſich braungrau mit gefleckter Unterſeite.
Ausgewachſene Exemplare meſſen 8 Zoll Körperlänge
und 16 Zoll Flügelbreite.

8. Die Steinmerle. T. saxatilis.

Von der Größe der vorigen Art, unterſcheidet ſich die
Steinmerle oder das große Rothſchwänzchen ſogleich durch
die roſtfarbenen Schwanzfedern und die dunkelbraunen
Flügel mit bräunlich weißen Säumen. Das Männchen
kleidet den Kopf und Hals aſchblau, das Weibchen macht
ſich durch die weiße Kehle kenntlich.

Die Steinmerle iſt ebenfalls ein ſüdeuropäiſcher Gebirgsbewohner, beſucht bisweilen aber auch die mittel-
deutſchen Gebirge bis zum Thüringerwalde und Harze.
In ihrer Lebensweiſe und dem Betragen gleicht ſie auffallend der Blaumerle, iſt vielleicht etwas aufgeweckter und
ränkevoller, an welche ſie ſich jung
eingefangen leichter gewöhnt als alt, roſtfarbiger und
unermüdlich im Singen ihrer melodiſchen flötenden
Strophen. Die Eier gleichen denen des Gartenroth-
ſchwänzchens täuſchend.

Die eben beſchriebenen acht Droſſelarten gehören
Europa an, jeder der andern Welttheile hat ebenfalls eine
Anzahl Arten aufzuweiſen, allein die Mehrzahl dieſer iſt
nur in ausgeſtopften Bälgen bekannt, welche man in
großen Sammlungen vergleichen muß. Wir führen nur
einige davon an, um auf die Mannichfaltigkeit des Typus
im Allgemeinen hinzuweiſen.

9. Die nordamerikaniſche Singdroſſel.   T. mustelinus.

Figur 84.

Ungemein ſcheu, lebt dieſe Droſſel an den einſamſten Orten in den nordamerikaniſchen Wäldern und verräth ſich dem Wanderer nur durch ihren ſehr lauten und doch angenehm flötenden Geſang, den ſie bis nach Sonnenuntergang hören läßt. Sie webt ihr Neſt auf einer Unterlage von trocknen Baumblättern aus zarten Grashalmen und ſchmiert es mit Lehm aus. Die charakteriſtiſche Färbung ihres Gefieders iſt oben lebhaft zimmetbraun, am Hinterrücken und Schwanze olivengrau, an der Unterſeite weißlich mit feinen dunkelbraunen Schaftſtrichen.

Fig. 84.

Nordamerikaniſche Singdroſſel.

10. Die Spottdroſſel.   T. polyglottus.

Figur 85.

Ein Spötter ſondergleichen, unübertroffen in der Nachahmungskunſt fremder Stimmen, ſtets in beiterſter Laune, gewandt, dreiſt und muthig, dabei in der äußern Erſcheinung einfach und anſpruchslos, doch zugleich zierlich und nett und in den glänzenden Augen den Frohſinn verrathend. Von der Größe unſerer gemeinen Amſel, trägt die männliche Spottdroſſel ſich oben dunkelbraungrau und bleich bräunlichgrau mit braunſchwarzen Flügeln, deren äußerſte Schwinge rein weiß iſt, am Schnabel und an den Füßen ſchwarz, aber die Iris zeltgelb. Ihr Vaterland dehnt ſich von Canada und Mexiko bis Braſilien aus, hier als Stand-, dort als Zugvogel. Ueberall wählt ſie feuchte buſchige Niederungen, bald das einſame Dickicht, bald die Nähe menſchlicher Wohnungen und niſtet ſogar in Gärten. Zu jedem Kampfe bereit, verſteckt ſie nicht ängſtlich ihr Neſt, ſondern legt daſſelbe in Mannshöhe auf dem erſten beſten Baume an. Trockne Reiſer, Halme und Holzſtückchen bilden die Unterlage, darüber folgt ein dichtes Gewebe von Wurzelfaſern und innerhalb eine Fütterung von den feinſten und zarteſten Faſern. Im April oder Mai, je nach den klimatiſchen Verhältniſſen des Wohnortes, brütet das Weibchen zum erſten Male, bald darauf folgt die zweite Brut. Nach vierzehn Tagen kriechen die Jungen aus. Wagen ſich Raubthiere in die Nähe des Neſtes: ſo werden ſie vom

Männchen und Weibchen muthig angegriffen und gemeinſchaftlich zurückgetrieben. Auf den gefährlichſten Feind aller Neſtlinge, die ſchwarze Schlange, ſchießt das Männchen, wenn ſie ſich ziſchend zum Angriff erhebt, mit Blitzesſchnelle los und gewandt ihren Biſſen ausweichend theilt es heftige Flügelſchläge und Schnabelhiebe aus, bis der Feind flieht oder erliegt. Siegesfroh eilt es zu den Jungen zurück und verkündet von der höchſten Spitze des Baumes in ſchmetternden Tönen den glücklichen Ausgang des Kampfes. Die Nahrung beſteht nach allgemeiner Droſſelweiſe aus Inſekten, Gewürm und Beeren aller Art. Die Spottdroſſel gilt bei den Nordamerikanern für den beſten Sänger unter allen Vögeln und wird als Stubenvogel mit 15 und 20, ja mit 30 bis 100 Dollars bezahlt. Mit beginnender Dunkelheit und während der Nacht flötet ſie ihre Strophen am lebhafteſten, allein in böſer Nachahmungsluſt entſtellt ſie oft durch die ſchreiendſten, gellendſten Zwiſchentöne ihr herrliches Lied. Denn es gibt faſt keinen Vogel, deſſen Stimme, Geſang, Geſchrei oder Gekrächze ſie nicht nachahmt. Plötzlich gackert ſie wie die Hühner, kräht wie der Haushahn oder flötet die Melodie der virginiſchen Nachtigall, eines Kanarienvogels, pfeift, knarrt, ſchrillt, ziſcht, zwitſchert und läßt die verſchiedenſten Lockrufe der Waldvögel hören, ſelbſt das Miauen der Katze und Winſeln junger Hunde ahmt ſie nach. So verſpottet ſie alle ſtimmberechtigten

Fig. 85.

Spottdroſſel.

Bewohner des Waldes, erſchrickt und verjagt das kleine Geflügel durch Falkengeſchrei, lockt barrende Liebhaber herbei, verſcheucht andere, täuſcht den aufmerkſamſten Jäger und Hund und weiß ſich ſelbſt durch Liſt und Schlauheit den Angriffen zu entziehen.

Die ſüdamerikaniſchen Droſſeln niſten in Gebüſchen und Hecken, bauen ein minder kunſtreiches Neſt als die unſrigen mit 4 bis 5 grünlichen roſtroth punktirten Eiern und ſtehen als Sänger denen der nördlichern Erdhälfte weit nach. Ihr Gefieder ist theils schwarz, wie bei T. carbonarius, theils bräunlich mit weißlicher Kehle, wie bei T. rufiventris und T. crotopezus, theils mehr grau und dann zugleich die Flügel kurz und der Schwanz lang, z. B. bei T. calandria und T. saturninus; noch andere unterscheiden sich durch sehr kurze völlig gerundete Flügel und einen breitfederigen Schwanz, so der schwarzköpfige T. atricapillus mit rostgelber Unterseite und weißspitzigen Schwanzfedern. Auch Afrika hat mehre Arten eigenthümlich, darunter T. simensis mit großfleckiger Brust und weißem Bauche, T. pelios, T. apicalis und

11. die Scharrdrossel.   T. strepitans.
Figur 86.

Ein Bewohner Südafrikas und merkwürdig durch sein Scharren, das er ganz wie die Hühner ausführt. Er scharrt heftig das am Boden liegende Laub auf, um die darunter lebenden Insekten aufzulesen. Zu diesem Behufe sind seine Füße kräftiger als bei andern Drosseln, auch der Schwanz kürzer und der Schnabel etwas eigen-

Fig. 86.

Scharrdrossel.

thümlich. Das Gefieder graut vom Kopf bis zum Vorderrücken ins Gelbliche, schmutzig auf dem Hinterrücken, unten aber ist es weiß mit rostgelblichem Anfluge, auf Brust und Bauch mit dunkelbraunen Flecken; die vordern Schwingen sind rothbraun mit gelblichen Rändern, die hintern weißspitzig.

12. Die schwarzköpfige Glanzdrossel.   T. melanocephalus.
Figur 87.

Auf den ostindischen Inseln leben mehre Drosselarten mit prachtvoll metallisch glänzendem oder schillerndem Gefieder, meist auch mit kürzerem schwächerem Schnabel und niedriger auf den Beinen als die unsrigen. In ihrer

Organisation sowohl wie in ihrer Lebensweise und Natur weichen sie nicht wesentlich von den europäischen ab, es genügt daher die Vorführung einer Art, der schwarzköpfigen, welche auf der Oberseite bleigrau, unten aschgrau, am Bauche weiß ist, auf dem schwarzen Kopfe schön violett schillert und auf den grauen Schwanzfedern eine schwarze Querbinde und weiße Spitzen hat. Sie

Fig. 87.

Schwarzköpfige Glanzdrossel.

lebt auf Java, zugleich mit dem schönsten Sänger dieser Gruppe, der singenden Glanzdrossel, T. cantor, deren schwarzgrünes Gefieder blau und violett schillert und an der weißen Unterseite metallgrün gefleckt ist. Noch andern Arten dieser Inseln fehlt wieder der metallische Schimmer und sie zeichnen sich durch einen dünnen Schnabel und tiefgabligen Schwanz aus, so T. coronatus und T. volatus.

2. Wasseramsel.   Cinclus.
Figur 88 89.

Gleich der plumpe, dicht befiederte Körper und der flachstirnige schmale Kopf unterscheidet die Wasseramsel, von der wir nur eine Art aufführen können, von den Drosseln. Ihr fast gerader Schnabel hat vor der schwach gebogenen Spitze des Oberkiefers wiederum einen flachen Ausschnitt, comprimirt sich aber nach vorn ziemlich stark und zieht die Schneiden merklich ein. Die seitlich an seinem Grunde gelegenen, ritzenförmigen und durchgehenden Nasenlöcher können durch eine obere weiche, theilweis befiederte Haut verschlossen werden. An den kurzen, schwach gewölbten Flügeln erreicht die zweite Schwinge fast die Länge der dritten, welche mit der vierten die längste ist. Überdies sind alle Handschwingen viel schmäler als die Armschwingen und die Steuerfedern des kurzen breiten Schwanzes weich. An den kräftigen Füßen tragen alle Zehen sehr gekrümmte schmale Nägel, die Hinterzehe den größten. Die Dichtigkeit des Gefieders, allen Wasservögeln gemeinsam, beruht hier auf der vollständigen Ausbildung des Dunenkleides, denn überall an den sonst nackten Körperstellen, wie auch zwischen den Lichtfedern stehen, die Dunen und zugleich ist das Fell sehr derb. Das zeichnet die Wasseramsel vor allen Singvögeln ganz charakteristisch aus. Von ihrer innern Organisation wollen wir nur auf die schwärzliche Zunge hinweisen, deren ausgerandete Spitze kurz zerfasert und die scharfen Seitenränder fein gezähnt sind. Die am Augenhöhlenrande gelegene Nasendrüse erreicht bei keinem andern Singvogel eine gleich beträchtliche Größe. Der Fächer im Augapfel ist dreieckig und faltet sich aus 26 winkligen Falten. Das ridexcylindrische Herz, der sehr muskulöse Magen, die papillenartigen Blinddärmchen, die völlig ungleiche Größe der Leberlappen verdienen nicht minder Beachtung bei einer Vergleichung der anatomischen Verhältnisse.

Die gemeine Wasseramsel hält ihr Gefieder am Kopfe braun, gegen den Rücken hin dunkler und auf der Oberseite schieferfarben mit dunkeln Federschäften, dagegen sticht die rein weiße Kehle und Vorderbrust grell ab und das vorn scharf begränzte Rostbraun der Brust verläuft nach dem Bauche hin schwarzbraun. Schwingen und Schwanzfedern sind schwarz, meist licht gerandet oder dunkel geschäftet. Das Sommerkleid liebt hellere Töne und das Weibchen ist mehr graukörpig. Das Vaterland erstreckt sich über ganz Europa und Asien und überall sind es die klaren, tiefigen und steinigen, lebhaft rauschenden

Fig. 88.

Wasseramsel.

Gebirgsbäche, an deren bewachsenen Ufern die Wasseramsel ihr bewegliches Leben einsam und scheu verbringt. Sie fliegt wenig und nur kurze Strecken niedrig über dem Wasser hin, ruht nicht auf Bäumen, sondern am Boden und läuft hurtig und geschäftig am Ufer oder im Wasser hin und her. Es macht ihr ein besonderes Vergnügen,

Fig. 89.

Nest der Wasseramsel.

gegen die Strömung zu waten, mit den Wellen zu kämpfen, zu tauchen und in den schäumenden Strudel eines Wasserfalles sich zu stürzen, kurz sie nimmt es mit dem geschicktesten Wasservogel auf. Dabei meidet sie die Gesellschaft und lebt nur während der Begattungszeit paarweise beisammen. Das Nest wird unter überhängenden Ufern an Wasserfällen oder Mühlenwehren versteckt und besteht aus einem großen Mooshaufen, mit Stengeln, Halmen, Wurzeln durchwebt und innen mit zarten Hälmchen ausgekleidet. Das Weibchen legt im April 4 bis 6 weiße Eier und brütet 14 Tage, zum zweiten Male im Juni. Zur Nahrung dienen am und im Wasser lebende Insekten und Gewürm aller Art, ob auch Fischbrut, zumal der Forellen, wird hie und da behauptet, von Andern in Abrede gestellt. Beim Fange der Insekten entfaltet sich die ganze Gewandtheit, Kühnheit und Kraft der Bewegungen. Der Gesang des Männchens ist mehr geschwätzig als melodisch, leise schnarrend und zwitschernd mit abwechselnd lauten hellpfeifenden Strophen. In der Stube unterhält man es mit dem Nachtigallenfutter.

3. Nachtigall. Lusciola.

Die zum Typus der allbekannten und als Sängerin überall hochgeschätzten Nachtigall gehörigen Vögel sind ihren äußern Charakteren und ganzem Habitus nach kleine, schlanke, zierliche Drosseln. Wer sie äußerlich unterscheiden will, findet in der längern ersten Schwinge ein sicheres Kennzeichen; die einzelnen Arten bieten immerhin erhebliche Eigenthümlichkeiten und wir wenden uns sogleich an diese selbst.

1. Die eigentliche Nachtigall. L. luscinia.
Figur 90 u. 91.

Die Königin der befiederten Sänger geht stolz und
ernst in sehr einfachem, schmucklosem Gewande. Das
seidenartig weiche Gefieder ist auf der ganzen Oberseite
dunkel roßgrau und an der Unterseite weißlich gelbgrau,
am Schwanze reiner roßfarben; so bei beiden Geschlechtern
und in allen Jahreszeiten, nur die Jugend vor dem ersten

Winter buntet sich, indem sie die Federn der Oberseite
mit hellrostgelben Schaftflecken und dunkeln Rändern versieht, die Federn der Unterseite aber fein graubraun be-
sprizt. Die gewöhnliche Körperlänge beträgt 6 Zoll und
etwas mehr, dabei die Flügelbreite 10½ Zoll. Der
6 Linien lange, braune Schnabel erscheint am Grunde
sehr breit, gegen die Spize hin stark comprimirt, pfriemenförmig und an den Schneiden eingezogen. Länglich
ovale Nasenlöcher, große lebhafte Augen mit dunkelbraunen Sternen und weißlich befiederten Lidern und einzelne

Fig. 90.

Deutsche Sänger.

feine schwarze Borsten über dem Mundwinkel kennzeichnen die Physiognomie des Gesichts. Seine langen Läufe, fast gestiefelt, mäßige Zehen und schwache Krallen unterscheiden ebenfalls von den eigentlichen Drosseln, nicht minder daß die dritte und fünfte Schwinge von gleicher und die vierte von größter Länge ist. Der gelbliche Rachen birgt eine schwarzspitzige und ausgefaserte Zunge, der obere Kehlkopf führt durch eine weite Oeffnung in die aus sehr harten Ringen gebildete Luftröhre, an welcher der Singmuskelapparat nicht kräftiger als bei andern Singvögeln ist. An der Speiseröhre fehlt jede Spur einer kropfartigen Erweiterung, der Vormagen ist sehr dünn- und schlaffwandig, dagegen der rundliche Magen stark muskulös. Der Darmkanal mißt kaum die Körperlänge und hat nach hinten äußerst feine gezickzackte Längsfalten im Innern. Die Leber besitzt ein kleines drittes Läppchen und die Milz ist wurmförmig, ebenso die Bauchspeicheldrüse völlig in zwei Drüsen getheilt.

Die Nachtigall dehnt ihr Vaterland in Europa bis in's mittlere Schweden aus und geht eben so hoch für Asien in Sibirien hinauf. In unsern Gegenden und nördlicher lebt sie überall nur als Zugvogel, kömmt gemeinlich in der zweiten Hälfte des April an, je nach der Milde und Wärme des Frühlings einige Tage früher oder später, sehr gewöhnlich aber die Männchen etwas früher als die Weibchen, und schon Mitte August beginnen sie einzeln wie sie kamen, wieder abzuziehen, so daß Mitte September bereits alle ihre Winterheimat, die mittelmeerischen Länder, erreicht haben. Sie ziehen nur des Nachts, einzeln oder familienweise und langsam von Wald zu Wald und Busch zu Busch. Obwohl strenger Waldbewohner und stets offene Felder und Auen meidend, wählt sie die Nachtigall zum Standort doch vorzüglich niedriges Laubholz mit guter Bewässerung und feuchtem, der Insekten-Entwicklung günstigem Boden, Lustwäldchen und schattige Gartenanlagen, als Nadelwaldung, noch Hochwald oder höhere Gebirgsthäler. Im dichten Gebüsch hüpft sie von Zweig zu Zweig, fliegt eine kurze Strecke und ruht sogleich wieder, dann späht sie nach Gewürm und Insektenlarven, läßt sich an dem Boden nieder, zumal wo er locker und frisch aufgewühlt ist, wo Gewurm Insektenbrut liegt und liest dieselbe auf. Auch von den Zweigen und Blättern liest sie Raupen und Geschmeiß, aber die schwirrenden Insekten beachtet sie nicht, sie ist kein gefischter Jäger. Im Sommer geht sie begierig auf Beeren, auf Johannisbeeren, verschiedene Hollunder- und andere Sträucher. Das Nest wird in dichte Hecken und schattiges Gebüsch versteckt ganz nah über dem Boden und dicht auf einer Unterlage von dürrem Laube aus trockenen Halmen und Stengeln mit sehr weicher Ausfütterung. Das Weibchen legt 4 bis 6 kalt länglich, bald sehr rundliche Eier von grünlich braungrauer Farbe, brütet dieselben abwechselnd mit dem Männchen vierzehn Tage lang und beide füttern auch gemeinschaftlich die Jungen mit weichem Gewürm. Zu einer zweiten Brut bequemen sie sich nur, wenn die erste zerstört oder geraubt ist und das geschieht häufig, denn Katzen, Füchse, Wiesel, Marder, Ratten, Igel suchen die Nester eifrig auf und überfallen am liebsten das brütende Weibchen. Die Jungen verlassen frühzeitig das Nest und werden noch auf den

Zweigen von den Alten gefüttert. Im nächsten Frühjahr suchen alle die vorjährige Brutstätte wieder auf; sind sie verunglückt, so nehmen andere erstjährige dieselbe ein, denn seltsamer Weise sind es bestimmte Plätze, an welchen die Nachtigallen sich niederlassen, andere Wälder und Gärten auf ganzen Strichen, wenn auch ihren Ansprüchen zusagend, meiden sie durchaus.

Nachtigall heißt doch wohl ein Sänger, der während der Nacht gellt oder singt. Der Gesang allein ist es ja, welcher sie über alle Singvögel erhebt, der die Poeten des Alterthums begeisterte, wie noch heute jeden wahren Freund der belebten Natur entzückt. Durchaus eigenthümlich spielt er mit einer überraschenden Fülle von Tönen und in hinreißender Harmonie, in bezauberndem Wechsel sanft flötender Strophen mit schmetternden, klagender mit fröhlichen, schmelzender mit wirbelnden; bald entzückt er durch die Mannichfaltigkeit der Töne, bald durch die Fülle und Stärke, wie kein anderer Sänger;

Fig. 91.

Nachtigall.

jene wie diese bleibt uns ein Räthsel, auch wenn wir den Stimmapparat, den winzig kleinen, bis in seine einzelnen Theile zerlegt haben. Aber nicht alle Nachtigallen singen gleich meisterhaft, gleich bezaubernd; sie lernen es vielmehr mit den Jahren und verlernen es im höhern Alter wieder; auch das ungestörte Leben, Nahrung und Aufenthalt scheint auf die Ausbildung der Stimme einen erheblichen Einfluß auszuüben. Der beste Nachtigallenschlag wechselt mit 20 bis 24 verschiedenen Strophen, welche der aufmerksam beobachtende Bechstein in Sylben gefaßt hat, doch gewähren die todten Buchstaben keinen Ersatz, meine Leser mögen und werden auch ohne meine Aufforderung dem Sänger selbst ihr Ohr leihen, er selbst ist ja stolz auf seinen Gesang und läßt sich gern in der Nähe bewundern, ist sogar eifersüchtig, denn sobald er das Lied seines Nachbars hört, sträubt er das Gefieder, spreizt die Schwanzfedern, bläht sich auf und schmettert mit doppelter Kraft seine Strophen. Gewöhnlich beginnt die Nachtigall ihr Lied mit der anbrechenden Morgendämmerung und schlägt eine volle Stunde ununterbrochen, bis es Tag ist, dann sucht sie ihr Frühstück und schlägt von Neuem, jedoch mit Unterbrechungen, bis um 8 Uhr; bis Nachmittag ertönen nur selten einzelne Strophen, gegen Abend aber und tief in die Dämmerung hinein ist der Schlag wieder anhaltend. Einzelne schlagen die ganze Nacht hindurch, andere nur einzelne Strophen und pausiren viel. Bis die Jungen ausfliegen, hält der Gesang des Männchens, denn das Weibchen schlägt nicht, ungeschwächt an, dann läßt er allmählig nach und mit Ablauf des Juni verstummt er, in Gefangenschaft aber dauert er wohl sieben Monate im Jahre.

In ihrem Betragen im Freien äußert die Nachtigall Ernst und Stolz, ihrer Sängerkunst sich bewußt, mit hochgehaltener Brust und Kopf, fliegt leicht in steigendem und fallendem Bogen und läßt in der Ruhe die Flügel fast nachlässig hängen. Nur während der Brunstzeit ist sie kampfesmuthig und streitet heftig um den Besitz des Weibchens, zu andern Zeiten aber liebt sie Frieden und lebt unbekümmert um ihre Umgebung. Dem Menschen naht sie sich zutraulich und ist seines Schutzes gewiß. Gesetze, die hie und da sehr strenge, verbieten ja ihren Fang und hohe Steuer lastet auf der eingebauerten. Warum aber genießen nicht alle nützlichen Vögel solchen Schutzes, warum nur die singende Nachtigall? — Alt eingefangen geberdet sie sich anfangs wild und flüchtig, doch bald fügt sie sich in den Verlust der Freiheit und singt bei aufmerksamer Pflege acht Jahre und länger. Die Behandlung ist dieselbe, welche die große Nachtigall beansprucht, ihr Fang bei der großen Zutraulichkeit und Arglosigkeit sehr leicht.

2. Die große Nachtigall. L. philomela.

Die große Nachtigall, häufig Sprosser genannt, gleicht der gemeinen so sehr, daß sie lange Zeit für eine bloße Spielart derselben gehalten worden ist, allein der ornithologische Scharfblick findet soviele und so erhebliche Eigenthümlichkeiten, daß die artliche Verschiedenheit beider außer Zweifel gesetzt ist. Von der Größe des gemeinen Sperlings, erscheint der Sprosser kräftiger gebaut als die Nachtigall, mit stärkerem Schnabel, im Schwanze mehr braun, an der Kehle lichter, auf dem Rücken und Flügeln dunkler, an der Oberbrust dunkel gewölkt. Das sind indeß nur oberflächliche Unterschiede, viel wichtiger zeigt sich die außerordentliche Kürze der ersten Schwinge und die fast gleiche Länge der zweiten und dritten, welche viel länger als die vierte sind. Die in's Einzelne gehende Vergleichung des Gefieders gewähr noch andere Eigenthümlichkeiten, die der innern Organisation sind leider noch völlig unbekannt.

Der Sprosser gehört dem östlichen Europa an, ist häufig in Ungarn und Polen, daher auch als polnische Nachtigall unterschieden, ferner in Oesterreich, sehr spärlich schon in Schlesien, Böhmen und der Schweiz. Erst Anfangs Mai trifft er ein und im August zieht er schon wieder von dannen. Am liebsten hält er sich auf dicht bewachsenen Ufern der Flüsse auf, so längs der Donau, der Elbe, Oder und Mulde, zumal in Buschweiden, welche die gemeine Nachtigall entschieden meidet. In seinen

Bewegungen, Naturell und Lebensweise bietet er kaum beachtenswerthe Eigenheiten, dagegen ist sein Schlag tiefer, hohler, schmetternder, die Strophen kürzer, abgebrochener und minder mannichfaltig, ohne die zierenden und sanft schmelzenden Uebergänge des Nachtigallen-Liedes. Dennoch ergötzt auch er und wird als geschätzter Sänger mit hohen Preisen bezahlt. Aber er verlangt dafür im Käfig sorgfältige Pflege, Reinlichkeit, stets frisches Futter und frisches Wasser zum Trinken und Baden. Da man in der Stube nicht Jahr aus, Jahr ein, Insektengeschmeiß auf dem Unterhalt dieser, gar manchem Stubenhocker unentbehrlichen Sänger pflegen kann, so gewöhnt man dieselben an ein sogenanntes Nachtigallenoder Universalfutter. Man mengt dasselbe aus täglich frisch auf dem Reibeisen geriebener Mohrrübe, etwas gesottenem Rindsherz und klar geriebener harter Semmel. Dazu kommen einige Ameiseneier, welche in größern Städten stets käuflich zu haben sind, und täglich einige Mehlwürmer, die man in einem Topfe mit Mehl unter wollenen Lumpen auf dem Mehlkäfer zieht. Leztere sind bei frisch eingefangenen Vögeln immer nöthig, mit ihnen gewöhnt man sie an das Universalfutter, später können sie ganz lang fehlen. Für andere insektenfressende Stubenvögel genügt es, die Mohrrübe mit Mus oder in Milch aufgeweichter Semmel zu mengen, wenn sie nur mit Mehlwürmern und Ameiseneiern daran gewöhnt sind. Statt lezter eignet sich auch gekochter Elodter zur Vermengung. Wohl aber muß das Futter stets frisch gereicht werden und darf selbst für Sänger, welche gerade nicht wählerisch und empfindlich sind, nicht über zwei Tage im Voraus gemengt werden.

3. Das Rothkehlchen. L. rubecula.
Figur No. 4. 95.

Die stolze Nachtigall gehört den Reichen, das keke Rothkehlchen dem Armen, jene in die aufgeputzten Zimmer des Städters, dieses in die qualmige Dorfstube. Eben eingekehrt, mustert es die Fenster und leicht von der Vergeblichkeit der Fluchtversuche überzeugt, spielt es sofort den Zutraulichen, fängt die Fliegen von den Fenstern und Tischen, säubert die Winkel von Spinnen, sucht Flöhe und Käsematen auf und was sich sonst im Schmutz der Bauernstube an Geschmeiß einfindet. Dabei kostet es von Allem, was auf den Tisch kömmt, von Rohem und Gekochtem, Fleisch und Gemüse, sezt sich zutraulich auf den Kopf und Arm, hüpft auf Tischen und Stühlen umher, und untersucht, was hingelegt wird, stets seine Untersuchung von hinten besiegelnd. Dieser schmuzigen Gewohnheit halber kann sich die Reinlichkeit Liebende mit ihm nicht befreunden. Neugierde, Keckheit und Dreistigkeit, Munterkeit und Zanksucht sind die hervorragendsten Züge seines Charakters. In Gärten und überhaupt an bewohnten Plätzen wird es so dreist, daß es sich vor und niederläßt, und in seiner Beschäftigung am Boden von dem Herbeikommenden keine Notiz nimmt. Es hüpft in leichten Sprüngen am Boden wie zwischen den Zweigen, fliegt ruckweise und schnurrend in den geschicktesten und kürzesten Wendungen, ist bald hier, bald dort, im Gebüsch und im Freien, hoch oder niedrig, selten in Ruhe, und

lebt es still: so wirft es die Brust vor und duckt das
Köpfchen und wippt mit dem horizontal getragenen
Schwanze, während es die Flügel nachlässig hängen läßt.
Mit seines Gleichen hadert und zankt es beständig, neckt
und hascht sich und erzürnt leicht zum grimmigsten Kampfe
im Freien, wie eingekerkert in der Stube, nicht minder
unverträglich stellt es sich gegen andere Vögel. Doch ist
sein Charakter nicht ganz schwarz, es äußert auch freund-
liche Züge. So fütterte einst in Naumann's Stube ein
Rothkehlchen aus freiem Antriebe einen schreihalsigen
jungen Hänfling auf, von andern weiß man, daß sie im
Frühjahr aus der Stube entlassen, freiwillig im Herbst
durch das offene Fenster zurückkehrten, daß sie in zutraulicher Anhänglichkeit aus- und einflogen.

Auch wer das Rothkehlchen noch nicht sah, erkennt es
sofort an der gelbrothen Kehle, die es zugleich von all
seinen Verwandten unterscheidet. Das Gefieder der ganzen Oberseite ist graulich olivenbraun oder matt grünlichbraun, die rothe Farbe der Kehle zieht bis auf die Oberbrust und geht durch einen aschblauen Anflug in jene
obere Farbe über, am Bauche in's schmutzig weiße. Die
zarten, schwachen Beine stehen etwas niedriger als bei der
Nachtigall, auch die Zehen sind schwächer, der ganze
schwarze Schnabel kürzer und stärker, der ganze Vogel um
einen Zoll kleiner. Die großen Augen mit dunkelbrauner Iris bergen einen trapezförmigen Fächer mit 19 kurzen Falten; in der Nasenhöhle fehlt die obere Muschel
gänzlich; die erste Schwinge ist auffallend kurz, die
zweite so lang wie die achte, die dritte, vierte und fünfte
von gleicher größter Länge. Die Federflur des Rückens
läuft sehr schmal vom Kopfe bis zur Bürzeldrüse und erweitert sich nur in der Kreuzgegend breit rautenförmig.
Der Verdauungsapparat und die ganze innere Organisation verräth in den einzelnen Formverhältnissen eine
überraschende Aehnlichkeit mit dem Braunkehlchen, das
der folgenden Gattung angehört.

Ueberall in Europa bis hoch in Schweden und Norwegen hinauf ist das Rothkehlchen in Gebüsch und Hecken,
Gärten und Wäldern heimisch, in Ebenen wie im Gebirge. Am liebsten sucht es Laubholzwaltungen mit
dichtem schattigen Unterholz auf, wo die Insektenwelt
üppig gedeiht. Bei uns kömmt es im März an und
zieht vom September bis November ab, einzelne bleiben
absichtlich zurück oder gerathen zu spät aus der Gefangenschaft in's Freie; diese suchen mit Beeren sich kümmerlich
den Winter hindurch zu erhalten, gehen aber bei strenger
Kälte, zumal wenn gleichzeitig Futtermangel eintritt, un-
rettbar zu Grunde. Sie ziehen des Nachts in kleinen
Gesellschaften und ruhen am Tage im Gebüsch. Im
Frühjahr und Sommer fressen sie alle fliegenden und
kriechenden Insekten und deren Larven ohne Unterschied,
auch Spinnen, Gewürm und kleine nackte Schnecken, im
Herbst fallen sie begierig über Beeren her und naschen
auch von diesen die nicht feinschmeckerisch aus. Die harten
Kerne und die unverdaulichen Theile der Insekten speien
sie in länglich runden Ballen wieder aus. Sie trinken
viel und baden gern, daher man sie aus der Stube
nicht ohne frisches Wasser lassen darf. Zur Begattungszeit leben sie paarweise beisammen. Das Nest wird nah
am Boden in alten Strünken, zwischen Gewurzel, in

Ritzen, unter Gesteinshaufen angelegt, meist auf einer
Unterlage von Laub, kann aus Moos, zartem Reisig,
trockenem Gehalm und ausgefüttert mit Wolle, Haaren
und Federn. Ende April oder Anfangs Mai liegen 5 bis
7 gelblichweiße, rostfarbig bespritzte Eier darin und beide

Fig. 92.

Nest des Rothkehlchens.

Geschlechter bebrüten dieselben abwechselnd. Noch ohne
Schwanz und mit halben Flügeln hüpfen die Jungen
schon von Ast zu Ast, werden aber noch eine Zeit lang
von den Alten gepflegt. Manche brüten zum zweiten
Male. Raubthiere aller Art stellen alt und jung eifrig
nach und zahllose gerathen alljährlich in Gefangenschaft,
denn freßbegierig und harmlos gehen sie in jede Art von
Falle und wie unzählig viele nehmen ein jammervolles
Ende in den Stuben, bald in der heißen Suppe oder der
kochenden Milch, bald durch Quetschung zwischen der
Thür oder Einklemmen hinter dem Schranke, bald durch
die Katze. Da sie alles Ungeziefer begierig vertilgen, so
gehören sie zu den nützlichsten Vögeln, denen nicht jeder
muthwillige Junge Sprenkel stellen und Ruthen legen
sollte. Freilich ist im Herbst ihr Fleisch eine große Delicatesse und schockweise werden sie für Leckermäuler in
manchen Gegenden auf den Markt gebracht. Als Sänger
sind die Männchen vom März bis in den Sommer
hinein thätig. Singend blähen sie die Kehle auf, lassen
Flügel und Schwanz hängen und flöten und trillern ihre
melancholischen Strophen, besonders am stillen Frühlings-
abende. Wer aus dem Gesange auf den Charakter
schließen wollte, würde das Rothkehlchen durchaus falsch
beurtheilen, ohne feierlicher Ernst, Stolz und Würde sind
an die Stelle des Frohsinns und lecken Uebermuthes ge-
treten. Es singt auch in der Stube, doch minder laut
und anhaltend. Im Herbst und Winter zwitschert es
nur. Schaden für die menschliche Oeconomie wird ihm
Niemand nachweisen.

6*

4. Das Blaukehlchen.   L. suecica.

Figur 93.

Die schön glänzende lasurblaue Kehle und Brust unterscheidet das Blaukehlchen schon hinlänglich von allen vorigen Arten. In der Jugend ist die Kehle weiß und mit schwarzen Flecken eingefaßt. Das Gefieder des Kopfes malt sich bunter als bei dem Rothkehlchen und der Nachtigall, nämlich mit einem schwärzlichen Strich durch das Auge, einem gelblichen darüber, die Wangen braun und fleckig, Stirn und Scheitel erst wie die ganze Oberseite graubraun. Hinter dem prachtvollen Blau läuft eine feine weiße Linie quer über die Oberbrust und begränzt nach hinten eine breite rostrothe Binde, dann folgt schmutzig weiß. Das früheste Jugendkleid trägt rothgelbe Tüpfel auf schwarzem Grunde. Die zweite Schwinge ist etwas kürzer als die sechste, die dritte und vierte die längsten. Der dünn pfriemenförmige gestreckte Schnabel läßt vor der Spitze kaum einen Ausschnitt erkennen und glänzt oben schwarz, im Mundwinkel schmutzig gelb, im Rachen schön romeranzengelb. Schlanke dünne Läufe und lange feine Zehen mit sehr spitzigen Nägeln. Die gelbliche Zunge ist platt, hornig, sehr scharfrandig, an

Fig. 93.

Das Blaukehlchen.

der Spitze tief zerschlissen, hinten stark bezahnt. Die Schädelknochen führten wie bei allen Sängern Luft, der Oberarm aber ist wie bei allen dresselartigen Vögeln marklg. Der Vormagen ist dicht mit seinen Drüsen besetzt, der Magen ziemlich muskulös und sehr ausdehnbar, innen mit lederartiger faltiger Haut ausgekleidet, der Darmkanal nur wenig länger (7 bis 8 Zoll) als der Körper, die Blinddärmchen ganz unscheinbare Wärzchen, beide Leberlappen von sehr verschiedener Form und mit zwei accessorischen Läppchen und sehr kleiner Gallenblase, der Singmuskelapparat sehr stark.

Ueberall in Europa heimisch, lebt das Blaukehlchen doch in den kalten und gemäßigten Gegenden nur als Zugvogel. Ende März und später kömmt es bei uns an,

und zieht in nächtlicher Wanderung einzeln und familienweis schon im August oder September wieder fort. Zum Aufenthalt wählt es niedres Gebüsch auf feuchtem Boden, besonders Weiden und Hecken an Flußufern und Teichen und streicht im Sommer auch in die Kartoffel- und Kohlfelder, in Gemüsegärten. In seinem Naturell ähnelt es dem Rothkehlchen sehr: munter und keck, hurtig und gewandt, zutraulich gegen die Menschen und in Frieden mit andern kleinen Vögeln lebend, aber mit unversöhnlichem Haß gegen seines Gleichen erfüllt. Zornig und wüthend verfolgt eines das andere und in der Stube ruht der Kampf nicht eher, bis eines erliegt. Der Gesang wiederholt mehrfach kurze, hellpfeifende und sanft tönende Strophen, denen ein leises Schnurren beitönt. Obwohl gewandt im Fluge, ist das Blaukehlchen doch ungeschickt im Jagen und es pickt fast nur kriechende Insekten und allerlei Larven vom Gewürm vom Boden auf. Im Herbst sucht es rothe und schwarze Hollunder- und Faulbaumbeeren auf. Alt eingefangen stürzt es anfangs wild im Zimmer und Käfig umher, wird aber bald ruhig und gewöhnt sich schnell an das Nachtigallenfutter. Bei guter Pflege, welche täglich frisches Wasser zum Baden nicht versäumen darf, hält es wenige Jahre aus. Das Nest wird sehr versteckt angelegt, auf einer Grundlage von Weidenblättern und groben Stengeln gewoben aus feinem Reisig und Gehalm, ausgefüttert mit Wolle und Haaren. Das Weibchen legt fünf blaugrüne Eier und brütet abwechselnd mit dem Männchen zwei Wochen, wohl zweimal im Sommer.

5. Der blaue Sänger.   L. sialis.

Figur 94.

Die Rolle unseres Rothkehlchens übernimmt in Nordamerika der blaue Sänger. Schon im Februar kehrt er aus dem Süden zurück und sucht, wenn nicht strenge

Fig. 94.

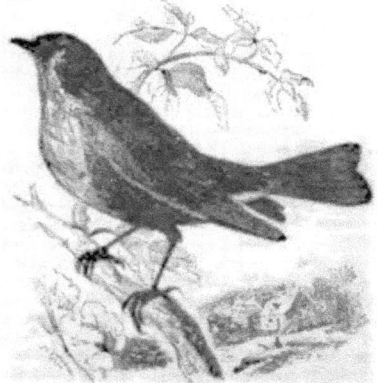

Der blaue Sänger.

Nachwinter ihn wieder vertreiben, sein vorjähriges Revier auf. Im März kömmt auch das Weibchen an und in zärtlicher Liebe halten von nun ab beide zusammen, bauen unter Gewurzel oder liegende Stämme ein Nest ganz wie das unseres Rothkehlchens und bebrüten zwei, selbst drei Male fünf hellblaue ungefleckte Eier. Das Männchen singt daher auch bis spät in den Sommer hinein und erst im November beginnt die Wanderung nach dem Süden auf die Bahamainseln, nach Guiana und Brasilien. Größer als unsere Nachtigall, nämlich acht Zoll lang, kleidet der blaue Sänger sich in ein schön kornblumenblaues Gefieder mit etwas Purpurschimmer, das an der Kehle und Brust röthlich kastanienbraun, an den Flügeln und dem Schwanze braunschwarz, am Bauche weiß ist.

6. Das gemeine Rothschwänzchen. L. phoenicurus.

Figur 95.

Die bisher aufgeführten Luscinien nisten sämmtlich nah am Boden und melden hohe Bäume, wählen feuchtes Gebüsch zum Aufenthalt und fressen am liebsten kriechende Insekten und Gewürm, dadurch unterscheiden sich die insgesammt von den Röthlingen, denn diese halten sich gern an Bäumen und Häusern, nur selten im Untergebüsch auf, nisten hoch über dem Boden und legen ungefleckte Eier, haschen geschickt fliegende Insekten und wippen nicht beständig mit dem Schwanze. Das gemeine Rothschwänzchen oder der Gartenröthling ist der bekannteste Vertreter

Fig. 95.

Gemeines Rothschwänzchen.

dieser Gruppe. Bei uns gemein, verbreitet er sich in Europa und Asien bis zum höchsten Norden hinauf, südlich bis tief nach Afrika hinein. Er verkündet die ersten warmen Frühlingstage, aber der Durchzug nach dem höhern Norden dauert bis Mitte April, der Rückzug beginnt im August und erst im October verlassen uns die letzten Nachzügler.

Das Rothschwänzchen ist ein ungemein lebhaftes, unruhiges und stets heiter gelauntes Vögelchen, immer in Bewegung, gleich gewandt im Fliegen und Hüpfen, neckent, spielend mit seines Gleichen, dabei listig, keck und zutraulich, bis es durch Verfolgung scheu gemacht wird. Es schüttelt den Schwanz häufig, duckt auch den Kopf. Das Männchen läßt seinen Gesang bis nach Johannis ertönen und mit der Morgendämmerung beginnent beinah den ganzen Tag über, fast flötenartig und sanft in drei kurzen Strophen, zu denen nicht selten noch einige angelernte, z. B. vom Finkenschlage, hinzugenommen werden. Geschickt hascht es die Insekten im Fluge, pickt aber auch von den Blättern und bürstet am Boden die kriechenden, auf Gartenbeeten und Aengern das Gewürm. Im Sommer wird es still und zieht sich zurück und frißt nun gern Johannis- und Hollunderbeeren. Das Nest steht in einer Höhle mit engem Eingang, in hohlen Weiden, Felsenlöchern, Gartenmauern, Giebelwänden, wird aus Wurzelwerk und Gehalm roh aufgebaut und mit Wolle, Haaren und Federn ausgekleidet. Das Weibchen legt fünf bis sieben schön blaugrüne Eier und brütet abwechselnd mit dem Männchen 14 Tage. Im Herbst sind sie allgemein sehr fett und werden zumal in südlichen Ländern gern gegessen; bei uns hält man sie lieber in der Stube im Fliegenfangen oder im Käfig zum Singen, aber bei der aufmerksamsten Pflege, welche nur die Nachtigall beansprucht, halten sie doch kaum zwei Jahre aus.

Die äußere Erscheinung kennzeichnet der lebhaft rostrothe Schwanz mit zwei dunkeln Mittelfedern. Die dunkelbraunen Flügelfedern haben lichte Ränder. Das Männchen färbt seine Kehle schwarz und die Brust rostroth, das Weibchen jene schmutzig weiß und diese in der Mitte weiß, seitlich gelblichgraubraun. Bei 6 Zoll größter Körperlänge spannen die Flügel 10 Zoll. Die gelbe Zunge ist an der scharfen Spitze sein zerzasert, die Nasenlöcher durchgehend, die Leberlappen sehr verschieden in Größe und Form, der Darmkanal etwas kürzer als der Körper und die Blinddärme ganz unscheinbar.

7. Der Hausröthling. L. tithys.

Nur der geübte ornithologische Blick unterscheidet den Hausröthling vom Gartenrothschwanz. Man messe vor Allem bei beiden die Länge der zweiten, dritten und vierten Schwinge in den Flügeln, die zweite ist hier merklich kürzer als die dritte, merklich mehr als bei voriger Art. Der gelblich rostrothe Schwanz hat auch hier zwei dunkelbraune Mittelfedern, aber die dunkelbraunen Schwingen breite graue oder weiße Säume. Bei dem Männchen ist Kehle und Brust schwarz, bei dem Weibchen beide grau. Auch die innere Organisation stimmt so sehr mit dem Gartenröthling überein, daß ohne unmittelbare Vergleichung die Eigenthümlichkeiten kein Interesse erwecken.

Der Hausröthling bewohnt strichweise Europa bis
ins mittlere Schweden, am liebsten felsige und gebirgige
Gegenden bis zur Grenze des ewigen Schnees hinauf,
aber auch in der Nähe der Städte und Dörfer, wo er hohe
Plätze zum Nisten findet. Flüchtig und scheu, hurtig
und gewandt, ist er wilder und zänkischer als der Gartenrothschwanz, weitet abweichend von diesem Wald und
Gebüsch, frißt fast nur fliegende Insekten, freilich auch
Beeren und nistet in Felsenritzen, unter Dächern und an
andern hohen Punkten. Das Weibchen legt in das künstlich geflochtene Nest Ende April bis sechs bläuweiße Eier,
im Juni die zweite Brut. Im Käfig ist diese Art sehr
schwer zu erhalten.

4. Steinschmätzer. Saxicola.

Die Steinschmätzer bilden eine in zahlreichen Arten
über die östliche Halbkugel verbreitete Gattung, welche sich
zum Theil sehr innig an die Röthlinge anschließt. Äußerlich zeichnen sich alle aus durch den geraden, an der Wurzel ansehnlich breiten, nach vorn schwach zusammengedrückt pfriemenförmigen Schnabel mit kaum sichtlicher
Buchtung vor der Spitze und mit etwas kantigem Rücken,
durch freie ovale Nasenlöcher mit häutiger Schwiele am
obern Rande, die verkürzte Kralle an der Hinterzehe, die
unbedeutende erste Schwinge und längste dritte und vierte,
endlich durch den kurzen breitfedrigen Schwanz. Das
Gefieder liebt zwar düstere Farben, nimmt aber doch gern
einige grelle Flecken oder Streifen auf und die Conturfedern sehen wir in auffallend schmaler Rücken- und Unterflur. Die Zunge, wie auch der Rachen nicht mehr schön
gelb, sondern fleischfarben, grau oder schwärzlich, hat noch
genau die Form der Röthlinge, auch die Form des Magens,
der Leber und Milz erinnern lebhaft an jene, der Darmkanal ist kaum länger als der Körper, im Innern mit
deutlichen Zickzackfalten, oft auch mit Querfalten im Dünndarm, die Blinddärmchen ganz unscheinbar.

Es sind ungemein lebhafte, zugleich sehr scheue, ungesellige Vögel von der Größe der Lusciolen, theils in
trocknen steinigen Gegenden, theils auf Wiesen und im
Gebüsch lebend und von Insekten und Gewürm sich nährend. Dadurch nützen sie der menschlichen Oeconomie,
in einigen Gegenden wird auch ihr Fleisch als sehr wohlschmeckend gegessen, ihr Gesang aber bleibt weit hinter
dem der vorigen Arten zurück, daher sie als Stubenvögel
wenig geachtet sind. Wir können aus der großen Artenzahl wiederum nur einige hervorheben, um die Mannichfaltigkeit im Einzelnen darzulegen. Sie sind entweder
ächte Steinschmätzer, d. h. Bewohner hoher stein-
iger und felsiger Gegenden mit langem Schnabel und breit-
fedrigem weißen Schwanze und greller Zeichnung, oder sie
sind Wiesenschmätzer, auf Wiesen und im niedrigen
Gebüsch lebend, mit kurzem starkem Schnabel, schmal-
fedrigem dunkeln Schwanze und düsterem Gefieder.

1. Der graue Steinschmätzer. S. oenanthe.
Figur 96.

Dieser weit verbreitete, gemeine Steinschmätzer erreicht
ausgewachsen 6 Zoll Länge und 12 Zoll Flügelspannung,

Fig. 96.

Grauer Steinschmätzer.

und färbt sein Gefieder oben hell oder röthlich aschgrau,
an der Kehle weißlich oder rostgelb, die Flügel schwarz
und den weißen Schwanz mit schwarzer Endbinde. Die
ovalen Nasenlöcher schließt eine große Schwiele und in
den Mundwinkeln stehen schwarze Borsten. Die erste
Schwinge ist sehr klein, die zweite nur wenig kürzer als
die längste dritte. Männchen, Weibchen und Junge lassen
sich in der Färbung des Gefieders unterscheiden. Zunge
und Rachenhöhle findet man im Frühling oft ganz schwarz,
im Herbst gelb, erstere hart hornig, scharfrandig mit zer-
fasesrter Spitze. Der Darmkanal mißt die Körperlänge.

Der graue Steinschmätzer bewohnt ganz Europa und
Asien, nördlich bis Island und Grönland, im Norden
überall nur als Zugvogel. Gebirgsgegenden zieht er zwar
Ebenen und Niederungen vor, allein wo diese steinig sind
oder Erhöhungen wie Dämme und steinige Flußufer haben,
weiß er sich's auch angenehm zu machen. In Gebüschen
trifft man ihn selten und Bäume meidet er durchaus.
Immer ruht er auf einem hervorragenden Gegenstande,
theils aus Furcht gestört und überfallen zu werden, theils
um Insekten zu spähen, denn er frißt kriechende Käfer und
Maden, auch Fliegen und Mücken, hüpfend sie auflesend
oder im kurzen Fluge wegschnappend. Würmer verschmäht
er. Sein ganzes Wesen bietet wenig Einnehmendes. Die
Munterkeit ist nur wilde Unruhe und Scheu, die Gewandtheit mit Ungestüm gepaart, dabei flieht er den Menschen

ſchon aus weiter Ferne, zankt und bodert mit allen Vögeln, die ihm nahe kommen. Als Stubenvogel taugt er
gar nicht und hält ſich auch nicht in Gefangenſchaft. Das
Männchen ſingt am Tage und des Nachts einige kurze
Strophen mit dem häufigen Locken giw und unangenehm
krächzenden Tönen. Das Weibchen baut unter Steinen,
in Spalten oder Löchern aus Gewurzel, Blättern und
Halmen mit welcher Ausfütterung ein Reſt und legt 5
bis 7 bläulich grünlichweiße Eier, welche es allein 14
Tage bebrütet, während das Männchen ihm Futter bringt
und auch an der Erziehung der Jungen Theil nimmt.
Raubthiere aller Art ſtellen ihnen nach und in England
fängt man ſie zu Tauſenden, um ſie als Delicateſſen auf
die Tafel zu bringen, bei uns ſind ſie dem Volke völlig
unbekannt.

2. Der weißliche Steinſchmätzer. S. ſtapazina.

Nur im ſüdlichen Europa als Zugvogel heimiſch, und
ebenſo wild und ſcheu, ſo gewandt und zänkiſch als die
graue Art. Er beſitzet die Wangen und Kehle ſchwarz,
Scheitel und Oberrücken roſtfarben, die ganze Unterſeite
weiß. In der Lebensweiſe weicht er, ſoweit bekannt, nicht
von dem grauen Steinſchmätzer ab. Die Italiener haben
ihn zwar im Herbſt viel auf ihrem Märkten, aber nicht
um ſeine Natur zu erforſchen, ſondern nur für Gaumen
und Magen.

Einige trennen die geöhrte Art von dieſem Steinſchmätzer wegen eines breiten ſchwarzen Strichs an den
Seiten des Kopfes, und unterſcheiden noch eine nordeuro-
päiſche Art mit rein weißem Kopfe und Halſe und ſchwar-
zem Geſicht und Kehle.

3. Der weißſtirnige Steinſchmätzer. S. albifrons.

Figur 97.

Lebt ganz wie unſer grauer Steinſchmätzer auf den
dürren, ſchattenloſen, ſteinigen Ebenen Neuhollands und

Fig. 97.

Weißſtirniger Steinſchmätzer.

zeichnet ſich durch die rein weiße Beſiederung des Geſichtes
und der Kehle aus, durch die grauweiße Bruſt und eben-
ſolchen Bauch, braune Flügel.

4. Der ſchwarzkehlige Wieſenſchmätzer. S. rubicola.

In der Unruhe, der Flüchtigkeit und Scheu, dem
Ungeſtüm ſeiner Bewegungen übertrifft dieſer Wieſenſchmätzer die vorigen Arten noch, aber er ſingt angenehmer,
ſchwermuthige Strophen mit einigen ſchnarchenden Tönen.
Die ſchwärzlichen und braunen Schwanzfedern und ein
weißer Fleck auf den Flügeln kennzeichnen ihn. Gedrungen dickleibig, kurzſchwänzig und zartfüßig, iſt das alte
Männchen ſchwarz, an den Halsſeiten und am Bürzel
weiß, an der Kehle ſchön zuckaroth, das kleinere Weibchen
bräunt die Halsſeiten und den Bürzel. Das Vaterland
erſtreckt ſich über die ganze Alte Welt. Bei uns iſt der
Wieſenſchmätzer Zugvogel und nirgends häufig, kömmt
im März oder April und zieht im September fort, wegen
ſeiner Ungeſelligkeit einzeln. In hügeligen Gegenden mit
Gebüſch und fetter Weide fühlt er ſich am wohlſten, auch
auf Wieſen längs der Gewäſſer, in Gemüſefeldern und
Weinbergen, denn überall findet er reichliches Inſekten-
geſchmeiß zur Nahrung. Sein am Boden ſehr ſorgſam
verſtecktes Neſt beſteht aus lecker verwebten Queeken, Gehalm, Reiſern und Moos mit Ausfütterung von Haaren und

Fig. 98.

Schwarzkehliger Wieſenſchmätzer.

Wolle. Im Mai legt das Weibchen bis sechs bläulich-grüne gelbbraun besprißte Eier, bebrütet dieselben und pflegt die Jungen mit ganz außerordentlicher Liebe. Und dennoch werden dieselben wie die Alten wild und ungestüm, zänkisch und unverträglich, doch auch vorsichtig und scheu, so daß dem Sperber nur selten ein Fang gelingt. Den Verlust der Freiheit verschmerzen sie auch bei guter Pflege in der Stube nicht leicht, sondern sterben meist bald.

5. Der braunkehlige Wiesenschmäßer. S. rubetra.

Figur 99.

Milder in seinem Betragen, munter und hurtig, gewandt, verträglicher mit seines Gleichen, auch weniger scheu, ist doch der braunkehlige Wiesenschmäßer in der Stube störrig, ernst und ruhig, den Hungertod der Gefangenschaft vorziehend und nur durch seltene Zähmungskunst an den Käfig sich gewöhnend. Sein zärtliches, weichliches Wesen verräth er schon durch den sehr kurzen Aufenthalt bei uns, denn erst im Mai trifft er ein und im August zieht er wieder nach Süden. Angekommen schlägt er auf gut bewässerten Wiesen mit Hecken und Gebüsch sein Standquartier auf, jagt Insekten aller Art, und baut versteckt in dichtes Gras oder Gesträpp ein Nest nach Art der Vorigen. Aus den schön blaugrünen besprißten Eiern kriechen nach vierzehntägiger Bebrütung die Jungen aus, welche bis zum Herbstzuge die elterliche Liebe und Pflege genießen. Im Sommer ziehen sie in die Gemüseäcker, um die Pflanzen von der gefährlichen

Insektenbrut zu befreien. Ihr Gesang ist angenehm und verschönert die kurzen Strophen durch angelernte Melodien vom Stieglit, Hänfling, der Grasmücke u. a. Noch ehe der Morgen graut, ertönt er schon und hält den ganzen Tag bis in die Nacht hinein an, selten nur während des Mai und Juni.

In Deutschland gemein, verbreitet sich der braunkehlige Wiesenschmäßer über den größten Theil Europas und Asiens. Seinen Kopf befiedert er schwarz mit licht rostbraunen Strichen, ganz ebenso den Rücken, die Brust rostfarben nach hinten in's Weißliche. Durch die Augen bis in den Nacken läuft ein weißer Streif, ein andrer faßt die rostfarbige Kehle ein. Die Schwingen sind schwarzbraun, die Schwanzfedern an der Wurzel weiß und mit braunen oder schwarzen Schäften. Der 5 Linien lange Schnabel ist kurz, dick und gerundet, schwarz, die ovalen Nasenlöcher weit geöffnet. Ausgewachsen mißt der Vogel bis nahe sechs Zoll Länge und über 10 Zoll in der Flugweite, dann der Darmkanal sechs Zoll.

6. Der javanische Steinschmäßer. S. montana.

Figur 100.

Von den ausländischen Arten verdient die kurzflüglige auf Java (Brachypteryx) unsere Aufmerksamkeit. Merklich größer als unser grauer Steinschmäßer, trägt sie sich in prächtig glänzendem seidenartigen Federnkleide. Kopf und Hals glänzen dunkelindigoblau und der Körper rostfarben, unten weißlich; Flügel und Schwanz sind

Fig. 99.

Braunkehliger Wiesenschmäßer.

Fig. 100

Javanischer Steinschmäßer.

schwarz. Bei dem Weibchen zieht sich das schöne Blau des Kopfes über die ganze Oberseite, und die Unterseite graut. Das Männchen singt angenehm. Das Vaterland schrint auf die höhern Gebirgsgegenden Javas beschränkt zu sein.

Zweite Familie.
Sänger. Sylviadae.

Kleine und sehr kleine Singvögel in schmucklosem Gefieder und den drosselartigen so sehr nah verwandt in ihrer Organisation und Lebensweise, daß sie gemeinlich in eine größere Familie vereinigt werden. Was sie äußerlich sogleich von der vorigen Familie unterscheidet, ist die Täfelung der Vorderseite des Laufes. Die erste Schwinge pflegt kümmerlich klein zu sein, die zweite nahezu oder ganz von der Länge der dritten und die hintern Armschwingen wieder sehr kurz. Die Zahl der Hand- und Armschwingen stellt sich auf neunzehn. Die Unterflur des Conturgefieders setzt auf dem Brustzuge breit ab und die Rückenflur bildet hinten einen raupenförmigen Sattel. Die Geschlechter stimmen im Gefieder oft völlig überein, dagegen zeichnet sich das Jugendkleid besonders aus. Der Schnabel ist ein ächter Drosselschnabel mit der sehr seichten Kerbe vor der Oberspitze und am Grunde mit schwachen Borsten. Das Skelet weist ungemein zarte Formen und leichten Bau.

Alle Sänger sind muntere gewandte Vögel, die nach ächter Raubthierweise nicht gesellig leben, am wenigsten mit ihres Gleichen Freundschaft halten. Sie nähren sich hauptsächlich von Insekten und Gewürm und nisten in Wäldern, Gebüschen und Gärten, niedrig oder ganz am Boden. In das kunstreich gewebte Nest legt das Weibchen meist nur einmal im Jahre fünf bis sieben Eier, welche vierzehntägige Bebrütung erfordern. Die Männchen singen zum Theil sehr angenehm, laut und flötend, melodische Strophen. Als Insektenfresser nützen sie sämmtlich der menschlichen Oeconomie und keiner wird als schädlich, sehr viele aber als Sänger zum Einbauern verfolgt. Sie verbreiten sich über alle Welttheile und durch alle Zonen und Deutschland allein hat eine ganz ansehnliche Zahl von Arten aufzuweisen. Da die Ausländer weder in der Organisation noch in der Lebensweise erheblich von den unsrigen abweichen: so verweisen wir den Freund ferner aus dem Besuch großer Sammlungen, wo für die Gefieder besser zu studiren ist als aus trocknen Beschreibungen. Es sind drei Gattungen, denen wir unsere besondere Aufmerksamkeit zuwenden.

1. Sänger. Sylvia.

Sänger sind kleine Drosseln und Drosseln sind große Sänger, sagt Kitzsch bei der anatomischen Charakteristik der Sylvien. In der That ist die Verwandtschaft eine sehr innige und läßt uns im Voraus vermuthen, daß die Unterschiede und Eigenthümlichkeiten der sehr zahlreichen Arten ein aufmerksames und geübtes Auge erfordern.

Naturgeschichte I. 2.

werden. Alle haben einen geraden, dünnen und pfriemenförmig zugespitzten Schnabel, welcher an der Wurzel höher als breit und gegen die Spitze hin kaum zusammengedrückt ist. Die seitlich an seiner Wurzel gelegenen Nasenlöcher öffnen sich weit eiförmig oder nierenförmig und besitzen am obern Rande eine häutige Schwiele. Die harte, scharfrantige Zunge zerfasert ihre Spitze und bezahnt ihren pfeilförmigen Hinterrand. Die Läufe sind sehr dünn und drosselartig hoch, auch die Zehen sein und der Nagel der Hinterzehe sehr stark gekrümmt. Die Flügel pflegen kurz zu sein und das ganze Gefieder entspricht der Zartheit und Leichtigkeit durch seine Weichheit und Schlaffheit.

Ueberall verbreitet leben die Sylvien in rauhwintrigen Ländern überall nur als Zugvögel, zumal die meisten strenger noch als die drosselartigen an der Insektennahrung halten, freilich in Gefangenschaft allmählig sich auch an das oben beschriebene Universalfutter gewöhnen. Mehr nach Betragen und Lebensweise als durch auffällige Aeußerlichkeiten gruppiren sich die einheimischen Arten in Laubsänger, Rohr- oder Schilfsänger und in Grasmücken, und in dieser Reihenfolge wollen wir sie einzeln betrachten.

1. Der Gartenlaubsänger. S. hypolais.

Die Laubsänger überhaupt kennzeichnet das oberhalb grünlichgraue, auf der Unterseite gelbliche Gefieder und ein gelblicher Streif über dem Auge; auch die schwachen Füße und der dünne lichtgefärbte Schnabel ist charakteristisch. Die Flügel reichen bis auf die Schwanzwurzel. Alle leben in Wald und Gebüsch, wo man sie flatternd durch die Zweige hüpfen und die Insekten von den Blättern picken sieht. Ihr sehr künstliches Nest verschließen sie bis auf einen seitlichen engen Eingang. Unser Gartenlaubsänger, als größter der Gruppe über 5 Zoll lang mit 9½ Zoll Flügelspannung, trägt sich oberhalb grüngrau, unten blaß schwefelgelb, kantet die hintern Schwungfedern weißgrau und hält die Beine lichtblau. An dem 6 Linien langen Schnabel ist der seichte Ausschnitt vor der etwas herabgebogenen Oberspitze deutlich zu erkennen. Von Schweden bis zum Mittelmeer verbreitet, trifft dieser beliebte Sänger im Mai in unsern Laubhölzern ein und schleicht schon im August wieder auf nächtlichem Fluge heimlich davon. Baumreiche Gärten mit vielem niedrigen Gebüsch, herrschaftliche Parkanlagen und üppige Dorfgärten zieht er bei der Wahl seines Aufenthaltes dichten Wäldern vor; da schwirrt er munter und gewandt in den höhern Aesten umher, ängstlich den Flug ins Freie meidend, auch den Bewegungen am Boden abhold. Ruhig sitzend späht er aufmerksam umher und bei der geringsten Gefahr sträubt er stutzig die Scheitelfedern, indreht den Hals und buschti ins Dickicht. Gesellschaft duldet er nicht, fremde Vögel neckt und hetzt er und über seines Gleichen fällt er mit grimmiger Wuth her. Seine Nahrung besteht in allen im Gebüsch lebenden Insekten, die er flatternd wegschnappt oder von den Zweigen und Blättern abliest, im Sommer frißt er auch steischige Kirschen und saftige Beeren. Das hoch im Gebüsch versteckte Nest ist ein dicht gefilztes Gewebe, äußerstlich und innerlich vortrefflich geglättet, mit Haaren, Werg und Wolle ausgefüttert und mit oberem Eingange. Mitte Juni liegen vier schwach rosenrothe, schwärzlich punktirte Eier darin, welche beide Geschlechter wechselweise bebrüten, das Männchen singt im Mai und Juni schon von frühem Morgengrauen an bis Nachmittag seine melodischen Strophen und mischt gern einige angelernte zur Abwechselung ein. Leider eignet es sich nicht für die Stube, denn ungemein weichlich und zärtlich, gewöhnt es sich auch unter der sorgsamsten Pflege nur bisweilen an das Futter und die Stubenluft, die meisten sterben in den ersten Tagen, die bestgepflegten gewöhnlich während des Winters. Auch der Fang ist schwer.

2. Der Waldlaubsänger. S. sibilatrix.
Figur 101.

Um ein Geringes kleiner als Voriger, trägt dieser Sänger sich an der Brust lichtgelb, am Unterleib rein weiß, oberhalb gelblich graugrün. Durch das Auge zieht ein schwärzlicher Streif und die Füße sind schmuzig röthlich gelb. Die zweite Schwinge hat die Länge der vierten, die Flügel selbst sind länger als bei der ersten Art.

Fig. 101.

Waldlaubsänger.

Im Skelet sind wie gewöhnlich bei den Sylvien die Schulterknochen und der Oberarm markig, dagegen der Schädel vollkommen lustführend. Die gelbe Zunge, ganz platt und hornig, fasert nur die breite Spitze; Luftröhre und Schlund laufen an der rechten Seite des Halses herab und letzterer erweitert sich zu einem mit dichten Drüsen dicht ausgekleideten Vormagen. Der Magen selbst ist nur mäßig muskulös und der Darmkanal von Körperlänge, mit kaum bemerkbaren Blinddärmchen.

Auch dieser Sänger ist bei uns Sommervogel, spät kommend und früh fortziehend, und nirgends so häufig

als voriger, immer lieber in Wäldern (Nadel- und Laubholz) als in Gärten. In Betragen und Naturell gleicht er sehr dem Gartenlaubsänger, aber der Gesang des Männchens pfeift, schnurrt und zwitschert in hohen Tönen. Es gewöhnt sich wohl unter einiger Pflege an die Stube, entschädigt jedoch die Mühen durch seine Unterhaltung nicht. Trockne Nadelwälder, hie und da mit Laubholz gemischt, werden als Brutplatz gewählt, das Nest zwischen Stümpfe und Gewurzel angelegt, aus Halmen, Blättern und Moos locker gewebt mit seitlichem Eingang. Das Weibchen legt fünf sehr zierliche, ganz kurz ovale Eier, rein weiß und fein dunkel punktirt. Es brütet, unter Ablösung des Männchens in den Mittagsstunden, dreizehn Tage und pflegt die Jungen mit der zärtlichsten Mutterliebe.

3. Der Fitis-Laubsänger. S. trochilus.
Figur 102.

Der dritte Laubsänger, gewöhnlich Fitissänger, auch großer Weidenzeisig genannt, ist der gemeinste der Gruppe in Deutschland und ganz Mitteleuropa. Er kommt einzeln im nächtlichen Zuge schon im März und April an, zieht aber frühzeitig mit den übrigen, im August, ab. Sein Quartier schlägt er im Laubholz mit dichtem Untergebüsch, in wirklichen Gärten und Weitendickicht längs der Flußufer auf, schlüpft in beständiger Unruhe hüpfend und flatternd durch die Zweige, zutraulicher als alle seine Verwandten, aufgeweckt und muthwillig. Der Gesang des Männchens ist nicht gerade melodisch, vielmehr eintönig und schwermüthig herabsinkend, aber er erschallt von früh Morgens bis spät in den Abend hinein. Allerhand kleine Insekten im Gebüsch bilden die Nahrung und werden in ungeheuern Quantitäten mit unersättlichem Appetit vertilgt. Reichliches Trinken und grünliches Bad scheinen unentbehrlich. Das Nest wird in dichtesten Gesträup und unter Wurzeln versteckt und backofenartig dicht und fest aus Blättern, Halmen, Moos und Gespinnsten gewoben, außen rauh, innen glatt mit seitlichem Eingange. Die drin liegenden fünf bis sieben Eier sind glänzend gelblich weiß mit rostfarbenen Punkten. Beide Geschlechter brüten abwechselnd und nach dreizehn Tagen kriechen die nackten Jungen aus, bisweilen ist ein junger Kukuk dazwischen, denn gerade die Sylvien belästigt dieser mit der Erziehung seiner Jungen. Sanft und zutraulich, werden sie in der Stube leicht zahm, fangen Fliegen und Spinnen weg, gewöhnen sich an das Nachtigallenfutter, auch an Milch und Semmel mit Ameisenpuppen gemengt, verlangen täglich frisches Wasser zum Trunk und Bade und halten dann einige Jahre aus.

Kleiner als fünf Zoll mit höchstens acht Zoll Flugweite, kleidet sich der Fitissänger in ein seltenreiches, oben grünlichgraues, unten gelblichweißes Gefieder. Die rudernten Flügel reichen weit auf den Schwanz hin, haben schön schwefelgelb berandete untere Deckfedern und die zweite Schwinge so lang wie die sechste. Die Beine sind schmuzig gelb mit dünnen Zehen feinfrizig bekrallt. Die Schwiele der balkdurchbrochenen Nasenlöcher springt eckig vor. Die gelbe hornige Zunge zerfasert ihre vordere Hälfte und der Singmuskelapparat am untern Kehlkopf

Fig. 102.

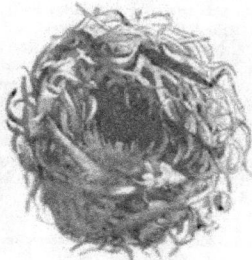

Nest des Fitis-Laubsängers.

ist sehr schwach. Außer den Schädelknochen führt kein Knochen des Skelets Luft. Der Darmkanal mißt 5 Zoll Länge oder weniger, die Blinddärmchen sind ganz unscheinbar, der kurze Vormagen mit spärlichen Drüsen, der Magen stark muskulös, die Leberlappen in Größe und Form sehr ungleich und mit drittem Läppchen und mäßiger Gallenblase, die Nieren völlig ungetheilt und das Herz dick und pumpkegelförmig.

4. Der Weidensänger. S. rufa.

Einer der kleinsten Vögel Deutschlands, nur 4½ Zoll lang, zart und zierlich gebaut, immer froher Laune, hurtig und keck, unstät und zänkisch, kühn sogar Drosseln und Tauben durch Neckerei reizend. Sein häufig ertönender Gesang ist gar nicht unterhaltend, klingt nur sanfter als das Zankgeschrei der Spatzen, aber den ganzen Tag und bis in den Spätsommer. Schon Mitte März mit dem Rothkehlchen trifft das Vöglein bei uns ein und hält bis October aus, ja bisweilen den gelinden Winter hindurch. Jeder Wald und jedes Gebüsch sagt ihm zu, wenn nur Insektengeschmeiß reichlich zu finden ist und Wasser zum Trinken und Baden nicht fehlt. Im Zimmer verlangt es freilich stets Fliegen und Mehlwürmer. Das Nest versteckt es nahe über oder am Boden, baut es backofenförmig aus dürren Grasblättern, Halmen, Moos mit Wolle, Haaren und Federn und legt fünf ganz niedliche, hell weiße und dunkel punktirte Eier hinein, zweimal im Jahr, denn zahlreiche kleine Räuber verfolgen Jung und Alt, so daß nur die starke Vermehrung sie vor dem Aussterben schützt. Das Gefieder ist wie gewöhnlich, oben grünlich braungrau, unten schmutzig weiß, aber die Wangen bräunen, die Flügel beranden sich blaßgelb und die gelbsohligen Füße dunkeln braunschwarz. Die zweite Schwinge hat die Länge der siebenten. Man glaubt, daß das Vaterland sich über die ganze nördliche Halbkugel erstrecke.

5. Der schöne Laubsänger. S. formosa.

Figur 103.

Die olivengrüne Oberseite und hochgelbe Unterseite stellt den gepriesenen Kentuckysänger in die Gruppe der Waldsänger, aber er prahlt mit einem goldgelben Augenstreif, schwarzem Wangenfleck und tiefschwarzem hellgescheckten Scheitel, der einen kleinen Federnkamm trägt.

Fig. 103.

Schöner Laubsänger.

Unruhig und keck, zanksüchtig und gewandt wie seine europäischen Brüder. In den sumpfigen Waldungen in Kentucky und Tenesse ist er sehr gemein, doch nur als Zugvogel. Im Nisten und Eiern gleicht er den unsrigen.

6. Die Schilfdrossel. S. turdoides.

Mit der Schilfdrossel beginnen wir die Gruppe der Rohr- oder Schilfsänger, welche ihrem Namen entsprechend im Schilf oder überhaupt in feuchten wasserreichen Gegenden sich aufhalten, hier von Wasserinsekten sich nähren, ihr künstlich gewobenes Nest im Gesträpp aufhängen und mit buntgefleckten Eiern benisten, hüpfend und kriechend am Boden sich versteckt halten und nur wenig fliegen. Aeußerlich kennzeichnet sie besonders die sehr flache, schmale und gestreckte Stirn, von welcher der Schnabel nicht scharf abgesetzt erscheint, auch die kräftigen Füße mit großen schlanken Nägeln, die großen ganz aufwärts gebogenen Schwingen der kurzen Flügel und der abgerundete Schwanz. Die Schilfdrossel ist unter den deutschen Vertretern dieser ausgebreiteten Gruppe der größte, nämlich acht Zoll lang, nett und schlank in seiner äußern Erscheinung, oben gelblich rostgrau befiedert mit hellen Augenstrich, unten rostgelblichweiß und am Mundwinkel orangeroth. Der Schnabel gleicht überraschend dem der Singdrossel, nur macht sich in den weiten ovalen Rasenlöche ein muschelförmiges Zäpfchen sehr bemerklich. Die fleischfarbenen Füße zeichnen sich durch nur flach gekrümmte schmale Nägel aus.

Die Schilfdrossel geht nicht über die Ostsee hinauf, ist aber in feuchten niedern Gegenden bis an das Mittelmeer, wenigstens strichweise sehr gemein. Bei uns trifft sie einzeln auf nächtlichem Zuge Ende April und Anfangs Mai ein und verschwindet heimlich und still schon im August wieder. An Seen, Teichen, Flußufern und in feuchten buschigen Gärten schlägt sie ihr Standquartier auf, am liebsten im Geröhricht, nie in Wäldern. Hurtig hüpfend und geschickt kletternd schnappt sie allerlei Insektengeschmeiß, auch Spinnen und Blattläuse mit stets unersättlichem Appetit, mit minderem verzehrt sie am Wasser wachsende Beeren. Ihr Nest schwebt über dem Wasser an mehren starken Rohrstengeln befestigt und gleicht einem großen tiefen Korbe mit übergebogenen Rändern. Die schön ovalen Eier erscheinen auf blaugrünlichweißem Grunde mit dunkelaschgrauen Flecken und Punkten besät

7 *

und werden funfzehn Tage lang bebrütet. Unruhig und zänkisch, ist die Schilfdrossel, wenn sie nicht frißt, in steten Hader mit ihren Nachbarn verwickelt, läßt oft ihr tiefes Tad und Taisch, Karr und Scharr hören, im Frühjahr das Männchen meist den ganzen Tag seine vollen melodischen Strophen freilich mit scharfen und nicht jedem Ohr angenehmen Tönen. Der Gelegenheit hat, die innere Organisation zu untersuchen, achte auf die tief zerfaserte Zunge in dem schön orangenen Rachen, deren sehr gestrecktes Gerüst mit spatelförmigem Griffel, den starken Muskelapparat am unteren Kehlkopf. Der Magen ist nur zur Hälfte muskulös und der körperlange Darm mit seinen zierlichen Zickzackfalten bis in die Nähe des Afters ausgekleidet. Der Oberarm erreicht nicht die Länge des Schulterblattes.

7. Der Teichrohrsänger. S. arundinacea.
Figur 104.

Eine kleine Schilfdrossel, das ist der Teichrohrsänger. In der That Gestalt, Farbe, Lebensart, Betragen, Stimme, Nest, Alles stimmt auf das Täuschendste mit jenem überein, nur übersteigt die Körpergröße $5\frac{1}{2}$ Zoll nicht, die Flügelspannung 8 Zoll. Die genaue Vergleichung läßt allerdings noch andere Unterschiede erkennen, so einen schlanken Schnabel mit größerer Decke an den Nasenlöchern, schwächere Füße, große nadelspitzige Krallen, ein seidenweiches Gefieder, oben gelblich rostgrau, unten rostgelblich weiß, an der Kehle weiß. Gemein im mittlern Europa, eignet sich der Teichrohrsänger noch weniger als die Schilfdrossel für die Stube, er stirbt meist schon in den ersten Tagen, und warum soll man ihn einkerkern, sein schwacher geschwätziger Gesang unterhält wahrlich nicht, während er doch im Freien ungeheure Mengen von Geschmeiß vertilgt. Sein Nest baut er wie voriger und

Fig. 104.

Nest des Teichrohrsängers.

legt blaßblaulichgrüne, grau oder braun gefleckte Eier hinein, denen nicht selten der Kuckuk eins beifügt.

Man unterscheidet noch einen Sumpfsänger (S. palustris) durch den kürzern am Grunde höhern Schnabel, die längern Flügel und das grünlich rostgraue Gefieder der Oberseite. Er lebt in sumpfigem Gebüsch der Wälder, nie im Rohr, geht nicht über das Wasser und ist überaus lustig, gewandt, kühn im Kampfe, immer in Bewegung. Sein Gesang wechselt sanft pfeifende und flötende Strophen mit zwitschernden und schirkenden, steigend und fallend, kraftvoll und weit schallend. Das Nest legt er nur in der Nähe, nie über dem Wasser an.

8. Der Schilfrohrsänger. S. phragmitis.
Figur 90 c. 105. 106.

Ein Meister im Durchkriechen des dichtesten verworrensten Gestrüpps und im Klettern an schwankendem Gehalm, dabei stets munter und fröhlich, scheu das Freie meidend, doch neugierig auf hohem Rohr sein Gebiet durchspähend. Er singt besser als vorige, angenehm im

Fig. 105.

Nest des Schilfrohrsängers.

schnellem Tempo die hellpfeifenden, flötenartig trillernden und eigenthümlich modulirten Strophen abwechselnd und zu allen Tageszeiten wie in hellen Nächten vom Tage seiner Ankunft bis in den August. Darum hält man ihn auch gern in der Stube und pflegt ihn mit großer Aufmerksamkeit, denn ohne diese verschmerzt er die Freiheit nicht, wovon ich mich wiederholt überzeugen mußte. Zum Aufenthalt — er ist über ganz Europa verbreitet — wählt er die beschilften Ufer der Gewässer und binsenreiche Sümpfe, wo es Mücken, Schnaken und anderes Geschmeiß in reichlicher Fülle gibt, um den unersättlichen Appetit zu stillen. Sein Nest versteckt er an den einsamsten, unzugänglichsten, nur den gefräßigen Wasserratten und Spitzmäusen erreichbaren Orten tief im Sumpfe, zwischen Schilf, Binsen und Weiden nur handhoch über dem Wasser. Wie bei andern Schilfsängern erscheint es an Stengeln befestigt, aus grobem Gefaser, Halmen, Wurzeln mit Moos gewoben, innen sehr geschickt und weich ausgepolstert. In gemeinschaftlicher emsiger Arbeit stellen es Männchen und Weibchen in ein Paar Tagen her und brüten abwechselnd dreizehn Tage auf vier weißen bespritzten und bekritzelten Eiern. Die Jungen bleiben

Fig. 106.

Nest des Schilfrohrsängers.

so lange im Nest, bis sie fliegen können und schlüpfen auch dann noch lieber wie Mäuse durch das Gestrüpp, als daß sie sich doch erheben.

Schon die Färbung des Gefieders zeichnet den Schilfrohrsänger von seinen nähern Verwandten charakteristisch aus. Der olivenbraune Scheitel steckt sich nämlich dunkel schwarzbraun und gleiche Flecken liegen auf dem Rücken, nur der Bürzel überläuft rostfarben; die Kehle und die ganze Unterseite befiedern sich einförmig weiß. Darum stimmen beide Geschlechter ganz überein und selbst die Jungen weichen nur durch die dunklern Flecke ab. Der gestreckte dünne Schnabel ist pfriemenförmig spitz, oben dunkel, unten hell und die starken Füße groß bekrallt.

9. Der Seggenrohrsänger. S. cariceti.

Ungleich seltener als die vorigen, obwohl über das mittlere und südliche Europa verbreitet, ist dieser zierliche Rohrsänger überhaupt wenig bekannt. Von dem nah verwandten Schilfrohrsänger unterscheidet ihn der merklich kürzere Schnabel und die kürzern Flügel, der schwarzbraune Oberkopf mit hellem Scheitelstreif, der bräunlich graue Rücken mit länglichen Flecken und die gelblich weiße Unterseite. Die erste Schwinge ist ganz unbedeutend, die zweite die längste. Der Schlund hat wie bei den andern Arten keine kropfartige Erweiterung, der Magen ist starkmuskelig, der Darmkanal von Körperlänge und mit ganz unscheinbaren Blinddärmchen, die Nieren ohne alle Theilung nach hinten verschmälert und das Herz

spitzkegelförmig. Unbändige Wildheit, List und Gewandtheit bilden die hervorragendsten Züge im Naturell. Die gewöhnliche Stimme schnalzt und schmatzt, aber der Gesang des Männchens wechselt ganz angenehm schnarrende und pfeifende Strophen.

Eben nicht häufiger ist bei uns der noch kleinere, jedoch im Uebrigen sehr nah verwandte Binsenrohrsänger, S. aquatica, den man an dem viel kürzern Schnabel und merklich längern Flügeln, an den gelbbraun gesäumten Kopffedern und der rostgelben Oberseite schon zur Genüge erkennt. Er treibt sich vereinzelt im Schilff und Binsen großer Sümpfe und Moräste unruhig und scheu umher und weiß sein Nest sorgfältig zu verstecken. Mehr dem Süden als unsern Gegenden angehörig ist der Flußrohrsänger, S. fluviatilis, oben einförmig grünlichbraun und an der weißen Kehle blaßgrau gefleckt, unten weiß. Endlich der Buschrohrsänger, S. locustella, zwar über ganz Europa verbreitet, weiß sich ebenfalls den Augen der Menge sehr scheu zu entziehern und verläßt nicht nicht ohne Noth das dichteste Gestrüpp. Seine olivengraue Oberseite fleckt er braunschwarz und die sehr langen untern Deckfedern des Schwanzes zeichnet er mit zwei schwarzen Strichen auf der gelblich weißen Fahne.

10. Die Gartengrasmücke. S. hortensis.

Figur 107.

Die Grasmücken sind bekannter als die Rohrsänger und weil angenehmere Sänger und minder weichlich in ihrem Wesen, auch als Stubenvögel beliebter. Ihre äußere Erscheinung prahlt gar nicht auffällig, das sehr zarte seidenweiche Gefieder liebt einfache Farbenzeichnung, aber unterscheidet von den Vorigen ist der starke Drossel-

Fig. 107.

Gartengrasmücke.

schnabel und die niedrigen sehr kräftigen Beine. Ihren Aufenthalt nehmen sie in niedrigen Gebüschen und Hecken, gern in der Nähe bewohnter Plätze, geben wenig an den Boden, sondern schwirren munter durch die Zweige, von denen sie die Insekten ablesen. Ihr Nest, leicht und locker gebaut, liegt nah über dem Boden und enthält weißliche gefleckte Eier. Eine der gemeinsten Arten in unsern Gegenden und fast über ganz Europa verbreitet ist die Gartengrasmücke, die in der Stube sehr zahm und zutraulich wird und durch ihre Gelehrigkeit wie ihr fleißiges Singen als angenehmer Gesellschafter viel gehalten wird. Bei 6 Zoll Körpergröße und fast 10 Zoll Flügelspannung trägt sie sich oberhalb elbengrau, unten schmutzig gelblichweiß, die untern Flügeldeckfedern weißlich rostgelb. Der kurze starke Drosselschnabel ist an der Wurzel breit, oben schwarz, übrigens bläulich und die stämmigen Beine mit zerkerbten Tafeln an den Läufen bleisarben. Die erste Schwinge erscheint ganz kümmerlich klein, die zweite und vierte ziemlich gleich lang, die dritte die längste. Von den innern Organen verdienen der dicke Muskelbeleg des untern Kehlkopfes, die schwache Muskulatur des Magens, der körperlange Darmkanal mit seinen sehr deutlichen bis in den Mastdarm fortsetzenden Zickzackfalten unsere Aufmerksamkeit. Die Bauchspeicheldrüse ist wurmförmig gestreckt, die Nieren deutlich in Lappen getheilt und der Oberarm kürzer als das Schulterblatt.

Die Gartengrasmücke dehnt ihr Vaterland bis Schweden und Norwegen aus, lebt häufig und gemein aber nur im mittlern und südlichen Europa. Mit der Kirschblüthe stellt sie sich bei uns ein und beginnt einzeln schon Ende August, die letzten Anfangs October die Wanderung ins Winterquartier. Laubholzwälder mit üppigem dichten Untergebüsch in Ebenen wie im Gebirge, Lustwälder, dicht buschige Gärten wählt sie ausschließlich zum Aufenthalt, findet hier auch Raupen, Maden und fliegende Insekten in großer Fülle, im Sommer Kirschen und allerhand Beeren, auf die sie begierigen Appetit hat und baut ihr Nest leicht und mit Gehalt stechend in den ersten besten Busch. Nach zweiwöchentlicher Brütung schlüpfen die Jungen aus, unter welchen gar nicht selten auch ein junger Kukuk ist. Im Charakter weicht die Grasmücke durchaus von den Rohrsängern ab. Sie führt ein stilles thätiges Leben in den Zweigen, hält Frieden mit ihres Gleichen und andern Vögeln und schmalzt häufig ihr Täd Täd. Das Männchen läßt gleich bei Ankunft im Frühlinge seinen angenehm flötenden Gesang erschallen. In mäßigem Tempo wird abwechselnd sanft und laut die lange Melodie vorgetragen und zu jeder Tageszeit wiederholt. Eingefangen wird es frei in der Stube und im Käfig bald zahm und zutraulich und lohnt die Mühen seiner Pflege durch harmloses Betragen und sehr fleißiges Singen.

11. Die Mönchgrasmücke. S. atricapilla.

Figur 90 b. 106.

Ein gepriesener Sänger, der seine Stelle unmittelbar neben der Nachtigall hat, in Betragen und äußerer Haltung aber die innigste Verwandtschaft mit der Gartengrasmücke bekundet. Von deren Größe und mit derselben Befiederung, unterscheidet sich die Mönchgrasmücke durch die schwarze Kopfplatte der Männchens und die rothbraune des Weibchens, welche der Physiognomie einen so eigenthümlichen Ausdruck gibt, daß in vielen Gegenden der Vogel danach Plattmönch, Klosterwenzel, Kardinälchen,

Pfaff, Mönchlein u. a. benannt wird. Im Skelet ist wie bei allen Grasmücken nur die Hirnschale luftführend, sonst kein Knochen pneumatisch, auch der Oberarm kürzer als das Schulterblatt und viel kürzer als die Unterarmknochen. Die breite weißliche Zunge zerfasert sich vorn und trägt hinten jederseits drei starke Zähne. Der Magen ist sehr starkmuskulös und der Darmkanal mißt ziemlich die Körperlänge. Kein andrer Sänger besitzt gleich auffallend lange (3 Linien) Blinddärme. Der kleine dritte Leberlappen schlägt sich um den Vormagen, auch die Gallenblase ist klein, dagegen die Milz sehr lang wurmförmig. In seinem Benehmen verräth der Plattmönch Ernst und Bedachtsamkeit, fliegt nur von Busch zu Busch bald flatternd bald schließend und hüpft beständig zwischen den Aesten umher, nur selten und dann ungeschickt und schwerfällig am Boden. Das Männchen singt bei der Ankunft im Frühjahr stümperhaft mit kurzem Piano und holprigem Forte, übt aber fleißig vom Morgen bis zum Abend und bringt es bald zur meisterhaften Fertigkeit, in welcher es sanft flötende und pfeifende Piano's und Forte's zu den anmuthigsten Melodien zu verbinden weiß. Erst im August schweigt es. Eingefangen gewöhnt es sich in einem grün behangenen Bauer sehr bald an das Stuben-

Fig. 106.

Mönchgrasmücke.

futter und beansprucht weniger Pflege als die Nachtigall; schon um Weihnachten beginnt es hier sein Lied und fährt damit bis in den Sommer fort.

Ueber ganz Europa verbreitet, kömmt der Plattmönch Mitte April bei uns an und bezieht die Laubholzwälder, Gebüsche und Gärten, bis der September ihn ins Winterquartier ruft. Immer hungrig, sieht man ihn beständig Raupen und Maden picken und allerlei fliegende und kriechende Insekten erschnappen, im Sommer aber begierig Kirschen und die verschiedenartigsten Beeren fressen. Ein grünliches Bad liebt er täglich. Sein Nest ist nur etwas dichter als das der Gartengrasmücke und birgt ebenfalls häufig ein Kukuksei. Im Herbst wird es sehr fett und bei uns geschont, fällt doch wie viele andere Singvögel in Italien zu Tausenden der Befriedigung des Gaumens anheim.

12. Die Dorngrasmücke. S. cinerea.

Figur 90 f.

Auch die Dorngrasmücke ist gemein in unsern Gegenden und geht höher nach Norden hinauf als andere Arten. Schon in der ersten Hälfte des April, wenn die Weiden aufbrechen, läßt sie ihr frohes Lied erschallen und bleibt bis Ende September. Ueberall im niedern Gebüsch und Hecken, doch gern entfernt von menschlichen Wohnungen nimmt sie ihr Standquartier, verfolgt dürsend Insekten und Spinnen, im Sommer aber saftige Beeren vorziehend und bauet im dichtesten Gesträuch ganz nah über dem Boden ein dicht aus Gehalm und Stengeln gewebenes weich ausgepolstertes Nest. Die 4 bis 6 Eier sind auf grünlich- oder bläulich weißem Grunde braun punktirt und bespritzt und erfordern wie bei Vorigen vierzehntägige Bebrütung. Mitte Mai verläßt die Brut das Nest und das Weibchen baut ein neues Nest für die zweite Brut. Der Kukuk legt ihr gern ein Ei unter. Unruhiger und lebhafter als andere Grasmücken, sieht man das Weibchen mit Blitzesschnelle durch das dichteste Dornen- und Nesselgebüsch schlüpfen, bald hier bald dort ein Räupchen aufnehmen, scheu und listig jeder Gefahr auszuweichen. Aber immer fröhlich und heiter Laune neckt, daret und jagt es seine Nachbarn, ohne sich selbst beikommen zu lassen. Der angenehme Gesang beginnt mit einem vielfach abwechselnden pfeifenden und zirrenden Piano und schließt mit einem aus voller Kehle gestoßenen lautflötenden Forte und fast den ganzen Tag über bei aller Arbeit bis tief in den Sommer hinein ertönt er. Obwohl zärtlich und weichlich, gewöhnt sich die Dorngrasmücke unter sehr sorgfältiger Pflege doch an den Käfig, wird zahm und zutraulich und hält einige Jahre aus; jung eingefangene bringt man leichter durch als alte.

Oben braungrau, unten gelblich- und röthlich weiß, fällt die äußere Erscheinung der Dorngrasmücke wenig in die Augen, doch die breiten hellrostfarbenen Kanten der Flügelfedern und die hellweiße Außenfahne der äußern Schwanzfedern genügen hinlänglich, um sie von ihren Verwandten zu unterscheiden. Die fleischröthliche Zunge zerfasert sich vorn tief und trägt hinten gleichmäßig kleine Zähne. Der Singmuskelapparat am untern Kehlkopf ist ziemlich kräftig, die Luftröhren- und Bronchialringe wie bei fast allen Sängern vollkommen knochenhart. Den schwach muskulösen Magen mit glänzender Sehnenscheibe findet man bei frisch eingefangenen Exemplaren stets vollgepfropft von Mücken, Fliegen, Käfern, und man muß sich vom Mageninhalte und durch die aufmerksame Beobachtung lebender Exemplare überzeugen, welch' staunenerregende Mengen von Gleichmeiß diese kleinen Vögelein in einem Sommer vertilgen, ich wage nicht dieselben in Zahlen zu berechnen. Der Darmkanal erreicht nur 5 bis 6 Zoll, also kaum Körperlänge und die Blinddärmchen messen keine volle Linie. Die Nieren erscheinen wiederum ganz einfach ohne alle Lappentheilung und werden wie bei Sängern sehr häufig von der Schenkelvene durchbohrt. Am Skelet ist nur die Hirnschale luftführend.

13. Die Sperbergrasmücke. S. nisoria.

Die gesperberte Grasmücke zeichnet sich durch ihre Größe, 7 Zoll Länge und 11 Zoll Flügelspannung, noch mehr aber unter den einheimischen Arten durch die brennend gelben Augensterne und das blaugraue sperberig gewellte Gefieder aus. Auch der einseitige trübweiße Saum an der äußersten Schwanzfeder mit weißem Fleck auf der innern Fahne ist bei der Unterscheidung wohl zu beachten. In der innern Organisation macht sich der etwas überkörperlange Darmkanal durch seine innern sehr großen Zickzackfalten, die fast 2 Linien langen Blinddärmchen, der um den Vormagen geschlagene linke Leberlappen und die einfachen ungetheilten Nieren besonders bemerklich. Ihr Vaterland dehnt sich von der Sperbergrasmücke vom Mittelmeer bis Schweden aus, kömmt bei uns Ende April und Anfang Mai an, bevölkert die ebenen, wasserreichen Laubwälder und zieht schon im August und September wieder ins Winterquartier. Durch ihre Größe zwar anscheinend schwerfällig, ist sie doch im Fluge wie im Hüpfen schnell und gewandt, durchschlüpft buschend die dichtesten Hecken und sitzt selten still. Mit dieser Unruhe vereint sie große Eifersucht und Zanklust zumal gegen ihres Gleichen und treibt es bis zu blutigen Rauferein und wehe dem Nebenbuhler, der Absicht auf ihr Weibchen hegt. Gegen Menschen und Raubvögel dagegen äußert sie eine ebenso große Scheu und Furcht und verläßt um dieser willen ohne Noth ihr dichtes Gebüsch nicht. Das Männchen singt vortrefflich, laut und melodisch ähnlich der Gartengrasmücke. In Gefangenschaft verlangt es die aufmerksamste Pflege und findet sich am wohlsten in großer Gesellschaft. Nahrung und Fortpflanzung gleichen im Wesentlichen den andern Arten.

Im südlichen Europa lebt gleichfalls als Zugvogel die ebenso große Sängergrasmücke, S. orphea, unruhig und lebhaft, im Singen Meister. Schlank im Körperbau, ist sie oben aschgrau und bräunlichgrau, unten weiß, an den Seiten und am After mit rostfarbenem Anflug; die zwei oder drei äußern Schwanzfedern haben einen weißen Spitzenfleck und der ganze Oberkopf ist dunkelgrau bis schwarz. Zum Aufenthalt wählt sie lieber gebirgige als ebene Wälder.

14. Die Klappergrasmücke. S. curruca.

Kleiner als Vorige, nur 5 Zoll lang mit 8 Zoll Flügelbreite und fast über ganz Europa verbreitet, kennzeichnet sich diese Art durch die weiße Außenfahne und den großen weißen Keilfleck auf der Innenfahne der äußersten Schwanzfeder, übrigens sieht ihr Kopf grau, der Rücken bräunlichgrau und der Unterleib weiß. Die innere Organisation weicht in anatomischen Feinheiten von der Sperbergrasmücke ab. Am liebsten hält sich diese geschwätzige Grasmücke in Gärten, Gebüschen, Hecken und Zäunen in den Umgebungen der Dörfer und Städte auf, weniger in dichten Wäldern. Nach Art ihres Geschlechtes treibt sie sich flüchtig und unstät, dürsend und fliegend, neckisch und dreist im Gebüsch umher, verräth ihre Anwesenheit mehr durch ihre schwatzende und schnalzende

Lockstimme als durch ihr Aussehen, frißt begierig Raupen und allerlei Insekten, sehr gern auch Kirschen und Beeren und versteckt ihr leicht gewobenes Nest in das dichteste Gebüsch, wo es aber der Kukuk doch häufig auffindet und sein Junges mit sorglicher Liebe pflegen läßt. Das Männchen singt sehr fleißig von früh bis spät, verstummt aber schon Ende Juni; sein Lied beginnt mit einem langen, zwitschernden Piano und schließt mit einem sehr kurzen, hart trillernden Forte. Eingefangen wird es sehr bald zahm und nimmt das Futter aus der Hand, aber dennoch verlangt es besondere Pflege, um zwei Jahre auszuhalten.

15. Der Provencer Sänger.   S. provincialis.

Figur 109.

Im südlichen Europa, von Spanien bis Kleinasien, heimatet ein zierlicher Sänger von 5 Zoll Länge in den dichtesten dornigen Hecken und Buschwerk, fern von bewohnten Orten in stiller Einsamkeit. Sein Lied, ganz dem der gemeinen Gartengrasmücke ähnlich, verräth ihn, da er ungemein scheu und mißtrauisch das Freie meidet. Obenher trägt er sich braungrau oder aschgrau, unten roströthlich oder düster kupferreth und am Hinterbauche

Fig. 109.

Provencer Sänger.

weiß; die Schwanzfedern spitzen sich sehr charakteristisch weiß und die Schwingen fahnen außen aschgrau, innen weiß. Das Weibchen steckt seine Kehle und die Jungen fiedern den ganzen Oberkörper weißfleckig. Im Nisten und Eltern bietet er keine Eigenthümlichkeiten. Einzelne Exemplare irren nach Deutschland und nach England und nisten hier.

16. Der gelbscheitlige Sänger.   S. coronata.

Figur 110.

Von dem zahlreichen Heere der außereuropäischen Sylvien, deren Naturell und Lebensweise zum größern Theile völlig unbekannt ist, genügt es für unsern Zweck nur auf einige wenige hinzuweisen. Wir lassen dabei jene nutzlosen Namen, welche Cabinetsornithologen für die geringfügigsten Unterschiede im Gefieder einführen, völlig unberücksichtigt, da wir unsern Lesern keine Be-

Fig. 110.

Gelbscheitliger Sänger.

schreibung großer Sammlungen liefern dürfen und nur für solche haben jene Namen Platz. Die nordamerikanischen Sänger wandern ganz wie die unsrigen im Frühjahr und Herbst, nähren sich ebenso von Insektengeschmeiß aller Art und von Beeren. Der gelbscheitlige Sänger oder Myrtenvogel zieht im April nach Norden, wo er brütet, und sehrt im August nach Georgien und Florida zum Ueberwintern zurück. Er liebt Gärten und buschige Wiesen, wo er auf Blättern und Blüten mit am Boden beißhungrig Insekten schnappt. Seine Lockstimme zirpt, aber der Gesang des Männchens wiederholt schwermüthige kurze Strophen, die mehr an unser Gartenrothschwänzchen als an Grasmücken erinnern. Die Größe des Vogels beträgt 6 Zoll und das Gefieder strichelt seine schiefergraue Oberseite schwarz, bedeckt die Brust mit schwarzen Flecken und hält den Bauch weiß; auf den Flügeln liegen zwei weiße Binden und die äußern schwarzen Schwanzfedern flecken sich weiß.

17. Der Marylandsänger. S. marylandica.

Figur 111.

Ein kleiner grasmückischer Sänger, der oben olivengrün mit schwarzer Stirn und Backen, an der Brust und
dem Bauche weiß, an der Kehle citronengelb ist. Er lebt
scheu und zurückgezogen in dichtem Gestrüppe feuchter
Gegenden Nordamerikas und versteckt sein künstlich aus
Grashalmen geflochtenes Nest mit engem Eingange in
verworrenes Brombeergesträuch. Aber der unserm Kukuk
vertretende Kuhvogel findet es und schiebt sein Ei hinein.
Das Weibchen brütet dasselbe mit den seinigen aus, das
gefräßige Pflegekind wächst schnell heran, weitet und zerreißt das enge Nest und läßt sich selbst noch auf den
Zweigen füttern, wie unsere Abbildung darstellt. Natür-

Fig. 112.

Graurückiger Sänger.

Fig. 111.

Marylandsänger.

lich leiden die eigenen Kinder gar sehr von dem Eindringlinge und gehen meist wie bei unsern kuckukserzogenen
Grasmücken zu Grunde.

18. Der graurückige Sänger. S. plumbea.

Figur 112.

Südamerika bevölkern zahlreiche Sylvien, welche meist
sehr geschickte Insektenjäger und als solche durch große
Lebhaftigkeit, Keckheit und Gewandtheit ausgezeichnet sind,
im Uebrigen aber den europäischen auffällig gleichen. Die
abgebildete Art bewohnt die Wälder Brasiliens und fiedert
oberhalb schön aschgrau, am Hinterrücken olivenbraun,
unten goldgelblich; die Flügeldeckfedern spitzen sich weiß.
— Eine andere brasilianische Art, S. speciosa, färbt ihr
Rückengefieder prachtvoll blaugrau und rein blau, die
Unterseite hell bleigrau und die untern Schwanzfedern
rostroth. Noch andere (Trichas) sind sehr hochbeinig,
mit langen dünnen Zehen und kurzen abgerundeten
Flügeln, in welchen die erste kleinste Schwinge ganz fehlt,
darunter eine schwarzköpfige mit weißem Bauche und eine
grauköpfige mit goldgelbem Bauche, beide mit grünem

Rückengefieder. Wieder andere (Basileuterus) haben
lange spitzige Flügel mit schmaler zweiter Schwinge (die
erste fehlt), feine zierliche Beine und verkürzte äußere
Schwanzfedern, darunter S. vermivora mit orangefarbenem
schwarz eingefaßten Oberkopfe, gelben Bauchseiten und
olivengrünem Rücken.

Die afrikanischen und indischen Sänger sind berühm-
ter als Baukünstler, wie durch ihren Gesang. Ihre Nester
gelangen als wahre Kunstwerke häufig in die europäischen
Sammlungen und verdienen in der That die ungetheil-
teste Bewunderung. So baut die langschwänzige
Sylvia, S. macrura, in Südafrika ihr Nest (Fig. 113)

Fig. 113.

Nest des langschwänzigen Sängers.

aus feinen Pflanzenfasern, Baumwolle und Moos zwischen
Gabeläste. Von außen erscheint der Bau roh und grob,
innen dagegen sind die dicken Wandungen so fein und
dicht wie wollenes Tuch gewebt; Männchen und Weibchen
sind sieben Tage lang eifrig mit dem Bau beschäftigt und

Naturgeschichte I. 2.   8

tragen eine erstaunliche Menge von Stoffen dazu ein.
Das Nest hat 9 Zoll Länge und wird wie bei unsern
heimischen Schilffängern ganz innig an einzeln aufrechten
eingewobenen Stengeln befestigt. Aehnlich hängt der
Südafrikaner Vinc-Vinc, S. textrix, sein plumpes
Nest (Fig. 114) im dornigen Mimosengebüsch auf, deren
Stengel fest einwebend. Bei mehr als Fuß Größe hat
doch die innere Höhlung nur 3 bis 4 Zoll Raum und eine
besondere Röhre am obern Ende mit eigenem Vorsprung

Fig. 114.

Nest des Vinc-Vinc.

zum Auftreten dient als Eingang. Die sehr dicken
Wände sind auf das sorgfältigste und mit bewundernswerther Kunst aus verschiedenen Arten Pflanzenwolle
weich und fest gewebt, so daß nur gewaltige Kraft den
Bau zu zerstören vermag. Wer nach dem Zwecke dieser
eigenthümlichen Bauart fragt, der erwäge die vielen Gefahren, welchen die Eier und Brut durch Raubthiere, Unwetter u. dergl. ausgesetzt sind. Der indische Schnei-
dervogel, S. sutoria, weiß in der That auf die
geschickteste Weise seine Brut den Räubereien der Baumschlangen zu entziehen. Er wählt nämlich ein großes
Blatt am Ende eines schwankenden Zweiges und näht
dessen Ränder durch eine wirkliche Naht zusammen, wozu
er seine gedrehte Pflanzenfasern als Zwirn verwendet.
So schafft er eine von den Schlangen nicht erreichbare
schwebende Tasche (Fig. 115), polstert dieselbe mit Wolle
und Federn aus und brütet darin. Der südeuro-
päische Rohrsänger, S. cisticola, klein und zierlich
mit sanft gebogenem Schnabel und schwarzweißer äußerer
Schwanzfeder, versieht es gleichfalls die Schilfblätter mit
Pflanzenfasern zusammenzunähen. Als Nadel zum Durch-
stechen dient natürlich der Schnabel. Damit verlassen
wir die weltbeherrschende Gattung Sylvia und wenden
uns zu ihren nächsten Verwandten.

Fig. 115.

Nest des indischen Schneidervogels.

2. Schlüpfer. Troglodytes.

Possierlich kleine Vögel in düsterbraunem Gefieder
mit kurzem gerundeten oder keilförmigen Schwanze, ebenfalls kurzen und abgerundeten Flügeln, in welchen die
vierte und fünfte Schwinge die längsten sind, und mit
dünn pfriemenförmigem, schwach gebogenem Schnabel. An
den Seiten erscheint letzterer stark zusammengedrückt, am
Rücken kantig. Dicht an seinem Grunde öffnen sich
frei die ritzenförmigen durchgehenden Nasenlöcher. Der
Kopf ist platt und spitz und der Körper kurz und gedrungen, doch nur wegen des langen und lockern Gefieders. Die schwachen Läufe täfeln sich vorn, die vier
Zehen tragen sehr lange Krallen. Von den zehn Handschwingen ist die erste sehr kurz, die zweite viel und dritte
abermals länger. Die Rückenflur der Conturfedern bedeckt die ganze Breite des Halses, verschmälert sich aber
hinter den Schultern bis auf zwei Federreihen, um sich
von neuem zu einem sehr breiten Sattel zu erweitern.
Auch die Unterflur hat eine ansehnliche Breite, endet aber
schon weit vor dem After; die Schulter- und Lendenfluren
sind schmal. Die innere Organisation verräth in allen
Organen die engste Verwandtschaft mit den Sylvien. So
führen nur die Schädelknochen Luft, die lange schneiden-
randige Zunge ist vorn zerfasert, hinten bezahnt und aber
auf der Mitte mit einer weichen Stelle, das große Herz
von fast cylindrischer Gestalt, der untere Kehlkopf mit
nur schwachem Singmuskelapparat, der Darmkanal von
Körperlänge, der Magen muskulös, die Blinddärmchen
kleinen Wärzchen vergleichbar, die Leber sehr ungleichlappig
mit ovaler Gallenblase, die sehr großen Nieren unge-
lappt u. s. w.

Die Zaunschlüpfer sind in mehreren Arten über Europa,
Asien und ganz Amerika verbreitet, meist Stand- oder

Strichvögel, welche den Winter ihre Heimat nicht verlassen. Was ihnen an Flugfertigkeit abgeht, ersehen sie durch Schnelligkeit und Gewandtheit im Hüpfen, welche ihnen in dem dichtesten und verworrensten Gebüsch sehr zu Statten kommt. Sie erhaschen daher auch die Insekten nur selten im Fluge, sondern picken die kriechenden; im Herbst und Winter halten sie sich an Beeren. Europa hat nur eine Art aufzuweisen.

Der Zaunkönig. Tr. parvulus.
Figur 116. 117.

Warum heißt gerade unser kleinster Vogel ein König? und verdienen muß er wohl diesen Namen, denn schon die alten Griechen zu Aristoteles' Zeiten nannten ihn Troglos und Basilens. Seine unvermüdlich heitere Laune, seine stete Unruhe und Keckheit, seine Gewandtheit und das ganze possierliche Wesen mögen ihn zum König im komischen Sinne gemacht haben. Und wahrlich, wenn in strenger Kälte selbst die rohen Gesellen, die Spatzen, unzufrieden und mißmuthig die Gefieder sträuben, dann pfeift der Zaunkönig sein fröhliches Lied, als ob es im schönsten Frühling wäre, und husht durch Zäune und Holzstöße, wie zur Zeit der reichsten Insektenjagd. Eine verfolgte Maus husht nicht schneller durch das dichteste Gestrüpp als er und bei seiner geduckten Stellung und düstern Farbe geräth man oft in Zweifel, ob's ein Zaunkönig oder eine Maus war, zumal er bei plötzlicher Ueberraschung in das erste beste Loch schlüpft. Noth und Nahrungssorgen scheint er gar nicht zu kennen, läßt sich wenigstens durch sie die rosenfarbene Laune nicht trüben, immer hüpft er mit fast senkrecht gehobenem Schwanze keck einher, achtet aufmerksam auf Alles, was um ihn vergeht, untersucht neugierig das Auffällige, und naht sich zutraulich dem Menschen. Sobald er jedoch Gefahr ahnt, überfällt ihn eine wirklich lächerliche Furcht, er duckt davon, bis im dichten Versteck die Neugierde ihn wieder ermuthigt. Dabei duckt er Kopf und Rumpf und wiederholt schnell die tiefsten Bücklinge, wenn Katzen, Wiesel, Ratten und andere Todfeinde sich blicken lassen. Sein Flug ist schwerfällig und kostet ihm viel Anstrengung, daher schnurrt er meist nur über kurze Räume in gerader Linie und meidet die Baumwipfel; nur auf weiteren Reisen hebt er sich hoch und fliegt in flachen Bogenlinien. Immer heiter gelaunt, läßt er sein zerr zerr, teckzck oder zerrrr häufig hören, je nach der Stimmung leiser oder lauter, kürzer oder anhaltender. Das Männchen singt fleißig vom Januar bis in den Spätsommer, am lautesten und anmuthigsten während der Begattungszeit. Das Lied beginnt mit melodisch abwechselnden hellpfeifenden Tönen und geht in einen vortrefflichen allmählich sinkenden Triller über. Eingefangen und in die Stube gebracht, äußert sich sogleich die gränzenlose Furcht und treibt ihn in die engsten Ritzen hinter den Möbeln, wo er dem unvermeidlichen Hungertode in die Arme fällt; auch wenn er dreister eine Fliege oder Spinne fängt, geht er doch bald an steter Angst zu Grunde und selbst im Bauer, in dem man Höhlen und Schlupfwinkel aus Pappe zum Verkriechen einrichtet, hält er sich nicht lange; jung aufgefüttert wohl einige Zeit und zugleich durch Zahmheit unterhaltend.

In seiner äußeren Erscheinung hat der Zaunkönig wenig Auffallendes und nur die aufmerksame Vergleichung unterscheidet ihn von seinen außereuropäischen Verwandten besonders durch den großen weißen Punkt auf den mittlern Flügeldeckfedern und den untern Schwanzdeckfedern. Bei durchschnittlich vier Zoll Länge hat er sechs Zoll Flügelbreite. Der schwache harte Schnabel ist sehr sanft gebogen, oben dunkel, unten hell; die Iris ist dunkelnußbraun, die Füße hellbraun. Das rostbraune Gefieder der Oberseite wässert sich mit dunkeln Querstrichen und zieht gegen den Schwanz hin in's röthliche mit dunkeln Querbinden. Die Kehle, ein oberer Augenstreif und die Oberbrust erscheinen rostbräunlich weiß, die übrige Unterseite wieder blaßrostbraun mit dunkelbraunen Wellen, die Schwingen braungrau mit Flecken auf der äußern Fahne. Männchen und Weibchen sind kaum in der

Fig. 116.

Der Zaunkönig.

Färbung zu unterscheiden, auch Herbst- und Frühlingskleid nicht.

Ganz Europa und das nördliche Asien bis zum Polarkreise hinauf und mehr die nördlichen als südlichen Länder gehören dem Zaunkönig, die eine Gegend als bleibendes Standquartier, die andere nur als zeitweiser Aufenthalt. Schattige Wälder jeglicher Art mit dichtem dornigen Gestrüpp und Untergebüsch, dornige Zäune und Hecken, buschige Gärten, Parkanlagen, Schilf und Geröhricht, das sind seine Lieblingsplätze, da wuchert das Insektengeschmeiß in üppiger Fülle und zieht auch Spinnen und Gewürm herbei; Nahrung im Ueberfluß; im Herbst gibt's rothe und schwarze Hollunderbeeren und im Winter werden die Gehöfte, Böden und Ställe durchstöbert. Jeder düstere versteckte Ort unter faulenden Stämmen und Wurzeln, wie in Dornen und unter dem Strohdach der Waldhütte sagt der Nestanlage zu. Männchen und

Fig. 117.

Nest des Zaunkönigs.

Fig. 118.

Javanischer Zaunschlüpfer.

Weibchen tragen wohl vierzehn Tage lang eine ungeheure Menge verschiedenen Baumateriales zusammen, flechten eine grobe äußere Lage, täfeln eine aus grünem Moos dicht verfilzte und polstern schließlich das Innere mit Federn weich und glatt aus. Ist das Kunstwerk, und es ist ein riesig großes, vollendet, etwa Mitte April, dann legt das Weibchen 6 bis 8 große weiße Eier mit rothen Punkten am stumpfen Ende und nach dreizehn Tagen kriechen die Jungen aus. Rastlos thätig pflegen die Alten ihre zarten Kindlein, halten das Lager rein von Schmutz und Unrath und tragen ihnen weiche Insektenlarven zu. Manche Pärchen brüten zweimal im Jahre.

Unter den außereuropäischen Arten sind die Nordamerikaner schwer von einander wie von den unsrigen zu unterscheiden. Der Sumpfschlüpfer, Tr. palustris, im Süden der Vereinten Staaten erreicht 5 Zoll Länge, krümmt seinen Schnabel mehr, bedeckt den schwarzen Scheitel und Nacken mit weißen Strichen und zieht eine schwarze Binde über die Flügeldeckfedern; Tr. fulvus bändert seine schmalen untern Schwanzdeckfedern lebhaft; Tr. ludovicianus ist der größte von allen, dunkelbraun auf dem Scheitel und kastanienbraun auf dem Rücken. Von den sehr zahlreichen Südamerikanern mag nur Tr. platensis erwähnt werden, von der Größe des unsrigen, an der ganzen Unterseite weiß, mit rostgelben Weichen und weißen Strichen auf dem schwarzen Scheitel, und Tr. ouuisonus mit ebensolchem Scheitel, aber braunem schwarzgebänderten Rücken und rostfarbenem Bauche. Der javanische Zaunschlüpfer, Prinus familiaris (Fig. 118), gleicht im Naturell und Betragen ganz dem europäischen Zaunkönig, ist in allen buschigen Gärten auf Java anzutreffen und färbt seinen Rücken dunkelbraun mit orangegelbem Anfluge, die Kehle weiß, die Brust schwefelgelb, zieht zwei weiße Binden über die Flügel und spitzt die braunen Steuerfedern weiß.

3. Braunelle. Accentor.

Die Braunellen unterscheiden sich von allen ihren Familiengenossen durch den starken Kegelschnabel, welcher auf Körnernahrung hinweist und in der That zeigt auch der innere Bau eine unverkennbare Beziehung zu den körnerfressenden Singvögeln. Sie sind kräftig gebaute Vögel mit dunkel- oder düsterfarbigem Gefieder, mäßigen Flügeln, deren dritte und vierte Schwinge die längsten sind, mit vorn geschildeten Läufen und sehr großer Kralle an der Hinterzehe. Der gerade dicke Schnabel zieht seine scharfen Schneiden stark ein, spitzt sich hart pfriemenförmig und besitzt die charakteristische Einkerbung vor der obern Spitze. An seinem Grunde öffnen sich frei die ritzenförmigen nicht durchbrochenen Nasenlöcher mit dicker fleischiger Schwiele am obern Rande. Das Conturgefieder läuft in schmalen Fluren wie bei den eigentlichen Sylvien. Die schmale hornige Zunge spaltet sich vorn in zwei gezaserte Spitzen und bezahnt sich nur am hintern Rande. Kleine dichte Drüsen kleiden den kurzen Vormagen aus und enorm dicke Muskelwände befähigen den Magen zum Zermalmen von Körnern. Der Darmkanal mit zierlichen Zickzackfalten im Innern ist merklich länger als der Körper, hat aber nur ganz unbedeutende höckerförmige Blinddärmchen. Der sehr ungleichlappigen Leber fehlt das kleine dritte Läppchen und ihre Gallenblase ist sehr klein. Die Luftröhre besteht aus sehr zarten Knorpelringen und der untere Kehlkopf hat einen kräftigen Muskelapparat. Der Oberarm erreicht fast die Länge des Schulterblattes, der Unterarm ist länger.

Die wenigen Arten der Braunellen bewohnen buschige und bewaldete Gebirgsgegenden Europas und Asiens als Standvögel, welche im Frühjahr und Sommer von Insekten, in der kalten Jahreszeit von Gesäme sich nähren. Nur im höhern Norden sind sie Zugvögel. In ihren Bewegungen haben sie Einiges von den Zaunschlüpfern, noch fehlt deren heitere Laune; sie sind still und harmlos, Freunde der Einsamkeit, zugleich zutraulich und in Gefangenschaft ganz zahm. Ihr Gesang tönt gerade nicht melodisch schön, indeß auch nicht unangenehm.

1. Die Heckenbraunelle. A. modularis.
Figur 119.

Diese bekannteste und weitest verbreitete Art fiedert am Rücken rostbraun mit schwarzen Flecken, am Halse und der Brust dunkelbläulich aschgrau, am Kopfe schieferfarben mit braunen Scheitelflecken, am Bauche trübweiß und am Schwanze graubraun. Der schwarze Schnabel birgt eine gelbe Zunge. In den Flügeln ist die erste Schwinge sehr kurz und schmal, die zweite längt fast der dritten gleich, welche mit der vierten die längste ist. Die Jungen tragen ein dunkelrostgelbes Kleid. Von Sperlingsgröße, spannen die Flügel 9 Zoll und der Darmkanal mißt fast 8 Zoll Länge.

Die Heckenbraunelle, auch Graukehlchen genannt, heimatet von Norwegen und Schweden bis ans Mittelmeer hinab, bei uns meist als Zugvogel und nur in milden Wintern aushaltend. Sie zieht paar- und familienweise mehr des Nachts als am Tage. Zum Aufenthalt wählt sie dichtbuschige Waldungen im Gebirge wie in der Ebene, kriecht munter und behend durch Hecken und Gestrüpp, fliegt schnurrend in gerader Linie über freie Plätze und pickt kriechende Insekten und Larven von dem Laube und am Boden. Nur mit diesen füttert sie ihre Jungen auf, während sie selbst auch ölige Samen ohne zu hülsen verschluckt und deshalb stets Sandkörner im Magen zum Zerreiben hat. Im Winter durchstöbert sie alle Ritzen, alle Nester, Gemäuer und findet bei ihrer Emsigkeit hinlänglichen Unterhalt. In der Stube gedeiht sie am besten bei Mohn, weniger gut bei Rübsaat und Hanf, dabei frißt sie auch Brod, Fleisch, in Milch geweichte Semmel und dgl. Gutes und reichliches Futter geht ihr über Alles, darüber vergißt sie sofort die Freiheit, und wird bald sehr

Fig. 119.

Heckenbraunelle mit jungen Kuckuk

zahm und zutraulich. Man freut sich über ihr artiges Betragen, zumal ihr einfaches Lied nicht sonderlich entzückt. Das Nest liegt im dichtesten Gebüsch nah über dem Boden versteckt und ist ein sehr künstlicher Bau, außen aus Reisig und Stengeln locker, innen aus Gehalm und Moos dicht filzig gewoben und weich mit Wolle, Haaren und Federn ausgepolstert. Die 4 bis 6 zartschaligen und schön grünfanzig glänzenden Eier bebrüten Männchen und Weibchen abwechselnd vierzehn Tage und bei reichlicher Fütterung dürfen die Jungen schon nach zwölf Tagen aus dem Neste. Daher gemeinlich eine zweite Brut folgt. Der Kuckuk kennt die sorgende Liebe der Braunellen und überläßt ihnen häufig seinen unersättlichen Jungen. In manchen Gegenden wird das fette wohlschmeckende Fleisch viel gegessen, denn das Einfangen geschieht ohne besondere Umstände.

2. Der Flüvogel. A. alpinus.

Hoch oben in den Alpen im obern Gesels bis zur Grenze des ewigen Schnees hinauf ertönt das melancholische Lied des Flüvogels. Den Wanderer stimmt die Hochgebirgsnatur ernst, da begrüßt ihn freundlich nickend und schnell mit dem Schwanze wippend vom nächsten Felsblocke herab ein kleiner Sänger, tri tri tri und schnell fliegt er in flachem Bogen auf einen fernern Block. Ich sah ihn in dichtem, eisig kaltem Nebel auf der Höhe des Säntis ganz munter umherfliegen, öfter in andern Theilen der Alpen. Im Winter, wenn das Hochgebirge unter dem Leichentuche völlig erstarrt, zieht er in die Thäler und Vorberge hinab. An Nahrung fehlt es ihm nicht, die Umgebung der Sennhütten und die besahrenen Alpen überhaupt sind reich von Geschmeiß bevölkert, auch Gesäme und Beeren giebt's hoch hinauf. Im Bauer soll er viele Jahre aushalten. Das Nest steht zwischen Steinen oder unter dichtem Gesträuch der Alpenrosen, schön und kunstvoll aus Moos und Gehalm napfförmig gewebt und mit Wolle und Haaren ausgefüttert. Das Weibchen legt zweimal im Sommer 3 bis 5 blaßblaugrüne Eier. In einzelnen Alpenthälern wird der Flüvogel im Herbst und Winter als nahrhaft und wohlschmeckend (zahlreich für die Küche eingefangen). Er erreicht 7 Zoll Länge und bis 13 Zoll Flugweite. Zur nähern Unterscheidung von der Heckenbraunelle reicht schon der weiße oder licht rostgelbe Fleck an der Spitze der Schwanzfedern aus. Kräftiger Bau, hohe säumige Beine, großkrallige Zehen, starker Schnabel, große Flügel, dreistreifiger Schwanz, dichtes und weiches Gefieder, das Alles hat der Bewohner des Hochgebirges vor seinen Brüdern in der Ebene voraus.

Die dritte Art, die Bergbraunelle, A. montanellus, lebt im südöstlichen Europa und Asien ganz nach Art unserer Heckenbraunelle und kennzeichnet sich durch ihren schwarzbraunen Scheitel, den gelblichweißen Streif vom Schnabel bis in den Nacken und durch die schwarzfleckige Brust.

4. Pieper. Anthus.

Wie die Braunellen durch einzelne Eigenthümlichkeiten auf die finkenartigen Sänger hinweisen, ganz so die Pieper auf die Lerchen und ältere Ornithologen vereinigten auch beide in eine Gattung. Heut zu Tage werden die Eigenthümlichkeiten schärfer erkannt und die verwandtschaftlichen Beziehungen allseitiger erwogen und darnach kommen die Pieper in die Familie der Sylvien. Hier stehen sie nun als sehr markierter Typus da. In Tracht und allgemeiner Färbung lerchenartig, schlank im Rumpfe, mit nachstimmigen langen Kopfe auf dünnem Halse, breit- und langschwänzig, zeichnen sie sich zunächst durch den gänzlichen Mangel der ersten Schwinge und die beträchtliche Länge der hintern Schwingen aus, nicht minder durch den graden, gestreckt pfriemenförmigen Schnabel mit rundem Rücken und mit seichtem Einschnitt vor der schwachgesenkten obern Spitze. Nah an seinem Grunde öffnen sich frei und weit die ovalen durchgehenden Nasenlöcher. Die Läufe sind groß beschildert und die schlanken Zehen schwach bekrallt, nur die Hinterzehe mit langer, krummer Kralle. Der Skeletbau weist kräftigere Formen auf als bei vorigen Arten und bisweilen ist außer der Hirnschale auch der Oberarm pneumatisch, doch kürzer als das Schulterblatt und mehr noch als der Unterarm. Der lange Vormagen besitzt dicht gedrängte Drüsen und der Magen sehr starke Muskelwände innen mit gelbbraunartiger saltiger Haut. Der Darmkanal bleibt merklich kürzer als der Körper und die Blinddärmchen gleichen unscheinbaren Wärschen. Die schmale hornige Zunge ist vorn tief zweispitzig und hinten stark bezahnt. Die ungleichlappige Leber ohne drittes Läppchen und die Nieren deutlich getheilt. Der Fächer im Auge besteht aus 22 einfachen sehr kurzen Falten.

Die Arten sind über alle Welttheile und durch alle Zonen zerstreut, uns interessiren nur die vollständig bekannten Europäer.

1. Der Brachpieper. A. campestris.

Die beträchtliche Größe von 7 Zoll Länge und 12 Zoll Flugweite bei sehr kräftigem Bau und lichter Befiederung zeichnet den Brachpieper unter seinen Verwandten aus. Zur blonden Unterscheidung reicht schon die weiße Aftensahne der beiden äußern Schwanzfedern und die sehr große, doch nur flach gebogene Kralle der Hinterzehe aus. Das weiche und weitstrahlige Gefieder graut oberhalb ins lichtgelbe, an der Unterseite trübes gelblichweiß: vom Nasenloch über das Auge zieht ein hellrostgelber Streif, über den braunen Flügel zwei weiße Binden, die Steuerfedern dunkelbraun. Die sechszehnte Schwinge ist die längste aller. Hier führen der Oberarm Luft, bei den andern Arten nicht. Der Darmkanal bleibt um $1\frac{1}{2}$ Zoll hinter der Körperlänge zurück und hat dieselbe innere Structur, welche wir später von den Weihen abbilden. Milz und Bauchspeicheldrüse fallen durch ihre geringe Größe auf.

Der Brachpieper schiebt zwar die Grenzen seines Vaterlandes bis ins mittlere Schweden und Livland hinauf, allein recht behaglich fühlt er sich nur im mittlern Europa und weiter hinab. Um Mitte April stellt er sich bei uns ein und schon Ende August denkt er an das Winterquartier. Einzeln und breitenweise zieht er am Tage und auch während der Nacht. Sein Revier liegt in freien und möglichst unfruchtbaren dürren, hügeligen oder ebenen Gegenden; üppigen Pflanzenwuchs haßt er, nicht minder feuchte Gegenden, obwohl er doch gern badet und täglich trinkt. Unstät und flüchtig läuft er schnell eine Strecke fort, steht einige Augenblicke still und schießt dann wieder eine Strecke weit, ganz wie es die Lerchen zu thun pflegen. Der schnelle Flug flattert, schwebt und schießt in den kühnsten Wendungen und Wechseln. Die gewöhnliche Lockstimme klingt sperlingsartig und ebenso einförmig und unmelodisch singt das Männchen. Die Nahrung besteht aus allerlei Insekten, in der Stube, wo sie freilich keine sonderliche Unterhaltung gewähren, gewöhnt man die Brachpieper leicht an das gewöhnliche Universalfutter mit gequetschtem Mohn vermengt. Sie nisten am Boden versteckt im Grase oder Gestrüpp, das Nest aus Gewurzel, Moos, Blättern und Halmen, innen aus Haaren webend. Die fünf Eier sind trübweiß mit röthlichbraunen Punkten und Flecken und werden in 11 Tagen ausgebrütet.

2. Der Baumpieper. A. arboreus.
Figur 120.

Zwar auch lerchenähnlich, zumal in der Befiederung, ist der Baumpieper doch in Naturell und Lebensweise auffällig von dem Brachpieper verschieden. Er bewohnt die Wälder, die gebirgigen lieber als die ebenen, sitzt gern auf den Bäumen, ist träg, geht schrittweise langsam und bedächtig, fliegt unsicher und zuckend. Seine Lockstimme schnarrt in hohem scharfen Tone und der Gesang des Männchens ähnelt dem Schlage des Kanarienvogels, denn er klingt voll und klar, trillert und pfeift mehr melodische Strophen. Darum hält man es auch gern in der Stube, wo es unter zärtlicher Pflege sehr zahm und zutraulich wird und ein Paar Jahre ausdauert. Man gewöhnt es durch Fliegen, Mehlwürmer, Ameisenpuppen an das

Fig. 120.

Baumpieper.

Universalfutter, im Freien frißt es nur Insekten, niemals Gesäme. Das Nest liegt sehr versteckt unter Gebüsch am Boden, ist nicht sehr künstlich gebaut und enthält die gewöhnlichen Piepereier.

Der Baumpieper steckt seinen grünlich braungrauen Rücken dunkelbraun und die hell ockergelbe Brust schwarzbraun. Die Flügel tragen eine weiße Binde und die äußere Schwanzfeder einen weißen Keilfleck am Ende. Die Kralle der Hinterzehe ist viel kürzer als diese Zehe selbst. Die innere Organisation bietet nur geringfügige Unterschiede von den folgenden Arten, von denen man sich besser mit dem Messer in der Hand als durch bloße Beschreibung unterrichtet. Das Vaterland ist wiederum ganz Europa und bei uns fällt die Ankunft Ende März und Anfang April, der Wegzug in den August und September.

3. Der Wiesenpieper. A. pratensis.
Figur 121.

Wer den Wiesenpieper von dem Baumpieper unterscheiden will, muß die Kralle der Hinterzehe messen. Dieselbe ist hier viel länger als bei voriger Art. Die

Fig. 121.

Wiesenpieper.

Färbung des Gefieders dunkelt mehr, sticht tiefer in grün und ist großfleckiger, der Schnabel schwächer. Die Länge der Handschwingen gleicht ganz der des Baumpiepers. Von der innern Organisation beachte man die Luftführung der Schädelknochen, welche nach vorn nur bis an die Stirn reicht. Der Darmkanal mißt Körperlänge, der Vormagen ist drüsenig, der Magen stark muskulös, die Nieren zweilappig und wie bei allen Sängern von der Schenkelvene durchbohrt, die Milz sehr klein.

Der Wiesenpieper zieht im Frühjahr bis Schweden

hinauf, den Winter aber verlebt er am liebsten jenseits des Mittelmeeres, in Afrika. Schon zeitig im März stellt er sich bei uns ein und trotzt den Schneeschauern des Aprils, und so zögert er auch im Herbst mit der Rückreise vom October bis December. Oft schließt er sich auf der Wanderung den Lerchen an, mit denen er auch ins Netz geht, nicht zum Verdruß des Vogelstellers, da sein fettes Fleisch für eine große Delicatesse gilt. Sein Standquartier schlägt er auf Wiesen und in sumpfigen Niederungen auf, nicht in Wäldern, nicht im Gebirge. Die Unruhe, Beweglichkeit, der unsichere Flug, der schußweise Lauf erinnern lebhaft an den Brachpieper, aber der Wiesenpieper liebt die Geselligkeit sehr, hält mit seines Gleichen und anderen Verwandten zusammen. Seine Stimme helsert ein feines iß oder biß. Das Männchen singt einige einförmige Strophen, die man in der Stube bei ihm sonst ruhigem Betragen des Vogels gern anhört. Nahrung, Nest und Eier geben uns keine Veranlassung bei ihnen zu verweilen.

4. Der Wasserpieper. A. aquaticus.

Wiederum fällt die Länge der Kralle an der Hinterzehe als unterscheidendes Merkmal in die Augen; sie ist viel länger als die Zehe selbst und stark gebogen. Der tief olivengrau verwischte Rücken verwischt seine Flecken und die Füße dunkeln braun bis schwarz. Ueberall in Europa und selbst in Nordamerika heimisch, ist der Wiesenpieper doch nur in wenigen Gegenden häufig. Er zieht felsiges Gebirge der Ebene vor, überwintert bei uns, aber nicht jenseits der Alpen. Von Charakter ist er sanft und zutraulich, listig und in seinen Bewegungen gewandt, in Gefahren scheu und wild. Seine Stimme ruft helfer büsch büsch, das Männchen singt ein zischendes und werpendes Zirkgklied. In der Stube hält er gut aus bei dem Universalfutter. In dem künstlich aus Halmen und Stengeln gewebten Neste liegen vier große bläulich grauweiße Eier mit graubraunen Punkten und Flecken. In Italien wird der Wasserpieper viel gegessen.

Im westlichen Afrika lebt ein weißkehliger Pieper (A. Gouldii) mit blaßrostfarben gerandeten Schwingen und Schwanzfedern und ähnlich ist der brasilianische (A. rufus), den eine braungescheckte Brustbinde auf blaßgelbem Grunde kennzeichnet. Südamerika besitzt noch mehre Arten, deren Gefieder uns jedoch nicht anzieht.

5. Bachstelzen. Motacilla.

Zierliche nette Vögel, deren munteres kirres Betragen wohl Jedem schon aufgefallen ist. Sie lieben die Nähe des Menschen und kommen zumal im Spätherbst, wenn die Insektenwelt schon ruht, bis auf die Gehöfte, um dort Maden, Eier und Fliegen zu suchen. Immer sieht man sie in Bewegung, schrittweise laufend mit dem Schwanze wippend und mit dem Kopfe nickend, bald hier- bald dorthin fliegend und dann wieder auf einem Steine, einem Geländer oder andern erhöhten Punkte sitzend. Auf den Feldern laufen sie in den Furchen entlang und hinter dem Pfluge her, auf den Aengern begleiten sie die Viehheerden,

auch am Wasser sind sie sehr gern und waten hinein. Ihr Flug ist schnell und gewandt.

Schlanker als alle Vorigen, hochbeinig und sehr langschwänzig, zeichnen sich die Bachstelzen im Besondern aus durch den Mangel der ersten Handschwinge und die große Länge der hintern Schwingen, ferner durch den geraden, dünn walzenförmigen Schnabel mit nur ganz seichtem Ausschnitt der obern Spitze und mit kleinen ovalen durchbrochenen Nasenlöchern am Grunde. Die langen dünnen Läufe erscheinen fast wie gestiefelt, die Krallen schwach und wenig gekrümmt, die der Hinterzehe lang, dünn und schmal. Die Steuerfedern des Schwanzes sind sehr lang und schmal, die mittlere gewöhnlich schwarz. Die Anordnung des Conturgefieders veranschaulicht unsre Figur 123, welche die Federfluren der obern und untern Körperseite darstellt. Am Schädel, dessen Knochen allein Luft führen, ist der Schnabel scharf von der Stirn an der Beugestelle abgesetzt und die Zwischenaugenhöhlenwand ganz durchbrochen. Die hornige, blaßgelbliche Zunge zerfasert sich vorn tief und begabt sich hinten ringsum. Der untere Kehlkopf besitzt nur einen schwachen Singmuskelapparat. Der Magen ist klein und muskulös, der Darmkanal stets kürzer als die Körperlänge, die Blinddärmchen ganz unscheinbar, Leber, Milz und Nieren wie gewöhnlich, aber die Lungen weit nach hinten bis zur letzten Rippe reichend. Die Luftzellen sind dieselben wie bei allen Singvögeln, nämlich eine große Seitenzelle jederseits und unter den Lebrzellen eine geräumige Brustbeinzelle, welche mittelst einer durchbrochenen Scheidewand von der Bronchialzelle abgesondert ist und von dieser ihre Luft erhält. Die großen auf dem Augenböhlenräntern des Schädels gelegenen Nasendrüsen erinnern an die Wasseramsel und die eigentlichen Wasservögel, bei andern Sängern sind dieselben ganz klein. Der Fächer im Auge gleicht sehr auffällig dem der Pieper.

Die Stelzen bewohnen in mehren Arten die Alte Welt bis Island hinauf, überwintern am im Süden und bei uns bleibt nur die eine und andere in milden Wintern zurück. Sie meiden dichtbuschige und waldige Gegenden durchaus und besuchen Aenger, Wiesen, Felder und alle offenen Plätze in der Ebene wie im Gebirge, lieben die Nähe des Wassers, in dem sie gern baden und Insekten fangen, denn von diesen allein nähren sie sich. Ihr Nest (Fig. 122) bauen sie wenig künstlich am Boden oder in ein hoch berindliches Loch und legen licht gefärbte, fein punktirte und gestrichelte Eier hinein, welche das Weibchen allein vierzehn Tage bebrütet. An dem Nestbau und der Fütterung der Jungen nimmt indeß auch das Männchen Theil. Europa hat mehre Arten aufzuweisen, die wir uns näher ansehen müssen.

1. Die weiße Bachstelze. Motacilla alba.

Figur 121

Die weiße Bachstelze, in Deutschland gemein und mit vielen Namen wie Ackermännchen, Wasserstelz, Wippstärt u. a. belegt, gibt sich schon aus einiger Entfernung durch ihren aschgrauen Rücken, den weißen Bauch und die weißen äußern Schwanzfedern zu erkennen. Der

Fig. 122.

Bachstelzen, Drosseln und Lerchen.

tief schwarze Nacken sticht grell von dem weißen Kopfe ab. Bei 7½ Zoll Körperlänge, wovon 3½ Zoll auf den Schwanz kommen, spannen die Flügel 12 Zoll. Die Gestalt ist schlank, nett, gefällig. Die Zungenspitze spaltet sich in vier zerfaserte Lappen, der Darmkanal mißt nur 6 Zoll Länge.

Ueberall in Europa bis nach Island hinauf, im nördlichen Afrika und dem größten Theile Asiens trifft

man das Ackermännchen auf Feldern und Aengern, in der Nähe der Städte und Dörfer, längs der Gewässer und Landstraßen. Einzeln überwintert es bei uns, die meisten aber kommen Ende Februar oder in den ersten Tagen des März an und ziehen im October oder November wieder fort, in kleinen Gesellschaften oder in Heerden. Wenn der Morgen graut, läuft es schon den Insekten nach und bleibt bis tief in die Abenddämmerung thätig. Im Fluge

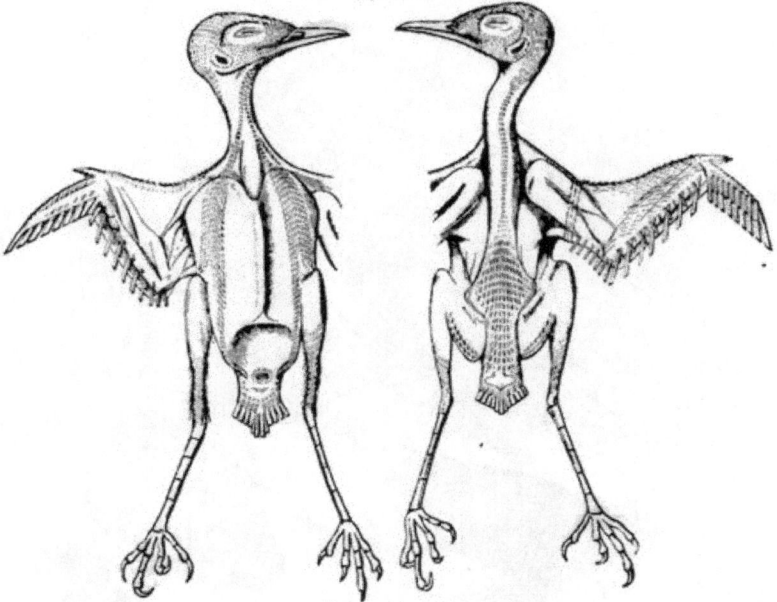

Fig. 122.

Skeletturen der Bachstelze.

ist es Meister und man muß seine kühnen und geschickten
Wendungen, sein leichtes Dahinschießen oft bewundern.
Mit seines Gleichen hadert und zankt es gern, auch Sper-
linge und Finken sind seinen Neckereien ausgesetzt, aber

Fig. 121.

Weiße Bachstelze.

den Kukuk und alle Raubvögel verfolgt es gemeinschaftlich oft in Schaaren, bis der Feind aus dem Felde ge-
schlagen ist. So warnt es die kleinen Vögel rechtzeitig
vor den gefährlichen Räubern. Weder seine Lockstimme
noch der Gesang hat etwas Anziehendes und doch nimmt
man es gern in die Stube wegen seines gefälligen Aeußern
und seines artigen Betragens. Ich hatte längere Zeit
ein Ackermännchen, das durch alle Zimmer, Küche und
die Hausflur lief, und mit dem großen Kater so befreundet war, daß dieser es in der Schnauze vom Hofe wieder
in die Stube brachte. Leider schenkte es einst auch dem
ränkevollen Reineke seine Zuneigung und er fraß es.
Man gewöhne es mit Fliegen und Mehlwürmern allmählig an Milch und Semmeln, reiche ihm fleißig frisches
Wasser zum Baden, dann hält es Jahre lang aus, wenn
keine falschen Katzen da sind. Das Nest steckt bald hier
bald dort, im Grase oder in einem Mauerloche als ziemlich einfach geflochtener Napf mit Haaren ausgefüttert.
Aus den 6 bis 8 Eiern kriechen nach 14 Tagen die Jungen
aus, bräunen sich schwarz und verlassen erst das Nest,
wenn das graureiße Gefieder sie zum Flug befähigt.
Ein so nettes, nützliches und durchaus unschädliches Thierchen sollte doch wahrlich nicht wegen seines schmackhaften
Fleisches gefangen werden.

In England unterscheidet man von der weißen Bach-

Fig. 125.

Yarrell's Bachstelze.

stelze als schwarzrückig eine besondere Art, M. Yarrelli (Fig. 125), allein nicht einmal im Winter bleibt bei ihr der schwarze Rücken, sondern nimmt grau auf. So können wir, da andere Eigenthümlichkeiten fehlen, nur eine bloße Spielart darin erkennen, deren andere auch sonst noch vorkommen, z. B. blasse, bunte, weißflüglige, auch ganz weiße als Kakerlaken.

2. Die gelbe Bachstelze. M. flava.

Die kleinste und kurzschwänzigste Art unter den einheimischen, besonders ausgezeichnet in ihrer äußern Erscheinung durch den grauen Oberkopf und den olivengrünen Rücken. Sie steht hoch auf den Beinen und trägt einen langen, nur schwachgekrümmten Nagel an der Hinterzehe. Der kurze und zugleich breite Schwanz hält die beiden äußern Federn weiß, die Flügelfedern berandet sich breit weiß und das Männchen schwärzt seine Kehle niemals, obwohl die Jungen hier schwarze Flecke tragen, sich aber zugleich durch eine lehmgelbe Unterseite kennzeichnen. Im Frühlingskleide prangt das Männchen mit einem schöngelben Untergefieder, das Weibchen erscheint nur bleichgelb, im Winterkleide aber federn beide unten weiß.

Fast weiter noch verbreitet als die weiße Art, meidet doch die gelbe Bachstelze gebirgige Gegenden und zieht sumpfige Niederungen zum Standquartier vor. Empfindlich gegen kaltes Wetter, kömmt sie bei uns erst Anfangs April an und zieht in den ersten Tagen des Octobers wieder ab im nächtlichen Fluge. In die Nähe der Dörfer treibt sie nur der Hunger, sonst hält sie sich auf einsamen Wiesen und feuchten Aengern auf, irrt flüchtig und scheu von Ort zu Ort, fliegt schnell und leicht in Schlangenlinien und stößt pfeilschnell herab. Nur mit großer Anstrengung singt das Männchen sein einfaches zier zier. Das Nest liegt versteckt am Boden.

Die graue Bachstelze, M. sulphurea, erscheint schlanker, langschwänziger als die gelbe, niedriger auf den Beinen und unterscheidet sich besonders durch die viel kürzere starkgekrümmte Kralle der Hinterzehe, durch den aschgrauen Rücken, gelbgrünen Bürzel und die drei weißen äußern Schwanzfedern. Die Schwingen zweiter Ordnung sind an der Wurzel auf breiten Fahnen weiß. Ihr Vaterland dehnt sie nicht so hoch nach Norden hinauf wie die weiße und gelbe Art, wählt am liebsten gebirgige Gegenden zum Aufenthalt, zumal wo klare Bäche rieseln. Sie stellt sich bei uns frühzeitig, oft schon im Februar ein und zieht auch erst im October wieder ab. Die Gewandtheit im Laufe und Fluge, das Nicken und Wippen hat sie mit den andern gemein, dabei ist sie zutraulich und singt besser, hält sich aber in der Stube sehr schlecht.

Unter den außerdeutschen Arten verdient die schwarze Bachstelze, M. lugubris (Fig. 126), unsere Aufmerk-

Fig. 126.

Schwarzrückige Bachstelze.

samkeit. Sie ist über die ganze Oberseite schwarz und behelmet in Asien und dem südöstlichen Europa, auch in Aegypten. Unsere obere Figur zeigt sie im Winterkleide, die untere im Sommerkleide.

3. Die javanische Bachstelze. M. speciosa. Figur 127

Auf Java leben ebenso muntere und nette Stelzen als die unsrigen, aber die Ornithologen trennen dieselben gern als besondere Gattung Enicurus von Motacilla

ab. Die wesentlichen Formverhältnisse im Skelet rechtfertigen kaum diese generische Trennung, freilich äußerlich
nehmen sie sich, wie unsere Abbildung zeigt, schon anders
aus. Die zarten Konturfedern stehen in sehr schmalen

Fig. 127.

Javanische Bachstelze.

Fluren und nur die Rückenflur erweitert sich in einen
breiten Sattel. Die erste Schwinge ist ganz kurz, die
vierte und fünfte die längsten. Die hier dargestellte Art
lebt an Gebirgsbächen mit dichtbuschigen Ufern, hüpft
zwischen schäumenden Wellen lustig von Stein zu Stein,
schnappt nach flatternden Insekten und ähnelt in der
Färbung zumeist unserm Ackermännchen.

Bevor wir den Kreis der Sylvien und Drosseln
verlassen, haben wir noch aus der großen Anzahl aus-
ländischer Formen einige sich mehr oder weniger innig
anschließende Gattungen zu berücksichtigen.

6. Timalia. Timalia.

Die über Indien verbreiteten Timalien erscheinen
als kräftig gebaute Sänger, von mittelmäßiger, zusammengedrückter Schnabel eigenthümlich gebogen, vor der
Spitze kaum ausgerandet und zwischen den Nasenlöchern
hoch gefirstet ist. Das würde schon genügen, sie von
allen vorigen Gattungen zu unterscheiden. Die Nasenlöcher liegen seitlich in einer ovalen Grube. In den
kurzen Flügeln randet die äußere Fahne der dritten bis
sechsten Schwinge sich aus und erst die sechste und siebente
Schwinge erlangen die äußerste Flügelspitze. Die starken Läufe sind geschildert und die Kralle der Hinterzehe
fällt durch ihre sehr ansehnliche Länge in die Augen.
Der lange Schwanz stuft sich. Die Federfluren erinnern
lebhaft an die Anordnung bei den eigentlichen Drosseln.
Von den sämmtlichen Knochen des Skelets führt nur die
große breite Hirnschale Luft. Das Brustbein hat, da
das Flugvermögen gering ist, eine ganz niedrige Gräte,
auch ist der Oberarm kürzer als das Schulterblatt und
der Vorderarm noch kürzer, die Beine dagegen sehr kräftig.
Im Becken fallen die sehr schmalen Hüftplatten auf und
sehr charakteristisch tiefe Gruben mit hohen Seitenleisten
vor der Schwanzwurzel. Acht rippentragende Rückenwirbel und nur sechs Schwanzwirbel.

Die braunköpfige Timalia. T. pileata.

Figur 128.

Diese gemeinste Art bewohnt die Hecken und Gebüsche
des indischen Festlandes, meist in der Nähe der Dörfer,
wo sie als munter und zutraulicher Sänger gern gesehen
wird. Ihr Lied besteht aus fünf aufsteigenden Tönen,
welche sie mit voller Regelmäßigkeit mehrmals wiederholt.
Sie fliegt niedrig und in kurzen Bogen. Ihr Gefieder

Fig. 128.

Braunköpfige Timalia.

scheint oberhalb braun mit olivengrüner Mischung, unten
weinröthlich mit einem Stich in's Graue; der Kopf trägt
eine kastanienbraune Kappe und Kehle und Brust halten
sich weiß. Ein an der Schnabelwurzel entspringender
weißer Streif umkreist die Augen und verliert sich auf den
Wangen.

Eine zweite Art, T. thoracica, auf Java, siedert dunkelrothbraun, an den Wangen und der Kehle schwarz, an
der Gurgel weiß. Ihre Hinterzehe ist schon ohne Kralle
so lang wie die Vorderzehen.

7. Pitta. Pitta.

Auch diese Gattung heimatet in Indien und weicht
in ihrer äußern Erscheinung erheblich von unsern zierlichen Sängern ab. Ihr starker harter Schnabel erscheint
der ganzen Länge nach zusammengedrückt, vor der sanft
übergebogenen Oberspitze seicht ausgerandet und an der
Wurzel hoch gefirstet. Die halbgeschlossenen Nasenlöcher
liegen auch hier in tiefen Gruben. Die Beine sind hoch
und dünn, aber ihre Zehen kurz, ebenfalls der Schwanz
und die Flügel kurz und abgerundet, in letzteren die
vierte und fünfte Schwinge am längsten. Die Federfluren ordnen sich wiederum entschieden drosselartig. Die
Luftführung breitet sich weiter aus als bei irgend einer vorigen Gattung aus dem Skelet aus, denn außer der Hirnschale sind die zwölf Hals- und einige Rückenwirbel,
Oberarm und Schlüsselbein pneumatisch. Das Brustbein trägt zwar eine hohe Gräte, verschmälert sich aber

nach hinten sehr stark. Der achtwirblige Schwanz endet mit einem letzten kleinen Wirbel.

Die zahlreichen Arten schmücken sich mit prächtigen Farben in smaragdenes Grün mit Azurblau, Scharlach und Schwarz. Wir führen nur

Die große Pitta. P. gigas.

Figur 129.

von Sumatra vor. Dieselbe erreicht neun Zoll Länge und fiedert auf dem Rücken in schönstem Azurblau, das auch die schwarzen Schwungfedern spitzt. Scheitel, Nacken und ein Halsband sind schwarz, die Kehle weißlich, die Stirn graubraun und die ganze Unterseite licht aschgrau. Sie nährt sich hauptsächlich von Ameisen.

Fig. 129.

Große Pitta.

Eine dritte Gattung Indiens heißt Kitta, Chlorosoma, von welcher wir in Fig. 130 die meergrüne Art von Java und Sumatra vorführen. Ihr Gefieder glänzt im prachtvollen Selatengrün; die Schwanzfedern dunkeln mattgrün, die Schwingen grellen blauroth, Iris, Schnabel und Füße hochroth, und um den Kopf durch beide Augen zieht ein sammetschwarzes Band. In der Jugend trägt sie sich einfach bläulich weiß. Als Gattungscharaktere zur Unterscheidung von Vorigen dienen ihr stutziger Schwanz, zwei Kerben vor der Spitze des Oberschnabels und lange Bartborsten, welche die nicht grubigen Nasenlöcher verdecken. Der Oberarm ist pneumatisch. Einige Ornithologen verweisen die Kitta zu den Raben, aber

Fig. 130.

Meergrüne Kitta.

schon die Federfluren sprechen gegen eine nähere Verwandtschaft mit diesen.

Mit unsern Rohrsängern in der Lebensweise stimmt ganz auffällig überein die javanische Gattung Malurus, deren Schwingen von der ersten bis zur vierten an Länge stufig zunehmen und deren Oberarm markig, nicht pneumatisch ist. Ihre Arten stehen sehr hoch auf den Beinen und haben ganz kurze Flügel.

8. Fliegenjäger. Myiothera.

Den Vorigen entspricht in Brasilien die vielfach zersplitterte Gattung der Fliegenjäger, welche hochbeinige Sänger mit kurzen Flügeln und fast kümmerlich kurzem Schwanze begreift. Der breite niedrige Schnabel hakt bei den ächten Fliegenjägern schwach und erst sich nur undeutlich vor der Spitze. Die spaltenförmigen Nasenlöcher liegen in einer Grube. Die Flügel reichen nicht weiter als zum Anfange des Schwanzes und ihre dritte bis fünfte Schwinge ist die längste, die zweite kaum von Länge der siebenten. Die Federfluren folgen entschieden dem Drosseltypus. In der Wirbelsäule zählt man wie gewöhnlich 12 Hals-, 8 Rücken- und 7 Schwanzwirbel, blos die Hirnschale ist pneumatisch, bei einigen Arten auch der Oberarm. Das Brustbein zeichnet sich durch sehr tiefe Ausschnitte am hintern Rande aus, welche weit vor die Mitte reichen.

1. Der braune Fliegenjäger. M. colma.

Eine weit über das warme Südamerika verbreitete Art von der Größe unserer Wasseramsel, nur hochbeiniger. Ihr Rücken fiedert röthlichbraun, Zügel und Kehle, die ganze Unterseite bleigrau und der Nacken mit rothgelbem

Ringe. Ihr ganz nah steht M. tetema, schwarzgelblich und mit rostbraunem Kopfe. Beide leben in feuchten buschigen Gegenden.

2. Der Königsameisenjäger. M. rex.

Figur 131.

Von Wachtelgröße, auch plump und dick, kurzschwänzig, aber sehr hochbeinig. Der dicke hohe Schnabel erscheint leicht gebogen, gegen die Spitze hin zusammengedrückt und vor der sanft hakigen Oberspitze mit kleiner Kerbe. Die Nasenlöcher öffnen sich weit und rund. Die fünfte Schwinge ist die längste. Das braune Gefieder steckt sich hell, meist dunkeln die Federräuder, aber die schwarzbraunen Schwingen beranden sich hell und der Schwanz ist gar restreich. Die Unterseite bräunt blaßgelb. In schattigem Untergebüsch der Wälder Südamerikas

Fig. 131.

Königs-ameisenjäger.

sucht dieser geschickte Läufer die Ameisen und Termiten. Nur der durchdringende Pfiff seiner Lockstimme verräth ihn, denn scheu und unbeholfen im Fluge, wagt er sich nicht leicht ins Freie und meidet auch die Kronen der Bäume.

Dritte Familie.
Schwalben. Hirundinidae.

Die Schwalben sind Singvögel, nicht wegen ihres Gezwitschers, sondern weil sie den Singmuskelapparat am untern Kehlkopf haben. Jedermann kennt sie und es würde kaum nöthig sein, ihre Eigenthümlichkeiten hier aufzuzählen, wenn es uns nur darauf ankäme, sie von Nachtigallen und Sperlingen zu unterscheiden; allein

wir wollen wissen, warum sie eine Familie unter den Singvögeln repräsentiren und deshalb sehen wir sie uns noch näher an. Den schlanken zierlichen Körper haben die Schwalben mit den meisten Sängern gemein, aber sie unterscheiden sich in ihrer äußern Erscheinung sogleich durch das kurze, dichte und knapp anliegende Gefieder, sind überdies breitköpfig, starkbrüstig, auffallend kurzbeinig und dafür desto länger geflügelt als die verwandten Familien. Der kurze, platte Schnabel klafft bis unter die Augen und krümmt die Oberspitze ziemlich stark. In den ungeheuer langen und zugleich schmalen Flügeln zählt man nur neun Handschwingen, von welchen die erste stets die längste ist. Auch am Arm sehen wir neun und zwar kurze schmale Schwingen, kaum länger als die großen Flügeldeckfedern. Die Schwanzfedern spitzen sich gern zu und dann verlängern sich zugleich die äußern zur Bildung eines Gabelschwanzes. Die schmale Rückenflur des Lichtgefieders läuft hinter der Schulter in zwei breite Aeste aus einander und scheint fast vom Bürzelstreif geschieden. Die Unterflur ist federreicher. An den Füßen ist die äußere Zehe bisweilen eine Wendezehe. Die anatomischen Eigenthümlichkeiten führe ich bei der typischen Gattung an, da dieselben von andern Gattungen noch nicht untersucht worden sind.

Die Schwalben gehören zu den geschicktesten und ausdauerndsten Fliegern. Pfeilschnell durchschneiden sie die Luft und schießen in den kürzesten und kühnsten Wendungen seitwärts und auf und nieder. Auf festem Boden dagegen bewegen sie sich sehr unbeholfen, ihr Gang gleicht wegen der unverhältnißmäßig kurzen Beine mehr einem Kriechen als eigentlichen Gehen. Sie machen darum lieber Alles im Fluge ab, haschen nur fliegende Insekten, trinken und baden über dem Wasserspiegel hinstreifend, spielen und hadern nur in den Lüften. Alle nisten entweder in Erdlöchern oder in angeklebten Erdnestern und das Weibchen allein bebrütet die zwei bis vier weißen oder sein rothbraun getüpfelten Eier. Die Gattungen leben über die ganze gemäßigte und warme Zone verbreitet, bei uns nur die typische.

1. Schwalbe. Hirundo.

Die Schwalben genießen bei uns als Verkünder des warmen Frühlingswetters, wegen ihrer großen Zutraulichkeit und wegen ihrer Vertilgung lästiger Geschmeiße Schutz und selbst Verehrung, von Einzelnen jedoch werden sie im Herbst gegessen und in den mittelmeerischen Ländern ist man sie gar allgemein. Aber eine Schwalbe macht noch keinen Sommer und so trifft es sich, daß nach Ankunft der ersten bei uns noch empfindlich kalte und rauhe Tage kommen. Auch die Wetterprophezeiungen des Landmannes aus ihrer Unruhe und ihrem Fluge entbehren der Zuverlässigkeit, ja sind mehr Aberglauben als Wahrheit. Der einfache Mensch schenkt einmal dem schuldlosen Thierchen sein Zutrauen, wenn es ungenirt unter sein schlichtes Dach einkehrt, er freut sich über seine Emsigkeit und seine Kunst im Nesterbau, über seine zärtliche Pflege der Jungen, schätzt sein unermüdliches Jagen nach schädlichen Insekten und liebt das muntere, gesellige, kefe Betragen. Und so offen die Schwalbe auch in all ihrem Thun und Treiben ist, mußte sie doch die übertriebene Fabelei von Winterschlaf sich anhängen lassen, ja noch heute gibt es Gegenden im intelligenten Deutschland, welche die Schwalben im Herbst in Morast und Schlamm versinken lassen und nach mehrmonatlichem Winterschlaf wieder hervorkommen heißen. In Königsberg setzte man vor einigen Jahrzehnten eine öffentliche Belohnung für eine im Winter aufgefundene und wiederbelebte Schwalbe aus, aber Niemand kam um den Preis ein. Die ganze Organisation des Vogels spricht entschieden gegen einen ausdauernden Winterschlaf und wie die Schwalben andern sehr schlecht fliegenden Vögeln, z. B. den Wachteln und Enten gegenüber in diesen Verdacht kommen konnten, ist räthselhaft. Sie versammeln sich ja im September mehre Tage hinter einander in großen Schaaren und berathen im lebhaftesten Gezwitscher ihren Abzug und treten denselben auch am Tage an. Man sieht sie schaarenweis über das Mittelmeer ziehen. Im Frühjahr aber kehren sie einzeln und in kleinen Gesellschaften auf ihre alten Wohnplätze und selbst zu dem alten Neste zurück.

Alle Schwalben tragen ein derbes glattes Gefieder, oberhalb tiefschwarz mit schön stahlblauem oder violettem Glanze, unten weiß, düster graubraun oder braunroth. Die spitzen Flügel, deren zwei erste Schwingen gewöhnlich gleiche Länge haben, kreuzen über dem langen meist gabligen Schwanze. Viele Steuerfedern haben auf der Innenfahne einen grell weißen Fleck, welcher auch im Fluge sichtbar wird. Die feinen langen Zehen sind nur schwach und sehr dünnhäutig bekrallt. Der kurze platt dreieckige Schnabel öffnet die nierenförmigen Nasenlöcher nur zum Theil vor dem Stirngefieder und birgt eine platte breitpfeilförmige Zunge mit gespaltener Spitze und starker Bezahnung an den Hinterecken. Der knöcherne Zungenkern besteht aus zwei der Länge nach völlig getrennten Hälften. Trotz des ausgezeichneten Flugvermögens führen doch nur die Knochen des Schädels Luft, der Oberarm ist markig und nicht einmal das Brustbein hat Lufthöhlen. Uebrigens ist das Skelet in allen Theilen sehr zart, der platte Schnabel scharf von der steilen Stirn abgesetzt, die knöcherne Gaumenfläche fehlt. Der Oberarm verkürzt sich ganz auffallend zu Gunsten des sehr verlängerten Unterarmes und der Handknochen. Von den weichen Theilen verdienen die großen Gulardrüsen, die derben, wenig zahlreichen Drüsen in dem kurzen Vormagen und die nur mäßige Muskelstärke des Magens Beachtung. Der Darmkanal mißt bei den einheimischen Arten vier bis fünf Zoll Länge und hat kleine, immer aber deutlich sichtbare Blinddärme. Die Gallenblase fehlt der ungleichlappigen Leber niemals; die Nieren sind schwach zweitheilig und die Milz sehr lang gestreckt. Die Luftröhren- und Bronchialringe verknöchern vollständig schon in der Jugend. Der nach vorn besonders hochgewölbte Augapfel birgt eine beiderseits gleichflache Krystalllinse, einen fast röhrenförmigen Knochenring (eulenartig) und einen kurzen, nur aus 15 bis 17 Falten gebildeten Fächer.

Die zahlreichen Schwalbenarten sind über alle Welttheile zerstreut, leben aber überall im Wesentlichen wie die bei uns heimischen, deren wir vier näher zu betrachten haben.

1. Die Hausschwalbe. H. urbica.

Figur 132.

Ueberall in Städten und Dörfern klebt die Hausschwalbe ihr Nest an die Simse um und unter die Balken der Häuser, so daß Jeder sie beobachten kann. Die tiefschwarze Oberseite, am Kopfe sammetartig, über dem Rücken schön stahlblau schimmernd, die rein weiße Unterseite und die feine weiße Befiederung an den Füßen gestatten auch dem flüchtigsten Beobachter keine Verwechslung mit den andern heimischen Arten. Ihre Länge bringt sie auf fünf Zoll und dann spannen die Flügel fast 12 Zoll. Letztere schlagen sich in der Ruhe kreuzweis über den stumpfgabligen Schwanz. Männchen und Weibchen unterscheiden sich äußerlich nicht, auch die Jungen kleiden sich gleich wie die Alten. Aber es kommen hin und wieder rein weiße mit rothen oder gelben Augen, auch weißflüglige und weißköpfige vor.

Fig. 132.

Hausschwalbe

Obwohl ein sehr weichlicher Sommervogel, dehnt die Schwalbe ihr Vaterland doch bis zum äußersten Norden Europas und Asiens aus. Aber erst Ende April treffen ihre Vorboten in unsern Gegenden ein und Anfangs Mai folgen die großen Gesellschaften nach. In der zweiten Hälfte des August bereits rüsten sie wieder zum Abzuge, halten auf großen hohen Dächern Versammlungen zumal in der Morgen- und Abendsonne, schwirren gleichsam manövrirend in den verschiedensten Wendungen hoch in den Lüften über den Dächern umher, von Tag zu Tag wächst die Schaar durch zuziehende Familien, immer lauter wird das Gezwitscher, immer lebhafter das lustige Manöver, bis in den ersten Septembertagen unter lautem Jubelruf der Rückzug angetreten wird. Hin und wieder bleibt eine schwächliche zurück und schließt sich nachfolgenden Zügen an oder geht kläglich zu Grunde. In England halten sie noch den October hindurch aus. Im Frühjahr sucht jede ihren alten Wohnplatz auf, die Alten ihr früheres Nest, die Jungen bauen in der Nähe ein eigenes. Obwohl jeder Vorsprung am Hause, wenn er eben nur von oben Schutz gegen den Regen gewährt, sein Rest hat, wählen zumal die unerfahrenen Einjährigen doch sehr ängstlich den Bauplatz aus, fangen an zwei, drei Orten an, bevor sie den geeigneten finden. Hier schleppen nun Männchen und Weibchen sehr emsig den ganzen Vormittag erbsen- und bohnengroße Klümpchen weichen Schlammes im Schnabel herbei und mauern mit Speichel den Schlamm recht bindend überziehend die halbzöllige Wand auf. Die normale Form des Restes ist die halbkuglige, aber sie wird nach den Eigenthümlichkeiten des Bauplatzes abgeändert. Am obern Rande bleibt ein halbrunder Eingang, nicht weiter, als daß die Besitzer gerade durchschlüpfen können. Das ist ein Mittel gegen die Eroberungssucht des gemeinen communistischen Spatzen, der gern den soliden und bequem eingerichteten Bau bezieht. Die Schwalben kämpfen heftig mit dem Eindringlinge, aber nicht immer gewinnen sie im Kampfe und Spatz richtet sich dann heimlich ein. Es ist eine bloße Schnurre, daß die Schwalben dem eingedrungenen Spatz bisweilen durch Vermauerung des Einganges den Ausweg verrammeln, das läßt sich der rohe Gesell doch nicht gefallen. Die Innenseite des Restes ist schön geglättet und wird mit weichen Hühner-, Tauben- und Gänsefedern ausgefüttert. Wenn nicht Regenwetter die Bauarbeit stört, ist das Rest in 14 Tagen fertig. Alte vorjährige Rester werden sorgfältig gereinigt, wenn sie der Sperling nicht eingenommen oder zu gründlich verunreinigt hat, schadhafte Stellen ausgebessert und sind schon in wenigen Tagen wohnlich eingerichtet. Das Weibchen legt nun 4 bis 6 zartschalige schneeweiße Eier und brütet auf denselben zwölf Tage. Das Männchen trägt ihm während dieser Zeit das Futter zu, aber bisweilen wird doch der Appetit so stark, daß es die Eier verlassen muß und selbst auf die Insektenjagd eilt. Des Nachts ruht das Männchen in demselben Reste, das überhaupt als Wohnung für die Familie dient. Nach dreizehn Tagen kriechen die Jungen aus und nun können die Alten nicht weiche Insekten genug für die hungrigen Sperrhälse herbeischaffen. Anfangs gehen sie mit jeder Futterlieferung ins Rest und nehmen die kleinen Kothballen der Jungen im Schnabel mit heraus, damit die Wohnung stets reinlich bleibt, später stecken die Schreihälse den geöffneten Schnabel zur Thür hinaus und kann müssen sie auch ihren Unrath selbst hinauswerfen. An Läusen und Wanzen scheint trotz der Reinlichkeitsliebe der Alten im Reste kein Mangel zu sein. Nach zwei Wochen fliegen die Jungen aus, sind aber doch zu schwach und dumm, um Insekten zu fangen und lassen sich noch einige Zeit von den Alten im Fluge füttern. Abends findet sich die ganze Familie zum Schlafen in dem Reste ein, das ist nun freilich zu eng für sie und unbequem und nicht selten hört man noch eine Stunde lang den Spektakel und Zank um die bequemsten Plätze. Es geräth bisweilen ein Junges in ein nachbarliches Rest, aus dem es aber unter großem Geschrei und gewaltsam hinausgeworfen wird, findet es dann die elterliche Wohnung nicht mehr, so muß es die Nacht unter einem Sims oder Balken verbringen. Die Alten brüten gern zum zweiten Male in demselben Sommer und bringen auch diese Jungen auf, wenn warmes Wetter

bleibt, aber in kalten regnigten Sommern verkümmern dieselben nicht selten, ja die Alten lassen sie lieblos im Reste umkommen, wenn sie zu schleunigern Abzuge ins Winterquartier genöthigt werden.

Munter, gewandt und fröhlich ist die Hausschwalbe, wie alle ihre Gattungsverwandten, doch kann man ihr Ernst und Bedachtsamkeit nicht absprechen. Sie lebt gesellig mit ihres Gleichen, baut gern die Rester reihenweis, wohl auch zu zweien und dreien über einander, neckt und badet indeß bis zu blutigen Raufereien mit den Nachbarn. Von anderen Vögeln duldet sie nur die Rauchschwalbe in ihrer Nähe. Ihr Flug ist außerordentlich schnell und abwechselnd in den geschicktesten Wendungen, bald hoch, bald niedrig. Bei Regenwetter und Sturm halten sie sich immer nah über dem Boden, weil dann auch die Insekten sich verstecken. Sie haschen dieselben stets im Fluge, und selbst wenn sie scheinbar am Boden danach laufen, picken sie doch nicht leicht ein kriechendes Kerf auf. Zweiflügler und Motten fressen sie am liebsten, doch verschmähen sie auch Käfer und anderes Geschmeiß nicht, nur stechende Bienen und Bremsen mögen sie nicht. Ganz unberechenbar groß ist die Quantitäten, welche die nimmersatten Schwalben vertilgen. Die zwitschernde, schierende, krächzende und sträubende Stimme wird kein menschliches Ohr angenehm und unterhaltend finden. Gegen kaltes, rauhes Wetter sind alle Schwalben sehr empfindlich und gar manche geht daran zu Grunde. Sie zu zähmen will durchaus nicht gelingen, der enge Raum der Stube sagt ihnen nicht zu und überdies scheinen sie wirklich zu dumm und einfältig zu sein, um andere Nahrung als fliegende Insekten aufnehmen zu lernen. Ich habe es versucht, ihnen das Futter einzustopfen, was übrigens viele frisch eingefangene Vögel verlangen, aber über drei Tage erhielt ich auch damit keine am Leben.

2. Die Rauchschwalbe. H. rustica.
Figur 133.

Schon die beträchtlichere Größe, welche über acht Zoll Länge erreicht, zumal wegen des viel längern Schwanzes, ganz besonders aber die braunrothe Stirn und Kehle unterscheidet die Rauchschwalbe von der Hausschwalbe. Das weiß jeder Bauernjunge, weil er beide auf demselben Gehöfte beisammen sieht. Die tiefschwarze Oberseite glänzt ebenso schön stahlblau, bisweilen violett wie bei voriger, Brust und Bauch ebenso weiß oder aber rostfarben überlaufen. Der 5 Zoll lange tiefgabelige Schwanz hat auf der Innenfahne der äußern Federn den charakteristischen weißen Fleck, die Flügel sehr lange straffe Handschwingen und an der Spitze lappig getheilte Armschwingen und die schwächlichen Füße fast völlig nackt. Die anatomischen Verhältnisse bieten nur die unmittelbare Vergleichung einzelne und wenig erhebliche Eigenthümlichkeiten: so sind hier die Blinddärme merklich größer als bei der Hausschwalbe, der Vormagen länger und drüsenreicher, die Zunge breiter, an der inneren Wandung der vordern Darmstrecke deutliche Zellen, dann dichte Zickzackfalten bis in den Mastdarm hin, welche bei der Hausschwalbe überhaupt nur im hintern Darmtheile auftreten.

Die Rauchschwalbe begleitet die vorige Art bis in

Fig. 133.

Rauchschwalbe.

den höchsten Norden Europas und die Kamtschatka, südlich geht sie nach Indien und an das Cap der guten Hoffnung hinab. Bei uns sehr gemein, kömmt sie einzeln schon Ende März und Anfangs April an, die letzten Schaaren treffen freilich stets in den ersten Tagen des Mai ein; im Herbst hält sie bis in den October hinein aus, wenn nicht sehr rauhes Wetter sie früher forttreibt. Ihr Winterquartier schlägt sie jenseits des Mittelmeeres auf. Die Vorversammlungen zum Abzuge werden meist am Wasser, im Gebüsch und Geröhricht, nur einzelne auf Dächern abgehalten, dabei geht es so lebhaft her wie unter den Hausschwalben. Ueberall auf Aengern, Feldern, längs der Gewässer, wo der Viehstand eine üppige Insektenwelt unterhält, siedelt sie sich an, häufiger auf den Dörfern als in großen Städten; sie geht auch gern ins Gebüsch und die Baumkronen, wo man die Hausschwalbe nur ausnahmsweise sieht. In der Schnelligkeit des Fluges übertrifft sie jene noch, ist auch kühner, listiger, immer froher Laune, sehr zutraulich gegen den Menschen. Das Nest legt sie nicht außen am Hause, sondern innerhalb in Ställen, Scheuern, auf Böden, wüsten Kammern an, wählt wo möglich einen Vorsprung zur Stütze desselben. Das Weibchen legt rein weiße, spärlich grau oder rothbraun punktirte Eier. Im Uebrigen ist Lebensweise und Naturell wie bei der Hausschwalbe.

3. Die Felsenschwalbe. H. rupestris.

Ein Bewohner der Alpen und aller höhern Gebirge des südlichen Europa, in Deutschland nicht heimisch. Die Länge erreicht nur etwas über 5 Zoll, dabei ist der breit- und weichfedrige Schwanz kurz und gar nicht tiefgablig, aber die Flügel sehr lang. Die Oberseite fiedert licht mäusgrau, die Kehle und Oberbrust trübweiß mit roßfarbenem Anstrich, der Bauch grau. Im Naturell der Hausschwalbe mehr als andern Arten sich nähernd, nistet die Felsenschwalbe in Rissen und Spalten schroffer Felswände, in denen sie das Nest aus Thon oder Schlamm baut und weiße Eier mit feinen braunen Punkten legt.

4. Die Uferschwalbe. H. riparia.
Figur 134.

Haus- und Rauchschwalbe mauern ihr Nest mühsam auf, noch mühsamer aber gräbt mit dem Schnabel pickend

Naturgeschichte I. 2.

und mit den Füßen die lockere Erde fortscharrend die Uferschwalbe in feststehendem Sand- oder Lehmboden eine 2 bis 6 Fuß lange Röhre, weitet am Ende derselben einen Kessel aus und füttert diesen mit Gehalm, Wolle, Haaren und Federn zum weichen Nest. Am liebsten wählt sie steile Uferwände zur Anlage der Neströhre, meist colonienweise bis zu funfzig Stück, nur gezwungen baut sie in einen Hohlweg, ein vorgefundenes Loch oder einen hohlen Baum, aber doch stets in der Nähe des Wassers. Männchen und Weibchen arbeiten so emsig und fleißig, daß schon in einigen Tagen das Rohr fertig ist. Stampft man oben auf den Rasen, so stürzt die ganze Schaar erschreckt aus dem durchlöcherten Ufer hervor. Das Weibchen legt 5 bis 6 glänzend rein weiße Eier, brütet dreizehn Tage und füttert dann gemeinschaftlich mit dem Männchen die schnell heranwachsenden Jungen. Eine zweite Brut machen sie nicht. Ihr Betragen gleicht im Wesentlichen der Hausschwalbe, nur fliegen sie meist niedrig über dem Wasserspiegel hin, schnell und gewandt, sind scheu gegen den Menschen und vielleicht gefräßiger

Fig. 134.

Kopf der Uferschwalbe.

als die andern Arten. Sie scheinen über die ganze Alte Welt verbreitet zu sein, doch nicht gleichmäßig, nur strichweise. Sehr empfindlich gegen rauhe Witterung, treffen sie bei uns selten vor Anfangs Mai ein und eilen schon im August wieder gen Süden.

Die Uferschwalbe wird ebenfalls nur wenig über 5 Zoll lang, aber hat 12 Zoll Flugweite. Oberhalb fiedert sie mausgrau, unten schneeweiß. Den Federn des kurzgabligen Schwanzes fehlen die sonst charakteristischen weißen Flecken und die kleinen Füße haben sehr dünnspitzige, zierlich gekrümmte Krallen und über der Hinterzehe steht ein Büschel harter grauer Federchen. Die anatomischen Verhältnisse gleichen mehr der Haus- als der Rauchschwalbe.

5. Die Rothschwalbe. H. americana.
Figur 135.

Die Rothschwalbe oder nordamerikanische Rauchschwalbe fiedert an der ganzen Unterseite rostroth und zieht mit der stahlblauen Farbe der Oberseite eine markirte Binde über die Brust. Schwingen und Schwanz bräunen dunkel, letzterer ist sehr langgablig und hat auf einigen Federn einen weißen Fleck. Die Schwalbe ist in den Vereinten Staaten sehr gemein und genießt den Schutz der Landleute wie die unsrige. Man nagelt ihr Bretter an die Balken, auf welche sie ihr rückwärtiges Nest aufmauert. Im Innern ist dasselbe mit Heu und weichen Dunen ausgepolstert. Sie siedelt sich gern colonienweise bis zu dreißig Familien an einem Orte an

10

Fig. 135.

Rothschwalbe.

und lebt in größtem Frieden mit ihren Nachbaren. Im Mai kommt sie schaarenweise aus dem Süden an und pflegt im Sommer zweimal zu brüten.

6. Die Klippenschwalbe. H. fulva.
Figur 136.

Die Klippenschwalbe, Audubon's Republikaner, scheint in den Vereinten Staaten unsere Hausschwalbe zu vertreten. Sie breitete sich von Westen her aus und siedelt sich jetzt auch in den Dörfern und Städten nah der atlantischen Küste an. Wenig über 5 Zoll lang, glänzt sie oberhalb schwarz mit violettem Schiller, auf den Flügeln tiefbraun, die Brust trägt sie röthlich aschgrau und den Bauch schmuzig weiß, am rostfarbenen Vorderkopfe läuft ein schwarzer Streif sehr charakteristisch durch das Auge. In den südlichern Gegenden nistet sie zweimal im Sommer, in den höhern, wo sie erst im Mai eintrifft, nur einmal. Ihr halbkugliges Nest mauert sie in wenigen

Fig. 136.

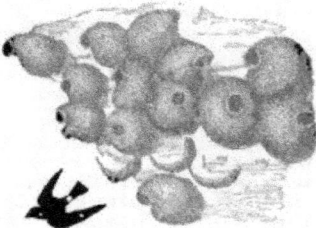

Nester der Klippenschwalbe.

Tagen aus Schlamm auf, oben mit einem röhrigen Eingange, innen mit weichem Gras ausgepolstert. In unbewohnten Wildnissen wählt sie eine geschützte Stelle an der Felswand zur Nestanlage, in bevölkerten dagegen die Häuser. Ihre zierlichen weißen Eier sind braungefleckt.

7. Die Purpurschwalbe. H. purpurea.
Figur 137.

Diese dritte nordamerikanische Art erreicht 8 Zoll Länge und 16 Zoll Flugweite und schillert tief purpurblau mit violettem Schiller; Schwingen, Schwanz und Zügel aber sind bräunlich schwarz, und die Weibchen und Jungen am Bauche weißlich. Schutz genießt sie bei den Eingebornen wie bei den Ansiedlern, jeder kennt sie und hat sie gern und dem Landmann schützt sie das Hofgeflügel vor den Ueberfällen der Falken. Mit frecher Kühnheit greift sie nämlich laufschreiend den Räuber an, verfolgt und verwirrt ihn durch unaufhörlich durch Flügelschläge und weiß durch die geschicktesten und blitzschnellen Wendungen seinen Angriffen auszuweichen. Ja sie verbündet sich zu diesen Kämpfen mit dem großen Fliegenschnäpper oder

Fig. 137.

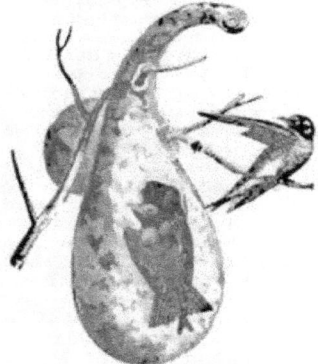

Nest der Purpurschwalbe.

Königsvogel, der freilich nicht selten auf ihre eigene Brut lüstern ist. Ihr Geschrei warnt das Hausgeflügel zur zeitigen Flucht. Zum Nisten erhält sie eigene Kästen am Hause oder beylebt zum nicht geringen Verdruß der Einwohner die Taubenhäuser, in denen sie oft ganze Fächerreihen für sich beansprucht. Auch in ausgehöhlten Flaschenkürbissen, welche an Bäumen aufgehängt werden, baut sie aus Gehalm und weichen Stoffen ihr Nest und legt vier rein weiße, ungefleckte Eier hinein. Das Männchen zwitschert ganz angenehm und ist schon im frühesten Morgengrauen munter. In den südlichen Vereinten Staaten trifft sie schon Ende Februar und Anfangs März ein, in Pennsylvanien um den ersten April, an der Hudsonsbay im Mai, hier schon im August wieder abziehend und nur einmal brütend.

Nordamerika hat noch mehre andere Arten aufzuweisen, zu denen wir jedoch nicht vermeilen, um auch einen Blick auf die nicht minder zahlreichen Südamerikaner zu werfen.

8. Die weißbindige Schwalbe. H. fasciata.

Figur 138.

Dieser Waldbewohner schießt munter und pfeilschnell über dem Wasser dahin und ruht am liebsten auf überhängenden Aesten oder auf Stämmen, die aus dem Wasser hervorragen, denn er ist wie unsere Schwalben immer guten Appetites auf Insekten und will auch in der Ruhe stets das Jagdrevier überschauen. Sein Vaterland dehnt er über Brasilien und Guyana aus. Sechs Zoll lang, glänzt er am ganzen Körper stahlschillernd schwarz und zieht nur über die Brust eine grell weiße Binde. Der kohlenschwarze Schwanz ist tiefgablig, zumal durch die ansehnliche Verlängerung der äußern Steuerfedern. Die sehr zierlichen Beine haben kurze Zehen und am ganz ver-

Fig. 138.

Weißbindige Schwalbe.

kürzten Schnabel verstecken sich die Nasenlöcher unter dem Stirngefieder.

Die Ornithologen unterscheiden eine in Naturell und Lebensweise gleiche Art, H. melanoleuca, mit stahlblauem Rückengefieder und solcher Brustbinde bei übrigens weißer Unterseite, und eine weiter verbreitete, sehr gemeine H. cyanoleuca, mit einfach weißer Unterseite und schwarzem After.

9. Die südamerikanische Rauchschwalbe. H. rufa.

Diese weit über das Innere Südamerikas verbreitete Rauchschwalbe ist kleiner als die nordamerikanische und europäische, noch nicht sechs Zoll lang, aber wie jene an der ganzen Unterseite rostgelbroth, oberhalb matt stahlblau, an der Stirn weißlich, und auf dem braunschwarzen Schwanze mit den üblichen weißen Flecken.

Andere Südamerikaner, welche in die auch in Afrika vertretene Gattung Cotyle vereinigt werden, zeichnen sich durch die nicht kuppig gewölbte, sehr feine und stark zusammengedrückte Schnabelspitze und völlig freie Nasen-

löcher aus. Von ihnen hat C. leucoptera an den Waldgewässern Brasiliens ein erzgrünes Rückengefieder, welche Unterseite und weißgesäumte Armschwingen. Die Prognearten dagegen kennzeichnet ihr sehr langer hochgewölbter Schnabel mit hakiger Spitze, die starken Beine und dicken Zehen. Man zieht zu ihnen die oben beschriebene Purpurschwalbe, die auch im warmen Südamerika überall heimatet. Auch Asien, Afrika und selbst Neuholland haben eigene Schwalbenarten, von denen wir aber leider nicht mehr als die Färbung des Gefieders mittheilen können.

Vierte Familie.

Zahnschnäbler. Uncirostres.

Ein ebenmäßigeres Verhältniß zwischen Flügel, Schwanz und Beinen und ein lockeres fast seidenartiges Gefieder unterscheidet die Zahnschnäbler insgesammt und auffällig von den Schwalben, aber freilich nicht von an dern Familien der Singvögel. Ihr entschiedenes Raubthiernaturell spricht sich sehr charakteristisch in der Schnabelbildung zum Unterschiede von allen vorigen Familien aus. Immer stark und bald hoch bald breit, krümmt nämlich der Oberschnabel an der Spitze sich hakig herab und hat vor derselben eine markirte Kerbe, deren Ecke gewöhnlich zahnartig vorspringt. Dieser eigenthümlichen Einrichtung wegen heißt eben die Familie Zahnschnäbler. Den Grund des Schnabels pflegen steife Bartborsten zu umstarren, welche größtentheils die Nasenlöcher verstecken. Der Kopf ist weniger plattscheitlig als bei den Schwalben, und aus seinen Augen spricht Selbstvertrauen und Muth. Die Flügel längen sich nur mäßig, bis auf die Mitte des Schwanzes, und haben allermeist zehn Handschwingen, von welchen die erste kaum jemals die halbe Länge der zweiten erreicht, auch diese stets kürzer als die dritte ist. Niemals wird daher der Flügelschnitt so lang säbelförmig und spitzig wie bei den Schwalben. Der mäßig lange Schwanz rundet sich am breiten Ende gern aus. Die Beine sind, der räuberischen Lebensweise entsprechend, kräftig, ihre eben nicht hohen aber doch starken Läufe vorn mit Tafeln bekleidet und die kurzen grob betäfelten Zehen mit gewaltigen Krallen. Wegen der innern Organisationsverhältnisse muß ich auf die allbekannten heimischen Gattungen verweisen, da ich nicht weiß, wie weit die zahlreichen ausländischen Typen mit ihnen übereinstimmen.

Die Zahnschnäbler sind im Allgemeinen kleine Vögel wie die meisten Singvögel, und um so mehr fällt ihre Wildheit, ihr Muth und kühnes räuberisches Treiben auf. Unruhig fliegen oder hüpfen sie bald hier- bald dorthin, stürzen ungestüm auf die ausersehene Beute los, hadern, zanken und kämpfen mit ihres Gleichen und mit andern ihnen an Größe und oft auch an Kraft überlegenen Vögeln. Sie nähren sich allgemein von Insekten, die größern jagen aber erfolgreich Mäuse, kleine Vögel, Eidechsen und Schlangen und stehen am Raub- und Blutgier den eigentlichen Raubvögeln nicht im Geringsten nach. Die Gattungen gehören hauptsächlich der Alten Welt an und haben auf der westlichen Halbkugel nur spärliche Vertreter. Ihrer

10*

Schnabelbildung nach sondern sie sich in die breitschnäbligen Fliegenschnäpper und in die hochschnäbligen Würger. Erstere stehen den Schwalben näher und eröffnen daher den Familienkreis.

1. Fliegenschnäpper. Muscicapa.

Kleine, überaus muntere und unruhige Zahnschnäbler, welche in Wäldern und Gärten zwischen den Zweigen Insekten haschen. Sie fliegen schnell und gewandt, necken und zanken gern, und bauen ihr einfaches, doch nicht gerade kunstloses Nest auf Bäume. Ihrer äußern Haltung nach würde man sie sehr wohl in die Familie der eigentlichen Sänger oder Sylvien bringen können, wenn nicht die einzelnen Bildungsverhältnisse davon abwichen. Der kurze gerade Schnabel erscheint von oben betrachtet ziemlich breit dreiseitig, gedrückt mit kantigem Rücken. Vor der kurz übergebogenen Spitze macht sich die charakteristische Kerbe bemerklich. Die steifen Borsten an seinem Grunde lassen die unregelmäßigen Nasenlöcher noch durchschimmern. An den abgerundeten Flügeln ist die dritte und vierte Schwinge die längste. Die Beine erscheinen im Verhältniß zu Würgerbeinen schwach, ihr Lauf ebensolang oder nur etwas länger als die Mittelzehe, auch die Krallen klein, nur die der Hinterzehe groß und stark gekrümmt. Die einheimischen Arten lieben einfache Farben, unter den tropischen kommen auch bunte, grelle vor. Die Federfluren bilden nur schmale Streifen und die hackten Raine nehmen den größten Theil der Körperoberfläche ein, die Rückenflur erweitert sich hinter der Schulter bei unsern Arten zu einem sehr breiten Sattel, bei tropischen nur um einige Federreihen, läuft stets aber ohne Unterbrechung bis zum Bürzel. Nur die äußerst zarte Hirnschale führt Luft, alle übrigen Knochen sind markig. Der Oberarm ist etwas kürzer als das Schulterblatt, das selbst die Länge des Unterarms nicht erreicht. Die breite, platte, scharfrandige Zunge pflegt ihre stumpfe Spitze sehr zu zerfasern. Die Speiseröhre läuft mit gleicher Weite bis zum Magen fort, selbst der kurze Drüsenmagen ist äußerlich nicht durch größere Dicke abgesetzt, auch der Magen nur schwachmuskelig, der Darmkanal der Länge des ganzen Thieres gleich oder etwas länger und meist mit ganz unscheinbaren Blinddärmchen. Die ungleichlappige Leber hat eine kleine Gallenblase, die Nieren ranklich nur einen schwachen Einschnitt und die Luftröhre besteht aus zarten Knochenringen, wie denn auch der Singmuskelapparat am untern Kehlkopf ganz schwach und unbedeutend ist.

Die zahlreichen Arten verbreiten sich über die Länder der östlichen Halbkugel, in gemäßigten und kalten Gegenden als Zugvögel. In Deutschland leben nur vier, die wir voranstellen.

1. Der gefleckte Fliegenschnäpper. M. grisola.

Figur 139. 140a.

Dieser gemeinste und größte unter den deutschen Fliegenschnäppern, fast 6 Zoll lang mit über 10 Zoll Flugweite, geht bis ins mittlere Schweden hinauf und kömmt auf nächtlichem Zuge Ausgangs April oder Anfangs Mai bei uns an und zieht in der ersten Hälfte des Septembers familienweise wieder ab. Lichte Laubwälder, Gärten und Gebüsche in der Umgebung der Dörfer und Städte bezieht er als Standquartier. Der Vorwurf der Wildheit, welcher die größern Familienmitglieder trifft, kann ihm durchaus nicht gemacht werden, er lebt vielmehr still und harmlos, mehr zutraulich als scheu gegen den Menschen. Ruhig sitzt er auf einem niedrigen Aste, nur mit den Flügeln ruckend, und wartet auf ein vorbeifliegendes Insekt, schießt dann sicher treffend darauf los und kehrt im Bogen auf seinen Platz zurück. Auf weitern Strecken fliegt er flatternd und schwebend in Schlangenlinien. Am Boden macht man ihn selten, denn er hüpft sehr beschwerlich und langsam. Um seine sonstige Umgebung kümmert er sich wenig, zankt aber mit seines Gleichen, wenn solches ihm in das Jagdrevier fällt. Das Männchen singt leise in zirpenden und schleifenden Tönen, gar nicht

Fig. 139.

Gefleckter Fliegenschnäpper.

angenehm. Mücken, Fliegen und kleine Schnecken sind ihm die liebste Nahrung und wohl nur in der Noth greift er zu Hollunder- und Johannisbeeren. Bei dem milden Naturell gewöhnt er sich leicht an die Stube, reinigt sie schnell von Fliegen und lernt durch Regenwürmer und Hollunderbeeren auch in Milch geweichte Semmel und klein geschnittenes Fleisch fressen, dabei nimmt er seinen Sitz auf dem Schranke und beschmutzt nicht wie das Rothkehlchen Tische und Stühle. Zum Nisten wählt er gern Gebüsch auf feuchtem Boden oder in der Nähe des Wassers und baut auf einen Gabelast oder in Mauerlöcher aus Gewurzel und Moos ein künstliches Nest mit weicher Wolle ausgefüttert. Beide Geschlechter abwechselnd brüten vierzehn Tage auf den sechs lichtblaugrünen und rostig gefleckten oder punktirten Eiern. Sie begnügen sich mit einer Brut.

Die ganze Oberseite fiedert mausgrau, auf dem Scheitel mit schwarzen Flecken, die Unterseite schmutzig weiß, an der Brust mit verwischten graubraunen Längsflecken.

Fig. 140.

a gehäubter, b schwarzgrauer Fliegenschnäpper.

Die Flügelfedern dunkeln graubraun und besäumen sich fein weiß. Der schwarze Schnabel spitzt sich kolbig zu und kantet sich oben doch. Der kurze Vormagen liegt ganz zwischen die Leberlappen eingesenkt, der Darmkanal mißt noch nicht 6 Zoll, die Blinddärmchen kaum eine Linie, die fast durchscheinende hornige Zunge vorn nur fein gezasert, ihr Kern gestreckt pfeilförmig, wie immer der Länge nach getheilt.

2. Der weißhalsige Fliegenschnäpper. M. albicollis.

Das schwarzweiße Männchen hat ein weißes Halsband, das dem grauweißen Weibchen fehlt, aber Beide kennzeichnet ein weißer Fleck auf den Wurzeln der großen Schwungfedern und ein weißes Schild auf dem hintern Theil der Flügel. Uebrigens ist dieser Schnäpper kleiner als voriger, sein Schnabel kürzer und dicker, die Beine kräftiger. Er liebt die wärmern Gegenden, läßt sich bei uns nur äußerst selten und vereinzelt sehen, scheint meist zu trauern und wechselt mit schnellem Fluge von Ast zu Ast seinen Sitz. Seine Eier sind licht grünspanig ohne Flecken. Die vorn zweispitzige Zunge ist nur äußerst schwach zerfasert, der Darmkanal 5½ Zoll lang, die

Blinddärmchen ganz unscheinbar und die Nieren völlig ungetheilt.

3. Der schwarzgraue Fliegenschnäpper. M. luctuosa.

Figur 140 b.

Auch dieser Schnäpper ist empfindlich gegen rauhes Wetter und hält sich daher zahlreicher im südlichen Europa auf als bei uns, dennoch trifft man ihn auch jenseits der Ostsee bis ins mittlere Schweden. Bei uns stellt er sich in den ersten Tagen des Mai ein und wandert Anfangs September in kleinen Familien auf nächtlichem Zuge wieder gen Süden. Offne Laubwälder mit fließendem Wasser fern von Städten und Dörfern wählt er zum Standquartier; hier schwirrt er unruhig von Baum zu Baum, zankt mit seinen Genossen, schnappt allerhand fliegende Insekten weg, nimmt im Fluge auch einen Regenwurm dem Boten auf und ruckt, wenn er sitzt, beständig mit den Flügeln und wippt mit dem Schwanze. Insekten allein stillen seinen unersättlichen Appetit nicht, sobald die Beeren reifen, geht er auch an diese, selbst an Weinbeeren, und in südlichen Ländern soll er sich mit Feigen ordentlich mästen, daher man ihn zu Tausenden

auf die Märkte bringt und als Delicatesse verspeist. Das
Männchen singt fleißig vom frühen Morgen bis zum Abend
einige kurze, angenehm melancholische Strophen und hält
sich auch frei in der Stube fliegend artig und munter,
wenn es nur langsam an das Universalfutter gewöhnt
wird. Das Nest liegt in einem Astloche oder auf dicht
verworrenen Zweigen und enthält sechs blaß grünspanene
Eier, welche Männchen und Weibchen abwechselnd vierzehn Tage bebrüten.

Kein weißer Spiegel auf den rudernden Flügeln, das
unterscheidet die Art von den vorigen. Das Männchen
schert oberhalb schwarz oder schwärzlichgrau, an der Stirn
und der ganzen Unterseite weiß. Hinterwärts auf den
Flügeln liegt ein weißes Schild. Das Weibchen bräunt
oben grau, unten schmutzt es weiß und weißt auch die
Außenfahne der drei äußern Steuerfedern. Bei 5½ Zoll
Länge spannen die Flügel 9½ Zoll. Die zweite Handschwinge gleicht der sechsten. Die schwärzliche Mundhöhle
birgt eine sehr platte, breite, vorn tief zerfaserte Zunge.
Der Magen ist ziemlich stark muskelig und mit gelber
Lederhaut ausgekleidet, der Darmkanal 6 Zoll lang und
die Blinddärme sind leicht übersehbare Wärzchen; die
Nieren deutlich der Duere nach getheilt.

Der kleine Fliegenschnäpper, M. parva,
geht nicht über die Oder hinaus und ist auch bei uns
nur vereinzelt, häufig erst im warmen Europa. Die rostgelbe Kehle, die halbweißen Schwanzfedern und die bloß
schwärzlich braungrauen Flügel ohne weißes Abzeichen
unterscheiden ihn hinlänglich. Bei uns kömmt er im
Mai an, läßt sich in Nadel- oder Laubhölzern, auch in
dunkelbuschigen Gärten nieder, hascht Insekten zwischen
den Zweigen, schwirrt in bestäudiger Unruhe umher und
zieht im August wieder ab.

4. Der fächerschwänzige Fliegenschnäpper. M. flabellifera.
Figur 141.

Dieser in der Gegend um Paramatta in Neuholland
als Standvogel häufige Schnäpper hat zwar im Wesentlichen das Naturell und die Lebensweise der unsrigen,
breitet aber im Augenblick, wo er oft überpurzelnd ein
Insekt schnappt, seinen Fächerschwanz aus und kehrt dann
schnell auf seinen Ruheplatz zurück. Sein Gefieder hält er
braunschwarz, an der Unterseite bleichrostig weiß und einen
Fleck hinter und einen Streifen über dem Auge reiner
weiß.

Unter den sehr zahlreichen afrikanischen Arten verdient
der gehaubte Schnäpper oder Tschitrek, M.
cristata, wegen seines sonderbaren Nestbaues Beachtung.
Er webt dasselbe (Fig. 142) aus seinen Baststäten sorgfältig, so daß es von außen grobem Zeuge gleicht. Die
untere Hälfte ist ganz dicht verfilzt und nur die obere des
frei am Gabelaste schwebenden Hornes hohl zur Aufnahme
der Eier. Der über 8 Zoll lange Vogel schillert am
Kopfe und der Brust auf stahlblauem Grunde schön grün,
färbt Flügel und Schwanz lebhaft rothreib und trägt einen
aufrichtbaren Federbusch auf dem Kopfe. Sein Vaterland dehnt sich vom Senegal und weißen Nil bis an das
Cap der guten Hoffnung aus. Eine andere afrikanische
Art, M. melanogastra, ist oben roth, am Bauche schwarz,

Fig. 141.

Fächerschwänziger Fliegenschnäpper.

auf den Flügeln mit weißem Streif, außerdem wird eine
gelbbäuchige, eine schwarzköpfige, eine schwarzbrüstige und
noch zahlreiche andere unterschieden, deren Gefieder man
in großen Sammlungen vergleichen muß. Von den asiatischen Arten erwähne ich nur die malabarische, M.
malabarica, oben aschgrau, unten weißlich, an der Brust
gelblich befiedert mit gelben Wurzeln der Schwingen und
rothgelben äußern Steuerfedern. Auch Nordamerika hat
eine ziemliche Anzahl aufzuweisen, darunter die zierliche
kleine M. ruticilla, mit neun Handschwingen und
glänzend schwarzem Gefieder, das an den Rumpfseiten,
einer Strecke an den Schwingen und an den Schwanzfedern orangefarben absetzt.

Fig. 142.

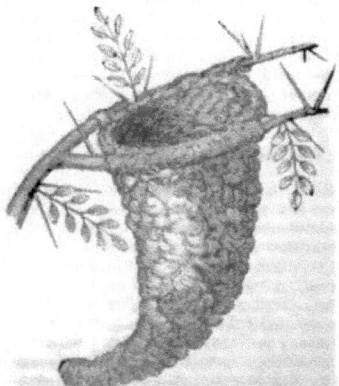

Nest des gehaubten Fliegenschnäppers.

2. Fliegenfänger. Muscicapa.

Die Fliegenfänger kennzeichnet zum Unterschiede von den Fliegenschnäppern die schwache Krümmung der Schnabelränder, die geringe Biegung der Spitze und der schwache Zahn neben derselben. Die Bartborsten sind lang und die erste Schwinge hat die halbe Länge der zweiten, die fünfte ist die längste. Die Arten leben außerhalb Europa nur in wärmern Gegenden, kleiden sich in licht gefärbtes Gefieder und zieren gern den Kopf mit einer Holle, den Schwanz mit langen Federn. Eine der bekanntern unter ihnen ist der Paradiesfliegenfänger, M. paradisi, im südlichen Afrika, von der Größe unserer Feldlerche, auf dem schwarzen Kopfe mit stahlblauem Federbusch, an den Flügeln schwarz, sonst weiß gefiedert. Der königliche Fliegenfänger, M. regius, in Cayenne trägt einen rothen Federbusch mit schwarzen Federspitzen und fiebert oben schwarzbraun, unten gelblichroth, mit brauner Halsbinde auf weißem Grunde.

3. Seidenschwanz. Bombycilla.

An Schönheit und zumal Feinheit und Tracht des Gefieders übertreffen die Seidenschwänze selbst noch die tropischen Arten der vorigen Gattung und doch gehören sie den nördlichen Ländern mit sehr kaltem und rauhem Klima an. Von ziemlich gedrungenem Bau, liegen ihre Gattungsmerkmale in dem kurzen breiten Schnabel mit schwach gekrümmter Spitze und kleiner Kerbe daneben und mit ovalen unter steifen Borstenfedern versteckten Nasenlöchern. An den mäßigen Flügeln erscheint die erste Schwinge auffallend verkümmert und die zweite mit der dritten ist die längste. Die Beine sind kurz und kräftig. Die Rückenflur des Lichtgefieders gewinnt im Sattel eine ansehnliche Breite und läuft breit bis zum Bürzel. Die Unterflur theilt sich schon hoch am Halse in zwei Streifen, welche auf der Brust beträchtlich breiter werden. Die Pneumaticität des Skelets begreift außer dem Schädel noch den Oberarm und das Brustbein und trotz dieser ausgedehnten Luftführung ist der Seidenschwanz ein sehr träger Vogel, der lieber still sitzt als fliegt. Die sehr breite, oben weich fleischfarbene Zunge ist vorn zweispitzig und fein gezahnt, hinten sehr spitzig bezahnt. Die Speiseröhre geht ohne bauchige Erweiterung in den kurzen dünnwandigen Vormagen über und diesem folgt der sehr dehnbare enge muskulöse Magen. Der Darmkanal mißt bei der europäischen Art neun Zoll Länge und ist innen vom Magen bis zum Mastdarm mit hohen Zickzackfalten ausgekleidet. Die sehr kleinen Blinddärme fehlen bisweilen gänzlich (bei Männchen). Zwischen den sehr ungleich großen Leberlappen tritt ein drittes kleines Läppchen hervor und die Gallenblase ist schlauchförmig. Der Knochenring im Auge besteht aus 14 Schuppen und der Fächer im Glaskörper aus 20 stark geknickten Falten. Die Ringe der Luftröhre sind zart und der Singmuskelapparat am untern Kehlkopf so schwach, daß man kaum die einzelnen Muskeln trennen kann. Die Seidenschwänze sind Beerenfresser und passen

mit ihrem ganzen Naturell nicht in die Familie der raubgierigen Zahnschnäbler, aber in den unwirthbaren Norden verwiesen mußten sie schon ihren Appetit auf Pflanzenkost lenken, denn bei der Gefräßigkeit der andern Familienmitglieder würden sie aus Mangel an Insekten zu Grunde geben. Und die Ansicht unserer Materialisten, daß bloße Pflanzenkost das einzelne Mitglied einer fleischfressenden Familie verkümmern, bestätigt der Seidenschwanz vollkommen. Es sind bis jetzt drei Arten unterschieden worden, von welchen in Deutschland keine heimatet oder brütet, vielmehr nur eine ihren Winteraufenthalt hier nimmt.

1. Der europäische Seidenschwanz. B. garrula.
Figur 143.

Laß dich nicht durch das saubere und gefällige, zarte und schöne Kleid bestechen, der Seidenschwanz ist wirklich der stolzeste und darum auch dümmste, zugleich noch der gefräßigste unter allen Singvögeln Deutschlands, vielleicht

Fig. 143.

Europäischer Seidenschwanz.

der ganzen Welt. Ganz still und unbeweglich sitzt er da und läßt sein feines Gefieder bewundern, und wenn er sich bewegt, geschieht es nur um zu fressen. Schön röthlich- und braungrau auf dem Oberkörper und fast silbergrau am Bauche, nicht die sammetschwarze Kehle und ein solcher Streif durch das Auge schön stark ab, recht grell aber die citronengelben Enden der Schwanzfedern und die lackrothen glänzenden Hornplättchen am Ende der Arm- und zum Theil auch der Handschwingen, deren Außenfahnen einen weißen Randfleck haben. Auch an den Spitzen der Schwanzfedern treten bei alten Männchen kleine scharlachrothe Fortsätze auf. Die Eigenthümlichkeiten der innern Organisation sind unter der Gattung angegeben.

Das eigentliche Vaterland des Seidenschwanzes ist der hohe Norden Europas, Asiens und Nordamerikas.

Nur strenge Kälte vertreibt ihn von dort und dann kömmt er über die Ostsee herab zu uns und zieht bis Schlesien weiter. Im März kehrt er wieder in sein kaltes Vaterland zurück. In milden Wintern bleibt er ganz aus oder läßt sich nur vereinzelt bei uns blicken, in harten dagegen kömmt er schaarenweise gezogen und verliert sich bis Oberitalien. Sein unregelmäßiges Erscheinen hat ihn im Volke zum Vorboten von allerlei Unheil gemacht, aber nichts als Kälte und Nahrungsmangel dahem führt den Fremtling zu uns. Seine Gefräßigkeit steigt wirklich ins Fabelhafte. Ich hielt einen und dem kalten Winter von 1849 auf 1850 vier Jahre lang und setzte ihn zu der großen Gesellschaft der Körnerfresser. Da diese ihm das Futter (geriebene Mohrrüben und Noß oder Milch und Semmel) wegfraßen: so fütterte ich ihn allein in der Thür des großen Bauers, aber obwohl er ungeheure Bissen verschlingt, größer als sie in den Schnabel hineinwollen, so ist er doch schon nach einer Stunde wieder bei gutem Appetit und sehr hungrig. Natürlich mißt ein solcher Fresser ungeheuer viel und der Heißhunger treibt ihn sogar seinen eigenen Koth zu fressen. In der Freiheit nährt er sich von den verschiedensten Beeren, in der Noth auch von Knospen, nach einigen Beobachtern soll er Insekten fangen und Würmer picken, die er in Gefangenschaft nicht anrührt. Naumann, der hochverdiente und so sehr mit dem Leben der Vögel vertraute Ornitholog, meint, die beispiellose Gefräßigkeit habe in der ungewöhnlichen Kürze der Gedärme ihren Grund, und doch haben nur sehr wenige Mitglieder dieser Familie einen nur wenig längern, viele dagegen einen noch merklich kürzern Darmkanal. Nein, er hat eine Fleischfresserorganisation und der genügt die minder nahrhafte Pflanzenkost nicht, der schnell verlaufende Verdauungsprozeß vermag zu wenig Nahrungsstoff aus derselben zu ziehen. Die Gefräßigkeit macht dumm, gutmüthig, geduldig und zutraulich, das Müße ist der Seidenschwanz in hohem Grade, träg und langsam dazu. Mit keinem der zahlreichen Gesellschafter ließ sich der meinige in irgend ein Verhältniß ein, selbst die überaus zutraulichen Kreuzschnäbel strafte er mit abstoßender Verachtung und wer sich ihm zu sehr nahte, dem gab er seinen Unwillen durch heftiges Schnabelklaffen zu verstehen. An dem heißen Sommertagen lechzte und leuchte er fortwährend und ich reichte ihm mehrmals des Tages frisches Wasser zum Trinken und Baden. Das Bad benimmt er sich ganz steif und ungeschickt, bringt aber sogleich das Gefieder sein säuberlich in die schönste Ordnung und leidet niemals Schmutz an den Federn. Seine Stimme trillert untreulich rhis, der Gesang des Männchens knirrt, zirrt und trillert leise, nicht angenehm. In der Heimat lebt der Seidenschwanz gesellig und verträgt sich in großen Familien in buschigen und baumreichen Gegenden, und so ungemein häufig er auch im europäischen Norden nistet und so eifrig die Ornithologen auch seinem Neste suchten, ist dasselbe doch erst im Laufe dieses Jahres aufgefunden und werden natürlich die Eier zunächst noch mit fabelhaften Summen bezahlt. Eingefangen ist der Seidenschwanz sogleich zahm und nach wenigen Tagen schon zutraulich. Bei 8 bis 9 Zoll Körperlänge spannen die Flügel 15 Zoll und der Schwanz mißt 2½ Zoll.

2. Der nordamerikanische Seidenschwanz. B. carolinensis.
Figur 144.

Neben unserm europäischen Seidenschwanz lebt in Nordamerika ein zweiter, dort Cedervogel genannt, weil er die Früchte der rothen Ceder (virginischer Wachholder) am liebsten frißt. Er geht nicht so hoch nach Norden hinauf als jener, aber weiter nach Süden hinab, verbringt den Sommer gern im Gebirge, um sich an den Heidelbeeren zu sättigen und kömmt im Herbst in die Ebenen nach den Wachholderbüschen, meist in Gesellschaften bis zu funfzig Stück auf einen Baum fallend. Ein Schuß dazwischen und dutzendweise stürzen sie herab. Man schätzt ihr fettes schmackhaftes Fleisch und zahlt in Philadelphia und andern Städten für zwölf Stück einen Viertel Dollar. Den Frühkirschen fügen sie in manchen Gegenden erheblichen Schaden zu. Ihr Nest liegt zwischen Gabelästen auf Obstbäumen, ist aus Gehalm und Pflanzenfasern gewoben und innen weich ausgefüttert.

Fig. 144.

Amerikanischer Seidenschwanz

Das Weibchen legt vier schmutzig blauweiße, dunkelroth und schwarz gefleckte Eier, aus welchen Ende Juni die Jungen ausschlüpfen. Diese werden anfangs mit Insekten gefüttert, denn auch die Alten schnappen für sich noch gelegentlich ein Insekt. Das seitenweiche Gefieder zieht am Bauche ins Gelbliche, am Bürzel und der Oberseite der Steuerfedern in Schieferblau, die Schwingen sind einfarbig ohne Gelb und Weiß, im Uebrigen die Färbung des europäischen. Größe 7 Zoll.

3. Der japanische Seidenschwanz. B. japonicus.
Figur 145.

Der auf den japanischen Inseln nistende Seidenschwanz hat freie Nasenlöcher, einen langen, zum Theil schwarzen Federbusch und keine glänzenden Hornplättchen an den Schwingen. Sein Gefieder ist oben ebenfalls röthlich aschgrau, aber ein rothes Band zieht über die schwarzweiß gespitzten Schwingen, und die grauschwarzen

Fig. 145.

Japanischer Seidenschwanz.

Schwanzfedern enden roth; die Brust ist braungrau. Größe 7 Zoll. Lebensweise unbekannt.

4. Drongo. Edolius.

Die Arten dieser Gattung bewohnen Afrika und die ostindischen Inseln. Ihr sehr kräftiger Schnabel mit scharfer Rückenkante comprimirt sich gegen die hakige Spitze und hat neben dieser einen deutlichen Zahn, als unsere Figur 146 solchen zeigt. Die steifen Bartborsten

Fig. 146.

Schnabel des Drongo.

verdecken die fast runden Nasenlöcher völlig. In den stumpfspitzigen Flügeln ist die erste Schwinge sehr kurz und die dritte oder vierte die längste, dazu hat seltsamer Weise der oft stumpfgablige Schwanz nur zehn Steuerfedern. Die Federfluren, wenigstens die Rücken- und Unterflur gleichen auffällig denen des Seitenschwanzes. Den kurzen kräftigen Lauf bekleiden vorn Tafeln und die Zehen sind stark bekrallt. Am Skelet führen außer dem Schädel alle Rumpfknochen, Schlüsselbeine und Oberarm Luft. Wie gewöhnlich bei Singvögeln 12 Hals- und

8 Rückenwirbel, hier aber bald 6, bald 7 oder 8 Schwanzwirbel und das nach hinten sehr erweiterte Brustbein statt der Ausschnitte mit rundlich geschlossenen Lücken. Von den Arten zeichnet sich E. puella durch schön azurblaues und fein sammetschwarzes Gefieder aus, ihre zweite Schwinge gleicht der sechsten und die vierte ist die längste. Bei E. malabaricus ist die vierte und fünfte Schwinge am längsten, bei E. bilobus die dritte bis fünfte gleich lang. An Größe übertreffen die Arten meist den Seidenschwanz, an Trägheit und Schwerfälligkeit im Fluge stehen sie ihm nur wenig nach.

5. Würger. Lanius.

Würger heißen diese Zahnschnäbler mit vollstem Rechte, denn was der Seidenschwanz in Gefräßigkeit, Dummheit und Trägheit Beispielloses leistet, das äußern sie in Grausamkeit, Kühnheit und Wildheit. Sie erwürgen in der That mehr, als sie zur Stillung des Appetites nöthig haben. Ruhig stehen sie auf der Lauer, stürzen plötzlich über die sorglose Beute her, zerschellen das Schlachtopfer an einem Steine oder am Boden, klemmen es ein oder spießen es auf Dornen, weiden ihre Mordlust an der Marter und zerreißen dann erst das Thier. Wer im Stillen ihr Mordgeschäft belauscht, sollte wirklich aus ihren Bewegungen, ihrem Hohngeschrei, ihrer unverkennbaren Freude über die zermarterte Beute auf eine bewußte Bestialität und Brutalität schließen. Aber wir wollen sie nicht verdammen, jene Aeußerungen sind wohl nur Folge übermäßiger Kraftanstrengung, denn die zum Raubgeschäft erforderliche und den eigentlichen Raubvögeln zu Theil gewordene körperliche Stärke und Gewandtheit fehlt ihnen, auch Folge des Hungers und unersättlichen Appetits. Insekten fressen sie insgesammt und freien deren unverdauliche Theile als Gewölle wieder aus. Amphibien, Vögel und kleine Säugethiere jagen die größern und muthigen. Ihre Kühnheit stärkt sie zum Angriff auf überlegene Feinde. Verträglichkeit, Geselligkeit, Zutraulichkeit, Bescheidenheit darf man bei so entschiedener Raublust nicht suchen.

Die Würger sind Singvögel von Sperlings- bis Rabengröße mit starkem, sehr zusammengedrücktem Schnabel, dessen Spitze hakig und seitlich mit einem scharfen Zahne versehen ist. Straffe Borsten starren an den Mundwinkeln und obere Borsten verstecken die rundlichen Nasenlöcher. Die Beine sind mäßig stark, nicht gerade hoch und die Zehen völlig frei. In den kurzen Flügeln längt die erste Schwinge kaum, oft nicht die Hälfte der dritten, diese und die vierte am längsten. Das Federkleid fiedert seltenweich und locker, bei den nordischen Arten in einfachen Farben, bei den tropischen in glänzendem Schmuck. Die Federfluren laufen sehr schmalstreifig, nur der Sattel der Rückenflur ist sehr breit. Schädel und Oberarm führen Luft, die Zunge spaltet sich vorn zweispitzig oder ist einfach federförmig zerfasert. Die großen Augen enthalten eine hinten stärker als vorn convexe Krystalllinse und einen aus 20 scharfkantigen Falten gebildeten Fächer. Der dickwandige Vormagen ist drüsig, dagegen der Magen fast nur häutig-musku-

11

lös, der Darm merklich länger als der befiederte Körper, aber die Blinddärmchen papillenartig klein. Die Leber lappt sehr ungleich und hat eine lange Gallenblase, die Luftröhre starke Knochenringe und der untere Kehlkopf einen kräftigen Singmuskelapparat.

Die zahlreichen Arten bevölkern die warme und gemäßigte Zone aller Welttheile, die rauhwintrigen Länder jedoch nur als Zugvögel. Sie wählen buschige und bewaldete Gegenden zum Standquartier und nisten auch im Gebüsch. In Deutschland eiern nur vier Arten.

1. Der große Würger. L. excubitor.

Figur 147 – 149.

Der große Würger, von 10 Zoll Körperlänge und 15 Zoll Flügelspannung, graut oberhalb aschfarben und hält die Unterseite schmutzig weiß, sticht die weißliche Stirn ziemlich grell von einer schwarzen Kopfbinde ab

Fig. 148.

Der große Würger.

und steckt auch die schwarzen Flügel weiß. Das Weibchen und die Jungen wellen den Unterleib dunkelgrau. Die Schwanzfedern werden von den beiden schwarzen mitten allmählig immer weiter weiß. Der gestreckte Schnabel biegt jenseits der Mitte sanft gegen die hakige Spitze herab, bezahnt sich vorn scharf und versteckt die runklichen Nasenlöcher unter schwarzen Borsten. Als Spielarten kommen weißgefleckte und ganz weiße Exemplare vor. In den Flügeln ist die erste Schwinge nicht länger als die neunzehnte oder letzte, die dritte und vierte am längsten. Die scharfdornige Zunge zerfasert sich vorn zweispaltig, der Vormagen ist sehr dickrunig, der Magen sehr länglich, der zwölf Zoll lange Darmkanal mit papillenartigen Blinddärmchen, immer anfangs mit Zotten, dann mit den gewöhnlichen Längsfalten, die Nieren nicht gelappt.

Sein Vaterland dehnt der große Würger, bei uns unter dem Namen Neuntödter bekannt, über ganz Europa und einen Theil Nordamerikas aus. In milden Wintern hält er in Deutschland aus, aber im Vorgefühl strenger Kälte zieht er schon im September familienweise

Fig. 147.

Kopf und Fuß des großen Würgers.

gen Süden. Er duldet keine Freundschaft und keine Gesellschaft, schlägt sein Jagdrevier auf Feldern und Wiesen, in buschigen Gärten, Dornenhecken und lichten Waldesrändern auf und überschaut dasselbe von hoher Baumspitze, um Beute zu erspähen und jeden Eindringling sofort zu vertreiben. Er fliegt in kurzen Schlangenlinien und hüpft ungeschickt auf kurze Strecken am Boden der Beute nach. Als solche verfolgt er Käfer und Schnecken, kleine Frösche, Mäuse und allerlei kleine körnerfressende Singvögel, ja vom Hunger getrieben, greift er Krammetsvögel und Rebhühner an. Am liebsten jagt er junge Vögel und plündert die Nester. Die meisten überfällt er hinterlistig, doch greift er auch muthig offen an, packt den Gefangenen mit dem Schnabel, oft auch mit den Beinen, und da diese zu schwach sind, um das Thier beim Zer-

Fig. 149.

Nest des großen Würgers.

reißen festzuhalten: so spießt er dasselbe mit bewundernswerther Kraftanstrengung auf Dornen oder spitzige Aeste. Im Käfig klemmt er vorgeworfene Mäuse und Vögel sehr geschickt zwischen die Drahtstäbe, übrigens gewöhnt er sich hier auch an das Universalfutter, wenn er nur ab und zu ein Stückchen Fleisch oder eine Maus erhält. Aber zum Vergnügen wird ihn Niemand einsperren, da er blos schätt schätt und im Frühjahr leise schirkt, unter Nachahmung einiger Strophen seiner Nachbarn. Sein Nest baut er gern in Dorngebüsch aus Gehalm, Reiser und Moos, innen weich ausgefüttert. Die trübweißen, matt gefleckten Eier brütet das Weibchen in fünfzehn Tagen aus und füttert die Jungen mit Insekten auf. Dem Jäger und Vogelfänger gilt er als schädlicher Raubvogel.

2. Der graue Würger. L. minor.

Kleiner als vorige Art, noch nicht neun Zoll lang, unterscheidet den grauen Würger die schwarze Stirn- und Augengegend, der einfache weiße Flügelfleck und die rosenroth überlaufene Brust. Auch ist seine zweite Schwungfeder merklich länger und der kräftige Schnabel schon von der Wurzel der allmählig herabgebogen. Der anatomische Bau verräth nur bei aufmerksamer Vergleichung Eigenthümlichkeiten: so ist der Darmkanal nur neun Zoll lang, die Blinddärme unscheinbar warzenförmig, die Leberlappen noch ungleicher.

Das Vaterland erstreckt sich nicht doch nach Norden hinauf, aber südwärts bis Afrika. Bei uns trifft dieser welchliche Räuber erst Anfangs Mai ein und zieht im nächtlichen Fluge schon im August wieder ab. In der Lebensweise gleicht er dem Neuntäter, ist nur ruhiger, minder scheu, modulirt seine Stimme, zumal durch Nachahmung fremder Strophen mehr und jagt blos Insekten, deren er bedeutende Quantitäten vertilgt.

3. Der rothköpfige Würger. L. ruficeps.

Die dritte deutsche Würgerart trägt sich oben schwarz mit rothbraunem Nacken und Hinterkopfe, unten weiß. Außer dem weißen Flügelfleck sind noch die Schultern weiß, und die Flügel haben nur 18 Schwingen, die erste sehr klein. Die Zunge zerfasert sich vorn einfach federartig, die Blinddärme wieder unscheinbar klein. Dieser nette, zierliche Würger heimatet im Osten bis über Afrika, an Dörfern, Straßen und in Wäldern bei uns als Zugvogel, zänkisch, räuberisch und gefräßig wie seine Verwandten. Zum Nestbau verwendet er gern wohlriechende, weichhaarige Pflanzen und kann sich durch diese Neigung leicht in Gärten verhaßt machen.

4. Der rothrückige Würger. L. collario.

Der kleinste der einheimischen, nur 7½ Zoll lang mit 12 Zoll Flügelspannung und sehr leicht kenntlich an dem braunrothen Rücken, der schwach rosenroth Brust und dem grauen Kopfe mit schwarzem über braunem Augenstreif. Die anatomischen Eigenthümlichkeiten sind ganz geringfügige. Ihr Vaterland dehnt diese Art über ganz Europa, Afrika und Nordamerika aus, ist bei uns vom

Mai bis in den August überall in Dornengebüsch und Gärten zu treffen, und lebt wie ihre Verwandten, nur daß sie mordlustig und kühner raubt. Trotz seiner Kleinheit würgt dieser Würgengel allerlei Vögel, Mäuse, Frösche, spießt sie bei lebendigem Leibe auf und weidet sich scheinbar an ihren Martern. Das Weibchen brütet allein die röthlich- oder gelblichweißen blutroth und aschgrau punktirten Eier. Die Gefräßigkeit macht ihn gegen den Herbst hin ungemein fett und dann wird er hie und da als Delicatesse gegessen.

Zahlreiche andere Arten leben in andern Welttheilen, leider können wir bei diesen nicht verweilen. Afrika würde uns ein ganzes Heer vorführen, darunter einen rothen mit schwarzer Stirn, grellrothem Nacken und viel weiß, einen Smithschen, oben schwarz, unten weiß, mit großem Flügelfleck, einen rabenähnlichen mit gestreiftem Scheitel, einen rothbäuchigen mit schwarzer Kehle u. v. a. Unter den Südamerikanern mag nur die guianische Art (Cycloris guianensis) erwähnt sein. Sie hat kreisrunde Nasenlöcher, ein derbes Gefieder, schmale zugespitzte Schwanzfedern und starke Beine, fiedert am Rücken grün, an der Unterseite citronengelb, auf dem Scheitel bleigrau, an der Stirn rostroth.

6. Schwalbenwürger. Ocypterus.

Die Arten dieser Gattung heimaten auf Neuholland und den ostindischen Inseln. Ihre spitzigen Flügel, ihr schnell segelnder Flug, ihr schaarenweises Beisammenleben in der unmittelbaren Nähe menschlicher Wohnungen erinnert lebhaft an die Schwalben, allein sie sind doch Würger, denn ihr grobkegelförmiger gerundeter Schnabel hat, wenn auch nur schwach, seine Oberspitze und herbt sich vor derselben. Die Füße sind kurz und kräftig. Am Skelet führen die Schädelknochen und der Oberarm Luft. Den Schwanz wirbeln acht Wirbel, wovon der letzte eine große trapezoidale Platte bildet. Das breite Brustbein hat hinten zwei ovale Lücken, seine seitlichen Ausschnitte und der Oberarm ist viel kürzer als der Unterarm und die Hand. Von den zahlreichen Arten führen wir nur zwei beispielsweise vor.

1. Der weißbäuchige Schwalbenwürger. O. albovittatus.

Figur 130. 131.

Die schwarze Ober- und weiße Unterseite, die weiß gespitzten Schwanzfedern, die schwarzen Füße und der graue Schnabel unterscheiden diesen Neuholländer schon hinlänglich von seinen nächsten Verwandten. Er verbreitet sich über den größten Theil Neuhollands und über Vandiemensland, hier als Zugvogel und mit Eintritt des Winters in die wärmern Norden ziehend. Am liebsten wählt er die Umgebungen isolirter Meierhöfe, um die er in kleinen Gesellschaften sich schaart. Als Insektenjäger verräth er bei Weitem nicht die Gewandheit und rede Mordlust der Würger, er nicht die Insekten vielmehr vom Boden auf als wenn dieselben myriadenweise schwärmen, hascht er sie glücklich auch im Fluge. Sein Nest ist bald hier, bald dort verdeckt, nah am Boden

11 *

Fig. 150.

Der majestätige Schwalbenwürger.

oder hoch in den Aesten und besteht aus Wurzelfasern und feinem Reisig. Das Weibchen legt vier graulichweiße, dunkelbraun gefleckte Eier hinein.

Fig. 151.

Nest des Schwalbenwürgers.

2. Der graue Schwalbenwürger. O. cinereus.

Figur 152.

Dunkelgrau fiedernd mit schwärzlichen Schwingen und Schwanzfedern, dehnt die Waldschwalbe der neuholländischen Colonisten ihr Vaterland über den ganzen Continent und die anliegenden großen Inseln aus. Sie lebt ebenfalls gesellig und nährt sich ganz gegen das Würgernaturell nicht einmal ausschließlich von Insekten, sondern auch von den Samen der sogenannten Grasbäume (Xanthorrhoea). Das Nest baut sie in dichtes Gesträpp und webt es tief kegelförmig aus Wurzelfasern und feinen Grasblättern. Die bläulichweißen Eier flecken sich am stumpfen Ende lebhaft rötlichbraun.

Fig. 152.

Der graue Schwalbenwürger.

Fünfte Familie.

Baumläufer. Certhiadae.

Eine kleine Familie, deren Mitglieder sich ebenso sehr durch ihre äußere Erscheinung wie durch ihre Lebensweise von den vorigen und nächstfolgenden unterscheiden. Sie sind kleine und sehr kleine Vögel mit über kopfeslangem und gekrümmtem, schwachen Schnabel, der die feinen Nasenlöcher frei an seiner Wurzel öffnet. Ihr Gefieder ist seidenweich und locker, die mäßig langen

Flügel haben zehn Handschwingen, von welchen die erste verkürzt ist, und der zwölffederige Schwanz ist ziemlich lang. Die zierlichen zarten Zehen bewaffnen sich, zumal die Hinterzehe, mit sehr großen, gekrümmten spitzigen Krallen, welche diese Vögel zum geschickten und schnellen Klettern an senkrechten Wänden und Baumstämmen befähigen. Denn dies ist ihre stete Bewegung, wobei sie geschäftig aus den Ritzen und Spalten die Insekten, ihre Larven und Eier hervorholen. Bei uns kommen nur zwei Gattungen vor, an die wir uns sogleich wenden.

1. Baumläufer. Certhia.

Ganz kleine, zarte und behende Vöglein, deren Gattungscharakter in dem langen, schwach gebogenen, deutlich zusammengedrückten und spitzigen Schnabel mit den feinen Nasenlochritzen an der Wurzel und in den fischbeinähnlichen steifen Schäften der Steuerfedern liegt. Die Nasenlöcher verschließt von oben her eine gewölbte Haut, daher sie blos ritzenförmig sich öffnen, aber frei und nicht unter Borsten versteckt. An den schwächlichen Füßen ist die äußere Zehe kürzer als die mittle, und die Krallen aller sehr groß, die der Hinterzehe sogar enorm groß. An den stumpfen, mäßig großen Flügeln pflegt erst die vierte Schwinge die längste zu sein und an dem keilförmigen zweispitzigen Schwanze steifen sich die Federschäfte und spitzen die Fahnen schlank zu, weil sie beim Aufwärtsklettern zum Anstemmen und zur Stütze dienen. Die Rückenflur des Konturgefieders erweitert sich hinter der Schulter allmählich und läuft wieder verschmälert ohne Unterbrechung bis auf den Bürzel. Die Brustflur hat jederseits einen Aststreif. Die sehr lange, schmale, hornige Zunge zackt und zasert sich an der Spitze, hinten hat sie wenige starke Seitenzähne. Der Singmuskelapparat am untern Kehlkopf ist so zart, daß nur die ungewöhnliche Geschicklichkeit die einzelnen Muskeln zu trennen vermag. Die Speiseröhre läuft ohne kropfartige Erweiterung in den spärlichdrüsigen Vormagen über und ihm folgt der ächte Muskelmagen. Der innen mit Zickzackfalten besetzte Darmkanal hat die Länge des befiederten Körpers und seine Blinddärme gleichen ganz unscheinbaren Wärzchen. Die Nieren sind nur einmal gekerbt am Seitenrande und die Leberlappen wie gewöhnlich ungleich, die Gallenblase länglich, die Milz kurz. Luftführend sind am Skelet nur die Schädelknochen. Wirbel zählt man 12 im Halse, 8 rippentragende im Rumpfe und nur 6 im Schwanze. Das Brustbein buchtet sich am Hinterrande.

In Europa heimatet nur ein Baumläufer, die andern Arten gehören andern Welttheilen.

1. Der gemeine Baumläufer. C. familiaris.
Figur 133. 134.

Zwar fünf Zoll lang, ist doch der Baumläufer eigentlich nicht größer als der Zaunkönig, ja an Gewicht wirklich leichter, nur der lange Schwanz gibt ihm ein größeres Ansehen. Die Flügel spannen acht Zoll. Ihre erste Schwinge ist ganz kurz und schmal, die zweite doppelt so lang, die vierte und fünfte am längsten. Die Schwanzfedern spitzen sich schief zu und ihre schwach gebogenen Schäfte erscheinen an der Spitze stets abgenutzt durch das häufige Anstemmen. Der Schnabel mißt 6 bis 10 Linien lang. Das sehr lockere Gefieder dunkelt oben graubraun und betropft sich weiß, an der ganzen Unterseite ist es einförmig weiß, am Bürzel rostfarben; die Schwanzfedern bräunen und über die Flügel zieht eine nicht immer deutliche weißgelbe Binde.

Ueberall in waldigen und buschigen Gegenden Mitteleuropas treibt der gemeine Baumläufer sein munteres Wesen, aber er geht auch doch nach Norwegen, Rußland und Sibirien hinauf. Jeder Wald sagt ihm zu, wenigstens im Sommer, wenn aber später die Insektenwelt ausstirbt, sucht er die Gärten auf, klettert an Ställen, Häusern und altem Holz umher, um hier Insekten zu suchen, und zieht von Ort zu Ort. Im Walde beansprucht er nur einen kleinen Bezirk mit mehren alten Stämmen, wo sich gemeinlich Meisen, Goldhähnchen und Spechte zu ihm gesellen. Da läuft er ungemein behend, geschäftig und gewandt in spiraler Linie am Stamme aufwärts, schießt

Fig 133.

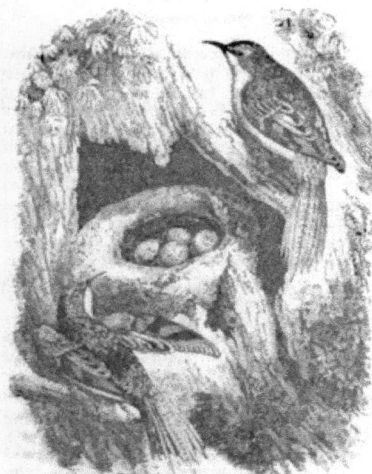

Gemeiner Baumläufer mit Nest.

von der Höhe herab, um einen neuen Weg hinaufzuklettern. Am Boden und auf horizontalen Aesten trifft man ihn nur äußerst selten. Insekten aller Art, deren Larven, Puppen und Eier, auch Spinnen holt er aus den Ritzen und unter der Borke hervor, und er bedarf deren ungeheure Mengen. Im Winter freilich ist sein Tisch sehr kümmerlich bestellt. Von Charakter ist er harmlos, friedfertig und zutraulich, liebt aber doch die Gesellschaft seines Gleichen nicht. Seine Stimme tönt leise zi, zizizit, zri und der Frühjahrsgesang des Männchens be-

Fig. 134.

Gemeiner Baumläufer.

bewegt sich in nur einer schwachen, nicht gerade angenehmen Strophe. Das Nest steckt in einer engen Spalte oder einem Loche, bald hoch, bald tief am Stamme und wird aus Reiser, Stroh, Blättchen, Baß geflochten mit weicher Ausfütterung des Napfes. Schon im März oder Anfangs April liegen 8 bis 9 trübweiße, rostroth punktirte Eier darin, welche Männchen und Weibchen abwechselnd tragenden Tage bebrüten und beide füttern auch die Jungen gemeinschaftlich. Bei der zweiten Brut findet man nur 3 bis 5 Eier. Der Baumläufer hat im Herbst ein sehr wohlschmeckendes Fleisch, wer möchte aber um des kleinen Bissens willen das nützliche Vöglein fangen, das unsere Obstbäume von dem schädlichsten Geschmeiß reinigt? Ihn zu zähmen will durchaus nicht gelingen.

In den Vereinten Staaten Nordamerikas lebt ein Baumläufer, welcher früher allgemein mit dem unsrigen für gleich gehalten wurde, neuerdings aber als eigene Art davon getrennt ist. Die Unterschiede sind so geringfügig, daß sie uns hier nicht interessiren. Die südamerikanischen Baumläufer haben nur neun Handschwingen und einen kurzen, weichen, gerade abgerundeten Schwanz, darum scheidet man sie als besondere Gattungen von Certhia ab. Darunter hat Coereba cyanea mit himmelblauem Scheitel eine ganz kleine Kralle an der Hinterzehe, die drei ersten Schwingen gleich lang und ovale Nasenlöcher, Certhiola flaveola wieder eine große Hinterzehe und schiefergraues Rückengefieder.

2. Mauerläufer. Tichodroma.

Der Schnabel ist noch länger als bei dem Baumläufer, minder gebogen und fast rund, jedoch mit ganz ähnlichen Nasenlöchern am Grunde. Die mäßigen Flügel breiten sich sehr und runden ihre Spitze ab, indem die Schwingen bis zur vierten an Länge zunehmen und dann bis zur sechsten dieselbe Länge behalten. Die kurzen, breiten und weichen Steuerfedern taugen zum Anstemmen durchaus nicht. Die Form der Füße gleicht im Wesentlichen den Baumläuferfüßen. Das seidenweiche Gefieder lockert ungemein. Die lange, schmale, hornig scharfrandige Zunge endet vorn zweispitzig ohne Faserung und hat nur am tiefbuchtigen Hinterrande Zähne. Schlund und Luftröhre laufen an der rechten Seite des Halses herab. Die Leber umfaßt mit einem dritten Lappen den ansehnlichen Vormagen. Schädelknochen und Oberarm führen Luft, nur elf Wirbel gliedern den Hals und das Brustbein ist kleiner als bei dem Baumläufer, zumal seine Größe niedriger.

Die Gattung wird nur durch eine Art vertreten.

Der gemeine Mauerläufer. T. muraria.

Figur 135.

Der Name bezeichnet genau die Lebensweise, denn nicht an Baumstämmen, sondern an altem Gemäuer, hohen Schlössern und Thürmen, an kahlen schroffen Felswänden klettert der Mauerläufer unruhig aufwärts und fliegt von der Höhe herab in leichtflatterndem Fluge. Einnehmend durch die Schönheit seines Aeußern, ist er doch von unfreundlichem Charakter, zänkisch, ungesellig, lebt einsam und unruhig, nähert sich zutraulich den menschlichen Wohnungen nur dem Hunger getrieben.

Fig. 135.

Gemeiner Mauerläufer.

Aber er ist zugleich hart gegen die Kälte, verliert auch im Winter seine unruhige Munterkeit nicht und singt seine kurzen Strophen selbst in der Kälte. In der Wahl 'er Nahrung und der Jagdweise gleicht er ganz dem Baumläufer. Seine Heimat sind die südeuropäischen Hochgebirge, die Pyrenäen, Alpen, Apenninen u. s. w. Nur einzeln verirrt er sich von hier aus nach Deutschland bis

Heidelberg und Halle, nach Schlesien und Böhmen. Das ödeste Gefels mit seiner stillen Einsamkeit behagt ihm am meisten und er steigt auch im Winter nur in die Vorberge hinab, erst wenn der Hunger ihn quält, besucht er die nächst gelegenen großen Städte, um hier das versteckt überwinternde Geschmeiß aus den Ritzen und Löchern hervorzuholen. Im Frühjahr eilt er wieder in die felsigen Hochthäler und streift hier aus dem einen ins andere.

Wer den Mauerläufer einmal gesehen, erkennt ihn an der Schönheit seines Gefieders stets wieder. Der Leib graut sanft aschfarben, Kehle und Vorderhals sind weiß, erstere im Frühling schwarz, und die schwarzen Flügel überläuft von der Schulter her ein schönes Karminroth. Die Schwanzfedern sind braunschwarz mit hellgrauen Enden, an der Unterseite weißspitzig. Auf den vier ersten Schwingen liegen meist weiße Flecke. Körperlänge nahezu 6 Zoll, die Flügelspannung fast 12 Zoll.

3. Baumkletterer. Climacteris.

Eine neuholländische Gattung mit kurzem, schwachem, zusammengedrücktem Schnabel, an dessen Wurzel seitlich die geschlossenen Nasenlöcher liegen. Die Füße sind kräftig und zugleich stark bekrallt. In den mäßigen Flügeln erreichen die dritte und vierte Schwinge die größte Länge. Wir bilden beispielsweise nur eine Art ab, den

Grauen Baumkletterer. Cl. picumnus.

Figur 136.

Lebt ganz wie unser Baumläufer und legt einfarbig weiße Eier. Sein Gefieder graut, strichelt aber den weißen Bauch braun, färbt die Steißfedern ledergelb und

Fig. 136.

Grauer Baumkletterer.

die Schwanzfedern schwarz mit weißer Spitze. Ueber die Flügel läuft eine gelbe Binde. Der Vogel wird 6½ Zoll lang. — Eine zweite Art, Cl. scandens, dunkels aschgrau, hält die Schwanzfedern in der Mitte schwarz, die Unterseite weißlich und trägt auf der innern Fahne der Schwingen einen bräunlichweißen Querfleck.

Den Baumläufern in mehrfacher Hinsicht sehr nah steht die ganz außereuropäische, tropische Familie der Honigsauger oder Nectarinien. Dieselbe begreift nur kleine, meist prächtig gefärbte Vögel mit sehr langem, dünnen, gebogenen Schnabel, dessen spaltenförmige Nasenlöcher durch eine nackte Haut geschlossen sind, mit lang röhrenförmiger, vorn zweispitziger Zunge, kurzen, stumpfen Flügeln und kräftigen, stark bekrallten Zehen. Wir lassen einige Gattungen zur näheren Beurtheilung dieses Typus folgen.

4. Blumensauger. Cinnyris.

Der Gattungscharakter der Blumensauger liegt in ihrem geraden oder nur wenig gekrümmten, sehr dünnen und spitzigen Schnabel (Fig. 137 b), dessen Ränder sein

Fig. 137.

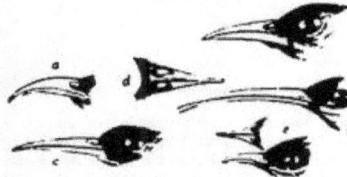

Schädel der Honigsauger

gezähnelt sind. Die seitlich gelegenen Nasenlöcher sind nur zur Hälfte geschlossen. In den Flügeln hat die erste Schwinge die Länge der fünften, die zweite und dritte sind die längsten. Die Luftführung des Skeletes dehnt sich über den Schädel, Oberarm, die Schlüsselbeine und das Brustbein aus. Den Hals gliedern zwölf sehr lange Wirbel, acht Rumpfwirbel tragen Rippen, und ebensoviele liegen im Schwanze, deren letzter eine dreiseitige Knochenplatte bildet. Das schmale Brustbein hat am Hinterrande zwei tiefe Ausschnitte. Merkwürdig biegen sich die Hörner der Zungenbeine statt abwärts, nach aufwärts über den Schädel weg und verlängern sich über die Stirn bis zu den Nasenlöchern. Wir werden diese höchst eigenthümliche Einrichtung bei den Spechten näher besprechen.

Die über Afrika und das ganze warme Indien in großer Anzahl verbreiteten Arten sind lebhafte, bewegliche Vögelein, den ganzen Tag in unruhiger Bewegung, aber bei trübem regnigen Wetter traurig und zurückgezogen in Baumlöchern. Die Männchen prangen während der Begattungszeit in den prächtigsten Metallfarben, in der andern Hälfte des Jahres dagegen tragen sie ein düster grünliches oder bräunliches Gefieder wie die Weibchen und Jungen. Die meisten Arten werden bis jetzt nur nach dem Gefieder unterschieden, wir begnügen uns daher mit der Vorführung zweier.

1. Halsbandblumensauger. C. chalybea.

Figur 158.

Das Gefieder ist oberhalb goldig grün mit Kupferglanz, unten gelblichgrau, an der Brust roth und am Halse mit stahlblauem Bande. Der Vogel heimatet im Caplande und schwirrt wie alle Blumensauger von Busch

Fig. 158.

Halsbandblumensauger.

zu Busch, hauptsächlich der schönblühenden honigreichen Proteen, von denen er mit seiner röhrigen Pinselzunge den Honig leckt und nebenbei auch kleine Insekten hascht. Sein Nest bildet einen dicht gewebten Beutel. Das Männchen singt einige sanfte, angenehme Strophen.

2. Der javanische Blumensauger. C. javanica.

Figur 159.

Die Ornithologen trennen allein wegen der Schnabelbildung von voriger Art andere als besondere Gattungen ab, so diese javanische unter dem Namen Anthreptes

Fig. 159.

Javanischer Blumensauger.

(Fig. 157c) und wieder andere als Melithreptes (Fig. 157a). Wir begnügen uns, die Schnabelformen neben einander zu stellen und lassen jene Gattungen auf sich beruhen. Der javanische Blumensauger glänzt oben schön purpurn, an der Unterseite olivengelb. Der Unterrücken und ein breiter vom Schnabel zur Brust ziehender Streif schimmert violett; die Kehle ist kastanienbraun, der Schwanz schwarz.

5. Zuckervogel. Nectarinia.

Wieder ist es der Schnabel, dessen Form die Arten dieser Gattung kennzeichnet. Mäßig lang (Fig. 157d), ist derselbe an der Wurzel stark dreikantig mit geschlossenen Nasenlöchern, hat vor der Oberspitze einen seichten Ausschnitt und biegt seine Ränder einwärts. Die Zunge kann sich nicht soweit wie bei den Blumensaugern verstrecken und zerfasert ihre zweilappige Spitze. In den Flügeln erreichen die zweite bis vierte Schwinge die ansehnlichste Länge und der Schwanz ist nicht besonders ausgezeichnet. Das Konturgefieder erweitert seine Rückenflur hinter den Schultern nur sehr wenig und allmäblig und bildet auch an der schmalen Brustflur blos einen unbedeutenden Seitenast. An den Füßen fällt häufig die große kräftige Hinterzehe auf. Nur die Schädelknochen führen Luft, die Halswirbel sind kurz und das Zungenbein bei den kleinen Singvögeln gebildet, auch das Brustbein nicht abweichend.

Die Nectarinien bevölkern kolibriartig die üppigen und blumenreichen Waldungen des heißen Südamerika. Als geschickte Baumeister weben sie ein flaschenförmiges Nest und hängen dasselbe an der äußersten Spitze eines dünnen Zweiges auf, damit die Jungen vor den räuberischen Ueberfällen der Schlangen gesichert sind. Ihr seitenweiches Gefieder liebt reine nette Farben.

1. Der blauköpfige Zuckervogel. N. cyanocephala.

Figur 160.

Das Männchen trägt sich hellblau, aber an der Stirn, dem Vorderhals, den Schwingen und Schwanzfedern schwarz, das Weibchen grün mit himmelblauem Oberkopf und weißlicher Kehle. Die Art wird nur $1\frac{1}{2}$ Zoll lang und ist in Brasilien überall an Waldesrändern und auf buschigen Triften in kleinen Familien anzutreffen. — Bei einer andern Art ist das Männchen schwarzköpfig und so werden noch viele nach ihr Färbung unterschieden.

In Indien werden die Nectarinien durch den Rothvogel, Dicaeum, vertreten, dessen Arten einen nur kopflangen, gebogenen, an der Wurzel niedrigen und breiten Schnabel haben und ihren kurzen Schwanz stufen. Ihre Flügel besitzen nur neun Handschwingen, von welchen die zweite die längste ist. Die Federfluren gleichen freilich vielmehr den Schwalben als irgend einem andern Singvogel.

6. Honigfresser. Philedon.

Die typischen Honigfresser sind Vögel für ihre Familie von stattlicher Größe und kräftigem Bau. Ihr langer

Fig. 160.   Fig. 161.

Blauk5pfiger Indervogel.

büschel und die lecker herabhängenden schwarzen Kehlfedern. In den Flügeln sind die vierte bis sechste Schwinge
die längsten.

2. Der schwarzköpfige Honigfresser. Ph. phrygius.

Figur 162.

Nackte Warzen um die Augen kennzeichnen diesen
Vogel vortrefflich. Sein schwarzes Gefieder streift sich
oben gelb, unten weiß und die Schwing- und Steuerfedern sind gelb gesäumt. Die Länge der Schwingen
verhält sich wie bei voriger Art, nur ist die erste merklich
kürzer und ganz abweichend schmal ist der Sattel der
Rückenflur. Die Schnabelspitze krümmt sich stärker als
bei andern Arten. Die Art heimatet als Standvogel in
Südaustralien bis Neusüdwales, am liebsten wo schöne
Eukalypten blühen, da schaart sie sich bis zu bunten
Stück, vertreibt andere Vögel von dem Gebüsch und zankt
sich dann mit ihres Gleichen, bis die Gesellschaft auseinander stiebt. Die Stimme pfeift nicht unangenehm
und das an einem überhängenden Eukalyptuszweige befestigte Nest ist aus zartem Gras gewoben und mit Wolle
und Haaren weich ausgefüttert. Das Weibchen legt
zwei Eier, dunkelledergelbe mit unregelmäßig rothbraunen
und graurötlichen Flecken.

3. Der neuseeländische Honigfresser. Ph. Novae Seelandiae.

Figur 163.

Der Kogo der Neuseeländer, wegen seines wohlschmeckenden Fleisches, wie wegen des angenehmen
Gesanges geschätzt, übertrifft in der Größe unsere
Amseln, ziert Rücken und Schwanz braun mit stahlblauem Schiller, die Unterseite weiß mit rötlichem Anfluge und schillert den dunkelgrünen Kopf. Hals und
Brust mit schöner Kupferfarbe. Die zugespitzten Rückenfedern haben einen weißen Schaftstrich und hinter dem
Mundwinkel hängt ein langer Büschel krauser Federn.

Fig. 161.

Australischer Honigfresser.

Schnabel ist leicht gekrümmt und erdbrunt, an der längern Oberspitze ausgerandet; an seiner Wurzel öffnen
sich unter einer langen Knorpelschwiele die Nasenlöcher.
Der Rachen klafft sehr weit und birgt eine lange gepin-
selte Zunge, welche zum Lecken des Blumenhonigs dient.
An den mäßigen, abgerundeten Flügeln pflegen von den
zehn Handschwingen die vierte und fünfte die längsten zu
sein, die nur wenig kürzere dritte mit der sechsten gleiche
Länge zu haben. Der lange Schwanz rundet sich gern
ab. Die Rückenflur des Gefieders erweitert sich schnell
zu einem sehr breiten Sattel, welcher hinten plötzlich endet
und mit einem schmalen Streif auf dem Bürzel fortsetzt.
Die Brustflur senkt einen breiten Seitenau ab. Die
kräftigen Füße bekrallen sich gut, zumal sehr stark die
Hinterzehe. Im Skelet führt außer dem Schädel nur
der Oberarm Luft.

Die Arten bewohnen in ziemlich ansehnlicher Zahl
Neuholland und die benachbarten großen Inseln. Sie
sind gesellige, muntere, dabei zänkische Vögel, nähren sich
außer von Blumenhonig zugleich von weichen beerenartigen
Früchten und von Insekten und wechseln ihren Wohnort oft.

1. Der australische Honigfresser. Ph. Novae Hollandiae.

Figur 161.

In den niedrigen dichten Buschwaldungen von Neusüdwales, wo die zahlreichen Bankshaarten in ihren großen
Blüthenbüscheln ausreichendes Winterfutter liefern, da ist
dieser Honigfresser gemein. Von seinen Verwandten
unterscheidet er sich leicht durch die langen weißen Ohr-

Fig. 162.

Schwarzkehliger Honigfresser.

Unter den zahlreichen andern Arten verdient Ph. para-
doxa auf der neuguineischen Küste Erwähnung wegen der

Fig. 163.

Neuseeländischer Honigfresser.

zolllangen gelben Fleischlunker an der Schnabelwurzel,
Ph. circinnatus auf Neuseeland wegen der bis auf die
Brust herabhängenden gekräuselten Ohrbüschel u. a.

Sechste Familie.

Meisenartige Sänger. Paridae.

Die Mitglieder dieser weit verbreiteten, hauptsächlich
der gemäßigten Zone angehörigen Familie sind durchweg
kleine und selbst sehr kleine Vögel mit zartem, fast seltenartigen lockeren Gefieder und von einer Munterkeit, Beweglichkeit, mit Selbstvertrauen und Dreistigkeit, welche
den Beobachter überrascht. Sie bewohnen Wälder, Gärten
und Gebüsche, klettern an Aesten und Stämmen emsig
und gewandt auf und ab, fliegen schnell auf kurze Strecken,
aber meiden den Aufenthalt am Boden, wo sie der langen
Krallen wegen schlecht fortkommen. Ihre Nahrung ist
eine gemischte: den Sommer über Insekten und deren
Brut und Eier, im Herbst und Winter harte Samen,
welche sie schälen. Ausnahmsweise greifen einzelne kleine
Vögel an, zerhämmern deren Schädel und fressen das
Gehirn aus. In der Vermehrung übertreffen sie alle
frühern Familien, denn sie legen zweimal im Jahre 6,
9 und selbst 12 Eier. Ihr Schnabel steht in einem
mehr harmonischen Verhältnisse zum Kopfe wie bei den
Baumläufern und Honigfressern, ist eigentlich kurz, gerade,
kegel- oder pfriemenförmig, etwas comprimirt, stets ohne
Kerbe vor der Spitze und mit scharfschneidenden Rändern.
Die am Schnabelgrunde gelegenen, runklichen Nasenlöcher umsäumen sich häufig und werden von einigen
Federn oder Borsten überschattet. Die kleinen Augen
blicken munter und verwegen. Der Kopf setzt bisweilen
eine Scheitelholle auf. Die in der Größe veränderlichen
Flügel haben zehn Handschwingen, von welchen die dritte
oder die vierte die längste ist. Auch der zwölffederige
Schwanz spielt mit seiner Länge. Die Beine sind höher
als bei Vorigen, kräftig, auch die Füße stark, ihre Zehen
oft bis zum Grunde völlig getrennt und stets mit langen,
stark gekrümmten spitzigen Krallen bewaffnet, welche zum
geschickten Klettern befähigen, aber bei der Bewegung auf
ebener Erde hinderlich sind. Die innere Organisation
bietet alle wesentlichen Verhältnisse unserer Singvögel.
Der Hirnkasten am Schädel ist ziemlich groß und die
Hirnschale stets pneumatisch, außerdem nur der Oberarm
noch bisweilen luftführend. Die kurze breite Zunge ist
hornig scharfkantig und über ihre stumpfe Spitze hinaus
setzt die die Unterseite bekleidende hornige Platte mit zwei
oder meist vier steifen platten Fäden oder Zähnchen fort.
Der Magen ist ziemlich muskulös, der Darmkanal von
geringer Länge und mit ganz winzig kleinen, leicht über-
sehbaren Blinddärmchen. Die weitern anatomischen
Eigenthümlichkeiten führen wir bei den Gattungen an.
Bei uns heimaten deren drei mit ziemlich bekannten Arten.

1. Kleiber. Sitta.

Kleiber soll eigentlich Kleber heißen, weil der Vogel
die absonderliche Gewohnheit hat, den Eingang in die
Baumhöhle, in welcher sein Nest liegt, soweit mit Lehm
oder Erde zu verkleben, auszumauern, daß er eben nur
noch durchschlüpfen kann. Andere nennen ihn Specht-

weise, denn seinen wesentlichen Eigenthümlichkeiten nach der Familie der Meisen angehörig, zeigt er doch zumal in seiner Lebensweise unverkennbare Beziehungen zu den Spechten. Dazu hat er einen wirklich spechtähnlichen Schnabel, der gerade, rundlich, sehr hart und keilförmig zugespitzt ist und vortrefflich zum Hämmern an der Baumrinde und der harten Samenkörner dient. Die kleinen kreisrunden Nasenlöcher werden von vorwärts gerichteten Borstenfedern bedeckt. In den breiten stumpfen Flügeln erreicht die vierte Handschwinge die größte Länge. Der kurze weiche Schwanz stumpft seine Federn am Ende. Das sehr lockere Gefieder bildet eine schmale Rücken- und Unterflur, jene mit rautenförmigem Sattel auf dem Rücken, diese auf der Brust mit breitem Ast. Nur die Hirnschale führt Luft und auch nicht einmal in all ihren Theilen. Die Zunge hat vorn vier feine Hornspitzen, hinten kleine Zähnchen. Die kropflose Speiseröhre läuft mit der knochenringigen Luftröhre an der rechten Seite des Halses herab. Der Vormagen führt in seinen dicken Wänden dicht gedrängt viele Drüsen und der Magen ist stark muskulös. Der Darmkanal übertrifft in seiner Länge (7″) etwas den befiederten Körper und ist innen anfangs mit Zellen, dann bis zum After mit den gewöhnlichen Zickzackfalten ausgekleidet. Wer die Blinddärme sehen will, muß sehr aufmerksam suchen; in ihrer Kleinheit haben sie gar keine Bedeutung für die Verdauung und fehlen wirklich bei einzelnen Exemplaren spurlos. Die Leberlappen sind auffallend ungleich, die Milz sehr länglich, die Nieren völlig ungetheilt. Die Luftröhre hat knöcherne Ringe und am untern Kehlkopf einen mäßig starken Singmuskelapparat. Das Zungenbein ist nicht eigenthümlich, ganz anders als bei den Spechten. Die Wirbelsäule zählt 12 Hals-, 8 Rumpf- und 7 Schwanzwirbel.

In Europa und gemein in Deutschland heimatet nur eine Art.

Der europäische Kleiber. S. europaea.
Fig. 164.

Von der Größe des Sperlings, sieht der Kleiber wegen des kürzern Schwanzes und lockeren Gefieders doch gedrungener und kräftiger aus. Auf der ganzen Oberseite schiefert er sanft graublau, unterwärts gelblichroststarben; durch das Auge zieht ein schwarzer Strich. Mit dieser Zeichnung ist er von allen einheimischen Vögeln zu unterscheiden, doch muß man bei der Vergleichung mit außereuropäischen Arten genauer prüfen. Der scharfspitzige Schnabel, 8 Linien lang, gleicht einer Ahle, ist mehr rund als zusammengedrückt, glatt und sehr scharfschneidig. Die kleinen runden, hochgelegenen Nasenlöcher scheinen durch schwarze Borstenfederchen hindurch. Die starken Füße sind beschildert, die stark zusammengedrückten, schmalen Krallen sehr spitzig und in schönem Bogen gekrümmt. Die der Hinterzehe sehr groß. Die breiten Flügel spannen elf Zoll und ihre dritte Schwinge ist nahezu so lang wie die vierte längste, alle bräunlichschwarzgrau. Die beiden mittlern Steuerfedern sind schön aschgraublau, die übrigen tief schwarz mit aschblauem Ende. Das Weibchen unterscheidet sich durch mattere Farbentöne von dem Männchen.

Im südlichen und mittlern Europa gehört der Kleiber, obwohl nur einzeln und paarweise lebend, zu den gemeinen Arten, nach dem höhern Norden geht er nur vereinzelt, kömmt aber auch in Asien vor. Für das Frühjahr und den Sommer bezieht er ebene, bügelige und bergige Waldungen, im September und Oktober streicht er in Gesellschaften in buschige Gegenden und Gärten, bis er ein passendes Winterquartier gefunden hat, das er im Februar wieder verläßt. Eine Gruppe stattlicher Stämme genügt ihm, an ihnen und auf ihren Aesten klettert er geschäftig hin, horst mit dem Schnabel an die rissige Borke und wo ein Insekt erschreckt hervorkömmt, ruckt er es auf. Auch reißt er lockere Borkenstückchen ab, um die Maden und Eier darunter zu fressen. Im Sommer und Herbst wendet er sich zur Pflanzenkost, sucht Eicheln, Nüsse, Hanf, Sonnenblumenkerne und andere harte Früchte, schleppt davon an verschiedenen Orten, in Baumspalten, Mauer-

Fig. 164.

Europäischer Kleiber.

ritzen, Löchern Vorräthe zusammen und weiß alle in Zeiten der Noth wieder aufzufinden. Die kleinern Früchte hält er mit den Füßen, spaltet ihre Schale mit dem Schnabel und verzehrt den Kern stückweise; die Haselnüsse klemmt er in eine passende, fortwährend zu diesem Behufe benutzte Baumspalte und hämmert so lange und gewaltig auf die Schale, bis dieselbe platzt. Im Rothfalle büßet er auch Hafer und Gerste. Man sieht ihn in beständiger Bewegung, geschäftig, fröhlich und wohlgemuth, hurtig auf und ab kletternd, hüpfend und durch das Gebüsch huschend, ohne Scheu, meist zumal im Herbst mit Meisen, Goldhähnchen, Baumläufern, auch einem Specht zu einer großen Familie geschaart. Seine Stimme ist ein leises fit und scharfes zit, das Männchen schreit laut, stößet und trillert, zumal des Morgens. Das Nest legt er gern doch oben in einem Baumloche an, dessen Eingang zweckmäßig verkleinert wird durch Ausmauern.

12*

Es bildet einen großen Haufen verschiedener Stoffe ohne alle Kunst, nicht geflochten oder gewebt. Die zartschaligen Eier sind mit rostrothen Punkten bestreut und werden vierzehn Tage vom Weibchen allein bebrütet. Die Jungen wachsen bei Raupenfütterung sehr schnell heran und verlassen dann die Alten. In Gefangenschaft werden sie in wenigen Tagen zahm und zutraulich, aber zerhämmern leider in ihrer steten Unruhe alles Holzwerk, so daß man sie nur in einem ganz drahtenen Bauer halten kann.

Unter den nordamerikanischen Arten fiedert der carolinische Kleiber aschgrau mit schwarzem Oberkopfe und von seinen Handschwingen ist die erste ganz auffallend kurz, die zweite ziemlich so lang wie die dritte, welche mit der vierten die längste ist, die sechste endet im Niveau der zweiten. Bei dem canadischen Kleiber schwärzen sich auch die Seiten des Kopfes und über die Augen zieht ein weißer Strich, die ganze Oberseite graut schön ins Blaue. Die Schwingen verhalten sich wie bei dem carolinischen.

2. Goldhähnchen. Regulus.

Die Goldhähnchen heißen mit dem Zaunkönig und Baumläufer oft die europäischen Kolibris, indeß nur die winzige Größe und ihr überaus munteres bewegliches Wesen rechtfertigt diesen Vergleich, eine Verwandtschaft in ihrer beiderseitigen Organisation findet durchaus nicht statt. Die generischen Eigenthümlichkeiten der Goldhähnchen liegen zunächst in dem geraden pfriemenförmigen Schnabel, welcher gegen die Spitze hin zusammengedrückt ist und hier eine Kerbe hat, seinen Rücken deutlich kantet. Jedes Nasenloch umrandet eine kornartige Haut und wird von einer steifen, kammartig eingeschnittenen Feder überschattet. Die Läufe sind gestiefelt und an den Füßen fällt wieder die große Hinterzehe mit ihrem ansehnlichen Nagel auf. An den weichfederigen Flügeln verkürzt sich die erste schmalspitzige Schwinge ungemein, die zweite ist viel länger, aber erst die folgenden beiden erlängen die Flügelspitze. Der kurze weiche Schwanz stutzt seine zwölf Steuerfedern stumpfwinklig ab und verkürzt die mittleren etwas. Die Rückenflur des zarten Gefiederes erweitert sich hinter den Schultern zu einem sehr breiten Sattel. In dem schön rothen Rachen liegt eine harte platte Zunge mit kurzen Borsten an der Spitze. Der Fächer im Glaskörper des Auges reicht bis an die Linse heran und faltet sich aus 22 winklig geknickten Falten. Der Magen ist nur schwach muskulös, der Darmkanal von der Länge des befiederten Körpers und mit verschwindend kleinen Blinddärmchen. Die Nieren theilen sich durch einen randtiefen Einschnitt in je zwei gleich lange Lappen. Lustführend ist nur ein kleiner Theil der Hirnschale.

In Gefieder, Lebensweise, Charakter und Aufenthalt sind die Goldhähnchen typische Mitglieder der Meisenfamilie. Sie bewohnen vornämlich als Strich- und Zugvögel die Nadelholzwälder Europas und beider Amerikas, fiedern sehr zart und locker mit feinfädriger Scheitelhaube, fressen Insekten und zeitweise auch Sämereien und bauen ein künstliches Nest.

1. Das gelbköpfige Goldhähnchen. R. flavicapillus.

Figur 165. 166.

Die beiden europäischen Arten sind erst von Brehm unterschieden worden, früher hielt man beide für gleich. Dieses gelbköpfige mißt $3\frac{1}{2}$ Zoll Körperlänge und doppelt so viel in der Flügelspannung. Die gelblichgrauweiße Umgebung des Auges kennzeichnet sie besonders scharf. Der dünne, an der Wurzel ziemlich breite Schnabel pfriemt sich fein, das große Nasenloch deckt eine schwarzbraune Feder und an den Mundwinkeln stehen schwarze Borsten. Die lange Scheitelholle bilden schön orangefarbene Federn, welche niedergelegt von einem schwarzen Streif umgeben werden. Am Halse herab und über den Rücken hin herrscht einförmig schmutzig olivengrün, die Kehle

Fig. 165.

Gelbköpfiges Goldhähnchen

scheint gelbbräunlichweiß, das an der Brust herab mehr düstert, die Flügel sind bräunlichschwarz mit zwei weißen Binden, die ebenso dunkeln Steuerfedern lichten ihre Außenränder gelblichgrün. Das Weibchen trägt nur mattere Farbentöne derselben Zeichnung.

Das Vaterland erstreckt sich bis in den höchsten Norden Europas und Asiens. In Deutschland ist das Goldhähnchen gemein, in ebenen wie gebirgigen Nadel- und Laubholzwaldungen, in Frankreich soll es fehlen. Im Herbst kömmt es familien- und schaarenweise aus dem hohen Norden, streicht mit den einheimischen von Ort zu Ort, zieht bei sehr strengen Wintern weiter nach Süden und sucht im Frühjahr seine Heimat wieder auf. Zum Staatsquartier zieht es Nadelholzwälder vor, richtet sich jedoch auch in Laubwäldern und in buschigen, baumreichen Gärten heimatlich ein. Insekten aller Art hascht es im Fluge geschickt und pickt sie auch von den Aesten und vom Boden, Maden, Puppen, Eier muntern ihm ebenfalls und im Winter verschluckt es Samenkörner. Das Nest hängt am Ende langer Zweige sorgfältig unter Laub versteckt. Es ist kugelrund mit oberer Oeffnung,

Fig. 166.

Nest des gelbköpfigen Goldhähnchens.

groß, dickwandig und wird vom Weibchen allein aus Moos, Flechten, Gespinnst gewoben und mit Wolle und Federn schön ausgepolstert. Die 6 bis 11 fast nur erbsengroßen Eier wässern ihre gelbröthlichweiße Schale grau oder überstreuen sie mit Punkten. In seinem Betragen ist das Goldhähnchen unruhig, den ganzen Tag in steter Bewegung, bald hüpft es von Ast zu Ast, bald schwirrt oder schnurrt es um die Enden der Zweige oder hüpft schwerfällig am Boden umher. Bei Sturm versteckt es sich in niederem Gebüsch, um nicht gewaltsam fortgeführt zu werden. Dabei ist es harmlos und zutraulich, liebt die Gesellschaft seines Gleichen und anderer Familiengenossen und äußert stets seine fröhliche Laune. Seine schwache Stimme ist ein leises zit zit, der Gesang des Männchens eine kurze, nur dem scharfen Ohre im Freien vernehmbare Melodie. Ungemein zart in seinem ganzen Baue, verlangt das eingefangene auch sehr zarte Behandlung, gewöhnt sich aber allmählig an das Nachtigallenfutter und dauert zumal in Gesellschaft seines Gleichen einige Jahre aus. Hie und da verzehren Feinschmecker auch dieses Vögelein als guten Bissen.

3. Das feuerköpfige Goldhähnchen. R. ignicapillus.

Ein weißer Streif über dem Auge und ein schwarzer durch dasselbe reicht zur Unterscheidung von voriger Art schon hin. Das kleine ovale Nasenloch deckt eine gelblich hellbraune Feder und die Scheitelbolle brennt feuergelb über einem sammetschwarzen Streifen. Auch ein Strich vom Mundwinkel abwärts ist schwarz. Der ganze Oberkörper grünt schön olivenfarben, die untern Theile

halten sich gelbbräunlichweiß. Im mittlern und südlichen Europa scheint dieses zierliche Vöglein nirgends zu fehlen, zieht aber bei uns im Herbst fort und kehrt erst im März oder April wieder heim. In der Wahl seines Standquartieres und der Nahrung weicht es nicht von voriger Art ab, es wohl auch dasselbe künstliche Nest, nur etwas länglich, und legt ebenfalls erbsengroße, röthlichweiße, einseitig bespritzte Eier. Sehr aufmerksame Beobachter erklären es für unruhiger, gewandter, zugleich für minder gesellig und schüchterner als vorige Art.

Von den nordamerikanischen Arten wird R. satrapa fast 4 Zoll lang und berandet seine feuerfarbene Scheitelbolle schwefelgelb, R. calendula in Georgien erreicht noch ansehnlichere Größe, ist nur am Scheitel und Hinterkopf scharlachroth, hält die Kehle gelblichweiß und berandet die zwei letzten Steuerfedern breit weiß. Unter den Südamerikanern rundet R. Azarae den Schwanz ab und nimmt dunkelblau am Hinterkopf auf, R. tyrannulus mischt seine schwarze Haube mit grün und scharlachroth.

3. Meise. Parus.

Die weit verbreitete und artenreiche Gattung der Meisen begreift nur sehr kleine Vögel mit zarten, wie zerschlissenen Federn und von unruhigem Naturell, voller List, Keckheit und Muth, der den Beobachter überrascht. Dabei sind sie gewandt, schnell, possierlich und dreist neugierig, gesellig und noch zänkisch, zornig und räuberisch. Obwohl vornehmlich insektenfressend, verschmähen sie doch auch harte Samen nicht, die sie mit den Füßen halten und mit dem Schnabel zerhämmern, einige fressen sogar Fleisch und Fett und überfallen mordlustig kleine schwächliche Vögel, um ihnen den Schädel aufzuhacken und das Gehirn zu verzehren. Ihr Flug zeichnet schnell in kurzen Bogen, nicht anhaltend, desto gewandter hüpfen und klettern sie an den Stämmen und Aesten, in allen möglichen Stellungen gleich geübt. Ihre Bewegung auf ebener Erde ist schief und unbehelfen, doch keineswegs langsam. Ihre Vermehrung übertrifft die Vorigen noch, indem sie zweimal im Jahre 8 bis 12 Eier legen.

Ihre äußere Erscheinung ist meist ziemlich einfach und nett. Der kurze starke Schnabel gleicht einem harten, gegen die Spitze hin schwach zusammengedrückten Kegel mit schneidenden Kieferrändern. An seiner Wurzel liegen, unter Borstenfederchen versteckt, die kleinen, runden, erhaben umrandeten Nasenlöcher. Die Füße sind kurz und kräftig, die Zehen bis auf den Grund getheilt und mit großen, stark gekrümmten scharfspitzigen Krallen bewaffnet. An den kurzen Flügeln fehlt bisweilen die erste Schwinge, meist vorhanden, hat sie mäßige Länge, die beiden folgenden nehmen an Länge zu und erst die vierte und fünfte sind die längsten. In dem zarten Skelet, dessen Formen und Zahlenverhältnisse vollständig dem allgemeinen Typus der Singvögel entsprechen, fällt der Schädel durch seine Größe auf. Er ist luftführend und dünnig auch noch der Oberarm. Die breite Zunge (Fig. 167. 7) endet vorn in steife Borstenbüschel und bezahnt sich hinterwärts ringsum, ihr Kern (9) besteht aus zwei beweglichen knöchernen Hälsten, welche vorn auf

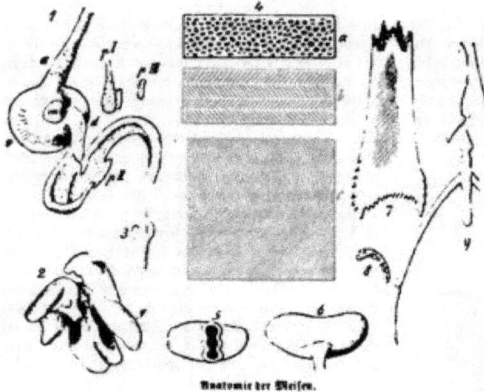

Fig. 167.

Anatomie der Meisen.

dem kräftigen Zungenbein aufzügen. Die Speiseröhre läuft mit gleicher Weite bis zu dem drüsenreichen Vormagen (1 a). Auf dem rundlichen Muskelmagen (1 v, bei 5 im Querschnitt, um die Form der innern Höhlung zu zeigen) liegt die bald längere (8), bald kürzere Milz (1 m). Der Darmkanal erreicht die Länge des befiederten Körpers nicht, nimmt in seiner vordern Schlinge die dreitheilige Bauchspeicheldrüse (pI pII pIII) auf und hat ganz kleine, bisweilen unscheinbare Blinddärmchen (3). Seine innere Wandung erscheint in der vordern Hälfte unregelmäßig zellig (4 a), dann folgen weiter nach hinten die gewöhnlichen Zickzackfalten (4 b), welche gegen das Mastdarm hin und in diesem selbst in seine unregelmäßige Falten (4 c) übergehen. Die Leber (2) ist sehr ungleichlappig, versieht sich mit einem kleinen dritten Läppchen (3), welches sich um den Vormagen schlägt und trägt eine gestreckte Gallenblase (g). Der Saugmuskelapparat am untern Kehlkopf ist sehr stark, aber dennoch der Gesang unbedeutend, die Riesen am Rande schwach getheilt, das Herz stumpfkegelförmig und die Bürzeldrüse (6) auf dem Schwanze sehr breit und kurz, nur am hintern Rande buchelig getheilt.

Von den zahlreichen Arten leben mehre in Deutschland als gemeine und bekannte Vögel. Um ihre Mannichfaltigkeit bequem übersehen zu können, gruppirt man sie in Waldmeisen, langschwänzige Meisen und in Rohrmeisen und diese Gruppen haben je in ihrer Lebensweise wie in ihrer äußern Erscheinung besondere Eigenthümlichkeiten. Wir beginnen unsere Darstellung mit den Waldmeisen.

1. Die Kohlmeise. P. major.

Figur 168 a.

Die Waldmeisen, natürlich Bewohner der Wälder, Gärten und Gebüsche, sind possierliche, kräftige, unruhige und verwegene, selbst wilde Vögel, welche die Geselligkeit lieben, von Insekten, Sämereien und Beeren sich nähren, zum Theil auch kleine Vögel anfallen und in Löchern nisten. Ihre zahlreichen Eier betüpfeln oder punktiren die weiße Schale roth. Aeußerlich kennzeichnet sie der sehr harte starke Schnabel, die vier steifen platten Borsten an der stumpfen Zungenspitze, der breitseitige, am Ende meist gerade Schwanz und die hellblauen stämmigen grob beschilderten Beine mit scharfspitzig bekrallten Zehen. Das Gefieder liebt grüne, blaue, gelbe, schwarze Färbung, und bei allen Europäern erscheinen Schläfen und Wangen weiß, die Kehle gewöhnlich schwarz. Europa zählt nicht weniger als acht Waldmeisen, von welchen sechs in Deutschland vorkommen.

Die allbekannte Kohlmeise kennt jeder Freund der Stubenvögel. Fast sechs Zoll Länge mit über neun Zoll Flugweite erreichend, hält sie ihr zartes lockeres Gefieder am Rücken grün, an der Unterseite gelb, im Nacken grüngelb, aber am Scheitel schwarz und einen Strich zur Gurgel hinab schwarz. Der Schnabel sondert seinen Rücken schwach unter sanfter Abwärtsbiegung und spitzt sich scharf zu. Die grauschwarzen Schwingen, deren erste nur die Länge der letzten oder neunzehnten hat, beranden sich gelblich und enden gelblichweiß, die ebenso dunkeln Steuerfedern haben einen sehr breiten aschblauen Rand. Die Unterschiede des Weibchens sind nur geringfügige. Die sehr schmale Oberflur des Gefieders bildet auf dem Rücken einen beträchtlich breiten Sattel, und läuft schmal zum Bürzel. Als absonderliche Spielarten kommen gelblichweiße und weißgefleckte vor.

Die Kohlmeise nennt ihr Vaterland über ganz Europa und Asien aus und ist in Deutschland in Laubwäldern und buschigen Gärten überall gemein. Den höhern Norden verläßt sie im Herbst, zieht am Tage familien- oder schaarenweise viele von den südlichern mitnehmend gen Süden, doch überwintert auch eine ansehnliche Zahl bei uns, da sie gerade nicht sehr empfindlich gegen die Kälte ist und Futter zur Genüge zu finden weiß. Denn kann sie ihren unersättlichen Appetit nicht mehr mit Insektengeschmeiß stillen, das sie im Frühjahr und Sommer reichlich im Gebüsch findet, so frißt sie im Herbst und Winter harte Samen und Kerne von Beeren, Nüsse, wildes Obst, geht ans Aas und zerrt die hartgefrornen Fleischfasern ab, mordet feige schwächliche und eingefangene Vögel, um begierig ihr Gehirn und frisches Brustfleisch zu verzehren. Sie verschluckt ihre Nahrung gleichsam leckend stückweise, hält die Insekten mit den Füßen und reißt ihnen den Leib auf. Auch die Samenkörner, selbst die kleinsten, hält sie geschickt mit den Zehen, hämmert die harte Schale auf und leckt den Kern. Im Hämmern entfaltet sie in der That eine ganz wunderbare Kraft, man will beobachtet haben, daß sie sogar in Haselnüsse Löcher mit dem Schnabel baut und den Kern hervorholt. Auch der Schädel von Lerchen, Ammern und

Wachtteln mag ihr große Kraftanstrengung verursachen. Kriechend mit ausgebreiteten Flügeln schleicht sie sich an den Vogel heran, wirft denselben durch einen gewaltigen Anfall auf den Rücken, schlägt ihre scharfen Krallen in die Brust und spaltet dann durch derbe Schnabelhiebe den Kopf. Ruhig und mißmuthig wird man selten eine Kohlmeise sehen, ohne Unterlaß ist sie an den Zweigen, im Gebüsch beschäftigt, sucht Futter oder befriedigt ihre große Neugierde, gefällt sich in den possierlichsten Stellungen, bindet Händel mit ihren Genossen oder andern Vögeln an, kämpft zornig und mit wildem Muthe. Ihr Flug schnurrt beschwerlich, führt sie aber doch weit über freie Strecken, ihr Hüpfen am Boden scheint leichter als bei andern Arten. Das Männchen singt einige einförmige Glockentöne, hell und vernehmlich und weiß seine Stimme in Angst, Schreck, Freude, Wohlbehagen mehrfach zu moduliren. Das Nest steckt in einer Höhle, bald hoch, bald niedrig, und wird aus weichen Materialien lecker gewoben.

innen ausgepolstert. Das Weibchen legt 8 bis 14 Eier mit feinen und groben Punkten auf der glänzend weißen Schale und bebrütet dieselben abwechselnd mit dem Männchen vierzehn Tage. Die Jungen werden mit sorglicher Liebe gepflegt und noch nach dem Ausfliegen gefüttert. Für die zweite Brut wird ein neues Nest angelegt, das aber häufig im nächsten Frühjahr wieder benutzt wird. In der Stube ergötzt die Kohlmeise durch ihr munteres, possierliches neugieriges Wesen und ihre Zutraulichkeit, freilich setzt sie hier andern Vögeln hart zu und man sagt ihr sogar nach, daß sie schlafenden Kindern die Augen aushacke. Nicht jede erträgt den Verlust der Freiheit, viele sterben in den ersten Tagen dahin, während andere einige Jahre dauern aushalten. Sie gewöhnt sich an jede Kost. Die Jagd ist sehr ergiebig und leicht und wird in manchen Gegenden wegen des wohlschmeckenden Fleisches sehr eifrig betrieben, wobei man vergißt, daß die Kohlmeise ein überaus nützlicher Vogel ist, und wo er massenhaft ein-

Fig. 168.

Deutsche Meisen.

gefangen wird, die Insekten großartigen Schaden anrichten. Man wundert sich oft, wo in manchen Jahren und in einzelnen Gegenden die verheerende Insektenmenge plötzlich herkömmt, nun, ihr habt das Gleichgewicht im Haushalt der Natur selbst aufgehoben, indem ihr die Insektenfeinde schonungslos vertilgen ließet.

2. Die Tannenmeise. P. ater.

Figur 164 c

Viel kleiner als vorige, höchstens 4½ Zoll lang und noch nicht 8 Zoll in der Flügelspannung, sieht die Tannenmeise ihren Rücken aschblau, den Bauch weißlich, Kopf und Hals tief schwarz, die Wangen und einen Nackenfleck schneeweiß. Die Flügelschwingen sind bräunlichschwarzgrau mit lichten Säumen, die Schwanzfedern schwarzgrau mit ebenfalls hellen Rändern. Andere Unterschiede von voriger Art ergeben sich erst bei genauer Vergleichung. Der Junge fehlt die starke Verengung im hintern Drittheil. Der Darm mißt 5½ Zoll Länge. Schädel und Oberarm führen Luft. Das Vaterland erstreckt sich, wie es scheint, über die ganze nördliche Erdhälfte und so hoch nach Norden hinauf, wie das verkrüppelte Nadelholz geht. In kalten Ländern ist die Tannenmeise freilich Zugvogel, in gemäßigteren mehr Strich- und Standvogel, so in Deutschland. Wenn die Kohlmeise schon ins Winterquartier eingerückt ist, Mitte October, kann erst kommen die Heerden der Tannenmeise, ebenfalls am Tage ziehend von Gebüsch zu Gebüsch und kehren im März wieder zurück. Andere Meisen, Baumläufer, Spechte, Kleiber, Goldhähnchen schließen sich der wandernden Heerde an. Als Standvogeart wählt die Tannenmeise am liebsten Nadelholzwaltung und schützt hier die Stämme vor dem verheerenden Insektenfraß, indem sie auch im Herbst und Winter noch emsig die Eier der verderblichsten Waldfrevler aufsucht. Aber mit diesen reicht sie nicht aus, sie trägt für die knappe Jahreszeit noch Vorräthe von Samen der Nadelbäume in Baumritzen und unter der Borke ein, die sie selbst unter der Schneedecke wieder aufzufinden weiß. An Winterleid und Kedheit steht sie der Kohlmeise nicht nach, hat aber weder deren unverwüstliche heitere Laune noch deren Raub- und Mordlust. Sie liebt auch die Gesellschaft, obwohl ihre Neckereien oft in zornigen bissigen Kampf ausarten. Stimme und Gesang ähneln sehr der Kohlmeise. Das Nest steckt in einer Baumhöhle nahe über dem Boden oder auch in einem Erdloche, ist aus grünem Moos gebaut, innen mit Haaren weich ausgefüttert und birgt 8 bis 8 niedliche weiße Eier mit rothbraunen Punkten. Beide Geschlechter brüten abwechselnd und pflegen gemeinschaftlich die Jungen. In der Stube beträgt sie sich artiger und sanfter als die ungestüme Kohlmeise. Sie verdienen als überaus nützliche Waldbeschützer die größte Schonung und auf ihrer Verfolgung sollte eine höhere Strafe stehen, als Schußgeld für Raubvögel gezahlt wird.

3. Die Blaumeise. P. coerulens.

Figur 164 b

Nur wenig größer als vorige, mit blauen Flügeln und Schwanze, mit grünem Rücken und gelber Unterseite,

das unterscheidet schon hinlänglich von der Tannen- und Kohlmeise. Den Oberkopf bedeckt ein schön himmelblauer, weiß eingefaßter Fleck, darunter zieht von der Schnabelwurzel durch das Auge in den Nacken ein schwarzblauer Strich, während die Wangen schneeweiß, die Kehle schwarz, der Nacken blauweiß ist. Die Flügeldeckfedern schimmern prächtig himmelblau über den schieferschwarzen Schwingen mit blauen Außenfahnen und weißen Spitzen. Die schieferblauen Steuerfedern haben breite, schön blaue Kanten. Die Zunge ähnelt mehr der Kohl- als der Tannenmeise. Der Darmkanal mißt etwas über 4 Zoll Länge. Auch hier ist der Schädel und Oberarm luftführend.

Die Blaumeise steht hinter keinem Gattungsgenossen zurück an rastloser Betriebsamkeit, großer Gewandtheit, in Fröhlichkeit und Kedheit. An den dünnsten Spitzen schwankender Reiser, an Halmen und biegsamen Stengeln übt sie die schwierigsten Turnkünste. Leider gibt sie häufig Beweise ihrer Zanksucht und Bosheit und trägt selbst im Bauer umgestürzt. Die Stimme spielt in verschiedenen Tönen, welche auch den unbedeutenden Gesang zusammensetzen. Die Nahrung besteht aus allerlei Insekten und deren Brut und Eiern, auch aus Spinnen, nur in großer Noth aus einigen Sämereien, an welche man die eingekerkerten mehr gewöhnen kann. Das Vaterland erstreckt sich fast über ganz Europa und zwar wählt die Blaumeise jede Waldung, Gärten und Buschwerk als Standort. Im Frühjahr und Vorsommer lebt sie paarweise, später in Familien, zur Strich- und Zugzeit schaarenweise beisammen. Ihr Nest steckt in hohlen Bäumen oder Mauerlöchern hoch über dem Boden und besteht aus dünnem Gehalm, Flechten und Moos, mit Haaren und Federn ausgepolstert. Die niedlichen Eier, 8 bis 10 in der ersten, 6 in der zweiten Hecke, haben viele rostfarbene Pünktchen auf der weißen sehr zerbrechlichen Schale. Beide Geschlechter brüten in Abwechselung dreizehn Tage. In der Stube ist die Blaumeise, einmal eingewöhnt, ein unterhaltender Gesellschafter, der bei Fliegen, Spinnen, Beeren, weichem Obst, allerhand Tischabfällen und dem gewöhnlichen Universalfutter einige Jahre aushält. Aber nicht jede gewöhnt sich an die Gefangenschaft.

4. Die Haubenmeise. P. cristatus.

Ein steif aufgerichteter Busch schwarzer, weiß gekanteter Federn auf dem Kopfe zeichnet diese fünf Zoll lange Meise unter den einheimischen Arten aus. Die Kehle und ein Strich durch die Schwarz, die Oberseite siehst röthlichbraungrau, die Unterseite weißlich. Die dunkelgraubraunen Flügelfedern beranten sich weißlichgrau, die Steuerfedern kanten sein weiß. Außer dem Schädel führen noch der Oberarm und das Brustbein Luft. Die vier platten Borsten an der Zungenspitze zerfasern ihre Spitze. Der Vormagen ist zwar dünnwandig, aber doch sehr drüsenreich; der Muskelmagen hat jederseits eine glänzende viereckige Sehnenscheibe, der Darmkanal 5 Zoll Länge, die körnige Milz ist viel größer als bei andern Arten. In den europäischen Nadelholzwaltungen fehlt die Haubenmeise selten, wenn sie auch nirgends so gemein und häufig vorkömmt wie die Kohl-

und Blaumeise. Sie ist Stand- und Strichvogel und streicht nur in Laubwäldern und Gärten. Den ganzen Sommer hindurch frißt sie nur Insekten und deren Brut, im Winter mehr Nadelholzsamen, Hanf und Beeren. Ihr Nest gleicht sehr dem der Blaumeise und enthält acht bis zehn ganz ähnliche Eier. In ihrem Standquartier ist die Haubenmeise dreist und keck, beweglich wie andere Arten, auf dem Striche dagegen scheu und ängstlich. Sie zu zähmen gelingt bei ihrer großen Zärtlichkeit nur unter ganz besonderer Sorgfalt, daher man sie nur äußerst selten in der Stube trifft.

5. Die Sumpfmeise. P. palustris.
Figur 168 d.

Das charakteristische Meisennaturell offenbart die Sumpfmeise in der entschiedensten Weise, sie ist die flinkste, lustigste, possierlichste unter allen deutschen Arten, unter allen Lebensverhältnissen heiter gelaunt, bei Kälte und Hitze, Noth und Ueberfluß. An ihrem possierlichen Treiben sieht man sich nicht satt. Natürlich ist sie nach ächter Meisenart neckisch, zornig, kein Freund der Geselligkeit, schlau und listig. An die Stube gewöhnen sich nur einzelne. Aeußerlich kennzeichnet sich die Sumpfmeise durch den tiefschwarzen Oberkopf, die weißen Wangen und Schläfen, das schwarze Kinn, den röthlich braungrauen Oberkörper und die weißliche Unterseite. Die Schwingen dunkeln braungrau mit hellen Rändern. Der Schnabel gleicht in der Form dem der Kohlmeise und ist seitwärts an seiner Wurzel gelegenen punktförmigen Nasenlöcher werden ganz von Borstenfedern überdeckt. Die Körperlänge erreicht nahezu 5 Zoll, die Flügelspannung 8 Zoll, die Darmlänge 4½ Zoll. Die große Milz hat seltsamer Weise einen besondern Seitenlappen und nicht minder absonderlich findet man nur einen ganz kleinen warzenförmigen Blinddarm; wohl möglich, daß beide Eigenthümlichkeiten nur individuelle sind, mögen doch die Ornithologen das Messer zur Hand nehmen und derartige Fragen beantworten. Das untersuchte Exemplar war ein ganz frisches und die Beobachtung eine zuverlässige. Der Muskelmagen ist rundlich käseförmig, die Nieren ohne rautlichen Einschnitt, die Zunge kohlmeisenähnlich und der Oberarm vollkommen pneumatisch.

Die Sumpfmeise heimatet über ganz Europa, in Asien und Nordamerika, meist als Stand- und Strichvogel, nur im höchsten Norden als Zugvogel. Zum Sommeraufenthalt wählt sie Gärten und Laubholzwälder mit dichtem Untergebüsch in der unmittelbaren Nähe von Sümpfen und stehenden Gewässern, wo Schilf, Rohr und anderes Buschwerk wuchern; im Herbst und Winter streift sie durch die Wälder und in die städtischen Gärten. Kieferwaldungen meidet sie, ebenso freie, baumlose Gegenden. Ihre Nahrung ist dieselbe, welche die Kohlmeise liebt, allerlei Insekten und harte Oelsamen und Beeren; von letztern trägt sie Vorräthe zusammen. Das Nest steckt in einem Astloche mit engem Eingange, meist doch über dem Boden und besteht aus trocknem Gehalm, Blättchen und Moos, innen mit Federn, Haaren und Wolle ausgepolstert. Das Weibchen legt acht bis zwölf blaugrünlichweiße, rostroth punktirte Eier und brütet dieselben

abwechselnd mit dem Männchen in dreizehn Tagen aus. Beide Gatten halten das ganze Jahr hindurch innig zusammen.

Der Sumpfmeise stehen einige andere Arten sehr nahe, so die Trauermeise, P. lugubris, im südöstlichen Europa, welche größer ist und das Schwarz des Oberkopfes nicht so weit ausdehnt, viel weiter aber das an der Kehle, auch ihr Schwanz ist länger. Die sibirische Meise, P. sibiricus, hat gar kein Schwarz auf dem Kopfe, aber das der Kehle zieht weit am Vorderhalse herab, und der lange Schwanz ist keilförmig. Die nordamerikanische Meise, P. bicolor, zeichnet sich durch einen schwarzen Stirnfleck und eine dunkelgraue Scheitelhaube aus.

Zu den Waldmeisen gehört auch die Lasurmeise, P. cyanus, welche in Rußland und dem nördlichen Asien heimatet und von hier aus bisweilen nach Deutschland streicht. Sie ist sehr leicht zu erkennen an ihrem weißen Oberkopfe und lasurblauen Nackenbande. Die Oberseite schillert hellblau, die Unterseite weiß, die Schwingen sind an der Außenfahne himmelblau und weiß, an der Innenfahne schwarzgrau. Als Standort wählt die Lasurmeise buschige wasserreiche Gegenden, wo sie nach Art unserer deutschen Meisen wirthschaftet.

6. Die canadische Meise. P. canadensis.
Figur 169.

Früher wurde die canadische Meise mit der Sumpfmeise in eine Art vereinigt, allein die eingehendere Vergleichung hat doch stichhaltige Unterschiede nachgewiesen.

Fig. 169.

Canadische Meise.

Die canadische erreicht nahezu sechs Zoll Länge und schillert oben bleigrau in gelblich, unten bräunlichweiß. Scheitel,

Nacken und Kehle hält sie tief sammetschwarz und die schwarzgrauen Schwingen und Schwanzfedern berandet sie weiß; von den Nasenlöchern zieht ein weißer Streif durch das Auge bis an die Seiten des Halses hinab. Das Vaterland reicht von Florida bis hoch nach Norden hinauf, hier lebt die Art jedoch als Zugvogel und überwintert in den gemäßigten Breiten. Familienweise mit Baumläufern und Rußhähern vergesellschaftet lärmt sie in allen Hecken und Gebüschen, streicht im Herbst in die Gärten, Dörfer und Städte und sucht hier ihren Winterunterhalt, der in Körnern, Insekteneiern und Puppen, in Fleischabfällen und schwächlichen kränklichen Vögeln besteht. Letztere behandelt sie in ihrer Mordlust ganz wie unsere Kohlmeise. Das Nest steckt in hohlen Bäumen und besteht hauptsächlich nur aus dem mulmigen faulen Holze. Das Weibchen legt sechs bis zwölf weiße, rothbraun punktirte Eier im April, zur zweiten Brut Anfangs Juli.

7. Die weißflüglige Meise. P. leucopterus.
Figur 170.

Auch Südafrika hat seine eigene Kohlmeise, welche in den Wäldern nistet und in die Gärten streicht und noch ächter Meisenart lebt. Sie mißt über sechs Zoll Länge

Fig. 170.

Weißflüglige Meise.

und sietert dunkelschwarz mit schön blauem Schimmer. Grell stechen die schneeweißen Flügeldeckfedern aus dem schwarzen Gefieder hervor. Der kleine Schnabel ist schwarz und auf der Firste ziemlich gekrümmt, auch die

grauen Füße kleiner als bei der europäischen Art, die Krallen kürzer, breiter und stärker gekrümmt. Das Weibchen legt 6 bis 7 rein weiße, nicht punktirte Eier in ein Baumloch.

8. Die Schwanzmeise. P. caudatus.
Figur 171. 172.

Die Gruppe der langgeschwänzten Meisen ist in Deutschland nur durch eine und gerade höchst ausgezeichnete Art vertreten, durch die Schwanzmeise. Sie gleicht

Fig. 171.

Schwanzmeise.

einem langgestielten Federballe, zumal wenn sie ihr langes, ungemein zartes Gefieder sträubt. Der dicke runde Kopf scheint unmittelbar auf dem Halse aufzusitzen. Der sehr kurze Schnabel ist stark zusammengedrückt und schmalrückig und trägt das punktförmige Nasenloch häufig umrandet an der Wurzel versteckt. Die Beine sind schwächlicher und schlanker als bei andern Arten, die Krallen sehr scharfspitzig und die der Hinterzehe ansehnlich groß. Die scheinbar kurzen Flügel spannen doch fast acht Zoll Länge, und von den schmalen weichen Schwingen ist die erste ganz kurz, die zweite und dritte stufig länger und die vierte und fünfte am längsten. Das dunenartig lockere Gefieder hält sich an der Unterseite trübweiß, oben vom Nacken zum Rücken schwarz, dann seitlich weiß mit rother Beimischung. Die Borsten an der Schnabelwurzel sind weiß, der obere Augenlidrand citrongelb. Die braunschwarzen Schwingen säumen sich weiß und an dem schwarzen Schwanze haben die äußern Federn eine weiße

Außenfahne und auf der innern einen weißen Keilfleck. Das Jugendkleid düstert viel mehr. Der ganze Vogel erreicht über sechs Zoll Länge, aber mehr als die Hälfte davon kömmt auf den Schwanz. Bei der innern Organisation verdient Beachtung der mordige, nicht pneumatische Oberarm, dann der kräftige Singmuskelapparat und der nur schwach muskulöse Magen. Das Gedärm mißt nur wenig über vier Zoll Länge und hat klein warzenförmige Blinddärmchen. Die breite Zunge endet vorn mit vier Borstenbüscheln.

So überaus zart die Schwanzmeise auch nach ihrer äußern Erscheinung ist, trotzt sie doch dem rauhesten Klima und dehnt ihr Vaterland bis in die hohen Norden Europas aus. Im mittlern Europa ist sie in allen Wäldern und buschigen Gärten gemein und überwintert auch bei uns. Ihr Standquartier schlägt sie in jedem, nicht zu trockenem Gebüsch auf, am liebsten, wo sie zugleich hohe Baumwipfel besuchen kann. Die Unruhe, Beweglichkeit und Gewandtheit im Klettern hat sie mit den andern Arten gemein, aber von Charakter ist sie sanfter, ängstlicher und weichlicher, ohne Zorn und Mordlust. Ihre gewöhnliche Stimme zischt si, der Lockton pfeift hell und schneidend tititl und zirriril. Das Männchen singt einige leise zirpende Strophen. Die Nahrung besteht ausschließlich in weichen Insekten und deren Brut, nicht in Sämereien; sie dämmert weder mit dem Schnabel, noch hält sie den Fraß mit den Füßen. In der Stube gewöhnt sie sich durch beigemengte Fliegen, Mehlwürmer und Ameisenpuppen an das Nachtigallenfutter und hält dabei einige Jahre aus. Mir gelang es nicht, sie länger als zwei Tage am Leben zu erhalten, es sind nur einzelne, welche die Gefangenschaft ertragen haben.

Als Baumeister steht die Schwanzmeise unter ihren europäischen Gattungsgenossen unübertroffen da. Noch ehe das Laub sich entfaltet, beginnt das Pärchen schon den schwierigen Bau. Sie wählen dazu einen sichern und versteckten Ort im Gezweig, tragen emsig Moose, Flechten, Puppenhülsen, weiche Rindenteile und allerlei Gespinnst zusammen und weben daraus einen acht Zoll

Fig. 172.

Nest der Schwanzmeise.

langen dicht- und dickwandigen Beutel mit oberer Oeffnung. Das Gezweig, woran derselbe hängt, ist mit eingewoben und das Aeußere des Nestes wird rauh oder glatt, grün, grau oder weißlich gehalten, stets ähnlich der unmittelbarsten Umgebung. Fast drei Wochen hat die anstrengendste Arbeit erfordert der Kunstbau, dessen Inneres mit allerlei weichen Federn, Haaren und Wolle weich ausgepolstert wird. Im April findet man neun bis höchstens funfzehn Eier darin. Anfangs Juni für die zweite Brut fünf bis sieben, alle sind sehr zartschalig, reinweiß oder am stumpfen Ende mit blaßrothen Pünktchen bestreut. Dreizehn Tage brütet das Weibchen unter Ablösung des Männchens. Wächst nun die mit Maden und Raupen gefütterte Brut heran, so wird der Raum im Nest zu enge, die Jugend weitet denselben und gar oft zerreißt oder durchlöchert sich das kunstvolle Gewebe, dann sieht man die Schwänzlein aus dem Loche hervorragen und den Unrath herausfallen.

9. Die Bartmeise. P. biarmicus.

Figur 173.

Mit dieser Art gelangen wir zur letzten Gruppe der Meisen, zu den Rohrmeisen, welche in Deutschland zwei Arten aufzuweisen haben. Ihr unterscheidender Charakter der von den Wald- und langschwänzigen Meisen liegt in dem schwachen mehr rundlichen Schnabel mit vorstehender oberer Spitze, in den schwächlichen Füßen mit sehr großen schlanken Krallen und in der abweichenden Schwanzform. Sie siedeln sich im Geröhricht und Weidengestrüpp am Wasser an, bauen sehr künstliche beutelförmige Nester, legen weniger Eier als andere Arten und fressen Insekten und Gesäme. Von Charakter sind sie ächte Meisen.

Die seidenweich in angenehmen Farben befiederte Bartmeise führt ein unruhiges, überaus bewegliches Leben im Rohr, klettert an den schwankenden Halmen hurtig auf und ab, wiegt sich an überhängenten Spitzen oder krallt sich an einer Rispe fest, kann schnurrt sie in niedrigem Fluge eine Strecke fort, um an einem andern Orte dasselbe Spiel zu treiben oder sie hüpft am sumpfigen Boden hin. Dabei ruft sie häufig zit zit oder schärfer zips zips. An Insektengeschmeiß fehlt es ihr im Sommer nicht, zur Abwechslung frißt sie kleine zartschalige Schnecken, deren man schon ein und zwanzig auf einmal bei ihr gefunden hat. Im Herbst und Winter erhält sie sich mit Samen von Rohr (Aruodo phragmitis) und andern Sumpfpflanzen. Ihr Vaterland sind die wasserreichen schilfigen Ebenen Europas und Asiens; Waldungen und trockne Gegenden, Aenger und Felder meidet sie stets. Man trifft sie paarweise und in kleinen Familien beisammen, in einigen Gegenden als Stand-, in andern als Strichvögel. Ihre äußere Erscheinung unterscheidet sie hinlänglich von vorigen Arten. Bei 7 Zoll größter Länge, wovon die Hälfte der Schwanz einnimmt, spannen die Flügel mit ihren säbelförmigen schmalen Schwingen acht Zoll. Das Nasenloch liegt ziemlich frei an der Wurzel des kurzen Schnabels unter einer gewölbten harten Decke. Die Beine sind schlank und hoch, die langen Zehen mit dünnen, stachbogenen Nägeln bekrallt. Das Männchen trägt an der Kehle bis zu den Zügeln hinauf

13*

einen aus steifen langen Federn gebildeten sammetschwarzen Bart, welcher bei dem Weibchen kürzer, unscheinbarer und nur am Grunde schwarz ist. Das Gefieder spielt in sanften Farbentönen, perlgrau, röthlich zimmetbraun,

Fig. 173.

Bartmeise.

hell weiß und tief schwarz, an der Brust mit sanft übergogener Rosenröthe. Die ganze Unterseite ist weiß, ebenso ein Flügelstreif und die Flügelränder, die Handschwingen aber schwarz, der Schwanz oben matt roßfarben. Nur die Hirnschale führt Luft, kein anderer Knochen des Skelets. Die Zunge verschmälert sich gegen die Spitze hin mehr als bei andern Arten und hat hier nur zwei platte Borsten. Magen und Darmkanal haben wir oben bei der Charakteristik der Gattung abgebildet, der Magen ist viel stärker muskulös als bei andern Meisen, die Bauchspeicheldrüse sonst doppelt, hier eine dreifache. Der Darmkanal erreicht 7½ Zoll Länge. Der Singmuskelapparat am untern Kehlkopfe hat eine sehr beträchtliche Stärke.

Die Bartmeise nistet im unzugänglichen Geröhricht und nur wenige Ornithologen haben das künstliche Nest an Ort und Stelle gesehen. Es ist an sich kreuzenden Rohrstengeln befestigt, schwebend beutelförmig, oben mit zwei engen Eingangslöchern. Seine Wandungen bestehen aus einem dicht verfilzten Gewebe von Bastfasern, Gehalm und Samenwolle. Man findet das Nest nur an einjährigen Stengeln, welche doch erst ihre Höhe erreicht haben müssen, bevor die Meise anfängt zu bauen. Ende Juni also beginnt sie erst ihren Bau und die Jungen fliegen Anfang August aus. Die Eier sind weiß mit einigen spärlichen rothen Punkten oder Strichelchen.

10. Die Beutelmeise. P. pendulinus.

Figur 174.

Ein Bewohner Asiens und des östlichen Europa, bis Oesterreich und Schlesien, weiter nach Deutschland hinein nur vereinzelt und in einzelnen Gegenden. In der Wahl des Aufenthaltsortes folgt die Beutelmeise ganz der Bartmeise, indem sie ebenfalls nur an beschilften und weidenbuschigen Teichen und Sümpfen sich niederläßt. Auch in Naturell, Lebensweise und der Nahrung gleicht sie jener völlig. Desto auffallender unterscheidet sie sich aber in ihrer äußern Erscheinung. Klein und niedlich, nur 4½ Zoll lang und 6¼ Zoll in der Flugweite, zeichnet sie sich zunächst durch den Schnabel aus, denn derselbe ist an der Wurzel dick und rund und läuft in eine dünne gerade zusammengedrückte Spitze aus. Das punktförmige Nasenloch liegt ganz am Grunde unter Borstenfedern versteckt. Das Gesicht ist tief schwarz, der Scheitel rothbraun und nach hinten graulichweiß wie der Hals. Der Rücken ziert schön rothbraun oder dunkelroßfarben, der Bürzel rostgelblich. An die rein weiße Kehle schließt abwärts bis zur Brust wieder Rostfarbe mit weißen Flecken, während der Bauch weiß ist. Die mattschwarzen Flügelschwingen kanten sich grauweiß und ebenso die Steuerfedern. Das weibliche und das Jugendkleid weichen nur wenig ab. Das Nest der Beutelmeise ist das künstlichste

Fig. 174.

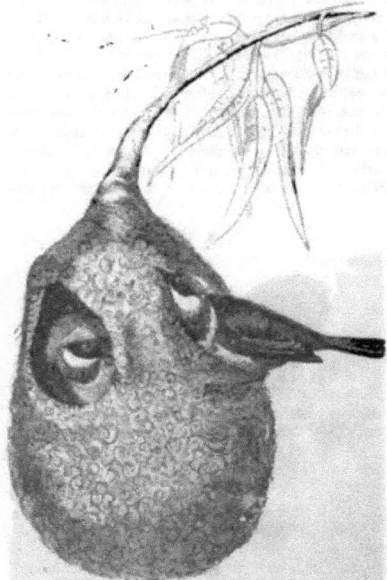

Beutelmeise.

unter allen einheimischen. Es schwebt frei an den vereinigten Enden einiger Rohrstengel im unzugänglichen Geröhricht, ist oval oder beutelförmig mit nur engem Eingange. Seine Wände bestehen aus einem dicht verfilzten Gewebe von Bastfasern, zartem Gehalm und verschiederner Pflanzenwolle. Das Weibchen legt 5 bis 7 sehr zartschalige schneeweiße Eier hinein und brütet zwölf Tage auf denselben, rann Ende Juli erst fliegen die Jungen aus. Das Nest wird in manchen Gegenden Rußlands als Schub benutzt, indem man vom Eingange aus einen Schlitz hinein macht; fest und wärmend ist der Filz.

Außer den bisher aufgeführten Arten hätten wir noch mehre aus andern Welttheilen zu schildern, doch bieten uns dieselben nur Eigenthümlichkeiten in der Befiederung, die uns wenig Befriedigung gewähren. So ist P. leucopterus am Senegal und Gambia ganz schwarz bis auf die weißgesäumten Flügel- und Schwanzfedern. Der ebenfalls afrikanische P. cinerascens fiedert oberhalb aschfarben, im Nacken und an der Kehle schwarz, unten weiß.

Siebente Familie.

Tangaras. Tanagridae.

Eine kleine Familie ausschließlich amerikanischer Singvögel, welche mit den finkenartigen Sängern so sehr nah verwandt sind, daß sie von manchen Ornithologen geradezu mit diesen vereinigt werden. Sie haben einen kräftigen, schlank kegelförmigen Schnabel mit schwach gebogener Rückenfirste, etwas zahgekrümmter Spitze und deutlicher Kerbe neben derselben. Das Nasenloch liegt frei in einer langen Grube, doch fehlen die feinen Borsten an der Schnabelwurzel nicht. Die Flügel haben nur neun Hautschwingen und die Läufe sind vorn getäfelt. Das derbe Gefieder grellt zumal bei den Männchen in bunten brennenden Farben, blau, grün, roth, gelb, und weiß. Die Tangaras leben meist gesellig in Wäldern und Gebüschen, singen zum Theil klangvolle Melodien und nähren sich von weichen saftigen Früchten, nebenher auch von trocknen Samen und Insekten. Ihre Arten sind neuerdings in zahlreiche Gattungen vertheilt worden, die wir den Cabinetsornithologen überlassen, denn es genügt uns, den Typus im Allgemeinen kennen zu lernen.

1. Tangara. Tanagra.

Diese typische Gattung der Familie kennzeichnet zunächst der gebogen kegelförmige, an der Wurzel breitkantige Schnabel mit ziemlich scharfer Firste und fast gerader Spitze, neben welcher nur eine sehr schwache Kerbe bemerklich ist. Das runde Nasenloch liegt in einer kurzen, flachen Grube. Die starken Beine haben kurze Zehen mit mäßigen spitzen Krallen. Der ziemlich lange Schwanz rundet sich an seinem breiten Ende gern aus und die mäßig spitzen Flügel, deren erste Schwinge nur wenig kürzer als die zweite längste ist, reichen fast bis auf seine Mitte. Das Gefieder läuft in einer schmalen Flur mit

breitem rautenförmigen Rückensattel auf der Oberseite hin und bildet an der Unterseite breite Brustfluren. Von den zahlreichen, das warme Amerika bevölkernden Arten bilden wir nur eine ab.

Die rothe Tangara. T. rubra.
Figur 175.

Die rothe Tangara ist wie die meisten ihrer Gattungsgenossen sehr scheu und vorsichtig, ungesellig und mißtrauisch. Im dichtesten Walde wählt sie daher ihr Standquartier und huscht hier von Ast zu Ast, um bei jeder Gefahr sofort unter den belaubten Zweigen zu verschwinden. Nur einzeln wagt sie sich bis an die Obstgärten heran. Männchen und Weibchen leben friedlich beisammen und meiden jede Gesellschaft. Ersteres sitzt stundenlang ruhig auf einem Ast und singt seine kurzen

Fig. 175.

Rothe Tangara.

ganz angenehmen Strophen. Es prangt auch in prächtigerem Kleide als seine Gattin, in scharlachrothem mit schwarzen Flügeln und Schwanze; im Spätsommer aber vertauscht es dieses Hochzeitskleid mit einem olivengrünen, in welchem die Schwingen und Schwanzfedern rauchschwärzlich sind. So trägt sich auch das Weibchen. Die Wintermonate verbringen beide im tropischen Amerika, im April erst ziehen sie in den Süden der Vereinten Staaten und im Mai etwas höher hinauf. Um diese Zeit bauen sie auch das Nest in das dichte Gezweig eines Waldbaumes. Dasselbe ist kunstlos aus Reisern mit Bast und Schlingpflanzen gewebt, innen mit feinen Fichtennadeln und zarten Zweigen ausgefüttert. Alles so locker und leicht verbunden, daß Luft und Licht hindurchstreift. Das Weibchen legt 3 bis 4 schmutzigblaue, am dicken Ende braungefleckte Eier hinein und pflegt gemeinschaftlich mit dem Männchen die Brut mit zärtlicher Sorge und so inniger Anhänglichkeit, daß es den geraubten

Jungen folgt und dieselben noch durch die Drähte des Käfigs füttert. Die gewöhnliche Nahrung besteht in verschiedenen Insekten und Beeren.

Ziemlich weit verbreitet im warmen Amerika ist die geschmückte Tangara, T. ornata, 7 Zoll lang, an Kopf, Hals und Brust hellblau, übrigens graugrün; sie ist minder scheu und besucht gern die Obstgärten der Ansiedler. Die südamerikanische T. episcopus lebt in den Kronen der Palmen und fiedert hellbläulichgrau mit himmelblauen Säumen an den Flügel- und Schwanzfedern. Die T. cyanomelas durchschwärmt in kleinen Gesellschaften die Urwälder Brasiliens und fiedert am Rücken schwarz, auf der Stirn blau und gelb, an der Unterseite himmelblau, am Bauch und Steiß rothroth.

Unter den von Tangara abgetrennten Gattungen erwähnen wir Calliste mit kürzerem, mehr zusammengedrücktem Schnabel, mit versteckten Nasenlöchern, schönfarbigen platten Federchen an den Augenlidern und zierlichen Beinen. Die Arten fiedern sehr bunt und leben gesellig in waldigen, buschigen Gegenden. In ihrem Habitus gleichen sie unsern Zeisigen und Hänflingen, wie die schwarzblaue brasilianische, die edelgelbe mit schwarzer Brust und solchen Flügeln, die grüne mit zimmetrothem Scheitel und Nacken u. a. Auch die Gattung Tachyphonus hat bedeckte Nasenlöcher, aber einen dickern Schnabel mit herabgekrümmter Spitze und ihre Männchen tragen eine grellfarbige Scheitelhaube, während das Gefieder braun oder schwarz ist. Die Gattung Pyranga giebt die Kiefernränder ihres dickkegelförmigen Schnabels stark ein und läßt die Mitte des obern Randes zahnartig vortreten, auch die kreisrunden Nasenlöcher öffnen sich frei.

Andere Gattungen der Familie kennzeichnet der dickere und kürzere Schnabel mit tieferer, bisweilen selbst doppelter Kerbe neben der herabgebogenen Spitze, die dreieckigen Flügel und der kürzere Schwanz. So bilden bei Procnias die dick aufgeworfenen Schnabelränder eine förmliche Schwiele und die Flügel spitzen sich stark. Bei den dickköpfigen und starkschnäbligen Eurydomearten sind dagegen die Schnabelränder schwach eingezogen, der die Spitze doppelkerbig, ihre Männer leben stahlblau und grüne, die Weibchen sämmtlich olivengrüne Färbung. Ganz seltsam ist bei dieser Gattung der Mangel eines eigentlichen Magens, nur die Speiseröhre hat eine kropfartige Erweiterung. Die Papageifinken, Saltator, unterscheiden sich durch ihren größern, stärkern Schnabel mit deutlicher Kerbe und Enthaken, durch kräftige Beine und langen Schwanz: sie fiedern oberder meist olivengrün.

Achte Familie.

Finkenartige Sänger. Fringillidae.

Alle noch übrigen Singvögel werden gemeinlich in die eine sehr umfangreiche Familie der Kegelschnäbler vereinigt, weil sie von den Vorigen hauptsächlich durch den kurzen geraden und starken Kegelschnabel ohne Kerbe neben der meist ganz geraden Spitze unterschieden

sind. Außerdem charakterisirt sie die wenig vortretende kurze Nasengrube mit dem runden Nasenloch dicht vor oder zum Theil unter dem Stirngefieder, nicht minder die kurze harte, vorn fein gezaserte, hinten gezähnte Zunge, von welchen die erste nahezu die Länge der zweiten erreicht, der zwölffederige weiche Schwanz und die kräftigen Beine mit hohem, vorn getäfelten, hinten gestiefelten Lauf und scharf bekrallten langen Zehen. Indeß schon die Schnabelform bietet so mancherlei Abänderungen, noch mehr die Flügel und Beine und das Gefieder, auch Naturell und Lebensweise, daß es naturgemäß erscheint, die Kegelschnäbler in mehre Familien aufzulösen. Eine solche, natürlich umgränzte Familie bilden die finkenartigen Singvögel oder Körnerfresser, auf welche die eben angeführten Merkmale im strengsten Sinne passen. Ihr Schnabel ist kürzer als der Kopf, dickkegelförmig, auf dem Rücken gerundet oder platt; die an seiner Wurzel gelegenen Nasenlöcher zum Theil unter Borstenfederchen versteckt; die mäßig starken Zehen bis auf den Grund getrennt; meist nur 18 Schwingen in den Flügeln; die schmale Oberflur bildet auf dem Rücken einen breiten Sattel. In anatomischer Beziehung verrient das häufige Vorkommen eines Kropfes an der Speiseröhre, der lange drüsenreiche Vormagen, der sehr starke Muskelmagen und die winzig kleinen Blinddärmchen Beachtung. Alle Mitglieder nähren sich von Körnern und Gesäme, viele während der Fortpflanzungszeit von Insekten, mit denen sie auch ihre Brut auffüttern. Sie wählen zum Aufenthalt buschige Gegenden, Gärten, Wiesen und Felder, leben gesellig und monogamisch und schließen sich ohne Scheu und gern dem Menschen an. Ihre Stimme ruft laut, und die Männchen vieler Arten sind als angenehm unterhaltende Sänger geschätzt. Sie eignen sich ganz besonders zu Stubenvögeln, ihre leichte Zähmbarkeit, ihr munteres und zutrauliches, verträgliches Wesen bei sehr bescheidenen Ansprüchen an die Pflege, ihre leichte Fütterung empfiehlt sie ihren Freunde des befiederten Volkes und besonders würden Stubenbecker, Grillensänger und Hospedanritten an dieser beweglichen Gesellschaft eine kurzweilige und angenehme Unterhaltung finden. Ich habe schon seit einer langen Reihe von Jahren, ursprünglich behufs anatomischer Untersuchungen, 20 bis 30 verschiedene Arten der Körnerfresser zu hundert und mehr Stück in einem großen Bauer beisammen. Derselbe mißt 4 Fuß Höhe, 2½ Fuß Tiefe und 5 Fuß Breite und steht auf einem etwas größern mit sechs Abtheilungen für Insektenfresser, Raubvögel und andere große Vögel auf. Die Körnerfresser bekommen täglich einmal Reben, Rübsaat, Hanf und Glanz oder Kanariengerste, als Nebenkost etwas Grünes, in Milch geweichte Semmel, geriebene Mohrrüben mit Maß und zwei- bis dreimal frisches Wasser zum Trinken und Baden. Für die Lerchen, Wachteln, Staare und andere in der Gesellschaft befindliche Gäste wird noch anderes Futter verabreicht. Im Fressen, Singen, Spielen, Zank, Schlafen, Putzen, kurz im ganzen Treiben der Gesellschaft: wer sich darüber näher unterrichten will, findet die specielle Schilderung in meiner populären Zeitschrift: das Weltall (Leipzig 1854. S. 49 ff.).

Die Körnerfresser leben in allen Welttheilen und allen Zonen, am spärlichsten freilich in der kalten Zone und hier auch nur als Zugvögel, in gemäßigten Ländern überdauern die meisten den Winter ganz gut. Wir beginnen ihre Darstellung mit der typischen Gattung, den

1. Finken. Fringilla.

Unter Finken begreift der Ornithologe noch viele andere Vögel außer den gewöhnlichen Finken, nämlich die Kernbeißer, Zeißige, Hänflinge, Spatzen und Gimpel. Alle haben nämlich denselben kurzen, starken, gewölbten, kegel- oder kreiselförmigen Schnabel mit gerader scharfer Spitze und geraden schneidenden Rändern. Die runden Nasenlöcher liegen nahe an der Stirn und werden von kurzen Federchen beschattet. Die mäßigen Flügel spitzen sich rumpf, weil die erste Schwinge nur wenig kürzer als die zweite und diese oder eine der beiden folgenden die längste ist. Der Schwanz spielt mit seiner Länge, meist aber häufig das Ende aus. An den Beinen pflegt der Lauf die Länge der Mittelzehe zu haben oder er ist etwas kürzer. Das dichte weiche Gefieder liegt glatt an und prangt bald mit großer Zeichnung, bald liebt es einfache bescheidene Farben, häufig aber wechselt es nach dem Geschlechtern. An der Unterfläche fällt besonders die Breite der Bruststreifen auf, an der Oberflur ist der Rückensattel meist gerundet, seltener rautenförmig. In der innern Organisation zeichnet sich die Streiseröhre charakteristisch aus, indem sie bald ohne Spur von Kropf mit gleicher Weite zum Magen läuft, bald eine bauchige Erweiterung oder gar einen wirklich sackförmigen Kropf besitzt. Der sehr drüsenreiche Vormagen ist meist länger als der Muskelmagen, dessen Wände beträchtliche Dicke haben und innen mit fester dorniger Haut ausgekleidet sind. Man findet gewöhnlich Sandkörner und kleine Steinchen darin. Der Darmkanal mißt häufig die zweifache Länge des befiederten Körpers, ist aber stark wie bei allen Singvögeln anfangs mit Zellen, später mit Zickzackfalten ausgekleidet und hat stets sehr kleine und selbst unscheinbare Blinddärmchen. Die Leberlappen sind an Form wie an Größe sehr ungleich, die nie fehlende Gallenblase kuglig oder langgestreckt. Die Milz ist lang cylindrisch, wurmförmig, die Bauchspeicheldrüse doppelt, die Nieren mit randlichem Einschnitt, der Singmuskelapparat am untern Kehlkopf stark. Den Fächer im Auge bilden 13 bis 24 gerade oder geknickte Falten, den knöchernen Ring 13 bis 15 Schuppen. Die Luftführung des Skelets beschränkt sich oft nur auf die Hirnschale.

Lucian Bonaparte, der sehr verdiente Ornitholog, gibt die Anzahl der bekannten Fringillenarten auf 130 an. die über alle Welttheile mit Ausnahme Neuhollands verbreitet sind. Wir haben hier mit den 15 einheimischen Arten hinlänglich zu thun. Sie sind Waldbewohner oder halten sich gern in der unmittelbaren Umgebung menschlicher Wohnungen auf, nisten auf Bäumen, im Gebüsch, in Löchern oder Spalten, nie auf dem Boden selbst und legen in ein sorgfältig, wenn auch nicht immer sehr künstlich gebautes Nest zwei- bis dreimal jährlich 4 bis 7 Eier. Nach der Lebensweise wie auch nach der

äußern Erscheinung gruppiren sich die Arten in die schon oben angegebenen Kreise, in deren Reihenfolge wir die einheimischen vorführen.

1. Der Kirschkernbeißer. Fr. coccothraustes.

Figur 776.

Kernbeißer heißen alle plumpen gedrungenen Finkenarten mit großem Kopfe, ungewöhnlich starkem Kreiselschnabel, schwammigen Beinen, dritter längster Armschwinge und mit kurzem Schwanze. In dem Schnabel steckt eine ungeheure Kraft, keine Schale ist ihm zu hart, er spaltet sie und wer es wagt, dem Hungrigen den Finger vorzuhalten, wird gewiß den Schmerz des Bisses nimmer vergessen. Unsere einheimische Art, deren mittle Schwingen am Ende erweitert und stumpfwinklig ausgeschnitten sind, bewohnt ihr Vaterland vom Mittelmeer bis Schweden aus und ist auch in Asien weit verbreitet, bei uns und höher hinauf als Strichvogel, der zu Paaren oder schaarenweise schon mit dem August seinen Standort wechselt und nur bei sehr strengen Wintern uns ganz verläßt, dann aber schon im März wieder heimkehrt. In Laubholzwaldungen hält er sich am liebsten auf, streicht jedoch gern in Obstgärten und auf Gemüsefelder, überall wo es harte Samen zu knacken gibt, nur Haidegegenden und triste Kiefernwälder meidet er. Als Kost wählt er zuvörderst harte Baumsamen, von Buchen, Tannen, Fichten u. dgl., sobald die Kirschen reifen, läßt er sich familienweise zumal auf den Sauerkirschbäumen nieder, entfleischt die Früchte, nimmt geschickt den Kern so zwischen die scharfen Schnabelränder, daß diese in die Naht der harten Schale einschneiden und mit einem gewaltigen Druck beide Schalenhälften herabfallen und nun der innere Kern verzehrt wird. Auf dreißig Schritte Entfernung hört man das Knacken und bald ist die ganze Gesellschaft so eifrig, so beißhungrig, als wollte sie in einem Tage die ganze Plantage abernten. Tiefer im Sommer streicht sie in die Kohl- und Gemüsegärten und sucht hier an den verschiedensten Sämereien sich zu sättigen, fällt über die Erbsen her und weiß auch die Beeren mit harten Kernen aufzunehmen. Bei ihrer Gefräßigkeit richten natürlich die Kernbeißer, wo sie schaarenweise einfallen, großen Schaden an und sie werden dabei so dreist, daß kein Klappern, Pfeifen und Lärmen sie verscheucht; erst einigen mörderischen Flintenschüssen weichen sie. Im Frühjahr und Vorsommer vertilgen sie jedoch auch eine Menge Käfer und deren Brut. Ihr Flug schnurrt schwerfällig mit schnellem Flügelschlag, über weite Räume in flachen Wellenlinien, auch das Hüpfen am Boden ist ungeschickt, auf den Ästen leichter. Wo sie nicht fressen, pflegen sie der Ruhe, sitzen still in der Sonne und die Männchen knirren, schirken, knipsen ihr langes Lied, das im vollen Chor ein unangenehmes Concert gibt. In der Stube wird der Kernbeißer zwar leicht zahm, allein sein plumpes Aeußere, sein gefährliches Beißen und der häßliche Gesang empfehlen ihn gar nicht. Sobald die Knospen aufbrechen, sucht jedes Pärchen einen geeigneten Ast für die Nestanlage. Trockene Reiser werden zu einer großen Grundlage herbeigetragen, darüber zartes Gewurzel, Blättchen, Flechten und Moos und dann der Napf mit

Wolle und Haaren ausgefüttert. Die glattschaligen Eier sind grünlich oder bläulich mit dunkeln Flecken, drei bis fünf. Das Weibchen brütet unter Ablösung des Männchens in den Mittagsstunden vierzehn Tage lang, die Jungen fliegen schnell aus, bedürfen doch aber noch lange der zärtlichen Pflege der Alten, welche ihnen auch in hohem Grade zu Theil wird.

Der Kirschkernbeißer erreicht gemeinlich 7 Zoll Länge und fast 11 Zoll in der Flügelspannung. Der dicke Kreiselschnabel giebt seine sehr scharfen Schneiden schwach

Fig. 176.

Kernbeißer.

ein und birgt nur eine kleine harte Zunge. Die kurzen stämmigen Beine befäfeln sich grob; die Krallen sind stark gekrümmt und scharfspitzig. Das Männchen hat im Herbstkleide einen gelbbraunen Oberkopf mit schwarzer Schnabelwurzel und einer schwarze Kehle, im Nacken tritt ein schönes Aschgrau hervor, das an den Halsseiten röthlich überfliegt, am Rücken in chokolate- und kastanienbraun sich verwandelt und hinten wieder heller wird. Die Unterseite ist licht grauroth, die Schwingen sammetschwarz, die Schwanzfedern mit weißen Enden. Im Frühjahrs- und Sommerkleide verbleichen die schönen Farben, die Zeichnung wird unrein, verwischt, das Weibchen trägt sich überhaupt matter als das Männchen, mehr grau, den Jungen fehlt das Schwarz an der Kehle. Die Rückenfarbe des Gefieders bildet einen breiten edlgen Sattel. Der Schlund erweitert sich bauchig, der Vormagen ist weit und lang, der Muskelmagen rundlich, mit nicht gerade dicken Wänden, der Darmkanal 14 Zoll, die Blinddärme 2 Linien lang, die Milz schlank und dünn; nur die Hirnschale aufsführend.

Ueber die außereuropäischen Kernbeißer wissen wir kaum mehr als die Zeichnung des Gefieders, das bei einem Afrikaner olivengrün, bei einem Südamerikaner azurblau, bei andern anders ist.

2. Der Hausperling. Fr. domestica.

Figur 177.

Wer kennt ihn nicht, den unverschämten Aufdringling, den gefräßigen, schlauen, dreisten Spatzen! Ueberall bin der Kultur folgend, stets in der unmittelbaren Nähe des Menschen sich ansiedelnd, ist er doch nicht zahm und zutraulich geworden, sondern genießt nur das üppige ge-

mächliche Leben, übt sich nur im verschmitzten Stehlen und frechen Schimpfen, sucht Schutz unter dem menschlichen Dache, aber achtet stets mißtrauisch auf den Bewohner und vergißt bei all seinem Thun und Treiben nie die eigene Sicherheit und Behaglichkeit. Zwar lebt er gesellig, doch nur die Pärchen halten Friede, in der Schaar selbst gibt's viel Lärm, Hader und Zank, der gar oft, zumal im Frühjahr um den Besitz der Weibchen in blutige Raufereien ausartet, in welchen die kämpfenden sich förmlich knäueln und ihre Sicherheit vergessend vom Dache herabpurzeln. Andern Vögeln meidet er und kleinern läßt er gern seine rohe Kraft empfinden. In meinem großen Bauer sind die Spatzen die robesten Gesellen, sie ergreifen Zeisige, Stieglitze und Hänflinge am Flügelbug, schleudern sie einige Male hin und her und stürzen sie dann vom obern Sprungstabe herab, wobei ihnen die Federn des Gemißhandelten um den Kopf fliegen. Die Statur und Haltung verräth Kraft, der Blick viel List und Schlauheit. Und nun die Gefräßigkeit: Alles mundet ihm und wenn er Ueberfluß hat, wählt er nur das Beste und Schmackhafteste aus und mästet sich daran. Im Freien geht er an allerlei Gesäme, an Beeren, Früchte, Blüthen und Insekten. Letztere vertilgt er im Frühjahr ziemlich massenhaft und füttert mit der weichen Brut auch seine Jungen auf. Das ist der einzige Nutzen, welchen er der menschlichen Oeconomie bringt. Zumal reinigt er die Obstbäume von ihren gefährlichsten Verderbern und wenn er auch selbst später gern und viel Obst frißt: so

Fig. 177.

Nest des Hausperlings.

hat er das reichlich verdient. In Verkennung dieser Verdienste hat man ihn und da Prämien auf seine Vertilgung gesetzt, aber ein so verschlagenes, fruchtbares und naturwüchsiges Proletariat, wie es der Spatz unter dem gefiederten Volke repräsentirt, läßt sich schlechterdings nicht ausrotten und man merkte gar bald mit seiner übergroßen Verringerung, daß nun das unbeachtete Insektengeschmeiß in verderbenbringender Weise überhand nahm. Ein großer König, der das Obst sehr liebte, hatte im Verdruß

über den ihm von den Spatzen daran zugefügten Schaden
diese in seinen Gärten und deren Umgebung vertilgen
lassen und siehe, im folgenden Jahre schon erntete er viel
weniger und meist insektenfräßiges Obst. Wo aber der
Spatz sich gründlich verfolgt weiß, da läßt er sich nicht
blicken und er vergingen einige Jahre, bis die königlichen Obstgärten wieder die nöthigen Insektenjäger
hatten. Im Winter sucht der Spatz auf den Straßen,
Gehöften, Dörfern, in den Magazinen seinen Unterhalt
und die steigernde Noth macht ihn dreister, sogar unvorsichtig; im Frühjahr lockt die erwachende Insektenwelt
ihn ins Gebüsch, auf die Bäume, in die Gärten und im
Sommer und Herbst fällt er schaarenweise in die nächstgelegenen Felder ein. Sein Schilp, Schelm, Dieb ruft
er zum Ueberdruß im Sitzen, Fliegen und Futtersuchen.
Tändeln die Pärchen mit einander: so hört man ein
sanfteres türr oder dielietlie, und läßt sich ein Raubvogel
blicken; so schnarrt ein heftiges Terrre, das in höchster
Gefahr in ein hastig wiederholtes Tell überschlägt. Im
heftigen Zank einer Schaar unterscheidet man die Sylben
tell tell sitp den dell rieb schilk u. a. So mannichfach auch
die Stimme modulirt ist, angenehm hat sie wohl noch
kein menschliches Ohr gefunden. Wie das Aeußere des
Spatzen wenig Feinheit und Zierlichkeit im Vergleich zu
seinem nähern Verwandten verräth: so sind auch seine
Bewegungen ungeschickt und schwerfällig. Sein Flug,
obwohl schnell, ist doch ungeschickt, zumal im Schwenken
und Auffliegen und macht ihm viel Anstrengung, darum
fliegt er weder weit noch hoch. Von der Höhe stürzt er
sich gemeinlich gerade herab und schwenkt erst nahe über
dem Boden, ebenso steigt er aufwärts in schiefer Richtung.
Auf ebenem Boden hüpft er schwerfällig mit gesenktem
Bauche. In seiner Stellung dagegen trotzt Selbstvertrauen, Keckheit und Wohlbehagen. Zur Anlage des
Nestes ist ihm jeder Ort angemessen, der den nöthigen
Schutz gegen Unwetter und räuberische Ueberfälle der
Katzen und anderer Feinde bietet, Sicherheit und Bequemlichkeit seiten aber stets die Wahl, daher begleitet er gern
Schwalben- und Taubennester, Höhlen unter Wetter-
brettern, an Gebäuden aufgehängte Kästen und Körbe,
vorstehende Dachsparren u. dgl. Alte beginnen den Nestbau, wenn sie nicht im früheren blos auszubessern haben,
schon im März und machen drei Bruten. Junge fangen
einige Wochen später an und ernten nur zweimal. Männchen und Weibchen schleppen eifrig in wenigen Tagen
einen großen Haufen von Strohhalmen, Heu, Werg,
Papierschnitzeln, Lappen, Fäden, Wolle, Haaren und
Federn zusammen, weben dasselbe ohne Sinn für Ordnung,
Reinlichkeit und Kunst leichtfertig und lüderlich durch
einander, wenn nur der Napf gut gerundet und weich ist.
Wird das Nest zerstört, versuchen sie doch den Bau an
demselben Platze noch einige Male. Müssen sie auf einem
freien Aste bauen: dann verwenden sie allerdings mehr
Sorgfalt und sogar einige Kunst auf das Nest, überwöl-
ben dasselbe von oben und lassen nur seitlich einen Eingang offen, wie unsere Abbildung solches darstellt. Die
Begattung wird auf einem erhabenen Orte vollzogen und
das Weibchen legt fünf bis sieben zartschalige Eier,
welche es in Abwechslung mit dem Männchen binnen
vierzehn Tagen ausbrütet. Die Jungen sind ungemein

freßbegierig, stürzen darüber gar nicht selten aus dem
Neste, wachsen freilich auch schnell in ächter Proletarier-
weise heran und schaaren sich kaum von mehren Familien
zusammen, während die Alten schleunigst zur zweiten
Brut die Vorkehrungen treffen. An Feinden hat der
Spatz keinen Mangel; Falken, Würger, Elstern, Eulen,
Katzen, Marder, Wiesel, Füchse, Ratten, alle stellen ihm
gleich eifrig nach und der Mensch verfolgt ihn aus tief-
wurzelndem Hasse selbst da, wo er ganz unschädlich ist,
aber unverwüstlich unterliegt der Proletarier auch in dem
großartigsten Vertilgungskriege nicht.

Seine äußere Erscheinung und auch seine innere Organisation beschreibe ich nicht, mit seiner Untersuchung
kann und muß Jeder, der den Begterzoanlemus näher
kennen lernen will, seine Studien beginnen. Von andern
Sperlingsarten unterscheidet ihn die düster aschgraue oder
braungraue Scheitelmitte und die bei dem Männchen
kastanienbraunen, bei dem Weibchen schmutzig roßgelben
Seiten des Kopfes. Von absonderlichen Färbungen,
reinweißen, schedligen, gelben, blauen, schwarzen sind Beispiele nicht sehr selten; Vater Brehm hat dieselben in
wahrhaft überraschender Mannichfaltigkeit gesammelt und
erklärt jede für eine besondere Art. Gemeinsame Charaktere aller Spatzenarten sind der kurze kräftige Körper auf
starken stämmigen Beinen mit schwach bekrallten Zehen,
der mäßig große kräftige und spitze Schnabel, die kurzen
stumpfen Flügel mit langer erster Schwinge und der
kurze, am Ende stumpfe oder nur schwach ausgerandete
Schwanz.

3. Der Feldsperling. F. montana.

Der Feld- oder Rohrsperling hat ein gefälligeres,
zierliches Aeußere und zeichnet seinen Oberkopf bis zum
Nacken hin matt kupferroth, Zügel, Kehle und einen
Wangenfleck schwarz, übrigens die Kopfseiten weiß und
streift die Flügel mit zwei weißen Querbinden. Auch er
verbreitet sich über den größten Theil der Alten Welt,
streift aber in unsern Gegenden schaarenweise vor Beginn
des Winters von Ort zu Ort. Als Standquartier wählt
er Wälder, buschige Gegenden und Gärten, fällt nur da
aus gern in die Felder ein und begleitet im Winter die
Goldammern, Lerchen und Finken. Sämereien der verschiedensten Art und allerhand Insekten dienen ihm zur
Nahrung. Friedlicher und anspruchsloser in seinem
ganzen Wesen als der gemeine Spatz, meidet er die Gesellschaft dieses im Freien wie im Bauer, ist zwar munter
und keck, gewandt und listig, doch nicht so verschmitzt,
nicht so diebisch und viel weniger aufdringlich als jener.
Mit seines Gleichen badert er viel, sträubt zornig die
Kopffedern, aber beruhigt sich schnell wieder. Im Fluge
ist er geschickter und ausdauernder, gegen Kälte und Rauh-
heit nicht empfindlich. Die Stimme verräth auch hier
den schimpfenden Spatzen, klingt aber ist sie sanfter, minder
lärmend, angenehmer, selbst schon die Jungen schilken
etwas anders. Das Nest steckt in hohlen Bäumen und
Mauerlöchern und gleicht im Material und Bau dem des
Haussperlings. Das Weibchen legt 6 bis 7, in spätern
Hecken weniger, punktirte, gefleckte oder marmorirte Eier,
auf denen es, vom Männchen abgelöst, vierzehn Tage

brütet. Das Fleisch schmeckt zarter und wird auch häufiger gegessen als das des gemeinen Spatzen.

4. Der Steinsperling. Fr. petronia.

Diese dritte Spatzenart heimatet im südlichen Europa und kömmt nur ganz vereinzelt bis ins mittle Deutschland, überwintert aber auch hier als Strichvogel. Gebirgige und felsige Gegenden mit alten Schlössern wählt sie als Standquartier, fliegt von hier aus in die Getreidefelder, und im Winter an die Landstraßen und Dörfer. Das Aeußere kennzeichnet ein lichter Streif über dem Auge, ein weißer Fleck am Ende der Innenfahne aller Schwanzfedern, und ein citronengelber Kehlfleck bei alten, ein weißer bei jungen Vögeln. Der Körper langt bis 7 Zoll und hat dann 13 Zoll Flügelspannung. Der Oberkopf fiedert braungrau, der Rücken lichter, zugleich mit schmutzig gelblichweißen und braunschwarzen Längsflecken, die Unterseite schmutzig weiß und sticht die dunkeln Federränder hervor. In der Zeichnung gleichen sich beide Geschlechter völlig. Der Steinsperling schaart sich ebenfalls gern, zankt und badert, ist munter und keck, dabei aber sehr scheu und vorsichtig. Seine Stimme quäkt, sein Locken ruft ziwit, sein Schimpfen schreit irretetteltett. In der Stube wird er ebenso zahm und dreist wie die vorigen Arten, mit denen er in der Nahrung, dem Nestbau, der Fortpflanzung auch wesentlich übereinstimmt.

5. Der Singsperling. Fr. melodia.

Figur 178.

Der gemeine nordamerikanische Sperling singt vom April bis in den October hinein vom Baumgipfel herab seine kurzen und angenehm wechselnden Strophen und

Fig. 178.

Singsperling.

schon deshalb hat ihn Jedermann gern, aber auch in seinem übrigen Benehmen stößt er wenigstens nicht ab, wie unser Haussperling. Er heimatet in ganz Nordamerika, im höhern Norden jedoch nur als Zugvogel. Am zahlreichsten, in große Gesellschaften vereinigt, bevölkert er buschige, sumpfige oder wasserreiche Gegenden und er ist so sehr mit dem Wasser befreundet, daß er in Gefahren durch Schwimmen sich zu retten versucht. Sein Gefieder bräunt auf dem Kopfe röthlich unter dunkeln

Flecken und hat hier von der Stirn zum Nacken eine silbergraue Linie, der graue Vorderrücken strichelt sich dunkelrothbraun und der Hinterrücken bleibt einförmig grau; vom Schnabel- und Augenwinkel läuft ein doppelter braunschwarzer Streif rückwärts; die Unterseite ist weiß, an der Brust mit dunkeln Flecken, Flügel und Schwanz braun. Das Nest liegt am Boden zwischen Gräsern oder Gewurzel, oder einige Fuß hoch auf Zweigen, ist nachlässig gewoben und enthält weiße Eier mit dicht gedrängten, rothbraunen Flecken.

6. Der Buchfink. Fr. coelebs.

Figur 179.

Die Gruppe der Finken im engern Sinne oder die Edelfinken kennzeichnet der gestreckte Kegelschnabel mit kaum zusammengedrückter Spitze, die schmalen spitzigen Flügel mit längster zweiter Schwinge, der schlanke Körper, kleine flachstirnige Kopf und der ziemlich lange, etwas ausgeschnittene Schwanz. Sie leben gesellig in Wäldern, Gärten oder in felsigen Gegenden, in nördlich gelegenen als Zugvögel und nähren sich zumeist von ölhaltigen Sämereien, im Sommer auch von Insekten. Ihr Nest bauen sie sehr künstlich frei auf einen Ast, seltener in Löcher oder an den Boden und legen wenige blaß grünliche und punktirte Eier hinein. In Deutschland nisten einige allgemein bekannte Arten, zahlreiche andere in andern Ländern und Welttheilen.

Der Buchfink, auch gemeiner Fink genannt, ist seit langen Zeiten einer unserer beliebtesten Stubenvögel, hauptsächlich wegen seines schönen Schlages. Die Liebhaberei an ihm artete zumal in Thüringen ins Lächerliche aus: man zahlte unglaublich hohe Preise für gute Schläger, unterschied dieselben nach ihren Melodien, züchtete sie vom Neste an zum ausgezeichneten Schlage und verkaufte sie in nah und fern. Dabei erlaubte man sich die Grausamkeit, sie zu blenden und in finstern Käfigen zu halten, um sie für andere Jahreszeiten zum Schlage zu nöthigen. Daß übrigens der Finkenfang in unsern Gegenden hoch in frühere Jahrhunderte hinaufreicht, dafür spricht der Name jener Stelle in Quedlinburg, wo Heinrich der Vogelsteller die Nachricht von seiner Wahl zum deutschen Kaiser erhielt und die seitdem bis heutigen Tages der Finkenherd heißt. — Ziemlich von Sperlingsgröße, ist der Buchfink in seiner äußern Erscheinung schlanker, mit längerm Schwanze und Flügeln. Seine Stirn fiedert tief schwarz, aber Scheitel und Nacken schön schieferblau, der Rücken röthlichbraun, gegen den Bürzel hin gelbgrün; Vorderhals und Brust ziehen ins wein- oder fleischröthliche, nach hinten gegen den Bauch in weiß. Die schwarzen Flügel haben zwei weiße Binden, ihre Schwingen helle Ränder; von den schwarzen Steuerfedern tragen die beiden äußern auf der Innenfahne einen weißen Keilfleck. Weibchen und Jugend weichen in der Färbung etwas von dem Männchen ab. Der Buchfink dehnt sein Vaterland von Afrika bis hoch in die europäischen Norden und bis Sibirien aus, überwintert aber in Deutschland nur in kleinen Gesellschaften; zu Tausenden zieht er von September bis November gen Süden und kehrt Ende Februar und im März in sein Standquartier zurück. Auf dem

Zuge, der stets am Tage vollführt wird, sind die Männchen den Weibchen fast um vierzehn Tage voraus. Jede Waldung, jedes Gebüsch und Gartenanlage sagt ihnen als Brutplatz zu, jedes Pärchen behauptet sein eigenes Revier und vertreibt andere Eindringlinge. Gleich nach der Ankunft im Frühjahr bauen sie das Nest, wobei das Weibchen besonders thätig ist, während das Männchen singend zusieht. Noch bevor das Laub völlig entfaltet, ist schon der zierliche Kunstbau vollendet, er gleicht einer oben abgeschnittenen Kugel und ist aus grünem Moos,

Fig. 179.

Nest des Buchfinken

zarten Würzelchen, feinem Gehalm geweben, außen mit Flechten und Gespinnst überkleidet, innen im nett gerundeten Napfe weich ausgepolstert. Für die erste Brut legt das Weibchen bis sechs, bei der zweiten höchstens vier Eier, zartschalige und blaß blaugrünliche mit schwarzbraunen Punkten und Klecksen. Bei dem vierzehntägigen Brüten löst das Männchen das Weibchen auf einige Stunden am Tage ab. Beide füttern auch gemeinschaftlich die Jungen mit weichen Insekten auf und erst vollständig flügge und zur Samenverdauung herangewachsen verlassen diese das Nest. Während des Sommers scheinen Insekten ihre Hauptnahrung zu bilden, erst zur übrige Zeit fressen sie allerlei Sämereien, ölhaltige lieber als mehlige, welche sie alle geschickt hülsen. Die überwinternden müssen sich bei uns kümmerlich durchschlagen. Treu in der äußern Erscheinung, ist der Vogel auch lebhaft und gewandt in seinen Bewegungen und zutraulich gegen den Menschen, aber bissig und zänkisch gegen seines Gleichen im Freien wie im Bauer bis zur blinden Rauferei, zumal in der Begattungszeit. An den Käfig gewöhnt er sich sehr leicht und dauert bei guter Pflege viele Jahre aus. Man füttert ihn mit Rübsaat, zur Abwechslung mit Hanf, Mohn und Canariensamen. Frisches Wasser und Reinlichkeit dürfen nicht fehlen. Der Fang wird in manchen Gegenden großartig und in verschiedener Weise betrieben, theils zur Unterhaltung für die Stube, theils wegen des sehr wohlschmeckenden und gesunden Fleisches.

Der Schaden an nützlichen Sämereien wird reichlich aufgewogen durch ebenso große Vertilgung der Samen nachtheiligen Unkrautes und vieler schädlichen Insekten.

7. Der Bergfink. Fr. montifringilla.

Ein Bewohner des hohen Nordens, der jenseits der Ostsee nistet und Ende Septembers und im October erst in einzelnen Familien, dann in wolkenähnlichen Schaaren zu uns kommt, theils hier überwintert, zum Theil aber weiter nach Süden bis in die mittelmeerischen Länder zieht. Im März und April wandert er den nordischen Brutplätzen wieder zu. Die wolkenhaften Schaaren erheben sich mit Tagesanbruch so hoch, daß man sie oft nicht sieht, sondern nur ihr lärmendes Geschrei vernimmt, während der Nacht ruhen sie in den Baumwipfeln. Sie ziehen am liebsten den Gebirgen und Wäldern entlang, nehmen auch in der Heimat ihr Standquartier in gebirgigen Wäldern, von wo aus sie zumal im Spätsommer gern in die nächsten Felder streifen. So gesellig nun auch der Bergfink auf der Wanderung erscheint, so friedlich und innig theilnehmend alle Mitglieder einer Schaar auf der Reise zusammenhalten; so unerträglich, neidisch, zänkisch, bissig, zornig ist er am Brutplatz: da leben nur Männchen und Weibchen verträglich, jeder andere Genosse, jeder andere Vogel wird weggebissen und dieses zänkische, trotzige Wesen legt er auch im Bauer nicht ab, er kneipt sehr empfindlich in den vorgehaltenen Finger und beißt grimmig auf andere kleine Vögel los. Daß sein Zorn ihn bis zum Mord treibt, wie von glaubwürdigen Beobachtern versichert wird, davon ist mir kein Beispiel bekannt, obwohl ich beständig in meinem großen Bauer einige Bergfinken halte; dieselben betragen sich bei weitem nicht so kegelhaft und boshaft wie die gemeinen Spatzen. Minder klug und nicht so klug wie der Buchfink, gleicht diesem doch der Bergfink überraschend in seinen Bewegungen und Manieren. Seine Stimme kreischt und klirrt lauter, der Gesang ist unbedeutend, daher der Vogel selbst für die Stube nur durch sein nettes und angenehmes Aeußere sich empfiehlt. Er hält nur wenige Jahre im Bauer aus, frißt allerhand Oelsamen, im Freien während des Sommers auch viel Insekten. Sein Nest baut er in das Gezweig der Waldbäume, künstlich aus Moos, zarten Hälmchen und Flechten es webend, ganz wie der Buchfink, von welchem auch die Eier nur der Farbe nach zu unterscheiden sind. Bei 6 Zoll Länge spannen die Flügel 11 Zoll und der 2½ Zoll lange Schwanz gabelt sich stark. Die kurzen schwachen Beine haben gefälzte Läufe und an den Zehen schwach gekrümmte, schmale, spitzige Krallen. Das Männchen schwärzt seinen Oberkopf mit stahlglänzenden Federn, die Wangen bräunen sich, Rücken und Schultern glänzen blauschwarz mit gelbbraunen Federrändern; von der Kehle zur Brust hinab zieht ein schönes rostig pomeranzenfarben, das nach hinten lichter und ganz weiß wird; die schwarzen Flügel tragen weiße Binden und Flecken, an den schwarzen Steuerfedern fällt das wenige Weiß nicht sehr auf. Das Weibchen und Junge weichen in der Zeichnung etwas ab. Am Schlunde findet man keine Spur einer kropfartigen Erweiterung, dagegen ist der Vormagen sehr lang, der Darmkanal fast 11 Zoll

14*

lang, die Blinddärme 1½ Linie groß, die Gallenblase von ansehnlichem Umfange; nur die Hirnschale und diese in allen Theilen führt Luft.

8. Der Schneefink. Fr. nivalis.
Figur 180.

Wenig größer als unser Buchfink, nämlich 6½ Zoll lang, aber mit 14 Zoll Flugweite, kennzeichnet den kräftigen Schneefink auffällig der weiße Schwanz mit schwarzem Ende und solchen Mittelfedern. Sein Gefieder graut am Kopfe und Halse, zieht kaffeebraun über den Rücken und schwärzt den Bürzel; an der schwarzen Kehle sticht es weiße Flecken hervor und graut wieder an der Brust und am Bauche; die großen Schwingen sind schwarz, die hintern schneeweiß. Der Schneefink heimatet im felsigen

Fig. 180.

Schneefink.

rauhen Hochgebirge, in den Alpen, im hohen Norden Europas, Asiens und Nordamerikas, überall als Standvogel und nur einzeln verirrt er sich in die Ebene. In Naturell und Lebensweise gleicht er zumeist unserm Buchfink, nur daß er eben im baumlosen Gefels seine Nahrung sucht und sein Nest zwischen Steine oder in Felsenritzen bauen muß.

9. Der Grünling. Fr. chloris.
Figur 181.

Einförmiger grün als der Grünling, bei uns Schwunsch genannt, ist kein deutscher Vogel. Die grüne

Fig. 181.

Nest des Grünlings.

Färbung ändert in den verschiedenen Körpergegenden ihren Ton ab, wird dunkler, heller, reiner oder unreiner und der Flügelrand, wie auch die Wurzelhälfte der meisten Schwanzfedern ist stets schön gelb. In seinem Habitus erscheint der Schwunsch als ein sehr kräftig gebauter Fink. Er ist in Deutschland gemein, dehnt aber sein Vaterland über ganz Europa und Asien aus. In milden Wintern verläßt er uns nicht, in sehr kalten bleiben nur einzelne Pärchen zurück und streichen dann von Ort zu Ort. Er begibt sich daher erst spät auf die Wanderung, wie alle Finken in Schaaren, und schon im März kehrt er zurück. Zum siebenden Aufenthalt wählt er lichte Waldesränder, buschige Gegenden, Gärten, belaubte Wiesen und Ufer, da treibt er sich in dem untern Gezweig munter umher und streift häufig auf kahle Plätze. Seine Nahrung besteht anschließlich aus Sämereien, zumal aus Ölgen, daneben frißt er auch Knospen und zarte grüne Pflanzentheile. Im Bauer geht er sofort an Rübsaat und hält dabei viele Jahre aus. Das Nest baut er am liebsten auf Weidenbäume und zwar sieht das Männchen zu, während das Weibchen das Material herbeiträgt, künstlich verwebt und weich ausfüttert. Dieses brütet meist auch allein die sechs zartschaligen fein rothpunktirten Eier aus und nur an der Pflege der Jungen nimmt das Männchen Theil. Dieselben werden mit erweichtem Gesäme aufgefüttert und fliegen erst Ende Mai aus. In seinen Bewegungen ist der Schwunsch schnell und gewandt, weder zänkisch, noch scheu. Das Männchen singt einige laute, gar nicht unangenehme Strophen, die aber im allgemeinen Frühjahrsconcert verhallen. Als Stubenvogel steht es dem Buch- und Bergfink nach.

10. Der Reisvogel. Fr. oryzivora.
Figur 182.

Der Reisvogel heimatet in Ostindien und wird in Europa nicht selten als Stubenvogel gehalten, mehr

wegen seines netten Aeußern und seiner schönen Färbung
als wegen seines in unserem Klima völlig verstummenden
Gesanges. Er sieдert nämlich auf dem Rücken schön,
hellgrau mit bläulichem Anflug und an der Unterseite
rosenroth. Der Schnabel ist carminroth und das Männchen weißschwänzig. In Indien, auf dem Festlande wie
auf den Inseln, schaart er sich zahlreich, fällt verheerend in
die Reisfelder ein und läßt dabei seinen schnelzenden und

Fig. 182.

Kernbeißer.

girrenden Gesang ertönen. Sein anatomischer Bau
bietet einige Eigenthümlichkeiten, doch haben dieselben
ohne unmittelbare Vergleichung mit vorigen Arten kein
Interesse.

11. Der Kanarienvogel. Fr. canaria.

Der allbekannte Kanarienvogel, zarter und zierlicher
als alle vorigen Arten, auch zärtlicher und weichlicher in
seinem ganzen Wesen, ist auf den canarischen Inseln in
Feldern und Gärten so gemein wie bei uns der Spatz.
Dort sieдert das Männchen oberher grünlichgelb, unten
goldgelb, an Schenkel, After und Seiten schmutzig weiß,
auf dem Scheitel, den obern Flügeldeckfedern und obern
Schwanzdeckfedern aschgrau. Sein Gesang in der Freiheit wird als viel angenehmer wie bei unsern eingebauerten

geschildert, die in der Färbung wie im Schlage in zahlreiche Spielarten aus einander gegangen sind. Auf der
Insel Elba lebt er verwildert. In Deutschland und
Mitteleuropa überhaupt ist der Kanarienvogel erst seit
300 Jahren eingeführt und zwar über Spanien und
Italien. Anfangs bezahlte man ihn mit sehr hohen
Preisen, während jetzt bei uns ein guter Schläger nur
einen Thaler kostet. Im Thüringerwalde, im Schwarz-
walde und in Tyrol züchtet man ihn im Großen und
führt ihn massenhaft als Handelsartikel in jene Gegenden und Länder, wo er sich nicht fortpflanzt. Seinen
Schlag kennt Jedermann, auch seine Zutraulichkeit und
Gelehrigkeit fällt Jedem auf, der ihn zur Unterhaltung
in der Stube hält. Weil er eben ein gemeiner und all-
beliebter Stubenvogel ist, hat man über seine Pflege,
Zucht, Betragen, Krankheiten u. s. w. besondere Bücher
geschrieben, in denen freilich Nichts von seiner innern
Organisation steht. In seiner Heimat baut er ein künstliches Finkennest und legt 5 bis 6 bleich blaugrünliche
Eier, welche beide Geschlechter abwechselnd bebrüten.

12. Der Bluthänfling. Fr. cannabina.
Figur 183 a b.

Hänflinge heißen alle kleinern, schwach gebauten Finkenarten, deren dicker Kegelschnabel sich scharf zuspitzt,
deren Beine niedrig und schwach, in deren schmalen
spitzigen Flügeln die beiden ersten Schwingen die längsten
sind. Ihr mittelmäßiger Schwanz ist spitzgabelig ausgeschnitten und der Kopf klein und platt. Alle leben gesellig in Wäldern und Gärten als Stand- oder Zugvögel
und nähren sich von öligen Sämereien. Sie bauen
ziemlich künstliche Nester und legen grünlichweiße, braunroth punktirte Eier, meist zweimal im Jahre.

Der Bluthänfling, auch der gemeine oder graue
Hänfling, Leinfink genannt, erreicht etwas über 5 Zoll
Länge und 10 Zoll Flugweite und ändert in der Färbung
des Gefieders mannigfach, wenn auch nicht erheblich ab.
Das Männchen grau auf dem Kopfe und Nacken mit
dunkeln Strichen, auf dem Rücken ist es braun mit noch
dunkleren Strichen und rostgelblichen Federspitzen, am
Bürzel weiß; die Kehlgegend ist weißlich mit schwarzen
Strichen, die Oberbrust matt blutroth oder blauroth, der
Bauch weiß. Die Schwingen säumen ihre schwarzen
Fahnen mit weißlich, ähnlich die schwarzen
Schwanzfedern. Schon im nächsten Frühlinge werden
die Farbentöne am Kopfe und der Brust reiner, bis
prachtvoll, zumal bei sehr alten, deren Brust blutroth ist,
während andern, besonders den eingebauerten die rothe
Brustfarbe ganz fehlt, wie dem Weibchen auch im Freien.
Letzteres ist überhaupt mehr gefleckt, unreiner, unansehn-
licher, grau und braun. Weiße, gelblichweiße, gescheckte,
schwarze Hänflinge kommen als Absonderlichkeiten vor.
Die Hirnschale ist pergamentartig, wenig luftführend.
Der lange Vormagen hat sehr drüsenreiche dicke Wände,
der Muskelmagen ist rund.

Das Vaterland erstreckt sich vom Mittelmeere bis
Norwegen, nach Afrika und Asien hinüber: in Deutschland ist der Bluthänfling gemein und als Stubenvogel
beliebt. Er wählt bergige und ebene, lichte Waldungen,

Fig. 183.

Finkenarten.

Gärten und buschige Gegenden zum Sommerquartier und fliegt gern in die Felder. In milden Wintern verläßt er uns nicht, in strengen aber bleiben nur einzelne Pärchen hier, von denen selber manche der Kälte erliegen, die andern ziehen Ende October ab und kommen erst im März wieder. Die Nahrung besteht in allerlei Sämereien, zumal ölhaltigen und in zarten grünen Pflanzentheilen. Das Nest, meist auf Bäumen und im Gebüsch angelegt, ist ein dickes Flechtwerk aus Reisig, Gehalm, Würzelchen, Fäden und im Napf mit Wolle und Haaren weich ausgefüttert. Das Männchen hilft nur gelegentlich bei dem Bau, die meiste Arbeit fällt dem Weibchen zu. Dieses brütet auch allein vierzehn Tage auf den zartschaligen Eiern, aber an der Pflege der Jungen betheiligt sich das Männchen mit gleichem Eifer und gleicher Liebe. Die Gatten halten das ganze Jahr hindurch innig zusammen und leben auch mit andern Pärchen in Frieden und Freundschaft. Im Herbst schaaren sie sich und dann sind die einzelnen scheu und ängstlich. In allen Bewegungen zeigen sie sich gewandter, leichter als die vorigen Arten; sie schießen pfeilschnell aus der Höhe herab, schwingen sich ebenso schnell aufwärts und wenden in den geschicktesten Schwenkungen. Ihre Lockstimme ist ein kurzes, hartes Gäck, der Angstruf iü oder djü. Das Männchen singt fleißig vom Februar bis tief in December hinein seine vielfach modulirenden Strophen.

13. Der Berghänfling. Fr. montium.

Der gelbe Schnabel, die rostgelbe Zügelgegend und Kehle, und die hellweißen Säume der mittlern Schwingen zeichnen den Berghänfling von all' seinen Verwandten äußerlich aus. Er erreicht 5½ Zoll Länge und kaum 10 Zoll Flugweite, die ganze Oberseite siehet braungelb mit streifenartigen schwarzbraunen Flecken; der Bürzel schmutzig purpurroth; über die schwarzbraunen Flügel, deren Schwingen weiß gesäumt sind, zieht eine gelblichweiße Binde; die röthlich braungelbe Unterseite wird schon in der Mitte der Brust gelblichweiß und am Bauche rein weiß. Junge Männchen sind mehr grau und an der Brust fleckig, und dem Weibchen fehlt alles Roth. Die Heimat des Berghänflings ist der unwirthbare hohe Norden mit seinen baumlosen felsigen Strecken, in Europa und Asien. Vor Eintritt des Winters wandert er in die Ostseeländer und bei strengen Wintern weiter nach Süden. Bei uns verweilt er gewöhnlich nur vom November bis Januar und streift in Gesellschaft der Bluthänflinge umher. Er ist ungemein lebhaft und flüchtig, gewandt im Fluge und im Hüpfen, sehr scheu, klug und vorsichtig, keck und im rauhesten Winterwetter heiter gelaunt, außer der Brutzeit sehr gesellig. Das Männchen singt sehr fleißig, im Bauer auch während des Winters; sein Lied klingt ganz angenehm wenigstens für die Bewohner des öden Nordens, und zeichnet sich durch eine eigenthümlich knarrende Strophe aus. An die Stube gewöhnt es sich schnell und singt im Bauer fast den ganzen Tag. Die Nahrung ist die des Bluthänflings. In anatomischer Hinsicht mag nur auf den sehr langen Vormagen, den stark muskulösen Magen, den elf Zoll langen Darm, die fast gleich langen Leberlappen mit kugeliger Gallenblase und auf die Dreitheilung der Bauchspeicheldrüse aufmerksam gemacht werden.

14. Der Girlitzhänfling. Fr. serinus.

Der dritte Hänfling heimatet im südlichen Europa, kommt aber doch auch in einzelnen Gegenden Norddeutschlands als Zugvogel vor. Er ist ein kleiner zierlicher Vogel, gelbgrün besiedert mit schwärzlichen Flecken, zweien Flügelbinden, weißlicher Kehle und kurzem dicken Schnabel. Die erste Schwinge ist kürzer als bei vorigen Arten, der vierten entsprechend. An Munterkeit und Flüchtigkeit schenkt er die andern Hänflinge noch zu übertreffen und unterhält auch in der Stube durch seinen angenehmen Gesang und nettes, zutrauliches Wesen. Zum Aufenthalt wählt er am liebsten gebirgige baumreiche

Gegenden, Wälder und Gärten, baut sein niedliches kunstvoll geflochtenes Nest auf einen hohen Gabelast und legt sehr zartschalige, grünlichweiße, fein punktirte und gestrichelte Eier hinein, deren Brütung das Weibchen allein besorgt.

15. Der Erlenzeisig. Fr. spinus.
Hans 163 u. 164.

Die Zeisige haben den gestrecktesten, dünnspitzigsten Finkenschnabel, zugleich niedrige kräftige Beine mit stark bekrallten Zehen, lange spitze Flügel mit drei gleich langen ersten Schwingen, einen mäßigen, gabelig ausgeschnittenen Schwanz und einen kleinen platten Kopf. Sie sind überaus muntere Vögelein, leben gesellig in Wäldern sowohl als im Freien, fliegen hurtig und klettern sehr gern, fressen allerlei ölige Sämereien und bin und wieder auch ein Kerf. Ihr Nest bauen sie künstlich und nett ins Gebüsch und legen vier bis sechs grünlichweiße, roth punktirte Eier hinein.

Der Erlenzeisig, gemeinlich bloß Zeisig genannt, ist allbekannt und wird dennoch durch die künstliche Färbung der holländischen Vogelhändler oft so sehr entstellt, daß man erst bei aufmerksamer Prüfung ihn in dem falschen und vergänglichen Kleide wieder erkennt. Zunächst achte man auf die gelbe Wurzel der fünf äußern Schwanzfedern und der vierten bis vorletzten Flügelschwinge und auf die schwärzlichen Schaftstriche in den Weichen. Die schlank ausgezogene Schnabelspitze sichert vor der Verwechslung mit Hänflingen. Alte Männchen stirnen und scheiteln tief schwarz, siebern am Halse herab zum Oberrücken lebhaft olivengrün mit dunkeln Schaftstrichen, am Unterrücken und Bürzel grünlich gelb; die Kehle ist schwarz, die Oberbrust schön grünlichgelb, weiter nach hinten folgt weiß. Die braunschwarzen Schwingen berändern sich fein gelbgrün, die Schwanzfedern enden schwarz. Jüngere Männchen haben bleicheres Gelb und Grün mit mehr grauer Beimischung, auch das Weibchen ist grauer, mehr gefleckt, unten herrscht mehr weiß, die schwarze Kehle fehlt und die schwarze Scheitelplatte ist nur angedeutet; das junge Weibchen ist grauscheckig, auf der ganzen Oberseite mehr grau als grün. Als Spielarten kommen weiße, bunte, schwarze Zeisige vor. Am Skelet ist die Pneumaticität der ganzen Hirnschale zu brachten. Der große Vormagen ist sehr vichwandig, der Darmkanal 8½ Zoll lang, die kleinen Blinddärmchen gestreckt, die Milz sehr klein und kurz, der Fächer im Auge nur mit 14 Falten.

Durch ganz Europa verbreitet ist der Zeisig, diese kleinste aller einheimischen Finkenarten, bei uns gemein. Zum Sommeraufenthalt wählt er vorzüglich bergige Nadelholzwaldungen, im Herbst schaaren sich die Familien zu Tausenden und schwärmen von Ort zu Ort, einzelne bleiben im Winter hier, aber die großen Schaaren ziehen im October schon nach Süden. Im Herbst treffen sie hauptsächlich Erlensamen, zu andern Zeiten anderen Baum- und Kräutersamen, nebenher einzelne Insekten. Als Stubenvogel ist der Zeisig sehr beliebt wegen seines zierlichen Aeußern wie wegen seines muntern, harmlosen Charakters. Immer sieht man ihn beschäftigt, er klettert, fliegt, hängt sich an schwankende Zweige, hüpft unt fingt. Dabei ist er zutraulich, vergißt die Freiheit sogleich, wenn er nur Futter und Wasser im Bauer hat, ist gelehrig und leck, verträglich mit seines Gleichen und andern kleinen Vögeln. Er lebt auch während der Brütezeit gesellig und zeigt sich von seinen Genossen verirrt ängstlich und scheu. Im Bauer badet er nur am Freßtroge und läßt sich vom Futternelke bis zur Mauserei fortreiben. Bei Mohnsamen dauert er wohl zwölf Jahre aus, dagegen ist ihm Hanf sehr schädlich und er frißt

Erlenzeisig.

denselben gern; die meinigen im großen Bauer kann ich leider vor dem Hanf nicht bewahren, und im zweiten, spätestens im dritten Jahre gehen sie stets an den qualvollsten Krämpfen zu Grunde, aber wenn sie auch vom Krampfe geplagt im Sande zappeln und nicht mehr stehen und fliegen können, singen sie doch noch ihr Liedchen. Man lernt ihnen das Futter heraufsieben, klingeln, Deckel aufheben und andere Kunststückchen; frei in der Stube fliegend setzt er sich zutraulich auf den Arm und die Hand und läßt sich füttern. Der Gesang zwitschert und endet mit einer eigenthümlich gezogenen Schlußtreppe. Das Nest liegt auf den höhern und höchsten Aesten der Nadelbäume versteckt zwischen langen Nadeln und Flechten und gewoben aus feinen Würzelchen, Moos, Grasblättchen, innen mit Wolle und Federn ausgefüttert. Das Zeißigfleisch soll an Wohlgeschmack dem der Lerchen nicht nachstehen, ja Gutschmecker stellen es noch über diese, aber es ist freilich nur ein kleiner Bissen.

16. Der Stieglitz. Fr. carduelis.
Figur 182 u. 183.

An grell bunter Zeichnung steht der Stieglitz oder Distelzeisig unter allen einheimischen Finkenarten obenan. Bei uns kennt ihn Jedermann, weil er ebenso häufig und gern wie der gemeine Zeisig im Bauer gehalten wird. Letztern übertrifft er etwas an Größe und gleicht mehr dem Hänfling. Seinen schlankkreiselförmigen Schnabel zieht er in eine lange dünne Spitze aus und hält ihn röthlich weiß oder ganz weiß. Der ganze Vorderkopf

glänzt doch karminroth, im Herbst matt gelblichroth und das Sammetschwarz der Scheitelmitte zieht in zwei förmigem Streif zu beiden Seiten des Genicks hinter den weißen Schläfen und Wangen herab. Dahinter vom Nacken bis zum Rücken herrscht gelblichbraun, dem sich am Unterrücken grau beimischt. Die weiße Kehle geht schon am Halse herab in hellgelbbraun über, und an der Brust nimmt weiß überhand. Die tiefschwarzen Flügel haben ein hochgelbes Feld und die schwarzen Schwanzfedern weiße Spitzen. Absonderliche, zufällige Färbungen kommen nicht selten vor.

Fast über die ganze Alte Welt verbreitet, ist der Stieglitz in Deutschland gemein als Stand- und als Strichvogel, der mit Beginn des Winters gern Süden wandert und nur in einzelnen Pärchen hier bleibt. Er siedelt sich in Wäldern und Gärten an und am liebsten da, wo er täglich auf Wiesen, Aenger und Felder Ausflüge machen kann. In seinem Betragen äußert er Unruhe und Lebhaftigkeit, Geschicklichkeit und Keckheit, zeigt sich in der Stube listig und gelehrig und zutraulich. Er fliegt und klettert ganz geschickt, aber hüpft auf ebener Erde nicht gern. Das Männchen singt sehr fleißig laut und fröhlich in vielfach wechselnden Tönen, und lernt auch den Kanarienschlag. Mit andern kleinen Sängern lebt es in Frieden und verträglich, nur am Futtertroge kann es den Brotneid nicht unterdrücken, sondern beißt um sich, ohne jedoch zu blutigen Raufereien fortzugehen. Seine Nahrung besteht in allerlei öligen Samen, in Blüthen und zeitweilig auch in Insekten. Im Herbst und Winter sucht der Stieglitz eifrig Distelsamen auf und erhielt deshalb den Namen Distelzeisig. Sein Nest legt er auf höhern Aesten und in Baumwipfeln an, sorgsam versteckt, sehr dicht und dauerhaft aus Moos, Flechten,

Nest des Stieglitz.

Gehalm, Fasern und Fäden gewoben und mit Wolle ausgefüttert. Das Weibchen scheint allein das Nest zu bauen und legt grünlich-blauweiße Eier mit dunkeln Punkten, vier bis sechs hinein. Nach dreizehn Tagen schlüpfen die Jungen aus und lassen sich noch lange von den Alten pflegen. Für die menschliche Oeconomie wird der

Stieglitz sehr nützlich durch Vertilgen der Samen vielerlei Unkrautes.

17. Der Citronenzeisig. Fr. citrinella.

Der Citronenzeisig kömmt als Bewohner Südeuropas und des angrenzenden Asiens und Afrikas nur im südlichen Deutschland spärlich als Zugvogel vor. Er bewohnt während des Sommers bewaldete Gebirge und zieht im Herbst in die Vorberge und Ebenen. Aeußerlich kennzeichnet ihn das gelbgrüne Gefieder, das am Halse aschfarben graut, an der Stirn und Brust schön gelbgrün, am After hochgelb wird. Schwingen und Steuerfedern sind schwarz. Im Betragen und Naturell äußert sich wieder der Zeisig. Die Nahrung besteht in Samen verschiedener Waldbäume und Alpenpflanzen, auf erstern wird auch das Nest angelegt.

18 Der Leinzeisig. Fr. linaria.

Ein Bergbänkling mit den entschiedenen Zeisig-Merkmalen, wie solche im Schnabel und den Füßen sich aussprechen. Das Gefieder ist an der Kehle und den Zügeln braunschwarz, auf dem Scheitel glänzend roth, am Bürzel und der Brust des Männchens karminroth. Die braunen Flügel tragen zwei weiße Querbinden und die dunklern Schwanzfedern besäumen sich bräunlichweiß. Das Weibchen ist an der Unterseite schmutzig weiß, auf dem Scheitel hellgelblichroth.

Sein Vaterland dehnt der Lein- oder Birkenzeisig während des Sommers über den hohen Norden Europas, Asiens und Amerikas aus, im Herbst und Winter zieht er schaarenweise nach Süden, bis an das Mittelmeer. Am liebsten läßt er sich in Wäldern und Gebüschen mit Birken und Erlen nieder, wo er kleinen Samen allen andern vorzieht. Doch ist er nicht sehr wählerisch in der Nahrung und geht, wenn er jene nicht haben kann, an Mohn, Tabak, Salat, Disteln, Lein, Hanf, Rübsaat und andere Sämereien. Im Bauer gedeiht er bei Mohn am besten. Er nistet nur in den nördlichen Ländern, nicht diesseits der Ostsee, baut sein Nest in niedriges Gebüsch und legt vier grünlichweiße Eier mit braunröthlichen Tüpfeln. Von der Beweglichkeit und Munterkeit aller Zeisigarten, ist der Leinzeisig doch viel zutraulicher gegen den Menschen und überaus gesellig und verträglich. Seine Lockstimme klingt wie tschäit tschäit und tschuit, der Gesang des Männchens ist unbedeutend. Eingefangen ist er sogleich zahm und lernt ohne große Mühe die gewöhnlichen Zeisigkünste.

2. Gimpel. Pyrrhula.

Die Gimpel wurden früher und werden noch jetzt von einzelnen Ornithologen mit den Finken in eine einzige Gattung vereinigt, allein die Vergleichung ihres äußern Baues, der innern Organisation und des Naturells weist so erhebliche Eigenthümlichkeiten auf, daß man sie als besondern Gattungstypus anerkennen muß. Gedrungener in ihrer äußern Erscheinung, unterscheiden sie sich

von den Finken sogleich ganz sicher durch den kurzen dicken Schnabel, dessen Rücken hoch gewölbt, die Seiten bauchig aufgetrieben und dessen Spitze hakig herabgebogen ist. Die seitlich an seiner Wurzel gelegenen Nasenlöcher erscheinen fast punktförmig und ganz unter Borsten versteckt. Die Beine sind kurz und kräftig, grob beschildert und die schwachen Krallen nur mäßig gekrümmt. In den stumpfspitzigen Flügeln ist bald die zweite, bald die vierte Schwinge die längste; der Schwanz endet gerade, zugerundet oder schwach ausgeschnitten. Das weiche dichte Gefieder prangt gern in schönen Farben, zumal bei dem Männchen.

Die Gimpel bewohnen in mehren Arten die Wälder und Gebüsche der ganzen gemäßigten und kalten Zone, nähren sich von Gesäme und Knospen und legen in ihre künstlichen Nester blaßgrünliche Eier mit röthlichen Flecken oder Punkten. In Europa kommen fünf Arten vor, von welchen aber nur drei in Deutschland nisten.

1. Der Dompfaff. P. vulgaris.
Figur 106. 107.

Der Dompfaff, auch gemeiner Gimpel oder Rothgimpel genannt, fällt unter den einheimischen Singvögeln durch die sehr einfache und doch nette Zeichnung seines Gefieders auf. Bei 7 Zoll Körperlänge spannen die Flügel 12 Zoll. Das weiche, sanfte, leicht aufblähbare Gefieder bildet auf dem Kopfe eine tiefschwarze, stahlblau glänzende Kappe, deren Schwarz auch den Schnabel umgibt und an der Kehle weiter sich ausbreitet; hier folgt bei alten Männchen ein sanftes bis grelles Zinnoberroth, welches über die Oberbrust bis gegen den weißen Bauch hin herrscht; oben ragen vom Hinterhalse zum Rücken graut das Gefieder mit sanft bläulichem Schimmer. Die großen blauschwarzen Flügeldeckfedern bilden mit ihren hellgrauen Enden eine lichte Querbinde, die Schwingen und Steuerfedern sind schwarz. Das Weibchen unterscheidet sich durch die stets düstere Färbung und die schwachröthlichgraue oder gar ins graue Brust. Den Jungen fehlt vor der ersten Mauser das Schwarz am Kopfe völlig. Als Spielarten kommen weiße, schwarze, bunte Exemplare, doch nicht häufig vor. Von den innern Organen beachte man zunächst die kurze und dicke Zunge, ihre Spitze zerfasert sich ganz schwach und ihr hinteres Ende gezahnt sich richt. Der Vormagen ist länger als der Magen und ungemein dickrunzig, der Magen selbst hat sehr dicke Muskelwände. Der Darmkanal erreicht 18 Zoll Länge, also die $2^3/_5$fache des befiederten Körpers. Die Milz ist lang wurmförmig. Nur die Hirnschale führt Luft, kein anderer Knochen des Skelets ist pneumatisch.

Die Heimat des Dompfaffen erstreckt sich über das mittlere und nördliche Europa und einen großen Theil Asiens. Ueberall in Wäldern, Gebüschen, Gärten läßt er sich in kleinen Gesellschaften nieder. Vom October bis December treffen dieselben aus den nördlichen Ländern bei uns ein, streichen nun wie die hiesigen von Ort zu Ort und ziehen auch weiter südwärts, sobald sie bei uns keine ausreichende Nahrung finden. Im Februar und März kehren sie bereits in die alten Quartiere zurück. Die Wanderung von Wald zu Wald wird in den Nor-

Fig. 186.

Dompfaff.

genstunden ausgeführt und zwar von Familien und kleinen Gesellschaften, leptere häufig blos aus Männchen und blos aus Weibchen bestehend. Allerhand Baumsamen, Beerenkerne und Gesäme der Feldpflanzen dienen als Nahrung. Wie alle Finkenarten bülst auch der Dompfaff die Samen, schnell und geschickt, und verschluckt nur die weichen Kerne. Er selbst viel und würde ein schädlicher Vogel sein, wenn er sich ausschließlich von nützlichen Sämereien nährte. Zum Nisten wählt er dichte Waldungen, gebirgige lieber als ebene. Schon im April sucht das Pärchen einen versteckten Gabelast, trägt zarte trockene Reiser zur Grundlage des Nestes zusammen, webt darüber Wurzeln, Gehalm und zarte Flechten und füttert

Fig. 187.

Nest des Dompfaffen.

dann den Napf mit Haaren und Wolle aus. Die kleinen rundlichen Eier sind sehr zartschalig, glänzend, bleich grünlich mit rothen und braunen Pünktchen. Das Weibchen brütet allein vierzehn Tage und wird dabei vom Männchen gefüttert. Im Mai fliegen die Jungen aus und Anfangs Juli die der zweiten Brut.

Von Charakter ist der gemeine Gimpel sanft und harmlos, sehr verträglich mit seines Gleichen und allen andern kleinen Vögeln, selbst am Futtertroge ruhig und genügsam, freilich geht ihm dabei die Lebhaftigkeit und Beweglichkeit der Finken ab. Er fliegt doch und anhaltend in weiten Bogenlinien, hüpft flatternd durch die Baumkronen, aber schwerfällig und schief am Boden. Im Sitzen bläht er gern das Gefieder etwas auf und erhält dadurch ein plumpes Aeußere, während er bei allen Bewegungen schlank und nett aussieht. Seine Ruhe ist keine Mißstimmung, denn gewöhnlich äußert er seine Zufriedenheit und stille Heiterkeit. An Zutraulichkeit gegen den Menschen übertrifft er noch die Zeisige sehr, ja er ist so wenig scheu, daß man ihn häufig für dumm hält und der Name Gimpel sogar als Schimpfwort für einfältige Leute gilt. Seine Lockstimme flötet ein sehr sanftes düü, der Gesang besteht aus einer Menge kurz, abgebrochener Töne mit einigen länger gezogenen gemischt, welche alle so sehr gedämpft sind, daß man sie nur in der Nähe deutlich vernimmt, und sie klingen dabei so sonderbar knirrend und gezwungen, wie die ungeschmierte Welle eines Kartenrades. Männchen und Weibchen fingen fleißig den größten Theil des Jahres hindurch. Frisch eingefangen äußern manche Gimpel störriges Wesen und verweigern trotzig die Nahrung, die meisten geben jedoch gleich ans Futter und verschmerzen den Verlust der Freiheit schnell. Sie werden ganz zahm und zutraulich, fliegen aus dem Bauer in die Stube, hören auf den Ruf, setzen sich auf die Hand, öffnen auf Geheiß den Schnabel, verbeugen sich und lernen leicht mancherlei Kunststücke. Diese Gelehrigkeit haben sie auch in ihrer Stimme, welche rein und sanft flötend kurze Melodien und Lieder wiederholt, die vorgepfiffen oder auf einem flötenden Instrumente vorgespielt werden. Gut abgerichtete Dompfaffen stehen bei den Liebhabern in hohem Preise. Sie dauern acht Jahre und länger im Bauer und gehören jedenfalls zu unsern angenehmsten Stubenvögeln. Das Fleisch hat zumal im Herbst meist einen widerlichen Beigeschmack, wird aber dennoch in manchen Gegenden viel gegessen. Der Fang ist bei der überaus großen Zutraulichkeit sehr leicht.

2. Der Fichtengimpel. P. enucleator.

Viel größer als der Dompfaff, 9 Zoll lang mit 14 Zoll Flugweite, zeichnet sich der Fichten- oder Hakengimpel besonders aus durch den rothen oder gelben Scheitel und zwei weiße Querbinden auf den Flügeln. Sein Gimpelschnabel kantet sich längs des Rückens und hat die Spitze sehr stark, dadurch und durch die beträchtliche Kürze und Dicke wird er papageienähnlich. Die kleinen Nasenlöcher bedecken platte schwarze Borsten. Die stämmigen Beine haben lange kräftige Zehen mit großen flachbogigen Krallen. In den Flügeln sind die vier ersten Schwingen von fast gleicher Länge. Das Gefieder spielt in verschiedenen Farbentönen von gelb zu roth; alte Männchen sind schön roth, alte Weibchen gelb; an der Brust und dem Bauche herrscht grau, Schwingen und Steuerfedern sind braunschwarz. Die dicke Zunge fasert ihre breit gerundete Spitze nur ganz schwach und enthält einen aus zwei getrennten Hälften bestehenden Kern, der sich auf einem langen dünnen Zungenbein bewegt. Der Schlund erweitert sich starkbauchig und geht verengt in den dickrüßigen Vormagen über. Der Magen ist stark muskulös und pflegt wie bei allen Finkenarten einige Steinchen zu enthalten. Der Darm erreicht über zwei Fuß zwei Zoll Länge, besitzt aber nur warzenförmige Blinddärmchen. Man hat den Fichtengimpel bisweilen zu den Kreuzschnäblern gestellt, aber schon die flüchtige Vergleichung der Skelete weist die innige Verwandtschaft mit dem Gimpel nach.

So weit auf der nördlichen Erdhälfte der Baumwuchs nach Norden hinaufreicht, heimatet auch der Fichtengimpel. Gegen den Winter hin verläßt er in großen Schaaren sein Standquartier und wandert gen Süden, in Europa meist bis in das mittlere Deutschland. Dabei streicht er bald durch diese, bald durch jene Gegenden, so daß er an einzelnen Orten Jahre lang gar nicht und dann wieder zahlreich gesehen wird. Nadelholzwälder zieht er Laubholzwaldungen vor, frißt auch die Samen jener lieber als die von Buchen, Eschen, Birken u. dgl., verschmäht aber letztere ebenso wenig wie mancherlei Beeren und Gesäme von Waldpflanzen, zumal im Winter. In der Stube gewöhnt er sich schnell an Rübsaat, Hanf und Hafer, ja hier mästet er sich mit Hanf so sehr, daß er im eigenen Fette erstickt, und er ist ohne Uebertreibung ein arger Fresser. Seine Zutraulichkeit und Einfalt soll wirkliche Dummheit sein, denn er läßt sich schon eine an einem langen Stock befestigte Schlinge über den Kopf werfen und einer nach dem andern vom Baume herabschießen und doch fliegt er gewandt, klettert geschickt und hurtig in dem Gezweig umher und bürst auch in den Aesten schnell auf und ab. Strenge Kälte verträgt er ganz gut, dagegen behagen ihm unsere warmen Sommertage nicht. Seine Lockstimme flötet angenehm und das Männchen singt auch den ganzen Winter hindurch seinen mannichfach wechselnden, rein flötenden Gesang. Eingefangen äußert er schon am ersten Tage seine Zutraulichkeit und nimmt gar bald sein Futter aus der Hand, nur muß man ihn im Winter in ein ungeheiztes Zimmer bringen. Das Fleisch wird im Herbst gern gegessen und soll sehr wohlschmeckend sein.

3. Der Karmingimpel. P. erythrina.

Auch dieser Gimpel nistet im hohen Norden und kommt selbst im Winter nur vereinzelt nach Deutschland. Sein Standquartier schlägt er in feuchtem Gebüsch, an buschigen Ufern der Gewässer und in Gärten auf, wo er allerlei Gesäme zum Unterhalt findet. Im Betragen ist er ein ächter Gimpel; sein Locken pfeist hell und doch und sein langes Lied klingt angenehmer als das der vorigen Arten. Von Finkengröße, kennzeichnet er sich in seiner äußern Erscheinung durch den sehr kolbigen Gimpel-

schnabel und den rosenrothen oder grünlichgrauen Scheitel. Das alte Männchen färbt auch Kehle und Vorderhals schön rosenroth, mischt weiß in die karminrothe Brust und wird am Bauche trübweiß mit dunkeln Flecken; der braungraue Rücken läuft roth an. Flügel und Schwanz sind dunkelbraun. Das kleinere Weibchen hat Hänflingsfarbe mit gelbgrünlichem Anfluge, an der Unterseite große braune Längsflecken. Die Jungen tragen das Gefieder junger Bluthänflinge, doch gestattet auch bei ihnen der Schnabel keine Verwechslung.

Sehr eng an den Karmingimpel schließt sich der Rosengimpel, P. rosea, in Rußland und dem nördlichen Asien. Er ist kräftiger gebaut und größer und hat einen dicken Hänflingsschnabel, der sich kreiselförmig spitzt, doch auch die kolbige Auftreibung der Gimpel noch besitzt. Ein herrliches Karminroth ist über das ganze meist braungraue Gefieder gegossen und der Scheitel rein roth mit silberweißen Flecken. Die entsprechende nordamerikanische Art heißt Purpurgimpel.

4. Der arabische Gimpel. P. synoica.
Figur 188.

Dieser nette Gimpel heimatet am Sinai und trägt ein charakteristisch gezeichnetes Gefieder. Das Männchen schmückt sich nämlich mit einem die Schnabelwurzel umgebenden Kreise hochrother Federn, welche vereinzelt auf die Seiten des Kopfes fortsetzen, während die silberweißen Stirnfedern sich nur roth besäumen; die Oberseite graut

Fig. 188.

Arabischer Gimpel.

aschfarben unter röthlichem Anfluge und die ganze Unterseite prangt schön rosenroth; Flügel und Schwanz sind
braun. Das Weibchen ist oben hellbraun, unten licht-
röthlichbraun, überall mit dunkeln Flecken.

5. Der dickschnäblige Gimpel. P. githagineus.

Figur 189.

Der ungemein dicke Schnabel und der seicht ausgerandete Schwanz kennzeichnet diesen gemeinen Nordafri-
kaner hinlänglich. Das Männchen fiedert hellgrau
mit rosenrother Beimischung, am Scheitel rein aschgrau,
an der Unterseite zart rosenroth, auch die Schwingen und
Steuerfedern besäumen sich roth. Dem Weibchen fehlt
die rothe Farbe fast ganz, nur an den Rändern der Flügel-
und Schwanzfedern zeigt sie sich, die Unterseite graut
gelblich. Der Schnabel ist bei beiden Geschlechtern roth.

Fig. 189.

Dickschnäbliger Gimpel.

6. Der graue Gimpel. P. cinerea.

Figur 190.

Südamerika hat ebenfalls zahlreiche Gimpelarten
aufzuweisen, von welchen aber außer dem Gefieder nichts
mehr bekannt ist, als daß einzelne ganz angenehm singen
und gesellig nach Art der unsrigen in Wäldern und buschigen Gegenden leben. Sie sind in der neumedischen
Ornithologie in verschiedene Gattungen wie Coccoborus,
Cynnoloxia, Oryzoborus, Sporophila vertheilt worden, so
lange jedoch die Eigenthümlichkeiten der innern Orga-

Fig. 190.

Grauer Gimpel.

nisation nicht ermittelt sind, haben die geringfügigen
äußern Unterschiede keinen generischen Werth. Wir bilden
nur eine in Brasilien gemeine und wegen ihres angenehmen Gesanges als Stubenvogel beliebte Art ab. Der
graue Gimpel mißt nur 5 Zoll Körperlänge und hat
einen sehr dicken rothen Schnabel und zierlich feine
schieferschwarze Beine. Das Männchen fiedert am Rücken
dunkel bleigrau, an der Kehle und dem Vorderhalse rein
weiß, ebenso an Brust und Bauch, wo aber die Seiten
wieder grauen; Schwingen und Steuerfedern sind schieferschwarz mit lichtgrauen Rändern. Das Weibchen trägt
sich olivenbräunlich. — Eine andere Art, P. albogularis,
ist oben braungrauschwarz, unten weiß mit schwarzer
Brustbinde; eine dritte Art, P. gutturalis, färbt Kopf,
Kehle und Brust kehlenschwarz; eine vierte, P. lineata,
säumt ihre blauschwarzen Flügeldeckfedern weiß und säumt
ebenso die braunschwarzen Schwingen; eine fünfte, P.
pectoralis, glänzt oben schwarz mit weißem Nackenringe und
unten weiß mit schwarzer Brustbinde; andere fiedern
noch anders.

3. Wydafink. Vidua.

In Afrika lebt eine kleine Gruppe von finkenartigen
Eingeborn, welche auf den ersten Blick sich auffällig von
den eigentlichen Finken unterscheiden, bei näherer Vergleichung jedoch eine sehr nahe Verwandtschaft mit denselben bekunden. Ihr kurzer Kegelschnabel erscheint an
der Wurzel etwas aufgetrieben, spitzt sich aber hänflings-

artig zu. Das Männchen schmückt sich während der Begattungszeit mit auffallend verlängerten Schwanzdeckfedern und mittlern Steuerfedern. Letztere, die vier
mittlen, stehen wie bei dem Haushahn stolz aufgerichtet,
fallen aber im Winterkleide aus. Die Arten bewohnen

Fig. 191.

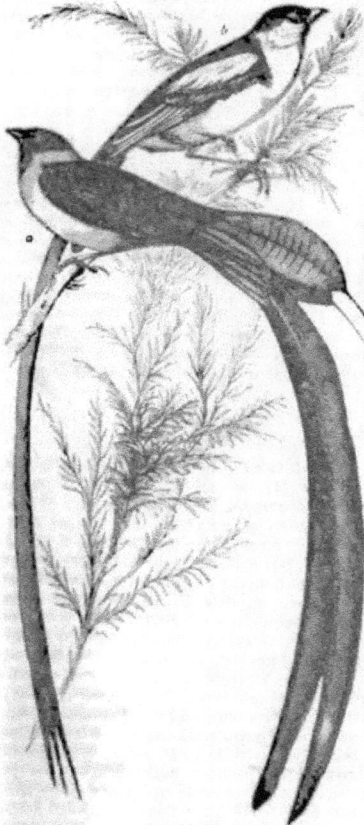

Wittwenfinken.

buschige Gegenden an der Westküste Afrikas und sind
unruhige, lebhafte, zutrauliche Vögel, welche von allerlei
Gesäme sich ernähren. Man bringt sie oft lebend nach
Europa, denn sie gewöhnen sich nach ächter Finkenweise
leicht an die Gefangenschaft und halten auch bei uns
unter Schutz gegen die winterliche Kälte und bei gemischtem Körnerfutter mit grünen Kräutern mehre Jahre aus.
Es werden nahe an ein Dutzend Arten unterschieden.

1. Der braunkehlige Whytastink. V. paradisea.

Figur 191 a.

Diese Art kömmt häufig von Angola in Afrika zu
uns und hält bei einiger Pflege wohl funfzehn Jahr im
Bauer aus. Ihr Körper mißt nur 5½ Zoll Länge,
aber die verlängerten Schwanzfedern erreichen zwölf Zoll.
Das Männchen fiedert oben schwarz, im Nacken und an
der Brust hochgelb, am Bauche weiß. Die beiden mittlen Schwanzfedern laufen in lange nackte Spitzen aus.
Das Winterkleid ist rothbraun mit weißer Beimischung
und das Weibchen stets dunkelbraun. Das Männchen
singt angenehm.

2. Der rothschnäblige Whytastink. V. erythrorhyncha.

Figur 191 b.

Ziemlich weit an der Westküste Afrikas verbreitet, ist
diese Art etwas kleiner als die vorige und unterscheidet
sich sogleich durch den corallenrothen Schnabel, während
jene einen schwarzen Schnabel hat. Die vier verlängerten
Schwanzfedern können ihre hohlen Fahnen so gegen einander legen, daß sie einen hohlen Cylinder, wie aus einer
Feder gebildet, darstellen. Das Männchen glänzt schön
blauschwarz, färbt aber die ganze Unterseite und ein Halsband weiß.

Andere Arten sind die langschwänzige, die ganz
schwarze, die weißfleckig geflügelte, die schwarze mit
grünem Glanze u. a.

4. Kreuzschnäbler. Loxia.

Der charakteristische Finkenschnabel entsteht sich hier
ganz absonderlich: stark kegelförmig krümmt sich der
Oberschnabel mit hakiger Spitze herab und die verlängerte
Spitze des Unterschnabels biegt sich seitwärts jener nach
oben. Das sieht ganz ungeschickt aus und doch befähigt
den Vogel diese ungeschickte Schnabelform, den Samen
zwischen den harten steifen Schuppen der Zapfen der
Nadelbäume schnell und sicher hervorzuholen. Er klemmt
nämlich den Schnabel unter die Schuppe, stemmt dann
den Unterkieferhaken gegen die Spindel des Zapfens,
sperrt nun mit dem Oberkiefer die Schuppe gewaltsam
empor und ergreift mit der vorgeschobenen Zunge den
Samen. Nur durch eine gewaltige Muskelkraft und
große Härte des Schnabels ist diese Arbeit möglich und
wer sich davon überzeugen will, halte nur den Finger hin,
der Kreuzschnabel beißt gewiß durch. Es ist dieselbe
Kraft, mit welcher der Kernbeißer Kirschkerne knackt.
Unsere Figur 192 stellt die wesentlichsten Theile des
Kopfes dar: bei A von der Seite mit dem großen Schläfenmuskel a und dem kräftigen pyramidalen Muskel b; bei
B von der untern Seite, wo cc die Muskeln des Flügel-
beines, dd die sogenannten dünnen Muskeln bezeichnen;
bei C von der weiter entblößten Seite, so daß a der
Fortsatz des Flügelbeines, b das Quadratbein und d das
Wangenbein sichtbar werden; bei D von hinten mit dem
rechten Schläfenmuskel a und dem großen pyramidalen
Muskel b; bei E der Unterkiefer von der Seite mit der

Gelenkflächen a und den Kronsortsätzen bb; bei F die Zunge von oben, an welcher a die hornige löffelförmige Spitze und bb die Streckmuskeln anzeigen; bei G dieselbe von der Seite, wo noch der Beugemuskel c sichtbar wird. —

Fig. 192.

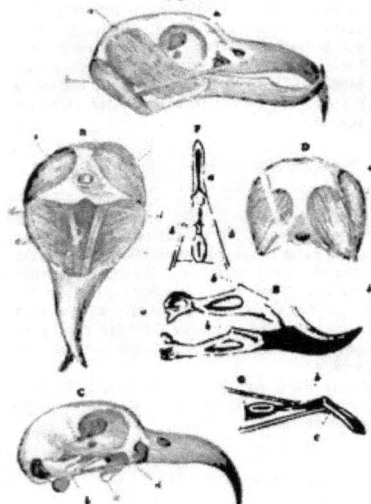

Schädel der Kreuzschnäbel.

Die sehr kleinen kreisrunden Nasenlöcher liegen häufig umrandet dicht an der Schnabelwurzel unter borstigen Federchen versteckt. Die Beine sind kurz und kräftig und ihre schlanken bis auf den Grund gefiederten Zehen mit starken spitzigen Krallen bewaffnet, welche den Vogel in Verein mit dem hakenspitzigen Schnabel zum geschicktesten Klettern befähigen. In den schmalen Flügeln längs schon die erste Schwinge die stumpfe Spitze oder doch nahezu. Der kurze Schwanz gabelt sich schwach. Das in grau, grün, gelb und roth spielende Gefieder steht in einer mäßig breiten Oberflur mit sehr großem rautenförmigen Rückensattel und in einer schmalen Unterflur, an deren Bruststreif ein breiter Ast eng anliegt. Zwischen den Konturfedern befinden sich lange Haarfedern. In anatomischer Hinsicht beachte man die völlige Trennung beider Hälften des Zungenbeines, ferner die durch die eigenthümliche Schnabelbildung bedingte Asymmetrie des Kopfes, den rechts am Halse gelegenen Kropf und den langen Vormagen. Der zwölf Zoll lange Darm knäuelt sich und hat ganz klein warzenförmige Blinddärme. Die Leber ist sehr ungleichlappig mit kleinem dritten Läppchen und kleiner Gallenblase, die Bauchspeicheldrüse zweifach, die Nieren dreitheilig gebuchtet, der Singmuskelapparat kräftig, die Milz sehr gestreckt, das Herz dick und stumpf. Der Fächer im Auge besteht aus 22 schwach geknickten

Falten und die Krystalllinse wölbt sich an beiden Seiten gleich stark.

Die Kreuzschnäbler, in zwei Arten in Deutschland heimisch, sind kräftige schwerfällige Waldbewohner, welche viel lieber auf den Aesten der Nadelbäume auf und ab klettern als fliegen oder gar am Boden hüpfen, und doch können sie schnell und anhaltend fliegen, zumal wenn Nahrungsmangel sie zum Streichen nöthig. Zum Entsamen der Zapfen beißen sie diese am Stiele ab und tragen die Frucht auf einen Ast, wo sie dieselbe bequem mit den Beinen halten können. Fehlen Nadelsamen: so stellen sie Beerenkerne und andere harte Sämereien; in Gefangenschaft unterhält man sie am besten mit Hanf, den sie gern und viel fressen. Sie leben gesellig, oft in großen Heerden beisammen, sind sehr gutmüthig und verträglich, zutraulich gegen andere kleine Vögel und gegen den Menschen. Im Käfig unterhalten sie durch ihr schönes Gefieder und ihre geschickten Kletterkünste, mehr noch in Gesellschaft mit andern Körnerfressern durch ihre zutraulichen Aeußerungen. In meinem großen Käfig nehmen die Kreuzschnäbler die Zeisige, Hänflinge und Stieglitze gegen die roben Angriffe der Spatzen in Schutz, räumen den kleinen den nächtlichen Ruhesitz zwischen sich ein, bringen jenen das zerzauste oder im Bade beschmutzte Gefieder in Ordnung, schlichten die Raufereien, kurz sie halten Ordnung in der Gesellschaft und zwar durch Gemüthlichkeit, nicht durch Strenge.

1. Der Fichtenkreuzschnabel. L. curvirostra.

Figur 192.

Aeußerlich unterscheiden sich die beiden Kreuzschnäbler Deutschlands sicher nur durch die Schnabelform. Der Fichtenkreuzschnabel hat nämlich einen viel schwächern, gestreckten, flacher gebogenen Schnabel mit längern Kreuzspitzen, zugleich einen kleinern schmälern Kopf und geringere Größe. Letztere erreicht höchstens 7 Zoll Länge und 12 Zoll Flügelspannung. Der Haken des Oberschnabels biegt sich ebenso oft links wie rechts neben den untern herab, und danach ändert auch die Asymmetrie des Kopfes ab. Bei ganz jungen Exemplaren passen die Schnabelspitzen noch aufeinander, aber die ungleiche Muskulatur des Kopfes zeigt bei ihnen schon, auf welcher Seite die Oberspitze herabbiegen wird. Das Farbenspiel des Gefieders zu beschreiben, wäre bei den vielfachen Abänderungen eine ebenso langweilige wie nutzlose Arbeit. Gewöhnlich ist die Zügelgegend bräunlich oder grau, das Kinn weißfach und ein Streif vom Auge zum Ohr braungrau. Die matt braunschwarzen Flügel und Schwanzfedern besäumen sich ganz hell. Alte Männchen lieben bedreite Färbung, junge stecken ihr gelbes oder gelbgrünes Gefieder, allein die rothe, braune, graue, gelbe und grüne Farbe spielen in so verschiedenen Tönen und mischen sich so vielfach, daß man danach weder Alter noch Geschlecht sicher unterscheiden kann.

Das Vaterland reicht in Europa von den Alpen so weit nach Norden hinauf, wie die Nadelbäume gehen, und erstreckt sich ebenso weit über Asien. Ueberall sind es nur Nadelholzwälder, ebene wie gebirgige, in welchen der Fichtenkreuzschnabel sich niederläßt als Standvogel oder

als Strichvogel. In einzelnen Gegenden fehlt er Jahre
lang und erscheint plötzlich zahlreich, wenn der Fichten-
samen reichlich vorhanden ist, in andern hält er fortwährend Stand. Daß er außer Nadelsamen auch Knospen
und Insekten, zumal Blattläuse frißt, wird von zuverlässigen Beobachtern bestätigt. Immer bei gutem Appetit,
verbringt er die meiste Zeit des Tages in geschäftigem
Aufsuchen der Nahrung hin. Dabei ist er gewandt und
hurtig, sonst träge, langsam und höchst einfältig. Seine

Fig. 193.

Kiefernkreuzschnabel

Lockstimme ruft kip kip oder tief zock zock, der Gesang des
Männchens wechselt diese Töne mit zwitschernden und
lauten mannichfach ab und hört sich von einzelnen Virtuo-
sen ganz angenehm an. Die Brütezeit ist merkwürdiger
Weise an keinen Monat, keine Jahreszeit gebunden. Im
Januar wie im heben Sommer brütet das Weibchen,
wenn es nur Futter für die Jungen zu finden weiß. Zur
Anlage des Nestes wählt es einen hohen, durch überhän-
gende Zweige hinlänglich geschützten Ast, webt allein zarte
Reiser, Gehalm, Moos, Flechten zu einem dichten Filze
zusammen und füttert den tiefen Napf recht warm aus,
so daß die Eier und die ausschlüpfenden Jungen auch
vor der strengen Winterkälte hinlänglich geschützt sind.
Es legt nur zwei bis drei Eier, schmutzig grünlichweiß
mit rothen Punkten am stumpfen Ende. In vierzehn
Tagen kriechen die Jungen aus, betunen sich schnell sehr
dicht und werden von beiden Alten aus dem Kropfe gefüttert. An den Käfig gewöhnen sie sich meist schnell,
aber kein Holz ist ihrem scharfspitzigen Schnabel zu hart,
sie zerschroten den Rahmen, biegen die Drahtstäbe um
und fliegen dann in der Stube umher, um auch hier ihre
Zerstörungswuth auszuüben. Ich setzte in einen hohen
eine stattliche Tanne in den Bauer, aber schon nach vierzehn Tagen stand der Stamm vollständig entlästet da,
denn sie arbeiten mit unverdrossenem Eifer und bewunderns-

werther Geschicklichkeit. Durch diese Zerstörungswuth
und die große Gefräßigkeit werden sie, wo sie massenhaft
sich niederlassen, zu schädlichen Waldverderbern. Ihr
Fleisch soll bei geeigneter Zubereitung eine sehr delikate
Speise sein.

2. Der Kiefernkreuzschnabel. L. pytiopsittacus.

Der viel dickere gewölbte Schnabel biegt sich schon
von der Wurzel her merklich abwärts und bildet kurze
starke Haken, von welchen der untere nur selten über den
obern hervorragt. Der Kopf ist dick, breit und gewölbt
und der ganze Vogel wiegt gar nicht selten das Doppelte
des Fichtenkreuzschnabels. Im Gefieder wird es bei der
vielfach wechselnden Färbung schwer, ein unterscheidendes
Merkmal von voriger Art aufzufinken. Vaterland, Nahrung, Naturell stimmen ebenfalls mit jener überein, doch
ist diese Art in Deutschland nirgends so häufig wie der
Fichtenkreuzschnabel. Die Lockstimme ruft stark und tief
tüp und töp, das Männchen singt angenehm und kräftig,
sein Lied mit einem eigenthümlich schnurrenden errr
endigend.

Eine dritte Art, L. leucoptera, durch zwei weiße
Flügelbinden ausgezeichnet und nicht kletternd, heimatet
in Nordamerika und ist vereinzelt auch schon in Europa
gefangen worden. Andere Arten werden aus Asien
aufgeführt.

5. Webervogel. Ploceus.

Die Webervögel bevölkern die südlichen Länder der
Alten Welt, das südliche Afrika und Asien, und sind in
ihrer äußern Erscheinung Finken von meist gedrungenem
Bau. Ihr langer, fast gerader Kegelschnabel, an der
Wurzel dick, spitzt sich schlank zu, biegt die gerundete
Firste des Oberschnabels schwach und krümmt dessen Spitze
etwas herab; die Ränder biegen leicht nach innen. Die
ovalen Nasenlöcher werden von zarten Federn überdeckt;
die schwachen Füße bekrallen sich stark. In den stumpfspitzigen Flügeln erscheint von den zehn Handschwingen die
erste ganz verkürzt und schmal, die zweite nur wenig kürzer
als die längste dritte und vierte. Die Fluren des in
Braun, Schwarz und Gelb spielenden Gefieders sind auffallend schmal, nur zwei bis drei Federreihen breit, die
Rückenflur bildet einen kleinen dreiteiligen Sattel, die
Brustflur mit ganz anliegendem Aste. Mehr als durch
diese Eigenthümlichkeiten fesseln die Webervögel durch den
kunstvollen Nestbau. Sie leben nämlich kolonienweise
beisammen und die ganze Gesellschaft wenigstens einiger
Arten webt gemeinschaftlich an einem Aste ein großes
dichtes Dach und unter diesem hängt jedes Pärchen sein
ebenfalls sehr kunstvoll gewebtes Nest auf. Wir führen
aus der großen Artenzahl nur einige vor.

1. Der gesellige Webervogel. Pl. socius.

Figur 194 — 196

Der gesellige Webervogel fiel schon den ältern Reisenden auf, welche die Länder nördlich des Orangeflusses

Vögel.

Fig. 191.

Geselliger Webervogel.

einem kreisrunden Eingange von unten, so daß der ganze Bau eine horizontale untere Seite mit zahlreichen Oeffnungen hat. Für die nächste Brut werden neue Nester unter den alten angelegt und durch diese allmählige Vergrößerung erhält endlich der Bau ein so gewaltiges Gewicht, daß der Ast unter seiner Last zusammenbricht und zu einem Neubau geschritten werden muß. Die Weibchen legen je drei bis vier grünbräunliche, am dickern Ende purpurbraun gefleckte Eier.

Fig. 196.

Nest des geselligen Webervogels.

besuchten, denn südlicher, im eigentlichen Caplande kömmt er nicht mehr vor. Er hat Gimpelgröße und fiedert oben olivenbraun, unten ledergelb, die Rückenfedern hell eingefaßt und Kopf, Schwingen und Schwanz bräunlichschwarz. Im Betragen und der Nahrung gleicht er unsern Finken. Die Pärchen vereinigen sich zu größern Colonien, wählen gemeinschaftlich eine passende Baustelle für die Nester und weben zuvörderst aus Grashalmen ein gegen Regen und Unwetter schützendes großes Dach fest an einem hinlänglich starken Aste. An der Unterseite desselben werden nun die einzelnen Nester aus feinern Stoffen gewoben dicht neben einander befestigt, jedes mit

Fig. 195.

Nest des geselligen Webervogels.

2. Der gelbköpfige Webervogel. Pl. icterocephalus.
Figur 197.

Diese Art heimatet im Caplande und kennzeichnet sich durch das lebhaft gelbe Kopfgefieder, den braunen Rücken und die hellgelbe Brust. Die Pärchen weben aus rauhen sparrigen Gräsern sehr kunstvoll ein nierenförmiges Nest mit seitlichem Eingange und geräumiger weich ausgefütterter Höhle. Mehre dieser 10 Zoll großen Nester werden an der Spitze eines hohen schwankenden Astes angehängt.

3. Der gelbsteißige Webervogel. Pl. psilonotus.
Figur 198.

Das 7 Zoll lange Männchen fiedert schön gelb, an Wangen, Kehle, Vorderhals und Oberbrust schwarz, am

Fig. 197.

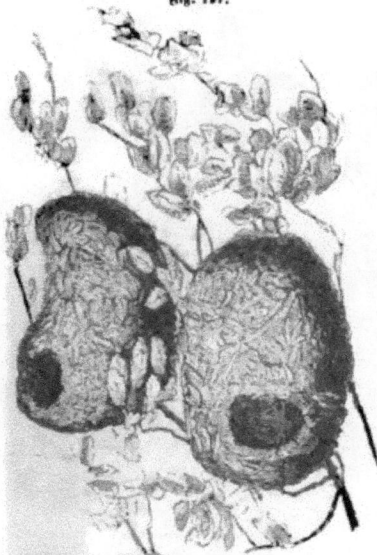

Nest des gelbköpfigen Webervogels.

Rücken braun. Die schwarzen Schwingen beranden sich hell, der Schwanz bräunt, der Schnabel ist schwarz. Die Nester hängen wie bei voriger Art an schwankenden Zweigen, zumal über dem Wasser, um räuberischen Landthieren sie zu entziehen, und enthalten vier blaugrünliche ungefleckte Eier. Die Heimat ist am Senegal.

Fig. 198.

Goldstirniger Webervogel.

4. Der Tahaweber vogel. Pl. taha.

Figur 199.

Der Taha der Südafrikaner bewohnt die buschigen Flußufer nördlich des 26. Grades s. Br. in großen Schwärmen, welche in dem hohen Geröhricht nisten und in mancher Gegend verheerend in die Gärten und Fruchtfelder einfallen. Sie hängen die dicht gewobenen Nester an hohen Rohrstengeln auf. Das Männchen färbt sein Gefieder mit einer Mischung von gelb, grau und schwarz-

Fig. 199.

Tahaweber vogel.

braun, an der Unterseite grauweiß, an der Brust mit bräunlichgelbem Anfluge, im Winter oben gelbbraun mit schwarzen Flecken und so trägt sich das Weibchen beständig.

5. Der Mahaliweber vogel. Pl. Mahali.

Figur 200. 201.

Der 6½ Zoll lange Vogel ist oben braun, unten gelblichweiß, an der Kehle und dem Steiß rein weiß. Er schwärmt schaarenweise in den buschigen Gegenden vom Wendekreise bis zum Orangefluß, sucht Gesäme und viel-

16

leicht auch Insekten am Boden wie auf Bäumen und dauet wie die vorigen seine Nester colonienweise. Dieselben werden an langen schwankenden Zweigen aufgehängt und so aus Gräsern dicht geweben, daß deren steife stachelige Wurzeln die Außenseite bilden und als Stachelpanzer den Inhalt vor räuberischen Angriffen, zumal der

Fig. 200.

Natal-meta-vogl.

Baumschlangen sichern. Die Nester hängen dicht gedrängt beisammen und sind sehr dickwandig und dicht verfilzt, daher sie eines Schutzdaches nicht bedürfen.

6. Der rothschnäblige Webervogel. Pl. erythrorhynchus.

Figur 202.

Die Webervögel sind noch so wenig auf ihre innere Organisation untersucht und unter einander und mit ihren sonstigen Verwandten verglichen worden, daß ihr Gattungstypus keineswegs schon natürlich umgränzt ist und sehr wohl die eine und andere der zahlreichen Arten späterhin ausgeschieden werden muß. Die eigenthümliche Lebensweise deutet wenigstens darauf hin. Der rothschnäblige Webervogel ist nämlich Insektenfresser und erinnert in seinem Betragen ebenso sehr an die Staare, wie andere Arten an die Finken. Er begleitet schaarenweise die Büffelheerden, läßt sich auf den weidenden Thieren nieder und sucht ihnen die quälenden Insekten ab. Die Büffel weiden dabei sorglos, denn der plötzliche Aufflug der Vögel verräth ihnen jede drohende Gefahr, welcher sie dann durch die Flucht ausweichen. Am sichern Orte finden sich die befreundeten Schaaren wieder zusammen. An andere Säugethiere scheint der Webervogel nicht zu gehen. Aeußerlich unterscheidet er sich von den vorigen Arten durch den Mangel des Gelben in der

Fig. 201.

Nest des Mahaliwebervogels.

Färbung, er ist vielmehr oben wie unten schwarzbraun, die vordern Schwingen breit weiß gerandet, der Schnabel gelbroth, an den Seiten purpurfarben.

Fig. 202.

Rothschnäbliger Webervogel.

7. Der Recurvirwebervogel. Pl. pensilis.

Figur 203.

Die eigenthümlichen Nester sind häufiger in den Sammlungen anzutreffen als ihr Baumeister, sie waren durch Reisende schon längst in Europa bekannt, ehe man den Vogel selbst brachte. Das gilt von einigen Afrikanern und ganz besonders von den indischen, von deren Arten man heute noch nicht die zugehörigen Nester unterscheiden kann. Dieselben hängen weithin über dem Wasser, an einem schwankenden Zweige oder Blatte und haben eine flaschen- oder retortenförmige Gestalt. Das eigentliche Nest ist kugelig, aus rauhem Gehalm nicht gerade dicht gewoben und zieht sich an einer Seite in eine fußlange Röhre aus. Der eigentliche Relicurvi, welcher

Fig. 203.

Nest des Relicurvimehervogels.

derartige Nester baut, lebt zahlreich auf den indischen Inseln und auf Madagaskar und fiedert oben olivengrün, am Kopfe, Halse und der Kehle gelb, an den Flügeln und am Schwanze schwärzlich, am Bauche dunkelgrau; Schnabel und Füße sind schwarz.

Dem Baya in Hindostan schreibt Forbes Nester (Fig. 204) zu, welche fast noch künstlicher als die andrer Webervögel gebaut sind. Der an dornigen Mimosen oder Dattelpalmen aufgehängte, dicht gewobene Beutel hat nämlich in seiner obern Hälfte den Brutplatz des Weibchens, in den untern geöffneten ist ein Querstab angebracht, auf welchem das Männchen sitzt, um das brütende Weibchen mit seinem Gesange während des langweiligen Geschäftes zu unterhalten. In seiner äußern Erscheinung gleicht der Baya dem Relicurvi sehr und es ist die Vermuthung gerechtfertigt, daß beide vielleicht nur ein und derselben Art angehören. An trocknen Bälgen sind solche Zweifel nicht vollständig zu lösen.

Fig. 204.

Nest des Bayawebervogels.

6. Rarita. Phytotoma.

Was wir so eben von der Unsicherheit der verwandtschaftlichen Verhältnisse der Webervögel bemerkten, gilt in noch höherem Grade von dieser chilesischen Gattung. Dieselbe hat in ihrer äußern Erscheinung Eigenthümlichkeiten, für welche die nähern Beziehungen zu den Finken und Singvögeln überhaupt fehlen, und da noch Niemand den Singmuskelapparat an ihrem Kehlkopfe aufsuchte: so wissen wir nicht einmal, ob sie überhaupt zu den Singvögeln gehört. Sie begreift sperlingsgroße Vögel mit kurzem dicken, starkkegelförmigen Schnabel, dessen Ränder gesägt sind. Die Oberkieferränder tragen jederseits zwei Zahnreihen, nämlich eine äußere aus 15 Zähnen bestehende und eine zweite nur durch eine Furche davon getrennte innere. Der auffallend niedrige Unterkiefer besitzt auf einer erhöheten Kante jederseits eine Reihe von elf Zähnen, welche bei geschlossenem Schnabel zwischen die obern greifen. Die kleinen schiefen elliptischen Nasenlöcher an der Schnabelwurzel werden zum Theil von den Zügelfedern überschattet. In den Flügeln zählt man nur neun Handschwingen, von welchen die erste der achten an Länge gleichkömmt, die dritte und vierte die längsten sind. Die ziemlich kräftigen Beine belegen ihre Läufe vorn mit großen Schienen, hinten mit kleinen Schuppen.

Die gemeinste Art ist

Die chilenische Rarita. Ph. rara.

Figur 205.

Schon Molina, der älteste Beschreiber der Naturgeschichte Chili's, schildert den sich selbst rufenden Rara als einen sehr gefährlichen Vogel, welcher schaarenweise in die Gärten einfalle, mit seinem Schnabel die krautartigen Pflanzen am Stengel absäge und die Samen

16*

derselben verzehre; er richte so großartige Verheerungen an, daß man Preise auf seine Vertilgung gesetzt habe. Ob dieses nun wirklich erfolgt ist oder ob Molina die Gefahren übertrieben hat, vermögen wir nicht zu ermitteln, spätere und zuverlässige Reisende trafen den Vogel weder sehr zahlreich, noch sehr gefräßig. Er frißt allerdings keimende Pflanzen gern, auch Sämereien, aber wird dadurch nicht schädlicher als unsere Sperlinge und Finkenarten überhaupt; dabei ist er träg, sitzt einmal gesättigt ruhig auf dem Aste und läßt seinen Nachbar wegschießen,

Fig. 205.

Chilenische Rarita.

ohne davon zu fliegen, ist auch wenig fruchtbar, ruhiger in seinem ganzen Wesen als unsere Finken. Zum Aufenthalt wählt er buschige Gegenden und lichte Laubwälder, von denen aus er täglich in Felder und offene Triften streichen kann. In der Größe erreicht er fast unsern Kernbeißer; sein Gefieder hält er oben graubraun, unten heller und fleckt und bändert die dunkeln Flügel.

7. Ammern. Emberiza.

Die Ammern führen den Finkentypus zu den Lerchen über und vereinigen als vermittelndes Glied die Charaktere dieser beiden, wobei jedoch die Verwandtschaft mit den Finken die überwiegende ist. Zunächst und am auffälligsten spricht sich ihre generische Eigenthümlichkeit wieder in der Schnabelform aus. Ihr Schnabel ist nämlich kurzkegelförmig und hart und sein schmaler Oberkiefer trägt am Boden einen harten Höcker, welcher von dem breitern scharfrandigen Unterkiefer umfaßt wird. Die Seiten dieses erheben sich winklig neben dem Oberschnabel und ziehen dadurch den Mundwinkel schief nach unten herab. Die runden Nasenlöcher öffnen sich dicht vor dem Kopfgefieder. Der Kopf ist eher klein als groß und oben platt. Die mäßig großen Flügel haben nur neun Handschwingen, von welchen die zweite und dritte die

stumpfe Spitze erlangen. Der lange zwölffedrige Schwanz randet sein Ende gern aus, bei wenigen Ausländern stuft er sich. Die Füße sind kurz und kräftig, kurz bekrallt, die Hinterzehe mit sehr langer Kralle (Spornammern) oder mit gewöhnlicher. Die verlängerte Hinterkralle und das gelblichgraue gesprenkelte Gefieder macht die Ammern lerchenähnlich, doch ändert letzteres nach Alter, Geschlecht und Jahreszeiten ebenso sehr wie bei den Lerchen ab. Die innere Organisation bietet nur wenige beachtenswerthe Eigenthümlichkeiten. Die schmale Zunge zerfasert ihre schlanke Spitze und bezahnt sich hinten ziemlich stark. Der Vormagen ist eng, dünnwandig, mit nur kleinen Drüsen ausgekleidet, der Magen dagegen sehr stark muskulös, der Darmkanal nur wenig über Körperlänge und mit schlanken papillenähnlichen Blinddärmchen, die Leber sehr ungleichlappig, die Milz sehr klein und gestreckt, die Nieren rundlich gebuchtet, der Schlund mit bauchigem Kropf, die Kiefermuskeln sehr kräftig, nur die Hirnschale lustführend.

Mehre Arten sind in Deutschland gemein und Jedermann durch ihr nettes Aeußere und artige Betragen bekannt. Ihr Verbreitungsbezirk erstreckt sich über die ganze nördliche Erdhälfte und noch über Südamerika, Asien aber scheint der ammerreichste Welttheil zu sein. In gemäßigten Ländern sind sie meist Zugvögel, die jedoch nicht bis in die Tropenzone wandern. Sie leben paarweise oder in großen Gesellschaften beisammen, haben einen hüpfenden und schreitenden Gang, einen zuckenden und wogenden Flug und nähren sich von mehlhaltigen Sämereien, die sie nach ächter Finkenweise enthülsen, in der Brütezeit, zumal wegen der Jungen auch von Insekten. Ihre künstlichen Nester enthalten fünf bis sechs punktirte und gefleckte Eier.

Die zahlreichen Arten sondern sich in Buschammern und Spornammern. Erstere kennzeichnet der starke gewölbte Schnabel, der größere Kopf und die gewöhnliche

Fig. 206.

Ammerschnabel.

Hinterzehe; sie sind die zahlreichern. Die Spornammern haben einen kürzern Schnabel ohne Höcker am Oberkiefer und einen lerchenähnlichen sehr langen ziemlich geraden Nagel an der Hinterzehe, so die Schneeammer und Lerchenspornammer. Unter den Buschammern zeichnen sich einige Südamerikaner durch kurze Flügel, stufige zugespitzte Schwanzfedern und schlanke Schnabelform aus, nämlich E. marginalis und E. melanotis. Wir verweilen bei ihnen nicht, sondern wenden uns sogleich zu den einheimischen ächten Buschammern.

1. Die Goldammer. E. citrinella.
Figur 207 b c. 208.

Unsere gemeinste Ammer verbreitet sich vom Mittelmeere bis ins mittlere Schweden und östlich bis nach Sibirien und sie bleibt auch im Winter bei uns. Im Sommer siedelt sie sich in lichten Wäldern und Gebüschen an, zumal wo Wiesen und Gewässer leicht fangbares Insektengeschmeiß erzeugen; im Herbst schaaren sich die Pärchen und streichen über die Felder, um Gesäme aufzulesen, und im Winter, wenn Kälte und Schnee den Unterhalt im Freien verkümmern, kommen sie in die Dörfer und Städte und suchen mit den Spatzen auf den Straßen und Höfen ihre kärgliche Nahrung. Mildes Thauwetter aber treibt sie schnell wieder auf die Aecker und schon Ende Februar oder bei kalten Wintern erst im März ziehen sie wieder paarweise ins Sommerquartier. Da suchen sie sofort, jedes Pärchen in seinem eigenen Revier, ein verstecktes Plätzchen im niedrigen Gesträpp zur Nestanlage. Gehalm, Ranken, trockne Stengel, altes Laub wird emsig zusammengetragen und dicht verflochten zu einem halbkugeligen Napf, dessen Inneres mit zarten Halmen, Haaren und Wolle, niemals mit Federn, ausgepolstert wird. Das Weibchen legt 4 bis 5 zart-

schalige trübweiße, fein grau bespritzte, punktirte und geaderte Eier und brütet unter Ablösung des Männchens in den Mittagsstunden dieselben in dreizehn Tagen aus. Die graudunigen Schreihälse werden mit weichen Insekten aufgefüttert, sind im April oder Mai flügge, treiben sich noch kurze Zeit ängstlich im Gebüsch umher und verlassen dann die Alten, welche im Juni zum zweiten Male eiern und in günstigen Sommern im August zum dritten Male. Im Sommer fressen sie mehr Insekten als Körner, die sie jedoch nie im Fluge haschen, sondern nur am Boden picken. Auch die Sämereien, Getreidekörner und Kräutersamen lesen sie auf. In der Stube gehen sie sofort an das Futter, suchen die Abfälle vom Tische auf und halten bei Hafer, Hirse, Kanariensamen, in Milch geweichter Semmel mehre Jahre aus. Während der Brütezeit und bei Nahrungsüberfluß sind sie zänkisch, sonst verträglich, den meinigen im großen Gesellschaftsbauer kann ich Raufereien nicht nachsagen. Bald sieht man sie munter und fröhlich hüpfen und fliegen, dann wieder ruhig und still sitzen, stundenlang auf einem Fleck. Gegen Winterkälte sind sie wenig empfindlich. Ihre Lockstimme ist ein scharfes zisch und tschü; die Männchen singen einige heute angenehme Strophen sehr fleißig den ganzen Sommer hindurch. Gar nicht scheu und mißtrauisch, gehen sie

Fig. 207.

Ammer.

leicht in alle Fallen und in manchen Gegenden fängt man sie massenhaft im Herbste ein, wegen ihres sehr schmackhaften fetten Fleisches.

Wer die Goldammer von ihren Verwandten unterscheiden will, achte vor Allem auf die schön roßfarbene Befiederung des Bürzels und die gelbe Farbe am Kopfe, Halse und der Unterseite. Bei 7 Zoll Körperlänge spannen die Flügel 11 Zoll. Die niedrigen Beine haben schlanke Zehen mit kurzen, stachspitzigen, stark zusammengekrückten Krallen. Das alte Männchen fiedert am prächtigsten im schönsten Citronengelb, graurötlich mit klaren Flecken auf dem Rücken und mit matt braunschwarzen Flügeln. Die Weibchen und Jungen haben weniger

Fig. 208.

Nest der Goldammer.

Gelb, sind bleicher und matter gefärbt, auch der lange Aufenthalt im Käfig entzieht dem Männchen die Farbenpracht. Der Vormagen ist dünn und schlaffwandig, viel kürzer als der stark muskulöse Magen, der Darmkanal mißt nur Körperlänge.

2. Die Grauammer. E. miliaria.

Figur 207 a.

Die größte deutsche Ammer, bis 8 Zoll lang und 13 Zoll in der Flügelspannung, oben licht mäusegrau mit dunkeln Schaftflecken, an der Unterseite weißlich, aber vom Halse herab braun gestrichelt. Die Schwingen und Steuerfedern wie gewöhnlich licht gerandet, letztere jedoch ohne weißen Fleck. Damit kann man die Art schon äußerlich von den übrigen unterscheiden; wer sie anatomisch vergleicht, achte auf den merklich über körperlangen Darmkanal mit schlanken Blinddärmchen (3′′′ lang), auf die sehr ungleichen Leberlappen, die Bauchspeicheldrüse, die Nierenform u. s. w.

Auch der Grauammer reicht ihr Vaterland vom Mittelmeer bis Norwegen aus, in einzelnen Gegenden als Stand-, in andern als Strichvogel. Den Sommer

verbringt sie in ebenen Gegenden, auf Feldern und Wiesen und im Gebüsch längs der Sümpfe und Wassergräben. Im Herbst schlagen sich die Familien in Heerden zusammen und durchstreifen die Stoppelfelder, im Winter schließen sich viele den Goldammern an. Mit diesen theilen sie die Nahrung, aber ihr Nest bauen sie meist am Boden ins Gras oder unter Gebüsch, weben dasselbe nicht gerade sehr sorgfältig aus Gehalm und legen ganz ähnliche Eier wie vorige, von welchen ihr ganzes Fortpflanzungsgeschäft nicht abweicht. Träg und still im Sommer, aber unruhig, zänkisch, flüchtig in der Strichzeit und im Winter. Die Stimme vermag nur das geübte Ohr von der der Goldammer zu unterscheiden, der Gesang des Männchens aber ist weniger angenehm und schwächer. Deshalb und wegen des minder schönen Gefieders hält man die Grauammer nicht so häufig als Stubenvogel, obwohl sie leicht zahm und zutraulich wird. Mehr Freunde hat ihr sehr fettes und wohlschmeckendes Fleisch, um deßwillen sie viel gefangen wird.

Die dritte Art des engern Typus der Goldammer ist die Zaunammer, E. cirlus, kenntlich an ihrem schmutzig olivengrünen Bürzel und an dem schwächern spitzigern Schnabel. Sie heimatet in den mittelmeerischen Ländern und kömmt nur vereinzelt in der Schweiz und Süddeutschland vor als Zugvogel. In Betragen, Fortpflanzung und Nahrung schließt sie sich der Goldammer ganz an, Feinschmecker schätzen aber ihr Fleisch höher. Die übrigen Buschammern haben gar keinen oder nur einen schwachen Höcker am Boden des Oberschnabels und die Form ihres Schnabels ist überhaupt finkenähnlicher. Von diesen verdienen noch einige unsere Aufmerksamkeit.

3. Die Rohrammer. E. schoeniclus.

Figur 207 b.

Die unterscheidenden Merkmale liegen in einem weißlichen Streif, welcher vom untern Schnabelwinkel neben der Kehle herabläuft, in der rostrothen Färbung der kleinsten Flügeldeckfedern und in dem aschgrauen, schwärzlich gestrichelten Bürzel. Die allgemeine Färbung des Gefieders ist oben gelbbräunlich mit schwarzem Mittelfleck auf jeder Feder, an der Unterseite weiß und die äußerste Schwanzfeder zur Hälfte weiß. Das Männchen färbt Haube, Wangen und Vorderhals tief schwarz, wogegen das Weibchen an der Kehle schmutzig weiß ist. Die Eigenthümlichkeiten der innern Organisation gewähren nur Interesse bei einer unmittelbaren Vergleichung mit andern Arten.

Die Rohrammer bewohnt fast ganz Europa und Sibirien, überall Ebenen und Niederungen dem Gebirge vorziehend, wo Gewässer mit schilfiger und weidenbuschiger Umgebung sich befinden. Hier verlebt sie Frühjahr und Sommer, streicht im Spätsommer familienweise in die Felder und im Winter halten einzelne bei uns aus, andere ziehen im nächtlichen Fluge gern Süden und kehren erst im März wieder heim. Unter einander sind sie friedlich und anhänglich, nur während der Brütezeit wählt jedes Pärchen ein eigenes Revier und duldet darin keinen Genossen. Munter und unruhig fliegen sie ellißt bald hier- bald dorthin oder hüpfen behend im Gestrüpp umher, lassen ihr zieh und leises zlß hören und die Männchen singen vom Morgen bis zum Abend ihr stammelndes Lied. Die Nahrung besteht im Sommer aus allerlei Insekten und deren Brut, im Herbst und Winter aus verschiedenen Sämereien, unter welchen die Hirse als Delicatesse obenan steht. Mit letzterer füttert man daher auch die eingebauerten, zur Abwechslung mit Mohn und in Milch geweichter Semmel. Das Nest liegt sehr versteckt in sumpfigem Gebüsch, ist ziemlich roh aus Gehalm gewoben und der Napf mit Haaren und Wolle ausgepolstert. Die fünf kleinen Eier sind bräunlich- oder röthlichweiß, punktirt, gefleckt und bekritzelt, und werden in dreizehn Tagen von beiden Geschlechtern ausgebrütet. Die Jungen der ersten Brut schlüpfen im Mai aus, die zweite Brut Ende Juli oder August. Ihr fettes Fleisch gilt im Herbst als sehr wohlschmeckend.

4. Der Ortolan. E. hortulana.
Figur 209.

Der Ortolan oder die Gartenammer ist ein Bewohner der mittelmeerischen Länder weit nach Afrika hinab und tief nach Asien hinein, diesseits der Alpen nur die

Fig. 209.

Ortolan.

und da und meist spärlich, bei uns ganz vereinzelt als Zugvogel, vom Mai bis August. Sein Standquartier schlägt er in Waldesrändern, in Gebüsch längs der Wiesen und Wassergräben und in feuchten verwilderten

Gärten auf, lebt hier versteckt, still und harmlos, träg und schwerfällig, obwohl er im Hüpfen und Fliegen ganz gewandt ist. Die Nahrung sucht er am Boden, Insektengeschmeiß im Sommer, mehlhaltige Samen, doch auch Mohn im Herbst und Winter. Nest und Eier erinnern lebhaft an die Rohrammer.

Die äußere Erscheinung des Ortolan ähnelt sehr der Goldammer in bleichem Kleide, allein schon der fleischfarbene Schnabel und ebensolche Beine und die strohgelbe Kehle nebst solchem Wangenstreif und Augenkreis dienen zur Unterscheidung. Am Scheitel und Halse herrscht Grau mit grünlicher Beimischung; Rücken und Schultern sind rostfarben mit schwarzen Schaftflecken, Brust und Bauch rostgelb, Flügel und Schwanz braunschwarz. Die Weibchen und Jungen tragen sich etwas anders. Die anatomischen Verhältnisse geben keine Veranlassung bei ihnen zu verweilen.

Der Ortolan ist den Feinschmeckern wohl bekannt und wird bei uns wegen seiner Seltenheit für die Tafel der Reichen hoch (bis zu einem Dukaten das Stück) bezahlt, in südlichen Ländern massenhaft eingefangen und in Mehl oder Hirse gedrückt, versandt. Der Fang geschieht auf eigenen Herden, nach Art der Finkenherde. In die Gefangenschaft gewöhnt sich dieser Vogel sogleich und mästet sich bei Hirse und Hafer in kurzer Zeit; wer ihn trotz seines Phlegmas wegen des Gesanges halten will, thut besser, ihn mit Mohn und gequetschtem Hanf zu füttern. Schon die alten Römer mästeten ihn zu ihren schweizerischen Mahlen und das geschieht noch gegenwärtig in einzelnen Gegenden. Ausgemästet gleicht er in der That einem wahren Fettklumpen.

5. Die Zierammer. E. cia.

Die Zierammer gleicht einer schlanken Goldammer in roströthlichem Gefieder mit hellaschgrauer Kehle und breit grau gekanteten kleinen Flügeldeckfedern. Ein durch das Auge zum Nacken und zur Kehle ziehender Streif ist schwarz. Die Heimat bilden wiederum die mittelmeerischen Länder und in Deutschland trifft man nur hin und wieder ein Pärchen. Waldige Thäler mit Wiesen und Gewässer wählt diese muntere und unruhige Ammer am liebsten zum Aufenthalt, nährt sich hier ganz wie die vorigen Arten und wird auch wegen ihres Gesanges in der Stube gehalten, wo sie sehr zutraulich wird und lange aushält. Ihr Fleisch soll sehr wohlschmeckend sein.

Eine dritte südliche Art ist die Kappenammer, E. melanocephala, die sich jedoch nur äußerst selten in Deutschland blicken läßt. Sie trägt eine glänzend schwarze Kopfkappe, welche ringsum scharf gegen prächtiges Hochgelb abschneidet. Diese gelbe Farbe herrscht an der ganzen Unterseite, geht an den Seiten in Rostroth über, das auch die Oberseite deckt. Dem Weibchen fehlt die Kappe. Munter und keck, scheu und wild, ist sie in ihren Bewegungen leicht und flüchtig, auch im Bauer anfangs ungestüm. Im Uebrigen verräth sie die ächte Ammernatur. — Die Fichtenammer, E. pithyornus, kömmt aus dem südlichen Europa vereinzelt bis Böhmen vor, meist in gebirgigen, feuchten und buschigen Gegenden. Sie faßt ihren weißen Scheitel und Wange schwärzlich ein, färbt den Bürzel rostig und das Männchen die Kehle rostroth, das Weibchen weiß; Brust und Bauch find weiß mit rostfarbenen Flecken, der Rücken rostiggrau mit schwarzbraunen Längsflecken. — Von den zahlreichen ausländischen Arten dieser Gruppe ist die sibirische Ammer, E. rutila, am Kopfe, der Brust und dem Rücken schön rothbraun, am Bauche citronengelb und an den äußern Schwanzfedern weißlich. Die südafrikanische E. erythroptera, siedert oben röthlich graubraun mit dunkeln Schaftstrichen, unten weißlichgrau mit schwarzem Wangenstreif. Die mexikanische Ammer, E. mexicana, trägt Kopf und Kehle rothgelb, Rücken, Flügel und Schwanz braun, die Unterseite lichter. E. nigricollis in Nordamerika hat eine schwarze Kehle, E. elegans in Japan einen schwarzen Kopf und Oberhals und andere noch andere Zeichnungen.

6. Die Schneeammer. E. nivalis.

Die Schneeammer ist eine ächte Sporn- oder Lerchenammer, d. h. der Nagel ihrer Hinterzehe zeichnet sich durch beträchtliche Länge und sehr geringe Krümmung aus. Außerdem unterscheidet sie sich von allen verwandten durch die viel längern, schmälern Flügel, deren erste beiden Schwingen länger als alle übrigen sind und durch den kurzen Schwanz. In der wechselnden Färbung der Gefieders bleiben weiße Flügelbinden und Flecken charakteristisch. Das Winterkleid ist weißlich, der Scheitel rothgelb, der Rücken graubraun mit schwarzen Schaftflecken, Schwingen und Schwanz schwarz mit weißer Berandung. Junge Vögel lieben dunklere Tracht und haben rothbraune Flügeldeckfedern. Das ganz weiße Sommerkleid sticht die Achselfedern, Handschwingen und Schwanzfedern schwarz ab. Das Weibchen fleckt Nacken und Scheitel braun und röthet den Bürzel.

Soweit im eisigen Norden hinauf der Vögel Nahrung findet, siedelt auch die Schneeammer sich an, bis Spitzbergen und Novaja Semblia. Mit Beginn des Alles erstarrenden Winters verläßt sie ihre nordische Heimat und zieht in die Ostseeländer, in Amerika bis New-York herab. Ihre Züge fallen in manchen Gegenden wie Schneeflocken nieder, bei uns stellen sie sich minder zahlreich, in sehr strengen Wintern erst im December ein. Felsige Gegenden und klippige Berge, wo nur dürftiges Gesträpp gedeiht, da läuft sie am liebsten nach Art unserer Lerchen umher, sucht Sämereien und Insekten zu ihrem Unterhalt und bauet zwischen Steine und in Felsenritzen ein künstliches Nest aus Moos, Flechten, Gehalm, innen mit Federn und Haaren warm ausgepolstert. Die zartschaligen Eier haben auf bläulichweißem Grunde dunkelbraune Punkte und Flecken und werden von beiden Geschlechtern bebrütet. Sie leben in Gesellschaft beisammen, scheu und wild, unter einander verträglich, flattern und fliegen zwar leicht in Bogenlinien schießend, hüpfen aber doch meist am Boden umher. Ihre Stimme pfeift ein helles sid oder flirrendes zirr und das Männchen zwischelt lerchenähnlich einige laute scharfe Strophen. Im Bauer ist es anfangs unbändig, wird aber nach und nach ruhig, sogar scheu und furchtsam in Gesellschaft anderer Vögel und dauert bei Körnerkost im kalten Zimmer mehre

Jahre aus. Im Herbst wird die Schneeammer massenhaft eingefangen und gegessen.

Die zweite Spornammer, E. lapponica, heimatet ebenfalls im Norden Europas und Asiens und besucht im Winter Deutschland. Sie hat ganz den Habitus der Schneeammer und kennzeichnet sich durch einen weißlichen Streif, welcher über das Auge läuft und die Wangen umgibt, durch die braunschwarzen Flügelfedern mit hellen Säumen und die schwärzlichen Schaftstriche in den Weichen. Kehle und Bauch sind weißlich, erstere bei dem Männchen mit schwarzem Fleck, das übrige Gefieder röthlichbraun. Schon im October stellt sich die Lerchenammer bei uns ein und zieht im Frühjahr wieder in ihr nordisches kahles Stantquartier zurück. In ihren Gewohnheiten gleicht sie auffallend der Schneeammer, auch wird sie ebenso gern gegessen.

8. Lerche. Alauda.

Die neuere Ornithologie legt auf einzelne bloß äußerliche Unterschiede ein sehr großes Gewicht und sieht sich daher genöthigt, die Lerchen als selbständige Familie von den finkenartigen Sängern zu sondern, dieselben haben nämlich zehn Handschwingen in den Flügeln und absonderlicher Weise einen getäfelte Lauf. Damit wären die Familiencharaktere erschöpft. Man könnte noch hinzufügen, daß die breite rautenförmige Erweiterung der Rückenfirst des Gefieders in der Mitte gespalten oder ganz getrennt sei, allein das gilt nur für die europäischen Arten, mehre ausländische wenigstens gleichen darin den Ammern, mit welchen auch die anatomischen Verhältnisse eine nähere Verwandtschaft bekunden. Der Schnabel der Lerchen ist gestreckt kegelförmig, rund oder nur wenig zusammengedrückt, längs der Firste gewölbt und mit den oberen Schneiden über die untern greifend. An seiner Wurzel öffnen sich in einer kleinen weichen Haut, zum Theil unter vorstensstützigen Federn versteckt, die ovalen oder runden Nasenlöcher. Die schmale lange Zunge läuft vorn in zwei bisweilen feinzackige Spitzen aus und bezahnt sich hinten ringsum. Die Zehen sind bis auf den Grund getheilt und ihre Krallen nur schwach gekrümmt, der starke gerade Nagel der Hinterzehe pflegt die Länge dieser selbst oder mehr zu messen. An den breitfederigen Flügeln erscheint die erste Schwinge sehr klein, schmal und spitz, die zweite mit der dritten oder auch vierten am längsten und die hintern Armschwingen wiederum verlängert. Der Schwanz hat das mäßige oder geringe Länge. Die Federn am Hinterkopfe können sich aufrichten oder bilden eine wirkliche Scheitelholle. Das Gefieder, derber als bei den eigentlichen Finken, spielt in der eigenthümlichen Lerchenfarbe, in düster graubraun oder dunkelbraun mit lichten Federrändern, wodurch der Vogel an Boden gedrückt seinen Verfolgern oft unsichtbar macht. Beide Geschlechter gleichen in Farbe und Zeichnung einander sehr, daß man sie äußerlich meist nicht unterscheiden kann. Im Skelet führen außer den Hirnschale noch der Oberarm und das Brustbein Luft. Der kleine Vormagen ist stark mit Drüsen besetzt und der Magen sehr dickmuskulös. Der Darmkanal mißt über Körperlänge, die Blinddärme,

Leber, Milz, Nieren spielen in denselben Formen wie bei den Nummern.

Die Arten, deren man etwa sechzig unterscheidet, leben zumeist in gemäßigten Ländern, wo sie in Feldern, Wiesen, Haiden, überhaupt in offenen Gegenden ihr Standquartier halten und im Herbst meist fortleben. Sie laufen schrittweise und picken Insekten und Sämereien, die sie nicht hülsen, auch grüne Kräuter vom Boden auf, bauen ein kunstloses Nest am Boden, in welches das Weibchen drei bis sechs grau marmorirte Eier legt. Die Männchen singen angenehm und sehr fleißig, steigen gern singend empor und schweben oder flattern einige Zeit, um sich dann wieder niederzulassen. Sie sind daher als Stubenvögel sehr beliebt, werden aber im Herbst, wo sie sehr fett sind, noch mehr als Delicatessen gegessen und zu diesem Behufe millionenweise alljährlich eingefangen. Freilich können sie im Herbst verzehrten Lerchen im Frühjahr und Sommer kein Insektengeschmeiß vertilgen und wir müssen uns dann schon deren verheerende Gefräßigkeit gefallen lassen, zumal von allen denen, welche Lerchen essen, kein einziger auf die Insektenjagd geben wird.

1. Die Feldlerche. A. arvensis.
Figur 70 a (B. 33).

Die Feldlerche ist so sehr häufig bei uns, daß sie Jedermann kennt. Man unterscheidet sie von den andern Arten leicht durch die Zeichnung ihrer beiden äußern Schwanzfedern. Die äußerste derselben ist nämlich bis auf einen schwarzen Streif der Innenfahne weiß und die zweite hat eine weiße Außenfahne. Die ganze Oberseite siehet ächt lerchenfarben, die Unterseite gelblichweiß und die großen Schteitfedern können hollenartig gesträubt werden. Der Nagel der Hinterzehe ist länger als diese Zehe selbst. Wer mehr von ihrer äußern Erscheinung wissen will, mag sie in Natura vergleichen, sie ist ja so leicht zu haben als der Sperling. Ihr Vormagen ist lang und dünn, sehr drüsig, der Magen ungemein muskulös, der Darmkanal neun Zoll lang, an der innern Wandung schön zickzackfaltig, die Blinddärmchen zwei Linien lang. Der Fächer im Auge besteht aus 22 winkligen Falten.

Das Vaterland erstreckt sich vom nördlichen Afrika über ganz Europa und in Asien bis Kamtschatka hinauf und in vielen Gegenden ist die Feldlerche ungemein häufig. Am liebsten wählt sie bebaute Felder, aber auch in sandigen öden Steppen, dürren Haiden, auf fetten Aengern und trocknen Bergen läßt sie sich nieder. Vom September bis November zieht sie zu Hunderten und Tausenden geschaart, immer nur Vormittags und niedrig über den Boden hin und fröhlich singend aus den kältern Ländern in warme, und kehrt bei mildem Winterwetter schon im Januar und Februar als lauter Verkünder des nahenden Frühlings wieder zurück. Einzelne überwintern bei uns und suchen an Landstraßen und Dörfern in Gesellschaft der Sperzen und Ammern ihren dürftigen Unterhalt. Trotz der großen Geselligkeit auf dem Zuge ist die Feldlerche sehr zänkischen Charakters, kämpft rausend und zausend mit ihres Gleichen, schlägt mit wilder Eifersucht und aus bloßem Futterneid jeden Eindringling aus ihrem engen Revier, irrt

unstät in demselben umher, bald hier- bald dorthin fliegend, dann wieder laufend, oder auf einer erhöhten Scholle sich um sich schauend. Ihr Flug erregt Bewunderung, in engster Spirallinie flattert sie gerade auf himmelan, schwebt mit zitternden Flügeln an derselben Stelle oder langsam weiter und schießt pfeilschnell und geradlinig nieder. Der Wanderflug wogt oder schießt in allerlei Schwenkungen spielend vorwärts. Die Sommernahrung besteht hauptsächlich in Insekten, das Herbst- und Winterfutter in Körnern und Gesäme. weder in jenen noch in diesen ist unsere Lerche wählerisch, sie frißt davon, was sie eben findet. Daß die berühmten Leipziger Lerchen ihren Wohlgeschmack von Knoblauch und Zwiebeln haben sollen, ist ein grober Irrthum, weder fressen sie diese Pflanzen, noch werden die meisten bei Leipzig gefangen, die Gegend um Halle und Anhalt liefert vielmehr die größte Menge der Leipziger Lerchen auf den Markt. Gleich nach der Ankunft im Frühjahr wählt jedes Pärchen sich sein Revier, sucht ein verstecktes Plätzchen am Boden und trägt nun Halme und zarte Wurzeln herbei, welche das Weibchen rob webt und dann den Napf mit Haaren ausfüttert. Dieses brütet meist auch allein auf den 3 bis 6 Eiern vierzehn Tage. Die Jungen wachsen schnell heran, laufen balb flügge schon aus dem Neste, aber die Alten pflegen sie liebend, bis sie für sich selbst sorgen können. Eine zweite und meist noch eine dritte Brut wird in demselben Sommer gezeugt, daher die ungeheure Vermehrung trotz der großartigen Vertilgung. Die Stimme ist sehr mannichfach; sie lockt gerr, oder dell pfeifend tried, pied, tibrieb, im Zank schreiert schaererr. Der Frühjahrsgesang des Männchens ist allgemein bekannt und Jeder hört ihn gern. Auch im Bauer läßt dasselbe fleißig schon vom Januar an und trotz seines unstäten Wesens gewöhnt es sich auch leicht an die Gefangenschaft. Bei ausschließlicher Hanffütterung aber wird das Gefieder allmählig dunkler bis schwarz, und die Knochen erweichen, bei Mohnfutter stellt sich Verstopfung ein, und noch andere Krankheiten kommen vor. Reinlichkeit, gemischtes Futter, Wasser, feiner Sand und ein geräumiger Bauer sind die Forderungen eines guten Sängers.

An Feinden hat die Feldlerche keinen Mangel. Vor Allem ist der Lerchenfalk ganz erpicht auf sie, nicht minder begierig auf ihr schmackhaftes Fleisch sind Sperber und Weihen, auch Raben und Würger betrachten sie Lerche als Delicatessen; Wiesel, Igel, Katzen, Marder, Füchse fressen jung und alt, aber im Herbst beginnt der Vogelfänger den Lerchenstrich mit Ausrannen seiner Netze und Garne; Millionen werden in hiesiger Gegend eingefangen und weithin versandt; London allein erhält aus den nächsten Küstengebieten jährlich drei Millionen und entsprechende Mengen werden in andern großen Städten verzehrt.

2. Die Haubenlerche. A. cristata.

Stattlicher und kräftiger als vorige, unterscheidet sich die Haubenlerche besonders durch die hellere, mehr graue Befiederung, den längern deutlich gebogenen Schnabel und durch die aus langen schmalen lanzettförmigen

Federn gebildete Scheitelholle. Bei 7½ Zoll Körperlänge spannen die Flügel 15 Zoll und der Schnabel längt 8 Linien. Von den 20 Flügelschwingen ist die erste ganz kümmerlich klein, die zweite fast von der Länge der dritten, welche mit den folgenden beiden den Flügel spitzt. Der Ast der Brustflur sondert sich deutlich ab. In anatomischer Hinsicht mag nur die warzenförmige Gestalt der Blinddärmchen hervorgehoben werden.

Die Haubenlerche dehnt ihr Vaterland nicht so hoch nach Norden hin aus wie die Feldlerche, ist nur strichweise häufig und in unserer Gegend Standvogel, der nur im November und December von Ort zu Ort streicht. Sie liebt die Nähe der Dörfer und Städte, wo sie auf staubigen Aeckern, an Wegen und grasigen Plätzen allerlei Sämereien, im Sommer auch Insekten sucht und sich oft im Staube badet, um das Ungeziefer aus dem Gefieder zu vertreiben. Im Winter geht sie an die Düngerhaufen, auf die Höfe und Straßen. Ihr Nest liegt hinter einer Erdscholle oder in einer Ackerfurche versteckt, ist kunstlos aus Stoppeln und Gewurzel gebaut und enthält vier bis sechs ächte Lercheneier, welche Männchen und Weibchen in zwei Wochen ausbrüten. Ende April fliegen die Jungen aus, im Juli die zweiten Brut. Stiller und ruhiger in ihrem Betragen, ist die Haubenlerche doch noch weniger gesellig als die Feldlerche, sie lebt nur paarweise und nach der Brütezeit in kleinen Gesellschaften, auch mit Sperlingen und Ammern zusammen, ruft ihr leises hold und quie und fliegt viel weniger als jene. Das Männchen singt sehr fleißig seine trillernden und sanft flötenden Strophen, ist daher auch als Stubenvogel sehr beliebt. Bei gemischtem Körner- und weichem Futter hält es im Bauer zwölf Jahre aus. Das Fleisch ist weder so zart, noch so fett als das der Feldlerche und wird bei der geringern Häufigkeit der Art nicht beachtet.

3. Die Haidelerche. A. arborea.
Figur 74 b (B. 33).

In manchen Gegenden wird die Haubenlerche auch Haidelerche genannt und die eigentliche Haidelerche dann Baum- oder Buschlerche und erstere Namenverwirrung beruht auf einer wirklichen Vermischung beider Arten, aber nur die Scheitelholle ist beiden gemein, im Uebrigen ähnelt die wahre Haidelerche mehr der Feld- als Haubenlerche. Sie erreicht kaum über 6 Zoll Länge und 13 Zoll Flügelbreite, hat einen kleinen schwachen Schnabel mit deutlich vorstehender Oberspitze und die Federn ihrer Scheitelholle sind rundspitzig, meist niedergelegt und kaum nur wenig bemerklich. Auf dem obern Theile der Flügel treten sehr charakteristisch weißliche und schwärzliche Flecken hervor und die Schwanzfedern haben theils weiße Spitzenflecke, theils lichte Ränder. Wer sie damit noch nicht unterschieden kann, vergleiche die Zunge, welche hier viel breiter ist, an jeder Hinterecke nur einen großen Zahn statt zwei und zahlreiche kleine Zähnchen am bogigen Hinterrande hat.

Die Haidelerche geht bis ins südliche Schweden hinauf, ist aber hier, wie bei uns, wo sie auch nur strichweise vorkömmt, Zugvogel. Sie zieht familienweise im September und October fort und kehrt meist erst im

März wieder heim. Nur in gelinden Wintern bleiben einzelne zurück. Haidelerche breist sie mit vollstem Rechte, denn Haidegegenden mit Gebüsch und dürren Aeckern wählt sie am liebsten zum Standquartier, geht auch in sandige lichte Kieferwälder, meidet aber fette und üppige Gegenden durchaus. In ihrem Betragen ist sie ein munterer, aber nicht ausgelassener Vogel, sanft, sehr verträglich, ängstlich, gewandt und flüchtig. Auch in ihrer Stimme spricht sich die Zärtlichkeit und Sanftmuth aus, sie lockt angenehm flötend und das Männchen gehört zu unsern lieblichsten Sängern. Die Nahrung besteht zumal im Sommer fast nur aus Insekten, meist weichen und kleinen, im Herbst und Winter aber aus verschiedenem harten und weichen Gesäme, in der Stube ist daher auch gemischtes Futter erforderlich. Nest, Eier und das ganze Fortpflanzungsgeschäft bietet nur dem sehr aufmerksamen Beobachter geringfügige Eigenthümlichkeiten. Das Fleisch wird an Wohlgeschmack dem der Feldlerche vorgezogen, kömmt aber nicht auf den Markt.

4. Die Kalanderlerche. A. calandra.

Ein Bewohner des Südens, in den mittelmeerischen Ländern und im mittägigen Asien, schon in der Schweiz und dem südlichen Deutschland sehr selten und hier niemals brütend. Die Kalander- oder Ringlerche ist von gedrungenem kräftigen Bau, stattlicher Größe, dickköpfig und mit dickem Finkenschnabel, der 8 Linien lang und 5 Linien an der Wurzel dick ist. Das lerchenfarbene Gefieder kennzeichnet ein großer schwarzer oder brauner Fleck an den Seiten des Halses und ein weißer Querstrich durch die Flügel. An dem kurzen braunschwarzen Schwanze erscheint die äußere Feder fast ganz weiß. Zum Standquartier wählt diese Art Wüsteneien und dürre unfruchtbare Felder, wo sie nach Art unserer Feldlerche lebt und Körner, Gesäme und Insekten sucht. Sie hülst die meisten Samen, was unsere Lerchen nicht thun. Ihr Gesang übertrifft an Fülle und Stärke alle andern Lerchenlieder und schwadronerwige Personen können sie deshalb gar nicht in der Stube halten. Auch im Bauer beträgt sie sich wie unsere gemeinen Arten.

5. Die Berglerche. A. alpestris.

Ein kleiner zweispaltiger Scheitelschopf, die schwefelgelbe Stirn und Kehle und der tief schwarze Zügelstreif und halsbandartige Gurgelfleck kennzeichnen diesen Bewohner Nordamerikas und des nördlichen Asiens hinlänglich. Er kömmt über Rußland und Polen vereinzelt nach Deutschland und bis in die Schweiz, ist in seiner nordischen Heimat Zugvogel. Im Habitus gleicht die Berglerche zumeist wieder unserer Feldlerche, in der Färbung zeigt sie außer den angegebenen Merkmalen noch einen rosenrothen Anflug am Hinterhalse und der Brust. Von den schwarzen Schwanzfedern haben nur die beiden äußern einen weißen Streif auf der Außenfahne. Ihr Betragen und Naturell bietet nichts Eigenthümliches.

Im südlichen Europa, dem angrenzenden Asien und in Afrika heimatet die Isabellerche, A. brachydactyla, ausgezeichnet durch licht lehmgelbe Befiederung mit schwarzem Halsfleck. Sie erreicht noch nicht 6 Zoll Länge und lebt ganz wie unsere Feldlerche, ist auch wegen ihres schönen Gesanges als Stubenvogel beliebt. Die zahlreichen andern Arten müssen wir unbeachtet lassen, da sie meist nur aus Sammlungen bekannt sind.

Neunte Familie.

Rabenartige Singvögel. Corvini.

Die mit zahlreichen Mitgliedern über die ganze Erde verbreitete Rabenfamilie begreift die größten und stärksten Singvögel, wohl noch mit dem Singmuskelapparat, aber vielmehr schreiend als singend und in ihrer Lebensweise wahre Omnivoren, welche frisches Fleisch so gern wie Aas und Pflanzenkost verzehren. Dabei sind sie meist sehr gesellige, in Familien oder Schaaren beisammen lebende Vögel, zum Theil sehr geschickte Nestbauer, zum Theil sehr gelehrige, überaus listige und verschlagene Thiere, deren eingehendes Studium ein ebenso großes Interesse gewährt, wie der Gesang der Fringillen angenehm unterhält. Ihre äußere Erscheinung imponirt durch die edle stolze Haltung, meist einfache, nur bei wenigen zumal tropischen Bewohnern grelle Zeichnung des Gefieders, das glatt anliegt und oft derb ist, durch kräftige Formen und das lebhafte Auge. Der Kegelschnabel ist lang und stark, gegen die Spitze hin zusammengedrückt und die Oberspitze oft deutlich, aber schwach herabgebogen und kann mit einer leichten Ausrandung versehen sein. Die rundlichen Nasenlöcher öffnen sich frei oder häufiger unter Vorstenfedern versteckt an der Schnabelwurzel. Die Flügel haben neun oder zehn Handschwingen, von welchen die dritte oder vierte die längste ist. Der zwölffedrige Schwanz ändert in Länge und Form ab. Die hohen Läufe erscheinen an der Vorderseite getäfelt, die Zehen tragen kurze oft abgenutzte Nägel. In der Stellung des Gefieders ist die sehr häufige Lücke in der breit sattelförmigen Erweiterung der Rückenflur und der nicht freie Ast der Brustflur zu beachten. Der Vormagen ist kurz und dünnwandig, der Magen selbst nie so stark muskulös wie bei den Körnerfressern. Der Darmkanal mißt oft die doppelte Körperlänge und etwas mehr, hat innen aber wie gewöhnlich anfangs Zellen, später Zickzackfalten. Die Blinddärme sind größer wie bei allen andern Singvögeln, einige bis mehre Linien lang. Die Milz ist rund, die Bauchspeicheldrüse doppelt, die Leberlappen sehr ungleich, die Nieren mit rundlicher Theilung u. s. w.

Die neuern Ornithologen unterscheiden mehr denn hundert Gattungen und gruppiren dieselben in ein Dutzend kleinere Familien, freilich nach bloßen Aeußerlichkeiten. Uns genügt es, die ganze Mannichfaltigkeit der Großschnäbler in zwei Reihen zu ordnen, in die Staare und in die Raben, welche die bei uns bekanntesten sind und deren Typen sich die ausländischen ziemlich eng anschließen, so daß eine weitere Gliederung der Familie nicht gerechtfertigt erscheint.

1. Staar. Sturnus.

Der mäßig lange Schnabel ist gerade bis zur scharfen kerblosen Spitze und an seiner Wurzel öffnen sich frei die ovalen, oben mit einer harten Haut berandeten Nasenlöcher. Der Kopf ist so platt, daß der Rücken des Oberschnabels kaum von der Stirn abgesetzt erscheint. Das würde vollkommen genügen, die Staare von allen eigentlichen Raben sicher zu unterscheiden. Die Rückenflur des Gefieders bildet einen breiten rautenförmigen Sattel ohne Lücke und läuft sehr breit zum Bürzel fort. Die schmale Zunge fasert ihre breite Spitze, verengt sich hinter der Mitte und besetzt ihren buchtigen Hinterrand mit seinen Zähnen; ihr knöcherner Kern besteht aus zwei völlig getrennten Hälften. Nur der Schädel führt in den Hirnknochen Luft. In der Wirbelsäule liegen mit bei Singvögeln gewöhnlich 12 Hals-, 8 Rücken-, 11 Becken- und 7 Schwanzwirbel. Die einige Linien langen Blinddärme sind nicht dicker als eine Violinsaite.

Von den über beide Erdhälften verbreiteten Arten ist die bei uns einheimische die bekannteste und gleichsam typisch vollkommenste.

1. Der gemeine Staar. St. vulgaris.
Figur 210. 211.

Der gemeine Staar kann geradezu als Sinnbild der List und Munterkeit betrachtet werden. Schnell und gewandt, läuft er in beständiger Unruhe bald hier- bald dorthin, untersucht alles ihm Auffällige mit prüfendem Auge, achtet bei all seinem Treiben stets aufmerksam auf die weitere Umgebung und weiß sich immer zu beschäftigen. Die hoch am flachen Kopfe gelegenen Augen verrathen die ganze Schlauheit und frohe Laune. Der Staar kennt seinen Herrn und erräth wie der Hund dessen Stimmung schon aus den Mienen. In der Stube wie im Käfig, allein und in Gesellschaft mit andern Vögeln treibt er die überraschendsten Possen und ohne alle Dressur weiß er durch immer neu ersonnene drollige Streiche zu unterhalten. Er unter Andern, die eifrig am Nestbau beschäftigt sind, die Halme aus einander, wirft ihnen die Eier oder Jungen aus dem Neste, erschreckt und neckt die kleinern Genossen in der wunderlichsten Weise. Keine Ritze, kein Loch läßt er ununtersucht, keine Gelegenheit zu entwischen entgeht ihm, aus dem Bauer in die Stube und ungehemmt ist er zur Fütterung wieder im Bauer. Dabei pfeift er fremde Melodien und lernt menschliche Worte sprechen; soll doch ein Staar das ganze Vater Unser Wort für Wort gelernt und ohne Anstoß hergesagt haben. Sein gewöhnlicher Ruf ist spreiß und squär, der Gesang ist ein wunderbares Gemengsel verschiedenartiger Töne, das man den größten Theil des Jahres hindurch hört; Schwärme unterhalten sich in lautem Geschwätz, zumal wenn sie bei eintretender Dämmerung auf den Ruheplätzen sich niederlassen. Ihr Flug ist rauschend mit schnellem Flügelschlag, pfeilschnell und gewandt in Schwenkungen. Insekten und Gewürm sind die liebste Nahrung des Staares und im Frühjahr und Sommer hindurch vielleicht auch die ausschließliche, die weichen Insekten und Larven

17*

mehr als die harten Käfer. Er weiß sie im Grase, lockern Boden, die Zecken in der Wolle der Schafe geschickt aufzufinden, setzt seinen Schnabel ein und spreizt dann dessen

Fig. 210.

Kopf des Staars.

Hälften wie die Schenkel eines Zirkels auseinander; so sucht er in der Stube auch dem Hunde die Flöhe ab, und im Freien sieht man ihn schaarenweise auf den Schaf- und Kuhheerden sich niederlassen. Wenn die Kirschen und Beeren reifen, wendet er sich an diese, später im Herbst nimmt er auch Körner und Gesäme, selbst Aas. In der Stube gewöhnt er sich an jede Kost, gedeiht aber gut nur bei sehr gemischter. Wasser verlangt er viel zum Trinken und zum Baden.

Ueberall in der Alten Welt ist der Staar heimathsberechtigt, vom Cap der guten Hoffnung bis Norwegen und Sibirien; am behaglichsten fühlt er sich auf feuchten Aengern und Weiden längs der Flüsse und Teiche, auch in lichten Wäldern mit Wasser, nur dürre Strecken und rauhe felsige Gebirge meidet er. In Deutschland und weiter nach Norden verbringt er nur den Sommer, vom Februar oder März bis Ende October, nur hier und da bleibt ein einzelner zurück, die ungeheuren Schaaren ziehen stets am Tage und schlagen meist diesseits des Mittelmeeres ihr Winterquartier auf. Im Frühjahr lösen sich dieselben in kleine Gesellschaften auf, deren jede ihr Brutrevier sucht. Jedes Pärchen wählt ein zur Nestanlage passendes Loch, webt aus dürrem Laub, Halmen, Haaren, Wolle und Federn ohne sonderliche Kunst einen tiefen Napf und legt 4 bis 7 blaßgrüne Eier, welche Männchen und Weibchen abwechselnd bebrüten. Nach 14 Tagen schlüpfen die Jungen aus und es wird in demselben Neste noch eine zweite Brut gepflegt. Man ißt hie und da das Fleisch, aber es soll einen unangenehmen Beigeschmack haben und schwer verdaulich sein.

In seiner äußern Erscheinung ist der Staar ein netter schöner Vogel. Bei acht Zoll Länge spannen die Flügel

Fig. 211.

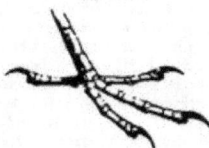

Fuß des Staars.

16 Zoll und der gerade Schnabel mißt 1 Zoll. Der kleine platte Kopf bewegt sich auf einem kräftigen Rumpfe. Das schwarze Gefieder schimmert violett und goldgrün

und betüpfelt sich weiß. Der Schimmer und die Betüpfelung schwindet jedoch und der Vogel erscheint matt schwarz, etwas ins Bräunliche ziehend. Als Absonderlichkeiten kommen weiße und scheckige Staare vor.

2. Trupial. Icterus.

Die amerikanischen Staare unterscheiden sich von den altweltlichen durch den Mangel der kleinen ersten Handschwinge in den freien Flügeln. Ihr Schnabel ist eben so groß, gerade und scharfspitzig wie bei dem unsrigen und die an seinem Grunde gelegenen Nasenlöcher mit derselben hornigen Schuppe versehen oder aber häutig umrandet. Der Schwanz ist lang und häufig abgerundet. An den kräftigen Beinen fällt die lange Hinterzehe oft mit gerader, spornförmiger Kralle auf. Die Federfärben erinnern lebhaft an die Ammern. Die Wirbelsäule gliedern 12 Hals-, 8 Rücken- und 7 oder 8 Schwanzwirbel. Diese derselben führen wie auch das Brustbein und der Oberarm Luft. Die lange Zunge ist tief zweispitzig gespalten und ziemlich stark zerfasert. Der Schlund gibt ohne Spur von Kropf in den spärlich drüsigen Vormagen über und die Blinddärme sind kaum über die Linie lang.

Die zahlreichen, über Nord- und Südamerika verbreiteten Arten, welche in die große Gattung der Trupiale oder Gilbvögel vereinigt werden, nähren sich meist nur im Frühjahr von Gewürm und Insekten, in den übrigen Jahreszeiten von Samen und weichen Früchten. Da sie nach ächter Staarweise in großen Schaaren und Schwärmen beisammenleben: so werden sie durch ihre verheerenden Einfälle in die Anpflanzungen oft sehr schädlich. Eine Art in den Vereinigten Staaten ist als Korndieb besonders verhaßt. In den gemäßigten Gegenden halten sie nur Sommerquartier, in den wärmern streichen sie während der rauhen Jahreszeit von Ort zu Ort. In ihrem Betragen gleichen sie unserm Staar, wenn sie auch nicht dessen Schlauheit und Gelehrigkeit besitzen. Wir heben nur wenige charakteristische Arten hervor.

1. Der Reistrupial. I. acripennis.

Fig. 212.

Der Reistrupial ist gemein vom Saskatschewan bis Mexiko. Schon im Februar verläßt er sein Winterquartier auf den westindischen Inseln und landet in dichten Schwärmen in Florida und Luisiana, wo die ausgedehnten Wiesen und neu gepflügten Aecker ihm die erste reiche Insektennahrung liefern. Im Mai rücken die Heerden nach New-York vor und richten sich hier zum Brutgeschäft ein. Im Grase und Gesträpp wird aus Laub, Halmen und Federn ein Nest gebaut, auf welchem das Weibchen vierzehn Tage lang fünf bläulichweiße, braunschwarz punktirte Eier bebrütet. Sind die Jungen flügge, dann schlagen sich die Familien wieder zu ungeheuren Heerschaaren zusammen und fallen nun verheerend in die Korn-, Mais- und Reisfelder ein. Mit großem Geschick wissen sie die weichen Körner auszulösen und beanspruchen die halbe Ernte für sich. Viele Tausende

Fig. 212.

Reistrupial.

Vorderrücken und auf den Flügeln schwarz, an der Unterseite lebhaft orangegelb; an den Steuerfedern sind beide Farben vereint, die Flügeldecken und Schwingen weiß eingefaßt. Das Weibchen sticht seine schwarze Färbung ins Braune und hält das Gelbe matter. Die Schaaren lassen sich gern in der unmittelbaren Nähe volkreicher Städte nieder, wo sie auf den Bäumen lärmen und singen. Sie nisten auch auf hohen Bäumen und hängen ihr Nest unter dichtem Laube an schwankenden Zweigen auf. Es ist ein kunstreicher Bau, ein aus Hanf- und Flachsfasern dicht verfilzter sieben Zoll langer Beutel, innen mit weichen Stoffen ausgefüttert. Die Sommernahrung besteht in weichen Gartenfrüchten. Der Name Baltimoretrupial soll sich nach Catesby's Erklärung auf die schwarzgelbe Färbung beziehen, welche das Wappen der einst in Maryland großen Familie Baltimore führt.

Fig. 214.

werden niedergeschossen und ihr Fleisch weithin auf die Märkte gebracht, aber dadurch lichten sich die Schaaren nicht merklich. Wo Fruchtfelder fehlen, gehen sie an die Samen wilder Gräser. Im Sommerkleide hat der männliche Reistrupial einen schwarzen Kopf, Vorderrücken, Flügel und Unterseite, einen grauen Unterrücken, weiße Schulterfedern und solche Schwanzdecken. Das Winterkleid fiedert braun statt schwarz, mit dunkeln Streifen, an der Unterseite gelblich. Die Schwanzfedern enden scharfspitzig.

2. Der Baltimoretrupial. J. baltimore.
Figur 213.

Von Canada bis Brasilien ist dieser 8 Zoll lange Trupial zu treffen. Er glänzt am Kopfe, der Kehle, dem

Fig. 213.

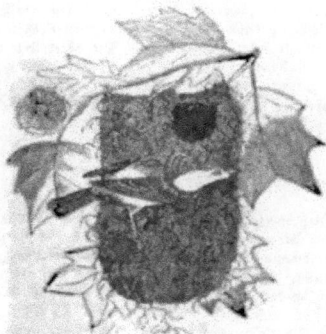

Nest des Baltimoretrupials.

Kuhtrupial.

3. Der Kuhtrupial. I. pecoris.
Figur 214.

Unsere Abbildung stellt unten den jungen, in der Mitte den männlichen und oben den weiblichen Kuh- oder Viehtrupial dar. Sein Gefieder glänzt schwarz und zwar auf dem Rücken mit grünlichem, an der Brust mit violettem Schiller, am Kopf und Halse braun. Das Weibchen und Junge tragen sich oben rothbraun, unten heller. Wegen dieser äußern Erscheinung verdient der Kuhtrupial keine besondere Aufmerksamkeit, denn andere Arten fiedern noch schöner, aber er hat die seltsame Gewohnheit unsers Kukuks, andern kleinen Singvögeln, Finken, Drosseln, Fliegenschnäppern sein Ei ins Nest zu legen und diesen das Ausbrüten und die Erziehung des Jungen zu überlassen. Das Pflegekind kriecht schon einige Tage früher aus als die rechtmäßigen Kinder, ist freßgieriger und wächst schneller heran, worüber häufig die letztern zu Grunde gehen. Seine Heimat dehnt der Kuhtrupial vom Norden der Vereinten Staaten bis in die warmen Länder aus, in erstern nur als Zugvogel vom April bis October verweilend.

Von den andern Arten erwähnen wir noch den blauen Trupial, I. cyaneus (Fig. 215), aus dem tropischen Amerika, von Ammerngröße, mit kurzem Kegel-

Fig. 215.

Blauer Trupial.

schnabel und hellblau, am Bauche weiß, an der Stirn, im Nacken und den Schwingen schwarz. Südamerika hat überhaupt eine bunte Mannichfaltigkeit dieser Staare aufzuweisen: so ist der I. militaris schwarzbraun mit weißem Augenstreif und an der Unterseite roth, I. ruber oben sammetschwarz und unten feuerroth, I. anticus olivenbraun, unten goldgelb, I. xanthornis goldgelb mit schwarzer Kehle, Flügeln und Schwanz und weißgespitzten Flügeldeckfedern. — Die ganz nah verwandte Gattung Cassicus zeichnet sich durch ihren am Grunde höhern als breiten Schnabel mit abgerundeter Firste und breiter Stirnplatte, durch das ovale Nasenloch ohne Hautsaum, die verkürzten ersten Handschwingen und die große Hinterzehe aus. Ihr glattes Gefieder glänzt schwarz und decorirt sich mit gelb, roth und grün. Dahin gehört C. albirostris mit gelbem

Bürzel und Flügelrand, C. icteronotus mit goldgelbem Unterrücken und Flügelfleck, C. cristatus mit rostbraunem Unterrücken und gelbem Schwanze, C. haemorrhous, C. bifasciatus u. v. a.

Eine andere und sehr artenarme Gattung, die der Rabenhacker, Buphaga, führt uns nach Afrika zu den weidenden Büffelheerden. Bekanntlich legen einige Insekten ihre Eier unter die Haut des Rindviehs, in welcher die auskriechenden Larven dicke Beulen bilden. Der Rabenhacker läßt sich auf den weidenden Stier nieder, öffnet wie ein geschickter Chirurg die Beule und pickt die Made heraus. Außerdem sucht er auch am Boden weiche Larven und Gewürm. Als Gattung zeichnet sich der Rabenhacker aus durch den sehr dicken fast vierkantigen

Fig. 216.

Rabenhacker.

Schnabel mit gewölbter Kuppe und halbgeschlossenen Nasenlöchern, durch die starken gekrümmten Krallen und die verkürzte erste Handschwinge. Die abgebildete Art, B. erythrorhyncha (Fig. 216), wird 7 Zoll lang, fiedert oben graubräunlich und unten blaß rothgelb. Ihr Schnabel ist korallroth. Sie lebt in kleinen Gesellschaften beisammen.

3. Mino. Eulabes.

Diese indische Gattung kennzeichnet zum Unterschiede von den Staaren der Rabenschnabel, d. h. ein kräftiger vorn zusammengedrückter Schnabel mit deutlich gebogenem Oberkiefer. Hier ist zugleich der Unterkiefer sehr stark und die seitlich fast in der Schnabelmitte gelegenen Nasenlöcher sind durch die Stirnfedern verdeckt. An den mäßig großen Flügeln erscheint die erste Schwinge ungemein verkürzt und die dritte erlangt die Spitze. Die Arten

zeichnen sich durch nackte Hautlappen am Hinterkopfe,
eine ganz seltsame Zierde unter den Singvögeln, aus. Sie
bewohnen Indien und die benachbarten Inseln, nähren
sich wie unsere Staare und stehen denselben hinsichtlich
ihrer Munterkeit und großen Gelehrigkeit nicht nach.

1. Der indische Mino. Eu. indicus.
Figur 217.

Der indische Mino erreicht Drosselgröße und trägt
sich glänzend tiefschwarz bis auf einen weißen Fleck an
jeder Schwinge. Aus dem Sammetgefieder des Kopfes
stechen die orangefarbnen Nackenlappen, die nackte Augen-
haut und der gelbe Schnabel grell hervor. Er siedelt sich
zutraulich an bewohnten Orten, in großen Gebäuden und
Tempeln an, ist munter und gewandt und lernt leicht
Worte und kurze Sätze deutlich nachsprechen. Er ist in

Fig. 217.

Indischer Mino.

Indien als Stubenvogel beliebt und kömmt auch in Europa bei einiger Pflege fort.

2. Der javanische Mino. Eu. javanus.
Figur 218.

Der Schnabel unterscheidet diesen Javaner auffallend
genug von der indischen Art, denn er ist merklich dicker
und kuppiger. Außerdem fehlen die weißen Schwingenspitzen, der nackte Augenkreis ist kleiner und die Hautlappen des Nackens warzig. In der übrigen Erscheinung
wie im Betragen und Naturell gleicht er dem indischen
Mino.

4. Würgerkrähe. Barita.

Der lange, an der Wurzel drehrunde Kegelschnabel
mit gerundeter Firste hat vor der schwach hakigen Spitze
eine seichte Kerbe und kleine spaltenförmige Nasenlöcher.
In diesem maßgebenden Gattungsmerkmale kommt noch

Fig. 218.

Javanischer Mino.

charakteristisch die stufig zunehmende Länge der ersten bis
fünften Handschwinge. Die Beine sind verhältnißmäßig
kurz, dagegen die Zehen lang, zumal die starke Hinterzehe.
Die Arten leben gesellig und lärmend nach Art unserer
Krähen in Indien und Neuholland und fressen Früchte,
saftige Knospen, Gewürm, Insekten, kleine Säugethiere
und Amphibien. Die Neuholländer fiedern schwarzweiß,
die benachbarten Inselbewohner prangen in dem prächtigsten Federnschmuck.

1. Die pfeifende Würgerkrähe. B. tibicen.
Figur 219.

Dieser Bewohner der blauen Berge in Neusüdwales
erreicht nicht ganz die Größe unserer gemeinen Krähe und
fiedert oben grau, unten schwarz. Er läßt von hohen

Fig. 219.

Pfeifende Würgerkrähe.

Baumwipfeln herab sein pfeifendes Lied erschallen, baut sein kunstlos aus zarten Reisern gewobenes Nest in ein Baumloch und wird wegen seines angenehmen Gesanges, seiner Nachahmungskunst und Gelehrigkeit gern in der Stube gehalten.

Eine andere, in ihrer Lebensweise noch nicht beobachtete Gattung Indiens heißt Myophonus (Fig. 220).

Steerbroßl.

An ihrem großen Kegelschnabel sind die ovalen Nasenlöcher durch eine Haut fast ganz geschlossen und Borsten und nach vorn gerichtete Federn umstarren die Wurzel. Die hohen kräftigen Beine haben halbgeschilderte Läufe, die ersten Handschwingen ziemlich gleiche Länge und der Schwanz rundet sich ab. Die abgebildete Art von Java fiedert sehr schön blauschwarz mit prächtigem Metallglanze und grellt den Schnabel lebhaft gelb ab. Sie erreicht zwölf Zoll Länge.

5. Atlasvogel. Ptilonorhynchus.

Die Atlasvögel bewohnen die dichten Gebüsche Reuhollands in abgeschiedener Einsamkeit und wagen sich nur bisweilen in kleinen, meist aus unerfahrenen Jungen bestehenden Gesellschaften in bewohnte Gegenden. Seltsam eigenthümlich und beispiellos unter den Singvögeln bauen sie eigene gallerieenähnliche Wohnungen, in welchen sie den größten Theil des Tages verbringen. Sie schichten zu diesem Behufe am Boden mit viel Kunst eine ungeheure Menge kurzer dürrer Aeste in zwei parallelen, innen ganz

glatten Wänden auf und wölben eine Decke darüber, so daß lange verdeckte Gänge entstehen, in denen sie sich vor ihren Feinden verstecken und mit einander spielend hin- und herjagen. Der Boden des Ganges ist mit Muschelstückchen und kleinen Knochen bestreut und das hinterste Ende zu einer mit Federn sorgsam ausgeschmückten Wohnkammer erweitert. Eier sind niemals darin gefunden worden und das Nest scheint vielmehr an einem andern Orte versteckt. Der Gesang des Atlasvogels ist weich und melodisch, sein Angstruf ein rauhes häßliches Geschrei.

Der große kräftige Schnabel hat zwei seichte Kerben vor der übergebogenen Spitze, eine gebogene Firste und geraden Mundwinkel. Die seitlich gelegenen Nasenlöcher sind ganz unter Borsten versteckt. Die kräftigen Beine bekrallen ihre Zehen ziemlich stark und der kurze Schwanz stutzt sich rundlich ab. In den stumpfspitzigen Flügeln zählt man 23 Schwingen, wovon zehn an der Hand stehen, welche bis zur fünften an Länge zunehmen. Die Federfluren sind sehr schmal und der Rückensattel wie schon bei den letzten Gattungen mit mittlem lückenhaften Spalt. Die breite platte Zunge theilt sich vorn tief zweispitzig und zerfasert beide Spitzen kurzbartig.

Die abgebildete Art, Pt. sericeus (Fig. 221), ist die bekannteste und lebt in den sogenannten Cederbüschen in Neusüdwales. Das Männchen, 14 Zoll lang, glänzt in

Atlasvogel.

schönstem, metallisch blauschwarzem Gefieder mit mattschwarzen Flügeln und Schwanze. Das Weibchen und die Jungen dagegen fiedern olivengrün mit röthlichbraunen Schwingen und Steuerfedern, braun und graugrün gefleckten Flügeldecken und schwarzen Streifen an der grünlichen Unterseite.

6. Rabe. Corvus.

Schreiende, krächzende und schwatzende Singvögel, die größten und stattlichsten unter allen, kräftig gebaut, mit einem derben, meist düster oder schwarz gefärbten Gefieder bekleidet. Unsere Dohlen, Kolkraben, Schneekraben und Elstern sind allgemein bekannte und ganz ausgezeichnete Vertreter dieses kosmopolitischen Typus. Ihre äußern Kennzeichen fallen auch hinlänglich in die Augen. Der starke, harte, stets große Schnabel läuft von der Wurzel an gerade und biegt sich gegen die Spitze hin etwas herab; vor dieser hat der obere Rand meist eine deutliche Kerbe. Die runden Nasenlöcher bedecken steife Borstenfedern und die kräftigen Beine haben getäfelte Läufe und kurze Nägel an den starken Zehen. Von den zehn Handschwingen, deren Fahnen über die Mitte hinaus schmäler werden, pflegt die dritte bis fünfte die Flügelspitze zu erlangen, wogegen die Schwanzform abändert. Die Federfluren verhalten sich wie im Familiencharakter angegeben, nämlich die Rückenflur in ihrem eckigen Sattel mit mittlem Spalt und dann mit nur 4 bis 5 Federreihen zum Bürzel fortschreitend, die Brustflur ohne deutlich abgesetzten Seitenast. Am Skelet lehnt sich die Luftführung meist auch auf den Oberarm aus; 12 Hals-, 8 Rücken-, 10 Becken- und 7 Schwanzwirbel. Die häufig schwarze hornige Zunge endet vorn zweispitzig, hinten gezadrandig und bezahnt. Der Vormagen ist klein und eben nicht drüsenreich, der Magen weniger muskulös als bei allen vorigen Familien und daher zugleich sehr dehnbar. Der Darmkanal, innen anfangs zellig, später mit Zickzackfalten, mißt die doppelte Länge des befiederten Körpers und besitzt lange (bis 6''') dünne Blinddärme. An der ungleichlappigen Leber fehlt bisweilen die Gallenblase; die Milz ist sehr gestreckt, die Bauchspeicheldrüse doppelt, die Nieren schwach dreilappig.

Die Raben leben gesellig, oft in Schaaren beisammen, vorzüglich in Wäldern und felsigen Gegenden, einzelne auch in der unmittelbaren Nähe des Menschen. Als wahre Omnivoren finden sie überall und zu allen Jahreszeiten reichliche Nahrung und dennoch sind sie in den nördlichen Ländern Zugvögel, die freilich schon in unsern Wintern sich ganz behaglich fühlen. Alle bauen kunstlose Nester aus grobem Reisig, locker geflochten, und legen grünliche braunfleckige Eier. Ihre laute Stimme ist allgemein bekannt, ebenso weiß Jeder, daß sie leicht sprechen lernen, sehr zahm und auch sehr alt werden und daß sie, wie das Sprichwort es verdeutlicht, allerhand glänzende Dinge stehlen. Die größern Arten gelten als jagdgefährlich und werden mit Schußgeld bezahlt, wohl mit Unrecht, da sie sich im Allgemeinen durch Vertilgung schädlicher Thiere ungleich nützlicher machen, als sie durch Raub an kleinem Wild schaden.

Obwohl der Rabentypus scharf umgränzt ist und in seinen wesentlichen Charakteren auch in sich selbst sehr bestimmt auftritt, entfaltet er doch einen großen Formenreichthum, welchen die neuere Ornithologie, wie immer,

in viele kleine Gattungen aufzulösen sich veranlaßt fühlt. Wir lassen dieselben hier unbeachtet und sondern vielmehr die uns interessirenden Arten in nur drei Gruppen, nämlich in die eigentlichen Raben, in die Steinkrähen und in die Heher.

1. Der Kolkrabe. C. corax.
Figur 222. 223.

Aller Aberglaube und alle Abscheu bekundenden Redeweisen, welche seit den ältesten Zeiten an den Raben angeknüpft werden, beziehen sich auf diesen größten und schwärzesten ächt typischen Raben. Bald galt derselbe für einen Boten schlimmen Unglücks, bald für einen Verbündeten feindlicher Geistesmächte; die römischen Auguren schon deuteten seinen Flug und sein heiseres Gekrächze und die alten Dänen trugen ihn gar als furchtbares Feldzeichen bei Mord und Raub. Rabenaas und Rabenstätte sind ganz bekannte Ausdrücke mit gleicher Beziehung wie in dem Sprichworte: die Raben hacken ihm die Augen aus. Bei uns freilich sind die Galgen längst verschwunden und wir fangen mit Recht an zu zweifeln, ob wirklich jemals die Raben begierig, bald für einen Verbrecher, bald für einen Menschenfleisch gewesen sind. Jetzt erfreut man sich nur noch an dem gravitätisch einherschreitenden Kolkraben, sieht ihn grüßen und schimpfen und unterhält sich mit seiner Gelehrigkeit, Schlauheit und seinem listig diebischen Wesen. Der Kolkrabe erreicht bis 26 Zoll Länge und 56 Zoll Flügelspannung und trägt ein glatt anliegendes, tief schwarzes Gefieder mit stahlblauem und graulichem Glanze. Der sehr starke, zumal an der Wurzel hohe Schnabel biegt sich allmählig von oben herunter, schlägt seine scharfen Ränder

Fig. 222.

Kopf des Kolkraben.

scherenartig in einander und bezahnt sich vor der Spitze. An den glänzend schwarzen Beinen erscheinen die grob getäfelten Läufe so lang wie die Mittelzehe. Der Kopf ist klein und flachstirnig. Absonderlich kommen weiße, semmelgelbe und weißgefleckte Spielarten vor. Das Vaterland erstreckt sich von Afrika über ganz Europa und in Asien über Sibirien bis Kamtschatka, in Nordamerika aber lebt eine ganz ähnliche, nicht dieselbe Art. Im Sommer fliegt der Kolkrabe nicht weit weg von seinem

Standquartiere im Walde, nur auf die nächsten Wiesen und Felder, im Herbst und Winter dagegen streicht er in kleinen Familien von Ort zu Ort. Sein tiefes starkes krach krach ertönt oft genug und dazwischen hört man verschiedene andere Töne, je nach Stimmung und Laune.

Fig. 223.

Fuß des Kolkraben.

Der Flug rauscht und saust, ruhig dahinschwebend bis über die Wolken in Schneckenkreisen aufsteigend oder mit schwerfälligem Flügelschlag in Bogenlinien über den Boden hin. Am liebsten frißt er Aas und man vermuthet, daß sein scharfer Geruch auf stundenweite Entfernung ihm die Witterung bringt. Listig und schlau, kräftig und gewandt, jagt er auch fleißig Mäuse, Hamster und Maulwürfe, fällt über junge Hasen, über Hühner, Wachteln und Lerchen her, frißt deren Eier mit großem Appetit und wenn er auch dieses Hochwild verzichten muß, sucht er große Larven und Insekten auf Aeckern, Wiesen und Misthaufen, holt Muscheln aus dem Wasser und läßt sie aus betretender Höhe herabfallen, damit ihre Schalen zerschellen und der Bewohner frei wird. Von Pflanzenkost mundet ihm nur weiches Obst. In Gefangenschaft gewöhnt er sich an alle Abfälle aus der Küche, zieht aber Fleisch jeder andern Kost vor. Das Nest borstet in den höchsten unzugänglichen Baumwipfeln. Schon im Februar trägt jedes Pärchen dürre Reiser zu einem großen Haufen zusammen und füttert darin den weiten Napf mit Erde, Moos, Haaren und Borsten aus und drei Wochen brüten beide, Männchen und Weibchen abwechselnd auf den fünf braun und grau gefleckten Eiern. Die Jungen werden mit Aas, Gewürm und Insekten aufgefüttert. Was die Alten an glänzenden Dingen auf Wegen und Aeckern finden, tragen sie ins Nest und die leichtgläubige Volkswahr erzählt von großen Schätzen, welche in Rabennestern angehäuft sein sollen, gar von einem glänzenden Stein, in dessen Besitz man sich unsichtbar machen könnte. Unter den Thieren hat der Kolkrabe kaum Feinde, seine Größe und Aufmerksamkeit schützt ihn schon vor Ueberfällen, im Gegentheil neckt und verfolgt er gern selbst große Raubvögel, dagegen verfolgt ihn der Mensch wegen seiner Raublust, die allerdings in einzelnen Gegenden und zu gewissen Zeiten dem Geflügel und der niederen Jagd überhaupt nachtheilig wird.

2. Die Rabenkrähe. C. corone.

Kleiner als der Kolkrabe, 18 Zoll lang, mit fast gerade abgestußtem Schwanze, kleinerem und weniger gekrümmtem Schnabel und höhern Läufen. Das schwarze Gefieder glänzt auf dem Halse und am Rücken matt ins Stahlblaue. Auch erreichen die anliegenden Flügel die Spitze des Schwanzes nicht und die sechste Schwinge ist länger als die zweite, bei voriger Art kürzer. Wer weitere Unterschiede finden will, nehme die Exemplare selbst unter das Messer und vergleiche aufmerksam Organ für Organ. Die gleiche Organisation weist schon auf dieselbe Lebensweise. In der That ist das Vaterland der Rabenkrähe ebensoweit ausgedehnt wie das des Kolkraben, nur bei uns erscheint sie minder häufig. Auch die Nahrung ist dieselbe, nur raubt sie vorzüglich während der Brütezeit und nährt sich sonst mehr von Gewürm, Insekten und Obst, kömmt im Winter dreister in die Städte, um hier die Abfälle zu suchen. An Feinheit des Geruchs, Schärfe des Auges, List, Klugheit und diebischem Sinn steht sie dem Kolkraben völlig gleich, dabei ist sie aber geselliger, hält in größeren Familien beisammen und duldet auch andere Arten in ihrer Gesellschaft, denn bekanntlich hackt eine Krähe der andern die Augen nicht aus. Ihre Stimme ist ein hohes kräh und ein tiefes grab.

3. Die Nebelkrähe. C. cornix.

Figur 224. 225.

Größe und Körperformen gleichen völlig der Rabenkrähe, nicht minder Lebensweise und Betragen, aber Kopf, Kehle, Flügel und Schwanz sind schwarz, das übrige Gefieder schön aschgrau. Die häufige Verbastardirung

Fig. 224.

Nebelkrähe.

mit der Rabenkrähe mischt freilich auch die Farben und der Systematiker geräth dann in große Verlegenheit. Die Nebelkrähe bewohnt die nördlichen Länder und erscheint im Süden Europas nur als streichender Wintervogel; einzelne Pärchen nisten bei uns, die zahlreichen Gesellschaften verlassen uns jedoch im Februar und März und kehren erst im October zurück. Ihr Standquartier schlagen sie in baumreichen Gegenden auf und sie nisten auch auf Bäumen, das roh geflochtene Nest bald hoch, bald niedrig in den Aesten anlegend. Sie sind sehr lustige, unter einander viel Scherz und Spaß treibende Krähen, aber listig und scheu nach Art ihres Geschlechts, ebenso neugierig und diebisch. Ihr Krächzen hören wir oft genug. Im Frühjahr und Sommer fressen sie meist Gewürm,

Fig. 225.

Kopf der Saat- und Nebelkrähe.

Insekten und deren Brut, auch Schnecken, Fische und Frösche, stehlen Eier und Junge aus Vogelnestern und vertilgen im Herbst besonders Mäuse, Hamster und Maulwürfe, wozu sie Obst, Beeren und Getreide als Zukost nehmen. Im Winter rauben sie, was ihren Kräften nicht gewachsen ist, zeigen sich viel auf Schindängern, auf Straßen und Gehöften, und der Mangel treibt hier oft den Futterneid zu heftigen Zänkereien. Nutzen und Schaden für die menschliche Oeconomie mögen sich so ziemlich das Gleichgewicht halten.

4. Die Saatkrähe. C. frugilegus.

Figur 226. 227.

Die Saatkrähe bewohnt das südliche und mittle Europa und einen Theil Sibiriens; schon bei uns ist sie Zugvogel, denn nur einzelne Pärchen bleiben in milden Wintern zurück, die meisten schaaren sich im October und November zu weltenähnlichen Schwärmen und ziehen lärmend ab. In offnen Feldern mit einzelnen Gebüschen oder in der Nähe der Wälder liegt ihr Standquartier, denn die aufgeweichten und frisch gepflügten Aecker liefern

Fig. 226.

Kopf der Saatkrähe.

die liebste Nahrung, Gewürm und Insektenlarven, Käfer und andere Insekten. Sie holen dieselben mit dem Schnabel hervor, daher dieser denn meist schmutzig und die Federn rings an seiner Wurzel abgerieben sind und bei alten Vögeln der ganze Schnabelgrund stets mit einer grindigen Haut umgeben erscheint. Andere Rabenarten bohren nicht mit dem Schnabel in den Boden, sondern hacken die Erde weg. Unter den Maikäfern, Brach- und Rosenkäfern richten gerade die Saatkrähen die großartigsten Verheerungen an, ihr unersättlicher Appetit treibt sie dazu. Außerdem fressen sie Mäuse, Körner, keimende Samen, verschmähen dagegen Aas. So gehören sie unbedingt zu den nützlichsten Vögeln, welche unsere Schonung verdienen und deren geringen Nachtheil wir gegen die unberechenbar großartige Vertilgung schädlichen Ungeziefers gar nicht in Anschlag bringen dürfen. Wer sie aber als schädlich von seinen Fruchtfeldern verjagen will, hänge nur einige todte Krähen an einem Faden hoch auf, die Schaaren meiden sicherlich den Ort, so lange sie noch einen Fetzen ihrer Kameraden als abschreckendes Warnzeichen hängen sehen.

Alle Saatkrähen sind sogleich an der erwähnten nackten grindigen Umgebung ihrer Schnabelwurzel zu erkennen, junge haben jedoch die gewöhnlichen starren und anliegenden Borstenfedern. Ihr Schnabel ist sehr gestreckt, spitzig, stumpfschneidig, nur ganz schwach gekerbt, ziemlich von der Länge des Laufes, welcher selbst etwas länger als die Mittelzehe ist. Der Körper ist schlanker als bei

Fig. 227.

Fuß der Saatkrähe.

andern Arten und trägt nur schwarzes Gefieder, welches am Kopfe und Halse herab prächtig stahlblau und violett schillert, schöner bei dem Männchen, ganz matt bei dem Weibchen. Bei 18 Zoll Körperlänge spannen die Flügel 37 Zoll und der abgerundete Schwanz mißt 11 Zoll. Furchtsamer und ruhiger wie andere Raben, lebt die Saatkrähe das Jahr aus gesellig mit ihres Gleichen und nimmt auch Dohlen gern in ihre Gesellschaft auf. Schon mit dem trübesten Morgengrauen verläßt sie ihr Nachtlager im Gebüsch und treibt sich den ganzen Tag in den Feldern umher, bis die einbrechende Dunkelheit wieder zur Nachtruhe mahnt. Sie kräht heiser krah und kroah. Die Paare nisten auch auf gemeinschaftlichen Brutplätzen in Feldhölzern und Waldrändern, oft dutzendweise auf den Aesten eines Baumes. Bei der Wahl des Nestplatzes im Februar und März, auch bei dem Bauen des Nestes geht es lebhaft her und nicht ohne Zank, da sie sich gegenseitig das Baumaterial stehlen oder selbst um die halbfertigen Nester bekämpfen. Ein Haufen dürrer Reiser bildet die Grundlage des Nestes, das Innere wird mit Haaren, Moos und Erde ausgefüttert. Die Eier haben die gewöhnliche Rabenform und Zeichnung, auch schlüpfen

18*

die Jungen wie bei andern Arten blind aus dem Ei und werden mit Gewürm und Maden groß gefüttert. Ihr Fleisch wird in südlichen Ländern gegessen und als wohlschmeckend gepriesen.

5. Die Dohle. C. monedula.

Die kleinste unter den deutschen Rabenarten, kaum von Taubengröße, zwar auch rabenschwarz, doch am Unterleibe schwarzgrau und an den Seiten des Halses mit einem weißgrauen Fleck. Dadurch ist die gemeine Dohle, Thalke oder Thurmkrähe von all' ihren Verwandten schon hinlänglich unterschieden, man könnte äußerlich auch bloß noch das Längenverhältniß der sechs ersten Schwingen hinzunehmen und zur Beurtheilung der innern Eigenthümlichkeiten müßte man die Cadaver vergleichend zergliedern, die nackte Beschreibung würde dieselben leicht übertreiben oder nicht deutlich genug schildern.

Die Dohle ist über Europa und Asien verbreitet und nistet am liebsten in Städten und Dörfern, wo Kirchen, Thürme und Schlösser ihr Standquartier bilden. Einige ziehen, allein geschaart oder in Gemeinschaft mit den Saatkrähen, im October und November ab, andere überwintern hier; jene stellen sich Anfangs März wieder ein. Immer in Gesellschaft beisammen, dauern sie doch fortwährend unter einander, sind ungemein hurtig und gewandt, lebhaft und unruhig, listig und schlau. In Gefangenschaft werden sie ganz zahm und lernen so deutlich wie andere Arten sprechen. Zur Nahrung dient ihnen allerlei Insectengeschmeiß und Gewürm, Mäuse, kleine Vögel und Getreidekörner, auch Kirschen und Beeren verschmähen sie nicht. Die Mehrzahl nistet in Thürmen und hohen Gebäuden, nur wenige in hohen Wäldern und Feldhölzern. Schon bei der Wahl des Nestplatzes gibt's viel Zank und Rauferei und bei dem Bau selbst kämpfen sie um das Material und stehlen die Halme und Reiser einander. Worin mag doch dieses diebische Wesen seinen Grund haben? In der Trägheit wohl ebenso wenig wie im Mangel an Material. Das Weibchen legt 4 bis 7 Eier und brütet 18 bis 20 Tage. Das Fleisch der Jungen soll dem Taubenfleisch ähnlich schmecken und von betrügerischen Restaurateuren in großen Städten als solches auch aufgetischt werden.

6. Die Elster. C. pica.

Fig. 228.

Im Körper zwar nicht größer als die Dohle, erscheint die Elster, weil höher auf den Beinen und wegen des sehr langen Keilschwanzes, doch ungleich stattlicher, in ihrem schwarzweißen Gefieder schöner als alle andern Rabenarten Deutschlands. Die schneeweißen Schultern und Unterseite stechen grell gegen das übrige schwarze Gefieder ab, das selbst schön blau und grün schillert, auf den Schwingen und Schwanze mit prachtvollem Metallschimmer glänzt. Die großen Schwingen haben übrigens weiße Innenfahnen. Weiße, semmelgelbe, gescheckte, röthfarbene Elstern kommen als Absonderlichkeiten vor. So auffallend die äußere Erscheinung von den übrigen Arten sich unterscheidet: so sehr stimmt die innere Organisation

überein und ich versuche es nicht, die geringfügigen Eigenthümlichkeiten, welche die anatomische Untersuchung ergibt, meinen Lesern zu beschreiben.

Die Elster verbreitet sich so weit wie die Dohle und liebt gleichfalls bewohnte Orte, aber läßt sich nicht auf Gebäuden nieder, sondern bezieht baumreiche Gärten und lichte Holzungen in der unmittelbaren Umgebung der Dörfer und Städte, wo Aenger, Wiesen und Felder ihr reichlichen Unterhalt liefern. Hier ist sie Standvogel und hält in kleinen Gesellschaften oder zu Hunderten zusammen, deren Geschrei schack krak oder schäck weithin lärmt und im Frühjahr in anhaltendes Geschwätz ausartet. Meine frühere sprechende Elster schwatzte, schimpfte und raisonnirte bisweilen ununterbrochen vom Morgen bis zum Abend, die jetzige dagegen ist sehr schweigsam, nur wenn sie den großen Kauz oder einen Falken sieht, rennt sie mit lautem schackaratak hin und her. Ihre Bewegungen sind hurtig, gewandt, bei stets stolzer Haltung, ihr Flug schwerfällig und gerade. Die Nahrung besteht im Frühlinge aus Eiern und allerlei kleinen Vögeln, welche sie listig überfällt und mordlustig zerreißt, daneben frißt sie auch viel schädliches Insectengeschmeiß, im Herbst allerlei Baum- und Feldfrüchte und Mäuse, im Winter Aas und Körner. Bei Ueberfluß versteckt sie wie die meisten andern Raben die Vorräthe und weiß dieselben sehr wohl wieder aufzufinden. Durch Klugheit, List, Aufmerksamkeit und gelehriges Wesen unterhält sie in der Stube sehr und bei gemischter Kost und Wasser dauert sie auch viele Jahre aus. Im Freien geht sie schon im Februar an den Nestbau, wählt dazu meist einen hohen

Fig. 228.

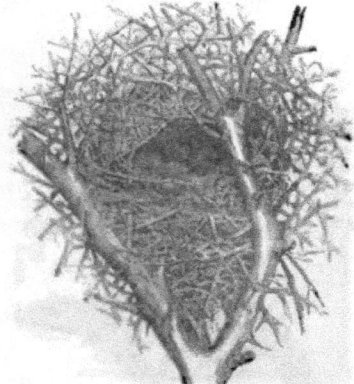

Nest der Elster.

Baumwipfel, trägt Reisig und Dornen zusammen, mauert innen den Napf mit Lehm aus und bringt noch ein weiches Polster von Moos und Haaren hinein. Das Weibchen legt bis acht grünliche, braungesprenkelte Eier und brütet beinah drei Wochen. Naumann, der aufmerksame Beobachter, erklärt die Elster für einen sehr schädlichen Vogel, dessen Verminderung durch hohes Schußgeld rathsam ist.

7. Die Alpenkrähe. C. pyrrhocorax.

Die Alpenkrähe und die mit ihr zunächst verwandte Steinkrähe unterscheidet sich von allen vorigen Arten und den wahren Raben überhaupt durch schlankere Gestalt, durch den schwächlicheren und spitzern Schnabel, der wie die Beine hellfarbig ist, und durch den Aufenthalt im Gebirge. Die Alpenkrähe hat ziemlich den Habitus der gemeinen Dohle, allein ihr gelber Schnabel ist kürzer als der Kopf, die vierte Schwinge die längste und die zinnoberrothen Füße tragen große, stark gekrümmte schwarze Krallen. Der ganze Körper schert tiefschwarz mit sehr mattem Schimmer. Ueberall in den höhern Gebirgen Europas heimatet dieser nette Vogel, häufig in den Alpen. Im Betragen und Naturell gleicht er überraschend der gemeinen Dohle, fast noch geschwätziger als diese, denn immer hört man sein krü krü oder jaif jaif. Die Nahrung besteht in Insekten, Körnern und Beeren, vielleicht auch in Aas. Das Nest steckt in hohen unzugänglichen Felsenritzen.

Die Steinkrähe, C. graculus, schert violettschwarz und biegt ihren rothen Schnabel ziemlich stark, der überdies weicher länger als der Kopf und dünn zugespißt ist. Auch sie bewohnt nur die höhern und höchsten Gebirge Europas und Afens, im Sommer meist in den rauhen Felsen über der Waldregion, im Winter tiefer herab, in den Thälern. Sie ist scheu, wild und ungesellig, wird aber dennoch leicht zahm und unterhält durch ihre possierlichen Manieren.

8. Der Eichelheher. C. glandarius.
Figur 229.

Die Heher bilden eine eigene Gruppe unter den Raben, welche von allen vorigen Arten schon durch das bunte, lockere, fast seidenartige Gefieder unterscheidet ist. Ihr mittelmäßiger, ganz gerader Schnabel hat scharfe Schneiden, vor der schnell gekrümmten Oberspitze eine seichte Kerbe und an der Wurzel bis nach vorn gerichtete Borstenfedern. Die Heher sind entschiedene Waldbewohner, welche hauptsächlich von Insekten und Baumfrüchten sich nähren und nicht schreiten, sondern nach ächter Singvögelweise hüpfen. Die beiden bei uns vorkommenden Arten sind sehr leicht zu erkennen und werden sogar als Typen besonderer Gattungen aufgeführt: auch andere Welttheile haben ihre Heher.

Der Eichel-, Nuß- oder Holzheher dehnt sein Vaterland über das gemäßigte und nördliche Europa und Asien aus, überall in gemischten und bloßen Laubwäldern sich niederlassend, im Norden als Zugvogel, bei uns als Stand- und Strichvogel. Munter, keck und äußerst verschlagen, ist er doch sehr scheu, aber in Gefangenschaft so possierlich, gelehrig und durch seinen Trieb fremde Stimmen nachzuahmen ganz geeignet, daß man ihn zumal bei dem netten Aeußern liebgewinnen kann. Seine Stimme kreischt durchdringend rätsch oder gedämpft räb, in der Angst schnell wiederholend kräb, andere schwäßende, pfei-

sende, gurgelnde Töne läßt er zu eigener Unterhaltung hören, und leicht und täuschend das Wiehern der Füllen, das Gackern des Huhnes, das knirschende Zischen beim Schärfen der Säge und andere Töne nach. Seine äußere Erscheinung kennzeichnet auffällig eine weiß, schwarz und bläulich gefärbte Scheitelbeile und das graurötliche Gefieder überhaupt. Ueber der weißen Kehle läuft ein schwarzer Fleck herab, der Bauch ist weiß, Schwanzfedern und Schwingen schwarz, leßtere mit lichten Rändern. Als prächtige Zierde zeichnen die Deckfedern der großen Schwingen ihre schmale Außenfahne rein himmelblau, weiß und blauschwarz in queren Bändern gegen die schwarze Innenfahne. Von der innern Organisation verdient die auffällig geringe Länge des Darmkanales, nur wenig über Körperlänge, Beachtung, nicht minder die breite schwarze Zunge, die 29 Falten im Fächer des Auges, welche entfaltet ein zwei Zoll langes Band darstellen, auch die sehr lange und dünne Milz, die tieflappigen Nieren u. s. w. Zum Unterhalt wählt der Eichelheher im Frühjahr und Sommer Gewürm und Insekten, kleine Frösche, Mäuse, junge Vögel, im Winter Haselnüsse, Eicheln, Eckern, Beeren, auch weiche Getreidearten. Er ist ein grimmiger Mörder, der seine Beute beschleicht, überfällt, ihr den Schädel spaltet und dann begierig das Gehirn ausfrißt. Von Baumfrüchten speichert er in Spalten und unter Laub Vorräthe und zehrt bei hohem Schnee von denselben. In Gefangenschaft frißt er alle Tischabfälle. Das Nest befindet sich

Fig. 229.

Nest des Eichelhehers.

auf hohen und den höchsten Aesten der Waldbäume, ist nicht gerade roh aus dünnen Reisern und feinem Sternwurzel geflochten. Die in der Zeichnung veränderlichen Eier bedürfen einer sechszehntägigen Bebrütung. Das Heherfleisch schmeckt ganz gut, wird aber doch wenig gegessen.

Schöner noch als unser Eichelheher trägt sich der nordamerikanische Heber, C. cristatus (Fig. 230),

Fig. 230.

Nordamerikanischer Häher.

in den Vereinten Staaten. Etwas größer, fiedert er prächtig blau, am Bauche und der Schwanzspitze weiß, über den ultramarinblauen Flügeln und Schwanze mit schwarzen Bändern. In Naturell und Lebensweise, List, Raublust, Gelehrigkeit u. s. w. gleicht er fast völlig dem unsrigen.

9. Der Tannenheher. C. caryocatactes.

Figur 231.

Der Tannenheher, auch schwarzer Nußheher genannt, weicht auffälliger im Naturell und Betragen wie in der äußern Erscheinung von dem Eichelheher ab. Er wohnt nämlich in einsamen Gebirgswaldungen und verräth so wenig Scheu, daß es gelingt, ihn mit dem Stocke zu schlagen, zeigt sich auch sonst sehr dummdreist, räuberisch,

Fig. 231.

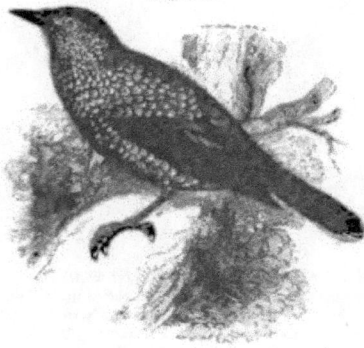

Tannenheher.

gefräßig und phlegmatisch. Seine Freßbegier ist unersättlich, sie zu befriedigen mordet er viele kleine Vögel und bestiehlt die Nester, frißt Insekten aller Art, Gewürm und Schnecken, im Herbst auch Nüsse, Eicheln, Buchecken und Beeren. Er schadet daher mehr als er nützt. Seine Stimme ruft laut kreischend kräk kräk und körr körr. In Größe und Habitus dem Eichelheher gleich, 12 Zoll lang mit 23 Zoll Flügelspannung, unterscheidet ihn sehr kenntlich der lange, starke, kaum seitlich zusammengedrückte Schnabel mit einem Höcker im Unterkiefer vor der Zungenspitze. Die kleinen runden Nasenlöcher stecken unter viel kürzern Borsten als bei voriger Art. Das lockere weiche Gefieder ist dunkelbraun mit weißen Flecken betropft, am Kopfe einfarbig dunkelbraun, die Schwingen braunschwarz und die schwarzen Schwanzfedern mit weißen Enden. Die Speiseröhre erweitert sich gar nicht zur Bildung eines Kropfes, der Magen ist muskulöser als bei andern Rabenarten, der Darmkanal 15 Zoll lang, die schwarze Zunge vorn sehr tief zweispaltig, ihr Kern zur Hälfte knorplig, der Augensöcker mit 28 Falten.

Der Tannenheher ist zwar auch über Europa und Asien verbreitet, doch bei uns nicht so häufig als der Eichelheher und andere Krähenarten, in größern Gebirgen wie den Alpen freilich gemein. Die nördlichen Länder verläßt er in strengen Wintern, in gemäßigten streicht er in kleinen Gesellschaften vom September bis März umher. Sein Nest liegt sicher versteckt in hohlen Bäumen und enthält hell- oder gelblichgraue, dunkelfleckige Eier. Der Tannenheher gewöhnt sich zwar leicht an die Gefangenschaft, allein seine Freßbegier und sein ungestümes Betragen empfehlen ihn nicht für die Stube.

Von den außereuropäischen Rabenarten mag der C. ossifragus an den Ufern des Mississippi erwähnt werden, welcher ganz schwarz, unsere Rabenkrähe dort vertritt, und kann C. nasicus auf Cuba, etwas größer und mit mehr gekrümmtem Schnabel. Der südamerikanische C. pileatus gleicht einer kurzschwänzigen gehäubten Elster, am Kopfe und Halse rabenschwarz, am Rücken, den Flügeln und Schwanze schön blau; der brasilianische C. cristatellus fiedert oben schwarzbraun, unten weiß, an den Flügeln himmelblau. Unter den Afrikanern hat der kolkrabenähnliche C. albicollis einen rein weißen Nackenfleck und der capische Rabe gleicht bis auf die längern Flügel unserer Saatkrähe. Auch in Asien und Neuholland kommen eigenthümliche Arten vor.

7. Pirol. Oriolus.

Ueber die gemäßigten und warmen Länder der Alten Welt verbreitet lebt eine Anzahl kleiner zierlicher Rabenvögel, welche sich schon durch ihre grell gelbe und schwarze Befiederung als zusammengehörig und eigenthümlich bekunden. Ihr starker Kegelschnabel erscheint an der Wurzel etwas breitgedrückt, mit wenigen kurzen Borsten besetzt, längs der hohen Firste sanft gebogen und vor der Spitze mit seichter Kerbe. Die verkehrt eiförmigen Nasenlöcher öffnen sich unter einer starken Haut. Die Beine sind kurz und kräftig, der Schwanz abgestutzt und in den Flügeln die dritte und vierte Schwinge die längste. Die Anord-

nung des Gefieders bietet keine beachtenswerthen Eigenthümlichkeiten. Auch das Skelet gewinnt erst bei einer
speciell eingehenden Vergleichung Interesse, doch darf nicht
unbeachtet bleiben, daß außer dem Oberarm auch der
Oberschenkel Luft führt. Die schmale gelbliche Zunge
zerfasert ihre Spitze und bezahnt sich hinten ziemlich stark.
Der Vormagen führt in seinen dünnen Wandungen nur
spärliche Drüsen und der Magen ist noch schwächer muskulös als bei Krähen, dazu der Darmkanal ansehnlich
kürzer als die Körperlänge und mit so unbedeutenden
Blinddärmchen wie bei den kleinen Singvögeln. Dies
und die gar nicht gelappten Nieren nebst einigen andern
anatomischen Eigenthümlichkeiten entfernen die Pirole
von den Raben und nähern sie vielmehr den eigentlichen
Sängern und Drosseln, mit denen sie von einigen Ornithologen auch wirklich vereinigt werden. Leider fehlt
noch die genaue anatomische Untersuchung der außereuropäischen Arten, so daß sich über den Werth der erwähnten
Eigenthümlichkeiten noch kein endgültiges Urtheil fällen
läßt. Wir schenken auch nur der einzigen europäischen
und in Deutschland sehr bekannten Art eine nähere Aufmerksamkeit.

1. Pfingstvogel. O. galbula.
Figur 232. 233.

Der Name bezieht sich auf die späte Ankunft bei
uns, denn erst im Mai, um Pfingsten herum, wenn die
Waldbäume belaubt sind, stellt sich der Pfingstvogel ein
und als strenger Sommervogel rückt er bereits im August
in das südliche Winterquartier jenseits des Mittelmeeres.
Von Afrika und dem südlichen Europa dehnt er sein
Vaterland bis Schweden und Finnland aus, ist aber so
empfindlich gegen die europäischen Winter, daß er selbst
um Rom nur von April bis September aushält. Die
Wanderung geschieht nur Nachts und in kleinen Familien.
Zum Standquartier wählt er Laubwälder mit Bächen
und dichte Baumgärten, wo er sich scheu im Gebüsch verstecken kann, unstät umherstreift, mit seines Gleichen zankt
und Beeren und Insekten findet. Diese pickt er von den
Blättern oder schnappt sie im Fluge weg, selten sucht er
auch am Boden danach, denn er hüpft schwerfällig und
ungeschickt. Sobald die Beeren reifen, geht er den Erd-,
Him-, Brom- und Hollunderbeeren nach und auf Kirschen
ist er so begierig, daß er darüber seine ganze Scheu vergißt, zornig über andere Kirschendiebe herfällt und dieselben wegbeißt, daher der Name Kirschvogel oder Kirsch-
drossel ganz bezeichnend für ihn ist. Seine Stimme ruft
ganz laut jäk oder rauh kränk, in der Angst häßlich
schnarrend querr. Das Männchen flötet während der
Begattungszeit aus voller Kehle sein angenehmes Lied
mit scharfen Sylben didler, didatlio, didilio, diplia-
diblio, ditleab und sehr fleißig vom Morgengrauen an.
Als eingefangen verschmerzt es nicht immer den Verlust
der Freiheit, jung aufgefüttert und mit Nachtigallenfutter
unterhalten wird es sehr zahm und dauert mehre Jahre
im Bauer aus.

Der Pfingstvogel steht in der Schönheit der Beflede-
rung unter den einheimischen Vögeln obenan. Von Drosselgröße (9″ lang), trägt er sich prächtig hochgelb, am Zügel,

Fig. 232.

Pfingstvogel.

Flügel und Schwanz schwarz. Die Reinheit der Farbe
nimmt mit dem Alter zu und ziert auch nur das Männchen, denn das Weibchen und die Jungen sind oben zeisig-
grün, unten weißlich mit schwärzlichen Schaftstrichen und
olivengrünem Schwanze. Das sehr künstlich korbartig
geflochtene Nest wird an einem Gabelaste ganz sicher befestigt, aus Grasblättern, Ranken, Halmen, Bast, Wolle
und Werg gewoben mit oberem verengtem Rande. Beide

Fig. 233.

Nest des Pfingstvogels.

Geschlechter sind bei dem Baue gleich eifrig beschäftigt.
Anfangs Juni findet man darin fünf hellweiße, dunkel
punktirte Eier, auf welchen Weibchen und Männchen vierzehn Tage brüten. Die Jungen werden mit weichen
Insekten aufgefüttert. Den Schaden in Kirschplantagen

abgerechnet, erscheint der Pfingstvogel sehr nützlich, auch sein fettes Fleisch wird gern gegessen.

Unter den außereuropäischen Arten hat der chinesische Pirol einen größern Schnabel und kürzere Flügel als der unsrige, zudem noch einen schwarzen Hinterkopf. Der südafrikanische O. brachyrhynchus ist kleiner, grünlich, schwarzköpfig, mit weißem Flügelfleck.

8. Staaramsel. Merula.

Die in Afrika und dem südlichen Asien beimateten Staaramseln ähneln in ihrer Lebensweise vielmehr den Staaren als den Raben, ziehen auch schaarenweise den Diebbeeren nach, um diese von dem plagenden Insektengeschmeiß zu befreien und bauen ihr Nest in Baumhöhlen und Felsenspalten. Ihr gestreckter Kegelschnabel ist an den Seiten zusammengedrückt, längs der Firste sanft gebogen und an der Spitze mit kleiner Kerbe versehen, am Mundwinkel mit spärlichen Borsten besetzt. Die ovalen Nasenlöcher öffnen sich unter einem bauchigen Hautdeckel und werden von kurzen Federchen überschattet. In den Flügeln erlangt schon die zweite und dritte Schwinge die Spitze. Die Federfluren erinnern lebhaft an die Staare. Der Oberarm führt keine Luft. Von den weichen Theilen verdient der dünnwandige Vormagen, der schwach muskulöse Magen, der körperlange Darmkanal mit sehr kurzen Blinkdärmen, die zerfasert zweispitzige Zunge und andere Organe Beachtung.

Die bekannteste Art, die rosenfarbige Staaramsel, M. rosea, verfliegt sich aus den mittelmeerischen Ländern bisweilen nach der Schweiz und dem südlichen Deutschland und wer sie nur einmal sah, erkennt sie an der schön rosenrothen Befiederung mit schwarzem Kopfe, Flügeln und Schwanze und der großen seidenfeinigen Scheitelholle stets wieder. Sie hat die Größe unseres Staares, scheint sich ausschließlich von Insekten zu nähren und ist wegen ihres sehr wohlschmeckenden Fleisches geschätzt. Aufmerksame Beobachtungen über ihre Lebensweise fehlen noch.

9. Kahlkrähe. Picathartes.

Wir reihen an die Raben noch mehre außereuropäische Gattungen, welche in ihrer äußern Erscheinung zum Theil sehr erheblich von denselben abweichen, immerhin aber dem aufmerksamen Beobachter einzelne innige Beziehungen erkennen lassen, welche den Systematiker berechtigen, sie in dieser Familie unterzubringen, bis die erschöpfende Untersuchung die natürliche Verwandtschaft außer allem Zweifel setzt. Die Kahlkräh, so benannt nach ihrem unbefiederten Kopfe, kennzeichnet der schwache, etwas gekrümmte Schnabel ohne Borstenfedern an der Wurzel, aber mit einer Wachshaut umgeben. Die ovalen Nasenlöcher öffnen sich in einer langen Grube in der Schnabelmitte. Die langen Läufe sind vorn geschildert, hinten nackt, die Flügel kurz und gerundet, der lange Schwanz stufig.

Die einzige Art, P. gymnocephalus (Fig. 234), hei-

Fig. 234.

Afrikanische Kahlkrähe.

matet in der Sierra Leona und erreicht 15 Zoll Länge. Ueber ihre Lebensweise fehlen noch alle Beobachtungen. Der ausgestopfte Balg ist am Rücken bräunlich aschgrau, übrigens hellbraun, im Nacken mit einem kurzen, hellgrauen Flaum, am nackten Kopfe roth.

10. Temia. Temia.

Im südlichen Afrika und in Indien leben einige elsternartige Vögel mit charakteristisch kurzem, sehr zusammengedrücktem Schnabel, an dessen Wurzel die kleinen

Fig. 235.

Schnabel der Temia.

Nasenlöcher unter sammetweichen Federn versteckt sind. Ihre Flügel sind kurz und abgerundet, der Schwanz dagegen lang, breit und stumpf. Soweit man ihre Lebensweise kennt, ähnelt dieselbe unsern Elstern, doch werden sie mehr auf Bäumen ihre Nahrung suchen als am Boden.

Die wandernde Temia, T. vagabunda (Fig. 235, 236), über ganz Indien verbreitet, siehert am Halse und Kopfe schwärzlichgrau, längs des Rückens hell

Fig. 236.

zimmetbraun, an der Unterseite blaß lohfarben; die
Flügelmitte ist grau und der Schwanz schwarz. Sie er-
reicht sechzehn Zoll Länge, wovon aber zehn Zoll auf den
Schwanz kommen.

Die stutzschwänzige Temia (Fig. 237) in
Cochinchina trägt schwarzes Gefieder und stutzt jede Feder
ihres stußigen Schwanzes gablig ab.

11. Laufkrähe. Podoces.

Ein Bewohner der Kirgisensteppe, stark auf den
Beinen zum schnellen Lauf, mit dreikantigen, sehr spitzen,
aber wenig gekrümmten Krallen an allen Zehen, kurz geflügelt und sehr beschränkt im Fluge. Der nur kopfeslange Schnabel ist rundlich, im Oberkiefer kürzer als im
Unterkiefer, und die großen runden Nasenlöcher von Borstenfedern überschattet. Die erste Schwinge bleibt weit
unter der dritten zurück, welche mit den folgenden beiden
die stumpfe Flügelspitze bildet. Die schon von Pander,
dem hochverdienten russischen Reisenden, beschriebene Art

Fig. 238.

Laufkrähe.

Wanderute Temia

Fig. 237.

(Fig. 238) lebt ganz nach Art unserer Raben am Boden,
und fiedert oben graulichgrün, an den Wangen schwarz,
mit weißem Strich über den Augen.

12. Stahlkrähe. Chalybaeus

Die Stahlkrähen vertreten in Neuguinea unsere Raben
und Würger. Ihr langer harter Schnabel mit gewölbter

Grußschwänzige Temia

Firste hat eine schwache Kerbe vor der Spitze und öffnet die spaltenförmigen Nasenlöcher in einer weiten Haut. An den kräftigen Beinen übertrifft der Lauf an Länge die Mittelzehe, und die Hinterzehe ist lang und stark. Die vier ersten Schwingen stufen sich ab, erst die sechste erlangt die Flügelspitze.

Die grüne Stahlkrähe, Ch. paradiseus (Fig. 239), von den Papus Mansimene genannt, erreicht 18 Zoll Länge und schillert im prachtvollsten Stahlgrün mit violettem

Fig. 239.

Grüne Stahlkrähe.

und dunkelrothem Schiller, auf der Brust stahlblau und am Halse hinauf wie mit Silber und Gold angehaucht. Sie bewohnt einsam und scheu die dichtesten Wälder und sucht ihre Nahrung auf den Bäumen.

13. Paradiesvogel. Paradisea.

Wer zum ersten Male eine größere ornithologische Sammlung durchwandert, den fesselt die ebenso zierliche wie prächtige Tracht der ausgestopften Paradiesvögel und doch sind diese Exemplare meist nur aus den verzerrten, in heißem Sande getrockneten Häuten ohne Beine zusammengesetzt, welche die Papus an Handel treibende Malayen zum Schmuck für die indischen Vornehmen verkaufen. Man wundert sich, diese seenhaften Vögel neben unsern krächzenden Raben aufgestellt zu sehen, galten doch die ersten Paradiesvögel, welche von Magelhaens' Weltumsegelung im J. 1522 nach Sevilla gelangten, und alle später nach Europa gebrachten bis ins vorige Jahrhundert für luftige Sylphen, welche fußlos, die Erde nie berührten, sondern von ätherischer Nahrung lebend nur im un-

endlichen Luftmeere schwimmen und auf Augenblicke zur Ruhe mit ihren langen fadenförmigen Schwanzfedern an Baumästen sich aufhängen. Die nüchterne Beobachtungsweise unseres Jahrhunderts hat alles Feenhafte der Paradiesvögel ins Reich der Phantasie verwiesen und den Rabentypus darin erkannt.

Troß des besondern Schmuckes, welchen einzelne Federn und ganze Büschel des Gefieders bei den Paradiesvögeln bilden, stehen doch die Federn in denselben Fluren über dem Körper wie bei andern Singvögeln, in einer Oberflur mit rautenförmigem Rückensattel ohne Spalt und einer Unterflur mit sehr breiten Brustäst. Die stumpfspitzigen Flügel haben 20 Schwingen, wovon zehn an der Hand stehen und die sechste die längste ist. Die zwölf Schwanzfedern gestalten sich eigenthümlich. Der starke zusammengedrückte Schnabel wölbt sich längs der Firste und hat eine Kerbe vor der Oberkieferspitze, an seinem Grunde aber ein weiches Sammetgefieder, in welchem die Nasenlöcher völlig verborgen sind. An den kräftigen Beinen sind die Läufe länger als die Mittelzehe und die Hinterzehe fällt durch ihre Größe auf.

Das Vaterland der Paradiesvögel beschränkt sich auf Neuguinea und die benachbarten Inseln, wo sie paarweise oder in kleinen Familien in den dichtesten Waldungen nisten und nicht leicht ins Freie sich wagen. Die Eingeborenen beschleichen sie des Nachts auf den Bäumen und schießen sie hier in nächster Nähe mit kurzen Pfeilen aus den Stielen einer Fächerblattpalme; die präparirten Bälge werden durch die Bewohner in den Dörfern Rappia und Emberbakene an die Malayen verhandelt.

1. Der gewöhnliche Paradiesvogel. P. apoda.

Figur 240. 241.

Dieser älteste bekannteste Art gab Linné den systematischen Namen „fußloser Paradiesvogel" in Erinnerung an die Mär von der Fußlosigkeit, welche schon Pigafetta aus Magelhaens' Begleitung widerlegt hatte. Sie hat Drosselgröße und schiert gelbbraun, am Oberkopfe und Halse citronengelb, um den Schnabel herum und an der Kehle smaragdgrün. Schnabel und Füße sind bleifarben. Der prachtvolle Federnschmuck des Männchens steht unter den Flügeln in den Weichen. Hier verlängern sich die strohgelben bis weißen Federn bis zu zwei Fuß Länge, jede an ihrem fadenförmigen Hornschaft nur mit zwei Reihen Haaren als der Fahnenäste besetzt. Die zwei mittlern Schwanzfedern haben nur am Grunde eine Fahne, über den Schwanz hinaus verlängern sich ihre Schäfte ebenfalls als zwei lange Fischbeinfäden mit anfangs noch kurzen Haaräften. Das schmucklose Weibchen dunkelt an der Stirn und dem Vorderhalse kastanienbraun, vom Kopfe zum Rücken schiert es röthlichgelb, an der Unterseite weiß, an Flügeln und Schwanz schön dunkelbraun.

Seinen Aufenthalt nimmt der gewöhnliche Paradiesvogel in den schattigen Wipfeln der höchsten Bäume, zumal auf dem für den Schiffbau werthvollsten Tikbaume. Hier ist er geschützt gegen die brennenden Sonnenstrahlen und läßt seine laute, rauhe, krähenartige Stimme erschallen. Ein Dußend Weibchen und mehr gesellen sich zu einem Männchen und nur am Frühmorgen begibt sich die

Familie an den Beeten, um Nahrung zu suchen. Ungemein scheu und vorsichtig, stellen sie dem Jäger eine
schwierige Aufgabe, fordern denselben schon früh vor
Tagesanbruch auf ihr Standquartier, wollen sicher aus
weiter Entfernung in den dichten Zweigen gezielt sein und
verschwinden tödtlich getroffen nur zu leicht in dem verworrenen und undurchdringlichen Untergebüsch. Das
leiseste Geräusch macht sie still und stumm. Und dennoch
werden sie zahm und halten im Käfig aus. Lesson sah
gezähmte auf Amboina, Bennett in Macao. Dieselben
waren zutraulich und munter, sprangen lebhaft umher
auf den Stäben und hielten sich reinlich und nett, das
leckere Gefieder stets in der säuberlichsten Ordnung. Gegen

Fig. 240.

Gewöhnlicher Paradiesvogel.

Sonnenstrahlen sind sie sehr empfindlich und fast möchte
man glauben aus Eitelkeit um ihre Farben- und Feder-
pracht. Die Stimme beginnt mit einigen weichen Tönen
und endet mit tiefem Rabengekrächz. Man füttert sie
mit gekochtem Reis, weichgesottenen Eiern, Bananen,
Heuschrecken und Schaben.

2. Der schwarze Paradiesvogel. P. superba.

Figur 242.

In ganz anderer Weise schmückt sich diese seltene
schwarze Art, nicht mit verlängerten Weichenfedern, nicht
mit den Schwanzfedern, sondern mit einem schwarz pur-

Fig. 241.

Gewöhnlicher Paradiesvogel. Weibchen.

purnen Federnmantel, welcher von den sehr verlängerten
Federn vom Nacken bis zum Unterhalse gebildet wird und
den Rücken deckt. Aufgerichtet hat dieser Mantel eine
schöne Leierform. Zudem hängen noch die obern Brust-
und Schulterfedern mit dem prachtvollsten Stahlgrün
glänzend in Gestalt eines zweiseitigen Latzes herab. Das
Gefieder im Ganzen ist sammetschwarz und spiegelt in
dunkelgrün und violett. Oberhalb der Nasenlöcher stehen
zwei kleine nach außen gekrümmte Federbüschel. Eigenthümlich bildet den Brusttheil des Gefieders nur eine
gerade lichte Längsreihe von Federn, dort freilich beträchtlich breit; der Rückenstreif läuft mit gleichbleibender
Breite bis zum Bürzel. Der Vogel ist 10 Zoll lang
und wird von dem Larus ohne Flügel, Schwanz und

Fig. 242.

Schwarzer Paradiesvogel.

19 *

Füße im Rauche getrocknet und in hohlen Bambus eingeschlossen verkauft.

3. Der goldene Paradiesvogel. P. sexsetacea.
Figur 243.

Wiederum in sammetschwarzes Gefieder gekleidet,
aber auf dem Scheitel mit einem grauen Federkamm und
zu beiden Seiten des Hinterkopfes mit je drei langen
Drahtschäften, welche an ihrem äußersten Ende eine kleine
ovale goldgrüne Fahne tragen. Die Brust glänzt in
goldgrünen schuppenähnlichen Federn und seitwärts stehen
lange geschlißte Federn, welche in der Ruhe schlaff über
Rücken und Flügel herabhängen, aber auch willkürlich
aufgerichtet werden können. Die seltenartigen Steuerfedern im Schwanze laufen zum Theil in fadenförmige

Fig. 243.

Goldner Paradiesvogel.

Schäfte aus. Auch diesen Vogel verhandeln die Papus
an die Malaien.

4. Der prachtvolle Paradiesvogel. P. magnificus.
Figur 244.

Nur ein doppelter Halskragen, aus dünnen, sich ver-
breiternden Federn bestehend, ziert diese ungemein seltene
Art. Der kurze obere Kragen ist orangegelb und trägt
an jeder Feder einen entständigen schwarzen Fleck, der
untere längere und blaßgelbe hat keine Flecken. Das
Gefieder der Oberseite spielt aus orangegelb in kastanienbraun und dunkel purpurn, die schwärzliche Kehle glänzt
prächtig, die Brust stahlgrün und goldig, nach unten
metallisch blau schillernd und mit Schuppenfedern bekleidet, der Bauch nur etwas matter. Flügelspitzen und
Schwanz sind braun, die Flügeldecken orangegelb, jede
mit schwarzem Halbmond. Aus der Schwanzdecke ragen
zwei lange Fadenschäfte hervor, welche nur anfangs kurze
goldgrüne Fasern tragen.

Fig. 244.

Prachtvoller Paradiesvogel.

5. Der Königsparadiesvogel. P. regia.
Figur 245. 246.

Zwar nur wenig größer als der Sperling, prangt
diese weit verbreitete Art doch in prächtigem Gefieder mit
großer Farbenzeichnung. Die Oberseite ist lebhaft kastanienbraun in dunkelroth übergehend, der Bauch weiß,
aber eine Binde über die Brust glänzt goldengrün, das
sammetartige Stirngefieder ist orangeroth, der Augenwinkel schwarz und die Kehle weiß. Die smaragdgrünen
Flügelschwingen stufen sich bis zur dritten, dann überragen sie an Länge und stußen sich bei beträchtlicher Breite
merkwürdig ab. Zwei Schwanzfedern ziehen sich in sehr

Fig. 245.

Königsparadiesvogel.

Fig. 216.

Fig. 217.

Königsparadiesvogel.

lange, nackte, am Ende zu einer platten Spirale eng zusammengedrehte Schäfte aus. Dem Weibchen fehlen diese eigenthümlichen Schwanzfedern und es zeigt viel bescheidener, oben rothbraun, unten rothgelb und braun gestrichelt. Das Vaterland erstreckt sich über Neuguinea und einige moluckische Inseln.

14. Paradieselster. Astrapia.

Den prachtvollen Glanz des Gefieders der nur in einer einzigen Art (Fig. 217) in Neuguinea lebenden Paradieselster vermag keine Feder zu beschreiben und kein Pinsel zu malen, er übertrifft an blendender Pracht Alles, was die Vogelwelt aufzuweisen hat. Der Vergleich mit den Elstern, welchen der Name andeutet, bezieht sich nur auf den langen Schwanz von dreifacher Körperlänge, schon der Schnabel dagegen ist vielmehr drosselartig, ohne Borsten oder Sammetfedern an der Wurzel, längs der Firste gerade, seitlich zusammengedrückt und vor der übergebogenen Spitze mit seichter Kerbe. An jeder Seite des Kopfes steht ein fächerförmiger, nach außen concaver Federnbusch. Die Oberseite des Körpers zeigt purpurschwarz mit lebhaftem metallischen Schimmer in violett; vom Augenwinkel zieht jederseits eine glühend hyacinthrothe Binde zur Brust herab, welche je nach dem auffallenden Lichte in orangeroth schillert oder wie dunkler Rubin leuchtet. Die rothen Scheitelfedern spitzen sich smaragdgrün und die ganze Unterseite hält sich malachitgrün. Die Schuppenfedern der Brust und des

Paradieselster.

Oberrückens schillern in Regenbogenfarben. Ueber die Lebensweise und die innere Organisation, welche allein erst über die natürliche Verwandtschaft befriedigende Auskunft giebt, fehlt es zur Zeit noch an allen Beobachtungen.

Zweite Ordnung.
Schreivögel. Clamatores.

Während die Singvögel in dem Singmuskelapparat am untern Kehlkopf ein ganz entschiedenes, niemals die Verwandtschaft verlaugnendes Merkmal besitzen, auch in ihrer übrigen Organisation eine große Uebereinstimmung zeigen, von welcher wir nur einzelne Abweichungen, absonderliche Eigenthümlichkeiten in dem einen oder andern Organe beobachteten, finden wir dagegen in der viel kleineren Ordnung der Schreivögel eine größere, auffälliger schwankende Mannichfaltigkeit der gesammten Organisation und kein einziges untrügliches Merkmal für die ganze Gruppe. Die äußern und innern Charaktere ändern so vielfach und innerhalb so weiter Gränzen ab, daß wir von dem Typus der Schreivögel kein einheitliches Bild entwerfen können. Nur ihre negativen Merkmale sind sicher und diese nöthigen eben den Systematiker zur Anerkennung der Gruppe, so wenig dieselbe auch den gewohnten Ansichten genügt. Schreivögel sind nämlich weder Singvögel, d. h. sie haben niemals einen Singmuskelapparat am untern Kehlkopf, noch sind sie Klettervögel, d. h. sie besitzen keine eigentlichen Kletterfüße. Ihr Schnabel spielt in auffälligen Formen, ist absonderlich klein und kurz oder ebenso unverhältnißmäßig groß oder ungebuer lang, in einem ebenmäßigen Verhältniß zur Größe des Kopfes finden wir ihn nur bei wenigen Schreivögeln; bald ist er gerundet, bald kantig, platt gedrückt, gerade oder gebogen. Die Füße sind zwar im Allgemeinen schwache Schreitfüße, doch kommen auch Wandel- und Spaltfüße vor, und dadurch, daß die Innenzehe wendet, eine Annäherung zu den Klettervögeln. Den Lauf bekleiden niemals die bei den Singvögeln gemeinen Stiefelschienen, vorn nämlich stets größere Tafeln, an den Zehen aber Schilder oder Körner, welche bei den Singvögeln nur ganz ausnahmsweise vorkommen. Ebenso stehen hier am Handtheil des Flügels sehr gewöhnlich zehn Schwingen, von welchen die erste bis länger als die Hälfte der zweiten ist. Ausnahmen davon gehören zu den größten Seltenheiten, während bei den Singvögeln die erste Schwinge ganz kurz war oder völlig fehlte. Der Schwanz, veränderlich in der Form, trägt zwölf Steuerfedern, bei einzelnen nur zehn oder aber vierzehn und selbst sechszehn. Die Vertheilung der Konturfedern über den Körper, die Form der Federfluren ändert viel mehr als bei den Singvögeln ab, am häufigsten kommt eine frühzeitige Spaltung der Rückenflur vor, deren beide Reste sich erst gegen den Bürzel hin wieder vereinigen oder vor der Bürzeldrüse plötzlich absetzen. Die Form der Zunge und die Spaltung und ihr Bau ins Auge gestalten gar keine allgemeine Schilderung. Da das Flugvermögen der meisten Schreivögel vortrefflich entwickelt ist, so führen gewöhnlich außer den Schädelknochen auch viele Wirbel, das Brustbein und die Oberarm Luft. Die Anzahl der Wirbel pflegt, wenige Ausnahmen abgerechnet, dieselbe wie bei den Singvögeln zu sein. Dagegen fehlen hier

allermeist die dort sehr gewöhnlich vorkommenden Rabenknöchelchen an den Ecken der Kiefer, des Schulterblattes und des Unterarmes. Das Brustbein ist immer sehr groß, zumal breit und mit besonders hohem Kamm versehen; an seinem Hinterrande zeigen sich zwei oder auch nur ein Ausschnitt, seltener sind diese in Lücken der Brustbeinplatte verwandelt. Die Speiseröhre läuft ohne bauchige Erweiterung, ohne Kropf zum trägigen Vormagen und der Magen selbst pflegt sehr dünnmuskelig, häufig sehr dehnbar zu sein. Der Darmkanal mißt gewöhnlich kaum die Länge des befiederten Körpers, aber die Blinddärme zeigen in Größe und Form auffälligere Eigenthümlichkeiten als bei den Singvögeln. Die Leberlappen sind mehr in der Form wie in der Größe verschieden, die Milz veränderlich, die Bauchspeicheldrüse doppelt, die Nieren häufig dreitheilig gelappt. Indeß fehlt uns von sehr vielen Schreivögeln noch die anatomische Untersuchung und damit die eingehende Vergleichung der verwandtschaftlichen Verhältnisse gar mancher Gattung.

In ihrer äußern Erscheinung sind die Schreivögel kleine und sehr kleine, höchstens Vögel von mittler Größe, die ein einfaches düsteres Gefieder gekleidet oder aber in dem prachtvollsten Farben- und Federnschmuck prangen. Sie nähren sich vorherrschend von Insekten und Gewürm, zum Theil auch von anderem Fleisch und von Pflanzenkost. Im Haushalt der Natur und somit auch für die menschliche Oeconomie haben sie eine ungleich geringere Wichtigkeit als die Singvögel. Ihre geographische Verbreitung ist zudem viel beschränkter, die meisten sind ausschließliche Tropenbewohner, einige leben auch in gemäßigten Ländern und fallen hier durch ihr eigenthümliches Aeußere leicht in die Augen.

Erste Familie.
Leiervögel. Menuridae.

Ein Hühnervogel an der Spitze der Schreivögel, denn dafür hält Jeder auf den ersten Blick den prächtigen Leierschwanz, aber je näher man ihn vergleicht, desto mehr verschwindet die Hühner-Aehnlichkeit und unerwartete eigenthümliche Beziehungen stellen sich heraus. Der neuholländische Leierschwanz, Menura superba (Fig. 24H), steht einzig da und repräsentiert allein seine Gattung und Familie. Sein gerader Schnabel, um ihn im Einzelnen zu charakterisiren, ist an der Wurzel breiter als hoch und vor der übergebogenen Oberspitze ausgerandet. In seiner Mitte öffnen sich die großen ovalen Nasenlöcher unter einer weißligen Haut, die hoben können Läufe sind vorn und seitlich geschildert und die äußere Zehe mit der mittlen am Grunde verbunden, die Hinterzehe sehr kräftig und alle Zehen mit sehr großen, gekrümmten

Fig. 248.

Leierschwanz.

stumpfspitzigen Nägeln. Die kurzen gewölbten Flügel haben im Ganzen 21 Schwingen, welche von der ersten bis zur siebenten an Länge stufig zunehmen, von dieser bis zur neunten dann gleich lang erscheinen. Den Schwanz spannen sechzehn Federn, bei dem Männchen von dreifacher Art. Die äußern sind nämlich starkschäftig und unter beträchtlicher Verlängerung leierförmig gekrümmt, die innern verlängern gleichfalls ihre dünnen, fischbeinähnlichen Schäfte und besetzen sich mit weichen, sehr sparrigen Aesten, die beiden innersten oder mittlern sind wieder stärker. Das Weibchen hat nur vierzehn Steuerfedern ganz gewöhnlicher Bildung. Den kleinen Kopf ziert übrigens bei dem Männchen noch eine nette Federnholle. Das ganze Körpergefieder ist dicht und weich, fast kunenartig (alle Federnschäfte sehr dünn und gerundet), sitzt am Kopfe und Halse gleichmäßig dicht, in der Rückenflur anfangs sehr schmal, dann sich zu einem breiten rautenförmigen Sattel erweiterud, welcher ver-

schmälert bis zur nackten Bürzeldrüse fortsetzt. Die Unterflur theilt sich am Halse in zwei schmale Bruststreifen, deren jeder einen sehr breiten Brustast absetzt. Die Schulter- und Deckenfluren sind schwach. Wie der Schnabel an Drosseln und Kräben erinnert: so auch die Zunge, denn sie ist hornig scharfrandig, vorn zweispitzig und am buchtigen Hinterrande bezahnt. Ihr Kern besteht aus zwei beweglichen knöchernen Hälften, auf dem kräftigen, sehr breit gestielten Zungenbeinkörper gelenkend. Am untern Kehlkopf besitzen sich jederseits zwei Muskeln, welche das Männchen zum Singen befähigen. Auf einer Erhöhung stehend, läßt dasselbe sein fast drosselähnliches Lied fleißig ertönen, mit lautem Schalle, dann zwitschert es mit tiefen dumpfen Tönen und mischt ein eigenthümlich knackendes Geräusch ein; dazu ahmt es fremde Waldvögel nach, um sie gelegentlich zu verspotten und brult auch wohl widerlich wie der wilde neuholländische Dingo.

Der Leierschwanz erreicht stattliche Fasanengröße und

fiedern oben umbrabraun in olivenbraun ziehend, an den
Flügeln und der Kehle mit roſtfarbigem Stich, an der
Unterſeite aber aſchgrau. Die mittlen Schwanzfedern
ſind braun, die äußern grau mit ſchwarzen Spitzen und
roſtrothen Rändern, auf der Innenfahne noch mit dunkeln
Querbinden. Das Vaterland beſchränkt ſich auf Neu-
ſüdwales, wo die ſeltſen Gebäuge und dichten Federwal-
dungen mit undurchdringlichem Unterdickicht dem ungemein
ſcheuen Vogel einen ſichern Aufenthalt gewähren. Er
ſtreicht der Nahrung halber von Ort zu Ort, ſchwingt ſich
dabei ohne Flügelſchlag über ſteile Feldmäute und ſcharrt
mit den kräftigen Füßen kleine Erdhaufen auf, um auf
denſelben ruhend ſein Revier zu überſchauen und ſein Lied
zu ſingen. Inſekten, Gewürm und Schnecken ſcheinen
ſeine ausſchließliche Nahrung zu bilden. Das elſtern-
ähnliche Neſt, aus Reiſern, Bau und Wurzelfaſern geflochten, liegt unter einem Felſenvorſprunge verſteckt und
enthält nur zwei rechtſchdige Eier, welche das Weibchen
wahrſcheinlich allein bebrütet. Gould, der uns über die
neuholländiſche Thierwelt die ſchönſten Prachtwerke lieferte,
ſchlich Tagelang in den wilden Bergen umher, um die
Menura zu jagen, er hörte von allen Seiten ihren lauten
Ruf, ohne ſie zu ſehen und erſt mit der ausdauerndſten
Geduld und der äußerſten Vorſicht alle Gefahren des
ſchluchtigen Gefels und des verworrenen Dickichts überwindend, gelang es ihm, die ſcheuen, ſtolzen Vögel zu
überraſchen, zumal wenn ſie unter abgefallenem Laube
emſig Futter ſcharrten. Das geringſte Geräuſch verſcheucht ſie. Doch neugierig und eitel, laſſen ſie ſich auch
täuſchen durch gellendes Pfeifen oder indem der Jäger
einen leierförmigen Federbuſch auf den Kopf ſteckt. In
Jllawarra hat man auf die Menurenjagd abgerichtet, welche den Vogel im Dickicht aufſpüren, plötzlich
auf ihn losſtürzen, ſo daß er auf den nächſten Baumaſt
ſich zu retten ſucht, wo der Jäger ihn ſicher zielt. Die
Eingebornen verſtehen es, ſich geräuſchlos heranzuſchleichen
und mit ihren ſchlechten Geſchoſſen ſichere Beute zu machen.

Zweite Familie.
Wollrückige Schreivögel. Eriodoridae.

In Südamerika heimatet eine ziemlich formenreiche
Familie munterer Waldbewohner, welche man unbedingt
zu den Singvögeln neben die Würger ſtellen würde, wenn
ſie den vollſtändigen Singmuskelapparat am Kehlkopf
hätten, und ſo lange man über deſſen Einrichtung keine
eingehenden Vergleichungen angeſtellt hatte, vertheilte
man auch dorthin die Gattungen. Aus Joh. Müller's
unſterblichen Unterſuchungen ergab ſich jedoch, daß dieſe
Wollrücker und einige ihrer nächſten Verwandten einen
ganz eigenthümlichen Stimmapparat beſitzen, welcher nicht
im untern Kehlkopf an der Theilungsſtelle der Luftröhre
in die beiden Bronchien liegt, ſondern vor dieſem, im
untern Ende der Luftröhre ſelbſt. Hier ſind nämlich
deren Wände ganz dünnhäutig und zwei zarte,
durch elaſtiſche Bänder befeſtigte vordere und hintere
Halbringe mit beſonderm Muskel. Alle Vögel mit
dieſem eigenthümlichen Stimmapparat begreift J. Müller

in eine Familie unter dem Namen der Tracheophonen
oder Luftröhrenkehler. Der beſſern Ueberſicht halber
ſchließen wir unſere Darſtellung dieſer fremdländiſchen
Vögel den kleinern Familien der neuern Ornithologen
an, welche freilich nur durch äußere Merkmale charakteriſirt
werden. Dieſe beſtehen für die Wollrücker zunächſt in
dem geraden, nach vorn ziemlich ſtark zuſammengedrückten
Schnabel mit hakiger Spitze und deutlicher Kerbe neben
derſelben. Den Schnabelgrund umſtarren kurze Borſten,
welche die runden Naſenlöcher überſchatten. Die Beine
zeichnen ſich durch hohe dünne Läufe und ſchlanke Zehen
aus, erſtere vorn oder zugleich auch ſeitlich mit groben
Tafeln oder mit dünnen, faſt zu Schienen verſchmolzenen
Schildern bekleidet. Die äußere und mittle Zehe ſind
am Grunde verbunden und die Krallen bald ſtärker, bald
ſchwächer, mehr oder minder gekrümmt. In den abgerundeten, meiſt kurzen Flügeln pflegt die erſte Schwinge
kürzer als ſonſt bei Schreivögeln zu ſein. Das Gefieder
iſt ungemein reich und zart und fällt beſonders durch die
ſehr langen, faſt wolligen Rückenfedern auf, nach welchen
daher auch die Familie trefflend benannt worden. Die
Schwanzform ändert ab. Alle Wollrücker bewohnen
waldige und buſchige Gegenden, nähren ſich von Inſekten
und Gewürm, die ſtärkern auch von kleinen Vögeln und
führen ein unruhiges Leben. Man kann die zahlreichen
Gattungen in beſondere Gruppen bringen, indeß
intereſſiren uns bei der ungenügenden Kenntniß noch
vieler nur wenige davon, die wir nach einander aufführen.

1. Buſchwürger. Thamnophilus.

Die Buſchwürger Südamerikas ſind ſo kräftige und
dreiſte Vögel wie unſere einheimiſchen eigentlichen Würger.
Obwohl im dichten Gebüſch hauſend, treibt ſie doch die
Jagdluſt oft ins Freie und ſelbſt in die Gärten. Sie
haſchen fliegend allerlei Inſekten, rauben aber auch Neſt-
vögel und jagen am Boden kleine Amphibien und Mäuſe.
Nach ächter Würgerweiſe fliegen ſie mit der erfaßten
Beute gleich auf den nächſten Aſt und zerreißen dieſelbe.
Sie halten meiſt paarweiſe zuſammen und laſſen während
der Brütezeit ihre kurze, ſehr laute Stimme erſchallen.
Das Neſt bauen ſie im dichteſten Gebüſch nah über dem
Boden und bebrüten darin weißliche Eier mit röthlichen
Flecken.

Ihre äußern Merkmale ſprechen ſich in dem hohen,
ſtark zuſammengedrückten Schnabel mit ſcharf abgeſetztem
großen Enthaken und deutlicher Kerbe daneben, in den
weiten, nur wenig verſteckten Naſenlöchern, den kurzen
Borſten am Schnabelgrunde und dem faſt nackten Augenringe aus. In den kurzen Flügeln erſcheinen die drei
erſten Schwingen kleind gleichmäßig verkürzt, die vierte
und fünfte am längſten. Der lange breitfedrige Schwanz
rundet ſich faſt ſtufig ab. Die Läufe ſind vorn und
hinten getäfelt, an den Seiten wartig, die großen Krallen
ſchlank und ſtark gebogen. Die Rückenflur des Gefieders
bildet einen breit dreiſeitigen Sattel und ſetzt hinter
dieſem mit nur ein oder zwei Federreihen zum Bürzel
fort; an der Unterflur löſt ſich kein freier Bruſtaſt ab.
Der ſtimmgebende häutige Theil der Luftröhre enthält

sechs linienfeine, doch knöcherne Ringe, welche durch einen besondern Muskel jederseits und einen vom Herabzieher der Luftröhre abgehenden Muskelkopf bewegt werden. Beide Geschlechter der Buschwürger pflegen in der Färbung sehr verschieden zu sein, die Männchen sieben schwarz und weiß, die Weibchen gelbbraun und schwarz oder rostroth mit weißen Flecken. Aus der großen Artenzahl bilden wir nur zwei ab.

1. Der gebänderte Buschwürger. Th. undulatus.
Figur 249.

Der größte und zugleich einer der schönsten Buschwürger Brasiliens, 14 Zoll lang, einer hochbeinigen Elster vergleichbar. Das Männchen fiedert über die ganze Oberseite schwarz und bändert Rücken, Flügel und Schwanz weiß; an der Unterseite ist es bleigrau, an der Kehle

Fig. 249.

Gebänderter Buschwürger.

weißlich. Das gelbbraune Weibchen röthet den Oberkopf vorn und zieht ihn nach hinten in Schwarz, bändert Rücken, Flügel und Schwanz schwarz und rostgelb. Der sehr große Schnabel ist bleigrau mit schwarzem Haken, die Scheitelfedern heben sich zu einer Holle und die Beine grauen bläulich. Der Vogel hüpft munter im Gezweig herum und läßt von Zeit zu Zeit seinen einfachen Ruf hören.

2. Der gefleckte Buschwürger. Th. naevius.
Figur 250.

Bei nur sechs Zoll Körperlänge fiedert diese ebenfalls nicht seltene brasilianische Art fleckig. Das Männchen ist am Scheitel und Nacken schwarz, seine Rückenfedern aber in der Mitte weiß, dann schwarz und am Ende grau.

Naturgeschichte I. 2.

Fig. 250.

Gefleckter Buschwürger.

Die schwarzen Flügeldeckfedern spitzen und beranten sich weiß, auch die graubraunen Schwingen säumen hell, die schwarzen Schwanzfedern spitzen sich weiß. Das Weibchen hat ein röthlich olivenbraunes Gefieder, im Nacken rostroth und ebensolchen Schwanz mit weißen Flecken, an der Brust rostgelb.

Von den andern Arten ist Th. pileatus ganz ähnlich weißgefleckt, unterscheidet sich aber durch zugespitzte Schwanzfedern und eine Stirnhaube; Th. cristatus trägt eine hohe Haube, bei dem schwarzbrüstigen Männchen schwarz, bei dem gelbbrüstigen Weibchen rostroth; Th. scalaris legt sein schwarzes oder rothbraunes Scheitelgefieder glatt an und bändert Brust und Schwanz schwarzweiß; Th. luctuosus trauert tief schwarz und spitzt nur die Schwanzfedern weiß; Th. severus verliert auch diese weißen Spitzen und ist im männlichen Kleide ganz schwarz, im weiblichen kastanienbraun. — Die nächst verwandten Gattungen sind Dasythamnus mit kurzem schmalfedrigen abgestutzten Schwanze und minder hohem, aber noch kräftigem Schnabel, sehr bunt fiedernd; Biastes mit mehr comprimirtem Schnabel, dessen Haken kleiner und Kerbe sehr schwach ist, mit längerem stufigen Schwanze und stärkern Beinen; Dasycephala mit starkem, ziemlich bauchig gewölbtem Schnabel, derbem Gefieder, spitzigen Flügeln und schwach ausgerandetem Schwanze.

2. Ameisenfresser. Formicivora.

Auch die Ameisenfresser sind strenge Buschbewohner, welche beständig im schattigen Unterholz nach Insekten und zumal Ameisen herumbürsten und sich nur selten im Freien blicken lassen. Von den Buschwürgern unterscheiden sie sich äußerlich sogleich durch die sehr großen Augen und den kurzen, feinen, fast pfriemenartigen Schnabel, dessen Spitze sich nur schwach hakig herabbiegt,

20

aber die charakteristische Kerbe daneben noch besißt. Das Nasenloch ist rund. Die kurzen Flügel runden sich wieder ab und der kurze Schwanz stuft seine Federn nur wenig. Die kräftigen Läufe belegen ihre Außenkante mit einer Reihe kleiner Tafeln; die Zehen sind kurz und schwach, auch ihre Krallen klein.

Da wir von den Arten nur das Gefieder kennen; so verweilen wir bei ihnen nicht. Erwähnt sei nur F. super-ciliaris mit seinem, fast hakenlosem Schnabel und rothbraunem Rückengefieder, unten beim Männchen schwarz, bei dem Weibchen weiß, unserm Rothschwänchen vergleichbar; F. axillaris, noch kleiner, ½ Zoll lang, dunkel bleigrau mit schwarzer Kehle, Flügeln und Schwanze; F. pygmaeus, mit rothgelbem Rücken und schwarz gesledter Brust; F. rufomarginata mit eisengrauem Rücken, blaßgelbem Bauche und schwarzen rothreib gerandeten Schwingen; andere sidtern in anderen Zeichnungen.

In die nächste Verwandtschaft der Ameisenfresser gehört die seltenere, ebenfalls in Brasilien heimische Gattung Ramphocaenus mit kopfeslangem dünnen Schnabel, dessen Spiße schärfer bakt, aber die Kerbe daneben vermißt und mit spaltenförmigem Nasenloch unter kleiner Schwupe, nur zehn Schwanzfedern. Die Gattung Ellipura zeichnet sich durch das längste, weichste und wulstige Rückengefieder in der ganzen Familie aus und hat außerdem eine sehr kurze erste Handschwinge, einen langen stußigen Schwanz und einen kurzen kräftigen Schnabel. Scytalops charakterisirt sich durch seinen schlanken Drosselschnabel mit fein hakiger Spiße, dünne feine Läufe und verlängerte Hinterzehe. Endlich sei noch Conopophaga erwähnt, mit breit reitseitigem Schnabel, deutlicher Kerbe neben der feinhakigen Spiße, sehr kurzem, schwachen, abgestußtem Schwanze und hohen, dünnen kleinen, langen Zehen und langen Krallen; besondere Muskeln am Kehlkopfe fehlen hier. Die Arten der Gattung Pithys in Guiana bekleiden die Außenseite der Läufe mit einer Schiene und lassen die Innenseite nackt. Auch die anderen Länder Südamerikas haben ihre eigenthümlichen Wollrücker.

Dritte Familie.
Baumhacker. Anabatidae.

Eine ebenfalls südamerikanische Familie, von voriger äußerlich leicht durch die Schnabelsform und die Bekleidung des Laufes zu unterscheiden. Der Schnabel hakt nämlich seine Spiße niemals und besißt auch keine Kerbe neben derselben, vielmehr ist er grade oder der ganzen Länge nach bezig gekrümmt und mindestens von Kopfeslänge, oft länger. Das Nasenloch öffnet sich vorn in einer kurzen Nasengrube am Schnabelgrunde, welchen keine Borstenfedern umstarren. Den Lauf bekleiden vorn Tafelschilder, und diese greifen seitwärts so weit herum, daß hinten nur ein schmaler nackter Streif unbedeckt bleibt. Die Zehen bewaffnen sich mit starken Krallen und bleiben bis auf den Grund getrennt. Die Flügel pflegen kurz und gerundet zu sein, der zwölffedrige Schwanz weich oder steissschäftig. Die übrige Organisation ist nur von wenigen Gattungen bekannt, auch von diesen noch unrollständig, daher wir nicht dabei verweilen.

Die Baumhacker sind durchweg kleine Vögel in rothem, braunem und gelbem Gefieder. Sie leben geschäftig in niedrigem Gebüsch, wo sie geschickt auf den Aesten klettern oder eilig von Zweig zu Zweig hüpfen, nur wenig auf den Boden kommen und von Insekten und Gewürm sich nähren. Durch Betragen und Lebensweise erinnern sie sehr an unsere Baumläufer und Spechte. Viele schreien laut und kreischend und bauen auch sehr kunstvolle Nester mit meist ganz weißen Eiern.

1. Töpfervogel. Furnarius.

Die Töpfervögel, über einen großen Theil Südamerikas, jenseits des Wendekreises in ziemlicher Anzahl verbreitet, fesselten von jeher durch ihren merkwürdigen Nestbau die Aufmerksamkeit der Beobachter. Auf einem freien Baumhtußel, einem horizontalen Aste oder Stamme, auch auf einem Felsblock bauen sie nämlich ein backefenförmiges Nest aus zähem Lehm mit Stroh und Holzsplittern gut durchknetet, sehr dickwandig und vorn mit gewölbtem Eingange. Die innere Höhle wird durch eine Scheidewand in eine Vorkammer und eine Brütekammer getheilt. Einem so vortrefflichen Bau begehren auch andere Vögel gern, allein der zurückkehrende Besißer vertreibt die Eindringlinge. Eine Art um Bahia Blanca gräbt gar eine tiefe Höhle in den Erdboden zum Nest und zieht eine mehre Fuß lange oberflächliche Röhre als Eingang darer. Der Bau wird von Männchen und Weibchen gemeinschaftlich in wenigen Tagen ausgeführt und die weißen Eier werden von beiden abwechselnd bebrütet.

Der äußere Charakter der Töpfervögel liegt in dem kaum über kopfeslangen Schnabel, der am Grunde breit, gegen die Spiße hin stark zusammengedrückt und nur leicht gebogen ist. Die Nasenlöcher öffnen sich weit spaltenförmig und die kurze Zunge ist hart. Die stumpfspißigen Flügel reichen wenig über den Grund des Schwanzes hinaus und ihre dritte Schwinge ist die längste, der weiche Schwanz rundet sich breit ab. An den sehr hohen Läufen gelenken kräftige Zehen mit kurzen Krallen.

Von den Arten bilden wir nur eine gemeine ab, den rothgelben Töpfervogel, F. rufus (Fig. 251).

Fig. 251.

Rothgelber Töpfervogel.

Von der Größe unseres Staares, fiebert dieser Südbra-
silianer rostgelbroth, am Oberkopfe braun, an der Unterseite lichter, an der Kehle gar weißlich, an den Flügeln
braun. Er baut ein fußgroßes Lehmnest auf einem horizontalen Aste, in der Mitte mit halbelliptischem Eingange,
welcher rechts in das weich ausgefütterte Nest, links in
die Wohnkammer führt. Den Lehm holt er in kleinen
Ballen herbei und durchknetet ihn mit den Füßen. Die
erste Brut fällt in den September, die zweite in den Januar.
Die Pärchen halten innig zusammen, kreischen ein lautes
Duett und sind nichts weniger als scheu gegen den Menschen,
bauen sogar auf Dachziegel und vertheidigen mit großem
Muthe ihr Nest gegen fremde Angriffe. Die Insekten
picken sie laufend am Boden auf. — Eine zweite Art,
F. figulus, fiebert eben brüllzimmetroth, unten weißlich
und legt über den Flügel eine blaßgelbe Binde; eine
dritte Art, F. rectirostris, ist am Rücken matt olivenbraun, an der Unterseite gelblich olivenbraun. Eine
andere rauchschwarze Art mit weißgetropfter Unterseite,
F. nematura, nennen die Brasilianer den Präsidenten der
Schweinerei, weil er das Insektengeschmeiß begierig in
Kothhaufen aufsucht.

2. Baumhacker. Dendrocolaptes.

Die typische Gattung der Baumhacker ist wegen der
veränderlichen Schnabelform in der neuern Ornithologie
in mehre Gattungen aufgelöst worden, deren Werth zu
beleuchten, unsere Leser wenig interessiren würde. Im
Allgemeinen ist der scharfspitzige Schnabel länger und viel
länger als der Kopf, wenig über oder öffnet
dicht an seinem Grunde die kleinen rundlichen Nasenlöcher. Die kurze hornige Zunge theilt oder zerfasert
ihre stumpfe Spitze. An den steiffedrigen mäßig großen
Flügeln erscheinen die dritte bis fünfte Schwinge als die
längsten. Die zwölf stufigen Schwanzfedern zeichnen sich
durch starke, sehr steife Schäfte aus, und dienen dieselben
zum Anstemmen, wenn der Vogel ganz nach Art unseres
Baumläufers an den Stämmen aufwärts klettert, um
Insekten in und unter der Rinde zu suchen, und in anderer
Bewegung sieht man ihn selten. Die Läufe sind hinter-
seits mit Tafeln bekleidet, von den starken Zehen die
mittle und äußere gleich lang, alle aber scharf und groß
bekrallt, behufs des Kletterns. Das Gefieder bräunt an
den Flügeln und dem Schwanze, am Kopfe, Halse und
der Brust betropft es sich gern hell oder erscheint gestrichelt.
Die Rückenflur erweitert sich nur wenig auf der Rücken-
mitte. Die Basis des Luftröhrenkehlkopfes besteht wie
bei dem Töpfervogel aus zwei seitlichen Hälften, auf
welche die die eigenthümlichen Stimmknochen aufliegen,
die Stimmhaut darüber enthält 6 bis 7 äußerst zarte
Halbringe, zwei Muskeln jederseits bewegen diesen Apparat.

Die Baumhacker leben zahlreich und weit verbreitet
in den Wäldern Südamerikas und nisten in hohlen
Bäumen. Einige schreien laut, andere leise und spechtartig. In den Arten mit dreitem, dickem, weniger gebogenem, kopfeslangem Schnabel gehört der drossel-
artige Baumhacker, D. turdineus, mit röthlich
gelber Kehle und röthlich braunem Unterrücken, und der

breitschnäblige, D. platyrhynchus, an der Kehle
weiß, an der Brust blaßgelb gestreift und am Bauche
schwarz quergewellt. Gemeiner sind die Arten mit stark
zusammengedrücktem, gekrümmtem und längerm Schnabel.
Dahin der sichelschnäblige Baumhacker, D. tro-
chilirostris (Fig. 252), von 10 Zoll Körperlänge und

Fig. 252.

Sichelschnäbliger Baumhacker.

olivenbraun gefiedert, an Flügel und Schwanz rothbraun,
an Kopf, Hals und Brust blaßgelb gestreift, an der Kehle
weißgrau; ferner D. decumanus mit schwarz quergeban-
dertem Bauche, D. guttatus mit hellgestreifter Unterseite,
D. myomatus, unten schwarzgrau mit breiten weißen
Schaftstreifen. Bei einer dritten Gruppe erscheint der
Schnabel feiner, kürzer als der Kopf, die Beine zierlich
und die Zehen kurz, so bei dem nur 5 Zoll langen
D. cuneatus mit röthlich olivenbraunem Rücken, rothbraunem Schwanz und gelblichweißen Halsstreifen.

3. Baumkletterer. Anabas.

Die Baumkletterer haben im Allgemeinen den Habitus
der Baumhacker, allein ihr Schnabel ist stärker, gerade
und kürzer als der Kopf und ihr kürzerer Schwanz weich-
federig, nicht zum Anstemmen geeignet. In den stumpfspitzigen Flügeln nehmen die Schwingen von der ersten
bis zur vierten längsten Stufe zu. An den Füßen ist
die Außenzehe stets kürzer als die Mittelzehe und beide
am Grunde etwas verwachsen, alle Zehen mit kleinen,
wenig gekrümmten Krallen, weil die Vögel mehr auf den
Zweigen hüpfen als senkrecht an den Stämmen klettern
und ihre Insekten an den Blättern lesen. Die Federfluren gleichen im Wesentlichen denen der Baumhacker.
Die typischen Arten biegen ihre Schnabelspitze deutlich
herab, ändern sonst aber in der Größe und Form des
Schnabels mehrfach und zeichnen sich noch durch eine
Gruppe abstehender Borsten spitziger Federn vor dem
Auge aus; ihr breitfedriger Schwanz rundet sich stark ab.
Sie spielen zwischen Sperlings- und Drosselgröße, fiedern
vorherrschend braun und bauen zum Theil sehr künstliche
beutelförmige Nester an schwankenden Zweigen. So der

gehäubte Baumkletterer, A. cristatus, rothbraun mit gelblichweißer Kehle und das Männchen mit Haube, ferner A. superciliaris mit schwarzbraunem Scheitel und rostgelber Kehle, A. erythrophthalmus, olivenfarben, an Stirn und Schwanz rostroth.

Auch in Neuholland und auf den Molucken kommen Baumkletterer vor, welche die Gattung Climacteris bilden (s. oben S. 87 sub 3). Sie haben einen kurzen, schwach gekrümmten, zusammengedrückten spitzigen Schnabel mit geschlossenen Nasenlöchern, starke Beine mit langen, sehr kräftig bekrallten Zehen und einen ebenfalls weichen abgerundeten Schwanz. Ihr Kehlkopf ist leider noch nicht untersucht worden, daher wir sie bereits unter den Baumläufern aufführten, den Deutungen geachteter Ornithologen zu genügen. Die Arten leben übrigens ganz wie die Südamerikaner und die graue, Cl. picumnus (Fig. 156, S. 87), erreicht etwas über sechs Zoll Länge und ist am Bauche weiß mit braunen Strichen, am Schwanze schwarz und auf den Flügeln mit einer gelben Binde geziert. — Eine zweite, wahrscheinlich auch hierher gehörige Gattung Neuhollands, Orthonyx, kennzeichnet

Fig. 253.

Männlicher Orthonyx.

der ganz kurze, starke und zusammengedrückte Schnabel mit in der Mitte gelegenen, unter Borsten versteckten Nasenlöchern, ferner die hohen Beine, sehr langen Krallen und der lange, breite Stemmschwanz. Und trotz dieser steifen Schäfte der Schwanzfedern klettert der Orthonyx nicht an Stämmen, vielmehr an steinigen Abstürzen und den Wänden tiefer Bodeneinschnitte, auch an umgefallenen faulenden Stämmen, in denen er Insektengeschmeiß wühlt. Die abgebildete Art, O. spinicaudus (Fig. 253. 254), wird lerchengroß und strichelt sich auf dem rostbraunen Rücken schwarz, auf den grauen Flügeldecken braun; das Männchen hat eine weiße, das Weibchen eine orangefarbene Kehle.

Fig. 254.

Weiblicher Orthonyx.

4. Synallaxis. Synallaxis.

Wiederum eine sehr artenreiche südamerikanische Gattung ächter Luftröhrenkehler mit den gewöhnlichen Stimmknochen auf den beiden Hälften der eigentlichen Kehlkopfsringe, jedoch im häutigen Theile dieses Stimmapparates ohne die gewöhnlichen feinen Halbringe. Ihr Schnabel ist drossel- und sängerähnlich und so lange der Kehlkopf nicht untersucht war, stellte man die Synallaxis wie manchen andern Tracheophonen bald in diese, bald in jene Familie der Singvögel. Der zierliche Schnabel erscheint stark zusammengedrückt, an der Spitze leicht hakig gekrümmt und am Grunde mit spaltenförmigen Nasenlöchern. Vor dem Auge stehen eigenthümliche, borstenspitzige Federn. Die Beine sind zierlich, doch die langen Zehen stark bekrallt. In den kurzen stumpfen Flügeln pflegen die vierte und fünfte Schwinge am längsten zu sein. Der oft sehr lange Schwanz fuft sich und obwohl seine Federnschäfte weich sind, erscheinen sie doch oft abgenutzt und dienen daher auch zum Anstemmen. Das weiche Gefieder, meist braun mit roth, gelb und weiß gezeichnet oder gemischt, bildet in der Rückenflur einen breiten, herzförmigen Sattel und in der Unterflur einen freien Brustlatz.

Die Arten leben in Gebüschen, munter von Zweig zu Zweig hüpfend und Insekten suchend. Ihre Stimme gellt oder pfeift sehr laut und das künstlich aus feinen Reisern, Gebalm und Fasern gewebene Nest hängt wie ein Beutel am Aste; indem das neue Nest unmittelbar an das alte angeheftet wird, erreicht ein solcher Bau oft eine überraschende Größe. Man trifft die Arten von Guiana bis zur Magelhaensstraße, einzelne sehr gemein auch in der Umgebung der Dörfer.

Die geschwätzige Synallaxis, S. garrula

Fig. 255.

Geschwätzige Spottdroſſel.

(Fig. 255. 256), iſt ein muntrer Vogel von Nachtigallen-
größe, oben braun, unten weiß, mit roſtrothen Stirnfedern und weißem Augenſtreif. Er läßt Morgens und
Abends ſeine ſcharfe klägliche Stimme erſchallen und ſein
Neſt hängt wie ein großes Bündel Stroh auf einem Aſte.
Der innere Napf, zu dem ein ſeitlich aufſteigender Gang
führt, iſt mit Federn und Wolle weich ausgefüttert und

Fig. 256.

Neſt der Spottdroſſel.

enthält vier weiße Eier. Die geſtreifte, S. striolata, fiedert
oben roſtreibbraun, unten roihbraubraun, überall mit
lichtgelben Schäften, der lange Schwanz iſt zimmetroth.
Gemein über ganz Südamerika iſt die rothköpfige Spott-
lazis, S. rufienpilla, am Scheitel, den Flügeln und
Schwanze roſtroth, an der Unterſeite grau, an der Kehle
weißlich. Andere Arten haben andere Färbung.

Vierte Familie.

Seidenvögel. Ampelidae.

Die Seiden- oder Schmuckvögel, in reicher Formen-
fülle in Amerika beimatend, haben mit den vorigen Familien die ſchon mehrfach erwähnte, eigenthümliche Bildung
des Stimmapparates gemein, nur daß hier ſchon beſondere Kehlkopfsmuskeln fehlen. In ihrer äußeren Erſcheinung ſind die Vögel von geringer oder mittler Größe,
oft in grellem oder buntem und ſchönem Geſieder prangend.
Der bald breite, bald dicke Schnabel krümmt ſeine Spitze
ziemlich hakig herab und kerbt ſich daneben; das runde
Naſenloch öffnet ſich an ſeinem Grunde in einer kurzen
meiſt überfiederten Grube und dahinter in der Zügelgegend
ſtarren ſteife Borſten. Die mäßig langen Flügel ſpitzen
ſich in der dritten längſten Handſchwinge, vorn am Hand-
flittig oberkommen oft noch verkümmerte Federn vor. An den
kräftigen Beinen iſt die breite Hinterſeite des Laufes glatt,
feinwarzig oder getäfelt. Der veränderliche Schwanz beſteht aus zwölf Steuerfedern und die über ihm liegende
Bürzeldrüſe trägt keinen beſondern Federnkranz.

Die Seidenvögel nähren ſich vornämlich von ſaftigen
Früchten, zumal Beeren, einzelne zugleich von Inſekten.
Sie ſind geſellige, harmloſe oder gar einfältige Vögel,
welche in einſamen ſtillen Waldungen niſten, theils ſtumm
ſind, theils aber eigenthümlich ſchöne Glockentöne hervor-
bringen. Man kann die zahlreichen Gattungen nach der
Schnabelbildung gruppiren, wir führen jedoch nur die
wichtigſten Typen auf.

1. Blaurau. Corvina.

Die Blauraus oder Paraos erinnern durch ihre äußere
Erſcheinung an die Raben, ohne bei der ſpeciellen Vergleichung engere Beziehungen zu denſelben zu zeigen. Der
ſtarke Schnabel iſt nämlich ziemlich dreikant, wenig abgeplattet und die Stirnbefiederung überdeckt das Naſenloch. In den Zügelfedern ſtecken einige ſteife Borſten.
Die geſpitzten Flügel reichen bis auf die Mitte des langen,
breit abgerundeten Schwanzes oder weiter hinaus und die
ſtarken hohen Läufe ſind hinten dicht mit feinen Warzen
bekleidet. Die Federfluren verhalten ſich wie bei den
Raben, zumal in der rautenförmigen Erweiterung der
Rückenflur mit mittler Lücke. Die hornige Zunge zer-
faſert ſich fein in der vordern zweiſpitzigen Hälfte. Der
Stimmapparat hat am Anfange eines jeden Bronchus der
Luftröhre eine beſondere Trommel, aber keine eigenen Muskeln. Die Speiſeröhre iſt ohne Kropf, der Magen wenig
muskulös, ſchlafſwartig. Der Darmkanal etwas kürzer
als der befiederte Körper. Die Blinddärme klein und ſehr
ungleich.

Die wenigen Arten leben einſam und träg im Dickicht
verborgen, fern von bewohnten Orten und verrathen ſich
dem Jäger durch ihre laut tönende Stimme. Gemein
iſt in Braſilien der ſchildtragende Parao, C.
scutata (Fig. 257), von Krähengröße und ſchwarz mit
einigem Glanze, aber vom Halſe bis zur Bruſt lebhaft

Fig. 257.

Schildtragender Piahau.

feuerroth. Mit zunehmendem Alter wird die Brust feuriger und der Glanz lebhafter. Die Ränder der Augenlider tragen kleine Federn statt der Wimpern. Das Nest liegt auf einem Aste und enthält zwei Eier. — Etwas kleiner ist der rothhalsige Piahau, C. rubricollis (Fig. 258), in den Ländern nördlich des Amazonenstromes heimatend und mit karminrothem Halsschilde, das nicht bis zur Brust hinabreicht. Das Weibchen fiedert mehr ins Braune und hat eine graulichweiße Kehle. — Eine dritte Art, der Teroyicho der Indianer wird wegen seines absonderlichen Kopfschmuckes von den Ornithologen zum Typus

Fig. 258.

Rothhalsiger Piahau.

einer eigenen Gattung, Cephalopterus ornatus (Fig. 259), erhoben. Er lebt im obern Flußgebiete des Amazonenstromes, hauptsächlich in den Gebirgswäldern der Subantinen und erreicht die Größe unserer Dohle und schillert auch schwarz mit schön stahlblauem Schiller. Das Männchen trägt einen aufrichtbaren, helmartigen Federbusch auf dem Kopfe, dessen schneeweiße Federnschäfte nur an der Spitze coal befahnt sind. Der Busch kann sich nach vorn und hinten niederlegen, und auch seitwärts beugen und den Kopf schirmartig umhüllen. Außerdem hängt am Unterhalse ein cylindrischer befiederter Lappen herab mit zerschlissenen Federn. Bei dem kleineren Weibchen ist der Federnhelm niedriger und der Halslappen kürzer. Die Erweiterung der Rückenflur hat die krädenartige Lücke in der Mitte und die Unterflur keinen freien Brustast. Der Teroyicho sitzt träg und scheu, oft stundenlang auf dem-

Fig. 259.

Teroyicho.

selben Aste und verläßt sein enges Revier im dichten Gebüsch nicht leicht, nur während der Paarungszeit hüpft er munter umher und läßt seinen merkwürdigen, den fernen Gebrüll eines Ochsen täuschend ähnlichen Ruf erschallen. Er nährt sich von Beeren und Insekten und baut ein kunstloses Nest, in welchem er ein oder zwei graue Junge auffüttert. Diese werden zahm, betragen sich aber zänkisch und werden kleinen Kindern durch ihre Angriffe gefährlich. Die Indianer schmücken sich mit den Federn, aber in europäischen Sammlungen ist der Vogel noch selten, das erste Exemplar raubten Napoleon's Plünderer aus der königlichen Sammlung in Lissabon für die pariser Sammlung.

2. Kapuzinervogel. Gymnocephalus.

Der Schnabel ist groß und stark, breit dreieckig, längs der Firste schwach gebogen und seine Wurzel wie das Ge-

sicht und die Kehle nackt, nur am Zügelrande stehen vier
steife Borsten. Die starken Beine bewahren die Hinterseite
ihrer hohen Läufe und die stumpffspitzigen Flügel reichen
bis auf die Mitte des kurzen Schwanzes. Die bekannte
Art, G. capucinus (Fig. 260), erreicht Elsterngröße und
lebt in den Wäldern des nördlichen Brasiliens und Guia-
anas. Der im Namen liegende Vergleich mit dem Kapu-
zinermönch rührt von den Negersklaven her und bezieht
sich auf die Färbung, denn das Gefieder ist hellbraun oder
frankelfarben, Schwingen und Schwanz schwarz. Das
nackte Gesicht verleiht dem Vogel eine ganz eigenthümliche
Physiognomie, und man vermuthete anfangs, daß das
Gefieder hier ähnlich wie bei unserer Saatkrähe durch
Bohren in der Erde nach Würmern abgerieben sei, allein
der Kapuzinervogel lebt nur von Früchten und hat auch
in der Jugend im Gesicht nur ein leichtes weißliches
Dunenarsieder. Er hält paarweise zusammen, sitzt im
Dickicht versteckt und schreit wie ein blöckendes Kalb. Sein
Stimmapparat gleicht dem des Piauhau.

Fig. 261.

Kahlgrakel.

Fig. 260.

Kapuzinervogel.

3. Kahlgrakel. Gymnoderus.

Diese Gattung befiedert ihren Kopf bis zu den Nasen-
löchern dicht und weich sammetartig, läßt aber doch eine
Stelle hinter den Augen und die Seiten des Halses nackt.
Die steifen Borsten an den Zügeln fehlen wie bei der fol-
genden Gattung. Der platt gedrückte Schnabel ist am
Grunde sehr breit und die Nasenlöcher öffnen sich frei.
In den sehr spitzigen Flügeln erreicht schon die zweite
Schwinge nahezu die Spitze der längsten dritten, der
breite Schwanz rundet sich stumpf ab. Die einzig bekannte
Art, G. foetidus (Fig. 261), nistet auf den höchsten Bäu-
men in den Urwäldern des nördlichen Brasiliens und
wandert nach Guiana. Sie erreicht 1½ Zoll Körperlänge

und fiedert in der Jugend grau, ausgewachsen matt
schieferschwarz; die nackten Halsstellen sind lebhaft fleischroth. Das Weibchen graut mehr und hält nur die sammtne
Befiederung des Kopfes rein schwarz.

Innig an die Kahlgrakel an schließt sich die mit drei
Arten in Südamerika heimische Gattung Chasmorhynchus.
Ihr Schnabel ist noch niedriger und flacher, Gesicht, Kehle
und Vorderhals nackt, die Beine zierlicher und der Lauf
hinten wie genetzt. Am Kehlkopf hängen zwei glockenähn-
liche Fleischkörper. Die eine Art, der Ferrador der Brasilianer lebt tief im Dickicht der Gebirgswälder und ruft
weithin schallende Töne, dem Klange einer Kuhglocke vergleichbar; drosselgroß, fiedert das Männchen weiß, das
Weibchen grausgrün. Die beiden anderen Arten haben
einen großen Fleischzapfen am Schnabelgrunde.

*

1. Schmuckvögel. Ampelis.

Die eigentlichen Schmuckvögel, von Lerchengröße,
verdienen diesen Namen mit vollem Rechte, denn ihr klein-
federiges derbes Gesieder prangt in scharlachroth, Purpur,
violet, lasurblau, blaugrün, mannichfach abgestuft oder
grell gezeichnet und mit Seitenglanz schimmernd. Doch
nur die Männchen tragen diese Pracht während der Begattungszeit, nach derselben tragen sie wie die Weibchen
immer ein düsteres einfaches Gesieder. Auch im Jugendkleide herrscht Einfachheit. Dieser auffällige Wechsel der
Färbung nach Jahreszeit, Geschlecht und Alter erschwert
denen, welche blos nach äußern Unterschieden die Arten
bestimmen, die Feststellung der Arten sehr, zumal da die
Schmuckvögel die Nähe der bewohnten Orte meiden und
tief in lichten Waldungen paarweise sich aufhalten, so daß
sie nicht jedem reisenden Beobachter vor die Augen kommen.
Freilich sind sie, wie von solch äußerer Pracht nicht anders
zu erwarten, träg und einfältig, darum leicht zu schießen.

Ihre Nahrung besteht in weichen Früchten und Beeren, wegen deren sie in manchen Gegenden in kleinen Gesellschaften wandern. Das Nest liegt auf hohen Aesten und enthält wenige weiße Eier. Aeußerlich kennzeichnet sie der harte gestreckte, zwar an der Wurzel noch breite, dann aber hohe Schnabel mit freien runden Nasenlöchern unmittelbar vor dem Gefieder. Die kurzen Beine bekleiden die Hinterseite der Läufe mit Tafeln und die äußere und Mittelzehe verbinden sich bis zum zweiten Gliede mit einander. In den Flügeln ist die erste Schwinge nur wenig verkürzt, die beiden folgenden die längsten, einzelne Schwingen oft eigenthümlich. Der Schwanz stutzt sich ab. In der Erweiterung der Rückenflur liegt wie bei den Raben ein leerer Raum. Die besondern Knorpel in der Stimmhaut am untern Ende der Luftröhre fehlen, ebenso eigene Muskeln an diesem Apparat.

1. Der feuerrothe Schmuckvogel. A. carnifex.

Figur 262.

Die glänzend feuerrothe Befiederung spielt auf dem Rücken in braunroth, an der Brust in blutroth und die purpurrothen Schwingen enden schwärzlich, das Weibchen

Fig. 262.

Feuerrother Schmuckvogel.

ist roströthlich, am Bauche ockergelb. Der Vogel heimatet in den dichtesten Urwäldern Brasiliens und Guianas, einsam und versteckt, läßt aber häufig sein lautes quet hören.

2. Der purpurne Schmuckvogel. A. purpurea.

Seltener als vorige Art und nur im östlichen Brasilien heimisch. Schon die katzenartig miauende Stimme kennzeichnet ihn. Das Männchen trägt sich dunkelkirschroth und hat weiße Schwingen mit schwarzen Spitzen, das Weibchen graui und berandet nur die Armschwingen weiß. Die langen breitschäftigen Rückenfedern tragen zerschlissene Fahnen.

Von den andern Arten ist A. cajana schwarz, aber die Federn zur Hälfte himmelblau, A. cincta am Rumpfe schön himmelblau, an der Kehle und Brust violet, A. cu-

collatus braungrün am Rücken und gelbgrün an der Unterseite. Man unterscheidet von ihnen eine Gattung Phibalura wegen des kürzern Schnabels, des langen Gabelschwanzes, der spitzigen Flügel und getrennten Zehen: so Ph. flavirostris, schwarz mit rothem Scheitel und gelbem Bauche.

5. Manakin. Pipra.

Während die Schmuckvögel im Betragen mehrfach an unsern Schmuckvögeln erinnern, ähneln die Manakins vielmehr unsern Meisen. Sie sind kleine, bewegliche muntere Vögel, welche gesellig feuchte Waldungen bewohnen. Zumal des Morgens sieht man die Gesellschaften in fröhlichem Gezwitscher beisammen, in der drückenden Mittagshitze verstecken sie sich in dunkeln Schatten, wo sie auch ihr Nest frei auf einem Ast bauen. An Farbenpracht des Gefieders geben sie kaum den Schmuckvögeln etwas nach. Dagegen ist ihr Schnabel sehr klein, nur am Grunde platt und übrigens stark zusammengedrückt, an der Spitze hakig gebogen und leicht ausgerandet. An den zierlichen Beinen pflegt die Hinterseite der Läufe nackt zu sein und die beiden äußern Zehen verwachsen bis zum zweiten Gelenk völlig mit einander. Die kurzen Flügel zeichnen sich durch einige eigenthümlich gestaltete oder verkümmerte Schwingen aus. Am untern Ende der Luftröhre findet sich hinterwärts ein eigenes Schild und vorn ein ungemein dicker Singmuskel. Zahlreiche Arten werden unterschieden.

Der rothe Manakin, P. aureola (Fig. 263), fiedert roth, nur am Rücken, den Flügeln und Schwanze

Fig. 263.

Der rothe Manakin.

schwarz, an der Gurgel gelb. Der gehelmte Manakin, P. galeata (Fig. 264), ist nicht selten in den Wäldern und Gebüschen Brasiliens. Von Sperlingsgröße, trägt er sehr charakteristisch eine lebhaft karminrothe Stirnhaube, deren Farbe über den Scheitel und Nacken bis auf den Rücken fortsetzt, das ganze übrige Gefieder glänzt schwarz, bei dem Weibchen olivengrün. Der gehäubte Manakin, P. cristata (Fig. 265), erinnert an unser Gold-

Fig. 264.

Geschmüdter Manafin.

Fig. 265.

Gehäubter Manafin.

Fig. 266.

Diamantvogel.

hähnchen, ist zierlich und sehr klein, nur 3 Zoll lang,
weich befiedert und mit einer rothen, schwarz umrandeten
Scheitelhelle, während die Stirn gelb oder grün, der
Rücken gelblich olivengrün, Flügel und Schwanz graubraun und die Unterseite lebhaft dottergelb ist. Wir
könnten noch viele andere Arten aufführen, so eine himmelblaue P. caudata mit rothem Kopfe und zwei verlängerten
blauen Federn im schwarzen Schwanze, die sehr kurz-
schwänzige P. parcola, deren Weibchen einförmig grün,
deren Männchen schwarz mit rothem Scheitel und schön
blauem Rücken ist, P. aurocapilla, schwarz mit goldgelbem
Scheitel, P. cyanocapilla mit himmelblauem Oberkopfe,
P. manacus, oben schwarz, unten weiß, das Weibchen
wieder grün, P. filicauda, mit in Borsten verlängerten
äußern Schwanzfedern.

In die engere Verwandtschaft der Manakins wird gemeinlich eine neuholländische Gattung, Diamantvogel,
Pardalotus (Fig. 266), gestellt, während Andere dieselbe
entschieden zu den Singvögeln verweisen. Sie begreift
nur sehr kleine, nette Vögel, deren sehr kurzer Schnabel
vor der übergebogenen Spitze tief gekerbt ist und deren
Nasenlöcher unter einer häutigen Schuppe sich öffnen. Die
abgebildete Art fiedert oben braungrau, an der Kehle
und Brust gelb, am Bauche rothgelb. Jede Feder der
Scheitelhelle hat einen weißen Fleck, ebensolchen die rothbraunen Schwingen und schwarzen Steuerfedern.

6. Klippvogel. Rupicola.

Die Klippvögel bewohnen felsige Gegenden und sind
darum größer, kräftiger und stärker gebaut als die Vorigen, in ihrer äußern Erscheinung viel mehr hühnerartig,
als an Würger und Meisen erinnernd. Der kräftige
Schnabel, so breit wie hoch, erscheint vor der übergekrümmten Spitze ausgerandet und verbirgt die runden
Nasenlöcher unter den hoch aufgerichteten Stirnfedern.
Die Beine fallen sogleich durch ihre Stärke zum Laufen
auf rauhem Gefels auf, bekleiden die Vorderseite der Läufe
mit einer Schiene und haben unter dem Zehengrunde eine
breite gemeinsame Sohle. Die Flügel reichen bis über
die Mitte des Schwanzes hinab, erweitern ihre hintern
Armschwingen sehr und stumpfen dieselben ab, während
die erste Handschwinge sich spitz auszieht und die vierte
die Flügelspitze erlängt. Der kurze breite Schwanz ist
gerade abgestutzt und zum größten Theile von den langen
Bürzelfedern überdeckt. Die Federfluren folgen wie bei
Pipra dem Krähentypus. Nur wenige Arten sind bekannt.

1. Der orangefarbene Klippvogel. R. crocea.

Figur 267.

Früher war dieser schöne Vogel in Guiana und dem
nördlichen Brasilien ziemlich häufig, allein die unauf-
hörlichen Verfolgungen wegen des schmucken Gefieders
haben ihn aus den bewohnten Gegenden verscheucht und
er ist nur noch in den felsigen Schluchten im tiefsten
Innern der undurchdringlichen Waldungen aufzufinden.
Dort lebt er am Tage versteckt, scheu und flüchtig, einsam
und traurig, nur Morgens und Abends das Versteck ver-

Fig. 267.

Orangefarbener Klippvogel.

laffend, um Beeren zu fuchen. Sein Neft baut er in Felslöchern aus dünnen Reifern und trockenem Gehalm und legt nur zwei rein weiße Eier hinein. Er erreicht die Größe unferer Dohle und fiedert im männlichen Kleide orangeroth, den federn Scheitelkamm dunkel purpurroth berandend, mit braunen Flügeln und Schwanze. Die fehr breiten Achfel- und Bürzelfedern hängen locker herab. Das Weibchen trägt fich nußbraun, nur an den untern Flügeldecken orange, und hat einen kleineren Federhelm.

2. Der peruanische Klippvogel. R. peruviana.
Figur 268.

Der Tunqui der Indianer hauft einsam und scheu in den waldigen Felsschluchten des weftlichen Südamerika

Fig. 268.

Peruanischer Klippvogel.

und läßt feine grunzende Stimme weithin durch des Waldes Dickicht erschallen. Diefer Zurückgezogenheit wegen gelangt er felten in unfere Sammlungen und entzieht fein Leben und feine Sitten der Beobachtung. Sein Gefieder ist lebhaft gelbroth, in den Flügeln und Schwanze dunkelschwarz, in den mittlen Flügeldeckfedern afchgrau. Das Weibchen röthet braun.

Wohl möglich, daß eine dritte Art in den Wäldern von Singapore und Sumatra eben diefer Gattung als grüner Klippvogel, R. viridis (Fig. 269), zugehört. Bekenntlich für ihre Stellung in diefer Familie find die Kletterfüße und der nur zehnfedrige Schwanz. Der Federbufch besteht aus kurzen kraufen Federn, welche fich weit nach vorn über den Schnabel legen und die Nafenlöcher verbergen. Das Federnkleid glänzt in prächtigem Smaragdgrün, um die Augen felben fich die Federn fammetfchwarz, über die Flügel ziehen drei schwarze Binten und der abgerundete Schwanz ist oben grün, unten bläulichfchwarz. Das Weibchen trägt keine Holle, auch keine Flügelbinde.

Fig. 269.

Grüner Klippvogel.

7. Tyrann. Tyrannus.

Die typischen Infektenfresser in der Familie der Schmuckvögel find theils fehr dreifte, gewandte Räuber, welche ganz nach Art unferer Würger auch kleine Vögel überfallen und kühn in der unmittelbaren Nähe bewohnter Orte ihr Wefen treiben, theils aber leben fie fehr fcheu und im Dickicht der Wälder, einsam und melancholisch. Man erkennt fie an ihrem fast kopfeslangen, drehrund kegelförmigen oder bauchig aufgeblähten Schnabel mit hakiger Spitze und feichter Kerbe daneben, an den frei und rund geöffneten Nafenlöchern und den steifen Borsten rings am Schnabelgrunde. Die langen spitzen Flügel reichen bis auf die Mitte des Schwanzes und verkürzen ihre erste Handschwinge, der lange breite Schwanz rundet fich ab oder häufiger erscheint er ausgeschnitten. Die ftarken Beine bekleiden die Hinterseite ihrer hohen Läufe mit mehren Warzenreihen und die Zehen bleiben bis auf den Grund getrennt. Das volle weiche Gefieder liebt am Rücken graue Färbung, an der Unterseite weiß und gelb. Von den zahlreichen Arten können wir nur wenige kurz charakterisiren.

Der gemeine Bentavi, T. melancholicus, häufig in allen Wäldern und Gebüschen Brasiliens, erreicht acht Zoll Länge und färbt seine Scheitelmitte feuerroth, den Bauch citronengelb, das übrige Gefieder aschgrau. Er vertreibt den Tag in stiller Einsamkeit in den Baumwipfeln, wo er auch nistet, läßt bisweilen seine laute Stimme erschallen und nährt sich ausschließlich von Insekten. Der schwarzköpfige Thrann, T. violentus, wird fast doppelt so groß durch den sehr langen Gabelschwanz, sticht aus dem schwarzen Oberkopfe den gelben Scheitel hervor, trägt sich unten rein weiß und oben grau. Die Brasilianer nennen ihn Tisore, Scherenvogel, weil er im Fluge seinen langen Gabelschwanz scherenförmig öffnet und schließt. Er verstreckt sein Nest in dichtes Gebüsch und legt wie alle Arten seiner Gattung punktirgefleckte Eier. Auch der wilde Thrann, T. ferox, ist gemein in Gebüschen und auf offenen Triften, von der Größe des Staares, am Rücken bräunlichgrau, an der Kehle und dem Halse bleigrau, an der Unterseite blaßgelb.

Ganz innig an diese Gattung an schließen sich die südamerikanischen Sperlingswürger, Psaris. Man erkennt dieselben sogleich an der zu einem blos gefranzten Schafte verkümmerten zweiten Flügelschwinge. Ueberdies haben sie noch einen sehr starken und dicken Schnabel mit gerundeter Firste und weit nach außen gerückten Nasenlöchern, einen kurzen, breiten, gerade abgestußten Schwanz und sehr dicke Läuse. Der längst bekannte cayennische Sperlingswürger, Ps. cayanus (Fig. 270), erreicht

Fig. 270.

Cayennischer Sperlingswürger.

10 Zoll Länge und fiedert am Hals und Rücken hell aschgrau, am Kopfe, Schwingen und Schwanz schwarz, an der Unterseite hell grau; der Schnabelgrund hell fleischroth. Der sehr ähnliche brasilianische ist etwas kleiner, mehr grauweiß, das Weibchen weiß mit schwarzen Streifen; der Schnabel schwarz. Eine dritte Art, Ps. Cunninghami (Fig. 271), unterscheidet sich auffällig

Fig. 271.

Cunningham's Sperlingswürger.

durch den langen Schwanz und wird von manchen Ornithologen generisch (Gubernetes) von den übrigen getrennt. Er ist oben grau mit braunen Längsstrichen, an der Unterseite weiß mit braunem Brustkragen; Flügel und Schwanz braunschwarz. Er lebt gesellig im südlichen Brasilien und läßt häufig seine stark pfeifende Stimme hören.

8. Plattschnabel. Todus.

Der Schnabel plattet sich auffallend ab, zähnelt die Kieferränder fein und hakt die Spitze schwach, ohne daneben eine Kerbe zu bilden. Die an seiner beborsteten Wurzel gelegenen Nasenlöcher sind klein und rund. An den Läusen greifen die Tafelschilder der Vorderseite weit nach hinten herum und die bald kräftigen, bald zierlichen Zehen sind am Grunde mit einander verbunden. Flügel und Schwanz ändern ab, doch pflegt die vierte Schwinge die längste zu sein. Das Gefieder ist dunkel und großfedrig. In der Bildung des Stimmapparates machen

sich einige Eigenthümlichkeiten bemerklich. Die zahlreichen
Arten verbreiten sich von den westindischen Inseln über
Südamerika, leben einsam und still, in buschigen und
feuchten, wasserreichen Gegenden, wo sie leicht Insekten
im weichen Boden finden, und legen längliche, dicht gefleckte Eier.

Der grüne Plattschnabel, T. viridis (Fig. 272),
ist einer der weitest verbreiteten, aber als träger, scheuer
Bewohner besonders melancholischer Orte in den dich-
testen Wäldern fällt er den Reisenden nur selten in die
Augen. Stundenlang sitzt er unbeweglich mit ringe-
zogenem Kopfe auf einem versteckten Zweige, in stummer
Sorgflosigkeit, denn erst der ausgestreckten Hand weicht er.
Insekten ließ er am Boden auf oder hascht die zufällig

Fig. 272.

Grüner Plattschnabel.

an ihm vorüberschwirrenden. Er wird übrigens nur
wenig größer als unser Zaunkönig, schert oben schön
grün, unten weiß, an der Kehle scharlachroth, an den
Seiten rosenroth. — Der graue Plattschnabel,
T. cinereus, gemein in den Wäldern des mittlern Brasiliens, erreicht noch nicht 4 Zoll Länge, steht hoch auf
den dünnen Beinen und ist oben grau, unten gelb, an
der Stirn schwarz. Häufig um Rio Janeiro lebt T. polio-
cephalus, mit schiefersschwarzem Scheitel, grünem Rücken
und gelber Unterseite, und T. auricularis, mit grauen
Backen, weißlicher graugestreifter Kehle und schwarzem
Ohrfleck. Die Arten mit dem plattesten Schnabel (Platyrhynchus) tragen an dessen Wurzel sehr starke lange
Borsten, haben spitzige Flügel, einen kleinen, sehr schmal-

federigen Schwanz und zarte Beine, so T. cancroma mit
braunem Rücken, rostgelber Unterseite und weißer Kehle.
Größer als alle diese wird der königliche Plattschnabel, T. regius, 6 Zoll lang, mit karminrother
stahlblau gespitzter Scheitelholle, übrigens hellbraun und
an der Unterseite rostgelb. Endlich sei von den Südamerikanern dieser Verwandtschaft noch der Fluvico-
linen gedacht. Dies sind kräftige Vögel mit schlankem
Kegelschnabel, dessen Spitze nur leicht herabgekrümmt ist,
mit derbem dichtem Gefieder, langen Flügeln und langem
steifem Schwanze, kräftigen Beinen und starken Krallen.
Sie wohnen längs der Gewässer, im Schilf oder auf
offenen Triften und sind gewandte und dreiste Insektenjäger.

9. Kellenschnabel.   Eurylaemus.

Im tropischen Asien leben Schmuckvögel, welche in
mehrfacher Hinsicht eine nahe Verwandtschaft mit den
südamerikanischen Plattschnäbeln bekunden. Gleich der
kurze, platte, an der Wurzel besonders breite und mit
Borsten bestarrte Schnabel (Fig. 273) erinnert daran, ob-

Fig. 273.

Schnabel und Fuß des Kellenschnabels.

wohl dessen Form bei näherer Vergleichung noch sehr
charakteristische Unterschiede erkennen läßt. Die Beine
sind kräftig, die Krallen groß. In den kurzen stumpfspitzigen Flügeln erreicht die dritte oder vierte Schwinge
die größte Länge und die Steuerfedern stufen sich entweder
stark ab oder bilden einen kurzen abgerundeten Schwanz.
Die Federfluren folgen wie bei den Vorigen ebenfalls
dem Krähentypus. Am Schädel fällt die Schmalheit
der Stirn gegen den ungeheuer breiten Schnabel auf;
das sehr breite Brustbein mit hohem Kamm hat am
Hinterrande einen sehr tiefen Ausschnitt; 12 Hals-,
8 Rücken-, und 7 Schwanzwirbel. Außer dem Schädel
führt auch der Oberarm Luft. Der Stimmapparat ohne
besondere Muskeln gleicht sehr dem der ächten Schmuck-

vögel. Die Arten wählen wie die Plattschnäbel zum Aufenthalt einsame Orte an den Flüssen im dichtesten Urwalde, wo sie Insekten und Gewürm vom Boden aufpicken. Wir bilden nur eine ab.

4. Der javanische Kellenschnabel. Eu. javanicus.

Figur 274.

Auf Java und Sumatra heimisch, erreicht diese Art elf Zoll Länge und trägt ein schön weinrothes Gefieder, das am Vorderkopfe schwarz, am Hinterhalse braun, an

Fig. 274.

Javanischer Kellenschnabel.

den Flügeln schwarzbraun mit gelbem Streif und in der Schwanzdecke schwarz wird. — Davon unterscheidet sich der schwarz siedernde, weißkehlige Eu. corylon durch seinen sonderbar breiten und gekrümmten Schnabel, Eu. nasutus durch den schmalen dicken Schnabel.

Fünfte Familie.

Nachtschwalben. Caprimulgidae.

Nur durch den breiten platten Schnabel schließt sich die Familie der Nachtschwalben an die vorige an, ihre Vergleichung im Einzelnen weist so viele und so erhebliche Unterschiede nach, daß die Verwandtschaft beider geringer ist als die Nebeneinanderstellung erwarten läßt; bevor man die Eigenthümlichkeiten der innern Organisation zur Festtellung der verwandtschaftlichen Verhältnisse würdigte, wurden denn auch die Nachtschwalben mit den eigentlichen Schwalben vereinigt, obwohl sie zu diesen ebenfalls nur äußerliche und scheinbare Beziehungen haben. Wegen letzterer könnte man sie, da das ausgezeichnete Flugvermögen einen Theil der Organisation wirklich den Schwalben näher bringt, die Vertreter dieser Singvögelfamilie unter den Schreivögeln nennen, mehr aber sind sie nicht als eben bloße Vertreter innerhalb eines andern Typus,

welcher durch den völligen Mangel eines Singmuskelapparates scharf von den Singvögeln geschieden ist. Die Nachtschwalben haben nicht einmal den eigenthümlichen Stimmapparat der bisher vorgeführten Familien der Schreivögel, welche ebendeshalb als Luftröhrenkehler den übrigen gegenüber zusammengefaßt werden können. Aeußerlich charakterisirt sie zunächst der kurze, breite und platte Schnabel, dessen Spitze sich gern hakig biegt und dessen Grund lange Bartborsten umstarren. Der Rachen ist weit gespalten, mindestens bis unter die Augen. Die Beine sind stets kurz und schwach, zur Bewegung auf dem Boden nicht sonderlich geeignet, dagegen die Flügel zum leichtesten und gewandten Fluge vortrefflich gebildet, bald sehr langspitzig schwalbenähnlich, bald kürzer und zugerundet. Dem leichten Fluge gemäß erscheint das ganze Gefieder sehr locker, eulenartig, die Fluren desselben oder ändern nach den einzelnen Gattungen ab. Der Schwanz spielt auffällig in der Länge und Form. Die innere Organisation bietet gar manche seltsame Eigenthümlichkeit, wie wir bei der speciellen Schilderung sehen werden; im Allgemeinen sei hier nur auf die fast beispiellose Kürze des Oberarmes aufmerksam gemacht, der eben nicht größer ist als die Anheftung der nothwendigen Muskeln erheischt, die Hand dagegen verlängert sich ansehnlich und das Brustbein gewinnt beträchtlich an Breite und Höhe seines Kammes, um den gewaltigen Flugmuskeln hinlänglichen Raum zu bieten. Kein Kropf an der Speiseröhre, ein fast häutiger Magen, kurzer Darmkanal mit verhältnißmäßig sehr langen Blinddärmen, gelappte Nieren u. s. w. sind an den weichen Theilen zu beachten.

Die Gattungen gehören als entschiedene Insektenfresser hauptsächlich den wärmeren Ländern an und sind in gemäßigten nur sehr spärlich als Zugvögel anzutreffen. Sie führen ein einsames, ruhiges, meist nächtliches Leben und schaden der menschlichen Oeconomie nicht.

1. Nachtschwalbe. Caprimulgus.

Die typische, auch bei uns mit einer Art heimische Gattung kennzeichnet der sehr kurze und breite, biegsame Schnabel mit starkem Ausschnitte vor der obern Spitze und tiefer Rinne von diesem bis zum kleinen, runden, häufig umrandeten Nasenloch. Der Rachen klafft ungeheuer weit, bis unter die großen Augen und besetzt seinen hintern Rand mit einer Reihe starker harter Bartborsten. Die ganz kurzen zarten Füße verbinden ihre vier Vorderzehen an der Wurzel durch kleine Spannhäute, die schwächliche Hinterzehe bewegt sich nach vorn, alle Zehen mit kurzen stumpfen Krallen, die Kralle der Mittelzehe mit starkem, kammartig gezähneltem Innenrande. Die langen schmalen spitzigen Flügel haben starke Schwingen mit brüchigen Schäften, die ersten drei von ziemlich gleicher Länge, doch die zweite am längsten. Im Schwanze nur zehn Steuerfedern. Die Rückenflur gabelt sich bereits auf der Schulter und verbindet breite Aeste durch die Federreihe mit dem Bürzelstreif, die Unterflur spaltet sich an der Kehle und läuft ohne freien Ast über die Brust. Daumen und Zeigefinger des Flügels pflegen eine wirkliche Kralle zu haben. Der Lauf ist vorn geschildert und berührt mit der warzigen Hinterseite beim Sitzen den Boden. Am Schädel verdient besonders der Kieferapparat Beachtung. besonders der Quadratknochen wegen Mangel des freien Astes und die Zersägung des Unterkiefers in drei Stück, demnächst das sehr breite bauchige Brustbein, der luftführende kurze Oberarm, der mit der Hand gleichlange Vorderarm; 11 Hals-, 8 Rücken-, 10 Becken- und 7 Schwanzwirbel. Die Rumpf gerundete Zunge ist seitlich und hinten stark gezähnt, ihr Kern blos knorplig. Der Augapfel wölbt sich kugelig nach vorn, enthält eine sehr dicke Krystalllinse und einen merkwürdig nur aus drei kurzen Falten bestehenden Fächer. Der Vormagen ist starkwandig und dickdrüsig, der Magen sehr dehnbar häutig, innen oft mit stachelartigen Insektenhaaren gespickt, die langen Blinddärme keulenförmig, die Lederlappen fast gleich, mit kleiner Gallenblase, die kleine Milz rundlich, nur eine Bauchspeicheldrüse, das fast birnförmige Herz u. s. w.

Die zahlreichen Arten bevölkern die Länder der warmen Zone beider Erdhälften, im gemäßigten Europa und Nordamerika heimaten nur sehr wenige. Alle tragen ein sehr lockeres sanftes Gefieder, das sie viel größer und plumper erscheinen läßt, als sie in Wirklichkeit sind; die meisten haben Drossel- und Rabengröße und färben sich düster braungrau mit schwarzen Wellen oder Flecken. Einsam und still ruhen sie den ganzen Tag auf einem Aste der Länge nach gedruckt und wegen des düstern Gefieders nur dem sehr geübten Beobachter kenntlich, auch so sicher in dieser Lage, daß sie ihre Umgebung gar nicht beachten und selbst durch den Flintenschuß nicht aufschrecken. Erst mit Anbruch der Abenddämmerung werden sie munter, fliegen nun schnell und gewandt, aber lautlos über offnen Plätzen, Wiesen und Gewässern umher und schnappen nach Käfern und Schmetterlingen. Ihr ganz kunstloses Nest bauen sie meist auf den platten Erdboden und legen nur zwei längliche, weiße, grau oder braun gefleckte und marmorirte Eier.

1. Die europäische Nachtschwalbe. C. europaeus.
Figur 273 – 276.

Die europäische Nachtschwalbe ist unter dem Namen Ziegenmelker allgemein bekannt und bezieht sich derselbe auf ein uraltes, hie und da mit noch andern lächerlichen Schnurren ausgeschmücktes Märchen. Aristoteles erzählt schon, daß die Angotherd die Euter der Ziegen aussauge, diese dann vertrocknen und die Ziege selbst blind werde. Daß solcher Aberglaube im Alterthume entstand und Beifall fand, nimmt nicht Wunder, daß sich derselbe aber bis auf den heutigen Tag unter dem Volke erhalten konnte, ist ganz unbegreiflich, ein Blick auf den Schnabel zeigt die Unmöglichkeit des Saugens, aber leider werden die Abergläubigen sich nie den Schnabel angesehen haben. Nur allerlei Insekten, zumal große Käfer, Abend- und Nachtschmetterlinge, schnappt derselbe und ausschließlich von diesen lebt der Ziegenmelker. Er frißt deren ungeheure Mengen und wird dadurch der menschlichen Oeconomie überaus nützlich. Wo am Tage Vieh weidet und in der Nähe freiliegender Viehställe wuchert das Insektengeschwirr und natürlich hält sich der gefräßige Ziegenmelker an

solchen Orten am liebsten auf. Am Tage ruht er meist festschlafend am Boden oder auf einem niedrigen Aste, geduckt und ganz unkenntlich. Gleich nach Sonnenuntergang schwirrt er umher, bis die Morgensonne ihn wieder verscheucht. Sein Flug, am Tage langsam und unsicher, ist während der Nacht leicht und schnell, ein schwalbenartiges Schwenken, Schweben und Schwimmen im Wechsel mit raschem Dahinschießen. Dabei lockt er schwach bäll, bäll und das Männchen schnarrt klappernd errr und örrrr. Ueberrascht oder ergriffen sperrt er den Rachen weit auf und faucht wie die Eulen.

Unter den einheimischen Vögeln steht der Ziegenmelker ganz eigenthümlich da und gibt keiner Verwechselung Raum. Bei 11 Zoll Körperlänge spannen die Flügel 23 Zoll und deren weichsehnige Schwingen sind schwach gebogen, die zweite die längste. Der sehr kurze Schnabel hat eine nagelförmig hakige Spitze, aber der

Fig. 275.

Kopf und Fuß der europäischen Nachtschwalbe.

Rachen klafft zwei Zoll weit bis hinter die Augen, geeignet unsere dickleibigsten Nachtschmetterlinge ganz zu verschlingen. Die häutig umrandeten Nasenlöcher vermögen sich ritzenförmig zu verengen, die sehr großen Augen bewimpern steife schwarze Borsten, an den kurzen Beinen sind die Läufe weit herab befiedert, vorn geschildert, von den Zehen die mittle ansehnlich verlängert und deren Kralle eigenthümlich, wie unsere Fig. 276 deutlich erkennen läßt.

Fig. 276.

Fuß der europäischen Nachtschwalbe.

Das lockere Gefieder erscheint auf der Oberseite hellgrau mit brauner Wässerung und schmalen Längsflecken, auf Nacken und Flügeln rostgelb gefleckt, und an

Fig. 277.

Europäische Nachtschwalbe.

den Spitzen der beiden äußern Schwanzfedern wie in einem Fleck der dritten Schwinge weiß. Man musterte die Zeichnung des Gefieders am frischen oder ausgestopften Vogel, sie ist zart und schön. Die Speiseröhre läuft mit gleicher Weite bis zum dickwandigen kurzen Vormagen, in welchem man 13 Längsreihen sehr dicker (60—70) Drüsen zählt. Der Magen ist sehr voluminös und immer von Insekten voll gepfropft. Der Darmkanal erreicht nicht ganz die Körperlänge und die über einen Zoll langen Blinddärme sind stark keulenförmig. Die rundliche Milz nur eine Linie lang, die Leberlappen fast symmetrisch, die Nieren sehr breit und tief dreilappig. Die Luftröhre be-

Fig. 278.

Europäische Nachtschwalbe.

steht aus ziemlich weichen Ringen und am untern Kehlkopf befindet sich jederseits ein sehr starker Muskel. Die kleine Junge rundet sich vorn ab und ist oben sowohl wie randlich stark bezahnt. Das Geruchsorgan ist sehr entwickelt; im Augapfel erscheint die Hornhaut ungemein stark gewölbt, die Linse sehr groß, fast gleichmäßig gewölbt, aber der Fächer merkwürdig klein, nur dreifaltig, das Gehirn ebenfalls klein und in seinen Einzelnheiten mehrfach eigenthümlich.

Das Vaterland der europäischen Nachtschwalbe erstreckt sich vom Mittelmeere bis nach Schweden, in Asien von Ostindien bis Sibirien, überall in Wäldern und buschigen Gegenden vereinzelt, doch wegen ihrer versteckten Lebensweise nirgends augenfällig. Sehr empfindlich gegen Kälte und wegen Verkümmerung ihrer Nahrung verweilt sie bei uns nur während der warmen Monate, vom April bis October. Sie giebt paarweise oder in kleinen Gesellschaften nur während der Nacht und langsam von Ort zu Ort, am Tage schläft sie im Gebüsch. Zum Standort wählt sie lichte Waldungen mit Wiesen und freien Plätzen, auch gern die Nähe des Wassers. Vom Nestbau ist keine Rede. Das Weibchen legt ein oder zwei Eier in eine zufällige Vertiefung am Boden zwischen Gestrüpp oder auf einen bemoosten Stamm und kauert sich emsig auf denselben. Die häßlich breitköpfigen dickäugigen Jungen sind grau bekunt und wachsen schnell heran. Im Herbst werden sie ungemein sett und ihr Fleisch soll dann sehr zart und wohlschmeckend sein, doch nützen sie viel mehr durch ihre Gefräßigkeit als durch ihren Wohlgeschmack.

2. Die virginische Nachtschwalbe. C. virginianus.

Figur 279.

Von den drei nordamerikanischen Arten geht die virginische von dem Süden der Vereinten Staaten an die Küste des Eismeeres hinauf. Sie lebt ganz wie die unsrige, soll aber im Fluge noch gewandter sein, gern senkrecht aus beträchtlicher Höhe unter quiekenden Lauten herabschießen und in den mannichfachsten Wendungen sich gefallen, auch es verstehen den Jäger zu täuschen. Ihre Körperlänge mißt zehn Zoll und das Gefieder hat eine dunkel leberbraune, grünlich schimmernde Grundfarbe, auf welcher am Kopfe, Halse und den Flügeldecken gelbbraune, auf dem Rücken weißgraue Flecken hervortreten; über die mittlen Schwingen zieht ein weißes Band, über die Augen ein solcher Streif und die Kehle ziert ein großer weißer Pfeilfleck; die Unterseite ist braun gebändert. Das Weibchen legt seine beiden schmutzig weißen, dunkelbraun fleckigen und marmorirten Eier auf die nackte Erde.

3. Die lärmende Nachtschwalbe. C. vociferus.

Figur 280.

Im Vergleich zu den übrigen Arten verdient diese mit Recht den Namen der lärmenden, denn zu hunderten sammelt sie sich im Frühjahr an Waldeskäntern und schwirrt unter lautem Geschrei die ganze Nacht umher. Whip poor Will (peitsche den armen Wilhelm) ruft sie lärmend vom Sonnenunter- bis Aufgang und beunruhigt dadurch die fernen Ansiedler nicht wenig. Erst im Sep-

Fig. 279.

Virginische Nachtschwalbe.

Fig. 280.

Lärmende Nachtschwalbe.

tember verstummt sie und wandert nach Süden. Ihr Verbreitungsbezirk begreift die Vereinten Staaten. Unebene trockene Gegenden sagen ihr am meisten zu, dort jagt sie im nächtlichen Zickzackfluge leise murmelnd nach Insekten, ruht am Tage auf einem alten Aste oder geduckt am Boden, so festschlafend, daß man sie mit der Hand ergreifen kann, aufgeschreckt taumelt sie wie ein Blinder ängstlich fort und verfällt alsbald wieder in tiefen Schlaf. Das Weibchen legt die Eier zwischen abgefallene Blätter. Das Gefieder hält sich oben dunkelgraubraun mit sehr feinen schwarzbraunen Bändern und Punkten, an der Unterseite heller mit unregelmäßigen Flecken, an den Wangen rostbraun; die dunkeln Flügel streifen sich hell und die drei äußern Steuerfedern enden weißspitzig. Körperlänge 10 Zoll.

4. Die carolinische Nachtschwalbe. C. carolinensis.
Figur 281.

Die Nordamerikaner benennen auch diesen Ziegenmelker nach seinem eigenen Rufe: Chuk Will's Widow

Fig. 281.

Carolinische Nachtschwalbe.

(gucke Wilhelms Witwe), den er scharf betont mehrmals wiederholt. Er bewohnt übrigens nur die südlichen Staaten, die großen Nadelholzwälder, sumpfigen Niederungen und schluchtigen Gebirge Alabamas, Floridas, Georgiens, Virginiens und überwintert vom August bis März in Mexiko und Mittelamerika. Am Tage versteckt er sich in hohlen Stämmen und des Nachts schwirrt er wie die unsrige umher. Ueberrascht und ergriffen sträubt er die Federn, sperrt den Rachen weit auf und zischt aus vollen Kräften, ganz kläglich aber gerirt er sich, wenn er beim Brutgeschäft gestört wird und gar die Eier berührt werden; Männchen und Weibchen nehmen dann je ein Ei in den ungeheuren Rachen und verschwinden damit im Gebüsch; sind die Eier nicht berührt, so brütet der aufgescheuchte Vogel an derselben Stelle fort. Das Gefieder zeichnet sich mit gelb, rostroth und schwarzbraun, ist am

Kopf und Rücken ftedig und fein längs geftreift, an den Flügeln und Schwanze fein punktiert und quergebändert, an der Unterfeite fchwärzlich roßgelb geftedt, am Vorderhalfe mit fchmaler weißer Binde. Körperlänge 9 Zoll.

8. Der Ibijau. C. grandis
Figur 282

Wie die nordamerikanifchen Nachtfchwalben, find auch die füdamerikanifchen von den altweltlichen generifch getrennt worden und diefe kolkrabengroße Art als Typus einer eigenen Gattung, Nyctibius, gefchildert. Allerdings hat diefelbe zumal in der Fußbildung fehr charakteriftifche

Fig. 282.

Ibijau.

Eigenthümlichkeiten. Die Zehen find nämlich am Grunde faft bandförmig vereinigt, die äußere fünf-, gatt wie bei vorigen vierglietrig, die große hintere nicht nach vorn beweglich, und die Krallen aller ftark und fpitz, die der mittlen mit fcharfem, nicht gekämmtem Innenrande. Dazu kömmt noch, daß der ftarke Schnabel mit großem Endhaken in der Mitte des fcharfen Mundrandes einen didem Zahn trägt und feinen Grund mit derben dichten Federn umgibt. Ganz eigenthümlich fetzen auch die beiden Aeste der Rückenflur bis zum Bürzel ohne Unterbrechung oder Vereinigung fort. Würden diefe äußern Merkmale von ebenfo erheblichen der innern Organifation geftützt: fo dürfte der Ibijau nicht mit unferem Ziegen-

Naturgefchichte I. 2.

meller in einer Gattung vereinigt bleiben, leider aber fehlt die anatomifche Unterfuchung noch. Und doch ift der Vogel über Brafilien und Guiana verbreitet und in unfern Sammlungen nicht felten. Er fiedert licht gelbgrau mit vielen feinen, braunen und fchwarzen Querlinien, am Rücken dunkler als am Bauche; der Schwanz wechfelt rothgelbe, weiße und fchwarz gefprenkelte Binden. Der Ibijau dudt fich zwar auch am Tage unfichtbar auf einen Aft, um zu fchlafen, doch öfter treibt ihn der Hunger fchon vor Sonnenuntergang auf die Infektenjagd, dabei verläßt er auf weite Streden hin den Wald. Seine Stimme quakt bald frofchähnlich, bald ahmt fie Hundegebell nach. Die weißen Eier find fpärlich mit feinen fchwarzen und grauen Punkten beftreut. — Eine ganz ähnliche Art unterfcheidet fich durch röthlichbraunes Gefieder und große fchwarze Tropfen auf der Bruft, eine dritte kleinere fchwärzlichbraune ift blaßgelb getüpfelt und gewellt.

Fig. 283.

Gabelfchwänzige Nachtfchwalbe.

22

6. Die gabelschwänzige Nachtschwalbe. C. psalurus.

Figur 283.

Südamerika hat neben dem Ibisau auch ächte Nachtschwalben aufzuweisen, welche nicht dessen Zahn am Mundrande besitzen, und in der Fußbildung unserem Ziegenmelker gleichen. Freilich unterscheiden sie sich von diesem noch durch den gestreckten Schnabel mit weiter nach vorn gerückten Nasenlöchern, langen Gabelschwanz und Kerben am Rande der vordern Handschwingen. Die abgebildete Art (Fig. 283 S. 169) erreicht 17 Zoll Länge, wovon aber 12 Zoll auf die langen Schwanzfedern kommen. Letztere sind jedoch bei dem Weibchen viel kürzer. Das Gefieder ist dunkelbraun, aber durch die dicht gedrängten feinen, weißlich gelbgrauen Querlinien ziemlich hell; im Nacken liegt ein rostgelber Halbring. Obwohl in Brasilien und Paraguay nicht gerade selten, weiß dieser Vogel doch seine Lebensweise und Sitten zu verbergen. Er lebt in Wäldern und fliegt längs der Bäche nach Insekten. — Ihm ganz nah steht C. forcipatus, mit gelben Flecken und längster erster Flügelschwinge. Bei andern Arten, welche in die Gattung Eleothreptus vereinigt werden, sind die sichelförmig gekrümmten breiten Handschwingen bis zur siebenten von gleicher Länge, diese und die achte länger und schmäler, der Schwanz stumpf, die langen Zehen am Grunde nicht verwachsen. Noch andere, zur Gattung Nyctidromus gestempelt, zeichnen sich durch den kurzen, kaum aus dem Stirngefieder hervorragenden Schnabel aus, sind großäugig, spitz geflügelt, mit kräftigen nackten Beinen. Die unter Podager begriffenen Südamerikaner kennzeichnet der kräftige Körperbau, der ungemein breite Kopf, starke Schnabel mit vor der Mitte gelegenen Nasenlöchern, das derbe, wellige, am Bauche aber rein weiße Gefieder. Diesem Typus gehört der Criango, C. diurnus (Fig. 284), an, gemein in Brasilien und Paraguay, gar

Fig. 284.

Criango.

nicht scheu, auch am Tage fliegend und in der Nähe der Dörfer nach Insekten schwirrend. Am liebsten wählt er buschige feuchte Gegenden zum Standquartier, weiß sich

aber auch in Wäldern und in offenen Triften einzurichten. Er wird so groß wie eine Dohle, siedert oben und an der Brust braun mit gelbgrauen Wellen, trägt eine weiße Halsbinde, und hält auch den Bauch und die Spitzen der äußern Schwanzfedern weiß. Das Weibchen legt zwei weiße, dicht graubraun gefleckte Eier ins Gras.

7. Die flußschwänzige Nachtschwalbe. C. climacurus.

Figur 285.

Dieser Westafrikaner mißt 13 Zoll Länge, wovon jedoch nur vier Zoll auf den Körper kommen. Er lebt wie unsere europäische Art, siedert hell rostbraun mit

Fig. 285.

Großschwänzige Nachtschwalbe.

schwarzen Flecken, am Kinn und Mundwinkel weiß; über die Flügel legt sich ein weißes und ein gelbliches Band, Kopf und Bürzel haben schwarze Flecken, Brust und Bauch sind weiß, der Schwanz braun und schwarzgebändert. Wegen der verkürzten äußern Zehe, des langen gestuften Schwanzes und der zahlreichen straffen Bartborsten wurde diese Art nebst einer zweiten in Senegambien, C. trimaculatus, als besondere Gattung, Scotornis, abgeschieden.

8. Die langsedrige Nachtschwalbe. C. longipennis.

Figur 286.

Die beiden, ganz absonderlichen Federn, wegen deren diese Nachtschwalbe der Sierra Leona und Abyssiniens zum Typus der Gattung Macrodipteryx erhoben worden, entspringen auf dem Unterarme zwischen den Flügeldeckfedern und werden bis 20 Zoll lang, während der Vogel selbst höchstens 8 Zoll mißt. Sie bestehen aus einem

Fig. 286.

Langschwänzige Nachtschwalbe.

dünnen, sehr elastischen Schafte, mit nur 3 bis 5 Zoll langer Endfahne, welche bei dem leichtesten Luftzuge zittert und schwankt. Bei dem Weibchen sind sie unbedeutend. Uebrigens mischt das Gefieder seine Zeichnung wie gewöhnlich aus braun, grau, rostgelb und schwarz. — An ächten Ziegenmelkern vom engern Typus des europäischen kommen im westlichen Afrika drei nur in der Zeichnung unterschiedene Arten vor, nämlich C. binotatus, rufigena, Fossi. Auch Neuholland hat seine Ziegenmelker.

2. Fettvogel. Steatornis.

In der großartig schauerlichen Tropfsteinhöhle von Caripe in Neuandalusien entdeckte von Humboldt im J. 1799 den merkwürdigen Fettvogel, den spätere Reisende noch in andern wilden und einsamen Felsschluchten Columbiens wiederfanden. Die Höhle von Caripe bildet hinter ihrem seltsam großartigen Eingange mehre geräumige, mit Stalaktiten reich ausgeschmückte Hallen, deren unabsehliche Gewölbe von Tausenden von Fettvögeln bewohnt werden. Aufgescheucht schwirrt die Schaar mit kreischendem Angstgeschrei in dem spärlich erleuchteten

Dunkel wild durch einander und erhöht das Schauerliche dieser Unterwelt. Die Indianer machen die Höhle zum Wohnplatz der bösen Geister und dringen jährlich nur einmal, nicht ohne Zauberformeln in dieselbe, um mit Stangen die Vögel zu erlegen und deren reichliches und vortreffliches Fett (zu Humboldt's Zeiten jährlich 150 bis 160 Flaschen) zu gewinnen. Die reine ölige Flüssigkeit erhält sich ein ganzes Jahr frisch, die unreine wird in irdenen Gefäßen zum sofortigen Verbrauch aufbewahrt. Ein zweiter, nicht minder wild schauerlicher Wohnort ist die fürchterliche Felsschlucht von Iconenzo in Neu-Granada, über welche eine Landstraße führt. Aus der grausenhaften dunkeln Tiefe, in welcher der schäumende Gebirgsstrom tobt, dringt das gräßlich kreischende Geschrei von Tausenden von Fettvögeln herauf, die an den Felswänden nisten und gespensterhaft den engen Raum durchschwirren. Gros, ein französischer Diplomat, stieg kühn in die schauerliche Schlucht hinab und rief die befiederte Schaar zum machtlosen Kampfe auf.

Der Fettvogel, in Cumana Guacharo, um Bogota Guaparo genannt, ist die einzige Art seiner Gattung, St. caripensis (Fig. 287). Er erreicht Taubengröße und seine langen Flügel und Schwanz befähigen ihn zum ausdauernden Fluge, während die schwächlichen und widerlich nackten Füße mit der stark nach vorn geneigten Haltung

Fig. 287.

Fettvogel.

des Körpers ihm das Gehen auf ebenem Boden ungemein beschwerlich machen. Die leichte Beweglichkeit der Hinterzehe nach innen und die hakigen Krallen aller Zehen erleichtern vielmehr das Anklammern an senkrechten Wänden und auf unebenen Flächen. An dem breiten, platten Kopfe fällt der breite hakige Schnabel mit Kerbe und steif umborsteter Wurzel und die großen halbkugligen Augen mit röthlich befiedertem Augenlidrande auf. Das seidenweiche Gefieder bräunt röthlich, auf dem Rücken dunkel, am Bauche heller, mit einem Stich in grau. Die Flügeldeckfedern tragen einen weißen, schwarz eingefaßten Fleck, kleinere Flecken liegen auf dem Kopfe und am Rande der Schwingen und Schwanzfedern. Eine dicke Fettschicht verbreitet sich unter der Haut, schon bei Jungen

22*

als öligflüssige Lage, und alle Eingeweide sind in Fett
eingebettet. In den spitzigen Flügeln ist die dritte und
vierte Schwinge die längste. Die schmale Rückenflur
setzt ihre beiden Aeste hinter der Schulter ab und läuft
von neuem als einfacher Bürzelstreif fort; die Unterflur
spaltet sich am Halse und setzt mit beiden ganz schmalen
Aesten über die Brust fort. Die zehn Borsten jederseits
des Schnabelgrundes überragen an Länge den Schnabel
selbst. Der Darmkanal hat über doppelte Länge des
nackten Körpers, die Speiseröhre ohne Kropf, der Magen
muskulös, die engen cylindrischen Blinddärme fast zwei
Zoll lang. Ganz abweichend von den Nachtschwalben
frißt der Fettvogel saftige und mehlige Früchte, deren
Kerne er unverdaut wieder von sich gibt; auch die Jungen
werden damit aufgefüttert. Die Alten krächzen heiser,
oder laut und weithin schallend und beide Geschlechter
brüten abwechselnd auf drei rein weißen Eiern, welche
ohne alle Unterlage in einer Felsritze liegen. Die ausschlüpfenden Jungen sollen wahrhafte Mißgestalten und
kaum regelähnlich sein, sie liegen als unbewegliche Fettklumpen da, bis die Flügel ausgebildet sind; was in
ihren Bereich gelangt, selbst die eigenen Flügel und Füße,
halten sie krampfhaft fest im Schnabel. Sie in Gefangenschaft aufzuziehen ist ebenso wenig wie von unserer
Nachtschwalbe bis jetzt gelungen und ein besonderes
Interesse würden sie auch in der Stube nicht gewähren.

3. Tagschläfer. Podargus.

Auf Neuholland und den ostindischen Inseln leben
zahlreiche Nachtschwalben vom Typus der unserigen
und mit derselben Lebensweise. Aber ihr ganz kurzer
und sehr breiter Schnabel wölbt sich und faßt mit dem
Oberkiefer den gleich langen Unterkiefer um, welche beide
ziemlich bis zum Ohre klaffen, und dieser ungeheure Rachen
an dem ganz platten Kopfe erinnert so lebhaft an die
häßliche Krötenphysiognomie, daß die Franzosen diese
Vögel geradezu fliegende Kröten nennen. Ein eigenthümlicher Kopfschmuck und die am Tage lichtscheuen, fast
blinden Augen erhöhen das Absonderliche des Gesichtes
noch. Die Schnabelwurzel umstarren indeß nur wenige
Borsten. Die Zehen sind bis auf den Grund gespalten,
die mittle am längsten, die Hinterzehe nicht wendbar und
die Krallen ohne besondere Auszeichnung. Obwohl die
Flügel kurz und abgerundet sind, fliegen die Tagschläfer
doch leicht und gewandt, wenn auch nicht so schwimmend
und geschickt schwenkend wie die eigentlichen Nachtschwalben. Sie führen übrigens ein entschieden nächtliches
Leben und nähren sich ausschließlich von Insekten, die
sie im Fluge erhaschen.

1. Der neuholländische Tagschläfer. P. humeralis.
Figur 288.

Der größte seiner Gattung, ein Bewohner von Neusüdwales, fiedert auf der Oberseite aschgrau, braun und
gelb, am Kopfe und längs der Seiten des Rückens mit
schwarzen Streifen, auf dem Mittelrücken mit feinen
weißen Punkten und Strichen, an der gelblichen Unter-

Fig. 288.

Neuholländischer Tagschläfer.

seite mit feinen schwarzen Querbändern; zwei breite,
helle, gelb und weiß punktirte Binden laufen im Nacken
hinab. Körperlänge 20 Zoll.

2. Der Papuatagschläfer. P. papuensis.
Figur 289.

Kleiner als vorige Art und mit nicht so ungeheuer
weit gespaltenem Rachen. Das eulenähnliche Gefieder
graut bräunlich und buntet sich mit weißlichen oder roft-
farbenen Flecken und feinen Strichen; Rücken und
Schulterfedern sind dunkler und roftgelb eingefaßt, an
der Spitze jeder Schwinge ein weißer Fleck; die Unterseite
lichtet gelblich und zeichnet sich mit feinen welligen Querbändern.

3. Der javanische Tagschläfer. P. javanensis.
Figur 290.

Diese Art mißt nur die halbe Länge der neuholländischen und ziert ihr ledergelbes Gefieder mit welligen
dunkelbraunen Bändern. Ein breites, weißes, von zwei
dunkeln Streifen eingefaßtes Halsband verlängert sich
über die Schulter bis auf den Mittelrücken, und Brust
und Unterleib überstreuen weiße Längsflecken. Der abgerundete Schwanz hat dunkle Querbinden. Die röthlichen Füße sind schwarz bekrallt und der gelbliche Schnabel
glänzt eigenthümlich.

4. Der langohrige Tagschläfer. P. auritus.
Figur 291.

Dieser großäugige eulenhafte Bewohner Sumatras
macht sich durch seinen Kopfputz sehr bemerklich und wohl

Fig. 289.

Beutetagschläfer.

Fig. 290.

ift es möglich, daß derfelbe mehr als Schmuck ift, vielleicht als Schirm für den Kopf, Ohr und Auge befondere
Dienfte bei dem nächtlichen Infektenfange leiftet. Die
aufrichtbaren Wangen- und Ohrbüfche beftehen nämlich
aus harten, elaftifchen, mit zerzaferten Bärten eingefaßten

Fig. 291.

Javanischer Tagschläfer.   Langohriger Tagschläfer.

Schäften, welche an der Spitze in Borsten auslaufen und gesträubt das ganze Gesicht schirmartig umschützen. Das leckere Gefieder sprenkelt die rothbraune Oberseite weiß, steckt dieselbe Grundfarbe auf der Brust weiß, wird aber nach hinten ganz weiß.

4. Mauerschwalbe. Cypselus.

Die Mauerschwalben oder Segler erinnern durch ihre äußere Erscheinung und ihre Lebensweise so sehr an die eigentlichen Schwalben, daß die ältern Ornithologen sie ohne Weiteres mit denselben vereinigten. Doch schon der einzige Muskel am Kehlkopf trennt sie weit von jenen ächten Singvögeln und die weitere eingehende Vergleichung führt noch andere diese Verwandtschaft sehr störende Eigenthümlichkeiten auf, welche sie mehr und mehr den Nachtschwalben nähern. Sie fliegen zwar nicht des Nachts wie die Ziegenmelker, meiden aber auch die blendende Mittagssonne und jagen am muntersten Nachmittags bis tief in die Abenddämmerung hinein, natürlich nur nach Insekten. An Schnelligkeit, Gewandtheit und Ausdauer im Fluge stehen sie den Schwalben nicht im Geringsten nach, und doch weicht ihr Flügel erheblich vom Schwalbenflügel ab. Die großen Flügeldeckfedern reichen nämlich weit über die Mitte der Armschwingen hinaus und diese selbst sind auffällig kurz, die kleinen Armdeckfedern dagegen erscheinen lückenhaft. Von den zehn Handschwingen erlangt schon die erste die Flügelspitze und die zweite ist kürzer; die nur 7 bis 8 Armschwingen enden stumpf gerundet und bleiben in der Länge noch weit hinter der zehnten Handschwinge zurück. Diese Flügelbildung treffen wir bei den Kolibris wieder. Der Schwanz, stets nur zehnfedrig, spielt mit Länge und Form wie bei den Schwalben. Der breite flach gewölbte Kopf sitzt auf dem Schnabelgrund befiedert, die Lider der großen Augen haben keine Wimpern und der kurze am Grunde breite, gar nicht bedeckte Schnabel klafft sehr weit, biegt seine Spitze nur leicht, nicht hakig herab und öffnet die ovalen Nasenlöcher oben neben der schmalen Firste. Die schwächlichen, zum Gehen wenig geeigneten Füße haben stellenweise nur dreigliedrige Zehen, alle mit stark gekrümmten spitzen Krallen zum Anhäkeln. Die Oberflur des Gefieders spaltet sich zwischen den Schultern und beide Äste treten im Bürzelstreif wieder zusammen, die Unterflur läuft schon von der Kehle zweistreisig herab und ihre Bruststreifen sind sehr breit. Von der innern Organisation hat zunächst der Schädel viel Schwalbenähnliches, das Brustbein zeichnet sich wieder durch einen ungeheuer hohen Kiel und die beträchtliche Breite nach hinten ohne Ausschnitt oder Lücke aus. Der Oberarm ist maulwurfsartig kurz, breit und bakig, die Handknochen aber von sehr ansehnlicher Länge. Die breit pfeilförmige Zunge ist vorn zweispitzig, hinten bezahnt, die Speiseröhre ohne Spur von Kropf, der kurze Vormagen sehr drüsenreich, der Magen schwach muskulös, der Darmkanal viel kürzer als der befiederte Körper, ohne Spur von Blinddärmchen und einen stark zickzackfaltigen, die Lebrlappen ziemlich ungleich mit drittem Läppchen. Der Fächer im Auge besteht aus dreizehn breiten Falten. Weiteres über die anatomischen Verhältnisse und besonders

über die eigenthümliche Muskulatur findet der Leser in meiner Mittheilung in der Zeitschrift für ges. Naturwiss. 1857. Bd. X. S. 327 — 336.

Die Segler leben in allen Welttheilen, in der gemäßigten und kalten Zone, weil ausschließlich Insekten fressend, jedoch nur als Zugvögel. Sie gefallen sich im hohen Fluge, sind vortreffliche Luftvögel, nisten aber nicht alle in hohen Gebäuden oder steilen Felswänden, einzelne auch in Erdlöchern. Ihre Stimme kreischt eintönig und ihre rauhschaligen weißen Eier sind sehr gestreckt, fast cylindrisch. Der menschlichen Oeconomie nützen sie als sehr gefräßige Insektenjäger, schädlich werden sie in keiner Weise.

1. Die gemeine Mauerschwalbe. C. apus.

Figur 292.

Unsere heimische Mauerschwalbe, auch Mauersegler, Thurmschwalbe, Spyr genannt, dehnt ihr Vaterland über ganz Europa, Afrika, einen großen Theil Asiens und selbst über Amerika aus. In Deutschland ist sie überall an hohen Gebäuden, in felsigen und waldigen Gegenden zu treffen, freilich nur von Ende April bis Anfangs August. Im nächtlichen Zuge und in fast unsichtbaren Höhen zieht sie paarweise oder in kleinen Familien. Von

Fig. 292.

Kopf und Fuß der gemeinen Mauerschwalbe.

Charakter ist sie unruhig, flüchtig, stürmisch, zanksüchtig und übermüthig. Den ganzen Tag schwirrt sie umher, bald pfeilschnell in gerader Linie dahin schießend, bald ohne Flügelschlag schwebend oder schwimmend, in weiten Kreisen sich entfernend; der Ruhe bedarf sie kaum, da sie vom frühesten Morgen bis tief in die Abenddämmerung hinein im Fluge verharret. Ihre Stimme pfeift laut und hell, schneidend und etwas schnarrend. Als Nahrung dienen ihr allerlei Insekten, harte und weiche ohne Unterschied. Das Nest wird in einem Loche oder einer Ritze angelegt und diese alljährlich bezogen, der etwa eingedrungene Spatz daraus vertrieben. Männchen und Weibchen fangen eine Hand voll leichter Halme, Faden, Federn, Läppchen und was der Wind führt, auf, legen dieselben kunstlos über einander und überzieben das Ganze mit klebrigem Speichel. Das Weibchen legt drei bis fünf Eier darauf und brütet allein sechszehn Tage, während dieser Zeit vom Männchen mit Futter versorgt. Die Jungen wachsen sehr langsam heran.

Bei 7 bis 8 Zoll Körperlänge spannen die Flügel 17 Zoll und das derbe glatt anliegende Gesieder dunkelt rauchfarbig oder braunschwarz, an einzelnen Stellen mit schwachem seitengrünen Schimmer, nur an der breiten Kehle rein weiß. Das Weibchen unterscheidet sich nur durch etwas geringere Größe und bleichere Färbung. Das Fleisch soll sehr zart und wohlschmeckend sein.

Im ſüdlichen Europa, auch im angrenzenden Aſien und nördlichen Afrika, beſonders in hohen Gebirgen, heimatet der anſehnlich größere Alpenſegler, C. melba, leicht zu unterſcheiden durch die weiße Bruſt und Bauchſeite, ſonſt der gemeinen Art in jeder Beziehung überaus ähnlich.

3. Die langflüglige Mauerſchwalbe. C. longipennis.

Figur 293.

Die auf Java und Sumatra lebende langflüglige Mauerſchwalbe von der Größe des Alpenſeglers unterſcheidet ſich ſogleich durch die nackten unbefiederten Läufe von den Europäern. Ihre Oberſeite glänzt dunkelgrün, Schwingen und Schwanz blaugrün, Kehle und Bruſt grauen, ein Fleck über den Augen und auf den Schulterfedern grellt rein weiß. Das Männchen trägt eine bewegliche kurze Scheitelholle. Das Skelet ſtimmt ſo ſehr mit

Fig. 293.

Kopf und Fuß der langflügligen Mauerſchwalbe.

dem unſerer Segler überein, daß durch daſſelbe die generiſche Trennung nicht gerechtfertigt wird.

Die ſüdamerikaniſchen Segler verdienen es eher als eigene Gattung, Chaetura oder Acanthylis, betrachtet zu werden. Ihr Gefieder iſt dichter und voller, die Füße kräftiger mit höher angeſetztem und nach hinten gewandtem Daumen und der normalen Gliederzahl (3, 4, 5) in den Vorderzehen. Der abgeſtutzte Schwanz beſteht aus ſtarken Federn, deren ſteife Schäfte in lange Stacheln über die Fahne fortſetzen (Fig. 294). Die Federfluren verhalten

Fig. 294.

Schwanz der Chaeura.

ſich weſentlich wie bei unſern Seglern, die innere Organiſation ſcheint noch ganz unbekannt zu ſein. Die abgebildete großflüglige Art, Ch. macropters (Fig. 295), fiedert oben braun, auf den Flügeln grünlichblau ſchillernd, am Unterrücken weißgrau, am Kinn und den untern Schwanzdeckfedern ſchneeweiß. Eine andere Art, Ch. collaris, iſt rußſchwarz mit weißem Halsbande, gemein im ſüdlichen Braſilien, eine dritte, Ch. spinicauda, ebenfalls oben ſchwarz mit bläulichem Metallſchiller, aber an der Unterſeite grau und an der Kehle weißlich.

Fig. 295.

Großflüglige Chaeura.

5. Salanganſchwalbe. Collocalia.

Die eßbaren indiſchen Vogelneſter ſind ſeit langer Zeit weltberühmt und bilden für das Reich der Mitte einen bedeutenden Handelsartikel, denn die mit dem Transport beſchäftigten chineſiſchen Fahrzeuge haben einen Gehalt von 30,000 Tonnen und ihre volle Neſterladung repräſentirt 284,290 Pfd. Sterling. Java allein liefert jährlich gegen 27,000 Pfund Schwalbenneſter beſter Qualität. Das Einſammeln iſt mit großen Gefahren verknüpft und erfordert viele Menſchenleben, indem die Neſter von den ſteilſten unzugänglichſten Felſen herab oder herauf geholt werden müſſen. Und auf den indiſchen Inſeln werden ſie überhaupt nur wenig gegeſſen, die reichen Chineſen allein eſſen ſie als koſtſpielige Delicateſſe, welcher auch die Europäer keinen ſonderlichen Geſchmack abgewinnen können. Die Subſtanz der Neſter iſt, wie ſelbige wohl ſehr gereinigt in den Handel gebracht werden, durchſcheinend hernweiß und nach ihren chemiſchen Eigenſchaften ſchleimiger und gallertartiger Natur, hart und ſpröde wie Knochenleim, im Waſſer langſam löslich und von ſadem, ſchwach ſalzigem Geſchmack. Ihre wenige Linien dicke Wand beſteht aus mehren faſrigen Schichten. Wie unſere heimiſchen Schwalbenneſter kleben ſie zahlreich dicht gedrängt an Felswänden, nur daß ſie oben ganz geöffnet ſind. Man glaubt, der Vogel benutze Fiſchlaich oder aufgelöſte Tange zum Neſtbau, die er mit reichlichem eigenthümlichem Speichel zu der eßbaren Maſſe zuſammenknete.

So räthſelhaft die Neſter ſind: war es auch der Vogel, denn mit den ausgeſtopften Bälgen in den Sammlungen wollten ſich die verwandtſchaftlichen Verhältniſſe nicht ermitteln laſſen. Einige erklärten ihn für eine ächte Schwalbe, Andere für einen Segler, allein die anatomiſche Unterſuchung hat nur oberflächliche Beziehungen zu erſteren,

entschiedene aber und innige zu den Cypseliden ergeben. Der
Schädel ist durchaus dem der Mauerschwalben am ähn-
lichsten. Die Wirbelsäule besteht aus 12 Hals-, 8 Rücken-,
8 Becken- und 7 Schwanzwirbeln. Das Brustbein hat in
dem ungemein hohen und festen Kiele eine häutige Lücke,
keinen Ausschnitt am Hinterrande. Der Oberarm ist
sehr kurz und stark mit hakigen Fortsätzen und seglerähn-
lich wie der ganze Flügel. Die Mundhöhle kleiden zahlreiche Drüsenbälge aus, welche reichlichen Speichel absondern. Die völlig kropflose Speiseröhre geht in den kleinen
Drüsenmagen über und der ovale Magen bildet einen
stark muskulösen Sack mit innern Falten. Dem kurzen
Darmkanale fehlen die Blinddärme gänzlich. Die Leberlappen sind ziemlich ungleich und mit einem dritten Läppchen versehen. Herz und Gefäße wie bei den Seglern.

Man kennt bis jetzt vier Arten, von welchen C. escu-
lenta (Fig. 296) und C. nidifica (Fig. 297) Java be-

Salanganschwalbe.

wohnen, C. troglodytes auf Malakka und den Philippinen, C. francica auf der Insel Mauritius lebt. Die
erste Art, von den Javanern Lawat genannt, siedert oben

Fig. 297.

Linchi.

braun, unten und an der Spitze des Gabelschwanzes weiß;
die zweite oder der Linchi der Javaner wird größer, fünf
Zoll lang, langflügliger und trägt sich unten schneeweiß.

Sechste Familie.

Kolibris. Trochilidae.

Fliegende Rubine und Smaragden, summende Schmet-
terlingsvögel sind die Kolibris, die kleinsten und zierlichsten, prachtvoll juwelisch befiederten und schnellsten Vögel.
Darum wurden sie auch, seit Amerika entdeckt, immer bewundert und geschätzt, ihr Gefieder, ihre Organisation,
ihre Lebensweise, ihr Naturell erforscht und nach allen
Beobachtern sind die ausgestopften Exemplare unserer
Sammlungen nur ein sehr matter Abglanz der lebenden,
man muß die wundervollen Geschöpfe in ihrem Treiben
und Thun im Vaterlande sehen, um den ganzen Liebreiz
ihrer Natur vollständig bewundern zu können.

Die Kolibris bewohnen ausschließlich Amerika, doch
keineswegs, wie man aus ihrer Zartheit und Zierlichkeit
folgern könnte, nur die Länder zwischen den Wendekreisen,
sie gehen vielmehr bis Chile und sogar bis zur Magelhaens-Straße hinab, streifen schaarenweise in den sommer-
lichen Schneegestöbern des rauhen Feuerlandes muthig umher, verbreiten sich auch in Nordamerika bis zum 61. Grade
n. Br. und steigen in den Andeskette hinauf, wo rauhes
und unstätes Wetter keine Empfindelei duldet. Allerdings
erscheinen sie in diesen wenig milden Gegenden nur als
Zugvögel, welche der blinde Volksglaube in Winterschlaf
versenkt, da die, fast möchte man sagen blitzschnell dahin
schießenden Schwärme sich den Augen des ungeübten
Beobachters entziehen und überhaupt ihre Wanderung
nicht so sicher verfolgen lassen wie unsere Zugvögel.

Sechs Zoll Länge gilt schon für Riesengröße unter
den Kolibris, sie sind allgemein kleiner und viel kleiner,
aber schmücken ihr derbes volles Gefieder mit blendendem
Metallglanze in den allerschönsten grünen, blauen, rothen
und violetten Farben, zumal die Männchen, während die
Weibchen meist anspruchsloser, einfacher sich tragen; manche
lieben noch besondern Federputz am Kopfe, den Flügeln
oder im Schwanze. Von den einzelnen Organen ist zunächst der Schnabel sehr charakteristisch gebildet. Von
Kopfes- bis Rumpfeslänge schwankend, gerade oder sanft
gebogen, gleicht er einer dünnen fein zugespitzten Röhre,
deren obere Hälfte die untere umfaßt. Die Ränder erscheinen nach vorn hin bisweilen fein sägezähnig gekerbt.
Die Nasenlöcher öffnen sich am Grunde als lange feine
Ritzen. Die im Schnabelrohr liegende Zunge besteht
aus zwei hornigen hohlen Fäden (Fig. 298 f g), welche
je in eine platte, seitwärts fein gezackte stumpfe Spitze
auslaufen, nur Luft enthalten und hinten mit einander
verbunden sind. Erst ihr Stiel ist im Schnabelgrunde
ist fleischig. Das sehr lange Zungengerüst (Fig. 298 d e)
geht hinten in zwei den Kehlkopf umfassende Schenkel,
die Zungenbeinhörner aus einander, welche sich wie bei den
Spechten über den Hinterkopf und Scheitel (a b c) nach
vorn verlängern. An diese Hörner setzen sich zwei Muskelpaare, mittelst deren die Zunge zollweit und noch länger

Fig. 298.

Fig. 299.

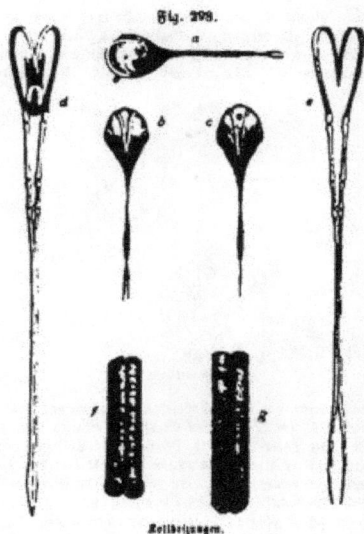

Kolibrizungen.

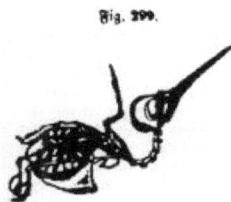

Kolibriskelet.

aus dem Schnabel vorgestoßen und zurückgezogen wird. Diese Einrichtung befähigt die Kolibris aus engen tiefröhrigen Blüthen, in deren Grund sie nicht hinabsehen können, die den Honig und Blüthenstaub fressenden kleinen Insekten hervorzuholen. Denn nur von diesen, von meist weichen Insekten nähren sie sich und der Blumenhonig, welchen man öfter mit den Kerfen in ihrem Magen findet, ist bloß zufällig mit jenen verschludt worden. Eingefangene Kolibris lassen sich auch nur mit Insektenfütterung erhalten.

In den langen schmal säbelförmigen Flügeln stehen neun, meist aber zehn Schwingen an der Hand, von welchen die erste die längste und stärkste, bisweilen auch ganz eigenthümlich befahnt ist. Die nur sechs Armschwingen pflegen verkürzt zu sein. Der zehntheilige Schwanz ändert in Länge, Form und besonderem Putz vielfach ab. Dunen fehlen zwischen den Federfluren gänzlich; die Rückenflur erweitert sich breit rautenförmig und läuft auch breit bis zum Bürzel, wo die sehr große bürzelförmige Bürzeldrüse tief im Fleische versteckt liegt. An den kleinen zierlichen Beinen erscheinen die Läufe bisweilen noch befiedert, die Zehen sind völlig getrennt, bald am Grunde verwachsen und stets mit ungemein langen und scharfspitzigen Krallen bewaffnet. Diese hindern den Vogel am Boden zu gehen, aber befähigen ihn sich an Zweigen sicher aufzuhängen und in dieser Stellung scheinen auch die meisten Kolibris wirklich zu ruhen.

Dem innern Bau verleiht die ungemeine Zartheit und Zierlichkeit des Knochengerüstes (Fig. 299) Beachtung. Die meisten Knochen des Rumpfes führen trotz ihrer Feinheit Luft. Am Schädel fallen sogleich die großen

Naturgeschichte I. 2.

sen Augenhöhlen mit durchbrochener Scheidewand auf, 12 oder 13 Hals-, 8 rippentragende Rücken-, 10 Becken- und 5 bis 7 Schwanzwirbel. Das Brustbein hat wohl den höchsten Kiel unter allen Vögeln, wie denn auch die Brustmuskeln eine im Verhältniß zum Rumpfe ganz ungeheure beispiellose Größe zeigen. Das Schulterblatt ist lang und oft eigenthümlich gebogen, der Oberarm dagegen seltsam kurz und stark knorrig, auch der Vorderarm noch kurz, aber der Handtheil von sehr bedeutender Länge, die Knochen der Beine kurz und sehr fein. Der Schlund erweitert sich etwas bauchig und geht eng in den kurzen Vormagen über, der Magen ist auffallend klein, rund, nur schwach muskulös; Blinddärme und Gallenblase fehlen durchaus, die Leberlappen ungleich, die Lungen klein, doch das Herz mehr denn dreimal so groß wie der Magen.

Die Kolibris bestechen durch ihren blendenden Schmuck, aber traue darum ihrem Charakter nicht, sie sind durchweg ungesellige, eitle, zanksüchtige, zornige und bissige Vögel. Diese schlechten Eigenschaften stehen in einem abschreckenden Mißverhältniß zu ihrer Kleinheit und Pracht. Wenn sie auch in Schaaren beisammen sind, hadern und zanken sie doch stets mit einander, und andere selbst viel größere Vögel greifen sie sogar übermüthig und mit kühnem Selbstvertrauen an, jeder weicht auch ihrem Zorn aus, keineswegs aus Großmuth, sondern wirklich aus Furcht, denn pfeilschnell schießt der Kolibri seinem stärksten Gegner mit dem spitzen Schnabel in die Augen und der getreideste ist um sein edelstes Organ. In der Schnelligkeit und Gewandtheit des Fluges leisten diese kleinsten Vögel wohl Beispielloses. Sie schießen so blitzeschnell dahin, daß man nur ihr leises Summen vernimmt, ohne sie mit den Augen verfolgen zu können. Mit zitternden Flügeln halten sie sich schmetterlingsartig über der Blüthe, senken ihren Schnabel in dieselbe und fliegen zur folgenden. So sind sie den ganzen Tag unermüdlich im Flug. Ohne alle Scheu besuchen sie auch die Gärten, schweben über die Blumen in den Fenstern und Stuben und achten sorglos den Beschauer nicht, so lange der nur still ihrem Treiben zusieht, aber die geringste Bewegung und sie schießen erschreckt davon. Als eingefangen in die Stube gebracht, fahren sie wild und ungestüm gegen die Wände, stürzen wiederholt nieder, bis sie den gewaltigen Erschütterungen ihres Gehirnes erliegen; jung aufgezogen gewöhnen sich einige leichter an das Zimmer und halten Monate, selbst Jahre lang aus. Jenes Summen im Fluge scheint nur durch die reißend schnelle Flügelbewegung,

23

ähnlich wie bei schwirrenden Insekten zu entstehen; die
eigentliche Stimme dagegen zwitschert sein pfeifende Töne,
gewöhnlich wenn der Kolibri auf einem Zweige im
Schatten ausruht. Brennende Mittagshitze und stechende
Sonnenstrahlen verscheuchen den muntern Kolibri in
schattiges Gebüsch. Die Nester, ebenso häufig in unsern
Sammlungen wie ihre ausgestopften Erbauer, sind wahre
Kunstwerke; napfförmig gestaltet und auf einem niedrigen Gabelaste befestigt, bestehen sie aus sehr verschiedenen
zarten Pflanzenstoffen, aus feinen Gräsern, Moosen,
Flechten, Wolle, Fasern, die feinern Stoffe innen, die
gröbern außen, alle dicht verwoben und fest verfilzt. Das
Weibchen legt zwei, verhältnißmäßig ungeheuer große,
meist weiße Eier und brütet zwölf bis sechzehn Tage,
dann schlüpfen die blinden, nackten, unbeholfenen Jungen
aus. Erst nach vierzehn Tagen öffnen dieselben die
Augen und nach vier Wochen erhalten sie ein mattes
graues Gefieder, noch ohne jeglichen Schmuck. Die
Insekten fangen sie niemals im Fluge, sondern holen sie
meist schwebend aus den Blüthen und von den Blättern,
berauben aber auch die Spinnennetze, wobei sie ebensoviel
Geschick und Gewandtheit wie Schlauheit bekunden. Daß
die große Vogelspinne Kolibris jage, wird zwar häufig
erzählt, ist aber bloße Fabel. Besondere Bildungsfähig-
keit ist bei gezähmten Kolibris niemals beobachtet worden
und scheinen ihre psychischen Anlagen überhaupt sehr
geringe zu sein.

Die Zahl der gegenwärtig bekannten Kolibriarten
wird auf 300 angegeben, welche selbstverständlich von
der neuern Ornithologie in viele, etwa 80 Gattungen
vertheilt werden. Wer sich für diese Zergliederung interessirt, nehme die kostbaren monographischen Prachtwerke
von Lesson und Gould mit Hülfe von Bonaparte's und
Reichenbach's Uebersichten und die einschlägigen zoologischen Reisewerke zur Hand. Die Unterschiede beruhen
auf bloßen Aeußerlichkeiten und darum müssen wir bei
der alten Gattung Trochilus als der einzigen der ganzen
Familie stehen bleiben und uns begnügen, nur beispielsweise einige Arten aus der überreichen Mannichfaltigkeit
vorzuführen.

1. Der Rubinkolibri. Tr. colubris.
Figur 300. 301.

Ein Nordamerikaner von drei Zoll Länge. Das
männliche Kleid (Fig. 300) glänzt oben goldiggrün, unten

Fig. 300.

Rubinkolibri.

grau, spiegelt aber am rubinrothen Halse in orange und
carmoisin; Schwingen und Gabelschwanz sind purpurbraun. Das Weibchen (Fig. 301) hält die ganze Unterseite von der Kehle abwärts matt grauweiß. Das Vater-

Fig. 301.

Rubinkolibri.

land erstreckt sich über die Vereinten Staaten und weiter
nordwärts, im Winter nicht über Mittelamerika hinaus.
Erst Mitte März trifft das Vögelchen in Luisiana und
Ende April in Pennsylvanien ein und zieht von hier im
September wieder südlich. Es holt seine Insekten, meist
kleine Blüthenkäfer, am liebsten aus langröhrigen Blumenkronen, schießt aber gelegentlich auch nach fliegenden. Das
auf Aesten von Eichen oder Obstbäumen befestigte Nest
besteht aus Pflanzenwolle und enthält vom Mai bis Juli
Eier, vielleicht zweier Bruten.

2. Der goldkehlige Kolibri. Tr. chrysolophus.
Figur 302.

Einer der größten, prachtvollsten und doch gemeinsten
Kolibris in Brasilien, der Untergattung Heliactinus zu-

Fig. 302.

Goldkehliger Kolibri.

gehörig. Das Männchen, 4½ Zoll lang, schmückt sich
mit zwei hinter den Augen stehenden fächerförmigen Feder-
büschen, welche golden glänzen und in smaragdgrün und
rubinroth spiegeln. Die schuppigen Stirnfedern funkeln
zwischen saphirblau und stahlgrün, die Kehle prachtvoll
violett, der Hals grün, die Brust rein weiß, das Körpergefieder erzgrün, die äußern Steuerfedern weiß und braun
eingefaßt. Das Weibchen ohne Kopfputz ist oben überall
bloß erzgrün, an der Kehle rostgelb, auf den äußern
Schwanzfedern mit schwarzer Binde. Der Vogel schwirrt
in großer Anzahl über niedrigen blühenden Stauden.

3. Der Corafolibri. Tr. cora.
Figur 303.

Dieser schönste Peruaner, um Lima sehr gemein, mißt
2 Zoll im Körper und fast das Doppelte in dem stußgen
braunen Schwanze. Sein Rückengefieder glänzt dunkelgrün, die Unterseite schmutzig weiß, aber ein amethyst-

Fig. 303.

Corafolibri.

violettes Band mit weißem Fleck zieht über die Oberbrust.
Die beiden längsten mittlen Schwanzfedern sind halb weiß
und halb braun.

4. Der Sapphofolibri. Tr. Sappho
Figur 304.

Auch dieser Kolibri lebt in Peru und zwar in den
waldigen Gegenden jenseits der Cortillera der Andes.
Sein smaragdgrünes Gefieder schillert violett, am Hinter-

Fig. 304.

Sapphofolibri.

leibe braunröthlich. Der lange tiefgablige Schwanz
spiegelt im lebhaftesten Kupferroth und schneidet die
Federspitzen sammetschwarz ab.

5. Gould's Kolibri. Tr. Gouldi.
Figur 305.

Die Schuppenfedern an der Stirn, Kehle und Oberbrust glänzen prachtvoll grün, Flügel und Schwanz purpurbraun, Hinterrücken und Bauch weißlich. Den Kopf
ziert ein beweglicher pyramidaler Federnkamm von lebhaft
brauner Farbe und jede Seite des Halses ein schneeweißer
Büschel, dessen schmale Federn mit einem smaragdgrünen,
dunkel eingefaßten Auge enden. — Außer dieser Art hat
man dem berühmten englischen Ornithologen noch eine
Kolibrigattung Gouldia geweiht, welche sich durch einen
feinspitzigen Schnabel, auffällig kleine Flügel und langen
Gabelschwanz auszeichnet, dahin Tr. Langsdorfs, erzgrün
mit feuerfarben geflecter Brust.

23 *

Fig. 305.

Gould's Kolibri.

6. Der sichelflüglige Kolibri. Tr. campylopterus.

Figur 305.

Dem starken, hohen, gegen die Spitze hin verdickten Schnabel fehlen die feinen Rankkerben und die breiten Flügel haben stark gekrümmte Handschwingen mit am Grunde plötzlich erweiterten Schäften. Der breit gerundete Schwanz verkürzt seine äußern Steuerfedern. Das Gefieder schillert oben gelblichgrün, unten metallisch blau.

Fig. 306.

Sichelflügliger Kolibri.

Dieser Kolibri lebt in Venezuela und bildet mit einigen andern den Typus der Gattung Campylopterus, so noch Tr. falcipennis in Brasilien, erzgrün mit blauer Kehle und Brust und schwärzlichen Flügeln und Schwanz, 6 Zoll lang, Tr. campylopterus, einförmig erzgrün und kleiner.

7. Der säbelschnäblige Kolibri. Tr. recurvirostris.

Figur 307.

Unter den sehr veränderlichen Schnabelformen fällt die säbelförmig aufwärts gebogene dieses columbischen Kolibri gar merkwürdig auf. Dieselbe zeigt sich ganz besonders geeignet, die Insekten aus den gekrümmten Blumenkronen der Bignonien hervorzuholen, zu welchen ein gerader Schnabel nicht wohl gelangen würde. Das Gefieder trägt sich gelblaggrün, an der Kehle smaragdgrün, in der Mitte der Brust und am Bauche schwarz; die Seitenfedern des Schwanzes sind topasgelb.

Fig. 307.

Säbelschnäbliger Kolibri.

Von den zahlreichen andern Arten mögen nur noch einige flüchtig angedeutet sein. Aus der Untergattung Grypus mit fein hakiger Spitze am geraden starken Schnabel, breiten Flügeln und Schwanze ist der große Gr. naevius in den waldigen Gebirgsthälern Südbrasiliens oben trüb kupfriggrün und an der graugelben Unterseite schwarz gestreift. Die mattfarbigen Phaëthornis mit gekrümmtem geradspitzigen Schnabel, langem Keilschwanze und ungeheuer verlängerter Mittelkralle sind in Brasilien ebenfalls nicht selten, so Tr. superciliosus, oben grün, unten röthlich grau, Tr. squalidus, mit schwärzlicher Kehle und rothgelb überlaufenem Bürzel. Die langschnäbligen, schmalflügligen, breitschwänzigen Petasophora-Arten zieren sich mit Halsbüschen, z. B. Tr. crispus, erzgrün mit zwei vieletten Halsbüscheln und blaugrüner Kehle und Schwanz. Die Heliothrix-Arten fiedern bunt und grell, die Galetheras-Arten kennzeichnet ein prachtvoll gefärbtes Kehlschild, meist rubinroth, dagegen tragen sich die Thaumatias sehr bescheiden, licht erzgrün mit weißer Decorirung, so Tr. albicollis mit rein weißem Vorderhalse und Tr. brevirostris mit grünfleckiger Kehle. Die Lopherniden glänzen wieder im prächtigsten Kieferschmuck, so Orthorhynchus, mit eigenthümlichem Scheitelzopf, Lophornis, mit langem Halsschmuck, und viele andere.

Siebente Familie.

Wiedehopfe. Upupidae.

Auch die Mitglieder dieser kleinen Familie gehören vorzugsweise den wärmeren Ländern an und kommen nur mit einer allerdings sehr charakteristischen Form bei uns vor. Sie sind zwar ansehnlich größer als die Kolibris, doch immerhin noch kleine Vögel. Ihr langer dünner Schnabel biegt sich gern sanft bogig, bildet aber keine kolibrinische Röhre, sondern beide Hälften sind vielmehr ausgefüllt und legen sich flächenhaft auf einander; nicht einmal für die Zunge bleibt Raum, sie steckt, ganz auffallend verkürzt, platt dreieckig, oben und hinten gezähnt, tief im Grunde der Rachenhöhle. Die kleinen Nasenlöcher öffnen sich am Schnabelgrunde frei oder unter dem Stirngefieder verborgen. Die Füße sind zwar kurz und schwach, aber doch zur Bewegung auf ebenen Flächen ganz geeignet, zumal die Krallen kurz und wenig gebogen sind, die der Hinterzehe am länglichen. In den großen stumpfspitzigen Flügeln erlangt erst die dritte bis fünfte Schwinge die Spitze und die zahlreichen Armschwingen verkürzen sich nicht zu dem Grade wie bei den Kolibris. Der zehnfedrige Schwanz ändert seine Länge auffällig. Mehr vermögen wir nicht zur Charakteristik der Familie beizubringen, denn von ihren drei Gattungen sind die beiden tropischen ihrer Organisation nach noch unbekannt, was von der einheimischen unsere Aufmerksamkeit verdient, wollen wir sofort berücksichtigen.

1. Wiedehopf. Upupa.

Außer unserm einheimischen Wiedehopf sind noch vier afrikanisch-asiatische Arten desselben Typus bekannt. Ihr sehr langer Schnabel erscheint leicht zusammengedrückt, nur am Grunde breit, und aus fast dreikantigen Kinnladen gebildet. Die kleinen ovalen Nasenlöcher öffnen sich frei und dicht vor dem Stirngefieder. Die kurzen für die Größe des Vogels schon kräftigen Beine besitzen sich grob und haben kurze stumpfe Krallen an den Zehen, und an der Hinterzehe eine fast gerade lange. Die breiten Flügel verkürzen die erste Schwinge und setzen sich erst mit der vierten und fünften. Der Schwanz ist gerade abgestutzt. Das weiche lockere Gefieder bildet auffallend schmale Federfluren, deren obere sich zwischen den Schultern theilt und erst kurz vor dem Bürzel wieder die Reste vereint, während die Unterflur schon an der Gurgel sich spaltet und ganz schmal bis an den Steiß mit beiden Ästen fortsetzt. Den Scheitel schmückt eine aufrichtbare, zweireihige Holle. Die Bürzeldrüse ist tief zweilappig und mit einfachem röhrigen, befiederten Ausgange versehen. Der Schädel und die Rumpfknochen führen Luft, von den Gliedmaßenknochen nur der Oberarm. Am Schädel beachtete man die sehr breite Fläche der Stirn, auf welcher die Muskeln für die große Federholle liegen. Der Hals ist vierzehnwirblig, der Schwanz sechswirblig und acht Rückenwirbel tragen Rippen. Das Brustbein ähnelt dem der Singvögel, ebenso das Becken. Die sonst am Augen-

höhlenrande auftretende Rasendrüse fehlt. Die Zunge besteht eigentlich nur aus dem weichhäutig überzogenen und bezahnten dreiseitigen, in der vordern Hälfte knorpligen Zungenkerne. Die weichen Luftröhrenringe bleiben hinten offen und kein eigener Muskel zieht dem untern Kehlkopf. Ohne Erweiterung läuft die Speiseröhre in den großen, sehr dickdrüsigen Vormagen über und diesem folgt der länglich und schwach muskulöse Magen. Der Darmkanal mißt Körperlänge, besitzt aber keine Spur von Blinddärmen; zwei Bauchspeicheldrüsen, sehr ungleiche Leberlappen, elliptische Milz, schmach rundlich gelappte Nieren u. s. w., worüber man Specielles in der Zeitschrift f. ges. Naturwiss. X. 236 — 244 findet.

Die Wiedehopfe sind Waldbewohner, zumal niedriger feuchter Gegenden, wo sie leicht Insekten, ihre ausschließliche Nahrung, finden. Bei uns heimatet nur der gemeine Wiedehopf.

1. Der gemeine Wiedehopf. U. epops.

Figur 300.

Vom nördlichen Afrika über ganz Europa und tief nach Asien hinein verbreitet, war der Wiedehopf bei seinen auffälligen Eigenthümlichkeiten schon den Alten ein bekannter Vogel: die Dichter befabelten ihn, Abergläubige schrieben ihm und seinen Körpertheilen Zauber- und Wunderkräfte zu, Andere verachteten ihn wegen seines üblen Geruchs und Schmutzes und nur Aristoteles übte sein ornithologisches Beobachtungstalent an ihm. Wer den äußerlich netten und schlanken Vogel noch nicht gesehen haben sollte, wird ihn doch auf den ersten Blick erkennen und zwar an der großen fächerförmigen Scheitelholle, deren bewegliche Federn in zwei Reihen stehen und ihre schöne Rostfarbe am Ende mit weiß und schwarz absetzen, ferner an den schwarzen Schwingen mit weißer Binde und dem schwarzen Schwanze mit halbmondförmigem weißen Querbande. Das Gefieder ist schön rostfarben, am Bauche in weiß, am Rücken in rostgrau, am Bürzel in schneeweiß übergehend. Die Flügeldecken bändern sich weiß. Männchen und Weibchen tragen dasselbe Kleid und der Federbusch wächst den Jungen schon im Neste. Der Schnabel wird zwei Zoll lang und der ganze Körper 10 bis 11 Zoll.

Bei uns kommt der Wiedehopf im April an einzeln oder paarweis und zieht im August und September familienweise in nächtlichem Fluge wieder gen Süden. Zum Standquartier wählt er lichte Wälder und Gebüsche mit Aengern, Wiesen und Aeckern, wo Hochwild und zahme Heerden weiden, denn diese ernähren mit ihrem Unrath und Aas allerlei Insektengeschmeiß. Er weiß sehr geschickt mit seinem langen dünnen Schnabel die Maden und Käfer aus dem Koth und den Erdlöchern hervorzuholen, oder desto schwerer wird ihm das Verschlucken, weil die Zunge verkürzt und die langen Kiefer bloßen Stäben gleichen, er muß daher jedes ergriffene Insekt in die Höhe werfen und es beim Niederfallen im klaffenden Schnabel auffangen, auf andere Weise bringt er kein Futter in den Schlund. Obwohl er auch ganz in der Nähe bewohnter Orte sich niederläßt, ist er dennoch ungemein vorsichtig und scheu, jedes Geräusch, jedes größere Thier erschreckt ihn und er

Fig. 306.

Gemeiner Wiedehopf.

fliegt eiligst in den nächsten Baumwipfel. Er geht schrittweise, stets mit dem Kopfe nickend und die Schelielhoße niedergelegt. Im Wohlbehagen wie im Zorn fächelt er aber mit der Holle. Seine gewöhnliche Stimme schnarcht beiser, in der Freude rumpf wäck wäck, als Lockton bupp hupp. Widerlich wird der Wiedehopf durch seine völlige Gleichgültigkeit gegen allen und jeden Schmuz. Da er viel im Koth arbeitet, so besudelt er sich auch häufig, aber nie denkt er ans Puzen, das doch andere Vögel lieben, natürlich verbreitet er nun auch einen sehr übeln Geruch, der sich gar pestilenzialisch steigert in seinem Neste, wo der Unrath von Jung und Alt in Fäulniß übergeht; andere junge Vögel würden in diesem erstickenden Gestank und Schmuz unfehlbar zu Grunde gehen. An sich also auch in der Stube, wo er reinlich gehalten wird, riecht der Wiedehopf keineswegs unangenehmer als andere Vögel. Er wird auffallend leicht zahm und ist dann ganz zutraulich, fliegt auf die Hand und

Schulter, läßt sich streicheln, achtet aufmerksam auf Wort und Miene und unterhält durch seine possierlichen Manieren; im Winter verlangt er freilich viel Pflege, mir gelang es noch nicht, ihn durchzubringen. Als Brutstelle dient jedes beliebige Baum- und Mauerloch, fehlt darin eine lockere Unterlage, so trägt er nur einiges Gebälm und Genist herbei. Das Weibchen legt drei bis sechs kleine längliche Eier, grünlichweiß oder grau und punktirt, und brütet allein sechszehn Tage sehr festsitzend. Die ausschlüpfenden Jungen stecken bald bis an den Hals im eigenen Unrath, der in Fäulniß übergehend von Maden durchwühlt wird; eine stinkende Cloake. Den Juden war der Genuß des Wiedehopfsfleisches gesetzlich verboten, Andere essen es wegen der widerlichen Unreinlichkeit nicht, allein im Herbst, wo das Gefieder reinlich zu sein pflegt, ist das fette Fleisch doch außerordentlich schmackhaft. Im Verein mit Staaren und Krähen unterstützt der Wiedehopf den unterirdisch jagenden Maulwurf in Erhaltung fetter Wiesen, Maden und Gewürm würden ohne diese unersättlichen Fresser die ganze Ernte schon im Keime verderben.

Der afrikanische Wiedehopf, U. africana, fiedert schön fuchsroth, hat kein weißes Band vor den Spitzen der Scheitelbuschfedern, auch keine weiße Binde auf den Handschwingen und nur eine, statt vier, auf den schwarzen Armschwingen. Eine dritte kleinere Art lebt am Cap, die andern in Asien.

2. Kragenhopf. Epimachus.

Der prachtvolle Schmuck des Gefieders brachte die Kragenhopfe zu den Paradiesvögeln, mit welchen sie überdies das Vaterland theilen, allein einige äußere Merkmale deuten doch auf nähere Verwandtschaft mit dem Wiedehopfe; die entschiedene Untersuchung der innern Organisation fehlt noch, obwohl die Vögel in Neu-Guinea nicht selten sind und von den Eingeborenen wie den Paradiesvögeln als Schmuck an die Malayen verhandelt werden. Der Schnabel ist kürzer als beim Wiedehopf und der Unterkiefer innen schwach rinnenförmig. Die Nasenlöcher öffnen sich fein spaltenförmig unter einer mit weichen Sammetfedern bekleideten Haut. An den kurzzehigen Füßen fällt die Hinterzehe durch ihre Länge und bedeutende Stärke und durch ihre große Kralle auf. Die breiten Handschwingen nehmen bis zur dritten an Länge zu, welche mit der vierten den Flügel stumpf spitzt. Der Schwanz hat zwölf Federn und ganz abweichend vom Wiedehopf läuft die Rückenflur ohne Spaltung, ohne Erweiterung bis zum Bürzel und die Unterflur theilt sich erst vorn an der Brust.

Man unterscheidet gegenwärtig schon sechs Arten, unter welchen die abgebildete, E. superbus (Fig. 309), wohl die prächtigste sein möchte. Von geringer Taubengröße, scheint sie doch wegen der zwei Fuß langen Schwanzfedern und der gebuschten Seitenfedern viel größer zu sein. Ihr Gefieder ist blauschwarz, an der Brust mit lebhaft grünem Schiller, an den Schulterfedern prachtvoll gestelbgrün, der Schwanz oben violett mit blauem Schiller, unten braun.

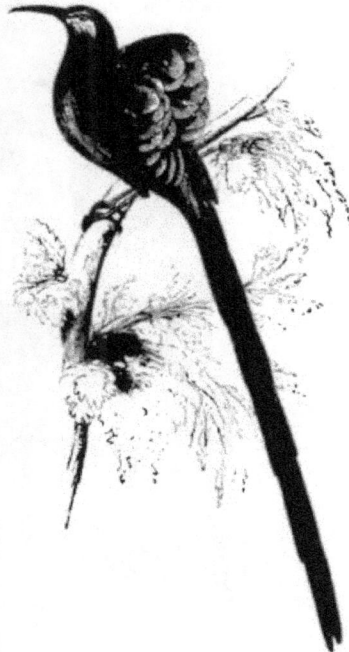

Fig. 309.

Kragenhopf.

3. Schweifhopf. Promerops.

Die Schnabelbildung gleicht völlig der des Wiedehopfes, nur öffnen sich die Nasenlöcher unter einer theilweise befiederten Haut. Auch die Füße unterstützen diese Verwandtschaft, indem sie sich nur durch stärkere Krallen unterscheiden und die Conturfedergruppen zeigen gar keine Abweichung, so daß man die wenigen Arten fast mit dem Wiedehopf generisch vereinigen könnte. Die Flügel haben eine Armschwinge weniger und von den Handschwingen erlangen die vierte bis sechste die Flügelspitze. Die zehn Schwanzfedern stufen den Schwanz ungemein lang keilförmig. Schädel, Rumpfknochen, Oberarm und Oberschenkel führen Luft. Die Wirbelsäule gliedert 12 Hals-, 8 Rücken- und 6 Schwanzwirbel; im schmalen Brustbein bemerkt sich hinten jederseits eine rundliche Lücke; Schulterblatt sehr kurz, Oberarm etwas kürzer als der Unterarm.

Der rothschnäbige Schweifhopf, Pr. erythrorhynchus (Fig. 310), bewohnt das Kaffernland und fiedert herrlich dunkelgrün mit lebhaften violetten, schwargen und goldigen Schiller. Der Schnabel ist schön korallenroth. Es ist ein lebhafter, muthwilliger Vogel, vom frühesten Morgen bis Sonnenuntergang familien-

Fig. 310.

Schweifvogel.

weise das Gebüsch durchstreifend und Nachts in einem dunklen Baume ruhend. — Von den andern Arten mißt Pr. pusillus in Senegambien nur 9 Zoll Länge in schwarzem Gefieder, Pr. senegalensis 16 Zoll und mit andern Flügelflecken gezeichnet.

4. Bienenfresser. Merops.

Die Bienenfresser entfernen sich so sehr von den Wiedehopfen durch entschiedene Beziehungen zu andern Typen, daß sie gemeinlich als besondere Familie mit nur einer Gattung aufgeführt werden. Der sanft gebogene, scharfkantig gefirstete Schnabel wird nach vorn sehr dünn und spitzig und hat harte scharfe Schneiden. Dicht an seinem Grunde, zum Theil von borstigen Stirnfedern überschattet, liegen die runden Nasenlöcher. An den klei-

nen Füßen verwachsen die Zehen bis zum ersten und zweiten Gliede mit einander, bekrallen sich lang und scharfspitzig, nur die kurze Hinterzehe mit sehr kleiner Kralle. Die großen Flügel sind schwalbenartig, lang, schmal und spitzig, ihre Schwingen mit sehr steifen Schäften und deren erste sehr verkürzt, die zweite oder dritte am längsten. Der lange Schwanz besteht aus zwölf Federn. Das kurze derbe Gefieder liegt knapp an und verleiht dem kleinen Vogel ein nettes schlankes Aeußere, das durch glänzende Prachtfarben noch mehr gewinnt.

Die bis jetzt unterschiedenen dreißig Arten der Meropiden heimaten sämmtlich in den wärmern Ländern der Alten Welt und haben in ihrem Betragen und ihrer Lebensweise überhaupt ungemein viel Schwalbenhaftes. In kleinen Gesellschaften halten sie zusammen, fliegen pfeilschnell schießend und so plötzlich schwenkend, daß man sich leicht auf einige Augenblicke über die Richtung des Fluges täuscht und gar von Rückwärtsfliegen gefabelt worden ist. Den Aufenthalt am Boden meiden sie wegen der schwächlichen Füße, ruhen vielmehr auf Aesten. Wie die Schwalben haschen und verzehren sie meist welche Insekten im Fluge, trinken und baden über das Wasser hinfliegend und graben mit Schnabel und Füßen in lockere sandige Ufer oder Hügel eine lange Röhre für das Nest, in welchem sie bis sieben rundliche weiße Eier aus- brüten. Der Name Bienenfresser bezieht sich auf ihren großen Appetit auf Bienen, durch welchen einige Arten wenigstens schädlich werden. Sie fressen indeß auch an- dere stechende Insekten, Heuschrecken, Cicaten, Libellen und machen sich dadurch wieder nützlich.

1. Der europäische Bienenfresser. M. apiaster.

Figur 311.

Die einzige europäische Art bewohnt die mittelmeeri- schen Länder und zu vielen Tausenden das südliche Ruß- land zumal längs des Don und der Wolga; nach Deutsch- land verirren sich nur einzelne Exemplare, dagegen dehnen sie ihr Vaterland noch weit nach Asien hinein und über den größten Theil von Afrika aus. Ueberall in Europa nur Zugvogel, kömmt der Bienenfresser plötzlich im Früh- jahr mit den Schwalben an und zieht schaarenweise mit winterschnellem Fluge im Herbst ab. In Ausdauer, Leichtigkeit, Gewandtheit und Schnelligkeit des Fluges gleicht er den Schwalben, liebt auch wie diese Wärme und Sonnenschein und streift ebenso ohne alle Scheu an bewohnten Orten umher. Seine Stimme pfeift ein helles süßtrül und kündet den fliegenden Schwarm schon aus weiter Ferne an. Unaufhörlich jagt er den Insekten nach, schwirrt durch Gebüsch und Bäume, um die Obst- bäume, streicht dicht über Wiesen und Getreidefelder hin, längs der Ufer und gern über solche Blüthen, welchen die Bienen nachgehen. Andern kleinen Vögeln wie den Schwalben, Fliegenfängern, Meisen wird der Stachel stechender Insekten tödtlich und sie vergreifen sich an diesen nicht, der Bienenfresser aber schnappt gern danach und verschluckt sie ganz unbeschadet. Für die Nestanlage gräbt er eine drei bis sechs Fuß lange Röhre in lockerm Boden nach Art der Uferschwalben, erweitert dieselbe hinten backofenartig und füttert sie mit Moos und Genist aus. Das Weibchen brütet allein die glänzend rein weißen Eier.

Der europäische Bienenfresser erreicht 10 Zoll Länge und 18 Zoll Flügelbreite und gefällt durch seinen schlanken Wuchs, die angenehmen Formverhältnisse und die prachtvollen, sanft in einander verschmelzenden Farben seines Gefieders. Auf dem Hinterkopfe und Nacken glänzt dasselbe schön kastanienbraun, längs des Rückens bräunlichgelb, an der Kehle hochgelb mit schwarzer Einfassung, an der Stirn blaugrün und über die ganze Unterseite see-

Fig. 311.

Europäischer Bienenfresser.

grün. In den Flügeln erscheint die erste Schwinge völlig verkürzt und spitz, schon die zweite ist die längste und von den zwölf harten schmalen Steuerfedern im Schwanze ragen die beiden mittlen über einen Zoll lang hervor. Das eben nicht große Auge hat eine hoch karminrothe Iris und hinter sich einen tiefen dunkelbraunen Fleck. In südlichen Ländern wird der Bienenfresser zahlreich eingefangen und als sehr schmackhaftes Fleisch zu Markte gebracht.

2. Der rothbrüstige Bienenfresser. M. amictus.

Figur 312.

Von der Länge des vorigen, zeichnet sich dieser Sumatrenser sogleich durch seinen mehr gekrümmten, tief gefurchten Schnabel und den gelben abgerundeten Schwanz aus. Das grasgrüne Gefieder wird am Bauche sehr hell, bedeckt den Kopf mit einer violetten Kappe und den Vorderhals mit einem purpurrothen Latze. Die Lebensweise ist eine mehr nächtliche, nur Abends bis tief in die Nacht hinein jagt der muntere Vogel nach Insekten.

Unter den Afelkanern kennzeichnet den M. albicollis

Naturgeschichte I. 2.

Fig. 312.

Rothbrüstiger Bienenfresser.

die weiße Stirn und Kehle, M. variegatus der ausgerandete Schwanz, die hochgelbe Kehle und braune Brust, M. hirundinaceus der tiefgablige dunkelgrüne Schwanz mit schwarzer Binde vor dem weißen Ende; noch andere Farbenzeichnung bieten M. bicolor, collaris, nubicus, viridissimus etc.

Achte Familie.

Eisvögel. Halcyonidae.

Vögel von Sperlings- bis Krähengröße, auffällig eigenthümlich in ihrer äußeren Erscheinung, ruhig in ihrem Betragen, sehr scheu und gescheit, gewandt und durch ihre große Gefräßigkeit der menschlichen Oeconomie oft mehr schädlich als nützlich. Die weite Kluft, welche die Eisvögel von den Wiedehopfen scheidet, wird durch die Bienenfresser überbrückt, indem diese schon mehrfach Beziehungen zu den Halcyoninen bekunden. Das Mißverhältniß zwischen Schnabel und Füßen tritt hier nun recht grell hervor: diese sehr klein, kurz, weichlich, bisweilen gar mit verkümmerter Hinterzehe, an allen Zehen mit kurzen Nägeln, jener dagegen gewaltig groß und gerade, vierkantig und keilförmig gespitzt. Damit wird man schon die Eisvögel von allen vorigen Familien unterscheiden können. Die Nasenlöcher öffnen sich seitlich vor der Stirn, schief ritzenförmig unter einer nackten weichen Haut. In den kurzen stumpfen Flügeln erlangt die dritte Schwinge die Spitze und am Arm stehen zwölf bis funfzehn Schwingen. Den meist sehr kurzen, geraden oder abgerundeten Schwanz bilden zwölf Steuerfedern. Die Fluzenzüge folgen dem Typus des Wiedehopfes, sind nur breiter und voller und außerdem steckt unter dem Conturgefieder ein ziemlich dichtes Dunenkleid, welches in dem Aufenthalt über dem Wasser seinen Grund zu

haben scheint und den Nestjungen noch ganz fehlt. Uebrigens glänzt das Gesieder meist prachtvoll blau oder grün
und vollendet seine Zeichnung mit rostroth und weiß.
In dem gewaltigen Schnabel steckt doch nur eine sehr
kleine, kurz und breit dreiseitige Zunge mit scharfen
Hinterecken und einer Reihe Zacken. Dem Schlunde
fehlt jede kropfartige Erweiterung, der Vormagen ist
ungemein kurz, der Magen weit, schlaffwandig und über-
bar, ganz raubvogelähnlich, am Darm keine Spur von
Blinddärmen, die Luftröhrenringe weich und am harten
Kehlkopf jederseits ein schmaler Muskel. Am Schädel
verdient die schmale Stirn und der kräftige Kieferapparat
Beachtung; in der Wirbelsäule liegen 11 Hals-, 8 Rücken-
und 7 bis 8 Schwanzwirbel; das lange Brustbein läuft
hinten in vier eigenthümliche Zacken aus; das Schulterblatt lang, die Hand merklich kürzer als der Unterarm.

Die Gattungen, im äußern Habitus sehr übereinstimmend, verbreiten ihre mehr denn hundert Arten über
alle Welttheile, zumeist jedoch über Afrika und das südliche Asien und Neuholland. Alle wählen die Ufer der
Gewässer oder deren Nähe zum Standquartier, jagen
fliegend und stoßend Fische oder Insekten und nisten in
Uferlöchern, mehre weiße, kuglige feinschalige Eier legend.
Die nackten blinden Jungen bekleiden sich gleich mit dem
Conturgesieder, das anfangs einem ächten Stachelkleide
gleicht.

1. Eisvogel. Alcedo.

Die große Uebereinstimmung der Eisvögel nach ihrem
äußern wie innern Bau verleiht der Trennung in verschiedene Gattungen wenig Natürlichkeit und wer in den
Gattungen überhaupt nur selbständige, auf wesentliche
und durchgreifende Eigenthümlichkeiten der Organisation
begründete Typen erkennt, geräth hier in Verlegenheit,
wer dagegen bloße Unterscheidung, leichte Uebersichtlichkeit
in der Gruppirung von Arten mit der Aufstellung von
Gattungen bezweckt, wird sich mit den wenigen äußerlichen
Merkmalen schon befriedigt fühlen. In schärfster Um-
gränzung begreift diese erste typische Gattung nur die
Arten mit großem, vierkantig pyramidalem, gerad- und
keilspitzigem Schnabel, dessen scharfe Schneiden kaum eingezogen und dessen Rückenkanten scharf sind. Die sehr
kurze, dreiseitige Zunge ist ein bloßes Rudiment. Die
schwächlichen schillerlosen Füße haben am Grunde verbundene Vorderzehen und eine kleine breitwurzlige Hinterzehe, diese mit sehr spitziger Kralle. Wegen der übrigen
Organisationsverhältnisse wenden wir uns sogleich an
die einzige deutsche Art.

1. Der gemeine Eisvogel. A. ispida.
Figur 313. 314.

Gemein in Deutschland und wohl in allen wasserreichen Gegenden Europas, wie auch eines großen Theiles
von Asien und Afrika, fällt der kleine Vogel wegen seiner
überaus ruhigen und versteckten Lebensweise doch nirgends
gerade in die Augen. Er ist im Körper nur wenig größer
als der Sperling, 6½ Zoll lang mit 11 Zoll Flügel-

breite, aber der große Kopf und der anderthalb Zoll lange,
rothe oder schwarze Schnabel vergrößern ihn beträchtlich.
Das derbe, zerschlissene Gesieder liegt glatt an, glänzt
unten seidenartig, auf den obern Theilen metallisch, verlängert am Hinterkopf und Nacken, um aufgesträubt
eine kleine Holle zu bilden. Scheitel und Hinterhaupt
dunkeln grün mit hell grünblauen Punktflecken, ebenso
die Schultern und Flügeldecken, der Rücken schillert hervor-
blau, der sehr kurze Schwanz dunkel lasurblau, an den
Halsseiten tritt ein weißer Fleck hervor, auch die Kehle
ist weiß, nur mit gelblichem Anfluge und die ganze Unterseite schön zimmet- oder rostfarben. Im weiblichen Kleide
tritt das Blau gegen das Grün mehr zurück und das
jugendliche steht in Grau, das Nestkleid gar ins Schwärzliche. Am prächtigsten glänzt das ausgewachsene Männchen im Winterkleide. Auf dem Oberkopfe stehen die
Federn dicht gedrängt, am Halse herab spärlich, dann in
dichter dreier Rückenflur bis zum Bürzel. Die Unterflur theilt sich schon am Halse und läuft mit beiden
Aesten bis zum After; auch die Schulterfluren sind sehr

Fig. 313.

Gemeiner Eisvogel.

voll und dicht. Die Bürzeldrüse ist tief zweilappig, wie
bei dem Wiedehopf und ihr Zipfel mit einem Kranze
höchst eigenthümlicher Oelfedern besetzt.

Am Schädel liegen Schnabelrücken und Stirn fast in
gleicher Flucht und ihr Augenhöhlenscheitelwand ist durchbrochen. Außerdem verdient noch die Kleinheit des letzten
Schwanzwirbels, die beträchtliche Länge und Biegung des
Schulterblattes und die Luftführung des Oberarmes Beachtung. Das große, merkwürdig quergezogene Auge
enthält einen ganz seltsamen Fächer im Glaskörper, dessen
17 Falten fingerartig erweitert sind und bis an die sehr
ungleich gewölbte Linse reichen. Die rudimentäre Zunge
birgt einen platten herzförmigen Kern, welcher auf einem
ungeheuer breiten Zungenbeinkörper gelenkt. Den Vormagen zeigt nur ein kleiner Drüsenkranz an und der
häutige Magen ist ungemein dehnbar. Der Darmkanal
mißt 9½ Zoll Länge, die Leber ist sehr ungleich lappig,
die Bauchspeicheldrüse auffällig zerlappt, die Milz klein
oval, zwei Hauptgefäßstämme am Halse u. s. w.

Bei uns überwintert der Eisvogel, streicht aber im
Herbst von Ort zu Ort, um fischreiche Gewässer aufzu-

suchen, welche im Winter nicht zufrieren. Denn stets hält er sich an Ufern, zumal dolen, buschigen auf, wo er allein und höchstens in Gesellschaft seiner eigenen Familie still und ungestört sizen kann. Mit unermüdlicher Geduld

Fig. 314.

Gemeiner Eisvogel.

wie die Kaze vor dem Mauseloch, lauert er hier auf die Beute, unverwandten Blick ins Wasser stierend und sobald ein Fischchen sich blicken läßt, stößt er pfeilschnell drauf los, den Keilschnabel voran, taucht unter und im Augenblick kömmt er mit dem Fisch im Schnabel herauf und fliegt auf seinen Plaz zurück. Er zerschellt nun den Fisch am Boden, dreht ihn im Schnabel um und verschlingt ihn. Allerlei kleine Fische bis zu höchstens vier Zoll Länge sind ihm willkommen und vergebens stößt er nicht leicht auf einen. Bietet das Ufer keinen geeigneten Ansaß: so fliegt er auch über dem Wasserspiegel hin und stößt wie ein fallender Stein plözlich und pfeilschnell nieder. In Ermangelung der Fische jagt er Insekten und Gewürm. Er ist übrigens ein arger Fresser und speit die unverdaulichen Theile wie Schuppen und Gräten in großen Ballen unter beschwerlichem Würgen wieder aus. In der Stube soll er sich an Regenwürmer, Fleisch und in Milch geweichte Semmel gewöhnen, ich füttere die meinigen nur mit Fischen; außer der netten Färbung bieten sie freilich gar nichts Anziehendes, denn lautlos und unbeweglich sizen sie da. Im Freien sind sie sehr zänkisch, neidisch, ungestüm und wild, zugleich lächerlich furchtsam vor größern Vögeln. Der Futterneid scheint sie stets zum Kampfe zu treiben, denn der Nahrungsüberfluß verfolgen sie sich weniger. Obwohl sie bei dem Stoße auf Beute eine überraschende Gewandtheit und Schnelligkeit im Fluge zeigen, sind sie im Uebrigen doch träge und phlegmatisch und lassen auch ihr hellpfeifendes schneidendes tiit nur im Fluge hören. Zur Neßanlage wird mit dem großen Schnabel und den schwächlichen

Füßen ein drei Fuß langes Rohr in das Ufer gearbeitet und am Ende desselben eine sechs Zoll große Kammer geweitet. Einige Wochen vergehen über diese mühsame und anstrengende Arbeit. Das Weibchen speit nun einige Ballen unverdauter Gräten aus und legt auf diese seine großen, fast kugligen, porzellanweißen Eier, fünf bis elf. Beide Geschlechter brüten in Abwechslung sechzehn Tage, pflegen ihre häßlichen Juungen mit aufopfernder Liebe und beziehen im nächsten Jahre wieder dieselbe Röhre. Sie schaden übrigens den Fischereien weniger, als man gemeinlich glaubt, denn sie jagen vielmehr nur die kleinen werthlosen Fische als die junge Brut großer Arten. Von den Fabeleien, welche das klassische Alterthum theils in poetischer Begeisterung, theils in blindem Aberglauben erzählt, findet der heutige Beobachter keine Spur: der todte Eisvogel verfault wie jedes andere Thier, lenkt keinen Blizstrahl mehr von seiner Bahn ab, vermehrt keine verborgenen Schäze und beruhigt niemals mehr den wilden Wogendrang des stürmischen Meeres.

Diesem selben Typus des gemeinen Eisvogels gehören unter Anderen die Afrikaner: A. quadribrachys, sehr schön dunkelblau, und A. semitorquata, mit schwarzblauen Halsseiten und unterseits schwarzem Schwanze; ferner gibt es einen A. cyanotis, mit weißer Kehle und schwarzen Flügeln und Schwanze, A. leucogastra, mit weißer Unterseite, nitida, mit ultramarinblauen, schwarzrandigen Rückenfedern, u. v. a.

2. Der gegürtelte Eisvogel. A. alcyon.

Figur 315.

Dieser zwölf Zoll lange Nordamerikaner, von der Hudsonsbay bis Mexiko heimatsberechtigt, siedert hell schiefergrau mit bläulichem Stich, an der Oberbrust grau mit rothen Flecken, am Bauche weiß; die Kehle und das Halsband sind weiß, ebenso spizen sich die schwarzen

Fig. 315.

Gegürtelter Eisvogel.

24*

Schwingen und auch der schwarze Schwanz befleckt sich weiß; der Kopf ist gehäubt. Die Lebensweise stimmt im Wesentlichen mit der des unsrigen überein. Minder scheu jagt der gegürtelte Eisvogel gern in der Nähe klappernder Mühlen, an Wehren und Stromschnellen, wo er die von hochaufsprühenden Wellen betäubten Fische sicher erspäht und stoßend faßt, auch seinen schnarrenden Pfiff fleißig ertönen läßt. Ueber dem Wasser schwebend stürzt er in Spirallinie mit reißender Schnelligkeit auf die Beute nieder. Das ebenfalls in langer Uferröhre angelegte Nest wird mit einigen Reisern und Federn ausgefüttert und enthält fünf glänzend weiße Eier. — Auch an diesen Typus reihen sich Arten anderer Welttheile, von welchen jedoch nicht mehr als das Gefieder bekannt ist. Unter den Südamerikanern zeichnen sich die zur Untergattung Megaceryle vereinten Arten durch einen stumpfspitzigen Schnabel, kräftige Füße, matte Färbung und einen Nackenschopf aus. Dahin gehört der weit verbreitete M. torquata, mit blaugrauem Rücken, rostrother Unterseite und weißer Kehle und Halsbinde; er hat eine ovale Lücke in den Gaumenbeinen und acht breite Schwanzwirbel. Die zierlichen Arten der Gruppe Chloroceryle kennzeichnet der längere dünnere Schnabel mit gerundeter Firste und die feineren Beine, so A. amazona, von Krammetsvogelgröße, oben lebhaft erzgrün, unten weiß, die Brust des Männchens rostroth, und der gemeine brasilianische A. americana, mit gelblich weißer Unterseite und erzfarbener oder rostrother Brustbinde.

Der zimmetfarbene Eisvogel, A. cinnamomea (Fig. 316), auf Neuseeland fiedert zart rothgelb oder zimmetbraun, schillert an den Flügeln und Schwanze aus blau in grün und zieht quer über den Hinterkopf eine schwarze Binde. Körperlänge 10 Zoll.

zimmetfarbener Eisvogel.

3. Der große Eisvogel. A. gigantea.
Figur 317.

Dieser 18 Zoll lange Riese bewohnt die waldigen Hügel im Innern Neuhollands und unterscheidet sich für den empfindlichen ornithologischen Blick durch seine Schnabelform schon auffällend von den vorigen Arten, so daß man ihn nebst einigen Andern zur Gattung Dacelo erhoben hat. Sein Schnabel ist nämlich an der Wurzel breiter und platter, an den Seiten etwas bauchig aufgetrieben und an der Spitze schwach übergekrümmt. Dazu

Fig. 317.

Großer Eisvogel.

kommt noch der stärkere Bau der Füße mit langen, krummen, sehr spitzigen Krallen und dann die Flügel, welche in der Ruhe bis auf die Mitte des verlängerten abgerundeten Schwanzes reichen. Die Augen rücken nach vorn fast an die Schnabelwurzel heran und geben dem Gesichte einen listigen, wilden Ausdruck. Das Gefieder düster oben olivenbraun, unten ist es matt weißlich, auf der Brust dunkeln rauchbraune Querstreifen, den Hals gürtet ein breiter weißer Ring, die Schopffedern spitzen sich braun, und der Schwanz bändert schwarz und rostfarben. Zu träg, plump und ungeschickt zum Stoßtauchen, sitzt der große Eisvogel lauernd auf einem dünnen Aste, bis er ein Insekt, eine Schlange oder anderes Beutethier erspäht, dann schießt er mit schrillendem Ruf auf dasselbe los, zerschellt es mit gewaltigen Schnabelhieben und verzehrt es auf seinem Ruhesitze. Schon mit dem frühesten Morgengrauen ruft er lauter und durchdringender rab und die nächsten Kameraden beantworten diesen schauerlichen Gruß. Die Colonisten nennen deshalb diesen Eisvogel den lachenden Eselvogel, bei den Eingeborenen heißt er

Gobera oder Gogobera. Er wurde übrigens schon lebend nach England gebracht.

4. Der geheiligte Eisvogel. A. sacra.
Figur 318.

Ein kleiner Eisvogel, nur 8½ Zoll lang, aber prachtvoll gekleidet. Den Kopf deckt eine braungrüne Haube mit weiß eingefaßtem Grunde und tiefem Ring begränzt ein vorn schwarzer, in der Mitte grüner, im Nacken brauner Streif; Kehle, Brust und Bauch blenden weiß, den Unterhals und Vorderrücken umgürtet ein braungestrichelter schwarzer Ring, Rücken und Flügeldecken sind bläulichgrün, die Schwingen braun mit blauem Rande. Auf Cocospalmen sitzend späht der Vogel nach kleinen Insekten und seine Trägheit scheint ihn kaum zu zu anderer Jagd zu befähigen. Er heimatet auf mehreren Südseeinseln und galt früher den Insulanern für heilig.

Fig. 318.

Gehellgter Eisvogel.

Man unterscheidet übrigens noch mehre Arten seines Typus auf Neuseeland und Neuguinea.

5. Der langschwänzige Eisvogel. A. dea.
Figur 319.

Auf den Molucken lebt ein prächtig paradiesvogel-ähnlicher Eisvogel mit kurzem Schnabel und langem Schwanze. Sein Gefieder ist im Nacken und auf den Flügeldecken dunkel türkblau, auf dem Rücken und Schwingen schwarz, an der Unterseite und im Schwanze weiß; die beiden mittlen Schwanzfedern mit blauem Wurzelfleck verlängern ihre Schäfte weit über ihre Nachbarn hinaus und besitzen sich mit einem kurzen weißen Federbart. Auch diese Art meidet die Gewässer und hascht im Gebüsch hartschalige Insekten.

Fig. 319.

Langschwänziger Eisvogel.

2. Ceyx. Ceyx.

Ju der äußern Erscheinung ganz den Eisvögeln gleich, selbst in der Farbenpracht und auch im Naturell und der Lebensweise, aber die Füße sind nur dreizehig und die Abwesenheit einer Zehe ist für den Vogel immerhin schon ein wichtiges Organisationsmoment, wenn es auch nicht sofort eine erhebliche Aenderung der Lebensweise bedingt. Die zwei schwachen Vorderzehen sind bis zum dritten Gliede mit einander verwachsen, nur die Hinterzehe ist frei. In den spitzigen Flügeln erreicht die dritte Schwinge die größte Länge, der Schwanz ist stets kurz. Der lange gerade Schnabel plattet sich oben etwas ab und die gleich hohen, glattrandigen Kiefer enden stumpfspitzig.

Die Arten bewohnen Indien und Neuholland und hier lebt die australische Ceyx, C. australis (Fig. 320), ganz nach Art unseres gemeinen Eisvogels. Sie fiedert oben seidenglänzend ultramarinblau, an den Flügeln schwärzlich, an der Unterseite rostroth und an der Kehle weiß. Die javanische Ceyx, C. meninting (Fig. 321), der Burungbirn der Javaner, treibt seine Jagd unter scharfem schrillenden Geschrei in feuchten buschigen Niederrungen und längs der Seeküste und ruht auf versteckten, das Wasser überragenden Aesten. Auf der Oberseite glänzt er prachtvoll lasurblau, an der Brust und dem Bauche rostroth; die Kehle, ein Schulterfleck und ein Streif vom Nasenloch zum Auge sind weiß, Schwingen und Schwanzente schwarz. Eine dritte Art, C. tridactyla (Fig. 322), wurde auf Luzon, einer der Philippinen, entdeckt, um ein Drittheil kleiner als unser Eisvogel, aber an Pracht des Gefieders obenan stehend. Ihre Oberseite

Fig. 320.

Australische Gerz.

Fig. 321.

Javanische Gerz.

Fig. 322.

Philippinische Gerz.

mäßiger Größe und seitlich schwach zusammengedrückt, biegt er beide messerschneidige Kiefer an der Spitze herab und öffnet an seinem Grunde die Nasenlöcher ritzenförmig

Fig. 323.

Kopf der Mantelkrähe.

spielt nämlich in dunkellilla, die Unterseite ist weiß, der Schnabel blaßkarminroth; die Flügel glänzen mit dunkel intiagblau und beranden ihre einzelnen Federn hellblau: die Füße sind roth. Das Vaterland scheint sich auch auf das indische Festland auszudehnen.

3. Mantelkrähe. Corvias.

Wie die Bienenfresser die Vermittlung zwischen Wiedehopf und Eisvogel übernehmen, ganz so stellt sich die Mantelkrähe zwischen letzteren und Rabenvogel. Von beiden nimmt sie einzelne Verhältnisse auf und da sie diese Verwandtschaft wieder durch besondere Eigenthümlichkeiten stört: so pflegt man sie als Typus einer eigenen Familie von jenen wie von diesen zu trennen. Gleich der Schnabel spricht für die Sonderstellung, von nur

unter einer harten Haut. Den Mundwinkel bestarren steife Borsten (Fig. 323). Die kurzen kräftigen Füße sind vierzehig und die Zehen bis auf den Grund getheilt. In den langen Flügeln erreicht schon die zweite Schwinge die Spitze und die erste ist nur wenig kürzer. Das glatte stets schönfarbige Gefieder spaltet seine schmale Oberflur zwischen den Schultern und vereinigt beide Aeste erst im ebenfalls schmalen Bürzelstreif wieder; die Unterflur theilt sich schon oben am Halse und setzt auf der Brust einen bandigen Ast ab. Die eiförmige Bürzeldrüse ist nackt. Der Schwanz hat zwölf Steuerfedern. Merkwürdig tritt von den Nasenlöchern aus Luft in besondere Zellen unter die Haut, nämlich in eine kleine, vom Oberkiefer zur Stirn ausgedehnte Zelle und in eine große, welche den hinter Theil des Schädels und den ganzen Hals, dessen Haut dadurch ganz leise wird, bekleidet. Außerdem führen sämmtliche Rumpfknochen und der Oberarm Luft. In der

Wirbelsäule liegen 12 Hals-, 8 Rücken- und 9 Schwanzwirbel. Das Brustbein geht am hinteren Rande in zwei
Paar Fortsätze aus. Die Rasendrüse fehlt. Die lange
schmale und dornige Zunge zasert ihre Spitze und besetzt
ihre Hinterecken mit je einem zweiseitigen Zahne. Die
Luftröhre besteht aus vollkommen knöchernen Ringen und
nur ein Muskelpaar haftet am untern Kehlkopfe. Das
Herz ist sehr dick und stumpf kegelförmig. Den kurzen
Vormagen kleiden dicke Drüsen dicht gedrängt aus; der
Magen ist blos häutig, sehr dehnbar, länglich rund und
innen mit faltiger Haut ausgekleidet; der Darmkanal
mißt etwas über Körperlänge, 1 Fuß 4 Zoll bei der einheimischen Art und hat hier fast zwei Zoll lange Blinddärme; die Nieren sind gelappt, die Milz sehr groß und lang.

Die Arten vertheilen sich über die Länder der östlichen
Halbkugel, doch zumeist über die wärmeren und sind durchweg scheue, ungesellige, fluggewandte Waldbewohner,
welche von Insekten und Gewürm leben und auf Bäumen
nisten.

1. Die Blauracke. C. garrula.
Figur 324.

Die Blauracke, auch gemeine Mantelkrähe und blauer
Rabe genannt, dehnt ihr Vaterland vom südlichen Afrika
über die mittelmeerischen Länder bis jenseit der Ostsee,
und in Asien bis Japan und Sibirien aus, strichweise
sehr zahlreich, in andern Gegenden aber nur ganz vereinzelt. Lichte Wälder mit trocknem und ebenem oder
hügligem Boden, zumal in der Nähe von Wiesen und
Äeckern sagen ihr am meisten zu. Bei uns trifft sie erst
Ende April und Anfangs Mai ein und zieht Mitte September, am Tage wandernd, wieder fort. Unstät und
flüchtig, läßt sie ihr scheues Wesen nur aus der Ferne
beobachten, fliegt schnell und leicht von einem Baum zum
andern oder schießt pfeilschnell durch die Luft. Obwohl
oft mehre in einem engen Bezirke beisammen wohnen,
hadern und zanken sie doch beständig und gar oft raufen
sie sich so wild, daß sie verblissen zu Boden fallen und vom
schlauen Reineke überrascht werden. Dabei schreien und
schwätzen sie unaufhörlich, rufen schnell ihr hohes schnarrendes racker, racker oder im Zank kreischend räb, daher
der sehr bezeichnende Name Racke. Nur jung eingefangen
gewöhnen sie sich bei frischem Fleisch und Würmern an
die Stube, bleiben aber zänkisch und bissig, mehr unter
einander als gegen andere Vögel und verrathen auch keine
sonderliche Gelehrigkeit; Alte gehen schnell in ihrem ungestümen Wesen zu Grunde. Ihre Nahrung besteht in
allerlei Insekten, Gewürm und in kleinen Fröschen; vege-
tabilische Kost verschmähen sie durchaus. Das Nest steckt
in einem hohlen Baumstamme und besteht aus trocknen
Wurzeln, Gebalm, Federn und Haaren. Das Weibchen
legt vier bis sechs glänzend weiße Eier und brütet wechselweise mit dem Männchen drei Wochen. Die ausschlüpfenden Jungen sitzen gar bald bis an den Hals in stinkendem
Unrathe, aber wachsen dennoch schnell heran und sind im
Herbst schon sehr wohlschmeckend, wo sie zumal in mittelmeerischen Ländern auch massenhaft zu Markte gebracht
werden.

Unter den deutschen Vögeln steht die Blauracke durch
die Pracht ihres Gefieders im ersten Range. Von 13 Zoll

Fig. 324.

Blauracke.

Länge und 27 Zoll Flugweite, schimmert sie schön blaugrün,
längs des Rückens hell zimmtfarben, an der Unterseite
der Flügel prächtig lasurblau. Die Schwanzfedern mischen
ihr Grün mit braun, violett und grau. Stirn und Kinn
stechen weißlich am schwarzen Schnabel ab und lassen auch
die braunen starren Bartborsten recht deutlich hervortreten. Die kurzen starken Füße dunkeln gelb. Junge
Weibchen tragen sich matter, alte sind von den Männchen
nicht zu unterscheiden; das Nestgefieder ist schmutzig und
verstänkert. Die wichtigsten anatomischen Verhältnisse
wurden schon im Gattungscharakter nach dieser Art angeführt; Mehreres darüber habe ich in der Zeitschrift für
ges. Naturwiss. 1857. X. 318 mitgetheilt.

2. Die australische Mantelkrähe. C. orientalis.
Figur 325.

Auch diese Art breitet ihr Vaterland weit aus, denn
um Sidney in Neuholland ist sie als Thalervogel, auf

Fig. 325.

Australische Mantelkrähe.

Sumatra als Tiongbatu gemein, auch auf Java und den Molucken kommt sie häufig vor. Im ungestümen und gewandten Fluge sowie in der Lebensweise weicht sie nicht von der unsrigen ab. Ihr Gefieder prangt im schönsten Azurgrün, sticht aber die Kehle rein blau und der Schwanz schwarz ab; über die schwarzblauen Schwingen zieht eine weiße Binde und der Schnabel ist roth. Am Schädel fällt die beträchtliche Breite, zumal des Kiefergerüstes besonders auf. Es scheinen 13 sehr kurze Halswirbel verbunden zu sein und nur 7 rippentragende Rückenwirbel, 9 Schwanzwirbel; der Oberarm von der Länge der Hand, der Unterarm doppelt so lang wie das Schulterblatt; das Brustbein mit sehr hohem Kiel und zwei sehr tiefen Ausschnitten jederseits desselben am Hinterrande.

3. Die chinesische Mandelkrähe. C. sinensis.
Figur 326.

Nicht in China, sondern auf den Philippinen beimatet diese schon durch ihre aufrichtbare Scheitelholle charakteristische Racke. Eine zweite besondere Eigenthümlichkeit besitzt sie in einer leichten Kerbe vor der Spitze des starken Schnabels, an dessen Grunde steife Borsten die Nasenlöcher überschatten. Das blaßgrüne Gefieder sticht in gelblich und die olivengrünen Schwingen veranden sich braun. Schwarze Augenringe sind durch eine solche Nackenbinde verbunden, die Füße röthlich. Körperlänge elf Zoll.

Fig. 326.

Chinesische Mandelkrähe.

4. Die abyssinische Mandelkrähe. C. abyssinica.
Figur 327.

Während die vorige Art durch ihren Kopfputz sich auszeichnet, macht sich die im nordöstlichen Afrika ganz nach Art der unsrigen lebende abyssinische durch den Schwanz kenntlich, indem sie die beiden äußern grünen Steuerfedern ansehnlich verlängert und zuspitzt. Ihr

Fig. 327.

Abyssinische Mandelkrähe.

Gefieder ist schön meergrün, aber Rücken und Flügeldecken zimmetfarben, Schultern, Schwingen und Unterrücken cyanblau. Mehre andere afrikanische Arten werden noch nach der Farbenzeichnung unterschieden.

Neunte Familie.
Nashornvögel. Buceridae.

Merkwürdige Vögel mit wahrhaft riesigem Schnabel. Obwohl sie von stattlicher Rabengröße und kräftigem Körperbau sind, würden sie doch den colossalen Schnabel nicht tragen können, wenn derselbe aus Knochenmasse bestände; er enthält vielmehr, wie unser Durchschnitt (Fig. 328) zeigt, in einem lockerzelligen Gewebe große Lufthöhlen und nur die Kiefer sind knochenhart und fallen ins Gewicht. Immer mehr oder weniger gebogen (Fig. 329), trägt er auf der Firste von der Wurzel her einen hohen Kiel oder gar einen gewaltigen Aufsatz, welcher dem Vogel ein ganz abenteuerliches Ansehn verleiht und den Namen Nashornvögel rechtfertigt. Die Ränder sind bei jungen Exemplaren ganz, bei ältern stets unregelmäßig gezähnt oder gekerbt blos zufällig durch Ausbrechen, das bei einzelnen soweit geht, daß die Ränder weit klaffen. Die kleinen runden Nasenlöcher öffnen sich frei an der

Fig. 328.

Fig. 329.

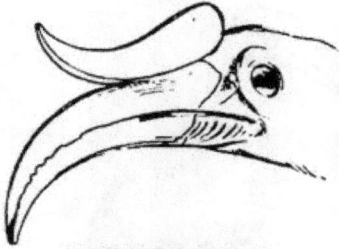

Durchschnitt des Nashornvogelschnabels.

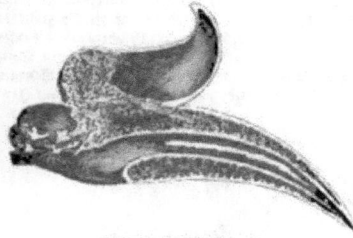

Schnabel des Nashornvogels.

Schnabelwurzel. Die vierzehigen Füße (Fig. 330) sind kurz und kräftig mit breitsohligen und kurz bekrallten Zehen. In den kurzen gerundeten Flügeln erscheinen die ersten Schwingen stuß verlängert. Das weiche Gefieder steht sparrig über den ganzen Körper vertheilt, nicht auf schmale Fluren beschränkt, nur bei kleineren Arten zeigen sich Lücken. Die Bürzeldrüse gleicht einem runklichen, mit wolligen Flaumfedern besetzten Knollen.

Die wenigen Gattungen leben mit etwa funfzig Arten im warmen Amerika und den tropischen Ländern der Alten Welt. Europa hat keine einzige Form aufzuweisen.

Fig. 330.

Fuß des Nashornvogels.

1. Nashornvogel. Buceros.

In dieser Gattung sind alle Nashornvögel Afrikas, Asiens und Polynesiens begriffen. Ihr gemeinschaftlicher Charakter liegt eben in dem übermäßig großen Schnabel mit eigenthümlichem, in Form und Größe sehr veränderlichem Aufsatze und ganz geöffneten Nasenlöchern. Der Bau der kurzen kräftigen Füße ist aus Fig. 330 ersichtlich. Die Augengegend, zuweilen auch die Kehle ist nackt, aber der Augenrand stark bewimpert. Das dichte Gefieder besteht aus weichen, flaumästigen Federn und die Flügel haben 21 bis 27 Schwingen, wovon zehn dem Handtheil gehören und bis zur dritten stuß an Länge zunehmen, dann bis zur sechsten oder siebenten durch gleiche Länge den Flügel stumpf spitzen. Den Schwanz steuern zehn Federn. Das Knochengerüst bietet gar manche, sehr brachtenswerthe Eigenthümlichkeit. Zunächst führen wohl in Folge des riesig großen Schnabels alle Knochen Luft bis auf die Nagelglieder der Zehen und die Rippen. Der Schädel hat eine ansehnliche Größe und Schwere, welche mit dem Schnabel die elf oder zwölf Halswirbel verkürzt und verbreitert; der erste Halswirbel verwächst gar oft mit dem zweiten; acht Rücken- und 7 bis 8 eigenthümliche Schwanzwirbel. Das Brustbein ist kurz, sehr breit, am Hinterrande mit zwei schwachen Ausschnitten und mit sehr hohem Kiel. Das Größenverhältniß der Flügelknochen verhält sich wie bei den Mantelkrähen. Die

Zunge ist klein pfeilförmig, am tiefbuchtigen Hinterrande gezackt und enthält einen blos knorpligen Kern. Die weite Speiseröhre führt durch einen kurzen Drüsenmagen in den schwach muskulösen dehnbaren Magen. Der Darmkanal ist von beträchtlicher Länge, jedoch ohne Blinddärme, die ungleichlappige Leber mit Gallenblase, die Bauchspeicheldrüse wie gewöhnlich doppelt.

Die Nashornvögel führen eine omnivore Lebensweise, indem sie sowohl saftige Früchte und mehlige Samen als Insekten, Gewürm, kleine Säugethiere, Frösche und Aas fressen. Bei ihrer Jagd auf lebendige Thiere verrathen sie aber keine sonderliche Raubgier, denn die gewaltige Wucht des Schnabels bedürfte ganz ungeheurer Muskeln, wenn derselbe zum Mordgeschäft vortrefflich geeignet sein sollte; er vermag wohl überlistete Ratten und Mäuse zwischen seinen harten Rändern breit zu quetschen, aber nicht starke Beutethiere festzuhalten und zu zerreißen. Gegen das entschiedene Raubthiernaturell leben denn auch die Nashornvögel gesellig, familien- und schaarenweise beisammen unter lautem Lärm, munter und gewandt in den dichtesten Baumwipfeln umherfliegend. Ihre ganz stattliche Größe, der furchtbare Schnabel und das vorherrschend mattschwarze Gefieder imponirt zwar und läßt Muth und Dreistigkeit erwarten, aber das täuscht, Felgheit, Furchtsamkeit und ängstliche Vorsicht sind vielmehr die hervorragendsten Charakterzüge. Das Nest bauen einige Arten in hohle Bäume, andere eisenartig an freie Aeste.

Die zahlreichen Arten lassen sich nach der Größe und Form des Schnabelaufsatzes gruppiren und weiter nach der Färbung des Gefieders unterscheiden. Wir lenken nur auf wenige die Aufmerksamkeit und verweisen wegen der übrigen auf den Besuch ornithologischer Sammlungen.

1. Der große Nashornvogel. B. rhinoceros.

Figur 331.

Der gehörnte indische Rabe folgt, wie der alte Bontius erzählt, den Jägern, um von den weggeworfenen Eingeweiden der erlegten Thiere sich zu sättigen und gelegentlich auch ein Stück Fleisch zu stehlen. Er hat Truthahnsgröße, vier Fuß in der Länge und einen fußlangen Schnabel, welcher an der Wurzel schwarz, in der Mitte röthlich, an der Spitze gelblich ist und die Spitze seines Aufsatzes nach oben krümmt. Die Befiederung des Kopfes und Halses ist sehr locker, haarähnlich, die ganze Oberseite matt schwarz, der Bauch, die Hosen und der Schwanz weiß. Der Vogel lebt auf den Philippinen, auf Java

Fig. 331.

Großer Nashornvogel.

und Sumatra und verräth in der Gefangenschaft viel Dummheit, Schwerfälligkeit und Feigheit.

2. Der zweigehörnte Nashornvogel. B. bicornis.

Figur 332.

Ein Bewohner des großen indischen Festlandes und der benachbarten Inseln und kenntlich sogleich an dem vorn vertieften, fast zweihörnigen, hinten über die Stirn hinausragenden Schnabelaufsatz. Kopf, Rumpf und Flügel federn schwarz, der Hals sticht schmutzig strohgelb ab, die großen Flügeldeckfedern und Schwingen spitzen sich weiß, die Bürzel- und Schwanzfedern sind weiß.

Der Hornvogel, B. sulcatus, auf den Marianen, furcht seinen Schnabelaufsatz tief und schillert sein schwarzes Gefieder stahlgrün, aber Brust und Hals sind rostgelb und das Gesicht weiß. Der indische einhörnige, B. monoceros, erreicht 2½ Fuß Länge und spielt sein schwarzes Gefieder ebenfalls in grün, die Unterseite weiß; der 8 Zoll lange Schnabel trägt ein 6 Zoll langes Horn. Unter den Afrikanern ist der nur 16 Zoll lange B. erythro-rhyachus oben schwärzlich grau, am Kopfe, Halse und Unterleibe weißlich, an der Kehle gelb, und der Schnabel, wie die lateinische Benennung andeutet, grell roth; andere Arten heißen B. coronatus, nasutus, abyssinicus, fascia-tus, albocristatus u. f. w.

Fig. 332.

Zweigehörnter Nashornvogel.

2. Sägeracken. Prionites.

Die amerikanischen Vertreter dieses absonderlichen Typus sind nicht blos kleiner als die altweltlichen, sondern auch minder abenteuerlich in ihrer äußern Erscheinung, daher erst die aufmerksamere Vergleichung ihrer Organisation die nahe Verwandtschaft mit den Nashornvögeln ergab. Auf den ersten Blick möchte man sie für hochbeinige und langschwänzige Mandelkrähen erklären, allein schon die gezackten Schnabelränder und die zur Hälfte verwachsenen äußern Vorderzehen weisen auf die Nashornvögel. Der leicht gebogene Schnabel endet zusammengedrückt stumpfspitzig und öffnet an seinem Grunde die schiefen Nasenlöcher unter einer kleinen Platte. Den Mundwinkel bestarren kurze Borstenfedern und die Augenlider tragen statt der Wimpern kleine Randfedern. Von den Handschwingen erlangen erst die vierte und fünfte die stumpfe Flügelspitze und die 10 bis 12 Armschwingen zeichnen sich durch ihre beträchtliche Länge aus. Der lange starke Keilschwanz besteht aus 10 oder 12 Steuerfedern. Unter den innern Organen fällt die tukanähnliche Zunge sogleich charakteristisch in die Augen, sie läuft nämlich in eine hornige, federartig zerschlissene, tief zweilappige Spitze aus. Das kurze breite Brustbein hat am Hinterrande vier abgeschlossene Lücken, die Wirbelsäule 13 Hals-, 8 Rücken- und 8 Schwanzwirbel.

Die Arten leben in den lichtesten Wäldern Mittel- und Südamerikas, einzeln oder paarweise, sehr scheu und ruhig. Morgens und Abends ertönt ihr flötenartiger Pfiff. Am Tage sitzen sie regungslos lauernd unter schattigem Laube auf den Ästen, fangen kleine Vögel oder suchen Insekten und fressen auch weiche Früchte. Ihr

Nest bauen sie ganz kunstlos in ein Astloch und legen nur zwei welke Eier. In der Gefangenschaft werden sie durch ihre Gefräßigkeit und plumpen Manieren widerlich.

Der mexikanische Momot, Pr. mexicanus (Fig. 333), gleicht in der Größe ziemlich unserer Elster und fiedert oben bräunlich grün, unten lichter, in der Ohr-

Fig. 333.

Mexikanischer Momot.

gegend mit schwarzen blauspitzigen Federn. Der ebenso bräunlichgrüne brasilianische Momot scheitelt schwarz mit lasurblauer Einfassung und berandet und bespitzt seine lebhaft grünen Flügel- und Schwanzfedern bläulich. Eine dritte Art in Brasilien, hat nur zehn Schwanzfedern und färbt Scheitel und Oberbauch rostrothgelb, Zügel, Backen und einen Brust-fleck schwarz. Das ganze übrige Gefieder olivengrün.

Zehnte Familie.
Pisangfresser. Amphibolae.

Eine kleine, in ihrem Vorkommen ausschließlich auf Afrika beschränkte Familie eigenthümlicher Vögel, welche in ihrer äußern Haltung lebhaft an die Hühner erinnern, durch die wendbare Außen- oder Innenzehe dagegen eine unverkennbare Beziehung zu den Klettervögeln bekunden. Weder Hühner noch Kukuke, müssen sie nun hier an der äußersten Gränze der Schreivögel stehen. Ihr kurzer, kräftiger, zumal breiter Schnabel krümmt sich, erhöht gewöhnlich seine Firste und zähnt die Kieferränder; die hoch an seiner Wurzel gelegenen Nasenlöcher öffnen sich

unter einer Hornplatte oder unter dem Stirngefieder. Die ersten Schwingen in den kurzen stumpfen Flügeln sind verkürzt.

Unter den Gattungen zeichnet sich der Klammer-vogel, Colius, sehr charakteristisch aus durch die als Wendezehe dienende Innenzehe. Ihr kurzer, kräftiger Schnabel ist stark dreikantig, gegen die Spitze hin zusammengedrückt. Der lange stufige Schwanz hat nur zehn Federn. Das seidenweiche Gefieder verbreitet sich ziemlich gleichmäßig über die ganze Unterseite des Körpers, während es auf der Oberseite nur eine schmale, auf dem Rücken gespaltene Flur bildet. Nur die Schädelknochen führen Luft; die Zunge ist sehr breit, stumpfspitzig, hinten ringsum gezähnt. Die Speiseröhre läuft ohne Spur eines Kropfes durch den trüsenreichen weiten Vormagen in den ganz häutigen, aber dennoch mit grünen Blättern und Knospen gefüllten Magen über; der Darmkanal ganz kurz, ohne Spur von Blinddärmen; die Leber fast gleich-lappig und ohne Gallenblase, die Milz rundlich, die Bauchspeicheldrüse einfach, die Nieren zweilappig. Die Arten heimaten besonders im südlichen und westlichen Afrika, klettern geschickt an Aesten und Stämmen auf und ab, hängen sich mit den Krallen schwebend auf und bilden sogar nach Verreaux's Beobachtungen häufig hän-gende Ketten, indem sechs bis sieben Stück mit den Füßen sich an einander klammern; seltsame Turnübung unter Vögeln! Die senegalische Art, C. senegalensis (Fig. 334), wird 13 Zoll lang und fiedert perlgrau in

Fig. 334.

Senegalischer Klammervogel.

grünlich, am Vorderkopf gelblich, am Bauche röthlichgrau; die Schneiden der Kiefer fein sägezähnig. C. nigricollis kennzeichnet die schwarze Befiederung an der Stirn, der Kehle und dem Vorderhalse.

Viel bekannter und auch in europäischen Menagerien gehalten sind die in der Gattung Corythaix vereinigten Helmkukufe. Ihre Außenzehe ist die Wendezehe und der kurze Schnabel krümmt seine Firste sehr stark und zähnelt die Kieferränder. Die eirunden Nasenlöcher verstecken sich unter den Stirnfedern und den Scheitel schmückt eine zweizeilige Haube. Buffon's Helmkukuf, C. Buffoni (Fig. 335. 336), bewohnt die Wälder des südlichen und südöstlichen Afrika. Schwer-

fällig und geräuschvoll fliegend, hüpft er doch munter und geschickt von Ast zu Ast und läßt häufig aus den höchsten Wipfeln seine laute Stimme erschallen. Sein Gefieder ist lebhaft grün, an den Flügeln und Schwanze violettblau, an den vordern Schwingen hochroth; über dem Auge ein schwarzer Fleck. Der gemeine Helmkukuf, C. persa, vom Cap lebend nach Europa gebracht, hat die Größe unseres Hehers und fiedert hell apfelgrün, die Haube weiß gerandet. Er wird ganz zahm und läßt sich aus der Hand füttern, läuft unruhig und geschäftig hin und her, frißt Obst sehr gern und legt röthlich weiße Eier. Der rothhaubige Helmkukuf, C. erythrolophus (Fig. 337), ist schon durch seinen von der rothen,

Fig. 335.

Buffon's Helmkukuf.

Fig. 336.

Kopf von Buffon's Helmkukuf.

Fig. 337.

Rothhaubiger Helmkukuf.

weiß eingefaßten Haube entlehnten Namen kenntlich. Sein blaßgrünes Gefieder schimmert bläulich und die vordern Schwingen sind prächtig roth, auch der Schnabel orangeroth. Das schöne Purpurkarminroth der Schwingen läßt sich, wenn dieselben durchnäßt sind, mit dem Finger abwischen.

Die typische Gattung der Familie bilden die Pisangfresser, Musophaga, mit der Fußbildung der Helmkukufe, jedoch mit eigenthümlichem Schnabel. Derselbe ist nämlich sehr dick, an der Wurzel unbefiedert, längs der Firste abgerundet und an der Spitze hakig herabgebogen. Der Oberkiefer setzt als Stirnplatte fort und die Nasenlöcher öffnen sich spaltenförmig. Die Außenzehe wendet übrigens nicht. Die schmale Oberflur des Gefieders ist zwischen den Schultern ganz unterbrochen und breitet sich nach hinten über die ganze Oberseite aus; die Unterflur hat einen breiten freien Bruftoft. Die dritte Schwinge ift die längfte und der Schwanz nur zehnfedrig. Der vio- lette Pifangfreffer, M. violacea (Fig. 338), niftet im mittlen Afrika und fiedert bei 18 Zoll Körperlänge violett mit karmefinrothen Schwingen, feinem purpur- fchillernden Sammetgefieder am Kopfe und weißem Schlä-

Fig. 338.

Violetter Pifangfreffer.

fenftreif. Der gelbe Schnabel fpringt weit in die Stirn vor wie bei unferem Wafferhuhn und hat kurze rothe Fleifchlappen an der Wurzel. Der Vogel lebt paarweife und fällt durch feine Gefräßigkeit verheerend in die Ba- nanenpflanzungen ein. Eine andere, als Schizorhis

generifch abgefchiedene Art, der bunte Pifangfreffer, M. variegata (Fig. 339), in Senegambien trägt eine große Scheitelhaube aus langen, fchmalen, dünnen Federn. Das zart graue Gefieder der Oberfeite erfcheint fchwarz geftrichelt, der Bauch weiß mit dunkeln Schaftftrichen,

Fig. 339.

Bunter Pifangfreffer.

Vorderhals und Bruft fchön kaftanienbraun, die fchwarzen Schwingen mit weißem Fleck und der Schnabel gelb. Ueber die Lebensweife fehlen noch alle Beobachtungen und es wird kaum auffallen, daß der Vogel von einigen Ornithologen zu den Fafanen geftellt worden ift, fein Habitus weift unverkennbar auf diefelben hin, wenn auch Schnabel- und Fußbildung fogleich die vermuthete Ver- wandtfchaft wieder aufhebt.

Dritte Ordnung.

Klettervögel. Scansores.

Mit der Einheit im Typus der Klettervögel fieht es kaum befriedigender als bei den Schreivögeln aus, indem auch fie in ihrer gefammten Erfcheinung fowohl wie in den Bildungsverhältniffen der einzelnen Körpertheile und Organe vielfach und felbft erheblich fchwanken. Der eigenthümliche Bau der Füße kennzeichnet fie noch am fchärfften und augenfälligften. Von den vier Zehen fenken nämlich nur die mittlen beiden nach vorn, die innern wie gewöhnlich nach hinten, aber auch die äußere ift nach hinten gerichtet, fo daß alfo zwei nach hinten und zwei nach vorn ftehen und diefer vortreffliche Greif- apparat bildet eben den Kletterfuß. Die äußere Zehe bewahrt fich jedoch bei einigen Familien mit verhältniß-

mäßig fchwachen Füßen die Fähigkeit, auch willkürlich nach vorn zu drehen und ift dann alfo Wendezehe, wie wir folche eben fchon bei dem Helmkukuk fanden. Der nie- mals befiederte Lauf trägt vorn fehr gewöhnlich, wie auch die Oberfeite der Zehen breite Halbgürtel, Gürtelfchilder oder Schienen, feine Hinterfeite aber bewarzt er mit kleinen Täfelchen, welche chagrinartig den ganzen Papa- geienfuß überziehen. Der Schnabel fpielt wieder wie bei den Schreivögeln mit feiner Größe und Form. Im Allgemeinen ift er groß und ftark, gerade oder gekrümmt, kantig oder gerundet. Die kleinen Nafenlöcher öffnen fich an feinem Grunde, wo der hornige Ueberzug endet, aller- meift unter dem Stirngefieder verfteckt, doch kommen häufig

auch sehr strasse Bartborsten an der Schnabelwurzel vor.
Die Zunge bietet ganz auffallend verschiedene von der
eigenthümlichen Lebensweise abhängige Formen und Bildungsverhältnisse. Das Gefieder, ganz ohne Dunen,
besteht aus großen, derben Federn und besonders sind die
Schwingen und Schwanzfedern hart und steifschäftig.
Die Zahl der letztern schwankt wieder zwischen zehn und
zwölf. Die Schwingen scheint an dem Handtheil des
Flügels beständig auf zehn sich zu stellen, am Arm ändert
sie freilich mehrfach ab. Die Bildungsverhältnisse der
Federfluten gestatten eine allgemeine Schilderung nicht
und ebenso wenig lassen sich die anatomischen Eigenthümlichkeiten in eine kurze Charakteristik zusammenfassen.
Wir können diese erst bei den Familien und Gattungen
berücksichtigen.

Die Klettervögel lösen sich in nur wenige, bei der
durchgreifenden Mannichfaltigkeit der gesammten Organisation scharf unterschiedene Familien auf, welche bei
Weitem zum größeren Theile den wärmern Ländern beider
Erdhälften angehören, in Europa überhaupt nur sehr
dürftig vertreten sind. Die Körpergröße bewegt sich
innerhalb der engen Gränzen der Schreivögel, nämlich
zwischen Raben- und Lerchengröße. Fast alle sind muntere,
lebhafte, bewegliche Vögel, rüstig und kräftig, Meister im
Klettern, denn zu dieser Bewegungsweise sind ihre gut
bekrallten Füße besonders eingerichtet und gar häufig
unterstützt der Schnabel und Schwanz dieselbe noch.
Sangfähigkeit geht ihnen mit seltenen Ausnahmen ganz
ab, ihre Stimme ist vielmehr ein rauhes, durchdringendes,
oft mißtönendes Geschrei, zu dessen Hervorbringung es
keines besondern Stimmapparates bedurfte. Die Mehrzahl nährt sich von Insekten und Gewürm, auch wohl
räuberisch von kleinen Vögeln und Amphibien. Andere
fressen gemischte Nahrung, pflanzliche und thierische, sind
also ächte Omnivoren, noch Andere, wie die Papageien,
halten sich an süße, saftige Früchte und Oelsamen. Eine
hervorragende Rolle im Haushalt der Natur spielen die
Klettervögel nicht; vornämlich Waldbewohner, machen sie
nur hie und da ihren Einfluß geltend, und treten in
andern Gegenden gegen andere Ordnungen zurück. Auch
für die menschliche Oeconomie haben sie kein höheres
Interesse und nützen derselben nicht mehr als sie schaden.

Erste Familie.
Kukuke. Cuculidae.

Unser allbekannter Kukuk ist der europäische Vertreter
einer eigenthümlichen mit etwa 150 Arten über die warmen
Länder aller Welttheile verbreiteten Familie. Die äußere
Erscheinung und Haltung derselben hat gerade nichts
Auffälliges und Absonderliches, man muß sie vielmehr
aufmerksamer ansehen und mit ihren Verwandten vergleichen, auch ihre interessante Lebensweise verfolgen, um sie
als selbständige Familie würdigen zu können. Die unterscheidenden Merkmale bietet zunächst die Schnabel- und
Fußbildung. Der Schnabel ist nämlich kürzer als der
Kopf, seitlich zusammengedrückt und sanft gebogen, mit
herabgebogener, noch nicht eigentlich hakiger Spitze und
bis unter die Augen gespalten. Die länglich ovalen

Nasenlöcher öffnen sich an dessen Grunde unter einer derben
Hautfalte, auf welche das Stirngefieder herabreicht, aber
nur mit eigenthümlichen borstenseitigen Federn, die den
ganzen Schnabelgrund und besonders die Mundwinkel
besetzen. An den Beinen fällt noch die Höhe der zusammengedrückten Läufe auf: sie sind vorn mit breiten Halbgürteln, hinten mit kleinen Tafeln bekleidet; die langen
dünnen Zehen mit schwach bekrallt und die äußere Hinterzehe eine Wendezehe. Der meist lange und stets sehr
breite weiche Schwanz enthält zehn oder zwölf, ausnahmsweise gar nur acht oft stufige Steuerfedern. Die abgerundeten Flügel reichen in ruhender Lage nicht über dessen
Anfang hinaus und ihre vierte oder fünfte Schwinge
pflegt erst die Spitze zu erlängen. Das weiche Gefieder
ändert nach den Gattungen ab, aber allgemein entbehrt
die tief herzförmig getheilte Bürzeldrüse eines Oelfeder-
besatzes an ihrem Zipfel. Das zarte Skelet führt in
allen Kopf- und Rumpfknochen, auch im Oberarm Luft.
In der Wirbelsäule zählt man 12 Hals-, 6 bis 7 Rücken-
und nur 5 bis 7 Schwanzwirbel. Das Brustbein erweitert sich nach hinten beträchtlich, hat einen abstehenden
T-förmigen Seitenast und einen sonderbar aufgebogenen
Entrant, vor welchem oft eine ovale Lücke sich öffnet;
auf die vordere Spitze seines hohen Kiels legt sich das
sehr lange Gabelbein auf. Die Zunge fällt den Unterschnabel aus und zackt sich hinten. Die Speiseröhre
weitet sich bauchig, der Magen ist groß, häutig und sehr
dehnbar, die Blinddärme von veränderlicher Länge und
die ungleichen Leberlappen ohne Gallenblase.

Die Mitglieder leben zahlreicher in der Alten wie in
der Neuen Welt, in offenen und buschigen Gegenden wie
in lichten Waldungen, einzeln oder familienweise, hüpfen
munter im Gebüsch umher ohne eigentlich zu klettern und
lassen in kurzen Pausen ihre eigenthümliche Stimme erschallen. Ihre Nahrung besteht ausschließlich in Insekten,
zumal in Raupen und dickleibigen Käfern. Einige, besonders Amerikaner, bauen ein eigenes Nest und brüten
ihre 4 bis 5 grünlichen oder weiß und grünlichgrau gefleckten Eier selbst; Andere bürden sich allbekannt ihre
Eier und die Erziehung der Jungen fremden Vögeln auf.

1. Kukuk. Cuculus.

Die Gattung der Kukuke läßt sich noch keineswegs
scharf umgränzen, weil viele ausländische Arten nur erst
in ausgestopften Bälgen bekannt sind und die geringfügigen äußern Unterschiede, auf welche die neuere systematische Ornithologie wohl ein Dutzend Kukuksgattungen
begründet hat, keineswegs so erheblichen Eigenthümlichkeiten der innern Organisation entsprechen, daß man nach
ihnen allein den natürlichen Werth generischer Typen
bemessen könnte. Für uns hat es hier auch kein Interesse,
jedes Vogelgefieder eingehend zu untersuchen und wir
können uns einstweilen wohl damit beruhigen, daß unser
gemeiner Kukuk die Gattungsmerkmale in ganz entschiedener Weise an sich trägt und wir daher nur einige ausländische Arten als Beispiel der Mannichfaltigkeit dieses
Typus überhaupt hinzunehmen brauchen.

Der fast kopfeslange Schnabel ist sanft gebogen und
zusammengedrückt, ohne Spur von Ausschnitt an den

scharfen Schneiden. Die an seiner Wurzel rund oder
ritzenförmig geöffneten Nasenlöcher umgibt ein aufgewor-
fener nackter Rand. Der Lauf ist kürzer als die längste
Zehe und wird von den lang herabhängenden Schenkel-
federn bedeckt. Die Zehen sind bis auf den Grund von
einander getrennt. In den schmalen spitzigen Flügeln
erreicht die erste Schwinge kaum die halbe Länge der
zweiten, welche selbst noch ansehnlich kürzer als die dritte
längste ist. Der lange, breit abgerundete oder keilförmige
Schwanz besteht aus zehn Federn. Die Oberflur des
dunenlosen Gefieders läuft breit vom Kopfe am Halse
herab und wird nach hinten immer breiter bis zum Bürzel
hin, hat aber in der Mitte einen federnlosen Längsschlitz;
auch die Unterflur dehnt sich auf der Brust zu beträchtlicher
Breite aus, läuft aber auf dem Hinterleibe mit nur drei
Federreihen fort. Am Schädel zeichnet sich die Breite
der Oberkieferwurzel charakteristisch aus. Die Zunge ist
vorn ganz und abgerundet, scharfrandig, hinten wie gewöhnlich gezähnt. Der weite Schlund erweitert sich im
obern Theile bauchig, und geht eng in den tief drüsenreichen Vormagen über. Der häutige Magen dehnt sich
mit Nahrung gefüllt ganz ungeheuer aus und drängt alle
Eingeweide zurück. Der Darmkanal mißt über Körperlänge, bei der gemeinen Art 1 Fuß 10 Zoll und die
Blinddärme einen Zoll. Die Milz ist ganz klein, die
Bauchspeicheldrüse groß und zweifach, die Nieren tief dreilappig, die Luftröhre aus harten Ringen gebildet, am
untern Kehlkopf nur ein Muskelpaar.

Die Arten sind über alle Welttheile zerstreut und
durch ihren eigenthümlichen Ruf wie durch sonderbare
Gewohnheiten zum Theil dem Volke sehr bekannt, freilich
nicht durch die unmittelbare Beobachtung, denn das
flüchtige und sehr scheue, stürmische und unruhige Wesen
entzieht sich den gewöhnlichen Blicken, und Phantasie und
Wunderglaube soll dann das Unbekannte aufklären. Die
strenge und unbefangene Forschung hat bereits die Fabeleien
beseitigt, wenn auch der gemeine Mann noch gern an denselben hängt.

1. Der gemeine Kukuk. C. canorus.
Figur 340. 341.

Um keinen Vogel ist seit den ältesten Zeiten bis auf
unsere Tage mehr gefabelt, geforscht und gestritten wie
um den Kukuk. Jeder hört den laut flötenden Ruf gern,
wenn er verkündet sicher die schönste Frühlingszeit; schon
das Kind zählt die Rufe, um von dem Propheten zu er-
fahren, wie viel Jahre es noch lebe, die verliebte Maid
aber fragt den nie gesehenen Wahrsager, in wie viel
Jahren sie einen Mann bekommen würde; der hört den
Kukuk nicht wieder rufen, heißt es vom Todeskandidaten,
und hol' dich der Kukuk! wird den Unartigen und Wider-
spenstigen zugerufen. Viele Sprüchwörter beziehen sich
auf sein Kommen, seinen Ruf, seinen Weggang und seine
eigenthümlichen Manieren und der Aberglaube hat sich zu
allen Zeiten viel mit ihm beschäftigt. Wir überlassen
das dem Dichter und Sänger und behandeln den Kukuk
wie jeden andern Vogel.

Der gemeine Kukuk dehnt sein Vaterland vom Cap
der guten Hoffnung über Afrika und Europa, in Asien
bis Kamtschatka aus. In Europa lebt er freilich nur

als strenger Sommervogel, der bei uns erst Ende April
oder etwas später eintrifft, im Juli nach der Begattungszeit verstummt und ganz zurückgezogen lebt, im August
eiligst sein Winterquartier jenseit des Mittelmeeres aufsucht. Zum Standquartier wählt er Wälder, wo er in
hohen Baumwipfeln ruhen kann, auf den Zweigen und

Fig. 340.

Gemeiner Kukuk.

Laube reichliche Raupen findet und auch in die nächsten
Felder nach Käfern streifen kann. Letztere frißt er meist
erst, wenn ihm die Raupen ausgehen und von diesen sind
es besonders die großen haarigen, unter welchen er die

Fig. 341.

Junger Kukuk.

großartigsten Verheerungen anrichtet, da er als arger
Fresser einen unersättlichen Appetit hat. Andere Vögel
gehen nicht an solche stachelhaarige Raupen und um so
nützlicher wird deshalb der Kukuk der menschlichen Oeco-

nomie. Die Stachelhaare der verzehrten Raupen häkeln in seinem Magen fest und gar oft ist derselbe so dicht damit besetzt, daß er einem förmlichen Pelze gleicht. Schon im Alterthume kannte man den haarigen Kukuksmagen und selbst verdiente Ornithologen der Neuzeit noch glaubten beweisen zu können, daß diese Haare im Magen wachsen, und sie hielten an diesem uralten Irrthume starrsinnig fest, nachdem schon der gründliche ornithologische Beobachter Chr. Nitsch und mit ihm übereinstimmend andere aufmerksame Forscher die bloße Einbäkelung der Haare in die Magenwand, deren völlige Uebereinstimmung im mikroskopischen Bau mit den Haaren der als Nahrung dienenden Raupen und das Vorkommen völlig haarloser Kukuksmagen, weil mit Käfern gefüllt, außer Zweifel gesetzt hatten. — Jeder Kukuk bebauert in Gemeinschaft mit seinem Weibchen ein eigenes Revier, alljährlich dasselbe, und duldet keinen Einfall von nachbarlicher Seite, denn er ist unverträglich wie kein anderer Vogel, zugleich unbändig, stürmisch, wild und scheu, von allen Vögeln gehaßt, selbst von kleineren verfolgt und geneckt, wo er sich im Freien einer fremden Gesellschaft nähert. An Zähmung ist bei so wildem Naturell gar nicht zu denken, alt eingefangen zeigt er sich trotzig, störrisch und überliefert sich freiwillig dem Hungertode, jung aufgefüttert dauert er wohl einige Zeit in der Stube aus, äußert aber auch seinen natürlichen Ungestüm und geht leicht an der Empfindlichkeit zu Grunde. Abgesehen von dieser Wildheit hat der Kukuk in seinem Aeußern und sonstigen Betragen auch gar nichts Empfehlendes für die Stube. Im Freien trifft er nur zufällig auf der Wanderung mit seines Gleichen zusammen, aber eigentliche Gemeinschaft macht er auch auf der Reise nicht. Sein Flug ist schnell und gewandt, falkenähnlich, geschickt im Laube der Baumwipfel, doch ohne Ausdauer, der häufigen Ruhe bedürftig. Diese pflegt er auf den höchsten Aesten, denn seine schwächlichen Füße machen das Gehen auf ebener Erde sehr beschwerlich und ungeschickt. Der Ruf stößt bekanntlich laut und vernehmlich die Sylben kukuk, auf eine halbe Stunde Entfernung deutlich. Beide Töne entsprechen auf der gewöhnlichen Flöte dem Fis und D in der mittlern Octave, lassen sich aber auch auf eigens construirten Pfeifen und selbst mit dem bloßen Munde aus der hohlen Hand täuschend nachahmen. Nur das Männchen ruft und verbeugt sich dabei stets, das Weibchen kichert hell und schnell die Sylben kwickwickwick. Zur Nahrung dienen Mai- und Brachkäfer, auch verschiedene Laufkäfer, ferner Libellen und andere weiche Insekten, als Lieblingsnahrung aber gelten dicke behaarte Raupen, ohne daß gerade andere Raupen verschont werden, mit ihnen findet der Kukuk in jedem Baume seine Tafel reichlich besetzt und gebt darum nur im Sommer auf die Kohlfelder.

Jedermann weiß, daß der Kukuk kein Nest bauet, vielmehr seine Eier in andere Nester legt. Er wählt zu Pflegeeltern für seine Jungen besonders kleine insektenfressende Singvögel: Sänger, Stelzen, Pieper, Steinschmätzer, Lerchen u. a. Sie mögen ihre Nester noch so versteckt anlegen, das Kukuksweibchen findet sie, schleicht sich im günstigen Augenblicke, wo der Bewohner vom Neste entfernt ist, heran und legt sein Ei zu den fremden. Steckt das auserwählte Nest etwa in einem Astloche mit

zu engem Eingange: so wird das Ei mit dem Schnabel hineingeschoben. Für das folgende Ei wird ein anderes Nest aufgesucht und so fort bis etwa zum sechsten, denn mehr legt kein Weibchen in einem Sommer. Die betrogene Mutter scheint das fremde Ei als das ihrige anzuerkennen und wirft eher die eigenen als das aufgedrungene aus dem Neste. Das Kukuksei ist für die Größe des Vogels klein und ahmt gern in seiner Färbung und gefritzelten Zeichnung die Eier nach, zu denen es gelegt wird. Der junge Kukuk kriecht sehr unvollkommen, häßlich blickfröstig aus, aber wächst bei seiner ungeheueren Freßbegier sehr schnell heran, nimmt daher seinen Stiefgeschwistern alle Nahrung weg und ist bald groß genug, um dieselben aus dem Neste zu drängen, wenn sie nicht schon früher verhungern. Darum findet man nur in den seltensten Fällen neben dem jungen Kukuk noch die eigenen Kinder der Pflegemutter, und ebenso selten läßt diese, den Betrug erkennend, den Wechselbalg verhungern. Das ist das Thatsächliche der Fortpflanzungsgeschichte, und weil es so überaus ungewöhnlich und räthselhaft ist, hat es der Aberglaube mit ten wunderlichsten Fabeleien ausgeschmückt und der Scharfsinn der Ornithologen ließ keine Erklärung unversucht, auch den ernstesten Nachdenken stellte es die schwierigsten Fragen. Sind die Vögel, welche mit so bewundernswerther Elternliebe für ihre Jungen sorgen, wirklich so unglaublich dumm, daß sie das fremde Ei, das untergeschobene Kind nicht erkennen, ja daß sie um den fremden Fresser ihre eigenen Kinder verderben lassen? Wie kann das Kukuksweibchen sein Ei den fremden Eiern auch nur annähernd ähnlich färben und warum brütet es nicht selbst? Allerdings entwickeln sich seine Eier in größern Zwischenräumen wie bei andern Vögeln, das erste im Mai, das letzte im Juni. Die anatomischen Verhältnisse geben darüber gar keinen Aufschluß und es ist nicht wahr, daß die ungeheure Größe des Magens das Kukuksweibchen am Brüten verhindere, der Ziegenmelker mit ebenso großem Magen brütet. Wir fragen nach den Gründen dieser seltsamen Erscheinungen im Kukuksleben und die Ornithologen sind unermüdlich, dieselben zu erforschen; warum aber das Kaninchen nackte blinde Junge, sein nächster Verwandter, der Hase, behaarte sehende Junge setze, warum das Pferd ein Pflanzenfresser, die Katze ein Fleischfresser ist, warum die atmosphärische Luft gerade so viel Sauerstoff hat, das Blei schwerer als der Kiesel ist, darüber zerbrach sich kein Forscher und Philosoph den Kopf. Der eigenthümliche Bau der Organe des Kukuksweibchens erklärt uns keine einzige jener Erscheinungen, ihre Gründe liegen also außerhalb der zoologischen Forschung.

Gewiß die wenigsten von denen, welche den Kukuk rufen hören und ihn besähen, haben den Vogel schon gesehen, noch weniger genau geprüft, um ihn von andern unterscheiden zu können. Auf den ersten Blick möchte man ihn für einen Sperber halten, Größe, Gestalt und Färbung machen diesen Eindruck. Von schlanker Gestalt, 12 bis 15 Zoll lang und bis 26 Zoll Flügelspannung, schwachflügig, großflügelig und langschwänzig, oben ist bell aschblau oder bläulich aschgrau, an Brust, Bauch und Schenkeln weiß mit braunschwärzlichen Wellen; die großen Schwingen sind schwärzlichgrau, auf den Innenfahnen

mit 7 bis 11 weißen Querflecken, die Steuerfedern matt
schwarz und ebenfalls weiß gefleckt; die Füße sind gelb,
der Schnabel dunkel hornfarben, der Augenstern brennend
feuerfarben. Die allgemeine Färbung ändert etwas ab,
bräunt und röthet sich. Für die innere Organisation
gilt das im Gattungscharakter Mitgetheilte.

Im warmen Afrika und Asien, auch im südlichsten
Europa kömmt eine zweite Art, der Häherkukuk,
C. glandarius, vor, der sich bisweilen nach Deutschland
verfliegt. Schlanker im Bau, langschwänziger und kurz-
flügliger, unterscheidet er sich von dem gemeinen Kukuk
sogleich durch einen liegenden Federbusch auf dem Kopfe,
durch die dunkle und weiß gefleckte Brust, den weißen
Unterleib und die weiß endenden Schwanzfedern; der
Rücken ist graubraun. In seiner Lebensweise mag er
kaum von dem gemeinen abweichen.

2. Der amerikanische Kukuk. C. americanus.
Figur 342.

In so vielen Beziehungen der amerikanische Kukuk
auch mit dem unserigen übereinstimmt, das Räubselhafteste
desselben fehlt ihm, denn er baut aus trockenen Reisern
und Gehalm auf einem Aste ein Nest und das Weibchen
brütet darin 4 bis 5 länglich ovale hellgrüne Eier, die
Jungen werden mit weichen Insektenlarven aufgefüttert

Fig. 342.

Amerikanischer Kukuk.

und sind im Herbst sehr fett, die und da als schmackhaft
gepriesen. Er ruft auch nicht Kukuk, sondern Kau
(plattdeutsch und englisch für Kuh), daher ihn die deutschen Ansiedler Kuhvogel nennen. Er fliegt schnell und
fast mit schwalbenhafter Gewandtheit, ist aber sehr scheu
und scheu, doch zugleich unachtsam, daher er oft dem
Taubenfalken zur Beute fällt. Seine Lieblingsnahrung
sind Eier, welche er kleinern Vögeln stiehlt, dann allerlei

Insekten, Gewürm, Schnecken, auch haarige Raupen, die
seinen Magen verpelzen, und nicht minder saftige Beeren,
zumal von den schönsten Trauben in den Gärten. Das
Vaterland erstreckt sich von Obercanada bis zum Missouri
und bis zu den Gestaden des mexikanischen Golfes.
Das Gefieder hält sich oben erdbraun, unten weiß, auch
die äußersten Schwanzfedern sind ganz weiß, die nächsten
schon in der Wurzelhälfte schwarz, der Oberschnabel
gelb, der Unterschnabel schwarz.

3. Der schwarze Kukuk. C. ater.
Figur 343.

In Afrika lebt neben dem schon erwähnten Häherkukuk,
doch nur im westlichen Theile, eine zweite gehäubte Art,
deren Oberseite schwarz mit metallisch grünem Schiller,
die Unterseite weiß ist. Ueber die Schwingen zieht eine

Fig. 343.

Schwarzer Kukuk.

weiße Binde und auch das äußere Ende der Steuerfedern
ist weiß, dagegen erscheinen an der Kehle und Oberbrust
schwarze Striche. Der lange Schwanz stuft sich, Schnabel und Füße sind schwarz. Körperlänge 16 Zoll.

Weiter über Afrika verbreitet ist der goldgrüne
Kukuk, C. aureus (Fig. 344). Sein prachtvoll golzig
schimmerndes, grünes Rückengefieder unterscheidet ihn
sogleich von den vorigen Arten, zudem ist die Unterseite
weiß, nur an den Seiten der Brust prangen broncefar-
bene goldglänzende Streifen. Auf dem Kopfe stehen
schmale weiße Streifen, auf den dunkelbraunen Flügeln
und Schwanze weiße Flecken. Das Weibchen schimmert
oben matt kupferfarben. In einzelnen Gegenden ist dieser
Kukuk, der sich selbst Didrik ruft, sehr gemein und die
Hottentotten wissen es längst, daß er seine Eier in fremde
Nester legt. Er gehört übrigens zu den kleinsten Arten

und mißt trotz des langen Schwanzes nur 7 Zoll. Eine zweite prachtvoll glänzende Art Afrikas ist der 9 Zoll lange C. smaragdineus, am leichtesten durch die Zeichnung des Schwanzes zu unterscheiden.

Fig. 344.

Goldgrüner Kukuk.

4. Der indische Kukuk.   C. orientalis.

Figur 383.

Der schwarze indische Kukuk nährt sich hauptsächlich von Beeren und wird wegen seiner äußern Unterschiede auch häufig als besondere Gattung Eudynamis von den

Fig. 345.

Indischer Kukuk.

vorigen Arten abgesondert. An dem dicken starken Schnabel ist nämlich der Unterkiefer gerade und an der Wurzel nicht eckig, die vierte Schwinge spitzt den Flügel und der Lauf, kürzer als die längste Zehe, ist obenher befiedert.

Die Federn des Hinterrückens und der Schwanzdecke haben seidenartige Weichheit. Das Männchen schillert metallisch schwarz, das Weibchen dagegen glänzt braungrün mit weißen Flecken und weist die weiße Unterseite braungrün. Der Rakenkukuk, C. afer (Fig. 346), im südöstlichen Afrika hat schief geöffnete Rasenlöcher an dem

Fig. 346.

Rakenkukuk.

dicken graden Schnabel und zwölf Steuerfedern im Schwanze. Das Männchen fiedert am Kopfe, Halse und der ganzen Unterseite blaugrau, auf dem Scheitel und Nacken schwarzgrün mit Kupferglanz, längs des Rückens grünblau und auf den Flügeln, deren Spitze die zwei ersten Schwingen erlängen, goldschimmernd. Das rostbraune Weibchen faßt seine Federn dunkel ein und schwingt die Flügel schwarzbraun. Die Nahrung besteht aus Insekten sowohl als Früchten.

2. Schneidenvögel.   Crotophaga.

Südamerika hat eine ziemlich beträchtliche Anzahl kukusartiger Vögel aufzuweisen, unter welchen die Anu der Brasilianer unsre besondere Aufmerksamkeit beanspruchen. Dieselben leben dort nach Art unsrer Staare, gesellig, munter, gar nicht scheu, überall neben den Dörfern und Fazenten, auf Wiesen und Savannen, wo viel Vieh weidet, dem sie die Zecken absuchen; sie fiedern auch schwarz mit Stahl- oder Metallschimmer und bauen künstlose Nester aus Reisern, einzelne oder gemeinschaftliche, den Napf für die Eier mit Lehm auskleidend. Die Eier zeichnen sich durch einen freitägigen, leicht abreibbaren Ueberzug aus, unter welchem die Schale blaß blaugrün ist. Die äußern Merkmale fallen gegen die übrigen Kukuke recht grell in die Augen. Zunächst ist der hohe, starke Schnabel zu beachten wegen seiner scharfen auf die Stirn fortsetzenden Firste. Frei an seiner Seite öffnet sich das kleine rundliche, oben häutig gesäumte Rasenloch, vor welchem wie auch an den übrigen nackten Zügeln einige steife Borstenfedern stehen. Die kurze Zunge ist wie häufig in der hintern Hälfte gezähnt. Die kräftigen Füße haben lange scharfe Krallen. Das derbe Gefieder säumt seine kleinen schmalen Kopffedern metallisch, ähnlich auch die breitern und abgerundeten am Halse und der Brust. In den Flügeln ist die vierte oder fünfte Schwinge am längsten. Der lange breit abgerundete Schwanz besteht nur aus acht Federn.

So sehr die Arten auch in ihrem Aeußern übereinstimmen, lassen sie sich doch an einzelnen Merkmalen bald unterscheiden. Der gemeine Anu, Cr. ani (Fig. 347),

Fig. 347.

Gemeiner Anu.

mißt etwa 12 Zoll Länge und fiedert blauschwarz. Die metallisch glänzenden Säume der Federn am Vorderleibe schillern violett, der breite Schwanz erreicht wo nicht Rumpfeslänge, der Schnabel hält seine Spitze stark und schärft seinen hohen Kamm. In Gebüschen neben Triften ist dieser Anu überall in Brasilien gemein und liest den weidenden Rüben das Ungeziefer ab; dabei ruft er häufig seinen eigenen Namen. Er kann sein Nest auf jeden freien Zweig. Sein Fleisch wird wegen des übeln Geruches selbst von den Negern verachtet, doch ziehen diese arm junge Anus auf und lehren sie die Worte ihrer Sprache sprechen. Der große Anu, Cr. major, von schlanker Elstergröße, unterscheidet sich durch den längern Schnabel mit nur sanft gebogener Spitze und stumpfem Firstenkamme, durch den längern Schwanz und das dunkel stahlblaue Gefieder. Hält sich mehr im Gebüsch als in offenen Gegenden auf.

Andere Südamerikaner haben befiederte Zügel und zehn Federn im Schwanze, so alle Arten der Gattung Coccygus. Das Gefieder derselben ist weich ohne eigenthümliche Federränder, ihr schlanker Schnabel mit herabgebogener Spitze und kurz breit befiederter Nasengrube. Gemein in Brasilien ist der Tingazu, C. cajanus, 20 Zoll lang und hellrothbraun, an der Unterseite bleigrau: er ruft häufig in den Gärten sein zick zick. Auch der

kleinere C. seniculus mit grauem Scheitel, grünlichbraungrauem Rücken und ockergelber Unterseite wird häufig gesehen und an seinem Rufe schon aus der Ferne erkannt. Die Gattungen Dromococcyx und Diplopterus begreifen ebenfalls Arten mit zehnfedrigem Schwanze, aber mit langen Schwanzdecken und eigenthümlicher Schnabelform.

Zweite Familie.

Großschnäbel. Ramphastidae.

Ein seltsamer Vogeltypus Südamerikas, seltsam durch den ganz übermäßig großen Schnabel. Derselbe erinnert lebhaft an die Rashornvögel, ist aber von anderer Form. Am Grunde von der Dicke des ganzen Kopfes, zieht er sich rumpfeslang aus als etwas gebogener und zusammengedrückter Hornkegel, an den Schneiden gerade oder zu-

Fig. 348.

Kopf und Zunge des Tukan.

Fig. 349.

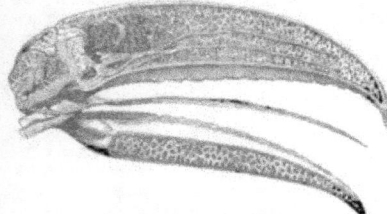

Durchschnitt durch Kopf und Schnabel.

26*

fällig gezackt. Der dünne hornige Ueberzug reicht bis an die Wurzel und drängt die Nasenlöcher gegen die Stirn zurück. Natürlich ist der kolossale Schnabel hohl und leicht, von einem lockern, weitmaschigen Knochennetz durchzogen und mit Luft erfüllt, welche von der Nase her eindringt. Die Gegend am Grunde des Schnabels und um das Auge herum pflegt ganz kahl und nackt zu sein, auch die Augenlider wimpernlos. Die Beine (Fig. 350) sind verhältnißmäßig groß und kräftig, doch nicht fleischig, ihr langer dünner Lauf gewöhnlich mit sieben tafelförmi-

Fig. 350.

Fuß des Tukans.

gen Gürtelschildern bekleidet, die Füße ächte Kletterfüße, lang und stark bekrallt. Die gerundeten Flügel reichen niemals über den Anfang des Schwanzes hinaus, besitzen zumal lange und breite Armschwingen, unter welchen sich die Handschwingen in der Ruhe verstecken; die dritte der letztern ist die längste, die nächstfolgenden nur wenig verkürzt. Der große breite zehnfederige Schwanz spitzt sich keilförmig oder stuhig zu. Das weiche großfederige Gefieder bildet nur schmale Fluren, die Oberflur zwischen den Schultern plötzlich durchbrochen und kann zweistreifig fortsetzend und die herzförmige Bürzeldrüse umfassend; die Unterflur am Halse sich theilend und mit ganz freien Ast neben dem sehr schmalen Bruststreif. Von den innern Organen fällt die Zunge sehr charakteristisch auf, sie gleicht (Fig. 348) einem schmalen hornigen, am Rande zerfaserten Bande ächte fleischige Theile. Der völlig kropflose Schlund geht durch den Drüsenmagen in den sehr dünn muskulösen Magen über. Blinddärme und Gallenblase fehlen. Der Schädel, die Rumpfknochen und der Oberarm führen Luft. Der Schädel ist sehr breit. Den Hals gliedern 12, den Rücken 8 und ebensoviel Wirbel den Schwanz. Das breite kurze Brustbein trägt einen mäßig hohen Kiel und am Hinterrande jederseits zwei tiefe Ausschnitte; das Gabelbein stützt sich mit jeder Hälfte frei auf das Brustbein; der Oberarm ist nur wenig kürzer als der Unterarm, das Becken nach hinten gerichtet.

Die Tukane, in etwa 50 Arten über das warme Amerika verbreitet, leben nur in waldigen Gegenden fern von menschlichen Ansiedlungen. Einsam oder paarweise, die kleineren Arten auch gesellig, verrathen sie sich dem Beobachter zunächst durch ihre knarrende Stimme. Ihr Flug ist schnell, jedoch ohne Ausdauer und mit zweischwer-falligem Flügelschlag, dabei tragen sie den großen Schnabel vorgestreckt und den Hals eingezogen. Zur Nahrung wählen sie weiche und mehlige Baumfrüchte, saftige Beeren

und Blüthen, aber auch Insekten, Eier, kleine Nestvögel, nach einigen Beobachtern sogar Fische; in Gefangenschaft gedeihen sie bei mehliger Kost, halten aber nicht lange aus und gewöhnen sich auch nur jung an den Verlust der Freiheit. Im Freien zanken, badern und kämpfen sie fortwährend, necken und verscheuchen alles andere Gethier von dem Baume, auf welchem sie sich niederlassen. Besondere Klugheit und geistige Bildsamkeit geht ihnen ab. Das Nest wird sorgsam in Baumlöchern versteckt und enthält zwei weiße Eier. Die ersten nach Europa gebrachten zerstümmelten Tukane wurden als Wunderthiere angestaunt und es dauerte lange Zeit, bis sie wissenschaftlich aufgeklärt wurden. Linné unterschied nur drei Arten, neuerdings lieferte Gould eine prachtvolle Monographie derselben und Englands ausgezeichneter Forscher Richard Owen die eingehende anatomische Untersuchung. Von den sechs gegenwärtig unterschiedenen Gattungen lassen wir hier nur die beiden ältern gelten.

1. Tukan. Ramphastos.

Raben- und krähenähnliche, schwarze Vögel mit grell rothem, weißem und gelbem Gefieder an der Kehle, dem Rücken und Bürzel. Ihr besonders großer Schnabel ist am Grunde fast dicker als der Kopf, gegen das Ende hin aber bedeutend zusammengedrückt und mit fast scharfer Rückenfirste. Die Nasenlöcher liegen versteckt in dem leicht ausgebogenen Stirnrande des Schnabels. Die kurzen Steuerfedern sind von gleicher Länge, breit und stumpf gerundet. Sehr scheue, einsame Bewohner des Urwaldes.

1. Der rothschnäblige Tukan.
Figur 351 b.

Der scharlachrothe Schnabel mit gelbem Rücken, schwarzer Spitze und schwarzem Ringe an der Wurzel kennzeichnet diesen im nördlichen Südamerika häufigen und sehr bekannten Tukan ziemlich hinlänglich. Sein Gefieder ist oben schwarz und unten weiß, zieht sich über die Oberbrust eine schöne rothe Binde und zieht den Bürzel gelb, die Steißfedern feuerroth ab. Die Reinheit dieser Farben gefällt den Indianern und sie verfolgen den Vogel, um sich mit seinen Federn zu schmücken. Er ist auch schon lange nach London gebracht worden, zeigte sich daselbst ganz zahm und mild, ließ sich streicheln und nahm das Futter aus der Hand. Einen dargereichten Finken zerquetschte er im Schnabel, rupfte ihn und verzehrte Fleisch und Knochen stückweise mit großem Appetit. Den Schnabel reinigte er stets sorgfältig an den Drähten des Käfigs und kratze ihn mit dem Fuße: in der Ruhe wird derselbe lang über den Rücken gelegt und zugleich der Schwanz gerade aufgerichtet. In seiner Heimat lebt dieser Tukan in kleinen Gesellschaften beisammen, fliegt eilig und geräthlinig von Baum zu Baum, hüpft überaus gewandt, hurtig und unermüdlich in den Aesten umher, um Nahrung zu suchen oder aus bloßem Zeitvertreib; jene bestehl aus kleinen Thieren sowohl wie aus Früchten. Andere Vögel und selbst große Raubvögel verfolgt er mit drohendem Schnabelgeklapper und duldet, wo er sich niederläßt, keine Gesellschaft.

Fig. 351.

Gruppe von Tukanen.

2. Der Toko. R. toco.

Figur 351 c.

Der größte seiner Gattung, 27 Zoll lang, wovon 7 Zoll auf den schön orangerothen schwarzspitzigen Schnabel kommen. Das schwarze Gefieder sticht in braun, wird aber an der Kehle, dem Vorderhalse und den Backen weiß, auch die obern Schwanzdeckfedern find weiß, der Bürzel dagegen hell blutroth, die nackten Augen, Zügel und Schläfengegend lebhaft feuerroth. Der Toko oder Tucan grande der Brasilianer dehnt sein Vaterland von dem caraibischen Becken bis Paraguay hinab, ist aber nirgends häufig, überall in den dichtesten Kronen der

Urwaldbäume versteckt. Der deutsche Name Pfeffer-
fresser bezieht sich auf die Lieblingsnahrung dieses
Tukans, auf die Früchte der Capsikumarten, aber er frißt
auch andere Früchte und Thiere, in Gefangenschaft jede
menschliche Kost. Seine Stimme klingt tiefer als die
anderer Arten.

3. Cuvier's Tukan. R. Cuvieri.

Figur 352.

Erst in neuester Zeit wurde dieser 21 Zoll lange
Tukan mit 7 Zoll langem Schnabel in zahlreichen Gesellschaften längs des Amazonenstromes bis an den Fuß
der Andes beobachtet, wo er als Strichvogel lebt und
besonders den nach ihm benannten Tukanbäumen nachgeht. Auch andere Beeren sucht er auf und kämpft siegreich gegen Papageien und Klammeraffen um dieselben.

Fig. 352.

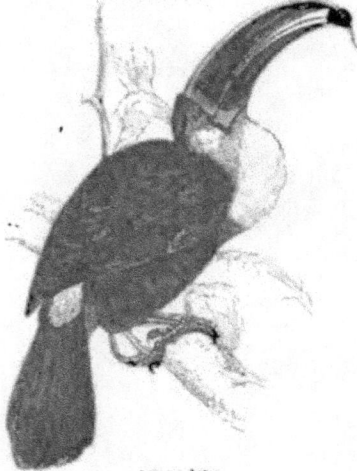

Cuvier's Tukan.

Seine hell metallisch klingende Stimme schallt weithin
durch den stillen Urwald. Von andern Arten ist er leicht
zu unterscheiden. Die ganz schwarze Oberseite sticht nur
die Schwanzdecke grell orangegelb ab. Wangen, Kehle und
Brust sind weiß mit gelb überlaufen und eine scharlachrothe Binde scheidet die Brust von dem schwarzen Bauche.

4. Der grünschnäblige Tukan. R. discolorus.

Figur 351 d

Nur 20 Zoll lang mit kaum 4 Zoll langem Schnabel,
fiedert dieser Tukan schwarz, aber am Vorderhalse rein
rothgelb, an der Brust, dem Bürzel und Steiß roth.
Der Schnabel ist lebhaft grün, gegen den gezackten Rand
hin roth und an der Wurzel schwarz. In seinem Betragen und Naturell bietet der Vogel nichts von andern

Arten Abweichendes. Das Vaterland scheint auf das
südliche Brasilien beschränkt zu sein.

Temmink's Tukan, kenntlich an dem schwarzen Schnabel und der rothen Brustbinde unterhalb des rothgelben
Vorderhalses, wird in Brasilien viel gefangen, mit Reis
gekocht als sehr schmackhaft gegessen und sein schön gelbes
Kehlgefieder als Schmuck benutzt.

2. Arassari. Pteroglossus.

Arassari heißen bei den Brasilianern die kleineren
Tukane mit kleinerem, mehr gerundetem Schnabel, langem
stufigen Keilschwanze und buntem Gefieder. Sie leben
in kleinen Gesellschaften nach Art der Papageien, lebhaft
und munter, geschäftig und lärmend. Ihre Nahrung
besteht hauptsächlich aus Früchten und nur gelegentlich
aus Insekten. Die Gattungsunterschiede von den Tukanen
liegen in dem dünnern, nach vorn weniger zusammengedrückten Schnabel mit scharf abgesetztem Rande und in
einem Ausschnitte neben der Stirnfirste sich öffnenden
Nasenlöchern. Die kurzen Flügel sind spitziger und ihre
dritte Schwinge schon die längste.

1. Humboldt's Arassari. Pt. Humboldti.

Figur 353.

Humboldt's Arassari heimatet im Gebiete des Amazonenstromes und wird 17 Zoll lang. Sein Gefieder
dunkelt oben olivengrün, nur am Bürzel lebhaft roth,
an der Unterseite blaßgelb, aber an den Schenkeln grün.

Fig. 353.

Humboldt's Arassari.

Kopf und Hals sind tief schwarz, der Oberschnabel gelb mit schwarzer Firste und schiefen schwarzen Strichen, der Unterschnabel ganz schwarz. Obwohl die Art nicht selten ist, liegen doch noch keine eingehenden Beobachtungen über ihr Betragen vor, auch besitzen nur wenige europäische Sammlungen ausgestopfte Exemplare. Ihr ähnlich lebt in Cayenne ein grüner Arassari.

2. Vielbindiger Arassari. Pt. pluricinctus.
Figur 354.

An Farbenpracht vielleicht der schönste seiner Gattung, aber leider auch im Uebrigen noch so gut wie unbekannt, und doch gemein vom westlichen Fuße der Anden bis in die Gegend des Madeiraflusses. Er sticht auf der Oberseite olivengrün und sticht wie vorher den Bürzel grell roth ab. Das Männchen ist am Kopfe und Halse rein

Fig. 354.

Vielbindiger Arassari.

schwarz, aber das Weibchen bräunt die Obergegend und säumt den schwarzen Hals nach unten scharlachroth. Der Oberschnabel ist gelb mit schwarzer Firste und der Unterschnabel schwarz. Körperlänge 20 Zoll. — Der sehr nah verwandte Aracari, Pt. aracari, in Brasilien bleibt etwas kleiner, schimmert grün über dem schwarzen Rücken und zieht über die grünlichgelbe Unterseite eine breite rothe Binde; sein Oberschnabel ist weiß mit schwarzer Firste. Er lebt in kleinen Familien beisammen, fliegt wenig scheu von Baum zu Baum und läßt oft sein kulik

kulik hören, womit er auch die Raubvögel neckt. Ein anderer Brasilianer, in den waldigen Thälern am Nordabhange des Orgelgebirges häufig, ist Pt. Bailloni mit prachtvoll goldgelber Bauchseite und bräunlich olivengrünem Rücken.

3. Der krausfederige Arassari. Pt. ulocomus.
Figur 355.

Die Kopffedern sind breitschuppige Federschäfte ohne Fahnen, ähnlich den schön rothen Fischbeinplättchen auf den Flügeln unseres Seitenschwanzes. Allmählig im Nacken und am Halse gehen dieselben in wirkliche Federn über, indem sie ihre Ränder mehr und mehr zerfasern. Sie liegen glatt und dachziegelartig auf einander, heben sich aber nach dem Tode des Vogels kräuselnd empor. Uebrigens sticht die Körperoberseite wieder olivengrün, am Hinterkopf und Bürzel scharlachroth, die Brust hellgelb mit halbmondförmigem rothen Querstreif; die ovalen und spatelförmigen Kopfschuppen glänzen schwarz, weiter herab weiß mit nur schwarzen Spitzen. Der lange Schnabel trägt weiße Sägezähne an den Schneiden und ist gelb, an der Spitze roth. Das Vaterland erstreckt sich vom Fuße der Anden bis zum Apurimac und Ucayale. Körperlänge 18 Zoll.

Der nur einen Fuß lange Pt. maculirostris, oben grün, unten gelb, ändert seinen weißgrünen Schnabel mit vier schwarzen Querstreifen, der Pt. piperivorus hat einen schwarzen Schnabel mit blutrother Baße und eine glatte Brust, Pt. sulcatus zeichnet sich durch den ganz grünen Schwanz aus.

Dritte Familie.
Bartvögel. Bucconidae.

Mit Hans Dummkopf und ähnlichen Spottnamen belegen die Brasilianer eine Anzahl zum Theil ganz schmuck und prachtvoll befiederter Vögel, welche an Dummheit, Trägheit und Faulheit kaum ihres Gleichen unter den Vögeln haben und hinsichtlich ihres Naturells vielmehr an die säugethierischen Faulthiere erinnern. Sie wählen zwar einsame Orte zum Aufenthalt, aber damit begnügen sie sich auch für ihre Sicherheit und sind so wenig scheu, daß man sie mit dem Stocke erschlagen kann. Selbst der Hunger macht sie nicht grade beweglich, sie schnappen lieber nach vorbeischwirrenden Insekten, als daß sie auch nur auf den Zweigen danach hüpfen. Von kunstvollem Nestbau und arbeitender Liebe für die Jungen kann bei solcher Stupidität und Faulheit keine Rede sein. Die Ornithologen vereinigen diese Dummköpfe mit ähnlichen der östlichen Halbkugel, zusammen mehr denn hundert Arten, in die Familie der Bartvögel, so benannt, weil alle am Schnabelgrunde sehr steife lange Borsten tragen. Ihre Organisation stellt sie den Kukuken näher noch als den Tukanen. Der Schnabel ist zumal im Vergleich zu voriger Familie klein, bald sehr kurz, breit und stach, bald sehr lang, dünn und scharfkantig, auch leicht gebogen und mit abgerundeter Firste; immer hat er einen ganz hornigen Ueberzug und eine unter dem Gefieder

Fig. 353.

Krausfurchiger Araßari.

verstedte Nasengrube mit kleinem runden Nasenloch, bisweilen auch eine hakige Spitze. Die Bartborsten vertheilen sich gern gruppenweise um die Schnabelwurzel. Das
Gefieder besteht aus weichen, großen, breitfahnigen Federn,

deren kurze Spulen nur ganz locker in der florartig dünnen
Haut stecken, so daß das Abbalgen alle Vorsicht und geübtes Geschick erfordert. Die kurzen Flügel haben stark
verkürzte, erste, jedoch ziemlich derbe Schwingen mit

schmaler Außenfahne, dem Schwanz fiedern zehn oder
zwölf Steuerfedern. Die innern Organe verrathen die
Kukuksverwandtschaft sehr. Die Zunge ist glatt und
stumpfspitzig, der Schlund stark schlauchartig erweitert,
der Magen bald häutig, bald sehr fleischwandig, die kleine
Leber ohne Gallenblase, der Darm mit langen Blinddärmen; das Brustbein ist kurz und breit, hinten mit
vier Fortsätzen, das Becken breit, u. s. w.

1. Trogon. Trogon.

Die Trogonen sind zahlreich über die östliche und
westliche Halbkugel verbreitet und zeichnen sich sogleich
dadurch aus, daß sie die beiden innern Zehen nach hinten
richten und nur die dritte und vierte nach vorn einlenken.
Uebrigens sind die Zehen dünn und kurz, oben mit feinen
Gürteln bekleidet, der Lauf kurz und vom Schenkelgefieder verdeckt, die Beine überhaupt zierlich und schwach.
Der breit dreieckige Schnabel mißt nur nicht Kopfeslänge,
wölbt die Oberhälfte stark, bakt die Spitze und kerbt
bisweilen den Rand schwach. Seinen Grund umstarren
steife, langspitzige Borstenfedern, auch die Lider der großen
Augen bewimpern sich borstig. Die Schwingen krümmen
sich stark sichelförmig und laufen spitz aus, die vierte oder
fünfte pflegt die längste zu sein. Der lange Schwanz
verkürzt die drei äußern Steuerfedern jederseits, die sechs
mittlern sind gleich lang. Die Rückenflur bildet hinter
den Schultern einen breiten Sattel und läuft schmal bis
zum Bürzel, die Unterflur theilt sich schon in der Mitte
des Halses, setzt aber keinen freien Ast vom Brustkreis
ab. Der Schädel erinnert in mehrfacher Hinsicht an die
Ziegenmelker; 12 Hals-, 8 Rücken- und 7 bis 8 Schwanzwirbel, das Brustbein sehr breit und kurz, mit hohem
Kiel, auch der Oberschenkel die einzelnen Arten luftführend,
bei andern nicht einmal das Becken und die Schwanzwirbel.

Aus der großen Anzahl der buntgefiederten Arten
können wir nur wenige vorführen, die meisten sind auch
nur in ausgestopften Bälgen bekannt.

1. Narinatrogon. Tr. narius.
Figur 356

Der einzige Bewohner Afrikas unter den Trogonen
erreicht 12 Zoll Länge und führt seinen Namen nach
einer Hottentottin, die sein Entdecker dadurch verherrlichen
wollte. Er bewohnt die Wälder eines großen Theiles
Südafrikas, verbringt den Tag in stiller Einsamkeit in
einem dichtbelaubten Baumwipfel und schnappt nur während der Morgen- und Abenddämmerung nach Fliegen,
Schnecken und Schmetterlingen, auch nach Maden und
Raupen. Sein Flug ist leicht und geräuschlos und seine
Stimme ist ein klagendes und lang verhallendes Geschrei
bisweilen bauchrednerisch in weiter Ferne ertönen, wenn
der Vogel ganz nah sitzt. Die zwei bis drei rein weißen
Eier werden in ein Baumloch ohne eigentliches Nest gelegt
und drei Wochen bebrütet. Das Männchen fiedert obenher bis zur Brust goldiggrün, am Bauche bis zum Steiße
roth, an der Kehle schwarz; die Flügel sind grau mit weiß-
gestrichelten Deckfedern, die äußern Schwanzfedern olivengrün und weißspitzig, die mittlen dunkelgrün mit Purpur-

Fig. 356.

Narinatrogon.

schiller. Das Weibchen graut die röthliche Unterseite
und hält den Unterleib rein rosenroth.

2. Der mexikanische Trogon. Tr. mexicanus.
Figur 357.

Weiter nach Norden als diese mexikanische Art kömmt
kein Trogon vor. Von der Größe der vorigen, ist diese
oben dunkelgrün, am Vorderhalse und der Ohrgegend
schwarz, ein weißer Ring gränzt die Brust ab, welche wie
der Bauch und Steiß scharlachroth prahlt; die Flügel sind
schwarzgrau punktirt. Das Weibchen dunkelt oben und
am Halse braun und zieht einen lichtgrauen Ring über
die Brust. Die äußern Steuerfedern sind schwarzweiß.

3. Der glänzende Trogon. Tr. resplendens.
Figur 358. 359 a b

Ebenfalls ein Mexikaner, aber nur in den öden
dichten Waldungen Südmexikos heimisch und der pracht-
vollste unter seinen Genossen. Das dunkelgrüne Rückengefieder leuchtet nämlich im reinsten Goldglanze, Brust
und Unterleib grellen scharlachroth in dunkelroth; die
Federn sind sammetweich, stellenweis verlängert und zerschlissen, fadenförmige bilden einen runtlichen Kamm auf
dem Oberkopfe, lanzettförmige hängen von den Schultern
über die Flügel und die abgestuften Schwanzdecken ziehen
sich bei dem Männchen auf drei Fuß Länge aus. Bei
dem Weibchen freilich reichen diese Deckfedern kaum einen

Fig. 357.

Fig. 358.

Mexikanischer Trogon.

Glänzender Trogon.

halben Zoll über die schwarzweiß gebänderten Steuerfedern hinaus, der grüne Rücken ist matt, Brust und Bauch graubraun. Schon bei den alten Mexikanern stand der Vogel in hohem Ansehen und wurde in der Hauptstadt besonders gezüchtet, um die Prachtgewänder zu schmücken. Gegenwärtig scheint er selten zu sein und nur reich ausgestattete Sammlungen haben ausgestopfte Exemplare aufzuweisen.

4. Der pfauenschwänzige Trogon. Tr. pavoninus.
Figur 359 c.

An Farbenpracht steht dieser seltene Brasilianer dem vorigen nicht nach; sein Rücken glänzt ebenfalls metallisch grün, die Unterseite purpurroth, der Schwanz schwarz, und der Schnabel rosenroth. Das Gefieder liegt glatt an und besteht nur aus kleinen sehr weichen Federn, der Schwanz ist daher auch nicht verlängert, der ganze Vogel nur elf Zoll lang. Er lebt träg in den höchsten Baumwipfeln und klettert langsam an den Ästen auf und ab.

5. Der rudaische Trogon. Tr. temnurus.
Figur 359 d.

Die Schwanzfedern stutzen sich eigenthümlich ab und sind steifschäftig, doch nicht steif genug, um dem gern an Stämmen kletternden Vogel zum Anstemmen zu dienen. Wie gewöhnlich glänzt die Oberseite dunkelgrün, Oberkopf und Wangen dagegen sind stahlblau, Vorderhals, Brust und Seiten grau, Bauch und Steiß zinnoberroth. Die stahlblauen Flügeldecken spitzen sich weiß und die braunen Schwingen bändern weiß.

In den düstern Urwäldern des südlichen Brasiliens und Paraguays ruft der krummkreiste Surucua, Tr. surucua, sein rio rio rio, ohne aufzufliegen, wenn man mit dem Stocke nach ihm schlägt. Er verjagt die Termiten aus ihrem auf einem Aste künstlich und mühvoll aufgeführten Baue und legt seine vier weißen Eier hinein. Sein Kopf und Hals sind blauschwarz, der Bauch blutroth. Der Tr. collaris ist am Kopfe, Halse und Rücken lebhaft erzgrün, an der Brust und dem Bauche prächtig

Fig. 359.

Trogonarten.

reth. Andere Brasilianer sind gelbbäuchig, so Tr. viridis mit schwarzer Stirn und Kehle, stahlblauem Scheitel und Brust und schwarzen Flügeldecken, sehr häufig und in einem taubenähnlichen Neste eiernd, auch als wohlschmeckend geschätzt; ferner Tr. aurantius mit röthlich rothgelbem Bauche und breit weißspitzigen äußern Schwanzfedern. Tr. atricollis mit fein weißgewellten äußern Flügeldecken und weißquergestreiften äußern Steuerfedern.

6. Reinwardt's Trogon. Tr. Reinwardti.
Figur 360.

Die asiatischen Trogonen zeichnen sich im Allgemeinen durch ihren stärkeren Schnabel und weiteren Rachen aus, daher sie wahrscheinlich ausschließlich von Insekten sich nähren. Die abgebildete Art lebt auf Java und Sumatra einsam in den dichtesten Urwäldern, ihre Gewohnheiten den forschenden Blicken verbergend. Das Männchen

27*

Fig. 360.

Reinwardt's Trogon.

12 Hals-, 7 Rücken- und 7 Schwanzwirbel, der Oberarm fast kürzer] als das Schulterblatt, das Brustbein hinten mit sehr tiefen Ausschnitten und mit niedrigem Kiel.

Es sind schon mehre Arten bekannt und dieselben bereits wieder in sogenannte Untergattungen, wie Trichlaema, Buccanodon u. a. vertheilt, welche für uns jedoch kein Interesse haben. Der gefleckte Schnurrvogel, P. hirsutus (Fig. 361), heimatet im westlichen Afrika und

Fig. 361.

Gefleckter Schnurrvogel.

(obere Figur) fiedert oben dunkelgrün, an der Kehle und Unterseite citronengelb, an den Hüften orange; die grünen Flügeldeckfedern sind fein gelb gestreift, die Schwingen schwarz mit weißen Säumen, die mittlen Steuerfedern blaugrün, die äußern zum Theil weiß, der Schnabel korallenroth. Der in der untern Figur dargestellte junge Vogel gleicht bis auf die roströthliche Brust den alten.

2. Schnurrvogel. Pogonias.

Kleine Vögel von plumpem, schwerfälligem Bau und sehr trägem Naturell, schwelgsam, ungesellig und dumm. Sie leben in einsamen dunkeln Wäldern Indiens und Afrikas, immer einzeln, bewegungslos auf niedern Aesten den ganzen Tag ruhend und von Insekten und Früchten sich nährend. Die 2 bis 4 Eier legen sie ohne Nest in ein Astloch. Ihr kräftiger Schnabel ist längs der Firste gebogen und hat an der obern Schneide einen scharfeckigen Zahn. Die Nasenlöcher stecken unter harten steifen Borsten, welche die Schnabelwurzel umstarren. Der Kopf ist flach und die Augen groß. In den kurzen stumpfen Flügeln erreicht die vierte und fünfte Handschwinge die größte Länge; die zehn Steuerfedern sind von ziemlich gleicher Länge. Die sehr schmale Rückenflur spaltet sich zwischen den Schultern und setzt beide Aeste ab, die Unterflur bildet auf der Brust einen freien oder anliegenden Ast. Die Füße sind ziemlich schlank, die äußere und innere Zehe nach hinten gewandt. Außer der Hirnschale und dem Oberarm führt kein Knochen des Skelets Luft;

wird nur 7 Zoll lang. Ein Büschel starrer Borsten auf der Brust kennzeichnet ihn. Sein Gefieder ist schwarz, Flügel und Schwanz braun, gelbfleckig, die Unterseite schwefelgelb und schwarzfleckig. Auch der P. unidentatus im Kaffernlande ist oben schwarz, spitzt aber seine Federn schön schwefelgelb, zieht einen weißen Strich an den Halsseiten herab und hält die Unterseite weißlich. Der senegalische P. bidentatus legt eine dunkel carminrothe Binde schräg über die Flügel, andere färben sich anders.

3. Bartvogel. Bucco.

Die tropischen Bartvögel stehen in Trägheit und Dummheit obenan und bieten in ihrem Betragen und Lebensweise keinen beachtenswerthen Unterschied von den übrigen Familiengliedern. Sie haben kräftige Kletterfüße wie die Schnurrvögel, auch einen starken, leicht gebogenen Kukukschnabel mit steifen, die seitlichen Nasenlöcher überschattenden Borsten an der Wurzel. In den Flügeln nehmen die Schwingen wieder von der sehr kurzen ersten bis zur vierten oder fünften an Länge zu, allein die Zahl der Steuerfedern schwankt zwischen zehn und zwölf. Das sehr weiche, schlaffe Gefieder liebt matte, höchstens schillernde Farben und bildet breite Fluren, von welchen die obere zwischen den Schultern sich gabelt und völlig von dem einfachen Bürzelstreif absetzt, die untere neben dem Bruststreif einen freien Ast hat. Meist 12, seltener 10 Hals-, 8 Rücken- und 7 oder 8 Schwanzwirbel. Die eigentlichen Bartvögel der östlichen Halbkugel lassen ihre Gabelbeinhälften getrennt, die Amerikaner vereinigen dieselben. Becken und Brustbein sind kurz und sehr breit, letzteres mit sehr tiefen Ausschnitten und niedrigem Kiel. Der Magen ist ziemlich fleischig und mit einer dicken gefalteten Lederhaut ausgekleidet, die altweltlichen Formen ohne Blinddärme, die amerikanischen dagegen mit sehr langen gelbigen, die nur wenig ungleichlappige Leber stets ohne Gallenblase.

Die afrikanischen und asiatischen Arten werden gegenwärtig allein in der Gattung Bucco begriffen, und wie wir andeuteten, rechtfertigt die anatomische Untersuchung die Trennung der amerikanischen mehr noch als die Eigenthümlichkeiten des äußern Baues. Die abgebildete Art, Latham's Bartvogel, B. Lathami (Fig. 362), heimatet in Indien und dunkelt bei sechs Zoll Körperlänge oben olivengrün, unten fiedert sie blaßgrün, im Gesicht und am Halse gelblich braun; Flügel und Schwanz

Fig. 362.

Latham's Bartvogel.

sind schwärzlich. Davon unterscheidet sich der javanische B. flavifrons durch schwarze Kopfseiten und Kehle, rothen Halsfleck und gelben Oberkopf. B. armillaris fiedert grasgrün und bläut die Unterseite der Schwanzfedern, die Stirn ist orange und der Scheitel hellblau, B. cyanops in Indien hält Stirn und Hinterhaupt roth, den Scheitel schwarz, die Seiten des Kopfes und die Kehle himmelblau.

Von den Amerikanern bilden die Arten mit großem, fast gerademem Kegelschnabel, dessen Spitze hakig und bisweilen zweizackig ausgekerbt ist, den Typus der Gattung Capito, Großkopfbartvogel. Ihr kreisrundes Nasenloch öffnet sich dicht vor dem Stirngefieder. Die Rückenflur setzt einfach zwischen den Schultern ab und erst auf dem Kreuz beginnt der zweizeilige Bürzelstreif. Die Arten gehen vom Aequator bis ins südliche Brasilien hinab. Eine

der weitest verbreiteten und größten ist C. macrorhynchos (Fig. 363), 10 Zoll lang. Der große Kopf, kleine gerundete Rumpf und kurze Schwanz geben ihr ein ganz eigenthümliches Ansehen. Oberkopf, Rücken und Brustbinde sind schwarz, die Unterseite weiß oder ochergelb.

Fig. 363.

Gemeiner Capito.

C. melanotis mit rostbraunem, schwarz querstreifigem Rücken, blaßgelbem Bauche und schwarzem Backenfleck und von nur 8" Länge gehört dem Süden an und ruft bisweilen Chacuru. Nach ächter Bartvogelfaulheit sitzt er ruhig auf dem Aste und schnappt nach vorbeifliegenden Insekten, klettert nicht und läßt den Jäger bis auf wenige Schritte herankommen. C. maculatus um Bahia fiedert am Rücken braun mit rostgelben Querflecken, an der Bauchseite weißgelb mit schwarzen Flecken. — Die Arten mit kleinerem, dünnspitzigem Schnabel und breitem nackten Augenringe, mit längern Flügeln und feineren Beinen typen die Gattung Monasa, so M. fusca oben braun und rostgelb gestreift, gemein in Brasilien und dummdreist an Wegen und in Gärten sitzend, M. rubecula graubraun mit rostgelbem Vorderhalse, graulicher Brustbinde und weißlichem Bauche, M. leucops mit gelber Stirn und Kehle. Die wenigen Arten mit nur zehn Steuerfedern gehören der Gattung Micropogon, sind grell buntfarbig, lebhaften Temperamentes und streifen in kleinen Gesellschaften durch die Wälder, so M. elegans am Amazonenstrom, 6 Zoll lang, grün mit blauen Wangen, rother Kehle und gelber Brust.

4. Glanzvögel. Galbula.

Die Glanzvögel Amerikas sind hinsichtlich ihres Naturells, der Trägheit, Dummheit und Gleichgültigkeit ächte Buceeniden, bieten aber in ihrer äußern Erscheinung so vielfache Beziehungen zu andern Familien, daß sie im System noch keine feste Stellung haben. Linné brachte sie zu den Eisvögeln, Cuvier stellt sie neben dieselben, Oken versetzte sie zu den Bienenfressern, Lesson unter die Spechte. Der sehr lange, kantig gefirstete und geradspitzige Schnabel weist allerdings auf eine nähere Beziehung zu den Spechten. Die kleinen runden Nasenlöcher öffnen sich dicht vor dem Kopfgefieder und werden von spärlichen Borsten überragt. Ein schmaler Augenring und Zügelstreif sind nackt. An den kleinen schwachen Beinen fällt die Kleinheit der innern Hinterzehe besonders auf, ja dieselbe fehlt einigen Arten gänzlich. Die Flügel sind kurz, die vierte oder fünfte Schwinge am längsten. Das spärliche, großfedrige Gefieder bildet einen schmalen Rückenstreif mit Theilung auf dem Rücken und sehr schmale Bruststreifen ohne äußern Ast. Der lange Schwanz ist zwölffedrig, doch die breiten äußern Steuerfedern oft klein und versteckt.

1. Der schwalbenschwänzige Glanzvogel.　G. paradisea.
Figur 364.

Dieser Bewohner des nördlichen Südamerika zeichnet sich vortheilhaft vor seinen Genossen aus, indem er lebhaft und munter ist, in kleinen Familien beisammenlebt, auch Gesellschaften von Eingeborn sich anschließt, mehr die Waldränder zum Standquartier wählt und auch

Fig. 364.

Schwalbenschwänziger Glanzvogel.

in der Nähe der Ansiedlungen sich aufhält. Im Körper klein, mißt er doch mit dem langen Gabelschwanze 11 Zoll. Sein schwarzes Gefieder sticht am Vorderhalse einen großen weißen Mondfleck ab, schillert die Flügeldecken metallisch grün und hält die Schwanzfedern oben bläulich,

unten graulich. — Eine andere Art in den Wäldern Brasiliens, G. viridis, wird vom Volke wegen ihres goldiggrünen Rückengefieders für einen Kolibri gehalten, an der Kehle ist er weiß, am Bauche rostgelb und sein Schwanz kurz und breit. Eine dritte goldiggrüne Art, G. macrura, kennzeichnet der lange kurze Schwanz, dessen zwei mittle Federn grün, die andern rostgelb sind. Der G. tridactyla fehlt die innere Hinterzehe und ihr schwarzes Gefieder schillert grün; sie ist die trägste von allen.

2. Der große Glanzvogel.　G. grandis.
Figur 363.

Der Schnabel ist breiter und gegen die Spitze hin flacher als bei den übrigen, auch die Borsten an seinem Grunde weicher, dagegen das Rückengefieder derber und metallisch glänzend, goldiggrün, an Brust und Bauch rostgelbroth, und am Halse einen weißen Fleck abstechend. Die kleinen Flügel halten ihre schmalen Schwingen schwarz und der breite lange Schwanz verkürzt seine äußern Federn nur mäßig. Der Vogel wird 12 Zoll lang und heimatet im nördlichen Brasilien und in Guiana.

Fig. 363.

Großer Glanzvogel.

Vierte Familie.
Spechte.　Picidae.

Eine in ihrer äußern Erscheinung, wie in ihrer Organisation und Lebensweise durchaus eigenthümliche Familie, deren mehr denn 200 Arten in den Wäldern aller Welttheile, Neuholland ausgenommen, zerstreut sind. Die neuere Ornithologie hat auf blos äußerlich Unterschiede sich stützend beinah ein halbes Hundert Gattungen für dieselben aufgestellt, an deren Aufzählung und Charakteristik meinen Lesern wenig gelegen sein dürfte, zumal der allgemeine Organisationsplan und die Lebensweise wesentlich dieselbe ist. Wir begnügen uns daher mit der Schilderung der alten, die ganze Familie umfassenden Gattung Specht, Picus.

Die Spechte sind im Allgemeinen kleine Vögel von kräftigem Bau mit großem Kopfe und Schnabel, starken Beinen, scharf bekrallten Kletterfüßen und vortrefflichem Stemmschwanze. Der Schnabel (Fig. 366), bald länger bald kürzer, ist sehr stark und meist ganz gerade, kantig und meißelförmig zugespitzt, ein vortrefflicher Apparat

Fig. 366.

Spechtschnabel.

zum Hämmern und Meißeln. Die kleinen ovalen Nasenlöcher öffnen sich nahe an der Stirn unter einer überstehenden Kante und von steifen Borstenfedern beschattet. Die Beine (Fig. 367) haben kurze starke, vorn mit großen Tafelschildern, hinten warzig benetzte Läufe und vier kräftige Zehen mit besonders hohen, stark gekrümmten scharfspitzigen Krallen, ganz geeignet zum Klettern an senkrechten Stämmen und zur Stütze des Körpers bei den angestrengtesten Bewegungen des Kopfes. Die innere Hinterzehe verkümmert bisweilen. Die mäßig langen

Fig. 367.

Spechtbein.

und breiten Flügel zeichnen sich durch schmale spitze Handschwingen, deren vordere verkürzt sind, und 9 bis 12 breite ziemlich lange Armschwingen aus. Ganz charakteristisch zeigt sich der Schwanz. Er besteht aus zwölf Steuerfedern, welche von der Mitte nach außen an Länge und Stärke abzunehmen pflegen, so daß die äußerste jederseits meist verkümmert ist; alle haben steife fischbeinartige Schäfte und auch harte steife Bärte, welche gegen die Spitze hin durch das stete Anstemmen sich abnutzen. Das Gefieder ist derb und dicht, die Federn des Kopfes klein, länglich, selbst haarähnlich, die des Halses locker und dünn, die Rumpffedern breit und kurz. Die Oberflur erscheint auf dem Rücken häufig unterbrochen, ihre breite Gabelung gewöhnlich abgesetzt, die Unterflur spaltet sich schon hoch am Halse und sendet von dem schmalen Bruststreif einen freien Ast ab. Die große, breitherzförmige, völlig zweitheilige Bürzeldrüse besetzt ihre Ausgänge mit einem dichten Federnkranze.

Von den innern Organen ist die Zunge (Fig. 368. 369. 370) das eigenthümlichste und interessanteste. Die Zunge selbst (Seite 15 Fig. 42. 7) gleicht einer kleinen, hornigen, gestreckten Pfeilspitze mit einigen steifen kurzen Haken jederseits; sie kann blitzschnell und ungeheuer

Fig. 368. 369. 370.

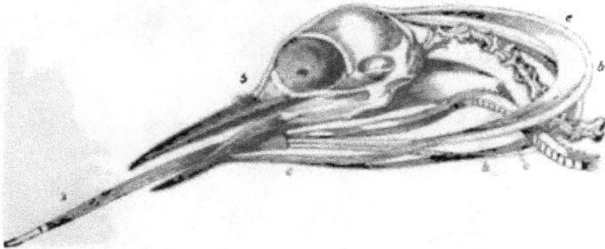

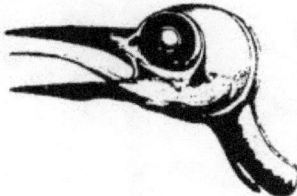

Anatomie der Spechtzunge.

weit vorgeschossen werden, wenn sie ein flüchtiges Insekt überraschen und aufspießen soll. Bewerkstelligt wird diese Verrichtung durch das schnabellange, gerade und griffelförmige Zungenbein, das in einer höchst elastischen Scheide, einer ausschnellbaren Sprungfeder vergleichbar steckt und nach hinten in die beiden zweiästigen Zungenbeinhörner fortsetzt, welche an der Unterseite des Schädels über den Hinterkopf und die Stirn bis in die Hornscheide des Schnabels sich verlängern (bb). Zerrt man einem lebenden Spechte die Zunge mehre Zoll weit aus dem Schnabel hervor: so zieht er sie wie einen langen Wurm mittelst zweier, in der Ruhe bandartig um die Luftröhre gewickelter Muskeln allmählig zurück. Zwischen den Unterkieferästen liegt paarig eine große Drüse zur Absonderung eines klebrigen Speichels für die Zunge. Von den übrigen weichen Theilen verdient die Muskulatur des Kopfes und Halses Beachtung. Sie befähigt den Specht mit Hülfe des Schnabels die Borke zu zerhämmern und Löcher in angegangenes, weiches Holz zu meißeln. Der Fächer im Auge besteht aus 19 schwach geknickten Falten. Die Speiseröhre erweitert sich allmählig zum weiten Drüsenmagen und dieser setzt oft sehr scharf von dem mit Lederhaut ausgekleideten Muskelmagen ab. Der Darm mißt etwa Körperlänge, hat aber nie Blinddärme, die Leberlappen sind nur wenig ungleich und mit langer schlauchartiger Gallenblase versehen, die Milz klein rundlich, die Bauchspeicheldrüse doppelt und viellappig, die Nieren tief oder nur schwach gelappt, das Herz dick und groß. Am Knochengerüst (Fig. 371) zeichnet sich zunächst die kuglige, ungemein harte Hirnschale aus. 12 Hals-, 8 Rücken-, 6 oder 7 Schwanzwirbel, deren letzter sehr groß ist. Das Brustbein erweitert sich nach hinten sehr beträchtlich und hat hier zwei Paare rautlicher Ausschnitte; die Schulterblätter haben einen eigenthümlichen Seitenhaken und die Beinknochen sind von ansehnlicher Länge.

Fig. 371.

Skelet des Spechtes.

Alle Rumpfknochen führen Luft und bei mehren Arten auch der Oberarm und Oberschenkel.

Die Spechte sind unruhige, lebhafte und ungesellige Vögel, immer auf den Aesten und Stämmen beschäftigt, in Spirallinie aufwärts kletternd und laut mit dem Schnabel auf die Borke hämmernd, um versteckte Insekten hervorzutrommeln. Aber auch bei dem emsigsten Suchen nach Nahrung vergessen sie ihre eigene Sicherheit nicht und wissen scheu und listig den Gefahren auszuweichen. Außer Insekten fressen sie übrigens auch harte Samen. Ihr Flug schnurrt und steigt in Wogenlinien auf und ab. Auf ebener Erde, wo sie in der Roth Nahrung suchen, geben sie schwerfällig hüpfend. Die Stimme schnurrt laut oder kreischt durchdringend, zumal beim An- und Abfliegen. Die porcellanglänzenden weißen Eier werden auf Wurmmehl oder Holzspäne in ein Baumloch gelegt und von beiden Geschlechtern abwechselnd bebrütet. Die ausschlüpfenden Jungen sind häßlich dickköpfig, mit wenig Flaum bekleidet und jederseits am Schnabel mit einem knorpligen Knollen, welcher bald verschwindet. Mit Unrecht sind die Spechte hie und da als Holzverwüster ver-

Fig. 373.

Schwarzspecht.

schrieen, allein sie hämmern nur altes und angegangenes Holz an und nützen vielmehr sehr durch ihre unermüdliche Vertilgung verderblichen Insektengeschmeißes.

Die europäischen Arten, von welchen acht in Deutschland vorkommen, sind Stand- und Strichvögel, welche die Wälder nicht leicht verlassen. Wir müssen uns auf die Charakteristik nur einiger beschränken.

1. Der Schwarzspecht. P. martius.
Figur 371.

Der größte Europäer, 18 Zoll lang und 32 Zoll in der Flügelspannung, ganz schwarz befiedert mit hochrothem Scheitel und Genick. Der 2¼ Zoll lange Schnabel ist scharfkantig, knochenhart und mit schiefer Spitzenschneide. Die Zunge kann auf 5 Zoll Länge vorgeschnellt werden und die Zungenbeinhörner gehen hinten unmittelbar über den Schädel, um sich vorn in eine Grube des rechten, seltener des linken Nasenloches auszuspitzen. Dem Vermagen fehlen die Drüsen an der Rückenwand und ein bauchiger Theil scheidet ihn von dem Muskelmagen. Der Darmkanal mißt nur 15 Zoll Länge und die Nieren sind tief dreilappig. Das Weibchen ist nur im Genick roth, übrigens einförmig schwarz.

Der Schwarzspecht bewohnet in ebenen und noch lieber in gebirgigen Kieferwaldungen Mittel- und Nordeuropas und in Asien bis Kamtschatka. Im alten Hochwalde fern von menschlichen Wohnungen behauptet er mit seinem Weibchen ein eigenes Revier, das er täglich durchstreift und gegen fremde Eindringlinge muthig vertheidigt. Seine Unruhe treibt ihn beständig hin und her und dabei ist er ungemein scheu, listig, gewandt, Meister im Klettern. Seine Hammerschläge schallen weithin durch den rüstern Wald und er führt sie mit solcher Kraft, daß mehre zollange Späne fallen; noch weiter gellt und kreischt seine starke Stimme; das Hämmern begleitet oft ein immer lauteres Schnurren oder Trommeln, das bei andern Arten viel schwächer ist. Ameisen, Larven verschiedener Holzkäfer und Schmetterlinge, vielleicht auch Nüsse, Beeren und Nadelholzsamen dienen zur Nahrung. Im Aufsuchen und Fangen der Insekten offenbart er wie die meisten Arten eine bewundernswerthe Meisterschaft. Als Nest dient ein geräumiges Loch in 40 bis 60 Fuß Höhe am Stamme, das beide Gatten in etwa 14 Tagen auswetzeln; der Eingang ist eng, das Innere ausgearbeitet, weithin erschallen bei der Arbeit die Schläge und am Boden sieht man die Späne auf mehre Schritt zerstreut. Alljährlich wird eine neue Höhle ausgearbeitet und natürliche Löcher niemals benutzt. Die vier kleinen, rein weißen Eier liegen auf seinen Spänen und in 18 Tagen kriechen die Jungen aus, welche beide Eltern mit großer Liebe auffüttern. An die Stube gewöhnen sie sich durchaus nicht, alte noch viel weniger.

2. Der Grünspecht. P. viridis.
Figur 372.

Schon die viel geringere Größe, 13 Zoll Länge und 22 Zoll Flugweite, und die viel bunte Färbung unterscheiden den Grünspecht von voriger Art. Die Oberseite fiedert schön olivengrün bis gelblich-grasgrün, die Unterseite weißlich, Stirn, Scheitel und Hinterkopf sind karmin-

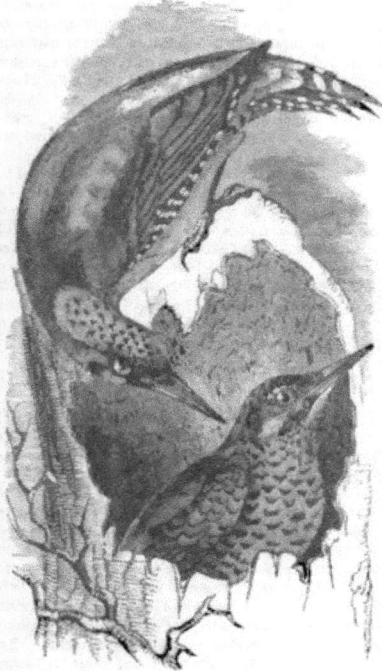

Fig. 371.

Grünspecht.

roth, der Bürzel gelb, die rauchschwarzen Schwingen graugelb quergestreift und der schwarzbraune Schwanz grün gebändert. Die Zunge kann 7 Zoll lang vorgeschnellt werden und die ungeheuer großen Speicheldrüsen münden im Kinnwinkel in einer gemeinschaftlichen Oeffnung. Der Darmkanal mißt 18 bis 22 Zoll Länge, die Gallenblase 15 Linien; die Nieren sind tief zweilappig.

Ueber ganz Europa, Aegypten und Syrien bis Sibirien verbreitet, streicht der Grünspecht den größten Theil des Jahres am liebsten durch lichte gemischte und bloße Laubwälder und Feldhölzer, über Wiesen und Aecker und besucht auch die baumreichen Umgebungen der Dörfer und Städte. Die Nahrung sucht er ebenso oft am Boden wie kletternd und hämmernd an Stämmen; Ameisen, deren Bauten er ausfühlt, Käfer, Raupen, Maden, Puppen. Die lange, klebrige und spitzstachlige Zunge holt die Insekten aus engen Ritzen und Löchern hervor. Nicht so scheu als der Schwarzspecht, ist der Grünspecht doch fast vorsichtiger und listiger, ebenso munter und gewandt im Klettern hüpft er auch leichter und schneller am Boden, rauscht und schnurrt im Fluge, meißelt schnell

28

und geschickt, ruft hell und weithin hörbar und hastig
kjäck kjäck kjäck, zur Paarungszeit laut und angenehm
glück glü glü glü. Stürmisch und unbändig, trotzt er
allen Zähmungsversuchen. Schon im Februar wird eine
Höhle hoch oben am Stamme neu ausgemeißelt oder eine
vorhandene passend erweitert, sieben blendendweiße dünnschalige Eier hineingelegt und diese von beiden Geschlechtern abwechselnd bebrütet. Die blinden, nackten, grob-
beinigen und dickköpfigen Jungen werden mit Ameisenpuppen und Raupen aufgefüttert.

Dem Grünspecht sehr ähnlich ist der Grauspecht,
P. canus, doch nicht ganz so groß, zwar ebenfalls schön
olivengrün, aber am Kopfe grau und nur das Männchen
mit einem karminrothen Flecke auf dem Scheitel. Er ist
bei uns und in ganz Mitteleuropa selten, häufiger im
Norden, läßt sich am liebsten in ebenen Laubwäldern
nieder, sucht viel am Boden, obwohl er auch sehr geschickt
klettert, lockt mit lautem kjäck und kjück oder schreit gellend
klih. Ameisen sind sein Lieblingsfutter und nur in
deren Ermangelung frißt er anderes Geschmeiß.

3. Der große Buntspecht. P. major.
Figur 374.

Kräftig und gedrungen im Bau, nur 9 Zoll lang mit
16 Zoll Flugweite, schwarz mit weißen Flecken, an der
Unterseite weiß, am Hinterkopf und After hochroth. Der
Schnabel ist nur wenig über einen Zoll lang und stark.
Der Vormagen ist gleichmäßig dicht mit Drüsen besetzt
und nicht durch einen Zwischenraum vom Muskelmagen
geschieden; der Darmkanal hat 10 Zoll Länge, die Zunge
sehr zahlreiche randliche Stacheln. Sein Vaterland dehnt
der große Buntspecht vom Mittelmeere über ganz Europa
und einen großen Theil Asiens aus, ist aber in den südlichen Ländern selten, bei uns die gemeinste Art in allen
Wäldern ohne Unterschied. Das grell bunte Gefieder
verräth ihn dem Beobachter schon aus der Ferne. Im
Winter belebt er den öden Wald und führt die kleinen
Gesellschaften hungriger Meisen, Baumläufer, Goldhähnchen an, die jeden Tag ihr weites Revier unruhig durchstreifen. Er klettert viel lieber, als daß er am Boden
hüpft, frißt allerlei Insekten, harte Baumsamen und Nüsse
und lebt im Uebrigen nach ächter Spechtweise.

Man unterscheidet vom großen Buntspecht einen
Weißspecht, P. leuconotus, dessen Unterrücken und
Bürzel rein weiß, dessen Bauch und After rosenroth ist,
dem aber das weiße Schulterfeld fehlt; das Männchen
mit hochrothem Scheitel, das Weibchen mit schwarzem.
Er soll in Rußland gemein sein und kömmt von dort
einzeln nach Deutschland. Sein Betragen bietet nichts
Eigenthümliches. Häufiger und über das ganze Süd-
und Mitteleuropa, auch über Schweden verbreitet ist dagegen
der Mittelspecht, P. medius, kleiner und schwächlicher
als der große Buntspecht, mit kürzerem Schnabel und
viel längeren, ganz hochrothen Scheitelfedern, ohne Schwarz
im Gesicht, dagegen tief schwarz am Rücken und Bürzel,
rosenroth am Unterleibe und After, gelb auf der Brust.
Der Vormagen ist dünnwandig und schwachdrüsig, der
Darmkanal 10 Zoll lang; die Zungenbrinhörner reichen
nur bis zur Schnabelwurzel und senken ihre Spitzen in
keine Grube. Ueberaus munter, hurtig und gewandt,

Fig. 374.

Großer Buntspecht.

zänkisch und eben nicht scheu. Seine Stimme ruft hastig
kikikik. Im Uebrigen nicht vom großen Buntspecht
verschieden.

4. Der kleine Buntspecht. P. minor.
Figur 375.

Von Sperlingsgröße und besonders kenntlich an dem
schwarz und weiß gebänderten Mittelrücken, dem Mangel
des Roth am Unterkörper und dem rothen Scheitelfleck
bei dem Männchen, dem weißen bei dem Weibchen. Der
oben dreikantige Schnabel hat nur 7 Linien Länge und

Kleiner Buntspecht.

Dreizehiger Specht.

die feine dünne Zunge schießt höchstens $1\frac{1}{2}$ Zoll lang
vor. Der Darmkanal mißt 6 Zoll Länge. Das Vater-
land erstreckt sich über den Norden Europas und Asiens,
doch elert der Kleinspecht auch in Deutschland und der
Schweiz, in ganz Mitteleuropa an vielen Orten, in allerlei Waldung, in der Ebene wie im Gebirge. Ueberall
klettert er geschäftig hoch oben an den Stämmen umher,
pickt, hämmert und schnurrt, ruft sein langgezogenes Klik
und nährt sich ausschließlich von Insekten.

5. Der dreizehige Specht. P. tridactylus.

Figur 375.

Die dreizehigen Spechte, deren es mehre Arten in der
Alten und Neuen Welt giebt, klettern ebenso gewandt und
hurtig wie die vierzehigen und stimmen in der Lebensweise, im Naturell und der gesammten Organisation so
sehr mit den übrigen überein, daß man sie in derselben
Gattung belassen muß. Die einzige bei uns und im
größten Theil Europas und Asiens zumal in Nadelwäldern
heimatende dreizehige Art erreicht 10 Zoll Länge und nur
17 Zoll Flügelbreite. Sie sieckert wie die Buntspechte
weißbunt, hat auf den Schwingen weiße Bänder, längs
der Mitte des schwarzen Rückens einen aus Querflecken
gebildeten Längsstreif, das Männchen einen gelben, das

Weibchen einen silberweißen Scheitelfleck. Von seinem
Betragen und seiner Lebensweise läßt sich Nichts anführen,
was von den vorigen Arten abweicht.

6. Der Königsspecht. P. principalis.

Figur 377.

Unter den nordamerikanischen Spechten steht in Größe
und Schönheit des Gefieders der Königsspecht obenan.
Bei 20 Zoll Länge sieckert er schwarz mit violettem Schiller,
streift die Halsseiten breit weiß und spitzt ebenso die
Schwingen. Das Männchen trägt einen karminrothen
schmalfedrigen Scheitelkamm, das Weibchen dagegen einen
schwarzen. Gegen das dunkle Gefieder sticht der elfen-
beinweiße Schnabel recht grell ab, und er hat auch fast
Stahlhärte, denn mit einem Hiebe löst er acht Zoll lange
Späne ab, er durchlöchert starke Stämme und weißelt
ganze Fuhren von Rindenstücken und Holzspänen an einem
einzigen Baume ab. Doch wählt er zu dieser Verwüstung,
welche gar oft nur Zeitvertreib zu sein scheint, theils ange-
gangene Stämme, theils kerngesunde. Die Nest - Höhle

Fig. 377.

Fig. 378.

Rothköpfiger Specht.

Königspecht.

arbeitet er hoch oben an einem Eschen- oder Cratägus-
stamme am liebsten unter einem als Wetterdach dienenden
horizontalen Aste ein bis drei Fuß tief, weitet sie innen
geräumig aus und das Weibchen legt bis sieben völlig
weiße Eier hinein. Die Nahrung besteht aus Insekten
und saftigen Früchten und Beeren. Weder so scheu als
unser Schwarzspecht, der unter den Europäern ihm zunächst
steht, noch so vorsichtig, wird er leicht vom Schützen überrascht, theilt aber lebendig ergriffen gewaltige Schnabelhiebe und empfindliche Krallenschläge aus. Sein Kopf
und Schnabel gelten daheim bei einzelnen wilden Stämmen
für wunderkräftig und werden als Amulette getragen.
Das Vaterland erstreckt sich vom Ohio bis zum Mississippi,
von da bis zum Felsengebirge und über die ungeheuern
Waldungen der südlichen Staaten, im Winter auch über
Mexiko und bis Cuba. Obwohl Königspecht, ist er doch
der größte noch nicht, der Kaiserspecht Californiens von
zwei Fuß Länge übertrifft ihn.

    7. Der rothköpfige Specht. P. erythrocephalus.
Figur 378.

    Der Rothkopf der nordamerikanischen Landleute ist
der einzige wirklich schädliche Specht, verhaßt und gefürchtet wegen seiner Kühnheit und Gefräßigkeit. In kleinen
Gesellschaften fällt er nämlich in die Maisfelder ein, zur
Zeit wo das Korn in der Milch steht, oder er besucht die
Gärten, um an Beeren und Obst sich zu laben, dabei verfolgt er allerdings nicht minder beißhungrig das Insektengeschmeiß, treibt sich an den Landstraßen, auf Wiesen und
Aengern umher, und weiß seine Dreistigkeit durch List
und Aufmerksamkeit zu schützen. Ueberhaupt äußert er
viel Unruhe in seinem Betragen, neckt gern mit seines
Gleichen und spielt dem Jäger allerlei verfängliche Possen.
Aber wie er kleinen Vögeln unter Hohngeschrei die Eier
raubt: so weiß die schwarze Natter, an den höchsten
Baumstämmen geschickt emporkletternd, seine Höhle zu

Fig. 379.

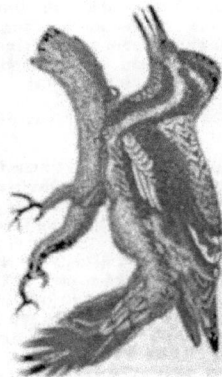

Gefleckter Specht.

finden, verschlingt seine Eier oder Jungen und hält einige Tage Rast in dem eroberten Baue. Der Rothkopf ist über den größten Theil der Vereinten Staaten verbreitet, streicht in kalten Wintern aber weit nach Süden. Seine schwarze Oberseite schillert violett, Kopf und Hals sind purpurroth, Unterseite, Bürzel und hintere Schwingen weiß; Körperlänge nur neun Zoll.

Als Vertreter unseres Buntspechtes in Nordamerika ist der gefleckte Specht, P. varius (Fig. 379), zu betrachten. Derselbe steckt seinen braungelben Rücken schwarz, besiedert die Unterseite citronengelb, ziert die schwarze Kehle mit einem feuerrothen Mittelfleck, brennt Scheitel und Stirn hochroth und legt weiße Streifen und Flecken auf die schwarzen Flügel und den Schwanz. Seine Heimat dehnt er von Cayenne bis zur Hudsonsbai aus, hält sich aber den größten Theil des Jahres schon in den dichtesten Wäldern versteckt, erst im October besucht er die bewohnten Gegenden und verkümmert auch in Gärten die alten Obstbäume nach Insekten, das Obst selbst läßt er unberührt.

8. Der haarige Specht. P. villosus.
Figur 380.

Langzottige und weißhaarige Federn am Schnabelgrunde und auf dem Rücken kennzeichnen diesen kleinen, nur 9 Zoll langen Nordamerikaner schon hinlänglich, zumal er wie andere Buntspechte sein Gefieder mit schwarz, weiß und roth bemalt. Die Oberseite ist schwarz, nur beim Männchen am Hinterkopf roth, die schwarzen Flügel tragen weiße Flecken, der Schwanz weiße Bänder; Schnabel und Füße sind bläulich. Ueber den größten Theil der Vereinten Staaten verbreitet, lebt auch er den Sommer hindurch versteckt in Wäldern, zieht im Herbst in offene Gegenden und im Winter in die Obstgärten. Seine

Fig. 380.

Haariger Specht.

schneidend scharfe Stimme, die er beim Hämmern und im Fluge hören läßt, schallt weithin. Mühsam meißelt er seine Nisthöhle aus, nämlich zuerst ein enges acht Zoll langes Rohr horizontal in den Stamm, dann schief abwärts wohl sechzehn Zoll tief mit bequemer Weite. Die Arbeit in der engen Höhle und das zeitraubende Hinausschaffen der Späne verdient gewiß Bewunderung.

Ganz ähnlich in der äußern Erscheinung wie im Betragen und der Lebensweise ist der höchstens 6½ Zoll lange weichgefiederte Specht, P. pubescens (Fig. 381), gleichfalls in Nordamerika heimisch. Er reinigt mit beispielloser Geschäftigkeit die Obstbäume von den verderblichsten Insekten, durchlöchert mit sehr kleinen Bohrlöchern die Rinde der Stämme und Aeste, um die Larven und Puppen hervorzuholen und seine Durchlöche-

Fig. 381.

Weichgefiederter Buntspecht.

rung scheint auch den Obstbäumen sehr gut zu bekommen, da sie von ihm am meisten angegriffenen stets die reichlichsten Früchte tragen. Im Frühjahr und Sommer hält er sich lieber im Walde auf. Die Niströhre meißelt er wie vorige Art mühsam in den Stamm und schleppt sogar die Späne im Schnabel fort, um den Ort nicht zu verrathen. Das Weibchen wird während des Brütens vom Männchen gefüttert und schon Ende Juni klettern die Jungen munter am Stamme aufwärts.

9. Der schuppenfedrige Specht. P. squamatus.
Figur 382.

Unter den zahlreichen Asiaten verdient wegen seines hübschen Aeußern die abgebildete dreizehige Art Beachtung, von der wir leider nicht wissen, wieweit sie in ihrem Betragen und Naturell von den bekannteren Arten abweicht. Ihre Oberseite fiedert grün, der Hinterrücken gelblich, der Scheitel greßt scharlachroth und der Vorderhals graut grünlich, die grünliche Unterseite schuppt sich mit schwarzen Flecken, die Schwingen und Schwanzfedern bändern weiß und um das Auge verläuft eine grünlich weiße Befiederung.

Eine zweite Art im Himalaya ist Shore's Specht, P. Shorei (Fig. 383), zwölf Zoll lang und orangegelb in grün ziehend, mit scharlachrother Scheitelhaube, hochrothem Rücken, schwarzen Schuppenflecken auf der weißen Unterseite und graubrauner Oberbrust.

Fig. 382.

Scharrenspechtiger Specht.

Fig. 383.

Schel's Specht.

10. Der Kaffernspecht. P. caffer.
Figur 384.

Auch Afrika hat eine ziemliche Mannichfaltigkeit an
Spechten aufzuweisen, in welcher die abgebildete Art eine
extreme Stellung durch ihre Beziehungen zu den Bart-
vögeln und Bienenfressern einnimmt. Obwohl noch mit
ächten Kletterfüßen versehen, sucht sie doch wegen der
langen Läufe hurtig laufend viel lieber am Boden ihre
Nahrung als kletternd und hämmernd an den Stämmen.
Ihre Schwanzfedern sind daher auch nicht abgenutzt,

Fig. 384.

Kaffernspecht.

sondern rundspitzig, auch der kurze schwache gebogene
Schnabel eignet sich nicht zum Holzmeißeln. Die äußere
Erscheinung ist charakteristisch genug: Kopf, Bauch und
Unterrücken fiedern gelb, Hinterhals und Oberrücken braun
mit weißen Federspitzen, die Stirn schwarz; die Schwanzdeckfedern sind orange, den Hals schmückt ein breites
schwarzes weißflediges Band und zwei kurze schwarze
Federbüsche zieren den Kopf; der braune Schwanz ist
weiß quergebändert. — Der kleine Specht des westlichen Afrika, P. minutus, wird kaum über 4 Zoll lang,
ist oben blaßbraun, auf den Flügeln und Schwanze schwarz
gebändert, an der Unterseite graulichweiß mit gelben
Flecken. Der rothbäuchige Specht, P. pyrrhogaster,
in der Sierra Leona hat fast 8 Zoll Länge und verräth
sich durch die blutrothe Unterseite und den schwarzen
Schwanz.

11. Der chilenische Specht. P. chilensis.
Figur 385.

Dem chilenischen Spechte fehlt wie dem des Kaffern-
landes der steife Stemmschwanz, seine Steuerfedern sind
vielmehr weich und nachgiebig und fast gleichlang, daher
der Schwanz ziemlich abgerundet. Dem entsprechend
erscheinen auch die Füße und Zehen schwächlicher, zum

Fig. 385.

Chilenischer Specht.

Laufen am Boden geeigneter, als zum Festhalten an senkrechten Stämmen bei dem erschütternden Hämmern mit dem Schnabel. Das Gefieder düster auf der Oberseite graubraun mit kleinen weißen Strichen, an der Unterseite dagegen lichter es weißlich mit braunen Flecken; der Scheitel graut, der Unterrücken, die Steuerfedern und Schwingen sind weiß. — Unter den großschnäbligen, stemmschwänzigen Südamerikanern steht der gehäubte starke Specht, P. robustus, in Brasilien obenan, 13 Zoll lang, hellrothgelbbraun mit schwarz quergestreiftem Bauche, rothem Kopfe und Halse und schwarzen Flügeln und Schwanze, scheu im dichten Walde dämmernd und gellend rufend. Gemein und sehr weit über Südamerika verbreitet ist der gestreifte Specht, P. lineatus, 13 Zoll lang, mit weißlich quergestreiftem Bauche, ganz schwarzem Rücken und Schnabel und rother Haube. Auch der sperlingsartige Specht, P. passerinus, gehört zu den häufigen in Brasilien. Ist nur 7 Zoll lang, auf der Rückenseite olivengrüngelb mit hellgelben Flecken, unten schwarzgrau mit gelbweißen Querbändern, am ungehäubten Scheitel roth- oder gelbspitzige Federn. Der eben nicht größte P. icterocephalus Brasiliens verräth sich durch seinen gelben Kopf mit rother Haube und die blaß gelbgraue Bauchseite mit braungrünen Wellen. Eine andere gelbköpfige Art, P. flavescens, unterscheidet die lange Haube, das schwarze Gefieder mit gelben Federrändern, der blutrothe Backenfleck und besonders noch der kurze schwache Schnabel mit gebogener Firste. Bei dem nicht minder häufigen, zumeist von Ameisen und Termiten sich nährenden P. campestris geht die schöne goldgelbe Farbe

auf dem Hals und die Oberbrust über, Scheitel und Kehle sind schwarz und Rumpf und Flügel blaßgelb mit schwarzgrauen Bändern. Der 7 Zoll lange Schwalbenspecht sieltert schön schwarzblau mit rothem Bauche, und so könnten wir noch viele anführen, doch leben alle, soweit die Beobachtungen reichen, nach ächter Spechtweise.

2. Wendehals. Yunx.

Wenn auch in der äußern Erscheinung ziemlich auffallend von den Spechten verschieden, stimmt der Wendehals nach seiner innern Organisation doch so überraschend mit denselben überein, daß er unbedingt derselben Familie zugewiesen werden muß. Seinen Namen hat er von der ganz absonderlichen Gewohnheit den Hals zu drehen, so daß der Schnabel nach hinten weist, dazu macht er noch andere Grimassen, streckt den Hals lang aus, sträubt die Kopffedern, spreizt den Schwanz fächerartig, verbeugt sich, reckt den Körper, verdreht die Augen, gurgelt dumpf, kurz er ist ein ganz merkwürdiger Grimassenschneider und bei alledem hat er doch sonst nichts von der Unruhe und Beweglichkeit der Spechte, ist im Gegentheil still, träg und harmlos, schwermüthig, friedliebend. Er hüpft auf den Ästen hin oder klettert, fliegt nicht gern und läßt sein weiches wäth wäth nur während der Paarungszeit hören. Bei seiner großen Ruhe gewöhnt er sich auch leicht an die Stube, wird schnell sehr zahm, aber Unterhaltung erwarte man von ihm nicht, er sitzt still und traurig da. Er hat Lerchengröße und trägt ein lockeres sehr weiches Gefieder mit sehr feiner und sanfter in hellaschgrau, rostgelb, braun, schwarz und weiß spielender Zeichnung, welche in einiger Entfernung zu einem düstergen Braungrau verschwimmt. Der kurze gerade Schnabel ist kegelförmig und spitz; die fast ritzenartigen Nasenlöcher öffnen sich in einer weichen Haut über der Stirn. Die Zunge kann spechtartig vorgeschnellt werden, ist aber nur hinten mit feinen Stacheln bekleidet, auch die Zungenbeinhörner geben verlängert nach hinten über den Schädel bis auf die Stirn. In den kurzen stumpfen Flügeln verkümmert die erste Schwinge und die dritte ist die längste und in den breiten weichen Schwanze verstecken sich die beiden äußern sehr kleinen Steuerfedern. Skelet und weiche Theile bieten keine erheblicheren Eigenthümlichkeiten als die Spechtarten unter einander, daher wir bei ihnen nicht verweilen.

Der graue Wendehals ist über ganz Europa, Asien und einen Theil Afrikas verbreitet. Bei uns trifft er erst mit den andern Insektenfressern im vollen Frühlinge ein und zieht bereits auf nächtlichem Fluge mit Ende des Sommers gen Süden. Zum Standquartier wählt er lichte Laubholzwälder mit Wiesen, Gärten und Gemüsefelder, wo er Ameisen und andere Insekten meist am Boden sucht. Das Nest wird in den ersten besten Baumlöcher angelegt und besteht nur aus einer schlichten Lage von Moos, Hälmchen, Wolle und Haaren. Auf diese legt das Weibchen 7 bis 11 kurz ovale, rein weiße, sehr dünnschalige Eier und brütet dieselben unter Ablösung vom Männchen in 14 Tagen aus. Die Jungen werden mit Ameisenpuppen aufgefüttert. Das Fleisch soll sehr zart und außerordentlich schmackhaft sein.

Den Wendehals vertreten in Südamerika die Zwerg-
spechte, Picumnus. Kleine Vöglein mit ungemein
reichem lockeren Gesieder, weichem Schwanze und geradem
spitzigen Kegelschnabel. Sie sind Waldbewohner, leben
nach Art unserer Goldhähnchen und nisten in Baumlöchern.

Fünfte Familie.
Papageien. Psittacini.

Obwohl ausschließlich den warmen Ländern angehörig,
sind die Papageien doch auch bei uns allbekannte Vögel,
wegen ihres netten Aeußern, ihrer Gelehrigkeit und dessen-
haften Betragens sehr beliebte Stubenvögel und in keiner
wandernden Menagerie als Aushängeschild fehlend. Die
bei uns gehaltenen sind jung eingefangen und schon in
ihrer Heimat gezähmt und so sehr zahlreich sie auch für
Europa eingefangen werden, stehen sie doch immer hoch
im Preise, da viele bei der langwierigen Seefahrt zu
Grunde gehen. Nur sehr wenige Beispiele sind bekannt,
daß Papageien in unserm kalten Klima Eier gelegt und
gebrütet haben, daß auch die Jungen freilich mit sehr
großer Pflege aufgebracht worden sind. Die ersten gelangten nach Europa schon durch Alexander's des Großen
Kriegszug nach Indien und von vorher bezogen dann die
Römer diesen sehr kostspieligen Luxus, welchen der Schlemmer Heliogabalus massenhaft auf seine Tafel brachte.
Ihre Verbreitung erstreckt sich über die ganze Tropenzone
der Alten und der Neuen Welt, nur einzelne gehen über
die Wendekreise hinaus in das wärmere Nordamerika
und sogar bis zur Magelhaens-Straße hinab. Ueberall
bevölkern sie die Wälder, stets paarweise zusammenhaltend
und die Pärchen meist zu kleinen Gesellschaften, bisweilen
zu Schaaren vereint. Mit Sonnenaufgang verlassen sie ihre nächtliche Ruhestätte im belaubten Gezweig
und suchen geschäftig nach Nahrung, welche hauptsächlich
in saftigen und fleischigen Früchten besteht, nebenher auch
in ölhaltigen Sämereien. Sie sind sehr gefräßig und
um ihren unersättlichen Appetit zu stillen, zudringlich und
listig. Wo sie schaarenweise in die Getreide-Maisfelder
fallen, verwüsten sie mehr als sie zur Sättigung bedürfen
und werden daher bisweilen zur Landplage. Zudem
haben sie ein mageres und schwärzliches Fleisch, das nicht
gern gegessen wird. Sie klettern beständig in den Zweigen umher, wobei sie den Schnabel geschickt als dritte
Hand benutzen, auf ebenem Boden gehen sie, mit Ausnahme der Erdpapageien, unbeholfen und schwankend,
auch im Fluge sind sie beschränkt, wenigstens wird ihnen
das Aufsliegen sehr schwer, während viele doch hoch steigen
und zum Theil anhaltend fliegen. Den Flug begleiten sie
gewöhnlich mit ihrem durchdringenden Geschrei. Das
Nest steckt in einem hohlen Baume oder einem Felsenloche,
ist ganz einfach aus einigen morschen Holzstückchen, Wurmmehl oder dürren Blättern völlig kunstlos angehäuft und
enthält nur wenige, fast kugelrunde, weiße Eier. Die
ausschlüpfenden Jungen sind ungemein häßlich, großköpfige, unbeholfene Fleischklumpen, wachsen auch nur
langsam heran, so daß zwei und drei Monate bis zur
Besiederung vergehen; freilich erreichen sie hinwiederum

ein sehr beträchtliches Alter, welches im Durchschnitt
auf etwa 25 Jahre anzuschlagen ist, von einzelnen in
Gefangenschaft aber auf hundert Jahre gebracht wurde.
Als Stubenvögel gefallen sie allgemein durch ihr nettes
Gesieder, ihre Beweglichkeit, Zutraulichkeit, das leichte
Sprechenlernen. Man hat sie nicht mit Unrecht die Affen
unter den Vögeln genannt. Doch gewöhnen sie sich ebenso
leicht Unarten an, fressen und trinken in ihrer Lüstern-
heit Fleisch, Käse, Wein, Kaffee u. dgl., geben sich An-
fällen übler Laune hin, und werden dann hämisch und
heimtückisch.

Nicht minder aber als in ihrem Betragen und Naturell
verdienen die Papageien wegen der Eigenthümlichkeiten
ihrer Organisation unsere Aufmerksamkeit. Sie bilden
eine scharf umgrenzte und durchaus eigenthümliche Familie
in der Reihe der Klettervögel. Zunächst erscheint der
Schnabel in seiner allgemeinen Form zwar raubvogelähnlich, ist aber dennoch sehr charakteristisch, viel dicker, höher,
längs der Firste platt mit dachartig abfallenden Seiten
und mit der langen Spitze stark bogig vor dem kurzen,
kerbartigen Unterkiefer herabgebogen (Fig. 386, 387).
Der Oberkieferrand pflegt in der Mitte einen zahnartigen
Vorsprung zu tragen. Das kreisrunde, dick umrandete
Nasenloch öffnet sich oben in der Wachshaut. Die harte
Hornhülle des Schnabels dunkelt gegen die Spitze hin
meist sehr tief. An der ebenfalls hornigen Gaumenseite

Fig. 386. 387.

Papageienkopf.

Kopf des Zwergpapageien.

(Fig. 388) liegen parallele Kerben, in welche der meißel-
artige Vorderrand des überaus beweglichen Unterkiefers
paßt, und die das Festhalten der Früchte ganz besonders
unterstützen. Bei sehr jungen Halsbandpapageien kommen
an der innern Schnabelfläche zahnartige Fortsätze (Fig.
389) vor, die bald verloren gehen, bei dem blauen Arara

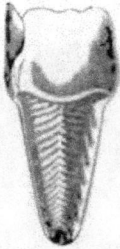

Fig. 388.

Gaumenfläche des blauen Arara.

Fig. 389.

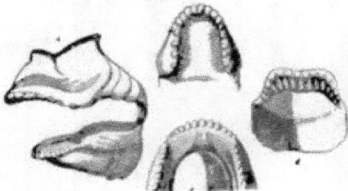

Kiefer des jungen Halsbandpapageien.

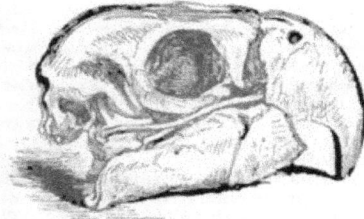

Fig. 391.

Papageischädel.

Fig. 392.

Papageifuß.

(Fig. 390 a Oberkiefer, b Unterkiefer, c Unterkieferstück eines alten Vogels) noch mehr eigenthümliche Hornzähne. Eine andere, beispiellose Einrichtung am Papageienschnabel ist die fast gelenkartige Verbindung des Oberschnabels mit der Stirn, so beweglich, daß schon beim bloßen Aufsperren sich derselbe winklig emporbiegt. Bei allen Vögeln besitzt, wie wir in der allgemeinen Charakteristik hervorhoben, der Oberschnabel eine wirkliche Biegsamkeit an

Fig. 390.

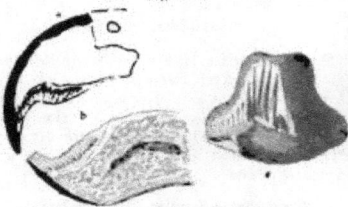

Kiefer des blauen Arara.

seinem Grunde, hier ist dieselbe Beweglichkeit von einer eigenthümlichen kräftigen Muskulatur unterstützt. Man erkennt selbige am Schädel (Fig. 391) in einer scharfen, die Schnabelwurzel von der Stirn scheidenden Rinne. Die Augengegend pflegt in weiterer Umgebung nackt zu sein. Die Beine (Fig. 392) sind kurz und sehr kräftig, der Lauf mit kleinen Schuppentäfelchen bekleidet und mit Ausnahme der hochbeinigen Erdpapageien stets kürzer als

Naturgeschichte I. 2.

die Mittelzehe, die Füße geschickte Kletterfüße und gleich vortrefflich zum Festhalten der Nahrung, die Krallen stark gekrümmt und spitzig. Das derbe, stets großfedrige, bunte Gefieder sieht locker in sehr schmaler, zwischen den Schultern sich spaltender Oberflur und sehr sperrig in einer schon hoch am Halse getheilten und breiten Unterflur mit schmalem Ast an den Bruststreifen.

Von den weichen Theilen fällt sogleich die kurze, dicke, fleischige Zunge sehr charakteristisch auf, bei den Rüsselpapageien verdickt sie sich gar vorn knopfförmig und bei den kleinen australischen Lorikets endet sie in ein Büschel borniger Fäden. Der Zungenkern ist sehr kurz und breit, aus zwei beweglichen Hälften gebildet. Der Fächer im Auge besteht aus nur 7 bis höchstens 15 eigenthümlich geknickten Falten. Die Speiseröhre bildet einen scharf abgesetzten sackartigen Kropf und erweitert sich dann allmählig zu dem sehr drüsenreichen Vormagen, welcher selbst durch einen drüsenleeren Raum, einen Zwischenschlund von dem rundlichen und ganz schwach muskulösen Magen geschieden ist. Der Darm pflegt weit über die doppelte Körperlänge zu messen, hat aber nie Blinddärme, wie denn auch der meist sehr ungleich lappigen Leber die Gallenblase fehlt. Die Bauchspeicheldrüse ist doppelt, die Milz klein und rundlich, die Nieren tief dreilappig. Wohl zu achten ist ferner das Vorkommen zweier Halsschlagadern, die drei Muskelpaare am untern Kehlkopf, das bisweilige Fehlen der wenn vorhanden tief zweilappigen Bürzeldrüse und noch gar mancherlei Eigenthümlichkeiten in der Mus-

29

kulatur. Am Schädel ist die ganze Einrichtung des
Kieferapparates sehr charakteristisch. der knöcherne Augen-
höhlenrand kreisrund und völlig geschlossen, und die
Gaumenbeine von beträchtlicher Größe. Das Gabelbein
fällt durch seine Kleinheit auf und fehlt seltsamer Weise
mehren Arten gänzlich. Das große Brustbein setzt seinen
Kiel nicht scharf ab und rundet sich hinten, öfters ohne
randliche Lücken.

Man unterscheidet gegenwärtig bereits 300 Arten in
mehr denn 70 Gattungen, wovon ein Drittheil Amerika,
die meisten Oceanien, die wenigsten Afrika zufallen. Die
Größe des Schnabels, Befiederung des Kopfes, Form
und Länge des Schwanzes, Stärke und Länge der Beine
sondert die große Mannichfaltigkeit in mehre Gruppen,
welche von der neuern Ornithologie eben noch weiter in
kleine Gattungen zerfällt sind. Da die Gestalten vielfach
in einander übergehen: so behalten wir die alte Gattung
Psittacus als die ganze Familie umfassend aufrecht und
führen für die einzelnen Gruppen nur wenige charakteristische Formen auf.

1. Arara. Macrocercus.

Die Araras bewohnen ausschließlich die dichten Urwälder des warmen Südamerika und sind sehr große
Papageien, kenntlich sogleich an dem sehr langen, stufig
zugespitzten Schwanze und an dem größten und stärksten
Papageischnabel, dessen hakige Spitze so lang wie der
gewölbte Grund ist. Dem stumpfen Randzahne des
Oberschnabels entspricht eine seitliche Bucht am Unter-
schnabel. Die Seiten des Gesichtes sind großentheils
nackt, nur unter den Augen bisweilen Reihen kleiner
Federn. In den langen spitzen Flügeln ist die erste
Schwinge etwas verkürzt, die zweite die längste. Die
Beine sind stark und dick mit langen, groß bekrallten
Zehen.

1. Der Ararauna. Ps. ararauna.
Figur 393.

Der Ararauna mißt drei Fuß Länge, wovon 20 Zoll
auf den Schwanz und 2½ Zoll auf den Schnabel kommen. Seine ganze Oberseite schön grünlich hellblau,
die Stirn rein grün, die Unterseite rothgelb; Kehle,
Schnabel und Füße sind schwarz. Ueber Guiana und
Brasilien verbreitet, hält er meist in kleinen Gesellschaften
zusammen und nährt sich von Palmenfrüchten und Beeren,
wie alle Araras. Der kräftige Schnabel öffnet die härtesten Nüsse. Das Weibchen legt zwei Eier in einen
hohlen Baum und brütet dieselben abwechselnd mit dem
Männchen. Häufig in unsern Menagerien.

Weiter verbreitet über Südamerika und ebenfalls
häufig in Europa gehalten ist der Macao, Ps. macao,
Fig. 391 d, größer im Rumpfe, aber mit kürzerem
Schwanze als voriger und roth, am Unterrücken, den
Schwingen und Schwanze hellblau, an den äußern Flügel-
decken grün; der Schnabel oben weiß, unten schwarz.
Er nistet in ebenen dichten Wäldern und verräth sich schon
aus der Ferne durch den lauten krähenartigen Ruf, in
welchem ungefähr die Sylben Arara zu unterscheiden sind.
Seltener ist der prachtvolle Ps. hyacinthinus, einförmig

dunkel ultramarinblau, und der grüne Ps. severus mit kirsch-
rothbrauner Stirn und am Grunde rothem, am Ende
blauem Schwanze; der ebenfalls grüne Ps. nobilis wird
nur 13 Zoll lang und hat eine himmelblaue Stirn und
einen blaßgelblichen Schwanz.

2. Perrüsche. Conurus.

Periquitos heißen bei den Brasilianern kleine stark-
schnäblige Papageien mit befiederten Wangen und körper-
langem Keilschwanze. Sie sind meist grün und stechen
einzelne Stellen blau, roth oder gelb ab. Man kann sie
als die vermittelnden Gestalten zwischen den Araras und
eigentlichen Papageien betrachten und muß auch mehre
Bewohner der östlichen Halbkugel ihnen zuweisen.

1. Die rothstirnige Perrüsche. Ps. leptorhynchus.
Figur 395.

Mit einigen andern Arten hat die rothstirnige Per-
rüsche gemeinsam einen breiten nackten Augenring und
zeichnet sich von diesen nur durch die Zeichnung des Gefieders aus. Die grünen Rücken- und Halsfedern sind
nämlich dunkel berandet, die Schwanzfedern an der Unterseite röthlich zimmetfarben, auf der Stirn zwischen den
Augen liegt eine rothe Blüte und die nackten Augenkreise
sind weiß. Unter den andern Brasilianern ist der fußlange spitzschwänzige Kratinga, Ps. acuticaudatus,
kenntlich an der himmelblauen Stirn, den blaßgelben

Fig. 393.

Ararauna.

Fig. 394.

Verschiedene Papageien.

Schwingen und Schwänze und der weinrothen Wurzel der Steuerfedern; der Guaruba, Ps. solstitialis, siedet gelb mit rothen Backen und Bauche, mit grünen und blauen Schwingen und Schwänze; der Tiriba, Ps. cruentatus (Fig. 394 f), von 11 Zoll Länge säumt seine blauen Schwingen schwarz, berandet die braunen Scheitel-

29*

Fig. 395.

Rothflügige Perrüche.

Fig. 396.

Alexander's Perrüche.

Fig. 397.

Grasgrüne Halsbandperrüche.

federn gelb, färbt Zügel und Backen kirschroth, Rücken
und Bauchmitte blutroth; von diesem unterscheidet sich
Ps. leucotis nur durch die weiße Ohrdecke und die weiße
schwarzquergestreifte Brust.

2. Alexander's Perrüche. Ps. Alexandri.
Figur 396.

Man hat sich viel damit beschäftigt, welche der zahlreichen indischen Papageienarten den alten Römern bekannt
gewesen sein möchte und hat, obwohl die dürftigen Anga-
ben der sehr oberflächlichen alten Schriftsteller die Lösung
der Frage unmöglich machen, der hier abgebildeten Art
in Erinnerung an den großen Macedonier den Namen
Alexander's Perrüche gegeben. Das am meisten auffallende
hochrothe Halsband hat sie mit mehren deshalb Halsbandpapageien genannten Arten gemein, eigenthümlich
ist ihr aber ein purpurrother Fleck auf dem Schulterge-
lent, ein schwarzer Silmstreif und die schwarze Kehle.

Die grasgrüne Halsbandperrüche, Ps.
torquatus (Fig. 397), kömmt in Indien, Abyssinien und
Senegambien vor. Sie wird 15 Zoll lang und das
Männchen hat ein hinten rosenrothes, vorn schwarzes
Halsband, einen rothen Ober- und schwarzen Unterschna-
bel und an der Unterseite gelbe Steuerfedern. Dem
Weibchen und Jungen fehlt das Halsband.

Im südlichen Nordamerika wird die carolinische
Perrüche, Ps. carolinensis (Fig. 394 e), hin und
wieder den Gärten und Getreidefeldern sehr schädlich,
indem sie schaarenweise verwüstend einfällt und so gierig
frißt und zerstört, daß sie dabei zu Taufenden erschossen
wird, ohne die Flucht zu ergreifen; sie fliegt mit lautem

Geschrei bei jedem Schuffe auf und läßt sich sogleich
wieder nieder. Wie alle Araras und Perrüschen ist auch
sie wenig gelehrig, wird aber in wenigen Tagen schon
zahm und arm als Stubenvogel gehalten. Ihr gras-
grünes Gefieder geht am Bauche in gelblich über und läßt
die Schwingen blau hervortreten.

3. Breitschwanzperrüschen. Platycercus.

In Neuholland und auf den oceanischen Inselgruppen
nisten Perrüschen mit langem, etwas stußigem Schwanze,
der am Ende breiter als an der Wurzel ist. Ueberdies

haben dieselben einen kurzen Schnabel mit gerundetem Oberkiefer und tief ausgerandetem Unterkiefer, mittelmäßige, runde Flügel, hohe Beine und lange Zehen. Sie laufen auch mehr am Boden umher, als sie klettern und lassen sich selbst aufgescheucht sehr bald wieder nieder, brüten jedoch wie andere Papageien in Baumlöchern und zwar als die fruchtbarsten unter allen, indem die Weibchen 8 bis 12 Eier legen. Ihre Nahrung besteht in vielerlei Sämereien und Früchten. Sie schmücken sich mit den lebhaftesten Farben und werden wegen ihrer leichten Zähmbarkeit auch zahlreich nach Europa gebracht.

1. Der grünschultrige Papagei. Ps. scapulatus.
Figur 398.

Das Gefieder des ausgewachsenen Vogels ist am Rücken grasgrün, am Kopfe, Vorderhalse, der Unterseite, den Flügeln und Schwanze zinnoberroth, im Nacken

Fig. 398.

Grünschultriger Papagei.

liegt ein lasurblauer Querstreif, auch die Schwanzfedern sind blau, auf den Schultern aber sticht ein spangrüner Fleck vor.

2. Der neuholländische Haubenpapagei. Ps. novae Hollandiae.
Figur 399.

Die Unterschiede der Haubenpapageien von dem Typus der vorigen Art sind nicht so bedeutend als sie auf den ersten Blick erscheinen. Ihre Schnabelfirste ist schmäler, fast kielartig, die Nasenlöcher dick umrandet, die mittlen Steuerfedern länger und der Kopf erhäubt. Die Arten leben schaarenweise und gemein im Innern Neuhollands, halten sich auch meist am Boden, sind lebhaften Naturells und werden in Gefangenschaft ganz zahm und zutraulich.

Nach Europa kommen sie selten lebend. Die abgebildete Art fiedert am Rücken, den Schultern und der Unterseite graubraun, der Kopf mit der langen spitzen Haube ist citronengelb, die Ohrgegend orangefarben. Das Weibchen unterscheidet sich durch die olivengelbe Kopffarbe, graue Kehle, hellbraunen Rücken und braungebänderte äußere Schwanzfedern.

Fig. 399.

Neuholländischer Haubenpapagei.

Fig. 400.

Geschellter Papagei.

3. Der gewellte Papagei. Ps. undulatus.

Figur 400.

Auch dieser an seinem wellig gezeichneten Gefieder kenntliche Neuholländer lebt in ungeheuren Schwärmen besonders in den ausgebrannten buschigen Ebenen am Murrumbidschi. Er trägt Scheitel und Kehle blaßgelb, Hinterkopf, Hals, Schultern, Vorderrücken und Flügeldecken olivenbraun mit schön blauen Flecken am Halse; die Unterseite ist blaßgrün, der Schwanz gelb, nur seine mittlen Federn halb blau, halb grün. Das Weibchen glänzt viel weniger und verwäscht seine Flecken. Körperlänge nur 7½ Zoll.

4. Loris. Lorius.

Die Lorikeis gehören zu den prachtvollsten aller Papageien und heimaten in großer Mannichfaltigkeit auf den südasiatischen Inseln und Neuholland. Ihr systematischer Charakter liegt in dem gestreckten schwachen Schnabel mit etwas gekrümmtem Unterkiefer und ohne Ausbuchtung an den Schneiden, mit platter Gaumenfläche. Die Zunge löst sich vorn in einen Büschel horniger Fasern auf und dient so vortrefflich als Pinsel zum Auflecken der süßen Säfte in den Blumenkronen, der Rinde und den Blättern besonders der Eukalypten. Diese beschränkte Nahrung ist denn auch ein Hinderniß, die schönen Vögel in Europa lebendig zu sehen. Der Schwanz ist breit und abgerundet und das Gefieder prangt in den lebhaftesten Farben.

1. Der blauköpfige Lorikel. Ps. haematodes.

Figur 401.

Der Papagei der Blauen Berge ist in Neuholland sehr gemein und wird überall wegen seines schmackhaften Fleisches und prachtvollen Gefieders energisch verfolgt. In Gefangenschaft äußert er gegen Bekannte große Zutraulichkeit, kann aber doch seine Empfindlichkeit über Neckereien nicht unterdrücken. Die Hauptfarbe des Gefieders ist grün, Kopf, Körpermitte und Seitenstreif sind azurblau, Kehle, Brust und Seiten orangengelb. Das Weibchen legt vier bis sechs grünliche Eier wie andre Papageien in einen hohlen Baum.

2. Der purpurköpfige Lorikel. Ps. domicella.

Figur 402.

Die molukkischen Lorikeis kommen häufig nach Europa, da sie sich an Milch und Brot gewöhnen. Sie sind muntere, gutmüthige Papageien, sehr zutraulich und gelehrig. Das Gefieder der abgebildeten gemeinen Art prallt scharlachfarben, ist am Scheitel dunkel purpurn, am Hinterkopfe violet, vor der Brust mit gelber Binde, die Flügel oben grün, unten violet, die Schenkel himmelblau. Der Schnabel ist orangengelb. Bei 11 Zoll Körperlänge spannen die Flügel 18 Zoll. Von den zehn Handschwingen gleicht die erste der dritten und die zweite ist die längste. Die Zungenmuskeln zeigen ein eigenthümliches Verhalten.

Fig. 401.

Blauköpfiger Lorikel.

Fig. 402.

Purpurköpfiger Lorikel.

5. Eigentliche Papageien. Psittacus.

Die neuere systematische Ornithologie beschränkt den Gattungsnamen Psittacus auf die Papageien mit breitem oder kurzem Schwanze, mit kurzen fast schuppenförmigen, knappanliegenden Federn und großem stark gebogenen Schnabel, dessen Firste nur nach hinten scharfkantig abgesetzt, leicht gefurcht ist. Die breiten starken Flügel reichen in der Ruhe über die Mitte des Schwanzes hinab und verlängern ihre Schwingen bis zur vierten Flügel. Die großen kreisrunden Nasenlöcher öffnen sich an der Schnabelwurzel und die dicke hochgewölbte Zunge ist ganz fleischig; die starken dicken Beine haben groß bekrallte Zehen.

Die Arten sind über die ganze warme Zone verbreitet und viele sehr gemein, in großen Schwärmen laut schreiend die Wälder und Felder durchziehend und durch ihre Naschhaftigkeit und Gefräßigkeit hie und da gefürchtet. Immer munter und lebhaft, zu allerlei Possen aufgelegt und nicht eben empfindlich gegen unser Klima, sind sie in den wandernden Menagerien stets zu finden.

1. Der weißköpfige Papagei. Ps. leucocephalus.
Figur 394 k.

Der weißköpfige Papagei dehnt sein Vaterland von Carracas bis Florida aus und ist trotz der großartigen Verfolgungen noch überall sehr gemein. Kaum von Taubengröße, trägt er ein grünes Federkleid und macht sich durch die weiße Befiederung an Stirn und Scheitel, durch die rothe an den Wangen und die Kehle, die violette am Bauche und durch die blauen Schwingen recht kenntlich. — Häufiger als er kömmt zu uns der gemeine brasilianische Amazonenpapagei, Ps. amazonicus, in den Wäldern und Gebüschen der Camposregion. Er mißt 14 Zoll Länge und fiedert schön hellgrün mit himmelblauer Stirn, gelbem Scheitel, Backen und Kehle, rothem Flügelbug und blutrothen seitlichen Schwanzfedern. Der Vormagen ist mit unzähligen kleinen Drüsen ausgekleidet, der krähenartige Magen innen sehr deutlich zottig. Der Darm mißt 4 Fuß 4 Zoll Länge. Ihm ganz ähnlich ist der ebenfalls sehr gemeine Ps. aestivus, nur durch den grünen Flügelbug und durch eine grüne Querbinde auf den rothen Schwanzfedern unterschieden. Von den andern brasilianischen Arten kennzeichnet sich Ps. festivus durch die kirschrothe Stirn, die blauen Backen, rothen Hinterrücken und den rothfleckigen Schwanz, Ps. flavirostris durch die schwärzliche Stirn und den himmelblauen Vorderhals, Ps. menstruus durch blauen Kopf, Hals und Brust, Ps. purpureus durch schwarzbraunes Gefieder und blaue Schwingen und Schwanzfedern. Seltener und schöner als alle diese ist der am Amazonenstrome heimathende Habichtpapagei, Ps. accipitrinus, Fig. 394 i, der zwar auch grün fiedert, aber eine bewegliche Holle von scharlachrothen, blau gesäumten Federn trägt, am Bauche blau und roth gewellt, am Kopfe und der Kehle graugelb ist. Er hält sich in niedrigen Wäldern auf und wird in Gefangenschaft sehr zutraulich, aber zeigt sich weichlich und ungelehrig.

2. Abyssinischer Zwergpapagei. Ps. taranta.
Figur 403.

Die kleine Gruppe der Zwergpapageien, Psittacula, kennzeichnet ein kurzer, mäßig dicker Schnabel und ein auffallend verkürzter Schwanz mit schmalen spitzigen Federn. Auch ihre Flügel sind spitz und schmalfedrig, die drei ersten Schwingen ziemlich gleich lang, das ganze Gefieder weich und großfedrig, die Beine klein und schwach. Die

Fig. 403.

Abyssinischer Zwergpapagei.

Zwergpapageien leben meist in sehr großen Schaaren beisammen und fallen verheerend in die Anpflanzungen ein. Sie hängen so innig an einander, daß in Gefangenschaft der Tod des einen auch den Untergang des andern nach sich zieht, daher sie geradezu die Unzertrennlichen genannt werden. Eingefangen sind sie meist sogleich zutraulich, halten aber doch nicht lange aus. Die abgebildete abyssinische Art gehört zu den seltenern und fiedert oben dunkel, unten hellgrün, am Vorderkopfe scharlachroth; in der Flügelmitte liegt ein schwarzer, blauschillernder Fleck, die Schwingen sind grün eingefaßt, die mittlen Steuerfedern schwarzspitzig und der Schnabel hochroth. — Der schwarzflüglige Zwergpapagei, Ps. melanopterus (Fig. 394 g), lebt zahlreich in Mittelafrika und ist nur 5 Zoll lang; grün fiedernd, ist er am Bürzel blau, an der Kehle, im Gesicht, auf dem Scheitel und Schwanze roth. Den eben nicht größeren Ps. galgulus (Fig. 394 h) auf den philippinischen Inseln unterscheidet der blaue Scheitel, orangegelbe Nacken, die purpurrothe Brust, Bürzel und Schwanz. Unter den Brasilianern wird der schön grüne Ps. pileatus 8 Zoll lang und ist beim Weibchen an Stirn und Scheitel blau, beim Männchen scharlachroth, am Flügelrand blau; Ps. surdus hat eine gelbliche Kehle und Bauch und einen gelben Schwanz; Ps. passerinus, nur sperlingsgroß, ist an den Flügeldecken und Unterrücken ultramarinblau, und sehr weit über Südamerika verbreitet.

6. Kakadus. Phlyctocephalus.

Die Kakadus bewohnen die Wälder Neuhollands und der indischen Inseln und zeichnen sich durch mehre eigenthümlichkeiten sehr charakteristisch aus. Von kräftigem und gedrungenem Körperbau, haben sie einen großen, besonders breiten und kurzen Schnabel mit gezähnten Rändern, der starken Haken, der die Rasenlöcher seitlich öffnet und eine dicke, glatte Fleischige Zunge birgt. Ein langer aufrichtbarer Federschopf ziert den Kopf. Die Flügel sind lang, aber der Schwanz kurz und abgerundet.

Die Kakadus fressen außer Früchten und ölhaltigen Sämereien auch Wurzeln und Zwiebeln, sind ungesellig und zänkisch, doch sehr gelehrig, bildsam und fügsam, und sollen unter guter Pflege auch im europäischen Klima über hundert Jahre alt werden.

1. Der große gelbhaubige Kakadu. Ps. galeritus

Fig. 404.

Es giebt mehre schön weiße Kakadus mit schwefelgelber Scheitelbolle, doch sind dieselben auf ihre innere Organisation nicht eingehend verglichen worden und die äußern Unterschiede unsicher. Der abgebildete mißt 18 Zoll Länge und schwirrt bisweilen in Schwärmen von tausend Stück mit weithin gellendem mißtönendem Geschrei durch die cultivirten Gegenden auf Vandiemensland, um den eben gesäeten oder den reifenden Mais zu

Fig. 404.

Großer gelbhaubiger Kakadu.

plündern. Die Colonisten feuern schonungslos dazwischen und in Folge davon macht sich die Verminderung bereits merklich. Er frißt Getreide, Knollen, Zwiebeln und Pilze. Während der Fortpflanzungszeit lösen sich die Schwärme auf und jedes Pärchen sucht einen hohlen Baum oder eine Felsenritze zum Eiern. Das Gefieder ist weiß, die Scheitelbolle, Ohrgegend, untere Flügelseite und obere Hälfte der Steuerfedern blaßschwefelgelb. In anatomischer Hinsicht verdient die Anwesenheit nur der linken Halsschlagader Beachtung. Der Vormagen ist

lang und drüsenreich, durch einen langen Zwischenschlund von dem innen zottigen Muskelmagen geschieden. Der Darm ist 3 Fuß 8 Zoll lang. Auch die Bürzeldrüse ist vorhanden.

2. Der kleine gelbhaubige Kakadu. Ps. sulphureus.

Fig. 394 a.

Kleiner als vorige Art und mit gespaltener, nach vorn gekräuselter kurzer Federhaube, an den Wangen, dem Schwanzende und der Unterseite der Flügel schwefelgelb. Kömmt häufig von den Molucken lebend nach Europa und gehört zu den angenehmsten Stubenpapageien. Anatomisch bietet er mehrfache Unterschiede von der großen Art.

Die dunkelfarbigen Geringeres der Neuholländer, von denen wir Banks Kakadu (Fig. 394 b) darstellen, haben einen kürzern, balkmontsförmig gekrümmten Schnabel mit sehr breitem Unterkiefer. Unsere Art ist schwarz, an dem zusammengedrückten Federbusch und den Flügeln gelbfleckig, an den äußern Schwanzfedern mit purpurrothen Querbinden.

3. Der Nestorpapagei. Ps. productus.

Fig. 405.

Die Nestorpapageien leben ganz wie die Kakadus, unterscheiden sich aber sogleich durch ihren langen, stark zusammengedrückten Schnabel. Der abgebildete wird 15 Zoll lang und trägt sich oberseits braun olivengrünlich, am Scheitel und Hinterhalse graumweiß, im Gesicht und der Ohrgegend grünlich, an Brust und Bauch röthlich und auf dem Schwanze gebändert. Er ist auf der Norfolkinsel und in Neusüdwales heimisch, frißt in Gefangenschaft welche Früchte und saftige Blätter, nascht aber auch gern Butter, süßen Rahm und andere Delikatessen. Seine laute, widerliche Stimme soll dem Hundegebell gleichen.

Fig. 405.

Nestorpapagei.

Vierte Ordnung.

Raubvögel. Rapaces.

Durch die eigenthümliche Schnabel- und Fußbildung sind die Raubvögel nicht minder scharf umgränzt wie die Kletter- und Singvögel, aber sie stimmen zugleich unter einander weit mehr überein als die Mitglieder der vorigen Ordnungen, ihr Topus erscheint seiner gesammten Organisation nach strenger, weil enger begränzt. Ihre äußere Erscheinung imponirt durch den kräftigen Bau, die stattliche Haltung, den Ernst und die große Selbstvertrauen bekundende Physiognomie, alles Eigenheiten, welche die räuberische Lebensweise erfordert.

Der Schnabel als erstes Charakterorgan ist stets kurz und kräftig, schmalgedrückt, der Oberschnabel gegen die Spitze hin hakig über den kürzeren Unterschnabel herabgekrümmt, mit hartem Hornüberzuge und weicher Wachshaut an der Wurzel (Fig. 406). In letzterer öffnen sich frei die Nasenlöcher. Die Zügel vom häutigen Schnabelgrunde bis zum Auge pflegen ganz nackt oder von einem Wirtel borstiger Federn bedeckt zu sein. Große, meist tief liegende Augen mit lebhaft gefärbter Iris, nackten bewimperten Lidern, bisweilen auch mit eigenthüm-

Fig. 406.

Kopf des weißköpfigen Adlers.

lichem Federnkranze verleihen dem Gesichte den eigenthümlich ernsten, würdevollen Ausdruck. Das Gefieder ist bald derb, fest und kleinsederig, bald locker und großsederig; es bildet eine schmale Oberflur, welche zwischen den Schultern sich spaltet und absetzt, bald früher bald später zum Bürzelkreis fortläuft; die Unterflur theilt sich frühzeitig und giebt auf der Brust stets einen Nebenstreif ab; die Lenkenflur ist unbedeutend oder fehlt gar ganz, dagegen ist die Unterschenkelflur sehr federnreich. Die Jungen verlassen mit einem dichten Dunenkleide das Ei und nur langsam entwickelt sich unter demselben das Hauptfedernkleid. Die Flügel sind bei einigen lang und zugespitzt, bei andern abgerundet; sie haben am Handtheile stets zehn Schwingen, von welchen niemals die erste die Flügelspitze erlangt; am Vorderarm stehen 12 bis 16 Schwungfedern und den Daumenflügel bilden stets vier

Naturgeschichte I. 2.

Federn. Der Schwanz besteht fast ohne Ausnahme aus zwölf paarig gleichen Steuerfedern. Die Beine, bald höher bald niedriger, sind bis zur Ferse oder etwas tiefer herab befiedert, bisweilen am ganzen Laufe und beiden dann befiedert. Von den vier Zehen (Fig. 407) gelenken drei nach vorn, die innerste nach hinten, alle in gleicher Höhe am Tarsus und mit Hornschildern, Warzen oder Schuppen bekleidet, an der Wurzel völlig getrennt oder durch Haut verbunden. Die Krallen zeichnen sich allgemein durch ansehnliche Größe, stark bogige Krümmung.

Fig. 407.

Fuß des weißköpfigen Adlers.

Scharfspitzigkeit und große Beweglichkeit aus und leisten vortreffliche Dienste beim Ergreifen, Festhalten und Zerreißen der Beute.

Die innere Organisation zeigt zwar einzelne erhebliche Unterschiede in den wenigen Familien, kennzeichnet sich aber doch auch durch allgemeine Eigenthümlichkeiten ihres Baues. Das Skelet (S. 11. Fig. 32) bietet kräftige Formen mit großer Beweglichkeit und außen ein ausgezeichnetes Flugvermögen bedingenden Verhältnissen, unter denen die über die meisten Knochen ausgedehnte Luftführung, die Breite des Brustbeines und dessen sehr hoher Kiel sowie die ungemeine Länge der Armknochen sogleich in das Auge fallen. Die Zunge pflegt die Mulde des Unterschnabels auszufüllen, ist breit, vorn stumpf, hinten mit gezähntem gelapptem Rande. Der Fächer im Glaskörper des Auges besteht aus 15 bis 32 Falten. Der sehr dehnbare Schlund erweitert sich kropfartig oder läuft mit gleicher Weite durch den drüsigen Vormagen in den großen, blos häutigen und weit sackförmigen Hauptmagen. Der Darmkanal ist von veränderlicher Länge und Blinddärme gewöhnlich vorhanden. Mit den übrigen Eigenthümlichkeiten beschäftigen wir uns bei den einzelnen Gattungen.

30

Die Raubvögel nähren sich insgesammt von Fleisch und zwar einige wie die Geier von Aas und gefallenen Thieren, andere dagegen greifen lebende Thiere an, theils nur Säugethiere und Vögel, theils blos Fische und Amphibien, allein die kleinsten auch Insekten. Sie zerreißen die Beute mit Schnabel und Krallen und verschlingen sie stückweise, nur die Eulen verschlucken ihr Futter ungetheilt. Freßbegierig und unmäßig, übersättigen sich viele und sitzen dann unbeweglich an einer Stelle, freilich vermögen sie auch geraume Zeit hindurch den Hunger zu ertragen. Die unverdaulichen Reste von Knochen, Haaren und Federn würgen sie wieder herauf und geben dieselben in Gestalt länglichrunder Ballen, der sogenannten Gewölle wieder von sich. Bei reichlicher Nahrung pflegen sie nicht zu trinken, doch suchen sie bei spärlicher das Wasser auf und einzelne baden auch bisweilen. Ihre Ausleerungen verbreiten einen widerlichen, ammoniakalisch scharfen Geruch, der diese schönen Vögel als Stubengenossen unangenehm macht. Das Räuberhandwerk, weil es Anstrengung erfordert und die Erhaltung des Lebens erschwert, duldet keine Freundschaft und darum leben auch die Raubvögel einzeln, nicht gesellig, jeder behauptet seinen eigenen Jagdbezirk und kämpft gegen Eindringlinge in denselben, nur aasfressende Geier halten in Gesellschaften zusammen, ohne gerade innige Freundschaft zu pflegen. Die Stimme ist mindestens unangenehm, oft rauh und ein widerliches Gekrächze, das den Furchtsamen mit Grauen und Schrecken erfüllt und darum auch zu mancherlei Aberglauben Veranlassung gab. Mit Leichtigkeit, Schnelligkeit und bewundernswerther Ausdauer schweben die Raubvögel in unermeßlichen Höhen, wohin ihr das menschliche Auge nicht verfolgen kann, und doch erspähen sie mit ihren ungemein scharfen Sinnesorganen aus den höchsten Höhen die Beute und stürzen in pfeilschnellem Fluge gradlinig auf dieselbe herab. Welcher Sinn, ob das Auge, Ohr oder die Nase, sie dabei leitet, ließ sich durch Beobachtungen noch nicht ermitteln, alle sind scharf und mögen wohl gemeinschaftlich dem Raubgeschäft dienen, welches überhaupt mehr durch List und Gewandtheit wie durch Muth und Kühnheit, die bei den Säugethieren zum Angriffe treiben, ausführt wird.

Das eheliche und Familienleben der Raubvögel ist ihrem unverträglichen und egoistischen Charakter gemäß bei Weitem nicht so innig und liebevoll wie bei den Singvögeln. Männchen und Weibchen halten entweder nur während der Begattungszeit zusammen oder leben in steter Freundschaft und Gemeinschaft. Sie bauen ein ganz kunstloses Nest an einen versteckten oder sehr hohen und unzugänglichen Ort und das Weibchen allein brütet auf den zwei oder vier Eiern, wobei ihm vom Männchen die Nahrung zugetragen wird. Je nach der Größe dauert die Brütezeit bis zu 30 Tagen. Die ausschlüpfenden Jungen sind blind und nackt oder mit einem gelblichen Flaum bedeckt, überaus schwach und unbeholfen. Die Eltern füttern sie anfangs aus dem Kropfe, dann legen sie ihnen frische Fleischstücke vor und gelähmte Thiere, an denen sie mit zunehmender Kraft das Jagdgeschäft erlernen. Sind sie flügge und herangewachsen, so suchen sie ein eigenes Jagdrevier. Das erste oder Jugendkleid pflegt anders, meist bunter und greller ge-

färbt zu sein als das spätere, welches bei einzelnen erst nach mehrmaliger Mauserung die bleibende Zeichnung erhält. Ueberhaupt lieben die Raubvögel einfache düstere Farben in unbestimmter verwaschener Zeichnung, doch gern tragen sich die Weibchen anders als die Männchen, und auch das Greisenalter anders als die früheren Lebensalter. Ueber die Dauer der Lebenszeit liegen einige ganz überraschende Beispiele vor. So wurde nach Edwards im Jahre 1793 am Cap der guten Hoffnung ein Falke gefangen, welcher nach der Inschrift auf seinem goldenen Halsbande im Jahre 1610 dem Könige Jacob I. von England angehört hatte, und trotz dieses Alters von 180 Jahren war der Vogel noch sehr lebhaft und kräftig. Auch in Gefangenschaft dauern einzelne bei hinlänglicher Pflege viele Jahre aus.

Im Haushalte der Natur wie für die menschliche Oeconomie spielen die Raubvögel keine untergeordnete Rolle. Bei ihrer unersättlichen Freßbegier setzen sie der Ueberwucherung anderer kleinerer Thiere, besonders dem eigentlichen Ungeziefer Schranken und die Geier reinigen zumal in wärmeren Ländern auch die bewohnten Orte von dem die Luft verpestenden Aase. So nützen sie uns und leisten uns gegen die gefährlichsten Feinde oft die dienstreichsten Dienste. Nur der Jäger verfolgt sie und leitet mit mehr Nachdruck, als sich gegen einzelne wenigstens rechtfertigen läßt. Der höhern Jagd werden sie bei uns nicht gefährlich, nur die größten, überall seltenen greifen Rehe und Gemsen an, die kleinern jagen Vögel und kleine Säugethiere und Fische, aber nur selten treten sie dadurch eigentlich verderbend und gefährlich auf, so daß der Nachtheil für die menschliche Oeconomie gegen den überaus großen Nutzen kaum in Anrechnung gebracht werden kann. Eßbar ist das derbfaserige, trockne, harte Fleisch der Raubvögel nicht, selbst andere Raubthiere verschmähen es, wenn sie auch sonst nicht gerade wählerisch in ihrer Kost sind.

Man unterscheidet gegenwärtig über 400 Arten von Raubvögeln, welche durch alle Welttheile und Zonen, einige als Kosmopoliten verbreitet sind. Ueberhaupt reden für die Vaterland über weite Ländergebiete aus und die Zahl der auf kleinere Faunengebiete eigenthümlich beschränkten Arten ist eine sehr geringe. Aber Sonderung in größere Gruppen und Familien erzieht sich bei den auffälligen Eigenthümlichkeiten in der Lebensweise wie in der äußern und innern Organisation sehr leicht. Zunächst sondern sie sich in Tagraubvögel und Nachtraubvögel oder Eulen, die wir gleich aufmerksamer betrachten wollen.

I. Tagraubvögel.

Geier, Adler und Falken sind bekannte Vogelgestalten; wohl Jeder verfolgt sie in stiller Verwunderung mit den Augen, wenn sie in Wolkenhöhe ohne Flügelschlag schwimmend kreisen, und plötzlich mit Blitzesschnelle herabstürzen. Bei uns trifft man nur die Arten von mittler und geringer Größe, die überhaupt häufiger sind und schon deshalb mehr in die Augen fallen, seltener läßt sich ein stattlicher Aar oder riesiger Geier sehen; die größten leben in wärmeren, waldigen und gebirgigen Gegenden, wo sie reichlichere Beute und mehr Schutz für ihre eigene Existenz finden. Alle aber jagen zur Tageszeit und ruhen des Nachts an Orten, wo sie vor jedem Ueberfall sicher sind, denn wenn sie auch muthig im Angriff sich vertheidigen: so meiden sie doch vorsichtig den überlegenen Feind und stürzen sich nur in höchster Noth blindlings in Gefahr. Von den Nachtraubvögeln oder Eulen unterscheiden sie sich äußerlich schon insgesammt durch das derbe, knapp anliegende Gefieder, durch den kleineren Kopf mit seitwärts gewandten Augen und freiem harten Schnabel, endlich durch die nach vorn gerichtete, und mit der mittlen fast immer durch eine kurze Bindehaut vereinigte Außenzehe. Wer sich die Mühe eingehender Vergleichung nicht verdrießen läßt, wird in der derbern Gaumenleiste, im innern Bau des Auges, in dem Vorsprunge des Thränenbeines und der Ueberwölbung der Augenhöhle durch ein Superciliarbein, in der Luftführung auch des Oberschenkels, in dem breiten viereckigen Brustbeine ohne hintere Ausschnitte, in der Anwesenheit nur sehr kurzer Blinddärme, in der an ihrem Ende befiederten Bürzeldrüse und in noch andern Organen charakteristische Eigenthümlichkeiten für die ganze Gruppe finden. Früher unterschied man sie blos als Geier und Falken, doch hat die genauere Untersuchung und schärfere Beobachtung dieses Jahrhunderts in der großen Mannichfaltigkeit dieser sehr scharf ausgeprägten Typen zu einer weitern Gliederung in mehre Gattungen geführt, welche wir, soweit sie natürlich umgränzt sind, im Einzelnen betrachten müssen.

Erste Familie.

Geier. Vulturini.

Den günstigen Eindruck der stattlichen Größe und der schönen Raubvogelgestalt schwächt gar sehr die nähere Betrachtung einzelner Eigenthümlichkeiten der Geier. Sie sind Aasvögel. Wo irgend ein großes Stück Vieh fällt, eilen sie schnell herbei und verzehren den Leichnam bis auf die Knochen, noch bevor er in völlige Fäulniß übergehen kann. Ihre Gier ist dabei gränzenlos, sie fressen sich so voll, daß sie träg und unbeweglich dasitzen. Sie beschmutzen ihr Gefieder, und dünsten von dieser Nahrung und den Excrementen widerlich aus. Wie sie aus unsichtbarer Ferne das Aas zu erkennen vermögen, darüber haben schon die Alten sich den Kopf zerbrochen und in neuerer Zeit hat man durch directe Versuche die Art dieses unbegreiflich feinen Spürvermögens zu ermitteln gesucht. Vaillant erlegte in Afrika eine Antilope und bald umschwirrten Raben, dann Milane und Bussarde den Leichnam, fast gleichzeitig erschienen in schwindelnder Höhe Geier, sanken in weiter Spirallinie herab und stürzten näher kommend fast senkrecht auf die Antilope nieder. Die Ausdünstung des eben gefallenen Thieres konnte die Aasfresser nicht herbeigelockt haben, entweder das Rabengekrächz hatte ihre Aufmerksamkeit erweckt oder ihr scharfes Auge hatte den Fraß erspäht. Der hochverdiente Audubon stopfte ein frisches Rehfell aus und stellte dasselbe auf, alsbald näherte sich ein Hühnergeier, untersuchte den vermeintlichen Leichnam und floh seine Täuschung erkennend davon. Ein ander Mal bedeckte Audubon einen stinkenden Hunderadaver mit Gestrüpp, Geier zeigten sich in der Nähe, kreuzten unruhig darüber, aber keiner ließ sich nieder, um den Gegenstand der Witterung auszuspüren. Diese und ähnliche Beobachtungen scheinen uns dafür zu sprechen, daß Geruch und Gesicht bei den Geiern das Spürvermögen leiten und wen das überrascht, der achte nur auf die Spürnase des Hundes, sie leistet ebenfalls für unsere eigenen Sinnesorgane Unbegreifliches.

In ihrer äußern Erscheinung zeichnen sich die Geier auffällig aus. Der kleine nackte Kopf (Fig. 408) ruht auf einem oft gleichfalls nackten, häßlich warzigen oder bedunten Halse, welcher mit einer lockern Federnkrause in den plumpen schwerfälligen Rumpf übergeht. Der lange gerade Schnabel biegt nur die Spitze des Oberkiefers (Fig. 409) hakig herab und bekleidet die Wurzel mit Wachshaut, in welcher die großen schiefen Nasenlöcher geöffnet sind. Die Beine sind stark und plump, von den Zehen fällt die äußere durch ihre Kürze auf, alle haben nur mäßig gekrümmte, nicht sehr scharfspitzige Krallen. Die großen langen Flügel runden sich ab und ihre

Fig. 408.

Kopf des ägyptischen Geiers.

Fig. 409.

Kopf des weißköpfigen Geiers.

Schwingen nehmen von der ersten bis zur vierten an Länge zu. Die Steuerfedern des breiten Schwanzes, 12 oder 14, stoßen beim Sitzen und Zerreißen des Aases auf und nutzen ihre Spitzen stark ab. Die ganze Haltung der Geier verräth große Trägheit. Im Sitzen tragen sie den Körper ziemlich horizontal und ziehen vollgefressen den Kopf gern in die Halskrause zurück; nur hin und wieder schütteln sie sich in dieser Stimmung, um den Schmuz von dem Gefieder los zu werden. Im Gehen öffnen sie die Flügel und überrascht fliegen sie nach kurzem Anlauf auf, erheben sich langsam und schwerfällig

30*

und erst in bedeutender Höhe wird der Flug leichter und gewandter. In der Roft find fie nicht wählerifch, jedes Aas, thierifche Abfälle aller Art munden ihnen und zwar füllen fie den Kropf an Ort und Stelle, und tragen niemals die Beute fort.

Die innere Organifation der Geier ftimmt in allen wefentlichen Merkmalen mit den Falken überein und nur die fehr aufmerkfame Vergleichung weift einzelne für fie allein charakteriftifche Eigenthümlichkeiten nach. So pflegen fie z. B. einige Halswirbel mehr als jene zu haben. Das fehr gewölbte Bruftbein trägt einen niedrigen, nicht fcharf aus der Fläche hervortretenden Kiel und befitzt vor dem Hinterrande jederfeits eine häutige Infel. Das gefpreizte Gabelbein ift fehr breit, fchmelzig und ftark gekrümmt. Sieben oder acht Rippenpaare, fehr lange Armknochen. Die Zunge rundet fich vorn ab und erfcheint auf der obern Fläche rinnenartig ausgehöhlt. Der Schlund erweitert fich bauchig in den weiten Kropf, welcher vollgepfropft auch äußerlich am Halfe hervortritt. Der fehr weite Vormagen geht ohne fcharfe Gränze in den kleinern häutigen Magen über.

Die Geier bewohnen die gemäßigte und befonders die warme Zone aller Welttheile und wählen meift offene und ebene Gegenden zum ftändigen Aufenthalte, wo fie geduldet werden, felbft bevölkerte Städte und Plätze, nur einzelne ziehen fich in das Gebirge und die dichten tropifchen Urwälder zurück. Wo ihnen im Norden der rauhe Winter die Nahrung entzieht, wandern fie im Herbft nach Süden, doch verrathen einige feine Empfindlichkeit gegen rauhes Klima, fo findet fich der chilenifche Geier an der Magelhaensftraße und am Cap Horn, der Condor in dem Schneegipfel der Anden ganz behaglich. Einige gehen gefellig auf Beute aus, andere leben einzeln oder paarweife. Männchen und Weibchen tragen daffelbe Gefieder, und letzteres unterfcheidet fich nur durch anfehnlichere Größe, das Jugendkleid dagegen wechfelt die Farbe und Zeichnung. Das Weibchen legt nur wenige Eier, brütet diefelben allein, aber an der Ernährung und Pflege der Jungen nimmt auch das Männchen Theil.

Die Gattungen laffen fich fchon nach der Schnabelform und den Nafenlöchern, auch nach der Bekleidung des Körpers und Halfes unterfcheiden, fchwierig zu umgränzen find fie nach der innern Organifation.

1. Geier. Vultur.

Die typifche Gattung der Geier, welche bei den ältern Ornithologen die ganze Familie umfaßte, ift gegenwärtig auf eine kleine Anzahl altweltlicher Arten befchränkt. Als charakteriftifche Merkmale für diefelben gelten der ftarke mittellange Schnabel mit hohem Oberkiefer und ftark gewölbter Kuppe, gerader Unterkiefer und fcharffchneidigen Rändern. Die fchmalen Nafenlöcher fteigen in fchiefer Richtung aufwärts. Kopf und Hals find kahl oder nur mit einem fpärlichen Flaum bekleidet und fchmale lange Federn oder Dunen bilden einen Kragen am Unterhals. An den ftarken Füßen ift die Mittelzehe fehr lang, die fchwache äußere um die Hälfte kürzer, die innere und hintere noch kürzer. In den gerundeten Flügeln hat die

erfte Schwinge mit der fechften gleiche Länge und die vierte ift die längfte.

Die Geier leben gefellig und heerdenweife beifammen und fammeln fich überall, wo Aas liegt, denn nur von diefem nähren fie fich. Ihr Anftand ift traurig und ihr Betragen plump, allein auf der Schärfe ihrer Sinnesorgane beruht ihre Exiftenz. Schwerfällig und langfam fliegen fie vom Boden auf, erheben fich in Spirallinien aber doch in unermeßliche Höhen und fteigen in gleicher Weife wieder nieder. Ihr rohes Neft legen fie auf unzugänglichen Felfen an. Die meiften Arten gehören den wärmeren Klimaten an, in Europa kommen nur zwei vor. Keine liebt die vorgefchrittene Cultur.

1. Der weißköpfige Geier. V. fulvus.
Figur 110.

Früher, als noch nicht jeder Schritt in Deutfchland cultivirt war und polizeiliche Maßregeln die Straßen nicht reinigten, war diefer Geier bei uns einheimifch, jetzt befucht er Deutfchland nur hin und wieder, die mittelmeerifchen Länder und das weftliche Afien find noch feine Heimat. Als Standquartier wählt er die größern Ge-

Fig. 110.

Weißköpfiger Geier.

birgsketten und ftreift von hier aus faft täglich in die Ebene, des Nachts aber ruht er in einer Felfenhöhle oder Schlucht. Feigheit, Trägheit und Gefräßigkeit find die hervorragendften Züge feines Charakters. Obwohl ftark genug, um große Fleifchftücken vom Knochen abzureißen, wagt er doch nie ein lebendiges Thier anzufallen.

Vollgefressen bleibt er stundenlang an der Tafel sitzen, bläht sein Gefieder auf, zieht Kopf und Hals zurück, läßt die Flügel nachlässig herabhängen und sitzt so träg und sorglos da, daß er sich fangen und tödten läßt. Im Angriff vertheidigt er sich durch kräftige Schnabelhiebe. Nur Angst und Schreck pressen ihm einige heisere Töne ab, sonst ist er stumm. Aus den Nasenlöchern fließt häufig eine wässerige Materie aus, zumal während des Fressens, vielleicht dient dieselbe nur dazu, die anhaftenden Fleischfasern abzuspülen. In Gefangenschaft verräth er vor jedem lebenden Thiere lächerliche Furcht und wendet sich scheu ab, während er doch auf die vorgereichte Hand mit Schnabelhieben antwortet. Frisches Fleisch sowohl als stinkendes und faules sagt ihm zu, aber mit Blausäure getränktes spie ein in Halle gehaltenes Exemplar aus dem Kropfe wieder aus und schleuderte es weit weg.

Der weißköpfige Geier erreicht bis 4 Fuß Länge und zwölf Fuß Flügelspannung. Kopf und Hals bekleidet ein sehr kurzer, dichter, schmutzig weißer, wolliger Flaum, der in der Kropfgegend länger, haarähnlich und braun wird. Der braune Halskragen besteht aus schmalen, langspitzigen Federn und theilt sich in ein vorderes und hinteres Büschel. Das Rumpfgefieder ist zimmetbraun mit grauer Beimischung, Schwingen und Schwanz schwarzbraun, der Schnabel blauschwarz, die Iris dunkelbraun und die Füße schmutzig fleischfarben mit netzförmiger Schilferung. Das Jugendkleid schmutzig röthlich gelb und sticht braungraue Flecken ab. Die Rückenflur des Gefieders beginnt an der Halskrause, theilt sich alsbald in zwei breite Aeste und setzt dann als einfacher Streif bis zum Bürzel fort. Die Unterflur läuft jederseits sehr breit über die Brust. Den Flügel spannen 35 Schwingen, wovon neun an der Hand stehen; 14 Steuerfedern. Im Skelet unterscheidet sich dieser Geier von seinen nächsten Verwandten durch den viel schmäleren Hirnkasten, durch 15 Halswirbel, 7 Rippenpaare, nur 6 Schwanzwirbel. Der Oberarm reicht wie bei allen Geiern über den Oberschenkel hinaus, das stark gewölbte Brustbein hat einen auffallend niedrigen Kiel, das Schulterblatt krümmt sich stark, das Becken ist schmal.

2. Der graue Geier. V. cinereus.
Figur 111.

Ueber die warmen Länder der Alten Welt verbreitet, kömmt der graue Geier schon in den Alpen nicht mehr als einheimisch vor, doch verirrt er sich bisher aus Italien und streist auch von Ungarn, der Kerngränze seiner Heimat, nach Deutschland bis Sachsen und Franken, doch scheint es weniger die Winterkälte als vielmehr Nahrungsmangel zu sein, der ihn fern von Deutschland hält, denn in Gefangenschaft erträgt er ohne sonderliches Unbehagen starke Winterkälte. In Naturell, Betragen und Lebensweise gleicht er ganz dem weißköpfigen Geier, man sagt zwar, daß er auch auf lebende Schafe und Rehe stoße, allein es fehlen zuverlässige Beweise dafür, im Gegentheil scheint er wie vorige Art in Gefangenschaft jedes lebendige Thier.

Bei vier Fuß Körperlänge spannen die Flügel nur 9 Fuß das Männchen erreicht aber diese Größe nicht. Hinterkopf, Genick und Halsseiten sind von nackter, bläulicher Haut bekleidet, an der Kehle steht ein falber Flaum und an den Seiten des Unterhalses als Kragen Büschel langer schmaler Federn, auch auf den Schultern erhebt sich ein Büschel langer spaltzahniger Federn. Das Gefieder dunkelt braun, der Schnabel ist schwarzbraun mit bläulich fleischfarbener Wachshaut. Der Lauf ist zur Hälfte befiedert und am nackten Theile weiß oder schmutzig fleischfarben. Das Weibchen rüstet sein Gefieder mehr als das Männchen. Von den 35 Schwingen des Flügels stehen zehn am Handtheil und die vierte ist um ein Ge-

Fig. 111.

Grauer Geier.

ringes kürzer als die dritte. Der Schädel ist beträchtlich breiter als bei voriger Art, 8 Rippenpaare und 8 Schwanzwirbel, dagegen nur 13 Halswirbel, der Oberarm fast dreimal so lang wie das Schulterblatt.

Ueber die Fortpflanzung dieses Geiers ist so wenig Zuverlässiges und Näheres bekannt wie über die des vorigen, die neueren Beobachtungen harren noch der Bestätigung.

3. Der Ohrgeier. V. auricularis.
Figur 112.

Ein Bewohner Südafrikas von über vier Fuß Länge und elf Fuß Flügelspannung. Kopf und Hals überzieht eine hochrothe Haut, welche die Ohröffnung als stark fleischiger warziger Saum umgiebt und von hier als Ramen vorn am Halse herabläuft. Einzelne kurze raube Borsten sprießen aus dieser Haut und mehren sich an der schwarzen Kehle zu einem kurzen Barte. Eine seitenreiche Federnkrause ziert den Hals. Das Rumpfgefieder, aus folchen Federn gebildet, hat schwarzbraune Färbung, die Schwingen und der abgestußte Schwanz aber find rußschwarz, die Läufe gelblich braun. Der alte Vaillant, dem wir die ersten Nachrichten über diesen Geier verdanken, nennt denselben Oricou, die Hottentotten T'Gaib. Nach

farbene Kopf und Hals mit der fleischigen Falte des Vorigen ist mit spärlichen Haaren besetzt und jene Falte hängt unten in einem schlaffen Fleischlappen fast wie beim Truthahn herab. Den Kropf bekleidet ein kurzer brauner Flaum, den Unterhals eine schwarzbraune Krause kurzer abgerundeter Federn. Das Gefieder hält sich bräunlichschwarz, der Schnabel bläulichschwarz mit gelber Wachshaut, Schwingen und Steuerfedern find wieder rußschwarz.

Ohrgeier.

[Pondichery-Geier.

Jenem sollte er beim Freffen auf dem Brutplaße mit seines Gleichen große Freundschaft halten, allein A. Smith, der verdiente afrikanische Reisende, sah ihn nur paarweise beisammen, höchstens zu vier bei reichlichem Aase und das Nest einzeln auf hohen Bäumen und in Felsspalten mit zwei bis drei schmußig weißen Eiern, welche das Weibchen allein brütet. Die weißlich beflaumten Jungen kriechen im Januar aus und bekleiden sich zuerst mit hellbraunen, roströtlich gerandeten Federn.

1. Der Pondichery-Geier. V. pondicerianus.
Figur 413.

Dem Vorigen sehr ähnlich und darum sogar mit demselben verwechselt, lebt in Indien sehr gemein ein Geier, der sein Vaterland weithin über Bengalen und Afghanistan, über Java und Sumatra ausdehnt, aber nicht größer als etwa eine Gans wird. Der nackte fleisch-

Die Aderfluren bilden viel schmälere Streifen als bei vorigen Arten. Die große Häufigkeit dieses Geiers erklärt sich aus der reichlichen Nahrung und besonders gern geht derselbe an menschliche Leichname, die in jenen Ländern ihm viel preisgegeben werden.

3. Der chinesische Geier. V. leuconotus.
Figur 414.

Auch dieser Geier, zuerst von Kanton lebend in den Londoner zoologischen Garten gebracht, verbreitet sich über den größten Theil des südöstlichen Afiens und erreicht die Größe eines Truthahnes. Sein bräunlichschwarzes Gefieder wird am Unterrücken, der Unterseite der Flügel und Unterschenkel weiß, was besonders bei geöffneten Flügeln grell hervortritt. Den braunschwarzen Kopf bekleiden kurze schwarze Borsten, den Hinterhals ein weißlicher Flaum und den nackten Vorderhals eine schmußig fleischröthliche Haut. Die schmußigweiße Halskrause fällt vorn mit verlängerten Federn über den Kropf herab. Naturell und Lebensweise gleicht ganz der anderer Geier und bedarf hier einer besondern Schilderung nicht.

Fig. 414.

Edelartlicher Geier.

Fig. 415.

Indischer Geier

6. Der indische Geier. V. indicus.

Figur 415.

Ein allgemein verabscheuter Vogel wegen seiner Zudringlichkeit und großen Gefräßigkeit und doch wird er gerade dadurch in den weiten Ebenen Indiens sehr nützlich, denn wo ein Stück Vieh fällt, auf Schlachtfeldern und an der von ausgeworfenen Thieren bedeckten Meeresküste läßt er sich schaarenweise nieder und vertilgt in kurzer Zeit das Aas. Er erreicht gegen drei Fuß Länge, ist am Kopfe und Halse völlig nackt. Die Oberseite fiedert hellgelblichgrau mit weißlichen Stellen, die Unterseite hellrothgelb. Aus Kropf und auf der Oberbrust steht ein kurzer, sehr dichter, dunkelbrauner Flaum. Der Schnabel ist schwarz und die Füße blaugrau.

7. Kolbe's Geier. V. Kolbi.

Figur 416.

Sehr gemein in ganz Afrika streift Kolbe's Geier, so benannt nach dem afrikanischen Reisenden, auch nach Sardinien und ostwärts bis Indien. Zu hunderten fällt er über todte Büffel, Pferde und Antilopen her und verzehrt sie bis auf die Knochen. Kein andrer Geier nähert sich seiner Tafel, so gefürchtet ist seine Kraft und Kampflust. Muthig und entschlossen kämpft er gegen jeden Angriff und gebraucht seinen Schnabel als gefährliche Waffe selbst gegen den Jäger. In seiner äußern Erscheinung ähnelt er am meisten dem weißköpfigen Geier, nur ist er etwas kleiner und trägt an der Unterseite keine zugespitzten, sondern abgerundete Federn. Das braune Gefieder zieht ins hell Isabellfarbene und Weißliche.

Fig. 416.

Kolbe's Geier.

2. Aasgeier. Neophron.

Als Typus der Gattung Aasgeier gilt der Rachamah der Bibel, welchen Namen noch heutigen Tages der ägyptische Aasgeier in Aegypten und Arabien führt. Sein langer schmächtiger gerader Schnabel wird bis über die Mitte hinaus von der Wachshaut bekleidet und erscheint gegen die bald herabgebogene Spitze hin aufgetrieben. Die Nasenlöcher öffnen sich in der Mitte des Schnabels nahe der Firste und der Länge nach und sie geben völlig durch, da die innere Scheidewand fehlt. Nur der Kopf ist nackt, der Hals befiedert. In den etwas spitzigen Flügeln ist die erste Schwinge sehr verkürzt und die dritte die längste. Am Schädel ist unterscheidend von den Geiern die geringe Größe der Superciliarplatte am obern Augenhöhlenrande und die Lücke in der Augenhöhlenscheidewand; in der Wirbelsäule zählt man 12 Hals-, 9 Rücken- und 7 Schwanzwirbel, der Vorderarm zwar länger als der Oberarm, aber angelegt vorn nicht über das Gabelbein vorstehend, Schulterblatt gerade, Brustbein etwas länger als breit, hinten mit sehr kleinen häutigen Lücken. Wir führen nur die gemeinste Art auf.

1. Der ägyptische Aasgeier. N. perenopterus.
Figur 417.

Die Bezeichnung ägyptischer Aasgeier soll keineswegs anzeigen, daß dieser Geier nur in Aegypten heimisch und gemein ist, er verbreitet sich vielmehr über einen

Fig. 417.

Aegyptischer Aasgeier.

großen Theil Afrikas, das angrenzende Asien und die mittelmeerischen Länder Europas, haust sogar am Mont Salève bei Genf und im südlichen Frankreich, nach Deutschland und England verirrt er sich jedoch nur vereinzelt und deshalb allein wird er in den Verzeichnissen deutscher Vögel auch stets aufgeführt. Als Standquartier wählt er gebirgige Gegenden und streift von hier aus weithin in die Ebenen, belagert die Carawanenstraßen durch die Wüsten, wo Menschen und Vieh fällt und reichlichen Unterhalt gewährt. In den Städten der südlichen Länder reinigt er die Straßen, Höfe und Abraumplätze von allerlei die Luft verpestendem Unrathe und Aase und wird deshalb geschont, ja die und da durch strenge Gesetze vor Verfolgungen geschützt. Schon die alten Aegypter ehrten diese Dienste und bildeten den Geier auf ihren Denkmälern ab. In seinem Naturell und Betragen ist er ein ächter Geier, gefräßig, träg, schwerfällig, traurig, mit scharfen Sinnen und großer Ausdauer im Fluge. Er hält sich viel am Boden auf und geht wie ein Rabe einher, sitzt vollgefressen unbeweglich da und wird durch seine starke überriechende Ausrüstung ein widerlicher Tischgesellschafter. Ueber frisches und stinkendes Aas fällt er begierig her, und in Ermangelung desselben sucht er zur Stillung seines Appetits kleine Amphibien, Schnecken und Gewürm im Unrath, ja der Hunger treibt ihn zum Verschlingen des Kothes. Er hält nur paarweise und höchstens in kleinen Gesellschaften, nie in Schaaren zusammen. Sein Nest, aus Holzstücken und dürren Aesten aufgeschichtet, steckt in Felsenklüften und enthält drei bis vier schmutzig weiße Eier.

Bei etwas über zwei Fuß Länge klaftern die Flügel fünf Fuß. Kopf und Vorderhals bekleidet eine nackte, mißfarbig gelbliche, nur einzeln und fein bedartete Haut, am Hinterkopfe stehen lange zerschlissene Federn und der Rumpf fiedert, abgesehen von dem oft anhängenden Schmuz, rein weiß, woraus die Schwingen schwarz abstechen. Der stumpf gerundete Schwanz hat zwar die weiße Rumpffarbe, ist aber gewöhnlich ganz unrein vor Schmuz. Die kräftigen Füße sind schön ödergelb. Der junge Vogel trübt dunkelbraun und bräunt auch die schwarze Farbe seiner Schwingen. Die Federfluren bilden nur schmale Streifen in gleichem Verlauf wie bei den ächten Geiern.

3. Hühnergeier. Cathartes.

Die Hühnergeier Amerikas stehen den altweltlichen Aasgeiern so auffallend nah, daß man sie lange mit ihnen in eine Gattung vereinigte und wenn man den grellen Unterschied des einfarbig schwarzen Gefieders als einen genetisch bedeutungslosen bei Seite setzt, kann man nur mit größtem ornithologischem Blick die systematischen Merkmale der Hühnergeier ermitteln. Der schlanke schwächliche Schnabel erscheint am Grunde etwas verdünnt und gerade bis zur hakigen Spitze. Die fast spaltenartigen Nasenlöcher öffnen sich horizontal und der Firste des Schnabels parallel. Kopf und Hals sind nackt und ohne Krause, die Beine dünn und die verhältnißmäßig schlanken Zehen am Grunde mit einer Bindehaut versehen. Am schmalen Schädel vermißt man die besondere Knochenplatte am obern Augenhöhlenrande. Den Hals gliedern 13, den Rücken 8 und den Schwanz 7 Wirbel, das Brustbein buchtet seinen Hinterrand tief, der Oberarm reicht angelegt bis an das Ende des Beckens, die Zunge erscheint längs des ganzen Seitenrandes gezähnelt, die sehr flachgedrückte Luftröhre besteht aus schmalen weichen Ringen und theilt sich ohne Spur eines untern Kehlkopfes in zwei bald ganz häutige Bronchien für die Lungen.

Zwei Arten sind in Amerika gemein und längst bekannt, wenn auch erst in neuerer Zeit scharf unterschieden.

1. Der rothköpfige Hühnergeier. C. aura.
Figur 418, 419 a.

Von Patagonien und Paraguay durch Brasilien und Guiana in das südliche Nordamerika verbreitet, lebt dieser Geier in erstern Ländern minder zahlreich und nur paarweise, in den nördlichen Theilen seines Vaterlandes gesellig und schaarenweise, Nachts auf den breiten Aesten alter Bäume ruhend und bei aufgehender Sonne seine Flügel ausbreitend, um den nächtlichen Thau abzutrocknen. Erst spät am Morgen erhebt er sich langsam und steigt schneller

Fig. 418.

Rothköpfiger Hühnergeier.

und schneller bis in unsichtbare Höhen hinauf, von hier aus das Aas auf einem weiten Gebiete zu wittern und plötzlich darüber herzufallen. Er horstet nicht in unzugänglichen Höhen, sondern zieht zur Begattungszeit am liebsten in waldige Sümpfe, wo ein morscher Baumstamm die geeignete Nisthöhle gewährt. Das Weibchen legt bis vier blaß fleischfarbene Eier mit großen dunkelbraunen und kleinen bläulichen Flecken besonders am stumpferen Ende. Das Männchen hält sich während der Brütezeit sorgend und wachend in der Nähe des Nestes auf. Im Angriff verläßt sich dieser Geier nicht auf die Kraft seines Schnabels und der Krallen, sondern er speiet dem Feinde den stinkenden Inhalt seines Kropfes entgegen, der aus ätzlei Aas und Unrath besteht.

Bei 2½ Fuß Körperlänge fiedert die Aura oder Jota und wie sonst noch die Amerikaner diesen Geier nennen, glänzend braunschwarz mit grünlichem oder bläulichem Schiller längs der Mitte der Federn. Kopf und Beine sind blaßroth, die Schnabelspitze weißlich, die nackten Stellen des Scheitels und der Kehle laufen in violett über und sind spärlich mit feinen schwarzen Borstenfederchen

Naturgeschichte I. 2.

bekleidet. Das Jugendkleid ist braun mit hellen Federrändern. Von den zehn Handschwingen sind die dritte bis fünfte am längsten und im Schwanze die äußern Steuerfedern etwas verkürzt. Die Bürzeldrüse trägt gar keine Federn. Die Oberflur beginnt in der Mitte des Halses, spaltet sich zwischen den Schultern in zwei sehr schmale Aeste und setzt dann einfach und sehr schmal bis zum Bürzel fort. Die Unterflur spaltet sich auf der Brust nicht deutlich und läuft zweireihig aus. Die Lendenflur hat sehr lange Federn und endet einreihig.

2. Der Urubu. C. urubu.
Figur 419 b.

Die Naturgeschichte des Urubu ist bei der großen äußern Aehnlichkeit mit voriger Art nicht scharf davon geschieden worden. Bei derselben Größe hält sich das ganze Gefieder gleichfarbig schwarzbraun, in der Jugend trüber, im Alter reiner schwarz mit grünlichem oder violettem Schimmer. Der nackte Kopf und Hals sind schwarzgrau überlaufen, dicht mit flachen Warzen besetzt, dazwischen feine Borstenfedern. Das hoch am Nacken

Fig. 419.

Hühnergeier.

beginnende Halsgefieder besteht hier aus kleinen, schmalen, abstehenden Federn. Die zehn Handschwingen, von welchen die vierte die Flügelspitze erlangt, haben längs dem hellen Schaft auch einen bessern, unten trüb grauweißen Ton. Der schwarze Schwanz ist kürzer als bei voriger Art und gerade abgestutzt, d. h. alle Steuerfedern gleich lang. Die ganz schwarzen Beine sind höher und dünner. Eine seltsame anatomische Eigenthümlichkeit erwähnt Dr. Lund, die seit beinah dreißig Jahren noch kein Beobachter bestätigt hat. Vorn in dem bauchigen

31

Kropfe liegt nämlich eine kleine, von einer Klappe bedeckte Oeffnung, welche unter die Haut führt; welchen Zweck dieselbe haben könnte, darüber läßt sich nicht einmal eine Vermuthung äußern. Auch soll nach diesem Beobachter die Zunge keine rauhlichen Zähne besitzen.

Der Verbreitungsbezirk des Urubu reicht ziemlich so weit über Amerika wie der der Aura. Zahlreich sonnt er sich auf den Hausdächern in den Städten Georgiens und Carolinas und fällt schaarenweise ein, wo ein todtes Thier sich zeigt. Dabei ist er zudringlich und furchtlos, weicht dem Menschen nicht aus und erhebt sich mit Gewalt verscheucht nur bauschoch, um sofort mit größerer Gier über den Fraß herzufallen. In Brasilien ist er gleich gemein in der Nähe menschlicher Wohnungen, nicht minder in Buenos-Ayres, Peru, Chili und bis zum Rio colorado, doch hat er seine Heimat südwärts vom Platastrome erst in Folge der Ansiedlungen ausgedehnt. Auch hier macht ihn seine unersättliche Freßbegier dreist und frech, er belagert die Straßen, Abraumplätze, Schlachthöfe und bringt sogar in die offenen Wohnungen der Landleute ein. Gesättigt sitzt er stundenlang unbeweglich, aber schon nach mehren Stunden erwacht sein Appetit und er späht nach neuer Nahrung. Stinkendes wie ganz frisches Fleisch mundet ihm und trotz der großen Gier sieht man ihn immer gesellig auf gefallenem Vieh, nur futterneidisch haderud, nicht erzürnt und zu raufend. So sehr man ihn in manchen Gegenden als eifrigen Vertilger des Aases schätzt; so kann er sich doch wegen seiner widerlichen Ausdünstung und frechen Aufdringlichkeit nirgends Freunde erwerben. Bei recht heiterm Himmel erhebt sich bisweilen eine Schaar in beträchtliche Höhen und schwebt spielend in weiten Kreisen stundenlang. Ein Rest baut der Urubu sowenig wie die Aura. Das Weibchen legt die grünlichweißen Eier mit dunkelbraunen Flecken und bläulichen Tüpfeln in einen versteckten Stamm oder einen wenig zugänglichen Felsspalt, in Brasilien in der Zeit vom November bis Januar.

4. Königsgeier. Sarcorhamphus.

Die Riesen unter den Geiern und den Raubvögeln überhaupt, Königsgeier wegen ihrer imposanten äußern Erscheinung und ihrer kühnen Lebensweise. Die ersten Nachrichten aus Amerika schmückten den Königsgeier fabelhaft aus, machten ihn zum riesenhaften Wächter der unermeßlichen Silberschätze, dessen bloßes Erscheinen schon jeden Angriff abschreckte, sie verliehen ihm die Kraft, die größten Säugethiere in seinen Krallen auf den Gipfel des Chimborasso zu tragen, um sie dort ungestört zu verzehren. Solche Fabeleien wurden wieder und wieder erzählt und immer mehr ausgeschmückt, bis erst Humboldt den Kondor in seiner Heimat antraf und den ersten gewaltigen Eindruck des Riesen in der großartig wilden Gebirgsnatur überwindend sein Treiben und Thun mit ernstem Forscherblick verfolgte. (Gegenwärtig fehlen die ausgestopften Exemplare in keiner größeren ornithologischen Sammlung mehr und wir können die königliche Gestalt nunmehr mit ihren nicht königlichen Verwandten vergleichen. Der kräftige Körperbau, zumal die starken Beine und Füße und die gewaltigen Flügel fallen sogleich charak-

teristisch auf. Kopf und Hals sind nackt und das Gefieder beginnt mit einer schönen großen Halskrause. Auf dem starken Schnabel trägt das Männchen einen bis auf die Stirn reichenden Fleischkamm. Die ovalen Nasenlöcher öffnen sich horizontal am Rande der Wachshaut und geben durch ohne Scheidewand. Das genügt schon, die Königsgeier Südamerikas von allen übrigen Geiern zu unterscheiden und wir wenden uns deshalb sogleich an die beiden Arten selbst.

1. Kondor. S. gryphus.
Figur 430.

Der Kondor beherrscht die hohen Kämme der Andeskette von Magelhaensland bis jenseits Quito, jene öden wilden Höhen von 10 bis 15000 Fuß Höhe, wo die steilsten Felsenzinnen sich übereinander thürmen und nur einzelne schauerlich wilde und tiefe Schluchten den Menschen und Lastthieren den Durchgang gestatten. Hier verbringt er auf hoher Felsenspitze ruhend die Nacht und erhebt sich nach Sonnenaufgang in flachen Spirallinien aufsteigend noch mehre tausend Fuß, um ohne Flügelschlag in diesen höchsten Höhen, wohin ihm das unbewaffnete menschliche Auge nicht folgen kann, zu kreisen und auf viele Meilen weit das Land zu überschauen. Mit dem Fernrohre beobachtet, sieht man ihn nur Kopf und Hals häufig einziehen und mit Kraft und Schnelligkeit wieder ausstrecken, durch diese Bewegungen allein, ohne Flügelschlag steigt er auch in schiefer Richtung aufwärts. So scheinbar unbeschränkt in seiner Ortsbewegung, ist er doch an die reine Gebirgsluft in jenen für andere lebende Wesen unzugänglichen Höhen gefesselt und er läßt sich nur in die Ebene und an die Meeresküste nieder, wo es Aas zur Stillung seines Hungers gibt, und sucht dann, wenn nicht nach ächter Geierweise Ueberfüllung ihn zum Stillsitzen zwingt, alsbald die Felsenzinnen wieder zu erreichen. Nicht blos stinkendes Aas nährt ihn, er frißt auch frisches Fleisch gern und wenn gefallenes Vieh fehlt, umkreist er die Heerden und greift im Vertrauen auf seine gewaltige Körperkraft Schafe und Ziegen an oder fällt paarweise über Kälber, junge Ochsen und Lamas her. Er bestürzt die auserwählte Beute durch heftige Flügelschläge, verwundet sie mit Schnabelhieben, hackt dann die Augen aus und frißt nun begierig Eingeweide und Fleisch. Daß er auch Kinder raube, wird oft erzählt, allein die Gebirgsbewohner wissen nichts davon und lassen sorglos ihre Kinder allein im Freien spielen. Stark genug wäre er dazu, denn selbst übersättigt kämpft er weil siegreich gegen einen einzelnen Mann und es ist gefährlich, ihn offen anzugreifen. Sein Fang erfordert überlegene Kräfte, Gewandtheit und List. Mit der Schußwaffe ihn zu entkräften oder zu erlegen gelingt nur einem geübten Schützen, da die Kugel aus zu weiter Entfernung und unter falschem Winkel abgefeuert an dem derben Gefieder ihre Wirkung verfehlt. Sicherer naht sich im Reiter dem übersättigten und zum Fluge unfähigen Kondor, der dann scheu flatternd umherläuft, aber bald eingeholt wird, die nie fehlende Wurfschlinge erhält sogar im Galopp geschleift und gewürgt wird. In Peru und Quito schlachten die Indianer ein nutzloses altes Hausthier und locken mit dessen Leichnam aus unsichtbarer Ferne die Riesengeier herbei, diese sättigen

Fig. 420.

Kondor.

sich mit blinder Gier und werden dann lebend eingefangen
und zur allgemeinen Belustigung unter den grausamsten
Qualen zu Tode gemartert. Auch betäubt man den
Kondor durch vergiftetes Fleisch, um ihn desto leichter zu
überrumpeln. Die Chilenen beschleichen ihn im Schlaf,
der nach völliger Sättigung so fest ist, daß er sich gefahr-
los die Schlinge überwerfen und erdrosseln läßt. — Ein
Nest baut der Kondor sowenig wie andere große Geier,
er legt vielmehr die schmutzig weißen Eier auf den kahlen
Felsen und das Weibchen pflegt zwei Jahre hindurch die
Jungen, so langsam wachsen dieselben heran. Lebende
Exemplare gelangen nicht häufig nach Europa und dauern
hier auch nicht sehr lange aus.

Die oft übertriebene Größe des Kondor oder richtiger
Cuntur (von Cuntuni in der Quichuasprache, üblen
Geruch verbreiten, hergeleitet) mißt nur drei Fuß Länge
und neun Fuß Flügelspannung. Das Männchen fiedert
glänzend schwarz, hie und da mit leichtem grauen Anfluge.

Die größern Flügeldeckfedern und Schwingen zweiter
Ordnung sind weiß. Den Unterhals ziert ein Kragen
von schönen weißen Dunen. Den Hals und Kopf bekleidet eine faltige, grobe und raube Haut, welche auf dem
Vorderkopfe sich erhebt und faltig nach hinten und abwärts bis zum Kinn zieht und hier lappig herabhängt.
Die lebhaft bedrohten Augen liegen ziemlich weit vom
Schnabel ab, und dieser ist braungrau, an der Spitze
weißlich. Von den 36 Flügelschwingen stehen zehn an
dem Handtheil und die dritte dieser überlängt nur wenig
die zweite und vierte. Die Oberflur gabelt sich zwischen
den Schultern und sendet breite Äste ab, um mit einem
einfachen schmalen Streif zum Bürzel zu laufen. Die
platte viereckige Bürzeldrüse ist völlig nackt. Die Lendenfluren werden von nur zwölf Federn gebildet; die Unterflur verhält sich wie bei den Hühnergeiern. Das erste
Jugendkleid düster graubraun.

31 *

2. Der Königsgeier. S. papa.

Figur 421.

Der Königsgeier, auch Geierkönig genannt, erreicht nicht die Größe des Kondor, höchstens 2½ Fuß Länge und 5 Fuß Flügelspannung, und fliegt dann als irgend ein andrer Geier. Rumpf, Schenkel und Flügel sind nämlich isabellfarben, Unterrücken, Schwingen und Schwanz schwarz, die Halskrause grau, der Kopf roth, Stirn, Scheitel, Wangen und Nacken schwarzborstig. Auf der Schnabelfirste über den Nasenlöchern erhebt sich ein im Leben schlaffer, lappig getheilter hoher Fleischkamm, der auch dem Weibchen nicht fehlt, und auf den Backen unter dem

Fig. 421.

Königsgeier.

Auge liegen dicke rothe Schwielen. Die schwarzen Beine bekleiden kleine Körnerschuppen, die Oberseite der Zehen Halbgürtel. Die breite, vorn ganz stumpfe Zunge berandet sich mit kleinen Zähnen. Die Krystalllinse im Auge ist vorn schwach, hinten sehr stark convex, der harte Augenring aus 15 Schuppen gebildet, der große Fächer aus nur zehn Falten gefaltet, die Iris gelb. Am Schädel fällt die ansehnliche Breite der Stirn und der Mangel der Superciliarbeine am obern Augenhöhlenrande auf. Den Hals gliedern 14 sehr dicke Wirbel, den Rumpf 8, den Schwanz 7, der Vorderarm viel länger als der Oberarm, das Brustbein mit winkligen Ausschnitten am Hinterrande und sehr kleinem Loch daneben. Alle Knochen bis auf die der hintern Gliedmaßen unterhalb des Kniegelenks führen Luft.

Der Geierkönig dehnt sein Vaterland vom südlichen Brasilien bis Mexiko und Florida aus und wählt viel-

mehr die niedrigen Waldungen und reich bewässerten Ebenen als Gebirge zum ständigen Aufenthalte. Hier beherrscht er im eigentlichen Sinne das Gebiet, alles fallende Vieh und stinkende Aas gehört ihm, er sättigt sich zuerst und nur was er übrig läßt, dürfen andere Geier sich zueignen. Säugethiere, Amphibien, Fische, kurz jeder stinkende Unrath stillt seinen beständigen Appetit, aber lebendiges Vieh greift er nicht an, ebenso meidet er bevölkerte Plätze und treibt sich am liebsten im einsamen Urwalde und öden sumpfigen Niederungen paarweise umher.

5. Bartgeier. Gypaetos.

Das eigentlich vermittelnde Glied zwischen Geiern und Falken bildet der Bart- oder Lämmergeier, der Kondor der europäischen Hochgebirge. In Sitten und Lebensweise wie in der Organisation theilt er so sehr die Charaktere beider Familien, daß der Systematiker in Verlegenheit geräth, welcher von beiden er ihn zuweisen soll. Auch der Name Geieradler bezieht sich auf diese doppelte Verwandtschaft, welche dieselbe ist wie bei den Hyänen mit Hunden und Katzen, und dieser Vergleich ist so treffend, daß v. Tschudi ganz bezeichnend den Bartgeier die Hyäne der Lüfte nennt. Der kleine Kopf ist mit weichen länglichen Federn befiedert und weicht darin von den Geiern auffallend ab. Der Schnabel ist ebenfalls geierartig stark und lang, gegen die hakig herabgekrümmte Spitze erhöht und an der Wurzel mit steifen Borsten besetzt, welche am Unterkiefer einen deutlichen Bart bilden, oben die ovalen schiefen Nasenlöcher beschatten. Die kurzen Füße haben nur schwach gekrümmte Geierkrallen. In den langen Flügeln erscheinen die zweite bis vierte Schwinge am längsten, bisweilen überragt die dritte etwas ihre Nachbarn. Der Schwanz ist abgerundet und lang, die Flügelspitzen weit überragend. Die Flügel werden von 31 Schwingen gebreitet, von welchen zehn am Handtheil stehen und die erste die Länge der fünften hat. Der Kopf ist gleichmäßig befiedert und die Oberflur theilt sich zwischen den Schultern, läuft aber ohne Unterbrechung bald wieder einfach bis zum Bürzel fort, die Unterflur spaltet schon hoch am Halse, wird auf der Brust ohne freien Ast sehr breit und läuft ganz schmal nach hinten. Der Schädel zeichnet sich durch beträchtliche Breite aus, besitzt auch am obern Augenbrauenrande die Superciliarbeine, sehr gesperrte Unterkieferäste und breite Gaumenbeine. Den kurzen Hals gliedern 13 Wirbel, den Rücken 8, von welchen nur die letzten beiden unbeweglich und zwar mit den Hüftbeinen verwachsen, den Schwanz 7 Wirbel. Das Gabelbein hat eigenthümlich gespreizte Aeste; das Brustbein ist ungedeuer breit, mit sehr dickem niedrigen Kiel und ganz kleinen Lücken der dem Hinterrande. In dem prachtvoll feuerfarbenen Auge steckt ein aus 14 harten Schuppen gebildeter Sklerotikalring, eine gleichmäßig flach gewölbte Krystalllinse und ein großer aus 14 Falten gelegter Fächer. Der weit klaffende Rachen birgt eine kleine, breite, rinnenförmige Zunge und führt durch einen an sich weiten und sehr dehnbaren Schlund ohne Kropf durch den drüsenreichen Vormagen in den sehr geräumigen Magensack. Die verdauende

Kraft des Magens ist so stark, daß sie große Knochen und die hornigen Schuhe der Kälber vollständig zersetzt. Diese Bemerkungen über die innere Organisation mögen hier genügen, wer sich für eine speciellere Schilderung derselben interessirt, den mache ich auf meine etwa binnen Jahresfrist erscheinende, die sämmtlichen Raubvögel zur Vergleichung ziehende Monographie des Bartgeiers aufmerksam. Jetzt wenden wir uns zu der einzigen europäischen Art, von welcher die neueren Ornithologen den afrikanischen und asiatischen als eigenthümliche Species, freilich nur auf sehr geringfügige Merkmale, unterscheiden.

Der Bartgeier. G. barbatus.
Figur 422.

Der europäische Bartgeier bewohnt die Pyrenäen und Alpen, die Gebirge Sardiniens und Griechenlands, in den asiatischen und den nordafrikanischen Hochgebirgen soll er, wie eben erwähnt, mit specifischen Eigenthümlichkeiten vorkommen. Als kühner, gefährlicher Räuber wird er von jeher energisch verfolgt und hat sich gegenwärtig bereits in die schwer zugänglichen Hochalpen der Schweiz und Tyrols zurückgezogen, während er früher häufiger auch in den Voralpen und selbst in den süd-

Fig. 422.

Bartgeier.

deutschen Gebirgen sich sehen ließ. Er erreicht die stattliche Größe von über vier Fuß Länge, wovon 2½ Fuß
auf den Schwanz kommen, und zehn Fuß Flügelspannung.
Das weiche Kopfgefieder ist licht gelb, aber am Zügel
wie der Bart rein schwarz. Der Oberrücken glänzt schwarzbraun mit hellen Federränkern und weißlichen Kielen, der
Unterleib ist rostgelb, der Unterrücken und Steiß graubraun, die Schenkel dedeckt und die Zehen dlaugrau. Das
Jugendkleid dunkelt fast schwarz bis auf einige weißfleckige
Schulterfedern und die rostbraune Unterseite.

Nach der nächtlichen Ruhe auf hoher Felsenzinne im
todesstarren Hochgebirge erhebt sich der Bartgeier mit
anbrechendem Morgen zu schwindelhafter Höhe, wo er als
schwebender Punkt ungesehen die belebten Höhen und
Tiefen überschaut. Sorglos gehen die Alpenbewohner
zur Morgenweide aus, denn jede von unten und von den
Seiten der drohende Gefahr wittern die rechtzeitig und
weichen ihr, die tödtende Wolke in unmeßbarer Höhe aber
ahnen sie nicht. Plötzlich schießt mit zusammengeschla-
genen Flügeln von hinten her in schiefer Linie der Be-
herrscher der Lüfte auf sie herab. Ueberrascht verlieren
sie den Rettungsgedanken und der hungrige Räuber hält
sie zuckend in den Klauen, auf der nächsten zur Fleischbank
geeigneten Felsplatte werden sie verzehrt. Dieses Schicksal ereilt jedoch nur die kleinern Thiere wie Füchse und
Murmelthiere, Lämmer und Hunde, Dachse, Katzen, Hasen.
Schwere Schafe, alte Gemsen und Ziegen überfällt der
Räuber nur wenn sie am steilen Abgrunde weiden, dann
fährt er mit sausendem Fluge dicht an ihnen hin und
stürzt sie mit gewaltigem Flügelschlage in die Tiefe. Der
zerschmetterten Beute hackt er erst die Augen aus, dann
reißt er ihr den Leib auf und verzehrt die Eingeweide,
darauf Knochen und Fleisch. Dieses leichte Spiel in
gefährlichsten Stellungen versucht der Bartgeier auch an
Gemsjägern und Chien, aber dier mißlingt dasselbe an
der Ruhe und Unerschrockenheit, welche diese auch in kriti-
schen Lagen der Dreistigkeit und Ueberlegenheit des geflü-
gelten Angreifers gewöhnlich nicht verlieren. Vollgefressen
von der Beute der Morgenjagd zieht er sich auf einen unzugänglichen Felsenvorsprung zurück und ruht in ächter Geierweise den ganzen Tag. Schlund und Magen pfropft er
voll Knochen und Fleisch und verdaut beides. Man
fand schon 9 Zoll lange Rippenstücke und große Beinknochen von Rindern in seinem Magen. Im Sommer
hält er sich in den höchsten Jagdrevieren auf und streift
viele Meilen weit in denselben umher, im Winter allein
steigt er in die tiefern Bergthäler hinab und überfällt hier
Klein und groß, was gerade selbst vom Hunger getrieben
die eigne Sicherheit vergißt. Daß er auch Kinder entführt und verzehrt, zählt wenigstens in der Schweiz als
verbürgte Thatsache und es werden mehre Fälle erzählt,
an deren Glaubwürdigkeit zu zweifeln kein Grund vor-
liegt. Anna Zurbuchen, welche als dreijähriges Kind
von ihren Eltern beim Heuen auf die Berge mitgenommen
war, wurde eingeschlummert von einem Bartgeier geraubt,
diesem aber von dem Vater glücklich wieder abgenommen,
und starb vor einigen Jahren als Geierannä in hohem
Alter. Anderer Kinderraube gelangen dem Geier ange-
sichts der unglücklichen Eltern. Grell rothe Farbe zieht
ihn besonders an und auf manchen Alpen steckt man ihn

mit auf Schnee geschüttetem frischem Blut zum Schuß
herbei, auf andern benutzt man gebratene Küchse oder
frisch geschlachtetes Vieh als Köder. Die Nestjungen
lassen sich mit Fleisch auffüttern und werden zahm, alt
eingefangene aber bleiben stets wild und unbändig. Das
Nest besteht aus einem Haufen Heu, auf welchem dürre
Aeste und Zweige den mit zarten Reisern ausgeflochtenen
Napf bilden. Es liegt auf den steilsten Felsenwänden
unter einem Vorsprunge oder in einem Spalt und enthält
bis vier schmutzig weiße, branngefleckte Eier. Die schwierige Lage und der verzweifelte Kampf der Alten beim
Angriff machen die Nestausnahme zu den gefahrvollsten
tollkühnsten Unternehmen. Es war in den Gebirgen von
Eglisau, wo drei Sarten einen Lämmergeierhorst berauben
wollten. Sie ließen den einen von sich an einem Seile
über die Felswand hinab und über dem ungeheuren Abgrunde schwebend nimmt derselbe die vier Jungen aus
dem Neste. Im gleichen Augenblicke fallen beide Alten
wie Furien über ihn her, der Sarde haut mit seinem
Säbel verzweiflungsvoll um sich, da ruckt plötzlich sein
Seil und mit Entsetzen gewahrt er, daß dasselbe wohl zu
zwei Drittheilen in der Hitze der Vertheidigung durchge-
hauen worden und er jeden Augenblick in den Abgrund
geschleudert werden kann. Doch langsam und vorsichtig
ziehen die Brüder ihn hinauf. Das rabenschwarze Haar
des zweiundzwanzigjährigen Burschen war im Todesschreck
ganz weiß geworden.

Zweite Familie.

Falkenartige Raubvögel. Falconinae.

Die gleichmäßige und dichte, gewöhnlich aus spitzigen
Federn gebildete Bedeckung des Kopfes und Halses,
welche ohne irgend eine Auszeichnung in das derbe straffe
Rumpfgefieder übergeht, unterscheidet die falkenartigen
Tagraubvögel schon von den Geiern. Zudem liegen ihre
Augen vertieft im Kopfe und werden von einem scharf
vorspringenden Augenböhlenrande schützend überwölbt.
Der Schnabel ist kürzer und nie an der Wurzel verengt,
vielmehr hier stets am höchsten, raggegen auch die Spitze
nie kuppelartig gewölbt, sondern gleichförmig herabgebogen
und in einen starken scharfen Haken verlängert. Die
Beine pflegen im Allgemeinen weiter höher noch stärker
als bei den Geiern zu sein und bestehen sich gewöhnlich
nur an der Außenseite etwas über das Hackengelenk
herab. Die Zehen trocknen sich durch Länge oder durch
Stärke aus, haben stets unter den Gelenken recht verdickte
Sohlenballen und besonders scharfe, spitze, kräftige, stark-
gebogene Krallen je nach den größern oder geringern
Raubvermögen. Auch die Flügel sind groß und kräftig,
von festen Schwingen gesperrt, von welchen die erste,
oft auch die zweite verkürzt sind, die dritte bis fünfte sich
gern an der Innenfahne stark verschmälern. Der Schwanz
hat stets zwölf Steuerfedern. Die falkenartigen Raubvögel jagen am Tage und ruhen während der Nacht in
ihren Revieren auf hohen Bäumen, wo sie meisten auch
ihr großes Nest aus trockenen Reisern anlegen. Säugethiere und Vögel bilden den Hauptgegenstand ihrer Jagd,
einzelne fressen auch Fische und Amphibien, die wenigsten

oder geben an Insekten, Weichthiere und Gewürm oder
gar an Aas, wenn nämlich der Hunger sie quält. Nach
ächter Räuberweise leben sie einsam und nur während der
Begattungszeit paarweise.

Die große, hauptsächlich in Schnabel-, Flügel- und
Fußbildung, dann auch in andern Theilen spielende Mannichfaltigkeit der Falkeniken, welche Linne in die einzige
Gattung Falco zusammenfaßte, ist von den neuern Ornithologen in mehre Unterfamilien gruppirt und diese in
zahlreiche Gattungen aufgelöst. Wir nehmen hier nur
fünf Gruppen an und führen aus jeder wie immer nur
die wichtigsten und interessantesten auf, die übrigen dem
Studium größerer ornithologischer Sammlungen über-
lassend.

a. Adler. Aquilini.

Adler sind große und sehr große Falken mit dem kräftigsten Schnabel, dessen Firste eine Strecke geradlinig fortläuft, dann plötzlich sich abwärts biegt, dessen Seiten
hoch und stark abfallend, eben sind, der Kieferrand geschwungen ist. In der dicken aufgetriebenen Wachshaut
öffnen sich die Nasenlöcher schief elliptisch oder spaltenförmig. Die Scheitel- und Nacken-, oft auch die Halsfedern spitzen sich, die anliegenden Flügel erreichen meist
die Spitze des Schwanzes und an den stämmigen Beinen
pflegt der Lauf kürzer als die Mittelzehe zu sein. Das
Gefieder liebt einfache Färbung und düstere Zeichnung.
Trotz ihrer Größe und ihres edlen Aeußern haben die
Adler in ihrem Betragen und ihrer Lebensweise noch
manchen Zug von den Geiern, welchen die eigentlichen
Falken nicht theilen.

1. Adler. Aquila.

Die Gattung der Adler wird bald in engerer bald in
weiterer Bedeutung gebraucht, indem man sie nur auf
den Königs- und Steinadler mit ihren allernächsten Verwandten oder zugleich auch auf alle Arten vom Typus
des See- und des Fischadlers bezieht. Wir nehmen sie
hier in der größern Beschränkung der größten und
schönsten Arten, welche an den ganz befiederten Läufen
von den übrigen äußerlich leicht zu unterscheiden sind.
Die stämmigen Zehen sind mit gewaltigen Krallen bewaffnet. In den langen Flügeln erreichen erst die vierte
und fünfte Schwinge die Spitze und der Ausschnitt an
der Innenfahne der fünf ersten Schwingen liegt vor der
Mitte ihrer Länge, der Wurzel genähert. Der ziemlich
lange Schnabel ist von der Wurzel der gerade und biegt
nur die Spitze hakig herab. In anatomischer Beziehung
verdienen als charakteristisch beachtet zu werden die ansehnlichen Superciliarbeine am obern Augenhöhlenrande, die
fast allen falkenartigen Raubvögeln eigenthümlich geringe
Anzahl von zwölf Halswirbeln, dann neun hier nicht
verwachsene Rücken- und acht Schwanzwirbel; das
gleichbreite Brustbein ist sehr gewölbt und setzt seinen
niedrigen Kiel nicht scharf ab; der angelegte Oberarm
reicht nicht über das Hüftgelenk hinaus und der Handtheil ist viel kürzer als der Vorderarm. Der Schlund
erweitert sich bauchig zu einem unvollkommenen Kropfe,

sein langes Vermögen ist sehr drüsenreich, die Blinddärme
ganz kurz wie bei allen Falkeniken, die Leberlappen ziemlich symmetrisch.

Die Adler bewohnen vornämlich die Länder der kalten
und gemäßigten Zone und kommen in den schönsten Arten
auch bei uns vor.

1. Der gemeine Steinadler. A. fulva.
Figur 423—426.

Muth und Kraft, Kühnheit und Gewandtheit, Klugheit und Ausdauer bekundet der Aar in seiner Haltung
wie in seiner ganzen Lebensweise und diesen imposanten
Zügen verdankt er das hohe Ansehen, welches zu allen
Zeiten und bei den verschiedensten Völkern ihn zum Symbol jener Eigenschaften, der Macht und Majestät machte.

Fig. 423.

Steinadler.

Bereits in der griechischen Götterlehre erscheint er als
beständiger Begleiter des Herrschers im Götterkreise des
Olymp und als Bewahrer der verwüstenden Blitze, dann
kämpfen die Völker unter seinen Fittigen und selbst der
rohe Ureinwohner Nordamerikas steckt die Adlerfeder als
ehrenvollsten Schmuck auf. Ruhig sitzt der Aar auf einem
erhöhten Punkte, mit dem goldfarbenen Auge sein Revier
in Nah und Fern überschauend. Plötzlich schießt er mit
Blitzesschnelle auf eine in der Tiefe sorglos sich zeigende
Beute, entführt sie mit unwiderstehlicher Gewalt oder zer-
fleischt sie mit den furchtbaren Krallen und Schnabel.
Kein Thier, die größten ausgenommen, ist vor seinem
Ueberfall sicher, vom Reh bis zur Maus, von der Wachtel

bis zur Trappe, er zerreißt sie mit wilder Gier, schlürft
das rauchende Blut und verschlingt Fleisch und Knochen.
Todesschrecken ergreift alles Gethier der Lüfte und des
Waldes, wo sein gellendes hiab hiab erschallt, und mit
einem hohnlachenden keck keck keck schlägt er die Krallen

Fig. 424.

Steinadler.

Fig. 425.

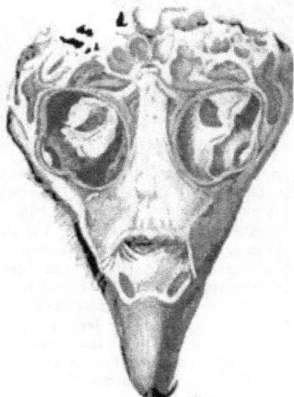

Schädel des Steinadlers.

Fig. 426.

Knochenring und Linse des Adlerauges.

und den Schnabel in das unglückliche Schlachtopfer ein.
Auch Kinder sind vor seinen Ueberfällen nicht sicher. Und
dabei ist er selbst vorsichtig und schlau, meidet jede Gefahr und erwägt bedächtig die überlegene Kraft seines
Gegners. Mit langsamen Flügelschlägen erhebt er sich
zu fast unsichtbarer Höhe und schwebt in weiten Kreisen
oder schwimmt mit sanften Flügelschwingungen, nur der
Anblick der Beute in der Tiefe versetzt ihn plötzlich in die
ungestümste Bewegung. Er meidet jede Gesellschaft und
duldet in seinem Jagdrevier nur den eigenen Gatten,
mit dem er in inniger Anhänglichkeit, vielleicht das ganze
Leben hindurch lebt. Das Nest wird auf hohem Baumgipfel oder einer Felsenzinne aus grobem Reisig gebaut,
innen mit Heidekraut und Wolle roh ausgefüttert. Während das Weibchen die drei schmutzigweißen, mit hellbraunen verwaschenen Flecken gezeichneten Eier bebrütet, kreist
das Männchen hoch über dem Neste und sorgt für Nahrung.
Die wolligen, überaus gefräßigen Jungen werden von
beiden Eltern gefüttert und während dieser Zeit richtet
der Adler die größten Verheerungen unter dem Wild an.
Als Standquartier dienen große Wälder und bewaldete
Gebirge, nur im Winter durchkreist er auch die Ebenen
und offenen Felder. Das Vaterland erstreckt sich von den
schottischen Inseln und Scandinavien bis in die Alpen,
ebenso weit in Rußland und Asien, wo es bis Indien hinabreicht, in Nordamerika vom Polarkreise bis
Carolina.

Der Steinadler erreicht drei Fuß Körperlänge und
bis sieben Fuß Flügelspannung und ändert seine Färbung
nach dem Alter. Das Jugendkleid trägt er hellrostbraun,
etwas dunkler am Rücken und der Brust, weißfleckig an
den Beinen und am weißen Schwanz mit brauner Binde.
Im Alter färbt er Kopf und Oberhals lebhaft rostgelb,
den Rumpf schwarzbraun, den Schwanz aschgrau mit
schwarzen Bändern, den hornblauen Schnabel mit hochgelber Wachshaut. Der kräftige und breite Schädel
(Fig. 425) hat große Überaugenhöhlenplatten, das Brustbein ist lang, ohne Lücken und Ausschnitte, auch das
Becken gestreckt. Die Zunge ganzrandig und ohne Zähne,
aber ihre hintere Umgebung drüsenreich. Der Knochenring im Auge (Fig. 426 A) besteht aus 15 knöchernen
Schuppen, die Linse ist ziemlich gleichmäßig gewölbt, der
Fächer aus 14 stark geknickten Falten gebildet. Das
Gedärm mißt etwas über vier, ja bis sechs Fuß Länge,
der Vormagen ist ganz ungemein drüsenreich, der Magen
sehr dünnhäutig, die Blinddärme bloß warzige Vorsprünge,
die Leber kurz mit breiterem rechten Lappen, die Milz
rund, die Bauchspeicheldrüse einfach, die Nieren sehr ungleichlappig. Die Luftröhre besteht aus sehr schmalen,
in der hinteren Mitte weichen, zarten Knochenringen und
bildet an ihrer Theilungsstelle keinen Kehlkopf.

2. Der Königsadler. A. imperialis.

Figur 427.

In der äußern Erscheinung wie in Naturell und Lebensweise steht der Königsadler dem Steinadler auffallend nah und erst die aufmerksame Vergleichung weist seine Eigenthümlichkeiten nach. Ausgewachsen erscheint er kürzer und plumper, die Flügelspitzen reichen über das Schwanzende hinaus, der Schwanz ist aschgrau gewässert mit schwarzer Endbinde, die Befiederung der Beine nicht hell, sondern dunkelfarbig, die schmalen Nackenfedern weißlich roftfarben, der Kopf größer und der Schnabel länger als bei voriger Art. Sitzend trägt der Königsadler seinen Rumpf sehr geneigt und den Schwanz gerade ausgestreckt. Er schreit tief und rauh krah krah oder krau und besitzt ganz abweichend von voriger Art eine aus viel stärkern Knochenringen gebildete Luftröhre mit eigenthümlichem

Fig. 427.

Königsadler.

untern Kehlkopf. Sein Naturell, Betragen und Lebensweise zu schildern, müßten wir das vom Steinadler Gesagte wiederholen. Das Vaterland beschränkt sich, obwohl der Königsadler in Gefangenschaft keine Empfindlichkeit gegen Hitze und Kälte merken läßt, doch auf die südlichen Länder, auf die schweizer und tyroler Alpen, von wo er alljährlich nach Mitteldeutschland streift, auf Aegypten und Abyssinien.

3. Der Schreiadler. A. naevia.

Auch diese dritte Art gehört dem südlichen und östlichen Europa an und besucht Deutschland nur auf Streifzügen, doch so häufig, daß er in der Fauna Deutschlands

Naturgeschichte I. 2

aufgeführt werden muß. Er erreicht nur wenig über zwei Fuß Länge und 5½ Fuß Flügelbreite, steht viel höher auf den Beinen als vorige Arten und hat vier schmale Bänder auf dem abgerundeten Schwanze, übrigens wieder dunkelbraunes Gefieder. Er ist ein minder grausamer und kühner Räuber als die vorigen, jagt nur Vögel und kleine Säugethiere wie Hamster, Eichhörnchen, Mäuse und junge Hasen, im Sommer frißt er auch Insekten. Den Namen Schreiadler erhielt er nach dem fast beständigen kläglichen Geschrei in Gefangenschaft.

2. Seeadler. Haliaetos.

Die Seeadler stehen in Gewandtheit, Stärke und Kühnheit den Königsadlern in keiner Weise nach, nur der systematisirende Ornithologe trennt sie von denselben, weil ihre Läufe (Fig. 407, S. 233) nur in der obern Hälfte befiedert, ihre Zehen am Grunde ohne Bindehaut und die Krallen unterseits rinnenförmig ausgehöhlt sind. Die in der Wachshaut gelegenen Nasenlöcher (Fig. 406, S. 233) öffnen sich schief und weit halbmondförmig. Mit dieser bloß äußerlichen Unterscheidung wenden wir uns an die beiden gemeinsten und bekanntesten Arten.

1. Der weißköpfige Seeadler. H. leucocephalus.

Figur 428.

Vom eisigen Norden bis in den heißen Süden Nordamerikas jagt der weißköpfige Seeadler an der Meeresküste wie an Landseen und in Flüssen Fische und deren Ver-

Fig. 428.

Weißköpfiger Seeadler und Fischadler (unten).

32

folger, die Wasservögel, oder auch kleine Säugethiere. Er ist ein sehr gefürchteter Räuber, kühn, gewandt und listig im Angriff, überlegen an Kraft und von einem unersättlichen Appetit getrieben, der ihm jede Beute und sollte es das sein, genußreich macht. Im belästigten Sturme schwebt er über dem Wasser und stemmt sich mit gewaltigem Flügelschlag gegen den Wind, pfeilschnell stößt er auf den sorglos dahin schwimmenden Fisch oder fällt hinterlistig über eine Schaar Vögel her. Oft jagt er dem geschickter tauchenden Flußadler die Beute ab, der sie dem stärkern überlassen muß, wenn auch erst nach langem und heftigem Kampfe. Die amerikanischen Ornithologen schildern lebhaft die Räubereien und Kämpfe ihres Seeadlers, der in großer Anhänglichkeit mit seinem Weibchen lebt und keine andere Freundschaft duldet. Das sehr große, kunstlose Nest wird auf einem hohen Baumaste angelegt und

enthält bis vier glanzlos weiße Eier. Die Jungen wachsen trotz der sorglichen Pflege der Alten, welche mehr Fische, Eichhörnchen, Beutelthiere, Waschbären, Lämmer herbeischleppen, als sie verzehren können, doch nur langsam heran, sind zwar schon im zweiten Jahre fortpflanzungsfähig, aber erhalten erst im vierten Jahre das ausgetragene Federnkleid. Dieses ist dunkel chocoladenfarben, am Kopf, Oberhals und Schwanz weiß; Schnabel und Krallen sind citrongelb. In der Jugend ist das Gefieder hell und dunkelbraun fleckig und der Schnabel schwarz.

2. Der gemeine Seeadler. A. albicilla.
Figur 429.

In Deutschland häufig und über den ganzen Norden Europas, Asiens und Amerikas als gemeiner Räuber verbreitet, hält sich der gemeine Seeadler am liebsten über

Fig. 429.

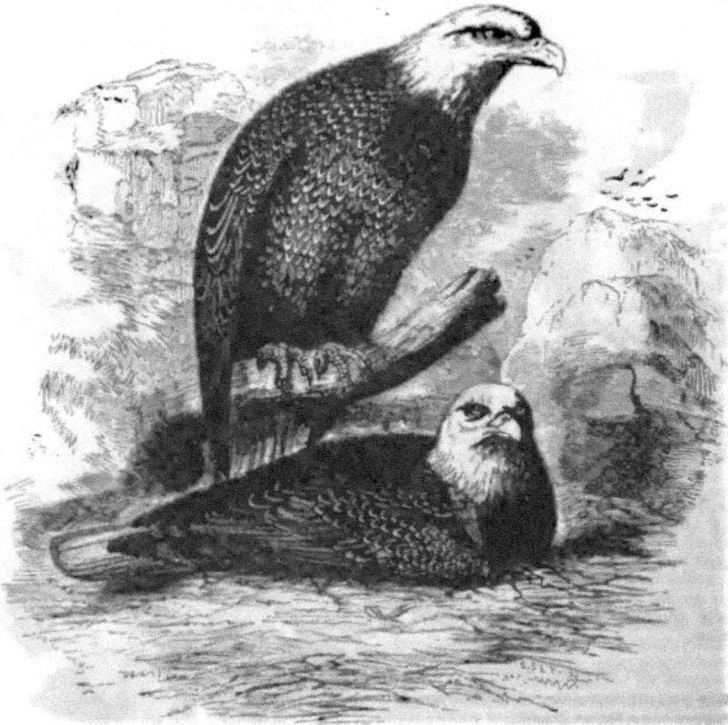

Gemeiner Seeadler.

fischreichen Gewässern und nur wenn Fischnahrung schwierig oder gar nicht zu haben ist, streift er in die Ebenen nach Hasen, Ratten und Mäusen und allerlei Geflügel, ja bisweilen nöthigt ihn der Hunger, an Aas zu gehen. In blinder Gier stößt er auf die schwimmende Beute nieder, schlägt seine Krallen ein und entführt sie auf den nächsten hohen Baum oder eine erhabene Uferstelle, um sich daran zu sättigen. Es soll ihm jedoch passiren, daß er seine Krallen in den fleischigen Rücken eines an Kraft überlegenen Schwimmers versucht und dieser ihn dann unter das Wasser zieht; Pallas, der um die Naturgeschichte des russischen Reiches sich unsterbliche Verdienste erwarb, verbürgt einen solchen unglücklich endenden Angriff auf einen Seehund. Tag und Nacht jagt der Seeadler und mit Erfolg besonders Fische, anderes Wild verfolgt er nicht so gewandt und sicher wie der Königsadler und zwar, weil er überhaupt träger und schwerfälliger ist, auch minter aufmerksam. Mit langsamem Flügelschlag erhebt er sich, steigt aber höher und höher und kreist wie keine andere Rate in unermeßlichen Regionen. In reichen Jagdrevieren finden sich nicht selten drei bis vier Stück zusammen und jagen gemeinschaftlich, freilich nicht ohne Beneidung, meist in Streit und Zank, in welchem der jüngere und schwächere weichen muß. Seinen Horst legt er auf den Wipfelästen eines hohen Baumes, lieber noch auf unzugänglichen Felsenvorsprüngen. Von den zwei, höchstens drei schmutzig weißen Eiern kömmt gewöhnlich eines nicht zur Entwicklung, daher die Vermehrung eine langsame und überhaupt geringe ist zum Glück für die Fischereien und niedere Jagd. Die Jungen sind ungemein freßgierig und bedürfen lange der Pflege.

Der gemeine Seeadler erreicht drei Fuß Körperlänge und bis acht Fuß Flügelspannung. Rücken und Flügel federn braunschwarz, Kopf und Hals gelblichweiß, der Schwanz reinweiß; Füße und Wachshaut sind hochgelb, der Schnabel citrongelb. Das Jugendkleid dunkelt mehr, und auch ausgewachsene ändern in der Färbung mehrfach ab. An dem in allen Theilen sehr kräftigen Knochengerüst fallen die großen Supercillarbeine am obern Augenhöhlenrande, das ungemein gespreizte Gabelbein, das binten gerabrandige Brustbein, der bis zum Becken reichende Oberarm und andere Theile als beachtenswerth auf. Die breite Zunge ist oben beiderseits rauh papillös und enthält einen starken, halbknorpligen Kern, der knöcherne Augenring besteht aus 16 Schuppen, der Fächer im Glaskörper aus 13 Falten. Der Darmkanal mißt je nach der Größe des Exemplares 10 bis 14 Fuß Länge und hat sehr kleine zipfelförmige Blinddärme; die Leber ist ziemlich gleichlappig, die Milz sehr gestreckt, das Herz auffallend groß, die Nieren sehr ungleich dreilappig u. s. w.

3. Der Natternadler. A. brachydactyla.

Kleiner als vorige beide, nur zwei Fuß lang und fünf Fuß in der Flügelbreite und besonders noch durch die Färbung unterschieden. Der Oberleib fiedert nämlich braun und die Unterseite sticht auf weißem Grunde hellbraune Flecken ab; der graubraune, unten weiße Schwanz mit dunkelbraunen Querbinden; Füße und Wachshaut sind bläulich, der Schnabel schwarz. Am Knochengerüst treten als besonders charakteristisch auf die Verknöcherung

des Nasenknorpels, ein accessorischer Knochen an der Kniescheibe, die ganz ungewöhnliche Breite des Schädels, der über das Becken hinausragende Oberarm und der die Schulter überragende Vorderarm. Der Schlund ist sehr weit, aber ohne eigentlich kropfartige Erweiterung; die Leber ziemlich ungleichlappig.

Der Natternadler heimatet in den großen Kieferwäldern des nordöstlichen Europa und verfliegt sich von hier aus im Sommer nach Deutschland und Frankreich. Träg und gutmütig, hat er in seinem ganzen Betragen mehr Aehnlichkeit mit den feigen Bussarden als mit den Aaren. Seine Nahrung besteht hauptsächlich in Schlangen und Eidechsen, nur ausnahmsweise in kleinem Geflügel und das Nest mit drei glänzend grauen Eiern liegt in den höchsten Baumwipfeln.

3. Flußadler. Pandion.

Die Flußadler erreichen nicht die beträchtliche Größe der See- und Königsadler und unterscheiden sich von diesen durch mehre, leicht in die Augen fallende äußere Merkmale. So biegt sich der Schnabel schon von der Wurzel an abwärts und bildet mit der Oberspitze einen sehr starken Haken, am Rande des Oberkiefers einen flachen Zahn. In der rauhen Wachshaut öffnen sich die Nasenlöcher schief und halbmontförmig (Fig. 430). In den großen und besonders langen Flügeln erlangen die zweite und dritte Schwinge schon die Spitze. Die Läufe sind ganz unbefiedert, vorn mit steifen netzförmigen Schildern bekleidet. Die äußere Zehe ist eine Wendezehe und alle

Fig. 430.

Kopf des Flußadlers.

Zehen ohne Bindehaut, auf den Ballen mit rauhen Warzen (Fig. 431), die großen Krallen unten nicht ausgehöhlt.

Wir führen nur die gemeine Art auf, welche über die ganze nördliche Erdhälfte und noch über einen Theil Südamerikas verbreitet ist, in Deutschland jedoch nur als Zugvogel lebt, indem er im Frühjahr, sobald die Gewässer vom Eise frei werden, ankommt und im September und October wieder abzieht.

Der gemeine Flußadler. P. haliaetos.
Figur 431.

Trotz der Verbreitung durch alle Zonen und über fast alle Welttheile ändert der gemeine Flußadler seine Färbung

33*

Fig. 431.

Aus des Flußadlers.

doch nur wenig. Ausgewachsen zwei Fuß lang und über fünf Fuß flügelbreit, fiedert er nämlich stets oben dunkelbraun, unten weiß, am Scheitel ebenfalls weiß, jedoch mit dunkelbraunen Flecken. Die struppigen und spitzigen Federn des Oberhalses sind weißgelb mit braunen Schaftstrichen und von den Augen bis zum Oberarm verläuft ein breiter dunkelbrauner Streif; auf der Brust stehen einzelne Pfeilflecken und auf dem Schwanze sechs schwärzliche Querbinden. Wachshaut und Füße sind hellblau.

Fig. 432

Flußadler

Die Jungen tragen sich oben braungrau, unten einförmig weiß. Die Farbenänderungen betreffen hauptsächlich die Flecken. In anatomischer Hinsicht ergibt die Vergleichung mit den nächstverwandten Typen gar manche beachtenswerthe Eigenthümlichkeit. So verschmälert sich das Brustbein nach hinten merklich und schweift den Hinter-

rand stark aus; das Becken ist außerordentlich breit und flach; nur sieben Schwanzwirbel; das Gedärm mißt über 13 Fuß Länge.

Der Flußadler, ein ebenso eifriger wie geschickter Fischer, hält sich nur an fischreichen Gewässern zumal mit waldiger Umgebung auf, denn Fische sind seine ausschließliche Nahrung. Bald kreist er in bedeutender Höhe über dem Wasser, bald gleitet er niedrig und langsam über den Wasserspiegel hin, beim Erspähen einer Beute stillstehend, dann flatternd stößt er plötzlich mit angelegten Flügeln pfeilschnell nieder, taucht unter und kömmt mit dem Fisch in den Krallen nach einigen Augenblicken wieder hervor und fliegt nun auf den nächsten Baum, um den Fang zu verzehren. Er weiß sehr geschickt das Fleisch von den Gräten abzulösen und verschluckt letztere nicht. Emporschnellende und flatternde Fische überfällt er nicht, nur durch Tauchen sucht er sich der Beute zu bemächtigen. Nicht immer gelingt ihm der schnelle und listige Angriff, ja Fischer wollen gesehen haben, daß er seine scharfen Krallen unvorsichtig in einen zu großen Fisch einschlug und untertauchend nicht wieder zum Vorschein kam; auch wollen sie alte Karpfen gefangen haben, in deren Rücken die halbverwesten Klauen des Fischadlers staken. Den Fischereien in den Binnengewässern fügt er großen Schaden zu, ohne daß man dem Räuber beikommen könnte, an der Meeresküste dagegen, zumal der amerikanischen, kündigt er den Fischern die Ankunft der großen Schwärme von Häringen und Makrelen an und da diese beiden Theilen reiche Ausbeute gewähren: so duldet der Fischer nicht bloß den gefräßigen Aar, sondern er beschützt ihn als Freund und Bundesgenossen. Weder an andere Thiere noch an Aas geht der Flußadler, er duldet vielmehr Hunger, wenn die Gödecke sein Jagdrevier verschließt. Seinen Horst bauet er in nächster Nähe fischreicher Gewässer auf einen sehr alten hohen Baum aus starkem Gezweig, Reisern, Moos und das Weibchen brütet drei Wochen auf den weißen, rostbraun gefleckten Eiern, während das Männchen ihm die Nahrung zuträgt. Die Jungen werden reichlich versorgt von beiden Alten.

b. Habichtsadler. Harpyidae.

Die Habichtsadler oder wegen ihrer wilden Raubgier und Tollkühnheit auch Harpyien genannt vertreten in den Ländern der Tropenzone die eigentlichen Adler. Sie sind große und meist sehr kräftig gebaute Raubvögel mit kurzem, hohem und stark gekrümmtem Schnabel und runden Nasenlöchern. Die Nacken- und Halsfedern spitzen sich nicht, aber erstere verlängern sich gern schopf- oder buschartig. Die angelegten Flügel pflegen den Schwanz nicht zu überragen, dagegen sind die Beine doch gar sehr hoch, die Zehen dick und sehr kräftig, die Krallen bald stärker bald schwächer. Das Gefieder liebt buntere Farben als bei den Adlern. Man unterscheidet gegenwärtig viele Gattungen dieses höchst interessanten Typus, von denen wir nur die wichtigsten vorführen können.

4. Habichtsadler. Morphnus.

Die Gattung der typischen Habichtsadler ist über die östliche und westliche Halbkugel verbreitet und wird charakterifirt durch einen verhältnißmäßig schwachen und niedrigen Schnabel mit gerader Wurzel und abgerundeter Firste und durch die hochgelegenen, noch elliptischen Nasenlöcher. An den hohen Beinen hat der Lauf wohl die doppelte Länge der Mittelzehe und ist vorn und hinten mit Gürteltafeln bekleidet. Die kurzen kräftigen Zehen bewaffnen sich mit starkgekrümmten scharfspitzigen Krallen. Das Gefieder ist weich, seidenartig, am Kopfe besonders dicht und lang und im Nacken schopfartig.

1. Der Urubitinga. M. urubitinga.
Figur 433. 434.

Der Urubitinga jagt in den ebenen Waldungen Brasiliens Affen und kleine Säugethier, Drosseln und Finken, aber auch Amphibien, Heuschrecken und Schnecken. So kühn und gewandt er sich dabei auch zeigt, läßt er sich doch von Tukanen, Kassiken und andern dreisten Vögeln

Fig. 433.

Kopf des Urubitinga.

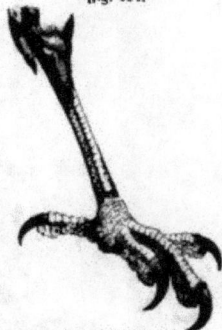

Fig. 434.

Fuß des Urubitinga.

umschwärmen und necken. Sein Nest baut er in die höchsten Baumwipfel; es enthält zwei weiße rostbraun getüpfelte Eier. Bei zwei Fuß Körperlänge fiedert der alte Vogel braunschwarz und legt über die Schwingen helle und dunkle Binten, über den Schwanz ein weißes Band. Das Jugendkleid ist gelb oder gelbbraun mit breiten schwarzbraunen Spitzenflecken. Wachshaut, Iris und Beine sind hellgelb.

Eine zweite südamerikanische Art, M. guianensis, von derselben Größe, fiedert weiß mit schwarzen und grauen punktirten Binten auf den Flügeln und Schwanze, ist aber am Schnabel, der Wachshaut und den Zügeln schwärzlich, nur an den Beinen gelb. Die langen Nackenfedern sind schwarz gefleckt.

2. Der gehaubte Habichtsadler. M. occipitalis.
Figur 435. 436.

Gemein in ganz Südafrika, zeichnet sich dieser zwei Fuß lange Habichtsadler von den Amerikanern durch den langen, schwarzen, aufrichtbaren Nackenschopf aus. Er fiedert übrigens schwarzbraun, berandet seine Flügel weiß-

Fig. 435.

Kopf des gehaubten Habichtsadlers.

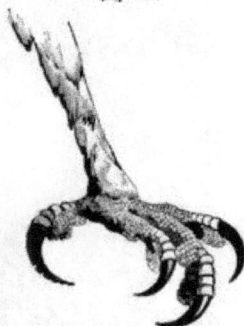

Fig. 436.

Fuß des gehaubten Habichtsadlers.

lich und zieht weißgraue Binten über die Unterseite des Schwanzes. Der Schnabel ist hornfarben und die Iris gelb. Männchen und Weibchen halten treulich zusammen und legen auf hohen Bäumen ein immer gut angefüttertes Nest an, in welchem zwei weiße, braunroth gefleckte Eier angebrütet werden.

5. Harpyie. Harpyia.

Große, durch gewaltige Körperkraft und Wildheit und Uebermuth verrathende Physiognomie ausgezeichnete Adler des warmen Amerika, welche mehr als jeder andere Raubvogel den Namen Harpyie verdienen. Ihr sehr starker, großer Schnabel ist an der Wurzel gerade hoch

und seitlich gewölbt, und krümmt sich von der Mitte an hakig herab. Die Nasenlöcher sind ziemlich klein und oval. Das lange und breite Nackengefieder bildet eine weite aufrichtbare Holle, welche das Eigenthümliche der Physiognomie nicht wenig erhöht. Die breiten Zügel sind nur sparsam mit Borstenfedern besetzt. Die kurzen Flügel reichen noch nicht bis zur Mitte des breiten gerundeten Schwanzes und spitzen sich erst in der fünften Schwinge. In den Beinen endlich spricht sich die unbe-
siegbare Kraft des Vogels aus. Ungemein dickfleischig und starkknochig erscheint der Lauf hinten bis zum Hacken nackt, vorn fast bis zur Mitte hinab befiedert und vorn wie hinten mit einer Reihe großer Tafeln bekleidet; die Mittelzehe ist fast ganz von solchen Gürteltafeln bedeckt und die Hinterzehe die stärkste von allen, zugleich mit einer ganz ungeheuren Kralle bewehrt. Die beiden äußern Zehen verbindet eine kurze Spannhaut.

Man kennt nur zwei, nirgends eben häufige Arten,

Fig. 437.

Harpye.

von welchen wenigstens die gemeinste in unsern größern europäischen Sammlungen als schöne Zierde nicht fehlt.

1. Die gemeine Harpyie. H. destructor.
Figur 437.

Dieser gefürchtete Räuber bewohnt die warmen Thäler der Anbeskette von Mexiko bis zum mittlern Brasilien und westwärts bis Peru und Bolivien. Wo er sich zeigt, ergreift sofort Todesschrecken alles Lebendige, selbst der unbewehrte Mensch weicht ihm scheu aus, denn seine Kraft und Wildheit, seine Tollkühnheit und Gewandtheit sichern ihm den Sieg. Zumeist sind es die Affen und Faulthiere, welche er im dichtesten Laube der Baumwipfel überfällt, mit dem ersten Hiebe den Schädel zerschmettert, mit dem zweiten schon das Herz aus dem Leibe reißt. Auch Beutelthiere, Rebe, Wasserschweine, große Katzen bewältigt er sicher. Die kurzen Flügel befähigen ihn zum Fluge im dichtverzweigten Urwalde und die furchtbare Kraft in den Beinen und dem Schnabel, welche blutgierige Wuth leitet, läßt dem auserwählten Schlachtopfer niemals Zeit zur Rettung. Ein im Londoner zoologischen Garten gehaltenes lebendes Exemplar erfüllte jeden Besucher mit Schreck und Grauen. Unbeweglich wie eine Statue saß die Harpyie hinter dem festen Eisengitter und blickte drohend und grimmig, kühn und furchtlos durch die Stäbe. Und diese regungslose Ruhe schlug beim Anblick eines überlassenen Thieres plötzlich in die heftigste Bewegung um, mit wilder Wuth stürzte der Gewaltige über das Opfer her, das in wenigen Secunden zerrissen vor ihm lag. Die Amerikaner erzählen von seinen Angriffen auf Menschen und der Anblick des Wütherichs läßt kaum an der Wahrheit solcher Berichte zweifeln, jedenfalls ist er zum Kampfe herausgefordert ein furchtbarer Gegner, welchem der einzelne Jäger nur mit großer Anstrengung Stand halten kann.

Der stolze majestätische Vogel färbt sein Kopfgefieder bis zum Halse hinab bleigrau, an der Kehle lichter und am Scheitel bräunlich, die letzte Reihe der großen Nackenfedern schwarz. Quer über die Brust läuft eine dunkel schiefergraue Binde. Der ganze Rücken, die Außenseite der Flügel und der Schwanz sind schwarzgrau, die Flügel mit bläulichem Metallschiller und der Schwanz mit vier breiten, oben grauen, unten weißen Querbinden. Zehn Schwingen stehen an der Hand, sechzehn am Arm. Bauch, Steiß und Schenkel sind weiß befiedert, die nackten Füße hellgelb, der Schnabel glänzend schwarz, die Wachshaut bläulich schwarzgrau. Alter und Geschlecht ändern die Zeichnung etwas ab, das Jugendkleid erscheint trüber und matter, mehr gebändert und gefleckt. Ueber die Fortpflanzung liegen noch keine Beobachtungen vor. Körperlänge drei Fuß.

Die zweite Art im äußersten Süden Brasiliens erreicht nicht ganz dieselbe Größe, hat eine schmälere Haube, braunes Rückengefieder, aschgraue Unterseite und nur zwei weiße Schwanzbinden.

6. Hämatornis. Haematornis.

Die Arten dieser Gattung gehören ausschließlich den warmen Ländern der Alten Welt an und vertreten in

Afrika und dem südlichen Asien die amerikanischen Habichtsadler. Leider kennen wir weder ihre innere Organisation noch ihre Lebensweise und Naturell näher und müssen somit auf eine eingehende Vergleichung verzichten. Sie haben im Allgemeinen einen schwächern, an der Wurzel geraden, gegen die Spitze hin stark hakigen Schnabel mit ovalen schiefen Nasenlöchern und als zweites Gattungsmerkmal sehr lange, völlig unbefiederte, mit rauhen Schildern netzförmig bekleidete Läufe, kurze Zehen und starke Krallen. Flügel und Schwanz sind ziemlich lang und abgerundet.

Unter den Arten steht an Größe und Schönheit der Zeichnung obenan der gebänderte Hämatornis, H. undulatus (Fig. 438), ein Bewohner des Himalaya. Er erreicht drei Fuß Länge und ziert sich mit einem weißen Federbusche am Hinterkopfe. Sein Rückengefieder ist dunkelbraun, die Unterseite braunroth mit wellenförmigen Bändern auf der Brust und mit kreisrunden, weißen, dunkelbraun eingefaßten Flecken am Bauche. Wachshaut, Schnabelwurzel und Füße sind gelb. — Von den afri-

Fig. 438.

Gebänderter Hämatornis.

kanischen Arten beobachtete Vaillant den Bacha, H. bacha, der viel kleiner ist, die Federn seiner weißen Holle braun spitzt, oben braun, an den Flügeln schwärzlich, an der Unterseite heller breiter braun und auf der Brust und den Flügeln weiß punktirt ist. In den düftersten Berggegenden nördlich vom Cap der Guten Hoffnung heimatend, pflegt der Bacha stundenlang mit eingezogenem Kopfe auf einer steilen Felsenspitze zu lauern und schießt, sobald ein Klippdachs seine Höhle verläßt, mit Blitzesschnelle auf das wehrlose Thier los, das sich bisweilen durch noch schnellere Flucht unter die Steine rettet und den Räuber über den mißlungenen Angriff klagen läßt. Eidechsen und Insekten fallen ihm sicherer zur Beute.

7. Rackadler. Milvago.

In Südamerika heimatet eine Gruppe eigenthümlicher Adler, welche durch ihr feiges Naturell, ihre Trägheit, selbst auch ihr Ansehen lebhaft an die Geier erinnern. Ihr schwächlicher Bau, der zumal neben der imposanten Kräftigkeit der Harpyien so sehr in die Augen fällt, befähigt sie nicht zum blutgierigen Räuberhandwerk, sie ruhen oder gehen lauernd am Boden und fangen hauptsächlich Amphibien und Insekten, fressen sogar gern Aas und einzelne stillen selbst mit Früchten ihren Hunger, dreist und kühn, aufdringlich wie die Geier zeigen sie sich nur in der Noth und gesellig vereint. Ihre äußere Erscheinung charakterisirt der ziemlich lange, am Grunde gerade Schnabel mit doch umrandeten Nasenlöchern, die starken Augenwimpern, die nackten Zügel, auch wohl nackte Kehle und Vorderstirn, die angespitzten Kopffedern und endlich die hohen dünnen Läufe mit kurzen schwachen Zehen, deren Krallen zwar sehr schlank zugespitzt, aber doch nur schwach gebogen sind.

Die Brasilianer nennen diese geierhaften Adler allgemein Caracaras, aber die neuere Ornithologie unterscheidet dieselben in verschiedene Gattungen; wie weit sie darin Recht hat, müssen wir bei der unzulänglichen Kenntniß der innern Organisation der meisten Arten dahingestellt sein lassen. Nach äußerlichen Merkmalen scheiden sich zunächst die Rackadler aus durch ihren schlanken niedrigen Schnabel, an welchem sich die kleinen runden Nasenlöcher mit innerem Zapfen mitten in der Wachshaut öffnen. Zügel und Kehle sind im Alter nackt, die angelegten Flügel kürzer als der Schwanz, und ihre dritte bis fünfte Schwinge von gleicher Länge. Den Lauf bekleiden oben Tafeln, unten halbe Gürtelschilder.

1. Der blaue Rackadler. M. aquilinus.
Figur 439. 440.

Der blaue Rackadler heimatet im Gebiete des Amazonenstromes und nährt sich hauptsächlich von weichen Insekten und Beeren, die man in seinem Magen fand. Weiter ist nichts von seiner Lebensweise bekannt. Er

Fig. 439.

Kopf des blauen Rackadlers.

erreicht Rabengröße und trägt ein großfederiges derbes Gefieder, das schwarz glänzt und schillert, in der Jugend aber matt ist und in Braun sticht. Der Schnabel ist gelblichgrau und seine Wachshaut blauviolett, davon stechen die zinnoberrothen nackten Stellen des Kopfes grell ab, denn die schwarzen Borsten auf denselben sind zu spärlich, um das Roth zu mildern. Die Iris ist hell karmin-

roth, Bauch, Steiß und Schenkel rein weiß befiedert, die Füße tief orangeroth.

2. Der schwarze Rackadler. M. aterrimus.
Figur 441. 442.

Nur krähengroß, fiedert diese Art glänzend schwarz mit violettem Flügelschiller. Den schwarzen Schnabel umgibt an der Wurzel eine röthlich gelbe Wachshaut und von eben dieser Farbe sind die nackten Wangen, Augengegend und Kehle. Die schmalen, spitzen Flügel, in

Fig. 440.

Fuß des blauen Rackadlers.

Fig. 441.

Kopf des schwarzen Rackadlers.

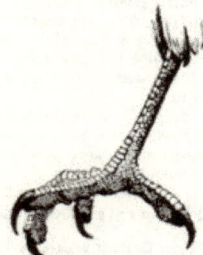

Fig. 442.

Fuß des schwarzen Rackadlers.

denen die vierte Schwinge die längste ist, reichen über die Mitte des breitfederigen Schwanzes hinaus, der weiß und undeutlich schwarz gebändert ist. Der schlanke gelbe Lauf trägt vorn zwei Reihen Tafelschilder, die Zehen Gürtelschilder und nur kleine Krallen. Das Vaterland erstreckt sich über Guiana, Columbien und Brasilien, überall begegnet man diesem Caracara in kleinen, muntern Gesellschaften, welche schon in weiter Ferne durch ihren lauten durchdringenden Schrei sich ankünden und bei ihrer großen Verträglichkeit gern auch andern geselligen Vögeln sich anschließen. Die Nahrung besteht in kleinen Amphibien, weichen Insekten und Gewürm.

Eine dritte gelbe Art im südlichen Brasilien, M. ochrocephalus, begleitet die weidenden Rinder und sucht denselben wie unser Staar die vollgesogenen Zecken ab und zieht ihnen die dicken Oestruslarven aus den Geschwüren der Haut. Dabei ist der Vogel so eifrig und zutraulich, daß er sich ganz nah kommen läßt, während er auf freiem Felde scheu ausweicht. Er fiedert hell isabellgelb mit schwarzbraunem Augenstreif, braunen zum Theil gebänderten Flügeln und gelbem Schwanze mit braunen Querbinden.

8. Caracara. Polyborus.

In diese Gattung der Caracaras werden alle Arten mit viel höherem, seitlich stark abfallendem Schnabel gestellt, an welchem sich die Nasenlöcher schief elliptisch öffnen und nur vorn dick umranden, deren Flügel angelegt das Ende des Schwanzes erreichen und deren Lauf, länger als die Mittelzehe, vorn und hinten mit sechsseitigen Tafeln bekleidet ist. Die Kropfgegend ist nackt. Betragen und Lebensweise gleichen auffällig den Geiern.

Der gemeine Caracara. P. vulgaris.
Figur 443. 444.

Der gemeine Caracara der Brasilianer, Carrancha in Buenos Ayres genannt, verbreitet sich weit über Südamerika, über Brasilien und die Plataftaaten, Chili, Peru

Fig. 443.

Kopf des gemeinen Caracara.

und Patagonien sowohl in den dürren Wüstenund offenen Ebenen wie in waldigen und feuchten Gegenden längs der Gewässer und an der Meeresküste. Bald nähert er sich

Naturgeschichte I. 2.

von Amphibien, großen Insekten und Schnecken, bald verfolgt er die Jägergesellschaften, um die nur des Felles wegen erlegten Thiere zu verzehren. Wo ein Stück Vieh fällt, kömmt er schnell herbei und fällt gierig über das Aas her, ja er sammelt sich um im Freien schlafende Menschen in der Meinung, sie seien todt, wagt aber doch nicht sie anzufassen. Vollgekropft tritt der nackte Kropf stark hervor und nach ächter Geierweise sitzt dann der Carrancha träg und feig still. Ueberhaupt aber ist sein Flug schwerfällig und langsam, niedrig und mehr rabenals adlerartig. Meist still, öffnet er nur bisweilen den Schnabel, um einen laut schnurrenden Schrei hören zu lassen. Das Nest versteckt er gern auf hohen Bäumen im dichtesten von Schlingpflanzen verworrenen Walde und legt im September zwei braunviolette, dunkel bepurpelte und gefleckte Eier hinein.

Fig. 444.

Fuß des gemeinen Caracara.

Ausgewachsen mißt der Carrancha nur zwei Fuß Länge. Gesicht und Wachshaut sind spärlich mit feinen Borstenfedern bedeckt und dunkel orange, der Schnabel blaugrau und die Beine rothgelb. Das weiche Gefieder spitzt seine Scheitel- und Nackenfedern und richtet dieselben haubenartig auf. Das braune mit hellen Streifen und Binden gezierte Jugendkleid dunkelt mit zunehmendem Alter, nur am Oberhals, Steiß und Schwanz bewahrt es die weißliche Färbung. Der Scheitel ist dann schwarz, Kehle und Oberhals ganz weiß, Rumpf, Flügel und Schwanz tragen dunkle Querbinden. Die andern Arten sind nur erst nach der abweichenden Zeichnung des Gefieders bekannt.

9. Hakenadler. Cymindis.

In anderer Weise als die Caracaras weichen die Hakenadler vom ächten Adlertypus ab und so sehr, daß viele Ornithologen sie ganz von diesen entfernen und zu den Habichten und Bussarten verweisen. Die Verwandtschaft mit diesen ist in der That eine auffällige. Der lange schwache Schnabel krümmt sich schon vom Grunde her abwärts und zieht die Spitze in einen langen Haken aus. Das kreisrunde Nasenloch wird durch einen randlichen Zapfen verengt. Die langen spitzigen Flügel reichen ziemlich bis an das Ende des langen Schwanzes, ihre vierte Schwinge von den zehn an der Hand ist die längste,

33

die fünfte und sechste jedoch kaum kürzer. An den kurzen schwachen Beinen trägt der Unterschenkel lange, weit abstehende Federn, auch der Lauf ist oben noch befiedert, übrigens aber mit weichen Gürtelschildern bekleidet, die schwachen langen Zehen mit derberen Schildern und bewehrt mit gestreckten, wenig gekrümmten Krallen. Das Gefieder ist habichtsähnlich.

Die Arten bewohnen die bewaldeten Ebenen Südamerikas, nirgends zahlreich, einsam und paarweise und nähren sich von Amphibien und Insekten, einige auch von kleinen Vögeln und Säugethieren.

1. Der cajennische Hakenadler. C. cajanensis.
Figur 445. 446.

Von Paraguay bis Cajenne verbreitet und in einzelnen Waldungen ziemlich häufig, kennzeichnet sich diese Art durch die weiße Unterseite und den bleigrauen Rücken, die schiefergrauen und schwarz bandirten Flügel, die schwarzen Bürzelfedern und durch den grau und schwarz gebänderten Schwanz. Der Schnabel ist schwarz, Wachshaut,

Fig. 445.

Kopf des cajennischen Hakenadlers.

Fig. 446.

Fuß des cajennischen Hakenadlers.

Zügel, Iris und Beine orangefarben. Der junge Vogel fiedert am Kopfe und Halse weiß, am Scheitel und Nacken braun, auf dem Rücken schwarzbraun mit hellen Strichen. Ueber Naturell und Lebensweise geben die Beobachter keine Auskunft.

2. Der dünnschnäblige Hakenadler. C. uncinatus.
Figur 447. 448.

Von der Größe der vorigen Art, nämlich anderthalb Fuß lang, aber mehr kukuksähnlich in der äußern Erschei-

nung. Das erste Jugendkleid berandet die graubraunen Rückenfedern röthlich, die schwarzbraunen Handschwingen weißlich und zieht zwei gelblichgraue Binden über den Schwanz. Die Unterseite fiedert beutroihgelb mit rostrothen Querbinden. Nach der ersten Mauser sticht die braune Farbe mehr in grau, die gelbe in weiß und der alte Vogel wird einfarbig hellgrau mit bläulichem Anflug und nur einer breiten weißen Schwanzbinde. Das Weibchen behält indeß auch im Alter das Sperbergefieder.

Fig. 447.

Kopf des dünnschnäbligen Hakenadlers.

Fig. 448.

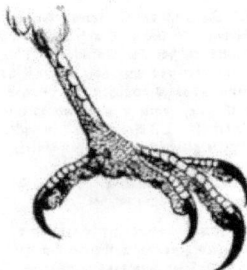

Fuß des dünnschnäbligen Hakenadlers.

Eine dritte Art, der aschgraue Hakenadler, C. cinerea (Fig. 449. 450), steht höher auf den Beinen, hat kein abstehendes Schenkelgefieder, überhaupt einen schlankern Habitus und wird mit einigen andern Arten zum Typus einer besondern Gattung Asturina erhoben. Sie heimatet in Guiana, fiedert bläulich aschfarben, am Bauche mit

Fig. 449.

Kopf des grauen Hakenadlers.

Fig. 450.

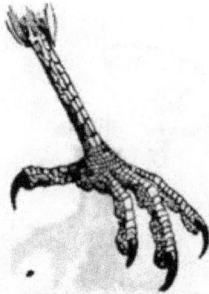

Fuß des grauen Habichtsadlers.

weißen Querwellen, auf dem Schwanze mit zwei schwarzen Querbinden, und färbt den Schnabel blau, die Wachshaut gelb. Eine andere Art ist hellrostroth, eine dritte braun, beide ebenfalls gesperbert.

10. Stelzenadler. Gypogeranus.

Ein Adler in Reihergestalt, schlank gebaut, hochbeinig und langhalsig, aber in Schnabel- und Fußbildung entschieden falkenartig. Der Schnabel ist nämlich kürzer als der Kopf, ziemlich dünn, schon von der Wurzel her gebogen und mit seiner Wachshaut nach hinten fast die ganze Wangengegend überdeckend. Die länglichen Nasenlöcher öffnen sich schief. Die Läufe sind ungemein lang und dünn und die sehr kurzen Zehen auf der Unterseite rauh, die hintere gar höher eingelenkt als die vordern. Die Flügel sind sehr lang und haben vorn an der Ecke einen stumpfen Sporn. Im Nacken steht ein Federnschopf. Die Flügel spannen 28 Schwingen, wovon 10 an der Hand stehen und die dritte bis fünfte die längsten sind. Die Oberflur steigt breit am Halse herab, spaltet sich auf der Schulter und setzt dann mit vereinzelten, erst auf dem Kreuz wieder dichtern Federn zum Bürzel fort. Die Unterflur läßt einen sehr breiten Bruststreif frei ab und läuft ganz schmal zum Steiß hin. Alle Raine sind mit Flaum besetzt. Im Skelet hat zunächst der Schädel alle entschiedenen Falkenmerkmale und würde allein schon die Verwandtschaft außer Zweifel setzen, seine gemeinsamen Eigenthümlichkeiten findet erst die aufmerksame Vergleichung. 13 Halswirbel, 9 nicht verwachsene Rückenwirbel, 8 Schwanzwirbel. Die Rippen tragen keine Haken am Hinterrande, nur die mittlen einen starken Vorsprung. Das Brustbein weicht ganz eigenthümlich ab, indem seine Platte fast halbkröbrig gekrümmt ist und der Kiel sehr allmäblig aus der starken Wölbung hervortritt, dann aber nach hinten das Brustbein selbst spitz ausziebt; seine Lücke und kein Ausschnitt am Hinterrande. Das Gabelbein ist schwächer als sonst bei Tagraubvögeln. Das Becken krümmt sich nicht wie gewöhnlich in der hintern hier auch nicht verbreiterten Hälfte herab. Der Ober-

arm reicht angelegt über das Hüftgelenk hinaus und der Vorderarm ist noch etwas länger. Alle Knochen bis zum Ellbogen und Kniegelenk führen Luft.

Die einzige Art ist der Secretarius oder

Der afrikanische Stelzenadler. G. secretarius.
Figur 451. 452.

Der Name Secretair bezieht sich auf die verlängerten Kopffedern, welche an die hinter dem Ohr steckende Feder unserer Schreiber erinnern. Man denkt dabei auch an den steifen, stolzen Gang wie auf Stelzen, doch ist derselbe keineswegs unbeholfen und langsam, denn der Vogel kann selbst flügellahm geschossen noch ungemein schnell laufen und offenbart auch im Kampfe mit den Schlangen eine überlegene Gewandtheit in den langen dünnen Beinen. Schlangen sind nämlich seine liebste Nahrung, daher er auch Schlangenadler heißt, und er verfolgt die giftigen wie ungiftigen, wodurch er sich die Verebrung der Hottentotten und europäischen Ansiedler im hohen Grade erworben hat. Seine Kämpfe mit den giftigsten Schlangen erregen die größte Verwunderung. Gelingt es ihm nicht, die rubig liegende Schlange von oben her zu überraschen und mit wenigen Schnabelhieben den Schädel zu zerschmettern, so greift er sie umkreisend an und schneidet ihr die Flucht damit ab. Die Schlange geräth in Zorn, erhebt ihren Vorderleib, um mit weit geöffnetem, von Gift angeschwollenem Rachen unter furchtbarem Zischen

Fig. 451.

Kopf des Stelzenadlers.

den gewandten Angreifer anzufallen, aber dieser fängt den tödtlichen Biß mit dem Flügel auf und schlägt so heftig auf das zischende Ungethüm, daß es betäubt niedersinkt. Dieser Zweikampf wiederholt sich oft mehrmals hinter einander, bis endlich dem Vogel gelingt, der gelähmten Schlange auf den Rücken zu springen und sie durch einige Schnabelhiebe auf den Kopf zu tödten. Bisweilen ergreift er die betäubte mit den Krallen und fliegt mit ihr empor, um sie hoch hernieder auf einen Stein fallen zu lassen. Niemals verliert der Stelzenadler in diesem Kampfe, bei welchem ihm die hohen Beine vortreffliche Dienste leisten, die Rube, Gewandtheit und List und es scheint auch, als sei er giftfest gegen die gefährlichen Bisse. Im Magen schadet ihm das Gift nicht, denn er frißt den Kopf mit der Giftdrüse auf. Auch Eidechsen, Frösche und junge Schildkröten vertilgt er in nicht geringen Mengen. Die hart umpanzerten Schildkröten nimmt er hoch in die Luft und läßt sie herabfallen, dieses Spiel so oft wiederholend, bis der Panzer zerschmettert ist. Vaillant fand im Kropfe und Magen eines erlegten Schlangenadlers nicht weniger

33*

Fig. 482.

Stelzenadler.

als elf ziemlich große Eidechsen, drei armlange Schlangen, elf junge Schildkröten und eine große Menge von Heuschrecken und andern Insekten.

Das Vaterland des Stelzenadlers erstreckt sich in Afrika vom Senegal bis zum Cap der guten Hoffnung. Ueberall liebt er die Einsamkeit und hält nur mit seinem Weibchen Freundschaft. Dabei ist er mißtrauisch und vorsichtig, läßt sich zumal in weiten offenen Ebenen nicht leicht vom Jäger beschleichen, läuft lieber am Boden umher als daß er fliegt und schwebt nie nach Geier- und Adlerweise in wolkenhoben Lüften, sondern hält sich niedrig und fliegt nie anhaltend über weite Strecken. Das Nest, einfach und platt, innen mit Wolle ausgefüttert, liegt auf einem hohen Baume und enthält zwei bis drei Eier von Gänseeiergröße, auf weißem Grunde fein roth punktirt. Die ausgekrochenen Jungen bedürfen lange Zeit der Pflege, erst im siebenten Monate vermögen sie sich auf den schwachen Beinen zu halten und erstarken dann langsam zum gefährlichen Schlangenkampfe. Ausgewachsen mißt der Schlangenadler drei Fuß Länge, ist blaugrau, am Bauch und der Kehle weiß, schwarz an den Schwingen, den Schenkeln und den verlängerten Kopffedern. Die breiten mittlen grauen Steuerfedern haben vor der weißen Spitze eine schwarze Binde, die übrigen sind bis auf den weißen Endsaum ganz schwarz. Der Augenkreis ist roth, Beine und Wachshaut orangegelb.

c. **Bussarde.** Buteoninae.

Die dritte Gruppe der falkenartigen Tagraubvögel begreift die über alle Welttheile in zahlreichen Arten verbreitete Familie der Bussarde. Dieselben erscheinen zwar plump und dickköpfig, aber sie sind doch schwächlich, träg und feig; wenn auch geschickt im Fluge, doch schlechte Jäger, die lieber auf der Lauer liegen und kleine Thiere verfolgen, als muthig anzugreifen und ihrer Körperkraft vertrauen. Ihr kurzer, seitlich zusammengedrückter Schnabel krümmt sich schon vom Grunde an herab und hat bisweilen einen deutlichen bogigen Vorsprung am Oberkieferrande. Die Kopffedern sind gewöhnlich schmal und spitzig, bilden aber niemals eine Haube oder einen Schopf. Die langen spitzen Flügel reichen angelegt meist bis gegen das Schwanzende, wenn nicht der Schwanz selbst erheblich verlängert ist. Die Beine sind nicht gerade kurz, aber an den Läufen befiedert oder vorn mit Gürtelschildern bekleidet, die Zehen kurz und plump, scharfspitzig bekrallt.

Von den zahlreichen Gattungen, auf welche die neuere Ornithologie die vierzig bekannten Arten vertheilt, können wir hier nur die wichtigeren berücksichtigen.

11. **Bussard.** Buteo.

Die typische Gattung der Bussarde, die weitest verbreitete und artenreichste, kennzeichnet der kurze hohe

Schnabel mit mäßigem scharfen Haken und etwas vortretendem Oberkieferrande, die weiten ovalen, etwas schiefen Nasenlöcher, die kurze Wachshaut und die feinen dichten Borstenfedern in der Zügelgegend. Den ziemlich hohen Lauf bekleiden vorn schiefe breite Gürtelschilder, hinten längs der Mitte größere Schilder; die kurzen schwachen Zehen haben lange, stark gekrümmte, doch schwächliche Krallen. Die innere Organisation schließt sich der der Adler näher an als irgend einer andern Gruppe.

Die Bussarde sind träge, mutlose, ungeschickte Raubvögel, welche keine Beute im Fluge erjagen, sondern kleinen kriechenden und ruhenden Thieren sitzend auflauern und auch auf Aas fallen.

1. Der Mäusebussard. B. communis.
Figur 453. 454.

Einer unserer gemeinsten Raubvögel, verbreitet über die ganze gemäßigte Zone der nördlichen Erdhälfte. Obwohl ziemlich unempfindlich gegen rauhes Klima, wandert er doch bei strengen Wintern schon im Oktober

Fig. 453.

Mäusebussard.

in großen Gesellschaften den miltern Ländern zu und kehrt erst im März oder April zurück. Auch bei uns ist er nur in aufeinander folgenden milden Wintern Standvogel, sonst Strich- und Zugvogel. Bei höchstens zwei Fuß Länge spannen die Flügel vier Fuß. Das Gefieder ändert vielfach in der Färbung ab und es hält sehr schwer zwei gleichgefärbte Exemplare aufzutreiben, doch lassen sich beständige Spielarten unterscheiden. Im Allgemeinen erscheint die Oberseite nebst Hals und Brust tief braun, Kehle und Bauch braungrau mit dunkelbraunen Flecken, der wenig abgerundete Schwanz mit zwölf Querbinden; der Schnabel ist bleifarben, die Wachshaut und Füße gelb, die Iris braun. Das Braun hält sich nun bald heller bald dunkler bis zum einförmig tiefbraun oder

chocoladenfarben, die Flecken der Unterseite ändern in Form, Vertheilung und Menge ab; die Kehle wird weiß mit braunen Längsstreifen, am Bauche zeigen sich weiße Querbinden, am Steiß gelbliche. Das Jugendkleid hat auf gelbbraunem Grunde weißliche oder gelbliche Flecken, eine weiße Kehle mit Längsflecken, weiße Ränder an den braunen Brustfedern. So unterscheidet Naumann eine schwarze, braune und weißliche Spielart, welche alle aber durch Zwischenglieder verbunden sind. Die breite Zunge ist in der vordern Hälfte fein runzlig und nur am buchtigen Hinterrande mit Zähnen besetzt, ihr Kern mehr als zur Hälfte knorplig. Der Schlund weitet sich sehr bauchig, der Vormagen hat innen mehre Vorsprünge, die Blinddärme haben nur kleine Zipfel, der Fächer im Auge hat 15 gefaltete Falten und ebenso viel Knochenschuppen der Sklerotikalring.

Schon von Weitem erkennt man den plumpen trägen breitflügligen Mäusebussard. Er sitzt stundenlang still auf einem Steine oder Aste scheinbar traurig mit eingezogenem Kopfe, dann fliegt er niedrig mit sanftem lang-

Fig 454.

Mäusebussard.

samen Flügelschlag davon, nur bei heiterm Himmel während der Paarungszeit erhebt er sich doch und schwimmt in weiten Kreisen umher. Bei all seiner Trägheit ist er doch sehr gefräßig und stets wohlbeleibt. Am liebsten mästet er sich mit Mäusen, Hamstern, Maulwürfen und Ratten und wo diese sich übermäßig vermehren, leistet sein unersättlicher Appetit ganz Außerordentliches und macht ihn zum nützlichsten Vogel. Er lauert die Thiere auf und ergreift sie mit den Krallen. Sind dieselben nicht in genügender Menge zu fangen, so frißt er Eidechsen, Frösche und Schlangen, auch Insekten und Gewürm.

Tauben und Hühner jagt er nicht, aber er treibt solche gern dem stärkern Taubenfalk ab, der sie ihm auch ohne großen Kampf überläßt, da es ihm leicht wird andere zu erbeuten. Der Hunger macht ihn dreist und muthig, so daß er im Winter, wenn selbst Aas mangelt, wohl ein Huhn vom Hofe stiehlt, im Frühjahr auch die Nester von Waldvögeln ausnimmt, sonst ist er aber scheu und feig. Er horstet auf den höchsten Waldbäumen, schleppt trockne Reiser, Moos, Haare und andere weiche Materialien zum Nest zusammen, legt bis vier grünlichweiße, braungefleckte Eier hinein und brütet drei Wochen. Beide Eltern füttern die schreihälsigen stets beißhungrigen Jungen mit Insekten, Mäusen, jungen Vögeln und dgl. und pflegen dieselben noch eine Zeit lang, nachdem sie schon ausgeflogen sind. In Gefangenschaft erträgt der Mäusebussard wohl einen Tage hindurch den Hunger, frißt allerlei Fleisch und säuft auch gern Wasser. Wenn er auch manches uns nützliche Thier für sich beansprucht; so gehört er doch im Allgemeinen zu den sehr nützlichen Vögeln und es ist unrecht, wie es noch in manchen Ländern geschieht, Schußgeld für ihn zu bezahlen, er verdient vielmehr geschont und gepflegt zu werden.

2. Der rauhfüßige Bussard. B. lagopus.

Gleich die Befiederung der Beine bis auf die Zehen hinab unterscheidet diesen etwas größern Bussard vom vorigen. Dabei trägt er ein weißes Gefieder mit braunen Flecken, an der Unterbrust ein großes dunkles Schild, am weißen Schwanze ein oder einige dunkle Binden. Das Auge enthält einen aus 15 Falten bestehenden Fächer, einen sehr gewölbten Knochenring und eine auffallend flache Linse. Der Darmkanal mißt drei Fuß Länge und hat sehr unbedeutende Blinddärmchen, die Bauchspeicheldrüse ist doppelt und sehr klein, die Leberlappen symmetrisch, die Nieren sehr ungleich dreilappig. Die drei letzten Luftröhrenringe verwachsen vorn mit einander zur Bildung eines untern Kehlkopfes.

Der rauhfüßige Bussard hält sich mehr in den kältern Ländern der gemäßigten Zone und wird bei uns nur im Herbst und Winter häufiger gesehen. In Naturell, Betragen und Lebensweise gleicht er so sehr dem Mäusebussard, daß wir dabei nicht verweilen.

Andere Arten leben in derselben Weise wie die unsrigen in andern Welttheilen, so in Afrika ein 18 Zoll langer B. tachardus, in Südamerika ein B. nigricollis mit lebhaft rothbraunem Gefieder, an Kopf und Hals gelblich, an der Oberbrust mit schwarzbraunem Fleck, ein B. pterocles, oben schwarzbraun, unten weiß mit schwarzbraunen Binden, ein ganz weißer B. scotopterus, mit dunkel schiefergrauem Rücken und Flügeln, u. a.

12. Wespenbussard. Pernis.

Die dichte Befiederung der Zügelgegend ist der einzige in die Augen fallende äußere Unterschied der Wespenbussarde von den eigentlichen Bussarden. Die aufmerksame Vergleichung zeigt noch, daß die Federn gerundet sind, der Schnabel gestreckter ist, die Läufe vorn netzförmig geschuppt sind, die langen Zehen lange Krallen haben und die Flügel bis an das Ende des abgerundeten Schwanzes reichen. In Deutschland heimatet nur eine Art, wegen der wenigen andern muß man sich an große Sammlungen wenden, die bloße Beschreibung ihres Gefieders bietet kein Interesse.

1. Der gemeine Wespenbussard. P. apivorus. Figur 455. 456.

Der gemeine Wespenbussard, auch Bienen- oder Honigfalk genannt, dehnt sein Vaterland über ganz Europa und das nördliche Asien aus, doch in den kaltwintrigen Gegenden nur als Sommervogel, der bei uns im April ankömmt und Mitte Oktober wegzieht. An Feigheit und Trägheit übertrifft er die eigentlichen Bussarde noch. In behaglicher Ruhe lauert er stundenlang und läuft viel lieber kriechenden Insekten und Gewürm nach, als daß

Fig. 455.

Kopf des Wespenbussards.

Fig. 456.

Fuß des Wespenbussards.

er jemals ein Thier im Fluge erschnappt. Mäuse, Eidechsen und Schlangen erbeutet er darum nur selten, oder schon junge Nestvögel, eifrig aber ist er im Aufsuchen der Insekten, Raupen, Würmer und Schnecken, welche eben seine Hauptnahrung ausmachen. Hummel- und Wespennester gelten ihm als Delicatesse, er spürt sie sicher auf, zerstört den Bau und frißt alle Larven und Puppen begierig auf. Erst im Mai baut er bei uns sein Nest auf einem hohen Baum aus grünen und dürren Reisern, innen mit Moos, Haaren und Federn und legt drei rostgelbe stark rothbraun gefleckte Eier hinein. Die Jungen werden mit Insekten aufgefüttert und bedürfen lange Zeit der Pflege.

Bei 2 Fuß Länge, wovon die Hälfte auf den Schwanz fällt, und 4 Fuß Flügelbreite fiedert der Wespenbussard

Raubvögel — Buffarde.

am Kopfe aschgrau, an der Kehle und dem Vorderhalse weiß mit schwarzen Strichen, an der Bruſt gelblichweiß mit braunen Querflecken, am Bauche weiß, auf den Schultern tiefbraun. In der Vertheilung und Form der Striche, Flecken und Binden kommen vielfache Abänderungen vor und man darf ſich durch die Zeichnung nicht zu Unterſcheidung von Arten verleiten laſſen. An dem ſehr ſchmalen kleinen Schädel fehlt ein eigenes Superciliarbein; das Bruſtbein iſt lang und am hintern Rande eingebogen, mit hohem Kiel; die Rückenwirbel verwachſen nicht unter einander. Der Darmkanal mißt 2½ Fuß Länge, faſt ohne Blinddärme, an der Innenfläche mit ungemein langen dünnen Zotten ausgekleidet.

13. Gabelfalk. Elanus.

Bewohner der warmen Länder, mit ungemein weichem, ſeidenartigem Gefieder und ſehr charakteriſtiſchem Gabelſchwanze. Der kurze Schnabel krümmt ſich ſchon vom Grunde her und bildet einen langen dicken Haken; der Rachen klafft bis hinter das Auge und das elliptiſche Naſenloch öffnet ſich mehr horizontal als ſenkrecht. Die Zügelgegend bekleiden lange Borſtenfedern und die Augenlider ſind mit feinen Wimpern beſetzt. Die langen ſpitzen Flügel reichen ziemlich bis an das Schwanzende und verſchmälern ihre erſten längſten Schwingen ſtark. Die Läufe ſind bis zur Hälfte befiedert, dann wie die bis zum Grunde freien dicken Zehen mit kleinen Tafelſchuppen bekleidet; die Krallen ſtark, mäßig gekrümmt und fein zugeſpitzt. Keine Art heimatet in Europa.

1. Der weiße Gabelfalk. E. furcatus.
Figur 437.

Der weiße Gabelfalk hat die Nordgrenze ſeiner Verbreitung in Pennſylvanien und verbreitet ſich bis zum mexikaniſchen Golf, faſt überall nur als Strich- und Zugvogel vom Weſten bekommen. Auf dem Zug fliegt er einzeln und läßt ſich ermüdet und hungrig ohne Scheu nieder, während er im Standquartier ſcheu und mißtrauiſch faſt immer fliegend ſich nicht leicht beſchleichen läßt, auch zur Nachtruhe gern die höchſten Baumwipfel in unzugänglichen Moräſten wählt. An warmen klaren Tagen ſchwebt er in erſtaunlichen Höhen und übt ſich in den ſonderbarſten Wendungen, dann ſtreift er plötzlich langſam und nah über dem Boden hin, hält einen Augenblick ſtill, ſchießt nieder und ſteigt mit einer Schlange wieder empor, die er im Fluge zerreißt und verſchlingt. Außer Schlangen frißt er noch Fröſche, Eidechſen, Raupen und Heuſchrecken. Letztere ſucht er eifrig im Gebüſch und dünnen Heden meiſt geſellig auf und iſt dabei am leichteſten zu ſchießen. Das auf einem hohen Baumwipfel gelegene Neſt beſteht aus trocknen Reiſern mit Moos und Federn und enthält bis ſechs grünlichweiße, braunfleckige Eier. Das ausgewachſene Männchen fiedert glänzend ſchwarz mit blauem Schiller, am Kopfe weiß; die Füße ſind hellgrün und die Krallen weißlich. Die Jungen ſind einfacher und matt gefärbt. Körperlänge zwei Fuß.

Fig. 437.

Weißer Gabelfalk.

2. Der ſchwarzflüglige Gabelfalk. E. melanopterus.
Figur 438.

Ueber ganz Afrika verbreitet, auch in Indien und ſelbſt in Nordamerika beobachtet, hat der ſchwarzflüglige Gabelfalk ganz das Naturell des weißen, fliegt ſcheu und mißtrauiſch in bedeutenden Höhen, meidet den Aufenthalt

Fig. 438.

Schwarzflügliger Gabelfalk

am Boden, frißt nur während des Fluges und ruht auf den höchſten Neſtern. Auf ſolchen legt er auch ſein großes Neſt an, in welchem man bis fünf ſchmutzig weiße Eier findet. Von Sperbergröße, fiedert er oben aſchgrau, an den Schultern schwarz, an der Unterseite und dem Schwanze weiß, die Läufe sind gelb, das Jugendkleid braun und gelbfleckig.

Eine dritte über das ganze warme Amerika verbreitete Art, E. leucurus, von nur etwas über einen Fuß Länge, trägt sich oben heublteigrau, an der Unterseite weiß, am Flügel schwarz.

14. Ictinie. Ictinia.

Diese ausschließlich amerikanische Gattung unterscheidet von allen vorigen ein deutlicher Zahn am Oberkieferrande hinter dessen Spitze, dem jedoch keine Kerbe am Unterkieferrande entspricht. Das kleine ovale Nasenloch steht schief und der Rachen klafft nicht bis zum Auge. Auf dem Zügel wirbeln Borsten. Das volle weiche Gefieder unterbricht seine Oberflut hinter der Schultergabel völlig und setzt erst auf dem Kreuz mit dem einfachen Bürzelstreif fort, gabelt an der Unterflur schon am Halse einen freien Ast nach innen ab und bildet auf der Brust einen zweiten freien Ast. Die Flügel sind schwalbenartig langspitzig, reichen in der Ruhe auch etwas über den Schwanz hinaus und in der dritten Schwinge die größte Länge. Der ziemlich breite Schwanz ist gerade abgestutzt. Die kleinen schwachen Beine bekleiden sich mit schmalen Gürtelschildern und die Mittel- und Außenzehe verbindet eine deutliche Spannhaut.

Von den beiden nur durch die Färbung des Gefieders unterschiedenen Arten heimatet die eine im südlichen Nordamerika, die andere, J. plumbea (Fig. 459. 460), von

Fig. 459.

Kopf der Ictinie.

Fig. 460.

Fuß der Ictinie.

Guiana bis Paraguay. Letztere ist am Kopfe und Rumpfe heublaugrau, an der Kehle weißlich, an den Flügeln und Schwanze schwarz mit grauem Anfluge. Die Innenfahne der Handschwingen ist schön hell zimmetroth; an den

Zügeln liegt ein schwarzer Fleck, auch der Schnabel ist schwarz, aber die Beine orangegelb. Ausgewachsen mißt diese Ictinie nur 14 Zoll Länge. Sie hält sich in waldigen, ebenen und gebirgigen Gegenden auf, fliegt schnell und gewandt, doch ohne Ausdauer, und jagt kleine Vögel und Insekten. Die nordamerikanische Art hat ganz schwarze Handschwingen, einen solchen Augenring und hellere bleigraue Färbung.

Eine andere, ausschließlich südamerikanische Gattung Harpagus (Fig. 461. 462) hat in dem doppelten Zahne hinter der Oberschnabelspitze ein ganz auffälliges äußeres Merkmal. Außerdem ist ihr Schnabel stark bauchig und öffnet die schief ovalen Nasenlöcher weit nach vorn. Die Augen haben nackte Umgebung. Die spitzen Flügel reichen höchstens bis zur Mitte des Schwanzes, welcher selbst

Fig. 461.

Kopf des Harpagus.

Fig. 462.

Fuß des Harpagus.

schmal und lang ist. Die gemeine Art, H. bidentatus, wird 15 Zoll lang, glänzt oben schwarzgrau, unten rothbraun und lebt einsam in den schattigen Küstenwaldungen, wo sie Vögeln und Insekten auflauert. Die andere Art hat kleinere Zähne am Schnabelrande und eine weiße Unterseite.

15. Milan. Milvus.

Die Milane sind gabelschwänzige Bussarde mit schwachem, schon von der Wurzel her, doch nur wenig gekrümmtem Schnabel und langen zugespitzten Kopffedern. Als weitere äußere Merkmale beachte man den bis unter die Augen klaffenden Rachen, die schiefen, außen von einem kleinen Wulste umgebenen Nasenlöcher und die kurzen oben leicht befiederten Läufe, an welchen kurze, schwach bekrallte Zehen eingelenkt sind. In den großen Flügeln erlangt die vierte Schwinge die Spitze; das Gefieder überhaupt ist groß und locker. Durch ihren zierlichen und leichten Flug, zumal wenn sie ohne Flügelschlag schwimmend in ansehnlichen Höhen weite Kreise ziehen, gleichen die Milane den edelsten Raubvögeln, allein in allen übrigen Beziehungen sind sie ächte Bussarde, nämlich träg und feig, mehr durch List und große Uebergelegenheit als durch Muth oder Gewandtheit Jäger. Langsam fliegen sie über den Boden hin und wo ein kleines Thier, ein junger Vogel, eine Maus, Maulwurf oder Eidechse sorglos ruht oder seinen Geschäften nachgeht, da überfallen sie dasselbe und gelingt es ihnen nicht auf diese bequeme Weise Beute zu machen, so fallen sie auf Aas. In Deutschland kommen zwei Arten vor.

1. Der rothe Milan. M. vulgaris.
Figur 463.

Ueber ganz Europa, das angrenzende Asien und Afrika verbreitet, lebt der rothe Milan kalte Winter meidend in allen nördlichen Ländern nur als Zugvogel, bei uns im März eintreffend und im Oktober abziehend. Er wandert

Fig. 463.

Rother Milan.

in großen Gesellschaften, aber langsam, wählt zum Jagdrevier am liebsten offene Felder und zieht zur Nachtruhe in den nächsten Wald. Träg und schwerfällig, erhebt er sich doch in weiten Spiralen zu sehr bedeutenden Höhen und schwimmt stundenlang ohne Flügelschlag in großen Kreisen. Erspäht er aus solcher Höhe eine Beute: so läßt er sich langsam nieder und oft genug entgeht ihm dann das zeitig gewarnte Schlachtopfer durch die Flucht. Hauptsächlich überfällt er junge Hasen und Kaninchen, Maulwürfe, Mäuse, kleine Amphibien, junge Vögel, Insekten und Gewürm, kurz alle wehrlosen ohne Widerstand zu bewältigenden Geschöpfe. Junge Hühner, Gänse und Enten aber scheinen seine größten Delicatessen zu sein, doch die Alten derselben kennen den gefährlichen Kinderdieb und warnen die ganze Schaar, sobald sie ihn mit Morgentanken über ihren Köpfen erblicken. Darum schwebt er auch so gern über den Dörfern und Meiereien und weiß schlau genug hier dem Jäger auszuweichen. Als Freund von Aas besucht er häufig die Schindänger und theilt die Mahlzeit mit den Geiern. Das Nest, aus einem Haufen trockner Reiser bestehend, innen weich ausgepolstert, befindet sich am höchsten Milanen mit schwarzbäumen und enthält drei weißliche, rötlich gefleckte Eier, auf welchen das Weibchen drei Wochen brütet und während dieser Zeit vom Männchen mit Futter sich versorgen läßt.

Bei nur wenig über zwei Fuß Körperlänge klaftern die Flügel doch gegen fünf Fuß. Das Gefieder ist rostfarben, am Kopfe mit viel weiß, am Rumpfe mit schwärzlicher Beimischung, die Schwingen zum Theil schwarz; der Schnabel hornfarbig, die Füße gelb. In anatomischer Beziehung verdienen die kleinen Superciliarbeine am Augenhöhlenrande Beachtung, nicht minder das gleichbreite gewölbte Brustbein mit geradem Hinterrande und niedrigem Kiele, die stets beweglichen Rückenwirbel, die beträchtliche Länge des Oberarms und die Kürze der Hand. Der Fächer im Auge besteht aus 14 Falten, der Knochenring aus 15 Schuppen. Die schmale Zunge hat nur am buchtigen Hinterrande Zähne. Große Halsdrüsen, der Darmkanal 5½ Fuß lang, zwei kleine Bauchspeicheldrüsen, gleich lange Leberlappen mit großer Gallenblase, die Blinddärme ganz kurz, der Kropf eine stark bauchige Erweiterung am Schlunde u. s. f.

2. Der schwarzbraune Milan. M. ater.

Etwas kleiner und schmächtiger als der gemeine, trägt sich dieser Milan an Oberseite schwarzbraun und belegt den kürzer gegabelten Schwanz mit vielen schwarzen Querbändern. In anatomischer Hinsicht ist die dreifache Schlinge des Darmes mit der sehr kleinen Bauchspeicheldrüse sehr charakteristisch.

Der schwarzbraune Milan geht von den Küsten der Ostsee südwärts und ist in Afrika sehr gemein; bei uns als Zugvogel bekannt, nur seltener als der gemeine. Er fliegt leichter, gewandter und höher als jener, ist auch dreister und kühner bei seinen Räubereien, die auf dieselben Thiere gerichtet sind. Besonders erpicht ist er auf Fische, daher man ihn häufig über dem Wasser sieht. Das Nest enthält vier gelblichweiße, dicht braunfleckige Eier.

4. Edelfalken. Falconidae.

Mit den majestätischen Aaren die Reihe der falkenartigen Raubvögel beginnend, haben wir diesen edlen Typus in den Bussarten zu dem schmutzigen, trägen, gelberhaften Wesen herabsinken, das sich nur in den Milanen scheinbar wieder erhebt und uns zu den kühnsten und listigsten der ganzen Gruppe, zu den Edelfalken überführt. Große Muskelkraft, seltene Gewandtheit und Ausdauer, scharfe Sinnesorgane, Klugheit, Muth und Unerschrockenheit vereinigen sich hier. Kein Edelfalk greift todtes Vieh an, keiner pickt lauernd und laufend seine Beute am Boden auf, sondern alle stürzen mit unbezwinglicher Gewalt auf das erwählte Schlachtopfer nieder und bewältigen es mit Krallen und Schnabel. Wohl in 60 Arten über alle Welttheile verbreitet, ist der Typus der Edelfalken doch in allen und überall derselbe und in sich scharf bestimmte und eng umgränzte, so daß jede Auflösung in mehre Gattungen, welche die neuern Ornithologen auch hier durchgeführt haben, gewaltsam und naturwidrig erscheint. Wir folgen dieser Zersplitterungssucht nicht und nehmen den Typus in seiner natürlichen Bedeutung, als einzige Gattung.

16. Edelfalk. Falco.

Als äußere, von den übrigen Familienmitgliedern unterscheidbare Merkmale gelten für die Edelfalken die kurze dicke Schnabelform, das runde mit einem centralen Zapfen versehene Nasenloch, der scharfe Zahn am Oberschnabel neben der Spitze, die tiefe Winkelung des Unterschnabels am Ende und die langen, stark bekrallten Zehen. Der ziemlich große Kopf erscheint mehr kuglig als bei andern Falken und die großen, offnen feurigen Augen liegen nicht so tief wie bei den Adlern und Bussarden. Das dichte Gefieder des Kopfes macht in der Zügelgegend einem Wirtel von Borstenfedern Platz und läßt die Augengegend ganz nackt. Dem scharfen Zahn am Oberkieferrande entspricht ein winkliger Ausschnitt neben der abgestutzten Spitze des Unterschnabels. Die dicke Wachshaut am Schnabelgrunde setzt scharf an der harten Hornhülle ab. Das Gefieder des Rumpfes ist dicht und ziemlich hart und steht in denselben Fluren wie bei andern Falken, nur mit geringfügigen Eigenthümlichkeiten. Von den 20 bis 25 Flügelschwingen stehen stets zehn an der Hand und schon die zweite ist die längste, dabei ist der Flügelschnitt lang, spitzig und die Flügel erreichen angelegt beinah oder ganz das abgestumpfte Schwanzende. Die Beine haben abwärts vom Hackengelenk keine Befiederung, auf den Läufen schuppenförmige Täfelchen oder Warzen, auf den langen Zehen Halbgürtel. Die Krallen sind sehr kräftig und spitz, doch nicht auffällig stark gekrümmt. Das Knochengerüst ähnelt durch die größere Solidität seines ganzen Baues mehr dem der Adler als dem der Bussarde. Am Schädel fällt die ansehnliche Breite der Stirn auf, noch mehr die Fortsätze des Thränenbeines. Der Kiel des Brustbeines (Fig. 464) erhebt sich scharf abgesetzt auf der breiten Platte. Die Wirbelsäule gliedern gemeinlich 13 Hals-, 8 Rücken-, 10 Becken- und 8 Schwanzwirbel, aber die mittlen Rückenwirbel verwachsen

Fig. 464.

Brustbein und Schlüsselbein des Taubenfalken.

innig mit einander. Die Gliedmaßenknochen sind kurz, der Oberarm nicht über den Anfang des Beckens hinausreichend, Unterarm und Handtheil ragen länger. Der Schlund erweitert sich unten zu einem bauchigen Kropfe, der dickwanzige Vormagen ist sehr drüsenreich, der Magen ein fast bloß häutiger und sehr dehnbarer Sack, der Dünndarm kurz, die Blinddärme bloße Zipfel.

In ächter Falkenweise leben natürlich auch die Edelfalken nur paarweise und bauen ihr kunstloses Nest aus Reisern an hohe unzugängliche Stellen. Aus den gelblichweißen braunfleckigen Eiern, welche das Weibchen allein brütet, kriechen die Jungen mit offnen Augen und von einem dichten Dunenkleide bedeckt, die Eltern legen ihnen daher auch das Futter nur vor. Sie wechseln das Jugendkleid sehr spät. Das Gefieder pflegt unterhalb bräunlich oder weißlich zu sein, mit breiten dunkeln Schaftstrichen bei den Jungen, mit schmälern und verschwindenden bei den Alten, das Rückengefieder ist dunkler, aber auch nur selten ganz einfarbig. Schwingen und Schwanzfedern haben Querbinden. Trotz ihrer Wildheit und kühnen Raublust, ihrer Scheu und Vorsicht lassen die meisten Edelfalken sehr leicht sich zähmen und zur Jagd abrichten. Die großen Arten fallen große und größere Vögel wie Reiher, Gänse, Enten u. dgl. an, die kleinern meist Singvögel und Mäuse. Ihr Stoß ist schnell und gewaltig. Die größten und schönsten Arten heimaten in den nördlichen Ländern, in Europa acht, aber auch in den wärmern Ländern fehlen die Edelfalken nicht. Wer sie übersichtlich ordnen will, erhält zunächst zwei Gruppen, nämlich die sehr langzehigen oder ächten Edelfalken und die kurzzehigen oder Rüttelfalken. Die ächten Edelfalken sondern sich in solche, bei welchen die angelegten Flügel das Schwanzende erreichen (Taubenfalk, Lerchenfalk), und in solche mit kürzern Flügeln (Jagdfalk, Merlin). Ganz ebenso gruppiren sich die Rüttelfalken.

1. Der Taubenfalk. F. peregrinus.

Figur 464 — 467.

Der Tauben- oder Wanderfalk ist ein wahrer Kosmopolit; über ganz Europa und Mittel- und Nordafen, über Afrika und Nordamerika bis zur Küste des Eismeeres verbreitet, wurde er auch südlich an der Magelhaensstraße und in Neusüdwales erlegt. Im eisigen Norden hält er sich nur als Zugvogel auf, bei uns sogar im Sommer und Winter, doch weichen die meisten Sommerbewohner im

Fig. 465.

Kopf des Taubenfalken.

Winter den aus dem hohen Norden herabkommenden. Seine Haltung, Bewegung und die blitzenden Augen bekunden Muth, Kraft und Gewandtheit. Schnell mit hastigen Flügelschlägen durchschneidet er die Luft, nur selten schwimmend, meist niedrig über dem Boden hin, nur im Frühjahr zu unermeßlichen Höhen sich erhebend. Scheu und vorsichtig wählt er zur nächtlichen Ruhe die höchsten Baumwipfel, im Freien einen hohen Stein, von dem aus er jede Störung beobachten kann. Sein immer frischer Appetit ist nur auf Vögel gerichtet und von der

Fig. 466.

Fuß des Taubenfalken.

Fig. 467.

Taubenfalk.

Lerche bis zur größten Gans ist keiner vor ihm sicher, nur zieht er Tauben und Hühner allen übrigen vor. Duckt sich der Verfolgte an den Boden: so ist er gerettet, denn nur fliegende ergreift er mit ungestümem Stoße. An Dreistigkeit fehlt es ihm dabei nicht, selbst über den

volkreichsten Plätzen treibt er seine Jagd und verfolgt tollkühn seine Beute bis zur eigenen Gefahr. Und dennoch treibt der träge und feige Bussard, auch die Gabelweihe dem starken Taubenfalk gar oft die Beute ab. Er horstet in Ebenen auf den höchsten Waldbäumen, im Gebirge gern in unzugänglichen Felsklüften. Die vier gelbröthlichen, braunfleckigen Eier bedürfen dreiwöchentlicher Bebrütung und während dieser Zeit verläßt auch das Männchen den Wald nicht.

Ausgewachsen mißt der Taubenfalk bis 1½ Fuß Länge und 3 Fuß und mehr in der Flügelspannung. Sein Jugendkleid ist oben dunkelbraun mit hellen Federrändern, an der ganzen Unterseite und den Beinen aber gelblich mit braunen Schaftstrichen. Das ausgetragene Kleid hält sich oben bläulich aschgrau mit zahlreichen schwarzblauen Querflecken auf jeder Feder, an der Kehle und am Vorderhalse weißlich, auf der Brust und dem Bauche röthlich gelb mit feinen schwarzbraunen Querlinien. Der Schwanz trägt 7 bis 9 dunkle Binden; die Schwingen sind braun mit lichten Flecken an der Innenfahne. Der Schlund erweitert sich nur etwas bauchig, der Darm mißt nahezu 4 Fuß Länge, die Blinddärme gleichen kleinen Warzen, die sogar noch fehlen können.

2. Der Lerchenfalk. F. subbuteo.

Um die Hälfte kleiner als voriger, zeichnet sich der Lerchenfalk noch besonders aus durch einen scharf abgesetzten Backenstreif und röthlichgelbe oder hellrostrothe Befiederung am Bauche. Der aschblaubraune Rücken hat schwarze Schaftlinien, die weißliche Brust breite schwarze Schaftstriche. Die Innenfahnen der Schwingen tragen röthliche Querflecken. Die anatomischen Eigenthümlichkeiten sind ebenso geringfügig im Vergleich mit dem Taubenfalk wie die äußern.

Der Lerchenfalk heimatet im mittlen und nördlichen Europa und in Asien bis Kamtschatka hinauf. Er jagt in Ebenen sowohl als im Gebirge mit seltener Gewandtheit und Schnelligkeit hauptsächlich Lerchen, Schwalben und andere kleine Vögel. Sein Erscheinen bringt unter diese Todesschrecken und oft sieht man einzelne aus dem Haufen, auf welchen der kühne Räuber stößt, besinnungslos niederfallen. Betragen, Naturell und Fortpflanzung bieten übrigens kaum erhebliche Unterschiede vom Taubenfalken.

3. Der Merlin. F. aesalon.
Figur 468.

Der Merlin, auch Zwerg- oder Steinfalk genannt, eröffnet die Reihe der kurzflügligen oder langschwänzigen Edelfalken. Schon dadurch ist er von vorigen beiden Arten verschieden, zumal er nur einen Fuß Länge und zwei Fuß Flügelspannung erreicht. Die Jungen und Weibchen zeichnen ihre blaßgelbe Unterseite mit braunen Schaftstreifen und auf der Brust mit Querbinden, die Oberseite graulich braun mit schwarzen Federschäften und lichten Rändern. Die Männchen fiedern unten rostroth, oben graubraun und tragen eine hell Rückenbinde. Wachshaut und Füße sind gelb, der Schnabel bleigrau. Auf dem Schwanze liegen sechs graue Querbinden, auf den Fahnen der Schwingen hellrostrothe Querflecke. Die

34*

Eigenthümlichkeiten der innern Organisation gewinnen nur bei einer unmittelbaren Vergleichung mit dem Lerchenfalk ein Interesse, für eine kurze Beschreibung sind sie zu geringfügig.

Das Vaterland erstreckt sich über ganz Europa, das nördliche Asien und Nordafrika. In Deutschland erscheint der Merlin wie die vorigen Arten meist als Zugvogel, der nur vom März bis November auszuhalten pflegt. So klein er auch ist, so beherzt, eckel und wild ist er und fliegt außerordentlich schnell und gewandt, doch lieber pfeilschnell über den Boden hin als in beträchtlichen Höhen. Lerchen, Schwalben, Sperlinge, Finken und alle kleinen Singvögel fallen ihm zur Beute, auf Gänse und überhaupt große Vögel, die er bisweilen tollkühn angreift, mißlingt der Stoß. Auch Käfer und Heuschrecken schnappt er im Fluge weg. Das Nest enthält bis sechs weiße, braun marmorirte Eier, welche in sechzehn Tagen ausgebrütet sind.

Die Nordamerikaner nennen ihren Merlin Taubenfalk und unsern dort ebenfalls vorkommenden Wander-

Fig. 468.

Merlin.

oder Taubenfalk Entenfalk. Aber der nordamerikanische Merlin, F. columbarius, unterscheidet sich von dem europäischen durch die dunklere Färbung und den anders gezeichneten Schwanz, seine Schwingen haben auch auf der Außenfahne keine rothen Flecke. Eine dritte Art dieses engern Typus ist der Würgfalk, F. lanarius, im Osten Europas, von Polen bis Mittelasien. Bis zwei Fuß lang, fiedert er oben braun mit röthlichgelben Federrändern, berandet seine dunkelbraunen Schwingen fein weißlich und ziert die gelbliche Unterseite mit braunen Schaftflecken. Der graubraune weißseitige Schwanz trägt bis sechs oben rothgelbe, unten weißgelbe Quer-

binden. Betragen und Lebensweise gleichen ganz den vorigen Arten.

4. Der Jagdfalk. F. candicans.

Ein Bewohner des hohen Nordens, der schönste und größte seiner Gruppe und als Jagdfalk der berühmteste und geschätzteste. Heut zu Tage hat die mittelalterliche luxuriöse Falkenjagd ihre Reize verloren und mag noch in wenigen Ländern wie in Schottland wird sie gepflegt. Nicht bloß dieser stattliche Bewohner des Nordens wurde zur Jagd abgerichtet, die meisten andern Arten der Falken eigneten sich bei ihrer leichten Zähmbarkeit dazu. Diese eigenthümliche Liebhaberei nahm schon im classischen Alterthume ihren Anfang und gelangte im Mittelalter zur höchsten Blüthe. Der große Kaiser Friedrich II. schrieb 1240 ein eigenes Buch über die Falknerei, worin er die brauchbaren Arten, deren Erziehung, Abrichtung, Wartung und Benutzung ausführlich schildert, und ihm folgten bis in unser Jahrhundert mehr denn funfzig andere Bücher in den verschiedensten Sprachen, europäischen wie asiatischen. Besonders war es der Adel und die Fürsten, welche der Falkenjagd oblagen und sie in Gemeinschaft mit ihren Edeldamen unter verschwenderischem Aufwande übten. Wie weit diese Leidenschaft um sich griff, dafür gibt das mittelalterliche Frankreich einen Beleg. Der schon von Karl dem Großen eingerichtete Hofjagdetat mit einer besondern Abtheilung für die Baize wurde unter Franz I. für die Falknerei allein auf 36000 Franken erhöht und der Oberfalkenmeister bezog die höchste Besoldung im Staate mit 4000 Livres, unter diesem standen noch 15 Edelleute als Falkenmeister mit je 500 Livres Gehalt und dann 50 Falkoniere mit je 200 Livres Besoldung. Jeder französische Ritter, Abt und höhere Gerichtsbeamte hatte damals seine eigenen Falken und durfte mit denselben im ganzen Lande frei baizen. Viele Falken waren so vortrefflich abgerichtet, daß sie die kleinen Vögel ihrem Herrn lebendig und unbeschädigt überbrachten. Jede Edeldame ließ sich von einem Cavalier zur Jagd begleiten, der ihren mit kostbaren Fesseln und Kappen geschmückten Falken auf der Hand trug. Natürlich wurde die Jagd selbst mit allem möglichen Ceremoniell abgehalten. Die Abrichtung der Falken geschah in sehr verschiedener Weise und sogar mit grausamen Martern für den Vogel. Die Belgier scheinen es in dieser Kunst am weitesten gebracht zu haben und durchwanderten Deutschland, Frankreich, Dänemark, um die Falken einzufangen. Von Kopenhagen ging alljährlich ein eigenes Schiff nach Island, um den Falkenbedarf für die königlichen Jagden einzuholen, denn der große nordische Edelfalk wurde von den Fürsten allen übrigen Arten vorgezogen.

Der Edelfalk erreicht zwei Fuß Länge und trägt ein sehr dichtes straffes Gefieder, dessen Färbung nach Alter und Geschlecht vielfach abändert. Das Jugendkleid ist oben gräulichbraun mit hellen Federrändern, unten gelblichweiß mit breiten braungrauen Schaftstrichen, die Stirn stets weiß und der Schwanz mit zehn hellen Binden geziert. Mit zunehmendem Alter verschwindet das Gelbe und Braune immer mehr, weiß mit grauschwarzen Flecken tritt auf, die Binken auf dem Schwanze und den Schwingen werden breiter und deutlicher; einzelne kleiden sich faß ganz weiß und diese waren ehedem die geschäßtesten. Der kuglige Kopf erscheint wegen des großen Gefieders nicht deutlich vom Halse abgesetzt und der Schnabel ist auffallend dick, stark gewölbt, die Beine plump, namentlich der bis zur Mitte befiederte Lauf sehr kurz, daher die Mittelzehe ihn an Länge übertrifft. Die innere Organisation weicht minder von der der vorigen Arten ab. Das Vaterland erstreckt sich über Grönland, Island, den hohen Norden Europas und über Sibirien, einzelne besuchen auch England und sogar Deutschland. Die nördlichen Schneehühner und zahlreichen Entenarten bilden die hauptsächlichste Nahrung. Ueber Betragen und Lebensweise läßt sich nichts Eigenthümliches berichten.

Man unterscheidet vom Edelfalken als besondere Art den Gyrfalken, in Norwegen, Schweden und Dänemark heimisch, weil derselbe stets etwas kleiner bleibt, am Rücken dunkler ist, grünlich gelbe Beine und einen breiten Backenstrich hat. In südlichen Gegenden leben ebenfalls einige besondere Arten ächter Edelfalken, von denen wir aber nur die Eigenthümlichkeiten des Gefieders beschreiben könnten.

5. Der Thurmfalk. F. tinnunculus.
Figur 169.

Dieser gemeinste aller einheimischen Falken, der in Städten und Dörfern sein räuberisches Handwerk vor Aller Augen treibt und durch sein laut kreischendes klib klib klib die Aufmerksamkeit auf sich lenkt, gehört zur Gruppe der Rüttelfalken, welche sich durch zierliche kürzere

Fig. 169.

Thurmfalt.

Zehen, kleinere minder gebogene Krallen und minder stark gewölbten Schnabel von den ächten Edelfalken unterscheiden. In der Jugend trägt er sich unten blaßgelb mit dreiseitigen braunen Schaftflecken, oben bräunlichroth mit breiten Querflecken auf allen Federn; die schwarzbraunen Schwingen sind röthlichgrau gerandet und auf der Innenfahne breit rothgelb gebändert, der Schwanz mit zahlreichen Querbinden geziert. Das ausgewachsene Männchen färbt Scheitel, Nacken und Hinterhals aschgrau, bedeckt den rothbraunen Rücken mit schwarzen Rautenflecken, die röthlichgelbe Brust mit kurzen Schaftstrichen und legt eine breite schwarze Binde vor das Schwanzende. Auf der hintern Hälfte der Zunge zeigen sich zahlreiche Drüsenöffnungen, der Schlund sehr weit und ohne bauchigen Kropf, der Darm nur 16 Zoll lang, mit warzenartigen Blinddärmen. Körperlänge 13 Zoll, Flugweite 28 Zoll.

Der Thurmfalk verbreitet sich vom nördlichen Afrika durch ganz Europa, über das nördliche Asien und Nordamerika. In ebenen wie in gebirgigen Gegenden schlägt er sein Standquartier auf, streift Tagsüber gern im freien Felde umher und hält im nächsten Walde, auf einem Thurme oder einer hochgelegenen Ruine seine nächtliche Ruhe. Bei uns ist er Sommervogel, der im März ankömmt und im September fortzieht, jedoch schon im südlichen Deutschland und der Schweiz hält er sich als Standvogel. Unruhig und lebhaft, schnell und gewandt fliegt er den ganzen Tag umher bald jagend bald haternd und zankend mit andern Vögeln, welche groß und klein ihn neckend verfolgen. Im Fluge hält er oft mit dem schnellen Flügelschlag an einer Stelle an, schlägt dann ohne sich weiter zu bewegen mit den Flügeln ab und ab und auf dieses Rütteln bezieht sich der Name Rüttelfalk. Die Stimme klingt bald angenehm, bald kreischend und durchdringend klib klib klib, sanfter kikrid kikrid. Jung eingefangene werden sehr zahm und zutraulich. Zur Nahrung dienen nur kleine Vögel, Mäuse, Eidechsen und Frösche und allerlei Insektengeschmeiß. Er stößt in schnellem Fluge auf die auserwählte Beute, aber verfehlt sie oft genug, dann verfolgt er mit blinder Wuth den fliehenden Vogel bis in die Gehöfte und selbst durch das Fenster in die Stube. Ammern, Lerchen, Finken, Sperlinge und Wachteln sind seinen Verfolgungen am meisten ausgesetzt, Tauben und Rebhühner sind schon zu groß, und wenn er sie auch bisweilen aus Uebermuth oder Hunger verfolgt, gelingt ihm doch der Angriff nicht. Das Nest steckt in Felsenklüften, im Gemäuer hoher Thürme, Schlösser und Ruinen, doch auch in alten Bäumen. Wo er es haben kann, benutzt er ein altes Krähennest, das er neu ausfüttert, sonst trägt er Gewurzel, Stoppeln, Moos und Haare herbei und baut ein eigenes Nest. Das Weibchen brütet drei Wochen auf den 4 bis 6 weißen oder rostgelblichen, braunfleckigen und bespritzten Eiern. Die Jungen erhalten Mäuse und schwächliche Vögel zur Nahrung und beginnen ihr Raubgeschäft mit Insektenjagd. Der Schaden, welchen der Thurmfalk der menschlichen Oekonomie zufügt, wird wohl durch seine Vertilgung vieler gefährlicher Feinde überwogen.

Im südlichen Afrika heimatet ein etwas größerer Thurmfalk, F. punctatus, welcher am Rücken wie auf der

Brust und den Flügeldecken breite braune Querbinden
trägt, im Alter schön rothbraun, unten weiß ist und nur
dunkle Rautenflecke hat. Der amerikanische Thurmfalk,
L. sparverius, erreicht nur 9 Zoll Körperlänge und fiedert
oben schön kastanienbraun mit dunkeln Querstreifen, unten
gelblich mit rothbraunen Schaftstrichen. Auch Südamerika und Asien besitzt noch eigenthümliche Arten, welche
sämmtlich wie die unsrige leben.

6. Der Röthelfalk. F. cenchris.

Die eigentliche Heimat des zierlichen Röthelfalken
bilden die mittelmeerischen Länder und ein größerer Theil
Afrikas, nur einzeln streift er aus den Alpen nach Deutschland und bleibt den Sommer über hier. Die Aehnlichkeit mit dem Thurmfalken ist täuschend, doch braucht
man nur auf die bis zur Schwanzspitze reichenden Flügel
zu achten, wenn man ihn sicher unterscheiden will. Auch
ist die erste Schwinge viel länger als bei jenem. Das
ausgewachsene Männchen fiedert am Kopfe, Halse, der
Oberbrust rein aschgrau und hat am ebenfalls grauen
Schwanze eine breite schwarze Endbinde. Naturell und
Lebensweise gleichen dem Thurmfalken.

7. Der Rothfußfalk. F. rufipes.

Eine ebenfalls zierliche Art, im südlichen Europa und
nach Asien hinein verbreitet und dem Röthelfalk sehr ähnlich, unterschieden aber durch noch längere Flügel. Das
Jugendkleid ist oben braun mit gelblichen Federrändern,
an der Unterseite blaßgelb mit langen braunen Schaftstrichen, am Schwanz mit 10 schwarzen Querbinden und
weißer Spitze. Das alte Weibchen fiedert am Kopfe und
der Unterseite rothgelb, mit schwarzen Schaftstrichen, auf dem Rücken rein grau mit vielen schwarzen
Querbinden. Das ausgewachsene Männchen trägt sich rein
bleigrau, hat sogar einfarbige Schwingen und Steuerfedern. Wachshaut, Augenring und Füße sind zinnoberroth, der Schnabel bleigrau. Weniger scheu als die
Thurmfalken, auch gesellig, in Leichtigkeit und Gewandtheit des Fluges denselben nicht nachstehend, nährt sich der
Rothfußfalk doch hauptsächlich von Insekten und stößt
nur ab und zu auf kleine Vögel. Noch lange nach
Sonnenuntergang durchschweift er in schönen Kreisen
langsam die Luft und läßt dabei sein hellgellendes Ki
erschallen. Zum Brüten wählt er am liebsten ein Krähennest und treibt lieber dessen Besitzer daraus, als daß er sich
die Mühe nimmt ein eigenes Nest zu bauen.

8. Der indische Sperlingsfalk. F. coerulescens.
Figur 470. 471.

Nicht weil er Sperlinge jagt, sondern wegen der überaus geringen Körpergröße von nur 7 Zoll Länge, hat
dieser in Südasien gemeine Falk den Namen Sperlingsfalk erhalten; die Javaner nennen ihn Allap. Trotz der
Kleinheit ist er ein furchtloser und gefährlicher
Räuber, der mit Muth und Entschlossenheit größere Gegner angreift und durch Gewandtheit und Schnelligkeit
besiegt. Er fiedert oben schwarz mit bläulichem Schiller,
unten bis zur Brust weißlich, dann dell rostroth. Der
Schwanz trägt unten einige weiße Querbinden und die
Schwingen auf der Innenfahne weiße Flecken. Unter dem

Fig. 470.

Indischer Sperlingsfalk.

Fig. 471.

Fuß des indischen Sperlingsfalken.

Auge zieht ein breiter schwarzer Streif abwärts. Die
Zehen sind sehr schlank und scharf bekrallt.

Im südlichen Asien und Afrika kommen noch andere
Arten vor, von welchen jedoch nicht mehr als das Gefieder bekannt ist.

e. Habichte. Astarini.

Die letzte Gruppe der Falkenfamilie begreift die allgemein bekannten Habichte, kühne, gewandte Räuber,
welche sich den Edelfalken enger anschließen als den übrigen Mitgliedern. Im Allgemeinen schlank gebaut und
hochbeinig, haben sie zunächst den vom Grunde der gekrümmten Schnabel der Edelfalken, doch ist derselbe durch
starke seitliche Zusammendrückung schwächer, am Kiefer-
rande nur stark geschwungen und höchstens stumpf gezahnt.
Die kleinen Nasenlöcher sind oval oder ziemlich rund und
die Zügelgegend mit einem Borstenwirtel bekleidet. Das
dichte Kopfgefieder besteht aus langen schmalen Federn.
Die ruhenden Flügel reichen gewöhnlich nur bis zur
Mitte des Schwanzes, selten bis an das Ende desselben;
die vierte und dritte Schwinge bilden die stumpfe Flügelspitze. Der hohe Lauf, länger als die Mittelzehe, be-

kleidet sich vorn und hinten mit Gürtelschildern, welche auch die schlanken Zehen bedecken. Die Krallen sind kräftig, scharf und spitzig.

Die zahlreichen Gattungen sondern sich in eigentliche Habichte mit kurzen Flügeln und in Weihen mit langen Flügeln und schleierartigem Federnkranze um die Augen.

17. Habicht. Astur.

Die typische Gattung der Habichte unterscheidet sich von ihren nächsten Verwandten durch den kurzen kräftigen Schnabel mit stumpfem Zahne hinter der starkbäuligen Spitze, nicht minder durch die starken kurzen Läufe, welche außen und oben benedert, übrigens breitgeschildert sind, und durch die lange Mittelzehe. Die angelegten Flügel ragen nur wenig über die Mitte des Schwanzes hinaus. Das Gefieder zieht sich in der Jugend an der Unterseite mit herzförmigen oder länglichen Flecken, bei ausgewachsenen aber mit den die eigenthümliche Sperberung charakterisirenden wellenförmigen Querlinien. Die zahlreichen weit verbreiteten Arten zeichnen sich durch schnellen, geradlinigen Flug ohne viel Flügelschlag aus, lieben den Aufenthalt in waldigen Gegenden und stoßen auf ihre Beute im Fluge oder überfallen sie am Boden. Sie sind große Habichte und kleine oder Sperber. Von beiden hat Europa je eine Art aufzuweisen.

1. Der Hühnerhabicht. A. palumbarius.
Figur 172.

Der Hühnerhabicht ist in Deutschland überall in waldigen und gebirgigen Gegenden gemein, breitet sein Vaterland vorwärts über Afrika bis zum Senegal aus

Fig. 172.

Hühnerhabicht.

und wird in Asien von Persien bis Kamtschatka angetroffen. Mordgier und Blutdurst, Kraft und Gewandtheit, List und Kühnheit kennzeichnen sein Naturell. Meist niedrig schießt er pfeilschnell durch die Luft und nur heiteres warmes Wetter lockt ihn zu bedeutenden Höhen und kreisendem Fluge hinauf. Schrecken und Todesangst ergreift all Geflügel, wo er sich sehen oder hören läßt und gar oft blutet die erschreckte Brute schon unter seinen Klauen, bevor sie einen Fluchtgedanken fassen könnte. Tauben und Rebhühner jagt er am liebsten, aber alle Singvögel, Krähen und Elstern nicht ausgenommen, ferner Enten, Auer- und Birkhühner, Fasanen, von den Vierfüßlern Hasen, Hamster und Mäuse sind seinen blutdürstigen Ueberfällen ausgesetzt. Er stößt von der Seite her auf sein Schlachtopfer und entrinnt dasselbe unter einen Busch: so lauert er stundenlang ihm auf, duckt es sich an den Boden: so läßt er sich darauf nieder. Kein Bussard wagt es dem wilden, ungestümen Jäger die Beute abzunehmen und Krähen und Dohlen verfolgen ihn nur schaarenweise schreiend, ohne ihn thätlich anzugreifen. Seiner Klugheit und Gewandtheit wegen richtet man ihn öfters zur Baize ab und er lohnt die großen Mühen reichlich, welche die Bändigung seines wilden Charakters erheischt, denn er jagt mit großem Geschick und folgt willig dem Rufe des Herrn. Als gefährlichster Feind des Geflügels wird er aller Orten von den Jägern energisch verfolgt. Er horstet auf den höchsten Waldbäumen und baut sein großes flaches Nest aus Reisern und Moos. Das Weibchen brütet drei Wochen auf den vier grünlichweißen, sparsam braun gefleckten Eiern.

Ausgewachsen mißt der Hühnerhabicht bis zwei Fuß Länge und fast doppelt so viel in der Flügelbreite. Das Jugendkleid ist bunt, denn die in der Mitte weißen Rückenfedern haben braune Spitzen und die röthliche Unterseite dunkelbraune, schmal dreieckige Flecken. Das ausgewachsene Männchen siedert am Kopf, Hals, Mantel und Schwanz dunkelaschfarben mit einem Stich in bläulich und braun, an der Kehle weiß mit brauner Strichelung, an der Unterseite weiß mit seinen schwarzbraunen Querbändern; die ungemein kräftigen Füße sind hochgelb und mit schwarzen Krallen bewehrt, der Schwanz breit schwarz gebändert, die Iris orangeroth, die Wachshaut gelbgrün und der Schnabel blau. Der Darmkanal mißt 32 Zoll Länge und hat bloße Zipfel als Blinddärme, dagegen erweitert der Schlund sich in einen stark bauchigen Kropf und setzt dann in den langen und dickwandigen Vormagen fort. Die kleine kurze Leber zerfällt in zwei ziemlich gleiche Lappen und hat eine große Gallenblase. Die Nieren sind sehr ungleich dreilappig. Der Fächer im Auge besteht aus 19 Falten, der Knochenring aus 15 Platten.

2. Der Sperber. A. nisus.
Figur 173, 174, 175.

Kleiner als der Hühnerhabicht, zeichnet sich der gemeine Sperber besonders noch aus durch den zierlicheren und schwächeren Schnabel mit weiter zurückstehendem stumpfen Zahne am Oberkieferrande und die länglich ovalen Nasenlöcher, nicht minder auch durch die hohen dünnen und glatt geschilderten Läufe und die sehr ungleichen schlanken Zehen. Das ausgewachsene Männchen erreicht 13

Zoll Körperlänge und 25 Zoll Flügelweite, das Weibchen noch einige Zoll mehr. Ersteres fiedert auf der
Oberseite schiefergrau, an der Kehle weiß, an den Wangen
und Halsseiten rostroth und bändert die reinweiße Unterseite mit schmalen welligen Querstreifen, den aschgrauen

Fig. 473.

Kopf des Sperbers.

Fig. 474.

Fuß des Sperbers.

Fig. 475.

Gemeiner Sperber.

Schwanz mit fünf braunen Binden und weißem Endsaum;
Füße, Wachshaut und Iris sind gelb, der Schnabel hornfarben. Das Weibchen taggern hält sich oben mehr braun
und unten nicht reinweiß. Das Jugendkleid weicht völlig
ab, denn es ist oben braun und an der Unterseite bleich-
rostgelb mit braunrothen Pfeilflecken. Die breite Zunge
hat in der hintern Hälfte viele Drüsenöffnungen, der Fächer
im Auge nur 13 Falten, der Knochenring 15 Platten.
Der bauchige Kropf am Schlunde ist enger als bei dem
Hühnerhabicht, die Lederlappen sehr ungleich u. s. w.

Der gemeine Sperber bewohnt Europa, Asien und
Afrika, überall in buschigen wie in freien Gegenden seine
Jagdstreifzüge ausführend. An Keckheit und List, Gewandtheit und Schnelligkeit im Fluge, an wilder Raublust steht er dem Hühnerhabicht keineswegs nach, nur befähigt ihn seine geringere Größe nicht zu gleich großartigen
Verheerungen. Mit Blitzesschnelle schießt er auf Sperlinge und allerlei kleine Vögel los und verfolgt sie im
Mißlingen des Stoßes bis in ihre Schlupfwinkel, in
blinder Wuth die eigene Sicherheit vergessend. Auf die
Sperlinge ist er förmlich erpicht, Tauben und Hühner
aber greift er nur an, wenn dieselben schwächlich und
kränklich sind. Das Männchen verräth übrigens in allen
Handlungen mehr Besonnenheit, Ruhe und Scheu, auch
mindere Blutgier als das Weibchen. Beide ziehen im
April in die Nadelholzwaldungen, bauen ein einfaches
Nest, wenn sie nicht ein altes Krähennest benutzen können
und das Weibchen brütet drei Wochen auf 4 bis 7 grünlichweißen rostfleckigen Eiern. Die Jungen werden mit
Insekten, kleinen Vögeln und Mäusen aufgefüttert, sie
lassen sich leicht fangen und zur Balze auf Wachteln und
Rebhühner abrichten.

Zahlreiche andere Arten werden in Asien, Afrika und
Amerika aufgeführt. Hartlaub unterscheidet nach der
Zeichnung des Gefieders im westlichen Afrika vier ächte
Sperber und neun Habichte, unter letztern einen glänzend
schwarzen mit weißer Zeichnung. In Brasilien ist der gestreifte Sperber, A. striatus, so gemein als der unsrige
in Europa, kleiner als dieser, auf der Oberseite dunkelgrau, an der Kehle weiß, an der Unterseite mit feinen
grauen Querwellen und auf dem Schwanze mit vier
dunkeln Binden. Unter den zahlreichen andern Südamerikanern mag noch des Lachhabichts, A. ca-

Fig. 476.

Kopf des Lachhabichts.

chinnus (Fig. 476. 477), gedacht werden. Derselbe wird 18 Zoll lang und 36 Zoll flügelbreit und zeichnet sich durch den ungemein hohen, stark zusammengedrückten Schnabel ohne Zahn und nicht minder durch die netzförmige Bekleidung der Läufe aus. Sein Rückengefieder ist braun, das der Unterseite und ein Nackenband weiß; Augen, Wangen und Nacken sind schwarz. Stirn, Scheitel und Hinterkopf gelb mit schwarzen Schaftstrichen, Schwanz und Schwingen weiß gerändert. Er wählt sumpfige buschige Gegenden zum Standquartier und frißt Schlangen, Eidechsen, kleine Vögel, Fische und Insekten. Im südlichen Afrika lebt ein Singsperber, A. musicus (Fig. 478),

Fig. 477.

Aus des Lachhabichts.

Fig. 478.

Singsperber.

ein ächter Sperber im Betragen und in der Lebensweise, aber zugleich ein Sänger, denn während das Weibchen brütet, singt das in der Nähe sitzende Männchen seine ganz melodischen Strophen zu jeder Tageszeit und bis spät in die Nacht hinein. Beide Gatten leben auch zärtlicher mit einander, als es sonst bei Raubvögeln wohl Brauch ist. Dieser Sperber wird 20 Zoll lang und fiedert auf der Oberseite und Brust perlgrau, dunkler auf dem Scheitel, weißlich mit feinen braunen Querstrichen am Bauche; Schwingen und Steuerfedern sind schwarz.

Naturgeschichte I. 2.

18. Weihe. Circus.

Die Weihen werden gemeinlich als besondere Gruppe von den Habichten abgesondert und es läßt sich das eher noch rechtfertigen, als die Gattung selbst in mehre aufzulösen. Unserer Auffassung nach gewinnt die Einsicht in die Natur nicht durch Trennung, sondern durch Vereinigung und wo die Eigenthümlichkeiten nicht greller und nicht durchgreifender sind, wie zwischen Weihen und Habichten, vermögen wir auch keinen Familienunterschied zu erkennen. Zunächst zeichnen sich die Weihen aus durch eigen gebildete Federn, welche abstehend die untere Hälfte des Gesichtes umgeben und an den Schleier der Eulen erinnern. Wie bei letztern ist auch das ganze Gesieder weich und groß, die Flügel dagegen falkenhaft lang und spitz, angelegt über die Mitte des Schwanzes hinausreichend und ihre dritte und vierte Schwinge am längsten. An dem kleinen schwachen und niedrigen Schnabel klafft der Rachen bis unter den vordern Augenwinkel, bildet am Oberkieferrande nur einen wenig bemerkbaren stumpfen Zahn und öffnet die breit ovalen Nasenlöcher schief in der kurzen Wachshaut. Die Beine haben einen hohen, dünnen, von Gürtelschildern bekleideten Lauf und kurze schwache Zehen mit kleinen, scharfspitzigen Krallen. Im Knochengerüst unterscheiden sich die Weihen von den Habichten durch den verhältnißmäßig viel kleineren Rumpf und schlankere Glieder, den ansehnlich längern Vorderarm und Handtheil, das kürzere Brustbein und andere Formeigenheiten einzelner Knochen.

Gewandt und listig, schnell und gewandt im Fluge, stehen die Weihen doch an Raubgier und Kühnheit den Habichten und Edelfalken weit nach. Sie halten sich auch am liebsten in ebenen Feldern, Werästen, an Sümpfen und Gewässern auf, fliegen stets niedrig und überfallen ihre Beute nur am Boden, niemals im Fluge, jagen aber bis spät in die Dämmerung hinein und bauen ihr Nest mit weißen Eiern an den Boden zwischen Binsen und Schilfgräser. In Europa leben nur drei Arten, viele andere in andern Welttheilen.

1. Die Rohrweihe. C. rufus.
Figur 479 480.

In ebenen und sumpfigen Gegenden Europas überall heimisch, auch im nördlichen Asien und in Afrika bekannt, ist die Rohrweihe doch so empfindlich gegen Kälte, daß sie schon im October uns verläßt und erst im März zurückkehrt. Sie hat 21 Zoll größter Körperlänge nahe an vier Fuß Flügelspannung und ändert nach Alter und Jahreszeit die Zeichnung ihres Gesieders. In diesem Wechsel der äußern Erscheinung bleiben unterscheidende Merkmale von den nächsten Verwandten die blaßgelben Füße und Wachshaut, die weißliche Farbe des Kopfgesieders und die einfarbigen Schwingen und Steuerfedern. In der Jugend ist die Iris nußbraun, das Gesieder rostbraun, an Scheitel und Kehle gelblich. Bei ausgewachsenen erscheint die Iris gelb, der weiße Kopf schwarzbraun gestrichelt, der deutliche Schleier weiß und schwarz gefleckt, die Hosen rostfarben und der Schwanz weißgrau. Die ganze Oberseite dunkelt braun und auf der gelblichen

35

Unterseite liegen breite Schaftstriche. Der Schnabel ist bläulich mit schwarzer Spitze. Man muß viele Exemplare vergleichen, um sich von der schwankenden Färbung genau zu unterrichten. Von den innern Organen beachte man den stark bauchigen Kropf, die etwas über vier Fuß betragende Darmlänge, die blos warzenförmigen Blinddärme, den aus 14 Falten bestehenden Fächer und den 15schuppigen Knochenring im Auge, die ziemlich gleichen Lappen der Leber und andere Eigenthümlichkeiten.

Die Rohrweihe ist ein unruhiger, listiger und gieriger Räuber, der sich am Tage nur wenig Ruhe auf einem

Fig. 479.

Kopf der Rohrweihe.

Steine oder Pfahle, nicht gern auf einem Baume gönnt und zur nächtlichen Ruhe im Schilf und Weidengebüsch versteckt. Der Flug ist unsicher und schwankend, sanft, langsam und schwimmend, nur auf dem Zuge in uner-

Fig. 480.

Fuß der Rohrweihe.

meßlichen Höhen, sonst sehr niedrig, oder bis spät in die Abenddämmerung anhaltend. Zur Nahrung dienen kleine Wasser- und Sumpfvögel und deren Eier, kleine Säugethiere und Amphibien, in der Noth auch Insekten. Die Weihe stürzt sich nur auf kriechende und ruhende Thiere und verzehrt die Beute auf der Stelle. Kleine

Eier verschluckt sie ganz, größere säuft sie geschickt aus, im Aufsuchen derselben ist sie Meister und den Wasservögeln als solcher bekannt, daher viele derselben auch die Eier mit Nestmaterialien bedecken, so oft sie davon gehen. Ebenso gern wie die Eier frißt sie die jungen Nestvögel, jagt auch Fische in seichtem Wasser und allerhand Ungeziefer auf den Feldern. Ihr Nest baut sie in Schilf oder Gesträup, gern so, daß es fast auf dem Wasser schwimmt. Es ist groß und unkünstlich und besteht aus Reisern, Rohr, Schilfblättern, Binsen u. dgl. Das Weibchen brütet drei Wochen auf den grünlichweißen Eiern und die Jungen werden lange von beiden Alten gepflegt. Durch ihre große Gefräßigkeit richten die Rohrweihen viel Schaden an, welcher bei Weitem den in der Vertilgung von Mäusen und schädlichen Insekten bestehenden Nutzen überwiegt.

2. Die Kornweihe. C. pygargus.

Kaum fällt die nur etwas geringere Größe und der schlankere Habitus als unterscheidend von voriger Art auf, dagegen ist der weiße Bürzel und deutlich gebänderte Schwanz ein untrügliches Merkmal für die Kornweihe. Die Flügel erreichen die Schwanzspitze nicht. Das Jugendkleid ist oben dunkelbraun mit rostfarbigen Flecken, unten gelbröthlich mit braunen Längsflecken. Das ausgewachsene Männchen fiedert oben licht aschblau, unten weiß, im Genick braun und weiß gestreift, auf dem Schwanze schmal gebändert. Das alte Weibchen dunkelt oben braun mit röthlich weißen Flecken, unten aber ist es weiß mit braunen Längsflecken, auf dem Schwanze mit breiten dunkeln Binden.

Die Kornweihe dehnt ihr Vaterland vom mittlern Europa südwärts über Afrika und östlich noch über das mittlere Asien aus und scheint sogar in Nordamerika vorzukommen. Zum Standquartier wählt sie nur ebene Gegenden und am liebsten solche, in welchen Sümpfe, Moore und Getreidefelder wechseln. Bei ihrem leichten Bau fliegt sie sanft und schwimmend mit matten Flügelschlägen abwechselnd. Zur Ruhe läßt sie sich auf den Boden nieder. Frösche und Mäuse sind ihre Lieblingsspeise, aber listig überfällt sie auch junge Hasen, Hamster, allerlei kleine Vögel und Insekten. An den Bau des Nestes geht sie erst Ende Mai, wählt einen versteckten Platz dazu im Weidengebüsch oder Korn, schleppt viel Reiser, Gras, Halme herbei und füttert den Napf mit weichen Stoffen aus. Eier, Brütezeit und Pflege der Jungen wie bei der Rohrweihe.

Die dritte europäische Art ist die Wiesenweihe, C. cineraceus, mit undeutlichem Schleier, über das Schwanzende hinausreichenden Flügeln und ganz schwarzen Handschwingen, überdies merklich kleiner als die vorigen Arten. Ihr Vaterland geht nach Norden und Süden noch weiter als das der Kornweihe, der sie im Naturell und der Lebensweise gleicht. Unter den Südamerikanern ist die graue Weihe, C. cinereus, von nur 16 Zoll Körperlänge gemein, oben hell bleigrau, unten weiß mit feinen rostbraunen Querbinden und mit Flügeln viel kürzer als der Schwanz. Sie lebt ganz nach Art der europäischen Weihen.

II. Nachtraubvögel.

Dritte Familie.

Eulen. Striginae.

Eigentümliche, nächtlich düstere Gestalten, ebenso auffällig in ihrer innern Organisation wie in ihrer äußern Erscheinung von den Tagraubvögeln unterschieden. Ein weiches, ungemein lockeres Gefieder läßt die Eulen viel größer und plumper erscheinen als sie wirklich sind; es vergrößert auch den Kopf so sehr, daß er kaum vom Rumpfe abgesetzt erscheint bei der Kürze des Halses und verbirgt zugleich den größten Theil des Schnabels. Die großen nach vorn gewendeten Augen umgibt ein Kranz eigenthümlicher Federn, welche mit denen der Eulen und der Umkränzung der Ohren den sogenannten Schleier bilden. Die Größe dieses Schleiers, seine Form und besondern Federn verleihen dem Geschöpf der Eulen die höchst eigenthümliche und ganz charakteristische Physiognomie, durch welche allein schon sie von jedem andern Vogel unterschieden sind. Die kräftigen Beine sind mindestens bis auf den Lauf, häufig aber bis auf die Zehen dichtbefiedert, während die Bürzeldrüse nackt bleibt. Die großen etwas spitzigen Flügel zeichnen sich ganz besonders aus durch die feine Zähnelung der Fahnenränder ihrer ersten Schwingen, welche durch Umbiegung der Fahnenästspitzen entsteht und den Flügelschlag beim Fluge ganz lautlos macht. Die Aneinanderung des Gefieders dagegen ähnelt im Wesentlichen dem der Falken, indem die Rückenflur bald getheilt aufhört, bald die Aeste wieder vereinigend zum Bürzel ohne Absatz fortläuft; die Brustflur auch einen Ast absondert. Die ersten der mehr denn 20 Schwingen pflegen gekrümmt zu sein und der Schwanz hat stets 12 Steuerfedern. Die Beine sind kurz und selt gebaut, so plump sie auch oft durch ihre dichte Befiederung erscheinen, auch die Zehen kurz, zumal der Daumen sehr klein und die Außenzehe willkürlich nach vorn und hinten drehbar, daher am Grunde ohne Spannhaut. Die Krallen sind fein, schlank und spitzig. Am Schnabel fällt die große Beweglichkeit der Oberkiefer auf; seine Krümmung beginnt meist vom Grunde her, wo die Wachshaut unter steifen Borstenfedern versteckt ist. Die Nasenlöcher öffnen sich rund und verdicken ihren obern Rand wulstig.

Die Eigenthümlichkeiten der innern Organisation gewinnen an Interesse, je tiefer wir bei der Vergleichung mit den Tagraubvögeln auf die einzelnen Formverhältnisse eingehen. Doch können hier nur einige Eigenheiten hervorgehoben werden. So erscheint die Hirnschale doch und zumal hinten sehr breit, nicht weil die Hirnhöhle sehr geräumig ist, sondern in Folge der zelligen Auftreibung der Schädelknochen; auch die Scheidewand zwischen den sehr großen Augenhöhlen ist dick, zellenreich und luftführend. Das Thränenbein bildet niemals einen schützenden Federn über den Augenhöhlen und damit fehlt auch ein besonderes Superciliarbein, dafür aber springt bisweilen der Stirnrand über die Augenhöhle vor. Die Wirbelsäule gliedern 11 oder 12 Hals-, 8

Rücken- und meist ebensoviele Schwanzwirbel. Das Gabelbein ist schwach, zumal am Vereinigungspunkte beider Aeste, dagegen die Schlüsselbeine stark. Die Rumpfknochen insgesammt, meist auch der Oberarm, aber niemals der Oberschenkel führen Luft. Die ungemein großen Augen zeichnen sich schon äußerlich durch die mehr als halbkuglige Wölbung der Hornhaut aus; ihr Knochenring (Fig. 481) verlängert sich tubusartig und besteht aus

Fig. 481.

Knochenring und Linse des Eulenauges.

ungemein starken Knochenplatten, der Fächer aus merkwürdig wenig Falten; die Krystalllinse ist gleichmäßig gewölbt. Die Eulen sehen im Dämmerlicht am besten, auch am Tage ganz scharf, nur das blendende Sonnenlicht können sie nicht ertragen, und ob sie im tiefen Dunkel der Nacht gleich scharf sehen, ist doch sehr die Frage. Der Gehörsinn unterstützt sie bei ihrem nächtlichen Jagdgeschäft gar sehr und warnt sie nicht minder vor Gefahren, wenn sie am Tage in ihren Verstecken ruhen. Entfernt man die borstigen den Schleier bildenden Federn in der Ohrgegend (Fig. 482. 483), so fällt zunächst eine die

Fig. 482.

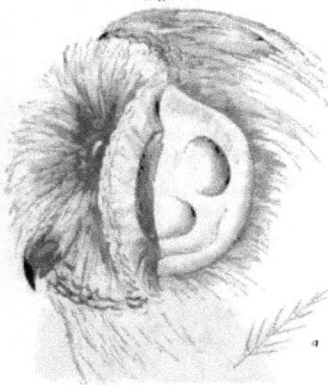

Aeußeres Ohr der Eule.

Ohröffnung umgebende Hautfalte auf, welche das Ohr schließen kann und mit steifen Borstenfedern (Fig. 482 a) besetzt ist, wie solche den ganzen Schleier bilden. Das Trommelfell ist sehr dünn und durchscheinend und wird

35*

Fig. 482.

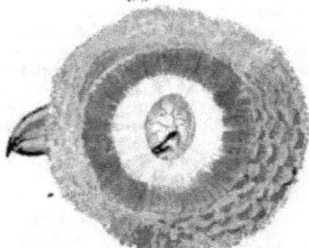

Neueres Ohr der Eule.

durch ein einzelnes keilförmiges Knöchelchen (Fig. 484) gestützt, welches eben eine knorplige dreieckige Ausbreitung trägt. Fig. 485 stellt den Kopf einer jungen Schnurreule vor, an welchem bei a die bloßgelegte Hirnschale, bei b die Nasenlöcher, c die Halswirbel, d das Auge, e das hintere Ende der Ohrfalte, f das vordere derselben,

Fig. 484.

Trommelfellknochen der Eule.

g ein Theil des Quadratbeines, h das Trommelfell sichtbar ist. Junge und Jungengerüst ähneln vielmehr der Falten als Augen und Ohren, auch bewegt den untern Kehlkopf nur ein einziges Muskelpaar. Der Schlund erweitert sich nur wenig, ohne jemals einen stark bauchigen Kropf zu bilden. Vormagen, Magen, innere Darmfläche, Leber, Milz und Nieren bieten nur gering-

Fig. 483.

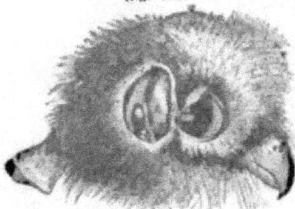

Kopf der jungen Schnurreule.

füßige Unterschiede von den Falken, dagegen sind lange fast immer keulenförmige Blinddärme vorhanden und die Bürzeldrüse hat einen sehr langen nackten Zipfel.

Die Eulen, in etwa 150 Arten über alle Zonen verbreitet, führen zum bei weitem größern Theile ein nächtliches Leben. Am Tage pflegen sie an versteckten Orten zu schlafen oder mit halbgeöffneten Augen aufmerksam ihre Umgebung beobachtend und mit glatt angelegtem Gefieder still zu sitzen. Mit Einbruch der Dämmerung fliegen sie aus, bleiben in mondhellen Nächten munter bis in die Morgendämmerung, bei stockfinstern Nächten ziehen sie sich aber wieder zurück und geben vor Sonnenaufgang nochmals auf Raub aus. Einsame schauerliche Orte, finstere Wälder, alte hohle Bäume, Felsenklüfte, Ruinen, Schlösser und Thürme wählen sie zum ständigen Quartier und zur Anlage ihres ganz kunstlosen Nestes. Ihre breiten Flügel und das große lockere Gefieder machen ihren Flug außerordentlich leise und völlig geräuschlos, so daß sie um so sicherer das auserwählte Schlachtopfer überfallen. Nur kriechende und schlafende Thiere greifen sie an und jagen deren in hellen Nächten so viele, daß sie völlig gesättigt noch Vorräthe in ihre Schlupfwinkel tragen, um in Zeiten der Noth davon zu zehren. Nur großer Hunger treibt die Nachteulen am Tage zur Jagd und dann setzen sie sich den heftigsten Neckereien und Verfolgungen anderer Vögel aus, denn als lichtscheue Dunkelmänner und nächtliche Räuber haben sie keine Freunde. Kleinere Thiere verschlingen sie ganz und würgen deren unverdauliche Theile als Gewölle wieder aus, größeren dagegen reißen sie den Kopf ab, schälen das Fleisch aus der Haut und von den Knochen und bewahren den Rest in das Fell eingewickelt an finstern Orten auf. Ihre nächtliche Lebensweise und ihr Aufenthalt an unheimlichen Orten gab von jeher dem Aberglauben reichliche Nahrung, welche durch die schauerliche Stimme nicht wenig gewürzt ward. So sind sie dem Aengstlichen verhaßt und gelten als Vorboten nahen Unglücks, sind gar als Todtenvögel, Leichenhühner u. dgl. verschrieen. Die düstere Färbung und das seltsame Aeußere steigern noch solch Eindrücke. Dabei bewegen sie sich beim Anblick des Menschen in den drolligsten Posturen, sträuben das Gefieder, nicken mit dem Kopfe auf diese und jene Seite, bücken sich, stecken die Zunge hervor, stieren starr auf den ungewohnten Gegenstand und belustigen durch solch wunderliches grimassenhaftes Benehmen den ruhigen Beobachter. Das ist aber auch Alles, was sie in Gefangenschaft ihrem Besitzer für die reichliche Fleischnahrung bieten. Uebrigens nützen sie der menschlichen Oeconomie durch Vertilgung vieler schädlichen Thiere und leisten dem Jäger und Vogelsteller die besten Dienste, nur wenige werden durch ihre Räubereien gefährlich.

Früher begriff man auf Linne's Vorschlag sämmtliche Eulen in der einzigen Gattung Strix und in der That sind sie die durchgreifenden Eigenthümlichkeiten in ihrer gesammten Organisation so wenig veränderlich, daß die seit Cuvier begonnene Auflösung in mehre Gattungen, deren Zahl die jüngsten Ornithologen auf fünfzig gesteigert haben, nur mit großer Vorsicht angenommen werden kann. Die äußern Unterschiede sprechen sich zunächst in dem Vorkommen und der Abwesenheit sogenannter Ohrbüschel, in der Bildung des Schleiers und der Befiederung der Beine und Füße, dann in der Größe der Augen, in der Schnabel- und Fußbildung, in den Flügeln wie bei andern Raubvögeln aus. Wir berücksichtigen hier nur die wichtigern und natürlich begründeten Gattungen, die wir in solche ohne und in solche mit Ohrbüschel gruppiren.

1. Schleiereule. Strix.

Die alte Linneïsche Gattung Strix wird gegenwärtig auf einen Typus beschränkt, welcher in unsrer gemeinen und doch sehr schönen Schleiereule am vollkommensten und reinsten vertreten ist. Ihr Gefieder ist ungemein weich, seidenartig wollig. An dem auffallend dicken und besonders breiten Kopfe (Fig. 186) fällt der herzförmige sehr

Fig. 186

Kopf der Schleiereule.

große Schleier sogleich als charakteristisch in die Augen. Er verdünnt sich unter dem Schnabel von beiden Seiten her und bleibt über dem Schnabel nur durch einen schmalen Stirnstreif getrennt. Der breite dichte Augenkranz ver-

Fig. 187.

Fuß der Schleiereule.

einigt sich unmittelbar mit dem Zügelgefieder. Der Schnabel ist sehr gestreckt und niedrig, nur an der Spitze hakig herabgebogen und öffnet die langen, elliptischen, schiefen Nasenlöcher ziemlich weit nach vorn. Die breiten Flügel überragen angelegt den kurzen kleinfedrigen Schwanz; ihre erste und zweite Schwinge bleiben nur wenig hinter der dritten längsten zurück. Die Beine (Fig. 187) sind zwar hoch, aber nicht gerade kräftig und verschlechtern ihre Befiederung von oben herab, so daß der untere Theil des Laufes nur noch feine Borstenfedern trägt und die Zehen noch spärlich beborstet und warzig sind; letztere haben lange, dünne, spitzige Krallen, von welchen die mittle stark und kammförmig gekantet ist. Die Äste der Rückenflur laufen wieder zum Bürzelstreif zusammen und der Ast der Brustflur wendet sich hinten wieder gegen den Bauchstreifen. Am Schädel erscheint die Hirnschale schmäler als bei andern Eulen, in zwei Hügel erhöht, die Schädelknochen auffallend dick und zellig. Das Brustbein hat jederseits am Hinterrande nur einen leichten winkligen Ausschnitt, während andre Eulen deren zwei haben. Das sehr schmale Schulterblatt ist stark gekrümmt. Neun Wirbel im Schwanze. Die Zunge spaltet sich schwach am breiten Vorderrande und ihr Kern ist zur Hälfte knorplig. Der Schlund ist ohne jede besondere Erweiterung. Der Darmkanal hat nur Körperlänge, aber 2 bis 3 Zoll lange dick keulenförmige Blinddärme. Die Leberlappen sind gleich lang, mit ungeheuer großer Gallenblase, die Bauchspeicheldrüse doppelt.

Die Arten gehören zu den schönsten Eulen und leben auf breiten Erdbällen so überaus ähnlich in ihrer äußern Erscheinung wie in Naturell und Betragen, daß ihre scharfe Sonderung noch nicht gelungen ist.

1. Die gemeine Schleiereule. Str. flammea.
Figur 188

Ueber ganz Europa, den größten Theil Asiens und Afrika verbreitet, ist die Schleiereule ein allgemein bekannter Vogel, um so mehr, da er die Nähe des Menschen liebt, in Städten und Dörfern in Thürmen, Kirchen und altem Gemäuer, in Steinbrüchen und in Gärten mit alten dicht belaubten Bäumen sich ansiedelt. Wälder und Gebirge meidet er. Männchen und Weibchen halten das ganze Jahr hindurch zusammen, mehre vereinigen sich nur bei strenger Winterkälte in einem engen Winkel. Am Tage fliegt die Schleiereule nur, wenn sie aus ihrer Ruhe aufgestört wird, sonst sitzt sie schlafend da. Mit einbrechender Dämmerung fliegt sie leicht, gewandt, niedrig und völlig geräuschlos umher, über Felder, Wiesen, Gärten und Gehöfte, den Menschen nicht scheuend. Im Frühjahr läßt sie hierbei sehr häufig ihren gräßlich widerlichen, kreischenden und schnarchenden Ruf darüber ertönen. Ratten, Mäuse und Spitzmäuse sind ihre liebste Nahrung und sie vertilgt erstaunliche Mengen dieser verderblichen Finsterlinge; auch Maulwürfen und kleinen Vögeln stellt sie nach. So macht sie sich um die menschliche Oeconomie überaus nützlich und um es doch sich empfindlich, daß sie zumal auf dem Lande in abergläubischer Furcht und völlig unbegründetem Verdacht verfolgt und an die Thorflügel genagelt wird. Es ist nicht wahr, daß sie Tauben

Fig. 488.

Gemeine Schleiereule.

der Augenkranz ist weiß oben mit dunkelbraunem Fleck, der Schleier rostgelb, aus weiß getropften, braungefleckten, schwarzschäftigen Federn gebildet. Körperlänge 16 Zoll.

2. Kauz. Ulula.

Die Käuze schließen sich durch den vollkommenen Schleier und den Mangel der Ohrbüschel an die Schleiereule an, unterscheiden sich aber sogleich durch das derbe feste Gefieder und die starken Beine mit kurzen fast bis an die Krallen dicht befiederten Zehen. Der Kopf erscheint wegen der kleinern dichten Federn minder groß, selbst der Schleier ist kurz und geht nur wenig über die Ohrgegend hinaus; der Augenkranz entwickelt sich blos nach hinten und unten. Der große starke Schnabel bildet einen kurzen dicken Haken und öffnet die überbersteten kleinen runden Nasenlöcher nahe am obern Vorderrande der Wachshaut. In den langen breiten Flügeln sind die vierte bis sechste Schwinge die längste, die drei ersten mäßig verkürzt und gegen die Spitze hin verschmälert. Der Schwanz erreicht meist eine für Eulen ansehnliche Länge und besteht aus breiten derben Federn. Die Arten sind über alle Welttheile verbreitet.

1. Der Waldkauz. U. aluco.

Der Waldkauz erreicht 16 Zoll Körperlänge und 40 Zoll Flügelspannung. Sein Gefieder ist noch ziemlich großzerig und locker, und giebt ihm, zumal wenn er es aufsträubt, ein sehr plumpes und ungefälliges, ja unbeinliches Ansehen. Der grünliche und blaßgelbe kräftige Schnabel krümmt sich schon von der Wurzel an herab. Die kurzen Füße sind fast bis an die Krallen dicht wollig befiedert und diese groß, falb und nur schwach gekrümmt. Die obern Körpertheile sind mit großen dunkelbraunen und mit kleinen rostfarbenen und weißen Flecken gezeichnet, an den Schulterfedern mit großen glänzend weißen Flecken; die untern Theile fiedern rostig weiß mit braunen Querstreifen und schmalen dunkeln Schaftstrichen; Schwingen und Steuerfedern sind abwechselnd schwärzlich und graurostig gebändert. Das Weibchen hat mehr Rostfarbe in der Zeichnung, auch rostrothe und braune Flügel- und Schwanzbinden. Einzelne Exemplare färben sich gar absonderlich fuchsroth mit dunkelbraunen Schaftstrichen. Am Schädel erscheint der Hirnkasten gleichmäßig sehr gewölbt; das Brustbein hat am Hinterrande jederseits zwei Ausschnitte. Der Fächer im Auge besteht aus nur fünf unregelmäßigen Falten. Der Darmkanal hat zwei Fuß Länge und sehr lange, ungleiche, keulenförmige Blinddärme. Die zumal im obern Theile stark getrübte Luftröhre ist von sehr hartknochigen Ringen gebildet.

Der Waldkauz dehnt sein Vaterland über ganz Europa und das nördliche Asien aus, ist in Deutschland gemein in allen ebenen und gebirgigen Wäldern, lebt aber einsam und streicht im Winter von Ort zu Ort. Auf den ersten Blick möchte man ihn für sehr ernst und bedächtig halten, aber bei näherer Bekanntschaft zeigt er sich einfältig, tropig und schlafsüchtig, im Fluge langsam und schwerfällig, doch ganz leise. Seine Stimme kreischt heiser kräh, kühitt, auch gräßlich hu—hu, das mit einem

stiehlt, sie liebt nur den Aufenthalt auf Taubenschlägen und brütet daselbst gern, die Tauben fürchten auch ihre Gegenwart gar nicht, scheinen sie aber noch gern zu sehen. Sie baut kein Nest, sondern legt ihre 3 bis 5 wie bei allen Eulen weißen Eier in eine zufällige Vertiefung an einem versteckten Orte. Das Weibchen brütet ziemlich drei Wochen und dann kriechen die weiß betunten, ganz unförmlichen häßlichen Jungen aus. Die Alten pflegen dieselben mit seltener Liebe und schleppen die ganze Nacht hindurch Mäuse zum Unterhalt herbei. Eingefangen werden sie bald zahm, doch niemals zutraulich und anhänglich.

Bei 15 Zoll größter Körperlänge spannen die Flügel 39 Zoll. Den Oberleib ziert ein überaus zartes aschgrau gewässertes, mit schwarzen und weißen Tropfen und Perlflecken sanft und fein gezeichnetes Gefieder, die Unterseite ist dunkelrostgelb und ebenfalls geperlt. Die Schwingen haben eine rostbraune Außen- und hellere Innenfahne und die rostgelben weißgespritzten Steuerfedern tragen vier verwaschene Querbinden. Um das Auge liegen im dichten Schleier die sein zerschlissenen, weißlich fleischfarbenen Gesichtsfedern. Die Beine sind mit halbwolligen Federn bekleidet, die Krallen schwarz, Schnabel und Wachshaut weißlich. Als besondere Spielarten kommen weißfleckige, schneeweiße und solche ohne Perlenzeichnung vor.

2. Die amerikanische Schleiereule. Str. perlata.

Der Unterschied von der gemeinen altweltlichen Art ist so geringfügig, daß erst die neuere scharfe Unterscheidungsmethode die Eigenthümlichkeiten erkannt hat. Die amerikanische Schleiereule fiedert oben ebenfalls grau mit weißen schwarz gesäumten Punkten, welche in Zickzacklinien geordnet sind, an der Unterseite weißlich mit grauen Flecken. Die rostgelben Schwingen haben innen eine sammetweiße Fahne und graue gesprenkelte Querbinden;

heulenden Gelächter endet. In der Nahrung ist er nicht
sehr wählerisch, zwar zieht er Mäuse anderem Gethier vor,
aber er geht mit demselben Appetite an Maulwürfe,
junge Hasen und Kaninchen, an kleine Vögel, Eidechsen
und Frösche und selbst an große Insekten. In mondhellen Nächten schwärmt er gern auf den Feldern umher
und besucht auch die Dörfer, hauptsächlich um Mäuse zu
jagen. Zum Horst wählt er einen hohlen Baum oder
eine Felsenhöhle, schleppt einiges Moos und Federn hinein
und legt drei bis fünf weiße Eier darauf. Nach drei
Wochen kriechen die bedunten blinden Jungen aus und
wachsen sehr langsam heran. Sie werden ganz zahm.

2. Der uralische Kauz. U. uralensis.
Figur 489.

Ein Bewohner des hohen Nordens in Europa und
Asien, in Deutschland nur als seltener, verirrter Gast
vorkommend. Er ist ein kühner Tagräuber, jagt in
dichten Wäldern den ganzen Tag bis spät in den Abend
hinein und besucht während der Dämmerung auch die

Fig. 489.

Uralischer Kauz.

offenen Felder. Dabei scheut er den Jäger nicht, sondern
siedelt in dessen nächster Nähe. Mäuse, junge Hasen,
Hühner und anderes Geflügel fällt ihm zur Beute. Sein
Flug ist rauschend und schnell, bisweilen schwebend. Als
unterscheidende Merkmale gelten der gelbe Schnabel, die

dunkelbraunen Augen, der gelblichweiße Unterleib mit
schmalen braunen Längsflecken und der sehr lange, deutlich gebänderte Schwanz. Uebrigens sieht das Männchen
graubraun mit braunen welligen Querlinien und Flecken.
Der Schleier steht um den ganzen Kopf herum. Männchen und Weibchen sind äußerlich kaum von einander zu
unterscheiden. Körperlänge 2 Fuß, Flügelbreite fast 4
Fuß.

3. Die Schneeeule. U. nyctea.
Figur 490.

Die Schneeeule bewohnt die Länder der nördlichen
Polarzone und verläßt den eisigen Norden nur während
der strengsten Winterkälte, wo sie in Amerika bis Pennsylvanien, im ostasiatischen Rußland bis Astrachan, in Europa
hin und wieder bis Deutschland hinabgeht. Sie erreicht
28 Zoll Körperlänge und fünf Fuß Flügelweite und siedert
bei dieser stattlichen Größe reinweiß, in der Jugend
braunfleckig. Ihr Kopf ist verhältnismäßig klein, der in
Borstenfedern versteckte, schwarze Schnabel sehr kräftig

Fig. 490.

Schneeeule.

und zierlich gebogen, mit großen runden Nasenlöchern in
der schwarzen Wachshaut; die Iris der großen Augen
prächtig gelb. Die dichte reichliche Befiederung der Füße
läßt kaum die Spitzen der starken, schwarzen Krallen frei.

In ihrem Vaterlande verräth die Schneeeule wenig
Scheu vor dem Menschen und siedelt sich in unmittelbarer
Nähe bewohnter Plätze an. Sie ist eine Tageule, fliegt
selbst an dristen Sommertagen rauschend und schnell nach
Beute umher und erträgt die Sonnenhitze ebenso gut wie
die strenge Kälte. Gefräßig und stets bei gutem Appetite,
richtet sie unter den kleinen Säugethieren und dem Ge-

Flügel großartige Verheerungen an und man erzählt, daß sie frisch geschossene Hasen und Hühner vor den Augen des Jägers stiehlt. Ihr Nest baut sie aus Reisern und Heidekraut an den Boden und legt bis fünf rundliche weiße Eier hinein, aus welchen braun bedunte Junge auskriechen, die erst im September flügge werden.

Sehr nah verwandt ist die lappländische Eule, U. lapponica, noch etwas größer, im breiten Gesicht mit langen, rein grauen und braun gebänderten Federn bedeckt, mit schwärzlichen Schleierfedern, am Rumpfe braun gefleckt und liniirt. Ihre Lebensweise ist noch nicht beobachtet.

4. Die Sperbereule. U. nisoria.
Figur 491. 492.

Auch diese Eule heimatet in den kalten Ländern des Nordens, in Amerika zahlreicher als in Europa, häufig auch in Asien, nur einzeln besucht sie das mittle Europa, nistet hier jedoch niemals. In ihrem Betragen gleicht sie fast mehr noch wie die Schneeeule einem Tagraubvogel. Sie fliegt abwechselnd bald mit schnellen Flügelschlägen.

Fig. 491.

Sperbereule.

bald in kurzen Pausen schwimmend, ganz falkenähnlich, oft sehr hoch bei Sonnenschein, jagend dagegen langsam, schwankend und niedrig; die Nacht verschläft sie im Gebüsch oder auf dem Gipfelaste eines Baumes. Zum täglichen Unterhalt dienen sie kleine Nagethiere, Ratten und Mäuse, gelegentlich auch Vögel, Singvögel und hühnerartige, in der Noth große Insekten. Der Hunger macht sie dreist und tollkühn, so daß sie dem Jäger die angeschossene Beute entführt. Ihr Nest baut sie auf hohe Bäume aus dürren Reisern, trocknem Gehalm und Federn und legt zwei weiße Eier hinein.

Nicht bloß Naturell und Lebensweise erinnern an den Sperber, die äußere Erscheinung sperbert gleichfalls, indem die weiße Unterseite mit braunen Querstrichen gezeichnet ist. Die Oberseite dunkelt braun und übersäet

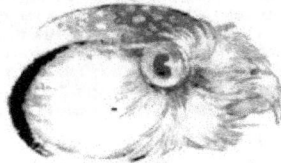

Fig. 492.

Kopf der Sperbereule.

Kopf und Hinterhals mit weißen Flecken, die Schultern mit Streifen, den Schwanz mit zehn weißen Binden. Schnabel und Augenstern sind gelb. Die dritte und vierte Schwinge erlangen die Flügelspitze. Am obern Augenbrauenrande befindet sich abweichend von andern Eulen und wieder falkenähnlich ein bewegliches Superciliarbein. Die kurze breite Zunge ist auf der hintern Hälfte sehr stark bezahnt, die beiden Hälften des Gabelbeines völlig getrennt, das Brustbein am Hinterrande jederseits mit zwei tiefen Ausschnitten, der Darmkanal nur von Körperlänge, nämlich 1 Fuß 2 Zoll, aber die keulenförmigen Blinddärme 2 Zoll lang, eine zweilappige Bauchspeicheldrüse, gleiche Leberlappen mit großer Gallenblase.

5. Der Zwergkauz. U. acadica.

Der Zwergkauz, auch Tannenkäuzchen und Sperlingseule genannt, ist eine der kleinsten Arten, nur 7 Zoll lang und 12 Zoll Flugweite, aber bei seiner geringen Größe ein gar niedlicher, possierlicher Vogel, den man seiner drolligen Grimassen wegen gern in der Stube hält. Er trägt sich glatt und schlank, doch auf den Beinen, schaut frei um sich mit heiterm Blick, streckt den Kopf und sträubt die Federn, sobald ein fremder Gegenstand ihm auffällt, macht Diener und hüpft munter im Käfig auf und ab. Sein Flug ist leicht und schnell. Er jagt ebenfalls am Tage, doch bis tief in die Dämmerung hinein, meist große Insekten, kleine Vögel und Mäuse. Seine eigentliche Heimat beschränkt sich auf die nördlichen Länder, in Deutschland bewohnt er, nirgends häufig, nur die lichtern Gebirgswälder. Das Gefieder dunkelt oben graubraun und zeigt hier mit weißen Flecken und Punkten, auf der Unterseite ist es weiß mit braunen Längsflecken, auf dem Schwanze mit vier weißen Binden. Die Füße sind bis an die Krallen befiedert, der Schnabel bleifarben. Der Schleier ist undeutlich.

3. Steinkäuze. Noctua.

Die Steinkäuze stehen den vorigen Arten auffallend nah und sind einzelne sogar mit jenen verwechselt worden, die aufmerksame Vergleichung läßt jedoch die unterscheidenden Merkmale nicht verkennen. Der ziemlich schlanke Schnabel umgibt sich an der Wurzel mit einer kurzen Wachshaut und öffnet in dieser das kreisrunde, dick umrandete Nasenloch nahe der obern Kante. Der Schleier verkümmert, verschwindet über dem Auge fast vollständig und erreicht auch die Kehle nicht, selbst der Augenkranz ist nur nach hinten und unten vollkommen ausgebildet. Das Gefieder besteht aus kleinen, weichen, seidenartigen Federn, daher das Aeußere schlank und zierlich erscheint. Die langen spitzen Flügel erreichen das Ende des ziemlich langen Schwanzes, und haben ziemlich gleichlange zweite, dritte und vierte Schwinge. An den hohen Beinen befiedern sich die Läufe abwärts spärlich, bleiben hinten nackt, die Zehen fast ganz nackt, nur mit feinen Borsten auf der warzigen Oberfläche. Wir führen von den weit verbreiteten Arten nur zwei der bekanntesten auf.

1. Der gemeine Steinkauz. N. passerina.

Das Käuzlein oder Leichenhuhn ist durch seinen schauerlichen Todtenruf, den es Abends mehrmals hören läßt, im Volke bekannter als durch sein Aeußeres und sein Betragen. Es gilt als Todtenvogel, wo es in der Nähe eines Kranken sich zeigt, und der Aberglaube hält fest an dieser prophetischen Bedeutung, so oft er sich auch vom Gegentheil überzeugt und so ganz sehr innere Beziehung zwischen dem Propheten und dem Kranken fehlt. Am Tage verhält sich das Käuzlein ruhig, schlafend in seinem Schlupfwinkel, mit dem abendlichen Dunkel fliegt es leise davon, ruckweise in fallenden und steigenden Bögen, schnell und gewandt, je sicherer es sich fühlt. Insekten, kleine Vögel und Mäuse dienen ihm zum Unterhalt und es jagt bei mondhellen Nächten viel, um Vorrath für knappe Zeit eintragen zu können. Während der Begattungszeit lärmen und schreien die Kauze viel und schwirren unruhig umher. Die Weibchen legen bis sieben weiße Eier in eine versteckte Vertiefung ohne Unterlage und brüten 16 Tage darüber. Sie halten sich am liebsten in Städten und Dörfern auf, siedeln sich aber auch in Steinbrüchen, lichten Wäldern und Gebüsch an. Jung eingefangen werden sie schnell zahm und unterhalten durch ihr possirliches Wesen, werden auch zum Anlocken kleiner Singvögel gebraucht. Das Vaterland erstreckt sich über fast ganz Europa.

Bei neun Zoll Körperlänge fiedert das Käuzlein oben graubraun mit unregelmäßigen weißen Flecken und Treppen, an der Unterseite rostig weiß mit graubraunen Flecken. Der Schnabel ist blaßgelb, die Iris gelb. Am Schädel verdient die gleichmäßige Wölbung der Hirnschale Beachtung. Das Brustbein führt keine Luft. Der Darmkanal ist 1½ Fuß lang, die Blinddärme 2 Zoll, die Nierenlappen auffallend ungleich.

Oft mit dem Käuzlein verwechselt wird Tengmalm's Kauz, N. Tengmalini, der zwar dieselbe Lebensweise hat,

Fig. 493

aber durch vollkommeneren Schleier, längere Flügel und Schwanz und nicht befiederte Füße sich unterscheidet.

3. Der Prairiekauz. N. cunicularia.
Figur 193.

Etwas größer als unser Käuzlein, besonders aber durch die viel höhern, sparsam befiederten Läufe von demselben verschieden. Das Rückengefieder graut bräunlich und bedeckt sich mit runden weißen Tüpfeln, die Unterseite dagegen ist weißlich mit braungelben Querflecken, Schwingen und Schwanzfedern weißgefleckt; Schnabel und Krallen hornfarben.

Die Erdeule verbreitet sich von Chili und Buenos Ayres bis in den Süden der Vereinten Staaten, hält sich stets am Boden auf, auf einem Erdhaufen oder einer andern Erhöhung sitzend, fliegt unter gellendem Geschrei mit stets zuckenden Flügeln in Wellenlinien auf, setzt sich aber bald wieder und nickt nicht viel mit dem Kopfe. Kann sie durch den Flug sich bei Gefahr nicht retten; so verkriecht sie sich in das nächste Erdloch. In solchen von Tatus, Murmelthieren und andern grabenden Säugethieren angelegten Höhlen nistet sie auch, hält sich gern in Gesellschaft dieser Thiere auf und erobert mit Gewalt deren Baue, wenn sie nicht freiwillig verlassene beziehen kann. Ihre Nahrung besteht in Mäusen, Eidechsen, Schlangen und kleinerem Gethier, das sie am Boden laufend ereilen kann.

Die kleinsten Eulen von der Größe unseres Dompfaffen bewohnen als eigenthümliche Gattung Glaucidium Südamerika. Sie haben einen sehr unvollkommen nur an Schläfen und Backen deutlichen Schleier, kleines steifes Kopfgefieder, kurze Flügel, einen ziemlich langen steifen Schwanz und kräftige ganz befiederte Füße mit großen sehr spitzigen Krallen. Sie halten sich meist in waldigen und buschigen Gegenden auf, sind sehr scheu, am Tage im Gebüsch ruhend und in der Dämmerung Insekten jagend.

4. Uhu. Bubo.

Eine Anzahl von Eulen trägt frei bewegliche Federbüschel über oder hinter den Augen, welche man irrthümlich Ohrbüschel nennt und danach die ganze Gruppe Ohreulen. Sie haben allerdings auch unter dem Gefieder versteckt große Ohrmuscheln und zugleich wie die Käuze einen sehr unvollkommen ausgebildeten Schleier. Man unterscheidet mehre Gattungen der Ohreulen, unter welchen die Uhus oder Schubus obenanstehen durch riesenhafte Größe, Muth und Kraft, wie durch körperliche Eigenthümlichkeiten. Ihr Schnabel, größer und stärker als bei andern Eulen, biegt sich schon vom Grunde an herab und öffnet das breit ovale Nasenloch vorn am Rande der überfiederten Wachshaut. Die ungeheuer großen Augen umringt ein kurzer Federkranz und hinter ihnen steht der große Ohrschopf. Das Gefieder ist weich und locker, die Schwingen breit, mit stark gefranzten Rändern; die starken Füße bis an die Krallen hinab dicht von weichen Federn bekleidet und die ziemlich langen Krallen spitz und gekrümmt, die Zehen mit breiten, fleischigen Sohlen. Die Uhus bewohnen die gebirgigen Waldungen beider Erdhälften als nächtliche Räuber.

1. Der gemeine Uhu. B. maximus.
Figur 194.

Der gemeine Uhu ist die größte und imposanteste unter den europäischen Eulen. Das großfederige, sehr lockere Gefieder läßt ihn größer erscheinen als er wirklich ist, denn gewöhnlich mißt er nur zwei Fuß Körperlänge und über fünf Fuß Flügelspannung. Die Zeichnung des Gefieders ändert vielfach ab, ist im Allgemeinen aber

Fig. 194.

Gemeiner Uhu.

braun oder schwarz geflammt auf dunkel rostgelbem Grunde, an der Kehle weißlich, mit fast ganz schwarzen Ohrbüschen. Den undeutlichen Schleier bilden hellgraue, schwarzspitzige Borstenfedern. Das Jugendkleid ist dunkler. Die innere Organisation bietet nur sehr geringfügige Unterschiede von der kurzohrigen der Sumpfohreule. So erscheint der Schädel etwas größer, an der Stirn und dem Hinterhaupt zumal breiter, das Brustbein kürzer und nach hinten erweitert, die Glieder der Flügel sämmtlich kürzer. Der Darmkanal mißt drei Fuß Länge und die keulenförmigen Blinddärme bis vier Zoll. Der Schlund erweitert sich gegen den Vormagen hin etwas, dieser ist kurz und mit großen Drüsen besetzt, der Magen sehr schlaffwandig, doch mit Sehnenscheiben, beide Leberlappen ziemlich gleich kurz und mit großer kugeliger Gallenblase, die Zunge in der hintern Hälfte stark bezahnt, am vordern Ende ausgerandet, ihr Kern zur Hälfte knorplig.

Der Uhu verbreitet sich über ganz Europa, einen großen Theil Asiens und Afrikas und heimatet auch im höhern Norden Amerikas. Ueberall wählt er felfige und gebirgige Waldungen zum Standquartier, ein= same, wilde, schluchtige Reviere, die er nur vom Hunger getrieben verläßt. Ueberrascht und gereizt bläht er sein lockeres Gefieder auf, klappert unter lautem Zischen und Schnauben mit dem Schnabel und reißt die leuchtenden Augen drohend weit auf. Kühn stürzt er sich auf jeden Feind und läßt die eingeschlagenen Krallen nicht leicht los. Doch meidet er vorsichtig und scheu den Angriff, achtet auch am Tage auf seine Umgebung, wenn er im dichtesten Gebüsch versteckt ruht oder sucht in Felsen= klüften und altem Gemäuer seinen Feinden sich zu ent= ziehen. Er hält sich einsam, nur während der Bega= tungszeit mit dem Weibchen zusammen. Sein Flug ist leicht, geräuschlos, langsam, Abends bisweilen sehr hoch. Das hesere getämpfte Buhu klingt schauerlich durch die nächtliche Stille einsamer Gebirgswälder und geht in ein schallendes Hohngelächter über, das bald dem Heulen der Hunde bald dem Jauchzen der Jäger und wildem Ge= wieher der Rosse gleicht und so denn auch nicht wenig zur Sage vom wilden Jäger beigetragen hat. Trotz seiner Größe und Körperkraft nährt sich der Uhu doch nach ächter Eulenweise hauptsächlich von kleinen Thieren, von Hamstern, Ratten, Mäusen, Schlangen, Eidechsen, Frö= schen, Hühnern, Singvögeln, und von Käfern, indeß sind auch Hasen, Hirsch= und Rebhälter vor seinen Angriffen nicht sicher. Die kleinere Beute verschlingt er ganz, die größere zerreißt er und läßt Fell und Knochen davon liegen. Jung eingefangen wird er zwar bald zahm, kann aber seine Beßheit und Wildheit nicht ganz unter= drücken, bei reinlicher Haltung und frischem Fleisch hält er auch lange aus. Das Weibchen legt in ein großes Nest in einer Felsenkluft oder auf einem alten Baum drei fast runde, weiße, raubschalige Eier und brütet drei Wochen auf denselben. Im nächsten Frühjahr wird das alte Nest mit neuem Material ausgebessert. Wo sich der Uhu am Tage sehen läßt, wird er von Krähen und andern kleinen Vögeln verfolgt und geneckt, von den Tagraub= vögeln zum Kampfe herausgefordert. So sehr er auch hin und wieder der Jagd zusetzt, ist doch auch sein Nutzen durch Vertilgung zahlreicher schädlicher Thiere nicht gering anzuschlagen und der Jäger weiß ihn deshalb noch für die Krähenhütte sehr vortheilhaft zu verwerthen.

2. Der virginische Uhu. B. virginianus.

Figur 493.

Der amerikanische Uhu, vom Feuerlande bis zum nördlichen Polarkreise verbreitet, gleicht in Naturell, Sit= ten und Lebensweise auffallend dem unsrigen. Auch er durchbeult in den schauerlichsten Tönen die einsamen Wälder und erfüllt den Aengstlichen mit Schreck und Grauen, jagt allerlei Vögel und Säugethiere und stiehlt gern das Geflügel von einsamen Gehöften, keinen An= griff scheuend und mit wilter Wuth und gewaltiger Kraft sich vertheidigend. Die Indianer kennen ihn überall und erzählen ebenso abergläubische Sagen von ihm, wie solche über unsern Uhu umgehen. Er erreicht übrigens nicht ganz die Größe des europäischen und sieht gelb, auf der Oberseite mit dicht gedrängten und gesprenkelten, auf der Unterseite mit entferntern einfachen Querwellenlinien,

auf den Schwingen und Steuerfedern mit breiten Bän= dern; die Ohrfedern außen schwarz, innen gelb.

Fig. 493.

Virginischer Uhu.

5. Ohreule. Otus.

Der schwächere Körperbau und die deutlichere Schleier= bildung fallen sogleich als unterscheidend vom Uhu auf. Der Schleier läuft nämlich vom Auge um das Ohr herum bis zum Munde und auf der Höhe des Auges steht der Ohrschopf. Kopf und Augen sind kleiner als bei dem Uhu, doch der Schnabel nicht schwächer und bis zur Spitze dicht von steifen Borstenfedern bedeckt. Das weiche Gefieder besteht aus schmalen, spitzen Federn und die breiten Flügel reichen angelegt über die Mitte des kurzen Schwan= zes hinaus; ihre vierte Schwinge ist die längste und die beiden ersten an der Spitze abgesetzt verschmälert. Die Füße kräftig und bis an die Krallen befiedert. — Die Arten verbreiten sich soweit wie die Uhus.

1. Die Sumpfohreule. O. brachyotus.

Ein Kosmopolit, über die ganze nördliche Erdhälfte, in Südamerika bis Patagonien, in Afrika bis ans Cap der guten Hoffnung verbreitet. Bei 16 Zoll Körperlänge spannen die Flügel nahezu vier Fuß. Die sehr kleinen, nur zwei= oder dreifedrigen Ohrbüschel stehen über dem innern Augenwinkel. Das Gefieder ist blaßgelb mit schwarzen Schaftstrichen, welche bis zur Brust hin breit, dann schmal und lang sind; die Flügeldecken an der

36*

Außenseite gelb, an der Innenseite und der Spitze schwarz, Schwingen und Schwanz mit graubraunen Binden, der Augenkranz zunächst um das Auge schwarz, dann gelb. Der Schädel erscheint von oben betrachtet ganz dreiseitig und der Kieferrücken hinter den Nasenlöchern sehr erhöht, noch mehr die Hirnschale, welche eine vertiefte mittle Längsrinne und seitliche vorspringende Kanten hat. Das Brustbein von gleichbleibender Breite, das Schulterblatt ziemlich grade, acht Schwanzwirbel. Die Zunge trägt gar keine Bezahnung, die Luftröhrenringe sind weich und knorplig, die Leberlappen völlig symmetrisch, der Darmkanal zwei Fuß lang, die Blinddärme zwei Zoll.

Die Sumpfohreule oder kurzöhrige Eule wählt zum Aufenthalte niedere, feuchte Felder, Wiesen und Sümpfe, wo sie den Tag über in kleinem Gebüsch oder Gestrüpp versteckt ruht. Mit der Abenddämmerung wird sie munter und fliegt gewandt, hoch und anhaltend umher, bei trübem Wetter schon lange vor Sonnenuntergang. Mäuse, Spitzmäuse, Maulwürfe, Hamster, kleine Vögel, Frösche und allerlei große Insekten dienen ihr zur Nahrung. Das Weibchen legt in ein sehr dürftiges Nest am Boden vier runde weiße Eier und brütet drei Wochen darüber, dann kriechen die schmutzigweiß bedunten Jungen aus.

2. Die Waldohreule. O. vulgaris.

Die gemeine oder Waldohreule, auch kleiner Uhu genannt, zeichnet sich durch sehr große, aus je sechs bis zehn Federn gebildete Ohrbüschel schon sehr kenntlich aus. Sie fiedert eben rostgelb mit unregelmäßigen dunkelbraunen und grauen Flecken, an der Unterseite hell ockergelb mit schwarzbraunen Längsflecken. Das Jugendkleid ist rostweißlich mit schwärzlichen Querlinien. Die Füße bekleidet ein dichter kurzer Flaum bis zu den dünnen nadelspitzigen Krallen. Die innere Organisation zeigt eine ganz überraschende Aehnlichkeit mit der der Sumpfohreule und es gehört ein sehr geübtes Auge dazu, um Unter-

Schädel der Waldohreule.

schiede herauszufinden. Der Schädel (Fig. 496) ist am Oberkiefer nicht so sehr erhöht und im Hirnkasten breiter, die seitlichen der hintern großen Ohrhautfalte zur Stütze

dienenden Leisten schärfer; das kürzere Brustbein (Fig. 497) wird nach hinten breiter; die Gliedmaßenknochen verhältnißmäßig kürzer. Die hintere Hälfte der Zunge ist bezahnt, das Gedärm merklich kürzer, auch die Blinddärme viel kürzer, die Luftröhre knochenringig.

Ueber die ganze nördliche Erdhälfte verbreitet, hält sich die Waldohreule abweichend von der Sumpfohreule nur in Waldungen, ebenen wie gebirgigen, auf, ruht Tags über auf einem Aste und jagt Abends und Nachts dieselben Thiere wie die Sumpfohreule, wobei sie aber auch

Brustbein der Waldohreule.

in die Gärten, Felder und bewohnten Plätze streift. Zum Brüten wählt sie am liebsten ein altes Falken-, Krähen- oder Taubennest, das sie nicht einmal erst ausbessert.

Als dritte Gattung der Ohreulen werden die Ohrenkäuze, Scops, aufgeführt, kleine zierliche muntere Ohreulen mit kleinen Ohrbüscheln und sehr wenig ausgebildetem Schleier, mit sehr dichten Zügelborsten, leichtem Ausschnitt neben der abgestutzten Unterkieferspitze, nur bis an die Zehenwurzel befiederten Füßen und punktirtem und gestreiftem Gefieder. Die weitest verbreitete Art ist die Zwergohreule, auch bei uns in gebirgigen Waldungen heimisch. Sie wird nur acht Zoll lang und mischt ihr Gefieder aus grau, weiß und rostgelb mit sehr feinen braunen und schwarzen Zeichnungen. Als Nahrung dienen ihr kleine Thiere, welche sie Abends und während der Nacht jagt. In Gefangenschaft ergötzt sie durch ihre wunderlichen Posituren. In Brasilien kömmt eine schwarzköpfige und eine zweite durch schwarze Halsseiten ausgezeichnete Zwergohreule vor.

Fünfte Ordnung.

Girrvögel. Gyratores.

Einzige Familie.

Tauben. Columbinae.

Die Tauben sind so durchaus eigenthümliche Vögel, daß sie gewiß Niemand mit andern verwechseln wird. Allein ihre Eigenthümlichkeiten bestehen in einer Vereinigung ganz überraschender Aehnlichkeiten und Unterschiede, welche den Systematiker in nicht geringe Verlegenheit bringen. Jeder aufmerksame Leser wird vergebens nach einem Uebergange von den Raubvögeln zu den Tauben fragen, die Kluft zwischen beiden ist eine ungeheure. Auch unter den Kletter-, Schrei- und Singvögeln finden wir keine vermittelnden Glieder mit den Tauben. Sie sind vielmehr mit allen diesen nur durch den ersten und allgemeinsten Gruppencharakter verbunden, indem ihre Jungen nackt und blind das Ei verlassen und eine Zeit lang aus dem Kropfe gefüttert werden; sie sind also mit alle bisher vorgeführten Vögel Nesthocker und unterscheiden sich dadurch wesentlich von den Hühnern und allen noch übrigen Vögeln. Mit den Hühnern scheinen sie wirklich die größte Verwandtschaft zu haben, wenn wir eben von jenem entscheidenden physiologischen Merkmale absehen. Mehre Ornithologen ordnen sie auch gradezu den Hühnern unter. So weit geht aber die Verwandtschaft doch nicht. Gleich, daß sie nur paarweise in strenger Monogamie leben und Männchen und Weibchen äußerlich sich kaum unterscheiden, bei den polygamisch lebenden Hühnern dagegen auffallend verschieden sind, stört diese Verwandtschaft und die Vergleichung der einzelnen Körperformen und Organe führt weiter auf mehr Unterschiede als Uebereinstimmungen.

Im Allgemeinen erscheint der Taubenschnabel fein gebaut, nicht länger als der zierliche gerundete Kopf, in der Mitte etwas verdünnt und von Haut bekleidet, nur vorn an beiden Hälften mit einer gewölbten kuppenartigen Hornplatte versehen, an der stumpfspitzigen Oberschnabel etwas hastig herabgebogen ist. Das Nasenloch öffnet sich jederseite spaltenförmig unter einer bauchigen, von der zarten Wachshaut überkleideten Knorpelschuppe. Die Firste des Schnabels pflegt abgeplattet zu sein und der Unterkiefer ist an den Seiten vertieft und hier beschielt. Die Zunge ist stets klein, weich, etwas fleischig, vorn spitz und ungefasert, hinten bezahnt, ihr Kern entsprechend pfeilförmig, nur aus einem Knorpelstück bestehend und auf einem gestreckten dünnen Zungenbeinkörper gelenkend. Die kleinen Augen sind meist nackt umrandet und blicken sanft und mild, zutraulich und aufmerksam. Der dicht befiederte Kopf bewegt sich auf einem kurzen dünnen Halse. Die Fußbildung folgt im Wesentlichen dem Typus der Raubvögel. Gewöhnlich reicht die Befiederung nur bis zum Hackengelenk, bei einigen darüber hinaus. Der kurze Lauf übertrifft selten die Mittelzehe an Länge, pflegt

vorn mit kurzen Querschildern, hinten netzförmig getäfelt oder nackt zu sein. Von den vier Zehen steht der sehr kleine Daumen immer nach hinten, die drei andern längern stets nach vorn. Eine Spannhaut fehlt oder verbindet die Außen- und Mittelzehe. Die Krallen sind zwar stark, doch nicht groß. Das derbe, feste Gefieder liegt am ganzen Körper glatt an und liebt sanfte, bisweilen auch prächtig schillernde Farben. Die einzelnen Federn sind groß, breit abgerundet, unten dunig, da Dunen zwischen den Konturfedern fehlen. Die Flügel, von ansehnlicher Länge, werden von harten zugespitzten Schwingen gespannt, deren erste etwas verkürzt sind; zehn sitzen am Handtheil, elf bis fünfzehn am Arme. Der Schwanz spielt in Länge, Breite und Abrundung, gabelt aber niemals und besteht aus zwölf, bisweilen 14 oder 16 Steuerfedern. Die Bürzeldrüse ist am Zipfel unbefiedert.

In der innern Organisation weicht zunächst der Schädelbau ganz eigenthümlich von den Hühnern ab. Die Stirn ist breit und gewölbt, nicht durch das Thränenbein erweitert, dagegen dessen absteigender Ast dick und breit, auch die Gaumenbeine ziemlich breit. Den Hals gliedern 12, den Rücken 7 und ebensoviele Wirbel den Schwanz. Entschieden hühnerähnlich dagegen erscheint das Brustbein, besonders durch die tiefen Ausschnitte seiner Platte, weniger durch die ungeheuere Höhe seines Kieles, welche die geringe Größe der Platte ersetzt. Schulterknochen und Becken ähneln noch mehr den Hühnern. Im Flügel überlängt hühnerwidrig der Handtheil den Vorderarm und dieser den Oberarm. Die Flügelmuskeln zeichnen sich durch ungeheure Stärke ihres fleischigen Bauches und durch die Kürze ihrer Sehnen aus. Der Schlund erweitert sich in einen wahren Kropf, dessen Wände sich wie bei keinem andern Vogel zur Brutzeit verdicken und aus nezartigen Falten und Zellen unter erhöhter Thätigkeit die Blutgefäße einen milchartigen Stoff absondern, mit welchem die sehr schwächlichen Jungen anfangs allein geäzt werden. Der gestreckte Vormagen ist sehr drüsenreich, der eigentliche Magen sehr stark muskulös. Der Darmkanal mißt die sechs- bis achtfache Rumpfeslänge und hat nur ganz kleine unscheinbare Blinddärme. Die Leber ist sehr ungleichlappig und ohne Gallenblase; die Bauchspeicheldrüse doppelt, die Milz länglich rodbraund; die Luftröhre aus vorn knochenartigen, an der Schlundseite aber weichen Ringen gebildet; die hintern Nierenkörper vergrößert. Von gar überaus vielen Arten fehlt indeß noch sehr anatomische Untersuchung und es läßt sich darum nicht angeben, wie weit die Formverhältnisse der Organe schwanken.

Die Tauben gefallen allgemein durch ihr nettes, angenehmes Aeußere. Ihre Größe schwankt zwischen der des Goldammer bis zur Truthenne, alle fliegen schnell und gewandt, gehen aber nur langsam auf ihren kurzen rothen Füßen, ausgenommen die langbeinigen Hühnertauben, welche gut laufen und schlecht fliegen. Wenn auch nicht immer ruhigen, so doch verträglichen Charakters, leben sie gesellig beisammen und schaaren sich zu Wanderungen und Streifzügen oft in ungeheurer Anzahl. Zum Standquartier wählen sie offene Felder, waldige und felsige Gegenden, wo sie Sämereien, Körner, Früchte und Beeren suchen, denn diese bilden fast ausschließlich ihre Nahrung; dazu baden sie gern im Wasser oder auch in trockenem Sande und trinken viel, nicht schlürfend, sondern schluckend. Männchen und Weibchen halten das ganze Jahr hindurch in zärtlicher Liebe zusammen, girren, rucksen, schnäbeln sich und machen die sonderbarsten Bewegungen. Das Nest bauen sie ganz kunstlos aus dürren Reisern und Stengeln und die zwei rein weißen Eier brüten beide Gatten abwechselnd, beide nähren auch die sehr unbeholfenen Jungen anfangs mit dem milchigen Safte aus dem Kropfe, dann aus aufgequollenen Sämereien, welche sie ihnen mit dem Schnabel einstopfen. Das sprichwörtlich gewordene sanfte friedliche Wesen, das nur durch Eifersucht gereizt in Groll und aufbrausenden Zorn übergeht, macht die Tauben leicht zähmbar und führt sie aus eigenem Antriebe in die Nähe des Menschen, wo sie zutraulich, doch ohne eigentliche Anhänglichkeit sich ansiedeln. Ihres wohlschmeckenden nahrhaften Fleisches wegen hat man eine Art zum Hausgeflügel gezogen und hält sie in besondern Taubenschlägen, zugleich um ihren fetten Dünger für die Landwirthschaft zu benutzen; viele andre werden nur wegen ihres sanften, gefälligen Aeußern gezähmt. So großen Nutzen sie uns aber auch durch ihr Fleisch und ihren Dünger liefern, dürfen wir doch auch ihren Nachtheil nicht unterschätzen, denn wo sie massenhaft sich vermehren, werden sie den Saatfeldern nachtheilig, indem sie sowohl die frischausgesäeten Körner von den Aeckern auflesen, als während der Ernte schaarenweise in die reifen Saaten einfallen. Ihre gefährlichsten Feinde stehen in den Reihen der Raubvögel.

Taube. Columba.

Ueber die Länder der warmen und gemäßigten Zone verbreitet, entfalten die Tauben trotz der großen Uebereinstimmung in allen wesentlichen Organisationsverhältnissen doch einen überraschend großen Artenreichthum. Der um die Ornithologie hoch verdiente Prinz Lucian Bonaparte zählt nicht weniger als 225 Arten, wovon über die Hälfte Amerika, oder nur sieben Europa angehören. Er hat dieselben nach der Fuß-, Flügel- und Schwanzbildung in zwei Hauptgruppen, fünf Familien und zwölf Unterfamilien mit nicht weniger als 57 Gattungen geordnet. Leider kennen wir von der größern Mehrzahl nur das Gefieder und wer sich für dessen Aeußerlichkeiten interessirt, muß die ausgestopften Bälge in den großen Sammlungen zur Hand nehmen, die bloße Beschreibung würde eine fruchtlose, geistödtende Lectüre sein. Wir führen deshalb nur einige der bekanntesten und interessantesten Arten vor und lassen dieselben unter der alten Linné'schen Gattung Columba vereinigt, welche hier also ohne die ganze Familie und Ordnung umfaßt. Die neuern zahlreichen Gattungen erhalten erst dann einen wissenschaftlichen Werth, wenn ihre äußern Merkmale durch

Eigenthümlichkeiten der innern Organisation als bedeutungsvoll nachgewiesen sind.

1. Die Feldtaube. C. livia.
Figur 498.

Soweit die Nachrichten im Alterthume hinaufreichen, wird auch der zahmen Taube gedacht. Die Mosaische Gesetzgebung zählt sie unter die reinen Thiere und gestattet sie zu opfern, in Aegypten und Persien, im alten Griechenland und Rom wurde sie bereits in großartigem Maß-

Fig. 498.

Feldtaube.

stabe gezüchtet. Wir wissen nicht, wer und in welchem Lande die Feldtaube zuerst an sich lockte, sie pflegte und fesselte, gegenwärtig ist sie, überallhin verbreitet, theils durch die Zucht in zahlreiche Spielarten aus einander gegangen, theils wieder halb und ganz verwildert, sodaß man bisweilen gar nicht sagen kann, ob sie zahm oder wild sei. Im eigentlich freien, natürlichen Zustande lebt sie zahlreich noch im südlichen Europa, im nördlichen Afrika und Asien, spärlich auch im mittlen Europa und noch jenseits der Ostsee. In diesen nördlichen Ländern scheint sie Zugvogel zu sein, wenigstens behaupten mehre Beobachter, daß sie im Herbst schaarenweise abziehen und im Frühjahr zurückkehren. Bei 13 Zoll Körperlänge und etwas über zwei Fuß Flügelspannung sichert die Feldtaube, gewöhnlich als Feldflüchter von der zahmen unterschieden, mehrblau mit weißem Unterrücken und doppelter schwarzer Querbinde auf dem Oberflügel. Ihr schwarzer Schnabel ist stark kolbig an der Spitze und auf der Nasenlochschuppe staubig weißlich, die Iris brennend gelbroth, die kurzen stämmigen Beine vorn bis zur Hälfte des Laufes herab befiedert, weiter hinab blutroth geschildert. Die Weibchen pflegen etwas kleiner und schlanker als die Männchen zu sein. Am liebsten wählen sie felsige Gegenden in der Nähe angebauter Länderreien zum Aufenthalt, meiden stets die Wälder, ruhen nicht

Fig. 499.

Tauben.

einmal auf Bäumen aus, so sehr sie auch die weite Aussicht lieben. Ihr Flug ist gewandt, ungemein schnell und ausdauernd mit schnellem Flügelschlag, bei schönem Wetter hoch kreisend. Um Nahrung zu suchen, fliegen sie oft meilenweit über die Felder und kehren damit, wenn sie Junge haben, wunderbar schnell zum Neste zurück. Das Gefieder ist immer glatt und schmuck, überhaupt liebt die Taube die Reinlichkeit sehr, ist friedfertig und verträglich, immer gesellig, aber doch sehr scheu gegen den Menschen. Ihre Stimme kennt Jedermann. Zur Nahrung wählt sie vornämlich Getreidekörner und Hülsenfrüchte, Lein und Raps; geben diese Früchte aus, so sucht sie die Samen anderer Feldpflanzen auf; dazu bedarf sie viel klares

reines Trinkwasser wie auch Wasser zum Baden. Ihr Nest baut sie aus wenigen Reisern und Halmen in ein Felsenloch oder hohes Gemäuer und brütet darauf 16 bis 18 Tage. In jedem Jahre werden zwei Bruten gezogen.

Die Haustaube, C. livia domestica, ist der Ackerkultur überallhin gefolgt und gegenwärtig ziemlich soweit wie der Sperling verbreitet. Eigentlich fesselt sie freilich nur die große Bequemlichkeit und reichliche Nahrung, welche der Mensch ihr um des Fleisches und Düngers willen gewährt, an das Haus, im Uebrigen bewahrt sie ihre Unabhängigkeit und es bedarf ganz besonderer Pflege, sie ihrer Freiheit zu berauben. Ueber ihre Zucht, Pflege und die zahlreichen Rassen sind viele Bücher geschrieben werden, auf deren Inhalt wir aus leicht erklärlichen Gründen nicht eingehen können. Bei uns werden außer der mit wilden ähnlich gefärbten Haustaube die gewöhnlichen weißen und gefleckten Spielarten gehalten, andere nur von einzelnen Liebhabern, so die Kropftaube (Fig. 499 a), die Kragentaube e, die Pfauentaube f, die Schleiertaube g, die Purzeltaube h. Große Berühmtheit erwarb sich durch ihre Schnelligkeit die Brieftaube (Fig. 499 b), welche aus dem Orient nach Europa eingeführt wurde. Ihre Flugfertigkeit streift wirklich an das Fabelhafte, denn sie wird auf vier Minuten für die Meile Entfernung angeschlagen und das auf Strecken von Lenton nach Paris, von hier nach Köln, und nicht minder wunderbar ist ihr Spürvermögen, den geraden kürzesten Weg nach dem Ziele aufzufinden. Daß die Sehnsucht nach den Jungen eine große Rolle bei diesen ganz außerordentlichen Anstrengungen spielt, leidet keinen Zweifel, mit welchen Mitteln sie aber dieselben glücklich überwindet, wird uns wohl ein Räthsel bleiben, wie so vieles Andere in dem Leben der Vögel, wo wir nicht über die Bewunderung der Thatsachen hinauskommen.

2. Die Ringeltaube. C. palumbus.
Figur 499 d.

Unter den einheimischen Taubenarten steht hinsichtlich der Größe die Ringeltaube obenan, denn sie mißt 17 Zoll Körperlänge und 32 Zoll Flugweite. Uebrigens dehnt sie ihr Vaterland fast über ganz Europa, Asien und das nördliche Afrika aus, lebt freilich in den kalten Ländern nur als Zugvogel, im October in Gesellschaften von 20 bis 100 Stück am Tage seinen Wanderflug ausführt. Zum Standquartier wählt sie waldige Gegenden, am liebsten gebirgige Nadelholzwälder, doch meidet sie keineswegs die Laubwälder und kleinen Feldhölzer, wenn sie eben nur zur nächtlichen Ruhe, zum Schutz gegen schlechtes Wetter und zum Nisten hohe Bäume hat. Die Samen der Nadelbäume sind allerdings ihre Lieblingsspeise, aber zur Zeit der Körnerreife verläßt sie auch den dichtesten Wald und streift in die Felder, um die Nahrung der Feldtaube zu theilen. Jeder alte hohe Baum ist ihr passend zur Nestanlage. Männchen und Weibchen tragen eifrig feine Reiser zusammen, letzteres ordnet dieselben locker über einander und legt zwei dünnschalige Eier hinein, welche es abwechselnd mit dem Gatten in 17 bis 19 Tagen ausbrütet. Die Jungen werden sorglich gepflegt, doch aus inniger Elternliebe, wenigstens läßt die mangelnde Unruhe und Angst bei dem Verlust derselben und die Vernachlässigung des anderen bei Verlust des einen auf große Gleichgültigkeit schließen, und das ist bei allen Taubenarten der Fall. In der Flugfertigkeit, in dem schrittweisen schnellen Gange, überhaupt in ihren Bewegungen steht die Ringeltaube der Feldtaube keineswegs nach, wohl aber liebt sie weniger die Geselligkeit und zumal während der Brütezeit sondert sich ihre Paare ab. Schon in früher Morgendämmerung erwacht sie, putzt ihr Gefieder und fliegt dann nach Nahrung aus, um zehn Uhr pflegt sie wieder im Quartier zu sein und eilt nach einiger Ruhe zur Tränke, dann hält sie etwa bis drei Uhr Mittagsruhe in einer gut besonnten Baumkrone und fliegt noch einmal nach Futter und zum

Trinken aus und begibt sich, wenn nicht neuer Appetit zu einem Abendfluge treibt, mit einbrechender Dämmerung zur nächtlichen Ruhe.

Aeußerlich ist die Ringeltaube leicht von der Feldtaube zu unterscheiden an dem weißen Halbmonde der Halsseiten, dem weißen Flügelfleck und der weinrothen Brust. Ihr übriges Gefieder ist bläulich aschgrau, am Kopfe ins Purpurne ziehend. Am reinsten und schönsten sind die Farben im Frühling, im Laufe des Sommers bleichen sie wie bei andern Vögeln aus. Männchen und Weibchen tragen sich gleich, nur dem Jugendkleide fehlt der weiße Halsfleck. Aeußerst selten nur haben wir weiße Spielarten.

3. Die Holztaube. C. oenas.

Die Holztaube ähnelt in Größe und Färbung so sehr der Feldtaube, daß sie früher wenigstens vielfach mit derselben verwechselt worden ist. Die bläulich-aschgraue Hauptfarbe, welche an der Brust in weinroth übergeht und an den Halsseiten grün schillert, färbt bei ihr auch den Unterrücken, Bürzel und die untern Flügeldeckfedern und darin unterscheidet sie sich äußerlich von der Feldtaube. Sie ist über ganz Europa verbreitet, im nördlichen als Zug-, im südlichen als Standvogel und hält sich in waldigen und baumreichen Gegenden auf, darin gleicht sie der Ringeltaube und sie ruht und nistet auch wie diese auf Bäumen, aber ihre große Geselligkeit und leichte Zähmbarkeit stellt sie wieder der Feldtaube näher. Zur Nahrung dienen ihr ebensowohl die Samen der Waldbäume wie die Körner der Ackerpflanzen.

4. Die Turteltaube. C. turtur.
Figur 500. 501.

Wer die zierliche und zärtliche, höchst gefällige und einnehmende Turteltaube nur einmal sah, und sie wird von Syrien bis Schweden, von Spanien bis zu den britischen Inseln, wohin ihr Vaterland sich erstreckt, überall gern gesehen, der wird sie mit andern Tauben nicht mehr verwechseln. Klein und schlank, bunter ist ihr Ge-

Fig. 500.

Turteltaube.

fieder viel mehr als die vorigen Arten, indem sie Vorderhals und Brust weinröthlich, Rücken, Bürzel und obere Schwanzdecken braunsteckig und isabellgelb, Scheitel und Nacken aber aschgrau hält, die schwarzen Flügeldeckfedern rostroth rändert, die Schwingen schwarzbraun und die

Spitzen der Steuerfedern weiß färbt. Der Schnabel ist klein und schwach und die weichen Füße nur oben etwas vom Fersengelenk herab befiedert. Das Jugendkleid düstert in anderer Zeichnung.

Fig. 501.

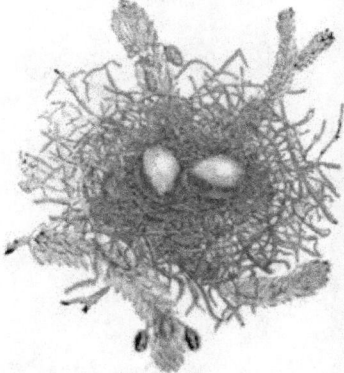

Nest der Turteltaube.

Das Turteltäubchen, bei uns und in allen nördlichen Ländern nur von April bis September aushaltend, siedelt sich in bewaldeten Gegenden am liebsten längs der Flüsse an und streift nur der Nahrung wegen bisweilen in die Felder und Gärten, sobald es nämlich das Lieblingsfutter, die Samen der Nadelhölzer nicht in genügender Menge findet und zu Getreide und Sämereien der Feldpflanzen seine Zuflucht nehmen muß. Klares Quell- oder fließendes Wasser ist ihm ganz unentbehrlich. Die Dichter der alten und neuen Zeit und der verschiedensten Völker wählten das Turteltäubchen als Sinnbild zärtlicher Liebe und Unschuld, der Sanftmuth und Geduld, in der That nimmt auch sein Aeußeres sowohl wie sein ganzes Betragen sehr ein und macht es zu einem ganz angenehmen Stubengenossen. Mit zierlichem Schritt unter stetem Nicken läuft es hurtig am Boden umher und fliegt mit einer Schnelligkeit und Gewandtheit, in den geschicktesten Wendungen und Schwenkungen, welche Bewunderung erregen. Zwar gesellig wie andere ihres Geschlechtes, hält die Turteltaube doch nur in kleinen Gesellschaften bis zu zwölf Stück beisammen und schaart sich nicht leicht zu größern Flügen. Männchen und Weibchen hängen innig aneinander und der Tod oder Verlust des einen setzt das andere in große Unruhe und Trauer, die sich aber keineswegs bis zu Todesgram steigert, wie Dichter wollen. Die poetische Verherrlichung ist hier wie bei andern Thieren weit über die Gränzen der einfachen Naturwahrheiten hinausgegangen. Die Turteltaube ruckst nicht, sondern girrt, ihr Lockton klingt schnurrend turrturr, terrturr, turrturr, bald rascher bald langsamer, sanfter oder lauter. Das Nest baut sie nicht sehr hoch über dem Boden auf einen Ast, ganz kunstlos aus dürren Reisern.

Naturgeschichte I. 2.

lecker und lose und 16 Tage brüten beide Gatten abwechselnd auf den zwei kurz ovalen Eiern. Sie machen zwei und selbst drei Bruten in einem Jahre.

5. Die Lachtaube. C. risoria.
Figur 502.

Auch die Lachtaube ist bei uns sehr beliebt als Stubenvogel, heimatet aber nur im warmen Afrika und Asien, wo sie schon im hohen Alterthume zahm gehalten wurde. Empfindlich gegen unser Klima, verlangt sie besondere Pflege, zumal wenn sie sich fortpflanzen soll. Im freien Naturzustande lebt sie wie andere Arten. Eben-

Fig. 502.

Lachtaube.

falls nur zehn Zoll lang und zierlich und nett in ihrer Haltung, sieht sie hell perlgrau mit röthlichem Schimmer, am Kopfe und der Unterseite blasser, auf dem Rücken und den Flügeln isabellgelb und zeigt ein schwarzes, unten weiß gesäumtes Band um den Hals. Abänderungen in der Färbung kommen vor, jedoch nicht so häufig als bei den andern gezähmten Arten. Ihren Namen hat sie wie die Turteltaube von ihrer Stimme.

6. Die Wandertaube. C. migratoria.
Figur 503.

Aeußerlich leicht kenntlich an dem schieferblauen Rücken, goldgrünen Nacken, der rehbraunen Kehle und Brust, dem weißen Bauche und dem keilförmig verlängerten Schwanz und von 18 Zoll Körperlänge, zieht die Wandertaube doch vielmehr durch ihr Betragen und Vorkommen die Aufmerksamkeit auf sich. Die Schilderungen desselben gränzen ans Fabelhafte, doch die zuverlässigsten Beobachter wie Audubon, Wilson u. A. verbürgen deren Wahrheit. Myriadenweise zieht nämlich die Wandertaube in meilenlangen Flügen die Sonne verfinsternd nach Süden. Am Ohio sah Audubon Schwärme vorüberziehen, welche er auf 40 Meilen Länge und auf über 1100 Millionen Stück schätzte. Und sie fliegen schneller als andere Tauben, in sechs Stunden wohl hundert Meilen weit, denn man fand im Kropfe von Wandertauben, welche bei New-York geschossen wurden, unverdaute Reiskörner, sie

37

Fig. 503.

Wandertaube.

mußten also in wenigen Stunden aus den weit entfernten Reisfeldern herbeigeflogen sein. In solchen erdrückenden Schaaren brüten sie auch. Auf Meilenbreite und viele Meilen Länge ist der Wald mit Nestern besäet, bis bunt= tert auf jedem Baume und die Nester sind so locker und lose aus spärlichen Reisern auf den Gabelästen angelegt, daß heftige Winde sie in Menge herabwehen. Drei Bruten im Jahre liefern den Ersatz für die vielen Millionen, welche gewaltsamen Todes sterben. Raubthiere der ver= schiedensten Art fallen beißhungrig über die Schaaren her und der Mensch lichtet sie mit allen ihm zu Gebote stehen= den Mitteln. Der Landmann schlägt mit langen Stan= gen in die dicht und niedrig fliegenden Schwärme, beraubt sie mit Schwefelräucherungen, blendet sie mit nächtlichen Feuern und wenn zahllose Leichen den Boden bedecken, läßt er sein grunzendes Borstenvieh los, das sich schnell damit mästet, und dabei sammelt er für sich noch reich= lichen Vorrath ein, welcher gerupft, ausgeweidet und ein= gesalzen nahr= und schmackhafte Winterspeise liefert. Der Indianer sucht die ausgedehnten Brüteplätze auf und sättigt hier durch einfache und feine Jagdkünste seinen reichlichen Bedarf ein. Nur der Küstenbewohner, dem nicht Myriaden, sondern blos kleine Schwärme zufliegen, greift zur Flinte, zum Netz und Lockvogel, um auch seinen Antheil zu gewinnen. Wehe aber dem Waldwuchse, wo die großen Schwärme sich brütend niederlassen, die

jüngern Aeste brechen unter der Last der Nester ein und die ganze Frucht verschwindet in den Kröpfen der Tauben. Wehe den Aeckern, auf welchen ein Schwarm zur Mahl= zeit sich niederläßt, der reichste Erntesegen ist dahin. Audubon berechnet den täglichen Bedarf eines viele Meilen langen Schwarmes auf anderthalb Millionen Scheffel Körner. Die Heimat der Wandertaube erstreckt sich in Nordamerika vom 20. bis 60. Breitengrade und so lange sie in den nördlichen Ländern bis gegen den Winter hin an Knospen und Beeren noch Unterhalt fin= det, erträgt sie auch die Kälte, nur Nahrungsmangel treibt sie zur Wanderung. Sie gewöhnt sich wie andere Tauben auch leicht an die Gefangenschaft und hat dann in ihrem Betragen nichts Auffälliges.

7. Die neuholländische Ringeltaube. C. spadicea.

Figur 504.

Am Norden und im Süden Neuhollands überhaupt ist eine große, 19 Zoll lange Ringeltaube so häufig, daß sie massenhaft auf die Märkte gebracht und ihres zarten wohlschmeckenden Fleisches wegen gern gegessen wird. Sie schillert an der Oberseite und dem Vorderhalse mit starkem Kupfer= oder Purpurschiller, an der Brust und dem Bauche weiß; ihre Schwingen sind dunkel, die Steuerfedern braun in grünlich, Schnabel, nackte Augenkreise und Füße kar=

Fig. 504.

Fig. 506.

Neuholländische Ringeltaube.

Manasepetaube.

minroth. Ihr Betragen aber beobachtete noch kein Naumann und kein Audubon.

Eine andere neuholländische, aber auch auf Java
heimische Waldtaube ist die Doppelkammtaube,
C. dilopha (Fig. 505), mit grauem Federkamm auf dem
Vorderkopfe und rostgelbem auf dem Hinterkopfe, übrigens
aschgrau, an Schwingen und Schwanz schwarz, auf letzterem mit grauer Querbinde. Zierlicher und netter trägt sich
die auf Neuguinea häufige Manasepetaube, C. cyano-

virens (Fig. 506). Sie fiedert grün, aber am Kopfe blau,
am Bauche gelblichweiß, faßt die braunen Schwingen
gelb ein und hat außerdem einen großen cyanblauen Fleck
auf den Flügeln, einen schwarzen Schnabel und rothgelbe
Füße. Das Weibchen unterscheidet sich durch einen rothen
Brustfleck und graue Stirn und Kehle.

8. Die indische Gewürztaube. C. aromatica,
Figur 307.

Ueber alle indischen Inseln verbreitet, weicht die
Gewürztaube durch ihre ausgezeichneten Kletterkünste von
andern Arten ab und die Farbe ihres Gefieders macht sie
am Stamme unkenntlich, um gegen feindliche Ueberfälle
geschützt zu sein. Ihre Nahrung besteht hauptsächlich in

Fig. 505.

Doppelkammtaube.

Fig. 307.

Indische Gewürztaube.

37 *

milden Feigen. Zum Brüten ziehen die Paare einzeln
ins Innere der Wälder, bauen ein ganz kunstloses Nest
aus Reisern auf Gabeläste und schaaren sich erst mit den
flüggen Jungen wieder zu größern Flügen. Ihr Gefieder
ist gelblichgrün, auf Oberrücken und Flügeldecken graulich
lila oder violett, die Schwingen schwarz, der Scheitel
und die seitlichen Steuerfedern aschgrau.

Ganz nah verwandt ist die ebenfalls auf den indischen
Inseln und auch den Moluken heimatende, 17 Zoll lange
Fasantaube, C. phasianella (Fig. 508). Sie nährt

Fig. 508.

Fasantaube.

sich von den Beeren myrtenartiger Gewächse und theilt deren
angenehmes Aroma ihrem schwarzen zarten Fleische mit,
welches deshalb um so schmackhafter befunden wird. Ihr
Gefieder ist die dunkelt oben rothbraun mit Bronceschiller,
am Kopfe, Vorderhalse und der ganzen Unterseite oder orangegelb; der Hinterhals glänzt purpurn oder goldig.

9. Die Muskatentaube. C. oceanica.
Figur 509.

Im polynesischen Inselgebiete lebt eine ganze Gruppe
eigenthümlicher, unter dem Gattungsnamen Carpophaga
vereinigter Tauben. Sie zeichnen sich aus durch ihren
an der Wurzel sehr platten, an der Spitze leicht gewölbten
und zusammengerückten Schnabel, eine nur kleine Schnurre
über den Nasenlöchern, niedrigen Vorderkopf und weit
über die Schnabelwurzel herabreichende Befiederung. Ganz
auffällig entwickelt sich während der Paarungszeit auf der
Wurzel des Oberkiefers ein Hautlappen oder eine kuglige
fleischige Auftreibung, welche bald darauf wieder spurlos
verschwindet. An den kräftigen, zum Festhalten großer

Fig. 509.

Muskatentaube.

und glatter Früchte eingerichteten Füßen ist die Hinterzehe
sehr entwickelt, die Außenzehe verlängert und die Sohlen
platt und breit. Die auf den Moluken wohnenden Arten
mästen sich mit Muskatnüssen, welche sie ganz verschlucken.
Sie verdauen jedoch nur die saftige fleischige Umhüllung,
die sogenannte Muskatblume, den Kern geben sie unver-
sehrt wieder von sich und dieser erhält auf dem Wege durch
den Taubenmagen erst seine Keimkraft, denn reife Mus-
katnüsse ohne solche oder eine entsprechende (in Kalk-
wasser durchfeuchtete) Präparation wollen nicht keimen.
Selbstverständlich werden die Tauben dadurch zum Haupt-
hebel der Verbreitung dieser wichtigen Gewürzbäume.
Wir bilden aus dieser Gruppe nur eine 14 Zoll lange
Art ab, welche auf den Carolinen und Philippinen heimatet. Ihr Gefieder ist am Rücken, den Flügeln und
Schwanze broncegrün, am Kopfe und Hinterhalse schieferblau, am Vorderhalse und der Brust aschgrau, an der
Unterbrust und dem Bauche rostroth.

10. Die bronceflüglige Taube. C. chalcoptera.
Figur 510.

Eine andere Gruppe von Tauben, sehr große und
sehr kleine Arten, meldet den Aufenthalt an Bäumen,
fliegt schlecht und läuft vielmehr schnell und geschickt am
Boden umher und nähert sich überhaupt im Betragen sehr
den Hühnern, daher man sie Hühner- oder Erdtauben
genannt hat. Die abgebildete Art bewohnt offene, sandige Gegenden im südlichen Neuholland, meist nur paarweise, nistet in einem niedrigen hohlen Baumstumpfe und
verräth sich dem Beobachter durch ihren lauten, gar nicht
unangenehmen Ruf. Ihr Gefieder hält sich bräunlich
aschgrau, an der Kehle dunkelgrau, der Stirn und den
Zügeln weiß, die Rückenfedern haben rothbraune Säume,
die Flügel zu Bändern geordnete kupfergoldige Flecken
und der Schwanz ein schwarzes Ende. Lebend nach England gebrachte Exemplare pflanzten sich daselbst nicht fort.

Die südamerikanischen Hühnertauben sind zierlich und
nett, nur von Lerchengröße, picken auch wie unsere Ammern

Fig. 510

Breitschwänzige Taube.

nur auf kurze Strecken sich erheben können, auch am Boden brüten und ihre Jungen wie Küchlein unter die Flügel nehmen. Sie legen sechs bis acht Eier, röthlichweiß, welche jedoch Männchen und Weibchen abwechselnd brüten. Die Jungen picken unter Anleitung der Mutter Ameisenlarven, todte Insekten und Gewürm, sobald sie aber flügge sind, fressen sie lieber Körner und Beeren. Die abgebildete Art gleicht einer sehr plumpen Turteltaube, zeichnet sich aber sogleich durch einen rothen Fleischlappen auf der Schnabelwurzel und Stirn aus und durch

Fig. 512.

Sudafrikanische Hühnertaube.

und Spatz an Wegen ihre Nahrung aus Pferdeäpfeln und fliegen höchst ungern. Die abgebildete Zwergtaube, C. Talpacoti (Fig. 511), ist eine der gemeinsten in Brasilien und besucht in kleinern Gesellschaften die Vorstädte und Dörfer. Nur 7 Zoll lang, gefiedert sie weinroth, am Oberkopf und Nacken blaugrau, an Schwingen und Schwanz schwarz. Man hält sie häufig im Vogelhause,

Fig. 511.

Zwergtaube.

doch nur in ihrem Vaterlande, denn das europäische Klima sagt ihr nicht zu.

Eine andere mehr im Innern Brasiliens und bis nach Paraguay verbreitete Art, C. griseola, wird gar nur 5 Zoll lang und zeichnet ihren Hals und Nacken mit dunkeln Bogenlinien.

11. Die südafrikanische Hühnertaube. C. carunculata.
Figur 512.

Auch Afrika hat hochbeinige, kurzflügige und schwerfällige Hühnertauben, welche beständig umherlaufen und

einen zweiten Lappen am Kinn. Kopf und Hals fiedern schiefergrau, Mantel und Flügel mehr silbergrau; die Unterseite und die Steuerfedern sind weiß.

Fig. 513.

Trompenfr"is.

Eine zweite, kaum kleinere Art, C. tympanistria (Fig. 513), verbreitet sich weiter über das südliche Afrika und hat einen olivenbraunen Rücken, rothbraune Flügel, weiße Unterseite, graubraunen Schwanz und auf dem Bürzel zwei schwärzliche Binden. Ihre Lebensweise wurde noch nicht beobachtet.

12. Die nicobarische Taube. C. nicobarica.
Figur 514.

Eine stattliche und prächtig geschmückte Taube, welche auf den Nicobaren, den Sundainseln und Molucken lebt und öfters lebend nach Europa gebracht wird. Ihr

Fig. 514.

Nicobarische Taube.

dunkelgrünes Gefieder schillert goldig, kupferfarben und purpurn, der Kopf ist bellschiefergrau, der kurze Schwanz weiß und am Halse hängen lange zugespitzte Federn schlaff herab. Während der Paarungszeit tritt auf der Schnabelwurzel ein rother Fleischhöcker hervor. Körperlänge 15 Zoll.

13. Die Kronentaube. C. coronata.
Figur 515.

In der Kronentaube tritt das hühnerartige Wesen ganz entschieden hervor und wir würden sie unter die Hühner versetzen müssen, wenn nicht die wesentlichsten Organisationsverhältnisse den Taubentypus bekundeten. Jedenfalls bildet sie das zu den Hühnern überführende Endglied dieses Typus. Die hohen Beine, der gedrungene plumpe Körper, die kurzen Flügel und der hohe aus zerschlissenen Federn bestehende Kopfschmuck machen ihre äußere Erscheinung ganz hühnerartig. Dazu fliegt sie

wenig und ungeschickt, schreitet aber gravitätisch einher, mischt sich in Gesangenschaft gern unter die Hühner, frißt verträglich mit denselben und ist sehr fruchtbar. Man hält sie im südlichen Asien, ihrem Vaterlande, viel auf Hühnerhöfen und mästet sie bis zu zehn Pfund Schwere. Ihr weißes zartes Fleisch ist dann sehr schmackhaft. Außer der ruckenden Taubenstimme läßt das Männchen noch einen kollernden Ton hören. Im freien Zustande wählt sie lichte Wälder und buschige Gegenden zum Aufenthalt, baut ein kunstloses Nest auf die niedrigsten Aeste und legt nur zwei weiße Eier. Ihr derbes Gefieder ist schieferblau, zeigt auf dem Flügel einen kastanien-

Fig. 515.

Kronentaube.

braunen und weißen Fleck ab, zieht Schwingen und Schwanz in dunkelaschgrau, die Augengegend in schwarz. Sie gewöhnt sich zwar leicht an das europäische Klima, pflanzt sich aber leider bei uns nicht fort.

Sechste Ordnung.
Hühnervögel. Gallinae.

Mit den überall verbreiteten und allbekannten Hühnern beginnt die zweite Hauptabtheilung der Klasse der Vögel, nämlich der Kreis der Nestflüchter oder Pippel. Wie unter den Säugethieren die niederorganisirten, die

unvollkommeneren, also die Huf- und Flossensäugethiere lebende und behaarte Junge gebären, welche sogleich der Mutter folgen: so schlüpfen auch die unvollkommeneren Vögel sehend und mit einem dichten weichen Dunengefieder bekleitet aus dem Ei, verlassen sofort unter Anführung der Mutter das Nest und suchen ihre Nahrung selbst oder nehmen dieselbe wenigstens vom Boden auf. Nur diejenigen, welche auf hohen Bäumen oder Felsen nisten, müssen selbstverständlich im Neste bleiben, bis sie flügge sind, und lassen sich solange von ihren Eltern das Futter zutragen, aber nicht eigentlich füttern. Die größern und größten Vögel verlassen also kräftiger und ausgebildeter das Ei als die kleinern und kleinsten, deren vollkommnere Organisation sich langsamer und nur unter ganz besonderer Pflege der Eltern entwickelt. Diese Erscheinung kehrt in allen Klassen des Thierreiches wieder.

Die hühnerartigen Vögel, auch passend Scharrvögel, Rasores genannt, ändern bei ihrer allgemeinen Verbreitung über die ganze Erdoberfläche in ihrer äußern Erscheinung zwar vielfach und erheblich ab, bieten aber dennoch in Betragen, Lebensweise und Organisation so charakteristische allgemeine Merkmale, daß selbst die äußersten Glieder der Gruppe noch leicht und sicher erkannt werden und ihr verwandtschaftliches Verhältniß nicht ganz verstecken. Zunächst fällt die Kürze des Schnabels auf, welcher noch nicht die halbe Länge des kleinen Kopfes (nur ausnahmsweise mehr) zu erreichen pflegt, dabei aber breit, hoch und plump ist, seine obere Spitze kuppig herabbiegt und mit den Rändern des Oberkiefers die Unterkieferschneiden umfaßt. Die häutige Schnabelwurzel ist sehr kurz und allermeist befiedert und aus ihr springt taubenähnlich eine knorplige Schuppe vor, unter welcher das Nasenloch sich öffnet. Sehr gewöhnlich bleiben einzelne Stellen am Kopfe nackt und schwielig, ja bisweilen der ganze Kopf bis zum Oberhalse und fleischige Höcker, Kämme oder Lappen oft noch von greller Farbe ersetzen dann den eigenthümlichen Federnschmuck des befiederten Kopfes. Die Beine sind als Hauptbewegungsorgan der Hühner stets sehr kräftig gebaut, die Schenkel stark muskulös und der hohe Lauf befiedert sich vorn mit kurzen Halbgürteln, hinten mit sechseckigen Schildchen. Die meist verkürzte Hinterzehe ist höher eingelenkt als die drei vordern und tritt daher beim Gehen nicht ganz auf, gewöhnlich berührt sie nur mit dem Nagel den Boden. Die Krallen pflegen kurz, breit und stumpf, zum Scharren geeignet zu sein, seltener sind sie lang, dabei gekrümmt und zusammengedrückt. Das derbe Gefieder besteht aus großen Conturfedern mit starkem Schaft und großem blos dunkeln Afterschaft an der Spule. Die kurzen stumpfen Flügel wölben sich schildartig, haben 10 Schwingen am Handtheil, wovon die ersten verkürzt sind, und 12 bis 19 am Arme. Der Schwanz spielt in den verschiedensten Formen, von der größten prächtigsten Schweifgestalt bis zur völligen Verkümmerung, oft die Geschlechter durch seine Größe und Form unterscheidend. Er besteht aus 12, 14, ja bisweilen aus 18 Steuerfedern und verschönert sich z. B. bei dem Pfau durch eigenthümlich gebildete Bürzelfedern. Die auf dem Schwanze gelegene Bürzeldrüse ist groß, oval oder breit herzförmig und mit wenig Dunen an der Mündung des kurzen Zipfels besetzt.

Die innere Organisation zeichnet sich durch gar manche, sehr auffällige Eigenthümlichkeiten aus. Im Skelet spricht sich sogleich das sehr unvollkommene Flugvermögen aus, durch die geringe Pneumaticität überhaupt,

die große Kürze der Flügelknochen und ganz besonders durch die schmale Brustbeinplatte, deren hintere Ausschnitte so weit vordringen, daß das Brustbein nur aus zwei Fortsätzen jederseits und am Kiele in der Mitte besteht. Von den weichen Theilen sei hier nur erwähnt, daß der Kropf stets sehr ausgebildet ist, der Magen ungemein dick muskulös ist und am langen Darme zwei verhältnißmäßig sehr lange keulenförmige Blinddärme vorkommen.

Die Hühner, plump und schwerfällig im Bau, sind mehr Erd- als Luftvögel. Sie halten sich mit wenigen Ausnahmen am Boden auf, laufen behend und erheben sich nur auf kurze Strecken mit geräuschvollem, schnurrendem Flügelschlag. Harte und trockne Sämereien sind ihre liebste Nahrung und sie scharren dieselben am Boden, durch welche Lebensweise sie sich so sehr von andern Vögeln unterscheiden. Außerdem fressen sie jedoch auch Beeren, Knospen, überhaupt weiche Pflanzentheile, Insekten und Gewürm. Sie leben in Vielweiberei. Ein einzelnes Männchen, durch Größe, Stärke und meist auch durch äußern Schmuck des Gefieders auffällig ausgezeichnet, herrscht über mehre und viele, ihm treulich ergebene Weibchen mit großer Umsicht, Strenge und Eifersucht, vertheidigt aber auch die ganze Familie muthig und meist selbst dem überlegenen Gegner. Die Weibchen legen zahlreiche, große Eier in eine einfache Grube am Boden oder ein ganz kunstloses Nest auf Bäumen, brüten allein und übernehmen allein auch die Erziehung der Jungen, welche schnell heranwachsen, aber meist bis zur nächsten Paarung bei der Familie bleiben. Der großen Fruchtbarkeit halber sowie wegen der nahrhaften Eier und des schmackhaften Fleisches werden mehre Hühnerarten als Hausgeflügel gehalten und sie geben auch die Freiheit gern auf, da sie mit ihren geringen Flugvermögen doch schon an die Scholle gefesselt sind, auch nur sehr beschränkte geistige Fähigkeiten haben und mit der leicht zu beschaffenden Nahrung sich bald befriedigt fühlen. Einzelne werden indeß nur wegen der Schönheit und Pracht ihres Gefieders gezähmt.

Gegenwärtig kennt man etwa 320 Arten, welche von den neuern Ornithologen auf nahezu hundert Gattungen vertheilt werden. Jeder Welttheil als größeres Faunengebiet hat ihre eigenthümlichen Hühner und die große Verschiedenheit in der äußern Erscheinung sondert die meisten Familien scharf von einander ab. Uns interessiren folgende Typen.

Erste Familie.

Eigentliche Hühner. Phasianidae.

Haushahn und Perlhuhn, Pfau und Truthahn sind so allbekannte Hausvögel bei uns, daß ihre äußere Erscheinung kaum einer Schilderung bedarf. Sie sind auch als Mitglieder einer Familie durch viele Merkmale gekennzeichnet, welche eine Verwechslung mit andern Familien nicht wohl gestatten. Zunächst zeichnen sie sich nämlich durch die Befiederung und den Schmuck des Kopfes aus: niemals völlig befiedert, wohl aber mit nackten Hautlappen, warzigen Auftreibungen, helmartigem

Auffäße, oder mit Federbusch und zwar schöner und
auffälliger bei dem Männchen, wie bei dem Weibchen
geziert. Der Schwanz ist meist sehr lang. An den kräftigen Scharrfüßen mißt die niemals fehlende Hinterzehe
nur die halbe Länge der Innenzehe und berührt beim
Gehen noch den Boden; über ihr tragen die Männchen
einen starken Sporn, der als Waffe dient. An dem
kurzen kräftigen, gewölbten Schnabel erscheint der Oberkiefer an der Spiße kuppig übergebogen und mit den
Schneiden übergreifend. Die Nasenlöcher öffnen sich an
der Schnabelwurzel unter einer knorpligen Schuppe. Die
kurzen, gerundeten und gewölbten Flügel vermögen nicht
den schwerfälligen Körper lange über dem Boden zu
erhalten, dagegen befähigen die starken sehnigen Beine
zum schnellen Lauf und die kräftigen gewölbten Krallen
an den langen Zehen zum Scharren.

Die eigentlichen Hühner gehören größtentheils den
warmen Ländern der Alten Welt an, sind aber als Hausgeflügel seit Jahrhunderten schon überallhin verbreitet.

1. Huhn. Gallus.

Zwei nackte, schlaff herabhängende Hautlappen am
Unterkiefer und ein fleischiger Kamm oder Federbüschel
auf dem Kopfe, schmale möwenartige Halsfedern, der
lange rückwärts gekrümmte Sporn an den beben starken
Läufen und die nur mit dem Nagel den Boden berührende
Hinterzehe, das sind die äußern Merkmale, durch welche das
gemeine Huhn von den übrigen Mitgliedern seiner Familie
sich unterscheidet. Man kann noch hinzufügen die Kürze
der Flügel, deren Schwingen abgelöst sind, und die steil
dachförmige Gestalt des Schwanzes, von dessen vierzehn
Steuerfedern die beiden mittlen verlängert und gekrümmt
sind. Die Oberflur des Lichtgefieders spaltet sich zwischen
den Schultern, aber ihre beiden Aeste treten früher oder
später wieder zusammen und laufen sehr breit bis zum
Bürzel. Oft ist die Schulterflur nur als Ast der Rückenflur ausgebildet. Die Aeste der Unterflur dagegen sind
schmal und laufen am Streiß weiter zusammen. Die
Eigenthümlichkeiten des Knochengerüstes und der Muskulatur hat wohl Jeder Gelegenheit bei Tische mit bestem
Appetite zu studiren, über die der Eingeweide sollte jede
Köchin Auskunft geben können.

Die Arten beimaten ursprünglich im südlichen Asien,
sind zum Theil aber als liebe Hausthiere der Kultur überallhin gefolgt und durch die Zucht in so zahlreiche
und auffällig verschiedene Rassen aufgelöst worden, daß
es heutzutage wie bei anderen Hausthieren unmöglich ist,
in der großen Mannichfaltigkeit Arten und Spielarten
scharf gegen einander abzugränzen.

1. Der Bankivahahn. G. bankiva.
Augus 316

Erst vor einigen Jahrzehnten entdeckte Leschenault in
den Wäldern Java's einen schönen wilden Hahn, den
Ayam-utan der Malayen, der bald auch nach Europa
gebracht wurde und hier allgemein als die Stammart
unseres gemeinen Haushuhnes anerkannt werden ist.
Der Hahn gleicht in Größe und Haltung einem mittelgroßen Haushahne, trägt auf dem Kopfe einen gezackten

Fig. 316.

Bankivahahn.

Fleischkamm, goldgelbes Gefieder, lange Halsfedern, einen
grünlich dunkelbraunen Schwanz, sichelförmige hellgelbe
Bürzelfedern und schwarze Unterseite. Die Henne zeichnet
ihr matt braunes Gefieder mit hellen Zickzacklinien und hat
kurze Halsfedern. Das Vaterland erstreckt sich über
Java, Sumatra und Cochinchina und troß dieser viel-
besuchten Gegenden ist der Bankivahahn noch wenig im
freien Zustande beobachtet, weil er überhaupt selten und
sehr scheu ist.

Unser gewöhnlicher Haushahn gleicht in seiner ganzen
Erscheinung so sehr dem Bankivahahn, daß seine Abstam-
mung von demselben kaum beanstandet werden kann. Ein
historischer Beweis dafür läßt sich allerdings nicht liefern,
denn die ältesten Nachrichten sprechen wohl von zahmen
Hühnern, schweigen aber über deren Herkunft und die Zeit
und Weise der Domestizirung. Hat man doch selbst auf
den entlegenen Südseeinseln gleich bei deren Entdeckung
bereits zahme Hühner vorgefunden; nur in Amerika waren
sie bei Ankunft der Europäer noch unbekannt. Gegenwärtig sind sie nun über die ganze Erde verbreitet vom
Aequator bis Grönland, fühlen sich freilich in sehr kalten
Wintern unbehaglich, erfrieren dabei die Beine und Fleisch-
kämme und werden auch auf den höchsten bewohnten Gebirgen und in den eigentlich arktischen Gegenden unfruchtbar. Es ist aber keineswegs ein und dasselbe Huhn, das
wir überall antreffen, sondern sehr verschiedene in Größe,
Befiederung und Färbung, ja fast jedes Land hat seine
eigenthümliche Rasse, und wenn auch die meisten derselben
durch Zucht aus nur einer Stammart hervorgegangen sein
mögen; so bleibt immerhin noch eine Anzahl so ganz
eigenthümlicher Rassen übrig, deren Herkunft die Zoologie und Physiologie gar nicht enträthseln kann. Sie alle
aufzuzählen und zu schildern gebricht es uns hier an
Raum, doch wollen wir wenigstens die Mannichfaltigkeit

Fig. 517.

Zahme Hühnervögel.

kurz andeuten. Dem gemeinen, bei uns überall gehaltenen Haushuhne stehen zunächst das Huhn mit kleinem Kamme und kleinem Federbusche am Hinterkopfe, der Kronenhahn mit ungemein dickem Fleischkamme, der hamburgische Hahn, kenntlich an den braunen Augenfedern, den schwarzen Brustflecken und dem schwarzen Sammetgefieder am Bauche und den Schenkeln. Das Haubenhuhn (Fig. 517 e), größer als das gemeine, trägt statt des Fleischkammes einen dicken Federbusch und statt der Kehllappen einen starken Federbart. Kleiner ist das türkische Huhn (Fig. 517 g), ebenfalls mit Bart, mit Pausbacken und Tolle, und mit nur wenig Kamm und kleinen Kehllappen, wohl aber mit prächtiger Zeichnung des Gefieders. Ganz absonderlich ist das Kluthuhn (Fig. 518), auch ungeschwänztes, rerhisches, virginisches Huhn genannt, absonderlich durch den völligen Mangel der Schwanz- und Bürzelfedern, sogar des letzten großen Schwanzwirbels, daher wohl ursprünglich eigene Art, welche auch in den Wäldern auf Ceylon noch wild leben soll. Das Zwerghuhn sinkt fast auf Taubengröße herab, befiedert seine

Fig. 318.

Kloshuhn.

kurzen Beine bis auf die Zehen, legt und brütet bei seinem bißigen Naturell sehr gut; man unterscheidet von ihm wieder mehre Abänderungen, wie das nacktfüßige, kleinkörpige, das Bantamhuhn, das kamische, englische u. s. Das Strupphuhn, auch ostfriesländisches oder Kraushuhn genannt, muß als eine monströse Abart betrachtet werden; klein und kurz im Körper, schmückt es sich nämlich mit bäßlich großem fleischigen Kamm und Kehllappen krümmt seine weichen zarten Federn vorwärts wie krüsel und hängt einen Kragen um den langen Hals. Andere Monstrositäten zeichnen sich auffällig nur durch die Fußbildung aus, so das fünfzehige und sechszehige Huhn, kann durch die Sporen die Spornhenne.

Außer diesem theils ihre große Fruchtbarkeit und ihr schmackhaftes Fleisch, theils ihr für angenehmes oder auffälliges Aeußere beliebten Hühnern werden in Deutschland und anderen Ländern noch anderer Abarten, Bastardhühner und ganz eigenthümlicher Arten zahm gehalten und gezüchtet. Wir können auch von diesen nur die wichtigsten namentlich anführen. Durch Kleinheit fallen ihnen auf die Henne vom Isthmus von Darien mit einem Federenkranze um die Schenkel, durch sehr dichten Schweif und schwarze Flügelspitzen, ferner das Huhn von Madagaskar, das wohl dreißig seiner kleinen Eier auf einmal bebrütet. Das indische Halbhuhn ohne Kamm und Kehllappen, hochbeinig und sehr langgeschwänzt, soll ein Bastard vom Haushuhn und Truthahn sein. Das Mohrenhuhn ist ganz schwarz metallisch schimmernd, das Wollhuhn oder japanische Huhn meist weiß und mit wollartigen Federn. Als besondere Spielart, wahrscheinlich wieder des Bankivahahnes, wurde schon im Alterthum bei den Griechen und Römern, gegenwärtig nur noch in England und leidenschaftlich in Spanien und Südamerika der Kampfhahn (Fig. 517 f) gezüchtet behufs der Hahnenkämpfe, an denen sich jetzt nur noch reiche Faulenzer und der Sinnenlust ergebene Frauenzimmer aller Stände ergötzen. Als riesenhafte Hühner von 2 bis 2½ Fuß Größe (Fig. 517 c) sind die Jagerassen beliebt, welche ihren Ursprung von dem wilden Riesenhuhn in den Wäldern Sumatras herleiten.

man unterscheidet sie als patuanische, theorische, persische, peguanische, astrachanische Hühner. Eben wegen ihrer Größe und Fruchtbarkeit sind durch die neuentstandenen Acclimatisationsvereine und sogar durch eigene hühnerologische Vereine in den letzten Jahren bei uns schnell in Aufnahme gekommen die Cochinchinesen, Brahmaputro u. a. Arten, über deren Zucht und Pflege bereits besondere Schriften erschienen sind.

Der Schädel des Huhnes unterscheidet sich hauptsächlich durch die stark gebogenen Zwischenkiefer, die breiten Stirnbeine, kurzen Thränenbeine und die längern Eckkerfsätze des Unterkiefers von dem des Pfau und der andern Verwandten. Den Hals gliedern 14 Wirbel, im Rumpfe liegen 9, deren mittle in den Dorn- und Querfortsätzen mit einander verwachsen, in der Kreuzgegend 13, im Schwanze 6 mit sich spaltenden obern Dornfortsätzen. Das Gabelbein ist ziemlich fein, das Schulterblatt fast sichelförmig und das Brustbein gleichsam nur aus langen Fortsätzen bestehend: Oberarm und Vorderarm von gleicher Länge. Die Speiseröhre erweitert sich in einen Kropf schon weit vor dem langen Vormagen. Der Magen ist rundlich. Der Darm mißt fast 6 Fuß Länge und hat lange keulenförmige Blinddärme. Von den ziemlich gleichen Leberlappen ragt sich der rechte dreißigig. Nur ein Eierstock und ein gewundener, während der Legezeit ungemein weiter Eileiter.

Der Haushahn hat trotz der langen Gefangenschaft sein stolzes, gebieterisches, herausforderndes und trotziges Wesen nicht aufgegeben. Mit aufgerichtetem Kopfe geht er in gemessenem Schritt unter seinen zahlreichen, sehr schüchternen Hennen umher, welche sehr deutlich seines Unwillens und Zornes, wie seines Wohlbehagens und seiner Freude verstehen, unter einander aber wenig verträglich, jähzornig, bißig und futterneidisch sind. Stolz ist der Hahn auch auf sein Gefieder und hält es stets in Ordnung und reinlich, nicht minder auf seine Stimme, denn nach jedem Krähen, das mit geschlossenen Augen geschieht, sieht er sich um, ob Jeder auch den Ruf vernommen. Seine Hennen behandelt er mit vieler Liebe und Aufmerksamkeit, doch nicht ohne Strenge: die fehlenden und verirrten ruft er mit seiner hastenden Stimme herbei und ehe nicht alle zum Futter versammelt sind, nimmt er kein Korn auf; einige Hennen bevorzugt er immer vor den übrigen, sie halten sich auch stets in seiner unmittelbaren Umgebung auf und deffen, wenn andere in heftigen Kampf gerathen, den Streit schlichten. Regen und Schnee scheuen sie insgesammt, ziehen sich während deffen eilig unter ein Obdach zurück, dagegen sonnen sie sich gern. Zur Nahrung dienen ihnen allerlei Körner, Früchte und grüne Pflanzentheile, Gewürm und Insekten, auch Fische und Fischrogen; wo sie nicht reichlich gefüttert werden, scharren sie den ganzen Tag. Selbstverständlich hat die Fütterung einen großen Einfluß auf das Eierlegen und die Schmackhaftigkeit des Fleisches. Das Fliegen fällt ihnen sehr schwer und sie erheben sich auch nur in Nothfällen, dabei sind sie rumm und ungelehrig. Während der Mauser im Spätsommer oder Herbst sitzen sie still und traurig und zupfen die alten Federn mit dem Schnabel aus. Aber gleich nach derselben fangen sie an Eier zu legen und fahren bei guter Pflege fast ununterbrochen (meist nur im December und Januar aussetzend) damit fort. Ein Hahn reicht für 15 bis 20 Hennen aus und duldet durchaus keinen Nebenbuhler in seiner Nähe. Die Henne läuft kakelnd hin und her, bis sie ihr Ei gelegt hat. Sich selbst überlassen legt sie 12 bis 20 Eier in ein aus wenigen Halmen bestehendes plattes Nest, meist einen Tag um den andern ein Ei. Junge Hennen legen fleißiger, alte brüten besser und werden, wenn man ihnen die Eier nimmt, oft sehr unruhig und bissig. Sie verlassen die Eier nur auf wenige Minuten, um zu fressen. Nach drei Wochen kriechen die Jungen aus und folgen sogleich der Gluckhenne, die als Mutter nun stolz, genügsam, muthig und kühn ist, keinen Angriff auf ihre Küchlein duldet, denselben das Futter sucht und vorlegt, sie zum Scharren anleitet und unter ihren Flügeln gegen Regen und Sturm schützt. Die Federn wachsen nach einigen Wochen hervor. Der Hahn bleibt zehn Jahre zur Zucht tauglich und kann sein Alter auf 20 bringen, die Henne dagegen läßt schon im sechsten Jahre nach und wird nicht leicht über 10 Jahre alt. Wie andere Hausthiere sind auch die Hühner vielen Krankheiten ausgesetzt und werden bei ihrer Wehrlosigkeit und Dummheit von zahlreichen Feinden, von Mardern, Iltissen, Wieseln, Füchsen, Ratten, von Eulen, Falken, Elstern und Krähen verfolgt. Der große Nutzen, den uns Eier und Fleisch liefern, ist allgemein bekannt.

2. Sonnerat's Hahn. G. Sonnerati.
Figur 319. 320.

In den Wäldern Indiens lebt ein Huhn von der Größe des gemeinen Haushuhnes, welches in Haltung und Tracht gerade nichts Auffälliges bietet, in seiner eigenthümlichen Federbildung aber ganz entschieden von

Fig. 319.

Sonnerat's Hahn.

Fig. 320.

Sonnerat's Henne.

andern Arten abweicht. Die verlängerten Federn des Unterhalses nämlich, die der Flügeldecken und des Bürzels sind dunkelgrau und ihre glänzend orangefarbenen Schäfte erweitern sich in der Mitte und gegen das Ende hin in flache oder aufgerollte hornige Blättchen, welche ähnlich wie am Flügel des Seidenschwanzes einen seltenen Schmuck bilden. Das Gefieder des Mittelrückens, an der Brust, dem Bauche und den Schenkeln ist tief grau mit bleichen Schaftstrichen und Rändern, Schwingen und Steuerfedern schön blaugrün, Oberbrust und Oberrücken purpurroth mit gelben Federsäumen, Schnabel, Läufe und Füße gelb, der tief gezackte Kamm hochroth. Die Indier zähmen diesen Hahn hauptsächlich behufs der Hahnenkämpfe, weil er gewandter und muthiger ist, als die Kampfrasse der gemeinen Art.

2. Fasan. Phasianus.

Der Mangel des Fleischkammes und der Kehllappen, die nackten warzigen Wangen und die achtzehn Steuerfedern in dem dachigen Keilschwanze unterscheiden die Fasane äußerlich von den eigentlichen Hühnern. An Schönheit und prächtiger Färbung des dicken derben Gefieders übertreffen sie diese noch, an Größe aber bleiben sie etwas zurück. Ihr kräftiger, mäßig langer Schnabel biegt die Spitze des gewölbten Oberkiefers über und öffnet die Nasenlöcher unter einer Hornplatte. An den starken Beinen ist der nackte Lauf mehrreihig geschildert und mit großem Sporn bewaffnet, die Vorderzehen am Grunde durch eine Spannhaut verbunden, die kleine Hinterzehe hoch angesetzt. In den Flügeln erlangen die vierte und fünfte Schwinge die stumpfe Spitze. Die Oberflur des Conturgefieders spaltet sich nicht zwischen den Schultern, sondern setzt ungetheilt mit breitem Querreihen bis zum Bürzel fort. Dagegen theilt sich die Unterflur schon hoch am Halse und läuft in den breiten Brustast aus, von welchem der schmälere Bruststreif abgesetzt ist. In der Wirbelsäule zählt man 13 bis 14 Hals-, 7 Rücken- und 5 bis 6 Schwanzwirbel. Der Oberarm hat die Länge des Schulterblattes, der Vorderarm pflegt etwas kürzer zu sein. Das Brustbein ist ganz hühnerartig. Die breite zugespitzte Zunge ist hinten mit Zähnen besetzt und enthält einen ungetheilten, in der vordern Hälfte nur knorpligen Kern. Der lange Fächer im Glaskörper des Auges besteht aus 15 bis 20 gefalteten Falten, der Knochenring aus 14 Schuppen. Der Kropf tritt wieder als kugliger Sack an dem Schlunde hervor, der Darm mißt über 4 Fuß Länge und hat sehr weite Blinddärme von 4 Zoll bis 1 Fuß Länge. Die langen Leberlappen sind ungleich, die Milz rundlich, das Herz klein, die Nieren sehr schmal, lang dreilappig, die Ringe der Luftröhre weich, deren letzte zu einem eigenthümlichen untern Kehlkopf verbunden.

Auch die Fasane gehören ursprünglich dem warmen Asien an und nur wenige Arten wurden mehr ihrer Schönheit als ihres Nutzens wegen gezähmt und weithin verbreitet. Ihre große Aehnlichkeit im Körperbau mit dem Huhn geht auf die Lebensweise und das Naturell über. Ebenso schwerfällig und ungeschickt im Fluge, laufen die Fasane schnell und scharren viel mit ihren scharfen Nägeln im lockern Boden, sind nicht gerade sehr scheu und nähren sich von Gesäme, Früchten, grünen Kräutern, Gewürm und Insekten. Die Weibchen legen viele Eier auf einige Halme am Boden und führen die Jungen, bis dieselben völlig erwachsen sind.

1. Der gemeine Fasan. Ph. colchicus.

Als die Argonauten auf ihrem mythischen Zuge nach Kolchis, das goldene Vließ zu holen, nach Griechenland zurückkehrten, brachten sie den Edelfasan mit, welcher dort am Flusse Phasis oder Fasso lebte. Seitdem hat sich dieser Fasan über die südeuropäischen Länder und frühzeitig auch über Deutschland verbreitet. Die alten Römer pflegten ihn wegen des schmackhaften Fleisches sehr und zum nicht geringen Verdrusse des Volkes fütterte der berüchtigte Schlemmer Heliogabalus gar seine Löwen damit. Schon in jenen Zeiten mögen gezähmte Exemplare nach Deutschland geführt sein, die sich hier fortpflanzten, wieder verwilderten und bald das Bürgerrecht erwarben, so daß der Fasan jetzt zu den einheimischen Vögeln gezählt werden muß. In nördlichem Deutschland kömmt er indeß ohne sorgliche Pflege in den Wildparks nicht fort, nur im mittlern und südlichen wo er sich völlig acclimatisirt. In Asien, seinem ursprünglichen Vaterlande, ist er von den Ufern des Schwarzen Meeres bis China, von der Tartarei bis Persien und Ostindien gemein. Wo dichtes Gebüsch mit üppigen Sümpfen und fruchtbaren Aeckern wechselt, da fühlt er sich am behaglichsten, läuft im Grase und Gesträpp unbemerkt umher und hält auf einem hohen Aste Nachtruhe. Das Männchen ist ein schöner, stattlicher und in Tracht und Haltung stolzer Vogel, das düster gekleidete Weibchen anspruchslos. Ungesäum und wild, gewöhnt er sich doch leicht an Gefangenschaft und lernt seinen Wärter gut kennen, aber unverträglich kämpfen die Hähne viel unter einander und gegen andre große Vögel, zumal im Frühjahr und in der Balz-

zeit. Man hält ihn in besonderm Fasanerien, wo er Alles findet, was er im freien Zustande beansprucht, sammelt aber die Eier und läßt sie von Truthennen ausbrüten, um die Jungen gleich an die Gefangenschaft zu gewöhnen. Die Unterhaltung solcher Fasanerien ist jedoch wegen der bedeutenden Kosten nur großen Herren gestattet und so sehr dieselben auch das Fleisch auf der Tafel schätzen, der Genuß entschädigt nicht die Kosten. Beeren, saftige Früchte, Gesäme der verschiedensten Art, Gewürm und Insekten dienen zur Nahrung.

Der Hahn erreicht gegen drei Fuß Länge, die Henne nur etwas über zwei Fuß. Ersterer schiert am Kopfe und Halse schön metallisch dunkelgrün mit violettem Schiller, ziert sich mit kleinen Ohrbüscheln, und sticht die Federn des Unterhalses geitig braunroth ab, auf den braunen Rückenfedern weißliche Pfeilflecke. Das Weibchen trägt sich matt graubraun und rostfarbig. Der Kropf tritt ziemlich in der Mitte des Schlundes als kugliger Sack hervor, der Vormagen ist klein und hat an der Innenseite 60 bis 70 Drüsenöffnungen. Der Darm mißt fünf Fuß Länge, die sehr dicken Blinddärme neun Zoll. Die Leberlappen sind sehr ungleich und unregelmäßig, die Milz oval, die Bauchspeicheldrüse groß und einfach, das Herz klein und gestreckt, die Nieren ungemein lang und schmal.

2. Der feuerfarbige Fasan. Ph. ignitus.
Figur 321. 322.

Dieser nach seinem feuerfarbenen Rücken benannte Fasan heimatet in den waldigen Gebirgen Sumatras und obwohl schon viele Exemplare für die Sammlungen

Fig. 321.

„Feuerfarbiger Fasan. Hahn.

Fig. 822.

Feuerfarbiger Fasan. Henne.

eine nackte dunkelrothe Haut und die mittlen verlängerten Schwanzfedern sind weiß, die übrigen metallisch grün. Das schwarze Gefieder schillert schön stahlblau und recht grell tritt der breite feuerfarbene Gürtel aus der Mitte des Rumpfes hervor. Das Weibchen fiedert schön zimmetbraun, oben mit schwarzen Zeichnungen, an der Kehle weiß, an der Unterseite gelblich.

3. Der Goldfasan. Ph. pictus.
Figur 823 b.

Obwohl es wahrscheinlich ist, daß schon die alten Römer durch ihre Handelsbeziehungen mit dem fernen Asien Kunde von diesem schönen Fasan hatten, so ist er doch erst in der zweiten Hälfte des sechzehnten Jahrhunderts durch die Portugiesen sicher in Europa bekannt geworden und dann häufig aus China, wo er ganz gezähmt und halb wild lebt, öfter lebend zu uns gebracht, sodaß er nunmehr in vielen größern Wildgärten als Schmuckvogel gehalten wird. Sein Vaterland erstreckt sich übrigens bis an den Amur und bis Nertschinsk. Er ist sehr empfindlich gegen kalte und feuchte Witterung, weichlich und scheu und pflanzt sich in Europa nur bei sehr sorglicher Pflege fort, in Freiheit gesetzt geht er zu Grunde. Darum kömmt sein gelbes und sehr wohlschmeckendes Fleisch auch nur äußerst selten auf die Tafel. Unter den bei uns gehaltenen Arten ist er unbedingt der schönste Fasan durch die prachtvolle Färbung seines bunten Gefieders. Dasselbe ist nämlich auf dem Oberrücken grün, am Unterrücken und Bürzel hochgelb, auf dem Bauche lebhaft scharlachroth, den Hals ziert ein aufrichtbarer Kragen hochgelber

Europas eingefangen worden sind, fehlt es doch noch an befriedigenden Beobachtungen über sein Naturell und seine Lebensweise. Er übertrifft das Haushuhn an Größe und steht hoch auf den Beinen. Den Kopf ziert ein aufrichtbarer Federkamm, Wangen und Augengegend bekleidet

Fig. 823.

Fasane.

schwarz geranderter Federn, die rothbraunen Flügel ein
blauer Fleck und den Kopf ein rother Federbusch. Die
braunen Schwanzfedern sind graufleckig. Die schmucklose
Henne trägt sich fast schwarz mit rostgelben Streifen, auf
dem Rücken und Schwanze braun mit weißen Tüpfeln.
Der Darmkanal mißt nur wenig über drei Fuß Länge,
die Blinddärme fünf Zoll. Die Leberlappen sind auffallend ungleich und der Fächer im Auge, bei der gemeinen
Art mit 15 Falten, hat hier 23 sehr schmale Falten.

Fig. 324.

Kopf des indischen Glanzfasans.

    4. Der Silberfasan. Ph. nycthemerus.
              Figur 322 a.

Auch der Silberfasan ist erst spät in Europa eingeführt,
denn die Schriftsteller des sechszehnten Jahrhunderts ge-
denken seiner noch nicht. Im nördlichen China heimisch,
verträgt er unser Klima so gut, daß er ohne besondere
Sorgfalt in Deutschland, Frankreich und England getrieben,
sich fortpflanzt und verträglich mit den Hühnern lebt. In
seinem Betragen und der Lebensweise überhaupt fällt nichts
Eigenthümliches auf. Die Henne brütet wie andre
Fasanen ihr Dutzend Eier in 26 Tagen aus. Der 2 Fuß
8 Zoll lange Hahn zeichnet seine schneeweiße Oberseite
mit seinen zierlichen schwarzen Querlinien, die Unterseite purpurschwarz; die nackte Haut im Gesicht grell roth
und auf dem Kopfe steht ein langer Busch zerschlitzter
Federn. Das Weibchen fiedert oben rostbraun mit
schwarzer Wässerung, unten ist es graulich weiß. Von
den anatomischen Eigenthümlichkeiten sei nur auf die
20 Falten des Fächers im Auge und die sechs Zoll langen
Blinddärme hingewiesen. Die Zunge gleicht ganz der
gewöhnlichen Hühnerzunge und die Luftröhre besteht aus
weichen Knorpelringen.

Fig. 325.

Indischer Glanzfasan. Hahn.

    5. Der langschwänzige Fasan. Ph. veneratus.
              Figur 322 c.

Ebenfalls ein Bewohner des himmlischen Reiches und
nach den wenigen Exemplaren, welche in zoologischen
Gärten Europas lebend gehalten werden, in Sitten
und Lebensweise der gemeinen Art gleich, so daß wohl
eine weitere Verbreitung in Europa noch erfolgen wird.
Am meisten fallen in seiner äußeren Erscheinung die wohl
sechs Fuß langen vier mittlen Schwanzfedern auf, welche
auf grauem Grunde dunkelbraun und hell quergebändert
sind. Die goldgelben Federn der Oberseite sind schwarz
gerandet, der Kopf und ein schwarz umrandeter Kehlfleck
weiß, die ganze Unterseite schwarz.

Einige indische Fasane unterscheiden sich von den
vorigen auffällig durch den sehr langen und mehr gekrümmten Oberschnabel und durch die befiederte Nasenschuppe.
Man hat sie deshalb von Phasianus abgetrennt und in
die besondere Gattung Glanzfasan, Lophophorus,
vereinigt. Der indische Glanzfasan, L. refulgens
(Fig. 324. 325. 326), in den gebirgigen Gegenden
Nepals einheimisch, hat ziemlich die Größe des Haushahnes und trägt auf dem Kopfe einen eigenthümlichen
grünen, goldig glänzenden Federbusch, welcher bei der
Henne nur ganz klein ist. Mehr als hierdurch aber
fesselt der Hahn den Blick durch den prachtvollsten Metall-
glanz seines Gefieders. Dasselbe ist am Kopfe und an der
Kehle dunkelgrün, am Unterhalse purpurviolett gespitzt,
am Vorderrücken lichter, am Unterrücken weiß, übrigens

Fig. 326.

Indischer Glanzfasan. Henne.

stahlblau. Die kleinere Henne hat wie gewöhnlich matte Farben, oben braun mit grauen und gelben Zeichnungen, an der Kehle weiß. Auch in anatomischer Hinsicht unterscheidet sich der Glanzfasan mehrfach. Am Schädel fällt die tiefconcave Stirn sehr charakteristisch auf, die Gaumenbeine erscheinen wie dünne Gräten. 14 Hals-, 7 Rücken- und ebenso viele Schwanzwirbel, die Vorderarmknochen stark gebogen. Ueber die Lebensweise liegen nähere Beobachtungen noch nicht vor, auch wollte es nicht gelingen, den Glanzfasan lebend nach Europa überzuführen, die lange Seefahrt erträgt er nicht.

Noch andere Arten haben zwar die Schnabelbildung der gewöhnlichen Fasane, allein die Seiten ihres Kopfes sind nackt und hinter jedem Auge bildet die Haut einen den Kopf bedeckenden Fortsatz, an der Wurzel des Unterschnabels einen auftreibbaren Lappen. Darum werden sie als Hornfasane, Tragopan, generisch abgesondert. Schon vor bunterten Jahren wurde der hierher gehörige Satyrfasan, Tr. satyrus, beschrieben als mit blauen Hörnern über den Augen und rostrothem, weiß geperltem Gefieder. Jene Hörner stehen auf starken Höckern der Stirnbeine. In der Wirbelsäule 14 Hals-, 7 Rücken- und 6 Schwanzwirbel; das Brustbein mit sehr hohem Kiel. Eine zweite Art ist Hasting's Hornfasan, Tr. Hastingsi (Fig. 527. 528), im Himalaya, mit einem Kamm schlaffer schwarzer Federn, schwarzer Kehle, scharlachrother Gesichtshaut und schön orangerother Brust; die Oberseite ist hell und dunkelbraun gezickzackt und weiß

Fig. 527.

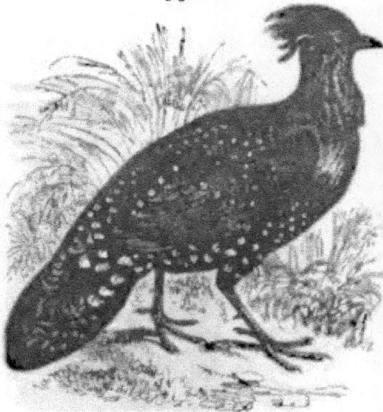

Hasting's Hornfasan. Hahn.

betupft; die kastanienbraunen Federn der Unterseite ziert ein schwarzer Saum und weißer Schaftfleck. Die Fleischlappen am Kopfe sind purpurroth und stellenweise blau. Die Henne sitirt braun mit unregelmäßigen hellen und dunkeln Flecken, hat keine nackten Wangen und auch keine Hörner und Warzen. Der ausgewachsene Hahn mißt 25 Zoll Länge. Eine dritte ungleich seltenere Art,

Fig. 528.

Hasting's Hornfasan. Henne.

Tr. Temmincki (Fig. 529, s. S. 304), beimatet in den Gebirgen zwischen China und Tibet und kam im Jahre 1836 lebend aus Kanton in den Londoner zoologischen Garten; von ihm ist unsere Abbildung entlehnt.

3. Argusfasan. Argus.

Die allgemeinen Fasancharaktere sind auch bei dem Argusfasan so entschieden ausgeprägt, daß die älteren Ornithologen denselben ganz richtig mit der Gattung

Fig. 530.

Argusfasan.

Fig. 329.

Temmind's Hornfasan.

Phasianus vereinigten und erst die neuern schärfer vergleichend und prüfend ihn generisch trennen konnten.
Sein Schnabel hat Kopfeslänge und ist gerade, zusammengedrückt, an der Wurzel nackt und die Nasenlöcher
in seiner Mitte wie gewöhnlich unter einer Hornbecke
geöffnet. Die nackten Wangen und Kehle erscheinen
spärlich bebaart und der Kopf plüschartig berüstert. Die
langen dünnen Läufe haben keinen Sporn. Ganz auffällig aber zeichnen sich die Flügelschwingen aus, indem
die des Armes oder die der zweiten Trennung gegen die
zehn an der Hand ungemein verlängert sind, und viel
länger noch ziehen sich in dem dachförmigen zwölffederigen
Schwanze die beiden mittlen Steuerfedern aus. Dieser
seltene Schmuck ziert jedoch nur den Hahn, die Henne
geht ganz bescheiden und schmucklos wie andere Fasanen-
weiber. Das Fleischgefieder steht übrigens in denselben Fluren wie bei anderen Fasanen, dagegen fehlt merkwürdiger Weise beiden Geschlechtern die Bürzeldrüse. Den
Schädel kennzeichnet die lange Hirnschale und die völlig
verknöcherte Augenhöhlenscheidewand. Die Wirbelsäule
gliedern 14 Hals-, 7 Rücken-, 13 Becken- und 6 Schwanzwirbel. Die mittlen Rückenwirbel verwachsen wie bei allen
Hühnern in ein Stück; der letzte Schwanzwirbel ist ungemein lang ausgezogen; die Flügelknochen sind kurz, aber
sehr stark, sonst das ganze Knochengerüst ächt fasanisch.
Die einzige Art (Fig. 530. 531) lebt in den bewaldeten Gebirgen Sumatras, Siams und Malacca's
und kam noch vor einigen Jahrzehnten so spärlich nach
Europa, daß der Balg eines einzigen Paares mit hundert
Thalern bezahlt wurde, seitdem ist aber der Preis beträchtlich gesunken. Während andere Fasane ihr Gefieder

Fig. 531.

Kopf des Argusfasans.

mit prachtvollem Glanze schmücken, ziert sich der Argusfasan mit der feinsten zierlichsten Zeichnung in den sanf-
testen Farbentönen, deren Schönheit erst die aufmerksamste
Betrachtung bewundern lehrt. Diese Zeichnung könnte

die schönsten Muster zu Damenkleiderstoffen liefern. Die verlängerten Armschwingen haben nämlich auf der gelblichgrauen Außenfahne eine Reihe sammetschwarzer Augenflecke, welche mit zahlreichen braunen Punkten umgeben sind; die innere Fahne trägt braune Flecke und säumt sich weiß. Auf den blauschäftigen Handschwingen, welche nur ein Drittheil der Länge der Armschwingen haben, liegen ovale dunkle, auf den Schwanzfedern weiße Flecken. Die verlängerten mittlen Steuerfedern messen vier Fuß. Auch der blaßbraune Vorderrücken und der federgelbe Unterrücken sind gefleckt. Die feinere Zeichnung läßt sich nicht beschreiben. Brust und Bauch sind matt röthlichbraun mit schwarzen und gelben Flecken. Die Henne trägt sich ganz anders, braun mit schmalen Zickzacklinien, an der Brust restfarben mit gewöhnlich kurzen Hühnerflügeln und kurzem Schwanze, erreicht auch nur 3½ Fuß Länge. Betragen und Lebensweise gleicht, soweit die dürftigen Beobachtungen darüber Auskunft geben, dem andern Fasanen. In den dichtesten Wäldern läuft der Argusfasan schnell umher und läßt von Zeit zu Zeit seine klagende Stimme ertönen. Naht ihm die Henne: so breitet er nach Truthahns Manier die Flügel aus und schleift deren Rand am Boden. In Gefangenschaft hält er sich leider nicht.

4. Pfau. Pavo.

Seit des weisen Königs Salomo Zeiten wird die Schönheit des Pfauen allgemein bewundert und obwohl in den letzten Jahrhunderten Vögel mit noch prachtvollerem und glänzenderem Gefieder bekannt geworden sind, ist doch diese Bewunderung nicht geschwächt worden. Alexander, der große Macedonier, staunte nicht wenig, als er auf seinem Zuge nach Indien am Flusse Hyarotis den ersten Pfau sah und führte ihn in Europa ein, wenn er nicht schon früher, wie einige Alterthumsforscher nachweisen, in einzelnen Ländern gehalten worden sein sollte. Er vermehrte sich schnell, denn die Schwelger des römischen Kaiserreiches setzten bereits ihren Gästen die größten Schüsseln voll Pfauengehirn und Zungen vor. Nach Deutschland scheint er erst im vierzehnten Jahrhundert gekommen zu sein, aber verbreitete sich auch hier bald über die Höfe der begüterten Landbesitzer. Auf der Tafel aber konnte er sich keine Verehrer erwerben, er wurde nur ob der Schönheit seines Schweifes bewundert und wissenschaftlich entkleidet als ein Mitglied der großen Hühnerfamilie. Gleich sein ziemlich dicker, auf der Firste gewölbter Schnabel ist ein ächter Hühnerschnabel; er öffnet die Nasenlöcher an der Wurzel und ganz. Der Kopf ist bis auf die nackten Wangen befiedert und trägt einen eigenthümlichen Federbusch. Die Flügel werden von 30 Schwingen gespannt, davon sieben zehn an der Hand und die fünfte und sechste sind die längsten, die elfte oder erste Armschwinge ganz auffallend verkürzt. Der keilförmige Schwanz hat 20 Steuerfedern bei dem Hahn und nur 18 bei der Henne, alle bis zur Mitte ausß verlängert. Man beachtet den Schwanz gewöhnlich nicht wegen der verlängerten, den prächtigen Schweif bildenden Bürzelfedern, welche also über den Steuerfedern stehen. Die

Oberflur des Lichtgefieders läuft einfach und sehr schmal bis in die Kreuzgegend, dann erweitert sie sich sehr schnell und setzt mit langen Querfedern bis zum Bürzel fort. Die Unterflur bildet breite Äeste auf der Brust und läuft sehr schmalstreifig bis zum Steiß. Das Knochengerüst zeigt entschieden den Hühnertypus. Die Zunge ist hinten stark bezahnt. Schlund, Kropf und Vormagen wie bei dem Huhn, der Muskelmagen sehr groß, der Darm fast 8 Fuß lang und die dicken Blinddärme einen Fuß lang. Die Leberlappen sind ziemlich gleich groß, die Bauchspeicheldrüse sehr schmal und lang, die kurzen Nieren nehmen nach hinten beträchtlich an Breite zu; die Luftröhre besteht aus sehr harten Knochenringen und geht mit sehr kurzen Bronchien in die Lungen ein. Der Knochenring im Auge bilden 14 Schuppen, den Fächer 18 Falten.

Die Pfauen leben in wenigen Arten auf dem asiatischen Continent, in der gemeinen Art gezähmt gegenwärtig in allen Welttheilen.

Der gemeine Pfau. P. cristatus.
Atzer 317 a (S. 297).

Wild lebt der allbekannte Pfau längs der Ufer des Ganges, in Tibet und auf einigen großen Inseln des indischen Archipelagus. Williamson traf ihn längs der Waldesränder in der Frühe des Morgens oft in vielen Hunderten beisammen, welche sich in Flüge von 40 bis 50 Stück auflösen. Ohne Noth fliegen sie nicht auf, denn ihr Flug ist schwerfällig und langsam, bald ermüdet fallen sie wieder nieder, dagegen laufen sie im hohen Grase schnell genug, um einem Hühnerhunde zu entgehen. Ihre Nahrung scharren sie am Boden ganz wie Hühner, auch die Henne legt ihre zehn strohfarbenen dunkelfleckigen Eier in eine seichte Vertiefung und brütet dieselben in vier Wochen aus. Die jungen Hähne erhalten erst nach der dritten Mauser ihren prachtvollen Federnschmuck. Jung eingefangen werden sie sehr zahm, aber nicht sehr empfindlich gegen Kälte pflanzen sie sich im mittlen Europa in Gefangenschaft fort, nur daß bei uns die Hennen unordentlich brüten und bisweilen kein einziges Ei ausbringen. In Gefangenschaft geben sie ihre Freiheitsgelüste nicht ganz auf, schwingen sich gern auf hohe Mauern, Dächer und Bäume, entwischen auch ins Freie, auf dem Hofe leben sie verträglich mit dem kleinen Geflügel, zänkisch mit Gänsen und Putern. Ihr Stolz, ihre Freßbegier, ihre widerliche Stimme ist allbekannt. Die Zucht hat in Europa verschiedene Spielarten erzeugt, freilich nicht so viele und auffällig wie vom Haushuhn. Am auffälligsten sind die weißen mit dunkelblauem Hals und die rein weißen ohne blendenden Farbenglanz. Der Augens wegen werden sie bei uns nicht gehalten, sondern nur als Zierde ländlicher Gehöfte. Die Jungen sollen indeß sehr wohlschmeckendes Fleisch haben. Die wandernden Tyroler kaufen in Deutschland die Federn des Schweifes auf und flechten aus den langen Schäften derselben die zierlichen Rosetten und Blumen in ihre Gürtel. Das Pfund Schweiffedern wird mit sechs Thaler bezahlt.

5. Spiegelpfau. Polyplectron.

Pfauen mit zwei Sporen an den langen dünnen Läufen und ohne die zu einem großen Schweif verlänger-

len Bürzelfedern, statt deren vielmehr mit langen Steuerfedern, welche die schönen Augenzeichnungen tragen.
Solcher Steuerfedern stehen zwanzig im Schwanze. Von
den zehn Handschwingen verlängern sich die drei ersten
stufig und die vierte bis siebente sind von ziemlich gleicher
Länge. Der gerade, dünne, etwas zusammengedrückte
Schnabel ist an der Wurzel befiedert und öffnet die Nasenlöcher in seiner Mitte unter einer Hautschuppe. Wangen
und Augenkreise sind nackt. Die Hinterzehe berührt beim
Gehen den Boden nicht. Die Rückenflur des Lichtgefieders wird zwischen den Schultern sehr breit und hat
hier eine mittlere Lücke, auf dem Kreuze verbindet sie sich
durch einen breiten Ast jederseits mit der Lendenflur.

Die wenigen Arten beimaten in Asien und auf den
benachbarten Inseln und sind in ihrer Lebensweise noch
nicht hinlänglich beobachtet worden. Nach den wenigen
Exemplaren, welche lebend in die zoologischen Gärten
Europas gelangten, gleicht Betragen und Lebensweise den
übrigen Pfauen und läßt sich erwarten, daß sie wie diese
allmählig bei uns sich einbürgern, freilich nur als
Schmuckvögel, nicht als Nutzthiere.

1. Der gehäubte Spiegelpfau. P. emphanum.
Figur 532.

Dieser auf den Molucken und Sundainseln heimische
Pfau zeichnet sich von seinen nächsten Verwandten aus
durch einen Kamm langer schmaler welcher Federn auf
dem Kopfe, welche wie die Hals- und Brustfedern bläulich und stark metallisch glänzend sind. Ueber dem Auge
steht ein schneeweißer Streif und in der Ohrgegend ein
solcher Fleck. Ueber den braunen Rücken ziehen gewässerte
unregelmäßige helle Binten; der Bauch und die Steißfedern sind schwarz, die Flügeldecken und hintern Schwingen prachtvoll blau mit sammetschwarzer Spitze. Der
lange abgerundete Schwanz bestreut seine braunen Steuerfedern mit ockergelben Punkten und großen ovalen, lebhaft
dunkelgrün glänzenten Flecken. Das Männchen mißt
20 Zoll Länge.

Fig. 532.

Gehäubter Spiegelpfau

2. Der tibetanische Spiegelpfau. P. tibetanum.
Figur 533.

Die Chinesen halten diesen Pfau als beliebten Zier-
vogel zahlreich auf ihren Landgütern und nur solche
gezähmte Exemplare gelangen in die europäischen Sammlungen, die eigentliche Heimat soll sich auf die Gebirgskette

Fig. 533.

Tibetanischer Spiegelpfau.

zwischen China und Tibet beschränken. Das Männchen
erreicht zwei Fuß Länge und trägt am Hinterkopfe kurze,
krause, aufgerichtete graubräunliche Federn. Kopf, Hals
und die ganze Unterseite fiedern braun mit welligen
schwärzlichbraunen Querbändern, Rücken und Schwanz
sind hellbraun mit weißgrauen Flecken und Bändern, die
braunen Schwingen mit grauer Zeichnung und vor der
Spitze mit einem großen runden prachtvoll purpurblauen
weißlich umranderten Augenfled. Ebensolche, aber doppelt-
umranderte Augenflecke zieren die Schwanzfedern. Das
Weibchen ist minder schön gezeichnet.

6. Truthahn. Meleagris.

Der Truthahn oder Puter ist zwar gegenwärtig als
nützliches Hausgeflügel über alle Welttheile verbreitet,
aber ursprünglich war er der einzige Vertreter der Hühnerfamilie in der Neuen Welt, in Nordamerika. In dem
Irrthume, er sei wie die übrigen Hühner aus dem Orient
gekommen und auch schon den Alten bekannt gewesen,
gab man ihm im zoologischen System den lateinischen
Namen Meleagris, womit aber die Alten das Perlhuhn
bezeichneten. Die ersten sichern Nachrichten, welche nach
der Entdeckung Amerikas über den Truthahn bekannt
sind, lassen denselben in Mexiko ungemein häufig sein
und schon im J. 1528 als geschätztes Hausthier nach
den Antillen und Venezuela gelangen. Nach England
kam der erste lebende Puter bereits im J. 1524 und
funfzig Jahre später war er schon das allgemeine Weih-
nachtsgericht sämtlicher Gutsbesitzer. Um diese Zeit 1570
wurde der erste Puterbraten in Frankreich bei der Hochzeit

Karl's IX. gegessen und früher scheint er auch in Deutschland nicht bekannt gewesen zu sein. Gegenwärtig fehlt er auf keinem Ackerhofe mehr, in Deutschland wie am Cap, in Chile und auf den Sandwichinseln.

Als einziger Amerikaner trägt sich der Truthahn auffallend verschieden von seinen altweltlichen Verwandten. Die Wurzel des kurzen stark gekrümmten Hühnerschnabels umkleidet eine nackte, warzige Haut und von der Stirn hängt ein langer Fleischzapfen herab, schlaffe Fleischlappen am Halse. Das Männchen hat am Unterhalse einen Büschel pferdehaarähnlicher Borsten. Die kurzen gewölbten Flügel bestehen aus 28 Schwingen, von welchen elf auf den Handtheil kommen, die ersten aber sehr verkürzt sind. Der Schwanz hat 18 Steuerfedern. An den geschilderten Läufen fehlen eigentliche Sporen. Die anatomischen Verhältnisse folgen zwar im Allgemeinen dem Typus der Hühner, bieten aber im Einzelnen mancherlei Eigenthümlichkeiten. Am engen Schlunde sackt sich ein sehr weiter Kropf aus, dagegen ist der Vormagen kurz, eng und nur spärlich mit Drüsen ausgekleidet, der Magen selbst (Fig. 534) aber ungeheuer dickmusculös, der Darm etwas über neun Fuß lang und seine weiten Blinddärme 1¼ Fuß lang; der linke Leberlappen viel größer als der rechte und die länglichte Gallenblase seltsamer Weise mit drei Ausführungsgängen; die Luftröhre besteht aus weichen Knorpelringen, deren letzte fest verbunden sind; der lange Fächer im Auge zählt 21 feine Falten.

Nur zwei Arten lassen sich mit Sicherheit unterscheiden, von welchen die zweite sehr selten und noch wenig bekannt ist.

1. Der gemeine Truthahn. M. galloparo.
Figur 535. 536.

Im freien Naturleben seiner Heimat ist der Truthahn schlanker und hochbeiniger als auf unsern Höfen 4 Fuß lang und 5 Fuß in der Flügelspannung, dunkel bronzegrün mit starkem Schiller, am Kopf und Oberhals röthlichblau, an der Kehle mit zwei kleinen Klunkern, die ersten Schwingen schwarz und weiß gefleckt. So der Hahn. Die Henne siehet röthlichgrau, säumt jedoch die Brust- und Rückenfedern dunkel. Die Zucht hat unter Einfluß der verschiedensten Klimate verschiedene Spielarten hervorgebracht, doch weichen dieselben nur wenig von dem eigentlichen Typus ab. Die dunkle und schwarze Spielart steht der wilden noch am nächsten, die ganz weiße ist die geschätzteste.

Ursprünglich erstreckte sich das Vaterland des wilden Truthahnes von der Landenge von Panama bis in das nordwestliche Gebiet der Vereinten Staaten, die fortschreitende Kultur und zunehmende Bevölkerung hat ihn zurückgedrängt auf jene Pro-

vinzen, wo mächtige Ströme durch einsame Wälder von ungeheurer Ausdehnung ihren Lauf nehmen. Dort führt er ein Wanderleben. Sobald nämlich im Herbst Früchte und Samen abfallen, schaaren sich die Hähne und die Hennen in besondere Züge bis zu einigen Hunderten, die Hennen mit den Jungen sich scheu absondernd, um letztere den tödtlichen Angriffen der Hähne zu entziehen. Solche Gesellschaften laufen über weite Strecken, bis ein breiter Strom sie aufhält, hier suchen sie ein erhöhtes Ufer oder fliegen auf Bäume, kollern und blähen sich auf, bis sie sich gestärkt fühlen den gewagten Flug auszuführen. Die kräftigen Alten kommen glücklich hinüber, aber magere und junge stürzen nieder und schwimmen dann mit fest angeschlossenen Flügeln, ausgebreitetem Schwanze und

Fig. 534.

Vormagen und Muskelmagen des Truthahns.

Fig. 536.

Zahmer Truthahn; weiße Spielart.

Fig. 335.

Wilder Truthahn mit Hennen.

rudernd mit den Füßen ans jenseitige Ufer. Hier angekommen irrt die ganze Gesellschaft rathlos umher und
viele fallen den Raubthieren und Jägern zur Beute. Endlich sammeln sie sich in kleine gemischte Gesellschaften und
treiben in fruchtreichen Gegenden umher. Im Winter
nähern sie sich Futter suchend den bewohnten Orten und
werden dann wegen des sehr schmackhaften Fleisches zahlreich
geschossen und auf die Märkte gebracht. Im Frühjahr sondern die Hennen sich wieder ab und rufen das Männchen
herbei zur Begattung, das mit andern die gefährlichsten
Kämpfe um den Besitz der Weibchen führt. Diese legen
10—18 Eier an einen sehr versteckten Ort im Walde und
brüten dieselben und führen die Jungen aus.
Sobald letztere flügge sind, schaaren sie sich mit andern
Familien und nur die größte Ruhe und Aufmerksamkeit
des Jägers vermag die vorsichtigen zu überraschen. Buch-
eckern, Eicheln, Nüsse, Gesäme, türkisches Korn, Heuschrecken, junge Frösche und Eidechsen dienen als Nahrung.
Das Betragen in Gefangenschaft, die leichte Reizbarkeit,
das zornige Aufbrausen und geräuschvolle Radschlagen
der Hähne, die große Fruchtbarkeit und heiße Brütelust
der Hennen ist bekannt. Bei guter Pflege liefern sie viel

Eier und sehr schmackhaftes Fleisch. Sie heißen bei uns
Puter und auch türkisches Huhn, calcuttischer Hahn, weil
man früher glaubte, sie seien in jenen Gegenden heimisch.

2. Der Pfauentruthahn. M. ocellata.

Figur 337.

Diese Art heimatet in den Küstengegenden der Hondu-
rasbai und kömmt nur äußerst selten nach Europa. Ihr
Betragen und Lebensweise hat noch Niemand beobachtet.
Kleiner als der gemeine Truthahn, gibt er in der prachtvollen
Färbung und Zeichnung seines Gefieders kaum dem Pfau
etwas nach. Rücken, Hals und Unterseite schillern nämlich metallischgrün und sind mit schwarzen und goldenen
Querbändern geziert, die Kehle leuchtet edelsteinartig und
auf den Schwanzfedern stehen saphirblaue mit goldenen
und rubinrothen Ringen eingefaßte Augenflecke. Die
Flügel sind schwarz und weiß gefleckt.

7. Perlhuhn. Numida.

Die äußern Merkmale der ursprünglich in Afrika
heimischen Perlhühner liegen in dem kurzen dicken gewölb-

Fig. 537.

Pfauentruthahn.

Fig. 538.

Kopf des Perlhuhns.

ten Schnabel mit nackter Haut an der Wurzel und zweien Fleischlappen am Unterkiefer, in dem kegelförmigen Knochenhelme oder einem Federbusch auf dem oft nackten Kopfe, dem Mangel der Spornen am Lauf und der hoch eingelenkten Hinterzehe, endlich in dem ganz kurzen, hängenden, von Bürzelfedern überdeckten Schwanze. Von den 23 Schwingen der kurzen Flügel ist die vierte an der Hand die längste. Der Schwanz besteht aus 16 Steuerfedern. Die Oberflur gabelt sich zwischen den Schultern und setzt dann als sehr breiter querreihiger Streif bis zum Bürzel fort, vorher noch mit den Lenkenfluren in Verbindung tretend. Die Unterflur spaltet sich tief unten am Halse und läuft in den breiten Brustäste aus, von welchen ungemein schmal die Hauptstreifen zum Steiß ausgehen. Die innern Organe zeichnen sich mannigfach aus, ohne vom allgemeinen Hühnertypus abzuweichen. So mißt der Darm der gemeinen Art fünf Fuß Länge und seine auffallend erweiterten Blinddärme sieben Zoll; die Leberlappen sind einander ziemlich gleich und haben eine längliche Gallenblase; der lange Vormagen spärlich mit großen Drüsen ausgekleidet, die Bauchspeicheldrüse völlig zerlappt, der Kropf ungeheuer groß. Die Luftröhre besteht aus runden welchen Ringen, deren sieben letzte unbeweglich verbunden sind. Die Zunge ist eine ächte Hühnerzunge, der Fächer im Auge siebenzehnfaltig.

Man unterscheidet gegenwärtig sechs Arten, alle in Afrika. Sie halten sich am liebsten in sumpfigen Niederungen und längs der Flußufer auf, wo sie den ganzen Tag unruhig und geschäftig am Boden umherlaufen und zur nächtlichen Ruhe auf Bäume sich setzen.

1. Das gemeine Perlhuhn. N. meleagris.

Figur 538.

Nach den Dichtern des classischen Alterthums wurden die Schwestern des Meleager, untröstlich über den Tod

des Bruders, in Vögel, die Meleagriden, verwandelt, deren Federn wie mit Thränen betropft aussehen. Nach den großen Vresaikern führten die Aetolier zuerst das Perlhuhn in Griechenland ein und es verbreitete sich schnell als Opferthier der armen Leute, in Rom für die Tafel bei luxuriösen Gastmäldern. Mit dem Untergange des weltbeherrschenden Römerreiches verschwindet es jedoch aus Europa und taucht erst zumitten des sechszehnten Jahrhunderts vereinzelt wieder in Deutschland auf, seit dem vorigen Jahrhundert allgemein verbreitet auf den Hühnerhöfen, auch in andern Welttheilen, auf den Antillen und im nördlichen Brasilien sogar verwildert. Empfindlich gegen Kälte, hält es jenseits der Ostsee nur bei sehr sorglicher Pflege aus. Es wird bekanntlich bis 20 Zoll lang und hat spärliche Haare auf dem nackten Kopfe, einen fast knochigen Helm auf der Stirn und einen langen steifen Fleischlappen am Schnabelgrunde. Das nette und glatte Gefieder ist auf schwärzlich blauem Grunde weiß geperlt, die erste Flügelschwinge ganz weiß. In seinem Betragen verräth es viel Unruhe, läuft gern davon und brütet auch wohl in ein nah gelegenen Walde. In enger Gefangenschaft ist es ganz scheu und ungestüm und brütet nicht. Die Henne legt 12 bis 20 dunkelgelbe, rothbraun punktirte Eier, welche wie das Fleisch für sehr wohlschmeckend gelten. In seinem Vaterlande lebt es in Heerden von einigen hunderten beisammen, welche gar nicht scheu und den Jäger zahlreich zur Beute fallen.

Eine zweite Art, das gehäubte Perlhuhn, N. cristata (Fig. 539), ist kleiner als das gemeine und trägt statt des Helmes einen Busch haarähnlich zerfaserter Federn. Das bläulichschwarze Gefieder ist sehr fein grau geperlt. Eine dritte, sehr weit über Afrika verbreitete Art, N. mitrata, zeichnet sich durch den ungemein hohen rothen Helm, den kleinen rothen Fleischlappen, die blutrothe Kopfhaut und die regelmäßigen Perlflecken des schwarzen Gefieders aus.

Zweite Familie.

Feldhühner. Tetraonidae.

Die Feldhühner, zu deren Familie auch die äußerlich nur durch die befiederten Füße unterschiedenen Waldhühner gehören, haben den gedrungenen Bau und fleischigen

Fig. 339.

Schlanker Perlhuhn.

Körper der eigentlichen Hühner, auch deren abgerundete, gewölbte Flügel mit sehr steifen Schwingen, allein ihre kurze, hoch eingelenkte Hinterzehe tritt beim Gehen nicht auf, die Füße sind niedrige kräftige Schreitfüße mit schmaler Spannhaut zwischen den Zehen; der Kopf ist befiedert und höchstens an den Wangen und Augenkreisen nackt, der Schnabel dick und gewölbt. Der veränderliche, doch meist kurze Schwanz besteht aus 14 bis 18 Steuerfedern. Die innere Organisation zeigt eine überraschende Aehnlichkeit mit den eigentlichen Hühnern, und nimmt nur einzelne Merkmale von den Tauben auf, ihre besondern Eigenthümlichkeiten fallen eben nicht in die Augen.

Die Familie der Feldhühner ist über beide Erdhälften verbreitet und hat selbst in kalten Ländern ihre Vertreter. Einige leben in Wäldern, andere in offenen Feldern, die meisten nach ächter Hühnerweise gesellig, doch nicht immer in Vielweiberei, viele nur paarweise. Sie nähren sich von allerlei Sämereien und Gewürm und kleiden sich in ein bescheidenes braunes oder graues Gefieder ohne blendende Farbenpracht, oft aber mit sehr zarter und weicher Zeichnung. Ihre Fruchtbarkeit ist groß und ihr Fleisch sehr schmackhaft, dennoch ist kein einziges Mitglied zum Hofgeflügel gezogen, sondern sie werden gejagt und als Wildpret angesessen. Die neuesten Ornithologen unterscheiden etwa fünfzig Gattungen, wir führen nur die wichtigsten derselben auf.

1. Waldhuhn. Tetrao.

Die Waldhühner sind die größern und größten Mitglieder ihrer Familie, ihre Hähne besonders durch Größe und Befiederung vor den Hennen ausgezeichnet wie bei den ächten Hühnern. Sie leben meist als Standvögel in gebirgigen und bewaldeten Gegenden aller Zonen und nähren sich von Waldfrüchten, Beeren, Knospen, Blättern, Sämereien, Insekten und Gewürm. Ungeschickt und schwerfällig, fliegen sie nicht gern und wenn gezwungen nur auf kurze Strecken, gehen schrittweise und laufen sehr schnell. Die Hennen legen 6 bis 16 Eier, gelbliche mit braunen Flecken und Punkten, auf wenig Spreu am Boden, bebrüten dieselben allein und führen und pflegen

die Jungen. Sie sind als Wildpret sehr geschätzt, aber die meisten schwer zu jagen.

Ihre äußere Erscheinung charakterisirt der starke, sehr gewölbte Schnabel, dessen obere Hälfte sich sanft gegen die bisweilen hakige Spitze herabbiegt. An seiner Wurzel öffnen sich die rundlichen oder nierenförmigen Nasenlöcher in einer mehr weichen dicht befiederten Haut, zum Theil versteckt unter den Stirnfedern. Ueber den kahlen Augenlidern reiben sich rothe Blättchen zu eigenthümlicher Berandung. Die kurzen kräftigen Beine sind an den Läufen haarartig befiedert. In den kurzen gewölbten Flügeln haben die dritte und vierte der zehn Handschwingen die größte Länge. Der Schwanz besteht aus 18 Steuerfedern. Die Federfluren verlaufen fasanenartig. Am Schädel lehnt sich das Thränenbein auf der Stirn beträchtlich aus, die Gaumenbeine sind schmal grätenartig und der Eckfortsatz des Unterkiefers lang und aufwärts gebogen. 14 Hals-, 7 Rücken- und 7 Schwanzwirbel, der mittlen Rückenwirbel unter einander verwachsen. Das Brustbein erinnert an die Tauben, das Schulterblatt endet verbreitert. Die dreiseitige Zunge trägt am Hinterrande doppelte und dreifache Zahnreihen. Die Luftröhre besteht aus weichen Knorpelringen, deren letzte unter einander verbunden sind. Der Schlund hat einen sehr weiten Kropf, der Vormagen zahlreiche Drüsen, der lange Darm ganz auffallend lange, innen längsgefaltete Blinddärme; die ungleichklappige Leber mit kleiner Gallenblase, die Nieren nach hinten erweitert und aus einander weichend.

Die zahlreichen Arten bewohnen vornämlich die gemäßigten und kalten Länder, nur ganz vereinzelt die tropischen und werden nach der Befiederung der Läufe und Zehen, nach der Schnabelform und andern Merkmalen gruppirt. Die wichtigsten unter ihnen sind folgende.

1. Der Auerhahn. T. urogallus.
Figur 340 341.

Der edelste, größte und schönste seiner Gattung, zugleich der stolzeste und größte Bewohner unserer Wälder. Der Auerhahn, richtiger wohl Urhahn, bewohnt die gebirgigen Wälder des mittlen Europa, zahlreicher die des nördlichen bis tief nach Asien hinein und zwar überall als Standvogel, der höchstens im Winter in tiefere Gegenden hinabstreicht oder nur gezwungen sein Revier verläßt. Nadelholzwälder mit alten Eichen und Buchen untermischt und mit dichtbuschigem Unterholz gegen die Morgensonne hin wählt er am liebsten zum Standquartier, sie gewähren ihm Schutz und Nahrung. Denn ungemein scheu und vorsichtig flieht er, sobald ihm sein scharfes Gesicht und feines Gehör eine ferne Gefahr verräth, sogleich in dichtes Gebüsch. Er bedarf dieses Schutzes, da seine Größe, Plumpheit und Schwerfälligkeit ihn gefährlichen Angriffen aussetzt und der geräuschvolle Flug ohne Ausdauer ist. Jeder Hahn lebt einsam in seinem Revier und bekämpft jeden Genossen, der dasselbe mit ihm theilen will. Nur in der Begattungszeit im Frühjahr sucht er eine Gesellschaft von 5 bis 6 Hennen auf, verliert dann seine Ruhe und gibt sich der blindesten Liebe hin. Im frühesten Morgengrauen läßt er dann vom Baume herab, wo er nächtliche Ruhe hielt, seine schnalzende und klappende

Fig. 540.

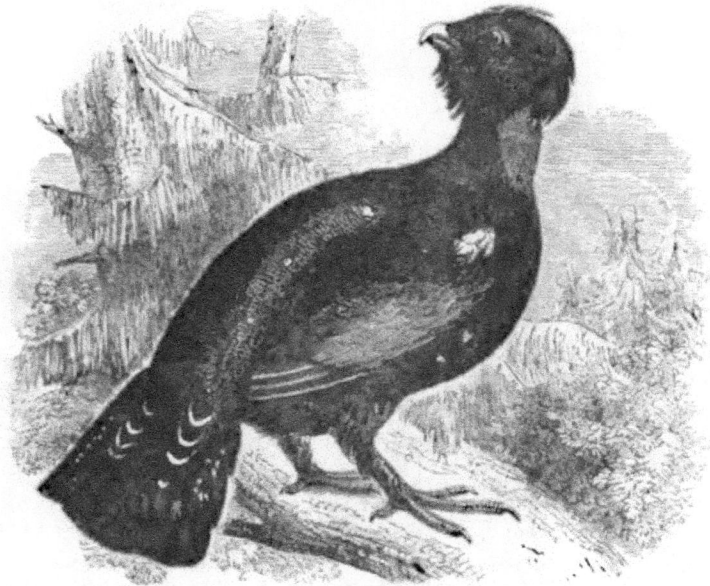

Auerhahn. Männchen.

Stimme erschallen, schneller und schneller bis zum Haupt-schlage, welchem das Schleifen oder Wetzen, höchst eigen-thümlich zischende Töne, folgt. In diesem Augenblicke ist er blind gegen jede Gefahr und hört selbst den Knall des Gewehres nicht. Die Hennen antworten dem auf-geregten Liebhaber mit einem back, back oder tack, tack, worauf er zu ihnen fliegt. Ist der Begattungsrausch vorüber, so sondern sich beide Geschlechter wieder; die Hennen legen unter dichtes Gebüsch auf weniges Gehalm meist 5 bis 8 (seltener bis 16) rostgelbe und dunkel punktirte Eier und brüten dieselben in vier Wochen aus. Dabei sind sie so eifrig, daß sie sich auf dem Neste ergreifen lassen. Sie führen die Jungen alsbald nach dem Aus-schlüpfen fort und pflegen und schützen dieselben mit seltener Liebe. Der Hahn nährt sich hauptsächlich von Fichten- und Kiefernadeln und von Knospen, dadurch wird sein an sich sehr grobfaseriges hartes Fleisch fast ungenießbar, die Hennen dagegen fressen weiche Knospen und Blüthen von Laubbäumen und noch lieber Beeren, im Sommer auch allerhand Gewürm und Insekten-geschmeiß, die Jungen anfangs nur letzteres; ihr Fleisch ist zart, saftig und sehr schmackhaft. Der Auerhahn gehört zur hohen Jagd und wird in unsern Gegenden durch strenge Gesetze geschützt, doch ist es wohl mehr die Schwierigkeit und der durch dieselbe gesteigerte Reiz der

Jagd, als der Nutzen, welcher jene Gesetze veranlaßte. Außer dem Menschen verfolgen ihn, zumal die Jungen und wohlschmeckenden Hennen, zahlreiche Raubvögel, Füchse, Katzen, Marder, allein seine große Fruchtbarkeit trotzt diesen Nachstellungen, er wird seltener, solange jedoch der Wald ihm Schutz und Unterhalt gewährt, nicht leicht ausgerottet. Die Zähmung erfordert große Sorgfalt und doch halten auch die ganz jung eingefangenen nicht lange in Gefangenschaft aus. Der Auerhahn mißt 40 Zoll Länge und 50 Zoll Flügelbreite, die Hennen höchstens 30 Zoll Länge und 42 Zoll Flügelbreite. Ersterer schillert am Kopfe und Halse hellaschgrau, mit schwärzlichen Schaftstrichen, Zick-zackstreifen und Punkten so fein und dicht gezeichnet, daß eine Wässerung entsteht. Auf den rostbraunen Schultern und Flügeldecken setzt auf dem schwarzen Rücken wieder-holt sich diese Zeichnung. An der Kehle steht ein starker schwarzer Bart, die Augen umringen kleine scharlachrothe Warzen, die Oberbrust glänzt schwarzstahlgrün, der Bauch ist schwarz mit weißen Flecken und der abgerundete sehr breite Schwanz schwarz. Die Henne trägt ein rost-farbiges Gefieder mit schwarzen und weißen Flecken, an der rostrothen Brust und dem Halse ohne Flecken, am weißen Bauche schwarz- und rostfleckig. Die lang dreiseitige Zunge ist hinten mit drei Reihen Zähnen besetzt. Der Darm

Fig. 341.

Fig. 342.

Auerhahn. Weibchen.

Birkhuhn. Henne.

mißt 5 Fuß Länge und hat Blinddärme von etwas über zwei Fuß Länge. Der kleine Vormagen ist nur spärlich mit Drüsen ausgekleidet, etwa funfzig an Zahl. Die Luftröhre ist am untern Kehlkopf eigenthümlich gestaltet; das Herz sehr groß.

2. Das Birkhuhn. T. tetrix.

Figur 341 342 l.

Zwar kleiner als der Auerhahn, nur zwei Fuß lang, ist der Birkhahn nicht minder schön als jener. Er unterscheidet sich sogleich durch den tiefgablig ausgeschnittenen Schwanz und die fast gar nicht verlängerten Kehlfedern. Sein dunkelschwarzes Gefieder glänzt am Halse und Unterrücken stahlblau, sticht am Bauche weiße Flecken ab, eine solche Binde auf jedem Flügel und biegt die langen Gabelzinken des schwarzen Schwanzes stark auswärts. Sehr dicke hochrothe warzige Augenringe fallen besonders während der Begattungszeit auf. Das Weibchen fiedert rostgelbbraun mit vielen dunkelbraunen Flecken, an der Brust kastanienbraun mit schwarzen Querbändern; der rostfarbene schwarzfleckige Schwanz ist nur undeutlich gegabelt. Der Kropf ist ebenso ungeheuer groß wie bei dem Auerhahn, der eirunde sehr dickwandige Vormagen mit etwa 60 Drüsen, der Darmkanal wiederum fünf Fuß lang mit zwei Fuß langen Blinddärmen, die Lebderlappen viel ungleicher als bei voriger Art, auch die Zunge hinten mit nur zwei Zahnreihen besetzt. Der Fächer im Auge vierzehnfaltig. Die gallertartigen Massen am untern Kehlkopf erscheinen

hier noch viel größer als bei dem Auerhahn und bekleiden noch das untere Ende der Luftröhre.

Das Vaterland des Birkhuhnes erstreckt sich vom Mittelmeer bis Lappland und tief nach Asien hinein. In den südlichen Ländern zieht es die Gebirgswälder zum Standquartier vor, in den nördlichen läßt es sich auch in ebenen Waldungen nieder. Wo Birken walten und niederes Gebüsch sich untermischt, fehlt es nicht leicht, doch weiß es sich auch in andern Wäldern und in bloßen Haiden heimatlich einzurichten. An Schärfe und Feinheit der Sinne, wie an Scheu und edlem Anstand steht es dem Auerhahn keineswegs nach, es übertrifft denselben noch an Kühnheit, Umsicht und Gewandtheit der Bewegungen, läuft sehr behend mit hängendem Schwanze, fliegt rauschend schnell und auch anhaltend und ist gesellig, immer in kleinen Familien beisammen. Die Balzzeit dauert vom März bis in den Mai, dann sind die Hähne unbändig wild, kampflustig und eifersüchtig und steigern ihre Aufregung bis zur Raserei und Tollheit. Die Nahrung ist eine sehr gemischte, verschieden nach den Jahreszeiten, immer aber nur weiche Knospen, Blüthen, Beeren, zarte Blattriebe, Insekten und Gewürm. Das Fleisch gilt als vorzügliches Wildpret und wird als Delicatesse bezahlt. Die Henne legt im Mai bis 14 gelbe, braun punktierte und gefleckte Eier und brütet drei Wochen auf denselben. Die Jungen behandelt sie wie die Gluckhenne, doch mit noch größerer Liebe und Aufmerksamkeit.

Man unterscheidet vom gemeinen Birkhuhn ein mittleres Birkhuhn, T. medius; dessen Schwanz minder tief gablig und fast einfarbig schwarz ist und dessen Kehlfedern etwas verlängert sind. Die Henne trägt zwei

Fig. 313.

Wald- und Schneehühner.

weiße Flügelbinden. Es ist in Deutschland selten, häufig in den nördlichen Ländern und wird von vielen Ornithologen nur für eine Bastartform gehalten.

3. Das schwarze Waldhuhn. T. obscurus.

Figur 314.

Ganz wie unser Birkhuhn lebt im fernen Nordwesten des nordamerikanischen Continentes das schwarze Waldhuhn. Das Männchen fiedert schwarz, das kleinere Weibchen schwarzbraun mit ockergelben Flecken und

Naturgeschichte I. 2.

Bändern. Der abgerundete Schwanz besteht aus zwanzig Steuerfedern. Ueber die innere Organisation ist uns nichts bekannt.

4. Das Buschwaldhuhn. T. cupido.

Figur 315.

Offene trockene Ebenen mit spärlichem Baumwuchs und Gebüsch heißen im östlichen Nordamerika Waldhuhnebenen, weil sie von diesem Buschhuhn besonders bewohnt werden. Dasselbe verbreitet sich aber auch zahlreich

40

Fig. 344.

Schwarzes Waldhuhn.

in die Ebenen nach Westen und ist überall bekannt, da es
munter scheu als unsere Arten zumal im Winter bei
Nahrungsmangel den bewohnten Orten sich nähert und
sogar auf den Meierhöfen unter die Hühner sich mischt.
Beeren und Knospen sind seine gewöhnliche Nahrung.
Während der Balzzeit im Frühjahr regt es sich leiden=
schaftlich auf wie andere Arten und kann schwellen dem
Hahne zwei sonst schlaffe Hautfalten am Halse zu großen
hochgelben Kugelblasen an. Er ist 18 Zoll lang, rost=
braun mit feinen schwarzen und weißen Querbändern
und trägt seiderseits der nackten Hautsäcke am Halse ein
Büschel schmalspitziger Federn, deren einige schwarz, die
übrigen schwarz und braungestreift sind. Auf dem
Scheitel steht ein schwacher Federkamm und über jedem
Auge eine Reihe orangegelber Wärzchen. Der kurze

Fig. 345.

Buschwaldhuhn.

abgerundete Schwanz ist dunkelbraun, am Ende grau.
Das viel kleinere Weibchen fiedert heller und hat weder
Hautsäcke, noch Federbüschel. Im Schwanze 18 Steuer=
federn, im Flügel zehn Hand= und achtzehn Armschwingen,
die dritte und vierte jener am längsten.

5. Das Kragenwaldhuhn. T. umbellus.
Figur 346. 347.

Dieser dritte Nordamerikaner verbreitet sich fast über
den ganzen nordamerikanischen Continent, bewohnt aber
abweichend vom Buschhuhn nur gebirgige Waldungen
und zumal solche mit Balsamkiefern und Hemlockstannen,

Fig. 346.

Kragenwaldhuhn.

auch einsam oder nur paarweise. Im Frühjahr ruft der
Hahn seine Hennen durch einen eigenthümlich reißenden und
trommelnden Ton, unter den bei Waldhühnern üblichen
sonderbaren Bewegungen: er entfaltet den Schwanz,
senkt die Flügel, sträubt die Federn des eingezogenen
Halses, bläht den ganzen Körper auf und schreitet nun
stolz und hochmüthig einher, schlägt bald schneller und
schneller mit den Flügeln, endlich so reißend schnell, daß
jener murmelnde und donnernde Ton entsteht. Am häufig=
sten gefällt er sich Morgens und Abends in diesem ab=
sonderlichen Grimassenspiel, während dessen er auch alle
Gefahren seiner Umgebung vergißt. Das Weibchen legt
unter das dichteste Gebüsch versteckt im Mai 9 bis 15
Eier und pflegt die Jungen mit aufopfernder Liebe, weiß
sie auch mit bewunderswerther List drohenden Gefahren

Fig. 347.

Kragenwaldhenne.

zu entziehen. Der Flug, laut schwirrend wie bei allen Hühnern, ist kräftig und andauernd. Im September und Oktober sind die Kragenhühner sehr fett und wohlschmeckend und finden dann auf den Märkten der großen Städte reichlichen Absatz. Das Männchen, 18 Zoll lang, fiedert oben kastanienbraun mit dunkeln welligen Querbändern und Flecken, auf den Schultern mit einem Bündel langer, sammetschwarzer, grünschillernder Federn, welche aufgerichtet einen Kragen um den theilweis nackten Hals bilden. Den rostgrauen Schwanz ziert ein schwarzes Querband. Das viel kleinere, bleicher gefärbte Weibchen hat gelbbraune Schulterfedern. Im Skelet sind die Vorderarmknochen merklich länger als bei unsern europäischen, schlechter fliegenden Arten.

6. Der Auerfasan. T. urophasianus.

Fig. 348.

Der Auerfasan lebt in den Gebirgen des westlichen Nordamerika und fiedert bei 22 Zoll Körperlänge oben gelbbraun mit dunkelbraunen und gelblichweißen Bändern

Fig. 348.

Auerfasan.

und Flecken; seine Brustfedern haben schwarze starke Schäfte, die seitlichen sind weiß und schuppenähnlich; der schwärzliche Kopf und die Kehle sind weiß gefleckt und die Kragenfedern mit verlängerten an der Spitze pinselförmig bedeckten Schäften versehen. Dem kleinen Weibchen fehlen sowohl diese sonderbaren Kragenfedern als auch die schuppenförmigen an den Seiten der Brust. Der Hahn hat außerdem noch orangefarbene Hautsäcke an dem Halse. In seinem Betragen ähnelt er dem Kragenwaldhahn. Zur Paarungszeit im März und April steht er in den frühesten Morgenstunden auf einer erhöhten Stelle, richtet den Schwanz fächerförmig auf und geht dann mit aufschleifenden Flügeln stolz umher, dabei blähen sich die Halssäcke zu ganz unförmlich großen Blasen auf, die Halsfedern sträuben sich und die Schuppenfedern der Brust sperren sich weit auf. Unter diesen Grimassen locken schnurrende Töne die Henne herbei. Diese baut unter dichtes Gebüsch aus Halmen und dürren Zweigen ein ziemlich großes Nest und brütet auf 13 bis 17 holzbraunen Eiern mit granatröthlichen Flecken drei Wochen. Die Familien halten im Sommer nur in kleinen Gesellschaften zusammen, erst mit Eintritt des Winters schaaren sie sich zu großen Flügen.

Auch Südamerika hat ein Waldhuhn aufzuweisen, das wegen des gezähnten Unterkieferrandes am ungemein hoben Schnabel, der dünnen Beine, freistehenden Läufe und der gleichen Färbung beider Geschlechter zur Gattung Odontophorus erhoben ist. Es türkt seinen rothbraunen Kopf gelb, fleckt den gelbbraunen Rücken schwarz und hält die Unterseite schiefergrau. Ist nur von Rebhuhngröße und gemein in Brasilien, wird ebenfalls wegen des schmackhaften Fleisches viel gejagt.

7. Das Alpenschneehuhn. T. lagopus.

Figur 343 u. 349.

Die Waldhühner mit befiederten Läufen und Zehen und ohne Hornkrausen an letztern, auch mit großen schaufelförmigen Nägeln werden gemeiniglich als Schneehühner, Lagopus, von den eigentlichen Waldhühnern generisch abgesondert. Die Befiederung der Füße wird im Winter ganz dicht, zugleich verdichtet und verlängert sich die Befiederung der Zehen im Schnabelwurzel und unter den derben festen Konturfedern schützt ein dichtes Dunenfeld gegen die winterliche Kälte, denn die Schneehühner sind Bewohner des hoben Nordens und kalter Gebirge, wo Eis und Schnee das Leben gefahrvoll und den Unterhalt schwieriger machen. Die gemeine Art bewohnt die kahlen felsigen Gegenden der ganzen nördlichen kalten Zone, die rauhen Gebirge Schottlands und Standinaviens, auch die höhern Regionen der Alpen. Während des Sommers treibt es sich auf den ödesten und rauhesten Gebirgsstrecken umher, im Winter sucht es Schutz in den obern Thälern und unter einzeln stehenden Büschen. In der Begattungszeit halten nur die Paare zusammen, jeder Hahn mit seiner Henne, im Sommer aber leben sie familienweise, und im Winter schaart sie der Nahrungsmangel in größere Gesellschaften. Behend laufen sie unter dem niedern Hochgebirgsgesträuch umher und fliegen erst bei unmittelbar naher Gefahr laut schnurrend auf. Bei heiterem Himmel sieht man sie auch geräuschlos und

10*

Fig. 519.

Alpenschneehuhn.

schweigend über kurze Strecken schnell dahin fliegen, aber jeden Sturm, Unwetter und dicken Nebel verkünden sie durch unstäten Flug und lautes dumpf schnarrendes und knarrendes Geschrei. Knospen, Blätter, Blüthen, Beeren und Gesäme bilden die gewöhnliche Nahrung, für die zarten Jungen gibt es Insekten. Die Paarungszeit fällt in den Mai. Die Henne baut alsdann unter einem Vorsprunge aus Gehalm, Moos und Flechten ein weiches Nest, legt 8 bis 12 braungelbe dunkel punktirte und gefleckte Eier binnen und brütet dieselben allein aus, wie es denn auch die Jungen ohne Hülfe des Männchens aufzieht. Obwohl das Fleisch minder zart und schmackhaft ist als das der eigentlichen Waldhühner, wird es doch überall und viel gegessen und ist den Bewohnern des höchsten Nordens, den Eskimos sogar eine sehr willkommene Speise: diese verzehren es roh mit Robbenspeck, auch halbverfault mit den Eingeweiden als Delicatesse. Die Raubtiere des hohen Nordens sind ebenfalls auf dieses Schneehuhn angewiesen. Die Zähmung gelingt nur selten.

Im Winter kleidet sich das Alpenschneehuhn rein weiß wie der blendende Schneeteppich, auf welchem es läuft. Das Sommerkleid mischt sich aus schwarzen, braunen, rostgelben, weißlichen und grauen feinen Bändern, Strichen, Flecken und Punkten. Sehr alte Männchen sind auf dem Scheitel, an den Schläfen und Zügeln

schwarz und behalten letztere auch im Winter. Die Weibchen sind nur heller und ihre zarte Zeichnung mehr verwaschen. Gegen den Herbst hin werden die gelblichweißen Stellen grau, die schwarzen Flecke lösen sich in Punkte auf und allmählig gewinnt das reine Weiße das Uebergewicht. Im April beginnt die Zeichnung des Sommerkleides hervorzutreten. Am Schädel brachte man die durch Luftzellen stark aufgetriebene Basis des Hinterhauptes und die stabförmigen Gaumen- und Flügelbeine. Der Lauf hat kaum die halbe Länge des Oberschenkels. 7 Rücken- und 7 Schwanzwirbel, drei Rückenwirbel mit ungeheuer großen untern Dornen; 14 Halswirbel. Die Blinddärme über einen Fuß lang.

Eine zweite auf den höchsten Norden beschränkte Art ist das Meerschneehuhn, T. albus, das im Winter bis an die Küsten der Ostsee herabkömmt und zu vielen Tausenten alljährlich eingefangen und gegessen wird. Es fiedert ebenfalls im Winter rein weiß und das Männchen kann ohne schwarzen Zügel, im Sommer dunkel gebuntet. Eine dritte Art, das schottische Rothhuhn, T. scoticus (Fig. 513 c), heimatet auf den Gebirgen des britischen Inselreiches. Es zeichnet sein dunkelkastanienbraunes Gefieder mit seinen schwarzen Zickzackstreifen, Flecken und Punkten und hat einen hochrothen Warzenkamm auf den Augenbrauen. In seiner Lebensweise gleicht es wesentlich den andern Arten. Die

Henne legt unter Gebüsch in ein rohes Nest schon im März 4 bis 6 Eier.

2. Flughuhn. Pterocles.

Die niedrigen schwachen Beine und die langen spitzigen Flügel mit längster erster Schwinge machen das Flughuhn sehr taubenähnlich und manche Ornithologen verweisen es auch wirklich in die Familie der Tauben. An dem kleinen Schnabel öffnen sich die Nasenlöcher unter einer dicht befiederten Hautschuppe. Die Zehen sind kurz und nackt und die Hinterzehe sehr klein, oft bloß warzenförmig. Der keilförmige Schwanz besteht aus zehn bis zwölf Federn, von welchen die mittlen bisweilen sehr verlängert sind. Das glatt anliegende Gefieder pflegt auf strohgelbem Grunde zierliche dunkle Zeichnungen scharf hervortreten zu lassen.

Die Arten bewohnen am liebsten offene und ebene Gegenden und wissen selbst in den ödesten Wüsteneien noch ihren Unterhalt zu finden. Sie laufen wenig und schlecht, fliegen aber schnell und gewandt, so daß es ihnen leicht wird von Ort zu Ort zu streichen, um ihre dürftige Nahrung in ausreichender Menge zu finden; zur Brütezeit wählen sie fruchtbare Gegenden zum Aufenthalt, um für die Jungen reichlich sorgen zu können. Sämereien aller Art, grüne Knospen, Blätter und auch Insekten dienen zum Unterhalt. Wasser können sie nicht entbehren und wissen auch die Quellen in den dürrsten Gegenden aufzufinden, daher denn die erschöpften Karavanenzüge Flughühnergesellschaften als Verkünder naher Erfrischung freudig begrüßen. Einige Arten leben paar- und familienweise, andere in großen Flügen beisammen. Ihr Vaterland ist Asien und Afrika, zum Theil noch das südliche Europa.

1. Das Gangaflughuhn. Pt. alchata.
Figur 330.

Das Gangaflughuhn oder Alchata der Araber ist im südlichen Frankreich und Spanien heimisch, sehr gemein aber erst in den öden Wüsteneien Syriens, Palästinas und Arabiens, hier in volkreichen Schaaren schwärmend. Wo solche Züge zum Ausruhen sich niederlassen, werden sie mit Stöcken erschlagen oder in Stellnetzen eingefangen, denn die Türken essen das trockne harte Fleisch gern, die Europäer freilich verschmähen es. Erst wenn die Jungen flügge sind und nicht mehr der Pflege der Mutter bedürfen, schaaren sie sich in so ungeheure Züge. Die Henne legt in eine flache Grube nur drei grünliche Eier, welche von den Arabern aufgesucht und gern gegessen werden. Nach Burckhardt's und Hasselquist's Vermuthung ist der Ganga der in der Bibel unter dem Namen Selav vorkommende Vogel, welcher die Israeliten auf ihrem Zuge durch die Wüste vom Hungertode rettete. Luther verdeutscht den Selav mit Wachtel. Das Gangahuhn mißt 14 Zoll Länge und fiedert isabellgelb mit abwechselnd schwarzen und silbergrauen Querstreifen, mit dunkelbraunem schwarz eingefaßten Brustbande und ähnlichem an der Kehle; Unterbauch und Schenkel sind weiß, die zwei mittlen Steuerfedern verlängert. Das viel kleinere Weibchen trägt sich bleichgelb, oben mit schwarzen Stricheln und Flecken und mit nur schmalem Brustkreis.

Fig. 330.

Gangaflughuhn.

2. Das schwarzkehlige Flughuhn. Pt. gutturalis.
Figur 331. 332.

In der äußern Erscheinung unterscheidet sich diese afrikanische Art nur durch den die ganze Kehle einnehmenden schwarzbraunen Halbmond, welcher der Henne freilich fehlt. Sie lebt paarweise und sucht emsig den Tag über nach Gesäme und Insekten, sammelt sich aber Vormittags und Nachmittags einmal in großen Schaaren an den Quellen der grünen Wüsten-Oasen. Die Henne legt drei schmutzig weiße Eier mit blaß rostbraunen und

Fig. 331.

Schwarzkehliges Flughuhn. Hahn.

Fig. 332.

Schwarzkehliges Flughuhn. Henne.

grauen Flecken und Strichen auf dem kahlen Boden und
die ausgekrochenen Jungen wachsen ungemein schnell heran.

Andere Arten Afrikas sind Pt. quadricinctus und
Pt. exustus, beide nur durch die Färbung des Gefieders
unterschieden und kleiner als vorige, 9 bis 12 Zoll lang.

3. Feldhuhn. Perdix.

Die Feldhühner, in unserm Rephuhn allgemein bekannt, unterscheiden sich von den Waldhühnern zugleich
durch die spaltenförmigen Nasenlöcher mit unbefiederten
Decken, den kleinen Warzenfleck über den Augen und die
völlig nackten Läufe und Zehen. Es sind insgesammt
kleine, nette Hühner, deren Gefieder glatt anliegt und
sanft anzufühlen ist, auf bläulichgrauem oder röthlich-
braunem Grunde meist feine und zarte Zeichnung hat
und in beiden Geschlechtern kaum beachtenswerthe Unterschiede zeigt. Der kurze kräftige Schnabel hat sich etwas
an der runden scharfkantigen Spitze. Die starken nicht
gerade hohen Läufe haben eine kurze Hornwarze oder
einen wirklichen Sporn, die drei Vorderzehen eine Spannhaut am Grunde; die hoch eingelenkte Hinterzehe ist verkürzt. Die kurzen, gewölbten Flügel werden von 18 bis
23 harten Schwingen gespannt, von welchen stets zehn
dem Handtheil angehören. Der kurze breite hängende
Schwanz zählt 14 bis 18 Steuerfedern. Die breite
Oberflur des Lichtgefieders läuft einfach vom Halse bis
zum Bürzel, bisweilen zwischen den Schultern mit einer
mittlen Lücke und gewöhnlich mit den Lendenfluren verbunden. Die Unterflur setzt auf der Brust jederseits
einen breiten Ast ab und läuft schmal bis zum Strich.
Die anatomischen Verhältnisse stimmen wesentlich mit
den Waldhühnern überein und erst die nähere Vergleichung
weist Eigenthümlichkeiten auf, deren erheblichste wir bei
den einzelnen Arten angeben.

Die Feldhühner bewohnen in zahlreichen Arten die
Länder der warmen und gemäßigten Zone als Stand-
und Strichvögel. Sie wählen zum Stanquartier freie
Felder, Aecker, Wiesen, einige auch bergige Gegenden,
meiden aber die Wälder, fliegen sehr schlecht und schwerfällig, laufen dagegen desto schneller und ruhen auch nur

am Boden. Ihre Nahrung besteht in Körnern und
Gesäme der verschiedensten Pflanzen, in grünen Pflanzentheilen, in Insekten und Gewürm. Die Henne legt
zahlreiche Eier in eine flache Grube und brütet dieselben
ohne Hülfe des Männchens. Die Jungen bleiben bis
zur nächsten Brütezeit bei der Mutter und bilden unter
Anführung des Männchens eine Kette oder ein Volk.
Einzelne Arten leben nur paarweise. Ihres schmackhaften Fleisches wegen werden sie überall gejagt. Die
Arten haben keinen Sporn an den Läufen und sind zur
eigentlichen Feldhühner, oder sie haben einen, auch wohl
zwei Sporen und heißen dann Frankolinhühner. Von
letztern ist keine Art in Deutschland heimisch.

1. Das gemeine Rephuhn. P. cinerea.
Figur 332 b, 333.

In unserm mit Getreidefeldern reich gesegneten Vaterlande ist das Rephuhn ein gemeines und allgemein geschätztes Wild, nach Süden zu bis in die nordafrikanischen Küstenländer wird es seltener und ebenso nach
Norden bis in das mittle Schweden, ostwärts dehnt es
sein Gebiet bis nach Asien hinein aus. Gemäßigtes
Klima mit nicht zu strengen Wintern und Getreidefelder
verlangt es unbedingt zu seinem Gedeihen. Wo es gegeben wird, bringt es auch seine Lebenszeit zu, wenn
nicht Noth und äußerer Zwang zum Aufsuchen eines
neuen Stanquartiers treibt. Den größten Theil des

Fig. 333.

Gemeines Rephuhn.

Jahres hält es in Völkern mit einem Herz und einer
Seele zusammen, welche auf offenen Feldern nach Nahrung umherlaufen und besonders früh bis zehn Uhr
Vormittags und um zweiten Male Nachmittags von vier
Uhr ab. Die übrige Zeit verbringen sie gern ruhend
unter einer Scholle, in den Ackerfurchen oder unter Gestrüpp. Die Glieder einer Kette leben überaus verträglich, ohne allen Hader und Zank, ja bisweilen vereinigen
sich einige Völker, um eine kurze Zeit gemeinschaftlich
und in Frieden nach Nahrung zu suchen. Im Frühjahr
erst lösen sie sich in einzelne Paare auf, gewöhnlich unter
Lärm und Streit, da die vorjährigen Hähne sich ihr

Weibchen erkämpfen müssen, denn die Rephühner schließen ihre Ehe auf Lebenszeit und selbst in dem Volke bleibt jeder Hahn treulich neben seiner Henne. Die Hähne überwiegen an Zahl und gar mancher bleibt unbeweibt. Die Henne legt in eine flache Grube mit wenigem Gehalm ausgefüttert täglich ein Ei bis zu zwanzig, meist aber nur zehn bis zwölf und brütet so eifrig, daß man sie darüber ergreifen kann. Das Männchen treibt sich während dieser Zeit in der Nähe des Nestes herum. Nach drei Wochen kriechen die Jungen aus und sobald sie trocken sind, schon nach wenigen Stunden oft gar noch mit ankledendem Schalenstückchen führt sie die Mutter aus und pflegt sie in Gemeinschaft mit dem Vater auf das liebevollste, indem beide Eltern emsig Futter suchen, der jeder Gefahr die Kleinen warnen, sie verbergen und wenn sie nicht mit List dem Angriffe ausweichen können, dem Feinde sich muthig entgegenstellen und ihr eigenes Leben für das der Kinder aufs Spiel setzen. Bei der ersten Gefahr drücken sie sich alle an den Boden, dann laufen sie eine Strecke und bei plötzlicher Ueberraschung fliegt das ganze Volk wie mit einem Schlage auf, fällt aber bald wieder nieder und läuft dann bei noch anhaltender Gefahr so auseinander, doch nicht weit, auf sobald sie sich sicher fühlen, sind sie schnell wieder vereint. Im Frühjahr und Vorsommer bilden Insekten aller Art fast ausschließlich die Nahrung, dann reifen die Körner und werden nun anderm Futter vorgezogen, im Herbst muß die Aussaat der Winterfrüchte, ausgefallenes Gesäme und grüne Pflanzentheile Unterhalt liefern, in Winter tritt allgemein Nahrungsmangel ein, der leckere Boden und die leichte Schneedecke wird aufgescharrt und Körner und weiche Pflanzentheile aufgesucht, friert endlich der Boden, so daß er nicht mehr aufgescharrt werden kann, so müssen Beeren im nächsten Gebüsch und Dünnerbaufen den dürftigen Unterhalt liefern, oder die Noth steigert sich bis zum Hungertode. Doch sieht das Rephuhn gegen den Winter hin viel Fett an, und übersteht die knappe Zeit damit, wenn sie nicht gar zu lange anhält. Die Stimme ist sehr mannichfaltig, in der Aufregung ein lautes Girhöll oder Girdäd, in Angst und Schrecken ein gellendes Ripriprip, im eiligen Fluge Tärt tärt, im vertraulichen und ungestörten Beisammensein ein dumpfes Kurrud und stilles Knurren. Das wehrlose Thier wird von einer Unzahl von Feinden verfolgt. Raubvögel aller Art und vierfüßige Räuber, groß und klein, sind lüstern nach seinem Fleisch und seinen Eiern und der Mensch nicht minder wendet alle List und Gewalt an, seiner habhaft zu werden. Zu bedauern ist, daß ein von Charakter so friedlicher, zärtlicher und netter Vogel so überaus schwer zu zähmen ist. Das Rephuhn liebt die Freiheit über Alles und geht eingefangen an seiner Scheu und Angst, die es wildesten Ungestüm treibt, zu Grunde. Junge und Alte gleichen sich in diesem Abscheu gegen Gefangenschaft. Am ebensten gelingt die Zähmung noch, wenn man die Eier von einem Haushuhn ausbrüten läßt und die Jungen unter Vermeidung aller äußern Störung durch Geräusch, Hunde und Katzen und unter sorglicher Pflege aufzieht. Dann ist freilich das Vergnügen und der Genuß sehr theuer bezahlt.

Ein Vogel, der so zahlreich auf den Markt gebracht und so gern von Hoch und Niedrig gegessen wird wie das Rephuhn, sollte auch nach allen Eigenthümlichkeiten seines Körperbaues allgemein bekannt sein, dem ist leider nicht so, da das Interesse für Gaumen und Magen meist jedes andere erblindet. Das ausgewachsene Rephuhn mißt 12 Zoll Körperlänge und 20 Zoll Flügelbreite und schiebt bellaschgrau mit seinen schwarzen Wellenlinien auf dem Rücken und der Brust, mit verdrehten Querbinden auf den Seitenfedern und mit weißen Längssträchen auf den Flügeldecken. Die kräftigen Läufe sind vorn und hinten mit einer Doppelreihe großer, an den Zehen mit kleinen Schildern besetzt. Das Weibchen hat am Bauche einen hufeisenförmigen kastanienbraunen Fleck. Mehr läßt sich hier von der äußern Erscheinung im Allgemeinen nicht sagen, damit vergleiche man die Exemplare, welche in die Küche kommen und belehre sich daran, wie weit im Einzelnen die Zeichnung des Gefieders individuell abändert. Dann öffne man vorsichtig den Augapfel, zähle die 15 Schuppen des vorderen Ringes und zerre vorsichtig die 18 geknickten Falten des schwarzen Fächers im Glaskörper aus einander, untersuche ferner den dickdrüßigen Vormagen, die spannenlangen Blinddärme, die ziemlich gleichweg Leberlappen, die kleine rundliche Milz, Nieren, Herz und alle übrigen Organe. Was sieht man aber daran? Siehe auch andere Vögel darauf an, dann beantwortest du dir diese Frage selbst.

2. Das Rothhuhn. P. rubra.

Algen 313 d.

Das Rothhuhn lebt, frißt, fliegt, paart sich, brütet und zieht seine Jungen wie das gemeine Rephuhn, nährt aber gegen dieses einen unversöhnlichen Haß, wie das unter Hühnerverwandten gar gewöhnlich ist. Seine eigentliche Heimat beginnt darum auch erst, wo die gemeine Art selten wird, in den mittelmeerischen Ländern und im angrenzenden Asien, auch in den weiten Thälern der Schweiz und im südlichen Frankreich wird es getroffen. Hier kämpft es oft mit dem Rephuhn um das Standquartier und stärker als dieses siegt es gewöhnlich. Man führte es in England ein und zum großen Nachtheil des viel wohlschmeckendern gemeinen hat es sich daselbst acclimatisirt, auch zum Verdruß der Jäger, denn es läßt sich viel schwerer zum Schusse bringen. Die Henne legt bis 18 licht rothgelbe, dunkel punktirte Eier und wird bei der Erziehung der Küchlein nur wenig vom Gatten unterstützt. Ausgewachsen mißt das Rothhuhn 13 Zoll Länge und bis 25 Zoll Flugweite. Seine Oberseite graut hellbräunlich, die Unterseite bräunt rostig. Wangen, Gurgel und Kehle sind weiß, letztere durch einen schwarzen Ringkragen von dem schwarz gesteckten Halse geschieden. Die hochrothen Läufe haben einen dunkeln Sporen. In der Wirbelsäule liegen 15 Hals-, 7 Rücken- und 8 Schwanzwirbel; der Oberarm ist kürzer als das Schulterblatt, der Vorderarm noch kürzer.

Die dritte europäische Art, ebenfalls den südlichen Ländern angehörig, ist das Steinfeldhuhn, P. saxatilis, dem Rothhuhn zum Verwechseln ähnlich, allein sein schwarzes Band an der weißen Kehle wird nach unten oder außen viel breiter und löst sich hier in kleine Flecken auf. Harmlos und zutraulich, läßt es sich leichter

als andere Arten zähmen. In der Wirbelsäule nur
14 Halswirbel, 7 Rücken- und 8 Schwanzwirbel; kein
Sporn am Laufe. Das ebenfalls in den mittelmeerischen
Ländern beimatende Felsenbuhn, P. petrosa (Fig. 556 d),
zeichnet sich durch schön türkisblaue Flügeldecken und
blaugraue Kehle und Vorderhals aus. Viele andere Arten
müssen wir unbeachtet lassen.

3. Das indische Frankelinhuhn. P. pondicerianus.
Figur 554.

Alle Feldhühner vom Typus unseres gemeinen Repbuhnes, aber mit deutlichen Sporen am Lauf und mit
längerem, stärker übergebogenem Oberschnabel heißen
Frankolinhühner. Nur eines derselben eilt in Europa
und zwar in Italien und auf den griechischen Inseln.
P. Francolinus, von der Größe des gemeinen Repbuhnes
und sahlbraun bis schwarz mit weißem Augenstrich und
braunrothem Halsring. Alle übrigen gehören Afrika

Fig. 554.

Indisches Frankolinhuhn.

und dem südlichen Asien an und zeichnen ihr Gefieder
mit Strichen, Flecken, Punkten und Binden in Braun,
Grau, Rostroth, Rostgelb, Schwarz und Weiß. Abweichend von den Repbuhnern leben sie gern in feuchten
Niederungen und an Waldesrändern, setzen sich auch auf
Bäume, fressen Beeren und Gesäme, zarte Knospen und
graben sogar Zwiebeln und Knollen mit dem starken
Schnabel aus. Die abgebildete Art ist gemein in Indien
und zeichnet ihre Stirn rostfarben, den Oberkopf grau,
die Oberseite mit graubraunen Flecken, den vorgrauen
Hals und Bauch mit zackigen Querlinien und die Brust
mit braunen Flecken.

Unter den Afrikanern verdient das geschopfte
Frankolinhuhn, P. pileata (Fig. 555), Beachtung.
Es zeichnet sich hauptsächlich durch den schwarzen Hinter-
kopf aus und bewohnt die buschigen und waldigen Gegen-
den Südafrikas, wo es während der heißen Mittage im
Schatten ruht, Morgens und Abends Knollen, Zwiebeln,
Gesäme und Insekten sucht. Mehre andere Arten Afrikas

Fig. 555.

Geschöpftes Frankolinhuhn.

sind nur in ausgestopften Bälgen bekannt, so P. Clapper-
toni (Fig. 556 a), P. Ruppeli (Fig. 556 b), P. Er-
keli (Fig. 556 c), P. bicalcaratus, P. albogularis etc.

4. Wachtel. Coturnix.

Die Wachteln wurden früher mit den Repbühnern in
eine Gattung vereinigt und stehen denselben in der That
auffallend nah. Immer etwas oder merklich kleiner, unterscheiden sie sich äußerlich besonders durch die längste erste
Flügelschwinge, durch den fast versteckten, kurzen hängenden nur zwölffedrigen Schwanz und das schmalfedrige
weiche Gefieder überhaupt. Die übrigen Verhältnisse
wollen wir bei unserer gemeinen Art aufsuchen.

1. Die gemeine Wachtel. C. communis.
Figur 542 c (S. 313)

Unter den deutschen Vögeln steht die Wachtel ebenso
eigenthümlich und charakteristisch da wie das gemeine
Repbuhn, und wer sie nur einmal aufmerksam angesehen
hat, wird sie nimmer mit einem andern Vogel verwechseln
können. Ihr Vaterland umfaßt den größten Theil der
Alten Welt, reicht in Europa südwärts vom 60. Breitengrade über alle Felder, aber auch über ganz Afrika und
das mittle und südliche Asien. Empfindlich gegen Kälte,
wandert sie trotz ihrer sehr schlechten Flugwerkzeuge im
mittlen Europa aus gegen Süden. Im September und
October sammelt sie sich dann zu immer größern und
größern Schaaren und in myriadenhaften Schwärmen
setzen tieselben über das Mittelmeer, viele aber fallen
ermattet schon auf der Reise nieder und hunderttausende
werden noch diesseits des Mittelmeeres meist mit Netzen
eingefangen und auf den Markt gebracht. Erst Ende
April und im Mai kehren sie zu uns zurück und lassen

Fig. 556.

Frauselhuhner.

fich auf fruchtbaren Feldern heimisch nieder, um ihr stilles Leben ganz versteckt zu führen. Stundenlang liegt die Wachtel gestreckt in behaglicher Ruhe da und nur Abends und Morgens läuft sie hurtig nach Nahrung umher, meist einzeln, höchstens paarweise, und erst wenn die Jungen erwachsen sind, in Familien beisammen, denn unter einander sind sie wenig verträglich, zumal die Männchen sehr zänkisch und kampflustig, so sehr, daß man sie früher wie die Hähne zu belustigenden Kampfspielen zähmte. Der Wachtelschlag, den nur das Männchen während der Paarungszeit hören läßt, ist wohl allgemein bekannt, die scharfen, gellenden, kurz abgebrochenen Töne sind weder angenehm noch lieblich, und werden mehr wegen ihrer Absonderlichkeit gern gehört; gute Schläger schlagen sechs bis zwölf Mal hintereinander, im Freien am spätesten Abend und im frühesten Morgengrauen. Der Lockton beider Geschlechter klingt sanfter und angenehmer dübiwi und prüik, der Angstruf ganz leise trülüli und dann gurr gurr. Die Nahrung ist gemischt, doch scheint die Wachtel im Frühjahr hauptsächlich von Insekten, im Sommer mehr von Sämereien zu leben; die einzelnen Arten dieser aufzuzählen, müßten wir einen sehr langen Speisezettel schreiben. Wasser zum Trinken und Sand zum trocknen Bade kann sie nicht entbehren. Das eheliche Verhältniß ist ein sehr lockeres, wenn irgend möglich paart sich das Männchen mehre Weibchen an, behandelt dieselben gerade nicht sehr zärtlich und verläßt sie auch, sobald es seinen Trieb befriedigt hat. Das Weibchen scharrt im Getreide eine flache Grube, trägt einige Hälmchen hinein und legt dann 8 bis 14 niedliche bunt gezeichnete Eier, auf welchen es nahezu drei Wochen sehr eifrig brütet. Die Jungen laufen gleich nach dem Ausschlüpfen mit der Mutter

davon, werden aber erst Ende August ganz flügge. Im Herbst sind sie fett und werden dann ihres zarten, außerordentlich wohlschmeckenden Fleisches wegen überall, ganz besonders aber in südlichen Ländern verfolgt, bei uns hält man sie lieber wegen ihres artigen Betragens, ihres netten reinlichen Aeußern und des Schlages in der Stube, füttert sie mit Weizen, Glanz, Mohn, Rübsen, Mehlwürmern, Ameiseneiern und kann sie auch ohne große Mühe zum Brüten bringen, um sich mit der kleinen Gesellschaft stundenlang zu unterhalten. Ihre Aufmerksamkeit auf die Umgebung ist bloße dumme Neugierde.

Bei 7 bis 8 Zoll Länge siehert die Wachtel graubraun, auf dem Rücken mit gelben Schaftstrichen und vielen gewellten Querbänderu, über dem Auge mit gelbweißem Streif und an der Kehle mit dunkelbraunem Fleck. Das Weibchen ist blasser gefärbt und hat eine rostgelbliche Kehle. Von den zehn Schwingen am Handtheil des Flügels haben die drei ersten ziemlich gleiche Länge. Die Oberflur breitet sich schon zwischen den Schultern sehr aus und läuft ohne Verschmälerung und Theilung zum Bürzel, die Unterflur wird auf der Brust sehr breit. Der Darmkanal mißt 14 Zoll Länge, die Blindtärme einen Zoll. Der Kropf ist sehr weit, die linke Leberhälfte tief zweilappig, die Bauchspeicheldrüse sehr zerlappt; die Luftröhre besteht aus knorpligen Ringen und der Fächer im Auge aus 22 geknickten Falten.

Von den außereuropäischen Arten sei nur die Felsenwachtel, C. argunda (Fig. 557), erwähnt. Sie heimatet in den ebenen felsigen und buschigen Gegenden Dekkans in Dörfern bis zu zwanzig Stück, welche den Jäger nah herankommen lassen und kann plötzlich lärmend auffliegen. Im Betragen und der Lebensweise scheint sie ganz mit

Fig. 557.

Reisenwachtel.

Fig. 558.

Gekrönter Rulul.

der unsrigen übereinzukommen, wie denn auch ihre äußere Erscheinung nicht auffällig abweicht. Die braune Oberseite ist rostfarben gebändert, die schmutzigweiße Unterseite schwarz quergestreift; über den Augen liegen zwei gelblichweiße Streifen.

5. Rulul. Cryptonyx.

Auf den großen ostindischen Inseln lebt ein großes Feldhuhn, von den Malayen Bestum genannt, welches durch mehre Eigenthümlichkeiten von den Wachteln und Rebhühnern generisch sich absondert. Sein starker kräftiger Schnabel ist längs der Firste stark gewölbt und an der Spitze übergebogen. Die Nasenlöcher öffnen sich spaltenförmig unter einer nackten Hautschuppe und die Zügel und Augenkreise sind unbefiedert. Die krallenlose Hinterzehe tritt beim Gehen nicht mit auf. In den kurzen Flügeln ist die vierte bis sechste Schwinge am längsten. Der Schwanz besteht aus 14 Steuerfedern. Die Oberflur hat zwischen den Schultern, wo sie plötzlich sich erweitert, eine mittle Lücke und sehr allmählig verschmälert zum Bürzel fort, die Unterflur bildet einen breiten Brustast und läuft als ganz schmaler Streif zum Steiß. Am Schädel fällt die Kleinheit der Thränenbeine ohne Spur eines absteigenden Fortsatzes auf. In der Wirbelsäule zählt man 14 Hals-, nur 6 Rücken-, und 7 sehr schwache Schwanzwirbel. Das Brustbein gleicht dem des Rephuhnes, ist aber länger.

Man kennt nur die einzige Art, den gekrönten Rulul, Cr. coronatus (Fig. 558), auf Java, Sumatra und Malacca. Ungemein scheu und in den dichtesten Urwäldern sich verbergend, hat er von seinem Haushalt und Betragen noch Nichts verrathen. Das elf Zoll lange Männchen trägt auf der Stirn lange Borstenfedern und am Hinterhaupt eine sehr dichte, nach vorn gerichtete Haube, welche an der Wurzel weiß, im Uebrigen feuerroth grellt. Die Oberseite ist schön blaugrün, die Unterseite prachtvoll azurblau, Augenkreise und Mundwinkel stechen roth ab. Die schwarzen Steuerfedern ragen nur wenig hervor, die Schwingen sind rostfarben, die Füße röthlichgrau. Das Weibchen hat keine Haube, schillert oben und unten grasgrün und wässert die rostfarbenen Flügel braun.

Dritte Familie.

Steißhühner. Crypturidae.

In Südamerika beimaten zwei Hühnerfamilien, welche nur einen Vertreter auf der östlichen Halbkugel haben, nämlich die schwanzlosen Krypturiten mit verkümmerter Hinterzehe und die langschwänzigen Penelopiden mit großer Hinterzehe, erstere die Wachteln, letztere die Fasanen der Alten Welt dort repräsentirend. Zur Unterscheidung der Steißhühner bedürfte es kaum einer weiteren Angabe, aber wir wollen sie doch näher kennen lernen. Es sind kleine Hühnervögel mit dünnem schlanken Schnabel, die ihre Nasenlöcher in einer weiten Grube sich öffnen, mit völlig fehlendem Schwanze oder mit 10 bis 12 nicht hervorragenden Steuerfedern, und mit sehr kleiner, bisweilen ganz verkümmerter Hinterzehe. Den Kopf und Hals bekleiden sehr kleine Federn, dagegen ist das Rumpfgefieder voll und stark. Die kurzen, runden Flügel haben sehr schmale, spitze, stark abgestufte Handschwingen. Die Steißhühner fliegen daher nur selten auf, laufen vielmehr stets im Gebüsch und hohen Grase umher, nisten auch am Boden und legen schön hellrothe, blaue, grüne oder violette Eier.

1. Steißhuhn. Crypturus.

Die typische Gattung der Steißhühner, die Tinamus und Iniambus der Brasilianer, zeichnen sich aus durch den dünnen, nur sanft gebogenen Schnabel mit hinten stark abgeplatteter Firste und langer Schnabelgrube, durch den völlig fehlenden Schwanz und die dünnen weichen Horntafeln an den Beinen. Die Zehen sind lang und dünn, die Hinterzehe oft nur ein bloßer Nagel. Das Gefieder dunkelt braun und erscheint bisweilen schwarz quergewellt. Die Federfluren des Conturgefieders verhalten sich ganz ähnlich denen der Wachteln. Das Skelet zeigt viele Eigenthümlichkeiten, die jedoch nur bei der unmittelbaren Vergleichung mit andern Hühnern Interesse gewähren.

Die zahlreichen Arten bevölkern sowohl die lichten Urwälder wie buschige und offene Gegenden Südamerikas und sind meist scheue, dumme Vögel, welche den vielen ihres Fleisches wegen angestellten Verfolgungen leicht erliegen. Man kann ihre Mannichfaltigkeit nach der Zeichnung des Gefieders und nach der Schnabelform übersichtlich gruppiren, doch wollen wir dieselbe nicht in alle Einzelnheiten prüfen.

Die gemeinste brasilianische Art, deren eigenthümlicher Ruf jeden Abend aus allen Gebüschen ertönt, ist der Tataupa, Cr. tataupa (Fig. 559), kenntlich an seinem krallreichen Schnabel und fleischrothen Beinen, an dem einfarbig rothbraunen Rückengefieder, der weißen

Fig. 559.

Tataupa.

Kehle, der grauen Färbung des Kopfes, Halses und der Brust und der lichten Säumung der schwarzen Steißfedern. Er wird nur 9 Zoll lang und legt mehre braune schön glänzende Eier in eine flache Vertiefung am Boden. Wie andere Arten seiner Gattung lebt er paarweise und versteckt, doch scheu, nicht in Völkern; vielmehr lösen sich die Familien auf, sobald die Jungen herangewachsen sind. Die Nahrung sucht er Nachts in offenen Feldern, am Tage zieht er sich ins Gebüsch zurück, ruht aber nie auf Zweigen. — Eine zweite Art, Cr. cinereus, fiedert einfarbig graubraun, nur am Steiß und Bürzel mit hell gelbgrauen Bändern und wird 13 Zoll lang. Bei Cr. vermiculatus erscheint das olivenbraungraue Rückengefieder fein schwarz gewellt und Kehle und Bauch weiß; bei dem meist verbreiteten Cr. variegatus der gelbbraune Rücken mit breiten schwarzen Querbändern und der Oberkopf schwarz, er allein kömmt auch gezähmt auf Hühnerhöfen vor. Noch andere Arten haben starke steife Schwanzfedern, hohe Läufe und kurze Zehen, auch eine deutliche Hinterzehe und werden deshalb als eigene Gattung Trachypelmus abgeschildert, so der von leidenschaftlichen Jägern mühvoll verfolgte Tr. brasiliensis mit braunem schwarzgewellten Gefieder und weißgetüpfelten Halsseiten. Der sehr wohlschmeckende und ebenfalls schwierig

zu jagende Perdix, welcher die Größe unseres Haushuhnes hat und rostgelbroth fiedert mit schwarzen Bändern, wird wegen der andern Lage der Nasenlöcher zum Typus der Gattung Rhynchotus erhoben; noch andere von den Brasilianern Wachteln genannte Arten bilden die Gattung Nothura.

2. Colinhuhn. Ortyx.

Die nordamerikanischen Colinhühner unterscheiden sich durch ihren sehr kurzen und dicken Schnabel mit gewölbter Firste und übergebogener Spitze, besonders aber durch die halbverdeckten Nasenlöcher. Ihre Läufe haben keinen Sporen, in den Flügeln ist die erste Schwinge die längste und der breite Schwanz besteht aus kurzen Steuerfedern. Sie erinnern in ihrer äußern Erscheinung und Lebensweise an unsere Wachteln, obwohl sie merklich größer sind. Die bekannteste und am weitesten verbreitete Art ist das virginische Colinhuhn, O. virginiana (Fig. 560), das in den offenen cultivirten Gegenden von Canada bis

Fig. 560.

Virginisches Colinhuhn.

Südflorida lebt. Es hält in kleinen Völkern zusammen und nähert sich im Winter den Meierhöfen zutraulich, um von dem Futter des Hausgeflügels zu zehren. Im Frühjahr lockt das Männchen durch einen sehr lauten Pfiff sein Weibchen, das ihm antwortet, und andere Bubler sehen zugleich herbei und um die Gattin entbrennt ein hitziger Kampf. Diese baut nun unter Gebüsch aus trockenem Gras und Laub ein großes überwölbtes Nest und legt 10 bis 18 rein weiße Eier hinein, an deren Bebrütung das Männchen sich gelegentlich betheiligt. Die Jungen laufen gleich nach dem Ausschlüpfen mit den Alten davon und die Familie bleibt bis zum nächsten Frühjahr beisammen. Das Gefieder ist braun und grau mit weißen Punkten und Flecken, ein Streifen am Halse und das Kinn reinweiß mit schwarzer Einfassung, die gelbbräunliche Unterseite mit pfeilförmigen Schaftflecken, der Schnabel schwarz. Körperlänge 9 Zoll. — Das californische Colinhuhn, O. californica (Fig. 561), fiedert dunkel schieferfarben und faßt seine schwarze Kehle weiß ein; auch die kleinen weißspitzigen Federn des Hinterhalses sind schwarz, gesäumt und die röthlichweißen Bauchfedern mit einem schwarzen Halbmonde geziert. Der Körperbau ist kräftig und gedrungen, die Haltung stolz, die

41*

Fig. 561.

Californisches Colinhuhn.

Fig. 562.

Taigurlaufhuhn.

Fig. 563.

Lepuranalaufhuhn.

Bewegungen graziös und die vorwärts gerichtete Scheitelhaube wird hoch getragen. Man trifft dieses schöne Huhn in Völkern von einigen hundert Stück beisammen, die nach Art unserer Wachteln leben und in Gefangenschaft ganz gut aushalten.

3. Laufhuhn. Hemipodius.

Hühner von Wachtel- und Sperlingsgröße, deren natürliche Verwandtschaft unter der Kleinheit versteckt ist, aber dem aufmerksamen Beobachter doch sogleich in die Augen fällt. Ihr Schnabel ist gerade, dünn und zusammengedrückt, auf der Firste stark gewölbt und an der Spitze übergebogen. Die Nasenlöcher öffnen sich spaltenförmig unter einer nackten Haut. Die Läufe haben keinen Sporn und die Füße sind nur dreizehig, spitzig bekrallt. Von den zehn Handschwingen ist die erste die längste; die in ein Bündel vereinten Steuerfedern verstecken sich unter den Bürzelfedern. Die Oberflur des Gefieders erscheint von den Schultern bis nah am Bürzel gespalten, die Unterflur ist sehr schmalfedrig. Am Schädel fällt die Größe und Dicke der Thränenbeine, die Breite der Gaumenbeine und die ungemeine Größe des Hinterhauptsloches auf. Die Rückenwirbel verwachsen nicht mit einander und das Brustbein hat jederseits nur einen langen Fortsatz. — Die Arten leben in den unfruchtbaren Gegenden des warmen Afrika, Asien und Neuholland, auf dürren Grasebenen, wo sie sehr gewandt und schnell laufen und durch Klettertucken sich unsichtbar machen. Das Taigurlaufhuhn, H. taigoor (Fig. 562), ist in den mit spanischem Pfeffer bestellten Feldern Dekkans sehr gemein und sichert auf der Oberseite nußbraun mit schwarzen Querbändern und strohgelben Federsäumen, an der Kehle und Brust weiß mit ebenfalls schwarzen Bändern, am Bauche rostfarben. Körperlänge nur 7 Zoll. Das Lepuranalaufhuhn, H. leporana (Fig. 563), in den grasreichen Thälern im innern Südafrika, mischt sein Gefieder aus rostroth und kastanienbraun mit weißen, schwarzen und dunkelbraunen Flecken und Bändern.

Vierte Familie.
Baumhühner. Penelopidae.

Abweichend von allen übrigen Hühnern leben die Mitglieder dieser Familie auf Bäumen und bauen auch ihre Nester auf einem horizontalen Gabelast kunstlos aus dürrem Reisig und trockenem Laub. Aber ihre starken hohen Beine, mit denen sie auf den Aesten sich halten, befähigen sie auch zum schnellen Lauf am Boden, zumal ihr Flug schwerfällig und ohne Ausdauer ist. Sie sind vorzüglich Waldbewohner und verlassen das Gebüsch nicht ohne Noth. Ihre Nahrung besteht aus Beeren, Gesäme und Knospen, nebenher auch aus Insekten. Einige leben gesellig in kleinen oder großen Völkern, andere nur paarweise, alle aber sind phlegmatisch, dumm und gutmüthig und werden ihres schmackhaften Fleisches wegen viel verfolgt. Ihre äußern Merkmale fallen leicht in die Augen. Der ziemlich große Schnabel wölbt seine Spitze buppig oder fast hakig und öffnet die ovalen Nasenlöcher frei in der weichen Haut an seinem Grunde, welche zugleich die Zügel- und Augengegend bekleidet. Die Beine haben an den kräftigen Läufen vorn zwei Reihen Schilder, hinten kleine ovale Schilder und die langen dünnen Zehen sind bald frei, bald durch eine Spannhaut verbunden, sehr charakteristisch aber die Hinterzehe nicht verkürzt, vielmehr lang und in der Höhe der Vorderzehe eingelenkt. In den stark abgerundeten und kurzen Flügeln erscheinen die 4 bis 5 vordern Handschwingen stutzig verlängert, die Armschwingen lang und den Hanktheil des Flügels in der Ruhe bedeckend. Das Gefieder, meist derb und großfederig, liebt einfache meist schwarze und braune Färbung, doch kommen am Kopfe oft besondere Zierrathe in Form von Hauben, knöchernen Schnabelaufsätzen, Hautlappen u. dgl. vor.

Die bekanntesten und wichtigsten Gattungen sind folgende:

1. Jakuhuhn. Penelope.

Die Jakuhühner dürfen besonders wegen ihrer Lebensweise die südamerikanischen Fasanen genannt werden. Sie leben in Wäldern und am liebsten längs der Flüsse, von wo aus sie des Nachts in die angebauten Felder streifen, meist in Familien und kleinen Völkern. Als schlechte Flieger suchen sie eben nur Schutz im Gebüsch gegen die vielen Verfolgungen, welchen sie wegen ihres schmackhaften Fleisches von Seiten des Menschen und vieler Raubthiere ausgesetzt sind. Das Nest wird auf niedrigen Aesten angelegt und enthält bis 8 rundschalige weiße Eier. Die äußern Gattungsmerkmale liegen in dem schlanken niedrigen Schnabel mit weit ausgerandeter Wachshaut und vor die Mitte gerückten Nasenlöchern. Die nackte Augengegend und Kehle erscheint spärlich mit kurzen Pinsel- oder langen Haarfedern besetzt; die Federn des Oberkopfes und Halses schmal und spitzig. Die kurzen Flügel bedecken nur den Grund des Schwanzes und dieser besteht aus zwölf langen Steuerfedern, deren äußere abgestuft sind. Das düstere Gefieder breitet sich in der vorn sehr schmalen Rückenflur hinter den Schultern gleichmäßig über die ganze Oberseite bis zum Bürzel hin aus; die Unterflur ist nur vorn sehr breit, in den Bruststreifen dagegen auffallend schmal bis zum Steiß. In der Wirbelsäule zählt man 14 Hals-, 8 Rücken- und 6 Schwanzwirbel, die mittlen Rückenwirbel unbeweglich verwachsen; die Platte des Brustbeines nur mäßig ausgerandet und mit sehr hohem Kiel. Oberarm und Oberschenkel führen noch Luft.

Die Arten bevölkern Südamerika und gehen bis Mexiko hinauf, sowohl in ebenen als Gebirgswaldungen und lassen sich zähmen, sind aber in Europa noch nicht eingebürgert. Man gruppirt sie nach der Form der ersten Handschwinge und der Länge des Laufes.

1. Das braune Jakuhuhn. P. cristata.
Figur 364.

Diese größte und kräftigste Art, 30 Zoll lang, schert nußbraun mit Kupferschiller am Rücken und weißlichen Säumen der Federn; die nackten Zügel und Augengegend

Fig. 364.

Braunes Jakuhuhn

sind blau, die Kehle und der Vorderhals dagegen roll fleischroth. Das Weibchen trägt sich nur matter als das Männchen. Im größern Theile Südamerikas beheimatet, verbringt das braune Jakuhuhn den Tag im dichtesten Laube, gern paarweise auf einem Aste sitzend. Sein niedriges Nest enthält nur drei sehr große Eier. Die Jungen werden leicht zahm und mischen sich dann traulich unter das Hausgeflügel.

2. Das grüne Jakuhuhn. P. superciliaris.

Nur 24 Zoll lang, unterscheidet sich diese Art durch ihr matt erzgrünes Rückengefieder mit rostgelben Federsäumen, die schwarzgraue Brust und den braungewellten Bauch. Sie ist gemein in den Wäldern des südlichen Brasiliens.

Bei beiden Arten läuft die erste Handschwinge in eine schmale Spitze aus und der Lauf ist länger als die Mittelzehe, bei P. araucan mit olivenbraunem Rumpfgefieder runden die ersten Handschwingen allmählig zu und der Lauf ist kürzer als die Mittelzehe.

2. Schopfhuhn. Opisthocomus.

Der kurze hohe Schnabel mit stark vorspringendem Kinnwinkel und sein gezähntes Räntern, nicht minder die langen Flügel mit verlängerten Handschwingen und der breite zehnfedrige Schwanz zeichnen diese Gattung vor ihren Verwandten aus. Sie ist in nur einer längst bekannten Art, O. cristatus (Fig. 365), weit über Amerika, von Paraguay bis Mexiko verbreitet, doch nicht überall gleich häufig. Am liebsten wählt sie die offenen Savannen längs der Flußufer zum Standquartier, wo in dem sumpfigen, der Ueberschwemmung ausgesetzten Boden Arum-Arten wuchern, denn deren junge Blätter, Blüthenscheiden und fleischige Beeren zieht sie jeder andern Nahrung vor und macht damit ihr Fleisch ungenießbar. Meist trifft man kleine Gesellschaften beisammen, welche sorglos und in dummer Einfalt auf den starken Stengeln sitzen und auch aufgescheucht sich nicht zerstreuen, ohne

Fig. 363.

Schopfhuhn.

Roth nicht am Boden umherlaufen, selbst ihr Nest gern über das Wasser bauen. Jung eingefangene Schopf-hühner werden ganz zahm, nützen aber nichts. Bei 24 Zoll Körperlänge fiedert der Rücken braun, Oberkopf und Nacken mit weißgelben Streifen, Vorderhals und Brust weiß, Bauch und Steiß rostroth. Der rostfarbene schwarzspitzige Schopf am Hinterkopfe kann nur wenig aufgerichtet werden.

3. Höckerhuhn. Crax.

Baumhühner von Truthahnsgröße und kräftigem Bau, kenntlich an dem dicken Schnabel mit gekielter Firste und langen schmalen überhäuteten Nasenlöchern, an den sper-rigen Pinselfedern der Zügelgegend, der gekräuselten Haube des Oberkopfes und dem langen steifen zwölf-seitigen Schwanze. Die großen derben Schwingen am Handtheil des Flügels nehmen bis zur fünften an Länge zu. Backen, Hals und Steißgegend sind nur dunig befiedert, die Federfluren denen der Jakuhühner wesent-lich gleich. Die hohen starken Läufe bekleiden sich mit großen Schildertafeln; die Vorderzehen am Grunde mit breiter Spannhaut, die Hinterzehe recht lang. Am Schlunde sackt sich ein weiter Kropf aus, eine Strecke hinter demselben beginnt der kleine Vormagen, der Haupt-magen ist stark muskulös, der Darmkanal 9 bis 12 Fuß lang, die Blinddärme 5—6 Zoll lang, die Leberlappen ziemlich gleich groß, die Milz rund, der Knochenring im Auge aus 14 Schuppen, der Fächer im Glaskörper aus 14 gefalteten Falten gebildet, die Zunge eine ächte Hühnerzunge, die Luftröhrenringe knorplig und weich. Am Schädel vertieft sich die hohe Wölbung der Stirn über den Augen und die Breite des Thränenbeines mit langem absteigenden Aste beachtung. In der Wirbelsäule liegen 14 Hals-, 7 Rücken- und nur 6 Schwanzwirbel. Ober-arm und Oberschenkel führen Luft.

Die wenigen Arten bewohnen die dichtern Wälder Südamerikas, meist in kleinen Gesellschaften auf den niedrigen Aesten sitzend, von deren Gesäme sie sich nähren.

Morgens und Abends lassen sie ihren Ruf, mitu..hören. Das aus grobem Reisig bestehende Nest enthält 2 bis 4 Eier mit weißer, körnig rauher Schale. Das Fleisch ist sehr schmackhaft und wird viel gegessen, doch ist die Jagd schwierig.

1. Das gemeine Höckerhuhn. Cr. alector.
Figur 366.

Das gemeine Höckerhuhn bewohnt die einsamen Waldungen im Gebiete des Orinoco und Amazonen-stromes, sehr scheu den bevölkerten Plätzen weichend. Und

Fig. 366.

Gemeines Höckerhuhn.

doch wird es leicht zahm und läßt sich mit Brod, Reis und andern Körnern unterhalten, auch seine Einführung in Europa dürfte keinen erheblichen Schwierigkeiten unter-worfen sein. Das ausgewachsene Männchen erreicht drei Fuß Körperlänge und trägt sich schwarz mit blauem oder grünlichem Schiller, nur am Bauche weiß, das Weib-chen am Hinterleibe rostroth mit schwarzen Bändern. Die langen gekräuselten Federn der Haube sind aufrichtbar.

2. Blumenbach's Höckerhuhn. Cr. Blumenbachi.
Etwas kleiner und schwächer gebaut als vorige Art, unterscheidet sich diese besonders durch die geringere Schilterzahl (10 bis 13, statt 15 bis 17 bei voriger) an den Läufen. Das Männchen fiedert glänzend blau-schwarz, am Bauch rein weiß und ohne Spur eines weißen Saumes am Schwanze. Das Weibchen steckt seinen Hals weiß und bändert Flügel, Oberbauch und Schenkel rostgelb. In den Urwäldern Brasiliens. — Eine dritte Art, Cr. Tommincki, lebt in Peru und am Ostabhange der Cordilleren.

4. Helmhuhn. Urax.
Ein hartbörniger Helm auf dem Oberschnabel und der Stirn kennzeichnet die Arten dieser Gattung schon hin-reichend. Ihr Schnabel ist kurz und hoch und öffnet die senkrecht ovalen Nasenlöcher dicht vor den Zügeln, welche

selbst dunig befiedert sind. Die Federn des Oberkopfes verlängern sich haubenartig. In den abgerundeten Flügeln erreicht erst die sechste Handschwinge die größte Länge. Das Gefieder des Rumpfes ist derb. Die Beine gleichen denen des Höckerhuhnes.

Die Arten leben in den Wäldern Südamerikas. Am bekanntesten unter ihnen ist der Hauxi, U. pauxi (Fig. 567), mit ungemein hartem hellblauen Helm auf dem korallrothen Schnabel. Das schwarze Gefieder schillert grün und wird am Bauche und den Spitzen der Steuer-

Fig. 567.

Pauxi.

federn weiß. Körperlänge 30 Zoll. Das Vaterland erstreckt sich über Columbien, Guiana bis Mittelamerika. Der Hauxi läßt sich zähmen und kömmt auch in Europa fort. Ihm sehr nah steht U. tomentosa, nur durch den rostrothbraunen Bauch und solches Schwanzende unterschieden. U. tuberosa hat eine Haube am Oberkopf.

Eine fünfte südamerikanische Gattung der Baumhühner ist das Varraquabuhn, Ortalida (Fig. 568), so genannt nach seinem eigenen durchdringenden und mißtönenden Rufe. Es lebt in den einsamen Wäldern Brasiliens, Guianas und Venezuelas, erreicht die Größe unseres Haushahnes und fiedert eben olivenbraun mit Bronceglanz, unten aschgrau. Im Uebrigen gleicht es auffallend den ächten Jakubhühnern und unterscheidet sich von diesen auffällig nur durch den ganz befiederten Kopf und Hals. Während des Schreiens bläht es einen schmalen Streif zu beiden Seiten des Unterkiefers auf. Die Luftröhre bildet, bevor sie in die Rumpfhöhle tritt, eine lange Windung außerhalb bis zum Bauche hin und am Kehlkopfe befinden sich zwei häutige Säcke. Das Varraquabuhn hält sich in großen Völkern bis zu 80 Stück beisammen und gleicht im Betragen den Jakubhühnern.

Den Uebergang von den Hühnervögeln zu den Laufvögeln bildet eine höchst eigenthümliche neuholländische Familie, die der Fußhühner oder Megapodier. Ihrer äußern Erscheinung nach und ebenso in ihrem anatomischen Bau sind sie entschieden hühnerartig, aber

Fig. 568.

Varraquabuhn.

ihre Füße sind große kräftige Wandelfüße mit langer, gleich hoch eingelenkter Hinterzehe und langen, stumpfen Krallen an allen Zehen. Am merkwürdigsten aber ist ihre Fortpflanzungsgeschichte. Sie brüten nämlich nicht, sondern scharren ihre ungeheuer großen, mit einem dicken Kalküberzuge geschützten Eier in einen Erdhaufen und überlassen der Wärme der Sonnenstrahlen das Brutgeschäft. Das Junge hat im Ei hinlängliche Nahrung und arbeitet sich erst hervor, wenn es vollständig befiedert ist. Man unterscheidet einige Gattungen, die wir kurz charakterisiren.

Die Gattung Talegalla, Talegalla, von den englischen Kolonisten wilder Truthahn genannt, erinnert in der That durch ihre nackten Warzen, Lappen und Klunkern am Halse und Kopfe an unsern Puter. Kopf und Hinterhals (Fig. 569) sind mit kurzen Haarfedern besetzt und der Schnabel stark und dick, oben zu-

Fig. 569.

Kopf und Fuß der Talegalla.

sammengerückt und gegen die Spitze hin gekrümmt. An den sehr kräftigen Füßen sind die Zehen tief gespalten, in den abgerundeten Flügeln die dritte Schwinge die längste, der lange Schwanz zwölffedrig. Das Skelet gleicht in den Hauptformen dem Hühnerskelet. Die abgebildete Art, Latham's Talegalla (Fig. 570), hat ziemlich Truthahnsgröße und fiedert eben schwarzbraun, an der Unterseite silbergrau; die nackte Haut des Kopfes und Halses ist dunkelroth, aber die Lappen und Klunkern grellen hochgelb. Gemein im östlichen Neuholland, zumal gegen das Innere hin, lebt die Talegalla scheu und miß-

Fig. 370.

Talegalla.

Fig. 372.

Kopf und Fuß der Leipoa.

traulich in kleinen Gesellschaften, welche bei der geringsten Gefahr schnell und gewandt im dichtesten Gestrüpp sich zerstreuen, wohin nur der wilde Dingo ihr zu folgen vermag, aber diesem weicht sie aus auf die Aeste und Baumwipfel. Hier sucht sie auch Schutz gegen die heißen Strahlen der Mittagssonne und glaubt sich so sicher im schattigen Laube, daß sie den Jäger zum sichern Schuß herankommen läßt. Zur Brütezeit vereinigen sich mehre Weibchen und scharren mit den Füßen einen großen Haufen Laub und Reißig auf. Sobald die Sonnenwärme den Haufen durchdigt, öffnen sie ellentiefe Löcher darin, legen ihre Eier in senkrechter Stellung hinein und verdecken sie wieder sorgfältig. Schockweise findet man die Eier in tiefen Haufen, welche mehre Jahre hindurch mit nur geringer Erneuerung als Brutstätte dienen. Die ausschlüpfenden Jungen bedürfen keiner besondern Pflege.

Als zweite Gattung der Megapodier gilt die in dürren sandigen Ebenen Neuhollands heimische Leipoa (Fig. 371), kleiner, zierlicher und leichter gebaut als die

Fig. 371.

Leipoa.

Talegalla, insbesondere aber unterschieden durch den schwächern Schnabel, den völlig befiederten Kopf ohne Warzen und Lappen, vielmehr mit großem Federbusch, wie deutlich aus Fig. 572 zu ersehen ist. Die sehr starken Füße

haben gespaltene und mit schmalem Hautsaum eingefaßte Zehen. Hals und Schultern fiedern dunkelaschgrau, die lanzettlichen Federn am Vorderhalse und der Brust sind schwarz mit weißem Schaftstrich, Rücken und Flügel graulichweiß mit braunen und schwarzen Bändern und Augenflecken an den Federspitzen, die schwarzbraunen Steuerfedern enden ledergelb. Die Leipoa nährt sich von Beeren und Gesäme, läuft burtig am Boden umher und sucht nur in höchster Noth auf einem Baume Zuflucht, ruft dumpf und traurig und verräth viel Scheu und dumme Einfalt. Zum Brüteplatz scharren Männchen und Weibchen einen großen, drei Fuß hohen Ringwall von Sand auf und füttern den Innenraum mit trockenem Gras und Laub aus; darauf legt das Weibchen zwölf Eier, bedeckt diese mit neuen Blätterschichten und scharrt dann Sand darüber. Die Sonnenstrahlen erhitzen den Haufen und brüten die Eier aus. Bisweilen beleben Ameisen den untern Theil des Baues und verkitten durch ihre Gänge das Innere so sehr, daß man die Eier gar nicht ohne Verletzung herausnehmen kann. Werden die Eier aber ausgenommen: so legt das Weibchen zum zweiten Male. Bei den Ureinwohnern heißt die Leipoa Ngaub oder Ngau-uh, bei den englischen Kolonisten Fasan.

Das eigentliche Fußhuhn, Megapodius, dessen Arten sich über Neuholland, Neuguinea, die Philippinen und Moluken verbreiten, zeichnet sich durch den schwachen graden Hühnerschnabel mit kuppiger Spitze und ovalen freien Naseulöchern, durch die befiederten Augenkreise und die schöne Federnhaube (Fig. 573) aus. An den sehr kräftigen Füßen sind die breiten äußern Zehen durch eine schmale Binderhaut verbunden und die Krallen sehr

Fig. 573.

Kopf und Fuß des Fußhuhns.

groß, breit und stumpf. In den abgerundeten Flügeln erreichen die dritte und vierte Schwinge die größte Länge und der kurze Keilschwanz besteht aus zwölf Steuerfedern. Duperrey's Fußhuhn, M. Duperreyi (Fig. 574. 575), auf Neuguinea, erreicht kaum Rebhuhnsgröße und fiedert am Halse, der Brust und dem Bauche schiefergrau, am Rücken und den Flügeln rostroth, in der Steißgegend

Fig. 574.

Tuperrer's Fußhuhn; jung.

dunkelroth. Es ist ein scheues, im Laufen sehr gewandtes, im Fluge ungemein schwerfälliges Huhn, das gerade nicht häufig in europäischen Sammlungen zu treffen ist. —

Fig. 575.

Tuperrer's Fußhuhn.

Eine zweite Art, das kammtragende Fußhuhn, M. tumulus (Fig. 576), heimatet im nordöstlichen Neuholland. Dort traf der kühne Reisende Gilbert an der Küste große Erdhaufen, welche die Ansiedler für Gräber der Eingebornen erklärten, diese aber für Nester eines Vogels ausgaben. Gilbert untersuchte einen solchen Erdhügel von fünf Fuß Höhe und zwanzig Fuß Umfang, fand ihn aus Sand, zerbrochenen Muschelschalen und schwarzer Erde aufgehäuft und auf dem trockenen Laube des Gipfels lag ein junger Vogel, der erst vor wenigen Tagen ausgeschlüpft zu sein schien. In einen Kasten gesetzt betrug sich das junge Hühnchen wild und ungestüm,

Fig. 576.

Kammtragendes Fußhuhn.

scharrte viel und lärmte des Nachts so sehr, daß der Reisende nicht schlafen konnte; aber bald wußte es zu entwischen. Im nächstfolgenden Frühjahr wandte Gilbert von Neuem den Erdhügeln seine Aufmerksamkeit zu und erfuhr, wie diese horizontale Gänge in dem fertigen Hügel graben und in diese die Eier legen, welche die Eingebornen mit scharfem Spürsinn aufsuchen. Das neuholländische Fußhuhn bewohnt nur die buschigen Küstenstriche und längs der Bäche landeinwärts, lebt vereinzelt und paarweise, ungemein scheu und flüchtig, schwerfällig im Fluge, wobei es mit den Flügeln rauscht und die Füße herabhängen läßt. Bei Gefahr flüchtet es auf einen nicht fernen Baum und hält sich hier in horizontaler Stellung unbeweglich auf einem Aste. Seine Nahrung besteht in Gesäme, Beeren, saftigen Wurzeln und Insekten. Das Gefieder ist auf dem Rücken zimmetbraun, auf den Flügeldecken kastanienbraun, auf der Unterseite grau, Kopf und Federnhaube dunkelbraun.

Siebente Ordnung.

Laufvögel. Currentes.

Die Hauptbewegungsweise der Vögel ist der Flug und für diesen ist ihr ganzer Organismus so durchaus eigenthümlich eingerichtet, aber dennoch geht einer ganzen Ordnung der Klasse das Flugvermögen völlig ab, der

Vogeltypus bleibt trotzdem unverkennbar und zwischen dem himmelanstrebenden Condor und dem an den Boden gefesselten Strauß ist auch in der äußern Erscheinung eine ungleich größere Uebereinstimmung, eine auffälligere Einheit im Organisationsplane als z. B. unter den Säugethieren zwischen Fledermaus, Schuppenthier und Walfisch. Im Einzelnen verglichen treten freilich die Eigenthümlichkeiten im Bau der Laufvögel immer greller und greller hervor und wir würden sie alle für wahrhaftige Wunderthiere halten, wenn sie gleich den Flug- und Meeressauriern der Vorzeit nicht mehr unter den lebenden weilten, so aber legt sich unser Staunen bei ihrer Betrachtung alsbald, denn sie sind wirklich Vögel.

In den Laufvögeln erreicht, weil zum Fluge ungeschickt, der Vogelkörper seinen riesigsten Umfang und kräftigsten, massigsten Knochenbau. Doch sind nicht alle Laufvögel Riesen, einzelne sinken bis auf Hühnergröße hinab. Das Hauptflugorgan, der Flügel, verkümmert gänzlich. Er besteht im Skelet zwar aus denselben Gliedern, wie bei andern Vögeln, nur im letzten oder Handtheil reducirt, allein alle Knochen sind unverhältnißmäßig klein und schwach und eigentliche Schwingen fehlen durchaus. Mit diesen bleiben auch die Steuerfedern im Schwanze aus. Das Gefieder dagegen bekleidet gleichmäßig den ganzen Körper bis auf die nackten Stellen am Kopfe und Halse, läßt also keine Anordnung in besondere Federfluren und nackte Raine erkennen. Diese Aehnlichkeit mit dem Haarkleide der Säugethiere geht auch auf die Formverhältnisse der Federn selbst über; wer mit der Hand über das Gefieder eines Casuars streift, glaubt Pferdehaare zu fühlen, so straff und faserig sind die Federn. Doppelte Schäfte an einer Spule und Mangel der Häkchen, welche sonst die Strahlen der Fahne zusammenhalten, charakterisiren das Lichtgefieder. Dunen fehlen gänzlich darunter. Was den Laufvögeln durch die Verkümmerung der Flügel abgeht, suchen sie durch die Größe und Stärke der Beine einigermaßen zu ersetzen. Dieselben sind doch und sehr starkknochig, meist schon in der untern Hälfte des Unterschenkels nicht mehr befiedert, die Füße nur drei- oder zweizehig, indem der Hinterzehe stets fehlt; die Zehen mit breiter schwieliger Sohle und kurzen, breiten, fast hufartigen Nägeln. Den langen Beinen entsprechend verlängert sich der Hals und steigert seine Beweglichkeit und diese Einrichtung wirkt wieder verkleinernd auf den Kopf. Der Schnabel pflegt kurz und flach zu sein und seine Firste mehr eine Furche von den Seitentheilen abgesetzt. Der Knochenbau zeigt außer der Verkümmerung der vordern Gliedmaßen noch in der Form des Beckens und Brustbeines, in dem Verhalten des Schultergerüstes, in den Rippen, der Schädelbildung beachtenswerthe Eigenthümlichkeiten. Der Fächer im Glaskörper des Auges besteht nur aus ganz wenig Falten; die Zunge ist kurz und am Rande gefranst, der Vormagen verhältnißmäßig groß, der Darm lang und mit langen Blinddärmen, die Leberlappen nicht sehr ungleich mit schlauchförmiger Gallenblase, die Bauchspeicheldrüse zweilappig, die Milz sehr gestreckt, auch die Nieren schmal und lang, die Luftröhre ohne untern Kehlkopf u. s. w.

Die Laufvögel bewohnen ausschließlich die tropischen Länder beider Erdhälften, in offenen Gegenden und Wüsteneien, wo ihr schneller Lauf und die scharfen Sinne sie vor Angriffen sichern. Ihre Nahrung besteht aus weichen Pflanzentheilen, hauptsächlich aus Blättern und Blüthen. Sie leben in Vielweiberei und brüten ihre großen Eier nicht anhaltend aus, sondern überlassen zum Theil der Sonnenwärme die Bebrütung. Die ganze Ordnung begreift gegenwärtig nur ein Dutzend Arten, welche sich auf mehre Gattungen und drei Familien vertheilen; eine Anzahl Inselbewohner ist den Nachstellungen erlegen und nur noch in Knochenresten bekannt.

Erste Familie.
Strauße. Struthionidae.

Die eben angeführten Merkmale der Laufvögel finden auf die Familie der Strauße ihre volle Anwendung. Es sind riesengroße Vögel mit kurzem kräftigen Rumpfe, hohen sehr starken Beinen, langem Halse, kleinem Kopfe und kurzem flachen Schnabel. Letzterer übertrifft an Länge nur wenig den Kopf und rundet seine Spitze stumpf ab. Die Flügel sind zwar verbanden, doch im Gefieder wie im Skelet sehr klein. Durch letztere Merkmale, an den Flügeln und dem Schnabel, unterscheiden sie sich von den übrigen Laufvögeln und wenden wir uns sogleich zu den einzelnen Gattungen, deren jeder ein Welttheil eine aufzuweisen hat.

1. Strauß. Struthio.

Dieser Riese der Vogelwelt steht einzig in seiner Art da und verdient die Bewunderung, welche ihm seit den ältesten Zeiten gezollt werden. Weit über den afrikanischen Continent verbreitet, konnte er den Culturvölkern des Alterthums nicht unbekannt bleiben, schon das Buch Hiob gedenkt seiner, Aristoteles untersuchte ihn und der schwelgerische Kaiser Heliogabal füllte seine Schüsseln mit Straußgehirnen. In jenen Zeiten lebte er noch in Aegypten und der Berberei, aber die nachdrücklichen Verfolgungen drängten ihn zurück in die Sahara, im mittlern Afrika erst ist er häufiger und bevölkert auch die südlichen Länder noch zahlreich bis an die Ansiedlungen der europäischen Kolonisten. Er wählt nur ebene, wüstenartige Gegenden zum Wohnplatz und meidet die Nähe des Wassers. Das Wüstenleben spricht sich auch so entschieden in seinem Körperbau aus, daß schon der erste aller Naturforscher, Aristoteles, ihn für ein Verbindungsglied zwischen den Vögeln und Säugethieren hielt, und der griechische Name Struthio- sowohl wie noch gegenwärtig im System gültige lateinische Struthio camelus deuten die erkannte Aehnlichkeit in der Lebensweise mit dem Kamel an, ja der Volksglaube in Arabien erklärt den Strauß geradezu für das Kind einer unnatürlichen Vermischung des Kamels mit einem unbekannten Vogel.

Als Gattung unterscheidet sich der Strauß von seinen amerikanischen, indischen und neuholländischen Verwandten durch die nur zweizehigen sehr starken Füße, den kahlen Kopf und den geraden, platten, stumpfspitzigen Schnabel mit schmalem übergreifenden Haken und offenen in eine Furche auslaufenden Nasenlöchern (Fig. 577). Beide Zehen (Fig. 578) sind nach vorn eingelenkt und die innere mit einem breiten stumpfen Nagel versehen, die äußere kleinere nagellos. Die starkknochigen Beine haben dickfleischige Schenkel, deren unterer Theil nach.

Fig. 577.

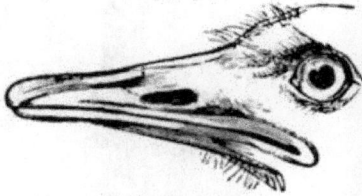

Kopf des Straußes.

Fig. 578.

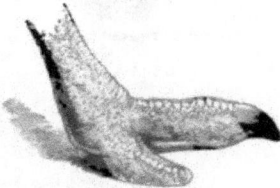

Fuß des Straußes.

nur mit lederartiger Haut bekleidet ist. Die gewaltige Kraft und ansehnliche Länge der Beine, die harte halbhornige Bekleidung der Zehensohlen und Läufe, das überaus lockere und zerschlissene Gefieder, Alles befähigt den Strauß zum eiligsten Laufe auf dem steinigrauhen, mit Mimosengestrüpp bedornten Boden. Ausgewachsen

erreicht der Riese acht Fuß Höhe (Fig. 579) und kann fällt das Mißverhältniß in seiner Gestaltung unangenehm auf, der $4\frac{1}{2}$ Zoll lange Kopf auf dem drei Fuß langen dünnen Halse, der kurze Rumpf auf den hohen starken Beinen. Kopf und Hals sind nur spärlich mit einzelnen Borstenfedern bekleidet, sonst fleischfarben, die Körperfedern schwarz, die buschigen Schwingen und Schwanzdecken aber schneeweiß, bisweilen mit schwarzem Saume oder schwarzer Spitze. Am Flügelbug stehen zwei fast zolllange Sporen. Das kleinere Weibchen hat braune Flügel. Die Jungen bekleiden sich mit groben schwarzbraunen und gelblichweißen Federn. Am Knochengerüst (Fig. 580) beachte man die allmählige Größenzunahme der 18 Halswirbel, die Beweglichkeit der 9 Rückenwirbel, die 19 Wirbel im Becken und 9 im Schwanze. Das Brustbein bildet einen kurzen breiten Schild ohne Kiel, klein, weil den Flügeln zugleich auch die für bewegten Brustmuskeln an Größe verlieren. Die schwachen Knochen der Schulter, nämlich Schulterblatt, Gabelbein und Schlüsselbein verwachsen jederseits in ein Stück. Das lange schmale Becken schließt sich unten wie bei Säugethieren. Von den weichen Theilen fällt zunächst die kurze, dreiseitige, wenig bewegliche Zunge auf (Fig. 581). Die Speiseröhre läuft in einen sehr großen 6 Zoll langen Drüsenmagen aus, dessen Saft die härtesten Pflanzenstoffe durchweicht und zersetzt. Die Drüsen öffnen sich wie Nadelstiche auf der innern Wandung (Fig. 582. 583). Der Magen selbst ist mehr häutig als muskulös, doch mit zwei deutlichen Muskeln belegt. Der Darmkanal mißt 5 Fuß Länge und hat 5 Zoll lange Blinddärme. Die platte Milz ist dreieckig, die Bauchspeicheldrüse merkwürdig klein, die 7 Zoll langen Nieren

Fig. 579.

Strauß.

Fig. 580.

Skelet des Straußes.

Fig. 582.

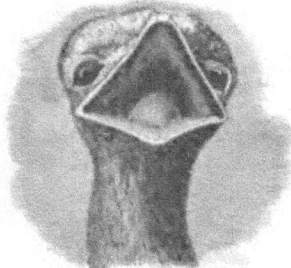

Vormagen und Magen des Straußes.

Fig. 583.

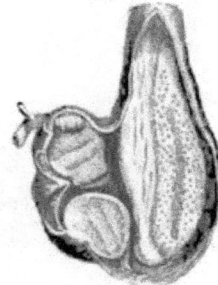

Beide Mägen geöffnet.

Fig. 581.

Geöffneter Rachen des Straußes.

vierlappig. Der ganze Verdauungsapparat entspricht der unersättlichen Freßbegier, welche den Strauß zwingt in Ermangelung ausreichender Nahrung Erde, Steine, Metallstücke, kurz Alles, was ihm vor den Schnabel kömmt, zu verschlingen, wenn auch zum unmittelbaren Verderben.

Der Strauß lebt in unruhiger Gegend einzeln, in unbewohnten Wüsteneien aber gesellig und heerdenweise. Jedes Männchen paart sich 4 bis 6 Weibchen an. Zur Fortpflanzung scharren letztere eine weite flache Grube aus und legen in und neben dieselbe je ein Dutzend Eier. Zur Bebrütung lösen sie sich am Tage ab, überlassen auch wohl mehre Stunden lang die Eier der Sonnenwärme, des Nachts brütet das Männchen allein. Nach 36 bis 40 Tagen kriechen die Jungen aus und nähren sich anfangs von den neben dem Neste liegenden unbebrüteten Eiern. Jedes Ei wiegt etwa drei Pfund und enthält einen sehr nahrhaften sättigenden, aber nicht grade wohlschmeckenden Dotter, an welchem drei hungrige Menschen vollauf haben. Die eigentliche Legezeit fällt vom Juli bis Anfang October. Man jagt den Strauß nur wegen der schönen, sehr geschätzten Flügel- und Schwanzfedern, das Fleisch ist schwarz, hart und unschmackhaft. Der scharfe freie Blick und das feine Gehör sowie der schnelle Lauf erschweren jedoch die Jagd ungemein; berittene Jäger müssen das Wild vorsichtig umringen und durch Verfolgung ermüden, um zum Schusse zu kommen. Während der Flucht hört man keinen Laut, zu andern Zeiten ertönt öfter ein scharfer, durchdringender und kollernder Ruf. Uebrigens hält man im Innern Afrikas den Strauß wegen der Zierfedern viel zahm, da die von wilden entnommenen meist abgestoßen und also minder werthvoll sind. Man giebt sie binnen zwei Jahren dreimal aus. Nach Europa wurden Strauße schon seit den ältesten Zeiten gebracht und weder in ornithologischen Sammlungen noch in Menagerien sind sie selten.

2. Nandu. Rhea.

Der Nandu oder amerikanische Strauß hat dreizehige Füße und die Zehen sind kurz, sperrig, am Grunde mit kurzer Spannhaut und alle mit geraden, schmalen kantigen Nägeln (Fig. 584). Hals und Kopf sind befiedert, nur die Zügel, Augen- und Ohrgegend nackt, auch an den Beinen reicht die Befiederung bis an das Hackengelenk hinab, dann folgen vorn an den Läufen und auf den Zehen breite Halbgürtelschilder. Der flache, am Grunde

Fig. 584.

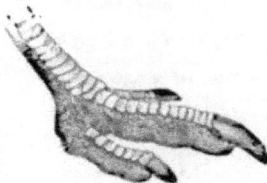

Fuß des Nandu.

breite Schnabel hat ziemlich Kopfeslänge, biegt die gerundete Spitze kuppig über und öffnet die ovalen Nasenlöcher in einer weiten Grube ziemlich in der Mitte seiner Länge. Das Gefieder ist locker mit zerschlissenen Fahnen, keine derben Schwingen und Steuerfedern. Am Schädel zeichnet sich das Thränenbein durch zwei absteigende Fortsätze aus. In der Wirbelsäule liegen 15 Hals-, 8 Rücken-, 19 Becken- und 9 Schwanzwirbel. Die kiellose Brustbeinplatte verschmälert sich nach hinten stark; das schmale Becken ist an der Unterseite geöffnet; die Zehen sind 3-, 4- und 3gliedrig, bei dem Afrikaner beide viergliedrig. Der kropflose Schlund geht in einen weiten, nur einseitig mit Drüsen besetzten Vormagen über und diesem folgt der große, kuglige, blos häutige Hauptmagen (Fig. 585. 586). Der Darm hat über zwei Fuß lange Blinddärme.

Man unterscheidet zwei Arten südamerikanischer Strauße, von welchen die gemeine und länger bekannte das Camposgebiet des innern Brasiliens südwärts bis

Fig. 585.

Magen des Nandu.

Fig. 586.

Aufgeschnittener Magen des Nandu.

über den Plataström hinaus bewohnt, der später entdeckte Darwin'sche Nandu dagegen in Patagonien nordwärts bis zum Rio negro.

1. Der gemeine Nandu. Rh. americana.

Der gemeine Nandu bleibt weit hinter dem afrikanischen Strauße zurück, indem er in aufrechter Stellung nur etwas über vier Fuß Höhe mißt. Er fiedert bräunlichgrau, an der Unterseite trübweiß, am Kopfe und Oberhalse schwarz, an der Kehle und dem Vorderhalse bleigrau. Ungemein scheu und vorsichtig, zieht er sich mehr und mehr zurück, je weiter die Cultur in den fruchtbaren Ebenen vordringt. Küsteneien meidet er und ebenso wenig ist er wasserscheu, er schwimmt vielmehr ganz geschickt durch die breitesten Ströme. Ungestört geht er gravitätisch mit ausgerichtetem Halse und mit weiten, gleichmäßigen Schritten einher, verfolgt läuft er so schnell wie ein Pferd. Zur Nahrung dienen ihm Blätter, Stengel und Beeren, aber auch Heuschrecken, Käfer und kleine Amphibien, sogar Fische. In den spärlich von Ureinwohnern bevölkerten Pampas treibt er sich in Trupps bis zu 30 Stück umher. Jedes Männchen hat einige Weibchen, welche 20 bis 50 Eier in eine gemeinschaftliche Neßgrube legen, dieselben am Tage aber lediglich den Sonnenstrahlen, des Nachts dem Männchen zur Bebrütung überlassen. Die Eier werden aufgesucht und gern gegessen, aus den Schalen Trinkgeschirre bereitet. Die Federn dienen zu Wedeln, Decken und Zierrathen, die abgestreifte Halshaut zu Beuteln. Die Jagd ist ungemein schwierig und gelingt nur den den Reiten unermüdlichen Gauchos.

2. Darwin's Nandu. Rh. Darwini.

Figur 587.

Der südliche Nandu ist merklich kleiner als der gemeine und lebt an den Küsten paarweise und in kleinen Familien, deren Weibchen 15 bis 20 Eier in eine gemeinschaftliche Neßgrube legen. Nach Darwin's Beobachtungen gleicht übrigens diese Art in Betragen und der Lebensweise ganz der gemeinen, von der sie auch in ihrer äußern Erscheinung nur sehr wenig abweicht.

Fig. 587.

Darwin's Nandu.

Fig. 588.

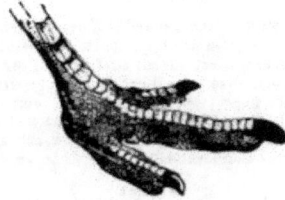

Fuß des Emu.

3. Emu. Dromaius.

Der Emu oder neuholländische Strauß bewohnt die Ebenen des ganzen neuholländischen Continents und steht in der Größe dem Afrikaner nur wenig nach, in der Befiederung des Kopfes aber und in den dreizehigen starken Füßen gleicht er dem Amerikaner. Sein lockeres Gefieder bildet doppelzahnige Federn, deren Strahlen durch keine Häkchen verbunden sind, daher das ganze Kleid wolligzottig erscheint; die verkümmerten Flügel sind äußerlich gar nicht sichtbar, die Kehle und Wangen nackt, Kopf und Hals mit sehr kleinen Federn bedeckt. Der gerade, an der Spitze abgerundete Schnabel ist längs der Ränder sehr platt gedrückt und auf der Firste schwach gekielt. Die starkknochigen Läufe tragen an der Vorderseite Schilder, welche nach hinten wie die Zähne einer Säge hervorstehen. Die Zehensohlen sind dickschwielig und breit (Fig. 588). Der sehr dickwandige drüsenreiche Vormagen und der muskulöse Hauptmagen (Fig. 589) gleichen wenigstens hinsichtlich ihrer Structurverhältnisse denen der andern Strauße. Als besondere anatomische Eigenthümlichkeit ist ein häutiger Sack am untern Ende der Luftröhre zu erwähnen, der willkürlich mit Luft gefüllt und zusammengepreßt werden kann, wodurch ein dumpfes Trommeln wie aus der innersten Tiefe des Körpers hervorgebracht wird. Die Speiseröhre bildet keinen Kropf; der lange enge Darmkanal hat kurze sichelförmig gekrümmte Blinddärme; die Leberlappen sind sehr ungleich und ihre Gallenblase gestreckt schlauchförmig.

ebenso die Milz ungemein lang und die schmalen Nieren nur dreilappig. Der Fächer im Auge besteht aus nur vier tiefen Falten.

Fig. 589.

Magen des Emu.

Ausgewachsen mißt der Emu, der übrigens bei den Ureinwohnern Neuhollands Parembang heißt, sieben Fuß Höhe und fiedert oben gleichförmig dunkelbraun mit grauer Wässerung, unten heller; die nackte Kehle und Wangen sind purpurroth. Die eben ausgekrochenen Jungen bekleiden sich mit einem sehr dichten weichen Flaum von graulicher Farbe, mit zwei schwarzen Rückenstreifen und solchen Strichen auf der Brust. Zur Nahrung dienen ausschließlich Blätter, Früchte und weiches Gehälm. Das Männchen allein bebrütet die 20 bis 30 Eier, welche seine drei Weibchen in ein offenes gar nicht geschütztes Nest legen. Scheu und flüchtig wie andere Strauße, läuft der Emu doch minder schnell und entgeht den Verfolgungen weniger leicht, vertheidigt sich aber im Angriff wie jene sehr erfolgreich durch Ausschlagen. Die Jagd auf ihn wird nicht blos des Vergnügens halber betrieben, vielmehr des Fleisches wegen, das nur an den Schenkeln grobfaserig, ganz dem derben Rindfleisch ähnlich, an den übrigen Theilen dagegen zart und wohlschmeckend ist. Unter der Haut verbreitet sich zudem noch eine reiche Fettschicht, welche ausgekocht ein klares, dünnflüssiges, bernsteingelbes Fett liefert, das in ländlichen Haushaltungen vielfache Verwendung findet. Auch die Eier werden gern gegessen. Zur Jagd richtet man an den meisten Orten eigene Hunde ab, welche den Emu von vorn angreifen, da gewöhnliche Jagdhunde sowohl den Geruch wie auch die gefährlichen Fußschläge fürchten und deshalb eher fliehen als angreifen. In europäischen Thiergärten gedeiht der Emu ganz gut und pflanzt sich hier auch fort. — Eine zweite kleinere Art existirt nur in einigen ausgestopften Exemplaren aus Neuholland und scheint sehr selten zu sein.

4. Kasuar. Casuarius.

Der Kasuar ist ein sehr gedrungen, kräftig gebauter Strauß mit knochenartem Helm auf dem Kopfe und mit dreizehigen Füßen. Er heimatet einzig in seiner

Art, in den waldigen und buschigen Gegenden spärlich auf Java und Sumatra, zahlreicher auf den Moluken und zumal auf Ceram, Gilolo und auf Neuguinea. Als Waldbewohner liebt er weiche Pflanzentheile und saftige Früchte, welche Nahrung er in Gefangenschaft gern mit Brot und Sagomehl vertauscht. Harte Kost giebt meist unverdaut wieder ab. Nach ächter Straußenweise scheu und vorsichtig, sucht er in Gefahren trotz seines schwerfälligen Baues durch schnelles Laufen sich zu retten, wird aber jung eingefangen ganz zahm und zutraulich, nur über Neckereien braust er auf und bewahrt auch gegen Unbekannte die natürliche Wildheit, welche gern in gefährlichen Fußschlägen sich äußert. Dennoch hält man ihn in seinem Vaterlande viel auf ländlichen Besitzungen und hat ihn schon seit der Entdeckung der indischen Inseln häufig nach Europa gebracht.

Ausgewachsen mißt der Kasuar, C. galeatus (Fig. 590), sechs Fuß Höhe und trägt ein durchaus schwarzes, straff reßhaarähnliches Gefieder, das nur in den etwas längern Schwanzdecken gewöhnlichen Vogelfedern gleicht. Statt der Flügelschwingen ragen jederseits fünf drehrunde, fischbeinartige Schäfte lang hervor. Der nackte Kopf und Hals ist lebhaft blau, vorn und nach unten, wo zwei Hautlappen herabhängen, aber hochroth. Der knöcherne, von einer Hornscheide überzogene Helm erscheint bei dem eben aus dem Ei geschlüpften

Jungen als eine schwache Auftreibung der Schnabelfirste und des Stirnbeines, aber schon nach dem ersten Lebensjahre bildet dieselbe einen erhöhten Kamm (Fig. 591), welcher endlich im fünften Jahre zu dem großen Helme ausgewachsen ist (Fig. 592). Der gerade, schwach zusammengedrückte Schnabel wölbt sich längs der Firste und versieht sich vor der übergekrümmten Spitze oben mit einem kleinen Zahne und der Unterkieferrand zähnelt sich fein. Die Furchen der Nasenlöcher verlaufen fast über den ganzen Schnabel. Die Oeldrüse auf dem Bürzel

Fig. 592.

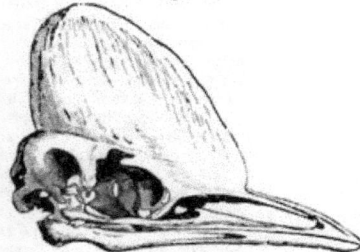

Schädel des alten Kasuar.

Fig. 590.

Indischer Kasuar.

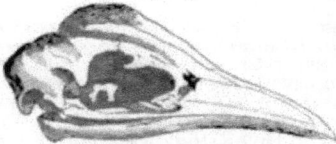

Fig. 591.

Schädel des jungen Kasuar.

fehlt wie auch bei dem Emu Neuhollands. Die kurze, breite, ganz platte Zunge zerlappt ihre seitlichen Ränder. Der sehr große Vormagen ist auffallend dünnwandig und nur mit sehr kleinen Drüsen besetzt. Der Darmkanal mißt fast fünf Fuß Länge und hat fünf Zoll lange Blinddärme. Die Leberlappen sind kurz und breit, die schlauchförmige Gallenblase fünf Zoll lang, die Milz flach nierenförmig, die langen gleichmäßig breiten Nieren vierlappig. Der obere Kehlkopf liegt unmittelbar hinter der Zungenwurzel und die aus weichen Ringen bestehende Luftröhre erscheint auffallend gedrückt und hat keine Spur eines unteren Kehlkopfes, aber wie immer sind die ersten Bronchialringe innen durch eine weiche Haut geschlossen. In ungestörter Ruhe läßt der Kasuar bisweilen zwei dumpfe trommelnde Laute hören, überrascht aber pfeift er laut und im Zorn grunzt er. Die hellgrünen Eier werden Nachts vom Männchen, am Tage von der Sonne bebrütet.

Zweite Familie.

Kiwis. Apterygii.

Ganz kleine Strauße mit langem Schnabel, niedrig auf den Beinen und mit vierzehigen Füßen. Die Flügel sind nur durch einen kurzen im Gefieder versteckten Stummel mit kleiner Kralle angedeutet. Die wenigen Mitglieder dieser Familie sind so absonderlich organisirte Vogelgestalten, daß wir mit den eben angeführten unterscheidenden Merkmalen ihre allgemeine Charakteristik verlassen und an die einzelnen uns wenden.

1. Kiwi. Apteryx.

Im Jahre 1812 brachte der Capitain John Barklay von Neuseeland einen Vogel nach England, welcher nach Shaw's Beschreibung für ein wunderliches, fast mystisches Geschöpf gehalten wurde. Die Zeiten des Aberglaubens waren vorüber und man suchte in Beſitz neuer Exemplare zu gelangen, um das merkwürdige Thier genau zu studiren. Alle Neuseeland berührende Schiffe wurden beauftragt, Jagd auf den Kiwi zu machen, aber erst spät war dieselbe erfolgreich und noch jetzt haben nicht alle größern Sammlungen den Vogel aufzuweisen. Unsere ballische Universitätssammlung besitzt ein ausgestopftes Exemplar. Der ungemein thätige und gründlich forschende

Owen untersuchte den anatomischen Bau und erkannte sogleich die nahe Verwandtschaft mit den Straußen bei gar mancherlei absonderlichen Eigenthümlichkeiten. So fehlen wie bei dem Emu die Schlüsselbeine, die Rückenwirbel verwachsen in ein festes Knochenstück, die Halswirbel sind zahlreich, die Flügelknochen kümmerlich klein

Fig. 593

Skelet des Kiwi.

(Fig. 593). Schädelbau und Schnabel sowie die Füße aber weichen entschieden von den Straußen ab. Der Schnabel (Fig. 594) erinnert vielmehr durch seine Länge, Dünne und leichte Krümmung an gewisse Watvögel.

Fig. 594.

Kopf und Schnabel des Kiwi.

Von der halbmondförmigen Wachshaut an seiner Wurzel laufen linienförmige Furchen bis zu den Spitze sehr nah gerückten Nasenlöchern. Kleiner als bei irgend einem andern Vogel sind die mit den Lungen in Verbindung stehenden innern Luftsäcke. Die sehr kräftigen Läufe bekleiden sich mit harten netzförmigen Schildern und von den vier mit Schuppen bedeckten Zehen (Fig. 593) sind die vordern lang, sehr stark und mit kräftigen Grabkrallen bewehrt, die hintere ganz verkürzte und dicke

Fig. 595.

Fuß des Kiwi.

berührt beim Auftreten den Boden nicht und scheint mehr als Waffe wie der Sporn des Haushahnes zu dienen. Das Gefieder besteht aus langen locker herabhängenden Federn und hat weder eigentliche Schwingen in den Flügeln, noch Steuerfedern im Schwanze.

Der neuseeländische Kiwi, A. australis (Fig. 596), erreicht nur 32 Zoll Körperlänge, sein Schnabel 7 Zoll, die Beine nur 8 Zoll. Das seidenglänzende Gefieder schimmert kastanienbraun mit schwärzlichen Federrändern, oben dunkler, unten heller, das kleine Auge ist gelb und

Fig. 596.

Kiwi

die Schnabelwurzel mit langen Borsten besetzt. In den dichten, unfreundlichen Wäldern Neuseelands lebend, wurde der Kiwi in seinem Betragen nur erst von den Eingebornen beobachtet. Unsere Abbildung zeigt seine Stellung im Zustande behaglicher Ruhe, im Laufe streckt er den Hals lang aus. Er verläßt nicht gern das dunkle, feuchte Walddickicht, lebt außschließlich und nährt sich von Insekten und Gewürm, wozu Schnabel und Füße zweckmäßig eingerichtet sind. Die Eingebornen scheuchen ihn im nächtlichen Dunkel mit blinkenden Holzfackeln auf und bereiten aus seinem dichten Felle die kostbarsten Mäntel für ihre Häuptlinge. Wird er am Tage überrascht: so vertheidigt er sich muthig durch Ausschlagen und weiß mit seiner sporenartigen Hinterzehe gefährliche Wunden beizubringen.

2. Dronte. Didus.

Die Dronte ist längst aus der Reihe der lebenden Vögel ausgeschieden; schon im Jahre 1691 wurde die

letzte lebende auf der kleinen Insel Rodriguez gesehen, während doch der kühne Vasco da Gama nach seiner gefahrvollen Umsegelung der Südspitze Afrikas im Jahre 1497 auf einer kleinen Insel an der Ostküste sie so ungemein häufig antraf, daß er dieselbe in Beziehung auf die äußere Aehnlichkeit des Vogels Schwaneninsel nannte. Andere Seefahrer jener Zeit fanden sie auch auf den mascarenischen Inseln, und dennoch haben alle Nachforschungen zumal auf Mauritius und Bourbon seit dem vorigen Jahrhundert nichts als einzelne Knochenreste von dem Dasein der Dronte ergeben. Unsere Kenntniß dieses merkwürdigen Vogels beruht daher lediglich auf ältern zum Theil unsichern Beobachtungen und Abbildungen und der neuern gründlichen Untersuchung dienten nur zwei in den Sammlungen zu Oxford und Kopenhagen befindliche Schädel und Beine. Eine der ältesten Abbildungen ist die von Clusius dem Reiseberichte der van Neck'schen Expedition (1598—1603) beigegebene, welche in unsrer Fig. 597 copirt ist. Unstreitig die beste nach einem lebenden Exemplare in Holland gemalte Abbildung

Fig. 597.

Dronte nach Clusius.

befindet sich aber auf einem Oelgemälde im britischen Museum (Fig. 598). Unter den ältern Nachrichten verdienen allein die von Jacob Bontius, welcher von 1627 bis 1658 als Arzt in Batavia lebte, besondere Beachtung. Nach ihm stand die Dronte in der Größe zwischen Strauß und Truthahn und glich ersterem durch das Gefieder. Um den großen, häßlichen Kopf saß hinten eine Hautfalte, welche kapuzenartig nach vorn überhing, die Augen waren groß und schwarz, der Hals gekrümmt mit dicker kropfartiger Auftreibung, der Schnabel sehr lang mit hakiger Spitze und weit klaffendem Rachen; der Körper dick und rund, locker grau befiedert, an den gelblichgrauen Flügeln und dem Schwanze fehlten eigenthümliche Federn; die starken Läufe und vier Zehen mit harten Schuppen bekleidet und letztere stark bekrallt. Zum Fluge völlig unfähig und schwerfällig im Laufen, dabei sehr dumm, ward die Dronte jedem Jäger leicht zur Beute. Die Seeleute erschlugen viele, denn das Fleisch war zart und wohlschmeckend und vier Stück reichten zu einer Mahlzeit für hundert Mann aus. Mit jenen Abbildungen

Fig. 598.

Dronte.

und den unzulänglichen Nachrichten war es nicht möglich die verwandtschaftlichen Verhältnisse der Dronte zu ermitteln. Erst die sorgfältige Untersuchung der noch vorhandenen Köpfe und Beine, welche Strickland und Melville zur Herausgabe einer ebenso gelehrten wie umfassenden Schrift über den Dodo (London 1848) veranlaßten, löste das Räthselhafte dieses absonderlichen Typus. Der Kopf (Fig. 599) ist am Schnabelgrunde bis zum Rande des Scheitels und bis zur Ohröffnung

hin mit der weichen Wachshaut des Schnabels bekleidet, welche nach vorn sich bis an die kuppige Hornspitze ausdehnt. Die Nasenlöcher öffnen sich vorn nahe dem Schnabelrande senkrecht und spaltenförmig. Oberkopf, Nacken und Kehle sind dicht besiedert. Die Schädelbildung vereinigt die Eigenthümlichkeiten sehr verschiedener Vogelfamilien und führte Strickland zu der Ansicht, daß die Dronte eine kurzflügige plumpe Taube war. Die Beziehungen zu den Laufvögeln, welche uns veranlassen sie hier neben Apteryx aufzuführen, hebt übrigens auch Strickland gebührend hervor. Den Fuß bilden wir in Fig. 600 ab und überlassen dem Leser dessen Vergleich mit Tauben und Laufvögeln.

Fig. 599.

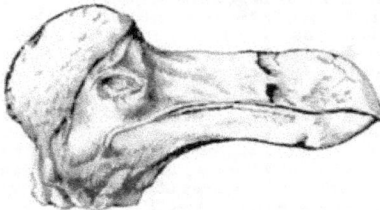

Kopf der Dronte.

Fig. 600.

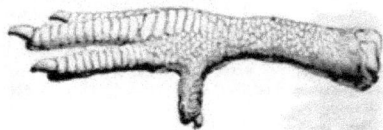

Fuß der Dronte.

Dritte Familie.

Riesenvögel. Dinornidae.

Das Schicksal der Dronte ereilte auch eine ganze Familie gefiederter Riesen, welche auf Neuseeland beimateten. Erst vor zwei Jahrzehnten erhielt man durch Auffindung einiger Knochen Kenntniß von deren Dasein und die riesenhafte Größe derselben erregte schnell durch die ganze gebildete Welt hindurch allgemeines Aufsehen. Bald sollten denn auch die märchenhaften Erzählungen der Neuseeländer, welche den gefürchteten Riesen Moa in einer Höhle an der Steilseite eines Berges von zwei Eidechsen bewacht wohnen lassen, ihre wenigstens theilweise Bestätigung erhalten. Zwei nordamerikanische Jäger streiften einst waidlustig im Innern der Insel umher und plötzlich wurden sie des ungeheuerlichen Riesen ansichtig, ein panischer Schrecken ergriff sie und mit der Kugel im Lauf nahmen sie Reißaus. Diese gewöhnliche Jagdgeschichte erhält durch die Aussage des Regierungsdolmetschers auf Neuseeland einigen thatsächlichen Boden, denn derselbe sah im Jahre 1832 das frische Fleisch eines Moa im Molyneuxhafen und auch die Federn als Kopfputz bei Eingeborenen; ein anderer Berichterstatter, dessen Zuverlässigkeit nicht anzuzweifeln ist, traf einen

zwanzig Fuß hohen Moa im Innern der Insel. Seitdem sind nun so viele und zum Theil so frische Knochen dieses Riesen und seiner Verwandten nach London und in andere europäische Sammlungen gelangt, daß die Hoffnung noch einen lebenden Riesen zu fangen wohl berechtigt ist. In der That fingen Seehundsjäger im Jahre 1850 schon einen kleinen Bruder des Moa, den Notornis, lebend ein, aber leider starb derselbe auf dem Schiffe und sein Balg steht nun ausgestorbt im Londoner Museum, seine Untersuchung aber bestätigte, was Owen für diese ganze Familie aus den Knochen erschlossen hatte. Wir geben die Abbildung desselben in Fig. 601 und in Fig. 602 (C) das von Owen aufgebaute Riesenskelet des Moa, Dinornis giganteus, wo bei A der Unterschenkel im natürlichen Größenverhältniß zu dem des Straußes bei B und bei D das Skelet des Emu als Maßstab der Größe dargestellt ist.

Der Dinornis und all seine Verwandten war ein strenger Landbewohner, der sich nicht vom Boden zu erheben vermochte, denn dazu fehlen ihm die Flügel und die großen Flugmuskeln, nicht minder die Pneumaticität oder Luftführung des Skeletes. Hinsichtlich der Dicke, der plumpen Gestalt und des schweren Gewichtes erinnern die Knochen in der That mehr an die plumpen colossalen Säugethiere als an die leichtgebauten, zierlichen Vögel, sind doch bei einer Art die Knochen um dreimal dicker als bei dem Strauß. Eine räuberische

Fig. 601.

lebender Notornis.

43*

Fig. 601.

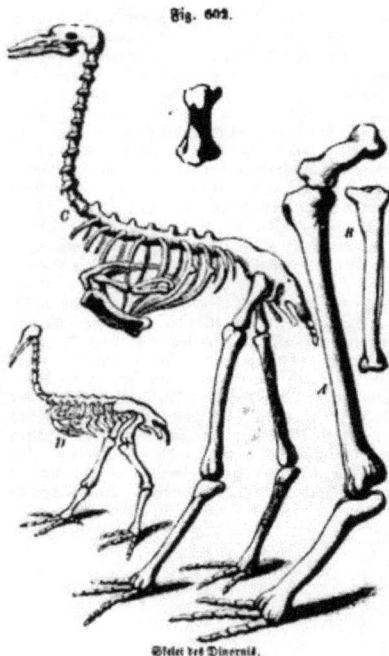

Skelet des Dinornis.

Lebensweise konnten Vögel solcher Organisation nicht führen, ihr plumper unbeholfener Bau spricht entschieden dagegen und überdies fehlen auf Neuseeland auch Thier, welche zum Unterhalt soviele Riesen ausgereicht hätten. Die Bildung des Schädels verräth zudem eine überraschende Aehnlichkeit mit der Dronte und dem Kiwi, also mit Vögeln, welche nicht gerade durch Klugheit und Schlauheit sich auszeichnen, ja man findet unverkennbare Annäherung an das Krokodil und muß darin einen noch höhern Grad von Dummheit und Stumpfsinn als bei allen bekannten Vögeln vermuthen. Der Schnabel, in dessen Bildung die Lebensweise sich unverkennbar ausspricht, gleicht zweien auf einander gelegten Schiffsbooten oder ausgehöhlten Baumstämmen; ganz schwach gekrümmt, breit und vorn ziemlich stumpf. Die Füße haben drei kräftige, zum Scharren vortrefflich geeignete Zehen. So mögen denn die Riesenvögel von den nahrhaften Wurzeln der in üppiger Fülle auf Neuseeland vorhandenen Farrenkräuter sich ernährt haben.

Die Gattung Dinornis lebte in mehren Arten, deren größte den Strauß um ein Drittheil übertraf. Eine zweite Art gleicht in der Höhe dem Strauße, die übrigen sinken bis auf Trappengröße hinab. Ganz nah verwandt war der ebenfalls nur in Knochenresten bekannte Palapteryx, vierzehig, im Schädelbau dem Strauße ähnlicher als Dinornis, in der Größe aber den Arten dieses entsprechend. Eine dritte Gattung heißt Apterornis, eine vierte Nestor und die letzte repräsentirt der noch lebend eingefangene Notornis. Den Skeletbau aller dieser Vögel muß man aus Owen's vortrefflichen Arbeiten studiren, seine Schilderung würde uns zu weit abführen.

Achte Ordnung.

Sumpfvögel. Grallatores.

Vögel von mittler und selbst bedeutender Größe, meist sehr hoch auf den Beinen, langhalsig und langschnabelig, träg und phlegmatisch, doch im Fluge ausdauernd und schnell und alle von thierischer Kost sich nährend. Ihr wesentlichster Charakter liegt in den allermeist sehr hohen Wadbeinen, sehr doch durch Verlängerung des Laufes und des Unterschenkels, welch' letzterer nur zur Hälfte oder noch weniger befiedert ist. Die Zehen, veränderlich in ihrer Länge, verbinden sich gern am Grunde durch eine große Spannhaut oder gar durch eine halbe Schwimmhaut, besäumen sich auch wohl lappig oder werden andernfalls übermäßig lang. Diese eigenthümliche Einrichtung der Beine, nach welcher man die ganze Gruppe auch Watvögel und Stelzvögel nennt, befähigt dieselben auf sumpfigem morastigen Boden zu gehen und tief ins Wasser zu waten, ohne den Körper zu benetzen, macht sie freilich zugleich ganz ungeschickt auf Aesten zu sitzen und hier auszuruhen. Dort am sumpfigen Boden und im seichten

Wasser finden sie auch ihre Nahrung, Gewürm, Weichthiere, Fische und Amphibien: was von diesem Gethier durch Aufmerksamkeit und Schnelligkeit im Angriffe sich zu entziehen weiß, dem lauern sie mit unwankbarer Ruhe und unbesiegbarer Geduld auf. Stundenlang vermag der Reiher ohne auch nur eine Feder zu rühren auf demselben Flecke zu stehen, dann schnellt er plötzlich den eingezogenen Hals hervor und erschnappt sicher die überraschte Beute. Der Schnabel ändert in Größe und Form viel erheblich ab als in allen vorigen Ordnungen und macht die Familien- und Gattungsunterschiede größer. Die Fisch- und Amphibienfresser haben einen sehr langen, starken, festen, oft kantigen und sehr spitzigen Schnabel, jene dagegen, welche Gewürm und Weichthiere im Schlamme und niedern Pflanzengewirr aufsuchen, bedürfen eines langen dünnen Schnabels mit weichhäutigem nervenreichen Ueberzuge, der zugleich als Tastorgan dient; noch andere picken ihre Nahrung mit einem Hühnerschnabel auf. So lang

aber auch der Schnabel sein mag, ein langer Hals muß
ihn mit den hohen Beinen in Uebereinstimmung bringen.
Der Kopf bleibt klein und sehr klein, der Rumpf ebenfalls klein und so entsteht ein Mißverhältniß in den
Körpertheilen, wie es in gleichem Grade bei keinem Reß-
hocker sich findet. Diese Verzerrung der schönen Vogelgestalt begann schon bei den Laufvögeln, sie macht indeß
auch hier bei den Watvögeln noch keinen gerade häßlich
widerlichen Eindruck, weil sie Schnabel, Hals und Beine
in eine gleiche Disharmonie zum Rumpfe und Kopfe
bringt. Und merkwürdig, diese Mißgestaltung verbirgt
sich niemals unter einem prachtvollen Federnschmuck und
blendenten Farbenglanz, im Gegentheil das Gefieder ist
einfach und besticht in keiner Weise. Die Flügel, niemals den Schwanz überlängend, liegen eng an und der
Schwanz hält sich auch gern kurz. Die Zahlenverhältnisse
der Schwingen und Steuerfedern schwanken ziemlich auffallend, erstere zwischen 21 bis 36, letztere zwischen
10 bis 20 (zumeist jedoch 12). Auch die anatomischen
Formen gewähren keine durchgreifenden erheblichen Eigenthümlichkeiten. Die Wirbelsäule besteht aus 13 bis 18
Hals-, 7, aber meist 10 Rücken-, 13 bis 16 Becken-
und 7 bis 9 Schwanzwirbeln. Das Brustbein buchtet
seinen Hinterrand gern tief aus. Der Darmkanal hat
ziemlich ansehnliche Länge und bald kurze bald lange
Blinddärme; die Speiseröhre ohne Kropf, der Vormagen
klein, der Magen meist häutig und dehnbar.

Die Watvögel leben zwar in den Ländern aller
Klimate, in den kältern jedoch nur als Zugvögel. Sie
sind an die Nähe des Wassers und an feuchte Gegenden
gebunden und finden nur hier die ihnen zusagende Nahrung, sind träg und theilnahmlos, meist ungesellig und
sogar unverträglich, eher kampf- als spiellustig, schreien
laut und lärmend, widerlich und unheimlich. Das
Männchen pflegt nur ein Weibchen sich anzupaaren und
dieses legt bunte Eier in ein ziemlich kunstloses Nest am
Boden. Scheu und furchtsam, verrathen sie wohl große
Aufmerksamkeit auf ihre Umgebung, aber geistige Bildsamkeit geht allen ab, daher sie auch zur Zähmung sich
nicht eignen. Ueberdies gewähren sie nur einen gerin-
fügigen Nutzen, da nur einzelne als schmackhaft gegessen
werden, andere nahrhafte Eier und noch andere Zierfedern
liefern.

Erste Familie.
Hühnerstelzen. Alectorides.

Die Familie der Hühnerstelzen verbindet die Ordnung
der Watvögel mit den eigentlichen Hühnervögeln, ihre
Beziehungen zu diesen sprechen sich ebenso unverkennbar
in der Lebensweise wie im Körperbau aus. So lieben
sie den Aufenthalt in trocknen offenen Gegenden, auf
Triften und Feldern mehr als in feuchten bruchigen
Gegenden, nähren sich auch von gemischtem Futter, von
Sämereien, Kräutern, Gewürm und Insekten, legen die
Eier in eine flache Grube an den Boden, brüten sehr eifrig
und führen die Jungen aus. In ihrer äußern Erscheinung sind sie große, kräftig gebaute Vögel mit glatt anliegendem, ziemlich einfach gefärbtem Gefieder. Der Schna-

bel, meist noch kürzer als der Kopf, bekundet besonders die
Hühnerähnlichkeit, denn er ist kräftig, nur vorn hart mit
kuppig übergebogener Spitze und mit übergreifenden
Oberkieferrändern, am Grunde häufig und hier die langen
durchgehenden Nasenlöcher in einer Grube öffnend. Die
Zügelgegend bleibt nackt oder bekleidet sich nur mit Borstenfedern. Die Füße haben kurze Zehen, halb oder ganz
geheftete, auch wohl mit kurzem Hautsaume eingefaßte,
die Hinterzehe verkümmert völlig und tritt niemals ganz
auf. Die starken Läufe pflegen netzartig beschildert zu
sein. Der schwerfällige Körperbau im Allgemeinen und
die breiten gewölbten Flügel befähigen nicht zum schnellen und ausdauernden Fluge, dagegen machen die kräftigen Beine und
kurzzehigen Füße zum Laufen sehr geschickt.

Die Hühnerstelzen leben auf beiden Erdhälften, jedoch
mehr in warmen Ländern, die kalte Zone meiden sie ganz.
Europa hat nur einen Typus derselben aufzuweisen.

1. Trappe. Otis.

Die Trappen kennzeichnet der etwas zusammengedrückte
Kegelschnabel mit kuppiger Spitze und länglich ovalen
Nasenlöchern, nicht minder die sehr starken Beine mit
genetzten Läufen, die kurzen breitzehigen Zehen mit
kleiner Spannhaut an der Wurzel und breiten rundlich
und scharf geranderten Krallen, die großen gewölbten hart-
schwingigen Flügel, in welchen die erste Schwinge verkürzt
ist, und der kurze gerundete Schwanz mit 20 breiten
Federn. Den sehr fleischigen schweren Körper bekleidet
ein gewöhnlich anliegendes Gefieder, dessen Rückenflur
der ganzen Länge nach zweitheilig, die breite Unterflur
aber schon auf der Mitte der Brust in vier Streifen sich
auflöst. Die Männchen schmücken sich gern nach ächter
Hühnerweise mit Zierfedern am Kopfe und Halse. So
sehr auch die ganze äußere Erscheinung an die Hühner
erinnert, so entschieden spricht die innere Organisation
für die innige Verwandtschaft mit den Sumpfvögeln.
Am Schädel beachte man die ansehnlichen Schläfendornen,
die breiten flachen Gaumenbeine und die nach vorn
erweiterten Flügelbeine. In der Wirbelsäule liegen
14 Hals-, 8 Rücken-, 15 Becken- und 6 Schwanzwirbel,
deren letzter sehr klein ist. Das Brustbein hat einen
hohen Kiel und am Hinterrande jederseits zwei tiefe
Buchten. Am Oberarm fällt die ungemein starke obere
Leiste auf, der Vorderarm ist länger, der Handtheil kürzer.
Alle Knochen bis zum Ellenbogen und Kniegelenk führen
Luft. Die weiche Zunge ist vorn zweispitzig, hinten
pfeilförmig und bezahnt, ihr Kern bloß knorplig. Nur
die Männchen besitzt seltsamer Weise einen Kropf an der
Speiseröhre, der Vormagen ist groß und dickrüssig, der
Hauptmagen ganz abweichend von den Hühnern ein weiter,
dehnbarer Sack, der Darm hat über sechsfache Rumpfes-
länge und sehr lange Blinddärme; die Luftröhre besteht
aus weichen Ringen und vor ihr liegt ein häutiger Sack
bei dem Männchen, welcher unter der Zunge sich öffnet.
Die Nieren sind schmal dreilappig; der Fächer im Auge
zählt 9 bis 11 Falten, der Knochenring 13 bis 15
Schuppen. Die Bürzeldrüse fehlt.

Bewohner offener und ebener Felder sind die Trappen,
durch ihren schwerfälligen Flug nicht geschützt, ungemein

scheu und vorsichtig und fliehen den Menschen schon aus
weiter Ferne. Ungestört gehen sie bedächtig einher, aber
auf der Flucht eilen sie im schnellsten Lauf. Zum Fluge
bequemen sie sich ungern, obwohl sie sich höher als die
Hühner erheben und meilenweite Strecken fortbewegen
können. Sie halten familienweise beisammen und schaaren
sich während der Strichzeit in große Gesellschaften, in
welchen die jungen Männchen nur je eine Henne, die alten
mehre sich anpaaren. Sie meiden das Wasser, baden
wie die Hühner in trocknem Sande und nähren sich von
grünen Kräutern, verschiedenen Sämereien und Gewürm.
Das Weibchen brütet allein und besorgt auch ohne Hülfe
des Männchens die Erziehung der Jungen.

Die Arten gehören ausschließlich der Alten Welt
an, nur eine Deutschland, drei Europa, andre Asien und
Afrika.

1. Die große Trappe. O. tarda.

Figur 603. 604.

Die ansehnliche Größe, kräftige Gestalt, das schön
gezeichnete Gefieder und die stolze gravitätische Haltung
machen die große Trappe zum deutschen Strauß. Bei
3½ Fuß Körperlänge und fast 8 Fuß Flügelbreite wiegt
das ausgewachsene Männchen 30 Pfund. Ihr Vaterland
dehnt sie über die gemäßigten Länder der Alten Welt, das
mittle Asien und Europa bis zum südlichen Schweden
und England aus, überall jedoch nur die ebenen Felder
zum Aufenthalt wählend, nicht in bergigen, bewaldeten

Fig. 604.

Große Trappe. Weibchen.

Fig. 603.

Große Trappe. Männchen.

und feuchten niedrigen Gegenden sich niederlassend. Im
freien Felde übersieht sie mit ihrem scharfen Auge weithin
ihr Gebiet und weiß mit bewundernswerthem Kenner-
blick jede entfernte Gefahr, jeden verdächtigen Menschen
zu ermitteln. Sie flieht in eiligstem Lauf oder in
schnellem Flug und der Jäger schreibt es nur dem günstigen
Zufall zu, wenn er nach langen vergeblichen Bemühungen
endlich in Schußnähe gelangt und sein Ziel nicht verfehlt. Der schnellste Hund holt sie im Laufe nicht ein.
Gern halten sich mehre zusammen, um sich gegenseitig vor
Gefahren zu warnen, nur im Winter, wenn sie wegen
Nahrungsmangel weit umher streichen, schaaren sie sich
heerdenweise auf den gemeinschaftlichen Weideplätzen.
Hier suchen sie Insekten, Gewürm, Sämereien und grüne
Pflanzentheile und sie fressen sehr viel, weiden wohl sechs
Stunden ohne Unterbrechung, ruhen dann etwas und
beginnen darauf die neue Mahlzeit. Wasser bedürfen
sie nicht, die Thautropfen an den grünen Blättern
befriedigen schon ihren Durst. Im Frühjahr lösen sich
die Gesellschaften auf, schwärmen unruhig aus einander,
die Hähne werden aufgeregt, kampflustig und ihre Eifersucht treibt sie zu wilden Raufereien. Erst Ende Mai,
wenn das junge Getreide hoch genug ist, scharrt die Henne
eine flache Grube, legt zwei, höchstens drei matt olivengrüne, dunkelfleckige Eier in dieselbe und brütet dreißig
Tage fest auf denselben. Die wolligen gefleckten
Jungen folgen schon wenige Stunden nach dem Auskriechen der Mutter, welche sie mit zärtlicher Liebe pflegt
und ihnen weiches Insektenfutter vorlegt. Nach vier
Wochen sind sie bereits flügge, fliegen auf und fressen nun
auch grüne Blätter und Knospen. In diesem Alter ein-

gefangen kann man sie längere Zeit in einem Garten am Leben erhalten, aber ihre Wildheit und Scheu, an welcher alt eingefangene schon nach wenigen Tagen zu Grunde gehen, legen sie niemals ab. Ihre Zähmung ist überdies auch nutzlos, das grobe, widerlich riechende Fleisch schmeckt nicht eben angenehm. Selbst Füchse, Marder und Falken stellen nur jungen Trappen nach und kümmern sich wenig um die alten.

Das ausgewachsene Männchen fiedert oben lebhaft rostgelb und braun mit unzähligen feinwelligen, schwarzen Querstreifen, unterseits viel heller, an Kopf und Hals licht aschgrau, wogegen die Schwingen schwarzbraun, die Flügeldecken weiß sind und der Schwanz vor dem Ende ein schwarzes Querband hat. Als Schmuck trägt es einen aufrichtbaren Bart von acht Zoll langen zerschlissenen Federn zwischen Schnabelwinkel und Ohr. Das viel kleinere Weibchen ist am Kopfe und Halse dunkel, bartlos und mehr gefleckt als gestreift. Je nach dem Alter ändert die Zeichnung etwas ab. Die Junge berandet sich in der hintern Hälfte mit starken Zähnen; der Darmkanal mißt fast zehn Fuß Länge, die Blinddärme nahezu drei Fuß; der Fächer im Auge besteht aus 9 bis 11 Falten, der Knochenring aus 15 Schuppen; der Vormagen enthält sehr dicke Drüsen.

2. Die Zwergtrappe. O. tetrax.

Die Zwergtrappe bewohnt das südliche Europa, das angrenzende Asien und nördliche Afrika und besucht Deutschland nur vereinzelt und selten. Zum Aufenthalt wählt sie eben solche Gegenden wie die große, nährt sich auch ganz wie diese, ist aber zierlicher und netter in ihrer Erscheinung, beweglicher, läuft schneller und fliegt besser und lebt in Vielweiberei. Ihr Fleisch wird als sehr wohlschmeckend gepriesen. Nicht größer als ein Haushuhn, unterscheidet sie sich besonders von voriger Art durch den gefleckten dunklern Hals, die breite weiße und schmale schwarze Binde vor der Brust und einzelne große Flecken auf der Oberseite. Der Darmkanal hat vier Fuß Länge, die Blinddärme etwas über einen Fuß; die Leber- und Nierenlappen ungleicher als bei voriger Art.

3. Die Kragentrappe. O. Houbara.
Figur 605.

Etwas größer als die Zwergtrappe, zeichnet sich diese Art sogleich durch ihren längeren, an der Wurzel breitern Schnabel aus, nicht minder durch die braunschwarzen Flügeldecken. Uebrigens fiedert die Oberseite wieder rostgelb mit schwarzen Zickzackstreifen, die Unterseite weiß, der Vorderhals feingraustrichig. Auf dem Scheitel steht ein schöner Büschel langer schneeweißer und schwarzspitziger Federn und auf dem Oberhalse ein beweglicher schwarzweißer Kragen. Auf diesen Schmuck bezieht sich der arabische Name Hubar, der geschmückte. Die Kragentrappe heimatet im nördlichen Afrika und angrenzenden Asien, streift auch in das südliche Europa und gelangt auf solchen Streifzügen bis ins mittle Deutschland. Sie zieht Wüsteneien und öde Ebenen den fruchtbaren Feldern vor, lebt sonst aber ganz wie die vorigen.

Fig. 605.

Kragentrappe.

4. Die Koritrappe. O. Kori.
Figur 606.

Die Koritrappe in den Ebenen Südafrikas erreicht die Größe unserer großen Trappe und gilt in ihrer Heimat für das wohlschmeckendste Federwild, dessen zartes Fleisch und Fett dem des besten Truthahnes nicht nachsteht. Sie zeichnet ihre Oberseite auf schön kastanienbraunem Grunde

Fig. 606.

Koritrappe.

mit feinen schwarzen Querlinien, die Schulterdecken mit
großen schwarzen und weißen Flecken, die Unterseite aber ist
rein weiß und im Nacken stehen lange, spitzige Federn.
Ueber ihre Lebensweise liegen noch keine Beobachtungen vor.

5. Die schwarzköpfige Trappe. O. nigriceps.
Figur 607.

Auf den weiten zum Theil unfruchtbaren Ebenen
Indiens lebt ungemein häufig eine vier Fuß große Trappe
als sehr geschätztes Federwild. Sie wässert ihre blaß-

Fig. 608.

Fleischfarbene Trappe.

Fig. 607.

Schwarzköpfige Trappe.

rostgelbe Oberseite mit zarten braunen Querbändern,
hält die Unterseite, den Hals und die Flügeldecken weiß,
die Schwingen und einen Brustfleck aber schwarz. Schwarz
ist auch der Schopf des Kopfes. Ihre Nahrung soll
hauptsächlich aus großen Heuschrecken bestehen, ist aber
wohl nach den Jahreszeiten verschieden.

Unter den afrikanischen Trappen verdient noch die
bleifarbene, O. coerulescens (Fig. 608), Beachtung.
Sie erreicht nur 1½ Fuß Höhe, fiedert ebenher röthlich
oder gelblichbraun mit schwarzen Zickzacklinien und
Punkten, scheitelt schwarz mit rostrothen Bändern, hat
rostrothe Ohrfedern, schwarze Schwingen und schwarz
berandeten Schwanz. Ihr Vaterland ist Südafrika und
in Sitten und Lebensweise gleicht sie den europäischen
Arten. Eine andere Art am Senegal und in Abyssinien
ist schwarzbäuchig.

2. Wehrvogel. Palamedea.

Südamerika hat mehre Hühnerstelzen aufzuweisen,
welche durch ihre äußere Erscheinung ziemlich auffallend
von den altweltlichen Trappen abweichen, zum Theil auch
in bewaldeten Gegenden und am Wasser leben. Unter
diesen mag zuerst der stattliche Wehrvogel erwähnt werden.
Die äußern Merkmale desselben liegen in dem fast kopflangen Schnabel mit großer Wachshaut und kuppiger
Oberspitze und mit großem schief ovalem Nasenloch.
Augenring und Zügelgegend sind nackt, der übrige Kopf
mit weichen Pinselfedern dicht befiedert und mit einem
Horn auf dem Scheitel. An den kräftigen klein getäfelten
Beinen gelenken vier lange Zehen mit kurzer Spannhaut
und kurzen dicken, scharfspitzigen Krallen. Die Flügelfedern sind sehr groß, zumal die des Armes, an der Hand
die drei ersten stufig abgekürzt und am Handgelenk steht
ein großer und ein zweiter kleiner Sporn. Der lange
Schwanz ist großfedrig.

Die wenigen Arten sind weit über Südamerika verbreitet und scheinen sich ausschließlich von weichen Pflanzentheilen zu nähren.

1. Der Kamichi. P. cornuta.
Figur 609.

Der Kamichi bewohnt die waldigen, wasserreichen
Gegenden vom mittlern Brasilien bis Guiana und Kolum-
bien. Er watet im Schilf und stelzirt an kiesigen Ufern
umher, wo er Früchte und Blätter saftiger Sumpfgewächse,
zumal der üppig wuchernden Pistia aufliest und von Zeit
zu Zeit sein lautes vihu vihu hören läßt. Dabei ist er
sehr scheu und vorsichtig, fliegt aufgeschreckt schnell auf
einen fernen Baum, vertheidigt sich aber muthig mit
gefährlichen Flügelschlägen gegen Schlangen und selbst
gegen den Jäger. Uebrigens ist sein Fleisch wegen bef-
tigen Moschusgeruches ungenießbar. Er hält nur paarweise zusammen und das Weibchen legt zwei weiße Eier

Fig. 609.

Kamichi.

ins Schilf. Ziemlich von Truthahnsgröße, trägt er sich am Halse, der Brust und dem Rücken schwarzbraun, am

Fig. 610.

Oberkopf und der Mittelbrust grau, am Bauch und Steiß weiß. Die Sporen des Flügels stehen auf starken Knochenspitzen an beiden Enden des Mittelhandknochens.

2. Der Chaja. P. chavaria.
Figur 610.

Der Chaja heimatet im Flußgebiete des Platastromes ganz nach Art des Kamichi, indem er gern ins Wasser watet, von weichen Wassergewächsen sich nährt und auch im Schilf brütet. Von Naturell ist er friedfertig und lebt in Gefangenschaft verträglich mit dem Hausgeflügel. Seine langen Flügelsporen benutzt er nur zur Vertheidigung im Angriff. Uebrigens fliegt er sehr gewandt, läßt sich auch auf Bäumen nieder und schreit laut und durchdringend Tschaja, zumal in der Paarungszeit. Von der Größe des Kamichi, unterscheidet er sich durch einen nackten Halsring und einen langen bleigrauen Nackenschopf. Das Gefieder ist schiefergrau, am Rücken schwärzlich, an der Kehle, dem Halse und den Backen weißlich. Von den zehn Handschwingen hat die erste die Länge der neunten. Der Schwanz besteht aus zwölf Steuerfedern.

3. Trompetervogel. Psophia.

Die äußern Merkmale des Trompetervogels liegen in dem kurzen Kegelschnabel mit übergebogener Spitze und

Chaja.

schiefen durchgehenden Nasenlöchern, in den hohen dünnen Beinen mit schiefen Halbgürteln, den kurzen scharf bekrallten Zehen, den weichen kurzen Sammetfedern am Kopfe und Halse, den derben großen Flügelfedern und in den kleinen versteckten Schwanzfedern. Die Rückenflur des Gefieders spaltet sich zwischen den Schultern und setzt als breiter sperriger Streif zum Bürzel fort, die schmale Unterflur bildet nur ein mittler Streif längs der Brust bis zum Steiß. In der Wirbelsäule liegen 16 Hals-, 10 Rücken- und 7 Schwanzwirbel, das Brustbein ist sehr schmal und lang ohne hintere Ausschnitte, Oberarm, Unterarm und Handtheil von gleicher Länge.

Die einzige Art lebt im Gebiete des Amazonenstromes und Rio Negres.

1. Der gemeine Trompetervogel. Ps. crepitans.
Fig. 611.

Der Name Trompetervogel bezieht sich auf die höchst eigenthümliche Stimme, welche dumpf aus dem Innern des Leibes hervorklingt. Ruhig und innerlich zufrieden gestimmt setzt sich die Psophia auf einen erhöhten Punkt und stößt zuerst einen scharfen wilden Schrei aus, dann

Fig. 611.

Trompetervogel.

schließt sie den Schnabel und es folgt ein dumpfes gar nicht unangenehmes Trommeln, das aus immer weiterer Ferne zu kommen scheint und endlich leise verhallt. Nach wenigen Minuten wiederholt sie dieselben Töne und während heller Mondscheinnacht oft mehre Stunden lang. Die Indianer glauben, die Psophia bringe das Trommeln mit dem Bauche hervor, dem ist aber nicht so. Die

Luftröhre verengert sich vielmehr mit ihrem Eintritt in die Brusthöhle und steht hier seiderseits mit einem weiten Hautsack in Verbindung, deren rechter größerer Sack in drei oder vier Kammern getheilt ist; das Ein- und Austreten der Luft in diese Höhlen erzeugt jene eigenthümliche Stimme. In ihrer äußern Erscheinung gleicht die Psophia einem hochbeinigen Haushahne, aber sie fiedert schwarz, am Kopfe und Halse sammetartig, auf der Brust stahlblau mit erzgrünem Schiller, auf dem Rücken olivenbraun, im Alter bleigrau bis silbergrau, welche Farbe auch die langen zerschlissenen Achsel- und Armfedern annehmen. Ihren Aufenthalt nimmt sie an den ebenen bewaldeten Flußufern und längs der Seen, läuft hier in kleinen Gesellschaften umher; fliegt ungern auf und sucht Körner und trockene Früchte. Das Weibchen legt in eine flache Grube zwölf grünlichweiße Eier. Die Psophia wird in Gefangenschaft sehr zahm, verräth dann viel Intelligenz und hängt mit hündischer Treue an ihrem Herrn, begleitet denselben auf Schritt und Tritt, liebkost ihn, aber fällt aus blinder Eifersucht Hunde, Katzen und andere Hausthiere an, welche dem Herrn sich traulich nähern und beißt Jeden, der ihr irgendwie unangenehm oder verhaßt wird. Ihre Schnabelhiebe und Fußschläge sind sehr gefährlich, da sie dieselben auf das Auge des Gegners richtet und mit großer Erbitterung denselben verfolgt. Auf dem Hofe übt sie natürlich die Herrschaft über das ganze Geflügel aus. Ihre geistige Bild- und Fügsamkeit befähigt sie sogar zur Bewachung der Schafheerden, und nur ihre Eifer- und Rachsucht verhindert die allgemeine Einführung in die Gehöfte.

4. Seriema. Dicholophus.

Die äußere Erscheinung des brasilianischen Seriema erinnert lebhaft an den Schlangenadler oder Secretär und an Raubvögel überhaupt, so sehr, daß man lange Zeit über die natürlichen Verwandtschaftsverhältnisse stritt, bis die anatomische Untersuchung die ganz innige zu den Sumpfvögeln nachgewiesen hat. Der lange starke und bakig gespitzte Schnabel ist einem schlanken Raubvogelschnabel nicht ganz unähnlich. Die ovalen, sehr schiefen Nasenlöcher gehen nicht durch. Zügelgegend und Augenring sind nackt, aber auf der Stirn erhebt sich ein großer aufrechter Schopf und die weichlichen Federn des Kopfes und Halses verlängern und spitzen sich. In den kräftigen harten Flügeln erscheinen die vier ersten Schwingen stufig verkürzt, die hintern Armschwingen verlängert. Der große breitfedrige Schwanz rundet sich ab. Die hohen Beine bekleiden schiefe Gürtelschilder und die Zehen sind sehr kurz, stark bekrallt, die Hinterzehe hoch angesetzt. Die Brustflur ist vorn auf der Brust ganz unterbrochen. Am Schädel fällt die Superciliarplatte des Thränenbeines charakteristisch auf, im Uebrigen ist die Trappenähnlichkeit unverkennbar. 14 Hals-, 7 Rücken-, 13 Becken- und 7 Schwanzwirbel. Das Brustbein ist am Hinterrande tief gebuchtet und trägt einen hohen Kiel. Der rückwärtige Schlund geht durch einen kleinen Vormagen in den sehr dehnbaren häutigen Magen über. Lange Blinddärme.

1. Der Seriema. D. cristatus.
Figur 612.

Der Seriema heimatet in den fruchtbaren Ebenen des südlichen Brasiliens und Paraguays, wo sein hellerner Ruf weithin die Stille unterbricht. Er treibt sich paarweise laufend im hohen Grase umher, achtet scharf auf

Fig. 612.

Seriema.

seine Umgebung und sucht bei der geringsten Gefahr im eiligsten Lauf Rettung, nur im Nothfall im Fluge. Große Ameisen und Raupen nebst fleischigen Beeren dienen ihm zum Unterhalt, hin und wieder verschlingt er auch eine Eidechse oder Schlange. Das Weibchen baut ein einfaches Nest in hohes Buschwerk und legt nur zwei Eier. Trotz der großen Scheu wird der Seriema leicht zahm und mischt sich dann verträglich unter das Hofgeflügel. Auch in Europa kömmt er fort. Bei 32 Zoll Körperlänge trägt er ein gelbgraues feingewelltes Gefieder, an der Unterseite lichter; die Flügel und der Schwanz schwarzbraun mit weißen Binden. Schnabel und Beine sind roth.

Zweite Familie.

Reihervögel. Herodii.

Eine über die ganze Erdoberfläche verbreitete, vielgestaltige Familie ächter Sumpf- oder Watvögel, welche hoch auf den Beinen und sehr langhalsig, meist auch langschnäbig feuchte, sumpfige Niederungen und wasserreiche Gegenden bewohnen und vorzüglich von Fischen, Amphi-

bien, Insekten und Gewürm, einzelne auch von kleinen Säugethieren, Vögeln und selbst von Pflanzentheilen sich nähren. Abweichend von den Hühnerstelzen steigen sie schnell, hoch und ausdauernd und gehen am Boden nur langsamen bedächtigen Schrittes, auch nisten sie allermeist an erhabenen Orten, bauen große unförmliche Nester, legen hellfarbige oft ungefleckte Eier und sind genöthigt ihren Jungen die Nahrung zuzutragen, bis dieselben flügge sind und das Nest verlassen können. Sie leben paarweise meist in inniger Anhänglichkeit, friedlich und gesellig nur mit ihres Gleichen, mißtrauisch gegen jeden Andern, daher auch scheu und vorsichtig. Ihre Stimme klingt rauh und unangenehm. Der menschlichen Oeconomie schaden sie ebenso sehr durch ihre Gefräßigkeit als sie durch Vertilgung schädlichen Ungeziefers nützen. Ihre äußern Familienmerkmale liegen zunächst in dem großen, sehr harten Schnabel ohne Wachshaut mit ganz am Grunde geöffneten Nasenlöchern. Die hohen Beine haben eine warzige Bekleidung oder oder vorn schiefe Halbgürtelschilder und die langen Zehen sind durch eine breite Spannhaut verbunden. Das Gefieder ist weichlich und kleinfedrig, zumal am Kopfe und Halse, die Zügelgegend bleibt völlig nackt, bisweilen ist auch der Kopf und selbst der Hals unbefiedert. In den mäßig großen Flügeln verkürzt sich nur die erste Handschwinge ein wenig, die hintern Armschwingen und die Achselfedern dagegen sind ansehnlich verlängert. Der Schwanz, klein und schmalfedrig, versteckt sich gern unter den Flügeln.

Die zahlreichen Mitglieder gruppiren sich um die allbekannten typischen Gestalten des Kranichs, Reihers, Storches und Flamingos und in dieser Reihenfolge wollen wir die wichtigsten, soweit sie allgemeines Interesse beanspruchen, näher kennen lernen.

1. Kranich. Grus.

Die Gruppe der Kraniche unterscheidet sich von ihren Familiengenossen durch den großen, langen, zugespitzten Schnabel mit schneidenden Rändern und länglichen Nasenlöchern in weicher Haut, durch den fast völlig befiederten Kopf, die hohen geschilderten Läufe und die verkürzte, nur mit der Spitze auftretende Hinterzehe. Die neuere Ornithologie vertheilt die sämmtlichen, über alle Welttheile verbreiteten Kraniche in acht Gattungen, deren Unterscheidung, weil nach bloß oberflächlichen Merkmalen, für uns kein sonderliches Interesse hat, wie haben uns vielmehr an die ältere umfassende Gattung Grus und rechnen daher zu dieser alle Arten mit langem scharfkantigen und spitzigen Schnabel, an welchem die Nasenlöcher in einer häutigen nach vorn lang rinnenförmig auslaufenden Grube (Fig. 613) sich öffnen, mit großen langen Flügeln,

Fig. 613.

Schnabel des Kranich.

44*

deren dritte Schwinge am längsten und deren hinterste Schwingen und Deckfedern eigenthümlich sind, mit kurzem abgerundeten, aus zwölf Federn gebildeten Schwanze, und endlich mit starken weit über die Ferse hinauf nackten Beinen und kurzen stumpf bekrallten Zehen. Ihr Gefieder liegt dicht an. Der Schädel zeichnet sich durch mehre Eigenthümlichkeiten aus, welche in einer unmittelbaren Vergleichung mit dem Reiher- und Storchschädel zu prüfen sind. Die Wirbelsäule zählt im Halse 17, in der Rückengegend 9, im Schwanze 7 Wirbel. Das lange schmale Brustbein hat keine hintere Ausrandung, aber einen ungemein dicken Kiel, in welchem die ungemein verlängerte Luftröhre mit zwei Windungen liegt. Die Speiseröhre bildet keinen Kropf und ist innen mit Reßfalten ausgekleidet, der Vormagen geht ohne scharfe Absetzung in den sehr muskulösen Hauptmagen über, der Darmkanal erreicht ziemlich die neunfache Rumpfeslänge, seine Blinddärme nur vier Zoll, der rechte Leberlappen doppelt so groß wie der linke, die Bauchspeicheldrüse zweilappig; die Luftröhre besteht aus mehr als dreihundert knöchernen Ringen; die Nieren sind schmal und lang, dreilappig.

Die Kraniche, zwar hochbeinig und langhalsig wie die Störche, schließen sich doch durch ihre Nahrungsweise enger als irgend ein andrer Reihervogel an die Hühnersteigen an. Sie fressen nämlich vorzüglich Körner und Sämereien, zarte Blätter und Würzeln, nur wenig Insekten und Gewürm und sehr selten Amphibien und Fische. Ihren Aufenthalt aber nehmen sie als ächte Sumpfvögel in feuchten Niederungen, nisten auch im Geschilf, bauen hier ein großes Nest, meiden meist die Bäume und sind ungemein scheu, mißtrauisch, zugleich klug und umsichtig, gezähmt verständig und zutraulich, bald ernst bald fröhlich gestimmt. Sehr weit verbreitet, leben sie in der kalten und gemäßigten Zone doch nur als Zugvögel, welche in großen Gesellschaften schräglinig geordnet gen Süden fliegen. Der menschlichen Oeconomie schaden sie mehr als daß sie nützen.

1. Der gemeine Kranich. Gr. cinerea.
Figur 614. 615.

Ein sehr stattlicher Vogel, der durch imposante Gestalt, seine würdevolle Haltung, seine Gewandtheit und Klugheit die Aufmerksamkeit fesselt. Wir sehen ihn bei uns meist nur auf der Wanderung im März und October, denn zum Standquartier wählt er ganz ebene Gegenden, wo bebaute Felder mit sumpfigen Mooren wechseln. Da trifft man ihn in allen Theilen Europas, in den meisten Ländern Asiens und Afrikas. Zur Wanderung sammeln sich die Paare und Familien in Heerten von Hunderten und selbst Tausenden, welche in Trupps von 10 bis 60 Stück in eine schiefe Winkellinie geordnet hinter einander fliegen, niedrig bei Nacht und unruhigem Wetter, aber bei heiterem Himmel meist in kaum ermeßbarer Höhe. Diese Züge nehmen alljährlich denselben Weg und lassen sich stets auf denselben Futterplätzen nieder. Im Standquartier lebt

Fig. 614.

Gemeiner Kranich.

Fig. 615.

Gemeiner Kranich.

der Kranich völlig als Tagvogel und hält ebenfalls gesellig zusammen. Jede Heerte stellt auf der Weide hütende Wachen auf, welche aufmerksam auf Alles achten, was sich störend und gefahrdrohend naht, so daß es selbst dem umsichtigsten und unverdrossensten Jäger nicht gelingt

während der Weile in Schußnähe zu kommen. Zu manchen Zeiten scheint der Kranich sehr ernst gestimmt,
schreitet dann mit Grandezza einher, verrichtet all sein Thun mit
einer stolzen und selbstgefälligen Gemächlichkeit oder steht
gar wie in tiefen Betrachtungen versunken; zu andern
Zeiten ist er wieder sehr aufgeregt, reizbar, munter, läßt
sich bald hier bald dort sehen und hören, geräth in die
ausgelassenste Stimmung, lüftet dann die Flügel, rennt
in Kreisen herum, macht die possierlichsten Verbeugungen
und albernsten Bocksprünge, schleudert im Uebermuth
Steine und Holzstückchen empor, und fängt sie wieder
auf oder bückt sich vor ihnen und springt um sie herum,
kurz der sonst sehr verständige und besonnene gebärdet sich
plötzlich narrenhaft. In solch launenhaftem ausgelassenen
Spiel gefällt sich zumal im Frühjahr die ganze Heerde.
Die ungemein laute Stimme schnarrt wie trub und
trüb oder schreit schief und wieb, auch kürr und metal-
lirt sich überhaupt sehr mannichfach je nach der Gemüthsstimmung. Jung eingefangene Kraniche legen ihre große
Scheu schnell ab und werden gegen ihren Herrn ganz
zutraulich, geben die überraschendsten Beweise ihrer Anhänglichkeit und Klugheit, äußern aber gegen fremde Personen oft böse Tücken und beherrschen das ganze Hofgeflügel. Die Nahrung besteht im Frühjahr fast nur aus
Pflanzen, weichen Halmen, Blättern, ausgesäeten Körnern, zumal Erbsen, dann sucht er Regenwürmer, Maden,
Raupen und allerlei Käfer, und frißt auch kleine Frösche
und Mäuse. Wasser zum Trinken bedarf er viel. Das
Nest wird im unzugänglichsten Gebüsch eines Sumpfes
kunstlos aus Reisern, Schilf, Binsen und Gras angelegt
und enthält nie mehr als zwei grünliche Eier mit röthlichgrauen Punkten und Flecken. Das Fleisch gilt in
vielen Gegenden als sehr schmackhaftes Wild und in
Polen fängt man sogar die Jungen ein, um sie zu mästen;
schon die alten Römer schätzten den Braten und im Mittelalter durfte er auf fürstlichen Tafeln nicht fehlen.

Der ausgewachsene Kranich mißt vier Fuß Höhe und
sieben Fuß Flügelbreite. Sein Gefieder ist aschgrau, am
Halse schwarz. Den Kopf bekleiden borstige Federn bis
auf einen kahlen rothen Fleck am Hinterkopfe. Die
Schwingen dritter Ordnung verlängern sich und kräuseln
ihre zerschlissenen Fahnen. Die Beine sind tief schwarz,
der Schnabel graugrünlich, die Augensterne roth. Das
Weibchen erreicht nicht ganz die Größe des Männchens, ist
in der Färbung aber nicht von demselben unterschieden.

2. Der Jungfernkranich. Gr. virgo.
Figur 616.

Der Jungfernkranich oder die numidische Jungfrau
heimatet im nördlichen Afrika und angrenzenden Asien,
besucht bisweilen auch das südliche Europa und verirrt
sich von hier freilich nur selten bis nach Deutschland. Den
Winter verlebt er nur unter den Wendekreisen, dauert
aber bei hinlänglicher Pflege und in unsern Menagerien
viele Jahre lang aus. Seine schlanke Gestalt erreicht
noch nicht drei Fuß Höhe bei 5 1/2 Fuß Flügelbreite.
Das Gefieder ist ebenso aschgrau wie bei der gemeinen
Art, unterscheidet sich jedoch durch einen losen Büschel
zarter weißer Federn jederseits hinter den Schläfen und
läßt keinen Fleck am Kopfe kahl; auch sind die verlängerten

Jungfernkranich.

Fig. 616.

hintern Schwingen zugespitzt. Zum Aufenthalt wählt
der Jungfernkranich gleichfalls ebene, trockne und feuchte
Gegenden, grüne Steppen und morastige Ufer. Hier lebt
er ebenso gesellig, in munterm Spiel wie der gemeine,
nährt sich von allerlei Körnern, weichen Blättern und
Halmen, von Gewürm und Insekten und eiert im tiefsten
Binsengestrüpp. Er steht in einzelnen Gegenden als
Heuschreckenvertilger in hohem Ansehen und wird hie und
da sogar zur Bewachung des Hauses zahm gehalten.

3. Der Paradieskranich. Gr. paradisea.
Figur 617.

Unter den asiatischen Kranichen gleicht der Paradieskranich an äußerer Schönheit und Zierlichkeit, in der
Gewandtheit seiner Bewegungen, in der Klugheit und
geistigen Bildsamkeit ganz der numidischen Jungfrau,
daher hält man ihn auch ebenso häufig gezähmt. Etwas
größer als jene Art, sittert er bläulichgrau und verlängert
seine hintern Flügelfedern fast bis an den Boden; diese
sind wie die Spitzen der Schwanzfedern schwärzlich braun.
Die Befiederung des Kopfes ist locker. Er nährt sich
hauptsächlich von Insekten.

4. Der Kronenkranich. Gr. pavonina.
Figur 618.

Der Kronenkranich, bei den neuern Ornithologen als
Typus der Gattung Balearica aufgeführt, scheint zu den
Zeiten der alten Römer noch auf den balearischen Inseln
heimisch gewesen zu sein, gegenwärtig ist er über den
größten Theil des afrikanischen Continentes verbreitet.
Minder scheu als seine Verwandten, nähert er sich den

Fig. 617.

Paradieskranich.

Fig. 618.

Kronenkranich.

sich ein strahliger Büschel feinborstiger Federn. An Größe steht der Kronenkranich unserem gemeinen nicht nach.

2. Reiher. Ardea.

Die Reiher sind wahrhaft typische Sumpfvögel und in großer Mannichfaltigkeit über alle Welttheile und durch alle Klimate mit Ausnahme des hohen Nordens verbreitet. Ihre Abhängigkeit vom Wasser, in welchem sie in oder unmittelbar an demselben ihre Nahrung suchen, nöthigt die Bewohner kaltwinteriger Länder zur herbstlichen Wanderung, welche sie in kleinen Gesellschaften ausführen. Nur einzelne Arten leben gesellig beisammen, die meisten sind unverträglich, wenn auch nicht gerade händelsüchtig und kampflustig, vielmehr scheu und furchtsam, erst im Angriff erwacht ihre Tapferkeit und dann vertheidigen sie sich mit gefährlichen Schnabelhieben. Ihrem stets frischen Appetit stillen sie nur mit thierischer Kost, vor Allem mit kleinen Fischen, aber auch mit Muscheln, Fröschen, Insekten und Mäusen. Jedem Raube lauern sie mit unüberwindlicher Ruhe auf und stoßen durch Verschnellen des eingezogenen Halses den scharfspitzigen Schnabel pfeilschnell und sicher auf den Ueberraschten. Vollgefressen sitzen sie nun nach Geierweise stundenlang an einer Stelle, der Verdauung pflegend. Männchen und Weibchen halten innig zusammen, nisten im Geschilf oder auf Bäumen und Felsen in der Nähe des Wassers. Das Weibchen brütet die drei bis sechs einfarbigen Eier allein aus, läßt sich jedoch während dieses Geschäftes vom Männchen mit Futter versorgen; auch den Jungen wird das Futter zugetragen, bis sie flugbar sind. Ihr Fleisch schmeckt schlecht und wird nicht gegessen, und da sie noch dazu den Fischteichen durch ihre Gefräßigkeit sehr gefährlich sind: so verfolgt man sie aller Orten als schädliche Vögel.

Die Reiher sind Vögel von mittler Größe, weich und locker befiedert, mit langem in der Ruhe meist eingezogenen Halse, viel niedriger auf den Beinen als die Kraniche und mit längerem Schnabel. Dieser ist gerade, stark zusammengedrückt und scharf zugespitzt, sehr hart und mit scharfen Rändern (Fig. 619). Die Nasenlöcher öffnen sich ritzen-

Fig. 619.

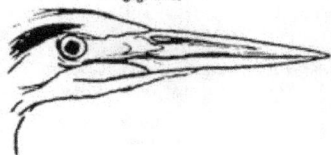

Reiherschnabel.

förmig in einer schmalen häutigen Grube am Grunde, welche als Rinne nach vorn ausläuft. An den langzehigen Füßen erscheint die lange, ganz auftretende Hinterzehe charakteristisch und noch mehr der vorstehende, sein kammartig gezähnelte Rand der Kralle an der Mittelzehe (Fig. 620). Die Flügel haben lange Glieder und kurze Schwingen, von welchen die erste stets verkürzt ist. Den kurzen abgerundeten Schwanz bilden zehn oder zwölf

bewohnten Plätzen und mischt sich bisweilen unter das Hausgeflügel auf Meierhöfen, mit dem er in Gefangenschaft ganz verträglich lebt. Uebrigens weicht er in Betragen und Naturell nicht von den andern Arten ab. Das bläulichgraue Gefieder sticht den Schwanz und die vordern Schwingen schwarz ab, die hintern sehr verlängerten Schwingen braun, die Flügeldecken aber rein weiß. Die nackten Wangen sind hochroth und an der Kehle hängt eine kleine Fleischtrodel. Auf dem Hinterhaupte erhebt

Fig. 620.

Mittelkralle des Reihers.

Steuerfedern. In dem lockern Gefieder verlängern sich die Scheitel- und Nackenfedern gern, um bewegliche Hauben, Schöpfe oder Büschel zu bilden, oder auch die des Vorderhalses und der Oberbrust, selbst die der Schultern. Die Zeichnung buntet sehr, wenn sie nicht rein weiß ist. Beide Geschlechter tragen sich gleich.

Der anatomische Bau bietet bei näherer Vergleichung mit den nächsten Verwandten gar manche interessante Eigenthümlichkeiten. Das Knochengerüst zuvörderst zeichnet sich durch schlanke Formen aus. Am Schädel fällt der niedrige Hirnkasten und die scharfen Hinterhauptsleisten auf, nicht minder die völlig durchbrochene Augenhöhlenscheidewand, die Größe der Thränenbeine, die muldenförmigen Gaumenbeine, die vier Gelenkflächen am Quadratbeine für den Unterkiefer. Den sehr langen Hals gliedern 16 bis 19 schlanke schmale Wirbel, den Rücken 6 bis 9 freie, nicht verwachsene, den Schwanz 7 bis 9 kleine, schwache. Das Brustbein ist klein, in ganzer Länge gleich breit, am Hinterrande gebuchtet und mit sehr hohem Kiel. Der Oberarm erreicht nicht die Länge des Vorderarmes, überlängt aber den Handtheil. Eigenthümlich ist die Gelenkung der Hinter- und der innern Zehe. Von den weichen Theilen beachte man die schmale, lange, weiche, spitze und scharfrandige Zunge, den aus 11 bis 13 Falten bestehenden Augensäcker und den aus 14 Schuppen gebildeten Knochenring. Der tropflose Schlund, Vormagen und Magen stellen einen langen, äußerlich einfachen Sack dar, doch erscheint immer der Vormagen sehr drüsenreich, der Hauptmagen sehr dünnwandig mit schwacher Sehnenscheibe zederseits. Der Darmkanal mißt die zehn- bis zwölffache Rumpfeslänge und besitzt nur einen sehr kleinen Blinddarm. Die Bauchspeicheldrüse theilt sich zweilappig, die Leberlappen sind sehr ungleich, die Milz länglich, die dreilappigen Nieren im hintern Theile mit einander verschmelzen. Die Ringe der runden cylindrischen Luftröhre sind hartknochig.

Die große Mannichfaltigkeit der Arten, deren man gegenwärtig etwa achtzig unterscheidet, läßt sich nach der Beschaffenheit der Kopf- und Halsbefiederung, der Schnabelform und andern äußern Merkmalen gruppiren und die neuere Systematik gründet darauf an 18 Gattungen. Wir müssen uns wie immer damit begnügen, die Mannichfaltigkeit durch Vorführung der Hauptformen anzudeuten.

1. Der gemeine Fischreiher. A. cinerea.
Figur 621. 622.

Unser gemeiner Fischreiher gehört zur Gruppe der ächten Reiher, d. h. der dünnhalsigen, deren schmale Federn am Unterhalse lang herabhängen und deren Beine grob und bart beschildert sind. Mit andern einheimischen Arten wird man diesen gemeinen wohl nicht verwechseln, denn er erreicht über drei Fuß Höhe und faßt sechs Fuß Flügelbreite, fiedert oberher aschgrau, unten weiß und zieht über den Vorderhals schwarze Fleckenreihen. Das reine Weiß der Stirne setzt bis auf den Scheitel fort und hier stehen verlängerte tief blauschwarze, flatternde Federn.

Fig. 621.

Gemeiner Fischreiher.

Fig. 622.

Gemeiner Fischreiher.

Der Schnabel ist schön gelb und das lebhafte, schlaue Auge brennend hochgelb, die Beine röthlich braun. Die Ober- und Unterflur beginnen schon hoch oben am Halse zweistreifig und beide schmale Streifen vereinigen sich erst am hintersten Ende. Der Vormagen ist sehr weit und kurz und der Hauptmagen zieht seinen Pförtnertheil lang aus. Der Darmkanal erreicht über sieben Fuß Länge und hat nur einen kurzzipfligen Blinddarm. Die Nieren verschmelzen sich in der hintern Hälfte mit einander. Der obere Kehlkopf liegt weit hinter der Zunge, schon am Halse.

Ueberall in der Alten Welt heimisch, verläßt der Fischreiher die kalten gemäßigten Länder im Herbst und kehrt erst im März und April zurück in sein Standquartier, das an fischreichen Gewässern liegt. Am liebsten wählt er buschige und bewaldete und auch sumpfige Umgebungen süßer oder salziger Wasser mit seichten Ufern, von wo aus er in die Felder streicht. Stockstreif steht er stundenlang da, den langen Hals S-förmig eingekrümmt, Kopf und Schnabel wagrecht haltend, und mit den kleinen Augen listig und hämisch blickend; sobald sich aber ein kleines Thier dem Scheinheiligen unvorsichtig naht, schnellt er blitzschnell den scharfspitzigen Schnabel vor, trifft sein Ziel und zieht ebenso schnell den Hals wieder ein. Fällt ihm Verdächtiges auf, so reckt er den langen Hals allmählig empor, streckt den ganzen Körper, geht bedächtig einige Schritte und flieht, wenn er seine Furcht bestätigt sieht. Mit hastigem Flügelschlag erhebt er sich vom Boden und kreist dann mit sanfter Flügelbewegung umher. Träg in seinem ganzen Betragen, ist er doch ungemein scheu, mißtrauisch und verfolgt mit seinen funkelnden Augen auf weite Entfernung hin seine ganze Umgebung. Andere Gesellschaft als seines Gleichen duldet er nicht, stärkere Vögel meidet er argwöhnisch und kleine fliehen den heimtückischen und bissigen, der mit seinen gefährlichen Schnabelhieben auch den arglosesten nicht verschont. Selbst gegen seines Gleichen kann er seine Tücke nicht unterdrücken. Die Stimme ruft rauh und kreischend Chräik oder kurz und laut Chräb, Chrüb, in Angst und Noth heftiger, gräßlich. Alt eingefangen wird er nie zahm, jung aufgefüttert dagegen gewöhnt er sich an die Gefangenschaft, hält sich gut, allein seine Tücke äußert er bei jeder Gelegenheit. Seine Nahrung besteht hauptsächlich in Fischen, die er lebend und ganz verschlingt, in kleinen Fröschen, Kaulquappen, allerlei Wasserinsekten und Gewürm, endlich auch in Mäusen und Nestvögeln. Im Fangen aller Thiere ist er Meister und kömmt mit seiner großen Gefräßigkeit nicht in Gefahr. Zum Nisten sammelt sich die Pärchen an bewaldeten Uferplätzen bisweilen zu hunderten schon im April, bessern die vorjährigen Nester schnell aus oder bauen neue auf grobem Reisig und Schilf, innen mit weicher Ausfütterung. Jedes Weibchen legt 3 bis 4 schön blaugrüne Eier und brütet drei Wochen fast darüber, vom Männchen mit Futter versorgt. Die häßlichen bedruckten Jungen werden von beiden Eltern wohl vier Wochen lang im Neste verpflegt, lernen dann aber schnell Fische fangen und verlassen nun den Brutplatz. Der Schaden, welchen sie der Fischerei zufügen, ist sehr beträchtlich, zumal im Frühjahr, wo sie fast ausschließlich von Fischbrut sich nähren und leicht ganze Teiche ausfressen. Der Nutzen durch Vertilgen von Ungeziefer kann dagegen gar nicht in Anrechnung gebracht werden.

Außer dem gemeinen Fischreiher kommen noch drei Arten langhalsiger Reiher in Deutschland vor, auf die wir im Einzelnen aufmerksam machen. Von diesen erscheint der Purpurreiher, A. purpurea, mehr im Süden heimatend, selten bei uns: er jagt an stehenden schilfigen Gewässern in stiller Abgeschiedenheit, wo er auch sein Nest versteckt, und unterscheidet sich von dem gemeinen durch sein dunkelaschgraues, am Unterkörper rostfarbenes Gefieder, durch schlankern Schnabel und längere Zehen. Die verlängerten Nackenfedern sind tiefschwarz wie auch der Scheitel, die Stirn aber blaugrau, der Vorderhals lebhaft rostfarben. Die Eingeweide unterscheiden sich nur durch geringfügige Formeigenthümlichkeiten von denen der gemeinen Art. Der Silberreiher, A. egretta, ebenfalls sehr selten bei uns, ostwärts wie in den südlichen Ländern häufig, fiedert rein weiß und trägt sich edler, gegen andre Arten friedfertiger. Ihm gleicht der in denselben Ländern heimische Seidenreiher, A. garzetta, in der rein weißen Befiederung, aber dieser bleibt stets ein im Drittheil kleiner (nur 24 Zoll lang), ist auch zarter im Gliederbau, zierlicher und noch bedender, zudem weniger schüchtern als alle vorigen. — Die andern Welttheile haben gleichfalls ächte Reiherarten aufzuweisen, doch sind dieselben nur in der Größe und Zeichnung des Gefieders von den unsrigen verschieden, im Körperbau und der Lebensweise bieten sie keine Eigenthümlichkeiten von besonderem Interesse.

2. Die Rohrdommel. A. stellaris.
Figur 623.

Die Mitglieder der zweiten Reihergruppe tragen an den Seiten des langen Halses große breite Federn, welche den eingezogenen Hals ganz verdecken, und stehen niedriger auf den Beinen, die überdies fast bis zum Fersengelenk befiedert sind. Alle führen ein einsames nächtliches Leben, halten sich tagsüber ruhig im schilfigen oder

Fig. 623.

Rohrdommel.

buschigen Versteck und werden erst mit einbrechender Abenddämmerung munter. Die große oder gemeine Rohrdommel, über ganz Europa und den größten Theil Asiens verbreitet, lebt in kaltwinterlichen Gegenden, weil sehr empfindlich gegen Kälte, doch nur als Zugvogel, bei uns meist nur vom April bis October; in gelinden Wintern halten einzelne aus. Als Nachtvogel wandert sie auch nur des Nachts und zwar einzeln. Zum Standquartier wählt sie niedere sumpfige und wasserreiche Gegenden, wo undurchdringliches Schilf, Geröhrig und Buschwerk sichere Verstecke bieten; kahle Ufer meidet sie gänzlich. Ihr Aeußeres paßt vortrefflich zu dem schilfigen Wohnort, das locker- eulenartige Gefieder ist nämlich schmutziggelb mit schwarzer und röthlicher Zeichnung, so daß sie still sitzend im Schilf leicht übersehen wird, zumal sie Rumpf und Hals aufrichtet und den Schnabel senkrecht in die Höhe hält und in dieser absonderlichen Stellung wie ein unbeweglicher Pfahl oder Schilfstumpf verharrt. So läßt sie ihren Feind ganz nahe herankommen und flieht erst im Augenblick wirklicher Gefahr, auf bloße Störung bewegt sie sich nicht. Ihr tückisches, argwöhnisches Wesen duldet keine Gesellschaft, selbst die ihres Gleichen nicht, und nur wo sie in großer Anzahl zusammen zu leben genöthigt ist, sitzen sie mißtrauisch im Schilf neben einander. Als Waffe dient ihr der vertheidigt sich muthig und gegen unvorsichtige Feinde auch erfolgreich mit demselben, da sie das Auge des Gegners sicher zu treffen weiß. Nur des Nachts läßt sie ihr weithin tönendes, rabennähnliches krabu oder krauu hören, dessen Stärke und Tiefe in der Stille der Nacht an dem unheimlichen Orte ganz ungeheuerlich klingt und den Furchtsamen mit bangem Grauen erfüllt. Während der Begattungszeit ruft das Männchen alltäglich, später weniger. Die Nahrung besteht hauptsächlich in Fischen, die sie beschleicht und überrascht, nebenher auch in Wasserinsekten, Gewürm und was sonst an bezwingbaren Thieren am Wasser lebt. Ihr Nest weiß sie im dichtesten Schilf zu verstecken. Es besteht aus trocknen Rohrstengeln und enthält 3 bis 5 blaß grünlichbraungraue Eier, auf welchen das Weibchen allein drei Wochen sehr eifrig brütet, die Jungen wachsen sehr schnell heran. Nur wenn sie frühzeitig aus dem Neste genommen werden, gewöhnen sie sich an Gefangenschaft, aber wer findet Vergnügen an den lichtscheuen, furchtsamen, überaus mißtrauischen, heimtückischen und hämischen Vögeln!

Die gemeine Rohrdommel erreicht etwas über zwei Fuß Länge und nahezu vier Fuß Flügelbreite. Der kurze Schwanz besteht aus zehn schmalen, schlaffen Federn. Das Gefieder ist oben rostgelb mit schwarzen Querflecken, unten blasser und schwärzlich gestkommt, nach Alter, Geschlecht und Jahreszeit etwas verschieden; auf den Schwingen rostfarbige Bänder, der kopflange Schnabel grünlichgelb, die kräftigen geschilderten Füße grün. Die schmale Zunge trägt nur am tiefwinklig gebuchteten Hinterrande feine Zähne; der knöcherne Augenring besteht aus 14 Schuppen, der Fächer aus 13 scharfen Falten, die Krystalllinse ist vorn sehr flach, der Darmkanal sechs Fuß lang, die Blinddärme bloße Zipfel, die Nieren nach hinten verschmälert und undeutlich gelappt, u. s. w.

Bei uns seltener und häufig nur im südlichen Europa lebt die kleine Rohrdommel, A. minuta, 16 Zoll lang mit zwei Fuß Flugbreite. Sie unterscheidet sich besonders von der gemeinen Art durch die Befiederung der Unterschenkel bis an die Ferse, die in der Mitte hellrostgelben, an der Spitze schwarzen Flügel und den sehr dunkeln Rücken. Zwar lebhafter und gemüthlicher als die große Art, ist sie doch auch tückisch und hält mit gefährlichen Schnabelhieben nicht zurück, sonst hat sie in

Betragen, Lebensweise und Fortpflanzung nichts grade Eigenthümliches. Auch die anatomischen Verhältnisse gewähren nur geringfügige Unterschiede.

3. Der Nachtreiher. A. nycticorax.
Figur 624. 625.

Die eigentlichen Nachtreiher, auch Nachtraben genannt, unterscheiden sich von den Rohrdommeln durch den längern Schnabel, drei lange steife Federn im Genick, ganz befiederte Unterschenkel und zwölf Steuerfedern. Die Arten, minder zahlreich, sind doch auch über beide Erdhälften zerstreut. Bei uns kömmt nur die abgebildete vor, deren Vaterland sich über den größten Theil Europas, Asiens und über das nördliche Afrika erstreckt. Sie zieht im April und Mai ein und verläßt uns im October. Zum Standquartier liebt sie sumpfige Niederungen mit

Fig. 624.

Nachtreiher.

Fig. 625.

Nachtreiher.

45

lichtem Gebüsch und Laubwaldung, denn sie verbringt gern den Tag ruhig sitzend auf einem Aste und baut auch ihr Nest meist ins Gezweig doch über dem Boden. Ihre liebste Nahrung sind kleine Fische bis zu Fingerlänge, welche sie allnächtlich beschleicht, doch fehlt sie auch Insekten, Gewürm und kleine Frösche. Retter in ihrem Äußern zwar als die Rohrdommeln, gleicht sie denselben doch sehr in Charakter und Betragen, liebt die Einsamkeit, ist schüchtern und mißtrauisch, träg, nur des Nachts munter und schreit dann weitschallend und rauh koau. Das Weibchen legt 4 bis 5 blaß blaugrüne Eier.

Von Krähengröße, 2½ Zoll lang und 4½ Zoll Flugweite, trägt der Nachtreiher, auch Focke genannt, ein weiches lockeres Gefieder, welches auf dem Kopfe und Rücken glänzend grünschwarz, auf dem Unterrücken, Flügeln und Schwanz aschgrau, an der Stirn, Kehle, Vorderhals und Unterseite weiß ist. Die langen Genickfedern sind bei beiden Geschlechtern weiß, der Schnabel schwarz und die Beine gelblichgrün. Einjährige Junge tragen sich braun mit röthlich weißen Schaftflecken, unten weißlich mit braunrothen Strichen. Im zweiten Jahre wird das Gefieder grau, die Flecken und Striche verwischen sich und erst im dritten Jahre tritt die später sich noch verschönernde Zeichnung hervor. Die Federfluren bilden nur ganz schmale Streifen. Der Fächer im Auge besteht aus elf eigenthümlichen Falten, der Knochenring aus vierzehn Schuppen.

Auffallend ähnlich und lange auch mit dem unsrigen verwechselt ist der amerikanische Nachtreiher, der in den sumpfigen Wäldern der Vereinten Staaten heimatet und die Nächte mit seinem schauerlichen Geschrei durchheult, in Betragen und Lebensweise aber von dem unsrigen nicht abweicht. Er dehnt sein Vaterland bis nach Brasilien hinab, wo noch einige andere seiner nächsten Verwandten leben.

3. Umbervogel. Scopus.

Weit verbreitet in Afrika lebt eine eigenthümliche Reihergestalt, der Umbervogel, Scopus umbretta (Fig. 626, 627), der bei 20 Zoll Länge sehr welch und locker befiedert ist, oben umberbraun, unten heller sich trägt, einen dunkel quergestreiften Schwanz und schwarzbraune Füße hat. Das Männchen schmückt sich mit

Fig. 626.

Schnabel des Umbervogels.

einem langen flatternden Nackenschopf. An dem sehr zusammengedrückten, nachgiebigen Schnabel hat der Oberkiefer eine scharfe, hinten kielförmig erhöhte Firste und eine hakige Spitze, der Unterkiefer verschmälert sich nach vorn und ist abgestutzt. Die spaltenförmigen Nasenlöcher laufen vorn in eine Furche aus. Die Füße sind ganz gestielt und die Hinterzehe liegt völlig auf. Die Kralle der Mittelzehe ist kammförmig eingeschnitten und

Fig. 627.

Umbervogel.

von den Flügelschwingen die dritte und vierte am längsten. Über die Lebensweise liegen noch keine Beobachtungen vor.

4. Kahnschnabel. Cancroma.

Noch merkwürdiger als der Umbervogel und durch seine seltsame Schnabelform höchst ausgezeichnet ist der über Brasilien, Guiana und Columbien verbreitete Kahnschnabel, den unsere Figur 628 darstellt. Der Schnabel gleicht nämlich einem umgekehrten Löffel, ist sehr breit und flach gewölbt, mit stumpfstantig erhöhter Firste und hakiger Spitze; die ovalen Nasenlöcher öffnen sich am Grunde und laufen in lange Rinnen nach vorn aus. Die Kinnfläche ist breit, eben, bis zur Spitze getheilt und mit nackter Haut ausgefüllt. Das Gefieder trägt alle entschiedenen Reiherkennzeichen; von den sanft Handschwingen erlangen die dritte bis fünfte die Flügelspitze, über welche der Schwanz aber hinausragt. Der Hals ist ziemlich kurz und sehr breitfederig, daher scheinbar dick; die Beine niedrig und die Zehen lang, die mittle verkürzte Kralle an der Innenseite wieder gekämmt.

Die einzige Art, C. cochlearia, von den Brasilianern Guihrte genannt, lebt einzeln, nur während der Brütezeit paarig, im Schilf längs der Ufer aller Waldflüsse und sitzt am liebsten den ganzen Tag über auf einem über das Wasser hängenden Zweige, scheinbar traurig und hinbrütend, doch auf sorglos vorbeischwimmende Fische achtend und schnell auf dieselben stoßend. Ist diese Jagd nicht ergiebig: so fängt sie allerhand andere kleine Wasserthiere. Nur des Nachts läßt sie ihr schauerliches Rohrdommelgeschrei hören. Gar nicht scheu empfängt sie den Gegner mit zornig gesträubten Hals- und Kopffedern und mit Schnabelgeklapper. Sie wird 22 Zoll lang, fiedert am Oberkopf und Nacken schwarz, an der Stirn, Kehle und dem Halse weiß, am Rücken grau und am Bauche

Fig. 628.

Löffelschnabel.

förmig nahe der Stirn in weicher Haut. Kopf und Hals befiedern sich schmal- und spitzfedrig, bleiben bei einzelnen Arten gar nackt. Die Beine sind sehr hoch und stark, weit über die Ferse hinauf nackt, an den Läufen warzig oder netzartig getäfelt, die kurzen Zehen mit Haut-gürteln bekleidet, am Grunde mit kurzer Spannhaut, die Krallen nur kurze gewölbte Nägel. Das Gefieder ist sehr voll und derb, die Flügel groß und stark, bis an das Schwanzende reichend, ihre vierte Schwinge erst die längste; der kurze abgerundete Schwanz zwölffedrig. Im Gefieder lieben die Arten einfache Farben, meist weiß und schwarz, tragen sich auch in beiden Geschlechtern gleich, selbst im Jugendkleide nicht erheblich verschieden.

Die Arten, über beide Erdhälften verbreitet, leben in der gemäßigten Zone nur als Zugvögel und wählen zum Standquartier niedere Ufergegenden, feuchte Aenger und Wiesen, Sümpfe und Moräste. Sie stehen gern auf einem Beine und mit stark eingekrümmtem Halse, gehen in gravi-tätischem Schritt einher und fliegen leicht und sehr hoch, schwimmend und schwebend mit lang ausgestrecktem Halse und Beinen. Was auf den Wiesen und in den Sümpfen lebt, schwebt ihnen und sie vertilgen viel. Männchen und Weibchen halten innig zusammen, bauen ein großes Nest aus sehr grobem Reisig auf hohe Bäume, Dachfirsten, Thürme und Schornsteine und das Weibchen brütet allein die wenigen weißen Eier aus, wohl aber betheiligt sich das Männchen an der Auffütterung der Jungen. In bewohnten Gegenden leben sie halb zahm und werden ganz zutraulich gegen den Menschen, nur wo sie Nach-stellungen zu fürchten haben, sind sie vorsichtig und scheu.

Im anatomischen Bau unterscheiden sich die Störche von den Reihern sogleich durch das stärkere Knochengerüst. Am Schädel erscheint der Hirnkasten kürzer und mehr ab-gerundet, die Augenhöhlen durch eine vollständige knöcherne Scheidewand geschieden. In der Wirbelsäule zählt man 15 Hals-, 7 Rücken- und 7 Schwanzwirbel. Das Brust-bein ist reiherähnlich viereckig, am Hinterrande gebuchtet und sein Kiel sehr hoch, dessen Spitze trägt den Griff des Gabelbeines. Die Luftführung erstreckt sich bis auf die Knochen der Hand und den Oberschenkel. Die Zunge ist auffallend klein, überall ganzrandig und glatt, die Drüsen in der Umgebung der Mundhöhle nur schwach entwickelt. Der Schlund kann sich beträchtlich erweitern und setzt scharf an dem sehr dickhäutigen Vormagen ab, auch der Hauptmagen ist sehr dehnbar, der Darmkanal kürzer als bei den Reihern, die Blinddärme gleichen bloßen Warzen; die Bauchspeicheldrüse ist einfach und schmal, die ziemlich gleichen Leberlappen kurz und breit, die Luftröhre ohne untern Kehlkopf, die Nieren deutlicher gelappt wie bei den Reihern.

Von den Arten leben drei in Europa, nur zwei der-selben in Deutschland, andere kommen in allen Welt-theilen vor.

1. Der weiße Storch. C. alba.

Figur 630. 631.

Vom südlichen Schweden bis ins Innere Afrikas, von Spanien bis Sibirien und China, überall ist der weiße Storch bekannt, geduldet und beschützt. Empfind-lich gegen strenge Winterfälle, wandert er, kömmt schon

rostroth. Der Schnabel ist braun, an den Rändern aber gelblich, wie auch die Beine. Am Schädel fallen die scharfen Leisten und Kämme auf. In der Wirbelsäule liegen 16 Hals-, 8 Rücken- und 7 Schwanzwirbel, sonst ist das Knochengerüst ächt reiherartig.

5. Storch. Ciconia.

Den dritten Typus in der großen Reiherfamilie ver-treten die allbekannten Störche, langhalsig und sehr hoch-beinig, mit kurzen ganz gefiederten Zehen, schwacher auf-tretender Hinterzehe und dicken kuppigen Krallen. Der Schnabel ändert in Größe und Gestalt ab und kennzeich-net die einzelnen Gattungen, welche indeß auch andere Eigenthümlichkeiten aufzuweisen haben.

Die eigentlichen Störche, die Jedermann in unserm weißen und schwarzen Storch schon kennt, sind sehr große Reihervögel, mit langem dünnen Halse, hohen Beinen und großen Flügeln. Ihr langer, gerader Schnabel ist kegelförmig, erst gegen die scharfe Spitze schwach zu-sammengedrückt, mit schneidenden scharfen, eingezogenen Rändern (Fig. 629). Die Nasenlöcher öffnen sich ritzen-

Fig. 629.

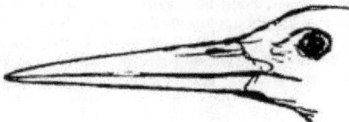

Storchschnabel.

Weißer Storch.

b. Weißer Storch.

im Februar bei uns an und zieht im August wieder ab. Auf dem Zuge erhebt er sich in unsichtbare Höhen, aber ruht auf vielen Stationen aus, bis die von Norden her nachkommenden die Schaaren zu vielen Tausenden steigern, welche meist in Afrika überwintern. Am liebsten wählt er ebene, feuchte Niederungen, Wiesen, Moore und Sümpfe zum Standquartier, doch auch weite wasserreiche Thäler in gebirgigen Gegenden sagen ihm zu. Ueberall in dem weiten Vaterlande ist er derselbe. Mit ernstem bedächtigen Schritt geht er einher, nur ein feindlicher Angriff vermag ihn zum eiligen Lauf anzutreiben, oder er steht mit nachlässig hängenden Flügeln und zurückgebogenem Halse stundenlang unbeweglich auf einem Beine, dann hebt er sich mit langsamen Flügelschlägen in Spirallinien bis über die Wolken und schwimmt in großen Kreisen umher. Er sucht die Nähe des Menschen und erfreut sich aller Orten seines Schutzes, der ihm schon seit den ältesten Zeiten zu Theil geworden und bei einzelnen Völkern bis zu heiliger Verehrung gesteigert ist. Nur auf der Wanderung und wo er in einsamer Waldung nistet, verräth er Mißtrauen und Scheu. Doch so ernst und bedächtig er an bewohnten Plätzen sich benimmt, ist er doch sehr reizbar, zornig, boshaft und mordlustig. Er mordet mehr als er zum täglichen Unterhalt bedarf, vergreift sich sogar an den Jungen seines Gleichen, an brütenden

Weibchen und wehrt sich mit heftigen Schnabelhieben, die er auch wehrlose ohne sichtliche Veranlassung fühlen läßt, gegen jeden Feind bis zum letzten Athemzuge. Eine Stimme geht ihm ab, dafür klappert er mit dem Schnabel, indem er beide Schnabelhälften heftig und schnell hinter einander zusammenschlägt. Die verschiedensten innern Regungen äußern sich in dem eigenthümlichen Geklapper. Räuberisch und sehr gefräßig, vertilgt er ungeheure Mengen von Fröschen, Eidechsen, Schlangen, Fischen, Gewürm, Insekten, kleinen Vögeln und Säugethieren, alle tödtet er mit heftigen Schnabelhieben und verschluckt sie dann ganz; nur in der äußersten Noth sättigt er sich mit Aas. Dabei trinkt er viel, badet gern und kann überhaupt ohne Wasser nicht leben. Eigenthümlich und bewundernswerth ist seine Fortpflanzungsgeschichte. Männchen und Weibchen halten zeitlebens innig zusammen und stirbt eines, so paart sich das andere von Neuem. Es werden wahrhaft wunderbare Beispiele von dieser gegenseitigen Anhänglichkeit und Eifersucht erzählt. Beide bauen gemeinschaftlich das Nest. Sie wählen am liebsten einen dazu besonders eingerichteten Platz auf der Dachfirste, einem Schornsteine, Kirchthurme oder in einsamer Gegenden auf einem Waldbaume. Das größte Reisig wird emsig im Schnabel herbeigeschafft, zu einem gewaltigen Haufen aufgeschichtet und der Napf mit trocknem Schilf, Heu, Stroh, Federn und Haaren ausgefüttert. Das fertige Nest dient als Wohnung und wird alljährlich wieder bezogen, in jedem Frühjahr aber frisch ausgebessert. Im April oder Anfangs Mai legt das Weibchen 3 bis 5 Eier, glattschalige und rein weiße, brütet unter zärtlicher Pflege des Männchens vier Wochen auf denselben und beide Gatten leben dann ganz den Jungen. Sind die Eier oder Jungen von Menschen berührt: so werfen sie dieselben aus dem Neste oder verlassen dasselbe ganz, die Jungen dem

Hungertode preisgebend. Eingefangene Junge werden ganz zahm und zutraulich, folgen ihrem Herrn und unterhalten durch ihr umsichtiges und überlegtes Benehmen. Bei schlechter Pflege führen sie freilich ein kummervolles Dasein. Für die menschliche Oeconomie wird der Storch durch seine Gefräßigkeit mehr schädlich als nützlich, denn seine Räubereien geben mehr auf auch uns nützliche Thiere als auf grade sehr verderbliche aus. Der Aberglaube hat sich mit einem so wunderlichen Thiere, wie der Storch ist, zu allen Zeiten und unter allen Völkern viel beschäftigt, darüber lassen wir Andre schreiben.

Die äußere Erscheinung des Storches zu schildern möchte bei der großen Bekanntheit desselben fast überflüssig sein. Ausgewachsen mißt er drei Fuß Länge und sieben Fuß Flügelbreite; der rothe Schnabel erreicht 8 Zoll Länge. Aus dem weißen Gefieder stechen nur die Flügeldeckfedern und Schwingen schwarz hervor. Die Kopf- und Halsfedern sind schmal und zugespitzt, am Unterhalse sehr verlängert. Die vierte der starken Schwingen ist die längste. Das Weibchen erreicht nicht ganz die Größe des Männchens und das Jugendkleid zeichnet sich nur durch graue Schwingen aus.

2. Der schwarze Storch. C. nigra.

Das glänzend braunschwarze Gefieder mit weißer Unterseite gestattet schon, den schwarzen Storch von dem weißen zu unterscheiden. Er hat sein Vaterland ebensoweit aus wie dieser, ist auch bei uns überall zu treffen, doch minder zahlreich, hat dieselbe Zugzeit, liebt aber zum Aufenthalt viel mehr einsame, unbewohnte Gegenden, weil er scheuer, furchtsamer und wilder ist und ganz im Gegensatz zu dem weißen den Menschen flieht. Im Uebrigen gleicht sein Betragen, Naturell, Lebensweise und Fortpflanzung so ganz dem der vorigen Art, daß wir bei ihm nicht verweilen.

3. Der Jaburistorch. C. mycteria.
Figur 632.

Ueberall in Südamerika längs der Flüsse und Seen lebt ganz nach Art der unsrigen ein Storch, welcher jedoch etwas schwerfälliger und hochbeiniger als unser weißer ist, auch weiß gefiedert, aber am Kopfe und Halse nackt und schwarz ist und an letzterem noch eine rothe Binde trägt. Scheu und wachsam stieben die Schaaren bei der Annäherung des Menschen. Sie nisten auf hohen Baumwipfeln, alljährlich in demselben Neste, brüten nur ein oder zwei Eier und wandern ebenfalls in kaltwinterlichen Gegenden. Fische und Amphibien bilden hauptsächlich ihre Nahrung. Die Brasilianer nennen diesen Storch Jabiru, in Guiana heißt er Tujuju.

Eine zweite mehr auf offenen Niederungen Südamerikas heimische Art, der Maguari, unterscheidet sich durch das dunkel fleischrothe Gesicht und die schwarzen Flügel und Schwanz. Wir könnten noch für afrikanischen und asiatischen Arten verführen, allein außer der Befiederung bieten sie uns nichts Neues.

6. Kropfstorch. Leptoptilus.

Ein ungemein großer, dicker und dreikantiger Schnabel, ein dünner, haarähnlicher Flaum am Kopfe und

Fig. 632.

Jaburistorch.

Halse und ein häßlicher, sackartig am Unterhalse frei herabhängender Kropf unterscheidet die Arten dieser Gattung von den gemeinen Störchen. Sie sind riesenhafte Störche und durch ihre große Gefräßigkeit, welche an fauligen Leichnamen großer Säugethiere sich sättigt, ebenso widerlich wie anatomisch merkwürdig. Ihr Vormagen ist nämlich nicht drüsig, sondern mit horniger Haut ausgekleidet, dagegen besitzt der Hauptmagen (Fig. 633) zwei Kreise von Drüsen, deren jede aus 4 bis 5 Zellen mit gemeinschaftlichem Ausführungsgange besteht. Die wenigen Arten leben ausschließlich im warmen Afrika und Asien.

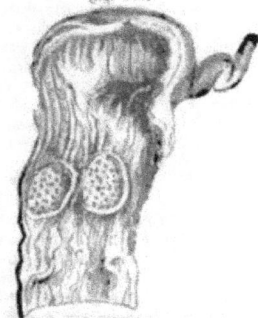

Fig. 633.

Aufgeschnittener Magen des Kropfstorches.

1. Der Argala. L. argala.
Figur 634.

Der Argala erreicht bis sieben Fuß Höhe in aufrechter Stellung und fiedert oben bläulich aschgrau, unten weiß,

Fig. 634.

Fig. 635.

Schnabel des Marabu.

Fig. 636.

Argala.

Marabu.

am Schwanze bräunlichschwarz. Der häßlich nackte Kopf und dickmuskulöse Hals ist fleischfarben. Der Argala lebt schaarenweise auf dem indischen Festlande und treibt sich zahlreich auf den Straßen und Höfen der Städte und Dörfer umher, um dieselben von dem verpesteten Aas und faulenden Fleischabfällen zu reinigen. Dafür genießt er des Schutzes der Hindu und wehe dem Europäer, der den Argala verscheucht oder gar tödtet. Unersättlich in seiner Aasgier, frißt er am Tage in Gemeinschaft mit Geiern und Raben, des Nachts mit der Hyäne und dem Schakal. Reicht das Aas nicht aus, so sättigt er sich mit Schlangen, Eidechsen und anderm Gethier. Sechs Monate verlebt er im Innern des Landes, die übrige Jahreszeit verbringt er an der Küste und den Flußmündungen. Sein Gang ist steif und gemessen, sein Flug hoch und ausdauernd, seine Dreistigkeit unverschämt, gleich als wäre er sich des Schutzes bewußt, weicht er kaum dem Vorübergehenden aus und rächt jede Beleidigung mit den gefährlichsten Schnabelhieben.

2. Der Marabu. L. marabu.
Figur 635. 636.

Die Marabufedern sind unsern putzliebenden Damen sehr wohl bekannt, der häßliche Vogel aber, welcher dieselben liefert, gewiß nur den wenigsten, die zufällig bei dem Besuche einer ornithologischen Sammlung darauf aufmerksam gemacht werden sind. Diese zarten, zierzasertigen Schmuckfedern bilden die Schwanzdecken und gelten die des indischen Argala für viel geschätzter als die vom Senegal kommenden des Marabu. In manchen Gegenden hält man große Heerden dieser Vögel nur der Schmuck-

federn halber. Der Marabu heimatet in Afrika südwärts der Sahara und erreicht niemals die riesige Höhe des Argala, nämlich nur fünf Fuß. Er fiedert am Rücken aschgrau etwas ins grünliche ziehend und die hintern Schwingen sind sehr dunkel, am Vorderrande weiß gesäumt. Im Freien hält er in Gesellschaften bis zu 25 Stück zusammen, deren Manöver zumal aus einiger Entfernung ganz eigenthümlich täuschen. Wahrhaft bewunderungswerth ist ihre Gier und Gefräßigkeit, eine Katze, kleinen Fuchs, Hasen, Kalbskeule verschlingen sie auf einmal und würgen nach beendeter Verdauung die Knochen wieder heraus. Kein kleines Säugethier, kein Vogel und Reptil ist vor ihnen sicher und Aas mundet ihnen ebenso sehr wie frisches Fleisch. Gerade durch die Gefräßigkeit werden sie in Gefangenschaft auch lästig.

7. Ibis. Ibis.

Der heilige Ibis des uralten Aegyptens war den Zoologen bis auf die neuere Zeit, wo Cüvier, Geoffroy und Savigny die Mumienexemplare mit den lebenden Arten aufmerksam vergleichen, ein fraglicher Vogel, weil Afrika mehre Ibisarten aufzuweisen hat, ja auch Asien und Amerika hat seine Ibis, und um Einsicht in die Mannichfaltigkeit dieses Typus zu gewinnen, hat die neuere Systematik verschiedene Gattungen daraus gemacht. Die eigentlichen Ibis sind im Allgemeinen kleine Störche mit sehr langem dünnen, vierkantigen, gekrümmten und stumpfspitzigen Schnabel, dessen an der Wurzel geöffnete Nasenlöcher in eine bis zur Spitze reichende Furche auslaufen. Ihre Zügelgegend und ein ausdehnbarer Kehlsack sind stets unbefiedert. Sie stehen hoch auf den Beinen und haben geheftete Zehen, die Kralle der Mittelzehe bald mit gezähneltem bald mit ganzem Rande. Die Flügel sind mittelgroß und schon die zweite und dritte Schwinge erlängen die Spitze. Die Zunge ist auffallend klein und dreieckig. Die Verwandtschaft mit den Störchen spricht sich in dem anatomischen Bau unverkennbar aus. Die Wirbelsäule zählt 16 Hals-, 8 Rücken- und 7 Schwanzwirbel. Von den Gliedmaßenknochen führt nur der Oberarm Luft. Die Blinddärme sind wieder kümmerlich klein und die Leberlappen einander ziemlich gleich.

Europa hat von diesen oft schön und grell gefiederten Arten nur eine einzige aufzuweisen, die übrigen gehören den warmen Ländern andrer Welttheile an.

1. Der schwarzgrüne Ibis. I. falcinellus.
Figur 637.

Erst mit dem Mai trifft dieser unstäte Vogel aus seinem afrikanischen Winterquartiere in dem südöstlichen Europa, seiner Heimat, ein und läßt sich hier schaarenweise in den feuchten Niederungen an den Flüssen und Seen häuslich nieder. Einzelne wandern weiter und

Fig. 637.

Schwarzgrüner Ibis.

nehmen an der Oder und dem Rheine, sogar in England und dem südlichen Schweden ihr Standquartier. Im September sammeln sich die Familien und ziehen in ungeheuern Schaaren wieder gen Süden. Schlammiger, morastiger Boden, nur mit Schilf bestanden, sagt ihm am meisten zu, doch dehnt er sein Jagdrevier gern viele Meilen weit aus. Im ruhigen Wohlbehagen geht er in leichten großen Schritten umher, watet gern im Wasser und Schlamme und verräth sich im Fluge durch langsame

Bewegung, obwohl er dieselbe bisweilen beschleunigt und kreisend in bedeutende Höhen fortsetzt. Scheu und mißtrauisch flieht er den verdächtigen Menschen schon aus weiter Ferne, um so leichter, da er schaarenweise beisammen lebend leicht jede Gefahr erspäht. Er ist stumm und läßt nur im Schreck ein kurzes heiseres rraa hören. Zum Unterhalt dienen hauptsächlich Wasserinsekten, Gewürm und Weichthiere, doch auch kleine Fische und Frösche, die er sehr geschickt zu fangen weiß. Das Nest liegt in dichtem Schilf versteckt und enthält nur drei blaßgrüne Eier, welche das Weibchen allein ausbrütet.

Der schwarzgrüne Ibis mißt ausgewachsen ohne den fast 6 Zoll langen Schnabel 22 Zoll und in der Flugweite 40 Zoll. Dann fiedert er auf der Oberseite metallisch glänzend dunkelgrün. Die Kopf- und Halsfedern sind klein, nur im Nacken etwas verlängert und aufrichtbar. Die spitzigen Flügel ragen etwas über den zwölffedrigen Schwanz hinaus. Hals und Brust sind grau und weißfleckig. Das Jugendkleid liebt lichtere, das Weibchen düstere Färbung. Auch dieser Ibis wurde von den alten Aegyptern einbalsamirt und kömmt schon bei Herodot unter dem Namen des schwarzen Ibis vor.

2. Der heilige Ibis. I. religiosa.
Figur 638. 639.

Der heilige Ibis der alten Aegypter heißt jetzt in Nubien und Oberägypten Abu Hannes (Vater Johann), in Unterägypten Abu Menzel (Vater Sichelschnabel). Sein Kommen und Gehen folgt den Ueberschwemmungen des Nils. Sobald derselbe über seine Ufer tritt, kommen

Fig. 638.

Heiliger Ibis, alt.

die Ibisschaaren an und vertheilen sich längs der zahlreichen Wassergräben, wo sie den aufgeweichten Boden nach Gewürm durchsuchen und mit dem Rücktritt der Gewässer auch weiter ziehen. Ueber den Grund der abgöttischen Verehrung im Alterthum ist viel gestritten. Einige glauben Herodot's Versicherung, der den Vogel Ibis die Schlange tödten läßt, doch frißt er heute keine Schlangen mehr, wenigstens nur selten und kleine; Andere wollen in dem schwarzen und weißen Gefieder die Mondphasen

Fig. 639.

Heiliger Ibis, jung.

Fig. 640.

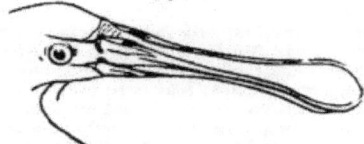

Schnabel des Löffelreihers.

Fig. 641.

Kopf des Löffelreihers.

angedeutet sehen; noch Andere bringen die Verehrung in Beziehung mit der auf die befruchtete Nilüberschwemmung fallenden Wanderung. Der wahre Grund möchte schwer nachzuweisen sein. Die eigentliche Heimat des heiligen Ibis liegt im Innern Afrikas, denn in Aegypten brütet er nicht. Er erreicht 26 Zoll Länge und gefiedert schneeweiß, woraus die Flügelspitzen, Schnabel, Kopf, Nacken und Füße schwarz abstechen.

Andere afrikanische Arten dieses Typus sind I. olivaceus mit langen Nackenfedern und ganz andrer Färbung, I. hagedash mit metallisch grünen Schwingen, I. egretta kleiner und zierlicher als der heilige. Reicher an Arten erscheint Südamerika. Dort ist gemein I. melanopis, schiefergrau mit erzgrünen Schwingen und gelbem Kopfe und Halse, um Rio Janeiro bis Paraguay hinab der schwarzbraune violett schimmernde I. infuscata, mehr im Norden I. cayennensis mit verlängerten Nackenfedern und grünlichem Schnabel und Gesicht, ferner der scharlachrothe I. rubra und der rein weiße I. alba. Hauptsächlich durch die Schnabelform, welche mehr dem Marabus ähnelt, unterscheidet sich von Ibis die Gattung Tantalus. Nimmersatt, dessen afrikanische Art, T. ibis, von Storchgröße, weiß mit schwarzen Flügeln und Schwanze, Linné für den heiligen altägyptischen Ibis hielt, und zu welchem der in Südamerika gemeine T. loculator mit demselben Gefieder als zweite Art gehört.

8. Löffelreiher. Platalea.

Der lange Schnabel plattet sich nach vorn völlig ab und erweitert sich hier spatelförmig (Fig. 640), eine durchaus eigenthümliche Form. Die ovalen Nasenlöcher öffnen sich oben nahe der Stirn in weicher Haut, welche als seine Furche längs des Schnabelrandes fortläuft. Das Gesicht bleibt unbefiedert, bisweilen der ganze Kopf (Fig. 641). Der übrige Körperbau folgt dem allgemeinen Reihertypus. So sind die Beine hoch und stark, die langen Vorderzehen mit breiten Spannhäuten, die kleine Hinterzehe höher eingelenkt, die Krallen klein und stumpf. In den breiten langknochigen Flügeln haben die zweite und dritte Schwinge die größte Länge und der zwölffedrige Schwanz ist abgerundet. Das Gefieder ist dicht und derb. Der anatomische Bau schließt sich in den einzelnen Formen dem von Ibis zunächst an. Bei der Vergleichung der Schädel achte man auf die Lücken in der Nackenfläche, die Grube für die Nasendrüse am Augenhöhlenrande, auf die Form der Gaumen-, Flügel- und Quadratbeine. 16 Hals-, 7 Rücken- und 7 Schwanzwirbel. Das breite Brustbein hat einen mäßigen Kiel und am Hinterrande jederseits zwei Buchten. Die Luftröhre besteht aus nahe an 200 weichen Ringen.

Die Löffler sind Reiher von mittler Größe und ziemlich einfacher Färbung, in Betragen und Lebensweise die Eigenheiten der ächten Reiher und der Störche mischend. Sie heimaten in der warmen und gemäßigten Zone beider Erdhälften, in letzter als Zugvögel, und nähren sich von Insekten, Gewürm, kleinen Fischen und Amphibien.

1. Der weiße Löffler. Pl. leucorodia.

Figur 642.

Der weiße Löffler ist der einzige Europäer seiner Gattung, sehr gemein in den südöstlichen Ländern und zugleich im angrenzenden Asien, selten am Rheine und in England, häufig dagegen noch in Afrika, wo auch die Europäer meist überwintern. Nach ächter Reiherweise liebt er morastige, wasserreiche Gegenden, die jedoch nicht hochbuschig und dicht bewachsen sein dürfen, da er das Verstecken gar nicht liebt. Den gravitätischen Gang und leichten kreisenden Flug in unermeßlichen Höhen hat er mit den Störchen gemein, aber ist viel scheuer und vorsichtiger als diese, sehr gesellig mit seines Gleichen und klappert gern mit dem Schnabel. Kleine Fische sind seine liebste Nahrung, doch frißt er auch Gewürm, Insekten und zarte Mollusken. In Gefangenschaft, an welche er sich jung eingefangen sehr leicht gewöhnt und kann friedlich unter das Hofgeflügel mischt, will er nur bei frischen Fischen gut gedeihen. Das Nest baut er in Schilf

Fig. 642.

Weißer Löffler.

Fig. 643.

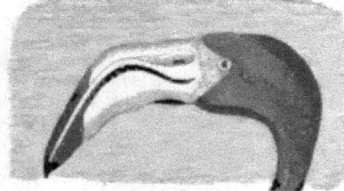

Kopf des Flamingo.

Fig. 644.

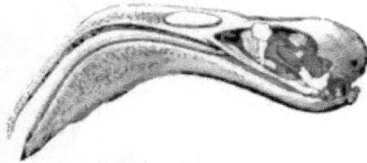

Schädel des Flamingo.

Fig. 645.

Zunge des Flamingo.

oder auf einen Baum locker und roh aus grobem Reisig, innen mit trocknen Blättern ausgefüttert. Das Weibchen legt 2 bis 4 weiße Eier. Ausgewachsen hat er 2½ Fuß Körperlänge und 5 Fuß Flügelbreite. Das Gefieder ist rein weiß bis auf ein schön rostgelbes Halsband, auch die langen aufrichtbaren Scheitelfedern stechen weiß röthlich ochergelb ab. Der in der Jugend bleifarbene Schnabel wird allmählig gelb und endlich schwarz bis gegen die lichte Spitze hin. Die Beine sind schwarz.

Eine zweite in Afrika heimische Art, Pl. tenuirostris, unterscheidet sich schon durch den carminrothen Schnabelrand, die kirschrothe Stirn und die rosenrothen Beine. Die südamerikanische Pl. ajaja fiedert nur am Kopfe und Halse weiß, übrigens rosenroth und färbt ihren Schnabel grünlichweiß.

9. Flamingo. Phoenicopterus.

Hochbeinig und langhalsig wie kaum ein andrer Vogel und in der Schnabelbildung wieder ganz eigenthümlich, weicht der Flamingo besonders noch durch die ganzen Schwimmhäute von allen Reihern und den Sumpfvögeln überhaupt ab, daher ihn einige Ornithologen auch an die Spitze der Schwimmvögel stellen, was überdies durch einzelne anatomische Eigenheiten unterstützt wird. Der lange dicke Schnabel knickt in der Mitte winklig abwärts und verschmälert sich nach vorn; der dünne Oberschnabel liegt wie ein flacher Deckel auf dem viel höhern untern; der Rand ist mit Querleisten besetzt (Fig. 643. 644). Die langen schmalen durchbrochenen Nasenlöcher laufen in eine kurze Furche aus. An dem kleinen Kopfe halten sich die Zügel nackt und die Augen klein. Die Flügel sind mäßig, ihre ersten beiden Schwingen die längsten, der Schwanz kurz und abgerundet. Die Beine sind wie der Hals ungemein lang und dünn, hoch hinauf nackt, dagegen die Zehen sehr kurz und die hintere nicht auftretend; das Gefieder dicht und derb. Am Schädel fehlen hervortretende Kämme und Leisten, der hohe Unterkiefer enthält weite Zellen, der Hals 18 sehr lange Wirbel, die Rückengegend 8, deren

Naturgeschichte I. 2.

mittle verwachsen, das Kreuzbein 13, der Schwanz 7 Wirbel. Am Brustbein fällt die kurze, breite und starke Wölbung auf, am Hinterrande eine tiefe Bucht jederseits. Die große, hinten sehr dicke Zunge (Fig. 645) füllt den Schnabel ganz aus und ist am Rande mit biegsamen Zähnen besetzt, ihr Kern ist ganz knorplig. Der sehr enge Schlund erweitert sich unten plötzlich in einen Kropf, der dickwandige Vormagen setzt nicht scharf ab, der Hauptmagen ist ebenso abweichend von den Reihern ein sehr dicker Muskelmagen, außen von zwei glänzenden Sehnenscheiben, innen mit harter Haut bekleidet. Der Darmkanal erreicht über elf Fuß Länge. Der untere Kehlkopf besteht aus einigen verdickten, vorn und hinten verwachsenen Ringen, der Augenfächer aus 9 Falten, der Sklerotikalring aus 14 Schuppen.

Die fünf über Amerika und die Alte Welt vertheilten Flamingoarten tragen sich weiß mit rothen Flügeln und wählen die Meeresküste und Ufer großer Binnengewässer zum Standquartier, wo sie in großen Gesellschaften beisammenleben und gern in soldatischen Reihen langsam einhergehen, in tiefes Wasser waten und leicht und hoch fliegen. Ihre Nahrung besteht in allerlei weichen Thieren des Wassers und sumpfigen Bodens. Die langen Beine erschweren das Brüten und der Vogel ist genöthigt, sein Nest als hohen Kegel aufzuthürmen, um in reitender Stellung darauf zu brüten. Die wenigen Eier sind weiß.

1. Der gemeine Flamingo. Ph. antiquorum.

Fig. 616.

Der gemeine Flamingo verbreitet sich über fast ganz Afrika, einen großen Theil des warmen Asiens und die mittelmeerischen Länder Europas, von wo aus er einzeln bisweilen die großen Schweizerseen und selbst das mittle Deutschland besucht. Er liebt die unmittelbare Nähe salziger Wasser, die niedrige zerschnittene Meeresküste und die morastigen Umgebungen der Flußufer, die weder stark beschilft noch bebuscht sind. Würdevoll und zugleich zierlich geht er mit weiten Schritten umher, wenn nicht Nahrung suchend meist in lange Reihen geordnet wie para-

Fig. 616.

Gemeiner Flamingo.

dirende Soldaten. Er watet tief ins Wasser und schwimmt auch geschickt. Im Fluge beobachten die Gesellschaften gleichfalls die Ordnung in schiefe spitzwinklige Reihen. Ungemein mißtrauisch und scheu, fliehen sie den Menschen schon aus weiter Ferne und achten sorgsam auf jede Gefahr. Ihre Nahrung suchen sie im Schlamm und Wasser, dabei treten sie den Kopf so, daß der Oberschnabel nach unten kömmt, dann füllen sie den Schnabel mit Schlamm oder Wasser, schließen ihn und drücken dasselbe an den Rändern hervor, die kleinen Thierchen werden von dem bezahnten Zungenrändern zurückgehalten. Gewürm, Weichthiere und Fischlaich sammeln sie in dieser Weise reichlich. Das Nest wird tief im unzugänglichen Sumpfe als Hügel aus Schlamm und faulenden Pflanzen errichtet, oben im Kopf mit trocknen Halmen angefüllet. Beide Geschlechter brüten abwechselnd und die Jungen verlassen das Nest, sobald sie laufen können. Das Fleisch der Jungen soll sehr wohlschmeckend sein, die Schlemmer des römischen Kaiserreiches füllten ihre Schüsseln mit den theuer bezahlten Jungen und Gehirn.

Die äußere Erscheinung des Flamingo ist zu absonderlich, als daß derselbe mit irgend einem andern europäischen Vogel verwechselt werden könnte. Ausgerichtet mißt er 6 Fuß Höhe, wovon 28 Zoll auf die Länge des Halses und ebensoviel auf den nackten Theil der Beine kommen. Das pelzartig dichte Gefieder ist in der Jugend graulichweiß, im zweiten Lebensjahre schneeweiß mit schwach rosafarbenem Anfluge an der Halswurzel und auf den Schultern und mit rein rosenrothen Flügeln. Später überläuft das ganze Weiß zart rosenroth und die Flügel werden schön carminroth, die Schnabelspitze schwarz, die Beine trüb fleischfarben.

2. Der kleine Flamingo. Ph. minor.

Dieser Südafrikaner bleibt fast um die Hälfte kleiner als der gemeine Flamingo und knickt seinen Schnabel ziemlich rechtwinklig herab. Ausgewachsen fiedert er rein rosenroth, in der Mitte der beilgesäumten Flügeldecken scharlachroth, die Schwingen und Steuerfedern sind schwarz, die Beine grünlichgrau und die Zehen roth.

Unter den Neuweltlichen ist der nordamerikanische Ph. ruber dunkelfeuerroth mit blaßrothem Schnabel und schwarzen Schwingen, der südamerikanische Ph. ignipalliatus blaßroth mit feuerrothen Flügeln und schwarzen Schwingen. In der Lebensweise stimmen alle überein.

Dritte Familie.
Schnepfenvögel. Limicolae.

Eine der Reiherfamilie an Mannichfaltigkeit der Formen und weiter geographischer Verbreitung keineswegs nachstehende Familie kleiner und meist zierlicher gebauter Sumpfvögel. Ihre äußern vom Schnabel, den Flügeln und den Füßen entlehnten Merkmale schwanken ebenfalls, wenn auch nicht in dem Grade wie bei den Reihern. Im Allgemeinen ist der Schnabel dünn, bald länger bald kürzer, gerade oder etwas gekrümmt, in der vordern Hälfte oder nur an der Spitze barthornig, in der hintern von weicher Haut bekleidet. In dieser öffnen sich die schmalen spaltenförmigen Nasenlöcher. Kopf und Gesicht bekleidet ein kleines dichtes weiches Gefieder, wie solches dicht und voll auch den Hals und Rumpf bedeckt. Die Flügel sind lang und spitzig und reichen bis an das Ende des Schwanzes oder gar darüber hinaus, haben stets sehr lange hintere Armschwingen und zehn Handschwingen, von welchen die zweite oder dritte am längsten, die erste nur wenig verkürzt ist. Der Schwanz ist allermeist kurz, breit und abgerundet oder abgestutzt und pflegt aus zwölf weichen Steuerfedern zu bestehen. Die Bürzeldrüse hat gewöhnlich einen starken Federnkranz am Zipfel und zwei recht weite Mündungen. Die Beine sind je nach dem Schnabel fein und zierlich oder kräftig und fleischig, von der untern Hälfte des Unterschenkels an nackt, an der Vorderseite mit pergamentartigen Halbgürteln bekleidet, hinten aber sechsseitig getäfelt. Die halbgefiederten oder mit kurzer Spannhaut versehenen Zehen haben feine, spitze, sanft gekrümmte Krallen. Die kleine Hinterzehe berührt kaum den Boden oder fehlt gar ganz.

Die Gattungen gehören verherrschend der warmen und gemäßigten Zone, letzterer als Zugvögel an, bewohnen Wiesen, Aenger, sumpfige Gegenden und die Umgebungen süßer Gewässer und nähren sich von Gewürm und kleinen Wasserthieren, laufen schnell und fliegen gut, halten in Gesellschaften zusammen und führen zum Theil eine nächtliche Lebensweise. Nach der Form des Schnabels und der Fußbildung gruppiren sie sich in drei Haufen.

1. Triel. Oedicnemus.

Die erste Gruppe der Schnepfenfamilie begreift den Typus der Strandläufer oder Charadriinen, deren Schnabel von Kopfeslänge oder kürzer und vorn mit scharf abgesetzter, an der Spitze kuppig gewölbter Hornscheide versehen ist. Ihre Flügel übertragen angelegt den Schwanz und die erste Schwinge ist kaum oder nur wenig kürzer als die zweite. Die Beine pflegen hoch zu sein und die Hinterzehe verkümmert, die beiden äußern Vorderzehen am Grunde breit gehäutet. Es sind mehre zum Theil ganz interessante Gattungen, in welche dieser Typus sich auflöst.

Der Triel, nur in einer europäischen und einigen andern Arten in Afrika und Asien bekannt, hat einen kopfeslangen, geraden, starken Schnabel, welcher scharf an der hochgewölbten Stirn — ein beachtenswerther Unterschied der Schnepfenfamilie von den Reihern, — absetzt und eine sehr kolbige, zusammengedrückte Spitze hat. Die ritzenförmigen Nasenlöcher laufen weit nach vorn aus. Seine Beine sind fleischig und die Füße nur dreizehig, kurz, breitsohlig und klein und spitz bekrallt (Fig. 847). Die Handschwingen sind von wenig verschiedener Länge und die letzten Armschwingen bilden einen langen Hinterflügel. Der sehr abgestufte Schwanz besteht aus 12 bis 14 Federn. Das knappe, glatt anliegende Gefieder zeigt einfache, lerchenähnliche Zeichnung ohne geschlechtliche Unterschiede. Der anatomische Bau zeigt nur einzelne Eigenthümlichkeiten, so einen starken Muskelmagen, einen halb knöchernen Zungenbein, keine Lücken im Hinterhauptsbeine, nur eine Bucht jederseits am hintern Brustbeinrande. Die Lebensweise erinnert in einigen Bezie-

Fig. 647.

Kopf und Fuß des Triel.

hungen lebhaft an die Trappen und auch die äußere Erscheinung macht den Triel zum Vermittler der Schnepfenfamilie mit jenen.

Der europäische Triel, Oe. crepitans (Fig. 648), erreicht 16 Zoll Körperlänge und 36 Zoll Flügelbreite. Sein Gefieder ist ganz lerchenfarben, nur am Flügelrande und der Schwanzspitze schwärzlich und mit zwei weißlichen Binden auf den Flügeln. Der starke Schnabel ist in der Wurzelhälfte schön schwefelgelb, in der harten Endhälfte glänzend schwarz. Die weichen, zumal in dem Fersengelenk dicken Beine haben gleichfalls gelbe Färbung. Das Vaterland erstreckt sich vom südlichen Asien und nördlichen Afrika über das gemäßigte Europa. Bei uns ist er nirgends häufig, kömmt meist erst Anfangs April aus dem südlichen Winterquartier an und zieht schon Ende August

Fig. 648.

Europäischer Triel.

mit den Jungen wieder ab. Die Wanderung führt er in hellen Nächten aus und ruht am Tage. Ganz wie die Trappe meidet er die Nähe des Wassers und läßt sich vielmehr in dürren sandigen Ebenen mit spärlichem Graswuchs nieder, da ihm ein kühler Trank oder frisches Bad, das er am Abend aufsucht, schon genügt. Frei muß sein Revier sein, zugleich auch einsam, denn er ist menschenscheu. Sein langsamer Gang ist wunderlich trippelnd, aber im Lauf rennt er entsetzlich schnell mit vorgelegtem Körper und nickend, erst bei naher Gefahr schwingt er sich auf und fliegt niedrig mit schwerem Flügelschlag davon. Am Tage hält er gern Ruhe, aber gleich mit der untergehenden Sonne rennt er hurtig umher meist in Gesellschaft seines Gleichen und dann läßt er auch seinen gellenden kreischenden Pfiff hören. Die Nahrung besteht in Gewürm, Larven und Insekten, die er fliegend und kriechend fängt, unter Steinen aufspürt und unter Gemulm findet, aber auch den Mäusen, kleinen Fröschen, Eidechsen und jungen Schlangen lauert er auf, betäubt sie durch Schnabelhiebe und verschlingt sie dann ganz. Nach dem Bade fliegt er stundenweit weg. In Gefangenschaft ergötzt er durch seine possierlichen Manieren und gewöhnt sich allmählig auch an Milch und Semmel. Mit seinem Weibchen lebt er in inniger Anhänglichkeit. Dieses legt drei olivengelbe Eier in eine flache Sandgrube und brütet 16 Tage auf denselben. Schon am zweiten Tage verlassen die Jungen das Nest und werden zum Insektenfange angelernt, aber von den Eltern doch lange sorglich gepflegt. — Von den andern Arten ist nur das Gefieder bekannt.

2. Rennvogel. Cursor.

Der Rennvogel ist gleichfalls ein Bewohner der öden Wüsteneien im nördlichen Afrika und Arabien, zierlich und nett in seiner äußern Erscheinung, mit glattem, isabellfarbenem und gestreiftem Gefieder. Der unterscheidende Charakter liegt in dem schwachen, sanft gebogenen Schnabel, welcher an der Wurzel niedergedrückt, an der Spitze etwas gewölbt ist und eine etwas erhöhte Firste hat. Die elförmigen Nasenlöcher sind durchgehend. In den flachen Flügeln haben die beiden ersten Handschwingen die größte Länge. Die Beine sind dünn und schlank, hoch hinauf nackt, getäfelt, die drei schwachen Vorderzehen fast ganz frei und mit kleinen stark gekrümmten Krallen, die Hinterzehe fehlt. Im Skeletbau tritt die nahe Verwandtschaft mit dem Triel und Regenpfeifer unverkennbar hervor.

Der europäische Rennvogel, C. isabellinus (Fig. 649), wird nur 9 Zoll groß und fiedert hell isabellfarben, am Hinterkopf blaugrau mit schwarzer und weißer Einfassung; Schnabel, Zügel und Schwingen sind schwarz, die Schwanzspitze weiß und die Beine gelblich. Seine eigentliche Heimat ist das nordwestliche Afrika und Arabien, er besucht aber das südliche Europa öfter und verfliegt sich sogar nach Deutschland und England. Die dürrsten Wüsteneien wählt er am liebsten zum Standquartier, läuft ungemein schnell, fliegt nicht gern und scheint sich ausschließlich von Insekten zu nähren. — Eine zweite afrikanische Art ist C. senegalensis, kleiner, mit weißen Zügeln und schwarzer Bauchmitte, eine dritte,

Fig. 649.

Europäischer Rennvogel.

C. chalcopterus, zeichnet sich durch viel dunklere Befiederung aus.

3. Schwalbenwader. Glareola.

Diese dritte altweltliche Gattung nimmt in den Charakterientypus sehr verschiedene Beziehungen auf. Die im Namen angedeutete Schwalbenähnlichkeit spricht sich in dem allgemeinen Habitus, besonders aber in den Flügeln und dem langgabligen Schwanze aus; der kurze, hinten breite und gerade Schnabel erinnert an die Hühner; die Beine sind dünn und niedrig, die Vorderzehen geheftet und die schwache Hinterzehe auftretend. Die Kralle der Mittelzehe verlängert sich ansehnlich und zackt ihren innern Rand kammartig. In den langen spitzigen Flügeln ist die erste Schwinge die längste und der zwölffederige Schwanz gabelt sich tief.

Die wenigen Arten leben in Afrika und Asien und nur eine auch im südlichen Europa. Dieser Halsbandschwalbenwader, Gl. torquata (Fig. 650), wird 9 Zoll lang und fiedert aschgrau und rostgelb. Er bewohnt trockene Ebenen in der Nähe größerer Gewässer, wo er in kleinern und größern Gesellschaften sich herumtreibt, munter hin und her läuft und schwalbenschnell dahinfliegt, in allen Bewegungen leicht, zierlich und gewandt sich zeigt. Die Insekten liest er schnell laufend vom Boden auf und erschnappt sie auch im Fluge. Das flache, nachlässig ausgefütterte Nest steckt im dürren Grase und enthält vier grünliche, gelbbraun punktirte Eier.

4. Kiebitzregenpfeifer. Squatarola.

Im Kiebitzregenpfeifer tritt die Strandläufernatur schon entschiedener hervor und der Name bezeichnet eben die nahe Verwandtschaft mit dem Regenpfeifer und Kiebitz. Der Schnabel ist stark und kräftig, vorn aufgetrieben und hart, die langen weiten Nasenlöcher an seinem Grunde

Fig. 650.

Halsbandschwalbenwader.

öffnend. Die Flügel sind wieder lang und spitzig, bald ihre erste, bald die zweite Schwinge am längsten. Besonders fällt die auf eine benagelte Warze verstümmelte Hinterzehe auf; die drei Vorderzehen sind ungeheftet. Die Arten bewohnen flache Ufer der Binnengewässer und des Meeres, besuchen aber gern auch die Felder und Viehweiden. In Deutschland kömmt nur eine, der nordische Kiebitzregenpfeifer, Sq. cinerea (Fig. 651. 652. 653), vor und auch nur selten, seine eigentliche Heimat ist der

Fig. 651.

Kopf und Fuß des Kiebitzregenpfeifers.

Fig. 652.

Kiebitzregenpfeifer. Männchen.

Fig. 653.

Fig. 654.

Kopf und Fuß des Regenpfeifers.

Kiebitzregenpfeifer. Weibchen.

Norden der Alten und Neuen Welt, den er aber gegen den Herbst hin verläßt, um in den mittelmeerischen Ländern, dem südlichen Asien und Süden der Vereinten Staaten zu überwintern. Er wandert langsam bei Tag und bei Nacht, im Frühjahr vom März bis Mai, im Herbst vom September bis November. Ungemein menschenscheu, liebt er doch sehr die Gesellschaft nicht blos seines Gleichen, sondern auch anderer Strandläufer, schaart sich oft zu Hunderten zusammen, die an den Gewässern auf die Brachfelder und Triften sitzen unter gellendem Pfeifen, hier wie dort nach Gewürm und Insekten suchend. In Gefangenschaft, die er recht gut erträgt, kann man ihn allmählig an Milch und Semmel gewöhnen. Er nistet nur in den nördlichen Ländern. Ausgewachsen mißt er 12 Zoll Länge und 26 Zoll Flugweite und gleich dann auffallend der Goldregenpfeifer, doch unterscheiden ihn sicher die schwarzen Achselfedern, der weiße Bürzel und die verkümmerte Hinterzehe. Nach Alter, Geschlecht und Jahreszeit ändert die Zeichnung so sehr ab, daß Unkundige verschiedene Arten darin zu erkennen glaubten. Deshalb lassen sich auch die übrigen Arten sehr schwer feststellen und wir können dieselben unbeachtet lassen, da sie in Naturell und Lebensweise den nordischen gleichen.

5. Regenpfeifer. Charadrius.

Die Regenpfeifer sind typische, über alle Zonen und alle Welttheile verbreitete Strandläufer. Ihre Gattungsmerkmale liegen in dem kurzen, schwachen, von der hohen Stirn scharf abgesetzten Schnabel mit harter kolbiger Spitze und ritzenförmigen Nasenlöchern, in den schlanken weichhäutigen Beinen und nur dreizehigen breitsohligen Füßen (Fig. 654). Die schmalen spitzigen Flügel verlängern ihre hintersten Schwingen und von den Handschwingen die erste oder zweite die längsten. Der Schwanz ist kurz und gerundet. Am Knochengerüst fällt die überaus geringe Ausdehnung der Pneumaticität auf. In der Hinterhauptsfläche des Schädels bemerkt man zwei Lücken. Im Halse liegen 12 oder 13, in der Rückengegend 9, im Schwanze 7 bis 9 Wirbel. Das viel längere als breite Brustbein trägt einen sehr ansehnlichen Kiel und zwei

Paar Buchten am Hinterrande. Die schmale scharfrandige Zunge ist hinten gezähnt und ihr Kern ganz knorplig; der Schlund ohne Kropf, der Vormagen sehr drüsenreich, der Magen nur schwach muskulös; zwei mittellange Blinddärme, die Leberlappen sehr ungleich und mit ansehnlicher Gallenblase, die Nieren deutlich dreilappig.

Die Arten kleiden sich in ein dichtes sanftes Gefieder von düsterer, doch bisweilen nett gezeichneter Färbung, welche nach Jahreszeit und Alter abändert. Obwohl etwas dickköpfig, ist ihr Körperbau überhaupt doch ebenmäßiger als bei den Rehern und da sie zugleich überaus beweglich und schnellfüßig, im Fluge leicht und gewandt sind: so gelten sie für nette, angenehme Vögel. Ihr Standquartier schlagen sie längs der Flußufer und Meeresküste, auf sumpfigem und moorigem Boden auf, besuchen aber auch trockne Felder und dürre Gegenden. In gemäßigten Ländern überwintern sie nicht, sondern wandern gern Süden. Tag und Nacht suchen sie geschäftig nach Insekten und Gewürm und lassen dabei ihr lautes Pfeifen hören, vor eintretendem Regenwetter sehr viel, und darauf bezieht sich auch der Name Regenpfeifer. Während des Regens selbst sind sie freilich niedergeschlagen und still. Sie leben einweibig gepaart, bauen kein eigentliches Nest und brüten gemeinschaftlich vier buntfleckige Eier. Die Jungen verlassen sogleich das Nest. Die neuere Systematik hat die Manichfaltigkeit der Arten übersichtlich gruppirt und gar die Gruppen wieder zu Gattungen gestempelt, für uns hat solch gewaltsame Zersplitterung der Natur kein Interesse und hier genügt es nur einige Typen vorzuführen.

1. Der Goldregenpfeifer. Ch. pluvialis.

Figur 653, 654.

Der Goldregenpfeifer scheint über die ganze nördliche Erdhälfte verbreitet zu sein, von Norwegen bis Syrien, Persien bis Sibirien, von der Hudsonsbai bis nach Virginien. In gelinden Wintern bleibt er bei uns, sonst zieht er von Norden kommend im October und November durch bis in die mittelmeerischen Länder, kehrt aber im März schon wieder zurück. Er führt kein eigentliches Sumpfleben, sondern treibt sich lieber in dürren Haiden umher, wo Äcker und Wasser nicht fern sind. Ausgewachsen mißt er 11 Zoll Länge und 24 Zoll Flugweite und fiedert dann oben schwärzlich mit kleinen grüngelben oder goldgelben Flecken, unten im Sommerkleide tief schwarz, im Winter aber am Halse und an der Brust gelblich mit grauen Flecken, am Unterleibe weiß. Die

Fig. 655.

Goldregenpfeifer im Sommerkleide.

Fig. 656.

Goldregenpfeifer im Winterkleide.

Fig. 657.

Morinell.

Stimme pfeift hell und laut tlüt oder dreisylbig tlüeli. Wenn er keine Würmer und Larven findet, fängt er Käfer und zartbäutige Schnecken und frißt selbst Beeren und weiche Sämereien. Der Regenwürmer halber geht er gern auf frische Aecker und feuchte Triften. Männchen und Weibchen halten treulich zusammen; letzteres legt in eine flache Grube mit spärlichem Gehalm drei bis vier große kreiselförmige Eier mit vieleckigrauen und braun-schwarzen Flecken und Punkten auf gelbem Grunde, brütet 16 Tage und erzieht die Jungen gemeinschaftlich mit dem Männchen. Das Fleisch gilt für sehr zart und wohl-schmeckend, zumal im Herbst. In Gefangenschaft wird der Goldregenpfeifer schnell sehr zahm und gewöhnt sich durch Regenwürmereinmengung bald an Milch und Semmel.

2. Der Morinell. Ch. morinellus.
Figur 657.

Kleiner als voriger, zeichnet sich der Morinell oder dumme Regenpfeifer durch seine mehr graue Färbung und den schwarzbraunen lichtgefleckten Oberkopf mit weißer Binde aus. Auch er ist ein Bewohner des hohen Nor-dens, der im Herbst gen Süden wandert. In Deutsch-land kömmt er nur strichweise häufig vor, im Herbst, wenn die Schaaren aus dem Norden herabziehen, freilich massen-

haft. Zum Wohnplatz liebt er trockne unfruchtbare Gegenden, gebirgige wie ebene. Im gewandten schnellen Fluge wie im eiligen Lauf und der Unruhe überhaupt gleicht er dem Goldregenpfeifer, aber er ist minder scheu, vielmehr zutraulich bis zum Einfältigen, wodurch er sich den Beinamen des Dummen und eines Possenreißers zugezogen hat. Sein Ruf flötet sanft ein pfeifendes dürr oder trü. Die Nahrung wählt er wie vorige Art, und Wasser zum Trinken und Baden sucht er nur Abends auf. Das Nest besteht in einer flach ausgescharrten Vertiefung mit einigen dürren Flechten und enthält blaß olivengrüne, grob braun punktirte und gefleckte Eier. Feinschmecker ziehen das Fleisch des Morinell jedem andern Federwild vor.

3. Der spornflüglige Regenpfeifer. Ch. spinosus.
Figur 658.

Einige Arten besitzen am Handgelenk des spitzigen Flügels einen kurzen Sporn und werden deshalb als Gattung Hoplopterus von Charadrius abgesondert. So die hier abgebildete, welche im südlichen Europa und in Afrika beimatet und in ihrem Betragen große Aehn-lichkeit mit dem Kiebitz hat. Sie siedert oben schwarz und grau, unten ockergelb in röthlich, am Scheitel, der

Fig. 658.

Spornflügliger Regenpfeifer.

Kehle und Brust aber schwarz; die Steuerfedern sind in der Wurzelhälfte weiß.

Auch Südamerika hat einen solchen Hoplopterus, Ch. cayanus, aufzuweisen, der oben grau, im Gesicht, Nacken und einer Brustbinde schwarz ist, und an Binnengewässern lebt. Ein anderer Amerikaner, Ch. virginianus, der bis Brasilien hinabgeht, ähnelt überraschend unserm Goldregenpfeifer, noch andere spornlose Arten daselbst sind Ch. brevirostris, crassirostris, trifasciatus, ruficollis, Afrikaner: Ch. pileatus und ventralis, Asiaten: Ch. bilobus und melanopterus.

6. Kiebitz. Vanellus.

Der Kiebitz ist ein Regenpfeifer mit kleiner, nicht auftretender Hinterzehe. Die aufmerksame ins Einzelne gehende Vergleichung läßt aber noch weitere Unterschiede erkennen, welche die generische Trennung durchaus rechtfertigen. Der gerade, dünne Schnabel ist fast cylindrisch und kürzer als der Kopf und die spaltenförmigen Nasenlöcher öffnen sich in einer langen Rinne. Der Kopf ziert sich mit einem spitzen Federbusch oder mit seitlichen kahlen Hautlappen (Fig. 659). Die Läufe sind dünn und netzschuppig. In den stumpfspitzigen Flügeln erreichen erst die dritte und vierte Schwinge die größte Länge und ein harter stumpfer Sporn steht am Handgelenk.

Fig. 659.

Kopf und Fuß des Kiebitz.

Als ächter Sumpfvogel wählt der Kiebitz nur tiefliegende, sumpfige Gegenden, feuchte Aenger und niedrige Ufer zum Wohnplatz und nährt sich von den hier reichlich vorkommenden Insekten und Gewürm. Die Arten kommen in allen Welttheilen vor.

Der gemeine Kiebitz. V. cristatus.
Figur 660.

Gemein kann man unsern Kiebitz wohl mit Recht nennen, denn in allen niedern feuchten Gegenden Europas,

Fig. 660.

Gemeiner Kiebitz.

Asiens und des nördlichen Afrikas ist er in großer Anzahl heimisch. Sobald im Frühjahr Schnee und Eis aufgeht, stellt er sich ein und bis Mitte April dauern die schaarenhaften Durchzüge nach den nördlichen Ländern. Schon im August streicht er wieder, aber erst im November ziehen die letzten bei uns durch ins Winterquartier. Man sieht sie am Tage wie während der Nacht auf der Wanderschaft. Trockene und gebirgige Gegenden und die Meeresküste meidet er, auch die Nähe sehr belebter Plätze. Ausgewachsen mißt er 13 Zoll Länge und 30 Zoll Flügelbreite. Man erkennt ihn schon an dem Kopfzug, der aus langen, schmalen, aufwärts gekrümmten schwarzen Federn besteht. Ueberdies fiedert er oben dunkelgrün mit Bronzeschiller, am Bürzel rostroth; der Kopf und ein breiter Kragen sind tief schwarz, die Beine fleischroth. Im Winter werden die Zügel, Kehle und ein Augenstrich schmutzig weiß. Der Schwanz trägt ein schwarzes und weißes Band. Unruhig und beweglich fliegt der Kiebitz mehr als er geht und sitzt, und er fliegt leicht und gewandt, mit kräftigem Flügelschlag und in den kühnsten Schwenkungen. Auch sein Gang ist zierlich und trebend. Mißtrauen und Scheu ist mit List und Klugheit gepaart. Mit seines Gleichen und kleinern Verwandten lebt der Kiebitz in Freundschaft, und schlägt feindliche Angriffe von Möven, Reihern, Raben und Raubvögeln gemeinschaftlich und muthig bis zur Tollkühnheit zurück. Zumal während der Brütezeit finden solche Kämpfe viel statt. Der laute Ruf kibitz ist allgemein bekannt. Die Nahrung besteht hauptsächlich aus Regenwürmern und Insektenlarven, aus allerlei Insekten und Schnecken; in Gefangenschaft gewöhnt er sich auch an gekochtes Fleisch und Milch und Semmel. Er ist ein arger Fresser und wird dadurch der menschlichen Oeconomie sehr nützlich, sein eignes Fleisch ist freilich zäh und mager, aber seine Eier gelten für große Leckerbissen. Als Nest dient eine flache Grube

mit spärlichen Hälmchen, darin liegen vier matt olivengrüne, sehr dunkel punktirte Eier, aus welchen nach sech-
zehntägiger Bebrütung die kräftigen Jungen ausschlüpfen,
um bald der Mutter zu folgen.

In Südamerika wird unser Kiebitz durch V. caya-
nensis vertreten, welcher am Kopfe, Halse und der Oberseite aschgrau, an der Kehle, dem Nackenschopf und der
Brust schwarz, am Bauche weiß ist. Die Afrikaner heißen
V. leucurus, inornatus, die Asiaten V. macropterus,
cucullatus u. s. w.

7. Steinwälzer. Strepsilas.

Die einzige Art, welche diesen Gattungstypus vertritt,
ist ein wahrer Kosmopolit, denn sie dehnt ihr Vaterland
von beiden Polen bis gegen den Aequator aus und lebt
in kalten Ländern als Zugvogel, in warmen als Strich-
und Standvogel. In ihrer Organisation verbindet sie
die Strandläufer mit den Wasserläufern, der zweiten
großen Gruppe in der Familie der Schnepfenvögel. Es
gehören in diese Gruppe der Totaniden eine Anzahl eigenthümlicher Gattungen, deren meist sehr langer Schnabel
in der Wurzelhälfte weichhäutig, in der Vorderhälfte aber
harthornig, ganz sanft und allmählig zugespitzt ist. Das
spaltenförmige Nasenloch zieht eine Rinne bis zu dieser
Hornscheide. Der Steinwälzer hat nun noch einen kurzen
Schnabel, dessen kegelförmige Spitze sich sehr sanft aufwärts biegt. Gleich die erste Handschwinge spitzt die
schlanken Flügel, der zwölffederige Schwanz aber rundet
sich ab. Die Beine sind kurz, der Lauf vorn mit Halbgürteln, hinten genetzt, die Zehen bis zum Grunde frei
und die schlanke Hinterzehe hoch eingelenkt. Der anatomische Bau schließt sich wie der des Kiebitz ziemlich
an den Typus der Regenpfeifer überhaupt an.

Der kosmopolitische Steinwälzer, Str. interpres
(Fig. 661), hat Singdrosselgröße, nämlich 9 Zoll
Körperlänge und 20 Zoll Flügelbreite. Er steckt seine
schwarzbraune Oberseite rostgelb, siedert die Oberbrust
und das Halsband schwarz, Kehle, Unterrücken, Stirn-

Fig. 661.

Steinwälzer.

und Nackenbinde weiß. Ueber den Bürzel zieht ein
schwarzes Band und die stämmigen Beine sind orangeroth. Im innern Deutschland verweilt er nur kurze Zeit
auf dem Durchzuge und wir sehen ihn an unsern Gewässern nicht häufig, zumal er paarweise und des Nachts
wandert. Häufig ist er nur an Meeresküsten. In seinen
Bewegungen und dem Betragen überhaupt gleicht er sehr
dem Kiebitz. Sein Ruf klingt gellend und scharf ki und
kibit. Zum Unterhalt dienen ihm allerlei im und am
Wasser lebende Insekten und Würmer, deshalb treibt er
sich immer am Ufer umher, zumal an steinigen, wo er
geschickt die Steine umwälzt (daher sein Name), um das
darunter versteckte Gewürm hervorzuholen. Er eiert auch
auf solchem Boden in ein ganz rohes Nest. Die wenigen
Eier sind matt grün mit dunkeln Punkten und Flecken.
Sie sollen wie das zarte Fleisch sehr schmackhaft sein.

8. Austernfischer. Haematopus.

Kräftige, gedrungene Wasserläufer, großschnäblig,
dickköpfig, kurzhalsig, mit sehr muskulöser Brust, starken
Beinen und dichtem, schwarzweißem Gefieder. Der über
kopfeslange Schnabel ist gegen die stumpfe Spitze hin
fast messerförmig zusammengedrückt und öffnet die ritzenförmigen, durchgehenden Nasenlöcher an seinem Grunde
in einer nach vorn auslaufenden Furche. Die spitzigen
Flügel mit längster erster Schwinge reichen ruhend bis an
das Schwanzende. Der Schwanz selbst ist breitseitig,
kurz und abgestutzt, zwölffederig. Die kaum mittelhohen
Beine sind bis nahe über die dicke Ferse befiedert und die
nur dreizehigen Füße kurz und breitsohlig, mit Spannhaut. In anatomischer Hinsicht fällt sogleich die kräftige Kiefermuskulatur und die großen breiten Nasendrüsen
auf, die mehrfach durchbrochene knöcherne Augenscheide-
wand und die breiten Gaumenbeine. Man zählt 13 Hals-
und 9 Rückenwirbel und findet am hintern Rande des
Brustbeines vier sehr tiefe Buchten. Die kurze Zunge
ist am Hinterrande bezahnt, der Vormagen sehr drüsenreich, der Magen nur schwach muskulös, der Darmkanal
und die breiten innern zelligen Blinddärme von ansehnlicher Länge.

Die wenigen Arten leben in sehr weiter geographischer
Verbreitung, an den Meeresküsten aller Zonen gesellig
und unruhig.

Der europäische Austernfischer. H. ostralegus.

Fig. 662.

Von der Größe einer stattlichen Haustaube, nämlich
15 Zoll lang und 34 Zoll Flügelbreit, siedert der europäische Austernfischer unten weiß und oben schwarz mit
weißer Flügelbinde, orangerothem Schnabel und fleischfarbenen Beinen. Der 3 Zoll lange Schnabel endet
dünn- und scharfkeilförmig. Die Beine sind sein geschildert und die schwachen Krallen scharfkantig. Das Vaterland erstreckt sich über ganz Europa, weit über Afrika,
Asien und Nordamerika. An den deutschen Meeresküsten
ist der Austernfischer ein gemeiner Vogel, an den Gewässern
im Innern, z. B. im Brandenburgischen und Mansfel-
dischen, läßt er sich bisweilen auf der Wanderung nieder,
denn er ist Zugvogel, der im März und April und dann

Fig. 662.

Europäischer Austernsischer.

wieder im September und October seinen Durchzug hält. Standquartier nimmt er nur an der Meeresküste, am liebsten an steinigen und felsigen Gestaden und auf Inseln, besucht bisweilen auch die nächsten Wiesen und Aecker. Ueberall findet er Gewürm, kleine Schnecken, Insektenlarven, Krebse und kleine Fische, wendet geschickt mit dem Keilschnabel die Steine um und bohrt in lockerm Sand und feuchten Boden. Obwohl Austernsischer genannt, soll er doch nach zuverlässigen Beobachtungen keine Austern fangen, nur Miesmuscheln fand man in seinem Magen. Er rennt schnell, schwimmt vortrefflich und fliegt sehr schnell mit hastigen Flügelschlägen. Immer munter gelaunt, spielt er viel mit seines Gleichen, zankt und kämpft auch oft und greift keck und muthig größere Gegner an. An besonders geeigneten Plätzen schaart er sich zu Hunderten und Tausenden und duldet dann auch andere nahe und ferne Verwandte unter sich. An lautem Geschrei und Lärmen fehlt es in solchen Gesellschaften nicht. Zum Eiern wählt das Weibchen einen betasten Platz nicht fern vom Ufer, kratzt eine seichte Grube aus, trägt einige dürre Blättchen und Halme hinein und legt dann drei bräunlich rostgelbe Eier mit dunkeln Punkten und Flecken, auf welchen es unter bisweiliger Ablösung vom Männchen fast drei Wochen brütet. Die Jungen werden mit zärtlicher Liebe sorglich gepflegt und beschützt. Das zähe Fleisch schmeckt schlecht, dagegen werden die Eier geschätzt.

Der von Chili bis Mexiko heimische H. palliatus bräunt seinen schwarzen Rücken und hat auch einen merklich stärkern Schnabel, die patagonische H. niger siedert ganz schwarzgrau, ebenso der durch die Schnabelform unterschiedene westafrikanische H. Moquini.

9. Strandreiter. Himantopus.

Größer ist das Mißverhältniß zwischen Körper und Beinen bei keinem andern Vogel als bei dem Strandreiter oder Stelzenläufer. Er hat die längsten und zugleich dünnsten Beine, welche nur oben am Unterschenkel befiedert, übrigens weich geschildert sind und dreizehige schwache Füße mit Spannhaut haben. Der Schnabel ist wieder viel länger als der Kopf, fein, zierlich und zugespitzt, mit etwas eingebogenen Rändern und schmal ritzenförmigen durchgehenden Nasenlöchern. Die schmalen spitzen Flügel überlängen den Schwanz und von ihren

steifen Schwingen ist die erste sehr lang. Der kurze Schwanz besteht aus zwölf ungleichen Steuerfedern.

Die wenigen Arten sind über die Alte und Neue Welt zerstreut, nur eine heimatet im südlichen Europa und verfliegt sich bisweilen nach Deutschland bis an die Mansfelder Seen, nämlich:

1. Der rothfüßige Strandreiter. H. rufipes.

Figur 663.

Kaum von Taubengröße im Rumpfe, schlanker noch, 13 Zoll lang und 26 Zoll flugbreit, steht der Strandreiter so hoch auf seinen dünnen, biegsamen, rothen Beinen, daß er mit keinem andern Europäer verwechselt werden kann. Der nackte Theil der Beine mißt nämlich

Fig. 663.

Rothfüßiger Strandreiter.

8 bis 10 Zoll Höhe. Der dünne Schnabel erreicht auch nahezu 3 Zoll Länge. Die Oberseite siedert glänzend schwarz, die übrigen Körpertheile weiß. Der graue Schwanz säumt seine Federn weiß. Ganz alte Männchen sind auch am Kopfe und Halse weiß. Sein Standquartier wählt der Strandreiter an großen Binnenseen, Teichen und auf weiten Sümpfen. Dort watet er ins Wasser und schwimmt auch mit seinen langen Beinen vortrefflich, sucht nach allerlei kleinen Wasserthierchen und läßt sich seinen weitschallenden Pfiff hören. Das Nest, nur aus wenigen Pflanzentheilen gebaut, liegt auf einer Erhöhung im tiefen Sumpfgestrüpp und enthält vier graulichgrüne, dunkelpunktirte Eier. — Die gablige Rückenflur des Gefieders ist hinter den Schultern unterbrochen und die Brustflur setzt jederseits einen breiten Ast ab. Die lange schmale Zunge erscheint nur am fast geraden Hinterrande fein gezähnt. Der Darmkanal mißt zwei Fuß Länge, die Blinddärme 1½ Zoll, der Vormagen ist sehr drüsenreich, der Magen stark muskulös, der rechte Leberlappen viel länger als der linke, die Nieren deutlich dreilappig.

2. Der mexikanische Strandreiter. H. mexicanus.

Figur 664.

Der mexikanische Strandreiter dehnt sein Vaterland über das ganze wärmere Amerika aus und gleicht in seiner äußern Erscheinung wie in seiner Lebensweise gar auffällig dem europäischen. Das schwarze Gefieder der Oberseite schillert kupfrig erzgrün und die mittlern

Fig. 664.

Mexikanischer Strandreiter.

Schwanzfedern sind silbergrau mit weißen Enden. Der Schnabel krümmt seine feine Spitze schwach aufwärts. Auch er bewohnt gesellig die Sümpfe und Binnengewässer, baut aus Schilf und Gehalm sein Nest und legt vier schmalgelbe schwarzbraun gefleckte Eier.

An den südlichen und westlichen Küsten Neuhollands lebt eine dritte Art, H. pectoralis (Fig. 665), welche weiß gefiedert, nur an den Flügeln und dem Bauche schwarz und auf der Brust ein schwarz eingefaßtes kastanienbraunes Band hat. In der Lebensweise gleicht er den vorigen Arten. Auch der afrikanische Strandreiter wird gegenwärtig unter dem Namen H. melanopterus als besondere Art betrachtet.

10. Säbler. Recurvirostra.

Auch der Säbler ist ein langschnäbliger und hochbeiniger Wasserläufer, aber in beiden Charakterorganen doch erheblich von dem Strandreiter unterschieden. Der schwache Schnabel ist nämlich völlig platt gedrückt, gegen die Spitze hin ungemein verdünnt und stark aufwärts gekrümmt. Die an seinem Grunde gelegenen ritzenförmigen Nasenlöcher laufen in eine kurze Rinne aus. Die drei Vorderzehen sind durch Schwimmhäute verbunden und die Hinterzehe ist vorhanden, aber klein und kümmerlich. In den langen spitzen Flügeln ist wieder die erste Schwinge die längste. Die Federfluren des Gefieders verhalten sich ganz wie bei dem Strandreiter, mit wel-

Fig. 665.

Australischer Strandreiter.

chem auch der anatomische Bau sehr übereinstimmt. Am Schädel beachte man die geringe Größe des Hirnkastens. 14 Hals-, 9 Rücken- und 9 Schwanzwirbel. Die Zunge ist sehr kurz, der Magen nur schwach muskulös, die Blinddärme lang (2''), die Nasendrüsen sehr groß, u. s. w.

Die wenigen Arten gefiedern schwarz und weiß und leben in weiter geographischer Verbreitung, aber nur die gemeine besucht Deutschland.

Die Avofette. R. avocetta.

Figur 666.

Der gemeine Säbler oder die Avofette scheint in allen Küstenländern der Alten Welt heimatsberechtigt zu sein und weiß sich auch an großen Binnenseen wohnlich einzurichten. Im mittlern Europa hält er sich nur vom April bis October auf. Nur niedrige, sumpfige und begraste Ufer sagen ihm zu. Da sieht man ihn in kleinen

Fig. 666.

Avofette.

47*

Gesellschaften behend und leichten Schritts bald gehend bald schnell laufend oder schwimmend. Sein Flug ist niedrig, nur auf der Wanderung hoch und schnell. Scheu und vorsichtig wie der Strandreiter, flieht er den Menschen schon aus weiter Ferne, duldet aber andere Vögel in seiner unmittelbaren Nähe. Was die sumpfige Küste und der seichte Rand des Wassers an Gewürm und weichen Thieren bietet, mundet ihm. Er säbelt förmlich mit dem scharfrantigen Schnabel im weichen Schlamm und Wasser und nimmt alle Nahrung seitwärts in denselben auf, da die biegsame feine Spitze nichts festzuhalten vermag. Das Nest ist eine bloße ausgescharrte Vertiefung und enthält 2 bis 4 gelbliche, punktirte Eier, welche beide Gatten abwechselnd 18 Tage lang bebrüten. Die Jungen verlassen sogleich das Nest in schneeweißem Dunenkleide. Ausgewachsen fiedern sie rein weiß, am Kopfe, Nacken und auf den Flügeln aber schwarz. Die Beine sind hellblau, der Schnabel ganz schwarz. Bei 15 Zoll Körperlänge spannen die Flügel 32 Zoll. — Die übrigen Arten sind noch sehr ungenügend bekannt.

11. Wasserläufer. Totanus.

Die eigentlichen Wasserläufer kennzeichnet ihr langer pfriemenförmiger Schnabel mit abgerundeter Firste, etwas gewölbter Spitze und schmal spaltenförmigen Nasenlöchern am Grunde, ferner die schlanken, auf den beschilderten Beine mit drei Rinnen, am Grunde gehefteten Vorder- und einer schwächlichen, aber auftretenden Hinterzehe. Schwanz und Flügel weichen nicht wesentlich von den vorigen ab. Das volle, weiche Gefieder liegt dicht und knapp und liebt gesprenkelte und gewellte Zeichnung. Die Arten, klein und zierlich gebaut, leben auf beiden Erdhälften gesellig an fließenden und stehenden Gewässern und in sumpfigen Gegenden. Im Gehen und Laufen nehmen sie weite Schritte, waten bis an den Bauch ins Wasser, schwimmen geschickt und fliegen leicht und schnell.

1. Der Teichwasserläufer. T. stagnatilis.
Figur 667.

Einer der zierlichsten seiner Gattung, schlank und hochbeinig, 8 Zoll lang und 16 Zoll Flügelbreit und mit seidenweichem Gefieder bekleidet, welches an der ganzen Unterseite weiß blendet, auf dem braungrauen Rücken aber tief braunschwarze Striche und Pfeilflecke hat. Über den größten Theil der Alten Welt verbreitet, ist der Teichwasserläufer doch nirgends gemein, in Deutschland sehr selten und nur auf dem Durchzuge verweilend. In seinem Betragen verräth er große Beweglichkeit und Scheu und ist daher schwer zu schießen. Seine Nahrung, Gewürm und Larven sucht er im sumpfigen Boden und im Uferschlamm. Das im Schilf versteckte sehr einfache Nest enthält vier gelblich weiße Eier.

2. Der hellfarbige Wasserläufer. T. glottis.

Auch diese Art ist sehr weit über die Alte Welt verbreitet und häufiger in Deutschland als vorige, zumal auf dem herbstlichen Durchzuge ins Winterquartier. Ausgewachsen mißt dieser Wasserläufer 12 Zoll Länge und 24 Zoll Flügelbreite und unterscheidet sich von vorigem

Fig. 667.

Teichwasserläufer.

besonders durch den Mangel von Weiß auf dem Mittelflügel. Uebrigens aber blendet seine ganze Unterseite wieder rein weiß und die schwarzbraunen Rückenfedern haben lichte Kanten. Ungemein scheu und furchtsam, treibt er sich bei schönem Wetter unruhig am Ufer umher, läuft, schwimmt und fliegt bald hier-, bald dorthin, pfeift sein wohlschallendes tsia oder tsü und sucht allerlei Gewürm, Insekten und Laich auf.

Der dunkelfarbige Wasserläufer, T. fuscus, ist im Norden der Alten Welt heimisch und besucht Deutschland nur auf der Wanderung nach dem südlichen Winterquartier. Er unterscheidet sich von den vorigen durch die unten rothe Schnabelwurzel und die weißen Randflecken der mittlen Schwingen. Bei 11 Zoll Körperlänge klaftern die Flügel 23 Zoll, die Oberseite fiedert tief schwarzbraun mit bräunlich weißen Randflecken, im Alter heller. Der Bruchwasserläufer, T. glareola, der hie und da in Deutschland häufig ist, wird an den schwarz und weiß gebänderten mittlen Schwanzfedern und dem weißen Schafte der ersten Schwinge unterschieden.

Unter den Amerikanern erreicht der pensylvanische Wasserläufer, T. semipalmatus (Fig. 668), die stattliche Größe von 15 Zoll und zeichnet seine dunkelgelbbraune Oberseite mit schwarzen Querlinien und gelblichweißen Punkten, die Brust milchweiß mit gelben Flecken, den braunen Schwanz mit schwarzen Querbinden. Er nistet in den sumpfigen Gegenden längs der Flußmündungen in den mittlen Staaten Nordamerikas und legt in ein schilfiges Nest vier grünlich dunkelbraun gefleckte Eier. In Südamerika sind zwei Arten häufig, T. melanoleucus und T. flavipes, beide nur durch die Zeichnung von den europäischen verschieden.

12. Schnepfen. Scolopax.

Die eigentlichen Schnepfenvögel zeichnen sich als dritte Gruppe ihrer großen Familie hauptsächlich wieder durch Eigenthümlichkeiten der Schnabelbildung aus. Ihr langer gerader Schnabel spitzt sich nämlich nicht scharf zu,

Fig. 668.

Fig. 669.

Venezuelanischer Wasserläufer.

Große Sumpfschnepfe.

sondern setzt die Spitze kuppig ab und ist bis zu dieser von welcher Haut bekleidet, welche einen empfindlichen Tastapparat zum Aufsuchen der Nahrung im Schlamm und Sumpf bildet. Die Unterschenkel sind weit hinab befiedert und die Hinterzehe gewöhnlich vorhanden.

Die Gattung der Schnepfen hat einen zusammengedrückten und sehr hochstirnigen, aber plattscheitligen Kopf mit großen, weit nach hinten und oben gerückten Augen. Der lange gerade Schnabel ist weich und biegsam bis an die stumpfe Spitze, wo der Unterkiefer in den obern eingesenkt ist. Die kleinen schmalen Nasenlöcher laufen in eine Rinne aus. Die Beine sind nicht hoch, aber die drei ganz getrennten Vorderzehen schlank, die Hinterzehe kurz und hoch eingelenkt. In den sumpfspitzigen Flügeln haben die drei ersten Schwingen ziemlich gleiche Länge. Die Zahl der Steuerfedern schwankt. Das weiche Gefieder steckt sich bunt mit nicht grellen Farben und steht in breiten zusammenhängenden Fluren. Am Schädel erscheinen die Augenhöhlenränder völlig geschlossen, das große Hinterhauptsloch ganz nach unten gerückt und die Kieferknochen durchlöchert zum Durchtritt der Nerven für die tastende Schnabelhaut. Die Beugestelle des Oberkiefers liegt vor den Nasenlöchern. Sonst zeigen die verschiedenen Arten in ihrem anatomischen Bau beachtenswerthe Formunterschiede.

Die Arten, zahlreich über beide Erdhälften verbreitet, leben theils in feuchten Wäldern, theils in freien Morästen und Sümpfen, meist nächtlich und einzeln. Ihre Nahrung, Insekten und Gewürm suchen sie an stillen düstern Orten in der Dämmerung. An solche Orte bauen sie auch ihr Nest, das nie mehr als vier gelbliche oder grünliche, braunfleckige Eier enthält. Das Fleisch aller wird als sehr wohlschmeckend gegessen.

1. Die große Sumpfschnepfe. Sc. major.
Fig. 668.

Die große Sumpfschnepfe oder große Bekassine ist zwar überall im mittlen Europa heimisch, doch nirgends

zahlreich anzutreffen, erst nach Osten im südlichen Rußland und weit nach Asien hinein wird sie gemein. Gegen Kälte sehr empfindlich, trifft sie nicht vor Ende April und Anfang Mai aus dem südlichen Winterquartier bei uns ein und zieht bereits Mitte September wieder dorthin zurück, und zwar einzeln bei Nacht wandernd. Baumleere sumpfige Niederungen, sumpfige Wiesen an Teichen, Seen und Flüssen bilden ihr Standquartier und liefern ihr Gewürm, Insekten und weiche Schnecken in reichlicher Fülle zum Unterhalt. Ihre äußere Erscheinung hat etwas Plumpheit und im Gesicht spricht sich Dummheit aus, sie läuft auch nicht, federnd gebt bedächtig, fliegt zwar hurtig, doch schwerfällig und niedrig, nicht ohne Noth, nicht weit, liebt überhaupt Ruhe und Bequemlichkeit mehr als andere Schnepfen, ist dabei ängstlich und scheu und meist stumm. Ihr Nest baut sie aus spärlichem Gehalm auf eine Erhöhung im tiefen Sumpfe, legt bis vier olivengrüne, dunkelgefleckte Eier hinein und brütet 18 Tage sehr hitzig, dann schlüpfen die dick betaunten Jungen aus. Ihr sehr fettes, ungemein zartes Fleisch gilt für das schmackhafteste aller Schnepfenarten. Ausgewachsen 10 Zoll lang und 20 Zoll flügelbreit, unterscheidet sie sich von ihren Verwandten durch die sehr leuchtenden großen weißen Spitzen der meisten Flügeldeckfedern und die rein weiße Endhälfte der beiden äußern Paare der Schwanzfedern. Der 2½ Zoll lange und ganz gerade Schnabel ist weich und sehr biegsam, nur an der äußersten Spitze hornig, von der Wurzel bis gegen die Spitze hin immer dunkler bis schwarz.

2. Die gemeine Sumpfschnepfe. Sc. gallinago.
Figur 670.

Die gemeine Sumpfschnepfe, auch Heerschnepfe, Bekassine genannt, erreicht nur Drosselgröße, 9 Zoll Länge und 18 Zoll Flugweite, und kennzeichnet sich durch schmale graugelbliche Spitzenstecke auf den mittlen Flügeldeckfedern und durch die kurze weiße Spitze der äußersten Schwanzfeder. Uebrigens siedert sie oben schwarzbraun mit vier gelblichen oder blaßgrauen Längsstreifen und vielen Flecken, unten weiß, am Schwanze restreih mit schwarzen Querbändern und auf dem Kopfe mit zwei schwärzlichen Streifen. Die niedrigen schwächlichen Beine bekleiden vorn Schildtafeln,

Fig. 670.

Kopf und Fuß der gemeinen Sumpfschnepfe.

binten kleine Schilder von schmutzig grünlicher Farbe. Von den 25 Flügelschwingen stehen zehn am Handtheil; der Schwanz hat 14 Steuerfedern. Den Fächer im Auge bilden 13 schmale Falten. Der muskulöse Magen hat eine glänzende Sehnenscheibe, der Darm 1½ Fuß Länge, die Blinddärme 1 Zoll (bei voriger Art diese Papillen bildend), die Leberlappen sehr ungleich, die Zunge sehr schmal und lang, nur am buchtigen Hinterrande bezahnt.

Die Bekassine ist gemein in ganz Europa, Asien und Afrika, überall in Niederungen und weiten tiefen Thälern häufig. Schon im März trifft sie bei uns ein und viele Tausende wandern durch in die nördlichen Länder bis zum Polarkreise. Im August schwärmt sie umher und bis in den November hinein dauert die Wanderung nach Süden. Viele überwintern schon diesseits des Mittelmeeres. Jeder feuchte, bewachsene und buschige Boden sagt ihr zu, wenn sie nur Insekten und Gewürm und sicheres Versteck findet. Am Tage hält sie sich ruhig, in der Dämmerung erst wird sie beweglich, sticht hie und da mit dem Schnabel in den weichen Boden, um die versteckten Larven und Würmer herauszuziehen, mit denen sie sich mästet. Sie geht und läuft behend, fliegt gewandt, schnell und keck, oft mit sausendem Flügelschlag, ist dabei scheu und furchtsam, aber im sichern Gestrüpp munter und keck. Ihre Stimme klingt heiser fäbsch, auf der Wanderung geckgeckgäb und während der Begattungszeit ganz meckernd. Obwohl sie an geeigneten Plätzen zahlreich beisammenlebt, ist sie doch gleichgültig gegen ihres Gleichen wie gegen andere Vögel und hält auch auf dem Zuge keine eigentliche Freundschaft, nur Männchen und Weibchen spielen mit einander. Das höchst einfache Nest steckt im Schilfgras und enthält höchstens vier Eier, trüb grüne mit groben Punkten und Flecken, auf welchen das Weibchen allein 16 Tage brütet. Die Jungen wachsen schnell heran. Die Jagd ist sehr ergiebig und allenthalben wird die Bekassine zu Markte gebracht und gern gegessen. Die fettesten Bekassinen werden mit den Eingeweiden zubereitet und gelten so für Leckerbissen.

3. Die kleine Sumpfschnepfe. Sc. gallinula.
Figur 671.

Nur von Lerchengröße, kennzeichnet sich diese Art durch lichtgelblich graue Spitzenkanten der Flügeldeckfedern und die verlängerten Mittelfedern des nur zwölffedrigen Schwanzes. Ihre Oberseite schillert schwarz mit grünem Schiller, auf dem Rücken mit vier gelblichen Streifen und vielen Querflecken, an der Unterseite weiß und auf dem

Fig. 671.

Kleine Sumpfschnepfe.

Kopfe steht eine tiefschwarze, rostroth punktirte Haube. Der Vormagen ist sehr drüsenreich, der Magen nur schwach muskulös, der Darmkanal einen Fuß lang, die Blinddärme einen Zoll.

Die Heimat der kleinen Sumpf- oder Moorschnepfe erstreckt sich über das nördliche Europa und Asien, im mittlern Europa hält sie sich nur einzeln und strichweise auf. Ihre Zugzeit fällt mit der der großen Sumpfschnepfe zusammen. Zum Standquartier wählt sie nur bewachsene sumpfige und moorige Gegenden, wo sie am Tage sich verstecken kann. Ihr Flug ist leise, leicht, sehr unstät, mit flatterndem Flügelschlag. Die große Scheu anderer Schnepfen hat sie nicht, vielmehr zeigt sie sich einfältig und furchtlos, läßt den Jäger ganz nah herankommen und fliegt dann erst stumm auf. In ihrem Magen findet man außer Insekten und Gewürm auch Gesäme und zarte Grasspitzen. Ihr fettes Fleisch gehört zu den leckerhaftesten Gerichten.

4. Die gemeine Waldschnepfe. Sc. rusticola.
Figur 672.

Die Gruppe der Waldschnepfen unterscheidet sich von den vorigen oder Sumpfschnepfen sogleich durch die bis auf die Ferse herab befiederten Beine, durch die kurze Hinterzehe mit kleinem aufgerichtetem Nagel, gewölbte stumpfspitzige Flügel, starken Schnabel und sehr große Augen. Sie sind schwerfällig, kurzbeinig, dickbäuchig, großköpfige Schnepfen mit düsterem, dunkel gezeichnetem Gefieder und bewohnen feuchte Wälder. Deutschland hat nur eine Art dieser Gruppe aufzuweisen, die gemeine Waldschnepfe, welche ihr Vaterland über ganz Europa, Asien und Afrika ausdehnt. Aus den nördlichen Ländern zieht sie in südliche Winterquartiere, überwintert jedoch in Deutschland schon ziemlich zahlreich. Schon im März eilt sie ihrem Standquartier zu, im November kommen die letzten aus dem Norden bei uns durch. In Wäldern aller

Fig. 672.

Gemeine Waldschnepfe

Art, wenn sie nur sumpfig und bruchig sind, mit schattigem Unterholz und mit moderndem Laube am Boden, richtet sie sich heimisch ein. Im Sißen, wo sie sich gebückt, schleichend und trippelnd hält, erscheint sie einfach und anspruchslos, im Fluge überaus langsam, doch sehr geschickt im Schwenken, Steigen und Fallen, immer niedrig und nicht anhaltend, nur verfolgt sehr schnell. Schüchtern und scheu, duckt sie sich, bis der Feind ganz nah ist, dann erst flieht sie. Ihr Mißtrauen ist sehr groß und sie lebt daher ganz einsam, wird aber jung aufgezogen doch sehr zahm und zutraulich durch ihre absonderlichen Stellungen und Bewegungen. Ihrer Nahrung, Insekten und Gewürm, geht sie des Abends und Morgens nach. Das ganz versteckte Nest enthält drei bis vier bleich rostgelbe Eier mit rothbraunen Flecken und Punkten, auf welchen das Weibchen 17 Tage sehr emsig brütet. Die ausschlüpfenden Jungen laufen sofort aus dem Neste, werden aber noch einige Wochen sorglich von der Mutter gepflegt. Man jagt und fängt die Waldschnepfe auf verschiedene Art und ist ihr Fleisch aller Orten gern, obwohl es an Feinheit und Wohlgeschmack dem der Bekassinen merklich nachsteht. Man bratet den ganzen Vogel mit den Eingeweiden am Spieß und läßt die dabei aus dem After quillenden Tropfen auf geröstete Semmel träufeln, oder man nimmt die Eingeweide heraus und streicht sie mit Gewürz gebraten auf Semmel. Die zahlreichen Eingeweidewürmer, an welchen diese Thiere leiden, machen den Schnepfendreck zu einem Leckerbissen. Wunderlich, dem Gaumen sind Eingeweidewürmer und Dreck gepriesene Leckerei; der Natur dieser Leckermäuler aber sind sie unverträglich!

Ausgewachsen 12 Zoll lang und 25 Zoll flügelbreit, trägt unsere Waldschnepfe ein großes, weiches und lockeres Gefieder, oben roststarben mit bräunlichgrauen Querbinden, unten fahlgelblich mit braunen Zickzackstreifen, auf dem Rücken mit vier Längsstreifen, auf den Flügeln mit vier Querstreifen, schwarzen und rostgelben Streifen am Hinterkopfe und weißen Spitzen an den Steuerfedern. Die stämmigen Beine sind geschildert. Der Augenfächer besteht aus nur 9 gefalteten Falten, der knöcherne Augenring aus 15 Schuppen. Der Vormagen ist dünnwandig und mit

kleinen Drüsen ausgekleidet, der Magen nur schwach musculös, der Darmkanal über drei Fuß lang und mit nur wurzenförmigen Blinddärmchen, die Leber klein und kurz, die dochrothen Nieren am Rande fünflappig getheilt.

Von den ausländischen ächten Schnepfen mag nur die im Innern Brasiliens heimische Riesenschnepfe, Sc. gigantea, erwähnt sein. Dieselbe erreicht die doppelte Größe unserer Waldschnepfe, ist dickbeiniger und langschnäbliger. Sie fiedert rostgelb bis zum Bauch, dann ist sie weißbraun gestreift, am Rücken braun, rostgelb gesäumt und rostroth gewellt, an den Schwingen weiß gebändert. Einer zweiten brasilianischen Art, Sc. frenata, fehlen die weißen Bänder auf den graubraunen Schwingen und sie bleibt auch in der Größe weit zurück. Die afrikanische Sc. latipennis ähnelt auffallend unserer gemeinen Bekassine, nur daß sie 14 sehr breite Steuerfedern und nur eine schwarze Binde am Schwanze hat.

13. Pfauenschnepfe. Rhynchaea.

Einige ausländische Waldschnepfen mit prachtvoller Fiederzeichnung biegen ihren Schnabel in der Endhälfte langsam herab und haken die Spitze stumpf; das kleinere kürzere Nasenloch wirft gegen die Stirn einen hohen Rand auf. Die Flügel sind kurz und gewölbt, ihre drei ersten Schwingen von gleicher Länge. Dieser Eigenthümlichkeiten wegen trennt man sie als besondere Gattung von der Schnepfe ab. Sie bewohnen die warmen Länder der Alten und Neuen Welt. Die abgebildete Art, Rh. capensis (Fig. 673), lebt in großen Schaaren im südlichen Afrika längs der Ufer. Sie fiedert oben bläulichschwarz und hat vor den Fiederspitzen schwarze Pfeilflecke, auf dem Scheitel und hinter dem Auge einen rostgelben Streif,

Fig. 673.

Afrikanische Pfauenschnepfe.

auch Streifen an den rostgelben Kehle, und auf der Oberbrust ein schwarzes Querband, das sich auf dem Rücken weiß auszieht. Sie wird zehn Zoll lang. Die südamerikanische Rh. hilaerea trägt sich am Kopfe und Halse braun, zieht zwei rostgelbe Streifen über den Rücken und quere Streifen über die Flügelfedern; die Bauchseite bleibt weiß. Lebt ganz wie unsre Bekassine.

14. Pfuhlschnepfe. Limosa.

Die Pfuhlschnepfen sind schlanke hochbeinige Schnepfen mit mäßigen, nicht hinaufgerückten Augen und sehr lan-

gern Schnabel, welcher von der starken Spitze aus allmählig sich verschmächt und in eine breite Spitze endet. Die
ovalen durchsichtigen Nasenlöcher öffnen sich seitlich vor
der Stirn und laufen nach vorn in eine Furche aus. Die
schlanken Beine bleiben bis hoch über die Ferse hinauf
nackt. An den Füßen sind die äußere und mittle Vorderzehe durch eine Spannhaut verbunden und die kleine
Hinterzehe nicht hoch eingelenkt. In den langen spitzigen
Flügeln hat die erste Schwinge die größte Länge; der
kurze Schwanz besteht aus zwölf Federn. Ihr dichtes,
derbes und glatt anliegendes Gefieder liebt rostige und
graue Farbentöne und braune Fleckenzeichnung. Der
anatomische Bau schließt sich im Wesentlichen dem der
ächten Schnepfen an, bietet aber bei den einzelnen Arten
manche beachtenswerthe Eigenthümlichkeit, z. B. in der
Stärke der Magenwandung, der Größe der Blinddärme
und Nierenlappen u. s. w.

Die Arten leben gesellig in nördlichen Gegenden, meist
längs der sumpfigen Gestade, fliegen leicht, schnell und
hoch, gehen in anständiger Haltung umher, schwimmen
und tauchen auch geschickt und nähren sich von Würmern,
Insekten und Laich. Ihr Nest bauen sie kunstlos auf
nasse Wiesen und legen vier olivengrünliche, braunfleckige
Eier hinein. Ihr Fleisch wird als sehr schmackhaft gepriesen.

1. Die große Pfuhlschnepfe. L. melanura.
Figur 674.

Zwar über ganz Europa bis ins nördliche Afrika und
über einen großen Theil Asiens verbreitet, ist die gemeine
oder große Pfuhlschnepfe doch nur in einzelnen Ländern
häufig, in andern selten. In Deutschland siedeln sich nur
wenige Pärchen an und wir sehen sie daher fast nur auf

Fig. 674.

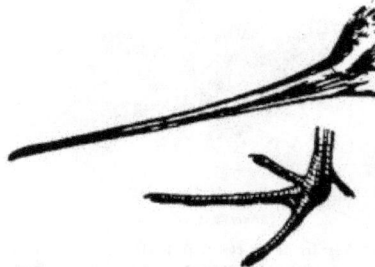

Kopf und Fuß der großen Pfuhlschnepfe.

dem nächtlichen Durchzuge, im April und Mai und im
August und September. Als ächter Sumpfvogel liebt
sie feuchte, morastige, bewachsene Gegenden, dort treibt
sie sich im seichten Wasser, im Schlamme und Grase nach
Nahrung suchend munter umher, fliegt bald niedrig bald
hoch und mit kräftigen Flügelschlägen über das Wasser
und läßt ihr weithin schallendes fließendes rietzo sehr oft
hören. Scheu und mißtrauisch, weicht sie dem Jäger schon

aus weiter Ferne aus. Die Nahrung theilt sie mit andern
Schnepfen. Das auf einer Wiese gelegene Nest enthält
vier matt olivengrüne Eier mit braunen Flecken und
Punkten.

Ausgewachsen 15 Zoll lang und 30 Zoll Flügelbreit, schiert die große Pfuhlschnepfe oben schwarzbraun
mit rostrothen Querbändern, unten und am Halse lebhaft
rostroth; die grauen Schwingen spitzen sich schwärzlich und
besonders charakteristisch ist die weiße Wurzel des schwarzen Schwanzes. Die Mittelzehe trägt eine große Kralle
mit kammartig gezähneltem Rande. Der Vormagen ist
mit kleinen Drüsen dicht besetzt, der Magen sehr stark
muskulös und der Darmkanal zwei Fuß lang mit kurzen
ganz dünnen Blinddärmchen; der rechte Leberlappen noch
einmal so lang wie der linke.

2. Die rothe Pfuhlschnepfe. L. rufa.
Figur 675 b.

Der weiße Schwanz mit schmalen schwarzen Bändern
und die ganzrandige Mittelkralle unterscheidet diese Art
schon sicher von der vorigen. Ihr Jugendkleid ist hell
bräunlich rostgelb mit dunkelbraunen Flecken, im Frühlingskleide herrscht prächtiges Rostroth, am Kopfe und
Halse mit braunen Schaftstrichen, auf dem dunklern
Rücken mit Rankflecken. Das Vaterland theilt sie mit
der großen Art, besucht aber von ihren Standquartieren
aus gern trockene Gegenden, ist in großen Schaaren sehr
scheu, vereinzelt ordeg und nährt sich wie jene. Ueber
die Fortpflanzung sind befriedigende Beobachtungen noch
nicht bekannt geworden. In anatomischer Beziehung
beachte man die kurzen und sehr dicken Blinddärme, den
muskulös-häutigen Magen, den großen dintern Nierenlappen, die Verbindung der letzten Luftröhrenringe durch
einen Riegel u. s. w. Das von einem bräunlichgelben, leicht-
flüssigen Fette umhüllte Fleisch gilt für ein sehr lecker-
haftes Essen.

15. Strandläufer. Tringa.

Die in mehren Arten durch alle Klimate beider Erdhälften verbreitete Gattung der Strandläufer begreift kleine
Schnepfenvögel mit weichem, grau, braun und rostfarben
gezeichnetem Gefieder. Ihr Schnabel ist höchstens nur
etwas länger als der Kopf, schwach und schlank, gerade
oder gegen die harte Spitze hin sanft gebogen. Die
kleinen schmalen Nasenlöcher umsäumt ein häutiger Rand.
Die schwachen hohen Beine sind etwas über der Ferse
nackt, die dünnen Zehen ganz getrennt und die sehr kurze
Hinterzehe nicht auftretend. Die Flügel spitzen sich schlank
und die zwölf Steuerfedern im Schwanze sind von veränderlicher Länge. Der bei den Schnepfen so sehr ausgebildete Tastapparat des Schnabels erscheint hier nur
schwach entwickelt. Die Wirbelsäule zählt 12 Hals-,
9 Rücken- und 8 Schwanzwirbel. Die Blinddärme sind
verhältnißmäßig lang.

Die Strandläufer übersommern gern in gemäßigten
und kalten Ländern und ziehen in großen Schaaren während der Morgen- und Abenddämmerung ins südliche
Winterquartier Ueberall an schlammigen Ufern wissen
sie ihren Unterhalt, Gewürm, Insekten und kleine Wasser-

Fig. 675.

Scharfenvögel.

thiere überhaupt zu finden, laufen schnell und gewandt, fliegen leicht, aber schwimmen nur in der äußersten Noth. Die wenigen olivengrünen, dunkelfleckigen Eier liegen in einem ganz kunstlosen Neste im Grase.

1. Der isländische Strandläufer. Tr. islandica.

Figur 676.

Ueber die nördlichen Küstengegenden Europas, Asiens und Nordamerikas verbreitet, besucht der gemeine Strandläufer die größern Binnengewässer Deutschlands nur auf seiner Herbst- und Frühjahrswanderung, die er des Nachts und gesellig bis zu großen Schaaren ausführt. Seichte Küsten, welche bei der Ebbe weite Flächen trocken legen, behagen ihm am meisten, denn das zurücktretende Wasser läßt ihm reichliche Nahrung zurück. Sonst sucht er dieselbe auch auf sumpfigem Boden und feuchten Aengern, zumeist in der Dämmerungszeit. In seinen Bewegungen ist er schnell, gewandt und zierlich, läuft flüchtig umher, fliegt dann eine kurze Strecke über das Wasser und kehrt wieder ans Ufer zurück, rennt unruhig hier- und dorthin; scheu jeder Gefahr von ferne ausweichend. Dabei liebt er die Gesellschaft und wenn er unter seines Gleichen keine treuen Genossen findet, schließt er sich andern

Naturgeschichte I. 2.

Fig. 676.

Maaurischer Strandläufer.

Strandläuferarten an. Seine Stimme pfeift scharf und gellend twit und tuitwib, zumal von fliegendem Schwarm. Das Weibchen legt wenige gelblichbraune, grau und röthlich gefleckte Eier auf ein trocknes Grasbüschel und brütet dieselben allein aus.

48

Der gemeine Strandläufer trägt ein rostrothes schwarz-
fleckiges Sommerkleid mit weiß eingefaßten Flügeldecken,
schwärzlichen Schwingen und grauen Steuerfedern, an der
ganzen Unterseite weiß, nur auf der Brust braun quergebändert. Das Winterkleid ist einfach aschgrau mit
schwarzen Flecken. Bei 9 Zoll Körperlänge spannen die
Flügel 20 Zoll. Der Darmkanal mißt 1½ Fuß Länge,
die Blinddärme 2 Zoll. Der Magen ist sehr musculös
und mit glänzender Sehnenscheibe belegt. Das zarte fette
Fleisch wird als überaus wohlschmeckend gepriesen.

2. Der kleine Strandläufer. Tr. minuta.
Figur 677.

Bei nur 5 Zoll Körperlänge und 12 Zoll Flugweite
unterscheidet sich diese Art besonders durch die drei äußern
hellgrauen Federn des schwach ausgeschnittenen Schwanzes,
die weißen Schäfte der Flügelschwingen und den kürzern
Schnabel. Sie fiedert im Sommer rothbraun mit schwarzen Flecken, unten weiß, mit schwarzen Schwingen und
Füßen. Das Winterkleid ist oben aschgrau, unten weiß.

Fig. 677.

Kleine Strandläufer.

In Naturell und Lebensweise gleicht die Art auffallend
der vorigen, nur ist sie zutraulicher, verträglicher auch mit
andern Vögeln und trillert dirrit. Ihr Vaterland dehnt
sich ebenfalls über die nördliche Erdhälfte aus und bietet
an seichten Küsten die beliebtesten Standquartiere. Das
Fleisch wird im Herbst sehr wohlschmeckend befunden.

3. Der veränderliche Strandläufer. Tr. variabilis.
Figur 678.

Während die vorigen Arten einen geraden Schnabel
haben, biegt sich bei dieser und mehren andern der Schnabel gegen die Spitze hin sanft abwärts, ist auch etwas
länger als der Kopf und schwarz. Ausgewachsen hat der
veränderliche Strandläufer nur Lerchengröße und trägt sich
dann im Sommerkleide mit schwarzem Mantel, rostrothen
Federrändern, tiefschwarzem Bauche und weißlicher braun-
fleckiger Brust. Das Winterkleid bräunt oben aschgrau,
an der Unterseite ist es weiß. Der Schwanz ist doppelt
ausgerandet. Der Darmkanal hat 13 Zoll Länge, die
Blinddärme 1½ Zoll; der Magen vollkommen musculös.
Hinsichlich der weiten Verbreitung über die nördliche Erd-

Fig. 678.

Geränderlicher Strandläufer.

hälfte steht er den vorigen Arten nicht nach, liebt ebenso
die Meeresküsten wie die schlammigen Ufer der Binnengewässer, ist unruhig und beweglich, wenig scheu, überaus
gesellig und verträglich, gern mit verwandten Arten vereint, pfeift angenehm flötend und schnarrend trüi und
nährt sich von Gewürm und allerlei kleinen Wasserthieren.
Das Weibchen legt in eine einfache Vertiefung mit trocknen Hälmchen vier sehr dünnschalige gestreckte Eier und
brütet 16 Tage auf denselben. Die Jungen laufen
sogleich aus dem Neste und wachsen unter der sorglichen
Pflege der Alten schnell heran. Im Herbst werden sie
zahlreich eingefangen und auf die Tafel gebracht.

Es werden noch mehre Arten beschrieben, welche jedoch
in Lebensweise und Betragen nichts Eigenthümliches haben.
Unter den Südamerikanern steht Tr. canutus dem islän-
dischen auffallend nah und Tr. campestris und naxa
ähneln unsern kleinen Arten. Auch Afrika und Asien
haben einige, freilich nur erst nach dem Gefieder bekannte
Arten aufzuweisen.

16. Kampfläufer. Machetes.

Eine in mehrfacher Beziehung an die Hühner erin-
nernde Gattung, welche lange Zeit mit den Strandläufern
vereinigt war, doch durch erhebliche Eigenthümlichkeiten
sich von ihnen unterscheidet. Schlank und nett in der
äußern Erscheinung, ist das Männchen der einzigen bis jetzt
bekannten Art mit einem großen aufrichtbaren Halskragen
geschmückt. Der gerade, durchaus weiche Schnabel rundet
sich an der Spitze zu und öffnet die ritzenförmigen Nasenlöcher in weicher Haut. Die hohen Beine sind weit über
die Ferse hinauf nackt und geschildert, die schlanken
Vorderzehen durch eine Spannhaut verbunden, die Hinterzehe kurz und hoch eingelenkt. In den Flügeln erlangt
gleich die erste Schwinge die Spitze und der zwölffedrige
Schwanz rundet sich flach ab. Die anatomischen Unterschiede fallen weniger auf, als es die Eigenthümlichkeit der
äußern Erscheinung erwarten läßt.

Die einzige Art, M. pugnax (Fig. 679. 680), ist über ganz Europa, einen großen Theil Asiens und Afrikas verbreitet, in Deutschland nicht gerade selten in ausgedehnten sumpfigen Niederungen und sie bindet sich überhaupt nicht an die Meeresküste. Den Winter verbringt sie in den mittelmeerischen Ländern, bezieht dieselben schon im August und September und kehrt vor Ende April und Mai nicht zurück. Ausgewachsen mißt das Männchen 12 Zoll Länge und 25 Zoll Flugweite, das Weibchen 9 und 19 Zoll. Die Färbung des Gefieders ändert zumal bei den Männchen vielfach ab, zeichnet sich meist mit grau, kastanienbraun und schwarz, im Winter gewöhnlich dunkelgrau mit weißen Federrändern. Der Kragen spielt vom reinsten Weiß in mannichfachen Uebergängen durch Rostgelb und Braun in reines Schwarz über. Die mittlen Schwanzfedern tragen breite dunkle Binden, die drei äußern sind einfarbig grau, Bürzel und obere Schwanzdecke tief grau. Das Weibchen liebt stets einfachere Zeichnung und äußert auch in seinem Betragen mehr Ruhe, Bescheidenheit und Gemüthlichkeit, während das Männchen in Haltung und Bewegung stolz und muthig ist. Die Weibchen halten gewöhnlich nur mit

Fig. 679.

Kampfläufer.

Fig. 680.

Kampfläufer.

ten Jungen zusammen, die Männchen dagegen treiben sich einzeln oder zu wenigen Stück vereint umher. Höchst eigenthümlich ist das Betragen während der Begattungszeit. Im Mai sammeln sich nämlich sechs bis zwölf Männchen auf einem Grasplatze, stellen sich am Rande desselben auf und fahren nun mit wilder Wuth auf einander los bis zur Erschöpfung ihrer Kräfte; nach kurzer Erholung beginnt der Kampf von Neuem und diese Rauferei wiederholt sich mehre Tage hinter einander auf demselben Platze und zu derselben Stunde. Sie sträuben dabei die Kragen- und Rückenfedern, rennen und springen gegen einander, versetzen sich Schnabelhiebe, zittern vor Wuth und geberden sich geradezu wie toll. Die Verwundungen sind, da der Schnabel sehr weich ist, gar nicht gefährlich. Was diese rasenden Kämpfe bezwecken mögen, ist völlig räthselhaft. Die Weibchen sind nicht zugegen, keiner ist Sieger und keiner Besiegter, jeder sucht sich auch nach dem Kampfe eine Gattin, also um die Weibchen kämpfen sie sicherlich nicht. Ungemein scheu in der Freiheit, werden sie dennoch leicht zahm und ergötzen in der Stube durch ihre Possen und futterneidischen Händel. Ihre Nahrung besteht in Gewürm und Insekten, in Gefangenschaft fressen sie auch in Milch getränkte Semmel und aufgequollten Weizen. Frisches Wasser zum Trinken und Baden können sie nicht entbehren. Zum Nisten sucht das Weibchen in der Nähe des Wassers ein begrastes Plätzchen, füttert eine kleine Vertiefung mit dürrem Grashalm aus und legt bis vier bräunliche oder gelbliche, dunkel gefleckte Eier hinein. Nach 18 Tagen kriechen die Jungen aus und werden von der Mutter allein gepflegt, die Männchen kümmern sich gar nicht um sie. Man fängt sie in Netzen und bringt sie zu Markte, auch die Eier werden aufgesucht und gern gegessen.

Vierte Familie.
Schilfhühner. Paludicolae.

Die Schilfhühner sind gedrungene, plumpe, hühnerartige Sumpfvögel meist von mittler und selbst ansehnlicher Größe, in ihrem Betragen wie in ihrer Organisation durchaus eigenthümlich. Die äußern unterscheidenden Kennzeichen liegen zunächst im Schnabel und in den Füßen. Ersterer ist stark und kräftig, zusammengedrückt, in der vordern Hälfte hart hornig, in der hintern häutigen mit langer Nasengrube und spaltenförmigen oft durchgehenden Nasenlöchern. Die Füße zeichnen sich durch ungemein lange dünne Zehen mit sehr langen Nägeln und besonders noch durch die lange ganz aufsitzende Hinterzehe aus, oft sind sie mit Hautlappen versehen. Sie befähigen die Schilfhühner, über weichem morastigen Boden und über schwimmende Pflanzen zu laufen. Die Flügel sind kurz hühnerartig, abgerundet durch Verkürzung der ersten Handschwingen, auch der Schwanz ist kurz und weich. Den ganzen Körper bekleidet ein sehr dichtes Gefieder mit dunigem Unterkleid, welches eine undurchdringliche Decke gegen das Wasser bildet.

Die über die ganze Erdoberfläche zerstreuten Mitglieder dieser Familie leben an Sümpfen und stehenden Gewässern, wo sie meist hurtig umherlaufen, auch geschickt schwimmen und tauchen und niedrig fliegen. Ihre Nahrung besteht hauptsächlich aus kleinen Wasserthieren, nur einzelne fressen auch Gesäme und weiche Pflanzentheile. Sie sind nicht gesellig, die Männchen paaren sich je nur ein Weibchen an, das zahlreiche Eier in dichtes Schilf oder auf schwimmende Pflanzen legt und abwechselnd mit dem Männchen brütet. Zwar minder mannichfaltig als die Familie der Schnepfen, lassen sich doch auch in dieser der Schilfhühner mehre Gruppen unterscheiden, die wir bei jedem Typus näher bezeichnen wollen.

1. Ralle. Rallus.

Die Rallen als Typus der ersten Gruppe kennzeichnet der sehr lange, starke, gerade Schnabel mit spaltenförmigem Nasenloch in der Mitte des häutigen Ueberzuges und die hohen Beine mit verhältnismäßig kurzen und bis zum Grunde freien Zehen. Die eigentlichen Rallen, in der neuern engern Begränzung der Gattung, haben einen langen Schnabel mit abgerundeter Firste, eingebogenen Mundrändern, langer Nasengrube und stumpfem Kinnwinkel. Die starken Beine sind bis etwas über die Ferse hinauf nackt und die Hinterzehe klein und schwächlich, alle Nägel schlank und lang. Die muldenförmigen Hühnerflügel zeichnen sich durch ziemlich schlaffe Schwingfederschäfte aus, von welchen oft erst die dritte und vierte die Spitze erlangen. Der ganz kurze, oft versteckte Schwanz besteht aus zwölf schwachen Federn. Das Gefieder ist pelzartig weich und dicht und liebt düstere Farben mit einfacher Zeichnung ohne geschlechtliche Unterschiede. Die Lichtfedern stehen in schmalen Fluren, deren obere schon am Halse in zwei Streifen sich spaltet, während die untere auf der Brust breite Aeste absetzt. Im Verdauungsapparat verdient Beachtung der sehr dickrüssige Vormagen, der stark muskulöse Magen, der etwa doppelt körperlange Darm mit 1 Zoll langen Blinddärmen, die sehr ungleichen Leberlappen. Die dreilappigen Nieren verschmälern sich nach hinten auffallend. Am Schädel ist die Augenhöhlenwand weit durchbrochen, in der Wirbelsäule 13 Hals- und 10 Rückenwirbel; das Brustbein schmal und lang mit hohem Kiel, auch das Becken schmal.

Die Rallen bewohnen mit sumpfige niedrige Gegenden und morastige Ufer, in nördlichen Ländern als Zugvögel. Ungemein scheu verstecken sie sich im Schilf, Gebüsch und Gestrüpp, in welchem sie geschickt und schnell umherlaufen und nur Abends und Morgens durch lautes Rufen ihre Gegenwart verrathen. Zum Unterhalt dienen ihnen Insekten, Gewürm und Sämereien. Ihr Nest bauen sie am liebsten über das Wasser auf umgeknickte Schilfstengel und flechten es aus Binsen und Halmen. Das Weibchen legt 6 bis 12 gelbliche oder grünliche dunkelfleckige Eier, aus welchen schwarzwollige Junge ausschlüpfen. Das Fleisch wird für wohlschmeckend gehalten.

1. Die Wasserralle. R. aquaticus.
Figur 681.

Die gemeine Wasserralle bewohnt ganz Europa von Island und dem obern Norwegen bis an das Mittelmeer und noch einen großen Theil Asiens, im Norden jedoch nur als Zugvogel, bei uns bisweilen überwinternd und

Fig. 681.

Fig. 682.

Wasserralle.

Virginische Ralle.

umherstreichend. Sie zieht des Nachts und mag wohl weite Strecken durchlaufen, da sie schlecht fliegt. Je unfreundlicher, struppiger und schilfiger der Sumpf- und feuchte Moorboden ist, desto behaglicher fühlt sie sich und kahle Ufer meidet sie durchaus. Wie eine Maus schlüpft sie durch und über das dichteste Gestrüpp, so täuscht und entwischt sie ihren Verfolgern. Dabei schwimmt sie vortrefflich, fliegt aber schwerfällig und wenig. Scheu, listig und verschlagen, einsam und ruhig entzieht sie sich den Blicken des Menschen. Ihr hohes schneidendes Kerrid hört man nur in der Abenddämmerung. Und doch gewöhnt sie sich leicht an die Stube und wird bald zutraulich, ergötzt durch ihr possierliches und munteres Wesen, untersucht und durchstöbert alle Winkel, wird aber leicht durch ihren Schmutz unangenehm. Eine der meinigen arbeitete gern im Dintenfaß und beschmierte oft ganze Bogen Papier. Sie soll ihrem Herrn ins Bett folgen und unter der Decke schlafen, soweit brachte ich die meinigen nie. Mit Milch und Semmel und frischem Wasser kann man sie lange erhalten, im Freien frißt sie Gewürm, Spinnen, Insekten, Schnecken, im Herbst auch viel Gesäme. Das Nest versteckt sie im dichtesten Geschilf und die Jungen laufen gleich nach dem Ausschlüpfen davon.

Ausgewachsen mißt die Wasserralle 10 Zoll Körperlänge und 16 Zoll Flügelbreite und trägt dann ein sanftes weiches Gefieder, das auf dem Scheitel olivenbraun, ebenso im Mantel und mit dunkeln Flecken versehen, am Hinterleibe schwarz mit weißen Querbinden ist. Hals und Brust sind hellgrau, der Schnabel 1½ Zoll lang und roth, die Beine fleischfarben. Die Jungen tragen ein tiefschwarzes Dunenkleid, das sich unten anfangs mit weißen Federn schmückt.

2. Die virginische Ralle. R. virginianus.
Figur 682.

In Betragen und Lebensweise weicht die virginische Ralle von unsrer Wasserralle nicht ab, sie ist auch in der Färbung sehr ähnlich, nur ohne Grau an Hals und Brust, zugleich etwas kleiner und mit kürzeren Zehen.

Sie bewohnt die Vereinten Staaten, die nördlichen ebenfalls als Zugvögel, und wandert bis Westindien hinab. Ihr locker gewobenes Nest enthält 6 bis 10 milchweiße Eier mit blaß purpurrothen Flecken.

Die langschnäblige Ralle Südamerikas, R. longirostris, wird wohl dreimal so groß wie die unsrige und fiedert am Vorderhalse und der Brust rostgelbroth, die veränderliche, R. variegatus, hat ein braunes Rückengefieder mit weißlichen Federrändern. Die afrikanische Ralle, R. oculeus, gleicht wieder der unsrigen sehr. Die Riesenralle Südamerikas, zur Gattung Aramus erhoben, hat die Größe der Rohrdommel und auch in ihrem Betragen viel Reiherähnliches; sie ist schwarzbraun, im Gesicht und an der Kehle weißlich, am Halse weiß gefleckt. Andre Arten sind in die Gattung Aramides vereint, so die amerikanischen A. plumbeus, cayennensis, nigricans, noch andre bilden die Gattung Ortygometra, wie O. albicollis, lateralis, minuta.

2. Sumpfhuhn. Crex.

Früher waren die Sumpfhühner mit den Rallen in eine Gattung vereinigt, so sehr ähneln sie denselben, doch schon bei flüchtiger Betrachtung fällt das Hühnerähnliche an ihnen mehr auf, und die eingehende Vergleichung läßt die charakteristischen Merkmale nicht verkennen. Der Schnabel ist nämlich kürzer als der Kopf und viel höher als breit, mit scharfkantiger Firste und häutig umrandeten Nasenlöchern. An den großen starken Beinen brachte man die zusammengedrückten Läufe, die ungewöhnlich langen Vorder- und kurze schwächliche Hinterzehe, alle mit scharfspitzigen Krallen. Flügel und Schwanz gleichen denen der Rallen und das weiche dichte Gefieder zeichnet seinen olivenbraunen Grund schwarz. Von den zehn Handschwingen ist die dritte die längste. Die weiche welke Zunge trägt nur am Hinterrande feine Bezahnung. Der Magen ist stark muskulös, der Darm fast 2 Fuß lang mit 1 Zoll langen Blinddärmen, die Leber- und Nierenlappen wieder sehr ungleich.

Die Arten leben einsam in sumpfigen Gegenden, auf feuchten Wiesen und Getreidefeldern, rennen in der Dämmerung außerordentlich schnell umher in sehr gebückter Stellung, schwimmen auch gut, aber fliegen beschwerlich. Nahrung und Fortpflanzung wie bei den Rallen.

1. Der Wachtelkönig. Cr. pratensis.
Figur 683.

Der Name Wachtelkönig bezieht sich auf die wachtelähnliche Zeichnung und das öftere Vorkommen unter den Wachteln während der Erntezeit, die er an Größe, Gewandtheit und Schnelligkeit übertrifft, und eben deshalb vom Volke als deren Anführer betrachtet wird. Ausgewachsen mißt er 10 Zoll Körperlänge und 18 Zoll Flügelbreite und zeichnet die großen Federn seines lockern

Fig. 683.

Wachtelkönig.

Gefieders auf dem gelblichaschgrauen Rücken mit einem dunkeln Mittelfleck, die Seiten des gelblichweißen Bauches mit röthlichbraunen Querbinden, die Flügel und Beine braunroth. Im dunkelbraunen Jugendkleide sind die kleinen schwarzen Flecken mehr versteckt. Ueber ganz Europa und Asien verbreitet, kömmt der Wachtelkönig, auch Schnärcher und Wiesenhuhn genannt, bei uns erst im Mai aus dem südlichen Winterquartiere an, mit einem lautschnarrenden knärp knärp sich anmeldend, im September und October eilt er auf nächtlichem Fluge wieder fort. Er wählt zum Standquartier niedrige fruchtbare Gegenden, weite wiesenreiche Thäler und Ackerfelder, und streicht ziemlich weit umher, meist in der Dämmerung und des Nachts. Im Laufen ist er Meister und da er immer durch das dichte Gestrüpp und Gras huscht, so sieht man ihn sehr selten. Die gränzenloseste Furcht treibt ihn zu tiefer Versteckheit und Einsamkeit und doch wird er in der Stube bald zahm und zutraulich. In der Nahrung ist er nicht sehr wählerisch, allerlei Gewürm, Insekten und Sämereien munten ihm, dabei trinkt er viel reines Wasser und badet auch gern. Das Nest liegt im Grase versteckt und besteht aus trocknem Grashalm, Blättern und

Moos. Es enthält gewöhnlich 7 bis 9, selten bis 12 Eier, grünlichweiße mit braunen Punkten und Flecken. Nach dreiwöchentlicher Bebrütung kriechen die schwarzwolligen Jungen aus und folgen der Mutter. Wegen des wohlschmeckenden Fleisches jagt man den Wachtelkönig theils mit Hühnerhunden theils mit Steckgarnen.

2. Das gesprenkelte Sumpfhuhn. Cr. porzana.
Figur 684.

Wegen der viel längern Zehen und des niedrigen Schnabels und der ächten Sumpfvogel-Lebensweise wird diese Art als Rohrhuhn oft generisch vom Wachtelkönig getrennt. Ausgewachsen hat sie nur Wachtelgröße, aber ihr gelber Schnabel ist 9 Linien lang, der Lauf 1½ Zoll

Fig. 684.

Gesprenkeltes Sumpfhuhn.

hoch und die Mittelzehe noch merklich länger. Die Oberseite fiedert olivenfarbig mit braunen Flecken, Hals und Brust grau mit weißen Punkten, die Seiten mit weißen schwarzeingefaßten Querbinden, der Oberkopf braun, die Schwingen dunkelaschgrau. Die anatomischen Verhältnisse weichen nur durch sehr geringfügige Eigenthümlichkeiten vom Wachtelkönig ab. Das Vaterland erstreckt sich über das gemäßigte Europa und Asien bis über das nördliche Afrika. Bei uns trifft das gesprenkelte Sumpfhuhn Ende April oder erst im Mai ein und zieht im September und October wieder ab in nächtlicher Wanderung. Es quartiert nur auf sumpfigen Wiesen und in niedrigem Rohr. Noch scheuer und furchtsamer als der Wachtelkönig, lebt es am Tage völlig versteckt und rennt nur in der Dämmerung und Nachts hurtig der Nahrung nach, wird aber doch auch zahm und zutraulich. Sein Nest findet man nur durch Zufall, es ist ein haltbares grobes Geflecht mit 9 bis 18 Eiern, schmutzig rothgelben und rothbraun punktirten. Die schwarzwolligen Jungen laufen wie Mäuse im Grase umher. Das sehr zarte, fette Fleisch steht bei Feinschmeckern in hoher Achtung.

Man unterscheidet noch ein kleines Sumpfhuhn, Cr. pusilla, mit wenigen weißen Flecken auf dem schwarzen Rücken und mit schön grünen Füßen, von Lerchengröße, bei uns nur selten, in südlichen Gegenden häufiger, und das Zwergsumpfhuhn, Cr. pygmaea, mit viel weißen Punkten und Zeichnungen auf dem schwarzen Rücken und röthlichgrauen Füßen, ebenfalls selten bei uns.

3. Teichhuhn. Gallinula.

Mit dem Teichhuhne beginnt die zweite Gruppe der Schilfhühner, welche im Wasserhuhn ihren Mittelpunkt hat. Die äußern Eigenthümlichkeiten der Fulicarien liegen in dem kurzen hohen Schnabel mit hoher Stirnschwiele und kurzer Nasengrube, in dem sehr dichten meist einfarbigen Gefieder, den sehr kurzen Flügeln und dem fast verkümmerten Schwanze. Die langen Zehen tragen häufig seitliche Hautlappen. Bei dem Teichhuhn erscheint der Schnabel verhältnißmäßig fein und zierlich, an der Firste gerundet und mit nur kurzer schmaler Stirnschwiele. Das Nasenloch bildet eine schiefe durchgehende Spalte dicht hinter der Hornscheide. Die starken Beine sind noch etwas über der Ferse nackt und die sehr schlanken beschilderten Zehen haben bisweilen einen schmachen Hautsaum und sehr schmale spitze Krallen. In den breiten stumpfen Flügeln erlangen die zweite oder dritte Schwinge die Spitze. Der Schwanz besteht aus zwölf kurzen weichen Steuerfedern. Das sehr volle weiche Gefieder dunkelt schieferfarben oder tief olivenbraun.

Die weit über die Erdoberfläche verbreiteten Arten bewohnen wasserreiche Sümpfe und beschilfte Teiche, wo sie unter beständigem Kopfnicken und Schnauzwippen umherlaufen und viel schwimmen, aber selten und niedrig fliegen. Ihr kunstloses Nest liegt auf schwimmenden Wasserpflanzen und enthält 5 bis 12 gelbliche, braun punktirte Eier. Die eifersüchtigen Männchen kämpfen bizig um die Weibchen und führen überhaupt ein unruhiges Leben. Ihre Nahrung besteht in allerlei kleinen Wasserthieren und in Sämereien. In Deutschland heimatet nur eine Art, nämlich

1. Das gemeine Teichhuhn. G. chloropus.
Figur 685.

Das gemeine oder grünfüßige Teichhuhn, auch Wasserhenne und schwarze Ralle genannt, dehnt sein Vaterland von Portugal über Japan, von Schweden bis Mozambique aus. In nördlichen Ländern lebt es nur als Zugvogel, der bei uns bisweilen und einzeln überwintert. Schon im März und April zieht es paarweise ein, im October auf nächtlichem Zuge wieder ab. Teiche und Binnenseen mit sumpfigen beschilften und buschigen Ufern sagen ihm am meisten zu. Da treibt es sich bald in stiller Gemüthlichkeit bald in ausgelassenem Frohsinn umher, läuft, schwimmt, klettert, wippt mit dem Schwanze, zuckt mit den Flügeln, nickt mit dem Kopfe, taucht und rudert mit den Flügeln unter dem Wasser hin, kurz keinen Augenblick steht es still; listig weicht es jeder Gefahr aus,

Fig. 685.

Gemeines Teichhuhn.

wird aber in belebten Gegenden furchtlos und in der Stube bald zutraulich. Reizisch und raufsüchtig, hält es nur mit seinem Weibchen Freundschaft, jeden Eindringling wird bekämpft. Sein Ruf ist ein lautes krez oder starkes kürrk, ein weitschallendes kekeks, bald auch ein quäkendes tschui. In der Nahrung ist es nicht wählerisch, alles kleine Gethier im Wasser und Sumpfe schnappt es weg, frißt aber auch zarte Blätter und Blüthen und verschiedene Sämereien. Meist frißt es schwimmend. In der Stube gewöhnt es sich an Brod und Getreide, bedarf aber stets viel Wasser und groben Sand. Das Nest bauen beide Gatten ins Geschilf über dem Wasser aus Stengeln, Blättern und Halmen. Das Weibchen legt 7 bis 11 blaßgelbe, grau und braun punktirte und befleckte Eier, auf welchen es unter zeitweiliger Ablösung durch das Männchen drei Wochen brütet. Beide führen die Jungen schon am zweiten Tage und füttern und pflegen sie mit großer Liebe. Gegen den Herbst hin werden sie sehr fett. Ausgewachsen beträgt die Körperlänge 13 Zoll, die Flugweite 24 Zoll. Das Gefieder ist auf dem Mantel olivenbraun, auf dem Kopfe, Halse und an der Unterseite schiefergrau, die Stirnplatte prachtvoll hochroth, die Beine schön grün. Die Zunge ist am Hinterrande schwach bezahnt und enthält einen ganz knorpligen Kern. Der Augenfächer besteht aus 15 geknickten Falten, der Ring aus 13 Schuppen; der Vormagen sehr drüsenreich, der Magen dick muskulös mit weißer Sehnenscheibe, der Darm drei Fuß lang, die Blinddärme fast drei Zoll lang, die Leberlappen sehr ungleich, die Nieren nach hinten stark verschmälert u. s. w.

In Nordamerika sowohl wie in Asien kommen Teichhühner vor, welche früher mit dem unsrigen für gleich gehalten wurden, die aber die neuere Systematik als besondere Arten abgeschieden hat. Auch das südamerikanische, G. galeata, ähnelt dem unsrigen auffallend, nur ist es größer und hat weiß gesäumte Bauchfedern.

4. Wasserhuhn. Fulica.

Das ächte Wasserhuhn hat in seiner äußern Erscheinung mehr Aehnlichkeit mit den Schwimmvögeln als mit den Hühnern und wurde oft auch zu ersteren verwiesen. Die eingehende Vergleichung seiner Organisationsverhältnisse läßt jedoch die Sumpfvogelnatur nicht verkennen. Es ist ein stattliches Schilfhuhn, plump mit kurzem dicken walzigen Rumpfe und weit hinten angesetzten Beinen, verstecktem Schwanze und kleinen gewölbten Flügeln. Der hohe starke Schnabel springt mit einer dicken Schwiele auf die Stirn vor und hat weite durchgehende Nasenlöcher. Die starken Läufe sind zusammengedrückt und die sehr langen Vorderzehen mit breiten Hautlappen versehen, die kurze höher eingelenkte Hinterzehe nur mit einem Lappen; die Nägel lang, fast gerade und sehr scharf. Das Gefieder gleicht einem sehr dichten Pelze. Die Speicheldrüsen sind ungemein groß, der Vormagen dickhäusig, der Magen ungeheuer muskulös, der Darmkanal über 5 Fuß lang, die Blinddärme 1/2 Fuß. die Leberlappen ziemlich gleich lang, aber doch unsymmetrisch, die Bauchspeicheldrüse aus drei parallelen Lappen gebildet, die Nieren nach hinten ganz zugespitzt, die Zunge an der Spitze faserig, ihr Kern bloß knorplig, der Augensäcker aus 14 Falten, der Ring aus 13 Schuppen gebildet. Das Skelet bietet einzelne Unterschiede von vorigen Gattungen.

Die Arten leben in weiter geographischer Verbreitung, stimmen aber so auffallend in ihrer äußern Erscheinung und ihrem Betragen überein, daß nur der geübte ornithologische Scharfblick sie sicher zu unterscheiden vermag. In Deutschland und Europa heimatet nur eine Art,

das gemeine Wasserhuhn. F. atra.
Figur 646.

Ueber den größten Theil der Alten Welt verbreitet, ist das Wasserhuhn auch in unsern Teichen und Binnenseen nicht selten. So lange dieselben vom Eise frei sind, hält es auch aus, wandert aber gen Süden in nächtlichem Zuge. Es liebt stehende tiefe Gewässer mit dicht beschilften Ufern und Rohrwäldern, fern von bewohnten Plätzen. Vorsichtig und klug, weiß es seinen Verfolgern geschickt auszuweichen, läßt aber den Gleich-

Fig. 646.

Gemeines Teichhuhn.

gültigen sehr nah herankommen. Es läuft in gebückter Stellung und schwimmt leicht und geschickt, taucht vortrefflich, fliegt aber nur in großer Noth. Freund der Geselligkeit, lebt es familienweise beisammen und duldet auch andere Vögel in seiner Nähe, lärmt, spielt, hadert viel und kämpft mit seines Gleichen bis zur wilden Rauferei. Seine Nahrung ist thierische und pflanzliche, allerlei kleine und weiche Bewohner des Wassers und Schlammes, sowie zarte und weiche Pflanzentheile, welche es meist schwimmend aufnimmt. In Gefangenschaft, der es sich leicht fügt, nimmt es Brod, gekochtes Gemüse und Fleisch, sehr gern auch Fische und Getreide an. Naumann, der aufmerksame und gewissenhafte Beobachter, fand niemals Reste von Fischen im Magen der Wasserhuhns, allein die meinigen fraßen gerade Fische am liebsten und sie bekamen ihnen sehr gut. Unter vielem Lärm und Hader der zusammenwohnenden Pärchen suchen die Weibchen im tiefen Geschilf im Wasser ein geeignetes Plätzchen zum Neſtbau und jedes trägt nun vom Männchen unterstützt Stoppeln, junge Halme, Blätter und Binsen herbei und flechtet daraus einen hübschen Korb. Ende Mai liegen schon 7 bis 18 Eier darin, bleichlehmgelbe mit dichtgedrängten braunen und grauen Punkten. Nach dreiwöchentlicher Bebrütung beider Gatten schlüpfen die schwarzwolligen Jungen aus und folgen sogleich der Mutter aufs Wasser, während der Vater die weitere Umgebung sorgsam bewacht. Das Fleisch wird zwar hie und da gegessen, ist aber derb und thranig, kein empfehlenswerther Braten. Naumann nimmt das Wasserhuhn gegen die Anklagen der Fischer in Schutz und erklärt es für ganz unschädlich, der Fischappetit der meinigen ist mindestens sehr verdächtig.

Die äußere Erscheinung des Wasserhuhnes fällt so eigenthümlich auf, daß es mit keinem andern einheimischen Vogel verwechselt werden kann. Ausgewachsen mißt es 16 Zoll Körperlänge und 30 Zoll Flugweite. Der stark zusammengedrückte, harte und weiße Schnabel schiebt eine ovale weiße oder röthliche Blässe fast bis zum Scheitel hinauf. Die unförmlich großen, weichen und kahlen Lappenfüße sind grünlich, bleifarben und bleichgelblich. Das ungemein weiche, dicht pelzige, am Kopfe und Halse sammetartige Gefieder ist in der Jugend olivenbraun, im Alter schieferschwarz, nur die Schwingen zweiter Ordnung beranden sich weiß. Unter den ganz auffallend ähnlichen Arten anderer Welttheile sei nur des südamerikanischen F. armillata gedacht, dessen hellgelbgrüner Schnabel über der Nasengrube blutroth ist und nur eine kleine Stirnschwiele bildet.

5. Sultanshuhn. Porphyrio.

Die dritte Gruppe der Schilfhühner schließt sich durch den stark comprimirten Schnabel mit nackter Stirnschwiele den Wasserhühnern zwar eng an, zeichnet sich aber kenntlich aus durch das kürzere Nasenloch, die langen schmalen spitzigen Flügel und ganz besonders durch die auffallend langen bis zum Grunde freien, ungesäumten Zehen einschließlich der Hinterzehe. Das Sultanshuhn als erster Gattungstypus dieser Gruppe kennzeichnet sehr scharf der dicke Schnabel mit kleinem kreisrunden Nasenloch und breiter anliegender Stirnschwiele. In den langen Flügeln ist die zweite Schwinge die längste, die Achsel- und Armfedern kurz. Der kleine Schwanz besteht aus schmalen spitzigen Steuerfedern. Die kräftigen Beine haben an den langen Zehen große gekrümmte Nägel. Die Federfluren des bläulichgrünen Gefieders verhalten sich im Wesentlichen wie bei den Rallen. Im Skelet verdient das schmale, hochgekielte Brustbein mit einem sehr tiefen Ausschnitt Beachtung, nicht minder das ganz platte Schienbein, die eigenthümliche Form der mittlen Halswirbel, deren Gesammtzahl 14 beträgt; in der Rückengegend 9, im Schwanze 6 Wirbel.

Die Arten heimaten nur in den warmen Ländern beider Erdhälften und nähren sich hauptsächlich von Sämereien, besonders Getreide und überhaupt der Grasarten, deren Halme sie mit ihrem starken Schnabel leicht umknicken und den Samen enthülsen, welche sie geschickt mit den Zehen halten. Wie die Rallen laufen sie ungemein schnell im Gesträup, schwimmen und tauchen vortrefflich, aber fliegen ungern.

Die einzige europäische Art, Porphyrio hyacinthinus (Fig. 687), bewohnt Sicilien und das südliche Rußland, zahlreicher jedoch das nördliche Afrika und fast ganz Südasien. Ausgewachsen hat sie die Größe des Haushuhnes und siedert dann sehr schön dunkel indigoblau, an Wan-

Fig. 687.

Europäisches Sultanshuhn.

gen, Kehle, Hals und Brust prachtvoll türkisblau; die Flügeldecken sind tief dunkelblau, die untern Schwanzdecken weiß, die Schwingen braun, Beine und Füße fleischroth, der Schnabel bochroth. Dumm wie alle Hühner, steckt das Sultanshuhn in Gefahr den Kopf in den Schlamm und läßt sich ergreifen. Sein Nest mit vier runden weißen Eiern verbirgt es in tiefes Geröhrig. Schon die alten Römer liebten die Farbenpracht und hielten das Sultanshuhn in ihren Tempeln, wie es noch jetzt hin und wieder zahm gehalten wird. — Ueber das

warme Südamerika verbreitet ist P. martinica, ebenfalls an beschilften Teichen und Sümpfen, aber ein geschickter Flieger. Sein Gefieder grünt am Rücken und ist am Kopfe, Halse und der Brust prachtvoll cyanblau. Die kleinste Art, Hydrornis porphyrio, in Afrika, ist oben schwärzlich olivenfarben, am Halse und der Brust schön blau.

6. Spornflügel. Parra.

Der bei den meisten Vögeln im Flügel versteckte weiche Daumennagel bildet bei der Parra eine weit aus dem Gefieder hervorragende scharfspitzige Kralle. Dieser Flügelsporn fällt sogleich in die Augen, ist jedoch nicht bei allen Arten der Gattung gleich groß. Sicher unterscheidet man sie darum von den Sultanshühnern durch den feineren zierlichern Schnabel mit ovalem Nasenloch vor der Mitte, nackter absterbender Stirnschwiele und nackten Mundwinkellappen. An den langen dünnen Beinen gelenken sehr lange völlig freie Zehen, welche mit enorm langen, geraden, sehr zugespitzen Nägeln bewaffnet sind und diese kennzeichnen die Parra-Arten ganz scharf. Dieser Fußbau befähigt sie auf den schwimmenden Pflanzen stehender Gewässer sicher und geschickt zu laufen, behindert sie freilich sehr auf trockenem Boden, den sie darum auch möglichst meiden. In den schmalen Flügeln ist die erste Schwinge nicht verkürzt.

Die Jassuna der Brasilianer, P. jacana (Fig. 688), bewohnt den größten Theil des warmen Amerika von Florida und Cuba bis Paraguay hinab, überall auf stehenden

Fig. 688.

Jassuna.

49

Gewässern und wegen ihres Farbenschmucks bekannt und an bewohnten Plätzen gern gesehen. Sie erreicht 10 Zoll Länge und siebert am Kopfe, Halse und der Unterseite schwarz, auf dem Rücken und den Flügeln rothbraun, an den Schwingen gelbgrün. Das Jugendkleid ist unten gelbweiß, auf dem Kopfe schwarz und am Rücken olivenbraun; der Schnabel roth. Die Jassana lebt gesellig und ist stets munter und heiter gelaunt, in ihren Bewegungen behend und zierlich. Sie hält auch mit andern Wasservögeln Freundschaft und warnt durch ihren scharfen Ruf dieselben gar oft vor dem heranschleichenden Jäger. Ihre Nahrung besteht in Wasserinsekten, Schnecken und Würmern. Das ganz über dem Wasser versteckte Nest enthält 4 bis 6 graulichgrüne, lederbraun punktirte Eier.

Der afrikanische Spornflügel, P. africana (Fig. 689), im südlichen Afrika heimisch, hat die Größe des amerikanischen, siebert aber oben dunkel zimmetfarben, am Vordertheile weiß, an der Brust rostgelb und am Hinterhalse schwarz; der Schnabel ist bläulich, die Füße grau. Am Vorgebirge der guten Hoffnung wird sie von einer viel kleineren Art, P. capensis, verdrängt, welche an der Unterseite weiß, oben braun ist und eine gestreckte Flügelbinde hat.

Fig. 689.

Afrikanischer Spornflügel.

Neunte Ordnung.

Schwimmvögel. Natatores.

Wie bei den Säugethieren die Körpergestalt und Organisation durch das typische Wasserleben in den Walen eigenthümlich verändert und herabgedrückt erscheint: so sinkt auch der Vogeltypus in den streng an das Wasser gebundenen Schwimmvögeln auf die tiefste Stufe seiner Organisation herab. Gleich das auffallende Mißverhältniß und ganz extreme Schwanken in den einzelnen Körpertheilen bekundet die Unvollkommenheit des Schwimmvogeltypus. Der Schnabel spielt bei steter Kleinheit des Kopfes in den verschiedensten Größen-, Form- und Structurverhältnissen, so daß sich Allgemeines gar nicht über ihn sagen läßt. Ebenso ist der Hals ganz kurz bis sehr lang, bald dick bald dünn, gerade oder gekrümmt getragen. Die längsten Flügel unter allen Vögeln finden wir hier neben völlig verkümmerten, zum Fluge gänzlich untauglichen, vielmehr im Ruder zum Schwimmen verwandelten. Selbstverständlich haben wir damit die geschicktesten und ausdauerndsten Flieger und völlig flugunfähige Vögel in dieser Ordnung vereinigt. Der Schwanz, zwar niemals durch Größe und Federnpracht ausgezeichnet, liebt doch auch großen Wechsel von ansehnlicher Länge bis zum völligen Verkümmern. Die Beine, nicht stelzenhaft doch wie bei vielen Watvögeln, ändern immerhin in Länge und Stärke erheblich ab. Bei solch überraschendem Formenspiel der ersten Charakterorgane des Vogelkörpers, insbesondere aber des Schnabels und der Flügel, könnte es wohl den Anschein gewinnen, als sei

die Ordnung der Schwimmvögel den übrigen Ordnungen der Klasse gegenüber gar keine natürlich begründete, als fehle diesen Vögeln ein gemeinsamer natürlicher Charakter, der doch bei den Flossensäugethieren so ganz entschieden hervortritt. Das Wasserleben der Vögel ist aber ein anderes als das der Säugethiere. Sie vertauschen entweder ihr Flugvermögen mit der Schwimmfertigkeit oder sie leben nur fliegend über dem Wasser und diese extrem verschiedene Bewegungsweise bedingt die größten Unterschiede im Körperbau. Nur die Füße berührt sie nicht, in ihnen spricht sich auch der erste Grundcharakter der ganzen Ordnung aus. Es sind Schwimm- oder Ruderfüße, d. h. die drei Vorderzehen sind bis zum Krallenglieder durch Schwimmhäute verbunden oder zugleich noch die dann mehr nach innen gewandte Hinterzehe. Dabei ist der Lauf kräftig und die Befiederung reicht stets bis auf das Hackengelenk herab. Also nicht in der Bildung der Flügel, der vielmehr die beispiellose Freiheit gegeben, sondern im Fußbau spricht sich hier das entschiedene Wasserleben aus. Das Federnkleid, so wesentlich für das Flugvermögen des Vogels, erleidet zugleich durch das ständige Wasserleben eine sehr charakteristische und allgemeine Umänderung. Es ist nämlich kleinfedrig und sehr dicht, oft gar nicht mehr in beschränkte Fluren geordnet, sondern über den größten Theil der Körperoberfläche gleich dicht vertheilt und noch mit einem dichten Dunenkleide unterfüttert. Dadurch wird dem schwerfälligen Körper die schwimmende Bewegung, die Erhaltung über dem Wasser gar erheblich erleichtert, er wird zugleich gegen die oft sehr niedrige Temperatur des Wassers geschützt und nicht minder vor dem Durchdringen des letztern bewahrt, wozu außerdem noch die allermeist sehr stark entwickelte Bürzeldrüse zum Oelen der Federschäfte wesentlich beiträgt. Die Erleichterung des Körpers erhöht ferner die reichhaltige Ansammlung des Fettes unter der Haut und im Körper selbst, welches bis in die Knochen und in die Federn eindringt. Der Rumpf ist im Allgemeinen plump und nach hinten stark verschmälert, sehr gewöhnlich von oben nach unten gedrückt, um mit der breiten Unterseite und zumal der vollen, stark gewölbten Brust das Einsinken in das Wasser zu erschweren. Wer die Zweckmäßigkeit des Körperbaues für eine bestimmte Lebensweise studiren will, wird gerade in den Schwimmvögeln leicht zu den befriedigendsten Resultaten gelangen, weil eben der eigentlich zum Luftleben bestimmte Vogeltypus bei der gewaltsamen Verweisung in das Wasser den auffälligsten Veränderungen sich unterwerfen mußte, um in diesem fremdartigen Elemente wieder eine neue Formenmannichfaltigkeit entwickeln zu können. Freilich wird man bei solchen Studien auch auf mancherlei Unbegreifliches stoßen, so auf die verschiedenen Schnabelformen für ein und denselben Zweck, das Fischfangen. — Auf eine allgemeine Schilderung der innern Organisation müssen wir bei den vielfachen Eigenthümlichkeiten in den einzelnen Organen hier verzichten.

Die Schwimmvögel halten sich auf dem Wasser auf und bewohnen in größerer Mannichfaltigkeit die Meere als die Binnengewässer. Ueber alle Zonen verbreitet, sind sie doch in der kalten Zone am zahlreichsten und kommen nur hier fast myriadenhaft vor. Ihre Nahrung holen sie allermeist aus dem Wasser, vorzüglich Fische und deren Brut, Weichthiere und Kruster, Insekten und Gewürm, einige fressen zugleich auch grüne Pflanzentheile, andere Körner. In ihrem Aeußern lieben sie die Einfachheit mehr als andere Vögel, denn sie tragen sich vorherrschend weiß und wählen zur Decoration nur schwarz, braun und grau. Prachtvolle und blendende Farben und Zeichnungen erscheinen nur ausnahmsweise. In ihren zwar sehr beschränkten Bewegungen bekunden sie doch ebenso große Lebhaftigkeit wie Geschicklichkeit. Unbeholfen benehmen sie sich nur auf dem Lande, indem zum schnellen Laufe wie zum leichten zierlichen Gange die Beine meist zu kurz und zu weit hinten am Rumpfe eingelenkt sind. Dagegen verstehen Einige das Schwimmen, Rudern und Tauchen, Andere das Fliegen und Stoßen meisterhaft. Erstere leben kann auch ganz und in dem Wasser, Letztere verbringen den größten Theil ihres Lebens fliegend über dem Wasserspiegel, beide gehen ungern und wenig auf's Land, nur um kurze Zeit zu ruhen oder um zu brüten. Nahrung ist ihnen in reichlicher und leicht zugänglicher Fülle in ihrem Elemente geboten und da ihre außerordentliche Beweglichkeit und der Aufenthalt auf und über dem Wasser vor einer großen Anzahl von Feinden schützt, deren Verfolgungen andere Vögel ausgesetzt sind: so bedürfen sie zur Erhaltung ihres Lebens keiner höheren geistigen Fähigkeiten. In der That stehen denn auch in dieser Hinsicht die Schwimmvögel unter

allen Vögeln, sie sind dumm, stumpf und plump, verrathen weder im Gesange noch im Nestbau einigen Kunstsinn, vielmehr ist ihre Stimme unmelodisch, widerlich, wenn sie nicht gar völlig stumm sind, und ihr Nest bauen sie roh aus groben Stoffen oder legen nicht selten die Eier auf die platte Erde und den kahlen Felsen. Sie nisten meist in unmittelbarer Nähe des Wassers und führen die gleich schwimmfähigen Jungen sofort nach dem Ausschlüpfen in ihr eigentliches Element. Die Zahl der Eier ist bei Einigen sehr gering, bei Andern sehr groß. Die Meisten leben gesellig und selbst in Schaaren bis zu vielen Tausenden beisammen, doch sind es nur die Vortheile des Wohnplatzes, welche sie vereinen, eigentliche Anhänglichkeit und Freundschaft fesselt sie nicht an einander. Für die menschliche Oeconomie haben die Schwimmvögel ein überaus großes Interesse, mehre gehören zu ganz vorzüglichen Nutzthieren, indem sie Federn zu Betten, Pelz zu warmen Kleidungsstücken, reichliches Fett, nahrhaftes und wohlschmeckendes Fleisch und Eier und den vortrefflichsten Dünger liefern. Sie werden deshalb viel gejagt, einzelne wie Gänse und Enten auch zahm gehalten und gezüchtet. Der Schaden, welchen andere den Fischereien und Feldern zufügen, kann dagegen nicht in Anrechnung gebracht werden.

Die auffallenden Verschiedenheiten der Schwimmvögel schon im äußern Körperbau und in der Lebensweise erleichtern ihre Sonderung in Familien ungemein und kennzeichnen auch die meisten Gattungen sehr scharf, während die Arten oft sehr schwierig zu unterscheiden sind. Doch haben gerade solche Arten nur ein specielles ornithologisches Interesse, so daß wir hier auf ihre kritische Beleuchtung verzichten können.

Erste Familie.
Taucher. Colymbidae.

Eine kleine, in ihrer äußern Erscheinung wie in der Organisation und Lebensweise höchst eigenthümliche Familie. Durchschnittlich nur von Entengröße, stehen die Mitglieder ziemlich aufrecht auf den kurzen Beinen, deren Unterschenkel noch im Rumpfe steckt, wodurch die Einlenkung der Beine ganz nahe an den Steiß gerückt wird, daher denn die Familie auch Steißfüßer, Pygopodes, freilich in umfangreicherer Bedeutung genannt wird. Der Lauf ist seitlich ganz platt gedrückt und vorn und hinten messerartig gekantet. Die drei Vorderzehen verbinden entweder eine ganze Schwimmhaut oder sie sind wasserhuhnähnlich gelappt, die Hinterzehe trägt nur einen schlaffen Hautsaum; erstere haben sehr breite platte Nägel. Durch diesen Bau und Stellung der Füße wird den Tauchern das Laufen unmöglich gemacht, sie gehen auch selten auf's Land, um ihre Unbeholfenheit nicht zu verrathen, ruhen sogar schwimmend auf dem Wasser aus. Ingleichen sind auch ihre Flügel sehr kurz und stumpf und befähigen zwar zu raschem, aber nicht ausdauerndem Fluge. Die Taucher vermögen sich weder auf dem Lande noch auf dasselbe sich niederzulassen, plätschernd fliegen sie vom Wasser auf und fallen dahin auch nieder. Ihr Schwanz ist kümmerlich klein. Der schlanke gerade Schnabel spitzt sich zu und öffnet die länglichen durchgehenden Nasenlöcher in einer weichhäutigen Grube. Das Gefieder besteht aus kleinen dichtgedrängten Federn, welche zumal an der Unterseite einen undurchdringlichen oft seitenglänzenden Pelz bilden. Die Oberseite pflegt dunkelbraun zu sein, die Unterseite glänzt silbergrau, oder in schönem Atlasweiß, Kopf und Hals schmücken sich oft schön rostfarben. Am Schädel fallen sogleich die starken Kanten des Hinterhauptes auf. Die Zahl der Halswirbel schwankt von 15 bis 19, die der Rückenwirbel zwischen 9 und 10, der Schwanzwirbel von 7 bis 8. Das Brustbein ist kurz und nach hinten verbreitert, das Becken ungemein lang und schmal; am Kniegelenk des Schienbeines erhebt sich ein langer Knochenstachel. Die Zunge ist lang und pfriemenförmig, nur am Hinterrande schwach gezähnelt, der Magen rundlich und mäßig fleischig, dehnbar, die Blinddärme lang und weit, meist ungleich, die Leberlappen dagegen ziemlich gleichgroß.

Die Mitglieder leben auf Binnengewässern und den Meeren aller Klimate, schwimmen und tauchen, als typische Wasserbewohner Flug und Gang scheuend. Ihre Nahrung, nämlich kleine Fische und Frösche, Wasserinsekten und Gewürm sowie weiche Wasserpflanzen nehmen sie nur tauchend auf. Die Pärchen halten innig zusammen, vollziehen die Begattung auf dem Wasser, bauen sogar ein schwimmendes Nest aus nassen Wasserpflanzen locker gefügt und legen nur wenige Eier. Scheu, mißtrauisch und listig, achten sie mit ihren scharfen Augen stets auf ihre Umgebung und welchen rechtzeitig der Gefahr durch Untertauchen aus. Zähmbar sind sie wegen ihres entschiedenen Wasserlebens nicht. Ihr Fleisch schmeckt und riecht bäßlich, dagegen wird der Balg zu einem netten, schön glänzenden Pelze verarbeitet, dessen Gebrauch bei uns freilich sehr dem Wechsel der Mode unterworfen ist.

1. Lappentaucher. Podiceps.

Die Lappentaucher bewohnen die Binnengewässer der ganzen gemäßigten und warmen Zone und sind leicht kenntlich an der tieflappigen Schwimmhaut der platt benagelten Vorderzehen und der sein bekrallten Hinterzehe, nicht minder an der doppelten Reihe scharfer Sägezähne an der hintern Kante des kurzen starken Laufes (Fig. 690). Der feine zierliche Schnabel ist gerade und comprimirt kegelförmig, mit tiefer Nasengrube, in welcher sich das ovale spaltenförmige Nasenloch öffnet. Die kleinen Flügel reichen nur bis zum Bürzel und haben schmale Schwingen, deren erste etwas verkürzt ist. Steuerfedern fehlen. Das Gefieder ist dicht, weich und seidenartig.

In Deutschland kommen nicht weniger als sechs Arten vor, andere in andern Ländern und Welttheilen.

1. Der große Lappentaucher. P. cristatus.

Ueber fast ganz Europa, einen großen Theil Asiens und Afrikas verbreitet, lebt der große Lappentaucher auch auf unsern Binnenseen und größern Teichen Deutschlands, doch nur als Zugvogel, der mit dem Thauwetter im Frühjahr eintrifft und erst mit der Vereisung seines

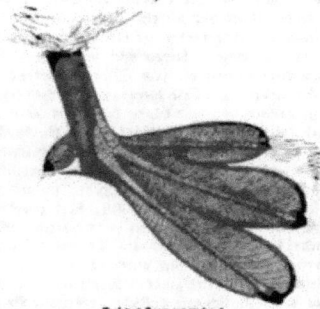

Fig. 690.

Fuß des Lappentauchers.

Wohnplatzes im November abzieht. Weit wandert er nicht, schon auf den Schweizerseen schlägt er sein Winterquartier auf. Auch an der Meeresküste weiß er sich heimisch einzurichten. Stehend mißt er fast zwei Fuß, wovon aber 9 Zoll auf den stark S-förmig gekrümmten Hals kommen. Der Kopfputz und die Färbung des weichen Gefieders ändern nach Alter und Jahreszeit ziemlich auffällig ab, immer aber bleibt unterscheidend von andern Arten die Gurgel und der obere Flügelrand weiß. Im Jugendkleide ist am Kopfe und Halse viel Weiß mit braunschwarzen Streifen, die Unterseite glänzt in weißem Atlasgewande, die Oberseite graut schwarzbraun. Das Herbstkleid der Alten zeichnet sich durch große Kopfbüschel und Kragen aus, ist auf dem Scheitel und Hinterhalse matt braun, im Sommerkleide berandet sich der rostfarbene Kragen schwarz, die dunkle Rückenfarbe geht durch Roßfarbe in das Silberweiß der Unterseite über. Den Schwanz bildet ein Pinsel haarartiger Federn. Man sieht diesen größten der einheimischen Taucher nur äußerst selten auf dem Trocknen, er verbringt seine ganze Lebenszeit auf dem Wasser. Er schwimmt unter dem Wasserspiegel fast schneller als auf der Oberfläche, rudert erschreckt in der halben Minute 200 Fuß weit und taucht sofort wieder unter, wenn die Gefahr nicht vorüber ist. Erst im Herbst vor der Abreise übt er sich im Fluge meist in größern Gesellschaften, sonst halten nur die Pärchen zusammen und behaupten jedes einen Brutplatz. Seine liebste Nahrung sind Insekten, demnächst kleine Fische, doch findet man stets auch Wasserpflanzen in seinem Magen. Ganz räthselhaft ist der große Appetit auf seine eigenen Federn, die er sich, oder die Gatten gegenseitig, auszupft und frißt. Das große, ganz kunstlos geflochtene Nest schwimmt an einigen Rohrstengeln befestigt und enthält nur 3 bis 4 schmutzige, bleichgrüne Eier, aus welchen nach dreiwöchentlicher sehr hitziger Bebrütung zarte hell pierende Junge ausschlüpfen, deren Erziehung die Mutter allein besorgt. Der Pelz wird zu schönen Muffen und Kragen verarbeitet.

Seltener als der große Taucher und nur strichweise häufig ist der rothhalsige, P. rubricollis, der 18 Zoll Körperlänge hat, an der Gurgel nie rein weiß, stets roth-

farben oder gelblich iſt und auch an den Schulterfedern
fein Weiß hat. Er treibt ſich mehr auf dem offenen
Waſſer umher und nur während der Brütezeit in der
Nähe der Ufer, iſt auch nicht ſehr ſcheu und legt kleinere
Eier. Sein Bruſtpelz iſt wegen vieler grauer Federſpitzen
minder geſchätzt. — Der gehörnte Lappentaucher,
P. cornutus, nur 11 Zoll lang, unterſcheidet ſich durch
zwei getrennte Kopfbüſchel, einen großen Backenkragen
und einen breiten roſtfarbigen Streif vom Auge bis zum
Genick. Er kömmt bei uns ſehr ſelten vor, ſoll nur
Inſekten und Waſſerpflanzen freſſen und das geſchätzteſte
Pelzwerk liefern.

2. Der geöhrte Lappentaucher. P. auritus.
Figur 691. 692.

Der geöhrte Lappentaucher iſt im mittlen und ſüdlichen Europa ſtrichweiſe ſehr gemein und dehnt ſein
Vaterland noch weit über Aſien aus. Bei uns trifft er
im März ein und bleibt vereinzelt in gelinden Wintern
hier, ſonſt zieht er im November auf die Schweizer Seen.
Seine Wanderungen unternimmt er des Nachts. Im Früh-
jahre paarweiſe, im Herbſt familienweiſe. Große Teiche
und Seen mit ſchlammigen, richtbeſchilften und buſchigen
Ufern wählt er am liebſten zum Standquartier, denn
ſcheuer und vorſichtiger als all ſeine Verwandten, bedarf
er ſicherer Verſtecke. Sonſt gleicht er in Lebensweiſe
und Betragen den andern ſehr. Das Neſt verſteckt er

Fig. 691.

Kopf des geöhrten Tauchers.

in dichtes Geſchilf, doch meiſt fern vom Ufer. Männchen
und Weibchen brüten abwechſelnd auf den 4 bis 6 Eiern
drei Wochen lang. Ausgewachſen mißt er höchſtens
13 Zoll Körperlänge, hat im Sommerkleide einen glänzend ſchwarzen Scheitel, Kehle und Hals, hinter jedem
Auge einen Büſchel langer roſtgelber Federn, ſchwarz-
braunen Rücken, ſilberweiße Unterſeite und weiße Spiegel
auf den bräunlichſchwarzen Flügeln. Das alte Weibchen
iſt kleiner und matter gefärbt.

Fig. 692.

Geöhrter Taucher.

3. Der kleine Lappentaucher. P. minor.

Nur von Wachtelgröße und ohne weißen Spiegel auf den Flügeln, auf der ganzen Oberseite schwarzbraun, an der Brust glänzend silberweiß, am Bauche grau, lebt der kleine Lappentaucher in Europa, Asien, Afrika und Nordamerika an den meisten Binnenseen und Teichen sehr gemein, zumal an schlammigen beschilften Ufern, wo er sich leicht verstecken kann. In seinem Benehmen gleicht er den übrigen Arten, nur daß er noch besser unter dem Wasser schwimmt und am schlechtesten von allen fliegt. — Ihm an Größe gleich steht der auf allen Binnenseen Brasiliens gemeine P. dominicus mit aschgrauem, am Bauche weißlichem Gefieder, schwarzen Beinen, schwarzem Ober- und weißem Unterschnabel. Weiter über Südamerika und bis Carolina verbreitet ist der fast doppelt so große P. ludovicianus mit schwarzer Kehle, weißem Schnabel, rauchbraungrauem Rücken und weißlichem Bauche.

2. Eistaucher. Colymbus.

Die Eistaucher oder, weil sämmtlich Meeresbewohner, auch Seetaucher genannt sind schlanker gebaut, zumal im Rumpfe, als die Lappentaucher, unterscheiden sich aber erheblich von diesen durch den starken harten Schnabel mit sehr großer Nasengrube und ritzenförmigen mit einem Zäpfchen versehenen Nasenlöchern, durch die ganzen Schwimmhäute zwischen den Vorderzehen, die sehr kurze höher eingelenkte Hinterzehe mit kleinem Hautlappen und die breiten an der Spitze gekrümmten Nägel (Fig. 693). In den kleinen schmalen Flügeln ist die erste Schwinge die längste. Den fast ganz unter den

Fig. 693.

Aus dem Eistaucher.

Deckfedern versteckten Schwanz bilden 18 bis 20 starke Federn. Das sehr dichte Gefieder fühlt sich derb an, ist am Kopfe und Halse oder kurz und sammetartig, und liebt schwarz und weiße Färbung mit düsterem Braun und Grau, an der Unterseite atlasweiß. Der Schädel ähnelt auffallend dem der Lappentaucher, nur sind die Stirngruben für die Nasendrüsen tiefer. 13 Hals-, 10 Rücken- und 7 Schwanzwirbel. Das breite und lange Brustbein trägt einen niedrigen Kiel, das Becken ist wieder überaus schmal und gestreckt. Der Vormagen ist dünnhäutig, der Magen rundlich mit abgetheilter Sehnenschicht, die Blinddärme an zwei Zoll lang, die Leberlappen sehr ungleich, die Bauchspeicheldrüse zerlappt.

Die Arten bewohnen ausschließlich die nördlichen Meere, welche sie bei der Vereisung der Küsten verlassen, um den Winter in mehr gemäßigten Ländern zu verbringen. Auch während der Brütezeit halten sie sich gern an Binnengewässern, doch nicht fern von der Küste auf. Auf dem Trockenen sind sie ganz unbeholfen, watscheln beschwerlich fort und werfen sich oft platt auf die Brust. Nicht viel leichter wird ihnen bei der Kürze der Flügel und Schwere des Rumpfes der Flug, vom Lande können sie gar nicht auffliegen, desto munterer, beweglicher und geschickter aber sind sie im Wasser, wo sie mit den schnellsten Fischen um die Wette schwimmen und

meisterhaft tauchen. Diese leben zwar in kleinen Gesellschaften beisammen, doch unter stetem Zank und Rauferei, wobei sie ihren brausenden und knarrenden Ruf oft hören lassen. Sie fressen nur Fische, meist so große als sie verschlingen können. Zum Nistplatz suchen sie fischreiche Teiche auf, bauen ins Ufergras ein lockeres Nest und brüten, Männchen und Weibchen abwechselnd, zwei grünlichbraune schwarzfleckige Eier aus. Sie schaden durch ihre Gefräßigkeit sehr, - und nützen nur durch ihren wärmenden Pelz den hocknordischen Völkern. Die deutschen Küsten werden von einigen Arten besucht.

1. Der schwarzköpfige Eistaucher. C. glacialis.
Figur 694.

Ein Bewohner des hohen Nordens, von Labrador, Grönland und Spitzbergen bis Kamtschatka verbreitet, wandert er gegen den Winter hin südwärts, in Europa bis Schottland und Dänemark, einzeln an die deutschen Küsten, ja nach Frankreich und Italien hinab. Alljährlich wird er hie und da auf den Binnenseen im innern

Fig. 694.

Schwarzköpfiger Eistaucher.

Deutschland angetroffen. Er erreicht die stattliche Größe der Hausgans mit einem Gewicht von 12 bis 16 Pfund, fiedert dabei am Kopfe und Halse schwarz und tüpfelt den schwarzen Rücken weiß. Das Jugendkleid düstert an allen obern Theilen graubraun. Der Schärfste unter all seinen Genossen, beobachtet er aufmerksam seine ganze Umgebung und entzieht sich scheinbarer Gefahr durch ungemein schnelles Schwimmen und wiederholtes Tauchen, in der Reih auch durch plätscherndes Auffliegen. In der Begattungszeit ist er jedoch dreister. Freundschaft außer gegen sein Weibchen übt er nicht, vielmehr herrscht Zank und Rauferei, wo mehre beisammen sind. Und diesem häßlichen Charakter entspricht auch die klagende und heulende Stimme, welche an den felsigen Ufern schauerlich widerhallt. Seiner Gefräßigkeit dient eine meisterhafte Fertigkeit im Beutemachen, den schnellsten Fischen folgt er nach allen Richtungen und selbst in bedeutende Tiefen hinab, da er bis vier Minuten unter dem Waſſer aushalten kann. Freilich verstänkert der unmäßige Fischfraß seinen Leib so sehr, daß das Fleisch widerlich thranig ist und der ausgestopfte Balg noch jahrelang riecht. Genießbar ist ein so ekelhaft thraniges Fleisch nicht, nur der grönländische Gaumen überwintet den Ekel und selbst nach Thran riechend beachten die Eskimos auch den Geruch des Pelzes nicht, wenn sie sich wärmende Kleider daraus verfertigen, wozu das haltbare Leder sich ganz besonders eignet. Die Pärchen halten innig zusammen und wählen zum Brüten einen einsamen Platz in der Nähe der Küste, wo sie im Gras oder Gestrüpp ein dürftiges Nest bauen. Die beiden düster olivengrünen, dunkelpunktirten Eier bedürfen einer dreiwöchentlichen Bebrütung, bei welcher beide Gatten sich ablösen. Beide pflegen und erziehen auch die Jungen.

2. Der arktische Eistaucher. C. arcticus.

Nur von Entengröße, fiedert diese Art am Oberkopfe und Hinterhalse aschgrau, an der Kehle violettschwarz, auf dem Hinterrücken einfarbig schwarz. In der Jugend düstert der Rücken graubraun. Der arktische Eistaucher fehlt auf Grönland und Island, ist aber von Schweden bis Kamtschatka gemein und geht im Winter weit nach Süden hinab, so daß alljährlich einzelne bei uns gesehen werden. In seinem ganzen Betragen und der Lebensweise gleicht er dem vorigen. Dasselbe gilt auch vom nordischen Eistaucher, C. septemtrionalis, den ein kastanienbrauner Streif längs der Gurgel und gelbliche Tüpfelung auf der tiefbraunen Oberseite auszeichnen.

Zweite Familie.
Alken. Alcidae.

In ihrem allgemeinen Habitus und der Lebensweise bekunden die Alken eine so große Aehnlichkeit mit den Tauchern, daß beide häufig in eine einzige Familie vereinigt werden, indeß erweist die nähere Vergleichung doch so viele und erhebliche Unterschiede, daß die Sonderung in zwei Familien vollkommen gerechtfertigt ist. Sie haben zuvörderst einen kurzen, geraden, oft sehr stark zusammengedrückten Schnabel, der sich bisweilen sogar schwach bärtig oder aber mit Wülsten ziert und die ritzenförmigen Rasenlöcher bei Einigen unter dem Stirngefieder versteckt. Die Beine sind wieder ganz kurz und an den Steiß gerückt, nach außen gewendet, der Lauf jedoch nur mäßig zusammengedrückt und bei dem unbeholfenen watschelnden Gange mit auftretend. Die bekrallten Vorderzehen verbinden ganze Schwimmhäute, aber die Hinterzehe fehlt. Die Flügel sind schmal und spitzig, bisweilen von ansehnlicher Länge. Das sehr dichte Gefieder liegt knapp an und ändert die Farbe mit den Jahreszeiten.

Die Alken sind hochnordische Meeresbewohner, welche nur zum Theil Winterquartier in gemäßigten Gegenden aufsuchen. Sie leben gesellig und brüten an felsigen Küsten. Die neuere Ornithologie unterscheidet mehr als

ein Dutzend Gattungen mit dreimal soviel Arten, wir nehmen die ältern weitern Gattungen und führen nur deren typische Arten auf.

1. Lumme. Uria.

Noch von ächter Tauchergestalt, werden die Lummen charakterisirt durch ihren geraden, glatten und zugespitzten Schnabel mit langem stumpfem Kinnwinkel und ritzenförmigen Nasenlöchern vor einem seitlichen Federnzwickel (Fig. 695). Die kräftigen comprimirten Läufe sind mit weichen Täfelchen bekleidet und die drei Zehen mit scharfspitzigen Krallen bewaffnet, deren mittle eine vorstehende Schneide am Innenrande hat. In den kleinen schmalen Flügeln erlangt gleich die erste Handschwinge die Spitze.

Fig. 695.

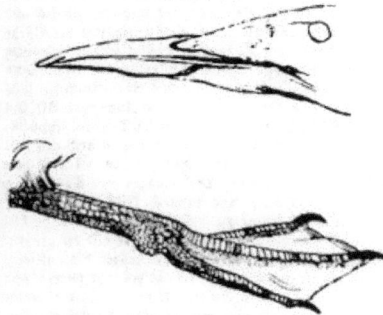

Schnabel und Fuß der Lumme.

Der ungemein kurze Schwanz besteht aus zwölf Federn. Das derbe Gefieder ist an der flachen Unterseite pelzartig dicht, am Kopfe und Halse fein und zerschlissen wie kurz geschorner Sammet, graut auf der Oberseite braun oder schwarz, an der Unterseite aber ist es weiß und sticht auf den schwarzen Flügeln einen weißen Fleck ab. Die anatomischen Verhältnisse ähneln zumeist denen des Eistauchers.

Die Lummen bewohnen als ächte Seevögel den hohen Norden und nur in wenigen Arten in gemäßigte Breiten, also auch an den deutschen Küsten herab. Myriadenweise schaaren sie sich, wenn sie weit in das Meer hinausschwimmen, der auf der rauhen felsigen Küste, die sie jeder andern vorziehen, ausruhen. Kleine Gesellschaften und vereinzelte Paare schließen sich gern andern Seevögeln, Tauchern und Enten an. Im Schwimmen und Tauchen leisten sie Unübertreffliches, zumal unter dem Waſſer, wobei sie die Flügel als wirkliche Ruder, die Füße zum Steuern benutzen; sie tauchen schräg in bedeutende Tiefen hinab, bei plötzlichen Gefahren senkrecht stoßend. Ihr Flug ist beschwerlich, schwirrend, ohne Ausdauer, sie fliegen auch nur zur Brütezeit viel und schwingen sich dann in rüttelndem Fluge selbst zu sehr bedeutenden Höhen auf. Noch mehr als den Flug vermeiden sie das Gehen, ihre rauhen Sohlen erschweren ihnen aber das Klettern

auf Klippen und Felfen, daher fieht man fie faft nur auf
diefen, an den raubeften und fteilften Küftenwänden ruhen.
Solche Plätze wählen fie auch zum Brüten, welche durch
fie und einige andere Wafservögel zu wahren Vogelbergen
werden. Schon Ende März oder in den erften Tagen
des April fammeln fich zu diesem Behufe die Schaaren,
laffen fich dichtgedrängt nieder und brüten in aller Fried-
fertigkeit neben einander, fo eifrig, daß auch die verlaffenen
Eier gleich wieder befetzt werden. Jedes Weibchen legt
nur ein großes Ei, deffen Farbe und Zeichnung auffallend
wechfelt: blaugrün, gelblich und rein weiß mit dunkeln
Flecken, Tüpfeln, Punkten und Strichen. Beide Gatten,
die fehr zärtlich gegen einander find und in allerlei Lieb-
kofungen fpielen, brüten abwechfelnd bis fünf Wochen
lang. Der Lärm hört während des Brütens nicht auf,
denn fortwährend fliegen viele der Nahrung halber zum
Meer und andere kommen lärmend zurück. Sobald aber
die Jungen ausfchlüpfen, wird das Geplärr, Pfeifen und
der Spectakel großartig, alle find eifrig mit der Pflege
und Fütterung der Jungen befchäftigt, holen Gewürm
und kleine Fifchchen und füttern fie damit fatt. Sind
fie leidlich herangewachfen, fo geht's die Felfenftufen hin-
unter und von der fteilen ftürzt fich Jung und Alt ins
Meer. Nun beginnt der Unterricht im Tauchen, Schwimmen und Fifchfangen, welcher die Familien noch eine Zeit
lang innig zufammenhält. Nur ein Junges in jedem
Jahre und unaufhörliche Verfolgungen von Raubvögeln
und dem Menfchen, und dennoch keine Abnahme der
myriadenhaften Schwärme. Allerdings find die an den
fteilften Felfen gelegenen Brüteplätze nur mit der größten
Lebensgefahr zugänglich, fo daß die Jungen bis auf jene,
welche fich verftürzen, fämmtlich aufgebracht werden und
den Ausfall in jeder Schaar erfetzen. Das thranige
übelriechende Fleifch wird nur im hohen Norden gegeffen,
frifch gekocht, geröftet, geräuchert, eingefalzen; die Eier,
nicht minder thranig, gelten als Delicateffe. Außerdem
wird auch der Pelz zu Kleidungsftücken verarbeitet.

1. Die graue Lumme. U. troilo.
Fig. 696.

Ausgewachfen mißt die graue Lumme 17 Zoll Körperlänge und 28 Zoll Flugbreite, fiedert oberdberbraunfchwarz,
unten weiß, im Sommerfleide mit kurzem Sammetgefieder von bräunlichfchwarzer Farbe am ganzen Kopfe und
Halfe, im Winter an Wangen und Kehle weiß. Die
weißen Striche find mit fchwarzen Längsftrichen gezeichnet.
Der fchlanke Schnabel ift grünlichfchwarz, die kräftigen
Beine bleifarben. Spielarten kommen felten vor, mit
weißen Flügeln, blendendweiße an den oberen Theilen
ifabellfarbig, u. a. — Das Vaterland der Lumme erftreckt
fich durch den ganzen arktifchen Kreis, nordwärts bis zum
70. Grade, füdwärts bis Helgoland und England, in
Amerika zwifchen Labrador, Hudsonsbai und Neufundland.
Bald lebt fie als Zug- bald als Strichvogel, in einzelnen
befonders günftigen Gegenden auch als Standvogel, wo
fie freilich in fehr ftrengen Wintern viel Noth leidet und
nicht felten der Kälte erliegt. Ohne Meer kann fie nicht
exiftiren, und die füßen Gewäffer find ihr ein völlig
fremdartiges, feindliches Element. Hurtig in ihren
Bewegungen, ift fie doch dumm und einfältig, nicht miß-

Graue Lumme.

trauifch, auf dem Lande hülflos und mit Händen zu
greifen. Auf dem Brüteplatze liebt fie den tollften Lärm.
Kleine Fifche, Krebfe, Gewürm und Weichthiere dienen
ihr zum Unterhalt.

Die Arten ähneln einander auffallend und verftecken
zum Theile ihre fpecififchen Unterfchiede fehr. Der vor-
fichtig trennende Naumann unterfcheidet von der grauen
Lumme noch die Ringellumme, welche mehr fchwarze
Flecken in den weißen Weichen hat und einen fcharfen
weißen Strich vom hintern Augenrande durch die Schläfen-
furche bis an den Anfang des Halfes zieht, und die
breitfchnäblige Lumme mit kürzerem Schnabel,
dunklem Kopfe und fehr wenigen fchwarzbraunen Schmi-
zen in den weißen Weichen. Betragen, Lebensweife und
Vaterland gleichen denen der grauen Lumme.

2. Die fchwarze Lumme. U. gryllo.
Fig. 697.

Mehre Ornithologen fondern die fchwarze Lumme
nebft ihren nächften Verwandten von der grauen als befondere Gattung Cepphus ab, doch find die Eigenthümlichkeiten fo geringfügige, daß wir diefe Anficht nicht
theilen können. Von geringer Entengröße, 14 Zoll
lang und 24 Zoll Flügelbreit, trägt fich die fchwarze
Lumme im Sommer bis auf ein rein weißes Flügelfchild
ganz fchwarz, im Winter aber an allen untern Theilen
weiß, in der Jugend mit fchwarzen Flecken auf weißen
Stellen. Ihr Vaterland dehnt fie nordwärts bis zum
78. Grade aus und füdlich foweit wie die graue. Obwohl
ebenfalls gefellig, fchaart fie fich doch nicht myriadenhaft.
Fliegend fchwirrt fie meift in gerader Linie auf und wieder

Fig. 697.

Schwarze Lumme.

gegen den Winter hin in gemäßigte Breiten. Wie die Lummen verlassen sie das Wasser nur um zu brüten. An den deutschen Küsten kommen zwei vor.

1. Der Tordalk. A. torda.
Figur 698.

Ausgewachsen hat der Tordalk Entengröße und fiedert dann oben schwarz, unten weiß, an der Kehle im Sommer schwarz, im Winter weiß, stets mit weißer Flügelbinde und zwei weißen Strichen auf dem Schnabel. Dieser ist am Grunde verengt und befiedert, im hornigen Theile

Fig. 698.

Tordalk.

nieder, ist von Charakter sanft und gutmüthig, gern in Gesellschaft anderer Lummen, der Alken und Möven, am Brüteplatze ganz einfältig und furchtlos. Hier vereinen sich meist nur 20 bis 30 Paare am felsigen Ufer gleich über dem Wasserspiegel, nie höher als bis zu 20 Fuß hinauf. Die Weibchen legen je zwei Eier auf den kahlen Fels und nach 24 Tagen schlüpfen die flaumigen Jungen aus.

2. Alk. Alca.

Die Alken stehen in ihrer äußern Erscheinung wie in der Lebensweise den Lummen außerordentlich nahe, doch genügt schon ein Blick auf ihre Schnabelbildung, um sich zu überzeugen, daß sie einen eigenthümlichen Gattungstypus vertreten. Der Schnabel ist nämlich sehr kurz, völlig comprimirt und ungemein hoch, längs der Rumpfschneidigen Firste gebogen und auf den hohen Seitenflächen mit starken Leisten und Furchen, an der Spitze hakig herabgebogen. Das Nasenloch öffnet sich nah über der Mundkante und vor der Spitze des seitlichen Federzwiesels als schräger horizontaler Riß. Die Beine wie bei den Lummen ganz hinten eingelenkt und erst vom Hacken an frei, haben stämmige, nicht sehr zusammengedrückte Läufe, an welchen nur drei spitzig bekrallte Vorderzehen, keine Hinterzehe, gelenken. Die kleinen Flügel sind schlank säbelförmig, schon die erste Schwinge die längste, und der kurze Keilschwanz besteht aus zwölf lanzetlichen Federn. Kopf und Hals sind kurz, sammetartig befiedert, der übrige Körper sehr dicht pelzartig mit derben zerschlissenen Federn. Dem Brustbeine fehlen am hintern Rande die Buchten.

Die Arten, oben bräunlichschwarz, unten weiß fiedernd, bewohnen ausschließlich die nordischen Meere und wandern

höher mit stark hakiger Spitze, an den Seiten ganz flach mit queren Wülsten und Furchen. Die langflügeligen Flittige reichen bis auf den Schwanz. Das Dunenkleid der Nestjungen steckt den braunschwarzen Rücken rostfarbig. Das Vaterland erstreckt sich vom 62. bis 72. Grade N. Br., im Winter ist er auch in der Nord- und Ostsee häufig, hält aber nirgends eine bestimmte Zugzeit inne, sondern läßt dieselbe vom Wetter und der Nahrung abhängen. Schwerfällig watschelnd und wankend, hebt man ihn nur äußerst selten auf dem Lande, leichter klettert er an abschüssigen Klippen empor, wobei er sich des Schwanzes als Stütze bedient, im Wasser sind alle seine Bewegungen leicht, geschickt, meisterhaft, so soll er bis gegen 200 Fuß Tiefe tauchen können. Zum Unterhalt dienen ihm hauptsächlich kleine Fische, unter denen er bei seiner Gefräßigkeit große Verheerungen anrichtet. Wo er aus Irgend gebt, schließt er sich den Schaaren der Lummen an, sammelt sich aber auch selbst zu vielen Tausenden, welche durch Nichts zu erschrecken und in die Flucht zu schlagen sind. Ja seine dumme Einfalt geht so weit, daß er sich brütend ruhig die Schlinge um den Hals werfen läßt. Die Brüteplätze liegen an jähen, zerrissenen Felsengehängen ziemlich hoch hinauf. Jedes Weibchen legt nur ein gelbliches oder röthliches, dunkel getüpfeltes und geflecktes Ei und brütet unter Ablösung des Männchens sehr eifrig auf demselben. Die Jungen werden etwa 14 Tage auf dem Felsen gefüttert, dann purzeln sie ins Meer hinab und genießen hier noch einige Wochen der elterlichen Pflege. Ihr Fleisch wird zwar sehr fett, schmeckt aber widerlich thranig und wird daher wenig gegessen. Die Haut wird zu Pelzwerk verarbeitet.

2. Der große Alk. A. impennis.

Figur 699.

Der große oder Riesenalk, zwei bis drei Fuß lang, zeichnet sich sogleich durch die ganz kurzen Flügel und den langen minder gebauten Schnabel von seinen Verwandten aus. Die Flügel sehen wie künstlich angesetzt aus und sind auch zum Fluge völlig untauglich; ihre Schwingen verkürzen sich schnell, sind aber starr und fisch-

Fig. 699.

Großer Alk.

beinartig. Ebenso steife Schäfte haben die kurzen Schwanzfedern. Am Schnabel tritt die Befiederung nicht soweit wie bei dem Tordalk vor, die schmale Firste biegt erst gegen die Spitze hin stark abwärts und die flachen Seiten haben tiefe Rinnen und schmale Wülste. Die Läufe sind dick wie auch die Zehen und Krallen. Die Oberseite fiedert schwarz, die untern Theile weiß, vor jedem Auge liegt ein großer weißer Fleck. Zwar rings um die Erde in der kalten Zone verbreitet, ist der große Alk, auch nordischer Pinguin genannt, nirgends häufig, zumeist noch auf Island und Grönland; früher brütete er auch auf den Farörn, wo er gegenwärtig gar nicht mehr gesehen wird. Flugunfähig, klettert er nur um zu brüten auf steile Klippen, sonst verläßt er das Meer gar nicht. Hier rudert und taucht er mit bewundernswerther Gewandtheit, kämpft kühn mit den schäumenden Wogen und trotzt der gewaltigsten Brandung. Er nähert sich nur von Fischen, liebt die Geselligkeit gerade nicht und brütet auch nur in kleinen Gesellschaften bis zu zwanzig Paaren. Jedes Weibchen legt nur ein weißliches, sparsam punktirtes und zestrichtes Ei. Wegen der Seltenheit stehen ausgestopfte Exemplare noch in hohem Preise.

3. Krabbentaucher. Mergulus.

Der sehr kurze, dicke und gar nicht zusammengedrückte Schnabel mit ovalen durchgehenden Nasenlöchern, die spitzigen Säbelflügel, der verdeckt aus zwölf weichen Federn gebildete Schwanz und die schon am Unterschenkel freien Beine mit zusammengedrückten Läufe und schlank und spitzig bekrallten Zehen, das sind die unterscheidenden äußeren Merkmale der etwa wachtelgroßen Krabbentaucher, deren Gefieder dem der Alken und Lummen gleich, auch oben sich schwarz, unten weiß trägt. Sie beimaten nur auf den hochnordischen Meeren und zwar in Schaaren von zahlloser Menge, oft meilenweite Flächen bedeckend und jeder Kälte und den schneidendsten Winterstürmen trotzend, daher sie auch nur dem Eise weichen. Freier auf den Beinen als Lummen und Alken, gehen und laufen sie behender und sicherer, treten auch nur mit den Zehen auf, klettern dafür aber schlechter oder vielmehr gar nicht, sondern fliegen auf ihre felsigen Brüteplätze. Ihre Nahrung besteht hauptsächlich in Krustern, welche sie tauchend vom Grunde heraufholen. Zu Hunderttausenden versammeln sie sich an ihren felsigen, rauhen Brüteplätzen, die Pärchen dicht gedrängt, jedes Weibchen legt nur ein grünlichweißes ungeflecktes Ei, das beide Gatten bebrüten.

1. Der kleine Krabbentaucher. M. alle.

Figur 700.

So hoch nach Norden hinauf noch Leben getrieb, wagt auch dieser kleinste Alk sich vor, besonders häufig zumal um Grönland und Spitzbergen. Das Leben erstarrende Eis treibt ihn im Winter zen Süden bis an die Nordseeküsten, vereinzelt bis Frankreich hinab. Seine Schaaren reichen oft so weit, wie das Auge blickt und verfinstern

Fig. 700.

Kleiner Krabbentaucher.

die Luft. Sie trotzen auch den winterlichen Kiesstürmen lange, wobei freilich gar mancher in kühner Selbstüberschätzung erliegt. Am wohlsten fühlen sie sich stets auf offenem Meere, wo sie oft ganz dem Spiel der Wellen sich hingeben und erst bei gewaltigem Wogendrange ermüden. Munter und lebhaft, lärmen sie viel mit ihrem eigenen

Namen alllil reh eh eh, am lautesten oder auf den Brüteplätzen, wo sie im Juni ihr Ei zwischen Steingetrümmer
legen und das grautrunige Junge pflegen, bis es flügge
ist. — Ausgewachsen übertrifft der Krabbentaucher unsre
Wachtel nur wenig an Größe, ist plattköpfig, dickhalsig,
auch im Rumpfe plump und siedert im Winterkleide auf
der ganzen Oberseite röthlichbraunschwarz, an der Unterseite weiß, im Sommerkleide oben tief schwarz; eine
weiße Querbinde liegt auf dem Flügel.

4. Starchtaucher. Phaleris.

Im Eismeere von der Behringsstraße bis zu den
Kurilen leben kleine Alken, ganz den Krabbentauchern
ähnlich und von den Russen Starch genannt. Kenntlich
sind sie an ihrem kurzen, plattgedrückten, fast vierkantigen
Schnabel ohne Wulst und mit horniger Klappe auf den
Nasenlöchern und an den kurzen, vom Unterschenkel an
freien Beinen. Sie streifen in strengen Wintern bis
Japan hinab, verlassen wie alle Alken die hohe See nur
während der Brütezeit und von Stürmen ans Land ge-
worfen, wo sie so zutraulich und dumm sind, daß sie unter
den absichtlich hingeworfenen Pelzen der Kamtschadalen
Schutz suchen und natürlich massenhaft erschlagen werden.
Man unterscheidet einige Arten, von welchen die Fig. 701
abgebildete oben schwarzbraun, unten hellgrau ist, einen
weißen Fleck unter und über dem Auge und einen rothen
Schnabel hat. Das Weibchen legt im Juni ein schmutzig
weißes, braun und rostgelb punktirtes Ei. Andre Arten
zeichnen sich durch besondern Kopfputz aus.

Fig. 701.

Starchtaucher.

5. Larventaucher. Mormon.

Wieder ächter Alkentypus, von mittler Größe, flach-
köpfig, dickhalsig, kurz und gedrückt im Rumpfe, in
dichtes, derbes, pelzartiges Gefieder von braunschwarzer
und rein weißer Färbung gekleidet und mit weißlicher
Gesichtsmaske. Die eigenthümliche Schnabelbildung
fällt sogleich in die Augen. An der Wurzel höher als
Stirn und Kinn, ist der Schnabel nämlich zu einer von

der Seite gesehen dreiseitigen Platte zusammengedrückt,
in der hintern Hälfte glatt, in der vordern mit schrägen
Rinnen, an der Wurzel weichhäutig berandet. Dicht an
der Schneide und ihr parallel öffnen sich am Schnabelgrunde die eigenförmigen Nasenlöcher. An dem nackten
Augenlitze liegt eine ebenfalls nackte Knorpelschwiele.
Die Beine treten mit dem Unterschenkel weit hinten aus
dem Rumpfe hervor, haben starke, geläfelte und genetzte
Läufe, die beiden ersten Schwingen in den kurzen Flügeln
ziemlich gleiche Länge und der sehr kurze Schwanz 16 weiche
Steuerfedern. Am Schädel treten keine scharfen Muskelleisten auf. 12 Hals- und 9 Rückenwirbel; das Brustbein nach hinten erweitert, mit Ausschnitt und Loch jederseits.

Die Larventaucher, auch Lunde genannt, sind Bewohner
der hochnordischen Meere, aus welchen sie im Winter südwärts streichen. Schaarenweise bevölkern sie dort die
hohe See und verlassen dieselbe wie Andre nur um zu
brüten. Sie gehen aufrecht, bloß auf den Zehen, beben-
der Schwere als die Lummen, fliegen auch leicht mit
schnurrendem Flügelschlag, schwimmen gewandt und tauchen
fast pfeilschnell nieder. Friedliebend unter einander, nehmen
sie gern noch sicherer als Seevögel in ihre Schaaren auf, dem
Futterneit beeinträchtigt sie nicht, da es kleine Fische und
Seukrustacen in genügender Fülle für ihren Unterhalt gibt.
Zum Nisten begeben sie sich an die Küste, scharren in den
lockern Dammerde und im Steingeröll auf felsigem Boden
Ritzen und Gruben und in diese legt jedes Weibchen ein
weißes meist ungeflecktes Ei, aus welchem ein weißgraues
eulenähnliches Junge auskriecht, das nur langsam heran-
wächst.

1. Der gemeine Larventaucher. M. arcticus.

Figur 702.

Im nördlichen Polarmeere in zahllosen Schaaren
heimatend, besucht der gemeine Larventaucher doch auch
die englischen und deutschen Küsten und verirrt sich einzeln
gar bis ins Mittelmeer. Nur Nahrungsmangel und Ver-

Fig. 702.

Gemeiner Larventaucher.

elfung nöthigt ihn zum Wandern, das ihm auch leicht wird, da er sich stets fern von der Küste auf hohem Meere aufhält. Ausgewachsen mißt er 13 Zoll Körperlänge und 25 Zoll Flugweite und fiedert dann oben braunschwarz mit solchem Halsbande, unten weiß, an der Kehle und der Gesichtsmaske weißgrau. Das Jugendkleid düstert in denselben Farben. Jahreszeit und Geschlecht machen sich in der Färbung nicht bemerklich. Der Schnabel ist an der Wurzel blaugrau, am ersten Wulst und der Spitze lebhaft röthlichgelb, an der Firste und den übrigen Wülsten brennend roth; die Füße anfangs bleifarben, später gelbroth. In allen Bewegungen munter und gewandt, ist der gemeine Larventaucher ein possierlicher, geselliger Alk, der viel Grimassen schneidet, aber auch plötzlich seine heitere Laune ablegt und seinen Nachbar oder fremde Gäste in der Schaar mit dem gefährlichsten Schnabelhieben tractirt, im Angriff sich stets muthig vertheidigt und blaue Flecke und blutige Wunden austheilt. Sein Ruf klingt tief und gedehnt orrr, im Zorn dumpf knurrend. Zum Brüten wählt er gern Inseln mit viel buchtigen Küsten, welche felsig aus dem Meere sich erheben und eine Rasendecke tragen. Dort gräbt jedes Pärchen sich eine 4 bis 8 Fuß tiefe Höhle und brütet sein schmutzig weißes, grau bekritzeltes Ei darin aus. Nach fünf Wochen schlüpft das Junge aus und beide Eltern tragen geschäftig dutzendweise kleine Fische im Schnabel herbei, mit welchen sie es langsam auffüttern, denn erst spät im September wird es flugbar und geht ins Meer, um hier fortan für sich selbst zu sorgen. Nur in diesem Alter hat es genießbares Fleisch, das für den langen Winter eingesalzen und geräuchert wird. Die Alten werden hier und da als Brennmaterial benutzt, erfüllen freilich die Hütte mit unerträglichem Gestank.

Zum Verwechseln ähnlich ist der etwas größere M. glacialis mit größerm Schnabel und dunkelgrauer Gesichtsmaske; M. corniculatus hat einen kürzern, weniger gefurchten Schnabel und eine braunschwarze Kehle.

6. Pinguin. Aptenodytes.

Wie unter den Erdvögeln bei Apteryx das Flugvermögen durch völliges Verkümmern der Flügel verloren geht; so unter den Wasservögeln bei dem Pinguin. Die Flügel sind hier in schmale Flossen verwandelt, auf ihrer ganzen Oberfläche nur mit feinen schuppenähnlichen Federchen bekleidet, und bloß zum Rudern tauglich. An dem geraden, starken, etwas zusammengedrückten Schnabel baßt die Oberkieferspitze (Fig. 703) und die Nasenlöcher öffnen sich entweder versteckt an der Wurzel oder frei in der Mitte. Die kurzen Beine sind ganz hinten eingelenkt und nöthigen den Vogel zum aufrechten Gange, der freilich nur unbeholfen und unsicher ist. Die drei Vorderzehen sind (Fig. 704) durch ganze Schwimmhäute verbunden, die Hinterzehe dagegen frei und nach vorn gewendet. Die rauhe Sohle erleichtert das Klettern an der felsigen Küste. Ein undurchdringlicher dichter Pelz, dessen Oberfläche wie aus dachziegeligen Schüppchen gebildet erscheint, schützt gegen Nässe und Kälte. Diesen äußern Eigenthümlichkeiten entsprechen nicht minder erhebliche im anatomischen Bau und es ist daher nicht ganz ungerechtfertigt,

Fig. 703.
Kopf des patagonischen Pinguin.

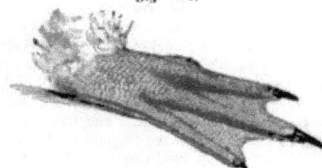
Fig. 704.
Fuß des patagonischen Pinguin.

die Pinguine oder Fettgänse als besondere Familie von den Alken zu trennen, doch bei minder eingehender Gliederung erscheint die Vereinigung zweckmäßiger.

Die Pinguine beschränken abweichend von allen vorigen Gattungen ihr Vaterland auf die kalten und gemäßigten Meere der südlichen Erdhälfte, vom 30. Grade gegen den Polarkreis hin und leben myriadenhaft beisammen in den unwirthbarsten Gegenden, wo sie unmittelbar an der Küste ihre Brüteplätze haben.

1. Der Königspinguin. A. patagonica.
Figur 705.

Schon bei dem ersten Besuche der patagonischen Küste, Neugeorgiens, der Falklandinseln staunten die Schiffsleute über die zahllosen, streng militärisch geordneten Reihen aufrecht stehender Vögel am Ufer, über die Schaaren von bunterltausenden, welche das Meer durchkreuzen und auch hier alle Bewegungen wie auf Commando ausführen. Es ist der stattliche Pinguin, in aufrechter Stellung drei Fuß hoch, auf der Oberseite bläulichgrau spiegelnd, unten silberweiß, am Kopfe und der Kehle schwarz und mit einem schön goldgelben Streifen, welcher von der Wange an der Seite des Halses herabläuft und breiter werdend auf der Brust verwischt. Der Schwanz besteht aus ganz kurzen, steifen, elastischen Federn. Ganz zum Aufenthalte auf dem Wasser organisirt, ist der Pinguin hier Meister im Schwimmen und Tauchen. Die ganz kurzen und fast am Rumpfende eingelenkten Beine berähigen ihn nur zum aufrechten Gange, der watschelnd und

Fig. 705.

Fig. 706.

Königspinguin.

Gehäubter Pinguin.

unsicher ist und ihn nur langsam vorwärts bringt. Er brütet auch in aufrechtsitzender Stellung, indem er das einzige weißliche Ei in eine förmliche Tasche im Gefieder zwischen die Beine klemmt, und kann dasselbe auch mit untergeschlagenem Schwanze forttragen, ja 8 bis 10 Fuß weite Sprünge damit ausführen. Das lautstöhnende unheimliche Geschrei ertönt besonders Nachts in tausendstimmigem Chor. Friedliebend im Allgemeinen, bekämpfen sich einzelne bisweilen und bekämpfen sich mit Flügelschlägen, während sie gegen andere Angreifer den Schnabel als gefährliche Waffe benutzen. Noch sind die Schaaren unübersehbar groß und die Unwirthlichkeit ihres Wohnortes wie nicht minder der widerliche Geschmack ihres schwarzen öligen Fleisches schützt sie vor nachdrücklichen Verfolgungen, denen sie zweifelsohne bei ihrer großen Unbehelfenheit auf dem Lande in gar nicht langer Zeit gänzlich erliegen würden.

2. Der gehäubte Pinguin. A. chrysocoma.
Figur 706.

Der stärkere und weniger zusammengedrückte Schnabel mit abgerundeter Firste, schiefer Furche und hakiger Spitze unterscheidet diesen nur entengroßen Pinguin schon auffällig von voriger Art. Er fiedert ebenfalls oben schwarz, unten weiß, besitzt aber über jedem Auge einen blaßgelben Streif, welcher auf den Schläfen zu einem langen, willkürlich aufrichtbaren Federbusch wird. Die Seeleute nennen ihn den springenden Pinguin, weil er blitzschnell taucht und sich wieder emporschnellt; in der Schnelligkeit seiner Bewegungen gleicht er überhaupt mehr einem Fische als einem Vogel. Zum Brüteplatz wählt er am liebsten begraste, schlüchtige Ufer, wo die Weibchen mit dem Schnabel eine Vertiefung für das einzige Ei scharren und dieselbe mit Moos und Kräutern ausfüttern.

3. Der Brillenpinguin. A. demersa.
Figur 707.

Der Brillenpinguin, wie die vorigen oben schwarz, unten weiß, trägt über den Augen einen weißen Streif, welcher abwärts laufend mit dem weißen Mittelhalse verschmilzt. Wichtiger für den Systematiker als diese Zeich-

Fig. 707.

Brillenpinguin.

nung ist die unregelmäßige Furchung an der Wurzel des
Schnabels, dessen hakige Spitze und die in der Mitte sich
öffnenden Nasenlöcher. Das Vaterland erstreckt sich von
der Südspitze Afrikas bis an das Cap Horn und die
Platamündung, überall ist er an den Gestaden wie im
offenen Meere häufig und läuft zwischen dem hohen
Tussockgrase fast eben so schnell wie ein Säugethier, indem er die fleißigen Flügel als Vorderfüße benutzt. Die
Brutplätze werden eigenthümlich angelegt, als ziemlich
ebene vierseitige Flächen von Steinen gereinigt, mit einem
Walle umgeben und von regelmäßigen Gängen in kleinere
Felder getheilt. Da sitzen die Weibchen wohlgeordnet
und lassen sich von den Männchen ablösen, unaufhörlich
ertönt dabei der eselsähnliche Jahruf. Im Angriffe vertheidigen sie sich muthig und entschlossen. Das Fleisch
der Jungen soll genießbar sein, das der Alten ist widerlich thranig, schwarz und hart. Der Pelz wird gar nicht
benutzt. Körperlänge 26 Zoll.

Dritte Familie.
Rudersüßer. Steganopodes.

Rudersüßer heißen die Mitglieder dieser dritten Familie der Schwimmvögel, weil ihre Füße zu einem breiten
Ruderorgan verwandelt sind, dadurch, daß die nach innen
gewendete Hinterzehe mit in die ganze Schwimmhaut
eingeschlossen ist. Auf die Schnabelbildung gebt diese
Uebereinstimmung nicht über, denn bald ist der Schnabel
gerade messerförmig, bald dick drehrund mit hakiger
Spitze, oder aber breit, platt, fast löffelförmig. Meist
wird die Firste durch scharfe Furchen von den Seitentheilen abgesetzt. Die Nasenlöcher öffnen sich am Grunde
des Schnabels als feine Ritzen, welche bisweilen gar
geschlossen sind. Die Flügel verkümmern nicht mehr,
sind im Gegentheil stets flugfähig und bei einigen sogar
ungemein lang und spitz. Die Beine stehen zwar noch
weit hinter der Rumpfseemitte ein, doch nicht soweit wie
bei den Alken und Tauchern, länger als bei diesen gestatten
sie denn auch einen sicherern Gang. Der Schwanz äußert
vielfach ab in der Größe, Form und Federnzahl. Das
Gefieder ist dicht und kleinfedrig, meist schwarz, grau,
braun und weiß gefärbt. Am Kopfe und zwar besonders
an den Wangen, der Schnabelwurzel und Kehle kommen
nicht selten nackte Stellen vor.

Die meisten Mitglieder, von mittler und ansehnlicher
Größe, sind Meeresbewohner, nur einzelne besuchen auch
süße Gewässer, alle fliegen gut, nähren sich von Fischen,
welche sie stoßtauchend fangen, und bauen ein großes
kunstloses Nest auf Bäume oder Felsenspitzen, wo sie die
Jungen eine Zeit lang aus dem Schlunde füttern. Sie
sind über alle Zonen und Welttheile verbreitet und sondern sich in folgende Gattungen.

1. Pelekan. Pelecanus.

Schwanengroße, auch langhalsige Vögel, die Riesen
unter den Schwimmvögeln, mit seltsam eigenthümlichem
Schnabel und langen nur lose anliegenden Flügeln. Der
Schnabel (Fig. 708) erreicht eine sehr bedeutende Länge,

Fig. 708.

Kopf des Pelekan.

ist gerade und völlig plattgedrückt, der Firstentheil durch
scharfe Furchen abgesetzt und erhöht und an der Spitze
in einen Haken auslaufend, die Gaumenfläche mit Leisten
belegt. Der Unterschnabel besteht aus zwei langen, dünnen,
rippenähnlichen Knochen, zwischen welchen die nackte schlaffe
Kinn- und Kehlhaut als ein ungeheuer dehnbarer Kehlsack
häßlich herabhängt. Die Nasenlöcher liegen als schmale
Ritzen vor den Stirn. In dem ungeheuer weiten Rachen
ist die verkümmerte Zunge kaum bemerkbar. Das Gesicht
bleibt nackt, unbefiedert. Die für die Größe des Vogels
kurzen und kräftigen Beine sind vom Fersengelenk an
unbefiedert, die langen Zehen durch eine sehr große auch
die kleine Hinterzehe einschließende Schwimmhaut verbunden, ihre Krallen mäßig groß und scharfrandig
(Fig. 709). Die Flügel zeichnen sich durch enorme
Länge der Armknochen und durch zahlreiche kurze Schwingen aus, von welchen die ersten stets verkürzt sind. Den
kurzen breiten Schwanz bilden 20 bis 24 steife Federn.

Fig. 709.

Fuß des Pelekan.

Das Gefieder ist weich und ziemlich glatt, die einzelnen
Federn schmal und schlankspitzig, viele an den Rändern
zerschlissen. Am Schädel fällt die geringe Entwicklung
der Leisten, die ganz knöcherne Scheitelwand der Augenhöhlen und das vierseitige Hinterhauptsloch auf; in der
Wirbelsäule 18 Hals-, 6 Rücken- und 7 Schwanzwirbel;
das Brustbein ist kurz und breit, am Hinterrande nur
schwach ausgebuchtet, die meisten Theile des Knochengerüstes führen Luft. Der Schlund ist sehr weit, der Vormagen bedeutend groß und dickwandig, drüsenreich, der
schwach muskulöse Magen dagegen klein, die Blinddärme
lang, die Leber ungleichlappig, die Aftenlappen wiederum
gelappt.

Die Pelekane bewohnen in mehren Arten die Tropenzone und als Zugvögel die angrenzenden gemäßigten Gegenden. Ihre Wanderungen führen sie in Gesellschaften
und schaarenweise aus, fliegen dabei in bedeutender Höhe
und regelmäßig geordnet. Zum Standquartier wählen
sie Meeresbuchten, weite Flußmündungen, Ströme und
große Sümpfe. Im Gehen tragen sie den Vorderkörper
hoch, den Hals eingekrümmt und den großen Schnabel
gesenkt, die Flügel nur locker angelegt, so schreiten sie
langsam und wankend einher. Auf dem Wasser schwimmen
sie dagegen sehr rasch und tauchen geschickt, ebenso ist ihr
Flug leicht, hoch, schwebend in großen Kreisen und in
Spirallinien. Unersättlich freßbegierig, füllen sie Magen
und Schlund mit Fischen und sammeln dann noch einen
Vorrath in ihrem Kehlsack. Ihr großes Nest bauen sie
kunstlos aus Reisern und Schilf in dichtes Geröhrig einsamer Gegenden und brüten auf zwei bis vier rein weißen
Eiern fünf Wochen. Ihr Fleisch schmeckt schlecht, wohl
aber eignen sich die Federn zu Betten und der Kehlsack zur
Anfertigung von Beuteln.

1. Der gemeine Pelekan. P. onocrotalus.
Figur 710.

In ganz Afrika und dem warmen Asien heimatend,
kömmt der gemeine Pelekan doch auch am Schwarzen Meere
häufig vor und geht von hier aus nach Dalmatien, Sla-
vonien, Ungarn, besucht Italien und das südliche Frank-

reich und verirrt sich einzeln in die Schweiz und Deutschland, sogar bis nach Königsberg hinauf. Häufiger als
diese Verirrten sehen wir ihn in Menagerien, wo er jung
eingefangen zahm und zutraulich wird und sein stilles
zufriedenes Leben bis auf 80 Jahre bringen kann. Seine
eigenthümliche Gestalt bewundert ein Jeder. Er mißt
ausgewachsen 4 Fuß Länge ohne den 16 Zoll langen
Schnabel und 9 Fuß Flugweite. Im Gesicht greift das
Gefieder nur von der Stirn bis auf die Schnabelwurzel
vor, Zügel, Wangen, Augengegend bleiben nackt. Scheitel
und Genick find kurz befiedert. Die rötlig nackt ausschlüpfenden Jungen bekleiden sich alsbald mit weißgrauem
wolligem Flaum, aus welchem das düstere erdfarbige
Jugendkleid hervorwächst. Nach einem Jahre wird das
Gefieder ganz weiß bis auf die schwarzen Schwingen,
später erhält es noch einen sanft rosafarbenen Anflug;
dann ist die Iris blutreich, der Schnabel bedeckt gestrichelt, der Kehlsack lebhaft gelb und die plumpen Beine
fleischfarben. Der Schwanz besteht aus zwanzig Federn.

Der Pelekan wandert in seinen europäischen Revieren
sehr unregelmäßig, bald früher bald später, erscheint plötz-
lich und verschwindet ebenso schnell, seine große Flugfertig-
keit hilft ihm sogleich in neue nahrungsreiche Gegenden.
Auf dem Fluge zieht er in Schaaren von mehren hundert
Stück in Winkelgruppen wie die Kraniche. Die liebsten
Standquartiere sind ihm seichte Busen und Buchten des
Meeres, an weiten Flußmündungen, auch große Landseen,

Fig. 710.

Gemeiner Pelekan.

fischreiche mit schilfigen und buschigen Ufern. Nur zum Fischfange begibt er sich aufs Wasser, sonst ruht er stundenlang auf einem Erdhügelchen oder Aste unbeweglich. Aufsteigen und Niederlassen wird ihm sehr leicht. Seine Stimme brüllt eselähnlich oder grunzt in tiefem Basse röh. Die Nahrung besteht ausschließlich in Fischen von allen Größen bis zu zwei Pfund Gewicht. Er fängt sie tauchend und füllt damit den Kehlsack, kann am Ufer verdauent in träger Ruhe. Man berechne, welche ungeheuren Mengen von Fischen diese Nimmersatten täglich verzehren und wie gefährlich sie dadurch den Fischereien werden! In Gefangenschaft kann man sie an Kalbfleisch, todte Mäuse und Vögel gewöhnen, darf ihnen aber das Wasser zum Bade nicht versagen. Zum Nisten sucht er einen unzugänglichen Ort im dichten Schilf, ebnet durch Niedertreten den Platz, häuft dürres Rohr, Wasserpflanzen und Gras kunstlos übereinander und legt 2 bis 5 verhältnismäßig kleine, lichtbläulichweiße Eier. Männchen und Weibchen brüten abwechselnd 5 bis 6 Wochen und füttern die Jungen mit zerstückelten und halbverdauten Fischen. Das Fleisch der Alten ist ungenießbar, aber das Gefieder liefert ein brauchbares Pelzwerk und der Kehlsack schöne Tabaksbeutel. In Indien richtet man den Pelekan zum Fischfange ab. All diese Vortheile werden jedoch durch seine Gefräßigkeit weit überwogen.

2. Der krausköpfige Pelekan. P. crispus.

Auch dieser Pelekan kömmt im südöstlichen Europa, im warmen Asien und Afrika vor, nährt sich ganz wie der gemeine, wird aber fünf Fuß lang und elf Fuß flügelbreit und unterscheidet sich besonders durch die gekräuselten Federn am Scheitel und im Nacken und 22 Steuerfedern im Schwanze, durch kürzere Flügel und kleinere Beine. Der ganze Unterkörper graut lichtbläulich mit weißen Federspitzen, an der Kropfgegend gelblich. — Andre Arten haben ein beschränkteres Vaterland, so P. trachyrhynchus mit sehr breiter zwischen den Nasenlöchern auslaufender Stirnschneppe und langen Federbaden, in Nordamerika, P. conspicillatus in Neuholland, P. mitratus mit sehr kurzer Stirnschneppe und langer Scheitelhaube, in Südafrika.

2. Scharbe. Halicus.

Die Scharben oder Seeraben bleiben weit hinter der Größe der Pelekane zurück und verbreiten sich durch alle Zonen, meist an den Meeresküsten, doch aber auch über fischreiche Binnengewässer. Ein Blick auf den Schnabel unterscheidet sie schon sicher von dem Pelekantypus. Derselbe ist nämlich nur mittellang und zusammengedrückt, stark hakig an der Spitze, die Haut am Unterschnabel wieder nackt und dehnbar, die Zunge ebenfalls kümmerlich kurz und Zügel und Augenkreise nackt. Die kaum bemerkbaren Nasenritzen öffnen sich vor der Stirn in der Rinne. Die kräftigen Beine erscheinen wie bei den Raubvögeln an den Schenkeln bedeckt, mit kurzen stark zusammengerückten Läufen und sehr schlanken festkralligen Zehen, von welchen die hintere wieder nach innen gekehrt ist. Wegen der langen Armknochen und der relativ kurzen Handschwingen hat der zusammengelegte Flügel ein eigen-

thümliches Größenverhältniß. Der Schwanz besteht aus 12 bis 14 steifschäftigen Federn und überragt die Flügel ansehnlich. Das sehr kurze und dichte Gefieder liegt ganz knapp an, ist auf dem Rücken wie schuppig scharfrandig, an den übrigen Theilen die Federn zerschlissen. Der Schädel unterscheidet sich nur in einzelnen Formverhältnissen von dem Pelekanschädel, bei aber eben am Hinterhaupte einen merkwürdigen dreiseitig pyramidalen Knochen. In der Wirbelsäule zählt man 17—18 Hals-, 8 Rücken- und 7 bis 8 Schwanzwirbel. Brustbein und Becken sind ziemlich kurz. Der Vormagen fällt weder durch Größe noch durch Drüsenreichthum auf, der Hauptmagen ist dünn und rundlich, die Blinddärme bis einen Zoll lang, von den drei Nierenlappen der hintere wie bei den Pelekanen der größte; die Luftröhrenringe weich.

In ihrem Betragen und Manieren weichen die Scharben mehrfach von den Pelekanen ab. Beim Gehen tragen sie die Brust aufrecht und stützen sich zugleich auf den Schwanz und so ruhen sie auch, zumal gern an erhöhten Plätzen, nur auf Bäumen oder Pfählen lassen sie den Schwanz herabhängen. Doch geben sie überhaupt wenig, stiegen lieber, schwimmen und tauchen mit der größten Gewandtheit. Sehr schlau, stieben bei den Menschen, stürzen sich erschreckt urplötzlich ins Wasser, und bekunden gegen andere Vögel ihren böshaften Charakter. Ihr Ruf ist tief rabenartig. Die unersättliche und nur auf Fische gerichtete Gefräßigkeit haben sie mit den Pelekanen gemein und ebenso ist ihre Fortpflanzungsweise im Wesentlichen dieselbe.

1. Der Cormoran. H. cormoranus.
Figur 711. 712. 713.

Der Cormoran dehnt sein Vaterland fast über die ganze nördliche Erdhälfte aus, über ganz Europa, den größten Theil Asiens und Nordamerikas, scheint aber feste Standquartiere nicht zu lieben, denn plötzlich erscheint er schaarenweise in einer Gegend, wo er früher nur spärlich zu sehen war, und verläßt dieselbe ebenso plötzlich. Im Allgemeinen zieht er den Aufenthalt am Meere dem an Binnengewässern vor, doch weiß er auch

Fig. 711.

Cormoran.

Fig. 712. 713.

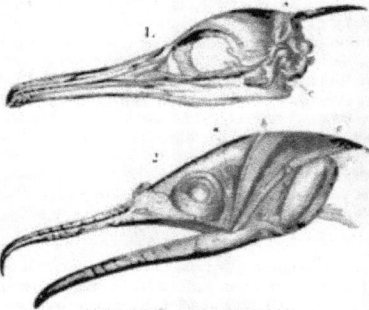

Schädel und Kopfmuskeln des Cormoran.

deren Fischreichthum aufzufinden; in nördlichen Ländern fesseln ihn die kahlsten felsigsten Meeresküsten, südlich begiebt er lieber bewaldete Ufer und in warmen Gegenden siedelt er sich an fruchtbaren waldigen Süßwasserbecken an, ist hier Wald- und Seevogel zugleich. Von Entengröße, kleidet er sich glänzend schwarzgrün, am Vorderrücken und den Flügeln broncebraun mit sammetschwarz eingefaßten Federn; auch die Schwingen und Steuerfedern sind schwarz und vom Auge zum Unterkiefer läuft ein weißer Streif. Die Nackenfedern sträben kammartig empor. Der Schnabel ist von Kopfeslänge, schwarz, grau und gelb, und das kleine tückische Auge dunkelbraun, bei Alten schön dunkelgrün; die stämmigen Beine glänzend schwarz. Auf dem Lande unbehelflich, ist der Cormoran auf dem Wasser und im Fluge nicht minder schnell und gewandt als seine Familiengenossen. Beim Schwimmen versenkt er den Rumpf fast ganz ins Wasser, taucht mit kurzem Ruck unter und kömmt erst nach einigen Minuten in weiter Entfernung wieder hervor. Kein Fisch — und er verschmäht keine Art — ist sicher vor ihm, er holt Schollen und Aale aus den tiefsten Tiefen herauf, weiß sie sicher zu erfassen und die großen geschickt zu zerstückeln. Der oben erwähnte Knochen am Hinterhaupt und die eigenthümliche Musculatur des Kopfes und Schnabels, von der wir eine Abbildung geben (Fig. 712. 713), verleiht ihm die bewundernswerthe Gewandtheit im Fischfange. Kleine Fische pfropft er tutzendweise in seinen Schnabel. In der That er ist geschäftig wie die Ameise und gefräßig wie der Wolf, dabei tückergelaunt und hämisch gegen andere Vögel, im Angriffe wüthend und kühn selbst gegen die größten Raubvögel. Seine Scheu und List verliert er am Brutplaz und wenn er sich verirrt hat. In der Gefangenschaft, an die er sich jung aufgezogen gewöhnt, wird er zwar sanft, legt aber gegen Fremde seine hämischen Tücken nicht ab und verletzt gefährlich mit Schnabelhieben. Im April bezieht er den Brüteplaz, im Norden öde Felsen, im Süden den Wald, den er oft erst von Raben, Krähen und Reihern erkämpfen muß, trägt mit dem Weibchen emsig viel Material zum Nestbau herbei und brütet abwechselnd mit diesem vier Wochen auf 3 bis 4 grünlichweißen Eiern. Die Jungen wachsen unter sorglicher Pflege ziemlich schnell

Naturgeschichte I. 2.

heran und fliegen schon im Juni aus, sind aber erst im dritten Jahre fortpflanzungsfähig. Ihr Nuzen für die menschliche Oeconomie ist äußerst gering, in hohem Norden liefern sie einiges Pelzwerk und früher wurden sie die und da auch zum Fischfange abgerichtet. Desto nachtheiliger werden sie den Fischereien an den Meeresküsten und Binnengewässern und man verfolgt sie hier mit allen möglichen Mitteln und nachdrücklich. So wurden auf Föhnen an einzelnen Tagen bis 500 Stück geschossen und diese Jagd so lange fortgesezt, bis kein Cormoran mehr zu sehen war. Im Jahre 1835 wurden bei Klein-Schönebeck in der Mark ebenfalls 400 Stück gebüßt. In Gegenden, wo die Fische unbenuzt bleiben, vermehren sich die Cormorane um so massenhafter.

2. Die Krähenscharbe. H. graculus.

Figur 714.

Etwas kleiner als der Cormoran, unterscheidet sich diese Art noch durch den längern Schnabel mit niedrigerer Wurzel, durch die weiter befiederte Kehle und den nur zwölffederigen Schwanz. Das Gefieder dunkel schwarzgrün mit schönem Seitenglanz, ist an denselben Theilen wie bei voriger Art schwarz. Das Vaterland erstreckt sich

Fig. 714.

Krähenscharbe.

zwar auch über die drei nördlichen Welttheile, aber nur in den nördlichen Ländern ist die Krähenscharbe häufig, im mittlern und südlichen Europa selten. Ueberall liebt sie raube, öde Felsengestade und lebt ganz wie der Cormoran, so daß nur der schärfste Beobachter in ihrem Betragen geringfügige Eigenthümlichkeiten beobachtet.

Noch eine dritte Art, die Zwergscharbe, H. pygmaeus, kömmt, wenn auch ganz vereinzelt, aus dem südöstlichen Europa nach Deutschland. Sie ist sehr merklich kleiner als erstere, bei einem ungleich kürzern und mehr zusammengedrückten Schnabel, antere Fußbekleidung und dunkelgraue Mantelfedern mit schwarzen Rändern. Von ihrer Lebensweise und ihrem Naturell ist nichts Eigenthümliches zu berichten, als daß sie verträglicher mit andern Vögeln lebt wie der Cormoran. Auffallend ähnlich ist ihr H. africanus, unterschieden nur durch einen schwarzen Fleck an der Spize der grauen Mantelfedern. Berühmt ist der chinesische Cormoran, H. sinensis,

51

402   Vögel.

wegen seiner Dienste bei dem Fischfange. Staunton sah auf einem Binnensee in China Tausende von Böten und Flößen, deren jedes 10 bis 12 Cormorane am Bord hatte. Auf ein gegebenes Zeichen stürzten dieselben ins Wasser und kehrten alsbald mit meist sehr großen Fischen im Schnabel zurück. Nach ältern Berichten sollte den Jagdcormoranen ein Ring um den Hals gelegt werden, damit sie bei ihrer großen Freßbegier den gefangenen Fisch nicht sogleich verschlingen könnten, doch hat Staunton von solcher Maßregel nichts beobachtet. — Der südamerikanische Cormoran, H. brasiliensis, gleicht ganz unsrer gemeinen Art, nur daß er kohlenschwarz gefiedert mit grünglänzenden Federrändern, am Schnabel und im Gesicht aber gelb ist.

3. Fregattvogel. Tachypetes.

Wir bewundern den Pinguin ob seiner völligen Flugunfähigkeit und seiner Gewandtheit im Wasser und nicht minder versetzt uns schon in der nächstverwandten Familie der Fregattvögel durch seine beispiellose Ausdauer im Fluge in Erstaunen. Er ist es, welcher den Schiffen auf dem offenen Ocean zuerst begegnet, so fern von der Küste, daß er kein Verbote mit meist sehr großen Fischen im Schnabel zurück. Man sah ihn nie auf den Wellen ruhen, er muß also zurück an die Küste, um sich zu erholen, und so läßt sich annehmen, daß er zwanzig Stunden ununterbrochen fliegt. Seine ungeheuer langen Flügel gestatten ihm nicht vom ebenen Boden oder Wasser aufzufliegen, er ruht daher auf erhöhten Punkten und fängt die Fische stoßend oder jagt und treibt andern Seevögeln ihre Beute ab. Bei herannahenden Stürmen eilt er der Küste zu, überrascht vom Unwetter und ermüdet sucht er auf den Raen eines Schiffes Ruhe. An Freßbegier gibt er seinen nächsten Verwandten nichts nach und frech stiehlt er am Ufer die zum Trocknen aufgelegten Fische und stößt auf die weggeworfenen Eingeweide. Zum Nisten wählt er am liebsten kleine einsame Inseln, wo das Weibchen ein bis zwei Eier auf den kahlen Boden legt. Man kennt nur die gemeine Art, T. aquila (Fig. 715), welche die tropischen Breiten des Atlantischen und Stillen Oceans bewohnt. Die äußere Erscheinung bekundet schon die eigenthümliche

Fig. 715.

Fregattvogel.

Lebensweise, denn er hat überhaupt die kürzesten Beine und längsten Flügel. Mit dem 16 Zoll langen Gabelschwanze, welcher im Fluge bald ausgebreitet bald geschlossen wird, beträgt die Länge des Fregattvogels 3½ Fuß und die Flugweite nicht weniger als 8 Fuß. Das Männchen fiedert bis auf den dunkelrothen Kehlsack ganz schwarz, das Weibchen an der Unterseite weiß. Das Jugendkleid ist rußbraun, an Schwingen und Schwanzfedern schwarzbraun. Die Luftführung seines Knochengerüstes ist bei der überaus großen Flugfertigkeit selbstverständlich sehr ausgedehnt und auch der Kehlsack dient nur als Luftmagazin und bleibt dem Zugange des Futters fast ganz verschlossen.

4. Anhinga. Plotus.

Bei dem Anhinga liegt das Mißverhältniß des Baues in dem ungeheuer langen Halse, welcher beim Schwimmen allein sichtbar die verschiedensten Wendungen und Biegungen ausführt, daher der von den Nordamerikanern gewählte Name für die Schlangenvögel ein ganz treffender ist. Der Kopf ist klein und der Schnabel fein, gerade, fest, etwas zusammengedrückt und ohne Spur eines Endhakens, aber mit kurzer seichter Nasengrube und feinem ritzenförmigen Nasenloch darin. In den langen Flügeln spitzt erst die dritte Schwinge. Den sehr großen abgerundeten Schwanz bilden zwölf starke breite Steuerfedern. An den Füßen fällt die Kürze und Dicke des Laufes und die Länge der Zehen auf, besonders der Außenzehe, welche nicht kürzer als die mittle ist, nur daß letztere eine größere, nach innen erweiterte Kralle trägt. Das volle weiche Gefieder ist kleinfedrig und spitzt die Federn des Rückens und der Flügel scharf zu.

Die Anhingas bewohnen die einsamen waldumkränzten Ufer großer Flüsse und Binnengewässer, nicht das Meer. Auf einem erhöhten Steine oder schattigen Aste über dem Wasser halten sie Ruhe und erheben sich oft in der heißen Mittagssonne zu den bedeutendsten Höhen meist in Gesellschaften, und so geschickt und ausdauernd sie im Fluge sind, ebenso gewandt sind sie im Schwimmen und Tauchen. Pfeilschnell schießen sie hinab und tauchen erst nach wenigen Minuten in weiter Entfernung mit dem Schlangenhalse wieder hervor. Kein Lärm und Geschrei begleitet ihre Jagd, geräuschlos ergreifen sie den auserwählten Fisch und halten ihn mit den haarscharfen Zähnen des merkwürdigen Schnabels, um ihn alsogleich zu verschlingen. Ihre Scheu und Aufmerksamkeit entzieht sie den Verfolgungen, selbst überrascht tauchen sie noch im Augenblicke des Pulverblitzes unter und sind im Nu außer der Schußweite. Verwundet und im Angriff erwarten sie regungslos den günstigen Augenblick, um plötzlich den tückisch eingezogenen Hals hervorzuschnellen und mit dem harten spitzen Schnabel die Augen des Gegners zu treffen. Ihr Nest bauen sie kunstlos auf Bäume und legen sechs bis acht hellblaue Eier hinein.

1. Der amerikanische Anhinga. Pl. anhinga.
Figur 716, 717.

Der amerikanische Anhinga, in Brasilien auch Mrua genannt, dehnt seinen Verbreitungsbezirk von Carolina bis ins südliche Brasilien aus, hält sich aber nur an

Fig. 716.

Amerikanischer Anhinga. Männchen.

Fig. 717.

Amerikanischer Anhinga. Weibchen.

2. Der afrikanische Anhinga. Pl. Vaillanti.
Figur 718.

Schon Vaillant schilderte die Lebensweise des afrikanischen Anhinga, welcher übrigens auch im südlichen Asien vorkömmt, als mit dem amerikanischen übereinstimmend und man war geneigt ihn für dieselbe Art zu halten. Allein er hat einen rostrothen Kopf und Hinterhals,

Fig. 718.

Afrikanischer Anhinga.

weiße Stirn, Wangen und Halsseiten, einen braunen Rücken, grünglänzende Unterseite, gelben Schnabel, bräunlichgelbe Beine und schwarze Schwingen und Schwanzfedern. Körperlänge 33 Zoll.

5. Tölpel. Sula.

Die Tölpel, in nur wenigen Arten über die nördliche und südliche Erdhälfte verbreitet, haben ihren Namen von den unbeholfenen tölpischen Bewegungen und dem dummen Benehmen auf dem Lande, aber sie sind Meeresbewohner, auf dem Wasser und im Fluge gewandt und nichts weniger als dumm. Das läßt freilich ihr Aeußeres kaum erwarten, denn der dicke Kopf und Hals, die sehr langen Flügel und Schwanz und die kurzen stämmigen Beine geben ihnen ein schwerfälliges Aussehen. Der große starke Schnabel ist gerade, hinten dick und rundlich, gegen die harte Spitze hin etwas zusammengedrückt, auf dem Oberkiefer mit zwei tiefen Längsrinnen, in welchen man bei einigen Arten wenigstens vergeblich nach einer Nasenritze sucht. Kehle und Zügel sind nackt. Die Beine, erst von der Ferse an frei und nackt, haben ziemlich zusammengedrückte Läufe und sehr schlanke Zehen, deren mittle einen sein gezähnelten innern Krallenrand besitzt. Die Flügel fallen durch die Länge ihrer Armknochen und die Kürze der Schwingen auf, angelegt erreichen sie fast die Spitze des keilförmigen, aus zwölf Federn bestehenden Schwanzes. Das Gefieder fühlt sich derb an und gleicht im Allgemeinen dem Gänsegefieder. Am Schädel treten

Binnengewässern auf, wo er nach Art der Reiher durch geduldiges Warten und plötzliches Vorschnellen des Schnabels Fische und wahrscheinlich auch andere kleine Wasserthiere fängt. Im Rumpfe von Entengröße, erscheint er doch wegen des sehr langen Halses und ansehnlichen Schwanzes viel größer. Das kohlenschwarze Gefieder des Männchens schillert violett, an der Bauchseite grünlich, sitzt die Rücken- und Flügeldeckfedern graulich und ebenso die Steuerfedern. Der Schnabel ist gelbgrau, Zügel und Kehle wachsgelb, die Beine schmutzig rothgelb. Das Weibchen unterscheidet sich durch die gelbgraue Befiederung am Kopfe, Halse und der Brust.

31*

die Muskelleisten ziemlich stark hervor, aber die Augenhöhlenscheidewand ist dies häutig. Die Wirbelsäule
gliedern 17 Hals-, 8 Rücken- und ebenso viele Schwanzwirbel. Das ziemlich lange Brustbein hat am Hinterrande zwei seichte Buchten, und einen nur in der Border-
hälfte hochhervorstehenden Kiel. Der weite Vormagen
(Fig. 719) ist nicht sehr drüsenreich.

Fig. 719.

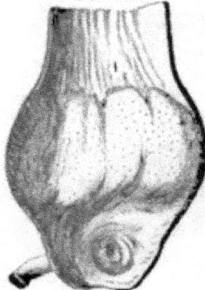

Magen des Tölpel.

Fig. 720.

Baßtölpel.

Die Arten leben einfache weiße Färbung ohne geschlechtliche Abzeichen und halten gesellig, schaarenweise
zusammen. Sie treiben sich rudernd und schlafend auf
dem Meere umher, tauchen aber während des Schwimmens
nicht, sondern stoßen doch über dem Wasserspiegel schwebend plötzlich mit angezogenen Flügeln auf die Beute
nieder, so gewaltsam, daß sie unversehens auf einen festen
Gegenstand stoßend oft ihr Leben einbüßen. Sie nisten
meist zu Tausenden vereint auf Felsenvorsprüngen und
Klippen, wo sie ihre großen Nester aus feuchtem Tang
dicht neben einander bauen und ein kleines weißes Ei
abwechselnd bebrüten. Die Jungen schlüpfen nackt aus
und wachsen sehr langsam heran, werden auch erst im
dritten und vierten Jahre fortpflanzungsfähig. Ihr
Fleisch schmeckt nicht unangenehm und deckt in manchen
Gegenden einen erheblichen Nahrungsbedarf.

1. Der Baßtölpel.　　S. bassana.
Figur 720.

Der Baßtölpel, nach der Baßinsel gegenüber Edinburg so benannt, mißt ausgewachsen drei Fuß Länge und
gegen sechs Fuß Flugweite und trägt sich einfach weiß
mit schwarzer Flügelspitze, wo aber die Schäfte auf der
Unterseite weiß bleiben, in der Jugend dagegen schwarzbraun mit weißen Tüpfeln. Der vier Zoll lange Schnabel ist anfangs schwärzlich, später grünlichbraun mit
lichthornfarbener Spitze; Kehlsack, Zügel und Augenkreise
schwarz; die Beine, erst bleifarben, dunkeln allmählig,
röthlich schwärzlich grün. Männchen und Weibchen unterscheiden sich äußerlich nicht.

Der gemeine Tölpel bevölkert alle Meere der nördlichen
Erdhälfte vom 30. bis 65. Grade nördlicher Breite
ringsum. An einzelnen Küsten streift er nur zeitweilig
umher, an andern wie den Hebriden, Schottland, Irland

ist er myriadenhaft heimisch, südwärts geht er bis Gibraltar
und an die canarischen Inseln hinab. An den deutschen
Küsten erscheint er meist nur vereinzelt und verirrt sich von
hier aus ins Innere von Deutschland und bis in die
Schweiz. Eigentlicher Zugvogel ist er nirgends, aber
fast überall unternimmt er Streifzüge und bleibt dabei
stets an der Küste, weil er hier die reichste Nahrung findet;
verliert er einmal das Meer aus den Augen, so schwindet
ihm auch alle Besinnung, er fliegt über Berg und Thal,
Feld und Wald, ohne sich nach Nahrung umzusehen, bis
er ermattet hinsinkt und hoffnungslos sich preisgibt.
Seine leichteste und liebste Bewegung ist der Flug. In
dem schwerfälligen, stolpernden und wankenden Gange und
in ruhiger Stellung sieht er wirklich sehr einfältig aus.
Auf dem Wasser treibt ihn mehr der Wind und das
Wellenspiel, als daß er rudert. Ein ächter Stoßtaucher,
schießt er in jeder Richtung mit gewaltigem Stoß nieder
und nimmt andere überhaupt gar keine Nahrung auf.
Im Fluge schwebt er bald mit schnellem bald mit langsamem Flügelschlag, übt sich in den kühnsten und uner-
wartetsten Schwenkungen, streicht bald niedrig über dem
Wasserspiegel hin, bald erhebt er sich in Spirallinien bis
in unmeßbare Höhen und troß dieser Gewandtheit und
Ausdauer erliegt er doch leicht den tobenden Wogen und
dem rasenden Sturme, der ihn tief ins Land hinein
schleudert. Seine Einfalt bekundet er am auffälligsten
auf dem Nistplaße. Brütend läßt er sich streicheln,
emporheben, wieder niedersetzen ohne alle Scheu und
Aengstlichkeit. Zwar gesellig mit seines Gleichen und
andern Seevögeln, findet er doch viel Veranlassung zu
Hader und Raufereien, zumal auf dem Wasser und Lande
läßt er seine hämische Tücke gern aus und versetzt dem
zutraulich sich Nähernden blutige Schnabelhiebe; wo
hunderttausende geschaart sind, nimmt Zank und Kampf

kein Ende. Seine Stimme klingt tief und rauh rab rab rab, im Zorn hastiger. Eingefangen ist er sehr bissig, übelgelaunt und hämisch, zugleich beispiellos träg. Als gewaltiger Fresser vertilgt er ungeheure Mengen von Fischen und Weichthieren, folgt deshalb gern den Fischern, um aus den Netzen zu stehlen. In Gefangenschaft verlangt er 12 bis 18 Häringe täglich, im Freien frißt er sicherlich mehr. Auf den Nistplätzen sind Tausende und Millionen versammelt, welche fliegend die Sonne verfinstern und durch ihr Geschrei die Sinne betäuben. An den Orkaden, Hebriden, Faröern, auf Island sind beliebte Nistplätze, besonders wo selbige zerrissene Uferwände eben mit Rasen bedeckt sind. Unter entsetzlichem Lärm und vielem Kampf sucht jedes Pärchen einen Platz zum Neste, schleppt einen großen Haufen von Tang, Strohb, Heu herbei, ordnet denselben ganz kunstlos und dann legt das Weibchen ein weißes Ei darauf. Bei der Unmasse der Nistenten finden nicht alle Nistmaterial, viele müssen sich spärlich behelfen und einzelne ihr Ei gar auf den nackten Boden legen. Beide Gatten brüten abwechselnd mindestens sechs Wochen. Das ausschlüpfende Junge erhält erst nach acht Tagen sein wolliges Dunenkleid, wächst in tiefem bei wahrhaft fabelhafter Freßbegier fast bis zur Größe der Alten heran und ist noch ein unbeweglicher Fleischklumpen. Nach vier Wochen sprossen die ersten Federn am Flügel und dem Schwanze hervor. Von einer Sorgfalt und Pflege außer der Fütterung ist bei den Alten gar keine Rede. Die Jagd ist bei der Einfalt der Tölpel zumal auf den Brüteplätzen leicht und überaus ergiebig. Besonders geschätzt ist das Fleisch der Jungen und es werden deren allein auf der Insel St. Kilda alljährlich an 22 Millionen eingefangen, welche geräuchert und eingesalzen werden. Da sie ihre Freßbegier nur an Meeresfischen befriedigen, so werden sie der menschlichen Oeconomie kaum schädlich. Auf der Insel Baß ist die Jagd verpachtet und bestimmten Gesetzen unterworfen; sie liefert den mäßigen Bedarf für den Markt in Edinburg, wo die Tölpel mit 20 Groschen bezahlt werden.

2. Der braune Tölpel. S. fusca.
Figur 721.

Der braune Tölpel bewohnt die südliche Halbkugel, zu Tausenden auf den öden Klippen der Bahamainseln, auf den Felsen von Accension, an unzähligen Orten im Golf von Mexiko, an den Gestaden von Venezuela, Guiana und Brasilien. Nur 25 Zoll lang, hierzu er oben rauchbraun, unten weißlich und hat schwarze Schwingen, röthliche Gesichtshaut, gelbe Augenkreise und solche Füße. Die Nestjungen tragen einen ungemein langen und dichten Flaum, so daß sie wie ein großer Dunenball aussehen. Ihr thraniges Fleisch ist völlig ungenießbar. An Dummheit scheint der braune Tölpel seinen nordischen Vetter noch zu übertreffen, er läßt sich mit den Händen ergreifen, mit dem Knüttel erschlagen, necken und verwunden, ohne mehr als unschädlich mit dem Schnabel zu picken. Es ist gar nicht möglich, eine sitzende Schaar zum Aufstiegen zu bringen. Selbst im Fluge ist er träger als der nordische, er streift meist niedrig über dem Wasserspiegel hin, entfernt sich kaum bis auf zehn Meilen von der Küste und kehrt jeden Abend an den gewählten Ruheplatz zurück. Im Erspähen und Fangen der Beute leistet er dagegen das Möglichste, leider aber hat er an dem Fregattvogel einen kühnen Räuber, welcher ihm geschickt und muthig die Beute abjagt, ohne daß er sich dessen Angriffen zu widersetzen erdreistet. Die Pärchen halten treulich zusammen. Das Weibchen legt zwei Eier auf den kahlen Fels und wird während der ganzen Brütezeit vom Männchen reichlich mit Futter versorgt.

Am Küstenrande Brasiliens lebt noch eine zweite Art, S. brasiliensis, scheu, im Fluge und Stoßen gewandt, 30 Zoll lang, einförmig kastaneenbraun mit weißem Bauch und schwarzbraunen Schwingen. Auch der neuholländische Tölpel ist ganz ähnlich.

6. Tropikvogel. Phaeton.

Das große Mißverhältniß in den einzelnen Körpertheilen, welches die vorigen Gattungen so auffällig auszeichnete, kehrt bei dem Tropikvogel nicht wieder. Zwar steht auch er noch ganz niedrig auf den Beinen, doch ist seine Tracht nett, fast taubenartig. Im Einzelnen bietet er sehr charakteristische Unterschiede von allen vorigen. Sein starker Schnabel ist nämlich seitlich sehr comprimirt mit zart gebogener Firste und gerader scharfer Spitze, an den eingebogenen Rändern sein sägezähnig gekerbt. Die schmalritzenförmigen Nasenlöcher öffnen sich dicht vor dem Stirngefieder. An den kleinen dünnen Beinen fällt die Kürze des Laufes auf und die mäßig langen Zehen sind scharf bekrallt. Der dicke Kopf ist ganz befiedert, in den schmalen spitzigen Flügeln gleich die erste Schwinge die längste, der kurze Keilschwanz aus sechzehn Federn gebildet, deren mittlere beiden auffallend verlängert, starkschäftig und schmalfahnig sind.

Die wenigen Arten bewohnen ausschließlich die tropischen Meere und entfernen sich als gewandte und

Fig. 721.

Brauner Tölpel.

ausdauernde Flieger weit von der Küste. Ihre Nahrung besteht hauptsächlich in fliegenden Fischen, die sie geschickt zu erhaschen wissen. Zum Nisten wählen sie öde Felseninseln.

1. Der gemeine Tropikvogel. Ph. aethereus.
Figur 722.

Der gemeine Tropikvogel erreicht 34 Zoll Länge und fiedert weiß mit schwarzen Querlinien auf dem Rücken und schwarzen Flecken auf den Schwingen, hat einen korallrothen Schnabel und nackte schwarze Augenkreise, gelbliche Füße. Er ist den Seefahrern zwischen den Wendekreisen in allen Meeren der freudige Bote des nahen

Fig. 722.

Gemeiner Tropikvogel.

Landes, denn bis 40 Meilen weit schweift er ins offne Meer und fesselt den Beobachter ebenso sehr durch die Grazie und Gewandtheit im Fluge wie durch die Ausdauer. In mondhellen Nächten kehrt er nicht an die Küste zurück, sondern fliegt so schnell und hoch wie am Tage umher, läßt sich wohl am Ruder auf den Rücken einer schlafenden Riesenschildkröte nieder. Bald schwimmt er ruhig ohne Flügelschlag oder schießt pfeilschnell in unmeßbarer Höhe dahin. Sobald er im Fahrzeug gewahrt, sinkt er in weiten Bogen schnell herab und umkreist dasselbe spähend. Auch zum Fischfange streift er nahe über dem Wasserspiegel hin. Er brütet gesellig auf einsamen felsigen Inseln und ist dort ebenso arglos und einfältig wie der Tölpel, so daß er sich leicht fangen und erschlagen läßt. Sein thraniges Fleisch schmeckt schlecht.

2. Der rothschwänzige Tropikvogel. Ph. phoenicurus.

Wie voriger ist auch dieser im Rumpfe nur von Entengröße und erhält seine bedeutende Länge durch die 14 Zoll langen mittlen Steuerfedern, welche hier roth sind. Das weiße Gefieder ist in der Jugend auf dem Rücken quergestreift und dann der Schnabel schwarz, später schwärzen sich die Schäfte der Schwungfedern,

der Schnabel wird roth, im Alter erhält das Weiß einen schön rosafarbenen Anflug. Dem jungen Vogel fehlen die verlängerten rothen Steuerfedern. An der Küste von Trinidad.

Vierte Familie.
Langflügler. Longipennes.

Die zierlichsten und leichtest gebauten unter allen Schwimmvögeln sind die mövenartigen, die wegen der allgemein sehr langen und spitzigen Flügel Langflügler genannt werden. Die Flügel sind denn auch ihr Hauptbewegungsorgan und befähigen sie zu einem leichten, gewandten, ausdauernden Fluge, in welchem sie sich mehr als auf dem Boden und im Wasser bewegen und die meiste Lebenszeit verbringen. Auch ihre Nahrung nehmen sie darum meist stoßtauchend auf und verschlingen dieselbe stets im Fluge. Die Meisten gehen selten und überhaupt langsam, unbeholfen, eben so wenig gewandt sind sie im Schwimmen, halten sich immer ganz an der Oberfläche und rudern nur langsam fort. Im Allgemeinen sind sie kleiner und selbst die kleinsten Schwimmvögel von mehr ebenmäßigem Bau als die übrigen Familien und mit einem dichten, vollen, großfederigen Gefieder bekleidet. Ihr Schnabel ist stets seitlich zusammengedrückt, gewöhnlich mit abgerundeter Firste und meist auch mit starker selbständig abgesetzter, kräftiger Hornkuppe am Ende, welche sich zu einem großen Haken herabzubiegen pflegt; der Unterschnabel mit nur kleiner Hornkuppe. Die Nasenlöcher öffnen sich bald seitlich und nahe der Mitte, bald oben auf der Schnabelfirste röhrenförmig, während erstere spaltenförmig und durchgehend sind. Die Beine stehen ziemlich hoch im Verhältniß zu den vorigen Familien und die schlanken Vorderzehen sind durch eine vollständige Schwimmhaut verbunden, die Hinterzehe dagegen frei und klein, auch verkümmert oder gar völlig fehlend. Der in Größe und Form sehr veränderliche, doch stets starke Schwanz pflegt aus nur zwölf kräftigen Federn zu bestehen und die große Bürzeldrüse ist mit einem Federkranze und oft mehr als zwei Oeffnungen versehen. Die Jungen kleiden sich gern graubräunlich, die Alten lieber weiß, seltener schieferschwarz oder rauchbraun und die Geschlechter unterscheiden sich darin nicht, selbst die Arten ein und derselben Gattung stimmen gar oft auffällig überein. Sie sind vorherrschend Meeresbewohner und Fischfresser, nur einzelne und zumal die kleinern besuchen öfter fischreiche Binnengewässer. Wie die Ruderfüßer leben sie paarweise in größern Gesellschaften beisammen und nisten ebenfalls an gemeinschaftlichen Brüteplätzen ohne Restbau.

Bonaparte löst diese umfangreiche, über alle Zonen und Welttheile verbreitete Familie in drei Unterfamilien und acht Gruppen auf, für die er nicht weniger als 56 Gattungen mit 205 Arten zählt. Eine nicht geringe Anzahl dieser Gattungen und Arten ist jedoch nur erst in ausgestopften Bälgen bekannt und auf so geringfügige Eigenthümlichkeiten begründet, daß nur der geübteste ornithologische Scharfblick mit ihnen sich beschäftigen kann, uns interessiren nur die genügend bekannten allgemeinen Typen.

1. Scheerenschnabel. Rhynchops.

Die seltsamste Gestalt der ganzen Familie ist der Scheerenschnabel, ganz beispiellos seltsam, wie der Name andeutet, durch die Scheerenform des Schnabels. Diese Bezeichnung ist jedoch nicht ganz passend. Der Schnabel ist nämlich viel länger als der Kopf, gerade und völlig zusammengedrückt, beide Hälften messerförmig und der Unterkiefer ansehnlich länger als der Oberkiefer, letzterer hat aber unterseits eine schmale Rinne, in welche der einschneidige Unterschnabel einpaßt (Fig. 723. 724). Die eigentliche Mundöffnung ist auf die Wurzel des Schnabels beschränkt. Das ovale Nasenloch öffnet sich seitlich nah am Rande und dicht vor dem Stirngefieder.

Fig. 723.

Kopf des Scheerenschnabels.

Fig. 724.

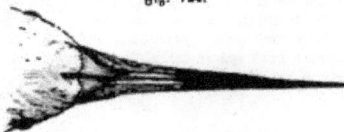

Kopf des Scheerenschnabels von oben.

Die langen spitzen Flügel mit längster erster Schwinge überragen angelegt den kurzen Gabelschwanz. Die Beine sind für den Schwimmvogel sehr hoch, doch die Zehen kurz, lang bekrallt und mit tief ausgebuchteter Schwimmhaut. Man kennt nur wenige Arten an warmen Meeresküsten.

1. Der schwarze Scheerenschnabel. Rh. nigra.

Figur 725.

Der schwarze Scheerenschnabel erreicht 19 Zoll Länge, sein Oberschnabel 3 Zoll, der untere fast 4 Zoll. Im Habitus gleicht er einer großen, dickköpfigen, plumpen Schwalbe. Er fiedert oberseits schwarzbraun, an der Stirn, Kehle, Backen und der ganzen Unterseite weiß. Die Armschwingen sind an der Spitze und der Innenfahne weiß, die Handschwingen schwarz und mit grauer Innenfahne, die Schwanzfedern schiefergrau mit weißen Säumen. Die Beine sind roth, ebenso die Schnabelwurzel, während die vordere Schnabelhälfte schwarz ist. Das Jugendkleid graut oben und unten. Seine Heimat dehnt der schwarze Scheerenschnabel an den amerikanischen Küsten zwischen dem 30. Grade N. und S. Br. aus, minder weit an den afrikanischen Gestaden. Er meidet

Fig. 725.

Schwarzer Scheerenschnabel.

die offene See und liebt vielmehr den Aufenthalt in weiten Buchten und Busen, an den Mündungen der Flüsse, wo er eine Tagereise weit landeinwärts streicht, dann also Süßwasservogel ist. Ueberall hält er gesellig zusammen und schaart sich in manchen Gegenden zu vielen Tausenden, welche am Ufer ruhend meilenlange schwarze Streifen bilden, zum Fluge aufgeschreckt den Himmel verfinstern. Den ganzen Tag hindurch streift er rastlos über dem Wasser hin mit halb eingetauchtem Schnabel; sobald er einen Fisch stößt, ergreift er denselben und verschlingt ihn. Ganz besondere Dienste aber leistet ihm die Messerform des Schnabels bei dem Oeffnen der Muscheln. Ruhig sitzt er neben der von der Fluth zurückgelassenen Muschel und im Augenblick, wo diese ihre Schalenhälften aufklappt, fährt er mit seinem Schnabel hinein. Das erschrockene Thier schließt sofort wieder seine Klappen und der Vogel schlägt die Schalen nun so gewaltig gegen einen Stein, daß die Schnabelspitze den Schließmuskel durchschneidet, die Schale sich dann natürlich öffnet und ihr Bewohner herausgeholt und verschlungen werden kann. Die Stimme des Scheerenschnabels ist laut und unangenehm. Je nach dem Klima des Aufenthaltsortes sammeln sich die Pärchen früher oder später an den gemeinschaftlichen Brüteplätzen, jedes Weibchen legt drei ungleich gefleckte Eier in eine Grube des sandigen Bodens und brütet meist nur des Nachts darauf. Die Jungen entwickeln sich langsam und erlangen erst im fünften Woche Flugfähigkeit. Ihr Fleisch schmeckt schlecht.

2. Der orientalische Scheerenschnabel. Rh. orientalis.

Diese weit über Afrika verbreitete Art mißt nur 16 Zoll Länge und 2 Zoll im Ober-, 3 Zoll im Unterschnabel. Sie fiedert oben schwarz, unten weiß, auch der Gabelschwanz ist weiß und die Spitze des rothen Schnabels gelblich. Ihr Leben ist ein nächtliches, eulenhaftes. Die Weibchen legen in Gruben des Ufersandes drei bis fünf Eier, welche auf graugrünlichem Grunde helle und dunkele braune Striche, Punkte und Flecken haben.

2. Seeschwalbe. Sterna.

Schwalbenähnliche Schwimmvögel, klein, zierlich, gewandt und sehr langflüglig. Ihr Schnabel, von

Kopfeslänge oder etwas länger, ist fast gerade oder nur längs der Firste sanft gebogen, scharfspitzig mit schwacher Kinnecke und nahezu mittelständigen, schmal ovalen Nasenlöchern (Fig. 726). Die pfriemenförmige Zunge ist an der Spitze etwas getheilt, auf der Oberfläche glatt. An den niedrigen Beinen gelenken drei kurze Vorderzehen mit ganzer Schwimmhaut und etwas höher die freie, sehr kleine Hinterzehe. In den ungemein langen Schwalben-

Fig. 726.

Kopf und Fuß der Seeschwalbe.

flügeln nehmen die Handschwingen von der ersten an stufenweise schnell an Länge ab, die Armschwingen sind sehr kurz, aber alle haben starke, steife, säbelförmige Schäfte und sehr schmale Außenfahnen. Der mittellange Schwanz, zwölffedrig, ist bald tief gablig, bald nur schwach ausgerandet. Auf den Handschwingen liegt ein eigenthümlicher weißgrauer Duft, welcher sich leicht abwischt. Das Gefieder liebt zarte einfache Färbung, vorherrschend Weiß und dann ein sanftes bläuliches Aschgrau, dunkler an den Flügelspitzen, und tiefschwarz am Kopfe. Am Knochengerüst beachte man die starke Wölbung des Schädels, die schmale Stirn, die durchbrochene Augenwand und die tiefen Muskelgruben auf der Hinterhauptsfläche. Den Hals wirbeln 13, den Rücken 8, das Kreuz 12, den Schwanz 7 Wirbel. Das breite Brustbein trägt einen sehr hohen Kiel. Das Becken ist breit und alle Rumpfknochen führen Luft. Der weite Schlund führt durch einen mit spärlichen Drüsen besetzten Vormagen in den dickfleischigen rundlichen Muskelmagen. Die Blinddärme sind winzig klein, doch deutlich entwickelt, die Leberlappen nicht sehr ungleich, die breiten Nieren mit größtem hinterm Lappen.

Die zahlreichen Arten heimaten zumeist in der tropischen und gemäßigten Zone, doch wandern viele auch während des Sommers in die kalte hoch hinauf. Sie sind der Mehrzahl nach ächte Seevögel, welche längs der Küsten und auf Inseln in kleinen Gesellschaften oder großen Schaaren ihr Standquartier nehmen und hier den ganzen Tag ohne Ruhe und Rast über dem Wasser oft mehre Meilen weit schwärmen. Andere siedeln sich an Binnengewässern, Teichen, Seen und Flüssen an und ziehen beschilfte und grasige Ufer jenen sandigen und steinigen Meeresufern vor. Sitzend nehmen sie sich wegen der kurzen Beine, des eingezogenen Kopfes und der gekreuzten Flügel nicht gerade schön aus, ebenso wenig im trippelnden Gange, desto zierlicher und leichter im Fluge, der freilich nicht so reißend schnell und so ausdauernd wie bei den eigentlichen Schwalben ist, hinsichtlich der

Schwenkungen, kühnen Wendungen und der Abwechslung überhaupt jedoch den Beobachter fesselt. Sie sind sehr unruhige und scheue Vögel, lieben aber die Geselligkeit und nehmen selbst andere Seevögel gern in ihre Schaaren und kämpfen gemeinschaftlich unter lautem Geschrei kühn gegen stärkere Feinde an. Ihre Nahrung besteht hauptsächlich in Fischen, die sie stoßend fangen, daneben fressen sie aber auch Insekten, Gewürm und kleine Frösche. Zum Nisten beziehen sie gemeinschaftliche Brüteplätze am Ufer, legen die Eier in eine bloße Vertiefung des Sandes oder in ein ganz kunstloses Nest, meist zwei bis vier, auf welchen beide Gatten abwechselnd brüten. Die Jungen werden lange gefüttert, nach ächter Schwalbenweise noch im Fluge. Die Eier schmecken vortrefflich und werden an vielen Brutplätzen eingesammelt, das Fleisch ist minder geachtet.

Nach der verhältnißmäßigen Länge und Dicke des Schnabels, der Lage und Form der Nasenlöcher, der Länge des Gabelschwanzes und der Zehen und nach andern äußern Eigenthümlichkeiten lassen sich die Arten übersichtlich gruppiren, doch geben wir bei der Uebereinstimmung in allen wesentlichen Formverhältnissen und nicht minder im Naturell und der Lebensweise auf die Mannichfaltigkeit im Einzelnen nicht näher ein.

1. Die gemeine Seeschwalbe. St. hirundo.
Figur 727. 73a.

Die gemeine, auch rothfüßige, europäische Seeschwalbe und Schwalbenmöve genannt, ist eine der weitest verbreiteten Arten, indem sie über ganz Europa, das nördliche Afrika und einen großen Theil Asiens ihre Heimat ausdehnt, wenn auch in den nördlichen Ländern nur als Zugvogel vom Mai bis Ende August ausbaltend. Sie

Fig. 727.

Gemeine Seeschwalbe.

zieht den Aufenthalt an Flüssen und Binnenseen dem an der Meeresküste vor, wählt vorzüglich gern fließende Gewässer mit niedriger, sandiger und kiesiger Umgebung, stille und abgeschiedene Orte. Da sitzt sie still, trippelt einige Schritte, reckt sich behaglich, streckt Flügel und Fuß nach einander und erhebt sich zum ungemein leichten und sanften Fluge, in welchem sie die verschiedensten

Fig. 728.

Gemeine Seeschwalbe.

und kühnsten Schwenkungen übt und pfeilschnell nieder-
schießt, sobald sie eine Beute im Wasser erspäht. Gesellig mit ihres Gleichen, braust sie doch oft zornig auf
und kämpft dann mutig, gemeinschaftlich gegen andere
Feinde. Dem Menschen weicht sie scheu und listig aus.
Ihre Stimme klingt hell kräh oder gedehnt krüäb, in
Angst und Zorn hastig kreck. Obwohl sie einen ziemlich
großen Speisezettel hat, ist sie doch wählerisch in der
Nahrung, vor Allem liebt sie die kleinsten Karpfenarten,
welche an der Oberfläche des Wassers schwimmen und
leicht zu stoßen sind; geben ihr diese aus: so hascht sie
Schwimmkäfer und Libellen, stößt auch Froschlarven und
kleine Frösche, schnürt auch über frischgepflügten Aeckern,
um Regenwürmer und Engerlinge im eiligen Fluge aufzulesen. Zum Nisten wählt sie niedrige Inseln und
Bänke, flach vorspringende Ufer mit kiesiger Oberfläche.
Eine kleine Vertiefung in dem Kies ohne alle welche Ausfütterung nimmt die 2 bis 3 trübweißen oder gelblichen
Eier mit dunklen Flecken und Punkten auf. Männchen
und Weibchen lösen sich auf denselben ab, bleiben aber
bei warmem Sonnenschein beide fern und während der
Nacht brütet stets das Weibchen allein. Nach 16 Tagen
schlüpfen die Jungen aus, wachsen unter der zärtlichen
Pflege der Eltern schnell heran, bleiben aber noch am
Brutplatze, wenn diese schon abgezogen sind. Die Fischer
verfolgen sie eifrig wegen des Schadens, den sie durch
ihre Gefräßigkeit anrichten.

Die unterscheidenden Merkmale der gemeinen Seeschwalbe liegen in den scharlachroten Füßen und
Schnabel, letzterer an der schlanken Spitze schwarz, und
in dem dunklen Streif auf der Innenfahne der ersten
Schwinge. Ausgewachsen ist sie im Rumpfe der
Misteldrossel gleich, aber der lange Gabelschwanz macht
sie 14 Zoll lang und die ungemein verlängerten Flügel
spannen 32 Zoll. Eine tiefschwarze Kopfplatte zieht
sich von der Stirn bis tief in den Nacken hinab, Kehle
und Hals sind weiß, Rücken und Oberflügel hellbläulich-
aschgrau, die ganze Unterseite schön weiß. Im Jugendkleide ist die Stirn und der Vorderkopf noch weiß und
der Rücken fleckig.

Lange Zeit wurde mit ihr die Küstenmeer-
schwalbe, St. macrura, vereinigt, deren Schnabel an
der Spitze nur wenig oder gar nicht schwarz ist, deren

Schwingenstreif viel schmäler, deren Lauf niedriger und
Schwanz länger ist. Sie geht viel weiter nach Norden
hinauf und ist in den mittelmeerischen Ländern seltner,
hat ein sanfteres Naturell, ist daher verträglicher, auch
neugierig und zutraulich, nährt sich von allerlei kleinen
Fischen und Krebsen und eiert auf Rasenboden.

2. Die Zwergseeschwalbe. St. minuta.

Diese kleinste der europäischen Seeschwalben, nur
von Lerchengröße, ist leicht kenntlich an dem dunkel-
orangegelben Schnabel und Füßen, der weißen Stirn, den
dunkelschieferfarbenen ersten Schwingen und an dem ganz
weißen Schwanze. Die sammetschwarze Kopfplatte setzt
scharf am reinen Weiß ab. Ueber Europa und Asien
verbreitet, ist sie doch nirgends so gemein und zahlreich
wie die vorige Art, ist unruhiger, ungeselliger, sonst in
Lebensweise und Betragen jener gleich.

3. Die Raubseeschwalbe. St. caspia.

Die Raubseeschwalbe, wegen ihrer Größe die Königin
der Seeschwalben, heimatet im südlichen Europa, in Afrika
und Asien und kömmt nur ganz vereinzelt nach Deutschland.
Sie ist auch ganz Meeresbewohner und meidet die Binnengewässer. Bei 20 Zoll Körperlänge hat sie 56 Zoll
Flügelbreite, führt ihren großen starken Schnabel roth,
aber die Beine schwarz und gabelt den Schwanz nur
schwach. Ihre große tiefschwarze Kopfplatte glänzt
schwach grün und schneidet scharf an dem zarten Weiß ab,
welches auch die ganze Unterseite beherrscht. Die Schwingen sind aschgrau. In ihrem Wesen ist nicht der leichte
Sinn, das fröhliche oder gemüthliche, tecke und rastlose
Treiben fast aller ihrer Gattungsgenossen, nicht die oft
lächerliche Neugier, alles Ungewohnte zu begaffen, zu umkreisen und zu beschreien, sondern ein trüber Ernst, eine
zwar kräftige, doch mit Gemächlichkeit gepaarte Gewandtheit, immer unnöthiges Aufsehen vermeidend, überall stilles
Mißtrauen verrathend, kein vertrauliches Anschließen an
nahe wohnende Vögel. Ja ist sie sehr scheu, verschlagen
und schlau, in der Noth und im Angriff grimmig und
wüthend, in der Fischjagd sehr gewandt und überaus gefräßig. Sie nistet wie die andern Arten gesellig, legt
ihre gelblich- oder bräunlichweißen, dunkelgefleckten Eier
in eine bloße Vertiefung im Ufersande und brütet eifriger
als andere Seeschwalben. Die Eier werden gern gegessen, aber das Fleisch ist zäh und unschmackhaft.

4. Die Lachseeschwalbe. St. anglica.

Der kurze dicke Schnabel, die hohen Beine und der
kurze stumpfgablige Schwanz unterscheiden diese Art von
ihren nächsten Verwandten. Sie erreicht 13 Zoll Körperlänge und 40 Zoll Flugweite. Die tiefschwarze Kopfplatte
sticht wieder grell von dem blendenten Weiß ab, und
Rücken, Oberflügel und Schwanz sind sehr licht bläulichgrau; Schnabel und Füße ganz schwarz. Sie scheint
über alle Welttheile verbreitet zu sein, selbst in Südamerika wird sie angetroffen, nimmt sowohl am Meeresufer
wie an Landseen und Flüssen Standquartier und lebt wie
andere Arten.

Ihr sehr nah steht die Brandseeschwalbe, St. can-
tiaca, mit brantgelber Schnabelspitze, ebenfalls schwarzen,
doch niedrigeren Beinen, schlanker im Rumpfe und mehr

tiefgabligem Schwanze. Die Färbung des Gefieders ist im Wesentlichen dieselbe; auch ihre geographische Verbreitung scheint kaum beschränkter zu sein, aber sie meidet die Binnengewässer durchaus, hat als entschiedener Seevogel ein ganz ausgezeichnetes Flugvermögen, das dem Sturme und der Wogenbrandung trotzt, und führt ein unruhiges bewegtes Leben.

5. Die weißbärtige Seeschwalbe. St. leucopareia.

Weißbärtig ist diese Seeschwalbe nur im alten reinen Hochzeitskleide, weder im Winterkleide noch in der Jugend rechtfertigt sie diesen Beinamen. Ueberhaupt von kräftigem Bau, 10 Zoll lang und 28 Zoll flügelbreit, wird sie charakterisirt durch den starken blutrothen Schnabel, den tiefgegabelten hell aschgrauen Schwanz mit weißlichen Kanten, die zinnoberrothen Füße und das vorherrschend graue Gefieder. Im Hochzeitskleide trägt sie eine atlasschwarze Kopfplatte von der Stirn bis ins Genick, der übrige Kopf ist rein weiß, das abwärts dunkelt und bald in schieferblaugrau, dann oben in aschgrau und schwarz, an der Unterseite in licht aschgrau verläuft. Das Winterkleid ist heller, an Stirn und Vorderkopf weiß, unten überall reinweiß, oben bläulich aschfarben, die Schwingen schwarz. Ihre Heimat erstreckt sich vom nördlichen Afrika und südlichen Asien in die nächstgelegenen Länder Europas, von wo sie sich einzeln nach Deutschland verfliegt. Sie meidet das Meer und läßt sich nur an schlammigen morastigen Binnengewässern nieder, wo Insektengeschmeiß wuchert und an Froschlaich und jungen Fröschen kein Mangel ist, denn nur von solchen Thieren nährt sie sich. Rastlos schwirrt sie den ganzen Tag über den Sümpfen hin, verträglich mit den ihrigen, zutraulich und einfältig. Sie baut auf ein begrastes Schlammhügelchen aus trocknem Gschilf und Halmen ein kunstloses Nest und legt vier olivengrüne dunkelfleckige Eier.

6. Die schwarze Seeschwalbe. St. nigra.

Auch diese Art schaart sich nur an Binnengewässern überall in Deutschland und allen niedrigen Gegenden Europas, Asiens, Afrikas und Nordamerikas. Bei uns und weiter nordwärts verweilt sie nur vom Mai bis August und wählt am liebsten stinkende Pfützen mit beschilfter Umgebung zum Standquartier. Da findet sie Insekten, Gewürm und kleine Frösche in reichlicher Menge und hält Frieden und Freundschaft mit allen anderen Vögeln, welche hier derselben Nahrung nachgehen. Immer fliegt sie nach ächter Schwalbenweise unruhig umher, bald niedrig bald hoch in Kreisen himmelan, munter und behaglich jedoch nur bei heiterm Wetter, verstimmt und traurig bei Sturm und Regen; stets ohne Scheu und Furcht vor den Menschen. Zum Eiern baut sie ein kunstloses Nest in das sumpfige Geröhrig und brütet, Männchen und Weibchen abwechselnd, 16 Tage auf 2 bis 4 dunkelfleckigen Eiern. Die Jungen fliegen nach 14 Tagen aus, werden aber noch lange mit Insekten gefüttert. Im Körper nur von der Größe der Haubenlerche, hat die schwarze Seeschwalbe doch 26 Zoll Flügelbreite. Das seidenweiche Gefieder ist im Sommer auf dem ganzen Oberkopfe tiefschwarz, am Halse bis zum Rücken hin dunkel schieferfarben, etwas

heller auf der Brust und rein weiß am Bauche, auf der Oberseite sanft bläulich aschgrau. Das Winterkleid wird an der ganzen Unterseite weiß, auch an den obern Theilen lichter. Der sehr schlanke Schnabel ist schwarz und die Beine röthlichschwarz.

Eine dritte Art dieser grauen Seeschwalben ist die **weißflüglige**, St. leucoptera, die mehr dem südlichen Europa angehört und nur vereinzelt Deutschland besucht. Sie hat im Sommerkleide weißliche Flügel und solchen Schwanz, sonst schwarze Oberseite und schwarze Brust; der Schnabel ist röthlichschwarz und die Füße scharlachroth.

7. Die dumme Seeschwalbe. St. stolida.
Figur 729.

Ein entschiedener Meeresbewohner, der sich viele hundert Stunden weit hinauswagt und dann schwimmend auf dem Wasser oder auf den Masten eines Schiffes ruht. Hier bekundet er eine so große Zutraulichkeit und Einfalt, daß er sich ruhig ergreifen läßt und erst nach längerer Zeit durch Picken mit dem Schnabel aus seiner unbehaglichen

Fig. 729.

Dumme Seeschwalbe.

Lage sich zu befreien sucht. So gewandt und ausdauernd diese Seeschwalbe im Fluge ist, so gern und viel schwimmt sie auch auf dem Wasser und sie muß das, weil sie nicht stößt wie andere Seeschwalben, sondern nur schwimmend ihre Nahrung aufnehmen kann. Sie scheint nur Weichthiere zu fressen. Ihre eigentliche Heimat bilden die tropischen Meere, nur einzelne fliegen über die Wendekreise hinaus und werden bis an die englischen Küsten verschlagen. Zum Nisten wählt sie buschige oder bewaldete, fruchtbare Uferplätze und baut ein großes Nest aus dürren Zweigen und trocknem Gebälm hoch über dem Boden. Ausgewachsen mißt sie 14 Zoll und fiedert schwarz, nur am Oberkopf silbergrau und auf der Stirn weiß; Schnabel, Schwingen und Beine sind kohlenschwarz. Die Flügel überragen den kurzen Schwanz und dieser ist stumpfeckig, kaum gablig; die Zehen sehr lang und mit gar nicht gebuchteter Schwimmhaut; der Schnabel schmal und niedrig mit tiefer Nasenfurche.

Außer dieser dummen Seeschwalbe sind an den südamerikanischen Gestaden noch gemein die großschnäblige, St. magnirostris, 15 Zoll lang, mit citrongelbem Schnabel und Füßen, schwarzer Kopfplatte, schiefergrauem Rücken und schwärzlichen Schwingen; St. Wilsoni, ganz vom Typus unserer gemeinen Art, St. argentea, unserer Zwergseeschwalbe zum Verwechseln ähnlich, doch mit grünlichgelbem Schnabel und Beinen. In Afrika sind eigenthümlich St. melanotis, fuliginosa, Senegalensis u. a., auch Asien und Nordamerika haben ihre eigenthümlichen Arten.

3. Möve. Larus.

An Mannichfaltigkeit der Arten wie in der unbeschränkten Verbreitung über alle Zonen und Welttheile steht die typische Gattung der Möven den Seeschwalben nicht im Geringsten nach. Sie unterscheidet sich von diesen im Allgemeinen schon durch den robusteren Körperbau, den längeren und stärkeren Hals, mehr erhöhten Scheitel, den stärkeren mehr hakenförmigen Schnabel mit vor oder in der Mitte gelegenem Nasenloch und starkem Kinned, die höheren Beine und größeren Füße mit vollen Schwimmhäuten, die breitern und minder sichelförmigen Flügel und den fast gerade abgeschnittenen Schwanz. Der gerade starke Schnabel ist hoch und seine Hornkuppe herabgebogen, scharfschneidig und der Rachen bis an das Auge gespalten. Die Nasenlöcher öffnen sich ritzenförmig in einer Grube parallel dem Mundrande. Die langen breiten Flügel haben lange Armknochen und Schwingen mit starkten fast geraden Schäften. Der freie Hintertzehe ist kurz und schwächlich, bisweilen verkümmert. Der Schwanz besteht aus zwölf starken breiten Federn. Das sehr dichte pelzartige und weiche Gefieder liebt das blendende Weiße und ein sanftes bläuliches Aschgrau, das in Schiefergrau und Schwarz übergeht. Geschlechtliche Unterschiede bietet die Färbung nicht, desto größere das Winter- und Sommerkleid. Die anatomischen Verhältnisse weichen nur in geringfügigen Eigenthümlichkeiten von den Seeschwalben ab, worüber ich in der Zeitschrift für ges. Naturwissensch. 1857. Nr. X. S. 20 specielle Mittheilungen gegeben habe.

Die Möven, von Dohlen- bis Adlergröße schwankend, leben gesellig und meist in großen Schaaren an den Meeresküsten und Inseln besonders der kalten und gemäßigten Zone und nur die kleinern Arten besuchen auch die Binnengewässer. Sie entfernen sich nicht weit von der Küste, führen auch längs derselben ihre Wanderzüge aus, fliegen viel, leicht und schön, wenn auch nicht so schnell und gewandt wie die Seeschwalben, schwimmen und gehen aber besser und mehr als diese und stoßen meist nicht. Von Charakter sind die kleinen Möven lebhaft und aufgeweckt, die großen träg, ernst, neidisch, raufsüchtig, alle aber scheu, mißtrauisch und nachsüchtig. Ihre Nahrung besteht in allerlei thierischen Stoffen; sie fressen lebende und todte Fische und deren Abfälle, Kruster, Weichthiere, Insekten, junge Vögel und Aas. Alle sind gierige und starke Fresser, die großen Arten sehr räuberisch. Zum Nisten schaaren sie sich zu Hunderten und Tausenden unter den lautesten Lärm an Küsten und auf Inseln, bauen die kunstlosen Nester aus trocknen Pflanzen meist dicht nebeneinander und legen zwei bis vier gefleckte Eier, auf welchen beide Gatten abwechselnd drei Wochen brüten. Die bunten Jungen wachsen schnell heran. Nur die Eier werden gern und viel gegessen, das Fleisch ist hart und unschmackhaft.

So scharf die Möven als Gattung von ihren Verwandten sich absondern: so überaus schwierig ist die

Unterscheidung der Arten, deren Anzahl bereits auf sechzig angegeben wird. Wir können diese Schwierigkeiten hier nicht verfolgen, sondern nur andeuten und einige der bekanntesten und weitest verbreiteten Arten vorführen.

1. Die Zwergmöve. L. minutus.

Die Zwergmöve gehört zur artenreichen Gruppe der Kappmöven, Chroicocephalus, und zeichnet sich schon durch ihre sehr geringe Größe, 12 Zoll Länge und 28 Zoll Flügelbreite, und schlanke Gestalt charakteristisch aus. Sie ist an der Unterseite der Flügel schwärzlichbraun und spitzt ihre verzgrauen Schwingen weiß. Der schwache und kurze Schnabel ist rothbraun bis schwarz, die Füße hochroth und mit schwarzen Krallen bewehrt. Das schön weiße Jugendkleid scheitels röthlich schwarzbraun, zieht weiße Querbänder über die dunkelbraune Schulter und hält im Flittig schwarz. Im Winterkleide ist der Hinterkopf dunkelaschgrau, der Rücken sehr licht aschblau, im Sommerkleide der ganze Kopf tiefschwarz. Die Blinddärme gleichen bloßen Papillen. Ihre eigentliche Heimat hat die Zwergmöve in Asien, vom caspischen Meere bis Sibirien, aber sie streift einzeln bis nach England. Zum Standquartier wählt sie Binnengewässer und Flußmündungen lieber als die Meeresküste, und in ihrem Betragen erinnert sie noch lebhaft an die Seeschwalben; sie schwimmt und sitzt weniger als andere Möven, fliegt leicht, gewandt und schneller, ist sehr unruhig und beweglich, mißtrauisch und vorsichtig, doch auch neugierig und jagt Insekten, Weichthiere und kleine Fischchen.

Ihr sehr nahe steht die schwarzköpfige Möve, L. melanocephalus, etwas größer, hochbeiniger, mit fast ganz weißen Schwingen und schwarzem Kopfe. Sie heimatet in den mittelmeerischen Ländern und nistet auf Sümpfen in der Nähe des Meeres.

2. Die Lachmöve. L. ridibundus.
Figur 730.

Die Lachmöve ist fast über die ganze nördliche Erdhälfte verbreitet und in Deutschland die gemeinste. Schon im März trifft sie bei uns ein, zieht aber bereits im August zu Tausenden mit lautem Lärm wieder ab. In südlichen Ländern streicht sie während des Winters an der

Fig. 730.

Lachmöve.

Meeresküste umher, im Sommer begibt sie die Binnengewässer und gebt auch auf die' nächstgelegenen Aecker.
Von der Größe der Feldtaube, aber ungleich langflügliger,
40 Zoll flügelbreit, wird sie von voriger Art sicher
unterschieden durch die bis auf die schwarze Spitze weißen
Schäfte der beiden ersten Schwingen. In der Jugend ist
sie am Kopfe dunkelfleckig, am Halse weiß mit braunem
Bande, an der ganzen Unterseite weiß, auf dem Rücken
braun und bläulichgrau, am Schwanze weiß mit braun-
schwarzem Ende. Diese Färbung ändert sich allmählig
um in das ausgefärbte Winterkleid, in welchem Kopf
(bis auf einen schwarzen Fleck vor dem Auge), Hals und
alle untern Theile, Schwanz und Bürzel rein weiß, der
Mantel sehr zart und rein mövenblau, die Spitzen der
Schwingen tiefschwarz, der Schnabel bochroth ist. Im
vollen Sommerkleide trägt der Kopf eine kaffeebraune
Kappe und der Mantel ist lichter als im Winter. Der
Vormagen ist sehr lang und drüsenreich, der kleine
Muskelmagen mit einer Einschnürung und gelber harter
saftiger Lederhaut; der Darmkanal mißt fast zwei Fuß
Länge und hat ½ Zoll lange Blinddärme; die Leber-
lappen sind ziemlich symmetrisch und mit ansehnlicher
Gallenblase versehen, die Milz sehr länglich, die Nieren
nur zweilappig, die Ringe der Luftröhre ganz weich.

In ihrer äußern Erscheinung nett, gefällig und einneh-
mend, ist die Lachmöve auch in ihren Bewegungen und Be-
tragen überhaupt anziehend. Sie schreitet unter beständigem
Kopfnicken schnell einher, läuft emsig suchend auf den
Aeckern, watet ins seichte Wasser und schwimmt auch eine
Strecke weit. Ihr Flug ist sanft, leicht und gewandt,
vielfach abwechselnd, oft weite Kreise beschreibend. Die
Unruhe treibt sie den ganzen Tag umher bis spät in den
Abend, dabei liebt sie die Geselligkeit ihres Gleichen, nicht
aber die anderer Arten, beobachtet mit Mißtrauen den
Menschen und kreischt krähenartig kriäh und käckäck.
Nur wenn mehre lebhaft durch einander schreien, gleicht
das Geschrei einem heitern Gelächter und darauf bezieht
sich der Name Lachmöve; eine eigentlich lachende Stimme
hat sie nicht. Ihre Hauptnahrung besteht in Insekten
und Gewürm der verschiedensten Art, nur gelegentlich
jagt sie auch kleine Fische und Mäuse und frißt selbst Aas,
letzteres zumal im Winter. Immer bei gutem Appetit
und gierig, ist sie sehr futterneidisch und zankt deshalb
viel mit ihren Genossen. Dabei trinkt sie viel und badet
häufig unter dieser Gewohnheit kann man sie recht
gut in der Stube halten, obwohl sie sich nicht schwer an die
Gefangenschaft gewöhnt. Zum Nisten sammelt sie sich
im April und Mai zu vielen Tausenden an schilfigen bewachsenen Ufern und auf weiten moorastigen Flächen,
duldet daselbst keinen andern Vogel und erfüllt mit end-
losem betäubenden Geschrei die Lüfte. Das Schilf und
Gras wird niedergetreten, trockne Stengel und Halme
kunstlos und locker auf einander gehäuft und darauf die
gefleckten und punktierten Eier gelegt. Männchen und
Weibchen brüten abwechselnd, schwirren aber beide bei
schönem Wetter neugierig, lärmend und zankend umher.
Nach 18 Tagen schlüpfen die Jungen aus; sie werden
sorglich, doch in großem Schmutze, gepflegt, wachsen auch
schnell heran und schaaren sich dann in eigene später ab-
ziehende Truppe. Die Eier gelten für sehr schmackhaft

und werden in manchen Gegenden zahlreich eingesammelt;
das Fleisch ist ungenießbar, die Federn zu Betten den
Entenfedern gleichwertig.

Zur Gruppe der Kappmöven gehören noch viele ausländische Arten, so die brasilianische L. maculipennis, der
Lachmöve sehr ähnlich, doch mit grauer Kehle und weißen
Schwingenspitzen, die peruanische, L. serranus, mit schwarzen Schwingen und sehr langen Flügeln, die chilesische,
L. glaucotes, mit sehr hellem Mantel und fast ganz
weißen Schwingen, die amerikanischen L. personatus,
cucullatus, Franklini, die indische L. ichthyaetus, die
neuseeländische L. Schimperi u. a.

3. Die Sturmmöve. L. canus.

Die Gruppe der Silbermöven (Glaucus), nicht minder
artenreich, unterscheidet sich von den Kappmöven durch
den silbergrauen Rücken und den weißen Kopf und Hals
im Sommerkleide und den bräunlichgrau gefleckten im
Winter. Die Sturmmöve ist eine der gemeinsten und
weitest verbreiteten darunter, im ganzen Norden heimisch
und im Winter bis an das Mittelmeer hinabgehend. In
den meisten Gegenden ist sie Strichvogel und zieht den
Außenhalt am Meere vor; nur fließende und süßreiche
Binnengewässer besucht sie auf kurze Zeit. Man unterscheidet sie von ihren nächsten Verwandten durch die
schwarzen Schäfte der breiten ersten Schwingen. Bei
17 Zoll Körperlänge spannen die Flügel 48 Zoll, die
Beine stehen hoch, der starke und hohe Schnabel ist roth-
gelblich mit horngelber Spitze. Im weißgefärbten
Winterkleide erscheint der Kopf und Hals mit länglichen
braunen Flecken bestreut, die ganze Unterseite blendend
weiß, der Mantel aber schön mövenblau. Im voll-
kommnen Sommerkleide fehlen die Flecken am Kopfe
und Halse. Im Jugendkleide herrscht Grau. Von den
anatomischen Verhältnissen verdienen Beachtung die sehr
großen nierenförmigen Nasendrüsen, das aus 15 gefiederten
Falten bestehende Augenfächer, der sehr drüsenreiche Vormagen, die ungemein lange Milz, der schwach muskulöse
Magen mit derber Sehnenscheibe, die nur warzengroßen
Blinddärme, die auffallend ungleichen Leberlappen,
u. s. w. Alle Bewegungen gleichen auffallend denen der
Lachmöve, dagegen ist die Sturmmöve minder scheu und
verträglicher auch mit andern Arten und mit den Seeschwalben. Zum Unterhalt dienen ihr lebende und todte
Fische, allerlei Gewürm, Insekten, Weichthiere und Krusta-
ceen, sogar Feldmäuse. Das Nest liegt auf sumpfigem
Boden im Binsengebüsch und enthält drei grünlich,
schwarzbraun punktierte und gefleckte Eier. Die Seemöve nützt der menschlichen Oeconomie übrigens erheblich
durch Vertilgung vieles schädlichen Geschmeißes auf den
Aeckern.

4. Die Silbermöve. L. argentatus.

Die Schäfte der beiden vordern, fast ganz schwarzen
(weißspitzigen) Schwingen sind schwarz und ebenso die
Spitzen der folgenden bis zur zehnten. Das unterscheidet die um ein Drittheil größere Silbermöve von der
vorigen Art, welcher sie sonst in der Färbung vollkommen
gleicht. Ihr Vaterland beschränkt sie auf den Norden
Europas bis an die deutschen und holländischen Küsten,

von wo sie längs der Flüsse weit ins Innere vordringt. Mehr Strich- als Zugvogel, sucht sie doch im Winter gern mittlere Quartiere auf, liebt zu allen Zeiten freie Gewässer ohne buschige Uferung, ist ziemlich phlegmatisch, doch auch vorsichtig und klug, neugierig bis zum eigenen Verderben, und sehr gesellig. Ihre Nahrung findet sie am Ufer reichlicher und bequemer als im Wasser. Beide Gatten brüten abwechselnd vier Wochen lang und pflegen die Jungen mit sorgender Liebe. Die großen Eier werden viel gegessen.

Zum Typus der Silbermöven gehören noch andere zum Theil hochnordische Arten, so L. consul (L. glaucus), mit gegen die Spitze hin weißen Schwingen, L. leucopterus, kleiner und mit längern Schwingen, L. glacialis, mit bräunlichen Querflecken auf den Flügeldecken und dem Schwanze, ferner die nordamerikanische L. glaucescens, mit weißen Spitzenflecken auf den aschgrauen Schwingen, L. borealis im nördlichen Asien, L. leucophaeus am Rothen Meere, L. occidentalis in Californien, L. Audouini am Mittelmeer, u. a.

5. Die Mantelmöve. L. marinus.
Figur 731. 732.

Die Mantelmöve oder große Seemöve übertrifft alle vorigen an Größe, denn sie erreicht bis 30 Zoll Körperlänge und 6 Fuß Flügelbreite. Sie repräsentirt die Gruppe der Mantelmöven, Dominicanus, charakterisirt durch den dunkelfarbigen Rücken und den winterlich graubraun gefleckten, sommerlich aber rein weißen Kopf und

Fig. 731.

Mantelmöve.

Fig. 732.

Durchschnittener Magen der Mantelmöve.

Hals. Die Größe und der gedrungene Bau zeichnen die typische Mantelmöve schon vor ihren nächsten Verwandten aus, als besondere Kennzeichen gelten der schieferschwarze, bisweilen dunkelbraune Mantel, die stets schwarzen Schwingen und die röthlichweißen Füße. Der sehr starke und zumal hohe Schnabel ist in der Jugend grauschwarz, im Alter aber gelb. Ihre eigentliche Heimat hat die Mantelmöve im hohen Norden bis Dänemark und Irland hinab, die deutschen Küsten besucht sie nur vereinzelt und streicht von hier aus auch bis auf unsere Landseen. In ihrem Naturell und Betragen zeichnet sie sich nicht gerade vortheilhaft vor den kleinern Arten aus. Sie fliegt zwar ausdauernd, doch träg mit langsamem Flügelschlag, nur vom Hunger oder Gefahren getrieben bewegter. Gierig und gefräßig, neidisch, hämisch und streitsüchtig, ist sie gar nicht gesellig und hält selbst mit ihres Gleichen nur da zusammen, wo ihre Tafel reich besetzt ist. Bei dem großen Phlegma liegt sie dem Fischfange nur wenig ob und frißt lieber das Aas großer Seethiere, allerhand kleinere von der Fluth an den Strand geworfene Thiere, auch Ratten, Mäuse und Vögel. Während der Brütezeit raubt sie gern Eier und junge Nestvögel und ist deshalb von allen Seevögeln gefürchtet. Sie baut ihr kunstloses Nest über deren Brutplätze und brütet vier Wochen lang. Die Jungen sind, obwohl reichlich mit Eiern, jungen Vögeln, Fischen und Seegewürm gefüttert werden, doch erst im August flügge und werden von den Alten mit aller Aufopferung beschützt. Die Federn stehen den Gänsefedern nicht nach, weder an Qualität noch an Quantität, und werden, wo Gänse fehlen, viel zu Betten benutzt. Die Eier sucht man zum Verspeisen auf.

Eine zweite nordeuropäische Mantelmöve ist L. fuscus, merklich kleiner und mit dunkelschieferschwarzem Rücken. Auffallend nah verwandt sind ferner L. pelagicus in Indien, L. vetula in Südafrika, L. vociferus in Südamerika, L. antipodum auf Neuseeland u. a.

6. Die dreizehige Möve. L. tridactylus.

Einige nordische Möven haben statt der Hinterzehe nur eine schwachbenagelte Warze und werden deshalb als Stummelmöven, Rissa, in eine Gruppe vereinigt. Die weitest verbreitete derselben ist an allen Küsten des Eismeeres gemein und streicht zeitweilig bis an die mittelmeerischen Länder, meidet aber Binnengewässer durchaus. Bei 16 Zoll Körperlänge spannen ihre Flügel 42 Zoll; der Schnabel ist grüngelb, die schwächlichen Füße rothbraun, Kopf, Hals, die ganze Unterseite und der Schwanz blendend weiß, der Mantel ungemein zart mövenblau; im Winter der Hinterkopf bläulichaschgrau überlaufen. Der mäßig große Vormagen ist dicht mit kleinen Drüsen besetzt, der Magen mit lederartiger Haut ausgekleidet, die Blinddärme ganz kurz, die Luftröhre aus weichen Ringen gebildet.

Beschwerlich und trippelnd im Gange, zeigt sich die dreizehige Möve desto gewandter im Schwimmen, und im Fluge ausdauernd, sehr geschickt und schnell. Von Charakter ist sie viel sanfter, stiller und gemüthlicher als die meisten andern Arten, daher auch verträglich und gesellig; nur auf den Brutplätzen braust sie auf und macht auch nur hier den entsetzlichen Lärm mit einem tausendstimmigen rack rack und kläglichem räterül. Auf den Fischfang versteht sie sich ganz vortrefflich, indem sie unmittelbar über dem Wasserspiegel hinstreift und die oberflächlich schwimmenden Fische wegschnappt. Obwohl gefräßig wie andere Möven, verschmäht sie doch Aas, Gewürm und Insekten, hält sich derenthalben nicht auf dem Lande auf, sondern fliegt fischend die meiste Zeit über dem Wasser. Tief ins Innere des Festlandes verschlagen, geht sie meist an Nahrungsmangel zu Grunde, da ihr Binnengewässer nicht zusagen. An den Brüteplätzen, felsigen rauhen Meeresküsten, sammeln sich Schaaren von Hunderttausenden, bauen unter betäubendem Lärm ihre kunstlosen Nester und brüten unruhig drei Wochen. Anfangs Juli piepen schon die Jungen und Ende August ziehen alle davon und lautlose Stille tritt wieder auf dem Gefilde ein.

Von den andern dreizehigen Arten hat L. brevirostris an der Nordwestküste Amerikas corallrothe Füße und gelben Schnabel, L. brachyrhynchus eine deutlicher ausgebildete kleine Hinterzehe.

7. Die Schneemöve. L. eburneus.

Wegen der kurzen schwarzen Füße mit stark ausgeschnittener Schwimmhaut und wegen des dicken bleigrauen Schnabels wird diese hochnordische Möve als Typus der kleinen Gruppe der Eisfeltmöven, Pagophila, betrachtet. Sie fiedert schneeweiß und hat nur in der Jugend auf den Flügeln und dem Schwanze einen schwarzen Fleck vor jedem Federende. Soweit gegen den Nordpol hin das Eismeer Unterhalt gewährt, dehnt auch die Schneemöve ihr Vaterland aus, um es südwärts zu beschränken, denn an den Küsten der Nordsee läßt sie sich nur vereinzelt und verirrt sehen. Ihre Nahrung besteht in Fischen und Aas von Meerestheieren; in Charakter und Betragen bietet sie kaum Eigenthümliches.

Von den zahlreichen andern Arten mögen nur folgende noch erwähnt sein: L. pacificus von Vandiemensland, als Typus der Gruppe Gabianus, mit runden Nasenlöchern, alkenartig zusammengedrücktem Schnabel, schwarzem Mantel und schwarzer Schwanzbinde; die eigentlichen Zwergmöven, Gavia, in tropischen Meeren mit stets weißem Kopfe, so L. gelastes auf dem Mittelmeer mit sehr langen weißen, schwarzspitzigen Schwingen und langem dünnen Schnabel; die Schwalbenmöven mit Gabelschwanz, wie L. furcatus in Californien mit graubraunem Kopfe und Oberhalse, weißgrauem Mantel und schwarzgesäumten Schwingen; die Rosenmöve, L. roseus, an den Nordküsten Amerikas, mit Keilschwanz, schwarzer Halsbande und stark rosenroth angeflogenem Gefieder; die Edelmöve, Adelarus, charakterisirt durch eine dunkle Binde vor der hellen Spitze des sehr starken Schnabels, so L. leucophthalmus am Rothen Meere, L. Belcheri in Chile, L. melanurus in Japan; endlich die Schmuckmöve, L. haematorhynchus, in Südamerika mit graublauem Kopf und Brust, schwarzen und weißspitzigen Schwingen und stark ausgeschnittenen Schwimmhäuten.

4. Raubmöve. Lestris.

Vollendete Räuber in Mövengestalt, die ihren nähern und fernern Verwandten die erbeuteten Fische kühn und

gewaltsam, mit Schnabelhieben und Flügelschlägen abjagen und bei ältestanb Raubmwerk verüben. Sie nöthigen sogar den Bedrängten, schon verschlungene Fische wieder auszuspeien und fangen dieselben fallend geschickt auf. Unkundige Beobachter glaubten, der Geängstigte gebe seinen Unrath von sich und der Räuber deiectire sich an diesem, daher sie die Raubmöven Kothjäger nannten. Wirft das Räuberhandwerk nicht ausreichende Beute ab, so stehlen sie die Eier und jungen Nestvögel, suchen Aas und thierische Abfälle oder picken am Strande die von der Fluth ausgeworfenen Seethiere, fliegen sogar auf die Aecker nach Insekten und Gewürm. Das Naturell eines ächten Straßenräubers liebt keine Gesellschaft, daher ist denn auch die Raubmöve unverträglich und sucht die Schaaren anderer Seevögel nur auf, um dieselben zu berauben. Mit ihres Gleichen lebt sie nur am Brutplatze vereint und auch hier in stetem Zank. Gewandtheit im Fluge, Uebung in den kühnsten und wunderlichsten Schwenkungen ist zu dem Raubgeschäft unbedingt erforderlich, aber auch im Laufen und Schwimmen überholen die Raubmöven ihre Gattungsgenossen. Die Arten gehören dem hohen Norden an als ächte Seevögel und werden an die deutschen Küsten nur verschlagen. Ihr großer starker Schnabel ist anfangs gerade und krümmt sich an der Spitze in einem starken Haken über. Die Nasenlöcher öffnen sich ritzenförmig am vordern Ende der Wachshaut. Die Füße haben große Schwimmhäute und eine sehr kurze schwächliche Hinterzehe, alle Zehen mit sehr gekrümmten und scharfspitzigen Krallen. In den langen schmalen Flügeln erlangt gleich die erste Schwinge die Spitze. In dem zwölffedrigen Schwanze stehen oft die beiden mittlern Federn bedeutend verlängert hervor. Das dichte, weiche, seltenartige Gefieder düstert braun und röthet Weiß nur in Flecken und Streifen auf. Der Knochenbau ist kräftiger als bei den Möven. Die Zunge ist vorn hornig und breit und tief rinnenförmig ausgehöhlt, hinten gezahnt. Der Vormagen setzt von dem weiten faltigen Schlunde äußerlich nicht ab und hat nur kleine Drüsen, der Magen ist walzenförmig und bloß häutig. Die Blinddärme erreichen drei Zoll Länge; der Darmkanal der großen Raubmöve fast drei Fuß lang; die Bauchspeicheldrüse doppelt; die Leberlappen sind nicht sehr ungleich.

1. Die große Raubmöve. L. cataractes.

Die größte von allen Raubmöven, kurz und gedrungen gebaut, 24 Zoll lang und 60 Zoll flügelbreit, und in düsteres Erdbraun mit lichten Schaftstrichen gekleidet, mit großem weißen Fleck auf der Flügelwurzel und mit kaum verlängerten mittlen Schwanzfedern. Im Meere des nördlichen und südlichen Polarkreises heimatend, besucht diese Riesenmöve nur während des Winters die englischen und deutschen Küsten, amerikanischen Seits Neufundland und die Hudsonsbai, vereinzelt auch die Vereinigten Staaten, überall als ächter Seevogel stets die offne See liebend, nur zur Ruhe und zum Brüten auf dem Lande verweilend. Ein neidisches, hämisches, heimtückisches, boshaftes und freßgieriges Geschöpf, übertrifft sie an Raubsucht alle Möven, worauf auch die Bildung des Schnabels und der Krallen, selbst ihr Flug hindeutet, dessen Kraft, Ausdauer und Gewandtheit mit jenen wetteif in ihr den gefährlichen Straßenräuber nicht verkennen lassen, den auch Mißtrauen, ängstliches Ausweichen und wirkliche Furcht von Seiten aller nahe wohnenden Vögel noch mehr bezeichnen. Freundschaftlich lebt sie mit keinem derselben, alle weichen ihrer Wuth aus und in dieser greift sie auf dem Brutplatze tollkühn sogar Hunde und Menschen an. Alles, was Fleisch heißt, befriedigt ihre Freßgier; jeden Fischfänger, selbst die größten Sturmvögel und Albatrosse, zwickt und ängstigt sie, bis er ihr seine Beute überläßt, fängt aber auch merkwüstig Vögel und läßt kein Aas unberührt. Vollgepfropft sitzt sie dann schwerfällig und träge nach Geiermeise da, aber die Verdauung geht schnell von Statten und alsbald ist sie wieder der zudringliche, gierige, verwegene Räuber. Am Brutplatze sammeln sich im April hundert und mehr Paare, jedes scharrt eine kleine Vertiefung, in welche die Weibchen je zwei blaß olivengrüne, dunkelgefleckte Eier legen und auf denselben vom Männchen abgelöst vier Wochen brüten. Die braungrauen Jungen werden mit Insekten, Gewürm, Vogeleiern aus dem Schlunde gefüttert, laufen schon nach einigen Tagen umher, sind aber erst Ende August völlig flugbar. Angriffe auf die Jungen, von wem sie auch kommen mögen, weisen die Alten mit gefährlichen Schnabelhieben zurück. Ihr Fleisch soll sehr zart und wohlschmeckend wie Schnepfenwildpret sein, auch die Eier sind geschätzt.

Um ein Drittheil kleiner und besonders durch die verlängerten mitten Schwanzfedern unterschieden ist die **mittlere Raubmöve**, L. pomarina, mehr im nördlichen Amerika als in Europa heimisch, kömmt aber doch auch vereinzelt an die englischen und deutschen Küsten. Sie ist derselbe hinterlistige, tückische und gierige Räuber wie die große und pflanzt sich auch in deren Weise fort.

3. Die Schmarotzermöve. L. parasitica.
Fig. 733.

Zwar ebenfalls dem Polarmeere angehörig, ist doch die Schmarotzermöve häufiger an den englischen und deutschen Küsten als die andern Arten. Sie geht sogar bis in die tropischen Meere hinab und verliert sich nicht selten weit ins Innere der Continente. Ihre unterscheidenden Merkmale liegen in den sehr verlängerten schmalspitzig auslaufenden mitten Schwanzfedern, dem rußbraunen Gefieder, der schlanken Gestalt überhaupt. Das Jugendkleid

Fig. 733.

Schmarotzermöve.

dunkelt am Kopfe bräunlichgrau, streift Nacken und Halsseiten gelblich und dunkelgrau, bändert und fleckt die weiße Unterseite braungrau und hält den Rücken dunkel erdbraun, die Flügel ebenfalls fleckig. Im Hochzeitskleide ist der Oberkopf schwarzbraun, die Unterseite des Kopfes oder der Hals weiß, Brust und Bauch rein weiß, die Oberseite aschbraungrau. Behend im Gehen, hurtig im Laufen, träg im Schwimmen, seltsam wechselnd und sehr ausdauernd im Fluge. Naturell und Lebensweise gleichen so sehr der großen Raubmöve, daß wir dabei nicht verweilen.

Die kleine Raubmöve, L. crepidata, von Dohlengröße, fiedert aschgrau und hat neben dem Haken des Oberschnabels einen kleinen Ausschnitt. Sie giebt im Sommer nach dem höchsten Norden hinauf und läßt sich selbst im Winter nur vereinzelt an den deutschen Küsten. Fleischig und nett in ihrer äußern Erscheinung, ist sie auch von Charakter sanfter als vorige, minder scheu, frißt ebenso gern wie Fische und Aas noch viel Gewürm und Insekten und brütet nur zwei Eier. Das Fleisch ist ungenießbar.

5. Sturmvögel. Procellaria.

Während alle vorigen Gattungen ritzenförmige Nasenlöcher und einen zusammengedrückten Schnabel haben, zeichnet sich die zweite Gruppe in der Mövenfamilie durch einen fast drehrunden Schnabel mit dickem Endhaken und röhrenförmigen Nasenlöchern auf der Kante oder in einer Furche aus. Die typische Gattung der Gruppe oder die eigentlichen Sturmvögel sind als dickköpfige, kurzflüglige Möven zu betrachten, deren kurzer dicker Schnabel einen gewaltigen Endhaken, sehr scharfe Schneiden und auf der Firste am Grunde ein einfaches horniges Nasenrohr mit innerer Scheidewand hat (Fig. 734). An den mittelgroßen Beinen sind die Läufe stark zusammengedrückt, die

Fig. 734.

Kopf und Fuß des Sturmvogels.

langen, spitzig bekrallten Vorderzehen mit vollen Schwimmhäuten, die Hinterzehe aber nur eine bewegliche und bekrallte Warze. In den schmalspitzigen Flügeln bildet
gleich die erste Schwinge die Spitze und der aus zwölf
bis vierzehn Federn bestehende Schwanz rundet sich stark
ab. Das volle weiche Gefieder ändert seine aus weiß,
aschgrau, braun und schwarz gemischte Zeichnung ungleich
häufiger als bei den Möven.

Die Arten, von Dohlen- bis Gänsegröße, leben über
beide Erdhälften verbreitet bis weit in die Polarmeere
hinein und zwar als ächte Seevögel stets auf und über
dem Wasser, nur zur Brütezeit auf Inseln und klippigen
Küsten. Tagelang fliegen sie ohne zu ermüden auf dem
unabsehbaren Ocean, trotzen kühn und muthig in fröh-
licher Stimmung dem wilden Aufruhr der Elemente und
den wüthenden Stürmen, suchen geradezu die bewegtesten
Gegenden des Meeres auf und lassen sich bei schönem
Wetter und Windstille kaum in der Nähe der Schiffe
blicken. Im tobenden Sturme umkreisen sie das Schiff,
ohne sich auf den Masten niederzulassen. Auch an ruhigen Abenden kreisen sie in Schwärmen hoch in der Luft,
als Unglückspropheten von den Matrosen betrachtet, doch
mit Unrecht. Ermüdet schlafen sie auf den Wellen.
Gefräßig und gierig, fast unersättlich, fressen sie alle
Meeresthiere, fangen die lebenden an der Oberfläche und
fallen mit großer Gier über das Aas her. Die Weibchen legen nur je ein weißes Ei auf den nackten Fels oder
Sand und brüten unter Ablösung der Männchen 5 bis 6
Wochen. Die Jungen wachsen langsam heran. Das
Fleisch wird trotz des starken Thrangeruches viel gegessen,
auch das reichliche Fett zum Brennen und zur Speise
benutzt, die Federn zu Betten.

1. Der arktische Sturmvogel. Pr. glacialis.
Figur 735.

Von Krähengröße, 18 Zoll lang und 48 Zoll flügelbreit, fiedert der arktische Sturmvogel weiß mit aschgrauem Mantel, im Jugendkleide bunt weiß und grau.
Der Schnabel kaum doppelt so lang wie dick ist an der
Wurzel walzig, im zusammengedrückten Haken fast halb-

Fig. 735.

Nördlicher Höckersturmvogel.

kreisförmig herabgebogen und gelb wie die Beine. Der
Schwanz besteht aus 14 breiten Steuerfedern mit sehr
langen Deckfedern. Bis in die äußersten Gränzen des
Lebens dringt der arktische Sturmvogel gegen die Pole
vor und läßt sich nur vereinzelt auf der Nordsee sehen.
Nicht die Kälte verscheucht ihn aus jenen eisigen Gegenden,
sondern nur der Nahrungsmangel treibt ihn südwärts.
Er flieht das Festland und verbringt sein Leben auf dem
weiten Ocean, bei daher im Fluge eine staunenswerthe
Ausdauer, Kraft, Gewandheit und Leichtigkeit und
schwimmt rasch und anhaltend, während sein Gang
schwerfällig und unbeholfen ist. Verträglich, phlegmatisch
und einfältig, hält er gesellig zusammen und mischt sich auch
unter andrer Seevögel, läßt sich leicht erschlagen und ergreifen, ohne seinen kräftigen Schnabel zur Vertheidigung
zu benutzen. Seine einzige Wehr gegen den Angreifer besteht in dem Ausspritzen eines Doppelstrahles gelben Thra-
nes aus dem Schnabel, den er aus dem Magen heraufwürgt.
Schon der junge Nestvogel spritzt Thran. Alles Aas, das
auf dem Meere schwimmt, alles Gethier an der Oberfläche,
das nicht schnell entflieht oder Widerstand leistet, dient
dem Sturmvogel zum Unterhalt. Zu Tausenden fällt er
über todte Walfische, Seehunde und Walrosse her und
zerreißt dieselben mit dem kräftigen hakigen Schnabel;
lebende Fische, Weichthiere, Krebse sucht er zwischen
Seetang heraus. Immer bei gutem Appetit, ist er ein gewaltiger Fresser und stets fett und wohlbeleibt. Schon
im März bezieht er schaarenweise bis zu Hunderttausenden
die gemeinschaftlichen Brüteplätze auf öden Felseninseln
und klippigen Küsten, brütet sehr eifrig und lange auf
dem einzigen großen Ei und füttert das Junge zu einem
unbeholfenen Fettklumpen heran. Erst Ende August
kann tiefes den Weg zum Meere antreten. Das zarte
weiße Fleisch schmeckt gekocht, geräuchert und eingesalzen
vortrefflich, auch das reichliche Fett findet vielfache Verwendung, die nahrhaften Eier sind eine delikate Speise
und die Federn den Gänsefedern gleich. So ist der arktische Sturmvogel den nordischen Völkern ein überaus
nützliches Geschöpf, das zudem in großer Menge und
leicht einzufangen ist.

2. Der antarktische Sturmvogel. Pr. giganteus.
Figur 736.

Dieser Riese unter den Sturmvögeln übertrifft in der
Größe eine Gans und fiedert oben dunkelbraun mit
weißer Sprenkelung, unten einfarbig weiß. Er heimatet
in der Südsee und ist wilder, räuberischer, kühner als die
andern Arten, jagt Vögel und Fische, tödtet sie mit gewaltigen Schnabelhieben und verschluckt sie stückweise.
Auch Aas jeder Art mundet ihm. Im gewandten ausdauernden Fluge und im Schwimmen steht er den arktischen Sturmvogel nicht nach und hat auch dessen Weise
zu brüten und die Jungen zu erzielen.

Die gemeinste Art auf dem atlantischen Ocean,
Pr. atlantica, wird nur 13 Zoll lang und fiedert im
männlichen Kleide chokoladenbraun mit glänzend kohlenschwarzem Schnabel und Beinen, im weiblichen matt
graubraun mit gelblichgrauer Brust. Eine zweite atlantische Art, Pr. aequinoctialis, erreicht 18 Zoll Körper-

Fig. 736.

Antarktischer Sturmvogel.

länge und trägt ein rauchbraungraues Gefieder mit weißlicher Kehle.

3. Der capische Sturmvogel. Pr. capensis.
Figur 737.

Die Captaube der ältern Reisebeschreiber lebt schaarenweise zwischen dem 25. bis 50. Grade südlicher Breite, ebenso häufig am Cap der Guten Hoffnung wie an Neuholland, auf den Falklandsinseln und um Tristan d'Acunha. Bei 14 Zoll Körperlänge fiedert sie schwarz,

Fig. 737.

Capischer Sturmvogel.

an der Unterseite weiß mit schwarzen Flecken, in der Schläfengegend weiß und schwarz gesprenkelt. In Charakter und Lebensweise gleicht sie der arktischen Art.

6. Schwalbenstürmer. Thalassidroma.

Nicht blos in der Größe, sondern auch im Habitus ähneln diese kleinsten Sturmvögel den Schwalben. Ihr

Naturgeschichte I. 2.

schwächlicher Schnabel ist großentheils von weicher Haut überzogen und läuft in einen harten, hohen und schmalen Enthaken aus. Auch das auf der Firste aufliegende Nasenrohr ist weich. Die sehr schwächlichen Beine stehen ziemlich hoch und die kurzen Vorderzehen haben volle Schwimmhäute; die Hinterzehe gleicht einer beweglichen Warze (Fig. 738). Die schwalbenhaften Flügel haben lange Schwingen, die erste etwas verkürzt. Der zwölf-

Fig. 738.

Kopf und Fuß des Schwalbenstürmers.

fetzige Schwanz ist abgestutzt oder gablig ausgeschnitten. Das sehr dichte und weiche Gefieder düstert matt schwarzbraun mit weißen Abzeichen am Bauche und der Schwanzwurzel, auch mit weißen Bänkchen auf den Flügeln. Die anatomischen Verhältnisse bekunden einige Verwandtschaft mit den Sturmvögeln. Der Schädel ist mehr gerundet, das Brustbein nach hinten erweitert und ohne Buchten und mit sehr hohem Kiel, der Vormagen von sehr beträchtlicher Größe, die Blinddärme bloße Warzen, die Nierenlappen wieder zerlappt.

In der stetig fliegenden Lebensweise auf dem Ocean gleichen die Schwalbenstürmer ganz den Sturmvögeln, fliegen wie diese mit bewundernswerther Gewandtheit und Ausdauer auch gegen Sturm und Unwetter, schlafen schwimmend und picken ihre Nahrung, welche in allerlei kleinen Seethieren besteht, von der Oberfläche des Wassers auf. Zum Nisten sammeln sie sich zahlreich auf Felseninseln und Uferklippen und legen nur ein kugelrundes rein weißes Ei. Sie werden so fett, daß man einen Docht durch ihren Leib zieht und sie als Thranlampe brennt.

1. Der kleine Schwalbenstürmer. Th. pelagica.
Figur 739.

Dieser kleinste, nur 6 Zoll lange und 14 Zoll flügelbreite Schwalbenstürmer bewohnt das atlantische Meer europäischer Seits bis zum Polarkreise hinauf, südwärts bis an die deutschen, vereinzelt sogar bis an die spanischen Küsten streichend. Stürme verschlagen ihn tief nach Deutschland hinein bis in die Schweiz, aber auch in seinem weiten Vaterlande scheint er kein festes Standquartier zu beziehen, sondern den Aufenthalt viel zu wechseln. Seine charakteristischen Merkmale hat er in dem gerade abgeschnittenen Schwanze, über welchen die Flügel etwas hinausragen, und in dem kaum einen Zoll hohen Laufe. Der Schnabel ist ganz schwarz und die Beine matt schwarz. Das rußschwarze Gefieder bräunt an den untern Theilen etwas und giebt einen mehr oder minder deutlichen weißen Strich über die Flügel. Der Bürzel ist

Fig. 739.

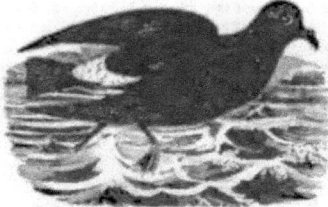

Kleiner Schwalbensturmer.

weiß. Im Gehen auf festem Boden ist er unsicher und ängstlich, desto behender geht er auf der Oberfläche des Wassers mit bewegten Flügeln und läßt sich dabei vom Wellenspiel nicht aus der Fassung bringen. Im gewandten, pfeilschnellen, kühn schwenkenden Fluge sucht er seinen Meister. Bei gutem Wetter zeigt er sich den Schiffen nicht, erst bei herannahendem Sturme sucht er Schutz in deren Nähe und ist daher ein verhaßter Unglücksbote. In seinem Elemente stets unruhig, bewegt und heiter, ist er auf dem Lande dagegen traurig, träg und einfältig. Seine Nahrung scheint nur in ganz kleinen und weichen Meeresthieren zu bestehen, die er auf dem Wasser trippelnd emsig aufpickt. Gern folgt er zu diesem Behufe den Schiffen, weil das Kielwasser reiche Beute liefert. Er nistet unter losen Steinen am Ufer, in Felsenritzen und Kaninchenlöchern oder wühlt sich auch selbst eine Höhle. Sein Fleisch ist wegen des widerlichen Thrangeruchs völlig ungenießbar.

2. Der amerikanische Schwalbenstürmer. Th. Wilsoni.

Figur 740.

Der amerikanische Schwalbenstürmer wurde lange Zeit nicht von dem vorigen unterschieden, bis man in der um einen Zoll beträchtlicheren Größe, den gelben

Fig. 740.

Amerikanischer Schwalbenstürmer.

Flecken auf den Schwimmhäuten und den rein schwarzen Schwingen beständige Artmerkmale erkannte. Er kommt freilich auch an der afrikanischen Küste vor und so ist es wahrscheinlich, daß die kleine Art bisweilen die amerikanischen Gestade besucht. Im Betragen und Lebensweise gleicht er dieser ganz und gräbt ebenso, wenn er keine Felsenritzen findet, eigene Höhlen im lockern Uferboden zum Horsten.

Eine zweite Art in den wärmern Theilen des atlantischen Oceanes amerikanischer Seits ist Th. leucogaster mit weißem Bauch und Steiß und grau überlaufenem Rücken.

7. Tauchstürmer. Puffinus.

Im Namen Tauchstürmer ist die Verwandtschaft mit den Tauchern ausgesprochen, es sind Sturmvögel und zugleich Stoß- und Schwimmtaucher. Von geringer Größe, haben sie einen schmalen Kopf mit niedriger Stirn, einen ziemlich starken Hals, gestreckten und doch kräftigen Rumpf, kurzen Schwanz und mäßig große, schlanke, spitzige Flügel. Der dünne Schnabel gleicht dem der Sturmvögel, endet mit einem schlanken Haken und trägt das Nasenrohr auf der Firste. Läufe und Zehen sind von gleicher Länge, erstere dünn und stark zusammengedrückt, scharfkantig, die Vorderzehen mit ganzer Schwimmhaut, die Hinterzehe eine bloße Kralle. In den langschwingigen Flügeln nehmen die Schwingen von der ersten an schnell an Länge ab. Der zwölffedrige Schwanz ist abgerundet oder keilförmig. Das derbe pelzartige Gefieder pflegt unten weiß, oben schwarz, braun oder grau zu sein oder dunkel über den ganzen Körper. Am Schädel fallen die starken Muskelleisten auf, nicht minder die tiefen Gruben für die Nasendrüsen auf der schmalen Stirn. In der Wirbelsäule liegen 13 Hals-, 8 Rücken-, 12 Kreuz- und 8 Schwanzwirbel. Das breite Brustbein ist hinten stark centrirt, am Hinterrande mit kleinen Buchten versehen, die Flügelknochen sehr gestreckt. Von den weichen Theilen beachte man die kurze dreieckige Zunge, den weiten am Vormagen scharf abgesetzten Schlund, den schwach muskulösen Hauptmagen, die mäßig langen, sehr breiten Blinddärme, die sehr ungleichen Leberlappen, u. s. w.

Die Tauchstürmer heimaten vorzüglich in den Meeren der gemäßigten Zone, mehr als Dämmerungs- wie als Tagvögel, aber als ausgezeichnete Schwimmer und Taucher und gewandt und ausdauernd im Fluge, schlecht auf dem Lande. Sie nähren sich von kleinen Fischen und Weichthieren, die sie stoßtauchend fangen. Die Weibchen legen nur ein weißes Ei in ein Uferloch und bebrüten dasselbe abwechselnd mit dem Männchen. Die bedunten Jungen werden sehr fett und erst spät flügge.

1. Der nordische Tauchstürmer. P. arcticus.

Figur 741.

Bei 13 Zoll Körperlänge und 32 Zoll Flugweite fiedert der nordische Tauchstürmer oben ruhig braunschwarz, unten rein weiß, an den Seiten des Kropfes und der Oberbrust schiefergrau. Der Schnabel ist in der Jugend bleifarben, im Alter schwarz, die Füße grünlichschwarz. Die Heimat erstreckt sich von Island bis ans Mittelmeer herab, doch nicht überall auf diesem Gebiete ist der Vogel

Fig. 741.

Nordischer Tauchsturmer.

gleich häufig, bald erscheint er hier einige Jahre, bald dort. So war er einst auf der Insel Man zahlreich, jetzt läßt er sich daselbst gar nicht mehr blicken. Auch amerikanischer Seits wird er viel beobachtet. Das Festland besucht er nur während der Brütezeit, sonst verläßt er das Meer nicht. In kleinen Gesellschaften zusammenhaltend, bewegt er sich schwimmend und fliegend mit aller Leichtigkeit und Gewandtheit, benimmt sich zutraulich gegen den Menschen und fängt den ganzen Tag über Fische und Weichthiere. Als Brüteplätze dienen schroffe Felsengestade mit Rasendecke, unter welcher der Tauchsturmer eine zwei Fuß lange Röhre gräbt, wenn er nicht eine vorjährige wohnlich einrichten kann. Im Mai legen die Weibchen ihr einziges sehr großes Ei in die Höhle auf trocknes Gehalm und nach mehrwöchentlicher Bebrütung schlüpft ein braungrau bedecktes Junge aus. Beide Gatten schleppen eifrig Futter im Schlunde herbei, aber erst Ende August oder im September können sie den Sprößling aufs Meer führen. Die einem Fettklumpen gleichenden Jungen werden eingesalzen und gegessen, die Alten aber nur der weichen Federn wegen gejagt, ihr Fleisch ist ungenießbar.

Die afrikanische Art, P. major, erreicht 19 Zoll Länge und hat eine etwas abweichende Zeichnung, P. cinereus hat bei ansehnlicher Größe lichte Färbung. Beide scheinen in Betragen und Lebensweise nicht von dem nordischen abzuweichen.

8. Sturmlumme. Halodroma.

Der völlige Mangel der Hinterzehe charakterisirt die nur in einer Art an den Küsten Perus lebende Sturmlumme (Fig. 742) schon vortrefflich. Ueberdies ist ihr Schnabel kürzer als der Kopf, mit deutlich abgesetzten Seitentheilen, hakiger Spitze und oben aufliegendem Nasenrohr.

Fig. 742.

Sturmlumme.

rohr. Sie fliegt minder schnell als die vorigen, bald unmittelbar über dem Wasser, bald hoch in weiten Bogen, schwimmt vortrefflich und ruht auch auf dem Wasser. Bei 9 Zoll Körperlänge trägt sie sich oben schwarzbraun mit bläulichem Schimmer auf dem Vorderrücken, an der Kehle und Brust glänzend weiß, an den Seiten weißlich grau.

9. Entensturmer. Pachyptila.

Auch bei dieser Gattung ist der Schnabel kürzer als der Kopf, am Grunde sehr breit und mit abgesetzter Rückenfirste, auf welcher das kurze flache Nasenrohr liegt. Die Ränder des Oberkiefers tragen innen kleine dünne Zahnplättchen. Die Beine haben etwas zusammengedrückte, netzartig geschilderte Läufe und die Hinterzehe ist nur als Sporn angedeutet. In den langen starken Flügeln erlangt die erste Schwinge die Spitze. In dem breiten stumpfen Schwanze treten die beiden mittlen der zwölf Steuerfedern hervor.

Die wenigen Arten bewohnen die Meere der südlichen Halbkugel in Schaaren von vielen Tausenden. Sie treiben am Tage ruhig auf dem Wasser hin, sind aber während der Nacht sehr munter und eifrig mit der Jagd kleiner Fische und Kruster beschäftigt. Die abgebildete Art, P. vittata (Fig. 743), lebt an der amerikanischen

Fig. 743.

Entensturmer.

Küste vom Aequator bis weit über den Wendekreis hinaus, wird 10 Zoll lang und ist am Rücken bläulich aschgrau, unten weiß. Ueber die schieferschwarzen Flügel verläuft eine Binde und der blaugraue Schwanz hat einen schwärzlichen Endsaum. Die Beine sind lebhaft blaugrau, ebenso, nur dunkler, der Schnabel.

10. Albatros. Diomedea.

Die riesigsten unter den Langflüglern kennzeichnet der sehr lange und starke, gerade Schnabel mit stark ge-

wölbter hakiger Spitze und seitlich an der Wurzel gelegenen
Nasenlöchern, welche als kurze Röhren aus einer Rinne hervortreten. Die Läufe sind kurz und stark und an ihnen
lenken nur drei Vorderzehen mit sehr breiter Schwimmhaut,
feine Hinterzehe. In den langen spitzen Flügeln ist die
erste Schwinge sehr verkürzt, die zweite die längste; die
Gesammtzahl der Schwingen beläuft sich auf funfzig, die
höchste unter allen Vögeln; der abgerundete Schwanz aber
besteht aus nur zwölf Steuerfedern. Die Zunge ist ganz
kurz und breit, ihrer größern Länge nach festgewachsen und
auf der Oberfläche mit weichen spitzen Papillen besetzt.
Die Luftröhre, anfangs sehr breit, dann verengt, wird
von weichen Knorpelringen gebildet. Das Herz ist auffallend klein und sonderbar kurz und stumpf. Der Darmkanal mißt sechs Fuß Länge, die Blinddärme sind sehr
klein, die Bauchspeicheldrüse doppelt, u. s. w. Die Arten,
sehr übereinstimmend in ihrem Bau, der äußern Erscheinung und Lebensweise, bewohnen die außereuropäischen
Meere und sind kühne gewandte Räuber, welche ihre unersättliche Gefräßigkeit stoßtauchend durch Fische befriedigen
und auf niedrigen, felsigen Ufern nisten.

1. Der gemeine Albatros. D. exulans.
Figur 744.

Der gemeine Albatros, 4 Fuß lang und 10 bis 12
Fuß flügelbreit, bevölkert den atlantischen Ocean jenseits

Fig. 744.

Albatros.

des südlichen Wendekreises, besonders zahlreich an der
Südspitze Amerikas und dem großen Ocean zwischen Asien
und Amerika, schaarenweise in der Behringsstraße über-
sommernd. Im Jugendkleide trägt er sich braun mit
weißen Flecken, ausgewachsen sieht er weiß, oben mit
graulichem Anfluge, mit schwarzen Schwingen, gelblichem
Schnabel und fleischfarbenen Füßen. Die langen Flügel
erschweren ihm das Auffliegen vom Wasser, er erhebt sich
daher mit flatterndem Anlaufe und schwebt dann in weiten
Kreisen ohne sichtliche Muskelanstrengung wie ein Raubvogel mit gemessener Ruhe und doch schnell in bedeutender

Höhe, trotz dem wüthenden Sturme und stürzt mit gewaltigem Stoße pfeilschnell auf die erspähte Beute nieder,
verschwindet einige Augenblicke in den schäumenden Wogen
und kehrt mit einem Fische im Schnabel zurück. Gern
umschwärmt er schaarenweise die Schiffe, um halb fliegend
halb schwimmend im Kielwasser die Abfälle zu erhaschen.
Seine Gier und Gefräßigkeit treibt ihn, bis fünf Pfund
schwere Fische unzerstückelt zu verschlingen. Dennoch lebt
er verträglich mit seines Gleichen und andern Seevögeln
und ist auf dem Lande und gegen Menschen träg, phlegmatisch und einfältig, so sehr daß er Angriffe nur durch
unschädliches Schnabelgeklapper abzuwehren sucht und
brütend sich ruhig ergreifen läßt, aufgescheucht sogleich sich
wieder niedersetzt. Das Weibchen legt das einzige weiße
Ei in eine bloße Vertiefung und brütet abwechselnd mit
dem Männchen. Das harte thranige Fleisch wird nur
von hungrigen Matrosen gegessen.

Fünfte Familie.
Siebschnäbler. Lamellirostres.

Die weit über die Erdoberfläche verbreitete formenreiche Familie der Siebschnäbler oder entenartigen Vögel
hat in dem eigenthümlichen Bau des Schnabels einen
ganz bestimmten Charakter. Nur wenig länger als der
Kopf, am Grunde sehr hoch, gegen die Spitze hin breit
und flach, ist der Schnabel nämlich von weicher Haut bekleidet und trägt nur an der Spitze eine hornige harte
nagelartige Kuppe. Unter der weichen empfindsamen
Haut verbreiten sich vielfach verzweigte Aeste des fünften
Hirnnervenpaares (Fig. 745) und machen den Schnabel

Fig. 745.

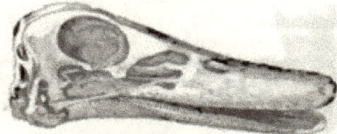

Entenschädel mit den Schnabelnerven.

zu einem fein fühlenden Tastapparate, der im Schlamme,
Wasser und zwischen Wasserpflanzen die Nahrung ergrün-
delt. Beide Schnabelränder sind außerdem mit Reihen
horniger Plättchen (Fig. 746) besetzt, welche die Nahrung
im Schnabel zurückhalten, wenn das mitaufgenommene

Fig. 746.

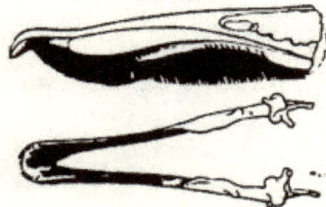

Entenschnabel.

Wasser seitwärts ausgestoßen wird. Die Form und Zahl dieser zahnartigen Blättchen bieten vielfache Abänderungen, bisweilen nehmen sie die Gestalt zarter spitziger Zähne an. Die breite fleischige Zunge füllt die große Mulde des Unterschnabels ganz aus und berandet sich ebenfalls gern mit starken Zähnen oder hornigen Blättchen. Die ovalen Nasenlöcher liegen seitlich in der weichen Schnabelhaut, meist der Mitte genähert. Der Kopf ist stets zusammengedrückt und schmal und sehr beweglich auf einem bald längern, bald kürzern, dünnen Halse. Der Rumpf ist voll und gedrungen, mehr gerundet als gekielt. Die Beine lenken weit hinter der Mitte ein und an ihren kurzen kräftigen Läufen steht die sehr kurze freie Hinterzehe merklich höher als die drei durch ganze Schwimmhäute verbundenen Vorderzehen. Die Flügel haben nur mäßige, den Schwanz nicht überragende Länge und sehr starke Schwingen (24 bis 32), der Schwanz dagegen ist kurz, schwach, abgerundet oder keilförmig und aus einer sehr veränderlichen Anzahl (14 bis 24) von Steuerfedern gebildet. Das kleinfedrige Gefieder verbreitet sich gleichmäßig dicht über den ganzen Körper und wird durch einen überaus weichen elastischen Flaum unter und zwischen den Konturfedern zu einem dem Wasser und der Kälte undurchdringlichen Pelze. Außer dem Bau des Schnabels bieten die Entenvögel noch einzelne andere erhebliche anatomische Eigenthümlichkeiten, so knöcherne Blasen am untern Ende der bartringeln Luftröhre, weite Windungen dieser im Kiel des Brustbeines, die dickkuglige Muskulatur des Magens mit harthäutiger innerer Auskleidung u. s. w.

Die Siebschnäbler bewohnen beständig oder nur während der Brütezeit süße Gewässer und sonst auch das Meer, immer gesellig und meist schaarenweise, flüchtig und sehr scheu. Sie rudern und schwimmen geschickt und viel, tauchen gründelnd in senkrechter Stellung, ohne den ganzen Leib ins Wasser einzusenken. Ihr Gang ist wegen der Schwere des Rumpfes und der kurzen weit hinten angesetzten Beine watschelnd, wackelnd und langsam, ihr Flug kräftig, doch nur während der Zugzeit hoch und ausdauernd und sie wandern insgesammt in der kalten und gemäßigten Zone. Ihre Nahrung besteht in allerlei kleinen Wasserthieren, in Körnern, Sämereien, weichen Wurzeln und Blättern und sind die entenartigen Vögel die einzigen ächten Omnivoren unter den Schwimmvögeln. Zum Brüten bauen die Weibchen ein ganz kunstloses Nest unmittelbar am Wasser, füttern dasselbe mit ihren eigenen Federn aus und bebrüten die blaßgefärbten ungefleckten Eier ohne Hülfe des Männchens. Die ausschlüpfenden Jungen sind mit einem weichhaarigen Dunengefieder bekleidet und verlassen sogleich das Nest, um der Mutter aufs Wasser zu folgen und unter deren Schutz und Anleitung Nahrung suchen zu lernen. Für die menschliche Oeconomie ist diese Familie nächst den Hühnervögeln durch ihren unmittelbaren Nutzen, den sie durch das schmackhafte Fleisch, die nahrhaften Eier und die weichen Federn liefert, die wichtigste der ganzen Klasse der Vögel. Mehre Mitglieder werden dieser Erträgnisse halber gezüchtet und zahm gehalten. Der Schaden, welchen sie durch ihre Gefräßigkeit uns zufügen, kann dagegen nicht in Anrechnung gebracht werden.

Die ganze Familie wird von den neuern Ornithologen

in mehre Unterfamilien mit etwa 60 Gattungen und 200 Arten aufgelöst, unsere Darstellung bringt nur die umfassenderen Gattungen mit den typischen Arten und läßt die meist nur in der Zeichnung des Gefieders unterschiedenen unberücksichtigt.

1. Gans. Anser.

Die Gans ist ein allbekannter Vogel und eine typische Form dieser großen Familie, unterschieden von ihrem nächsten Verwandten, der Ente, durch ansehnlichere Größe, andere Schnabelform und abweichende Lebensweise und in eben diesen Beziehungen auch von dem Schwane. Der Schnabel, von Kopfeslänge oder etwas kürzer, ist am Grunde hoch und fällt schnell nach vorn mit convergirenden Rändern ab; die breite Spitze wird ganz von der Hornkuppe überzogen und die Ränder sind mit scharfen Kegelzähnen besetzt. Das kurze ovale Nasenloch öffnet sich weit vor der Stirn (Fig. 747). Die kräftigen niedri-

Fig. 747.

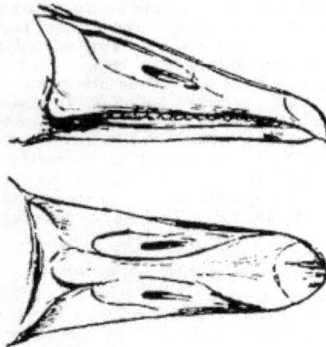

Gänseschnabel von der Seite und von oben.

gen Beine haben schwach zusammengedrückte Läufe und die starken Vorderzehen sind durch volle dicke Schwimmhäute verbunden und mit breiten, flachen, scharfrandigen Krallen bewehrt. Die Flügelschwingen zeichnen sich durch starke Schäfte aus, die sich spitzwärts sanft nach innen biegen und gleich von der ersten oder aber von der zweiten an Länge abnehmen. Der kurze breite Schwanz besteht aus 12 bis 20 Steuerfedern. Das dichte weiche Gefieder liegt knapp an und liebt einfache, weiße, graue und schwarze Farben ohne geschlechtliche Auszeichnung. Der Schädel weicht nur in einzelnen Formverhältnissen vom Entenschädel ab. Im Halse liegen 14 bis 17, im Rücken 9, im Schwanze 7 Wirbel. Der Oberarm reicht über das Hüftgelenk hinaus und führt Luft. Die Nasendrüse ist groß, auf den Stirnbeinen gelegen, der Fächer im Auge aus 9 bis 12 Falten gebildet; die Zunge mit breiter harter Spitze und scharfen Stachelzähnen an den Rändern, von betrachtlicher Länge und mit sehr langen Blinddärmen, die Luftröhre ohne eigenthümliche Erweiterungen und Windungen.

Die Arten sind über alle Welttheile und durch alle Zonen verbreitet, in der kalten jedoch am häufigsten und hier als Zugvögel, die in großen Heerschaaren eigenthümlich geordnet im Herbst das warme oder gemäßigte Winterquartier beziehen. Ihr Gang ist gar nicht ungeschickt und ziemlich behend, schwerfälliger bewegen sie sich auf dem Wasser. Im Fluge erheben sie sich knarrend, pelternd oder sausend auf sehr breit und schlagen die weit ausgestreckten Flügel kräftig auf und nieder. Sie ordnen sich dabei in eine schräge Reihe oder in einen spitzen Winkel, die stärkste und älteste voran. Ungemein scheu und mißtrauisch, wissen sie aufmerksam der Gefahr auszuweichen und rechtfertigen im freien Naturleben wenigstens den gewöhnlichen Ausdruck, dumme Gans, keineswegs. Ihre Wachsamkeit ist seit der Rettung des Capitols im alten Rom weltbekannt, aber man schließe daraus nicht, daß die Gänse Nachtvögel sind, sie ruhen vielmehr des Nachts und sind nur am Tage munter und thätig. Ihre hauptsächlich aus welchen Pflanzentheilen bestehende Nahrung suchen sie im Wasser, auf trocknem und sumpfigem Boden, auf Feldern und Wiesen; Wasser zum Trinken und Baden können sie nicht entbehren. Jedes Männchen paart sich nur ein Weibchen und nimmt Theil an der Führung und wachsamen Beschützung der Jungen. Die Weibchen bauen an versteckten feuchten Orten große kunstlose Nester und brüten gegen vier Wochen auf 6 bis 12 grünlichen Eiern. Die Familie bleibt unter der Obhut des Vaters bis zum nächsten Frühjahr zusammen und selbst in Heerden von Tausenden mischen sich die einzelnen Mitglieder nicht unter andere Familien. Nur eine Art ist wegen ihrer großen Nützlichkeit gezähmt, die übrigen werden gejagt, aber bei ihrer großen Scheu nur selten in großer Menge erlegt.

1. Die Schneegans. A. hyperboreus.
Figur 748.

Die zahlreichen Gänsearten ordnen sich in einige leicht unterscheidbare Gruppen, als deren erste wir die ächten oder typischen Gänse aufführen. Sie haben einen starken kegelförmigen Schnabel, der bräunlich oder höchstens an der Wurzel und Spitze schwarz, an ersterer zugleich sehr hoch ist und die äußern Zähne des Oberkiefers auch bei geschlossenem Schnabel noch erkennen läßt. Ihre starken Füße sind hellfarbig und das Gefieder am Halse in Längsreihen getheilt, auf dem Mantel breitstreifig, übrigens braun und grau, die Handschwingen in der Endhälfte schwarz und die Schwanzdecken weiß. Die ächten Gänse sind entschiedene Pflanzenfresser und Bewohner süßer Gewässer, doch mehr auf dem Trocknen als auf dem Wasser sich aufhaltend.

Die Schneegans, auch Polargans genannt, unterscheidet sich von den andern ächten Gänsen durch ihren orangefarbenen Schnabel und solche Füße, durch das rein weiße Gefieder mit bloß schwarzer Flügelspitze und das lichtgrau gewölkte und besprizte Jugendkleid. Sie hat gewöhnliche Gänsegröße, 3½ Zoll Länge und 6½ Zoll Flugweite. Die Schnabelfirste hebt sich über den Nasenlöchern etwas und der Nagel ist groß, breit, stark gewölbt. Das Vaterland erstreckt sich über die ganze nördliche kalte Zone, in Asien über Sibirien und strichweise bis Japan

Fig. 748.

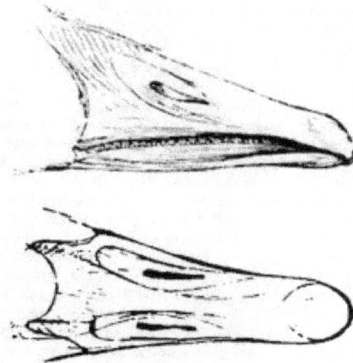

Schnabel der Schneegans.

hinab, in Nordamerika bis Carolina und Mexiko, in Europa ebenso vereinzelt bis ins mittlere Deutschland. In Betragen und Lebensweise soll sie den folgenden Arten wesentlich gleichen. Sie nistet nur im hohen Norden auf Sümpfen und feuchtem Boden und wird dort zahlreich eingefangen wegen ihres wohlschmeckenden Fleisches und der geschätzten Federn.

2. Die Graugans. A. cinereus.
Figur 749 g.

Die Graugans ist in Größe, Befiederung, Lebensweise und Naturell der zahmen oder Hausgans so völlig gleich, daß sie heut zu Tage ganz bestimmt als die Stammart derselben betrachtet wird. Von den nächstverwandten wilden Arten unterscheidet sie sich durch ihren orangefarbenen Schnabel, die blaß fleischfarbenen Füße, den bellaschfarbenen Unterrücken und solche Flügel, deren Spitzen das Schwanzende nicht erreichen, und durch die im Alter schwarzfleckige Brust. Sie ist immer schlanker als ihre zahme Abart, hat einen kleinern und zierlichern Schnabel mit graulich weißem Nagel und schmächtere, bleicher gefärbte Füße. Ihre Heimat fällt in die gemäßigte Zone, in Europa und Sibirien nicht bis zur Küste des Eismeeres hinauf, südwärts bis zum Mittelmeere und Persien hinab. Sie erscheint bei uns schon Ende Februar und in den ersten Tagen des März, durch lautes und fröhliches Geschrei ihre Ankunft meldend, Ende August und im September zieht sie wieder ab. Man weiß nicht, woher sie kömmt, wohin sie geht und welchen Weg sie wandert. Ihr Standquartier schlägt sie an Teichen, Sümpfen und auch an niedrigen Meeresküsten auf, wo Schilf und Gesträpp sichere Verstecke zur mittäglichen und nächtlichen Ruhe gewähren. Sie geht leichter, behender, das Männchen stolzer als die Hausgans, schwimmt auch besser als diese. Zum Fluge erhebt sie sich mit pelterndem Getöse, das auch beim Niederlassen zumal in abendlicher Stille weithin vernehmbar ist.

Fig. 749.

Siebschnäbler.

Kurze Strecken durchfliegt sie niedrig und meist das Weibchen dem Männchen voran, auf weitere Entfernung aber steigt sie stets über Schußhöhe auf. Ihre Freundschaft und Geselligkeit beschränkt sie auf die Genossen der eigenen Art und auf die Hausgänse, unter welche sie sich sogar gern mischt, regelmäßig deren Weideplätze besucht, auch wohl ihrer Heerde bis an das Dorf folgt. Vereinzelte Männchen knüpfen bisweilen mit zahmen Weibchen Liebeseien an und Bastarte von beiden sind daher nicht selten. Die Stimme gleicht in ihren vielfachen Modu-

lationen so sehr der der Hausgans, daß nur der geübteste Beobachter sie zu unterscheiden vermag. Obwohl ungemein scheu und mißtrauisch gegen den Menschen, gewöhnen doch alte wie junge Graugänse sich leicht und schnell an die Gefangenschaft und betragen sich dann ganz wie die zahmen. Zur Fortpflanzung eignen sich aber nur jung aufgezogene, in denen sich das wilde Naturell immer noch in der großen Lust zum Fliegen und auffallender Unruhe während der Wanderzeit verräth. Am leichtesten paaren sich in Gefangenschaft wilde Weibchen

mit grauen zahmen Männchen, während im freien Zustande fast nur die wilden Männchen zahme Weibchen
suchen. Das Alter bringen die Gänse ungemein hoch,
von zahmen sind Beispiele von hundert Jahre allen bekannt, von wilden fehlen zwar verlässige Beobachtungen,
doch ist anzunehmen, daß sie den zahmen hierin nicht
nachstehen. Die Nahrung besteht in allerlei Getreide,
Hülsenfrüchten und anderen Körnern, in grünen Blättern
und verschiedenem Wurzelwerk. Bekanntlich knabbern
die Gänse gern an harten Körpern, an Holz, Rinde,
festen Wurzeln und verschlucken viel groben Sand, der
im Magen die Verkleinerung, Zerreibung der Speise befördern hilft. Die meiste Nahrung suchen sie auf dem
Trocknen, nur wenige auf dem Wasser durch Gründeln.
Zum Trinken und Baden lieben sie reines und klares
Wasser. Zum Brüteplatze dienen einsame, sumpfige,
bewachsene Gegenden, wo sich zeitig im Frühjahr die
lärmenden Gesellschaften sammeln. Die Männchen
kämpfen hier um die Weibchen und halten mit dem siegreich errungenen die ganze Lebenszeit treulich zusammen.
Das Weibchen baut allein das sehr große unförmliche
Nest an einem unzugänglichen Orte im Geschilf, legt bei
der ersten Brut 5 bis 6, in folgenden Jahren bis
14 Eier, die gelblichweiß bis schwach grünlich sind.
Nach vierwöchentlichem Brüten schlüpfen die Jungen aus,
die nun von beiden Gatten sorglich und ängstlich gepflegt und beschützt werden. Raubthiere aller Art sind
sehr lüstern auf dieselben und der Mensch stellt ihnen
eifrig nach des Fleisches wie der Federn wegen, zugleich
um des Schadens willen, den sie auf den Aeckern durch
ihre Gefräßigkeit anrichten.

Man unterscheidet von der Graugans die Acker-
gans oder Feldgans, A. arvensis, durch den am
Nagel und den Rändern schwarzen Schnabel, die orangefarbenen Füße und den schwarzgrauen Unterrücken. Sie
ist schlanker und leichter gebaut, hat dieselbe geographische
Verbreitung und bietet auch in der Lebensweise und dem
Betragen keine erheblichen Eigenthümlichkeiten.

3. Die Saatgans. A. segetum.
Figur 750.

Die Saatgans, auch schlechthin wilde Gans genannt,
übersommert im Norden Europas und Asiens und verbringt den Winter im mittlen und südlichen Europa, bei
strenger Kälte auch jenseit des Mittelmeeres. Bei uns
trifft sie regelmäßig Mitte Septembers ein und läßt sich
lärmend auf den Stoppelfeldern und grünen Saatäckern
nieder, bis dichter Schneefall sie verscheucht. Mit be-
ginnendem Frühjahr streicht sie unruhig umher und Ende
April oder Anfangs Mai wandert sie wieder in das
nördliche Sommerquartier. Sie ist Landvogel und bedarf des Wassers nur zum Trinken und Baden. Ihre
äußere Erscheinung bietet des Charakteristischen genug,
um nicht mit der vorigen Art verwechselt zu werden: der
schwarze Schnabel mit orangerothem Ringe vor den
Nasenlöchern, die orangefarbigen Füße, der tiefaschgraue
Unterflügel, der schwarzgraubraune Unterrücken, die weit
über den Schwanz hinausragenden Flügelspitzen lassen sie
sicher erkennen. Ihre Körperlänge beträgt meist unter

30 Zoll, dagegen erreicht die Flugweite 64 bis 72 Zoll.
In ihrer Haltung beim Gehen, Stehen, Schwimmen
gleicht sie den andern Arten, aber ihr Flug ist leicht und
gewandt. Zugleich ist sie scheuer und furchtsamer, vorsichtiger und kluger im Ausweichen der Gefahren, gewöhnt sich aber doch an die Gefangenschaft und wird
dann gegen ihren Herrn zutraulich. Einzelne haben
20 Jahre und länger auf dem Hofe ausgehalten, ver-
langten freilich mehr Freiheiten als das übrige Hofgeflügel. Die Nahrung ist dieselbe wie die der Graugans.
In Deutschland brütet sie nirgends und läßt sich auch in
Gefangenschaft durch keine Pflege dazu bewegen. Ihre
Jagd erfordert bei der überaus großen Scheu noch mehr
Aufmerksamkeit und Geduld als die anderer Arten; am
sichersten ist sie auf ihrer Abendanstande zu beschleichen,
wo die Familien aus den Feldern zurückkehrend zu
Tausenden auf Sümpfen und Teichen sich sammeln, um

Fig. 750.

Saatgans.

hier im Geschilf und Buschwerk Nachtruhe zu halten.
Im mittleren Alter liefert sie einen sehr geschätzten
Braten, der der gutgemästeten Hausgans vorgezogen
wird, im Herbst auch viel und sehr wohlschmeckendes Fett.
Die Federn lassen nichts zu wünschen übrig.

Zur Gruppe der ächten Gänse gehören noch mehre
andere Arten, von welchen nur zwei außer den vorigen
unser Interesse beanspruchen. Die Blässgans, Anser
albifrons, mit hellorangefarbenem Schnabel und solchen
Füßen, mit sehr großem weißlichen, schwarzbegränzten
Stirnfleck, großen schwarzen Flecken auf der Brust und
mit 16 aus Schwarzgraue reichenden Flügeln; 26 Zoll
lang und 56 Zoll flügelbreit. Sie heimatet im hohen
Norden und kommt alljährlich auf dem Durchzuge auch
nach Deutschland, wo sie den Saatgänsen gern anschließt, mit denen sie auch die Nahrung theilt. Ihr
auffallend ähnlich und erst bei aufmerksamer Vergleichung
zu unterscheiden ist die Zwerggans, A. minutus, von
22 Zoll Länge und 45 Zoll Flugweite, mehr im östlichen
Europa einheimisch und bei uns nur selten beobachtet.

4. Die Ringelgans. A. bernicla.
Figur 731. 732.

Eine zweite Gruppe von Gänsen bilden die sogenannten Meergänse, Bernicla, deren schwächlicher, auch an der Wurzel niedriger Schnabel stets kürzer als der Kopf ist und die Randzähne bei geschlossenen Kiefern nicht erkennen läßt. Sie haben überdies schwächliche, schwarze Füße und bändern durch lichte Federränder ihr graues und schwarzes Gefieder. Obwohl vorzugsweise auf

Fig. 731.

Schnabel der Ringelgans.

Pflanzenkost angewiesen, fressen sie doch auch Insekten, Gewürm und Weichthiere und lieben den Aufenthalt an salzigen Gewässern. Als typische Art dieser Gruppe führen wir die Ringelgans auf. Dieselbe erreicht nur die Größe einer starken Hausente und siehet am Kopfe, Halse und Schwanze schwarz, hat einen weißschuppigen halben Halsring und sehr lange weiße Schwanzdecken.

Fig. 732.

Ringelgans.

Uebrigens ist sie oben aschgrau, unten weißlich, im Jugendkleide nur überhaupt lichter. In anatomischer Hinsicht fällt die ungeheure Größe des starkmuskeligen Magens mit losem Sehnenhenkel auf. Der Darm mißt 6¹⁄₂ Fuß Länge, die Blinddärme 5 Zoll; die Leberlappen sind sehr ungleich, die kleine Milz ganz rund, der hintere Nierenlappen viel länger als beide vordern, die Bronchien eine Strecke weit bloß häutig ohne Ringe. — Die Ringelgans dehnt ihr Vaterland über den ganzen arktischen Kreis aus, von Grönland und Spitzbergen durch Sibirien in das nördliche Europa, hier bis an die französischen und deutschen Küsten hinab. Ganz Seevogel, besucht sie die Binnengewässer nicht ohne besondere Veranlassung. Sie fliegt aber wie andere Gänse in schräge Reihen geordnet und niedrig auf kurze, doch auf weite Strecken und mit sausendem Geräusch. Von Charakter ist sie friedfertig und schüchtern, hält innige Freundschaft mit ihres Gleichen, äußert gar keine Scheu vor dem Menschen und benimmt sich einzeln verirrt sehr einfältig. Ihre Stimme modulirt den gewöhnlichen Gänseruf etwas. In Gefangenschaft wird sie sehr zutraulich und gefällt durch ihr friedliches stilles Betragen. Zum Unterhalt dienen ihr besonders weiche Seepflanzen und Gewürm. Ihr Fleisch gilt für sehr wohlschmeckend, zumal wenn sie eine Zeitlang mit Getreide gemästet wurde, wie es in Holland häufig geschieht.

5. Die weißwangige Gans. A. leucopsis.

Die weiße Befiederung an Stirn, Kehle und Kopfesseiten und der schwarze Hals und Schwanz unterscheiden diese Art schon leicht und sicher von der vorigen, der sie in jeder Beziehung am nächsten verwandt ist. Im höhern Alter dunkelt sie auf dem Mantel fast schwarz, besäugt das weiße Gesicht leicht röthlich, blendet die ganze Unterseite schneeweiß und den Oberrücken rein schwarz. Der sehr drüsenreiche Vormagen und ungeheuer dicke Muskelmagen gleicht dem der vorigen Art, dagegen hat der Darm 7¹⁄₂ Fuß Länge und die Blinddärme 15 Zoll. Der Fächer im Auge besteht aus 9 rundlichen Falten, der Knochenring aus 13 Schuppen. Das Vaterland beschränkt sich wieder auf die Küsten der hochnordischen Meere, aber alljährlich erscheinen Schaaren an der russischen Nordseeküste zum Ueberwintern. Ihrem netten gefälligen Aeußern entspricht ein zutrauliches, stilles und friedliches Betragen, das in der Gefangenschaft besonders einnimmt. Sie nährt sich von verschiedenen weichen Pflanzentheilen, von Körnern und Sämereien, Insekten, Gewürm und Weichthieren. Ueber ihre Fortpflanzung ist so wenig bekannt wie von der vorigen Art.

Eine dritte Art aus der Gruppe der Meergänse ist die rothhalsige, A. ruficollis, kleiner als vorige beide, am Vorderhals rostfarbig, mit weißem Brustgürtel und schwarzem Scheitel, Rücken, Brust und Hals. Ebenfalls im hohen Norden heimatend, kömmt sie nur äußerst selten einzeln und verschlagen ins mittle Europa.

6. Die ägyptische Gans. A. aegyptiacus.
Figur 733. 734.

Eine dritte Gruppe der Gänse, Chenalopex, charakterisirt sich durch die entenähnliche Schnabelform. Ihr

Fig. 753.

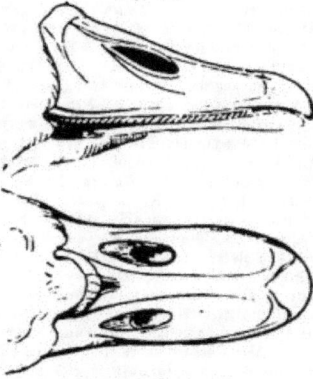

Schnabel der ägyptischen Gans.

hellfarbiger Schnabel (Fig. 753) ist nämlich sehr kurz
und dick, breit, zeigt aber bei geschlossenen Kiefern die
Randzähne nicht. Zudem stehen diese Arten ziemlich hoch
auf den Beinen, haben lange und breite Flügel mit harter
Schlagwarze am Bug und einen großen, aus vierzehn

Fig. 754.

Aegyptische Gans.

Steuerfedern gebildeten Schwanz. Als Typus dieser
Gruppe gilt eine schon bei den alten Aegyptern hoch-
gehaltene und von Herodot als Fuchsgans (Chenalopex)
erwähnte Form, die ägyptische Gans. Nicht bloß die
Schnabelbildung ähnelt den Enten, auch die Zeichnung
des Gefieders, in welcher der stahlgrüne Spiegel, das
Weiß mit schwarzem Querstreif darüber und die rostrothen Schwingen dritter Ordnung besonders charakteristisch
sind. Ausgewachsen von mittler Gänsegröße, fiedert sie
übrigens auf der Oberseite reihbräunlich, unten röthlichgelb, überall mit schwarzen Wellen, am Kopfe, der Kehle

und dem Bauche weiß. Ihre Heimat erstreckt sich über
ganz Afrika und das angrenzende Asien und Europa. In
Deutschland läßt sie sich nur vereinzelt und selten sehen,
obwohl sie ebensowohl an Binnengewässern wie am
Meere sich aufhält. Sie wird aber wegen ihrer äußern
Schönheit viel zahm gehalten und gedeiht noch in England ganz gut. In allen ihren Bewegungen zeigt sie
sich leichter und gewandter als die vorigen Arten und zumal in dem stark rauschenden Fluge. Von Charakter
dagegen ist sie wild, ungestüm, sogar boshaft, bei Verfolgungen scheu und furchtsam, in Gefangenschaft feind-
selig gegen anderes Geflügel. Ihre Stimme gleicht ganz
der der Hausgans, bei deren Futter sie sich auch ganz
wohl befindet. Das Weibchen baut im Grase nahe am
Wasser ein kunstloses Nest und brütet vier Wochen auf
6 bis 8 grünlich weißen Eiern. Das Fleisch soll sehr
wohlschmeckend sein.

Am Amazonenstrom und in Guiana brütet eine
zweite Art dieses Typus, A. jubatus, welche am Kopfe,
Halse und der Brust grau, am Bauche schwarz, an den
Flügeln und Schwanze erzgrün ist.

7. Die canadische Gans. A. canadensis.

Fig. 755.

Wie zu den Enten treten die Gänse auch zu den
Schwänen in eine nähere Beziehung. Schon ein Blick
auf unsere Abbildung der canadischen Gans verräth die
Schwanenähnlichkeit ganz unverkennbar. Dieselbe ist
bei drei Fuß Körperlänge robust gebaut, langhalsig, mit
sehr großen Füßen und hoher Stirn, schwarz, nur an

Fig. 755.

Canadische Gans.

den Wangen und der Kehle weiß, auf dem Rücken und
den Flügeldecken weiß gewässert. Ein Bewohner des
arktischen Nordamerika, wandert sie in ganz ungeheuern
Schaaren vom August bis October zum Ueberwintern in
die südlichen Staaten. Ueberall wird sie zahlreich erlegt
und ihr saftiges wohlschmeckendes Fleisch für den Winter-
bedarf eingesalzen. Trotz dieser nachdrücklichen Verfolgung vermindert sich ihre Anzahl nicht. Im April und
Mai zieht sie wieder gen Norden und zerstreut sich paar-

weise auf den Brüteplätzen. Sie wird in den Vereinten Staaten und in England auch viel zahm gehalten und der Hausgans vorgezogen, weil sie bei ebenso großer Neigung zum Fettwerden größer und fruchtbarer ist.

Die asiatische Schwanengans, A. cygnoides, fiedert oben grau mit rostbrauner Nackenbinde, unten weiß mit gelblichgrauer Brust. Sie wird gleichfalls zahm gehalten.

2. Hühnergans. Cereopsis.

Die Eigenthümlichkeiten der neuholländischen Thierwelt sprechen sich in der Familie der entenartigen Vögel durch eine merkwürdige Hühnergestalt aus. Es ist aber nur der Habitus im Allgemeinen hühnerähnlich, die einzelnen Formen bekunden auf das Unzweideutigste die innigste Verwandtschaft mit den Gänsen und Enten. Der Schnabel (Fig. 756) ist auffallend kurz und dick, orangefarben mit schwarzer Spitze, an welcher der breite

Fig. 756.

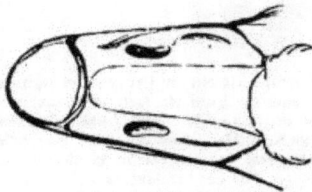

Schnabel der Hühnergans.

Nagel ganz deutlich umgränzt ist. Die großen ovalen Nasenlöcher gehen nicht durch. An den kräftigen Füßen mit röthlichem Lauf und schwärzlicher Schwimmhaut fallen besonders die ungemein starken Krallen auf. Die Flügel sind groß, ihre Deckfedern sehr lang, die erste Schwinge etwas verkürzt. Am Schädel tritt die Verwandtschaft mit den Gänsen auffällig hervor. 18 Hals- und 9 Rückenwirbel, die ganze Wirbelsäule in ihren einzelnen Formen wie bei den Gänsen; das Brustbein schlank, hinten mit tiefen Buchten und mit hohem Kiel, das Becken schmal und gestreckt. Alle Rumpfknochen und der Oberarm führen Luft. Auf der Stirn liegen sehr große Nasendrüsen. Der Magen ist ein sehr muskulöser Entenmagen mit deutlichem Sehnenhenkel. Der Darmkanal hat etwas über fünf Fuß Länge und einen Fuß lange, an der Spitze dickkeulenförmige Blinddärm. Die Bauch-

speicheldrüse ist zerlappt, die Leberlappen sehr ungleich, die Milz fast kugelrund, die sehr langen Nieren mit mittlern Nebenlappen, die Luftröhre völlig gänseartig.

Man kennt nur eine Art, die neuholländische Hühnergans, C. novae Hollandiae (Fig. 757. 758), deren Verbreitung über Neuholland überdies nicht genau ermittelt worden ist. Wahrscheinlich wandert sie wie die Gänse mit den Jahreszeiten, denn man trifft sie an einzelnen Orten zu gewissen Zeiten häufig, zu andern gar nicht.

Fig. 757.

Australische Hühnergans.

Grasreiche Ebenen sagen ihr am meisten zu und das Wasser scheint sie wenigstens auf einige Zeit ganz entbehren zu können. Ihre Nahrung besteht in zarten, weichen Pflanzen und ihre Stimme klingt rauh und dröhnend. Verträglich mit ihres Gleichen und mit andern Vögeln, wird sie zur Zeit, wo sie Junge hat, doch sehr empfindlich und kampfeslustig und duldet dann keine Gesellschaft. Sonst ist sie gar nicht scheu, vielmehr so arglos, daß man sie mit einem Stocke erschlagen kann und es geschieht das sehr häufig, da ihr Fleisch einen vortrefflichen Braten liefert. Die britischen Ansiedler in Neuholland halten sie deshalb auch gezähmt auf ihren Meierhöfen und man hat sie schon in England eingeführt, wo sie leicht an das Klima sich gewöhnt, Eier legt und brütet. Sie wird zahmer und zutraulicher als die Hausgans und begnügt sich mit deren Futter. Die Akklimatisationsvereine werden sie hoffentlich bald auch in Deutschland verbreiten. In der Größe steht sie der Hausgans gleich, fiedert im Allgemeinen grau, lichter auf dem Scheitel, dunkler auf den Schultern, an den Federn des Mantels mit rundem schwarzen Spitzenfleck. Der Schnabel ist gelb mit schwarzer Spitze, die Läufe orangefarben, aber die Zehen und Schwimmhäute schwarz.

3. Schwan. Cygnus.

Der Schwan ist eine allbekannte und allgemein beliebte Vogelgestalt; die stolze Haltung, die graziösen

34*

Fig. 758.

Bewegungen und das zarte blendende Weiß des Gefieders fesseln jeden Beschauer, zumal wenn er schwimmend den Hals zierlich S förmig biegt und die Flügel hinterwärts lüstet, dann bald bedächtig vorwärtsrudert, bald schnell auf der Wasserfläche dahinrauscht. Schon seit den ältesten Zeiten und von den verschiedensten Völkern ist ihm eine hohe Bewunderung gezollt. Die alten Griechen stellten ja ihre Venus reitend auf einem Schwane oder auf einem Wagen von Schwänen gezogen dar, die nordische Mythologie verbindet ihn symbolisch mit ihren Elfen und der indische Gott Brahma reitet auf einem Schwan. Und derselbe Grund, welcher Zeus veranlaßte, in Gestalt eines Schwanes die schöne Leda zu küssen, nämlich die Schönheit, hat den Schwan auch in den deutschen Frauennamen Swanagart, Schwanbilde verherrlicht, seine körperliche Reinlichkeit als Symbol der reinen Seele in die Benennung des Schwanerdens geführt. Die Dichter priesen zu allen Zeiten in Prosa und in Versen diese Schönheit, schmückten freilich auch die Naturgeschichte mit hyperpoetischer Freiheit aus. Wir nehmen ihn, wie er ist, und neben Gänsen und Enten sich anzunimmt, zerlegen ihn vergleichend in seine Theile und beobachten sein Treiben und Thun. Sein Schnabel ist von Kopfeslänge oder nur wenig länger, gerade und

vorn abgerundet und hier mit sehr schmalem abgerundeten Nagel, gegen die Stirn hin sanft erhöht und an den Rändern mit scharfen Zahnleisten besetzt. Die länglich eiförmigen Nasenlöcher öffnen sich in der Schnabelmitte. Ganz abweichend von den Gänsen ist die Zügelgegend nackt und der Hals sehr lang und dünn, der Rumpf gestreckt eiförmig und die stämmigen Beine weit hinten angesetzt. Die Füße haben lange Vorderzehen mit vollen Schwimmhäuten und eine kurze, kaum den Boden berührende Hinterzehe, alle Zehen kleine stumpfe Krallen. Die langschwingen Flügel tragen kurze Schwingen, deren zweite die längste ist, alle mit sehr langen Spulen und starken Schäften, auch mit breiten Fahnen. Der kurze, abgerundete oder keilförmige Schwanz besteht aus 16 bis 24 Steuerfedern. Das sehr dichte, weiche und sanfte Gefieder ist am Kopfe und Halse kleinfedrig, ohne deutliche Federumrisse, dagegen an der Unterseite des Rumpfes dicht und pelzartig und auf den obern Theilen mit breit gerundeten Federenden; in der Jugend schmutzig-oder braungrau, wird es bei den meisten Arten im ausgewachsenen Alter reinweiß, schwanenweiß ohne andere Abzeichen. Am Schädel fehlen die Oeffnungen über dem Hinterhauptsloche. Den Hals wirbeln 23 oder 24, den Rumpf 10, den Schwanz 9 Wirbel, dagegen ist das

Bruſtbein und der Schultergürtel gänseähnlicher. Der Oberarm hat faſt die doppelte Länge des Schulterblattes und reicht weit über das Hüftgelenk hinaus; nicht minder lang iſt der Vorderarm und die Handknochen. Die ſehr großen Naſendrüſen liegen flach auf den Stirnbeinen, nicht in Gruben. Der Verdauungsapparat bietet keine erheblichen Eigenthümlichkeiten, wohl aber bei einzelnen Arten die Luftröhre.

Die Arten bewohnen beide Erdhälften und zeichnen ſich die der ſüdlichen durch ihre Färbung auffallend von den nördlichen aus. Letztere wandern heerdenweiſe in ſüdliche Winterquartiere, wo die Gewäſſer vom Eiſe frei bleiben. Auf dem Zuge ordnen ſie ſich in ſchräge Winkelreihen. Große Binnenſeen, waſſerreiche Sümpfe und ſtille Meeresbuchten ſagen ihnen am meiſten zu. Sie leben auch viel mehr auf dem Waſſer als die Gänſe, gehen auf dem Trocknen meiſt wankend und ſchwerfällig, fliegen ungern mit beſchwerlichem Erheben und Niederlaſſen, rauſchend und ſauſend, dagegen ſchwimmen ſie mit Leichtigkeit und Gewandtheit und entfalten hierbei die ganze Anmuth ihrer Bewegungen. Man trifft ſie nirgends ſo zahlreich beiſammen wie die Gänſe, deren Scheu und Mißtrauen ſie haben. Gegen andere Vögel betragen ſie ſich und zumal die gezähmten unfreundlich und bämiſch, beißen und ſchlagen empfindlich und werden im Zorn den Schwächern. Auf den Brüteplätzen kämpfen oft auch die Männchen wild und lange um die Weibchen. Ueberhaupt ſtoßen ſie durch ihren Charakter mehr ab als ſie durch äußere Schönheit feſſeln, denn die Hauptzüge deſſelben ſind außer der Unverträglichkeit und Bißfäigkeit noch bedächtiger Hochmuth, Aufgeblaſenheit, düſter Ernſt, Reid und Heimtücke. Ihre Stimme iſt ein eigenthümliches Gänſegeſchrei, das nur die glühendſte Dichterphantaſie zum Geſange ſtempeln konnte. Die Nahrung beſteht in allerlei weichen Pflanzentheilen, in Gewürm, Inſekten, Fiſchen und Fröſchen. Die einmal angepaarten Gatten halten zeitleben in zärtlicher Liebe zuſammen, tändeln und ſpielen viel mit einander und begatten ſich auf dem Waſſer in aufrechter Stellung wie der Taucher. Das Weibchen häuft aus Waſſerpflanzen, Rohr und Schilf einen großen, rohen Neſtbau auf und legt 6 bis 8 blaßgrüne Eier darauf. Nach fünf- bis ſechswöchentlicher Bebrütung, bei welcher das Männchen nur den treuen Wächter und Beſchützer ſpielt, ſchlüpfen die bedunten Jungen aus und ſchon am zweiten Tage führt der Vater dieſelben auf das Waſſer. Man jagt ſie mehr der Federn als des Fleiſches wegen, das bei Alten ſogar ungenießbar iſt. Die zahmen werden nur zur Zierde auf den Teichen gehalten, wo ſie freilich anderes Geflügel vertreiben.

1. Der Höckerſchwan. C. olor.
Figur 749e. 759 u 760.

Dieſer gemeinſte Schwan iſt der ſeit den älteſten Zeiten ſo viel geprieſene, beſungene und bewunderte, und noch gegenwärtig überall auf den Teichen im halbzahmen Zuſtande gehaltene. Jeder kennt ſeine ſchöne Geſtalt in dem blendend weißen Gefieder. Er unterſcheidet ſich von den verwandten Arten durch ſeinen rothen Schnabel mit der ſchwarzen Stirnknolle, die ſchwarze oder ſchwarzgraue Zügelgegend und die 22 bis 24 Schwanzfedern. Bei

Fig. 759.

Kopf des Höckerſchwanes.

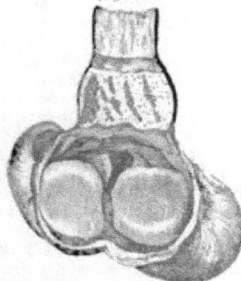

Fig. 760.

Aufgeſchnittener Magen des Höckerſchwanes.

doppelter Größe der Hausgans ſteigt das Gewicht bis auf 27 Pfund. In anatomiſcher Hinſicht ſei nur auf die dicken halbmondförmigen Naſendrüſen aufmerkſam gemacht, welche über den Augenhöhlen auf der Stirn liegen, auf die regelmäßige Bildung der Luftröhre mit zwar ſtarken Seitenmuskeln, aber ohne alle Muskulatur am untern Kehlkopf, auf den zwei Zoll langen drüſenreichen Vormagen mit einer oberſten Reihe ſehr großer Drüſen, auf den dickmuskulöſen Magen mit beſonderem Sehnenhenkel jederſeits, den über 11 Fuß langen Darmkanal mit 1½ Fuß langen Blinddärmen, die nicht ſehr ungleichen Leberlappen, ſehr ſchmalen und ungemein langen Nieren und die ſtark bezahnte Zunge.

Seine eigentliche Heimat hat der Höckerſchwan, auch gemeiner und ſtummer Schwan genannt, im nördlichen Europa und Aſien, von wo er bis ins mittle Europa, an das casſiſche Meer, nach Kleinaſien und Perſien hinabgeht. Aus dem Innern Deutſchlands hat ihn die geſteigerte Bodencultur verſcheucht und wir ſehen ihn nur noch in gezähmtem Zuſtande, in welchem ihn ſtrenge Polizeigeſetze ſchützen. Seine herbſtliche Wanderung unternimmt er im October und November, den Rückzug ins Sommerquartier im März, meiſt paar- oder familienweiſe, ſelten in größern Geſellſchaften. Zum ſiebenten Aufenthalt wählt er ſtille Buchten am Meeresgeſtade und Flußmündungen, auch noch Binnenſeen und große Teiche mit ſchlammigem Boden und beſchilften Ufern und er entfernt ſich nie weit davon aufs Trockene. An ſeinem

Treiben auf dem Waſſer ſieht man ſich nicht ſatt. In
der Freiheit iſt er freilich ungemein ſcheu, mißtrauiſch
und vorſichtig und nur Wenigen gelingt es hier die
Aeußerungen ſeines übermüthigen Stolzes, ſeines Reizes
und mürriſchen Eigenſinnes, ſeiner Heimtücke gegen be-
nachbartes Geflügel zu beobachten. Zu Gefangenſchaft
iſt er milder und ruhſamer und nur bisweilen greift er
boshaft Enten und Gänſe, Hunde und Kinder an.
Obwohl als ſtummer von dem Singſchwan unterſchieden,
hat er doch eine ebenſo ſtarke Stimme wie dieſer, nur
läßt er ſie in der Gefangenſchaft ſelten hören; ſie klingt
ſehr laut trompetenartig wie kulurr und leierr oder nur
dumpf murmelnd, im Zorne ziſcht ſie wie die der Gänſe.
Die Nahrung beſteht in allerlei Waſſer- und Sumpfpflanzen, deren Wurzeln, Blättern und Samen, in Inſekten
und deren Larven, in Gewürm, kleinen Fiſchen und
Fröſchen. Der Schwan hält durch dieſe Nahrungsweiſe
die ſtehenden Gewäſſer rein, ſchützt ſie vor Ueberwucherung
und Fäulniß und wird ſo in unſern Gärten und Luſt-
wäldchen zu einem ſehr nützlichen Thiere. Kleine Gewäſſer weidet er bei ſeinem geſunden Appetite gar bald
aus und dann muß man ihn mit Getreide, Obſt, Eicheln,
Salat, Kohl u. dgl. füttern. In der Freiheit wählt er
ſchon im März ein geeignetes Plätzchen im Schilf mit
freier Ausſicht auf das Waſſer zum Reſtbau. Das
Weibchen allein trägt emſig Material, Strünke, Wurzeln,
Ranken zuſammen, ſchichtet auf das großen Haufen noch
trockne Blätter und Halme und legt Mitte April 5 bis 8
ſchmutzig graugrüne Eier darauf. Nach faſt ſechswöchentlicher Bebrütung ſchlüpfen die bedunten Jungen aus und
folgen am zweiten Tage ſchon der Mutter aufs Waſſer,
wo ſie kleine Waſſertierchen und zarte Pflanzentheile,
beſonders die ſchwimmenden Waſſerlinſen freſſen. Jeden
Abend kehren ſie mit der Mutter zum Reſte zurück und
ruhen unter deren Flügeln. Finden ſie hier nicht mehr
Platz: ſo bereiten ſie ſich ein Lager neben dem Reſte. Das
Männchen ſpielt während des Reſtbaues und des Brütens
den aufmerkſamen Wächter und ſchützt auch die Jungen
gemeinſchaftlich mit dem Weibchen vor jeder Gefahr.
Das Fleiſch der Jungen ſoll einen recht wohlſchmeckenden
Braten geben, das der Alten iſt zähe, ſaftlos und ranzig.
Die Federn ſind ſehr geſchätzt und die ungemein weichen
elaſtiſchen Dunen ſtehen den beſten Eiderdunen nicht nach;
ſie werden hauptſächlich aus Polen und dem ſüdlichen
Rußland auf den Markt gebracht und zu hohen Preiſen
bezahlt. In manchen Gegenden rupft man die Schwäne
zweimal im Jahre wie die Gänſe und erhöht dadurch den
Ertrag anſehnlich. Sowohl die wild eingefangenen
Jungen wie die in Gefangenſchaft ausgebrüteten lähmt
man an dem einen Flügel, indem man das Handgelenk
zerquetſcht und abbindet, dann geben ſie jeden Verſuch zum
Fortfliegen auf und die Zähmung iſt vollendet. Man
kennt Beiſpiele von 50, ja von 100 Jahre alten
Schwänen.

2. Der Singſchwan. C. musicus.
Figur 761—763.

Bei vielen Freunden der Naturgeſchichte und ſelbſt bei
dilettantirenden Forſchern ſtehen noch heut zu Tage die
weißen Anſichten Büffon's im Werthe untrüglicher Wahr-

Fig. 761.

Kopf des Singſchwanes.

heiten, ich erinnere nur an ſeine Baſtardtheorie und die
daraus gezogenen Schlüſſe. Wie unbegründet, wie
leichtfertig dieſelben hingeworfen, dafür liefert auch der
Singſchwan einen Beweis, den man damals mit dem
Höckerſchwan vereinigte oder vielmehr als wilde Stammart deſſelben betrachtete, während er doch eine durchaus
eigenthümliche Art vertritt. Aeußerlich unterſcheidet er
ſich ſchon durch die gelbe oder fleiſchfarbene Zügelgegend und
ſolchen Schnabel mit nur ſchwarzen Rändern und
höherer Wurzel und durch nur 20 bis 22 Steuerfedern
im Schwanze. Man könnte noch hinzufügen, daß ſein
Hals kürzer und ſtärker, der Rumpf merklich geſtreckter
und die ſchwarzen Füße größer ſind. Wer dieſen blos

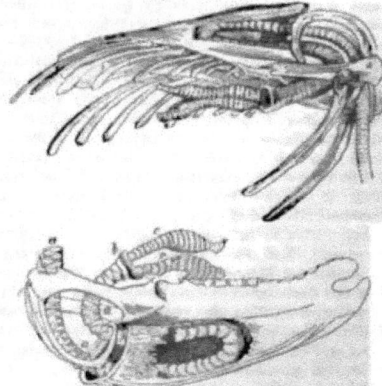

Fig. 762. 763.

Bruſtbein des Singſchwanes mit der Luftröhre.

äußerlichen Unterſchieden nun keinen ſpecifiſchen Werth
beilegen will, der ſehe ſich die Luftröhre an. Bei dem
Höckerſchwane ſteigt dieſelbe wie gewöhnlich am Halſe
hinab und tritt ſogleich in die Bruſthöhle ein, hier bei
dem Singſchwane dagegen dringt ſie vor ihrem Eintritte
in die Bruſt erſt mit einer ſtarken Krümmung in den
Kiel des Bruſtbeines ein, bei dem Männchen ſowohl als
dem Weibchen. Der untere Kehlkopf und ebenſo die
langen ſteifen Bronchien weichen nicht minder erheblich
von denen des Höckerſchwanes ab. Die Zunge hat kleinere

knochige Randzähne und auf der vertieften Mittellinie nach vorn (statt nach hinten) gerichtete, am Hinterrande mehrere Reihen Knorpelzähne. Die Nasendrüsen sind größer, der Fächer im Auge besteht aus 10 Falten, der Knochenring aus 15 Schuppen; der Magen ist ungeheuer muskulös, der Darm 12 Fuß lang und mit 10 bis 12 Zoll langen Blinddärmen, die Leberlappen ganz auffallend ungleich. Kurz, die Vergleichung der inneren Organe des Singschwanes mit denen des Höckerschwanes weist so viele und so erhebliche Unterschiede auf, daß wir heut zu Tage gar nicht begreifen können, wie beide für identisch gehalten werden konnten — doch nur mit derselben Blindheit, welche den Orang Utan für menschenähnlich und für den Urzustand des Menschen erklärte.

Der Singschwan heimatet in dem kalten Norden Europas und Asiens, doch nur strichweise noch jenseits des Polarkreises. Im Herbst wandert er an die deutschen und französischen Küsten, bis in die mittelmeerischen Länder und das südliche Asien, um hier zu überwintern. Er zieht den Aufenthalt am Meeresstrande dem an Binnengewässern vor, obwohl er auch an diesen sich ganz behaglich einzurichten weiß. Seine äußere Erscheinung sowohl in Betreff der zierlichen netten Gestalt als hinsichtlich der Bewegungen ist minder anziehend und fesselnd als die des Höckerschwanes. Im Fluge bewegt er sich mit laut sausendem Flügelschlage, und von großen Gesellschaften klingt dieses Geräusch bald wie Hundegebell und ferne Glockengeläute, dem sich die Posaunentöne des Rufes beimischen und so entsteht jener melancholische Schwanengesang, welcher den hochnordischen Völkern nach langem traurigen Winter den Beginn des Frühlings verkündet. Ob ihn die alten Dichter wirklich gehört haben, ist sehr zu bezweifeln, denn es ist kein bezaubernder Gesang. Von Charakter ist der Singschwan minder streitsüchtig und boshaft als der Höckerschwan, dessen Angriffen er schon ausweicht. In der Nahrungs- und Fortpflanzungsweise und in der Fügsamkeit in Gefangenschaft wie auch in der Nutzung für den Menschen gleicht er jenem völlig.

3. Der schwarznasige Schwan. C. melanorhinus.
Figur 764. 765.

Diese dritte Art bewohnt den hohen Norden der Alten Welt und Nordamerikas und verbringt den Winter nicht südlicher als in England, daher er in Deutschland nur vereinzelt und selten und zwar in sehr strengen

Fig. 764.

Kopf des schwarznasigen Schwanes.

Fig. 765.

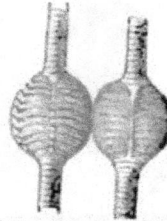

Luftröhre des schwarznasigen Schwanes

Wintern angetroffen wird, obwohl er doch Sümpfe und morastige Binnengewässer mehr liebt als die vorigen Arten. Schon die viel geringere Körpergröße unterscheidet ihn von diesen, denn er mißt nur 45 Zoll Länge, wovon fast die Hälfte auf den Hals fällt. Der Schnabel ist von der Spitze bis über die Nasenlöcher zurück schwarz, verhältnismäßig kurz und breit und mit breiterem Nagel, auch die Füße sind kleiner und der Schwanz besteht aus nur 18 bis 20 Steuerfedern. Die Luftröhre dringt noch tiefer in das Brustbein ein als bei dem Singschwan, fast bis an den hinteren Rand. In Betragen, Haltung und Naturell macht sich einige Annäherung an die Gänse bemerklich, Nahrungs- und Fortpflanzungsweise gleicht denen der vorigen Arten.

Die englischen Vogelhändler halten noch einen sogenannten polnischen Schwan, C. immutabilis (Fig. 766), welcher nach Yarrell's verläßlichen Untersuchungen besonders

Fig. 766.

Kopf des polnischen Schwanes.

im anatomischen Bau erhebliche Unterschiede von den vorigen Arten bietet. Schon sein Jugendkleid ist völlig weiß und geschieht daher die Mauser ohne Farbenwechsel. Der orangerothe Schnabel färbt seine Ränder, Spitze, Nasenlöcher und Wurzel schwarz und schwillt an der letzteren nur schwach höckerartig auf; die Füße sind bleigrau. Die Luftröhre hat keinen abweichenden Bau. Ueber die ursprüngliche Heimat dieses Schwanes fehlen noch nähere Untersuchungen.

4. Der schwarze Schwan. C. plutonius.
Figur 767. 768.

Das so hoch gepriesene Schwanenweiß kennt der Neuholländer nicht, sein Schwan ist über und über kohlenschwarz. Nur die Handschwingen sind weiß, werden aber

Fig. 767.

Kopf des schwarzen Schwanes.

Fig. 768.

Brustbein des schwarzen Schwanes.

bei angelegten Flügeln unter den schwarzen Decken versteckt und fallen daher blos im Fluge auf. Der grellrothe Schnabel hat vor der Spitze ein weißliches Band und auf der Wurzel einen kugligen Höcker. In anatomischer Hinsicht verdient als unterscheidend von vorigen Arten angeführt zu werden, die Anzahl von 21 Halswirbeln, das Aufruhen des Gabelbeines auf dem Brustbeinkiel, die 16 Schuppen im knöchernen Augenringe, die 10 auffallend schmalen winkligen Falten im Fächer, die 10 Zoll langen Blinddärme, die schwache Krümmung der Luftröhre vor ihrem Eintritt in die Brust und eine weiche häutige Stelle in derselben. Der schwarze Schwan bevölkert die Flußmündungen und zahlreich alle Binnengewässer Neuhollands, liebt sehr die Gesellschaft, ist aber ebenso scheu und vorsichtig wie die unsrigen, ebenso hochmüthig, heimtückisch und bosbaft. Man hält ihn zahm auf Teichen und er kömmt auch in den europäischen Thiergärten ganz gut fort.

Der südamerikanische Schwan, C. nigricollis, fiedert nur am Kopfe und Halse schwarz, übrigens rein weiß wie die nördlichen Arten; Schnabel und Beine sind roth und der Schwanz nur zweifledrig.

4. Ente. Anas.

Die ungemein artenreiche, über alle Zonen und Welttheile verbreitete Gattung der Enten unterscheidet sich im Körperbau wie im Naturell und der Lebensweise erheblich von den Gänsen und Schwänen. Kleiner als beide, sind sie zugleich kurzhalsiger und niedriger auf den Beinen. Der Schnabel, nicht länger, oft oder kürzer als der Kopf, ist in seiner ganzen Länge gleich breit oder vorn erweitert, an der Stirn doch oder sehr hoch, nach vorn flach und breit abgerundet mit starkem Nagel und scharfen Zahnleisten an beiden Rändern. Die ovalen Nasenlöcher öffnen sich ziemlich in der Schnabelmitte. Abweichend von den Schwänen und übereinstimmend mit den Gänsen ist die Zügelgegend befiedert, aber abweichend von letztern der Hals dünn und stark eingebogen. Die kurzen Beine sind weit hinten an dem schwanenähnlichen Rumpfe eingelenkt und die Mittelzehe stets länger als der Lauf, die freie Hinterzehe klein und schwächlich, bisweilen mit schwachem Hautlappen. In den kurzen Flügeln pflegt die zweite Schwinge die längste zu sein, und in dem breiten kurzen Schwanze schwankt die Anzahl der Steuerfedern zwischen 14 bis 20. Das seltenartige Gefieder liegt glatt an und hat ein dunenreiches Unterkiel, liebt in der Färbung und Zeichnung bunte Mannichfaltigkeit, oft Pracht und Glanz und besondere Abzeichen nach Geschlecht, Alter und Jahreszeit. Hinsichtlich des anatomischen Baues kann man die Enten als Typus der ganzen Familie betrachten, so auffällig halten ihre Formen die Mitte zwischen den übrigen Gattungen. An dem gewölbten Schädel bemerkt man über dem senkrechten Hinterhauptsloch zwei Lücken; die Gaumenbeine sind schmal, die Flügelbeine breit und auf den Stirnbeinen sehlen Eindrücke für die in ihrer Größe sehr veränderlichen Nasendrüsen. Im Halse 15 bis 16, im Rücken 9, im Schwanze 7 bis 8 Wirbel. Das große Brustbein hat federseits eine tiefe Bucht am Hinterrande und trägt einen mäßig hohen Kiel. Der Oberarm, zwar stets länger als das dünne Schulterblatt, überragt doch nie das Hüftgelenk. Der Vorderarm ist kürzer, aber die Hand wieder länger als dieser. Das Becken ist groß und lang, der Oberschenkel länger als der Lauf. Die große breite Zunge bewimpert und bezahnt ihre Ränder. Der Vormagen ist sehr dickkrüstig, der Magen ungemein muskulös mit freiem Sehnenbeutel und innen mit harter dicker Lederhaut ausgekleidet, der Darm von veränderlicher Länge und allermeist mit ansehnlichen Blinddärmen, die Bauchspeicheldrüse zerlappt, die langen Nieren mit sehr großem buntern Lappen. Am untern Ende der Luftröhre kommt bei den Männchen und nur bei diesen sehr gewöhnlich eine knöcherne Blase vor.

Die Enten, im Allgemeinen zwar in der gemäßigten Zone zahlreicher als in der heißen und kalten, leben doch meist in sehr weiter geographischer Verbreitung, einzelne vom Aequator bis zum Polarkreise und zugleich in so ungeheuern Schaaren, daß sie buchstäblich den Himmel verfinstern, denn sie sind gesellig und nehmen oft noch andere Schwimmvögel in ihre Schaaren auf. Nicht wegen der Kälte, sondern wegen Nahrungsmangel wandern sie mit Beginn des Winters südwärts, aber meist nicht weiter als die Gewässer vom Eis bedeckt sind. Die meisten quartieren sich auf stehenden Binnengewässern ein, wissen aber auch auf Flüssen und im Meere ihren Unterhalt zu finden; nur einzelne nehmen einen ständigen Aufenthalt an letzterem. Auf der Wanderung steigen sie sehr hoch und in schrägen Reihen. Ihr Gang ist schwerfällig und watschelnd, desto bedenter und geschickter aber schwimmen sie, einige tauchen auch, andere nicht; alle fliegen leicht und schnell, rauschend mit raschem Flügelschlag. Ueberaus munter und beweglich, sind sie Tag und Nacht in Thätigkeit und ruhen nur wenig, sind zugleich sehr listig und schlau, verständig und scheu, doch nicht gelehrig und bildsam. Ihre Stimme quakt, schnarcht, pfeift, zischt, faucht, ohne

Fig. 770.

jemals angenehm zu werden. Die Nahrung ist gemischt, die verschiedensten Pflanzentheile und Stoffe, Insekten, Gewürm, Weichthiere, Brut von Fischen und Fröschen, Aas und Abfälle jeglicher Art, Alles mundet ihnen und genügt dem stets frischen Appetite. Zu Brüteplätzen dienen beschilfte oder buschige Sümpfe und Ufer, an diesen kämpfen die Männchen oder Erpel und Entriche um die Weibchen, bleiben den errungenen Gattinnen aber nicht lange treu. Letztere bauen allein das kunstlose Nest oder legen die Eier ohne Unterlage in eine Uferhöhle, 6 bis 16 weißliche, gelbliche oder grünliche, brüten allein etwa drei Wochen und erziehen auch die sogleich schwimmfähigen Jungen ohne Hilfe des Vaters, der vielmehr in blinder Wuth des Geschlechtstriebes bisweilen die Eier zerstört oder gar die Jungen mordet. An Feinden haben sie keinen Mangel, Raubthiere aller Art stellen ihnen nach und der Mensch jagt sie überall wegen ihres sehr wohlschmeckenden Fleisches und der zu Betten und Polstern nutzbaren Federn. Einige Arten sind dieser Nutzung halber gezähmt worden.

Die Arten sondern sich zunächst in Schwimmenten mit gerundeter Hinterzehe ohne Hautlappen, welche nur in äußerster Noth zu tauchen vermögen, und in Tauchenten, deren stärkere Hinterzehe einen breiten Hautlappen trägt. Beide Gruppen lösen sich wieder nach der Schnabelform, der Länge des Laufes und der Zehen und noch andern Eigenthümlichkeiten in kleinere Gruppen auf, welche bei den neuern Ornithologen zu Gattungen gestempelt worden sind. Wir können uns in diese Zersplitterung nicht ergeben, sondern nur die wichtigsten Formen näher betrachten, da wir hier keine ornithologische Sammlung beschreiben.

1. Die gemeine Löffelente. A. clypeata.
Figur 769. 770.

In der Abtheilung der Schwimmenten vertritt die Löffelente einen durch ihre höchst eigenthümliche Schnabelform ausgezeichneten Typus, welcher schon frühzeitig zur Gattung Rhynchaspis erhoben worden ist. Ihr Schnabel (Fig. 769) erweitert sich nämlich nach vorn beträchtlich, ist stark gewölbt, sehr weich überhäutet, vorn mit nur ganz kleinem hakigen Nagel und mit wimpernartige Zähnchen auslaufenden Blättchen am Oberkieferrande. Im Uebrigen erreicht die gemeine Löffelente mittlere Größe, d. h.

Fig. 769.

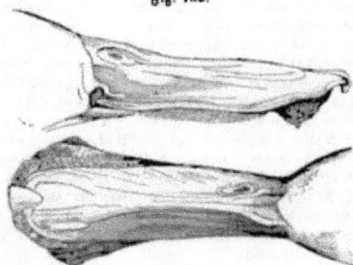

Schnabel der Löffelente.

Gemeine Löffelente.

18 Zoll Körperlänge und 34 Zoll Flugweite, fiedert im männlichen Kleide auf der Oberseite braun, am Kopfe und Halse schön sammetgrün, am Bauche rothbraun und hat einen grünen, mit weiß und schwarzem Saume eingefaßten Spiegel, bläuliche Flügeldecken, schwarzen Schnabel und rothe Füße. Je älter, desto glänzender und voller sind die Farbentöne. Weibchen und Junge tragen sich braun mit gelblichen und schwarzen Abzeichen, letztere düster, erstere mit zunehmendem Alter lichter, am Kopfe gestrichelt und getüpfelt, am Halse und der Brust mit Mondflecken. Der Vormagen ist mit sehr dicken und zahlreichen Drüsen besetzt, der Muskelmagen klein und rundlich; der Darmkanal mißt über 9 Fuß Länge, seine dünnen Blinddärme nur 5 Zoll. Am untern Kehlkopf steht linkerseits eine kleine, ganz knöcherne Pauke. Den Augenfächer bilden 12 kleine Falten. — Die gemeine Löffelente bewohnt die nördlichen Länder der Alten Welt und Nordamerikas, doch empfindlich gegen Kälte, geht sie nicht hoch hinauf und wandert schaarenweise in südliche Winterquartiere. In Deutschland und dem ganzen Mitteleuropa wird sie häufig angetroffen, in Asien streicht sie bis Japan und Ostindien hinab, in Amerika bis Mexiko. Sie zieht süße Gewässer zum ständigen Aufenthalte vor, besucht aber auch seichte Meeresbuchten und Flußmündungen häufig. Gar nicht scheu, vielmehr zutraulich, läßt sie sich leicht zähmen und wie die Hausente halten. Ihre Nahrung besteht in Allem, was Enten überhaupt fressen. Schon im März begiebt sie sich auf den Brutplatz, baut in dichtes Schilf oder Gesträpp versteckt ein sehr dürftiges Nest und brütet drei Wochen auf 7 bis 14 Eiern. Das Fleisch liefert im Herbst einen vorzüglichen Wildbraten. — Einige andere hauptsächlich in der Zeichnung unterschiedene Löffelenten bewohnen das südliche Asien, Neuholland und Südamerika.

Einer besondern Erwähnung verdient die zur Gattung Malacorhynchus erhobene Lippenlöffelente, auf der südlichen Halbkugel, deren Löffelschnabel (Fig. 771) freie Hautlappen an den Rändern hat, welche den Tastsinn des Schnabels zweifelsohne noch verstärken.

Fig. 771.

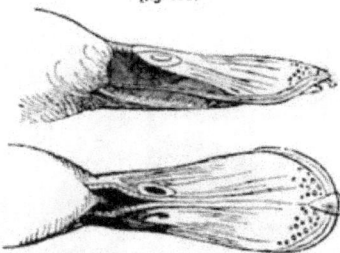

Schnabel der Löffelschelente.

2. Die wilde Ente. A. boschas.
Figur 749 d. 772.

Die gemeine wilde Ente, auch Stockente, von den Jägern Märzente genannt, repräsentirt die artenreiche Gruppe der eigentlichen Süßwasserenten, deren gestreckter schmaler Schnabel fast gleich breit und mit nur schmalem Nagel versehen ist, deren Kopf schmal, der Hals dünn und lang, der Rumpf schlank, die Füße klein sind. Die ganze nördliche Erdhälfte vom Polarkreise bis noch über den Wendekreis hinaus wird von unserer Art bevölkert; von Grönland bis Mexiko, von Island bis Aegypten,

Fig. 772.

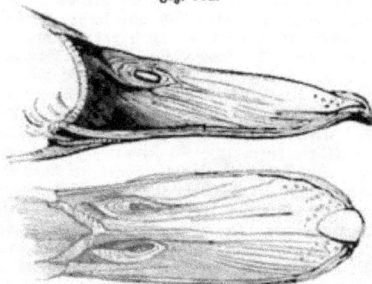

Schnabel der wilden Ente.

von Sibirien und den Aleuten bis Persien, überall schwärmt sie zu Hunderten und Tausenden auf den stehenden Binnengewässern und besucht zeitweilig auch die Flüsse und das Meer. So lange das Eis die Gewässer nicht verschließt, hält sie auch im Norden aus, erst der grimmen Kälte weicht sie. Ihre Zugzeit fällt daher spät im November und zeitig im Februar und März, kaum fliegt sie schaarenweise und sehr hoch meist zur Nachtzeit und in der Richtung wasserreicher Gegenden. Zum Standquartier wählt sie Sümpfe, Weräste und seichte schlammige Ufer mit viel Pflanzenwuchs, wo sie am Tage auf dem Wasser zubringt, des Nachts aber gern die nächsten Felder besucht. Von ihren nächsten Verwandten unterscheidet sie sogleich der schmutzig gelbgrüne oder graue gelbröthlich gefleckte Schnabel, die gelbrothen Füße und

der sehr große, glänzend violett blaugrüne Spiegel mit schwarzer und weißer Einfassung. Das Männchen fiedert oben hellgrau mit feiner dunkelbrauner Wässerung, schillert am Kopfe und Halse gelbgrün und hat eine kastanienbraune Oberbrust, weißes Halsband und eingerollte Bürzelfedern. Das Weibchen ist am Halse und Rumpfe gelblichbraun mit dunkelbraunen Flecken. Das Jugendkleid gleicht dem ausgefärbten weiblichen. Spielarten kommen häufig vor, doch sind manche derselben Mischlinge mit der zahmen Ente, von welcher die wilde sich stets durch den viel kleinern schlankern Schnabel, die kleinern Füße und den zierlichern schlankern Körperbau und viel gewandteren Flug unterscheidet. In ruhiger Stellung hält sie den Rumpf stets waagrecht und den Hals stark S förmig eingekrümmt, geht auch in dieser Haltung nicht gerade schwerfällig, wenn auch bei jedem Schritt etwas wankend; in allen Bewegungen leichter, zierlicher und gefälliger als die plumpe Hausente, taucht sie vortrefflich und rudert auch unter dem Wasser schnell fort, zumal in Gefahren, fliegt mit ungemein hastigen, kurzen, sanft witschenden Flügelschlägen, schnell und in gerader Richtung. Scheuer als alle ihre Genossen, ist sie zugleich die aufmerksamste, vorsichtigste und schlaue, weiß sich immer außer Schußweite zu halten, den gleichgültigen Menschen recht gut vom Jäger zu unterscheiden und besonders am Brutplatze listig zu täuschen. Ihre Gesellschaft und Verträglichkeit erstreckt sich über alle Schwimmvögel, zu wolkenhaften Schaaren trifft sie auf den Futterplätzen und auf der Wanderung zusammen und nimmt andere Entenarten und weitere Verwandte außer den unverträglichen bissigen Gänsen und stolzen Schwänen unter sich auf. Ihren altbekannten Ruf raak raak raak modulirt sie je nach der Gemüthsstimmung. In den Schloßgräben in Gotha fütterte man sie zu Ende des vorigen Jahrhunderts und dadurch wurden sie hier nach und nach sehr zutraulich, vermehrten sich auch von Jahr zu Jahr, schnatterten endlich in den Straßengossen und saßen vor den Höfen mit den Hühnern, während sie des Nachts auf den nächsten Teichen ruhten und selbst im Winter sich aufhalten ließen, bis endlich in den Kriegsjahren dieser Zucht gewaltsam ein Ende gemacht wurde. Ganz zahm werden indeß nur die von der Hausente ausgebrüteten Jungen, welche selbst wieder nur im Freien zum Eiern und Brüten zu bringen sind. Ihre Nahrung ist eine völlig gemischte und ungemein mannichfaltige und mit unersättlichem Appetite fressen sie Tag und Nacht, auf dem Wasser und auf dem Trocknen, trinken sehr viel dazu und können auch des Bades wegen das Wasser nicht entbehren. Zum Brüteplatze dienen niedrige sumpfige Gegenden, beschilfte und buschige Ufer. Das Weibchen baut allein an einem ganz versteckten Orte das kunstlose Nest und brütet auf den 8 bis 16 Eiern vier Wochen. Die Jungen folgen der Mutter sogleich auf das Wasser und liegt das Nest auf einem Baume; so trägt diese eins nach dem andern im Schnabel auf das Wasser. An Pflege und Schutz läßt sie es nicht fehlen, aber der Vater kümmert sich gar nicht um die Seinigen. Man verfolgt sie wegen des sehr wohlschmeckenden Fleisches überall und mit allen möglichen Mitteln.

Die zahme Ente, Fig. 749 e, deren Unterschiede wir

bereits angegeben, ist seit unvordenklichen Zeiten Hausthier und in sehr vielen Spielarten zum Theil räthselhaften Ursprunges über die ganze Erde verbreitet. Ihre plumpen Manieren, ihr watschelnder Gang und schwerfälliger Flug, ihre Gefräßigkeit und große Fruchtbarkeit ist allbekannt. Nach Naumann, dem trefflichen Beobachter, gelingt es nicht, die wilde Ente durch Zucht und Pflege völlig in die Hausente zu verwandeln und sollen selbst die Bastarde von beiden unfruchtbar sein, darüber müssen jedoch erst umfassendere Versuche angestellt werden.

3. Die Spitzente. A. acuta.
Figur 773. 774.

Die Spitz- oder Spießente ist ebenso weit über die nördliche Erdhälfte verbreitet wie die gemeine, jedoch nirgends so häufig und im Norden regelmäßiger wandernd, auf vielen Gewässern mit jener vergesellschaftet. Kleiner,

Fig. 773.

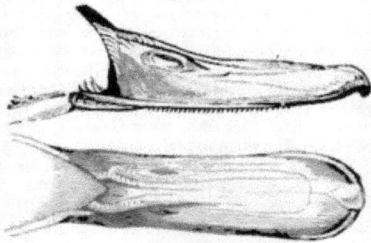

Schnabel der Spitzente.

schlanker und langhalsiger, unterscheidet sie sich besonders durch den bläulichen Schnabel, die grauen Füße, den bei dem Männchen kupferfarbigen, grünglänzenden, oben mit rostfarbigem, unten mit schwarzem, weißgesäumten Querstrich begrenzten, bei dem Weibchen aber hellgelben und graubräunlichen Spiegel und durch die sehr lang zuge-

Fig. 774.

Spitzente.

spitzten mittlen Schwanzfedern. Am untern Kehlkopf linkerseits eine große knöcherne Blase. In der Schnelligkeit und Gewandtheit des Fluges, in der Leichtigkeit der Schwenkungen übertrifft sie die gemeine Art, dabei ist ihr sehr hastiger Flügelschlag nicht wirkend, sondern von einem leisen Zischen und sanften Rauschen begleitet. Im Uebrigen vermag selbst der aufmerksamste Beobachter keine erheblichen Unterschiede von jener aufzufinken.

4. Die Schnatterente. A. strepera.
Figur 775. 776.

Der kleine gestreckte Schnabel ist von fast gleicher Breite und schwarz, nur bei dem Weibchen und den Jungen an den Seiten schmutzig gelb; seine in feine Zähnchen ausgezogenen Randleisten sind auch bei ge-

Fig. 775.

Schnabel der Schnatterente.

schlossenen Kiefern noch sichtbar. Die rothgelben Füße haben schwärzliche Schwimmhäute und der graue Spiegel ist unten schwarz eingefaßt und weiß gesäumt. Diese äußerlichen Merkmale unterscheiden die Schnatterente von der Spitz- und gemeinen Ente schon ganz sicher. Uebrigens

Fig. 776.

Schnatterente.

erscheint das Männchen auf schwärzlichem Grunde sehr zart in grau und weiß gewässert, roströth am Kopfe und Halse, schwärzlich geschecket, weiß am Bauche und stahlblau auf den Schwanzdecken. Die Weibchen und Jungen sind braun mit dunkeln Flecken. Der Verbreitungsbezirk auch dieser Art erstreckt sich durch die ganze gemäßigte Zone der nördlichen Erdhälfte. Empfindlicher gegen die Kälte als die vorigen, bezieht sie regelmäßig südliche Winterquartiere, wandert aus Deutschland im September und October ins nördliche Afrika, in Asien bis Persien und Indien hinab, meist nur in kleinen Gesellschaften, doch auch in schrägen Reihen und lautschreiend in bedeutender Höhe. Zum Standquartier wählt sie große Sümpfe und schilfreiche Teiche und Seen, nur zeitweilig Flüsse und schlammige Meeresbuchten, überall besucht sie gern die Getreidefelder. An Beweglichkeit und Gewandtheit scheint sie die Spitzente noch zu übertreffen, ist überhaupt ungemein lebhaft und munter, auch nicht sehr scheu. Sie brütet im unzugänglichen Schilf oder Binsengestrüpp drei Wochen lang auf 8 bis 12 Eiern sehr bißig und pflegt ihre Jungen mit derselben sorgenden und ausopfernden Liebe, wie die gemeine Art, der ihr zartes wohlschmeckendes Fleisch noch vorgezogen wird.

5. Die europäische Knäkente. A. querquedula.
Figur 777.

Die Knäkenten stimmen in allen wesentlichen Merkmalen noch mit den vorigen Arten überein und gehören also zur Gruppe der eigentlichen Süßwasserenten, allein die spitzfindige Systematik der neuern Ornithologie hat es doch für nöthig erachtet, sie unter dem Namen Querquedula oder noch enger begränzt Cyanopterus als besondere Gattung abzuscheiden. Das ist keine Systematik, welche eine Einsicht in die Formenmannichfaltigkeit und in den natürlichen Organisationsplan erstrebt, sondern ein bloßes und oberflächliches Unterscheiden, in der Zersplittern und Verwirren der von der Natur klar dargelegten Begriffe, und diese Sucht steigert sich von Jahr zu Jahr, bis ihr lustiges Gebäu zu hoch wird und in einen werthlosen Schutthaufen zusammenbricht. Halten wir uns bei Zeiten fern von solchem staubigem Machwerk. Wir unterscheiden die nur taubengroße Knäkente von ihren nächsten Verwandten durch den schwärzlichen Schnabel und die grauen Füße und durch den kleinen dunkel-

graubraunen, schwach grünglänzenden und weiß eingefaßten Spiegel. Die schlanke Schnabelform ist aus unserer Abbildung ersichtlich, seine in feine Spitzen endenden Randleisten sind bei geschlossenen Kiefern nicht sichtbar und die ovalen Nasenlöcher nicht weit vor der Stirn geöffnet. Schwarze Wellen zeichnen den grauen Rücken, braune Schuppen die gelbgraue Brust, die Haube ist schwarz, der röthlichbraune Hals weiß gesprenkelt und die Flügeldecken bläulichgrau. Das Weibchen fiedert heller und mit feinerer Zeichnung. Vom südlichen Schweden bis ins nördliche Afrika, von Kamtschatka bis Indien verbreitet, überwintert die Knäkente stets nur in den südlichen Ländern vom October bis April, indem sie in kleinen Gesellschaften des Nachts ihre Wanderung ausführt. Am liebsten nimmt sie auf Sümpfen und stehenden Gewässern mit dicht bewachsener Umgebung ihren Aufenthalt, wo sie in den Mittagsstunden in dichtem Versteck ruht, die übrige Tageszeit und auch während der Nacht unruhig und geschäftig sich herumtreibt. Auf ihre Gewandtheit und Schnelligkeit im Schwimmen und im Fluge vertrauend, ist sie weder scheu, noch vorsichtig und aufmerksam, vielmehr vertraulich gegen den Menschen, friedliebend und gesellig jedoch nur mit ihres Gleichen, dagegen hängen Männchen und Weibchen mit inniger Liebe an einander wie bei den vorigen Arten. Letzteres besorgt jedoch allein den Nestbau und die Brut. Fleisch der Art sind sehr wohlschmeckend.

Die amerikanische Knäkente, A. discors, (Fig. 778) fiedert auf der Oberseite braun mit rostgelben Federrändern, am Kopfe schwarz mit violettem

Fig. 778.

Amerikanische Knäkente.

Schiller, auf den Flügeldecken blaugrau, am Spiegel rein stahlgrün. Sie bewohnt Nordamerika, im Winter nur die wärmeren Länder und wird alljährlich in ungeheuren Mengen erlegt.

6. Die Krikente. A. crecca.
Figur 779 u. 779.

Eine der kleinsten, zierlichsten und schönst gezeichneten Enten. Taubengroß und nur ein Pfund schwer, hat sie zur Unterscheidung von ihren Verwandten einen schwärzlichen Schnabel und graue Flügel und einen großen,

Fig. 777.

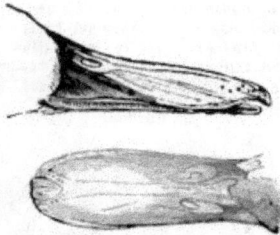

Schnabel der europäischen Knäkente.

Fig. 779.

Krikente.

7. Die Pfeifente. A. Penelope.
Figur 779 b. 780. 781.

Der häufig vernehmbare Pfiff würmir unterscheidet diese schaarenweise streichende Ente schon aus weiter Entfernung von allen andern Arten. Ganz in der Nähe hört man jedoch nur ein schnurrendes rihbelärt, auch wohl noch ein tiefes heiseres Schnarren. Die unmittelbare

Fig. 780.

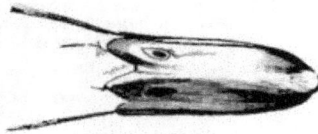

Schnabel der Pfeifente.

Vergleichung dieser Ente läßt im äußern Bau wie in der innern Organisation erhebliche Eigenthümlichkeiten erkennen. Der kurze bläuliche Schnabel verschmälert sich nämlich nach vorn ganz allmählig und hat an der Spitze einen breiten Nagel und nahe der Stirn kleine ovale

Fig. 781.

Pfeifente.

vorn sammetschwarzen, hinten prächtig grünen, unten schmal, oben breit weiß und rostfarbig eingefaßten Spiegel. Uebrigens fiedert sie oben weiß mit schwarzer Wässerung, an der Brust rostgelblich schwarz getropft, am Bauche weiß, am Kopfe und Halse lebhaft rostbraun und trägt eine Federnhaube. Die Umgebung der Augen stahlgrün. Der Schwanz sechszehnfedrig. Im Jugendkleide ist der mehr gelbliche Kopf und Hals sehr dunkel gestrichelt und getüpfelt, die Oberbrust mit braunschwarzen Kernflecken, die Brustmitte, der Bauch und die Schwanzdecken glänzend weiß, der Spiegel schon ausgefärbt. Spielarten in der Färbung kommen nur äußerst selten vor. Der niedrige Fächer im Auge besteht aus elf sehr kleinen Falten. Der sehr breite Magen hat keinen abgelösten Sehnenhenkel, der Darm erreicht 40 Zoll Länge, die Blinddärme nur drei Zoll. Luftröhre und unterer Kehlkopf weichen erheblich von der Knäkente ab und stimmen mit der gemeinen wilden Art überein. Die Krikente (auch Krück- und Kriekente geschrieben, da es fraglich ist, ob der Name von Kriechen, oder von krik k. b. klein oder von der eigenthümlichen Stimme entlehnt ist) dehnt ihr Vaterland bis zum nördlichen Polarkreis aus, doch nur in der Alten Welt, südwärts bis ins nördliche Afrika und Indien; in Deutschland ist sie sehr gemein und überwintert hier theilweise, die meisten ziehen im October und November bald in kleinen Gesellschaften bald in großen Schaaren schrägreihig geordnet durch und beginnen schon Anfangs März den Rückzug. Ueberall zieht sie stehende Binnengewässer mit viel Schilf und Binsen den steilen, fließenden und dem Meere vor, besucht die Wiesen und Aecker und läßt sich auch auf Bäumen nieder. Ihr Flug ist leicht, schnell und geräuschlos. Gar nicht scheu, vielmehr harmlos und zutraulich, besucht sie sogar die Teiche und Pfützen an den Dörfern, hält sich immer gesellig, oft mit andern Arten zusammen und lockt sich im Frühjahr mit einem lauten trüff oder krück. In der Nahrungsweise gleicht sie ganz den vorigen Arten, ebenso in der Fortpflanzungsweise. Ihr Fleisch ist im Herbst ungemein zart und recht fett und wird dann viel gegessen, zumal sie leicht zu fangen ist. Wie andere, gewöhnt auch sie sich in der Jugend leicht an die Gefangenschaft.

Nasenlöcher. Der Spiegel ist bei dem Männchen dunkelgrün und sammetschwarz eingefaßt, bei dem Weibchen dagegen dunkelgrau und weißlich gesäumt. Kopf und Hals fiedern rostfarben, Stirn und Scheitel weißlich, die Gurgel schwarz und die Brust röthlichgrau, auf den Flügeldecken ein schneeweißes Feld, der Bauch rein weiß. Das Weibchen tüpfelt seinen gelbgraulichen Kopf und Hals schwarzbraun. Die große Knochenblase am untern Kehlkopf erweitert sich nach oben beträchtlich und der sehr dick muskulöse Magen hat einen deutlichen Sehnenhenkel. Körperlänge 19 Zoll, Flügweite 38 Zoll. Ueber ganz Europa und Asien verbreitet, streicht die Pfeifente im Sommer häufig noch über den Polarkreis hinaus, geht aber im Winter bis ins nördliche Afrika hinab, bei uns verweilt sie meist nur auf der Wanderung im Herbst und Frühlinge, wo sie in großen Schwärmen zieht. Ihr Standquartier wählt sie wie die Krikente, mit welcher sie auch in der Haltung und den Bewegungen am meisten übereinstimmt. Ebensowenig giebt uns ihre Nahrungs- und Fortpflanzungsweise Anlaß zu besondern Bemerkungen.

8. Die amerikanische Pfeifente. A. americana.

Figur 782.

Die amerikanische Pfeifente verräth sich durch dieselbe pfeifende Stimme wie die europäische, fiedert aber auf der Oberseite hell rothbraun mit feinen schwarzen Wellenlinien, unten weiß, ebenso auf dem Scheitel und einem Flügelfleck, am Hinterkopfe gelbgrün, und schwarzbraun an den Schwingen und der Schwanzspitze. Ihre eigentliche

Fig. 782.

Amerikanische Pfeifente.

Heimat hat sie im höhern Norden Amerikas, von wo sie gegen den Winter in die mittlen und südlichen Vereinten Staaten bis Westindien hinabzieht. Ihre liebste Nahrung bilden nach Wilson's Beobachtung die zarten Wurzeln einer tiefwachsenden Wasserpflanze und da sie nicht tauchen kann: so stiehlt sie die Wurzeln der Canvasente, in dem Augenblicke, wo diese damit an die Oberfläche kommt. Freilich giebt letztere den Bissen nicht gutwillig her und es werden daher bei diesen Räubereien oft hartnäckige Kämpfe geführt.

9. Die Brandente. A. tadorna.

Figur 783.

Wegen erheblicher Abweichungen in der Lebensweise wird die Brandente mit ihren nächsten Verwandten von den vorigen Arten abgruppirt und zum Typus der Gattung Vulpanser erhoben. Ihr Aeußeres fällt sogleich durch die sehr stattliche Größe, 2 Fuß Körperlänge und

Fig. 783.

Kopf und Fuß der Brandente.

4 Fuß Flügelbreite, und nicht minder durch die buntscheckige Befiederung auf. Der rothe Schnabel ist schaufelförmig, an der Stirn erhöht und vorn mit sehr schmalem hakigen Nagel versehen. Die Zahnleisten ziehen sich in feine scharfe, auch bei geschlossenem Schnabel sichtbare Spitzen aus. Die verhältnißmäßig kleinen Füße sind fleischfarben. Im Jugendkleide herrscht unreines Weiß gegen die schwarzen und rostfarbigen Fleße nicht scharf abgeschnitten und am dunkelgraubraunen Kopfe mit weißen Strichen. Im Prachtkleide glänzt der schwarze Kopf und Hinterhals dunkelgrün, am Unterhalse stellt ein breites rein weißes Band und dahinter vom Oberrücken bis zur Brust giebt eine prächtig rostfarbene Binde, von welcher ein schwarzer Streif in der Mitte der Unterseite entlang läuft; die Schulter ist tief schwarz, der Spiegel schön stahlgrün und rostroth, der Schwanz mit braunschwarzer Endbinde, alles Uebrige blendend weiß. Der Darmkanal erreicht 8 Fuß Länge und die Blinddärme nur 6 Zoll. Der lange Vormagen besitzt sehr große Drüsen, der Magen keine deutlichen Sehnenhenkel. Am untern Kehlkopf stehen zwei knöcherne Paulen. Der linke Leberlappen ist kaum halb so groß wie der rechte, die kleine Milz kugelrund, die Bauchspeicheldrüse doppelt.

Die Brandente ist über Europa und Asien verbreitet, geht aber nicht weit nach Norden hinauf, in Europa bis zum mittleren Schweden, überwintert auch nicht in Deutschland, sondern südlicher. Als Seevogel nimmt sie nur an den Meeresküsten und auf salzigen Binnengewässern Quartier, besonders an freien sandigen und moorigen, vielbuchtigen und stillen Ufern. Ihr Gang ist minder watschelnd als bei andern Arten, behend und schnell, sie geht auch mehr als sie schwimmt und fliegt leicht und ziemlich gewandt mit leise wiehenden Flügelschlägen. Ungemein scheu und vorsichtig, weicht sie klug jeder Gefahr aus, gewinnt aber auch Vertrauen, wenn sie sich geschützt weiß; dabei liebt sie die Gesellschaft ihres Gleichen, schaart sich zu vielen Hunderten, doch niemals mit andern Arten und läßt ihren ächten Entenruf nicht gerade häufig hören. Ihre Nahrung besteht in zarten und weichen Wasser- und Sumpfpflanzen, noch mehr aber aus Gewürm, Insekten, kleinen Krebsen, Weichthieren und Fischen, die sie an seichten

Stellen aufsucht, da sie nicht gern schwimmt und gründelt. In Gefangenschaft, an welche sie übrigens leicht zu gewöhnen und sehr lange zu halten ist, frißt sie Getreide, Kartoffeln, Brot und Gemüse, wo sie es haben kann, recht gern auch Fische. Im Frühjahr suchen die Pärchen ihre gemeinschaftlichen Brüteplätze auf und jedes bezieht eine Kaninchen- oder Fuchshöhle oder gräbt eine eigene wagrecht ins Ufer, nimmt auch wohl in einem hohlen Baume Platz. Merkwürdig dabei ist besonders, daß sie mit dem fremden Besitzer, mag er nun Kaninchen oder Fuchs oder Dachs sein, ganz verträglich leben, und einer den andern in dem unterirdischen Bau gar nicht belästigt. Auf Sylt gräbt man den Brandenten Höhlen und sie wählen diese künstlichen Wohnungen auch gern zum Nisten. Das Weibchen allein trägt einiges Gehalm und Moos zum Nestbau herbei und legt 7 bis 12 gelbweiße Eier. Nach vierwöchentlicher Bebrütung schlüpfen die Jungen aus und folgen alsbald der Mutter auf das nächste Wasser. Das Fleisch ist sehr thranig und wird nicht gegessen, nur die Eier dienen zur Speise und die Federn zum Bettbopfen. Mehr als dieses Nutzens wegen um ihrer äußern Schönheit und Zutraulichkeit willen wird die Brandente häufig zahm gehalten oder auch an bewohnten Plätzen gepflegt und geschützt. Sie zeugt mit der Hausente Bastarte.

Eine zweite Art dieses Typus der Höhlenenten ist die Rostente, A. rutila, durch den schwärzlichen Schnabel, die grauen Füße, den glänzend schwarzen Schwanz, die weißen Flügeldecken und die verherrschende Rostfarbe am Rumpfe von der Brandente schon leicht zu unterscheiden. Sie liebt die wärmern Länder Asiens und Afrikas, kömmt nur sparsam im südlichen Europa vor und verirrt sich bisweilen nach Deutschland. Im Betragen und der Lebensweise gleicht sie so auffallend der Brandente, daß wir bei ihr nicht länger verweilen. — Von den übrigen Höhlenenten, die sämmtlich außereuropäisch sind, zeichnet sich A. taylornoides durch die beträchtlichste Größe, einförmig dunkeln Schwanz und schwarzen Schnabel und Füße aus, A. radjah durch den hochgelben Schnabel und braunen Oberrumpf mit schwarzen Wellen.

10. Die Sommerente. A. sponsa.
Figur 784. 785.

Baumenten, Dendronessa, nennt man einige auf Bäumen nistende Arten, unter welchen die Sommerente oder Brautente die schönste und bekannteste ist, da sie als Schmuckvogel oft auch in Europa zahm gehalten wird. Ihre eigentliche Heimat ist Amerika, vom der canadischen Gränze bis zu den Antillen, die nördlichen Staaten nur als Sommer-, die südlichen als ständiger Aufenthalt. Am meisten sagen ihr stille von Wald umgebene Teiche zu, nicht die Meeresküste. Aber trotz dieses abweichenden Wohnplatzes hat die Sommerente doch dieselbe Nistweise wie die Brandente, nämlich in Höhlen, nur nicht in Uferlöchern, sondern in hohlen Bäumen, großen Specht- und Eichhornlöchern oder tiefen Astwunden. Sie wählt nur unter den nah am Ufer stehenden Bäumen und am liebsten einen solchen, der über das Wasser hinaushängt. Spärliches Gras und einige ausgerupfte Brustfedern bilden das Nest für die 6 bis 15 polirt grünlichgelben

Fig. 784.

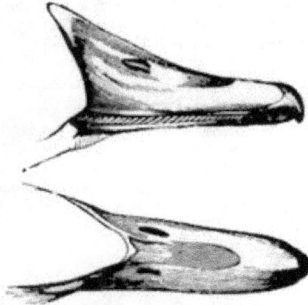

Schnabel der Sommerente.

Eier. Während der Brützeit schaaren sich die Männchen in große Gesellschaften und streichen allein umher, bis im Herbst Weibchen und Junge sich ihnen zugesellen. Das Weibchen trägt die Jungen im Schnabel aus dem Neste auf das Wasser oder stürzt sie, wenn der Stamm über das Wasser geneigt ist, sogleich in dasselbe. Sie nähren sich von Insekten, Gewürm und den verschiedensten Sämereien. Das Männchen fiebert auf der Oberseite schön kupferroth mit grünem Schimmer, an der Kehle und dem Bauche weiß und auf der Brust braun; die bräunlichen Flügel haben blaue Spitzen; die violetten Flügeldecken schwarze Spitzen; der Kopf und die von den Schläfen herabhängenden Federbüsche sind goldiggrün, die verlängerten Schwanzfedern ebenfalls grün, der Spiegel schön purpurblau, Schnabel und Füße hochroth, ersterer schwarz gerandet; an den gelben Seiten liegt eine Reihe schwarzer und weißer Streifen. Das Weibchen trägt sich in mattern Farben und ist am Kopfe bräunlich.

Fig. 785.

Sommerente.

Nur das Männchen hat am untern Kehlkopfe linkerseits eine große knöcherne Paufe. Am Magen ein deutlicher Sehnenhenkel, der Darmkanal nur etwas über drei Fuß lang, die Blinddärme drei Zoll.

11. Die Mandarinenente.   A. galericulata.
Figur 786.

Auch im Innern Chinas lebt eine Baumente ganz nach Art der amerikanischen, die wegen ihres schönen Gefieders dort viel zahm gehalten und bei Verheirathungen der Procession als Symbol ehelicher Treue vorangetragen wird, weil das Männchen das einmal angepaarte Weib-

Fig. 786.

Mandarinenente.

chen nicht wieder verläßt. Man hat sie auch in England afflimatisirt. Das Männchen zeichnet sich besonders aus durch lange seidenartige Federn am Kopfe und Halse und eine sehr breite, rothe, aufwärts gekrümmte Armschwinge.

12. Die Eiderente.   A. mollissima.
Figur 787. 788. 789.

Mit der Eiderente gelangen wir zur zweiten Hauptgruppe der Entengattung, den sogenannten Tauchenten, A. mergentes s. Platypus, deren unterscheidender Charakter in der beklappten Hinterzehe liegt. Im Allgemeinen sind die Tauchenten plumper gebauet wie die Schwimmenten, dickköpfig, kurzhalsig, kürzer und plumper im Rumpfe mit weiter hinten angesetzten Beinen und viel längeren Zehen, kürzern Flügeln und strafferem Schwanze. Sie schwimmen und tauchen geschickt, gehen aber schwerfällig und wankend und fliegen auch nur mit großer Anstrengung. Ihren Aufenthalt nehmen sie lieber am Meere als auf süßen Gewässern, brüten zum Theil aber an letzteren. Ihr Fleisch schmeckt unangenehm thranig und ranzig, wird aber dennoch viel gegessen, die Federn aber stehen in hohem Werth. Zur Zähmung und Einführung als Hausthiere eignen sie sich wegen des beschränkten Nutzens nicht. Ihre Mannichfaltigkeit bietet wiederum einzelne Merkmale zur übersichtlichen Gruppirung, aus welcher wir die wichtigsten Typen vorführen.

Die Eiderente, Typus der Gattung Somateria, kennzeichnet der gestreckte, schmale und an der Wurzel hohe Schnabel mit breitem, die ganze Spitze einnehmendem

Fig. 787.

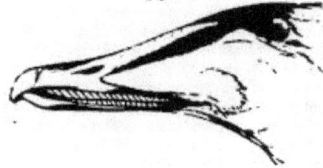

Schnabel der Eiderente.

Nagel, schmalen vor der Mitte sich öffnenden Nasenlöchern, nackten in die Stirn vorspringenden Spitzen und breiten scharfen Zahnleisten. Seine Farbe düstert olivengrün oder gelblich und so sind auch die langzehigen Füße. Ausgewachsen 24 Zoll lang und 48 Zoll flügelbreit, fiedert das Männchen oben weiß, unten schwarz, zieht an den Seiten des Kopfes vom Schnabel durch die Augen in die Obergegend ein glänzend violettschwarzes Band, trägt die Schultern weiß und biegt die weißen Hinterschwingen sichelartig herab. Das Weibchen trägt sich gelbbraun mit schwarzen Schaft- und Querflecken. Im Schwanze stehen 14 oder 16 Steuerfedern mit starken Schäften und breiten Fahnen. Ihre Heimat beschränkt die Eiderente auf die hohen Norden bis abwärts an die deutschen Küsten, amerikanischer Seits bis New York. Als entschiedener Meeresvogel meidet sie alle süßen Gewässer, treibt sich an den Küsten herum und schwimmt auch mehre Meilen weit ins offene Meer. Zum Sonnen wählt sie ein Plätzchen unmittelbar am Wasser, um mit einem Sprunge ihr Element erreichen zu können. In diesem entfaltet sie auch alle Gewandtheit im Rudern, Schwimmen und

Fig. 788.

Eiderente.   Männchen.

Tauchen, während sie im Gange und im Fluge sich ungeschickt und schwerfällig bewegt. Gar nicht scheu, nähert sie sich vertraulich dem Menschen, brütet sogar neben und an Gebäuden, lebt gesellig und verträglich mit ihres Gleichen und andern Schwimmvögeln und brütet auch mit denselben gemeinschaftlich. Nur die Männchen sind zumal während der Begattungszeit zanksüchtig und sehr scheu. Ihr Ruf ist ein lautes eigenthümliches Schnurren. Zur Nahrung dienen allerlei kleine Seethiere, die sie schwimmend und tauchend fängt. Auf den Brüteplätzen an niedrigen Ufern wimmelt es im Frühjahr und die Weibchen bauen aus Blättern, Halmen und Moos ein dürftiges Nest und legen im Mai oder Juni 4 bis 8 Eier, auf welchen sie drei Wochen brüten, während das Männchen sich fern vom Brüteplatze schaaren. Die Jungen folgen der Mutter gleich nach dem Ausschlüpfen aufs Meer und wachsen unter deren sorgsamer Pflege ziemlich schnell heran. Das thranige Fleisch wird nur im höhern Norden gegessen, dagegen stehen die Eiderdunen wegen ihrer Zartheit und Elasticität in hohem Werthe, so daß nur Fürsten

Fig. 789.

Eiderente. Weibchen.

und Reiche sich auf sie betten. In den europäischen Küstenländern werden dieser Dunen wegen die Eiderenten, irrthümlich oft Eidergänse genannt, gehegt und gepflegt und dürfen zumal an den Brüteplätzen gar nicht beunruhigt werden. Die geschätztesten Dunen sind diejenigen, welche das Weibchen sich am Bauche auszupft, um sein eigenes Nest damit zu füttern; diese sammelt man besonders, reinigt sie sorgfältig und bringt sie zum höchsten Preise auf den Markt. Eine isländische Handelscompagnie brachte inmitten des vorigen Jahrhunderts alljährlich für 4000 Thaler Eiderdunen zusammen. Die Grönländer sammeln Dunen nicht, verfertigen aber aus den gegerbten Fellen Hemden, mit welchen sie jeder Kälte trotzen.

Auffallend nah steht der Eiderente die Prachtente, A. spectabilis, unterschieden nur durch die Bessierung der Schnabelwurzel, die rothe Färbung des Schnabels und der Füße und die buschigen Scheitelfedern. Das Männchen ist am Oberkopf hellblaugrau, an den Wangen glänzend hellgrün, auf den Schultern schwarz. Das

Naturgeschichte I. 1.

Weibchen fiedert ganz so wie die Eiderente. Im hohen Norden Amerikas und Asiens heimisch, kömmt sie nur in strengen Wintern vereinzelt an die europäischen Küsten, lebt und nährt sich wie jene, liefert ebenso vortreffliche Dunen und wird von den Eskimos als Leckerbissen gegessen.

13. Die Brillenente. A. perspicillata.
Figur 790. 791.

Die merkwürdige Schnabelbildung scheidet die Brillenente mit einigen verwandten Arten als besondere Gruppe der Trauerenten, Oidemia, von den übrigen aus. Wie unsere Abbildung zeigt, ist der Schnabel vorn breit und flach, an der Spitze breit genagelt, an den Rändern erweitert und gleich hinter den Nasenlöchern steil aufsteigend. Ueberdies kennzeichnet sich die Gruppe der Trauerenten noch durch sehr lange Zehen, den 14 federigen Keilschwanz, den ganz unansehnlichen Spiegel und das allermeist einfarbig schwarze oder düster braune Gefieder, welches ihnen eben den Namen der Trauerenten verschaffte. Unter

Fig. 790.

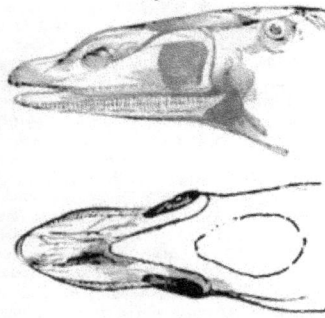

Schnabel der Brillenente.

ihnen ist die Brillenente durch die besonders buchtige Wölbung des orangerothen Schnabels mit viereckigem schwarzen Seitenfleck an der Wurzel auffällig charakterisirt. Das Männchen fiedert ganz schwarz, nur auf dem Vorderscheitel und unter dem Genick sticht ein weißer dreieckiger Fleck hervor. Bei dem Weibchen ist der Schnabel schwarz und das Gefieder düster braun bis auf die weiße Brustmitte und die weißen Flecke am Kopfe. Im obern Nordamerika heimisch, wandert sie im Winter bis an den Mississippi und Missouri, läßt sich bisweilen aber auch an den englischen und schwedischen Küsten sehen. Obwohl Seevogel, besucht sie doch auch die Flußmündungen und nächstgelegenen Teiche. In Naturell, Betragen und Lebensweise soll sie ihren europäischen Verwandten gleichen.

14. Die Trauerente. A. nigra.

Die gemeine Trauerente ist über den ganzen Norden verbreitet und wandert im Herbst bis in die Vereinten Staaten, an das schwarze und caspische Meer, an die deutschen und französischen Küsten hinab. Die Männchen

56

Fig. 791.

Brillenente.

schwärmen schon im August über der Ostsee, die Weibchen mit den Jungen kommen jedoch erst im November an. Süße Gewässer dienen ihr nur zu Brüteplätzen, die übrige Zeit verbringt sie auf dem Meere. Das einfach schwarze Gefieder des Männchens ohne alle Abzeichen und das dunkelbraune der Weibchen mit weißer Brustmitte macht sie schon aus weiter Ferne kenntlich. Der schwarze Schnabel bildet einen starken Stirnhöcker und färbt die Nasengegend roth. In ihren Bewegungen gleicht sie andern Tauchenten, taucht einige Minuten lang unter und kömmt stets an derselben Stelle wieder hervor. Mit andern Arten hält sie keine sonderliche Freundschaft, und obwohl verträglich, bilden doch die Männchen meist besondere Vereine, während die Weibchen mit den Jungen sich schaaren. Ihre Hauptnahrung besteht in Conchylien, die sie mit den Schalen verschlingt, außerdem frißt sie Gewürm, Insekten, kleine Fische und einige Pflanzentheile. Sie brütet nur in hohen Norden an öden Binnengewässern, wo die Weibchen im Gebüsch ein Nest aus trocknen Blättern und Halmen bauen und erst im Juni ihre 9 bis 10 Eier legen. Das Fleisch wird in einzelnen Gegenden trotz des widerlichen Thrangeschmackes viel gegessen.

15. Die Sammetente. A. fusca.

Ein schneeweißer Querstreif auf den Flügeln und ein solcher Fleck unter dem perlweißen Auge unterscheidet die ganz schwarze männliche Sammetente von der männlichen Trauerente. Auch das dunkelbraune Weibchen hat einen rein weißen Spiegel und einen weißen Fleck in der Ohrgegend. Bei diesem ist übrigens der Schnabel schwarz, bei alten Männchen dagegen hochgelbroth. Sie erreicht 22 Zoll Körperlänge und 40 Zoll Flugweite und brütet mit voriger Art im ganzen Norden, wandert aber im Winter tiefer ins Festland hinein bis in die Schweiz und nach Italien, wird überhaupt häufiger als die Trauerente auf Binnengewässern getroffen, ist minder scheu als diese, noch weniger gesellig, obwohl ganz verträglich auch mit andern Arten. In der Nahrung und Fortpflanzungsweise bietet sie nichts Eigenthümliches.

16. Die Kolbenente. A. rufina.

Moorenten, Fuligula, nennt man mehre Arten wegen ihres häufigen Aufenthalts auf Mooren und Sümpfen und kennzeichnet sie als eine Gruppe angehörig durch den kopflangen Schnabel mit niedriger Wurzel, sehr schmalem Nagel und hinter der Mitte sich öffnenten eiförmigen Nasenlöchern. Außerdem haben sie sehr langzehige Füße, einen deutlichen grauen oder schwarzweißen Spiegel und einen 16zehigen abgerundeten Schwanz. Die Kolbenente, auch rothköpfige Haubenente und türkische Ente genannt, ist eine der größten und schönsten dieser Gruppe. Ihr sehr gestreckter breitrother Schnabel, der bei dem Männchen rostrothe, bei dem Weibchen braun und weiße Federbusch auf dem Kopfe und der graulich weiße Spiegel unterscheidet sie von den übrigen Arten. Ausgewachsen mißt sie 22 Zoll Länge und 38 Zoll Flugweite, schillert dann im männlichen Hochzeitskleide am Kopfe und Halse schön roßfarbig mit kohlenschwarzem Halsstreif und ebenso an der Brust, an der Unterseite aber braunschwarz und auf dem Rücken graubraun. Das männliche Sommerkleid und das weibliche hat viel mehr Braun und ist in der Mitte der Brust nur am Bauche weiß. Das Vaterland erstreckt sich über das mittle und südliche Asien, auch über das südöstliche Europa, von wo sich einzelne, seltener große Schaaren bis in unsere Gegend, ja bis England hinüber verstiegen. Im October 1830 z. B. wurden Schaaren von mehren Hunderten auf den Gießlebener Seen beobachtet. Sie läßt sich überhaupt nur auf Binnengewässern nieder, besonders auf solchen mit beschilften und buschigen Ufern, die ihr sichere Verstecke gewähren, denn sie ist mißtrauisch und furchtsam, sehr scheu auch in großen Gesellschaften. Ihre Stimme gleicht wie die der meisten Tauchenten einem tiefen Quarren. Die Nahrung besteht hauptsächlich aus Wasserpflanzen, weniger aus Gewürm, Weichthieren und Insekten. Das Fleisch ist genießbar, die Federn wie die der zahmen Ente.

In Europa kommen noch vier andere Arten aus der Gruppe der Moorenten vor. Die Tafelente, A. ferina, rostroth am Kopfe und Halse und mit blauer Querbinde auf dem schwarzen Schnabel, ist weit über Europa, Asien und das nördliche Amerika verbreitet, und ist in den mittelmeerischen Ländern noch gemein, überall nur auf Teichen und Landseen ihre Pflanzennahrung suchend. Sie hat übrigens das wohlschmeckendste Fleisch unter allen Tauchenten und wird im Herbst gern gegessen. Die Moorente, A. nyroca, deren rein weißer Spiegel unter braunschwarz getauchet und deren Schnabel und Füße schwarz sind, kömmt im März auf unsern Teichen und Seen an und zieht im Spätherbst wieder in die südlichen Winterquartiere. Die Reiherente, A. fuligula, hat zwar denselben Spiegel wie die Moorente, aber im Nacken einen schmalen Büschel flatternder Federn und schwarzen Kopf und Hals, ist auch kleiner, nur 15 Zoll lang und 30 Zoll flügelbreit. In Europa und Asien scheint sie überall vorzukommen, bei uns als Zugvogel vom März bis November, so lange die Gewässer vom Eise frei sind; sie besucht auch das Meer, zieht thierische Kost der pflanzlichen vor und baut ein ziemlich kunstvolles Nest, auf welchem das Weibchen sehr eifrig brütet. Endlich die Bergente,

A. marila, mit bleifarbenem Schnabel und schwarzem, grünglänzendem Kopfe des Männchens, braunem mit weißer Stirnblässe und Ohrfleck bei dem Weibchen, bewohnt die nördlichen Länder und überwintert bei uns, ist mehr Seevogel als alle vorigen und nährt sich fast ausschließlich von thierischer Kost. Ihr Fleisch wird im Norden viel gegessen.

17. Die Canvasente. A. Valisneria.
Figur 792. 793.

Unter den ausländischen Meerenten verdient die zwei Fuß große Canvasente Nordamerikas unsere besondere Aufmerksamkeit. Das Männchen schillert am Halse, Vorderrücken und der Brust schön schwarzbraun, am Hinterrücken weiß mit feinen schwarzen Querlinien und ähn-

Fig. 792.

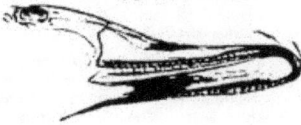

lich an der Unterseite; die Füße sind aschgrau und der Schnabel schwarz. Erst im October trifft sie aus dem Norden in den Vereinten Staaten ein und zwar schaarenweise. Ihre Lieblingsnahrung bilden die zarten Wurzeln einer Sumpfpflanze, welche sie als überaus geschickter Taucher aus der Tiefe holt. Außerdem frißt sie ver-

Schnabel der Canvasente.

Fig. 793.

Canvasente.

schiedene Sämereien und besonders gern Getreide. Ungemein scheu, läßt sie den Jäger nicht leicht auf Schußnähe herankommen, schon bei dem geringsten Verdachte erhebt sich mit fast donnerartigem Getöse der ungeheuere Schwarm. Dennoch wird sie zahlreich geschossen und in den Städten zu Markte gebracht, weil sie den wohlschmeckendsten Entenbraten in Amerika liefert.

18. Die weiße Schellente. A. clangula.
Figur 794.

Die Gruppe der Schellenten, Glaucia, charakterisirt der kurze, gegen die Stirn hin steil ansteigende Schnabel mit mäßigem Nagel und fast mittelständigen Nasenlöchern, die sehr langzehigen Füße, der sechzehnfiedrige abgerundete Schwanz und der weiße Spiegel. Sie zeichnen ihr Gefieder recht grell und leben am Meere sowohl wie auf

Fig. 794.

Schnabel der Schellente.

Binnengewässern. Unsere einheimische Schellente zumal ist leicht an der Zeichnung des Gefieders zu erkennen. Das Männchen, 18 Zoll lang und 32 Zoll flügelbreit, trägt nämlich im ausgefärbten Prachtkleide eine tiefschwarze grünglänzende Kopfhelle, an den Zügeln einen weißen Fleck, Hals, Brust und Bauch blendend weiß, die Schenkel braunschwarz und den Rücken tiefschwarz. Auf den schwarzen Flügeln steht ein weißes Feld. Das Weibchen dagegen ist schiefergrau, am Kopfe braun ohne weißen Fleck. Hoch im Norden der Alten Welt heimatend, zieht sie im Herbst bis Japan und in die mittelmeerischen Länder hinab und ist dann auf allen Gewässern Deutschlands sehr gemein. Das grell schwarzweiße Gefieder verräth sie schon aus weiter Ferne. Im watschelnden Gange zieht sie den Hals sehr stark ein und sträubt die Kopffedern, im Fluge streicht sie mit hastigen Flügelschlägen schnell fort, im Tauchen ist sie Meister und übt dasselbe auch fortwährend. Ihren Flug begleitet ein weit hörbares eigenthümliches Geräusch wie Schellengeklingel und davon ist auch der Name Schellente entlehnt. Sie nährt sich von gemischter Kost, allerlei kleinen Wasserthieren, Wasserpflanzen und Gesäme. Im März und April bezieht sie schaarenweise die Brutplätze, die Weibchen bauen ins Schilf oder Gezebrig ein ganz kunstloses Nest, legen 10 bis 19 Eier und brüten drei Wochen darüber. Die ausschlüpfenden Jungen schwimmen und tauchen sogleich mit der Gewandtheit der Mutter, die sie mit zärtlicher Liebe schützt. Das sehr fette Fleisch schmeckt schlecht, wird aber doch in einigen Gegenden viel gegessen.

Häufig verwechselt mit der gemeinen Schellente wurde die Spatelente, A. islandica, die etwas größer wird, viel mehr Schwarz im Gefieder hat, am schwarzen Kopfe stahlblau schimmert und auf den schwarzen Schultern eine Reihe spatelförmiger weißer Flecke trägt. Auf Island und dem weitern Norden häufig, läßt sie sich kaum an den deutschen Küsten sehen.

19. Die amerikanische Schellente. A. albeola.
Figur 795. 796.

Früher glaubte man, unsere gemeine Schellente sei auch über Nordamerika verbreitet, allein der geübte Scharfblick der neuern Ornithologen erkannte an der dortigen specifische Eigenthümlichkeiten. Das Männchen ist nämlich an Stirn, Wangen, Schopf und Halsseiten grün, auf dem Scheitel und an der Kehle mit schönem Purpurschiller, von den Augen läuft eine weiße

Fig. 795.

Amerikanische Schellente. Männchen.

Binde nach hinten; Unterhals, Schultern und die ganze Unterseite blenden rein weiß, der Rücken dunkelschwarz, der Schwanz braun und die Füße find gelblich. Das viel kleinere Weibchen trägt sich am Kopfe und auf dem Rücken braun, an der Brust und den Seiten schwarzgrau, unten weiß mit gelblichem Anfluge. Im Frühjahr verläßt sie in großen Gesellschaften die südlichen Staaten, um im Norden zu brüten. In Betragen und Lebensweise gleicht sie der unsrigen, taucht ebenso blitzeschnell, daher sie bei dem Volke Geisterente heißt, und nährt sich von gemischter Kost.

20. Die Eisente. A. glacialis.
Figur 797. 798. 799.

Mehre hochnordische Entenarten zeichnen sich durch Kürze und Dicke des Schnabels aus, dessen Spitze einen breiten Nagel, und dessen Ränder sehr große Zahnleisten tragen. Ihr keilförmiger Schwanz besteht aus nur 14 Federn, deren mittlere bei dem Männchen sich ungemein verlängern. Der Spiegel glänzt dunkel oder verwischt sich. Die Männchen lieben buntscheckige Zeichnung,

Fig. 796.

Amerikanische Schellente. Weibchen.

die Weibchen düstern braun. Eine der interessantesten Arten dieser Gruppe ist die Eisente in den arktischen Gegenden, nur in strengen Wintern an den deutschen Küsten Schutz suchend. Ihr kurzer Schnabel verschmälert sich vor dem Nagel und öffnet die Nasenlöcher in der Mitte, der dunkle Spiegel ist undeutlich und die Augengegend weiß, auf den Wangen ein dunkler Fleck. Die Zeichnung des Gefieders ändert vielfach ab und man muß zahlreiche Exemplare vergleichen können, um die bleibenden Abzeichen aufzufinden. Das Prachtkleid des Männchens hat viel Weiß, sehr lange schmalspitzige weiße Schulterfedern, das Sommerkleid kurze schwarze Schulterfedern mit rostfarbigen Kanten; von den ebenfalls schwarzen Schwanzfedern sind die äußern weiß gekantet. Das Weibchen trägt sich oben braun, unten weiß, und den Schnabel einfarbig schwarz, während das Männchen eine orangefarbene Mittelbinde daran hat. Körperlänge 22 Zoll, Flugweite 32 Zoll. Zum Standquartier wählt die Eisente lieber das Meer als Binnengewässer, treibt während der Nacht weit von der Küste ab und hält sich nur am Tage in der unmittelbaren Nähe des Landes

Fig. 797.

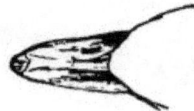

Schnabel der Eisente.

Fig. 798.

Eisente. Männchen.

auf. In dem blitzeschnellen Tauchen bis zu bedeutender Tiefe und in dem leichten, flinken Schwimmen stehen sie den Schellenten nicht im geringsten nach, fliegt ebenso ungern wie diese und mit ungemein hastigen Flügelschlägen, ist wenig scheu, fast einfältig und lebt nur in Gesellschaft ihres Gleichen. Conchylien sind ihre liebste Nahrung, demnächst kleine Kruster, Gewürm und Fischbrut, weniger Gesäme und Knospen von Wasserpflanzen. Zum Brüten bezieht sie die Binnengewässer im höchsten Norden. Das Weibchen legt in ein ganz kurzfiges Nest 5 bis 8 Eier und führt die Jungen, sobald sie erstarkt find, auf das Meer. Das Fleisch schmeckt thranig, wird aber doch viel gegessen.

21. Die Kragenente. A. histrionica.

An dem schwärzlich grünen Schnabel ist der Nagel nicht deutlich abgesetzt und die Nasenlöcher erreichen nicht die Mitte. Das unterscheidet diese Art schon von der Eisente. Ueberdies hat das Männchen am violettschwarzen Kopfe neben der Schnabelwurzel einen großen weißen Fleck, ein doppeltes weißes Halsband, weißen Schulterfleck, violettschwarzen Spiegel und rostrothe Weichen; das Weibchen rüstet braun und schuppt die Brust weiß. Körperlänge nur 18 Zoll, Flugweite 28 Zoll. Das Vaterland erstreckt sich über dieselben

Fig. 799.

Eisente. Weibchen.

Länder wie das der Eisente, mit welcher die Kragenente auch im Naturell, Betragen, der Lebensweise und Fortpflanzung die größte Aehnlichkeit hat.

Einen besondern Typus vertritt die auf Binnengewässern lebende Ruderente, A. mersa, im südlichen Europa und mittlern Asien. Sie hat nämlich einen vorn sehr flachen, schmal benagelten, etwas schaufelförmigen blauen Schnabel mit hinter der Mitte geöffneten Nasenlöchern und einen langen 18federigen Keilschwanz. Ihr rostbraunes Gefieder ist schwarz bespritzt und bekritzelt, das Männchen am Kopfe weiß, das Weibchen mit dunkelbraunem Scheitel. Die Nahrung ist mehr thierische als pflanzliche.

22. Die kurzflügige Ente. A. brachyptera.
Fig. 800.

An der Südspitze Amerikas, dem Feuerlande und den Falklandsinseln lebt eine ganz eigenthümliche Ente von bedeutender Größe (40 Zoll Länge), welche mit ihren

Fig. 800.

Kurzflügige Ente.

kurzen sehr steiffederigen Flügeln nicht fliegen kann, aber ungemein schnell mit lauten Schlägen über die Oberfläche des Wassers hin läuft, so schnell wie ein Dampfer, daher die Seeleute sie Rennente und Dampferente nennen. Ebenso schnell und gewandt ist sie im Schwimmen und Tauchen. Ueberaus scheu, stellt sie sich sehr schwer zum Schusse und gewöhnliches Schrot dringt nicht einmal durch ihren dichten Federpelz durch. Sie fiedert oben bleigrau, unten weiß, ist am Schnabel gelb mit schwarzem Nagel, am Spiegel weiß und an den Füßen graugelb.

5. Säger. Mergus.

Säger sind Enten in Scharben- und Tauchergestalt. Ihr schlanker, schmaler Scharbenschnabel mit stark hakigem Nagel an der Spitze ist an den obern Rändern mit einer

Doppelreihe von spitzen Zähnen bewaffnet, zwischen welche die einfache Zahnreihe des Unterschnabels eingreift (Fig. 801). Die länglichen durchgehenden Nasenlöcher öffnen sich nahe an der Schnabelmitte. Die niedrigen Beine haben sehr zusammengerückte Läufe, die schlanken

Fig. 801.

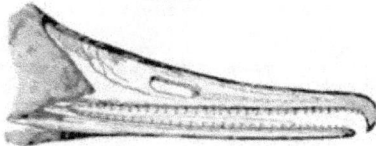

Schnabel des Sägers.

Vorderzehen volle Schwimmhäute und die kleine höher eingesenkte Hinterzehe einen senkrechten Hautlappen (Fig. 802). Die Flügel sind spitzige Entenflügel mit Spiegel und der kurze breite Schwanz besteht aus 16 bis 18 Federn. Unter dem glatt anliegenden, ziemlich

Fig. 802.

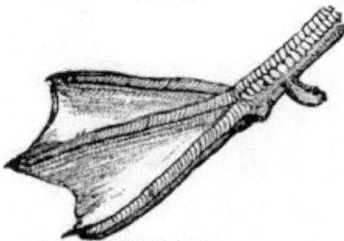

Fuß des Sägers.

derben, nur am Kopfe lockern und buschigen Gefieder steckt ein reichlicher weicher Flaum; es zeichnet sich nur mit reinem weiß und tiefem schwarz, das beides auch zu schiefergrau sich mischt. Der anatomische Bau schließt sich dem der Enten zunächst an. Das Brustbein ist jedoch hinten ganzrandig, indem die Buchten zu Hautinseln sich abschließen. Auf den weiten drüsenreichen Vormagen folgt der hier sehr schwach muskulöse Magen mit starker Sehnenscheibe ohne Henkelbildung. Die Länge der Blinddärme schwankt sehr. Die schmale Zunge ist am Rande mit feinen Spitzen besetzt. An der Luftröhre kommen wieder eigenthümliche Erweiterungen und knöcherne Pauken vor. — Die Säger bewohnen den hohen Norden, einzelne als Standvögel, andere als Zugvögel und im Winter in gemäßigte Breiten ziehend. Sie schwimmen mit tief eingesenktem Rumpfe, tauchen schußweise bis auf den tiefsten Grund, fliegen leicht und sehr schnell, jedoch ohne Schwenkungen und gehen schwerfällig und wackelnd. Von Charakter sind sie lebhaft und scheu, verträglich nur mit ihres Gleichen. Ihre Nahrung wählen sie fast nur aus dem Thierreiche und fressen alles kleine Gethier, das im Wasser und Schlamme lebt,

pflanzliche Kost nur in äußerster Noth. In der Fortpflanzungsweise verhalten sie sich ganz wie die Enten.

1. Der große Säger. M. merganser.
Argus 803.

Von der Größe einer stattlichen starken Hausente, will der große Säger doch aufmerksam mit seinen kleineren Verwandten verglichen sein. Man findet dann den rothen Schnabel so lang wie die ebenfalls rothe Innen-

Fig. 803.

Großer Säger.

zehe, den Spiegel rein weiß, das Schwarzgrün oder Rostbraun des Kopfes bis durch die Mitte des Halses hinabreichend. Uebrigens sieht das Männchen eben schwarz, unten weiß, das Weibchen eben aschgrau, an der Unterseite weiß, am Kopfe braunroth. Die buschige Kopfholle des Männchens ist wie der ganze Kopf tief schwarz mit prächtig goldgrünem, violettem und stahlblauem Schiller und die weißen Stellen des Gefieders mit einem sanften Hauch von Roth überflogen. Der Fächer im Auge besteht aus 14 Falten, der Knochenring aus 15 Schuppen. Die knochenringlose Luftröhre erweitert sich zweimal merklich und trägt am untern Kehlkopf eine große knöcherne Pauke mit drei häutigen Fenstern. Die Zunge ist längs der Ränder und in der Mittellinie mit Doppelreihen harter Stachelzähne besetzt. Der Darmkanal 5 Fuß lang, die Blinddärme nur 2 Zoll, der Vormagen gleichmäßig bauchig, der Vormagen sehr groß und drüsenreich, der Magen bloß häutig muskulös, die Leberlappen fast gleich, bisweilen ohne Gallenblase.

Der große Säger dehnt sein Vaterland über den ganzen Norden aus, südwärts in der Alten Welt bis ans Mittelmeer und nach Japan, doch im Innern Deutschlands und den mildern Ländern überhaupt nur während des Winters, vom November bis April. Dem Meere aus dringt er in den Flüssen aufwärts und nimmt auch auf den Binnengewässern Standquartier, wenn sie nur kleine Fische, Insekten und Gewürm in hinreichender Fülle zum Unterhalt bieten. Im Gange watschelt er wie

die Enten, im Schwimmen auch unter dem Waſſer und
in der Gewandtheit des Tauchens iſt er Meiſter, im Fluge
mit ſäuſelndem Flügelſchlag ähnelt er wieder den Enten.
Seine ſcharfen Sinnesorgane verrathen ihm ſchon aus
der Ferne jedes Ungewöhnliche und Verdächtige und überaus ſcheu entzieht er ſich ſchlau jeder Verfolgung. Mit
ſeines Gleichen lebt er verträglich, ſchaart ſich bisweilen
auch mit andern Schwimmvögeln, ohne jedoch eigentliche
Freundſchaft mit ihnen zu halten. Während der Begattungszeit ſchreit er häufig laut gellend karr karr oder
körr körr. Er niſtet nur in den nördlichen Ländern:
das Weibchen baut im Schilf, Gebüſch oder in einem
hohlen Baume hoch über dem Boden ein rohes Neſt,
legt 8 bis 15 grünliche oder bräunliche Eier und bebrütet
dieſelben allein. Die Jungen werden ſofort auf das
Waſſer geführt oder im Schnabel dahin getragen, zeigen
ſich gleich als Meiſter im Schwimmen und Tauchen und
genießen bis zum Winter Schutz und Pflege der Mutter.
Das Fleiſch ſchmeckt ſchlecht, dagegen ſtehen die Dunen in
hohem Werth, theils zum Stopfen der Betten, theils mit
dem Felle zu warmen Kleidungsſtücken verarbeitet.

2. Der kleine Säger. M. albellus.
Figur 801.

Der kleine Säger lebt in derſelben weiten Verbreitung
der nördlichen kalten und gemäßigten Zone wie der große,
bei uns ebenfalls nur während der ſtrengen Wintermonate, liebt aber die Binnengewäſſer, ſtehende wie
fließende mehr als das Meer. Ausgewachſen mißt er nur
17 Zoll Körperlänge und 30 Zoll Flugweite. Zum
Unterſchiede von dem großen iſt ſein Schnabel kürzer als
die Innenzehe, bleifarben wie die Füße, und der Spiegel
ſchwarz von weißen Binden eingefaßt. Das weißge-
ſfiederte Männchen hat einen ſchwarzgrünen Fleck am Auge
und am Hinterhaupt, zwei ſchwarze Binden von der
Schulter zur Bruſtmitte und glänzend ſchwarzen Rücken.
Das Weibchen iſt aſchgrau, unten weiß, auf dem Scheitel
röthlichbraun. Der Darmkanal hat 5 Fuß Länge, die
Blindtärme dagegen gleichen dicken Papillen, die Leberlappen mehr von einander verſchieden als bei der großen

Fig. 801.

Kleiner Säger.

Art, die Luftröhre ohne Erweiterungen, aber die knöcherne
Pauke am untern Kehlkopf vorhanden und mit nur zwei
häutigen Fenſtern. Im Betragen und der Lebensweiſe
findet nur der ſehr aufmerkſame Beobachter geringfügige
Unterſchiede von dem großen Säger.

Der mittle Säger, M. serrator, kömmt bei uns
ſeltener vor, weilt lieber auf dem Meere als auf Binnen-
gewäſſern und ſteht in der äußern Erſcheinung dem großen
näher als dem kleinen. Sein Schnabel iſt etwas länger
als die Innenzehe, der weiße Spiegel von einer ſchwarzen
Querbinde durchzogen und das Schwarzgrün des Kopfes
reicht nur bis auf den Anfang des Halſes. Im Uebrigen
gleicht die Färbung der großen Art. Die Unterſchiede
im anatomiſchen Bau ſind erheblicher, als die äußere Ueber-
einſtimmung erwarten läßt. — Der ähnliche braſilia-
niſche Säger, M. brasiliensis, iſt an der ganzen Unterſeite weiß mit feinen ſchwarzen Querwellen, ſchillert am
ſchwarzen Kopfe und Oberhalſe erzgrün, iſt rauchbraun-
grau auf dem Rücken, ſchwarz an den Flügeln und
Schwanze. Das Weibchen iſt nur matter gefärbt.